Die synchronen Wechselstrommaschinen.

Generatoren, Motoren und Umformer.

Ihre Theorie, Konstruktion, Berechnung und Arbeitsweise.

Von

E. Arnold und **J. L. la Cour.**

Zweite, vollständig umgearbeitete Auflage.

Mit 530 Textfiguren und 18 Tafeln.

Springer-Verlag Berlin Heidelberg GmbH 1913

ISBN 978-3-642-88977-6 ISBN 978-3-642-90832-3 (eBook)
DOI 10.1007/978-3-642-90832-3
Softcover reprint of the hardcover 2nd edition 1913

Vorwort.

Die vorliegende zweite Auflage der synchronen Wechselstrommaschinen erscheint leider ein Jahr nach dem Tode des Geh. Hofrats Prof. Dr.-Ing. E. Arnold. Das Manuskript dieses Bandes der Wechselstromtechnik wurde noch vom Geh. Hofrat Arnold und unter seiner Leitung ausgearbeitet und war bei seinem Ableben fast vollständig druckfertig.

Seit dem Erscheinen der ersten Auflage ist der Fortschritt auf dem Gebiete der Synchronmaschinen ein stetiger gewesen; er ist ohne bedeutende Umwälzungen vor sich gegangen.

Mit um so mehr Fleiß wurde an dem weiteren Ausbau der Theorie gearbeitet, die viel zur vollständigeren Klärung der komplizierten physikalischen Vorgänge und Erscheinungen in Wechselstrommaschinen beigetragen hat, so daß eine genauere Übereinstimmung zwischen gerechneten und gemessenen Größen möglich wurde.

Die Einteilung des Stoffes brauchte daher nicht wesentlich geändert zu werden; es war aber nötig, viele Abschnitte zu ergänzen und einige neue hinzuzufügen.

So erschien eine ausführliche Behandlung der Ankerrückwirkung der Einphasenmaschinen erwünscht, was an Hand der Zerlegung des inversen Drehfeldes in zwei Wechselfelder, ein Längsfeld und ein Querfeld, möglich wurde.

Wegen der immer zunehmenden Bedeutung der Turbogeneratoren war eine genaue Behandlung der Vollpolmaschinen geboten. Dementsprechend sind in einem besonderen Kapitel die Ankerrückwirkung, die Spannungsänderung und die Feldamperewindungen dieser Maschinen analytisch und graphisch ausführlich verfolgt, und in dem Kapitel über Vorausberechnung ist den Turborotoren ein besonderer Abschnitt gewidmet. Auch wurde ein ausgeführter größerer Turbogenerator mit Vollpolen durchgerechnet, und bei der Behandlung der konstruktiven Ausführung der Wechselstrommaschinen die Konstruktion der Turbogeneratoren entsprechend berücksichtigt.

Die Kompoundierungsanordnungen wurden systematisch zusammengestellt; in vielen Fällen konnte eine wesentlich kürzere Darstellung gewählt werden, als in der ersten Auflage, weil die Kompoundierungsanordnungen den damals an sie gestellten Erwartungen, die Herstellung von billigeren Generatoren mit großer Ankerbelastung zu ermöglichen, nicht entsprochen haben. Da die Erfahrung gezeigt hat, daß die elektromechanischen Regulatoren im allgemeinen eine befriedigende Lösung des Problemes bieten, schien es wünschenswert, in dem Kapitel über selbsttätige Regulierung der Wechselstrommaschinen die elektromechanischen Regulatoren aufzunehmen, was durch die freundliche Mitarbeit des Herrn Prof. Dr. A. Schwaiger möglich wurde.

Eine Erweiterung erfuhr auch das Kapitel über Pendelerscheinungen, besonders hinsichtlich der Berechnung des Drehmoments der Dämpferwicklungen und der Untersuchung der freien Schwingungen der Maschinen im Parallelbetrieb.

Schon im Vorwort der zweiten Auflage des dritten Bandes wurde auf die starken mechanischen Beanspruchungen der Wicklungen bei plötzlichen Stromstößen und Kurzschlüssen hingewiesen. Ein neues Kapitel über Kurzschlußerscheinungen der synchronen Wechselstrommaschinen wurde nötig, in dem die physikalischen Vorgänge bei plötzlichen Kurzschlüssen ausführlich erläutert und die Wicklungsbeanspruchungen zahlenmäßig verfolgt sind.

Bei der Behandlung der Verluste und des Wirkungsgrades von Wechselstrommaschinen fanden die Lagerströme entsprechende Berücksichtigung.

Einen großen Fortschritt weisen die Einankerumformer seit dem Erscheinen der ersten Auflage dieses Bandes auf; den Erfahrungen des modernen Maschinenbaues mit raschlaufenden Maschinen mit hohen Umfangsgeschwindigkeiten ist es zu verdanken, daß auch die Ausführung hochperiodiger Einankerumformer mit verhältnismäßig kleiner Polzahl und entsprechend hoher Tourenzahl, unter Verwendung von Wendepolen, möglich wurde. Dadurch erlangte das Kommutierungsproblem eine größere Bedeutung; eine ausführliche Behandlung desselben mit besonderer Berücksichtigung der Wendepole wurde daher erforderlich.

Als Neuerung auf dem Gebiete der Umformer ist der Spaltpolumformer zu verzeichnen; er gelangte bis jetzt in Europa nicht zur Ausführung und scheint keine sehr große Zukunft zu haben, so daß eine ausführliche Darstellung nicht gerechtfertigt erschien. Auch die Drehfeldumformer, die keine wesentliche praktische Bedeutung erlangen konnten, sind nur kurz behandelt.

Durch viele Beispiele ausgeführter Maschinen ist die Vorausberechnung und die Konstruktion der synchronen Wechselstromgeneratoren und Motoren und der Einankerumformer besonders für den Anfänger wesentlich erleichtert.

Wir sprechen allen Firmen, sowie Herrn Oberingenieur F. Sieber, die uns wertvolles Material zur Verfügung stellten, unseren besten Dank aus.

Infolge des unerwarteten Ablebens des Herausgebers fiel mir die Überwachung der Fertigstellung des Buches zu, und in dieser Arbeit hat Herr Privatdozent Dr.-Ing. H. S. Hallo mir in dankenswerter Weise zur Seite gestanden. Wegen der Herausgabe des dritten und fünften (Teil II) Bandes der Wechselstromtechnik konnte die Fertigstellung des vorliegenden Bandes erst jetzt erfolgen.

An der Bearbeitung und der Drucklegung der Neuauflage haben im ersten Teile die Herren Dipl.-Ing. M. Liwschitz und Dr.-Ing. W. O. Schumann und im zweiten Teile des Buches Herr Privatdozent Dr.-Ing. H. S. Hallo teilgenommen. Herr Dipl.-Ing. W. Gerhartz überwachte die Fertigstellung der Zeichnungen.

Ich möchte nicht verfehlen, auch an dieser Stelle diesen Herren, die durch ihre wertvolle Mitarbeit das Erscheinen dieses Bandes gefördert haben, meinen verbindlichsten Dank auszusprechen.

Vesterås, im November 1912.

J. L. la Cour.

Inhaltsverzeichnis.

Erster Teil.

Die synchronen Generatoren und Motoren.

Erstes Kapitel.

Die Ankerrückwirkung.

Zweites Kapitel.

Änderung der Klemmenspannung eines Generators mit der Belastung und mit der Tourenzahl.

Drittes Kapitel.

Berechnung der Feldamperewindungen einer Maschine mit ausgeprägten Polen.

Seite

Viertes Kapitel.

Ankerrückwirkung, Spannungsänderung und Feldamperewindungen von Maschinen mit Vollpolen.

Fünftes Kapitel.

Charakteristische Kurven eines Wechselstromgenerators.

Sechstes Kapitel.

Die Erregung der synchronen Wechselstrommaschinen.

Siebentes Kapitel.

Selbsttätige Regulierung der synchronen Wechselstrommaschinen.

Achtes Kapitel.

Die Arbeitsweise eines Synchronmotors.

Neuntes Kapitel.

Die *V*-Kurven eines Synchronmotors und seine Anwendung als Phasenregler.

Zehntes Kapitel.

Der Einfluß der variablen Reaktanz auf die Arbeitsweise einer Synchronmaschine.

Elftes Kapitel.

Einfluß der Form der EMK-Kurven auf die Arbeitsweise synchroner Maschinen.

Zwölftes Kapitel.

Das Parallelschalten synchroner Maschinen.

Dreizehntes Kapitel.

Das Parallelarbeiten synchroner Maschinen.

Seite

Vierzehntes Kapitel.

Pendelerscheinungen parallel geschalteter Synchronmaschinen. Einleitendes.

Fünfzehntes Kapitel.

Pendelerscheinungen parallel geschalteter Synchronmaschinen infolge des ungleichförmigen Antriebsmoments der Kraftmaschinen.

I. Die Pendelbewegung einer Maschine, die an ein unendlich starkes Netz angeschlossen ist.

II. Das Pendeln beliebig vieler parallel geschalteter Maschinen.

Sechzehntes Kapitel.

Stationäre freie Schwingungen parallel geschalteter Wechselstrommaschinen.

Siebzehntes Kapitel.

Anwendung von Drosselspulen zur Vermeidung der Pendelerscheinungen.

Achtzehntes Kapitel.

Die Kurzschlußerscheinungen der synchronen Wechselstrommaschinen.

Dreiundzwanzigstes Kapitel.

Experimentelle Untersuchung der synchronen Wechselstrommaschinen.

Vierundzwanzigstes Kapitel.

Anordnung der Feldmagnete und der Erregerwicklung der synchronen Wechselstrommaschinen.

Fünfundzwanzigstes Kapitel.

Beispiele ausgeführter Konstruktionen.

Zweiter Teil.

Die Umformer.

Sechsundzwanzigstes Kapitel.

Einleitung.

Dreiunddreißigstes Kapitel.

Umformer besonderer Konstruktion.

Vierunddreißigstes Kapitel.

Die Untersuchung eines Umformers.

Fünfunddreißigstes Kapitel.

Die Vorausberechnung von Umformern.

Sechsunddreißigstes Kapitel.

Beispiel und Formular zur Vorausberechnung.

Siebenunddreißigstes Kapitel.

Beispiele ausgeführter Einankerumformer.

Achtunddreißigstes Kapitel.

Die Konstruktion der Umformer.

Verzeichnis der Tafeln.

Erster Teil.

Die synchronen Generatoren und Motoren.

Erstes Kapitel.

Die Ankerrückwirkung.

1. Einleitung.

Zu den synchronen Wechselstrommaschinen gehören diejenigen Generatoren, Motoren und Umformer, deren Feldpole durch Gleichstrom erregt werden. Die Lage der Feldpole ist daher in bezug auf die Feldwicklung eine unveränderliche und die Maschine ist an Synchronismus gebunden.

Die Kurvenform der in der Ankerwicklung induzierten EMK ist abhängig von der Gestalt der Pole, der Stärke der Erregung, der Verteilung der Ankerwicklung, der Form, Zahl und Größe der Ankernuten, und der Rückwirkung der Ankerströme auf das Feldsystem.

Man strebt bei den Synchronmaschinen eine sinusförmige Spannungskurve an, denn die höheren Harmonischen der Spannung können unter Umständen unangenehme Folgen haben, wie z. B. Resonanz-(Überspannungs-)Erscheinungen in Hochspannungsanlagen, störende Einflüsse auf benachbarte Telephonleitungen, Erschwerung des Parallelbetriebes und Erhöhung der Verluste.

Die Abhängigkeit der Form der EMK-Kurve von der Form der Feldkurve und der Verteilung der Ankerwicklung ist in WT III, Kap. VIII u. IX ausführlich erläutert. Man wird den Polschuh so zu gestalten suchen, daß die Feldkurve möglichst sinusförmig verläuft, die Wicklung auf mehrere Nuten pro Pol verteilen und die Nutenoberschwingungen durch Anwendung halb oder ganz geschlossener Nuten oder, wie in WT III, S. 230 gezeigt, durch passende Stellung und Form der Pole zu vermeiden suchen.

Die Oberschwingungen, die durch die Ankerrückwirkung in die Spannungskurve hineinkommen und namentlich bei den Einphasen-Synchronmaschinen sich bemerkbar machen, können durch Dämpferwicklungen beseitigt werden, wie nachfolgend in Abschnitt 11 gezeigt werden soll.

Nicht nur die Form der EMK-Kurve, sondern auch die Größe des Effektivwertes der induzierten EMK ist von der Form der Feldkurve und von der Verteilung der Wicklung abhängig. Wir haben gefunden (WT III, Gl. 84, S. 197)

$$\boldsymbol{E = 4\,k c w \Phi 10^{-8} = 4 f_B f_w c w \Phi 10^{-8}\ \text{Volt}} \quad . \quad . \quad . \quad (1)$$

Es bedeuten hierin $f_B = \frac{B_{eff}}{B_{mittel}}$ den Formfaktor der Feldkurve und f_w den Wicklungsfaktor, der von der Verteilung der Wicklung und der Feldform abhängig ist.

In den meisten praktischen Fällen ist es zulässig, die Feldkurve der unbelasteten Maschine als nahezu sinusförmig anzunehmen[1]). Es wird dann für die bei Leerlauf induzierte EMK

$$f_B = 1{,}11$$

und

$$f_{w1} = \frac{\sin q \frac{\alpha}{2}}{q \sin \frac{\alpha}{2}} \,{}^{2)} \quad . \quad . \quad . \quad . \quad . \quad . \quad . \quad (2)$$

q ist die pro Pol und Phase bewickelte Zahl der Q Löcher pro Pol. Bei einer m-phasigen Lochwicklung ist gewöhnlich $q = \frac{Q}{m}$. Setzen wir $\alpha = \frac{\pi}{Q}$ ein, so wird der Wicklungsfaktor für die Grundharmonische der Feldkurve

bei Einphasenwicklungen

$$\boldsymbol{f_{w1} = \frac{\sin \frac{q}{Q} \frac{\pi}{2}}{q \sin \frac{1}{Q} \frac{\pi}{2}}} \quad . \quad . \quad . \quad . \quad . \quad . \quad (3)$$

---

[1]) Über die allgemeine Methode zur Berechnung von f_B siehe WT III, Kap. VIII, S. 183 und zur Berechnung von f_w siehe WT III, Kap. IX, S. 209.

[2]) Bez. der Berechnung von f_{w1} siehe WT III, Kap. IX, S. 200.

und bei Mehrphasenwicklungen

$$f_{w1} = \frac{\sin \frac{\pi}{2m}}{q \sin \frac{\pi}{2qm}} \quad \ldots \ldots \ldots (4)$$

Ist die Wicklung gleichmäßig verteilt, so wird, wenn die Breite einer Spulenseite gleich S ist,

$$f_{w1} = \frac{\sin \frac{S}{\tau} \frac{\pi}{2}}{\frac{S}{\tau} \frac{\pi}{2}} \quad \ldots \ldots \ldots (5)$$

In den folgenden Tabellen sind nun die Wicklungsfaktoren für die Grundharmonische der Feldkurve für Ein-, Zwei- und Dreiphasenwicklungen zusammengestellt.

Lochwicklungen.

Einphasige			Zweiphasige		Dreiphasige	
Q	q	f_{w1}	q	f_{w1}	q	f_{w1}
4	3	0,804	2	0,924	2	0,966
5	4	0,766	3	0,910	3	0,960
6	4	0,833	4	0,906	4	0,958
7	5	0,810	5	0,904	5	0,957
8	6	0,794	6	0,903	6	0,957

Verteilte Wicklungen.

Einphasige		Zweiphasige		Dreiphasige	
$\frac{S}{\tau}$	f_{w1}	$\frac{S}{\tau}$	f_{w1}	$\frac{S}{\tau}$	f_{w1}
0,7	0,810	$^1/_2$	0,901	$^1/_3$	0,956
0,8	0,756	—	—	$^2/_3$	0,830
0,9	0,699	—	—	—	—
1,0	0,636	—	—	—	—

Kennen wir noch den Kraftfluß Φ, der die Fläche einer Windung, deren Weite y gleich der Polteilung ist, durchsetzt, so können wir mit obigen Angaben die im Anker induzierte EMK aus Formel 1 berechnen.

Für die unbelastete Maschine (Ankerstromkreis offen) läßt sich die Feldkurve, und aus dieser der Kraftfluß Φ in einfacher Weise finden, wie im Abschnitt 20 näher gezeigt wird. Komplizierter sind die Verhältnisse bei der belasteten Maschine. Das induzierende Feld wird jetzt von den Feld- und Ankeramperewindungen gemeinsam erzeugt.

Die Ankerrückwirkung ist abhängig von der Größe der Belastung und von der Phasenverschiebung zwischen Strom und induzierter EMK, sie ändert die Stärke und die Form der Magnetfelder. Wir wollen uns daher zunächst mit der Ankerrückwirkung befassen.

2. Allgemeines über die Ankerrückwirkung.

Bis jetzt haben wir die Felder und die physikalischen Vorgänge eines Wechselstromgenerators bei stromloser Armatur untersucht. Wir wollen nun voraussetzen, die Maschine sei belastet, so daß ein Strom die Armaturwicklung durchfließt. Dieser Strom erzeugt wie jeder andere Strom ein magnetisches Feld, das in diesem Falle ein Wechsel- oder Drehfeld ist. Dieses Feld wirkt auf die Armaturwicklung induzierend zurück, ferner induziert es Wirbelströme in den massiven Metallteilen der Maschine und bei der Einphasenmaschine noch Ströme von höherer Periodenzahl in der Erregerwicklung. Alle diese Wirkungen kann man mit dem Namen „Ankerrückwirkung" bezeichnen, während die vom Armaturfelde auf die Armaturwicklung selbst ausgeübte induzierende Wirkung nichts anderes ist als Selbstinduktion.

Die Ankerrückwirkung und der Ohmsche Widerstand der Armaturwicklung bewirken, daß die Spannung an den Klemmen des Generators bei Belastung niedriger wird als bei Leerlauf, wenn die Erregung unverändert gelassen wird. Den Abfall der Klemmenspannung dividiert durch die Spannung bei Leerlauf, multipliziert mit 100, heißt man den prozentualen Spannungsabfall.

Umgekehrt kann man den Vorgang betrachten, der eintritt, wenn die Belastung der Maschine bei normaler Klemmenspannung abgeschaltet und die Armatur stromlos wird. Läßt man auch in diesem Falle die Erregung unverändert, so steigt die Klemmenspannung, und die Spannungserhöhung dividiert durch die normale Spannung, multipliziert mit 100, heißt man die prozentuale Spannungserhöhung.

Läßt man eine bekannte EMK e auf irgendeine beliebig geschlossene Leitung wirken, so erzeugt diese in dem Kreise einen Strom i, dessen Stärke von der Art des Kreises abhängig ist. Die Eigenschaften des Kreises können im allgemeinen durch einen effektiven Widerstand r und eine effektive Reaktanz x (bezogen auf die Grundwelle) ausgedrückt werden, seien diese nun herrührend von Ohmschen Widerständen, Selbstinduktion oder gegenseitiger Induktion zwischen dem betrachteten Stromkreis und benachbarten metallischen Leitern oder herrührend von Kapazitäten.

Wie und wo man in die Leitung die bekannte EMK einführt oder erzeugt, hat keinen Einfluß auf die Lösung der Aufgabe, solange e unabhängig von dem effektiven Widerstand und der effektiven Reaktanz der Leitung ist, und dies ist in der Tat der Fall bei der in einem Wechselstromgenerator bei konstanter Erregung und konstanter Tourenzahl induzierten EMK e. — Umgekehrt sind aber der effektive Widerstand r_a und die Reaktanz x_a der Wicklung eines Wechselstromgenerators nicht unabhängig von der Größe der induzierten EMK e oder richtiger gesagt von der Erregerstromstärke i_e; denn diese ändert die magnetische Permeabilität der Eisenteile des Generators. Dieser Einfluß auf r_a und x_a muß berücksichtigt werden.

Wir wollen daher die Wirkungen, die die von der Feld- und Ankerwicklung erzeugten Felder ausüben und wie sie sich gegenseitig beeinflussen, untersuchen und beginnen, als dem einfachsten Fall, mit der Mehrphasenmaschine.

3. Ankerrückwirkung einer Mehrphasenmaschine mit ausgeprägten Polen.

Wir betrachten eine Dreiphasenmaschine. Der in der Ankerwicklung fließende Strom erzeugt ein Drehfeld, das sich mit der synchronen Geschwindigkeit längs der Ankerwicklung bewegt. Relativ zu den Feldpolen ist dieses Feld in Ruhe. Es übt daher auf den Erregerstromkreis keine induzierende Wirkung aus, dagegen induziert es in der Ankerwicklung EMKe der Selbstinduktion.

Wir haben schon früher die vom primären Kraftfluß in der Ankerwicklung induzierte EMK berechnet und gefunden

$$E = 4 k c w \Phi 10^{-8}.$$

Analog kann man für die vom Ankerfelde selbst induzierte EMK

$$E_s = J x_a = 4 k_s c w \Phi_s 10^{-8}$$

schreiben. Die Größe von k_s und Φ_s ist aber schwieriger zu ermitteln. Der Kraftfluß Φ_s verläuft in Räumen mit verschiedenen magnetischen Leitfähigkeiten, weshalb es, um die Rechnung zu erleichtern, zweckmäßig erscheint, Φ_s und E_s in mehrere Teile zu zerlegen, je nach den Räumen, in denen die einzelnen Flüsse verlaufen.

Wir wollen folgende vom Ankerstrom erzeugte Kraftflüsse unterscheiden:

1. den Kraftfluß Φ_{s1}, der durch die Nut selbst, zwischen den Köpfen der Ankerzähne durch die Luft und um die Spulenköpfe verläuft. Die von diesem Streufluß induzierte EMK sei E_{s1};
2. den Kraftfluß Φ_{s2}, der den Luftspalt δ zweier benachbarter Pole durchsetzt und mit den Erregerwindungen verschlungen ist. Dieser wird als längsmagnetisierender Kraftfluß bezeichnet und induziert die EMK E_{s2} in der Ankerwicklung;
3. den Kraftfluß Φ_{s3}, der den Luftspalt δ eines Poles zweimal und das Eisen der Polschuhe durchsetzt, ohne mit den Erregerwindungen verschlungen zu sein. Dieser wird als quermagnetisierender Kraftfluß bezeichnet und induziert in der Ankerwicklung die EMK E_{s3}.

Um die Bedeutung der Größen Φ_{s2} und Φ_{s3} bzw. E_{s2} und E_{s3} näher zu zeigen, wollen wir folgende drei Fälle untersuchen.

1. Fall. Der Ankerstrom ist in Phase mit der vom primären Kraftfluß induzierten EMK. In diesem Falle erreichen EMK und Strom ihren größten Wert, wenn die Spulenseite unter der Mitte des Poles liegt; diesem Moment entsprechen die Fig. 1 und 2, in denen nur die Wicklung einer Phase eingezeichnet ist. Da die Amplitude der MMK-Kurve in der Mitte derjenigen Statorphase auftritt, die in dem entsprechenden Moment das Strommaximum führt (vgl. WT. III, Fig. 278), so wird in den Fig. 1 und 2 die

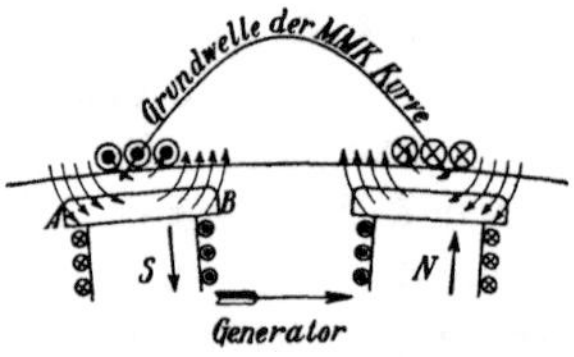

Fig. 1.

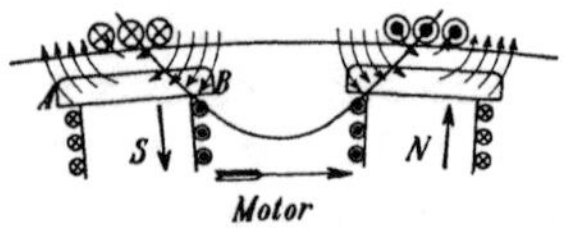

Fig. 2.

Amplitude der MMK-Kurve gerade über der Mitte der Pollücke liegen. Betrachten wir nun den Verlauf der Kraftlinien in der Fig. 1, so sehen wir, daß die Stärkung der Induktion der Polhälfte A gleich der Schwächung der Induktion der Hälfte B ist, so daß für diesen Fall der resultierende Kraftfluß derselbe ist wie bei Leerlauf, kleine Sättigung der Polschuhe vorausgesetzt. Bei einem Motor ist das Umgekehrte der Fall. Wir erhalten die Verhältnisse im Motor (Fig. 2), wenn wir den Generatorstrom (Fig. 1) umkehren, da im Motor der Strom der induzierten EMK entgegengerichtet ist. Wie aus Fig. 2 ersichtlich ist, findet hier auf der Eintrittsseite B der Pole eine Stärkung des Feldes, auf der Austrittsseite A eine Schwächung statt.

Außer den Linien des Streuflusses Φ_{s1} sind in diesem Falle nur noch solche vorhanden, die den Luftspalt eines Poles zweimal und nur das Eisen der Polschuhe durchsetzen, ohne mit den Erregerwindungen verschlungen zu sein, das sind die Linien des Flusses Φ_{s3}. Ist also der Strom in Phase mit der induzierten EMK, so tritt außer dem Flusse Φ_{s1} nur noch der Fluß Φ_{s3} auf, der hier dieselbe Wirkung auf die Pole ausübt, wie die quermagnetisierenden AW bei der Gleichstrommaschine.

2. Fall. Der Ankerstrom ist gegen die induzierte EMK um 90° verzögert. In diesem Falle (Fig. 3 und 4) erreicht der Strom seinen maximalen Wert, wenn die Spulenseiten in den Pollücken liegen; die Amplitude der MMK-Kurve tritt somit über der Polmitte auf. Außer den Linien des Streuflusses Φ_{s1} sind hier nur noch solche vorhanden, die den Luftspalt zweier benachbarter Pole durchsetzen und mit den Erregerwindungen verschlungen sind, also Linien des Flusses Φ_{s2}, des längsmagnetisierenden Flusses.

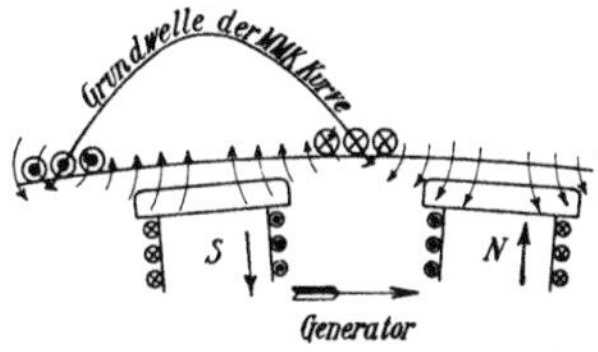

Fig. 3.

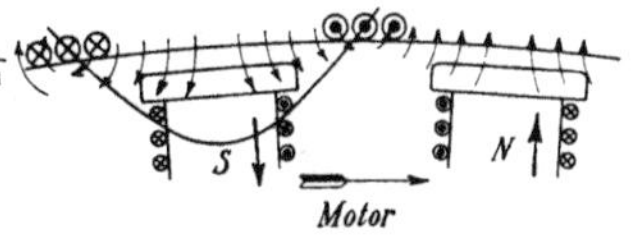

Fig. 4.

Vergleichen wir Fig. 3, die sich auf den Generator bezieht, mit Fig. 4, die die Verhältnisse im Motor darstellt, so folgt, daß bei Phasennacheilung des Stromes der Erregerfluß im Generator geschwächt, im Motor gestärkt wird.

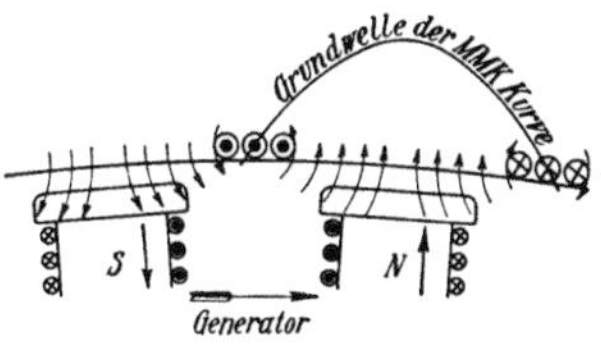

Fig. 5.

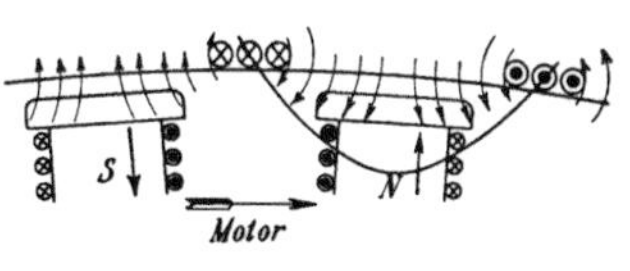

Fig. 6.

3. Fall. Der Ankerstrom eilt der induzierten EMK um 90° vor (Fig. 5 und 6). Auch in diesem Falle erreicht der Strom seinen höchsten Wert, wenn die Spulenseiten über den Pollücken liegen. Außer dem Streufluß Φ_{s1} sind nur noch die Linien des Flusses Φ_{s2} verhanden; die Wirkung ist eine reine längsmagnetisierende, aber, wie aus den Fig. 5 und 6 ersichtlich, eine umgekehrte wie im Falle 2. Ein phasenvoreilender Strom verstärkt das Erregerfeld im Generator, und schwächt dieses im Motor.

Wir sehen somit, daß die Art der Rückwirkung von der Phasenverschiebung des Stromes gegen die induzierte EMK, von dem inneren Phasenverschiebungswinkel ψ, abhängig ist.

In der folgenden Tabelle sind die Resultate, die sich ergeben, zusammengestellt.

	Das Erregerfeld wird	
bei Phasengleichheit	im Generator an der Eintrittsseite der Pole geschwächt und an der Austrittsseite verstärkt.	im Motor an der Eintrittsseite der Pole verstärkt und an der Austrittsseite geschwächt.
bei Phasennacheilung	im Generator geschwächt	im Motor verstärkt
und bei Phasenvoreilung	im Generator verstärkt	im Motor geschwächt

Ist die Phasenverschiebung eine von 90^0 abweichende, was fast immer der Fall ist, so können wir die Ankerrückwirkung doch auf die besprochenen Fälle zurückführen, indem wir den Strom in eine Wattkomponente, die mit der induzierten EMK in Phase ist, und in eine wattlose Komponente, die um 90^0 verfrüht oder verzögert ist, zerlegen und die Rückwirkung dieser Komponenten für sich betrachten. Der Wattstrom ergibt eine quermagnetisierende, der wattlose Strom eine längsmagnetisierende Wirkung. Die resultierende Rückwirkung ergibt sich dann durch Übereinanderlagerung der beiden Komponenten. Wir werden darauf näher eingehen bei der Berechnung der EMKe E_{s2} bzw. E_{s3}.

4. Der Ankerstreufluß Φ_{s1} und die von ihm induzierte EMK E_{s1}.

Gemäß der Definition des Kraftflusses Φ_{s1} sind bei dessen Berechnung nur solche Kraftlinien in Betracht zu ziehen, die nicht in das Eisen des Feldsystems eintreten.

Zur Bestimmung von E_{s1} müssen wir die Summe aller Verkettungen der Linien des Flusses Φ_{s1} mit der Wicklung bilden. Es ist dann

$$E_{s1} = 2\pi c J \Sigma(w_x \Phi_x) 10^{-8} = J x_{s1},$$

wo Φ_x den von einem Ampere erzeugten mit w_x Windungen verketteten Kraftfluß bedeutet.

Die Reaktanz

$$x_{s1} = 2\pi c \Sigma(w_x \Phi_x) 10^{-8}$$

kann man als S t r e u r e a k t a n z bezeichnen.

Wir setzen:

s_n = Drahtzahl pro Loch in Serie,
q = Lochzahl pro Pol und Phase,
p = Polpaarzahl,
$w = pqs_n$ = Windungen in Serie pro Phase,

Wir haben $2pq$ Spulenseiten pro Phase von je s_n Drähten in Serie pro Nut.

Eine Kraftlinie umschließt im allgemeinen nicht alle s_n Drähte einer Nut, sondern nur s_x. Es wird somit:

$$w_x = pqs_x \qquad \text{und} \qquad \Phi_x = 2 l_x \lambda_x' s_x$$

wenn $2l_x$ = Länge einer Windung in Zentimetern, für die λ_x' berechnet wird, λ_x' = Leitfähigkeit des die Drähte der Spule umgebenden magnetischen Kreises pro Zentimeter Länge der Windung.

Die Streureaktanz ist:

$$x_{s1} = 4\pi c p q \Sigma (s_x^2 l_x \lambda_x') 10^{-8} = 4\pi c p q s_n^2 \Sigma \left[\left(\frac{s_x}{s_n}\right)^2 l_x \lambda_x' \right] 10^{-8}$$
$$= 4\pi c p q s_n^2 \Sigma (l_x \lambda_x) 10^{-8},$$

wo $\lambda_x = \left(\frac{s_x}{s_n}\right)^2 \lambda_x'$ die Leitfähigkeit eines gedachten Flusses ist, der sämtliche Drähte einer Nut umschließt, und dieselbe Kraftröhrenverkettungszahl ergibt wie der wirkliche Streufluß. Wir bezeichnen diese Leitfähigkeit λ_x als äquivalente Leitfähigkeit.

Da $pqs_n = w$ gleich der Windungszahl in Serie einer Phase, ist

$$\boldsymbol{x_{s1} = \frac{12{,}5\, c w^2}{pq} \Sigma (l_x \lambda_x) 10^{-8}\ \mathbf{Ohm}} \quad . \quad . \quad . \quad . \quad (6)$$

Die Summe $\Sigma(l_x \lambda_x)$ rechnet man am bequemsten, wenn man das Gesetz der Superposition anwendet, was hier zulässig ist, weil der größte Teil des magnetischen Widerstandes in der Luft liegt. — Liegen die Drähte in Nuten, was jetzt allgemein der Fall ist, so unterscheiden wir:

A. den Kraftfluß, der jede einzelne Nut durchsetzt. Die äquivalente Leitfähigkeit dieses Flusses bezeichnen wir mit λ_n, die zugehörige Länge ist $l_x = l_i$;

B. den Kraftfluß, der von einem Zahnkopf zu einem anderen durch die Luft verläuft und eine oder mehrere Nuten umschlingt. Die äquivalente Leitfähigkeit dieses Flusses wird mit λ_k bezeichnet. Die zugehörige Länge ist $l_x = l_i$;

C. den Kraftfluß, der um die Stirnverbindungen (Spulenköpfe) verläuft und dessen äquivalente Leitfähigkeit mit λ_s bezeichnet wird. Die Länge des Spulenkopfes sei l_s.

Die Summe $\Sigma(l_x \lambda_x)$ ist über eine halbe Spulenlänge zu bilden. Es ist also

$$\Sigma(l_x \lambda_x) = l_i \lambda_n + l_i \lambda_k + l_s \lambda_s .$$

Bezüglich des Flusses, der durch die Nut verläuft, ist zu bebemerken: Ist die Nut schmal und nicht viel weiter als die Spule breit ist, so werden die Kraftlinien quer über die Nut verlaufen und senkrecht auf den Nutenwänden stehen. Ist dagegen die Spule viel schmäler als die Nut, wie es bei Hochspannungsmaschinen der Fall sein kann, so wird der Verlauf der Kraftlinien nicht so einfach sein, und man hat nur einen Ausweg, nämlich mehrere Kraftlinienbilder aufzuzeichnen und dasjenige als das richtigste anzusehen, das die größte magnetische Leitfähigkeit besitzt, d. h. das, das die größte Reaktanz ergibt. Dieser Ausweg ist aber hier so kompliziert und unpraktisch, daß wir von diesem von vornherein absehen und bei den weiten Nuten denselben Kraftlinienverlauf wie bei den schmalen annehmen. Erhält man aus diesem Grunde zu kleine Werte für x_{s1}, so wird man aus anderen Gründen (Vernachlässigung der Schirmwirkungen und der Skineffekte) zu viel rechnen.

Weniger sicher ist die Bestimmung des Kraftflusses, der von einem Zahnkopfe zu einem anderen durch die Luft verläuft, dementsprechend ist auch die Bestimmung der Kraftlinienverkettungen und der Leitfähigkeit λ_k, die diesem Teile von Φ_{s1} entsprechen, unsicher. Denken wir uns z. B. eine Wicklung mit 3 Löchern pro Pol und Phase. Ist nun der Strom in Phase mit der vom Erregerfelde induzierten EMK, so werden diese 3 Nuten im Momente des Auftretens des Strommaximums gerade über dem Pol liegen. Jede der 3 Nuten wird einen Zahnkopfstreufluß ausbilden und, da der Luftspalt fast immer kleiner ist als die Nutenteilung, wird der Zahnkopfstreufluß einer Nut nur mit den Leitern seiner eigenen Nut verschlungen und mit den s_n Leitern irgendeiner anderen Nut nicht verkettet sein. Anders verhält sich die Sache, wenn wir reinen wattlosen Strom annehmen ($\psi = 90$). In diesem Falle liegen im Momente des Auftretens des Strommaximums die Spulenseiten in den Pollücken. Die Zahnkopfstreulinien werden an Zahl größer, und die Verkettung ist in diesem Falle nicht nur mit der eigenen Nut, sondern auch mit benachbarten Nuten möglich. Die Zahl der Kraftlinienverkettungen ist dabei im allgemeinen nicht für alle Nuten dieselbe, dementsprechend ändert sich auch λ_k von Nut zu Nut.

Wir wollen zur Bestimmung dieses Teiles von x_{s1} mit denjenigen Kraftlinienverkettungen rechnen, die dem zweiten Falle ($\psi = 90^0$) entsprechen, wobei wir für λ_k einen Mittelwert aus den

den einzelnen Nuten entsprechenden Werten von λ_k bilden. Wir rechnen also gewissermaßen mit einem Maximalwerte, da im allgemeinen $\psi < 90^0$ ist. Der auf diese Weise berechnete Wert wird dann mit dem mittels Kurzschlußversuch gemessenen Wert übereinstimmen (vgl. Kap. XXIII). Wir legen der Rechnung eine normale Maschine mit einer Pollücke $\cong \frac{1}{3}\tau$ zugrunde.

1. Fall. Anker mit einer Nut pro Pol und Phase. Wir betrachten zuerst den einfachen Fall, wo alle Drähte einer Phase pro Pol in einer Nut liegen. Wir haben also nur eine Spule mit s_n Drähten zu betrachten und berechnen für diese den Ausdruck

$$\Sigma(l_x\lambda_x) = \Sigma\left[\left(\frac{s_x}{s_n}\right)^2 l_x\lambda_x'\right].$$

a) Die äquivalente Leitfähigkeit λ_n zwischen den Nutenwänden.

Für die in Fig. 7a gezeichnete Kraftlinie ist die umschlungene Drahtzahl

$$s_x = \frac{x}{r}\,s_n$$

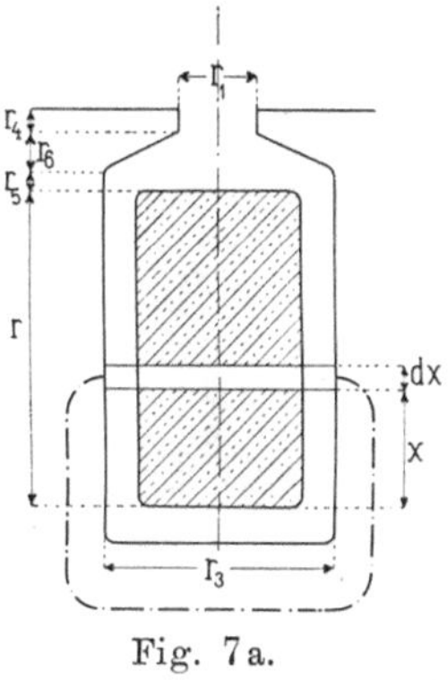

Fig. 7a.

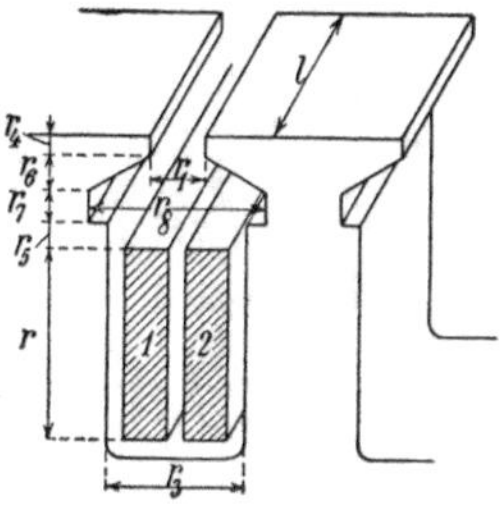

Fig. 7b.

und die Leitfähigkeit mit Vernachlässigung des magnetischen Widerstandes des Eisens

$$\lambda_x' l_x = 0{,}4\,\pi\,\frac{dx}{r_3}\,l_x,$$

also

$$\left(\frac{s_x}{s_n}\right)^2 l_x\lambda_x' = \left(\frac{x}{r}\right)^2 0{,}4\,\pi\,\frac{dx}{r_3}\,l_x.$$

Integriert von $x = 0$ bis $x = r$, ergibt sich

$$l_x\,0{,}4\,\pi\,\frac{r}{3\,r_3} = l_x\lambda_n',$$

wo

$$\lambda_n' = 0{,}4\,\pi \frac{r}{3\,r_3}$$

die äquivalente magnetische Leitfähigkeit pro cm Länge für den Kraftfluß, der die Spulenseite durchsetzt, bedeutet.

Für Röhren, die alle s_n Drähte umschlingen, findet man leicht die magnetische Leitfähigkeit; sie ist gleich

$$\lambda_n'' = 0{,}4\,\pi \left(\frac{r_5}{r_3} + \frac{2\,r_6}{r_1 + r_3} + \frac{r_4}{r_1}\right),$$

woraus folgt, daß die totale äquivalente Leitfähigkeit λ_n der Nut für 1 cm Länge gleich ist

$$\boldsymbol{\lambda_n = 1{,}25\left(\frac{r}{3\,r_3} + \frac{r_5}{r_3} + \frac{2\,r_6}{r_1 + r_3} + \frac{r_4}{r_1}\right)} \quad . \; . \; . \quad (7)$$

Für die in Fig. 7b dargestellte Nutenform ergibt sich analog

$$\lambda_n = 1{,}25\left(\frac{r}{3\,r_3} + \frac{r_5}{r_3} + \frac{r_7}{r_8} + \frac{2\,r_6}{r_1 + r_8} + \frac{r_4}{r_1}\right) \quad . \; . \quad (7\,a)$$

Für die offene Nut wird r_1 gleich r_3.

Ist die Form der Nut oval, wie in Fig. 8 gezeigt, so kann diese durch die punktiert gezeichnete ersetzt werden, auf die die Formel 7 angewandt werden kann.

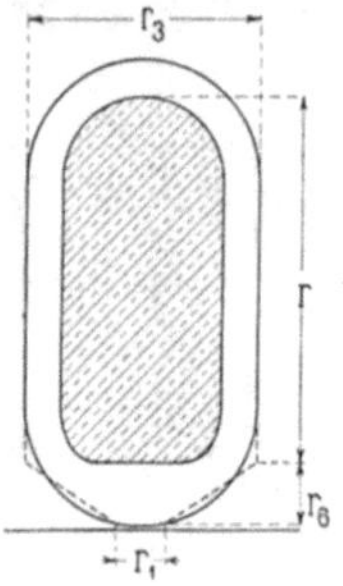

Fig. 8.

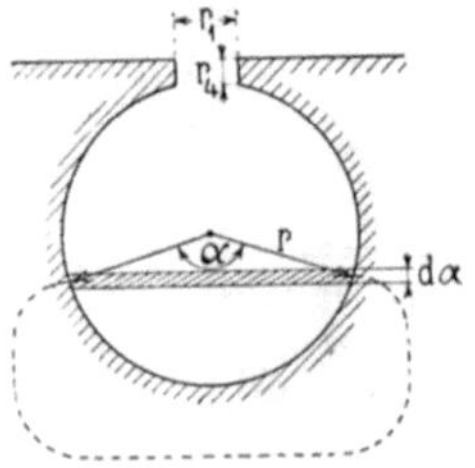

Fig. 9.

Hat die Nut Kreisform, wie in Fig. 9, so erhalten wir den folgenden Ausdruck für λ_n, wenn wir die Annahme machen, daß die Drähte die Nut vollständig ausfüllen. Es ist für eine Kraftröhre, die quer über die Nut verläuft,

$$s_x = \frac{s_n}{\pi r^2}\left(\frac{\alpha r^2}{2} - \frac{r^2 \sin\alpha}{2}\right) = \frac{s_n}{2\,\pi}(\alpha - \sin\alpha)$$

und die Leitfähigkeit

$$l_x \lambda_x' = 0{,}4\,\pi \frac{d\left(-r\cos\frac{\alpha}{2}\right)}{2\,r\sin\frac{\alpha}{2}}\, l_x = 0{,}4\,\pi \frac{l_x\, d\alpha}{4},$$

also

$$\left(\frac{s_x}{s_n}\right)^2 l_x \lambda_x' = \frac{1}{4\pi^2}(\alpha - \sin\alpha)^2\, 0{,}4\,\pi \frac{l_x d\alpha}{4}$$

und

$$\Sigma\left[\left(\frac{s_x}{s_n}\right)^2 l_x \lambda_x'\right] = l_x \frac{0{,}4\,\pi}{16\,\pi^2}\int_{\alpha=0}^{\alpha=2\pi}(\alpha - \sin\alpha)^2\, d\alpha$$

oder

$$\lambda_n' = \frac{0{,}4\,\pi}{16\,\pi^2}\int_{\alpha=0}^{\alpha=2\pi}(\alpha - \sin\alpha)^2\, d\alpha$$

$$= \frac{0{,}4\,\pi}{16\,\pi^2}\left(\frac{8\,\pi^3}{3} + 4\,\pi + \pi\right) = 0{,}4\,\pi \cdot 0{,}623.$$

Es wird somit für runde Nuten

$$\boldsymbol{\lambda_n = 1{,}25\left(0{,}623 + \frac{r_4}{r_1}\right)} \quad . \quad . \quad . \quad . \quad . \quad (8)$$

Füllen die Drähte wie bei Hochspannungsmaschinen die Nut nicht vollständig aus, so wird λ_n ein wenig größer.

b) Die Leitfähigkeit λ_k zwischen den Zahnköpfen.

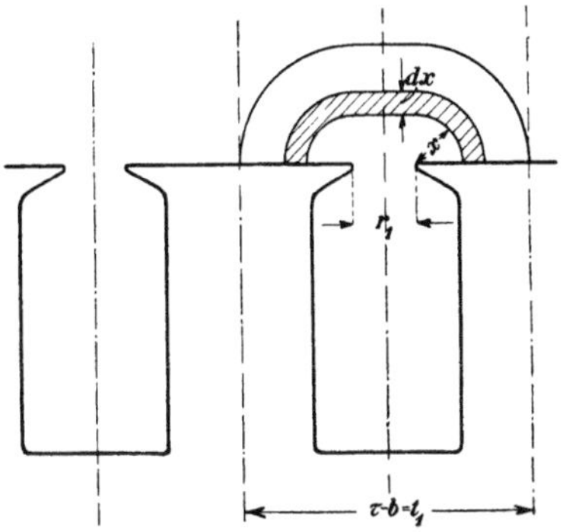

Fig. 10.

Um λ_k für einen Anker mit einer Nut pro Pol und Phase zu berechnen, nehmen wir den Kraftlinienverlauf wie in Fig. 10 an und finden, wenn wir annehmen, der Polbogen b bedecke $^2/_3$ der Polteilung, da die Nutenteilung t_1 in unserem Fall $\frac{1}{3}\tau$ oder gleich $\tau - b$ ist

$$\lambda_k = 0{,}4\,\pi \int_{x=0}^{x=\frac{\tau-b}{2}} \frac{dx}{r_1 + \pi x} = 0{,}4 \cdot 2{,}3 \log\left(1 + \frac{\pi(\tau - b)}{2\, r_1}\right),$$

somit wird annähernd für einen Nutenanker mit $q = 1$

$$\boldsymbol{\lambda_k = 0{,}92 \log \frac{\pi t_1}{2\, r_1}} \quad . \quad . \quad . \quad . \quad . \quad . \quad . \quad (9)$$

c) Die Leitfähigkeit λ_s der Spulenköpfe.

Um die Leitfähigkeit der Kraftröhren, die die Spulenköpfe umschlingen, abzuschätzen, kann man sich die Spulenköpfe beider Seiten in Fig. 11a so zusammengeschoben denken, daß die Fig. 11b entsteht, und für eine solche Schleife kann der Selbstinduktionskoeffizient annähernd gleich

$$L_s = 0{,}4\, l_s s_n^2\, 2{,}3 \left[\log \frac{\pi l_s}{U_s} - 0{,}2\right] 10^{-8}$$

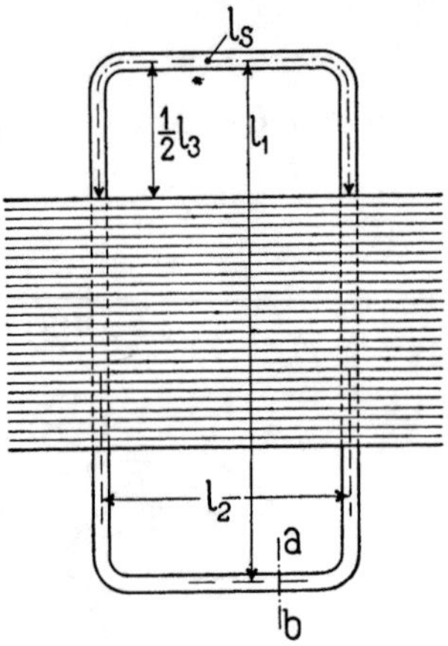

Fig. 11a.

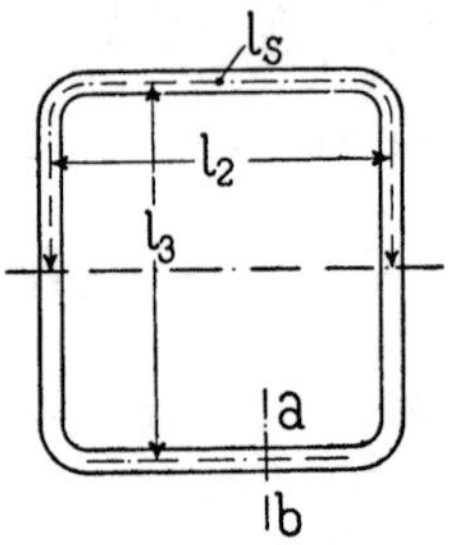

Fig. 11b.

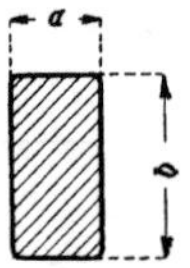

Fig. 11c.

gesetzt werden, wo l_s gleich der Länge und $U_s = 2(a + b)$ gleich dem Querschnittsumfange (dessen Seitenlängen a und b sind, wobei die Isolation zwischen den Drähten mitgerechnet wird) eines Spulenkopfes ist. Ferner ist

$$L_s = 2\, s_n^2 l_s \lambda_s\, 10^{-8}$$

somit wird (für $q = 1$)

$$\lambda_s = 0{,}46 \left[\log\left(\frac{\pi l_s}{U_s}\right) - 0{,}2\right] \simeq \mathbf{0{,}46 \log \frac{2\, l_s}{U_s}} \quad . \quad . \quad . \quad (10)$$

Bei einer Wellenwicklung kann man dieselbe Formel anwenden; denn die Stirnverbindungen sind im Raume gegenseitig verschoben, was nicht viel ausmachen kann, indem jede Stirnverbindung so gut wie nur auf sich selbst induzierend wirkt.

2. Fall. Anker mit mehreren Nuten pro Pol und Phase. Wir gehen ebenso wie im ersten Falle vor und berechnen zuerst

a) die äquivalente Leitfähigkeit λ_n zwischen den Nutenwänden.

Der Verlauf des Kraftflusses zwischen den Nutenwänden wird durch die Nutenzahl nicht geändert, wie Fig. 12 zeigt. Denn zeichnete man den Kraftlinienweg durch mehrere oder alle Nuten, die zu derselben Spulenseite gehören, so würde der magnetische Widerstand proportional mit den umschlungenen Amperewindungen zunehmen. Es bleibt also λ_n von der Nutenzahl pro Pol und Phase unabhängig. Das ist aber nicht für λ_k und λ_s zutreffend, die wir deswegen besonders bestimmen müssen.

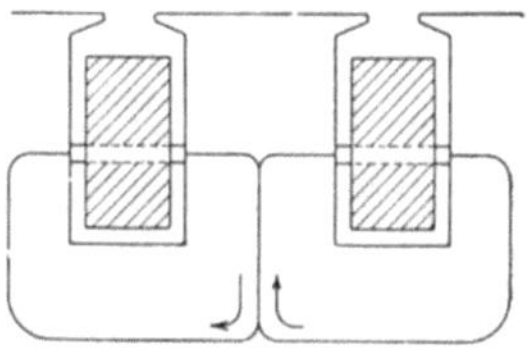

Fig. 12.

Es bleibt also wie früher

$$\lambda_n = 1{,}25\left(\frac{r}{3r_3} + \frac{r_5}{r_3} + \frac{2r_6}{r_1 + r_3} + \frac{r_4}{r_1}\right) \quad . \; . \; . \quad (7\text{a})$$

und für runde Nuten

$$\lambda_n = 1{,}25\left(0{,}623 + \frac{r_4}{r_1}\right) \quad . \; . \; . \; . \; . \; . \quad (8\text{a})$$

b) Die äquivalente Leitfähigkeit λ_k zwischen den Zahnköpfen.

Wir betrachten ein Beispiel mit 3 Nuten pro Pol und Phase ($q = 3$). Bei normalen Verhältnissen, bei denen der Polbogen etwa $^2/_3$ der Polteilung beträgt ($b \simeq \frac{2}{3}\tau$) wird somit die Pollücke 3 Nutenteilungen einnehmen. Für die Bestimmung des mittleren λ_k ist die Summe sämtlicher Kraftlinienverkettungen zu bilden, wobei nur solche Linien in Betracht kommen, die ausschließlich durch die Luft verlaufen. Es ist allgemein

$$\Sigma(w_x \Phi_x) = \Sigma(2pql_x s_x^2 \lambda_x').$$

Bestimmen wir also die Summe derjenigen Kraftröhrenverkettungen, die für die Berechnung von λ_k in Betracht kommen, pro Pol und pro Zentimeter Länge des Ankereisens, so ist diese Summe gleich

$$\Sigma(q s_x^2 \lambda_k') = q s_n^2 \lambda_k.$$

Wie aus Fig. 13 ersichtlich, erzeugen die Drähte der Nut 1 und 3 nur solche Kraftlinien, die mit 1 bzw. 3 verkettet sind; dagegen erzeugt die Nut 2 auch

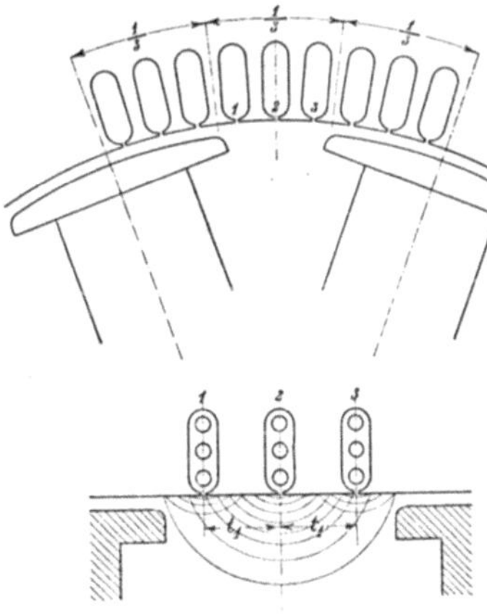

Fig. 13.

solche Linien, die mit 1 und 3 verkettet sind. Ein Strom von 1 Ampere, der in den Drähten der Nut 1 und 3 fließt, erzeugt einen Kraftfluß pro Zentimeter Länge

$$\Phi_x = 0{,}4\,\pi\,s_n \int\limits_{x=0}^{x=\frac{t_1}{2}} \frac{d\,x}{r_1 + \pi x} = 0{,}4 \cdot 2{,}3\,s_n \log\left(1 + \frac{\pi\,t_1}{2\,r_1}\right) \simeq 0{,}92\,s_n \log \frac{\pi\,t_1}{2\,r_1},$$

der s_n Drähte umschlingt. Dagegen erzeugt ein Strom von 1 Ampere, der in den Drähten der Nut 2 fließt, den Kraftfluß

$$\Phi_x \simeq 0{,}92\,s_n \log \frac{\pi\,t_1}{r_1},$$

der mit s_n Drähten verkettet ist und einen Kraftfluß

$$\Phi_x = 0{,}4\,\pi\,s_n \int\limits_{x=0}^{x=\frac{t_1}{2}} \frac{d\,x}{r_1 + \pi\,(t_1 + x)} = 0{,}4\,s_n\,2{,}3 \log\left(1 + \frac{\pi\frac{t_1}{2}}{r_1 + \pi\,t_1}\right),$$

der mit $3\,s_n$ Drähten verkettet ist. Setzt man näherungsweise

$$r_1 + \pi\,t_1 \simeq \pi\,t_1 \quad \text{und} \quad \log \frac{\pi\,t_1}{r_1} = \log \frac{\pi\,t_1}{2\,r_1} + \log 2,$$

so ergibt sich als Summe der Kraftröhrenverkettungen

$$q\,s_n^{\,2}\,\lambda_k = 0{,}92\,s_n^{\,2}\left(3 \log \frac{\pi\,t_1}{2\,r_1} + \log 2 + 3 \log 1{,}5\right).$$

In dieser Weise erhalten wir .nun folgende Tabelle für die Leitfähigkeit der Zahnköpfe:

$$\left.\begin{aligned}
q &= 1 \quad \lambda_k = 0{,}92 \log \frac{\pi\,t_1}{2\,r_1} \\
q &= 2 \quad \lambda_k = 0{,}92 \log \frac{\pi\,t_1}{2\,r_1} \\
q &= 3 \quad \lambda_k = 0{,}92 \log \frac{\pi\,t_1}{2\,r_1} + 0{,}275 \\
q &= 4 \quad \lambda_k = 0{,}92 \log \frac{\pi\,t_1}{2\,r_1} + 0{,}415 \\
q &= 5 \quad \lambda_k = 0{,}92 \log \frac{\pi\,t_1}{2\,r_1} + 0{,}670 \\
q &= 6 \quad \lambda_k = 0{,}92 \log \frac{\pi\,t_1}{2\,r_1} + 0{,}840 \\
q &= 7 \quad \lambda_k = 0{,}92 \log \frac{\pi\,t_1}{2\,r_1} + 1{,}080 \\
q &= 8 \quad \lambda_k = 0{,}92 \log \frac{\pi\,t_1}{2\,r_1} + 1{,}270
\end{aligned}\right\} \quad . \; . \; . \quad (11)$$

Für ein- und zweiphasige Wicklungen, bei denen jede Phase mehr als $^1/_3$ der Polteilung bedeckt, ergeben die Formeln etwas zu große Werte für λ_k, dürfen aber doch benutzt werden.

c) Die Leitfähigkeit λ_s der Spulenköpfe.

Man kann setzen:

$$\lambda_s = 0{,}46\, q \log \frac{2\, l_s}{U_s} \quad \ldots\ldots\ldots \quad (12)$$

wenn die Leiter der q Nuten zu einem einzigen Spulenkopf zusammengefaßt sind. $U_s = 2\,(a + b)$ (Fig. 14) ist der Umfang aller $q s_n$ Drähte (Isolation und Luftraum zwischen den Drähten mitgerechnet).

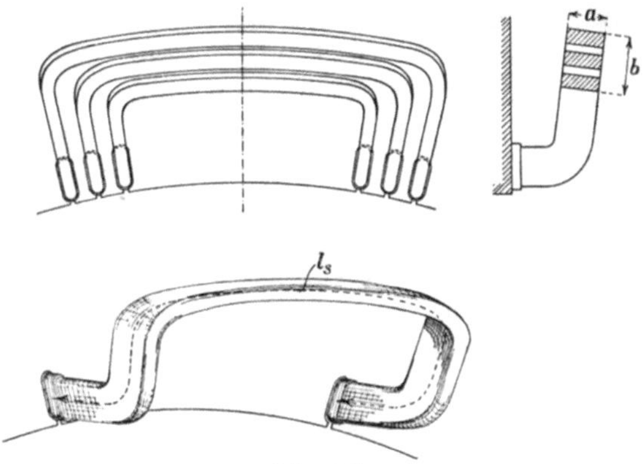

Fig. 14.

Sind die $q\, s_n$ Leiter derselben Phase nicht zu einem einzigen Spulenkopf zusammengefaßt, sondern auf zwei nach entgegengesetzten Richtungen verlaufenden Spulenköpfe verteilt, so gilt, nach Versuchen von Ingenieur Rezelman[1])

$$\lambda_s = 0{,}46\, q_s \left(\log \frac{2\, l_s}{U_s} + A\right) \quad \ldots\ldots \quad (12\,a)$$

wo q_s die Anzahl der dicht nebeneinander liegenden Spulenköpfe derselben Phase ist.

A ist eine Konstante und im Mittel gleich 0,3. Da sich in diesem Falle für q_s und dementsprechend für U_s zwei, und wenn die zwei Spulenköpfe ungleiche Drahtzahl haben, drei verschiedene Werte ergeben (für den Teil des Spulenkopfes, der in die Verlängerung der Nut fällt, ist $q_s = q$), so ergeben sich auch drei verschiedene Werte für λ_s. Für l_s ist aber jedesmal derselbe Wert einzusetzen. Man kann einen Mittelwert für λ_s nehmen.

---

[1]) Analyse de la réactance. Lum. El. 1910, NN. 22 et 23.

Außerdem macht sich in diesem Falle, also für $q_s < q$, die gegenseitige Induktion der benachbarten Phasen bemerkbar; infolge dieser wird λ_s um $25 \div 50\,^0/_0$ erhöht. Für den ersten Fall ist die gegenseitige Induktion sehr klein.

Zusammenfassung. Wir kennen nun

$$\Sigma (l_x \lambda_x) = l_i \lambda_n + l_i \lambda_k + l_s \lambda_s$$

und

$$x_{s1} = \frac{12{,}5\, c\, w^2}{p\, q} \Sigma (l_x \lambda_x)\, 10^{-8} \quad . \; . \; . \; . \; . \quad (6\,a)$$

Hieraus sieht man, daß bei gegebener Windungszahl w pro Phase die Reaktanz des Streuflusses um so kleiner wird, je größer man die Nutenzahl q pro Pol und Phase wählt. Dies gilt zwar nur bis zu einem gewissen Grade; denn bei gegebener Nutentiefe, die bei modernen Maschinen nicht stark variiert, wächst λ_n mit der Nutenzahl q.

In den Fällen, wo Spulenseiten von zwei Phasen in derselben Nut untergebracht sind, wie es z. B. bei der Dreiphasenzackenarmatur mit $y = \frac{2}{3}\tau$ oder bei der unveränderten Gleichstromwicklung, die zur Abgabe von Dreiphasenstrom benutzt wird, der Fall ist, ist der Einfluß der anderen Phasen bedeutend und der oben angegebene Ausdruck für die Reaktanz ist mit 1,5 zu multiplizieren.

Um die Reaktanzspannung E_{s1} in Beziehung zu den Abmessungen der Maschine zu bringen, formen wir den Ausdruck für E_{s1} etwas um. Bedeutet m die Phasenzahl und denkt man sich die Armaturwicklung durch eine gleichmäßig verteilte Kupferschicht ersetzt, die dasselbe totale Stromvolumen wie die ursprüngliche Armaturwicklung besitzt, so wird das Stromvolumen pro Zentimeter Umfang der Armatur

$$AS = \frac{2\, m\, J\, w}{\pi D}.$$

Diese Größe heißt man die lineare Belastung oder die spezifische Stromdichte pro Zentimeter Umfang des Ankers.

Es ist ferner die Periodenzahl

$$c = \frac{p\,n}{60},$$

so daß

$$J x_{s1} = \frac{4 \pi\, c\, w^2 J}{p\, q} \Sigma (l_x \lambda_x)\, 10^{-8}$$

$$= \frac{2 \pi w\, A S \pi D p n}{60 p q m} \Sigma (l_x \lambda_x)\, 10^{-8}.$$

Führen wir ferner die Umfangsgeschwindigkeit

$$v = \frac{\pi D n}{60 \cdot 100} \text{ m/sek}$$

ein, so wird

$$J x_{s1} = 2 w v A S \frac{\pi \Sigma (l_x \lambda_x)}{m q} 10^{-6} \text{ Volt} \quad . \quad . \quad . \quad . \quad (13)$$

Wie hieraus ersichtlich, ist die Reaktanzspannung direkt proportional der spezifischen Stromdichte AS. Damit diese Spannung nicht zu groß ausfällt, darf man beim Entwurf einer Maschine AS nicht zu groß annehmen.

Erhöhung der Reaktanz durch die Stege geschlossener Nuten. Hat man ganz geschlossene Nuten, so muß der Kraftfluß durch den Steg der Nut noch berücksichtigt werden, und zwar anders als die bis jetzt behandelten Flüsse, weil der Steg schon bei ganz kleinen Stromstärken ganz gesättigt und sein Kraftfluß daher unabhängig von der Belastung des Ankers ist. In dem Steg wird sich schon bei kleiner Stromstärke eine große Sättigung einstellen. Nehmen wir diese zu 22500 an, so wird dieser Kraftfluß eine EMK

$$E_s' = \frac{4{,}44 c w}{10^8} 22500 \, l \, 2 \delta' = \frac{2 c w}{10^3} l \delta' \text{ Volt} \quad . \quad . \quad . \quad (14)$$

induzieren, wo δ' die Stärke des Steges in Zentimetern bedeutet, die bei guten Maschinen nicht 0,05 bis 0,1 cm überschreiten darf, so daß die Aufschlitzung der Nuten die Selbstinduktion nur um 5 bis 10 % verkleinern würde.

Die gesamte Spannung der Streureaktanz wird nun für beliebige Stromstärken $E_s = J x_{s1} + E_s'$; für $J = 0$ wird auch $E_s' = 0$.

Die große Induktion in den Stegen bewirkt, daß auch Kraftröhren sich durch die Luft schließen. Um λ_k bei ganz geschlossenen Nuten zu berechnen, setzt man deswegen, ungefähr wie die Fig. 8 zeigt, r_1 gleich dem Teil des Nutensteges, der stark gesättigt ist.

Die große Induktion in den Stegen bewirkt ferner bei Phasengleichheit zwischen Strom und induzierter EMK, daß die Leitfähigkeit des Luftspaltes für den Hauptkraftfluß bei Belastung kleiner ist als bei Leerlauf. Aus dem Grunde bemerkt man bei Maschinen mit geschlossenen Nuten bei Übergang von Leerlauf zu einer kleinen Belastung einen verhältnismäßig großen Spannungsabfall.

Die experimentelle Bestimmung der Streureaktanz x_{s1} ist im Kap. XXIII behandelt.

5. Die magnetomotorische Kraft des Ankerstromes.

Wie wir schon oben gesehen haben, ist zur Bestimmung von Φ_{s2} und Φ_{s3} bzw. der von ihnen induzierten EMKe E_{s2} und E_{s3} eine Zerlegung des Ankerfeldes in 2 Komponenten notwendig, von denen die eine der Wattkomponente, die andere der wattlosen Komponente des Stromes entspricht. Wir müssen also zunächst die Form und Größe des Ankerfeldes kennen.

Zu dem Zwecke bestimmen wir zunächst die MMK-Kurve der Ankerwicklung.

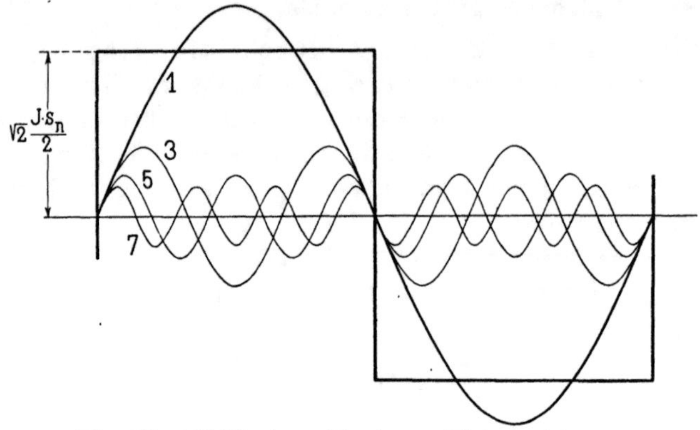

Fig. 15. MMK einer Einphasen-Einlochwicklung.

Ist der Anker für die Erzeugung eines Mehrphasenstromes ausgeführt, so erzeugt jede der m Phasen eine Wechsel-MMK. Die Größe dieser MMK bestimmen wir am besten, wenn wir von der Einphasen-Einlochwicklung ausgehen. In Fig. 15 ist die MMK einer solchen Wicklung als Funktion der am Ankerumfang gemessenen Länge aufgetragen. Unter der Annahme, daß die Ankerströme von Sinusform sind, ergibt sich für die maximale Höhe dieser rechteckigen MMK-Kurve $\sqrt{2}\,J\frac{s_n}{2}$. Dieser Wert entspricht der MMK eines halben magnetischen Kreises, bzw. eines Luftspaltes. Da der Strom sich zeitlich nach dem Sinusgesetz ändert, so ändert sich auch die Höhe des Rechteckes zeitlich nach dem Sinusgesetz; dies ergibt ein Wechselfeld. Die rechteckige Kurve von der Höhe $\sqrt{2}\,J\frac{s_n}{2}$ lösen wir in ihre Harmonischen auf (Blondel L'Eclairage Electrique 1895).

Die Grundwelle dieser MMK-Kurve hat eine Amplitude von $\sqrt{2}\,\frac{Js_n}{2}\,\frac{4}{\pi} = 0{,}9\,Js_n$ (siehe WT III, S. 235); sie erzeugt ein sinusförmiges Wechselfeld von derselben Polzahl wie das Magnetfeld.

Über das Grundfeld lagern sich Oberfelder, die von den höheren Harmonischen der MMK-Kurve herrühren. Diese Oberfelder sind auch alle Wechselfelder, und sind in Fig. 15 mit dem Grundfelde zusammen aufgezeichnet. Das νte Oberfeld hat eine νmal kleinere Amplitude und eine νmal größere Polzahl als das Grundfeld. Die dritte Harmonische der MMK-Kurve hat die Amplitude $\frac{1}{3}\,0{,}9\,Js_n$, die fünfte Harmonische die Amplitude $\frac{1}{5}\,0{,}9\,Js_n$ usw.

Ist die Wicklung eine einphasige Mehrlochwicklung oder verteilte Wicklung, so ist die Form der MMK-Kurve nicht mehr rechteckig, sondern zackig. Es wäre nun möglich, direkt die Amplituden der einzelnen Harmonischen durch Auflösung dieser MMK-Kurve für verschiedene Momente und Mittelwertsbildung zu bestimmen. Es ist aber bequemer mit den einzelnen Harmonischen der Einlochwicklung zu rechnen. Für eine Wicklung mit q Löchern pro Pol und Phase haben wir dann q um einen elektrischen Winkel, der der Nutenteilung entspricht, verschobene Sinuskurven zu summieren. Die Amplitude irgendeiner Harmonischen der resultierenden MMK-Kurve ergibt sich somit gleich der Amplitude derselben Harmonischen der Einlochwicklung mal $qf_{w\nu}$, wo $f_{w\nu}$ der Wicklungsfaktor dieser Harmonischen ist.

Es ist allgemein für sinusförmige Kurven

$$f_{w\nu} = \frac{\sin\left(q\nu\frac{\alpha}{2}\right)}{q\sin\left(\nu\frac{\alpha}{2}\right)} \quad . \; . \; . \; . \; . \; . \; . \quad (15)$$

wo α den Lochabstand in elektrischen Graden bedeutet.

Die Amplitude der Grundwelle der MMK-Kurve einer einphasigen Mehrlochwicklung ist somit

$$0{,}9\,Js_n f_{w1} q.$$

Wenn wir nun zur Betrachtung der Mehrphasenmaschine übergehen, so ist es ohne weiteres klar, daß jede der m Phasen sich wie die einphasige Maschine verhält. Es erzeugt somit jede der m Phasen ein Wechselfeld mit der Amplitude der Grundwelle der MMK-Kurve gleich

$$0{,}9\,Js_n f_{w1} q.$$

Die m Wechselfelder sind räumlich und zeitlich um $\frac{1}{m}$ Periode gegeneinander verschoben. Jedes dieser Wechselfelder können wir uns nun in zwei sich in entgegengesetzter Richtung bewegende

Drehfelder zerlegt denken, in ein gleichsinnig mit den Polen rotierendes **synchrones Drehfeld**, und ein entgegengesetzt rotierendes **inverses Drehfeld**.

Wie in WT III ausführlich erläutert wurde, heben sich bei der m-Phasenmaschine die inversen Drehfelder gegenseitig auf. Es bleiben nur die bestehen, die synchron mit dem Magnetsystem rotieren. Das folgt auch aus dem Lenzschen Gesetze: die vom Magnetfelde induzierten Ströme müssen so gerichtet sein, daß sie der erregenden Kraft möglichst entgegenwirken, und dies ist dann der Fall, wenn Ankerfeld und Magnetfeld einander gegenüber stillstehen. Diese m synchronen Drehfelder, mit einer Amplitude gleich der Hälfte der Amplitude der Grundwelle des Wechselfeldes, haben somit gegenüber dem Magnetsystem die gleiche Lage, die, wie aus den Fig. 1 bis 6 hervorgeht, lediglich von dem inneren Phasenverschiebungswinkel ψ abhängig ist.

Als Resultierende der m Wechselfelder erhält man also ein synchrones Drehfeld, dessen Amplitude der MMK pro Pol gleich $\frac{m}{2}$ mal der Amplitude der MMK einer Phase ist, also

$$A = \frac{m}{2}\, 0{,}9\, J s_n f_{w1} q = 0{,}45 f_{w1} q s_n m J \quad . \; . \; . \quad (16)$$

Zu dem gleichen Ergebnis gelangt man, wenn man die zeitlichen Werte der MMKe der m Phasen nach ihrer räumlichen Richtung anträgt und zusammensetzt, wie es Fig. 16 für eine Dreiphasenwicklung zeigt. In dem betrachteten Momente ist die MMK der Phase I im Maximum und gleich $\overline{Oa}$; die MMKe $\overline{Oc}$ und $\overline{Ob}$ der Phasen II und III sind gleich der Projektion ihrer Amplituden auf die Zeitlinie $\overline{Oa}$ und gleich $\overline{Od}$. Betrachten wir nun $\overline{Oa}$ als die Raumachse der Phase I, so ist die räumliche Lage der MMKe der Phasen II und III $\overline{bO}$ und $\overline{cO}$. Ihre Resultante in der Achse $\overline{Oa}$ ist $\overline{dO}$ gleich $\frac{1}{2}\,\overline{Oa}$ und die gesamte MMK aller drei Phasen wird $\overline{da} = \frac{3}{2}\,\overline{Oa}$.

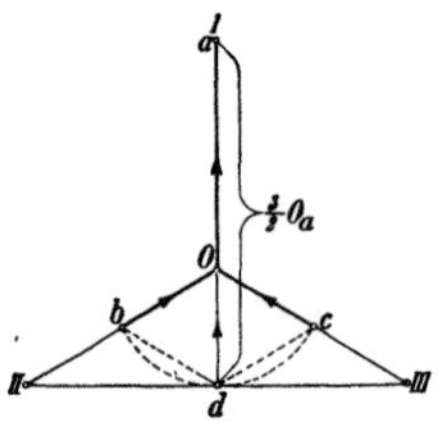

Fig. 16.

Wir haben bis jetzt nur die Grundwellen der MMK-Kurven berücksichtigt. Sie ergeben ein Drehfeld von konstanter Stärke.

Wenn wir auch die **Oberfelder** in Betracht ziehen, die von den höheren Harmonischen der MMK-Kurve (Fig. 15) erzeugt werden, also von der räumlichen Verteilung der Wicklung abhängen, so ergibt sich, daß das Drehfeld pulsiert. An der Hand eines Beispieles können wir das leicht feststellen.

Wir betrachten einen Dreiphasenanker und denken uns zuerst der Armaturoberfläche A eine ununterbrochene volle Eisenfläche B gegenübergestellt (Fig. 17) und setzen voraus, daß die Windungen des Ankers gleichmäßig am Umfange verteilt sind, so daß jede Spulenseite $^1/_3$ der Polteilung bedeckt. Machen wir ferner wieder die in diesem Falle zulässige Annahme, daß der Eisenwiderstand dem Luftwiderstande gegenüber vernachlässigt werden kann, so wird die Form des Ankerfeldes allein von der Form der MMK der Ankerwicklung abhängen. Ferner nehmen wir wieder an, daß der Ankerstrom Sinusform hat. Es erzeugt dann der Strom jeder einzelnen Phase ein Wechselfeld von der Form der Fig. 17, dessen Ordinaten nach dem Sinusgesetz variieren.

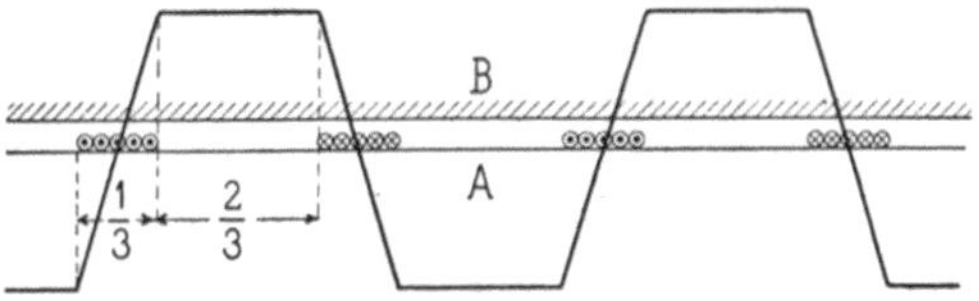

Fig. 17. MMK einer verteilten Einphasenwicklung.

Superponiert man die Felder der einzelnen Phasen für verschiedene Zeitmomente, indem man die Stromrichtung berücksichtigt, so erhält man die in Fig. 18 dargestellten resultierenden Ankerfelder (s. WT III, S. 252). Aus diesen geht hervor, daß das Ankerfeld einer Mehrphasenmaschine seine Größe und Form während einer Periode ändert.

Diese Änderung ist aber nicht groß und rührt, wie oben bemerkt, von den Oberfeldern her.

Diese Oberfelder bewegen sich relativ zum Magnetfelde und werden, wenn sie von vornherein nicht verschwindend klein sind, von den Wechselströmen, die sie in den Polschuhen und den Erregerspulen induzieren, beinahe vollständig vernichtet. Wir werden diese Felder deshalb späterhin vernachlässigen.

In einer Dreiphasenmaschine heben sich die dritten Oberfelder auf. Die fünften Oberfelder dagegen liefern ein resultierendes Drehfeld mit $10p$ Polen und einer maximalen MMK $\frac{m}{5} 0{,}45 f_{w5} J s_n q$ pro Pol (WT III, S. 269). Dieses rotiert in entgegengesetztem Sinne wie das Magnetsystem. Die siebenten Oberfelder erzeugen ein resultierendes Drehfeld von derselben Drehrichtung wie das Magnetsystem.

Da sowohl das Grundfeld wie auch die Oberfelder von demselben sinusförmigen Dreiphasenstrom erzeugt werden, haben sie die gleiche Periodenzahl. Beide bewegen sich während einer

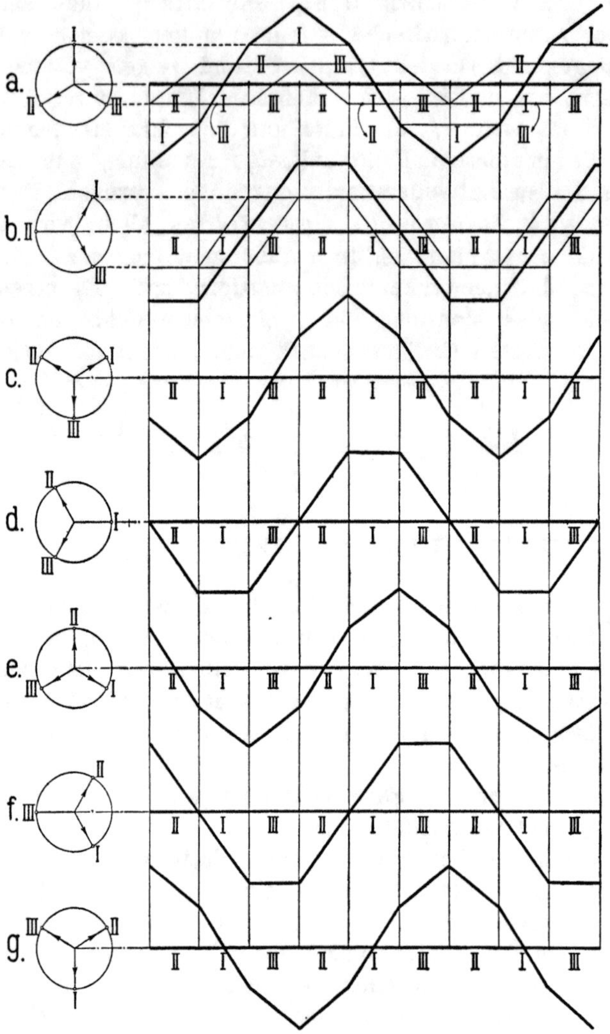

Fig. 18. Ankerfelder einer verteilten Dreiphasenwicklung ($S = \frac{1}{3}\tau$) für sieben Zeitmomente innerhalb einer halben Periode.

Periode des Stromes um eine doppelte Polteilung. Da jedoch die Polteilung des ν ten Oberfeldes gleich $\frac{1}{\nu}$ tel der Polteilung des Grundfeldes ist, so verschiebt sich dabei das ν te Oberfeld mit $\frac{1}{\nu}$ tel der Geschwindigkeit des Grundfeldes (WT III, Fig. 274). Die Umfangsgeschwindigkeit des ν ten Oberfeldes ist also $\frac{1}{\nu}$ derjenigen des

Grundfeldes. Relativ zum Magnetsystem rotieren somit die Dreh-felder der fünf- und siebenfachen Polzahl mit Geschwindigkeiten, die den Periodenzahlen $c + \dfrac{c}{5} = \dfrac{6}{5}\,c$ und $c - \dfrac{c}{7} = \dfrac{6}{7}\,c$ entsprechen.

Wenn der Ankerstrom nicht sinusförmig ist, so wird das Ankerfeld zeitlich noch stärker schwanken als unter Annahme eines sinusförmigen Stromes. Jeder Oberstrom n ter Ordnung erzeugt nämlich wie der Grundstrom ein Grundfeld n ter Ordnung und außerdem eine Reihe von Oberfeldern $n\nu$ facher Ordnung. Das Grund-feld des n ten Oberstromes rotiert aber nicht synchron, sondern mit der n fachen Geschwindigkeit des Magnetfeldes. Es wird aus diesem Grunde das ν te Oberfeld des n ten Oberstromes, das mit $\dfrac{n}{\nu}$ facher Geschwindigkeit rotiert, für $n = \nu$ mit dem Magnetfelde synchron laufen und deswegen alle anderen Felder des n ten Ober-stromes überwiegen; die übrigen Felder werden durch die Wirbel-ströme in dem Feldmagnetsystem abgeschwächt.

Dreiphasensystem. Sternschaltung. Drei Leiter.

Periodenzahl			c	$3\,c$	$5\,c$	$7\,c$	$9\,c$	$11\,c$
Wellen-länge	Feld-harmo-nische	Strom-harmo-nische	$n = 1$	3	5	7	9	11
τ	$\nu = 1$		⊘		○	○		○
$\tau/3$	$\nu = 3$							
$\tau/5$	$\nu = 5$		○		⊘	○		○
$\tau/7$	$\nu = 7$		○		○	⊘		○
$\tau/9$	$\nu = 9$							
$\tau/11$	$\nu = 11$		○		○	○		⊘

⊘ Synchrone Drehfelder.

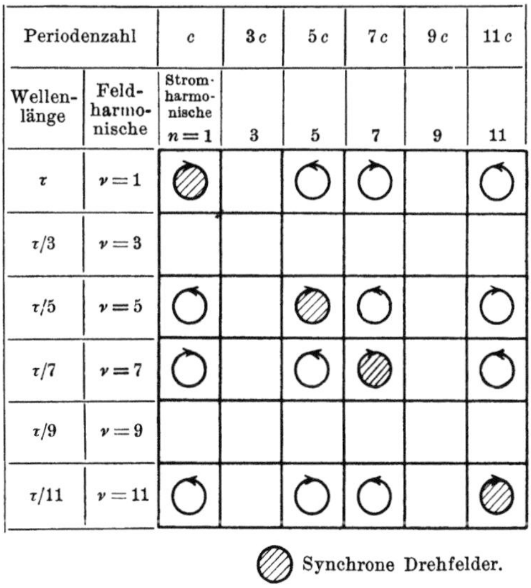

Art und Drehsinn der Felder eines Dreiphasensystems.
$n =$ Ordnung der Oberströme, $\nu =$ Ordnung der Oberfelder.

Für einen bestimmten Fall kann man die Art und den Dreh-sinn der Felder übersichtlich in einer Tabelle zusammenstellen. Die vorstehende Tabelle stellt die Verhältnisse dar für eine drei-phasige Ankerwicklung mit Sternschaltung ohne Mittelleiter. Die

Stromkurve kann somit keine Harmonischen enthalten von der Ordnung $n = 3a$, wo a eine ganze Zahl ist und die Feldharmonischen von der Ordnung $\nu = 3a$ heben sich gegenseitig auf, wir bekommen daher nur Drehfelder von der Ordnung 1, 5, 7, 11 usf.

Der Drehsinn der Felder ist in der Tabelle durch Pfeile angedeutet. Für die synchronen Drehfelder ist $n = \nu$, die ihnen entsprechenden Kreisflächen sind schraffiert.

Für die Ankerrückwirkung kommen alle Drehfelder, die nicht synchron mit dem Polrad umlaufen, nicht in Betracht. Wäre die Magnetisierungskurve eine Gerade, so würden diese Felder sich einfach über die synchronen Felder lagern und durch die Wirbelströme, die sie in den Eisenteilen der Maschine induzieren, stark gedämpft werden.

Von den synchronen Drehfeldern ist nur das Grundfeld ($n = 1$, $\nu = 1$) von Bedeutung, denn schon das in der Ordnung nächstfolgende fünfte Oberfeld der fünften Stromharmonischen kann in allen praktischen Fällen nur gering sein. — Wir brauchen somit für die Ankerrückwirkung nur das Grundfeld der Grundwelle des Ankerstromes zu berücksichtigen.

Haben wir eine Ankerwicklung mit Sternschaltung und Mittelleiter oder mit Dreieckschaltung, so können Oberströme von der Ordnung $3a$, also von der Periodenzahl $3ac$, auftreten. Im ersten Falle schließen sie sich über das äußere Netz, und da sie gleichphasig sind, lagert sich ein Einphasenstrom über den Mehrphasenstrom. Der Mittelleiter des Dreiphasensystems ist als der eine Außenleiter und die anderen drei Leiter sind als der zweite Außenleiter des Einphasenstromes anzusehen. Bei Dreieckschaltung ist das Einphasensystem kurzgeschlossen und es kann ein Strom von $3a$ facher Periodenzahl nur in der Ankerwicklung allein als innerer Strom fließen.

Ein einphasiger Oberstrom kann kein Drehfeld erzeugen; das ihm entsprechende rückwirkende Ankerfeld ist ein Wechselfeld. Durch die in den Polen und der Feldwicklung induzierten Ströme wird es stark gedämpft; außerdem muß die Polform so entworfen und die Verteilung der Ankerwicklung derart gewählt sein, daß die Oberströme nur einen kleinen Einfluß erlangen. Die Dreieckschaltung, bei der der Einfluß der Oberströme $3a$ facher Ordnung unter sonst gleichen Verhältnissen, am größten wird, ist, wenn möglich, bei Synchronmaschinen zu vermeiden.

6. Zerlegung des synchronen Drehfeldes in ein quer- und ein längsmagnetisierendes Drehfeld.

In einer Wechselstrommaschine mit ausgeprägten Polen ist die der Armaturoberfläche gegenüberstehende Fläche des Magnetsystems durch die Lücken zwischen den Polschuhen unterbrochen, und dadurch kommen nicht alle Amperewindungen der Armatur im gleichen Maße zur Wirkung. Ein Teil der Ankeramperewindungen bewirkt einen längsmagnetisierenden Kraftfluß, der mit den Erregerspulen verkettet und somit gezwungen ist, sich durch das Joch zu schließen. Der magnetische Widerstand dieses Kreises ist größer als der der Luftspalte allein, und er hängt von der Sättigung der Magnetpole ab. Der übrige Teil der Ankeramperewindungen erzeugt einen quermagnetisierenden Kraftfluß, dessen magnetischer Kreis seinen Widerstand hauptsächlich im Luftspalt hat (s. Fig. 19). Deswegen ist es, wie wir schon oben bemerkt haben, für die Rechnung bequemer, das synchrone Drehfeld in zwei Teile zu zerlegen, in den längsmagnetisierenden Kraftfluß Φ_{s2} und in den quermagnetisierenden Φ_{s3}. Jeder wird durch eine bestimmte Anzahl Amperewindungen erzeugt. Man löst deswegen die synchrone Grundwelle der magnetomotorischen Kraftkurve in zwei Sinuskurven auf, wovon die eine ihren Maximalwert unter der Mitte des Polschuhes und die andere in der Mitte der Pollücke hat; beide sind somit um 90^0 gegeneinander verschoben.

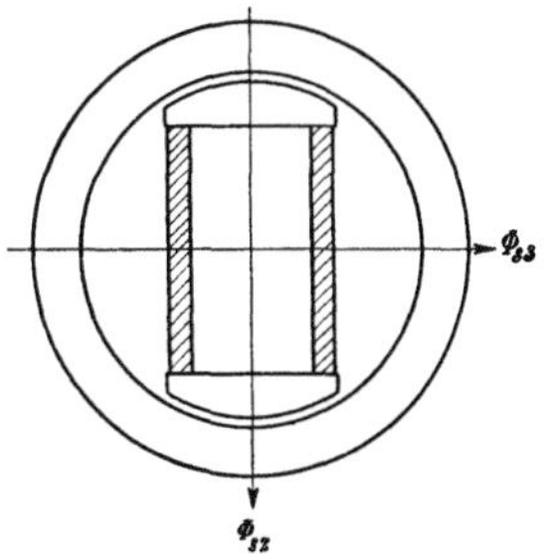

Fig. 19. Zerlegung des synchronen Drehfeldes in ein quer- und in ein längsmagnetisierendes Drehfeld.

Um die Amplituden dieser zwei Sinuswellen zu bestimmen, muß man die Lage der totalen magnetomotorischen Kraftkurve den Polschuhen gegenüber kennen.

Wie wir auf Seite 6 gesehen haben, liegt bei Phasengleichheit zwischen der vom Magnetfelde induzierten EMK und dem Ankerstrome ($\psi = 0$) die Amplitude der Grundwelle der MMK-Kurve des Ankerstromes über der Pollücke und der Ankerfluß ist ein quermagnetisierender Fluß. Beträgt die Phasenverschiebung zwischen induzierter EMK und Ankerstrom 90^0, so liegt die Amplitude der MMK-Kurve über der Polmitte und der Ankerfluß ist ein längsmagnetisierender Fluß. Bei Phasennacheilung des Stromes in Generatoren und bei Phasenvoreilung des Stromes in Motoren wirken die längsmagnetisierenden Amperewindungen des Ankerstromes schwächend auf das Erregerfeld; bei Phasenvoreilung in Generatoren und bei Phasennacheilung in Motoren dagegen stärkend.

Hat man allgemein eine Phasenverschiebung ψ des Stromes gegen die vom Magnetfelde induzierte EMK, so ist die Amplitude der MMK-Kurve des synchronen Drehfeldes um den Winkel ψ gegen die Mitte der Pollücke verschoben, wie Fig. 20 zeigt, wobei der Polteilung τ ein Winkel von 180^0 entspricht.

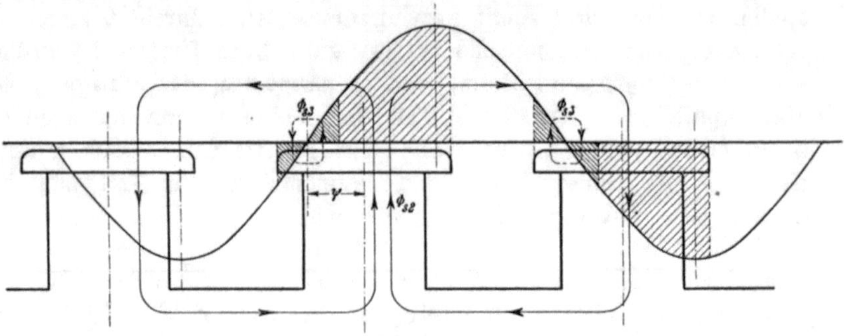

Fig. 20.

Um die Rückwirkung des Stromes J mit der Phasenverschiebung ψ zu bestimmen, zerlegen wir den Strom in die Wattkomponente $J\cos\psi$ und die wattlose Komponente $J\sin\psi$. Die erste wirkt quermagnetisierend, die letztere längsmagnetisierend. Es werden daher die maximalen längsmagnetisierenden Amperewindungen pro Pol gleich

$$0{,}45\, f_{w1}\, m\, J\, s_n\, q \sin\psi = A \sin\psi \quad . \quad . \quad . \quad . \quad . \quad (17)$$

und die maximalen quermagnetisierenden Amperewindungen gleich

$$0{,}45\, f_{w1}\, m\, J\, s_n\, q \cos\psi = A \cos\psi \quad . \quad . \quad . \quad . \quad . \quad (18)$$

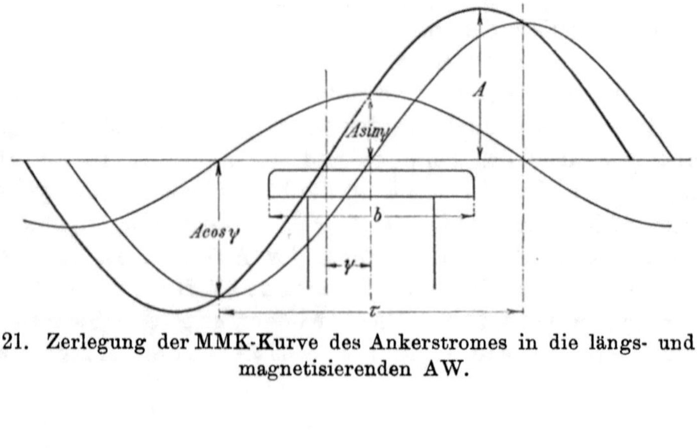

Fig. 21. Zerlegung der MMK-Kurve des Ankerstromes in die längs- und quermagnetisierenden AW.

Diese Werte stellen die Amplituden der Sinuskurven dar, in die die Anker-MMK (Fig. 21) nun zerlegt worden ist.

Sind die Polschuhe schräg gestellt, so sind diese Amplituden noch mit dem Polschuhfaktor f_p zu multiplizieren (WT III, S. 208).

7. Berechnung des längs- und quermagnetisierenden Kraftflusses Φ_{s2} und Φ_{s3} bzw. der EMKe E_{s2} und E_{s3}.

a) Der längsmagnetisierende Kraftfluß Φ_{s2}. Infolge des Einflusses der Pollücken werden die Kraftflüsse Φ_{s2} und Φ_{s3} nicht in derselben Weise längs des Ankerumfanges verteilt sein, wie die sie erzeugenden Amperewindungen. Der Einfluß der Pollücke auf den Kraftfluß Φ_{s2}, der seine Amplitude über der Polmitte hat, ist klein. Als wirksamen Teil des Kraftflusses Φ_{s2} haben wir den Teil desselben, der über dem Pol liegt, von der Breite $\alpha_i \tau$ zu betrachten. Von den sinusförmig verteilten längsmagnetisierenden Amperewindungen mit der Amplitude $A \sin \psi$ pro Pol kommt somit auch nur der Teil *olmn* (Fig. 22) in Betracht. Wir wollen mit der Grundwelle des wirksamen Teiles des längsmagnetisierenden Kraftflusses rechnen, und zerlegen deswegen den entsprechenden Teil *olmn* der MMK-Kurve mit der Amplitude $A \sin \psi$ in die Harmonischen und berücksichtigen von diesen nun die Grundwelle.

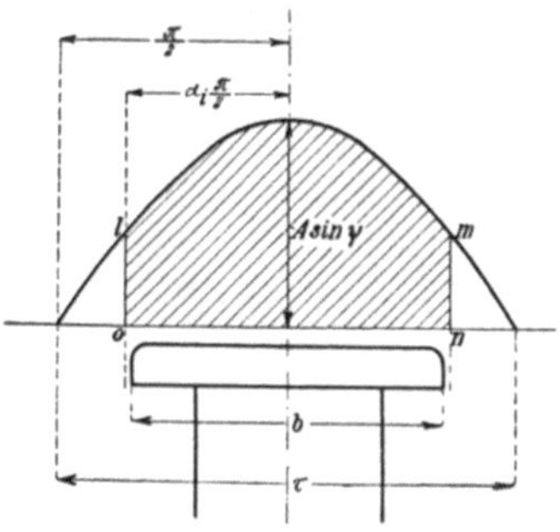

Fig. 22.

Nach den Formeln Seite 223 WT I wird die Amplitude der Grundwelle gleich

$$b_n = \frac{1}{\pi} \int_0^{\pi} [f(x) - f(-x)] \sin x \, dx.$$

Denken wir uns ein Achsenkreuz mit dem Koordinatenanfangspunkt in die Mitte der Pollücke gelegt, so sind die längsmagnetisierenden Amperewindungen nach dem Gesetz

$$A \sin \psi \sin x$$

verteilt. Von $x = 0$ bis $x = (1 - \alpha_i) \frac{\pi}{2}$ bzw. von $x = (1 + \alpha_i) \frac{\pi}{2}$ bis $x = \pi$ sind $f(x)$ und $f(-x)$ gleich Null. Von $x = (1 - \alpha_i) \frac{\pi}{2}$

bis $x = (1 + \alpha_i)\frac{\pi}{2}$ ist $f(x) = A \sin\psi \sin x$ und $f(-x) = -A \sin\psi \sin x$. Es wird also

$$b_n = \frac{2}{\pi}\int\limits_{(1-\alpha_i)\frac{\pi}{2}}^{(1+\alpha_i)\frac{\pi}{2}} A \sin\psi \sin^2 x\, dx$$

$$= A \sin\psi \frac{\pi\alpha_i + \sin\pi\alpha_i}{\pi}.$$

Das ist die Amplitude der Grundwelle der wirksamen längsmagnetisierenden Amperewindungen pro Pol. Für alle $2p$ Pole wird diese Amplitude gleich

$$A\, 2p \sin\psi \frac{\pi\alpha_i + \sin\pi\alpha_i}{\pi} \quad \ldots\ldots \quad (19)$$

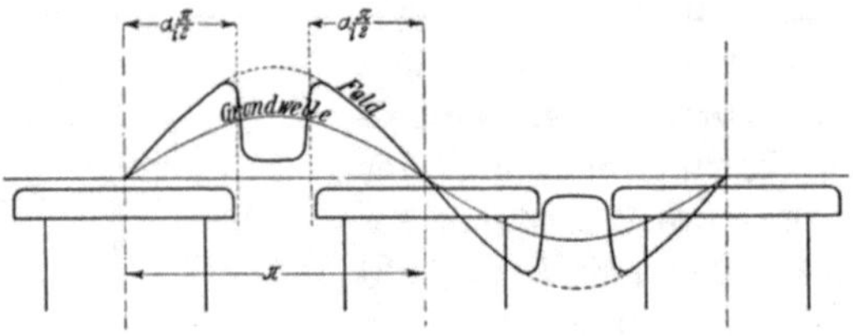

Fig. 23.

b) Der quermagnetisierende Kraftfluß Φ_{s3}. Durch die Pollücke wird der Kraftfluß Φ_{s3} stark geschwächt, da die Amplitude der ihn erzeugenden MMK-Kurve gerade über der Mitte der Pollücke liegt. Die Verteilung des Kraftflusses Φ_{s3} wird etwa wie in Fig. 23 gezeichnet aussehen. Wir rechnen wieder nur mit der Grundwelle dieser Kurve. Zu diesem Zwecke zerlegen wir den entsprechenden Teil der MMK-Kurve mit der Amplitude $A \cos\psi$ in die Harmonischen und berücksichtigen nur die Grundwelle. Für das Achsenkreuz mit dem Anfangspunkt in der Mitte der Pollücke sind die quermagnetisierenden Amperewindungen nach dem Gesetz

$$A \cos\psi \cos x$$

verteilt. Nehmen wir an, daß das Feld in der Mitte der Pollücke $^1/_6$ der Amplitude ist, so ergibt sich die Amplitude der Grundwelle der wirksamen quermagnetisierenden Amperewindungen pro Pol[1])

[1]) Vgl. Wechselstromtechnik Bd. I, S. 223.

$$a_n = A\cos\psi\left(\frac{2}{\pi}\int\limits_{x=0}^{x=(1-\alpha_i)\frac{\pi}{2}}\frac{1}{6}\cos x\,dx + \frac{2}{\pi}\int\limits_{x=(1-\alpha_i)\frac{\pi}{2}}^{x=(1+\alpha_i)\frac{\pi}{2}}\cos^2 x\,dx - \frac{2}{\pi}\int\limits_{x=(1+\alpha_i)\frac{\pi}{2}}^{x=\pi}\frac{1}{6}\cos x\,dx\right)$$

$$= A\cos\psi\,\frac{\alpha_i\pi - \sin\alpha_i\pi + \frac{2}{3}\cos\frac{\alpha_i\pi}{2}}{\pi}$$

und für alle $2p$ Pole

$$a_n = 2p\,A\cos\psi\,\frac{\alpha_i\pi - \sin\alpha_i\pi + \frac{2}{3}\cos\alpha_i\frac{\pi}{2}}{\pi} \quad . \; . \; . \quad (20)$$

Da zur Bestimmung der EMKe E_{s2} und E_{s3} die Leerlaufcharakteristik benutzt werden soll, so wollen wir die eben gefundenen Grundwellen der wirksamen längs- und quermagnetisierenden Amperewindungen auf die Grundwelle der MMK-Kurve der Hauptpole beziehen[1]). Für die Amplitude derselben ergibt sich

$$b_n = \frac{1}{\pi}\int\limits_{(1-\alpha_i)\frac{\pi}{2}}^{(1+\alpha_i)\frac{\pi}{2}} 2\,AW_t\sin x\,dx$$

$$b_n = \frac{4}{\pi}\,AW_t\sin\frac{\alpha_i\pi}{2} \quad . \; . \; . \; . \; . \; . \; . \; . \; . \quad (21)$$

Werden also E_{s2} und E_{s3} mit Hilfe der Leerlaufcharakteristik bestimmt, wobei als Abszissenwerte AW_t aufgetragen wird, so haben wir als längsmagnetisierende Amperewindungen einzuführen

$$AW_e = 2p\,A\sin\psi\,\frac{\pi\alpha_i + \sin\pi\alpha_i}{4\sin\alpha_i\frac{\pi}{2}}$$

$$= 0{,}9\,f_{w1}\,m\,J\,s_n\,p\,q\sin\psi\,\frac{\pi\alpha_i + \sin\pi\alpha_i}{4\sin\alpha_i\frac{\pi}{2}}$$

oder

$$\boldsymbol{AW_e = k_0 f_{w1}\,m\,w\,J\sin\psi} \quad . \; . \; . \; . \; . \quad (22)$$

wo

$$k_0 = 0{,}9\,\frac{\pi\alpha_i + \sin\pi\alpha_i}{4\sin\alpha_i\frac{\pi}{2}} \quad . \; . \; . \; . \; . \; . \; . \quad (23)$$

---

[1]) Vgl. Schouten, ETZ 1910, S. 877; J. Sumec, ETZ 1911, S. 79.

Als quermagnetisierende Amperewindungen sind einzuführen

$$AW_q = A\,2p\cos\psi\,\frac{\alpha_i\pi - \sin\pi\alpha_i + \frac{2}{3}\cos\alpha_i\frac{\pi}{2}}{4\sin\frac{\alpha_i\pi}{2}}$$

oder

$$\boldsymbol{AW_q = k_q f_{w1}\, m w J \cos\psi} \quad \ldots\ldots \quad (24)$$

wo

$$k_q = 0{,}9\,\frac{\alpha_i\pi - \sin\pi\alpha_i + \frac{2}{3}\cos\alpha_i\frac{\pi}{2}}{4\sin\frac{\alpha_i\pi}{2}} \quad \ldots\ldots \quad (25)$$

Die Größen

$$\frac{\pi\alpha_i + \sin\pi\alpha_i}{4\sin\frac{\alpha\pi_i}{2}}$$

und

$$\frac{\pi\alpha_i - \sin\pi\alpha_i + \frac{2}{3}\cos\frac{\alpha_i\pi}{2}}{4\sin\frac{\pi\alpha_i}{2}}$$

stellen die Verhältnisse zwischen dem Füllfaktor der Grundwelle des wirksamen längs- bzw. quermagnetisierenden Feldes und dem Füllfaktor der Grundwelle des Magnetfeldes dar.

c) Berechnung der EMKe E_{s2} und E_{s3}. Das Feld Φ_{s2} ist in Phase mit dem Magnetfeld. Es wird daher die von Φ_{s2} induzierte EMK E_{s2} mit der vom Magnetfelde induzierten EMK in Phase sein.

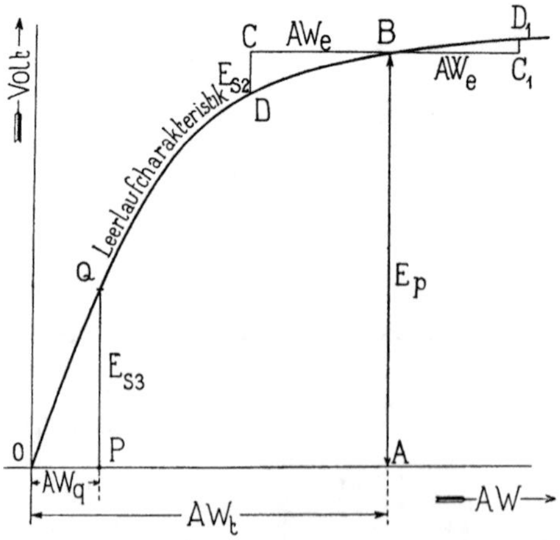

Fig. 24.

1. Zur Bestimmung der EMK E_{s2} trägt man zunächst in die Leerlaufcharakteristik, Fig. 24, die vom Magnetfelde induzierte EMK gleich AB ein. Von B aus nach links oder rechts trägt man dann AW_e ein, und zwar nach links, wenn ψ ein Phasennach-

eilungswinkel und nach rechts, wenn ψ ein Phasenvoreilungswinkel ist. Es ist dann

$$E_{s2} = \overline{CD} \quad \text{bzw.} \quad E_{s2} = \overline{C_1 D_1}.$$

Man sieht direkt aus der Fig. 24, daß E_{s2} um so größer wird, je weniger die Maschine gesättigt ist. Bei kleinen Erregungen, wie z. B. bei Kurzschluß der Ankerwicklung, kann E_{s2} bei demselben AW_e leicht bis 5 mal größer werden als bei Belastung.

2. Das Feld des Kraftflusses Φ_{s3} ist gegen das Magnetfeld um 90° verschoben. Die EMK E_{s3}, die von Φ_{s3} induziert wird, ist deswegen um 90° gegen die vom Magnetfelde induzierte EMK verschoben. Hieraus folgt, daß E_{s3} keinen großen Einfluß auf den Spannungsabfall haben kann.

Der magnetische Kreis des Querflusses hat seinen Widerstand hauptsächlich im Luftspalte. Man kann deswegen den unteren Teil der Leerlaufcharakteristik zur Bestimmung der EMK E_{s3} benutzen. Trägt man vom Anfangspunkte 0 (Fig. 24) $AW_q = \overline{OP}$ ab, so wird

$$\overline{PQ} = E_{s3}$$

sein.

Liegt die Leerlaufcharakteristik nicht vor, so kann E_{s3} wieder unter Vernachlässigung des Widerstandes des Eisens wie folgt berechnet werden.

Für die Amplitude der Grundwelle der wirksamen quermagnetisierenden Amperewindungen für alle $2p$ Pole haben wir oben, Gl. 20, gefunden

$$AW_q' = A \cos\psi \frac{\alpha_i \pi - \sin \alpha_i \pi + \frac{2}{3} \cos \alpha_i \frac{\pi}{2}}{\pi} 2p$$

oder

$$\boldsymbol{AW_q' = k_q' f_{w1} m J w \cos\psi} \quad \ldots\ldots \quad (26)$$

worin

$$\boldsymbol{k_q' = 0{,}9 \frac{\alpha_i \pi - \sin \alpha_i \pi + \frac{2}{3} \cos \alpha_i \frac{\pi}{2}}{\pi}} \quad \ldots \quad (27)$$

Der Querfluß pro Pol wird somit

$$\Phi_q = \frac{1}{2p} \frac{2}{\pi} k_q' f_{w1} w m J \cos\psi \frac{\tau l_i}{0{,}8 \delta k_1}$$

und die EMK E_{s3}

$$\boldsymbol{E_{s3} = 4{,}44 f_{w1} c w \Phi_q 10^{-8}}$$

$$\boldsymbol{= 1{,}77 k_q' c (f_{w1} w)^2 m J \cos\psi \frac{\tau l_i}{\delta k_1 p} 10^{-8}\ \text{Volt}} \quad . \ . \quad (28)$$

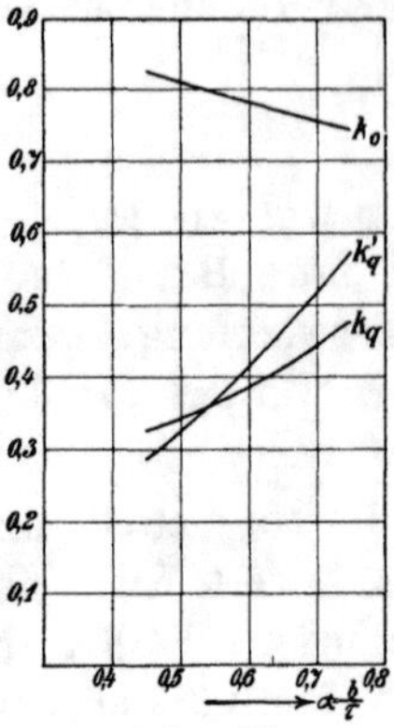

Fig. 25.

Die nach dieser Formel berechneten Werte von E_{s3} werden etwas größer sein, als die entsprechend den AW_q aus der Leerlaufcharakteristik entnommenen. Der Unterschied wird um so größer sein, je stärker die Maschine gesättigt ist.

In der folgenden Tabelle sind einige Werte von k_0, k_q und k_q' angegeben, die nach den obigen Formeln berechnet worden sind. Die Zwischenwerte können den Kurven Fig. 25 entnommen werden.

Werte von k_0, k_q und k_q' für verschiedene Verhältnisse $\frac{\text{Polbogen}}{\text{Polteilung}}$

$\alpha = \frac{b}{\tau}$	0,750	0,700	0,650	0,600	0,550	0,500	0,450
α_i	0,773	0,728	0,682	0,635	0,587	0,536	0,486
$k_0 = 0{,}9\,\frac{\pi\alpha_i + \sin\pi\alpha_i}{4\sin\alpha_i\frac{\pi}{2}}$	0,741	0,753	0,765	0,780	0,794	0,810	0,825
$k_q = 0{,}9\,\frac{\pi\alpha_i - \sin\pi\alpha_i + \frac{3}{2}\cos\alpha_i\frac{\pi}{2}}{4\sin\alpha_i\frac{\pi}{2}}$	0,479	0,446	0,415	0,387	0,363	0,342	0,328
$k_q' = 0{,}9\,\frac{\pi\alpha_i - \sin\pi\alpha_i + \frac{3}{2}\cos\alpha_i\frac{\pi}{2}}{\pi}$	0,571	0,516	0,464	0,412	0,367	0,325	0,289
k_q/k_0	0,646	0,593	0,542	0,496	0,457	0,422	0,398
k_0/k_q	1,545	1,685	1,845	2,100	2,190	2,370	2,510

Die Werte von α_i für verschiedene Verhältnisse $\frac{b}{\tau}$ und $\frac{\delta}{b}$ sind in WT III, S. 216 ff. angegeben; hier ist $\frac{\delta}{b} = \frac{1}{25}$ gewählt worden. Wie aus der Tabelle ersichtlich, ist der Faktor k_q viel kleiner als der Faktor k_0. In der Abweichung dieses Verhältnisses von der Einheit stellt sich die Variation des Selbstinduktionskoeffizienten der Ankerwicklung dar. Wie wir später sehen werden, gibt diese Variation von L Anlaß zur Induktion von EMKen höherer Periodenzahl in der Ankerwicklung. Solche EMKe sind z. B. die, die von den von uns vernachlässigten Oberfeldern des Querflusses (vgl. Fig. 23) induziert werden.

8. Ankerrückwirkung der Einphasenmaschine.

Wie wir früher gesehen haben, ist das Ankerfeld einer Einphasenmaschine ein Wechselfeld, das sich bei sinusförmigem Ankerstrom aus einem Grundwechselfeld und kleinen Oberfeldern von drei-, fünf- und siebenfacher Polzahl zusammensetzt (s. Fig. 15). Wie bei der Mehrphasenmaschine haben wir auch hier nur das Grundfeld zu betrachten. Diesem Wechselfelde entspricht die Grundwelle der MMK-Kurve, deren Amplitude pro Pol

$$0{,}9\, f_{w1}\, q s_n J$$

ist. Dieses Wechselfeld zerlegen wir nun in zwei Drehfelder, das synchrone und das inverse. Jedem dieser beiden Drehfelder wird somit eine maximale MMK gleich

$$\boldsymbol{A = 0{,}45\, f_{w1}\, q s_n J} \quad . \; . \; . \; . \; . \; . \; . \quad (29)$$

pro Pol entsprechen.

Bezüglich des synchronen Drehfeldes bzw. der synchronen MMK-Welle gilt alles, was eben vom Drehfelde der Mehrphasenmaschine gesagt wurde. Es steht in bezug auf die Pole still, seine Lage gegenüber den Polen ist durch den inneren Phasenverschiebungswinkel ψ bestimmt. Seine Rückwirkung läßt sich, wie früher gezeigt, durch Zerlegung des Stromes in eine Watt- und eine wattlose Komponente mit genügender Genauigkeit bestimmen.

Das inverse Drehfeld tritt hier als eine neue Erscheinung auf, die Komplikationen in dem Arbeiten der Einphasenmaschine hervorruft. Die Wirkung dieses Drehfeldes muß daher besonders untersucht werden. Wie von vornherein zu sehen ist, kann es sich dabei nur um eine qualitative, nicht aber um eine quantitative Untersuchung handeln, denn das inverse Drehfeld rotiert relativ zu den Polen mit der doppeltsynchronen Geschwindigkeit und erzeugt daher in dem Magnetsystem, besonders bei massiven Polschuhen, starke Wirbelströme und in der Feldwicklung Wechselströme, die auf das erzeugende Feld dämpfend zurückwirken. Diese dämpfende Wirkung der Wirbelströme läßt sich aber nicht berechnen.

9. Analytische Theorie.

Vom Erregerstrome i_e bzw. vom Erregerfeld wird in der Ankerwicklung die EMK

$$e = -\frac{d(m i_e)}{dt} = \sqrt{2}\, E \sin \omega t$$

induziert, wo $m = M \cos \omega t$ den gegenseitigen Induktionskoeffizienten der Anker- und Erregerwicklung bedeutet. Der Einfachheit halber vernachlässigen wir hier die Glieder höherer Ordnung. Bei Belastung der Maschine erzeugt diese sinusförmige EMK e in der Ankerwicklung einen Wechselstrom

$$i = \sqrt{2}\, J \sin(\omega t - \psi),$$

wo ψ der Winkel ist, um den der Strom i der induzierten EMK e nacheilt. Dieser Strom induziert in den Magnetspulen die EMK

$$e' = -\frac{d(mi)}{dt} = -\frac{d}{dt}\sqrt{2}\, MJ \cos \omega t \sin(\omega t - \psi)$$

$$= -\frac{d}{dt}\frac{\sqrt{2}\, MJ}{2}[\sin(2\,\omega t - \psi) - \sin\psi]$$

$$= -\sqrt{2}\,\omega MJ \cos(2\,\omega t - \psi) = \sqrt{2}\,\omega MJ \cos(2\,\omega t + \pi - \psi),$$

welche mit der doppelten Periodenzahl des Ankerstromes pulsiert.

Diese EMK erzeugt in dem Erregerstromkreis die Stromstärke

$$i' = \sqrt{2}\, J' \cos(2\,\omega t + \pi - \psi - \psi_e),$$

wo ψ_e der Winkel ist, um den der Strom i' der EMK e' nacheilt.

Die Stromstärke i' induziert wieder in der Ankerwicklung

$$e'' = -\frac{d(mi')}{dt} = -\frac{d}{dt}\sqrt{2}\, MJ' \cos(2\,\omega t + \pi - \psi - \psi_e) \cos \omega t$$

$$= -\frac{d}{dt}\frac{\sqrt{2}\, MJ'}{2}[\cos(\omega t + \pi - \psi - \psi_e) + \cos(3\,\omega t + \pi - \psi - \psi_e]$$

$$= \frac{\sqrt{2}\,\omega J' M}{2}[\sin(\omega t + \pi - \psi - \psi_e) + 3\sin(3\,\omega t + \pi - \psi - \psi_e)],$$

also eine EMK von einfacher und eine von dreifacher Periodenzahl des Grundstromes. Diese dritte Oberwelle der Spannung erzeugt in dem Ankerstromkreis einen Oberstrom von dreifacher Periodenzahl, der wieder einen Strom vierfacher Periodenzahl in dem Erregerstromkreis induziert usw. Wir erhalten somit folgendes Resultat:

1. Die Feldmagnete induzieren im Anker einen Strom von der Periodenzahl c.
2. Das Ankerfeld von der Periodenzahl c induziert in den Feldspulen einen Strom von der Periodenzahl $2\,c$, der ein pulsierendes Feld erzeugt.
3. Das pulsierende Feld von der Periodenzahl $2\,c$ induziert im Anker Ströme von der Periodenzahl c und $3\,c$.

4. Das Ankerfeld von der Periodenzahl $3c$ induziert in den Feldspulen einen Strom von der Periodenzahl $4c$, der ein zweites pulsierendes Feld erzeugt.
5. Das zweite pulsierende Feld von der Periodenzahl $4c$ induziert im Anker Stöme von der Periodenzahl $3c$ und $5c$ usf.

Hieraus geht folgendes hervor:

Selbst wenn bei Leerlauf einer Einphasenmaschine die EMK sinusförmig ist, so werden doch bei Belastung sowohl in der Ankerwicklung wie in der Erregerwicklung Ströme von höherer Periodenzahl entstehen.

Die Felder von höherer als zweifacher Periodenzahl werden jedoch nahezu vollständig abgedämpft, und auch das Feld zweifacher Periodenzahl wird stark geschwächt.

Wir wollen daher im weiteren nur noch den Strom von zweifacher Periodenzahl in der Erregerwicklung und die Spannungen von dreifacher Periodenzahl in der Ankerwicklung berücksichtigen.

Außer der EMK e'', die vom Ankerstrom indirekt in der Ankerwicklung induziert wird, induziert der Ankerstrom in der Ankerwicklung noch EMKe der Selbstinduktion

$$e_s = -\frac{d(Li)}{dt}.$$

Bei einer Maschine mit ausgeprägten Polen ist der Selbstinduktionskoeffizient L nicht konstant. In gewissen Fällen hat

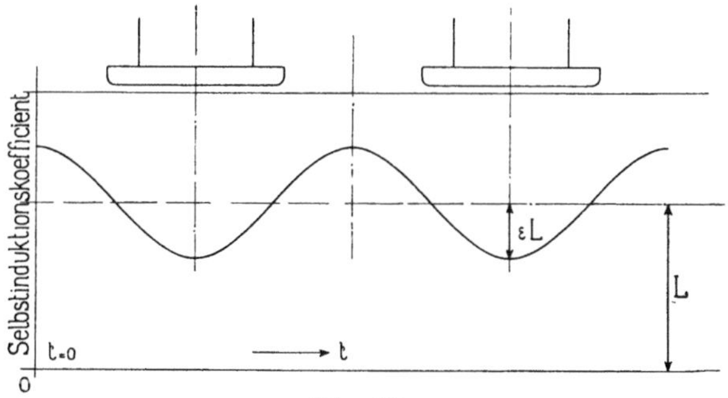

Fig. 26.

dieser für eine Windung seinen größten Wert, wenn deren Leiter unter der Polmitte liegen, und seinen minimalen Wert, wenn deren Leiter über den Pollücken liegen. Es kann aber auch das Umgekehrte der Fall sein; dies hängt von der Sättigung der Maschine ab. Da ferner für jede Periode des Stromes die Leiter der Windung zweimal die Pollücke bzw. die Pole vorbeigehen müssen, so kann der variable Selbstinduktionskoeffizient l angenähert gesetzt werden

$$l = L(1 + \varepsilon \cos 2\,\omega t)$$

und im zweiten Falle

$$l = L(1 - \varepsilon \cos 2\,\omega t).$$

Wir haben hierdurch die Annahme gemacht, daß der Selbstinduktionskoeffizient nach einer Sinuskurve doppelter Periodenzahl variiert

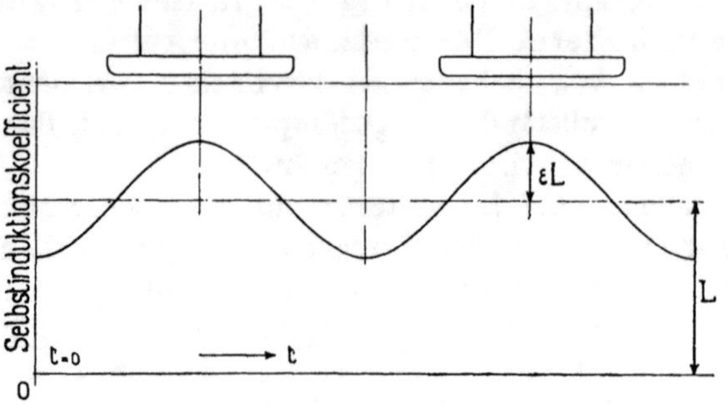

Fig. 27.

Der erste Fall ist in Fig. 26, der zweite in Fig. 27 dargestellt. Es wird nun die EMK der Selbstinduktion

$$e_s = -\frac{d(li)}{dt} = -\frac{d}{dt}\sqrt{2}\,LJ(1 \pm \varepsilon \cos 2\,\omega t)\sin(\omega t - \psi)$$

$$= -\frac{d}{dt}\sqrt{2}\,LJ\left\{\sin(\omega t - \psi) \mp \frac{\varepsilon}{2}\sin(\omega t + \psi) \pm \frac{\varepsilon}{2}\sin(3\,\omega t - \psi)\right\}$$

$$= \sqrt{2}\,\omega LJ\left\{\sin\left(\omega t - \psi - \frac{\pi}{2}\right) \pm \frac{\varepsilon}{2}\sin\left(\omega t + \psi + \frac{\pi}{2}\right)\right.$$

$$\left.\pm \frac{3\,\varepsilon}{2}\sin\left(3\,\omega t - \psi - \frac{\pi}{2}\right)\right\}.$$

Wir sehen somit, daß die Variation des Selbstinduktionskoeffizienten EMKe von höherer Periodenzahl in der Ankerwicklung verursacht. Bei einer Maschine mit verteiltem Eisen ist l fast konstant und diese dritte Harmonische verschwindet. Auch bei der Mehrphasenmaschine entstehen höhere Harmonischen infolge der Variation von l; das sind z. B. die, die wir bei der Behandlung des Querfeldes vernachlässigt haben.

Wir wollen nun an Hand eines Diagramms untersuchen, wie sich in der Ankerwicklung die eben berechneten EMKe der Selbstinduktion von der Periodenzahl c und $3\,c$ zu den EMKen von einfacher und dreifacher Periodenzahl, die vom Wechselstrom zweifacher Periodenzahl in der Erregerwicklung herrühren, gegenseitig verhalten.

Wir betrachten zunächst die EMKe von einfacher Periodenzahl.

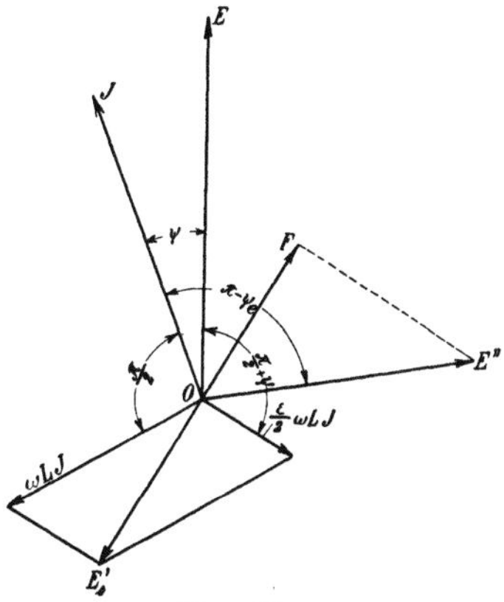

Fig. 28.

In das Diagramm Fig. 28 tragen wir zunächst die Effektivwerte der beiden ersten Glieder der Gleichung für e_s auf: $\omega L J$ und $\frac{\varepsilon}{2}\omega L J$. Wir erhalten dann die resultierende EMK der Selbstinduktion in der Ankerwicklung gleich E_s', die dem Strom um etwas mehr als 90° nacheilt, solange ψ positiv ist.

Vom Strome zweifacher Periodenzahl in der Erregerwicklung i' wird in der Ankerwicklung induziert

$$e'' = \frac{\sqrt{2}\,\omega J' M}{2}\left[\sin(\omega t + \pi - \psi - \psi_e) + 3\sin(3\omega t + \pi - \psi - \psi_e)\right].$$

Nehmen wir an, daß der Phasenverschiebungswinkel ψ_e zwischen e' und i' nicht 90°, sondern wegen des Stromwärmeverlustes im Erregerstromkreis etwas weniger ausmacht, so wird $(\pi - \psi_e) > 90°$ und die Grundwelle der EMK e'' wird dem Strome i um etwas mehr wie 90° voreilen. Tragen wir den Effektivwert der Grundharmonischen von e'' gleich $\frac{\omega J' M}{2} = E''$ in das Diagramm ein und zerlegen wir E'' in zwei Komponenten: in der Richtung von E_s' und senkrecht dazu, so sehen wir, daß durch die erste Komponente $\overline{OF}$ von E'' E_s' geschwächt wird.

Vergleichen wir nun die EMKe von dreifacher Periodenzahl. Die dritte Oberwelle von e_s ist

$$\frac{3}{2}\varepsilon\sqrt{2}\,\omega L J \sin\left(3\omega t - \psi - \frac{\pi}{2}\right)$$

und diejenige von e''

$$3\sqrt{2}\,E''\sin(3\omega t - \psi + \pi - \psi_e).$$

Da $\pi - \psi_e$ fast gleich 90° ist, so sind diese beiden EMKe dreifacher Periodenzahl einander fast entgegengesetzt gerichtet.

Somit wird auch die EMK dreifacher Periodenzahl, die von der Variation des Selbstinduktionskoeffizienten herrührt, von einer

EMK derselben Periodenzahl, die vom Strome zweifacher Periodenzahl in der Erregerwicklung herrührt, gedämpft.

Wir erhalten folgendes Resultat:

Der Wechselstrom von zweifacher Periodenzahl, der in den Erregerspulen induziert wird, wirkt auf das Ankerfeld dämpfend zurück.

Die über die Erregerquelle geschlossene Erregerwicklung verhält sich gegenüber dem Ankerfelde wie die sekundäre Wicklung eines Transformators im Kurzschluß: sie dämpft das sie induzierende Feld.

Wie aber ohne weiteres einzusehen ist, wird die Erregerwicklung nicht imstande sein das inverse Feld vollkommen zu vernichten, denn die Erregerwicklung ist einachsig, ein Drehfeld hat dagegen mindestens zwei Achsen und kann daher nur dann fast vollständig abgedämpft werden, wenn wir mindestens zwei kurzgeschlossene Achsen haben.

Das wird noch klarer, wenn wir das inverse Feld für sich betrachten und nicht den gesamten Ankerstrom, wie wir es bis jetzt gemacht haben; das soll im folgenden geschehen.

10. Zerlegung des inversen Drehfeldes in zwei Wechselfelder.

Wir wollen nun das inverse Feld für sich betrachten. Diesem entspricht eine maximale MMK

$$A = 0{,}45\, f_{w1}\, q\, s_n\, J$$

pro Pol und es rotiert mit der doppeltsynchronen Geschwindigkeit gegenüber den Polen. Wir können nun das inverse Drehfeld aus zwei Wechselfeldern entstanden denken, die zeitlich und räumlich um 90° gegeneinander verschoben sind und die in bezug auf die Pole stillstehen[1]). Da das inverse Drehfeld sich relativ zu den Polen mit der doppeltsynchronen Periodenzahl bewegt, so werden diese beiden Wechselfelder auch mit der Periodenzahl $2c$ pulsieren müssen. Entsprechend einer räumlichen Verschiebung um 90 elektrische Grad wird eines der beiden Wechselfelder in der Achse der Pole das andere senkrecht dazu in der Pollücke schwingen. Das erste wollen wir das inverse Längsfeld und das andere das inverse Querfeld nennen. Im zweipoligen Schema sind es also zwei um 90° räumlich verschobene Wellen.

Bevor wir weiter gehen, wollen wir feststellen, daß ein Wechselfeld von der Periodenzahl $2c$, das gegenüber der

[1]) S. z. B. Wengner, Theor. und exper. Untersuchungen an der synchronen Einphasenmaschine (Doktor-Dissertation).

Ankerwicklung mit der Periodenzahl c rotiert, in der Ankerwicklung eine EMK von der Periodenzahl c und eine EMK von der Periodenzahl $3c$ induziert. Dieser Fall tritt ein, wenn z. B. in der Feldwicklung ein Wechselstrom von der Periodenzahl $2c$ fließt und die Pole mit einer der Periodenzahl c entsprechenden Geschwindigkeit rotieren, wie in Fig. 29 angedeutet ist.

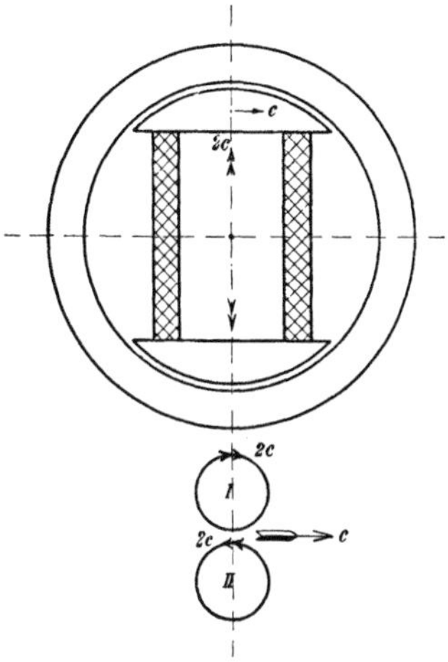

Fig. 29.

Wir können das Wechselfeld in zwei Drehfelder I und II zerlegen, deren konstante Amplituden gleich der halben Amplitude des Wechselfeldes sind und die mit der Geschwindigkeit $2c$ relativ zu den Polen rotieren, das eine nach links, das andere nach rechts. Rotieren die Pole nach rechts, so hat das erste Drehfeld die absolute Geschwindigkeit $2c - c = c$ und das zweite die Geschwindigkeit $2c + c = 3c$ relativ zu der Ankerwicklung, wir erhalten somit, wie oben angegeben, eine EMK von der Periodenzahl c und eine EMK von der Periodenzahl $3c$.

Wir wollen nun der Reihe nach die vom inversen Drehfelde bzw. von den äquivalenten beiden Wechselfeldern von der Periodenzahl $2c$ in der Ankerwicklung und in der Erregerwicklung induzierten EMKe betrachten.

a) Die vom inversen Drehfelde in der Ankerwicklung induzierten EMKe.

Die Wirkung läßt sich schematisch wie folgt darstellen:

Inverses Drehfeld

↓

zerlegt in zwei räumlich und zeitlich um 90° verschobene Wechselfelder von zweifacher Periodenzahl, fest in bezug auf die Pole

↓ ↓

Erstes Wechselfeld von der Periodenzahl $2c$ mit der Amplitude über der Polmitte (inverses Längsfeld)	Zweites Wechselfeld von der Periodenzahl $2c$ mit der Amplitude über der Pollücke (inverses Querfeld)
↓	↓

Jedes Wechselfeld induziert im Anker eine EMK von der Periodenzahl c und eine EMK von der Periodenzahl $3c$, wir erhalten somit im ganzen zwei EMKe von der Periodenzahl c und zwei EMKe von der Periodenzahl $3c$.

Es läßt sich analytisch leicht beweisen, daß die beiden EMKe von einfacher Periodenzahl sich unterstützen und die EMKe von dreifacher Periodenzahl einander entgegenwirken. Bei Maschinen mit ausgeprägten Polen sind infolge der Ungleichheit der Selbstinduktionskoeffizienten des inversen Längsfeldes und des inversen Querfeldes die EMKe dreifacher Periodenzahl ungleich und es bleibt in der Ankerwicklung eine EMK dieser Periodenzahl bestehen, bei Maschinen mit Vollpolen heben sich dagegen die EMKe dreifacher Periodenzahl vollständig auf. Die Richtigkeit des Gesagten geht auch aus der Überlegung hervor, daß vom Ankerfeld einfacher Periodenzahl, durch dessen Zerlegung wir das inverse Drehfeld erhielten, bei gleicher Beschaffenheit des Rotors in bezug auf beide Achsen, eine EMK dreifacher Periodenzahl nicht induziert werden kann.

b) Die vom inversen Drehfelde in der Erregerwicklung induzierten EMKe.

Die beiden Wechselfelder von zweifacher Periodenzahl werden in den Erregerwindungen EMKe von derselben Periodenzahl erzeugen, da sie in bezug auf die Pole feststehen. In einer Maschine mit ausgeprägten Polen kann nur das inverse Längsfeld zur Wirkung kommen, denn der inverse Querfluß kann nicht mit den Er-

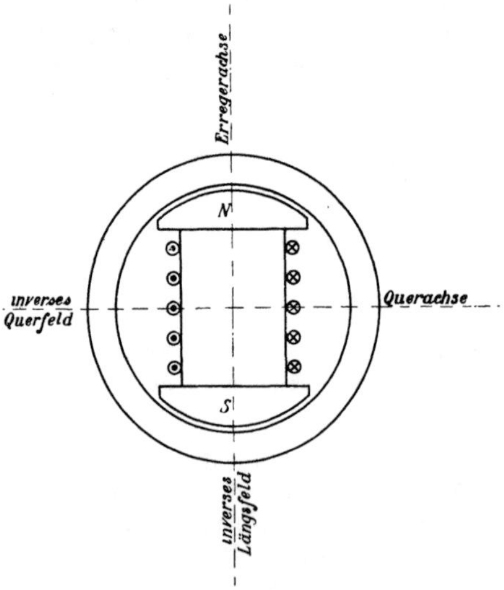

Fig. 30.

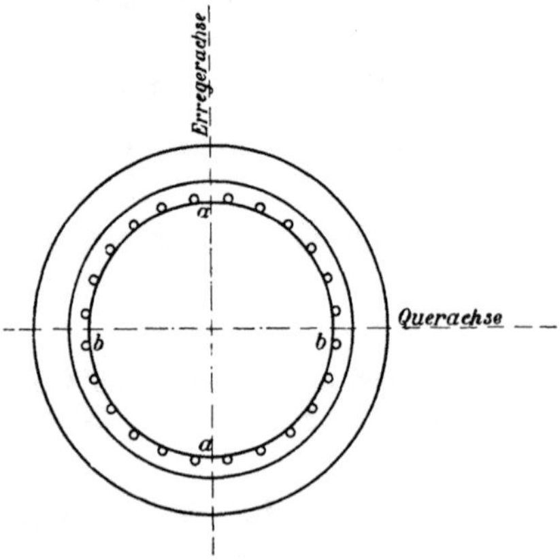

Fig. 31.

regerwindungen verkettet sein (Fig. 30). Verwendet man bei einer Maschine mit Vollpolen als Erregerwicklung eine verteilte Wicklung (Fig. 31), so wirkt auch das inverse Querfeld induzierend und es entsteht somit auch in der Querachse zwischen bb eine EMK von zweifacher Periodenzahl.

Schematisch dargestellt ergibt sich:

Inverses Drehfeld

↙	↘
Erstes Wechselfeld von der Periodenzahl $2c$ mit der Amplitude über der Polmitte (inverses Längsfeld)	**Zweites** Wechselfeld von der Periodenzahl $2c$ mit der Amplitude über der Pollücke (inverses Querfeld)
↓	↓
erzeugt in den Erregerwindungen eine EMK bzw. einen Strom von der Periodenzahl $2c$	induziert nur bei Maschinen mit verteiltem Eisen in der Querachse eine EMK von der Periodenzahl $2c$.

Die Wechsel-EMK zweifacher Periodenzahl, die vom inversen Längsfelde herrührt, lagert sich nun über die Gleichspannung e_e der Erregerspulen. Wir erhalten somit an den Klemmen der Erregerwicklung eine aus der Gleich- und Wechselspannung resultierende Spannung, die man wegen ihrer Form (Fig. 32a) auch **Wellenspannung** heißen kann; ihren Effektivwert bezeichnen wir mit E_w.

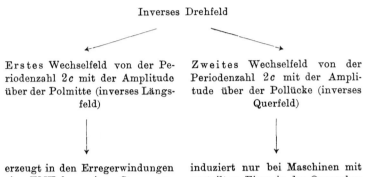

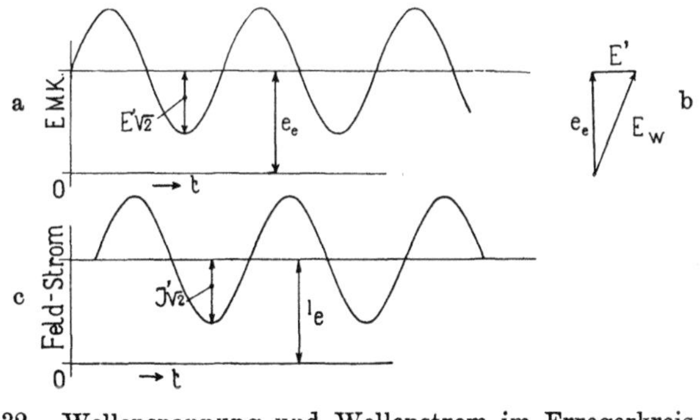

Fig. 32. Wellenspannung und Wellenstrom im Erregerkreis einer Einphasenmaschine.

Der Momentanwert der Wechsel-EMK zweifacher Periodenzahl kann gleich

$$e' = \sqrt{2} E' \sin 2\omega t$$

gesetzt werden. Es wird dann

$$E_w^2 = \frac{1}{T}\int_0^T (e_e + e')^2\, dt = \frac{1}{T}\int_0^T (e_e + \sqrt{2}E' \sin 2\omega t)^2 dt$$

$$= \frac{1}{T}\int_0^T (e_e^2 + 2\sqrt{2}\, e_e E' \sin 2\omega t + 2E'^2 \sin^2 2\omega t)\, dt = e_e^2 + E'^2,$$

also

$$E_w = \sqrt{e_e^2 + E'^2} \quad \ldots\ldots\ldots \quad (30)$$

Den Effektivwert einer Wellenspannung erhält man also durch geometrische Zusammensetzung der Gleichspannung mit dem Effektivwert der Wechselspannung unter 90° (Fig. 32b).

In dem Erregerstromkreis wird unter dem Einfluß der Wellenspannung E_w ein Wellenstrom fließen, dessen Effektivwert J_w sich durch geometrische Zusammensetzung des Gleichstromes i_e und des Effektivwertes J' des Wechselstromes ergibt. Es wird somit

$$J_w = \sqrt{i_e^2 + J'^2} \quad \ldots\ldots\ldots \quad (31)$$

Der Wechselstrom, der sich über den Gleichstrom lagert (Fig. 32c) ändert die Stärke des Gleichstromes, der von der konstanten Gleichspannung erzeugt wird, nicht. Also bleibt auch die vom Erregerstrome i_e im Anker induzierte EMK e bei konstanter Tourenzahl unverändert.

Schalten wir in den Erregerkreis ein Drehspulen- und ein Hitzdrahtinstrument hintereinander, so können wir den Einfluß des Wechselstromes von zweifacher Periodenzahl beobachten: am ersten Amperemeter werden wir die Größe des Gleichstromes, am zweiten den effektiven Wert des Gesamtstromes ablesen können.

c) Rückwirkung der vom inversen Drehfelde in der Erregerwicklung induzierten Ströme zweifacher Periodenzahl auf die Ankerwicklung.

Der Wechselstrom von doppelter Periodenzahl der Erregerwicklung wird ein Wechselfeld von zweifacher Periodenzahl erzeugen, dessen Achse mit der Achse des inversen Längsfeldes zusammenfällt. Wie ohne weiteres zu erkennen ist, wird dieses Wechselfeld um fast 180° gegen das inverse Längsfeld verschoben sein, denn die Wechsel-EMK zweifacher Periodenzahl der Erregerwicklung ist vom inversen Längsfelde induziert, sie eilt somit dem letzten um 90° nach; da weiter ψ_e ca. 90° beträgt, wird der Wechselstrom zweifacher Periodenzahl gegenüber der ihn erzeugenden EMK wieder um ungefähr 90° verschoben sein. Wir können daraus sofort den Schluß ziehen, daß das Wechselfeld von zweifacher Periodenzahl auf das inverse Längsfeld dämpfend wirkt. Es werden also die von diesem Feld induzierten EMKe einfacher und dreifacher Periodenzahl fast vollständig verschwinden.

Ganz anders liegen die Bedingungen für das inverse Querfeld. Auf das inverse Querfeld übt die Erregerwicklung keine dämpfende Wirkung aus.

Es war das vorauszusehen, denn die Erregerwicklung, die einachsig ist, kann nur den Teil des inversen Drehfeldes dämpfen, dessen Achse mit der Achse der Erregerwicklung zusammenfällt.

Zusammenfassung. Die vom inversen Längsfelde in der Ankerwicklung induzierten EMKe einfacher und dreifacher Periodenzahl werden von entgegengesetzt gerichteten EMKen einfacher und dreifacher Periodenzahl, die von dem Strome zweifacher Periodenzahl der Erregerwicklung in der Ankerwicklung induziert werden, aufgehoben; mit anderen Worten: das inverse Längsfeld wird durch die über die Erregerquelle geschlossene Erregerwicklung abgedämpft.

Das inverse Querfeld bleibt von der Erregerwicklung unberührt, weil ihre Achsen gegeneinander um 90 elektrische Grad verschoben sind.

Auf den Spannungsabfall und, da eine dritte Harmonische auftritt, auf die Form der Spannungskurve wird sich somit außer dem synchronen Drehfelde nur noch das inverse Querfeld bemerkbar machen.

Bei Maschinen mit ausgeprägten Polen oder solchen Maschinen mit verteiltem Eisen, die eine konzentrierte Erregerwicklung nach der Art der ersten erhalten, übt das inverse Querfeld keine Wirkung auf die Erregerwicklung aus.

Ist dagegen die Erregerwicklung gleichmäßig verteilt, z. B. wie bei Vollpolen eine Trommelwicklung, so wird das inverse Querfeld nicht nur in der Ankerwicklung, sondern auch in der Erregerwicklung EMKe induzieren. In der Ankerwicklung werden es EMKe von einfacher und dreifacher Periodenzahl sein, in der Erregerwicklung von zweifacher Periodenzahl. Diese EMKe zweifacher Periodenzahl, die in der Querachse (zwischen den Punkten *bb*, Fig. 31) auftreten, können so lange keinen Strom erzeugen, als die Punkte *bb* nicht miteinander verbunden sind, und es wird in diesem Falle in der Querachse auch bei gleichmäßig verteilter Erregerwicklung keine Dämpfung vorhanden sein und es wird eine Deformation der EMK-Kurve des Ankers auftreten.

11. Mittel zur Dämpfung des inversen Drehfeldes.

Wir haben gesehen, daß das inverse Drehfeld teilweise abgedämpft wird, einmal durch die Wirbelströme, das andere Mal durch Ströme doppelter Periodenzahl der Erregerwicklung.

Macht man die Pole massiv, so kann der Einfluß der Wirbelströme sehr bedeutend und somit eine sehr starke Dämpfung erzielt werden. Das ist aber nicht immer zulässig. Abgesehen davon, daß die Wirbelströme Verluste verursachen und dadurch den Wirkungsgrad der Einphasenmaschine heruntersetzen, können sie auch zu einer übermäßigen Erwärmung der Pole führen, besonders bei schnelllaufenden Maschinen.

Der Erregerkreis übt eine um so stärkere dämpfende Wirkung aus, je größer der Strom zweifacher Periodenzahl ist. Diese Ströme können aber die Kommutierungsverhältnisse der Erregermaschine verschlechtern. Andererseits besteht die Gefahr, daß im Falle eines plötzlichen Kurzschlusses oder einer Unterbrechung des Erregerkreises die EMK zweifacher Periodenzahl an den Erregerklemmen zu hohe Werte annimmt (sie kann den 20 bis 30 fachen Wert der normalen Erregerspannung erreichen) und zu einem Durchschlag der Isolation der Erregerwicklung führen.

Wir sehen somit, daß unter Umständen, insbesondere bei schnellaufenden Maschinen wie Turbogeneratoren, es nicht zulässig ist, von der dämpfenden Wirkung der Wirbelströme und der Ströme zweifacher Periodenzahl in der Erregerwicklung Gebrauch zu machen, um so mehr, da ein Teil des inversen Drehfeldes (das inverse Querfeld) doch bestehen bleibt und auf den Spannungsabfall und die Form der Spannungskurve seine Wirkung ausübt.

Man greift daher sehr oft zu künstlichen Mitteln, die wir in drei Gruppen einteilen können:

I. Mittel, die den Zweck haben, das inverse Längsfeld abzudämpfen. Sie beseitigen somit die Gefahr eines Durchschlages der Erregerwicklung, vermindern die Wirbelströme und die Erwärmung der Pole. Das inverse Querfeld bleibt ungedämpft. Diese Mittel werden bei Maschinen mit ausgeprägten Polen angewandt.

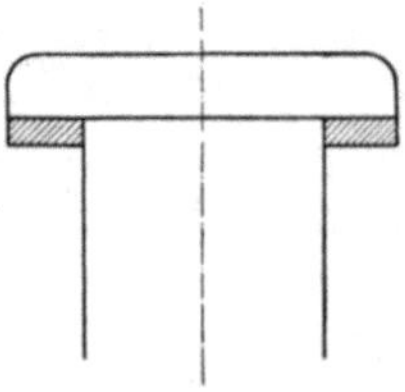

Fig. 33.

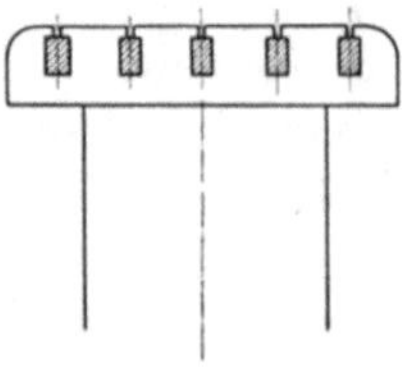

Fig. 34.

Zu dieser Gruppe gehören: kräftige Ringe, die um die Pole herumgelegt werden und so einen Kurzschlußkreis bilden (Fig. 33); Kupferstäbe, die in Polnuten untergebracht sind und gruppenweise (pro Pol) kurzgeschlossen sind (Fig. 34); Spulenrahmen aus starkem Kupferblech; Kupferplatten auf den Polen.

II. Die Erregerwicklung behält ihre Eigenschaft als Dämpferwicklung für das inverse Längsfeld; in der Querachse wird ein Kurzschluß hergestellt zur Abdämpfung des inversen Querfeldes. Die Gefahr eines Durchschlages der Erregerwicklung ist nicht beseitigt, die Erwärmung ist vermindert.

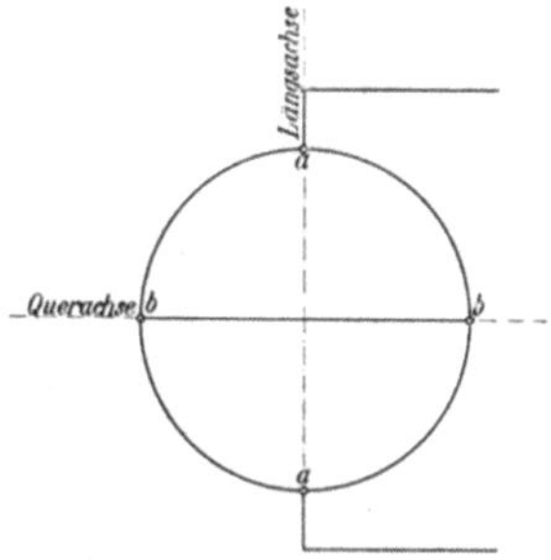

Fig. 35.

Diese Art der Dämpfung kann bei Maschinen mit verteilter Erregerwicklung angewandt werden.

Die Möglichkeit einer Dämpfung nach dieser Art ist zunächst von Latour[1]) (1904), unabhängig davon von Rezelman[2]) und dann von Prof. Pichelmayer[3]) angegeben worden.

Man verwendet als Magnetrad eine Trommel, die mit einer gewöhnlichen Gleichstromwicklung bedeckt ist (Fig. 35). Die Punkte *aa* sind über die Erregerquelle geschlossen. Die Punkte *bb* in der Querachse sind äquipotentielle Punkte und können miteinander verbunden werden. Die EMKe zweifacher Periodenzahl, die vom inversen Querfelde in der oberen und unteren Hälfte der Erregerwicklung induziert werden und sich sonst das Gleichgewicht halten, können jetzt Ströme zweifacher Periodenzahl in der Erregerwicklung erzeugen. Diese Ströme in der Achse *bb* werden das inverse Querfeld genau in derselben Weise abdämpfen, wie die Ströme zweifacher Periodenzahl in der Achse *aa* das inverse Längsfeld dämpfen.

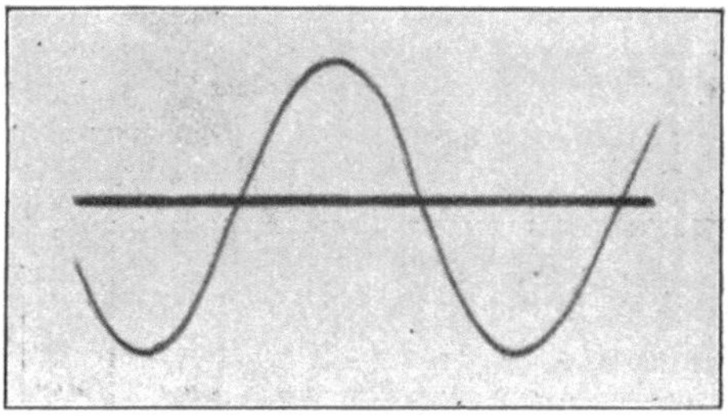
Fig. 36.

Außer dem Gleichstrome i_e und dem Strome zweifacher Periodenzahl J', der vom inversen Längsfelde induziert wird, wird in der Erregerwicklung jetzt noch ein weiterer Strom J'' zweifacher Perioden-

[1]) Amer. Pat. Nr. 787302.

[2]) Vorgänge in Ein- und Mehrphasengen. Sammlung elektrot. Vortr. Bd. VIII.

[3]) ETZ 1910, S. 162.

zahl, vom inversen Querfelde herrührend, fließen. Da das inverse Querfeld gegenüber dem inversen Längsfeld um 90^0 zeitlich ver-

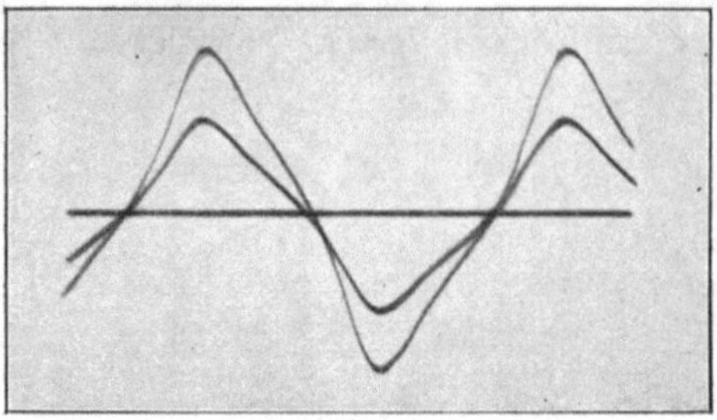

Fig. 37.

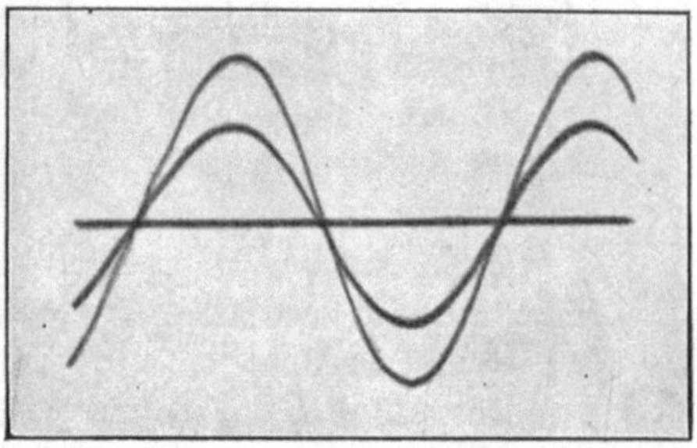

Fig. 38.

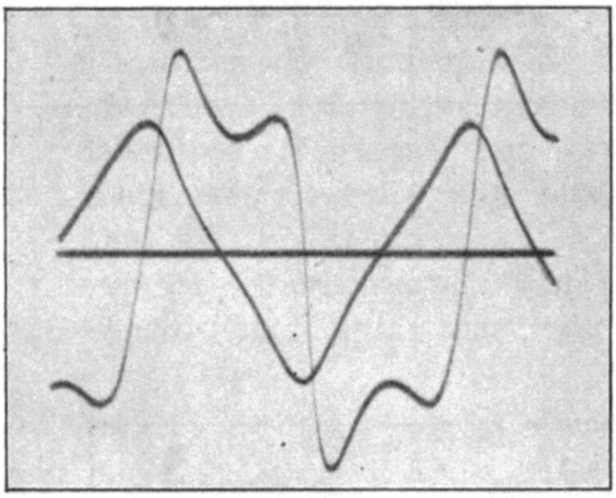

Fig. 39.

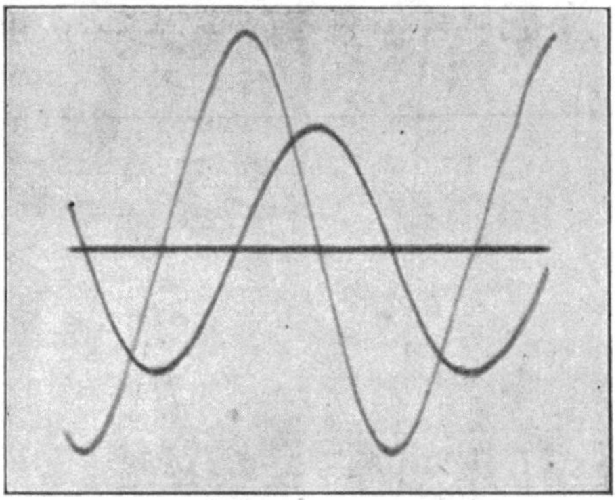

Fig. 40.

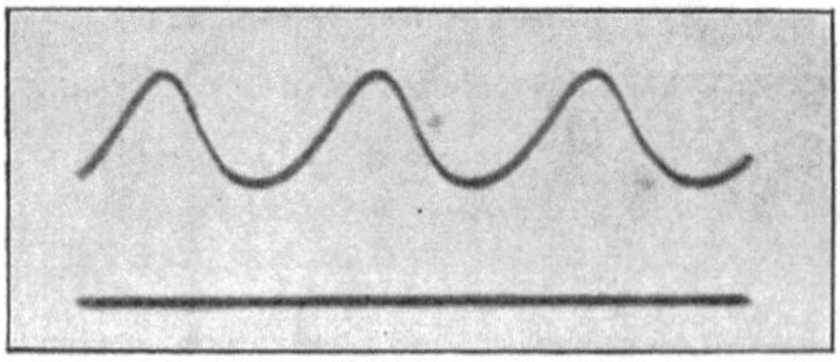

Fig. 41.

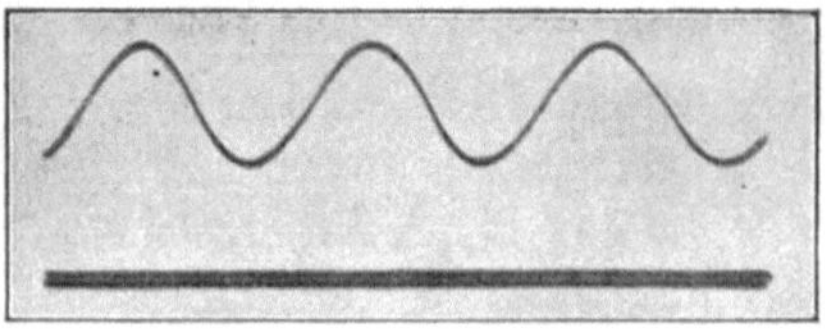

Fig. 42.

schoben ist, so wird J'' um 90^0 gegenüber J' verschoben sein. Der resultierende Strom in der Erregerwicklung wird somit

$$J_w = \sqrt{i_e^2 + J'^2 + J''^2} \quad . \quad . \quad . \quad . \quad . \quad (32)$$

Versuche an einer solchen Maschine sind von Pichelmayer[1])

---

[1]) ETZ 1910, S. 162.

ausgeführt worden. Fig. 36 stellt die Spannungskurve des Generators bei Leerlauf dar. In Fig. 37 sind die Strom- und Spannungskurven bei induktionsfreier Belastung und offenem Querkreis dargestellt. Der Einfluß der dritten Harmonischen macht sich hier schon bemerkbar. Fig. 38 entspricht derselben Belastung bei geschlossenem Querkreis. Fig. 39 enthält die Strom- und Spannungskurven bei induktiver Belastung und offenem Querkreis; Fig. 40 dasselbe bei geschlossenem Querkreis. Es war zu erwarten, daß sich das Schließen und Öffnen des Querkreises auch im Spannungsabfall bemerkbar machte, nicht nur in der Form der Spannungskurve. Tatsächlich ergab sich bei Vollast eine Spannungssteigerung von ca. 5%, wenn der Querkreis geschlossen wurde. Auch die Kurzschlußcharakteristik war bei geschlossenem Querkreis durchweg um 15% höher als bei offenem Querkreis. Fig. 41 und 42 stellen den Erregerstrom bei offenem und geschlossenem Querkreis dar.

III. Eine besondere Wicklung, Dämpferwicklung, wird am Magnetkörper eingebaut; diese hat mehrere Kurzschlußachsen und dämpft sowohl das inverse Längsfeld wie das inverse Querfeld ab. Die Gefahr eines Durchschlages ist beseitigt, die Wirbelströme sind stark vermindert.

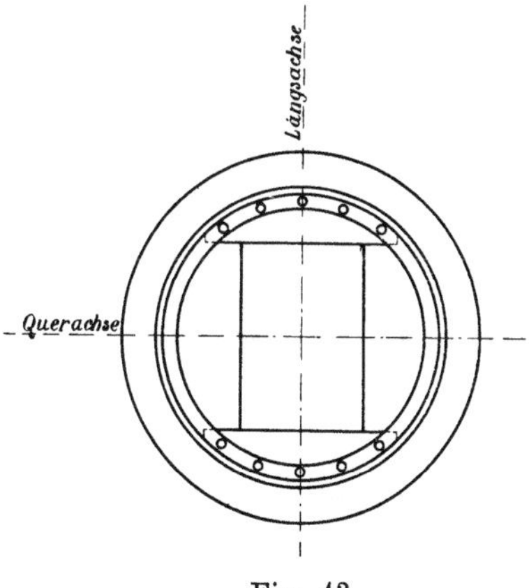

Fig. 43.

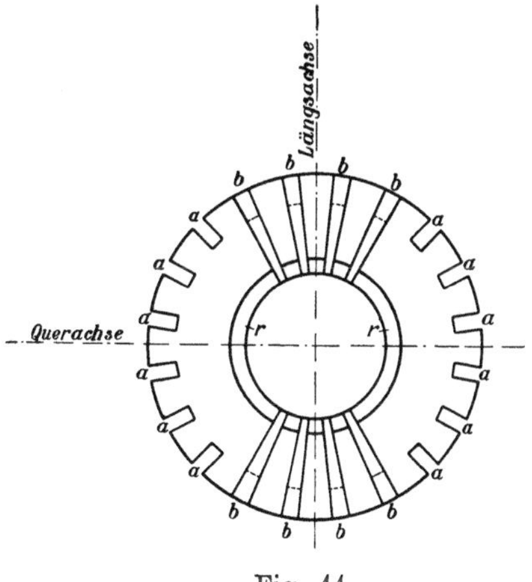

Fig. 44.

Diese Art der Dämpferwicklung (Amortisseur) ist von Hutin und Leblanc angegeben worden.

Bei Maschinen mit ausgeprägten Polen werden zur Unterbringung der Dämpferwicklung in den Polschuhen Nuten angebracht; in diese werden die Stäbe eingelegt und an beiden Enden durch zwei Kupferringe miteinander verbunden (Fig. 43). Die Stäbe, die zu einem Pol gehören, bilden Kurzschlußkreise für das inverse Längsfeld; die Stäbe, die zu verschiedenen Polen gehören, bilden Kurzschlußkreise für das inverse Querfeld.

Eine Anordnung der Dämpferwicklung bei einer Maschine mit verteiltem Eisen und in Nuten liegender Erregerwicklung, wie sie bei Turbogeneratoren ausgeführt wird, zeigt Fig. 44. In den Nuten *a* ist die Erregerwicklung untergebracht. In dem großen Zahne, dem eigentlichen Pole, sind weitere Nuten *b* vorhanden, die die Dämpferstäbe aufnehmen, die auf beiden Seiten nach innen abgebogen und durch einen Ring *r* oder durch die massiven Endplatten des Rotors verbunden werden.

Eine Einphasenmaschine mit Dämpferwicklung ist ihrem Arbeiten nach einer Mehrphasenmaschine gleichwertig. Außer der Abdämpfung des inversen Drehfeldes leistet eine solche Dämpferwicklung wichtige Dienste bei dem Parallelarbeiten von Generatoren, indem sie die Schwingungen, die infolge der Leistungspendelungen der Kraftmaschinen auftreten, abdämpft. Diese Wirkung der Dämpferwicklung wird in einem der folgenden Abschnitte ausführlich behandelt werden.

Es ist ohne weiteres klar, daß das inverse Drehfeld nicht vollkommen abgedämpft werden kann; es muß immer noch ein kleiner Restfluß bleiben, dessen Größe von der Impedanz der Dämpferkreise abhängig ist.

Zu den sonstigen Kupferverlusten werden noch die Stromwärmeverluste in der Dämpferwicklung hinzukommen. Diese sind aber bedeutend kleiner, als wenn die Dämpfung des inversen Drehfeldes den Wirbelströmen überlassen wird.

Durch den Einbau eines Dämpferkäfigs wird der Wirkungsgrad der Einphasenmaschine um einige Prozent erhöht und die Erwärmung der Pole wird heruntergesetzt. Um den Einfluß des inversen Drehfeldes zu berücksichtigen, ist der nach Gl. 6a berechnete Wert der Streureaktanz x_{s1} um etwa $20\,^0/_0$ zu erhöhen.

12. Berechnung der Dämpferwicklung.

Für die Größe des Querschnittes der Dämpferstäbe ist die Größe des Dämpferstromes maßgebend. Wie wir aus den Fig. 43 und 44 gesehen haben, werden die Dämpferstäbe gleichzeitig vom inversen Längs- und inversen Querfelde beeinflußt. Um die Größe der Ströme in den Dämpferstäben zu berechnen, wären die vom inversen Längs- und inversen Querfelde induzierten EMKe einzeln zu betrachten und, unter Berücksichtigung der Selbstinduktion jeder Masche und der gegenseitigen Induktion der einzelnen Maschen aufeinander, die Ströme in den einzelnen Stäben zu bestimmen. Die

Ströme, die von dem einen Wechselfelde herrühren, wären dann mit den Strömen, die von dem zweiten Wechselfelde herrühren, zu superponieren. Es ist aber nicht zweckmäßig, diesen genauen Weg einzuschlagen, denn tatsächlich nimmt auch die Erregerwicklung an der Dämpfung des inversen Längsfeldes teil, — in welchem Maße läßt sich aber nicht sagen; auch die Wirbelströme werden eine Wirkung haben. Wir rechnen daher angenähert, wie folgt.

Bei Maschinen mit verteiltem Feldeisen und einer Käfigwicklung als Dämpferwicklung rechnen wir mit dem inversen Drehfelde, dem eine maximale MMK pro Pol

$$A = 0{,}45\, f_{w1}\, J s_n q$$

entspricht. Diese ist gleich der halben MMK des Wechselfeldes.

Rechnen wir mit Effektivwerten und mit der gesamten MMK, nicht nur mit der Grundwelle, so ist die MMK für alle $2p$ Pole gleich $\frac{1}{2} f_w J w_1$. Die MMK der Käfigwicklung ist gleich $p J_d \frac{N_d}{p} \cdot 1 \cdot \frac{1}{2}$, also

$$J w_1 f_w = J_d N_d \quad \text{. . . . .} \quad (33\text{a})$$

wobei

f_w den Wicklungsfaktor der Statorwicklung

und

N_d die gesamte Stabzahl der Dämpferwicklung, die auf $2p$ Pole mit $\frac{N_d}{2p}$ Löchern pro Pol verteilt ist, bedeutet.

Bei Maschinen mit ausgeprägten Polen und pro Pol verbundenen Stäben rechnet man besser mit dem Ankerwechselfelde selbst und setzt:

$$J\, 2 w_1 f_w = J_d N_d f_{wd} \quad \text{. . . . .} \quad (33\text{b})$$

wo jetzt

J_d ein Mittelwert ist aus den Effektivwerten der Ströme, die in verschiedenen Stäben der Dämpferwicklung auftreten, und

f_{wd} der Wicklungsfaktor der einachsig gedachten Dämpferwicklung.

Die Formeln 33a und b gestatten den Querschnitt der Dämpferstäbe nach Annahme der Stromdichte zu berechnen. Der Querschnitt der Seitenringe ist stärker zu nehmen, da sich die Ströme mehrerer Stäbe im Ringe addieren.

13. Effektiver Widerstand der Statorwicklung.

Wir haben bis jetzt den Einfluß der Selbstinduktion auf den Spannungsabfall untersucht und die Spannungskomponenten E_{s1}, E_{s2} und E_{s3} berechnet. Es bleibt noch übrig den effektiven Widerstand der Statorwicklung zu bestimmen, denn dieser verursacht einen Spannungsabfall Jr_a, in Phase mit dem Strom.

Auf die Größe des effektiven Widerstandes haben verschiedene Erscheinungen Einfluß. Wir wollen die Wirkung der Wirbelströme untersuchen.

Wir betrachten einen Wirbelstromfaden allein, der in bezug auf die Ankerwicklung den gegenseitigen Induktionskoeffizienten M_w hat. Es wird dann in diesem Wirbelstromkreis die EMK

$$e_w = -\frac{d(M_w i)}{dt}$$

induziert.

Setzen wir den Ankerstrom wie früher

$$i = \sqrt{2}\, J \sin(\omega t - \psi),$$

so wird

$$e_w = -\frac{d}{dt}\sqrt{2}\, M_w J \sin(\omega t - \psi)$$

$$= \sqrt{2}\, \omega M_w J \sin\left(\omega t - \psi - \frac{\pi}{2}\right).$$

Diese EMK erzeugt einen Wirbelstrom

$$i_w = \sqrt{2}\, J_w \sin\left(\omega t - \psi - \frac{\pi}{2} - \psi_w\right),$$

der wieder in der Ankerwicklung eine EMK

$$e''' = -\frac{d(M_w i_w)}{dt}$$

$$e''' = \sqrt{2}\, \omega M_w J_w \sin(\omega t - \psi - \psi_w - \pi)$$

induziert, wo ψ_w der Winkel ist, um den der Wirbelstrom i_w der ihn erzeugenden EMK e_w nacheilt (Fig. 45). Wegen des Stromwärmeverlustes des Wirbelstromes ist $\psi_w < 90^0$ und somit $2\pi - (\pi + \psi_m) > 90^0$, so daß die vom Wirbelstrom in der Ankerwicklung induzierte EMK E'' dem Ankerstrom um etwas mehr wie 90^0 voreilt. Wir stellen diese Größen in einem Diagramm zusammen (Fig. 45), das vollkommen identisch mit dem Diagramm Fig. 28 ist, wo wir den Einfluß der Ströme doppelter Periodenzahl der Erregerwicklung auf die Ankerwicklung untersuchten. E_s' ist wie früher die resultierende EMK der Selbstinduktion in der Ankerwicklung, die gleich

ωLJ wird, wenn wir eine Maschine mit Vollpolen haben, d. h. wenn L als konstant angesehen werden kann. Wie aus dem Diagramm ersichtlich, wirkt die Komponente von E''' $\overline{OG}$ erhöhend auf den Spannungsabfall durch Vergrößerung des effektiven Widerstandes. Wie zu erwarten war, hat E''' auch eine Komponente, die E_s' entgegenwirkt; das ist nichts anderes, als die mehrfach erwähnte Dämpfung des Ankerfeldes durch die Wirbelströme. Betrachten wir das Diagramm Fig. 28, so sehen wir, daß auch die Ströme zweifacher Periodenzahl in der Erregerwicklung außer der Komponente $\overline{OF}$, die das Ankerfeld dämpft, eine weitere Komponente haben, die den effektiven Widerstand erhöht.

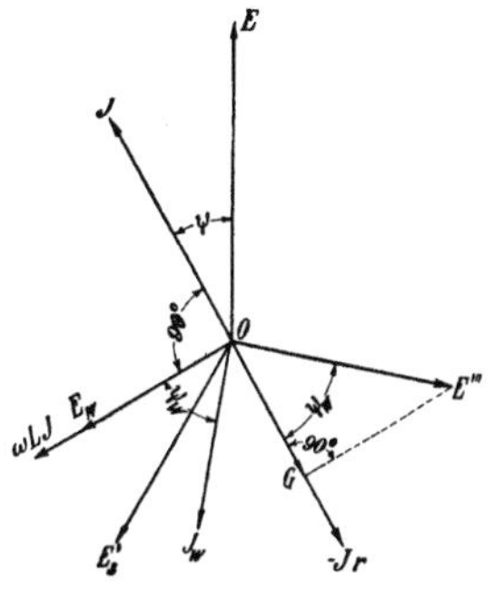

Fig. 45.

Wirbelströme entstehen nicht nur in den massiven Eisenteilen, sondern auch in den massiven Ankerleitern selbst.

Ist ein Leiter vom kreisförmigen Querschnitt in der Luft gelagert, so findet man den effektiven Widerstand desselben gleich

$$r_w = r_g (1 + 7{,}0\, d^4 c^2\, 10^{-7})$$

wo r_g gleich ist dem Widerstand des Leiters für Gleichstrom und d gleich dem Durchmesser des Drahtes in Zentimetern.

Sind die Leiter in Eisen eingebettet, so tritt eine größere Selbstinduktion auf, und die Linien verlaufen in dem stromführenden Leiter ganz anders, als bei der Ableitung der obigen Formel angenommen wurde. In einem Leiter, der in einer Nut gelagert ist, bekommt man in dem Teil des Leiters, der am tiefsten in der Nut liegt, die kleinste Stromdichte. Diese sogenannte Oberflächenwirkung (Skin-Effekt) bewirkt, daß der Selbstinduktionskoeffizient des Leiters sinkt.

Fassen wir alles, was auf den Spannungsabfall, der vom effektiven Widerstande herrührt, einen Einfluß hat, zusammen, so sind es:

1. Ohmscher Widerstand r_g,
2. Wechselströme doppelter Periodenzahl im Erregerstromkreis,
3. Wirbelströme in den massiven Metallteilen des Feldsystems,
4. Wirbelströme in den massiven Metallteilen des Ankers,
5. Schwankung des Selbstinduktionskoeffizienten der Ankerwicklung,
6. Wirbelströme in den massiven Ankerleitern.

Wie daraus ersichtlich, wird bei der Einphasenmaschine ohne künstliche Dämpfung nicht nur der Spannungsabfall, der von der Selbstinduktion herrührt, größer sein als bei einer Mehrphasenmaschine, weil auf den Spannungsabfall außer dem synchronen Drehfelde noch das inverse Querfeld einen Einfluß hat, sondern auch der Spannungsabfall, der vom effektiven Widerstande herrührt, ist bei der Einphasenmaschine größer, als bei einer Mehrphasenmaschine.

Für den effektiven Widerstand der Ankerwicklung kann man setzen:

$$\left.\begin{array}{ll} & r_a = (1{,}5 \text{ bis } 2{,}5)\, r_g \text{ bei Einphasenmaschinen} \\ \text{und} & r_a = (1{,}3 \text{ bis } 2{,}0)\, r_g \text{ bei Mehrphasenmaschinen} \end{array}\right\} \quad . \qquad (34)$$

Zweites Kapitel.

Änderung der Klemmenspannung eines Generators mit der Belastung und mit der Tourenzahl.

14. Spannungsdiagramme einer Wechselstrommaschine. — 15. Spannungsabfall und Spannungserhöhung eines Generators mit ausgeprägten Polen. — 16. Bestimmung der Spannungsänderungen unter Benutzung der Leerlaufcharakteristik. — 17. Bestimmung der Spannungsänderungen ohne Benutzung der Leerlaufcharakteristik. — 18. Spannungsänderung eines Generators bei konstanter Erregung, konstantem Belastungsstrome J und veränderlicher Phasenverschiebung φ. — 19. Änderung der Klemmenspannung mit der Tourenzahl.

14. Spannungsdiagramme einer Wechselstrommaschine.[1])

Das einfachste Spannungsdiagramm einer Wechselstrommaschine stellt Fig. 46 dar. Außer der von den Feldmagneten in der Ankerwicklung induzierten EMK E, gegenüber welcher der Strom J um den Winkel ψ verzögert sei, haben wir eine Reaktanzspannung Jx_a senkrecht zum Strome J und eine Komponente Jr_a in Phase mit dem Strome, herrührend vom Spannungsverluste im effektiven Widerstande der Ankerwicklung. Als Resultante erhalten wir die Klemmenspannung P mit der Phasenverschiebung φ.

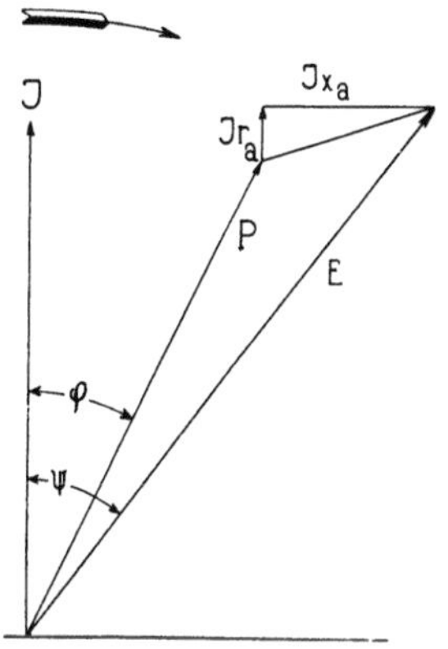

Fig. 46.

Bei der Aufzeichnung eines solchen Diagramms nimmt man gewöhnlich an, daß alle Ströme und Spannungen Sinusform haben, indem man die wirklichen Formen durch sinusförmige von demselben Effektivwert

1) Die nachfolgenden Diagramme sind oft, auch wenn sie aufeinander Bezug haben, in verschiedenem Maßstab oder ohne bestimmten Maßstab für die Spannungen gezeichnet, um möglichst deutliche Figuren zu erhalten.

ersetzt. Die Effektivwerte der Ströme und Spannungen trägt man dann in das Diagramm als Vektoren auf und addiert diese geometrisch, was nicht vollständig richtig ist. Ferner rechnet man mit dem Kosinus des Winkels zwischen den Vektoren des effektiven Stromes und der effektiven Spannung des Stromkreises; dieser Kosinus ist der Leistungsfaktor des Stromkreises.

Enthält der äußere Stromkreis Kapazität, so kann das Diagramm Fig. 46 sehr ungenaue Werte ergeben, weil dann die Form der Stromkurve von der der Spannungskurve stark abweicht.

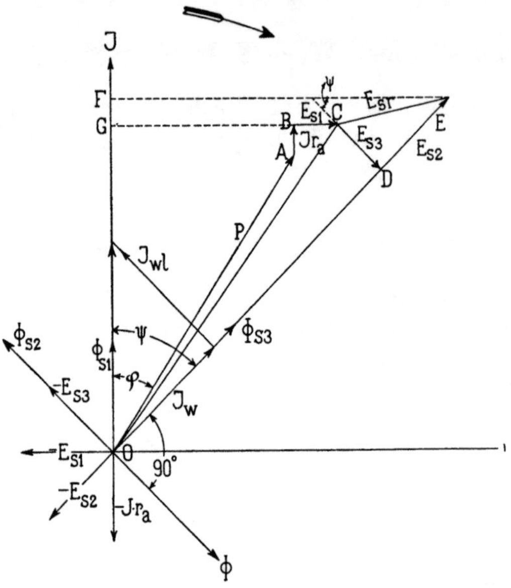

Fig. 47. Spannungsdiagramm eines Wechselstromgenerators bei Phasennacheilung.

Außerdem macht die Bestimmung von x_a und r_a Schwierigkeiten, weil x_a außer von den Abmessungen der Maschine auch von der Phasenverschiebung von J gegen E und von der Sättigung des Eisens abhängt und weil der effektive Widerstand r_a nur annähernd vorausberechnet werden kann.

Die Genauigkeit der Rechnung wird erhöht, wenn wir nach A. Blondel[1]) die Reaktanzspannung Jx_a in die drei Komponenten E_{s1}, E_{s2} und E_{s3} zerlegen, deren Bestimmung in den vorhergehenden Abschnitten gezeigt wurde. Durch diese Zerlegung läßt sich die Änderung der Reaktanz x_a berücksichtigen.

Tragen wir diese Komponenten in das Spannungsdiagramm ein, so ergibt sich Fig. 47. Wir nehmen an, daß der Strom J um den Winkel ψ gegen die induzierte EMK E verzögert sei. Die vom längsmagnetisierenden Kraftfluß Φ_{s2} induzierte EMK $E_{s2} = \overline{ED}$ hat die entgegengesetzte Richtung wie die vom Magnetfeld induzierte EMK $E = \overline{OE}$, während die vom quermagnetisierenden Kraftfluß Φ_{s3} induzierte EMK $E_{s3} = \overline{DC}$ um 90^0 gegen E verschoben ist und senk-

[1]) L'Eclairage Electrique 1895.

recht zu E angetragen wird. Die vom Streufluß Φ_{s1} induzierte EMK $E_{s1} = \overline{CB}$ ist senkrecht und die Widerstandsspannung $J r_a = \overline{BA}$ parallel zum Stromvektor OJ.

Als Resultante erhalten wir die Klemmenspannung $\overline{OA} = P$.

Die bei Belastung des Ankers vom resultierenden Felde wirklich induzierte EMK ist gleich $\overline{OC}$. Die EMK $\overline{OE} = E$, von der wir ausgegangen sind, würde im Anker dann induziert werden, wenn wir die Maschine entlasteten, ohne die Erregung zu ändern, also bei Leerlauf, für den $P = E$ wird.

Für die Berechnung der Sättigungen des Eisens bei Belastung und der Eisenverluste durch Hysteresis und Wirbelströme ist die EMK $\overline{OC}$ maßgebend.

Die Richtungen, in denen die induzierten EMKe im Vektordiagramm einzutragen sind, ergeben sich auch aus der Lage und Richtung der zugehörigen Kraftflüsse. Bekanntlich ist jede EMK gegen den sie induzierenden Kraftfluß um 90^0 verzögert. Die EMK E ist daher um 90^0 gegen das bei Leerlauf existierende Erregerfeld Φ verzögert (Fig. 47).

Zerlegt man den Ankerstrom in zwei Komponenten, einen Wattstrom $J_w = J\cos\psi$ in Phase mit der induzierten EMK und einen wattlosen Strom $J_{wl} = J\sin\psi$, so sieht man, daß das quermagnetisierende Feld Φ_{s3} in Phase mit dem Wattstrome J_w und das längsmagnetisierende Feld in Phase mit dem wattlosen Strome J_{wl} ist. Das Feld Φ_{s1} hat mit J gleiche Phase.

Die von diesen Feldern induzierten EMKe sind in Fig. 47 mit $-E_{s1}$, $-E_{s2}$, $-E_{s3}$ bezeichnet und ihre Richtung ist nebst derjenigen von $J r_a$ von O aus angegeben. Die induzierte Spannung E hat allen diesen Komponenten und der Klemmenspannung P das Gleichgewicht zu halten. Wir finden daher E, wenn wir zu $\overline{OA}$ die genannten Komponenten geometrisch mit entgegengesetzter Richtung addieren, wodurch das gezeichnete Diagramm, Fig. 47, entsteht.

Infolge der vorgenommenen Zerlegung des Stromes können wir sagen: Der Querfluß Φ_{s3} wird vom Wattstrome J_w und der längsmagnetisierende Fluß Φ_{s2} vom wattlosen Strome J_{wl} erzeugt.

Aus der Fig. 47 folgt

$$\frac{J_{wl}}{J_w} = \operatorname{tg}\psi.$$

Da die magnetischen Widerstände für die Kraftflüsse Φ_{s2} und Φ_{s3} im allgemeinen sehr verschieden sind, wird im allgemeinen

$$\frac{\Phi_{s2}}{\Phi_{s3}} \gtrless \operatorname{tg}\psi \quad \text{sein.}$$

Nun ist $E_{s2} = 4 f_B f_{w1} c w \Phi_{s2} 10^{-8}$ Volt

und $E_{s3} = 4 f_B f_{w1} c w \Phi_{s3} 10^{-8}$ Volt.

Es muß daher im allgemeinen auch

$$\frac{E_{s2}}{E_{s3}} \gtrless \operatorname{tg} \psi$$

sein und die resultierende EMK E_{sr} der beiden EMKe E_{s2} und E_{s3} wird daher im allgemeinen nicht senkrecht auf dem Stromvektor $\overline{OJ}$ (Fig. 47) stehen. Ist, wie in Fig. 47, $E_{s2} > E_{s3} \operatorname{tg} \psi$, so erhält man eine kleinere Klemmenspannung als für $E_{s2} = E_{s3} \operatorname{tg} \psi$; denn die Resultierende E_{sr} besitzt eine Spannungskomponente, die die Widerstandsspannung $J r_a$ vergrößert. Ist $E_{s2} < E_{s3} \operatorname{tg} \psi$, so ist das Umgekehrte der Fall. Man erhält eine größere Klemmenspannung und der effektive Widerstand erscheint verkleinert. Diese scheinbare Vergrößerung und Verkleinerung des effektiven Widerstandes wegen der Variation des Selbstinduktionskoeffizienten haben wir früher erläutert. $E_{s2} > E_{s3} \operatorname{tg} \psi$ sagt aus, daß der Selbstinduktionskoeffizient einer Windung am größten ist, wenn deren Leiter zwischen den Polen liegen. $E_{s2} < E_{s3} \operatorname{tg} \psi$ tritt dagegen ein, wenn der Selbstinduktionskoeffizient einer Windung am größten ist, wenn sich deren Leiter unter den Polen befinden.

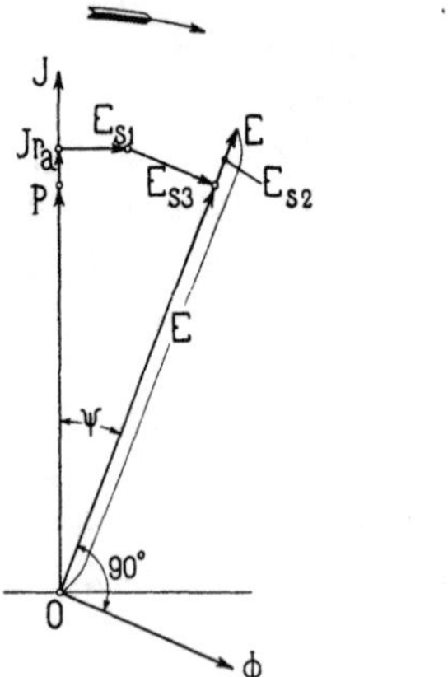

Fig. 48. Spannungsdiagramm eines Wechselstromgenerators bei Phasengleichheit.

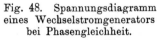

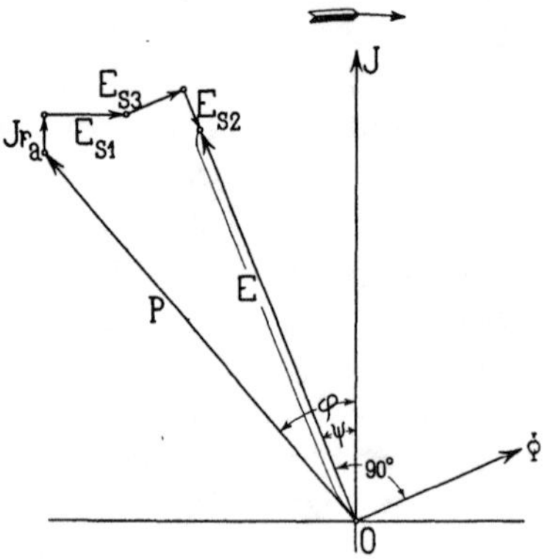

Fig. 49. Spannungsdiagramm eines Wechselstromgenerators bei Phasenvoreilung.

Hat die Komponente $\overline{GF}$ von E_{sr} (Fig. 47), die in Phase mit J ist, im Diagramm mit J gleiche Richtung[1]), so wirkt sie motorisch,

[1]) In Wirklichkeit entgegengesetzte Richtung, denn wir haben für E_{sr} die Richtung genommen, bei der sie der induzierten EMK E_{sr} das Gleichgewicht hält.

d. h. ein entsprechender Teil der elektrischen Energie wird wieder in mechanische Energie umgesetzt und vergrößert scheinbar den effektiven Widerstand des Ankers. Ist dagegen die Wattkomponente von E_{sr} zu J entgegengesetzt gerichtet, so wirkt sie generatorisch und verkleinert daher scheinbar den effektiven Widerstand des Ankers. Diese scheinbare Vergrößerung oder Verkleinerung des effektiven Widerstandes hat auf den Wirkungsgrad keinen Einfluß.

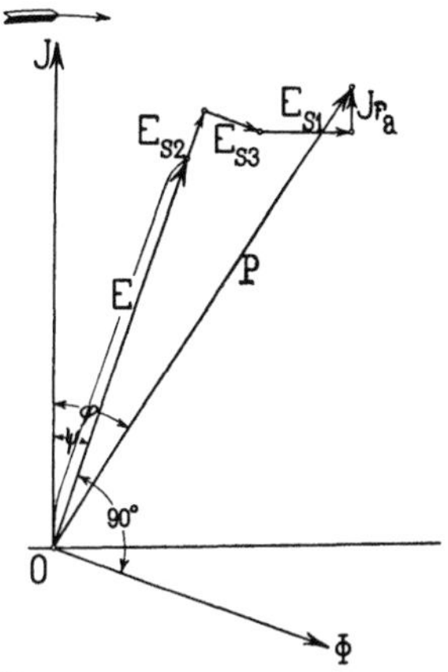

Fig. 50. Spannungsdiagramm eines Wechselstrommotors für Phasennacheilung.

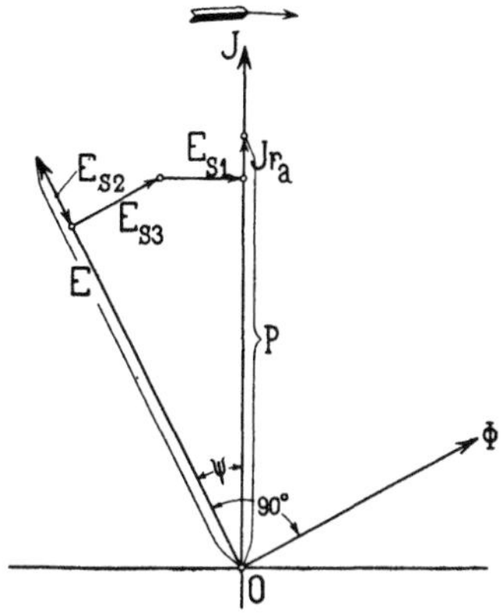

Fig. 51. Spannungsdiagramm eines Wechselstrommotors für Phasengleichheit.

In ähnlicher Weise ergeben sich nun die Spannungsdiagramme eines Generators bei Phasengleichheit von J und P ($\varphi = 0$) und bei Phasenvoreilung (φ negativ). Diese Diagramme sind in den Fig. 48 und 49 dargestellt.

Für einen Motor, wo der Strom gegen die vom Erregerfelde induzierte EMK fließt, wo wir einen von der Klemmenspannung erzeugten Strom als positiv betrachten, erhält man die Spannungsdiagramme in ähnlicher Weise. Fig. 50 stellt es für Phasennacheilung, wo φ positiv ist, Fig. 51 für Phasengleichheit, $\varphi = 0$ und Fig. 52 für Phasenvoreilung, wo φ negativ ist, dar. Die Klemmenspannung P ist bei einem Motor gleich der Resultante aller Spannungskomponenten, ist aber entgegengesetzt zu ihr gerichtet.

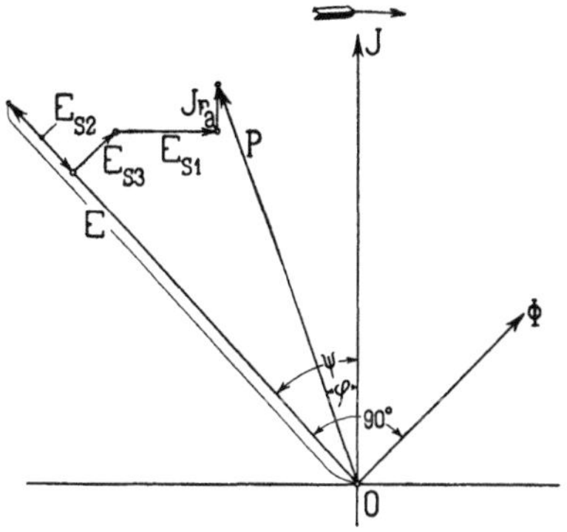

Fig. 52. Spannungsdiagramm eines Wechselstrommotors für Phasenvoreilung.

Aus diesen Diagrammen geht deutlich hervor, daß, wenn der Strom der induzierten EMK um den Winkel ψ nacheilt, die induzierte EMK im Generator größer und im Motor kleiner als die Klemmenspannung wird, und daß der Phasenverschiebungswinkel φ an den Klemmen der Maschine beim Generator kleiner und beim Motor größer ist als der innere Phasenverschiebungswinkel ψ. Eilt der Strom dagegen der induzierten EMK um einen großen Winkel voraus, so wird die induzierte EMK im Generator kleiner und im Motor größer sein als die Klemmenspannung. Ferner wird in diesem Falle beim Generator der äußere Phasenverschiebungswinkel φ größer und beim Motor kleiner als der innere Phasenverschiebungswinkel.

15. Spannungsabfall und Spannungserhöhung eines Generators mit ausgeprägten Polen.

Die Änderung der Klemmenspannung P eines Generators zwischen Leerlauf und Belastung oder zwischen Belastung und Leerlauf bei konstanter Umdrehungszahl und konstanter Erregung dividiert durch die Klemmenspannung, von der man ausgeht, und multipliziert mit 100 heißt man die prozentuale Spannungsänderung.

Gehen wir von der normalen Klemmenspannung P_0 einer Phase bei Leerlauf aus, und sinkt die Klemmenspannung mit zunehmender Belastung auf den Wert P, so ist der prozentuale Spannungsabfall gleich

$$\varepsilon\,{}^0/_0 = \frac{P_0 - P}{P_0} 100 \quad \dots \dots \dots \quad (35)$$

Regulieren wir dagegen die Erregung auf die normale Klemmenspannung P bei Belastung ein und entlasten die Maschine, so steigt die Klemmenspannung auf P_0 und die prozentuale Spannungserhöhung wird

$$\varepsilon\,{}^0/_0 = \frac{P_0 - P}{P} 100 \quad \dots \dots \dots \quad (36)$$

Wir wollen nun für einen bestimmten Belastungsfall, also für einen gegebenen Strom J und gegebene äußere Phasenverschiebung φ, die Spannungserhöhung bzw. den Spannungsabfall bestimmen.

16. Bestimmung der Spannungsänderungen unter Benutzung der Leerlaufcharakteristik.

1. Bestimmung der Spannungserhöhung. Wir tragen wie früher die Stromstärke J in der Richtung der Ordinatenachse Fig. 53) und die Klemmenspannung P unter dem Winkel φ zur

Ordinatenachse ab und berechnen Jr_a und $E_{s1} = Jx_{s1}$ mit Hilfe der Formeln Gl. 34, S. 54 und Gl. 6a, S. 18. Diese Werte werden in das Diagramm eingetragen und man erhält die EMK $\overline{OC}$. Das ist die EMK, die vom resultierenden Felde in Wirklichkeit induziert wird. Um nun die bei Entlastung der Maschine, also bei Leerlauf, vom Erregerfelde in der Ankerwicklung induzierte EMK E bestimmen zu können, ist die Kenntnis des Winkels ψ notwendig, wie aus Fig. 47 ersichtlich. Es kann[1]) ψ wie folgt bestimmt werden.

Im vollständigen Diagramm (Fig. 53) bilden $\overline{CD} = E_{s3}$ und $\overline{OD}$ miteinander einen Winkel von 90^0. Der Punkt D liegt somit auf einem Kreise über $\overline{OC}$ als Durchmesser. Verlängern wir $\overline{BC}$ und $\overline{OD}$ bis F, so ist der Winkel $DCF = \psi$ und

$$\overline{CF} = \frac{E_{s3}}{\cos\psi}.$$

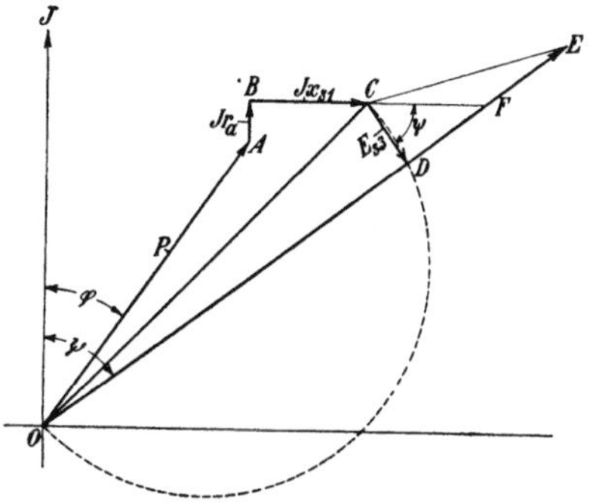

Fig. 53.

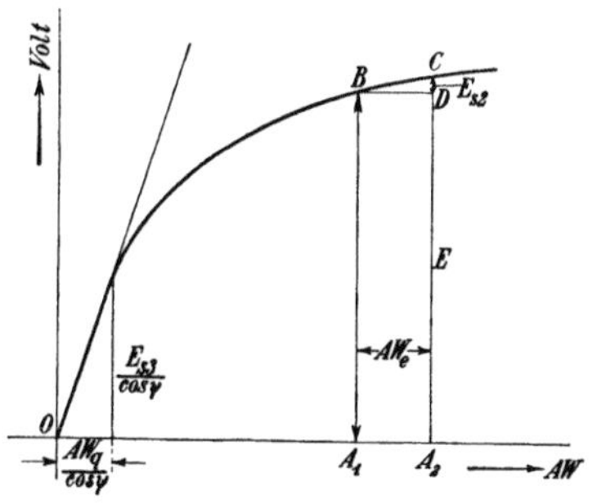

Fig. 54.

Da der magnetische Kreis des Querflusses seinen Widerstand hauptsächlich im Luftspalte hat, so können wir $\frac{E_{s3}}{\cos\psi}$ bestimmen, indem wir

$$\frac{AW_q}{\cos\psi} = k_q f_{w1} m J w$$

in den unteren Teil der Leerlaufcharakteristik (Fig. 54) eintragen. Ist der Strom gegeben, so ist somit $\overline{CF}$ der Größe und Richtung nach bekannt und es kann der Winkel ψ bestimmt werden, indem wir F mit O verbinden. Schlagen wir ferner über $\overline{OC}$ als Durchmesser einen Kreis, so ist auch $\overline{OD}$ bestimmt.

[1]) Nach Henderson und Nicholson, „Armature reaction in alternators". Institution of Electrical Engineers 1904.

Wir tragen nun die Spannung $\overline{OD} = \overline{A_1 B}$ in die Leerlaufcharakteristik (Fig. 54) ein und machen

$$\overline{BD} = AW_e = k_0 f_{w1} m J w \sin\psi;$$

man erhält so den Wert $E_{s2} = \overline{CD}$, den man in dem Vektordiagramm gleich $\overline{DE}$ macht.

Entlastet man die Maschine, so werden die Feldamperewindungen $\overline{OA_2}$ (Fig. 54) die EMK $\overline{A_2 C} = \overline{OE}$ (Fig. 53) induzieren, und wir erhalten die prozentuale Spannungserhöhung

$$\varepsilon\,\% = \frac{\overline{OE} - \overline{OA}}{\overline{OA}}\,100.$$

In dieser Weise kann man die Belastungscharakteristik $P = f(AW)$, oder was dasselbe ist, $P = f(E)$ für jeden gegebenen Strom und äußeren Leistungsfaktor $\cos\varphi$ berechnen. Man nimmt verschiedene P an und bestimmt die zugehörigen Werte von E.

2. Bestimmung des Spannungsabfalles. Es sind gegeben $E = P_0$, der Strom J und $\cos\varphi$. Wir setzen zunächst näherungsweise (Fig. 53)

$$\overline{OE} = P_0 \cong \overline{OF},$$

was der Annahme einer konstanten Reaktanz entspricht.

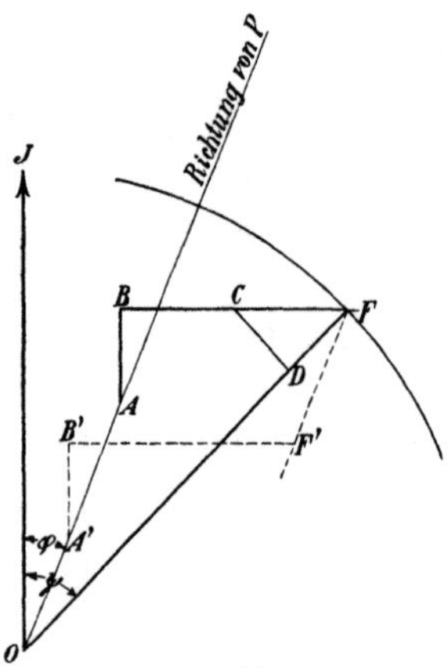

Fig. 55.

Unter dieser Annahme ergibt sich die Klemmenspannung P nach Fig. 55 wie folgt. Wir schlagen mit $\overline{OF} = P_0$ als Radius um O einen Kreis und von irgendeinem Punkt A' der Linie $\overline{OA}$, deren Richtung durch den Winkel φ bestimmt ist, tragen wir in Richtung von J

$$\overline{A'B'} = J r_a$$

und senkrecht dazu

$$\overline{B'F'} = J x_{s1} + E_s' + \frac{E_{s3}}{\cos\psi}$$

an. Die Parallele zu $\overline{OA}$ durch den Endpunkt F' schneidet den Kreis in F. Konstruieren wir, von F ausgehend, den Linienzug $\overline{FBA} \parallel \overline{F'B'A'}$, so ist $\overline{OA}$ die gesuchte Klemmenspannung. Wir können nun mit dieser Klemmenspannung nach 1. rückwärts E bestimmen und in dieser Weise die Genauigkeit der Rechnung kontrollieren bezw. vergrößern.

Von den verschiedenen Teilen des Linienzuges $\overline{A'B'F'}$ bzw.

$\overline{ABF}$ können Jr_a und $Jx_{s1} + E_s'$ direkt berechnet werden. Zur Bestimmung von $\frac{E_{s3}}{\cos\psi}$ berechnet man zunächst

$$\frac{AW_q}{\cos\psi} = k_q f_{w1} m J w$$

und trägt diesen Wert in die Leerlaufcharakteristik ein (Fig. 54). Der prozentuale Spannungsabfall wird

$$\varepsilon\,\% = \frac{\overline{OE} - \overline{OA}}{\overline{OE}}\,100.$$

Da bei derselben Klemmenspannung P bei Belastung eine größere Erregung erforderlich ist als bei Leerlauf und der Punkt A_1 bei Vollasterregung in Fig. 54 weiter rechts liegt als bei der Leerlauferregung, ist der prozentuale Spannungsabfall größer als die prozentuale Spannungserhöhung.

Die Bestimmung der Spannungsänderungen unter Benutzung der Leerlaufcharakteristik kann auch rechnerisch nach den im weiteren angegebenen Formeln erfolgen.

17. Bestimmung der Spannungsänderungen ohne Benutzung der Leerlaufcharakteristik.

1. Bestimmung der Spannungserhöhung. In Fig. 56 ist dasselbe Diagramm wie in Fig. 53 dargestellt. Wie ersichtlich, ist

$$\operatorname{tg}\psi = \frac{\overline{GB} + \overline{BC} + \overline{CF}}{\overline{GO}}$$

$$\boldsymbol{\operatorname{tg}\psi = \frac{P\sin\varphi + Jx_{s1} + E_s' + \frac{E_{s3}}{\cos\psi}}{P\cos\varphi + Jr_a}} \quad . \; . \; . \; (37)$$

Alle Glieder dieser Formel können direkt berechnet werden. Die Berechnung von E_{s3} aus den Daten der Maschine ist in Gl. 28, S. 33 angegeben. Es ist

$$\frac{E_{s3}}{\cos\psi} = 1{,}77\, k_q' c\,(f_{w1}\,w)^2\, m\, J \frac{\tau\, l_i}{\delta\, k_1\, p}\, 10^{-8} \text{ Volt.}$$

Die Werte k_q' können der Kurve Fig. 25 entnommen werden. Da nun ψ bekannt ist, kann man $\Theta = \psi - \varphi$ berechnen.

Aus der Fig. 56 folgt weiter:

$$\overline{OF} = \overline{OK} + \overline{KN} + \overline{ND} + \overline{DF}$$

$$\boldsymbol{\overline{OF} = P\cos\Theta + Jr_a\cos\psi + (Jx_{s1} + E_s')\sin\psi + E_{s3}\operatorname{tg}\psi} \quad (38)$$

Setzen wir wieder näherungsweise

$$\overline{OF} \cong E,$$

so läßt sich angenähert die EMK E und somit auch die prozentuale Spannungserhöhung berechnen.

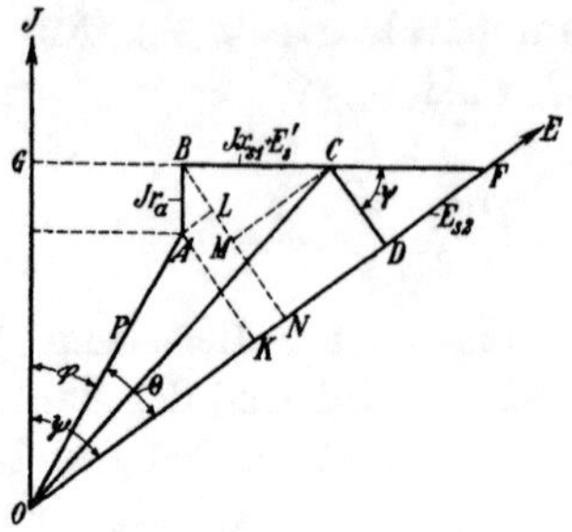

Fig. 56.

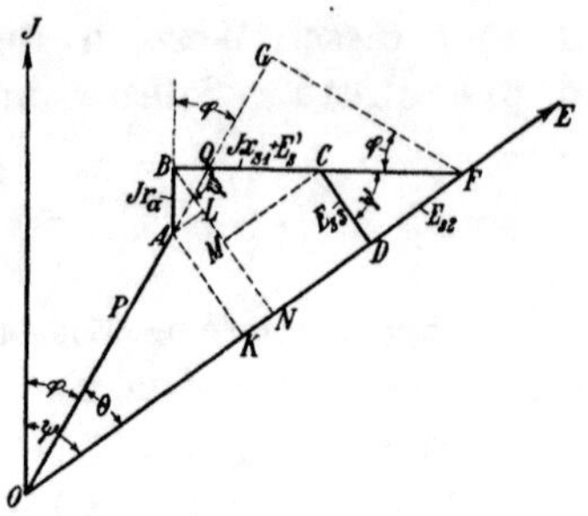

Fig. 57.

2. Bestimmung des Spannungsabfalles. Im Diagramm (Fig. 57) verlängern wir $\overline{OA}$ bis Q. Es ist dann

$$\overline{QF} = \overline{BC} - \overline{BQ} + \overline{CF} = Jx_{s1} + E_s' - Jr_a \operatorname{tg} \varphi + \frac{E_{s3}}{\cos \psi}.$$

Betrachten wir das Dreieck OQF, so sind jetzt die Seiten $\overline{OF} \cong P_0$ und $\overline{QF}$ und auch der Winkel $OQF = 90 + \varphi$ bekannt. Es wird somit

$$\sin \Theta = \frac{\overline{GF}}{\overline{OF}} = \frac{\overline{QF} \cos \varphi}{\overline{OF}}.$$

Da Θ klein ist, dürfen wir den Sinus durch den Winkel ersetzen. Hieraus folgt

$$\Theta \cong \frac{180}{\pi} \cos \varphi \frac{Jx_{s1} + E_s' - Jr_a \operatorname{tg} \varphi + \dfrac{E_{s3}}{\cos \psi}}{P_0} \quad . \quad . \quad (39)$$

Da der Winkel φ gegeben ist, ist auch

$$\psi = \varphi + \Theta$$

bekannt. Projizieren wir (Fig. 57) den Linienzug $\overline{OABCF}$ auf $\overline{OF}$, so folgt

$$P \cos \Theta = \overline{OF} - (\overline{FN} + \overline{NK}),$$

oder

$$P \cos \Theta \cong P_0 - \left[\left(\frac{E_{s3}}{\cos \psi} + Jx_{s1} + E_s'\right) \sin \psi + J r_a \cos \psi\right] \quad (40)$$

Daraus läßt sich p berechnen. Diese analytische Berechnung gilt streng nur für Maschinen mit konstanter Reaktanz.

18. Spannungsänderung eines Generators bei konstanter Erregung, konstantem Belastungsstrome J und veränderlicher Phasenverschiebung φ.

Dieser Fall ist in Fig. 58 und 59 veranschaulicht.

Um diese Kurven zu bestimmen, nimmt man verschiedene

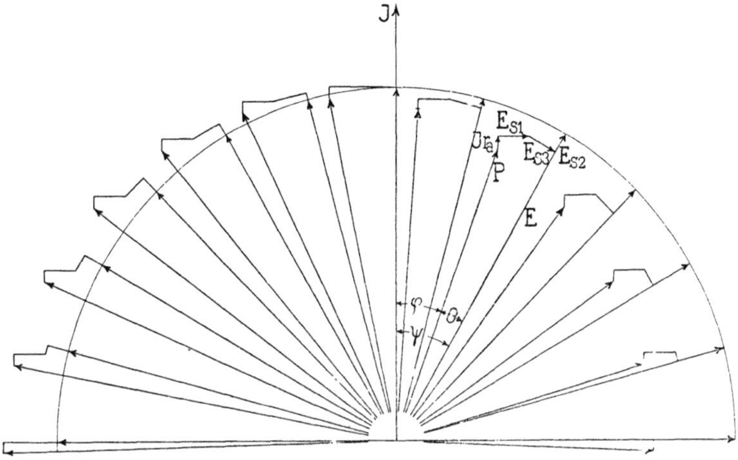

Fig. 58.

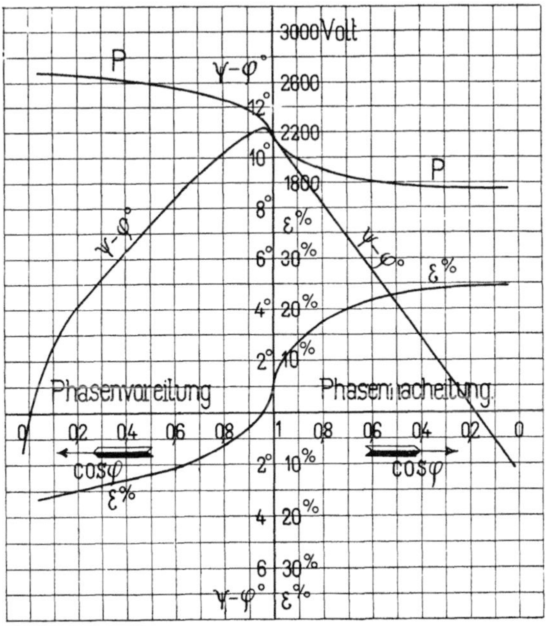

Fig. 59.

innere Phasenverschiebungswinkel ψ an und berechnet zunächst das zugehörige

$$AW_e = k_0 f_{w1} m J w \sin\psi$$

und

$$AW_q = k_q f_{w1} m J w \cos\psi .$$

Mit diesen beiden Werten geht man in die Leerlaufcharakteristik (Fig. 24) und entnimmt ihr die entsprechenden EMKe E_{s2} und E_{s3}, wobei AW_e nach links oder nach rechts abzutragen ist, je nachdem ψ ein Phasennacheilungs- oder ein Phasenvoreilungswinkel ist. E_{s1} und Jr_a werden mit Hilfe der Formeln 6a (S. 18) und 34 berechnet. Man kann nun das Spannungsdiagramm für jeden Winkel ψ aufzeichnen und ihm die Werte der Klemmenspannung P und des äußeren Phasenverschiebungswinkels φ entnehmen (Fig. 58).

19. Änderung der Klemmenspannung mit der Tourenzahl.

Wir haben im vorigen Abschnitt die Änderung der Klemmenspannung eines Generators beim Übergang von Leerlauf zur Belastung, die von der Selbstinduktion und dem effektiven Widerstande der Ankerwicklung herrührt, untersucht. Es wurde dabei angenommen, daß die Tourenzahl konstant bleibt. Tatsächlich nimmt aber die Tourenzahl mit zunehmender Belastung ab und das wird zu einer weiteren Änderung der Klemmenspannung Anlaß geben. Wir wollen nun untersuchen, welchen Einfluß auf die Klemmenspannung eine Variation der Tourenzahl hat, unabhängig davon, ob diese von einer Änderung der Belastung oder von irgendeiner anderen Ursache hervorgerufen ist.

Wir betrachten zunächst einen Generator im Leerlauf.

Nach der Formel

$$E = 4 k c w \Phi 10^{-8} \text{ Volt}$$

ist dann, bei einer gegebenen Maschine, die Klemmenspannung nur vom Kraftflusse, also vom Erregerstrome, und von der Tourenzahl $n = \frac{60\,c}{p}$ abhängig.

Ist der Erregerstrom von der Tourenzahl vollkommen unabhängig, so ändert sich E linear mit der Tourenzahl, d. h. ändert sich die Tourenzahl um ein Prozent, so ändert sich auch die Spannung um ein Prozent. Anders ist es aber, wenn auch die Erregung des Generators von der jeweiligen Tourenzahl abhängig ist, wie es z. B. der Fall ist, wenn die Erregermaschine auf einer Welle mit dem Generator angeordnet ist oder auf irgendeine Weise vom

Generator aus angetrieben wird. Die lineare Beziehung zwischen Spannung und Tourenzahl besteht dann nicht mehr.

Wir definieren nach Boucherot[1])

$$\varepsilon_t = \frac{\frac{dP}{P}}{\frac{dn}{n}} \quad \ldots \ldots \ldots \ldots \quad (41)$$

Es ist ε_t das Verhältnis der prozentualen Änderung der Klemmenspannung zu der entsprechenden prozentualen Änderung der Tourenzahl.

Für einen Generator, dessen Erregung von seiner Tourenzahl unabhängig ist, ist ε_t bei Leerlauf gleich 1. Bei Belastung ergibt sich für einen solchen Generator ε_t wie folgt.

Nach Fig. 57 ist für eine Tourenzahl n_1 die Klemmenspannung des Generators durch die Beziehung

$$P_1 \cos\Theta = E - E_{s2} - J x_{s1} \sin\psi - J r_a \cos\psi$$

gegeben. Für eine andere Tourenzahl n gilt

$$P \cos\Theta = (E - E_{s2} - J x_{s1} \sin\psi) \frac{n}{n_1} - J r_a \cos\psi;$$

es wird somit

$$dP = P - P_1 = \frac{1}{\cos\Theta}(E - E_{s2} - J x_{s1} \sin\psi) \frac{dn}{n_1}$$

und

$$\varepsilon_t = 1 + \frac{J r_a \cos\psi}{P_1 \cos\Theta},$$

also wieder fast gleich 1. Man darf also annehmen, daß auch bei Belastung die Klemmenspannung sich proportional mit der Tourenzahl ändert und allgemein setzen

$$\boldsymbol{P = P_1 \frac{n}{n_1} = F(J_e) \frac{n}{n_1}} \quad \ldots \ldots \quad (42)$$

wobei P_1 die zu n_1 zugehörige Klemmenspannung bedeutet. $P_1 = F(J_e)$ ist die Gleichung der Leerlaufcharakteristik des Generators oder irgendeiner Belastungscharakteristik bei der Tourenzahl n_1.

Wir wollen nun den Fall betrachten, bei dem die Erregung des Generators von seiner Tourenzahl abhängt, und nehmen der Einfachheit halber an, daß die Erregermaschine dieselbe Tourenzahl wie der Generator hat; sonst besteht zwischen den Tourenzahlen des Generators und Erregermaschine ein konstantes Ver-

[1]) La Revue électrique 1904, Bd. II.

hältnis. Fig. 60 stellt die Abhängigkeit der Klemmenspannung der Erregermaschine von ihrem Erregerstrome dar, und zwar bei einer Tourenzahl n_1 und konstantem äußeren Widerstande R. Dieser setzt sich zusammen aus dem Widerstande der Erregerwicklung des Generators und dem Regulierungswiderstande. Für eine Tourenzahl n kann man für die belastete Erregermaschine gemäß früherem setzen

$$p = f(i_e)\frac{n}{n_1},$$

wobei i_e den Erregerstrom der Erregermaschine bedeutet.

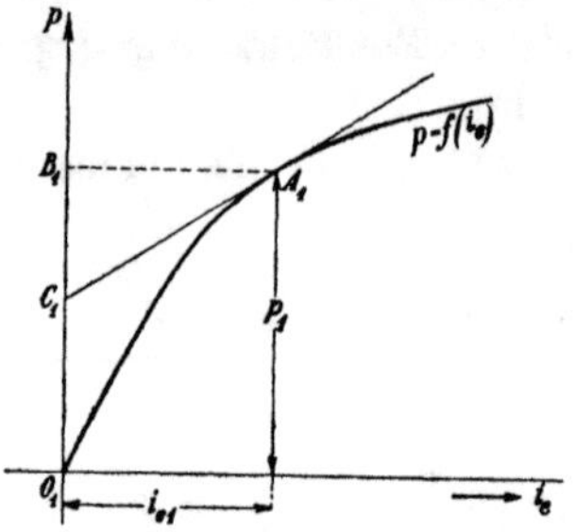

Fig. 60.

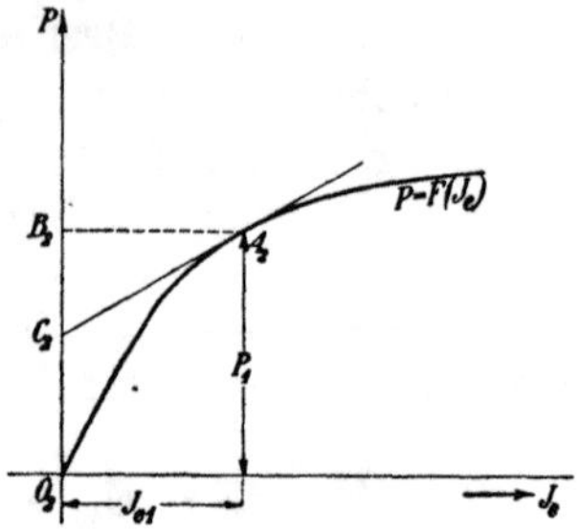

Fig. 61.

Es ist auch

$$p = i_e r;$$

für eine Nebenschlußmaschine ist r gleich dem Widerstande des Erregerkreises.

Der Generator sei zunächst unbelastet. Fig. 61 stellt die Leerlaufcharakteristik des Generators für die Tourenzahl n_1 dar. Für eine Tourenzahl n ist die Generatorklemmenspannung

$$P = F(J_e)\frac{n}{n_1}.$$

Aus den Gleichungen $p = f(i_e)\frac{n}{n_1}$ und $p = i_e r$ folgt für die Erregermaschine

$$\frac{dp}{dn} = \frac{f(i_e)}{n_1} + \frac{n}{n_1}\frac{f'(i_e)}{r}\frac{dp}{dn},$$

somit

$$\frac{dp}{dn} = \frac{1}{n_1}\frac{f(i_e)}{1 - \frac{f'(i_e)}{r}\frac{n}{n_1}}$$

und für $n = n_1$ wird

$$\varepsilon_{t1} = \frac{\frac{dp}{p_1}}{\frac{dn}{n_1}} = \frac{dp}{dn}\frac{n_1}{p_1}$$

oder

$$\varepsilon_{t1} = \frac{f(i_{e1})}{p_1 - i_{e1} f'(i_{e1})} \quad \ldots\ldots\ldots \quad (43)$$

Wie aus der Fig. 60 ersichtlich, ist somit

$$\varepsilon_{t1} = \frac{\overline{O_1 B_1}}{\overline{O_1 B_1} - \overline{B_1 C_1}} = \frac{\overline{O_1 B_1}}{\overline{O_1 C_1}}.$$

In derselben Weise erhalten wir für den Generator, wenn wir berücksichtigen, daß

$$p = J_e R$$

ist, aus der Gleichung für P

$$\frac{dP}{dn} = \frac{F(J_e)}{n_1} + \frac{n}{n_1}\frac{F'(J_e)}{R}\frac{dp}{dn}.$$

Setzen wir den Wert für $\frac{dp}{dn}$ in diese Gleichung ein, so wird

$$\frac{dP}{dn} = \frac{F(J_e)}{n_1} + \frac{n}{n_1}\frac{F'(J_e)}{R}\frac{1}{n_1}\frac{f(i_e)}{1 - \frac{f'(i_e)}{r}\frac{n}{n_1}}$$

und für $n = n_1$ folgt

$$\varepsilon_t = \frac{\frac{dP}{P_1}}{\frac{dn}{n_1}} = \frac{F(J_{e1})}{P_1} + \frac{F'(J_{e1})}{R}\frac{f(i_{e1})}{P_1 - f'(i_{e1})\frac{P_1}{r}}$$

$$= 1 + \frac{\overline{B_2 C_2}}{p_1}\frac{\overline{O_1 B_1}}{\overline{O_2 B_2} - \overline{B_1 C_1}\frac{\overline{O_2 B_2}}{p_1}}$$

$$= 1 + \frac{\overline{O_1 B_1}}{\overline{O_1 C_1}}\frac{\overline{B_2 C_2}}{\overline{O_2 B_2}}.$$

Es ist

$$\frac{\overline{O_1 B_1}}{\overline{O_1 C_1}} = \varepsilon_{t1}$$

und ebenso

$$\frac{\overline{O_2 B_2}}{\overline{O_2 C_2}} = \varepsilon_{t2};$$

daraus folgt

$$\varepsilon_t = 1 + \varepsilon_{t1}\left(1 - \frac{1}{\varepsilon_{t2}}\right) \quad \ldots \ldots \quad (44)$$

Die prozentuale Änderung der Klemmenspannung des Generators bei einer Änderung der Tourenzahl um ein Prozent ist somit von

$$\varepsilon_{t1} = \frac{\overline{O_1 B_1}}{\overline{O_1 C_1}} \quad \text{und} \quad \varepsilon_{t2} = \frac{\overline{O_2 B_2}}{\overline{O_2 C_2}}$$

abhängig, also sowohl von der Charakteristik der Erregermaschine wie von der Charakteristik des Generators. Der kleinste Wert, den ε_t erreichen kann, ist 1. Man wird diesen Wert auch anstreben, denn ist ε_t groß, so addiert sich z. B. beim Übergang von Leerlauf zur Belastung dieser Spannungsabfall zum Spannungsabfall, der vom Belastungsstrome herrührt. Eine Maschine mit einem großen ε_t ist einer solchen gleichwertig, die einen großen Abfall infolge der Ankerrückwirkung hat und ein kleines ε_t.

Wie aus der Gl. 44 folgt, wird $\varepsilon_t = 1$, wenn $\varepsilon_{t2} = \frac{\overline{O_2 B_2}}{\overline{O_2 C_2}} = 1$ wird. Das trifft aber nur dann annähernd zu, wenn der Generator sehr stark gesättigt ist. Eine starke Sättigung ist aber mit großen Erregerverlusten verbunden. Man soll sich nach Boucherot mit $\varepsilon_t \cong 2$ begnügen; die Erregerverluste werden bei einem solchen Wert für ε_t nicht zu groß sein. Man wird also ein kleines ε_{t2} und ebenso ein kleines $\varepsilon_{t1} = \frac{\overline{O_1 B_1}}{\overline{O_1 C_1}}$ anstreben, d. h. man wird die Erregermaschine und den Generator genügend sättigen. Für $\varepsilon_{t1} = 2$ und $\varepsilon_{t2} = 2$ wird $\varepsilon_t = 2$. Es ist aber nicht zulässig für die normalen Betriebsverhältnisse für ε_t einen höheren Wert, z. B. 3 oder 4, zuzulassen, denn ε_t kann dann sehr große Werte annehmen, sogar unendlich werden, wenn aus irgendeinem Grunde die Spannung kleiner oder für dieselbe Spannung die Tourenzahl größer genommen wird.

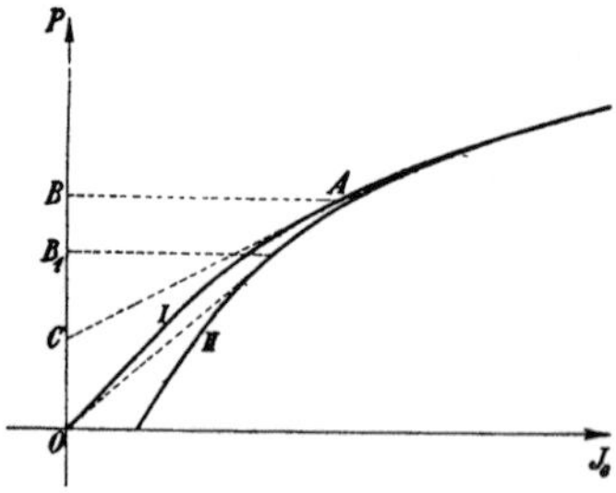

Fig. 62.

Wie aus dem Vorigen ersichtlich ist, ist für ε_t die Charakteristik des Generators maßgebend. Es ist also die Größe von ε_t zu bestimmen nicht nur für die Leerlaufcharakteristik, sondern auch für verschiedene Belastungscharakteristiken. In Fig. 62 stellt die Kurve I die Belastungscharakteristik des Generators bei konstantem äußerem Widerstande und Kurve II die Belastungscharakteristik bei konstantem Belastungsstrome und konstantem Leistungsfaktor dar. Für die Kurve I ebenso wie für die Leerlaufcharakteristik ist

$$\varepsilon_{t2} = \frac{\overline{OB}}{\overline{OC}}$$

positiv für höhere Werte der Spannung und gleich $\pm\infty$ für niedrige Werte der Spannung. Für die Kurve II ist ε_{t2} positiv für hohe Spannungen, wird gleich $\pm\infty$ bei einer mittleren Spannung gleich OB_1 und wird dann negativ. Nehmen wir für eine gesättigte Erregermaschine $\varepsilon_{t1} = 2$ an, so wird in diesem Falle für die Leerlaufcharakteristik und Belastungscharakteristik I ε_t zwischen 1 und 3 variieren, dagegen für die Belastungscharakteristik II kann ε_t beliebig große Werte annehmen.

Es folgt daraus, daß ε_t für die verschiedenen Zustände, die für den Generator in Betracht kommen, zu bestimmen ist. Für den ungünstigsten Belastungsfall soll ε_t nicht größer als 2 sein.

Drittes Kapitel.

Berechnung der Feldamperewindungen einer Maschine mit ausgeprägten Polen.

20. Berechnung der Feldamperewindungen bei Leerlauf. Leerlaufcharakteristik.

Die Feldmagnete, die Luftzwischenräume δ zwischen den Polen und dem Ankereisen und das Armatureisen bilden bei jeder Dynamomaschine einen einfachen oder mehrfachen magnetischen Kreis.

Ist die Armatur stromlos, so ist die Größe der magnetischen Strömung Φ_a durch den Ankerkern durch die Größe der pro Phase zu induzierenden EMK E nach der Gleichung

$$\Phi_a = \frac{E\,10^8}{4\,kcw} = \frac{E\,10^8}{4 f_B f_w c w} \quad \ldots \ldots \quad (45)$$

bestimmt. Diesem Kraftfluß entspricht eine bestimmte Amperewindungszahl auf den Feldmagneten. Um diese zu bestimmen, gehen wir von dem Fundamentalgesetz aus, das die Abhängigkeit zwischen den elektrischen Strömen und magnetischen Feldstärken ausdrückt. Bildet man das Linienintegral der magnetischen Kraft H längs einer geschlossenen Kurve C, so ist dieses proportional den von der betrachteten Kurve umschlungenen Amperewindungen, und gewöhnlich schreibt man

$$\int_C H dl = 0{,}4 \pi i w,$$

wo H und l in absoluten Einheiten und i in Ampere gemessen sind.

Wir erstrecken dieses Integral über die Kurve, die durch die Schwerpunkte der Querschnitte des magnetischen Kreises verläuft.

iw stellt dann die Amperewindungen derjenigen Feldmagnetspulen dar, die diese Kurve durchsetzt, oder die Amperewindungen pro magnetischen Kreis. Wir werden diese fernerhin mit AW_{k0} bezeichnen. Bei den gewöhnlichen Radialpoltypen (Fig. 63) umschlingt die Kurve zwei Magnetspulen.

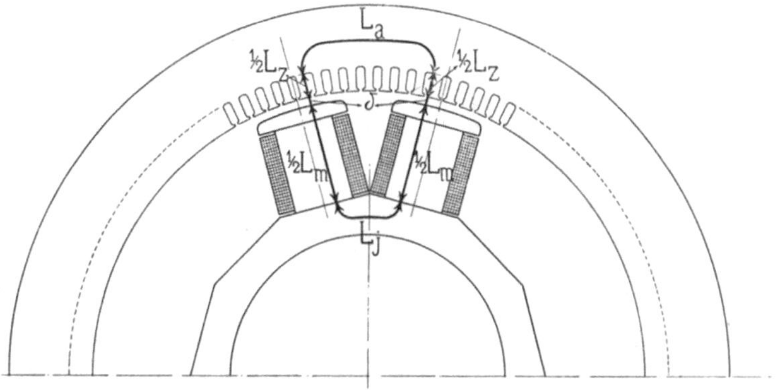

Fig. 63.

Der magnetische Kreis kann stets in mehrere Teile zerlegt werden, von denen jeder über seine ganze Länge beinahe konstanten Querschnitt und eine konstante magnetische Kraft H hat. Das Integral kann daher durch eine Summe ersetzt werden und es wird

$$AW_{k0} = iw = 0{,}8 \int_C H dl = 0{,}8\, H_1 L_1 + 0{,}8\, H_2 L_2 + \dots$$

Da

$$H_x = \frac{B_x}{\mu_x} = \frac{\Phi_x}{Q_x \mu_x},$$

wenn Q_x den Querschnitt des magnetischen Kreises in qcm für die betreffende Länge L und μ_x die Permeabilität bezeichnet, wird

$$AW_{k0} = \frac{0{,}8\, L_1}{\mu_1} \frac{\Phi_1}{Q_1} + \frac{0{,}8\, L_2}{\mu_2} \frac{\Phi_2}{Q_2} + \dots \quad (46)$$

$AW_{k0} = iw$ ist die magnetomotorische Kraft des magnetischen Kreises.

Der Bequemlichkeit halber setzen wir im folgenden

$$0{,}8 H_x = \frac{0{,}8\, \Phi_x}{\mu_x Q_x} = aw_x,$$

wobei aw_x die Amperewindungen pro Zentimeter Länge bezeichnet. Also wird

$$AW_{k0} = aw_1 L_1 + aw_2 L_2 + \dots \quad (47)$$

Um die Amperewindungen AW_{k0} zu berechnen, geht man in folgender Weise vor: Man bestimmt für die verschiedenen Teile des magnetischen Kreises die Induktion $B_x = \frac{\Phi_x}{Q_x}$. Aus der Magnetisierungskurve des betreffenden Materials, die die Abhängigkeit der Werte H oder aw von der Induktion B darstellt, entnimmt man dann die diesem B_x entsprechende Amperewindungszahl aw_x pro Zentimeter. Die Summe $\Sigma(aw_x L_x)$ ergibt die Amperewindungen AW_{k0} pro Kreis.

Die Magnetisierungskurven der betreffenden Eisensorten können nur experimentell ermittelt werden. Für uns ist es am bequemsten, wenn die Werte $aw = 0{,}8\,H$ als Abszissen und die zugehörigen Werte B als Ordinaten aufgetragen werden.

Um AW_{k0} für irgendeine gewünschte EMK E berechnen zu können, müssen somit bekannt sein:

1. die Eisendimensionen der Feldmagnete und der Armatur;
2. die magnetischen Eigenschaften bzw. die Magnetisierungskurven der verwendeten Eisensorten.

Auf der Tafel XVIII am Ende des Buches sind die Magnetisierungskurven für Dynamoblech, schwach legiertes Eisenblech, Gußeisen und Stahlguß nach Untersuchungen der Bismarckhütte, der Maschinenfabrik Oerlikon und von Gumlich dargestellt. — Um für alle Werte der Induktionen die Werte aw genauer ablesen zu können, sind vier Maßstäbe benutzt.

Die Genauigkeit der Berechnung von AW_{k0} hängt wesentlich von der Richtigkeit der für die Berechnung verwendeten Magnetisierungskurven ab. Erfahrungsgemäß können die magnetischen Eigenschaften ein und derselben Eisensorte z. B. von weichem Stahlguß oder Gußeisen, erheblich voneinander abweichen, und sogar Stücke, die derselben Lieferung angehören, also denselben Fabrikationsgang durchgemacht haben, zeigen oft erhebliche Unterschiede.

Um ein genaues Resultat mit Sicherheit zu erreichen, wäre es daher erforderlich, das zu verwendende Material vor der Berechnung zu prüfen. Das ist aber schon aus dem einfachen Grunde nicht ausführbar, weil die Berechnung der Maschine erfolgen muß, bevor es möglich ist, das Material etwa mit Ausnahme des Eisenbleches zu prüfen.

Der Konstrukteur muß daher bei der Vorausberechnung für die Eisensorten diejenige Permeabilität voraussetzen, die er erfahrungsgemäß erwarten darf. Im allgemeinen wird damit eine befriedigende Genauigkeit erreicht.

Wie aus Gl. 47 ersichtlich ist, muß der Kraftfluß Φ_x für jeden Querschnitt Q_x des magnetischen Kreises bekannt sein. In einer

Dynamomaschine tritt nun nicht der ganze Kraftfluß des Feldsystems in die Armatur ein, sondern ein erheblicher Teil nimmt seinen Weg durch die Luft direkt von einem Pole zum andern. Man bezeichnet diesen Teil des Kraftflusses als magnetischen Streufluß.

Ist Φ_s dieser Streufluß und Φ_a der Kraftfluß, der pro Pol in das Ankereisen eintritt, so wird der totale Kraftfluß pro Pol

$$\Phi_m = \Phi_a + \Phi_s.$$

Das Verhältnis

$$\frac{\Phi_m}{\Phi_a} = 1 + \frac{\Phi_s}{\Phi_a} = \sigma \quad . \quad . \quad . \quad . \quad . \quad . \quad . \quad (48)$$

heißt der Streuungskoeffizient. Es ist immer $\sigma > 1$.

Der Streuungskoeffizient σ ist nicht nur abhängig von der Form und der Entfernung der streuenden Polflächen, sondern auch von ihrer magnetischen Potentialdifferenz. Diese muß daher zuerst bestimmt werden; sie ist gleich den Amperewindungen für die Luftzwischenräume und das Armatureisen.

Die Berechnung der Amperewindungen AW_{k0} wollen wir nur für denjenigen Kraftlinienweg, der die Schwerpunkte der Querschnitte verbindet und den wir den mittleren Kraftlinienweg nennen, durchführen. In den Figuren ist dieser Weg durch eine dick gezogene Linie angedeutet.

Tatsächlich verteilt sich der Kraftfluß nicht gleichmäßig über die Querschnitte des magnetischen Kreises.

Da man jedoch in den meisten Fällen weder die Permeabilität μ des Materials noch die Streuung genau kennt, so hat es keinen Zweck, hier wegen Berichtigung eines kleinen Fehlers umständliche Rechnungen auszuführen.

Der Kraftfluß Φ_a bedingt eine gewisse Induktion in den einzelnen Punkten des magnetischen Kreises, und von dieser Induktion ausgehend kann AW_{k0} berechnet werden. Man kann aber nicht umgekehrt von AW_{k0} ausgehen und Φ_a berechnen, weil AW_{k0} ein Linienintegral ist und nicht von vornherein in die einzelnen Beträge zerlegt werden kann, die auf die einzelnen Teile des magnetischen Kreislaufes fallen. Wir bezeichnen für einen vollständigen magnetischen Kreis:

	die Kraftlinienlänge	den Querschnitt	die Amperewindungszahl
Für den Luftraum	mit $2\,\delta$	Q_l	AW_l
„ die Zähne	„ $L_z = 2\,l_z$	Q_z	AW_z
„ den Ankerkern	„ L_a	Q_a	AW_a
„ den Magnetkern	„ $L_m = 2\,l_m$	Q_m	AW_m
„ das Joch	„ L_j	Q_j	AW_j

Wir haben somit gesehen, wie man die zu einer bestimmten EMK E pro Phase zugehörigen Amperewindungen berechnen kann. Man berechnet zunächst den zu E zugehörigen Wert der magnetischen Strömung Φ_a und bestimmt die magnetomotorische Kraft, die diese Strömung Φ_a hervorruft.

Führt man dieselbe Rechnung für verschiedene Werte von E durch, indem man konstante Tourenzahl annimmt, so erhält man eine Kurve, die die Abhängigkeit des Kraftflusses Φ_a bzw. der pro Phase induzierten EMK E von den Magnetamperewindungen darstellt. Diese Kurve ist die Magnetisierungskurve der Maschine, denn sie stellt auch die Abhängigkeit der Induktionen in den verschiedenen Teilen der Maschine von den Magnetamperewindungen dar. Man nennt diese Kurve auch die Leerlaufcharakteristik; sie ergibt bei Leerlauf und konstanter Tourenzahl die induzierte EMK E als Funktion der Erregung.

Wir wollen nun die einzelnen Summanden von AW_{k0} berechnen.

Berechnung der Amperewindungen AW_l für den Luftraum δ. Der Kraftfluß Φ_a sucht sich beim Übergang vom Polschuh zur Armaturoberfläche über den ganzen Raum zwischen Pol- und Ankereisen zu verbreiten und verteilt sich so über diesen, daß der magnetische Widerstand ein Minimum wird.

Denken wir uns den Raum zwischen Pol- und Ankereisen in Kraftröhren zerlegt und betrachten eine solche Röhre von 1 cm Tiefe senkrecht zur Papierebene, Fig. 64a, so erhalten wir als Induktion B_x an der Ankeroberfläche für irgendeine Röhre

$$B_x = B_l \frac{\delta\, b_x}{\delta_x\, a_x}.$$

Wir können demnach die Werte von B_x als Funktion des Ankerumfanges auftragen und erhalten so die Feldkurve, Fig. 64b.

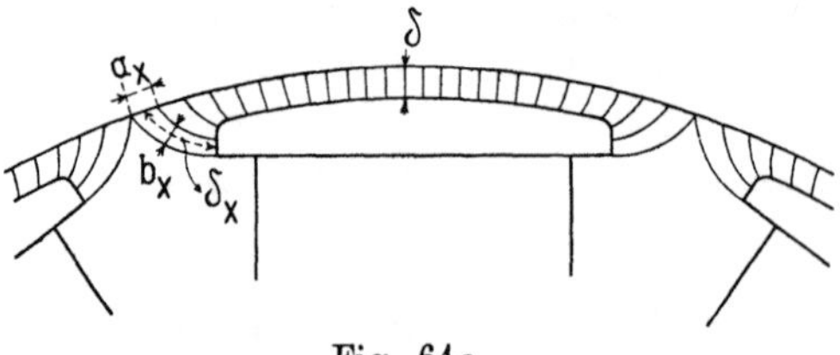

Fig. 64a.

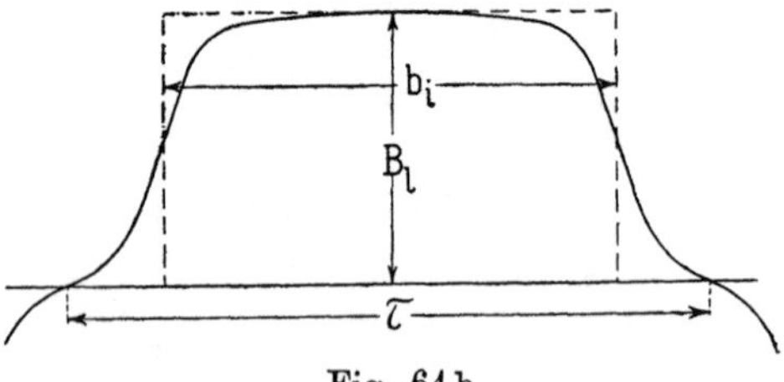

Fig. 64b.

Fig. 64a und b. Konstruktion der Feldkurve aus dem Kraftröhrenbilde.

Den Flächeninhalt der Feldkurve setzen wir ebenso wie in WT III S. 181 gleich $b_i B_l$, wo b_i der ideelle Polbogen ist. Wie aus der Fig. 64b ersichtlich, ist b_i gleich der Länge eines Rechteckes, dessen Höhe gleich B_l und dessen Inhalt gleich dem der Feldkurve ist.

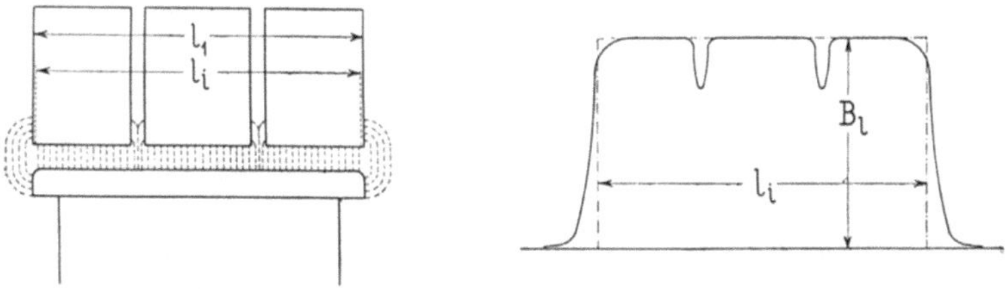

Fig. 65a. Fig. 65b.

Fig. 65a und b. Kraftröhrenbild und Feldkurve in einem Längsschnitt.

Legen wir einen Schnitt durch die Achse der Maschine und die Mitte eines Poles, so können wir, ähnlich wie oben, ein Kraftröhrenbild (Fig. 65a) aufzeichnen, die Induktion B_x ermitteln und als Funktion der Länge des Ankers auftragen. Ersetzt man die Fläche, die die so erhaltene Kurve einschließt, durch ein Rechteck von der Höhe B_l, so ergibt sich dessen Länge zu l_i. Wir bezeichnen l_i als ideelle Ankerlänge.

Es ist somit

$$\Phi_a = B_l l_i b_i \quad \text{oder} \quad B_l = \frac{\Phi_a}{l_i b_i}.$$

Da für Luft $\mu = 1$ ist, wird

$$H_l = B_l$$

und man erhält für glatte Anker

$$\boldsymbol{AW_l} = 2\,\delta\,0{,}8\,H_l = \boldsymbol{1{,}6\,B_l\,\delta} \quad . \quad . \quad . \quad . \quad (49)$$

Für **Nutenanker** würden wir nach dieser Formel einen zu kleinen Wert für AW_l erhalten, da hier eine Kontraktion des Kraftflusses an den Zahnköpfen stattfindet, so daß die Induktion eine Erhöhung erfährt. Wir setzen deswegen

$$\boldsymbol{AW_l = 1{,}6\,B_l\,\delta\,k_1} \quad . \quad . \quad . \quad . \quad . \quad . \quad (50)$$

wo k_1 ein Faktor ist, der die Erhöhung des Luftwiderstandes durch die Nuten berücksichtigen soll.

Der Einfluß der Nuten läßt sich am besten durch ein Kraftlinienbild veranschaulichen.

Wenn wir den magnetischen Widerstand der Zähne als vernachlässigbar gegenüber demjenigen des Luftspaltes ansehen, so ändert sich der Kraftfluß einer Kraftröhre umgekehrt proportional mit dem magnetischen Widerstand der Röhre im Luftspalte.

k_1 stellt das Verhältnis der Leitfähigkeit des Luftspaltes für einen glatten Anker zu derjenigen für einen Nutenanker oder das Verhältnis der maximalen zur mittleren Luftinduktion dar.

In die Fig. 66 sind die Kraftröhren zwischen einem Nutenanker und der Polfläche eingezeichnet. Das richtige Bild der Röhren kann man in der Weise erhalten, daß man mehrere Bilder entwirft und die Summe $\Sigma\left(\frac{Q_x}{0{,}8\,L_x}\right)$ der Leitfähigkeiten aller Kraftröhren jedes Bildes ermittelt. Da die Verteilung des Kraftflusses immer eine derartige ist, daß die Leitfähigkeit der Röhren ein Maximum wird, so kommt das Kraftröhrenbild mit der größten Leitfähigkeit der richtigen Verteilung am nächsten. Wie man aus dem Aufzeichnen der Bilder für verschiedene Nutendimensionen ersehen kann, ist für die Leitfähigkeit hauptsächlich das Verhältnis $\frac{t_1 - z_1}{\delta}$ (siehe Fig. 66) maßgebend.

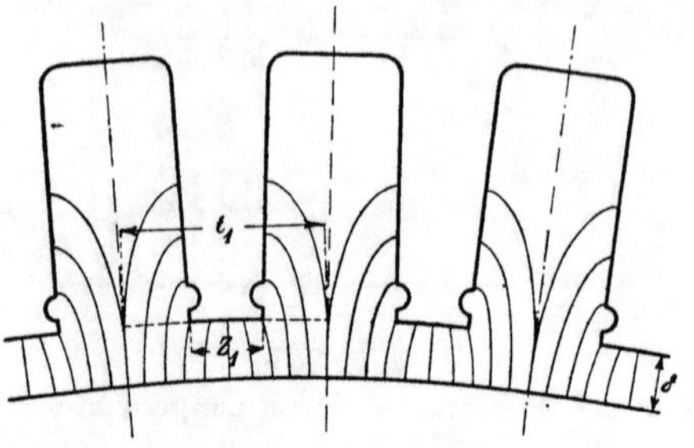

Fig. 66. Kraftröhrenbild zwischen Nutenanker und Polfläche.

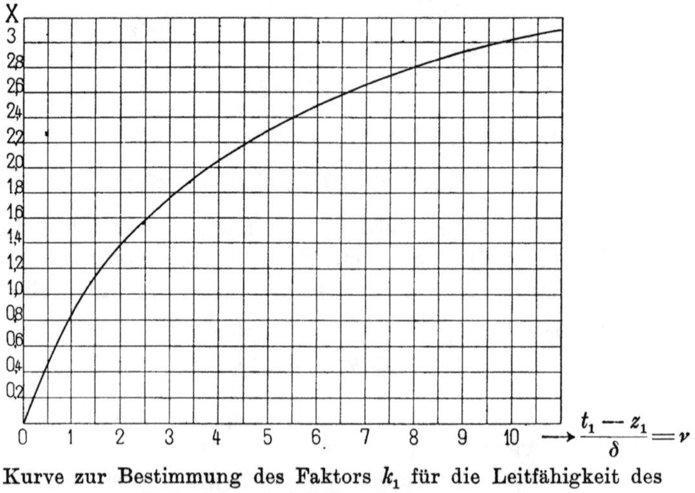

Fig. 67. Kurve zur Bestimmung des Faktors k_1 für die Leitfähigkeit des Luftspaltes bei Zahnankern.

Unter Annahme eines glatten Ankers wäre die Leitfähigkeit des Luftspaltes proportional der Teilung t_1, während die Leitfähigkeit für einen Nutenanker proportional $(z_1 + \delta X)$ gesetzt werden kann. Denn je größer der Luftspalt ist, desto kleiner wird der Einfluß der Nuten auf die Leitfähigkeit. Da das Produkt δX

als Leitfähigkeit die Dimension einer Länge haben muß, kann der Faktor X keine Dimension haben und muß eine Funktion von Verhältnissen sein. Für diese können allein die Größen z_1, t_1 und δ in Betracht kommen. Durch Aufzeichnung der Kraftlinienbilder für verschiedene Nutendimensionen ergab sich, wie oben erwähnt, daß der Faktor X mit großer Annäherung nur von dem Verhältnis $\frac{t_1 - z_1}{\delta}$ abhängt, und zwar in der von der Kurve Fig. 67 gezeigten Weise. Wir erhalten

$$k_1 = \frac{t_1}{z_1 + \delta X} \quad . \; . \; . \; . \; . \; . \; . \; . \quad (51)$$

wo X eine Funktion von $\frac{t_1 - z_1}{\delta}$ ist und der Kurve Fig. 67 entnommen werden kann.

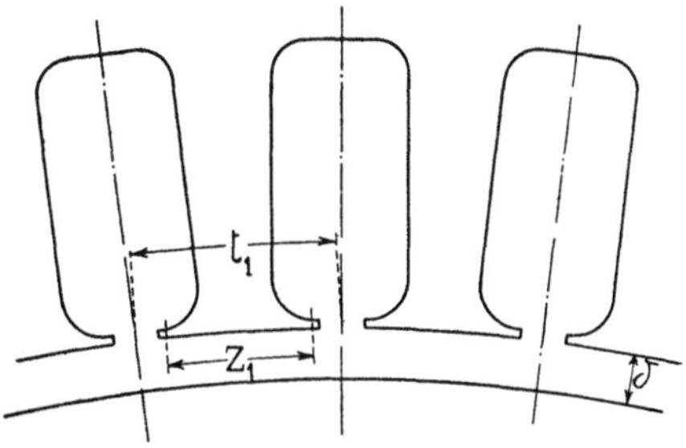

Fig. 68.

Bei der Ableitung dieser Formel wurde keine Rücksicht auf die Formen der Zahnköpfe, der Tiefe der Nuten und der Sättigung der Zähne genommen. Alle diese Einflüsse lassen sich kaum rechnerisch berücksichtigen. Der geübte Berechner wird aber bald mit Hilfe der Erfahrung den Einfluß dieser Größen auf den Faktor k_1 schätzen können.

Bei dem in Fig. 68 dargestellten Zahnkopf kann man zweckmäßig z_1 so schätzen, wie in der Figur gezeigt ist. Bei hohen Zahnsättigungen kann k_1 etwas kleiner gewählt werden, weil infolge des magnetischen Widerstandes der Zähne der Kraftfluß durch den Nutenraum größer wird.

Berechnung von b_i und l_i. Für die Berechnung von B_l müssen b_i und l_i bekannt sein; es ist nach WT III Gl. 59, S. 182

$$b_i = b_{in} + 2\,\delta\, k_1 k_z \left(\frac{b_1}{\delta_1} + \frac{b_2}{\delta_2} + \ldots\right) \quad . \; . \; . \; . \quad (52)$$

wo

$$k_z = \frac{AW_l + AW_z + AW_a}{AW_l} = 1 + \frac{AW_z + AW_a}{1{,}6\, k_1 B_l\, \delta}.$$

Die ideelle Ankerlänge l_i setzt sich aus der Eisenlänge l und einer zusätzlichen Länge, die der Vergrößerung des Kraftflusses durch die seitlichen Flächen des Ankers und der

Luftschlitze Rechnung trägt, zusammen. Der Einfluß der Luftschlitze wird ebenso ermittelt wie derjenige der Nuten bei den Nutenankern. Ist allgemein (Fig. 69) n_s die Zahl der Schlitze, so ist

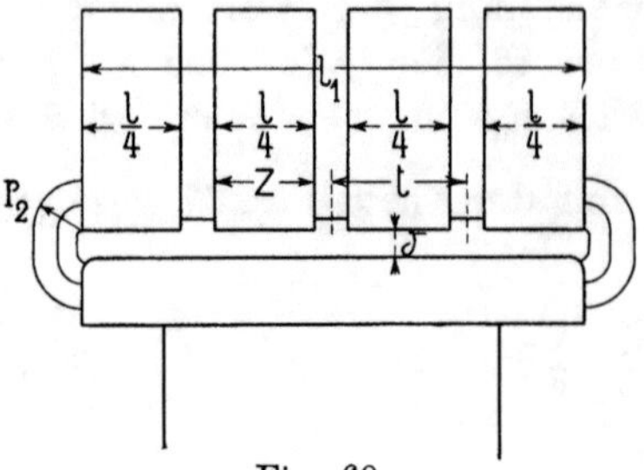

Fig. 69.

$$t-z=\frac{l_1-l}{n_s}$$

und

$$\frac{t-z}{\delta}=\frac{l_1-l}{n_s\,\delta}.$$

Den diesem Verhältnis entsprechenden Faktor X' entnehmen wir der Kurve Fig. 67, und berechnen den Faktor k_1' (Gl. 51).

Es ergibt sich dann daraus die ideelle Ankerlänge zu

$$l_i=\frac{l_1+z\,(k_1'-1)}{k_1'}+l_x \quad . \quad . \quad . \quad . \quad . \quad (53)$$

wo l_x den Einfluß der Flankenstreuung berücksichtigt.

Der Flankenstreuung auf beiden Seiten des Ankers Fig. 69 entspricht die Leitfähigkeit

$$2\,\frac{2{,}3}{0{,}8\,\pi}\,b_i \log\left(\frac{\pi\,r_2+\delta}{\delta}\right)=\frac{b_i\,l_x}{0{,}8\,\delta}.$$

Es folgt also

$$l_x=\frac{4{,}6}{\pi}\,\delta\log\left(\frac{\pi\,r_2+\delta}{\delta}\right).$$

Die in dieser Weise berechnete ideelle Ankerfläche ist etwas zu groß, weil die Wirbelströme, die in den äußersten Blechen von den seitlichen Streuflüssen induziert werden, diese Flüsse abdämpfen. Diese dämpfende Wirkung ist in den obigen Rechnungen nicht berücksichtigt worden.

Bei Maschinen mit großem Luftspalt, wie Turbogeneratoren, kann man $l_i \cong l_1$ setzen.

Berechnung der Amperewindungen (AW_z) für die Zähne.

a) Die maximale Induktion ist kleiner als ca. 18000 bzw. die maximale AW-Zahl für 1 cm Zahnlänge ist kleiner als ca. 100. In diesem Falle vernachlässigen wir den Kraftfluß, der durch den Nutenraum geht und setzen voraus, daß der ganze Kraftfluß durch das Eisen der Zähne verläuft. Für irgendeinen Zahnquerschnitt mit der Teilung t und der Breite z (Fig. 70) finden wir die Induktion B_z aus

$$B_z\, l\, z\, k_2 \frac{b_i}{t_1} = \Phi_a,$$

wo t_1 die Zahnteilung am Umfange und $\frac{b_i}{t_1}$ die Zahl der Zähne für den Polbogen b_i bedeutet.

Also

$$B_z = \frac{t_1 \Phi_a}{k_2\, z\, l\, b_i} \quad . \quad . \quad . \quad . \quad . \quad . \quad . \quad . \quad (54)$$

k_2 ist ein Faktor, der die Isolation zwischen den Blechen berücksichtigt. Er liegt meistens zwischen 0,88 und 0,92.

Es wird somit

$$B_{z\,max} = \frac{t_1 \Phi_a}{k_2\, z_1\, l\, b_i} \qquad B_{z\,min} = \frac{t_1 \Phi_a}{k_2\, z_2\, l\, b_i}.$$

Zu diesen Induktionen werden die entsprechenden Amperewindungszahlen pro Zentimeter $aw_{z\,max}$ und $aw_{z\,min}$ aus der Magnetisierungskurve bestimmt. Es ist

$$AW_z = \frac{1}{2} L_z (aw_{z\,max} + aw_{z\,min}) \quad . \quad . \quad . \quad (55)$$

Sind die Nuten teilweise oder ganz geschlossen (Fig. 70), so darf man die für die Höhe L_z' notwendigen Amperewindungen vernachlässigen oder man muß sie besonders berechnen.

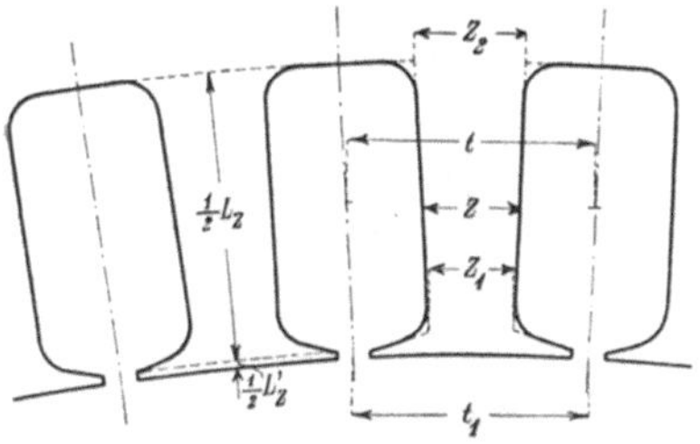

Fig. 70.

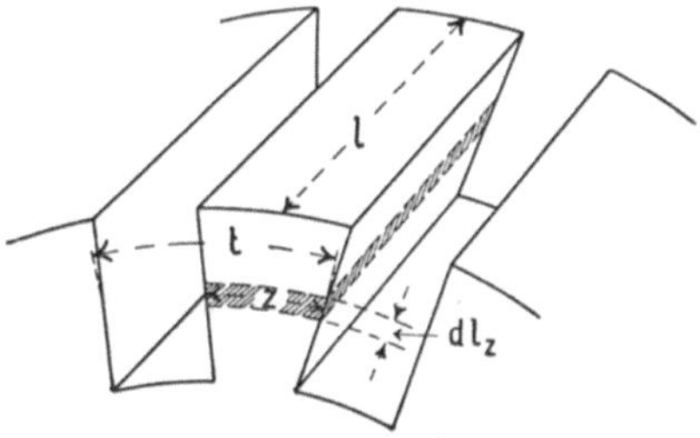

Fig. 71.

b) Die maximale Induktion ist größer als ca. 18000 bzw. die maximale AW-Zahl für 1 cm Zahnlänge ist größer als ca. 100.

Der Nutenraum und der Zahn sind magnetisch parallel geschaltet; man muß daher bei großen Induktionen die Leitfähigkeit des Luftraumes berücksichtigen, denn sonst bekommt man die Induktion B_z in den Zähnen und die zugehörigen AW_z zu groß.

Man denkt sich (Fig. 71) einen zylindrischen Schnitt durch die Zähne gelegt und kann nun B_z und AW_z für irgendeine Stelle dieses Schnittes in folgender, zuerst von Parshall und Hobart (Engineering Bd. 66, S. 130) angegebenen Weise bestimmen.

Durch die Zylinderfläche gehen Kraftflüsse, die teils im Eisen und teils in der Luft verlaufen; es ist

Totaler Kraftfluß = Eisenkraftfluß + Luftkraftfluß.

Für jeden Zahnquerschnitt unterscheiden wir nun die ideelle Induktion

$$B_{z\,ideell} = \frac{t_1 \Phi_a}{k_2 z l b_i},$$

die wir unter der Voraussetzung erhalten, daß alle Linien durch das Eisen der Zähne und keine durch die Nutenräume gehen, und die wirkliche Induktion

$$B_{z\,wirkl},$$

die wir erhalten, wenn der Kraftfluß durch die Nuten, die Luftschlitze und den von der Isolation erfüllten Raum in Rechnung gezogen wird.

$$B_{z\,ideell} = \frac{\text{Totaler Kraftfluß}}{\text{Eisenquerschnitt}}$$

$$= \frac{\text{Eisenkraftfluß}}{\text{Eisenquerschnitt}} + \frac{\text{Luftkraftfluß}}{\text{Luftquerschnitt}} \cdot \frac{\text{Luftquerschnitt}}{\text{Eisenquerschnitt}}$$

$$B_{z\,ideell} = B_{z\,wirkl} + H_{wirkl}\, k_3$$

oder

$$\boldsymbol{B_{zw} = B_{zi} - k_3 H_w} \quad \ldots\ldots \quad (56)$$

wo

$$k_3 = \frac{\text{Luftquerschnitt}}{\text{Eisenquerschnitt}} = \frac{l_1 t - l k_2 z}{l k_2 z} = \frac{l_1 t}{l k_2 z} - 1,$$

l = Eisenlänge des Ankers ohne Luftschlitze,
l_1 = „ „ „ mit Luftschlitzen,
t = Zahnteilung an der betrachteten Stelle,
z = Zahnbreite „ „ „ „
$100(1 - k_2)$ = Isolation zwischen den Blechen in %.

Im Mittel ist $k_2 = 0{,}9$.

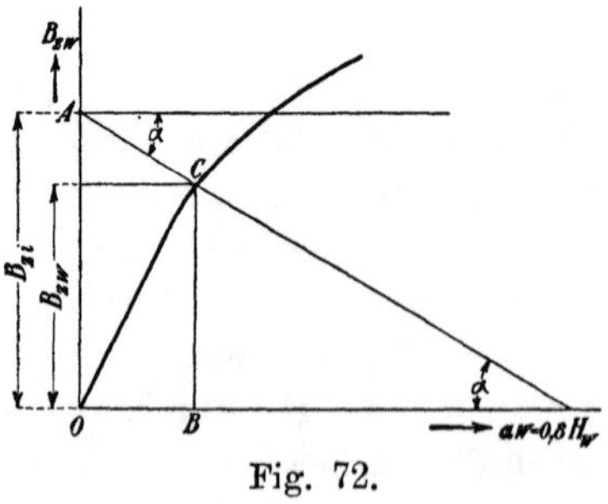

Fig. 72.

Der Zusammenhang zwischen B_{zw} und H_w ist durch die Magnetisierungskurve des betreffenden Zahnmaterials gegeben, und zwar haben wir B_{zw} als Ordinate und $0{,}8\,H_w = aw$ als Abszisse (Fig. 72). Schreiben wir

$$B_{zw} = B_{zi} - \frac{k_3}{0{,}8}(0{,}8\,H_w),$$

so stellt diese Gleichung eine gerade Linie dar, die die Ordinatenachse in einer Höhe gleich B_{zi} schneidet und mit der Abszissenachse einen Winkel α bildet, dessen trigonometrische Tangente

$$\operatorname{tg} \alpha = \frac{k_3}{0{,}8}$$

ist. Sind die Maßstäbe für B und $0{,}8\, H_w$ verschieden, so ist

$$\operatorname{tg} \alpha = \frac{k_3}{0{,}8} \frac{m_{(0{,}8\, H)}}{m_B}.$$

Die gesuchte Induktion B_{zw} muß gleichzeitig auf dieser Geraden und auf der Magnetisierungskurve liegen, ist also durch den Schnittpunkt dieser beiden bestimmt.

Will man also für irgendeinen Zahnquerschnitt mit der Teilung t und der Breite z B_{zw} finden, so berechnet man zunächst für diesen Querschnitt die ideelle Zahninduktion B_{zi} und den Faktor $\frac{k_3}{0{,}8}$. Macht man (Fig. 72) auf der Ordinatenachse $\overline{OA} = B_{zi}$ und zieht von A aus eine Linie $\overline{AC}$, die mit der Horizontalen durch A den Winkel α bildet, so ist $\overline{BC} = B_{zw}$ für diesen Querschnitt und $\overline{OB} = aw_z$, die zu der gefundenen wirklichen Zahninduktion zugehörigen Amperewindungen. Diese Rechnungsweise ist von F. Blanc[1]) angegeben worden.

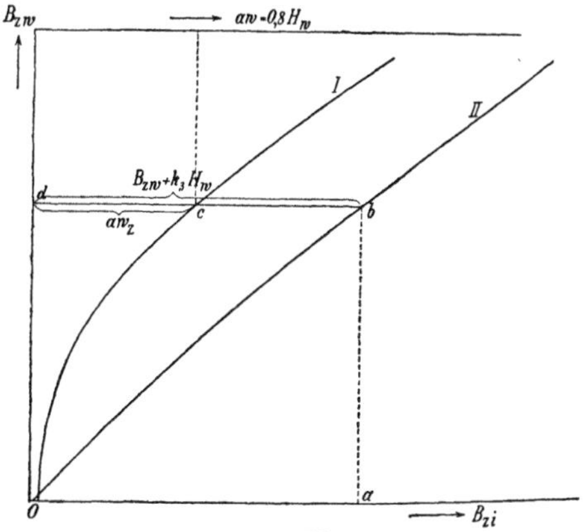

Fig. 73.

In der Praxis kommt es vor, daß für eine große Zahl von Maschinen eine bestimmte Blechsorte benützt wird. Da man es somit immer mit der gleichen Magnetisierungskurve zu tun hat, kann zweckmäßiger, wie folgt, verfahren werden. Man nimmt einen bestimmten Wert für k_3 an und berechnet mit diesem das zu jedem Punkte der Magnetisierungskurve $B_{zw} = f(0{,}8\, H_w)$ gehörige B_{zi}. Ist in Fig. 73 Kurve I die Magnetisierungskurve des Ankerbleches, so finden wir die Abszissenwerte B_{zi} aus

$$B_{zi} = B_{zw} + k_3 H_w = B_{zw} + k_3 \frac{\overline{dc}}{0{,}8} = \overline{db}$$

[1]) ETZ 1909, Heft 1.

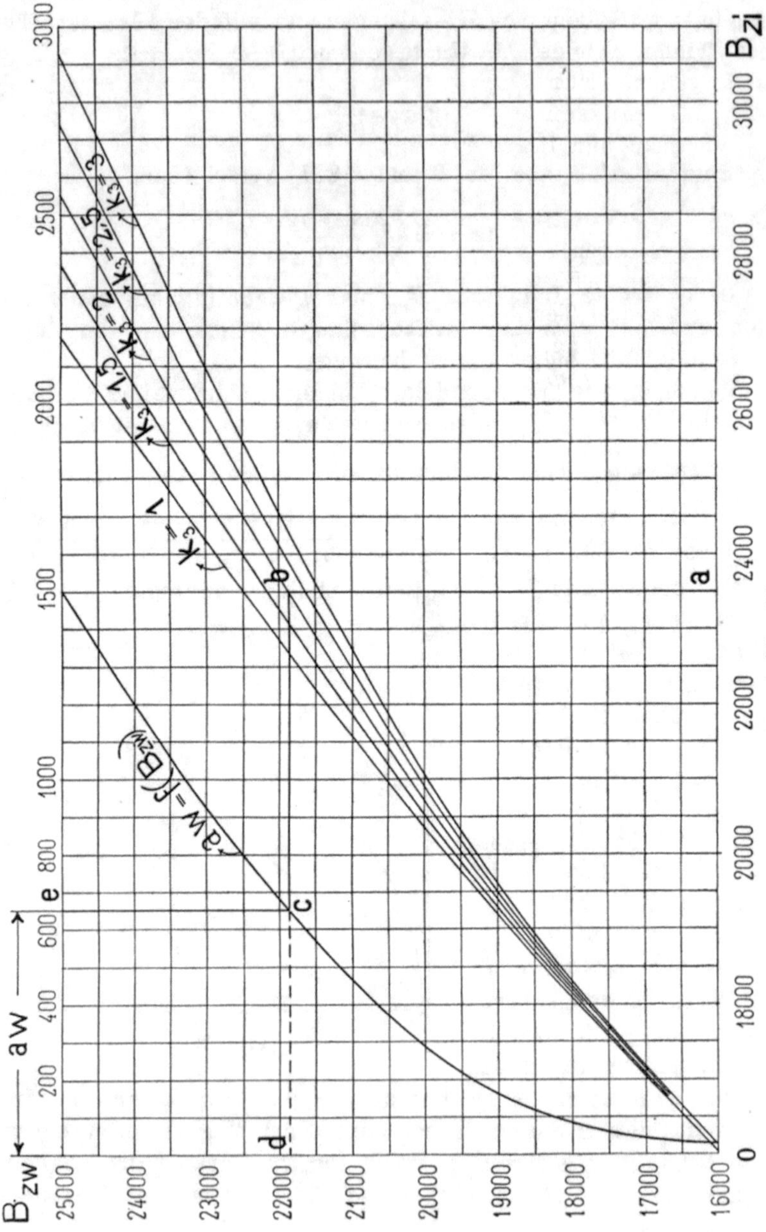

Fig. 74.

und damit für jeden Wert von k_3 eine besondere Kurve II, die die Beziehung zwischen B_{zw} und B_{zi} darstellt. Der Wert $aw_z = \overline{dc}$ kann der Figur ebenfalls entnommen werden.

In Fig. 74 sind für fünf verschiedene Werte von k_3 die Kurven gezeichnet. Die Kurven entsprechen einem Eisenblech von hoher Permeabilität, wie solche bei hohen Zahnsättigungen verwendet werden sollen. Für Blechsorten von erheblich anderer Permeabilität müssen die Kurven neu berechnet werden.

Will man nun für irgendeinen Zahnquerschnitt B_{zw} finden, so berechnet man zunächst B_{zi} und k_3; macht man in Fig. 74 $\overline{oa} = B_{zi}$, so findet man durch den Linienzug $\overline{abcd}$ den zu diesem k_3 und $B_{zi} = \overline{oa}$ gehörigen Wert $B_{zw} = \overline{od}$ und $aw_z = \overline{cd}$.

Will man AW_z genau ermitteln, so teilt man die Zahnhöhe $\frac{1}{2} L_z$ in etwa drei Teile und ermittelt für jeden Teilpunkt zunächst die ideelle Sättigung. Es ist

$$B_{zi\,min} = \frac{t_1 \Phi_a}{k_2 z_2 l b_i}; \quad B_{zi\,mit} = \frac{t_1 \Phi_a}{k_2 z_m l b_i}; \quad B_{zi\,max} = \frac{t_1 \Phi_a}{k_2 z_1 l b_i}.$$

Aus Fig. 74 findet man die zugehörigen Werte von B_{zw} und aw_z. Letztere trägt man nach Fig. 75 auf, es ist dann die schraffierte Fläche gleich

$$0{,}8 \int_0^{\frac{1}{2} L_z} H\,dl = \tfrac{1}{2} L_z\, aw_z$$

und

$$AW_z = L_z\, aw_z$$

gleich dem doppelten Flächeninhalt.

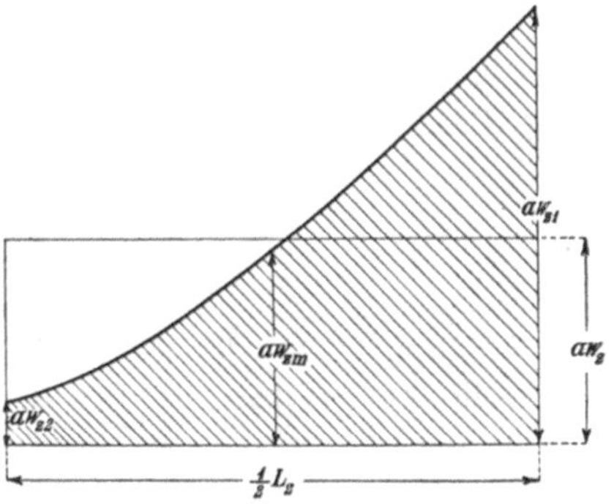

Fig. 75.

In fast allen Fällen genügt es, um die Fläche oder die mittlere Ordinate zu bestimmen, den Satz von Simpson anzuwenden, da die Kurve parabelförmig ist. Bestimmt man z. B. aw_z für Zahnkopf, Zahnmitte und Zahnfuß, so wird

$$\boldsymbol{AW_z = L_z \frac{aw_{z\,max} + 4\, aw_{z\,mit} + aw_{z\,min}}{6}} \quad . \quad (57)$$

Berechnung der Amperewindungen AW_a für den Ankerkern. Durch das Armatureisen unter den Zähnen geht die Hälfte des Kraftflusses Φ_a. Ist die Eisenhöhe der Armatur gleich h, die Eisenlänge gleich l und somit der effektive Eisenquerschnitt des Armaturkernes gleich

$$Q_a = l h k_2,$$

so wird die maximale Induktion im Armaturkern

$$B_a = \frac{\Phi_a}{2 l h k_2};$$

zu dieser Induktion wird die entsprechende Amperewindungszahl pro Zentimeter aw_a aus der Magnetisierungskurve bestimmt.

$$AW_a = aw_a L_a \quad \ldots \ldots \ldots \quad (58)$$

Berechnung der Amperewindungen AW_m und AW_j für die Feldmagnete und das Joch. Der in die Armatur pro Pol eintretende Kraftfluß Φ_a ist nur ein Teil des Kraftflusses der Feldmagnete, da zwischen den Polflächen magnetische Streuung vorhanden ist. — Der Kraftfluß des Feldmagneten hat an der Stelle, wo die Polkerne an das Joch ansetzen, sein Maximum; er ist gleich Φ_m. Dann heißt $\frac{\Phi_m}{\Phi_a} = \sigma$ der Streuungskoeffizient, dessen Berechnung später gezeigt werden soll.

Da die Streulinien seitlich austreten, nimmt Φ_m im Magnetkerne gegen den Anker zu ab; wir dürfen aber ohne einen wesentlichen Fehler zu begehen Φ_m als konstant ansehen. Auch wollen wir die Abnahme der Induktion im Polschuhe, da der betreffende Weg nur klein ist, nicht berücksichtigen. Es ist nun

$$\Phi_m = \sigma \, \Phi_a$$

$$B_m = \frac{\Phi_m}{Q_m} = \frac{\Phi_a \sigma}{Q_m}.$$

Man sucht in der Magnetisierungskurve das zu B_m gehörige aw_m und erhält dann

$$AW_m = aw_m L_m \quad \ldots \ldots \ldots \quad (59)$$

Bei den gewöhnlichen Radialpoltypen teilt sich das Joch nach zwei Seiten, wie in Fig. 63 gezeigt, und deswegen ist

$$\Phi_j = \frac{\sigma \, \Phi_a}{2}, \quad \text{also} \quad B_j = \frac{\sigma \, \Phi_a}{2 \, Q_j}.$$

Wir suchen nun wiederum in der Magnetisierungskurve, die dem Materiale des Joches entspricht, das zum Werte B_j gehörige aw_j und erhalten

$$AW_j = aw_j L_j \quad \ldots \ldots \ldots \quad (60)$$

Nachdem die Berechnung der erforderlichen Amperewindungen für die einzelnen Teile des magnetischen Kreises bekannt ist, kann die totale Amperewindungszahl für den angenommenen Kraftfluß Φ_a oder die angenommene EMK E berechnet werden. Diese Berechnung ist unter der Voraussetzung einer stromlosen Armatur durchgeführt; deswegen heißen wir die totalen Amperewindungen pro Kreis AW_{k0} und haben

$$AW_{k0} = AW_l + AW_z + AW_a + AW_m + AW_j \quad \ldots \ldots \quad (61)$$

$$AW_{k0} = 1{,}6 \, B_l \, \delta k_1 + aw_z L_z + aw_a L_a + aw_m L_m + aw_j L_j \quad (61a)$$

Für jeden Wert von Φ_a oder E ist dieselbe Rechnung durchzuführen; diese geschieht deswegen am besten tabellarisch.

Die Eintragung der zusammengehörigen Werte von E oder Φ_a und AW_{k0} in Fig. 76 ergibt dann die gesuchte Magnetisierungskurve der Maschine oder die Leerlaufcharakteristik.

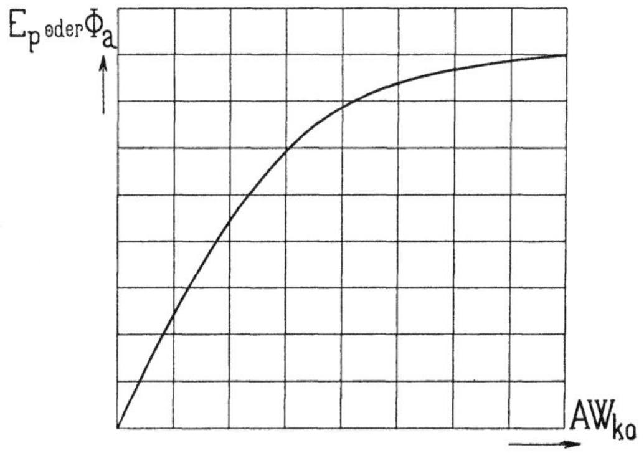

Fig. 76. Magnetisierungskurve oder Leerlaufcharakteristik.

Bei einer genauen Vorausbestimmung der Leerlaufcharakteristik müßte man nicht allein mit einer Änderung der magnetischen Widerstände des Eisens, sondern auch mit der Änderung des magnetischen Widerstandes des Luftspaltes rechnen, weil die Feldkurve ihre Form mit der Erregung ändert. Die dadurch entstehende Zunahme des magnetischen Widerstandes des Luftspaltes wäre jedoch schwierig zu bestimmen, wir verzichten daher auf deren Berücksichtigung.

21. Die Berechnung der Feldstreuung bei Leerlauf.

Für die Vorausberechnung einer Maschine ist die Kenntnis des Streuungskoeffizienten σ notwendig. Nach Gl. 48 Seite 75 ist

$$\sigma = \frac{\Phi_m}{\Phi_a} = \frac{\Phi_a + \Phi_s}{\Phi_a} = 1 + \frac{\Phi_s}{\Phi_a}.$$

Der Streuungskoeffizient ist abhängig von der Anordnung und Form der Feldmagnete, von der Sättigung des Eisens und vom Luftzwischenraum δ. Eine ungünstige Anordnung der Lager, der Riemenscheibe und Fundamentplatte, die die magnetische Leitfähigkeit zwischen den streuenden Flächen vergrößert, erhöht den Wert von σ.

Der Streuungskoeffizient σ läßt sich für einfachere Formen der Feldmagnete mit genügender Genauigkeit berechnen.

Wenn wir runde Pole haben, so reduzieren wir sie auf quadratische mit demselben Querschnitt.

d_m = Durchmesser des runden Magnetkerns,
d_q = Seite des Quadrats.

Dann ist $$d_q = \frac{d_m}{2}\sqrt{\pi} = 0{,}89\,d_m.$$

Wir wollen nun die Berechnung für zwei typische Formen durchführen. Im ersten in Fig. 77 und 78 dargestellten Falle ist eine Innenpoltype angenommen, deren kreisförmige Magnetkerne

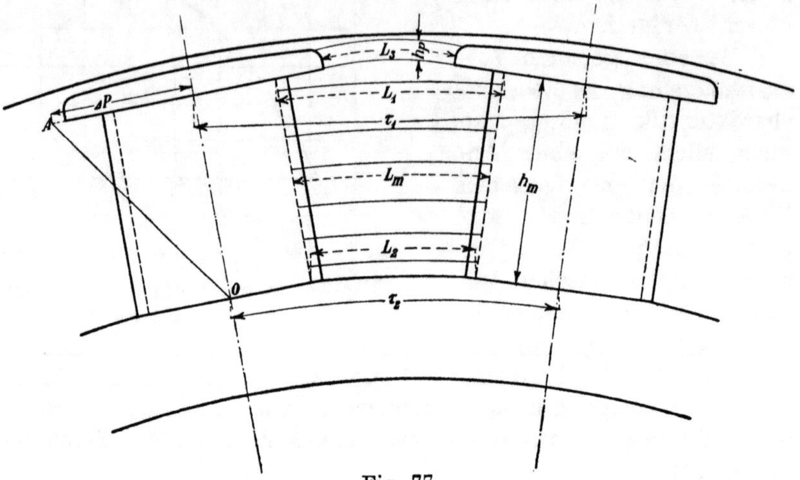

Fig. 77.

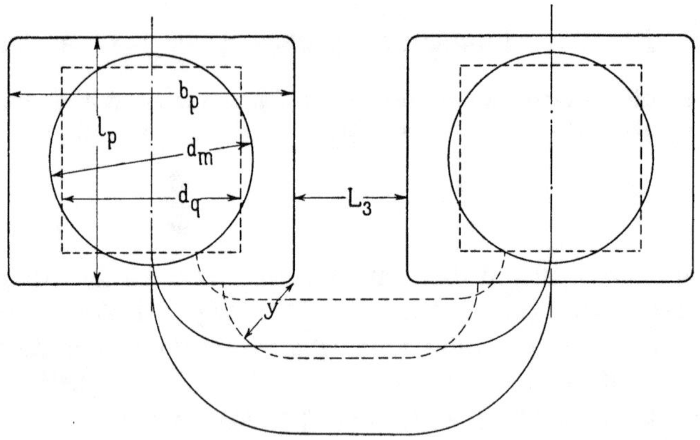

Fig. 78.

Fig. 77 und 78. Berechnung des Streuungskoeffizienten für wenig divergierende Pole.

verhältnismäßig wenig gegeneinander geneigt sind, entsprechend einer vielpoligen Maschine. Zuerst reduzieren wir den kreisförmigen Querschnitt auf einen rechteckigen. Wir können dann folgende vier Streuflüsse unterscheiden:

1. den Streufluß Φ_1 zwischen den inneren Flächen des Polschuhes,
2. den Streufluß Φ_2 zwischen den äußeren Flächen des Polschuhes (vorn und hinten),
3. den Streufluß Φ_3 zwischen den inneren Flächen des Polkernes,
4. den Streufluß Φ_4 zwischen den äußeren Flächen des Polkernes (vorn und hinten).

Jeder Streufluß ist gleich dem Produkte aus der magnetischen Potentialdifferenz und der magnetischen Leitfähigkeit zwischen den betreffenden Streuflächen.

Zwischen den Polschuhen besteht die Potentialdifferenz

$$\Delta P = (AW_l + AW_z + AW_a).$$

Es wird nun

1. Der Streufluß zwischen den inneren Flächen der Polschuhe

$$\Phi_1 = \Delta P \frac{l_p h_p}{0{,}8\, L_3} = \frac{\Delta P l_p h_p}{0{,}8(\tau_1 - b_p)}.$$

Sind die Polspitzen stark gesättigt, so wird diese Streuung kleiner; dies kann berücksichtigt werden, indem man von ΔP AW_p subtrahiert, wenn AW_p die in den zwei Polspitzen verbrauchten Amperewindungen bezeichnet.

2. Der Streufluß zwischen den äußeren Flächen der Polschuhe.

Die Streuung zwischen den äußeren Polschuhflächen wird, wenn man die Kraftlinien in Kreisbogen vom Radius y und auf der Strecke L_3 geradlinig verlaufend denkt (s. Fig. 78):

$$\Phi_2 = 2 \int_{y=0}^{y=\frac{b_p}{2}} \frac{\Delta P h_p}{0{,}8(L_3 + \pi y)} dy = 2 \Delta P\, h_p \frac{2{,}3}{0{,}8\,\pi} \log\left(1 + \frac{\pi}{2} \frac{b_p}{L_3}\right).$$

Indem wir $\frac{2{,}3}{0{,}8\,\pi} = 1$ setzen, erhalten wir

$$\Phi_2 = \Delta P\, h_p\, 2 \log\left(1 + \frac{\pi}{2} \frac{b_p}{\tau_1 - b_p}\right).$$

Wenn h_p längs der ganzen äußeren Polschuhfläche nicht konstant ist, so muß ein mittlerer Wert eingesetzt werden.

3. Der Streufluß zwischen den inneren Flächen des Polkernes.

Bei Berechnung der Streuung der Kernflächen ist zu beachten, daß die magnetische Potentialdifferenz längs der Erregerspule proportional mit der Höhe h_m von O bis ΔP zunimmt; die MMKe, die auf die einzelnen Röhren wirken, sind also verschieden. Ist die Wicklung längs des Poles gleichmäßig verteilt, so kann man die MMKe, wie in Fig. 77, durch eine geneigte Linie $\overline{OA}$ darstellen. Da in diesem Falle die Kerne einander fast parallel sind, so kann man mit einem Mittelwert gleich $\frac{1}{2}\Delta P$ rechnen. Es ist somit

$$\Phi_3 = \frac{\frac{1}{2}\Delta P d_q h_m}{\frac{0{,}8\,(L_1 + L_2)}{2}} = \frac{\Delta P d_q h_m}{0{,}8\,(L_1 + L_2)} = \frac{\Delta P d_q h_m}{0{,}8\,(\tau_1 + \tau_2 - 2\,d_q)}.$$

4. Der Streufluß zwischen den äußeren Kernflächen.

Für zwei äußere Kernflächen folgt für eine mittlere magnetische Potentialdifferenz $\frac{1}{2}\Delta P$ ähnlich wie bei Φ_2

$$\Phi_4 = \frac{2\,\Delta P}{2} h_m \frac{2{,}3}{0{,}8\,\pi} \log\left(1 + \pi \frac{d_q}{L_1 + L_2}\right)$$

$$\Phi_4 = \Delta P h_m \log\left(1 + \frac{\pi d_q}{\tau_1 + \tau_2 - 2\,d_q}\right).$$

Nun ist für beide Seiten des Poles

$$\Phi_s = 2\,(\Phi_1 + \Phi_2 + \Phi_3 + \Phi_4)$$

$$\Phi_s = 2\,\Delta P \left[\frac{l_p h_p}{0{,}8\,(\tau_1 - b_p)} + 2\,h_p \log\left(1 + \frac{\pi}{2}\,\frac{b_p}{\tau_1 - b_p}\right) + \frac{d_q h_m}{0{,}8\,(\tau_1 + \tau_2 - 2\,d_q)} + h_m \log\left(1 + \frac{\pi d_q}{\tau_1 + \tau_2 - 2\,d_q}\right)\right].$$

Hieraus ergibt sich die Summe der Leitfähigkeiten zwischen den Polschuhflächen

$$\Sigma\lambda_p = \frac{l_p h_p}{0{,}8\,(\tau_1 - b_p)} + 2\,h_p \log\left(1 + \frac{\pi}{2}\,\frac{b_p}{\tau_1 - b_p}\right)$$

und diejenige der äquivalenten Leitfähigkeiten zwischen den Kernflächen

$$\Sigma\lambda_m = \frac{d_q h_m}{0{,}8\,(\tau_1 + \tau_2 - 2\,d_q)} + h_m \log\left(1 + \frac{\pi d_q}{\tau_1 + \tau_2 - 2\,d_q}\right).$$

Durch Einsetzen des Wertes Φ_s in die Gleichung für σ erhält man als Streuungskoeffizient bei stromlosem Anker

$$\sigma = 1 + \frac{2\,(AW_l + AW_z + AW_a)}{\Phi_a}(\Sigma\lambda_p + \Sigma\lambda_m) \quad . \qquad (62)$$

Wenn der Querschnitt der Pole rechteckförmig ist und l_m die Länge der Seiten in der Richtung der Achse bedeutet und d_q die Länge der anderen Seite, so wird

$$\Phi_3 = \frac{\Delta P l_m h_m}{0{,}8\,(\tau_1 + \tau_2 - 2\,d_q)}\,.$$

Bei Maschinen mit geringer Polzahl sind die Polflächen, wie Fig. 79 zeigt, stark gegeneinander geneigt. In diesem Falle müssen die Werte von $\Sigma\lambda_p$ und $\Sigma\lambda_m$ in anderer Weise ermittelt rweden.

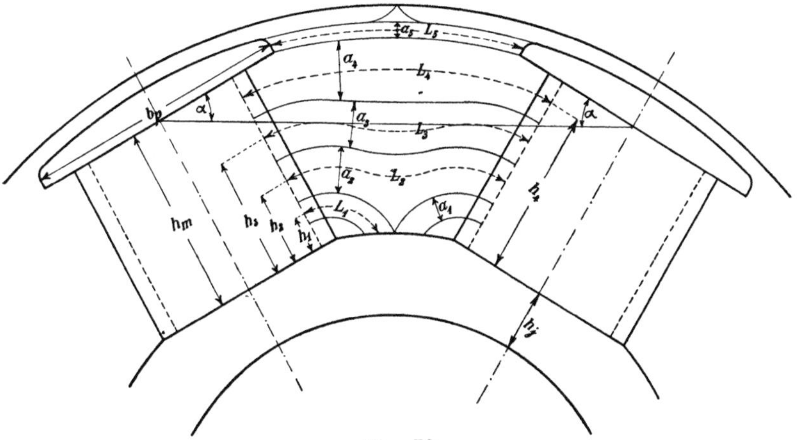

Fig. 79.

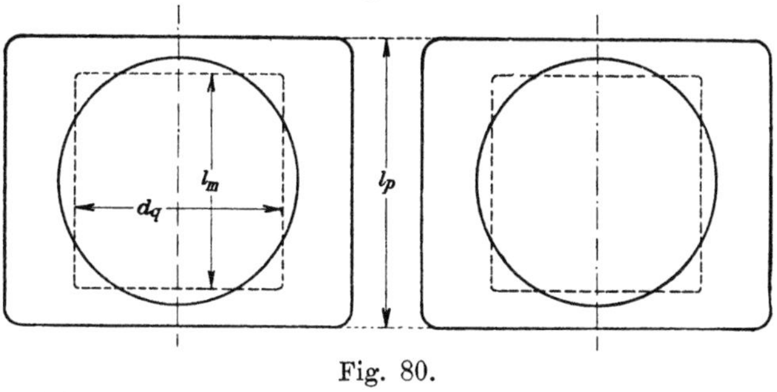

Fig. 80.

Fig. 79 und 80. Berechnung des Streuungskoeffizienten für stark geneigte Pole.

Man entwirft zu diesem Zwecke nach bestem Ermessen ein Kraftröhrenbild, wobei es auf sehr große Genauigkeit nicht ankommt. Diejenigen Linien, für welche der Weg $\frac{1}{2} L_2$ größer wird als L_1 (Fig. 79 und 80), werden direkt zum Joche übertreten. Auch auf den Seitenflächen der Pole wird dies der Fall sein. Hier streuen die Flüsse nicht nur in der Richtung der Achse des Magnetkerns, sondern auch seitlich, in der Richtung von L_1 zum Joche über.

Der gesamte Streufluß setzt sich für diesen Fall zusammen aus dem Fluß Φ_1, zwischen den inneren, dem Fluß Φ_2 zwischen den äußeren Flächen der Polschuhe, dem Fluß Φ_3 zwischen den inneren, dem Fluß Φ_4 zwischen den äußeren Flächen der Polkerne, ferner dem Fluß Φ_5 zwischen dem Joch und den inneren und dem Fluß Φ_6 zwischen dem Joch und den äußeren Flächen der Magnetkerne.

Man kann mit genügender Genauigkeit den Verlauf der Kraftröhren, wie in Fig. 79 angedeutet, annehmen. Berücksichtigt man auch in diesem Falle, daß die magnetische Potentialdifferenz längs der Erregerspule proportional mit der Höhe h_m von 0 bis ΔP zunimmt, so wird

$$\sigma = 1 + \frac{2(\Delta W_l + \Delta W_z + \Delta W_a)}{\Phi_a}(\Sigma\lambda_p + \Sigma\lambda_m + \Sigma\lambda_j). \quad . \quad (63)$$

Es ist dabei die Summe der Leitfähigkeiten zwischen den Polflächen:

$$\Sigma\lambda_p = \frac{a_5 l_p}{0{,}8\, L_5} + 2\, h_p \log\left(1 + \frac{\pi}{2}\,\frac{b_p \cos\alpha}{L_5}\right);$$

diejenige zwischen den Kernflächen:

$$\Sigma\lambda_m = \frac{l_m}{0{,}8\, h_m}\left(\frac{h_2 a_2}{L_2} + \frac{h_3 a_3}{L_3} + \frac{h_4 a_4}{L_4}\right) + \frac{2}{h_m}\left[h_2 a_2 \log\left(1 + \frac{\pi}{2}\,\frac{d_q \cos\alpha}{L_2}\right)\right.$$
$$\left. + h_3 a_3 \log\left(1 + \frac{\pi}{2}\,\frac{d_q \cos\alpha}{L_3}\right) + h_4 a_4 \log\left(1 + \frac{\pi}{2}\,\frac{d_q \cos\alpha}{L_4}\right)\right]$$

und die Leitfähigkeit zwischen dem Joche und den Kernflächen

$$\Sigma\lambda_j = \frac{h_1}{h_m}\,\frac{a_1 l_m}{0{,}8\, L_1} + \frac{d_q}{0{,}8\,\pi}\,\frac{180}{\alpha}\left(\frac{\sqrt{b_1^2 + h_j^2}}{h_m}\right).$$

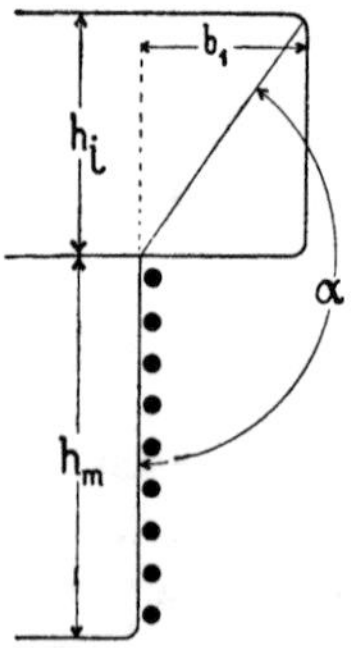

Fig. 81.

Ergibt die Rechnung für die Klammergröße des Ausdruckes für $\Sigma\lambda_j$ einen Wert, der höher als 1 ist, so ist doch nur 1 einzusetzen. Die einzelnen Bezeichnungen sind aus den Fig. 79, 80 und 81 ersichtlich.

Wie aus der Formel für σ ersichtlich, ist σ abhängig von der Erregung und daher auch von der Belastung der Maschine. Solange die Magnetisierungskurve der Luft, der Zähne und des Ankers geradlinig verläuft, nimmt der Streufluß proportional mit Φ zu, und σ bleibt konstant. Sobald jedoch die Kurve abbiegt, wächst die prozentuale Streuung. σ ist also abhängig von der Sättigung des Ankereisens. Bei der Berechnung der Querschnitte der Feldmagnete ist es notwendig, daß der Streuungskoeffizient zunächst angenommen wird, da dieser erst ermittelt werden kann, wenn die Dimensionen der Maschine bekannt sind. Zeigen sich große Differenzen zwischen dem angenommenen Wert von σ und dem nachträglich ermittelten, so müssen die Dimensionen der Feldmagnete dementsprechend abgeändert werden.

Angenäherte Vorausberechnung von σ.

Wir setzen (analog WT III, S. 182)

$$AW_l + AW_z + AW_a = k_z AW_l.$$

k_z ist eine Größe, die von der Sättigung des Armatureisens abhängt. Für normale Maschinen ist

$$k_z = 1{,}1 \text{ bis } 1{,}3.$$

Bei hoher Sättigung kann k_z auch den Wert 1,4 bis 1,5 erreichen. Nach Früherem ist

$$AW_l = 1{,}6\, k_1 B_l \delta.$$

$$2\frac{AW_l + AW_z + AW_a}{\Phi_a} = 2\frac{k_z AW_l}{\Phi_a} = \frac{2 \cdot 1{,}6\, k_z k_1 B_l \delta}{\Phi_a}.$$

Für $\Phi_a = B_l b_i l_i$ gesetzt gibt

$$2\frac{AW_l + AW_z + AW_a}{\Phi_a} = \frac{3{,}2\, k_z k_1 \delta}{b_i l_i}.$$

In die Formel für σ eingesetzt

$$\sigma = 1 + \frac{3{,}2\, k_z k_1 \delta}{b_i l_i} (\Sigma \lambda_p + \Sigma \lambda_m + \Sigma \lambda_j) \quad . \quad . \quad . \quad (64)$$

Setzen wir für $k_1 = 1{,}2$ und für $k_z = 1{,}3$, so erhalten wir

$$\sigma = 1 + \frac{5\,\delta}{b_i l_i} (\Sigma \lambda_p + \Sigma \lambda_m + \Sigma \lambda_j) \quad . \quad . \quad . \quad . \quad . \quad (65)$$

Sind die Magnetkerne wenig gegeneinander geneigt, so ist $\Sigma \lambda_j = 0$ zu setzen und für $\Sigma \lambda_p$ und $\Sigma \lambda_m$ die auf S. 90 angegebenen Größen zu rechnen; sind dagegen die Pole stark gegeneinander geneigt, so gelten für $\Sigma \lambda_p$, $\Sigma \lambda_m$ und $\Sigma \lambda_j$ die auf S. 91 angegebenen Ausdrücke.

Mit Hilfe der Formel 65 können wir den Streuungskoeffizienten einer Maschine angenähert bestimmen, ohne die Amperewindungen berechnet zu haben.

Werte von σ. Die erfahrungsgemäßen Werte des Streuungskoeffizienten σ liegen für Maschinen mit runden oder rechteckigen Polkernen, deren Länge in der Achsenrichtung nicht größer als

1,5 bis 2 mal ihrer Breite ist, und bei mäßigen Polschuhhöhen etwa zwischen

$$\sigma = 1,15 \text{ bis } 1,25.$$

Sind die Polschuhe und Polkerne hoch und ist die axiale Länge größer als die 1,5 bis 2 fache Breite, so steigt der Streuungskoeffizient auf $\sigma = 1,25$ bis 1,35.

Diese Werte können bei der Berechnung einer Maschine benutzt werden. Für abnormale Verhältnisse ist es ratsam, σ zu berechnen.

22. Die Berechnung der Feldamperewindungen bei Belastung.

Bei der Vorausberechnung von Wechselstrommaschinen ist es von Wichtigkeit, die Feldamperewindungen bei Belastung in möglichst einfacher Weise genau berechnen zu können. Was die Generatoren anbetrifft, so sind diese gewöhnlich so zu entwerfen, daß sie bei normaler Stromstärke und gegebener Phasenverschiebung, z. B. $\cos\varphi = 0,8$, noch ein wenig mehr wie die normale Spannung geben können. Die Synchronmotoren arbeiten in vielen Fällen bei Phasengleichheit zwischen Strom und Spannung; in anderen Fällen dagegen müssen sie außer der mechanischen Leistung noch wattlose Ströme ins Netz liefern. Es ist deswegen in diesem Falle die größte Erregung, die überhaupt nötig ist, zu ermitteln.

Es ist zunächst zu bemerken, daß die bisherige Bestimmung von E_{s2} nicht ganz richtig ist, weil noch eine Nebenerscheinung hinzukommt, die jedoch keine große Bedeutung hat.

Wenn man eine Maschine belastet und die Erregeramperewindungen unverändert läßt, so werden die entmagnetisierenden Amperewindungen AW_e das Feld schwächen. Da die Amperewindungszahl der Erregerspulen konstant geblieben ist, so bleibt das Streufeld fast unverändert, während das Hauptfeld abnimmt. Der Streuungskoeffizient, der gleich $\frac{\text{Hauptfeld} + \text{Streufeld}}{\text{Hauptfeld}} = 1 + \frac{\Phi_s}{\Phi_a}$ ist, wird daher bei Belastung größer als bei Leerlauf, und weil das Hauptfeld abgenommen hat, wird die der Leerlaufcharakteristik für eine AW-Zahl $AW_t - AW_e$ entnommene EMK größer als in Wirklichkeit; d. h. es wird E_{s2} durch die vermehrte Streuung ein wenig vergrößert.

Belastet man die Maschine und hält die Klemmenspannung konstant, so müssen wegen der entmagnetisierenden Amperewindungen die Feldamperewindungen erhöht werden, wodurch die Feldstreuung vermehrt wird. Es wird somit auch in diesem Falle E_{s2} ein wenig größer ausfallen, als es sich aus der Leerlaufcharakteristik ergibt. Die durch die vermehrte Feldstreuung bedingte Korrektur von E_{s2} ist jedoch sehr klein.

Es war der Streuungskoeffizient bei Leerlauf

$$\sigma = 1 + \frac{2\,(AW_l + AW_z + AW_a)}{\Phi_a}\,\Sigma\,(\lambda_p + \lambda_m + \lambda_j)\,.$$

Die Vermehrung der Streuung wird durch die bei Belastung auftretenden entmagnetisierenden $AW = \frac{1}{p} AW_e$ pro Kreis hervorgerufen, denn diese erhöhen die magnetische Potentialdifferenz zwischen den Streuflächen. Man erhält somit bei Belastung

$$\sigma_b = 1 + \frac{2\left(AW_l + AW_z + AW_a + \frac{1}{p} AW_e\right)}{\Phi_{a,b}}\,\Sigma\,(\lambda_p + \lambda_m + \lambda_j) \quad (66)$$

wo für $\Phi_{a,b}$ der Kraftfluß im Anker bei Belastung zu setzen ist.

Die Größenordnung der vermehrten Streuung wird aus folgender Überlegung sichtbar.

Das Verhältnis

$$\frac{AW_l + AW_z + AW_a + \frac{1}{p} AW_e}{AW_l + AW_z + AW_a}$$

schwankt bei modernen Maschinen und $\cos\psi = 0{,}7$ um 1,3 herum. Nehmen wir für den Streukoeffizienten bei Leerlauf den hohen Wert $\sigma = 1{,}3$ an, so wird er bei dieser stark induktiven Belastung

$$\sigma_b = 1 + 0{,}3 \cdot 1{,}3 = 1{,}39\,.$$

Bei diesen ungünstigen Annahmen wird also der Streuungskoeffizient nur 7% größer als bei Leerlauf. Berücksichtigt man noch, daß infolge der Streuung nur die Magnet- und Joch-Amperewindungen vergrößert werden müssen, so folgt, daß bei schwach gesättigten Maschinen der Einfluß der vermehrten Streuung vernachlässigt werden darf. Wir werden im weiteren angeben, wie man bei stark gesättigten Maschinen die vermehrte Streuung berücksichtigen kann.

Die Feldamperewindungen bei Belastung bestimmt man nun wie folgt.

a) Generator. Es sollen die erforderlichen Amperewindungen bestimmt werden, um bei gegebener Stromstärke J und Phasenverschiebung φ die verlangte Klemmenspannung P zu erhalten. Man berechnet zunächst Jr_a und Jx_{s1}. Mit Hilfe der Leerlaufcharakteristik (Fig. 54) oder nach Gl. 28 bestimmt man $\frac{E_{s3}}{\cos\psi}$. Man kann nun entweder graphisch nach Fig. 53 oder analytisch nach der Gl. 37

$$\operatorname{tg}\psi = \frac{\pm P\sin\varphi + \left(Jx_{s1} + \frac{E_{s3}}{\cos\psi}\right)}{P\cos\varphi + Jr_a}$$

den Winkel ψ bestimmen. Wird ψ graphisch nach Fig. 53 bestimmt, so erhält man zu gleicher Zeit die Spannung $\overline{OD}$ (Fig. 82); sonst kann $\overline{OD}$ nach Fig. 56

$$\overline{OD} = P\cos\Theta + Jr_a\cos\psi \pm Jx_{s1}\sin\psi$$

berechnet werden. Es ist in der Gleichung für $\operatorname{tg}\psi$ und $\overline{OD}$ das obere Vorzeichen zu wählen, wenn φ bzw. ψ Phasenverspätungswinkel und das untere, wenn φ bzw. ψ Phasenvoreilungswinkel sind. Man berechnet weiter

$$AW_e = k_0 f_{w1} mJw\sin\psi.$$

Macht man in Fig. 83 $\overline{A_1B} = \overline{OD}$ und $\overline{A_1A_2} = AW_e$, so ist $\overline{A_2C} = E$ und $\overline{OA_2}$ stellt die Amperewindungen bei Belastung dar.

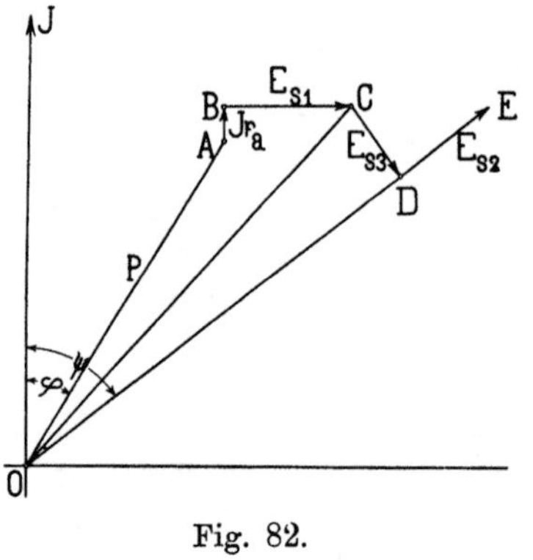

Fig. 82.

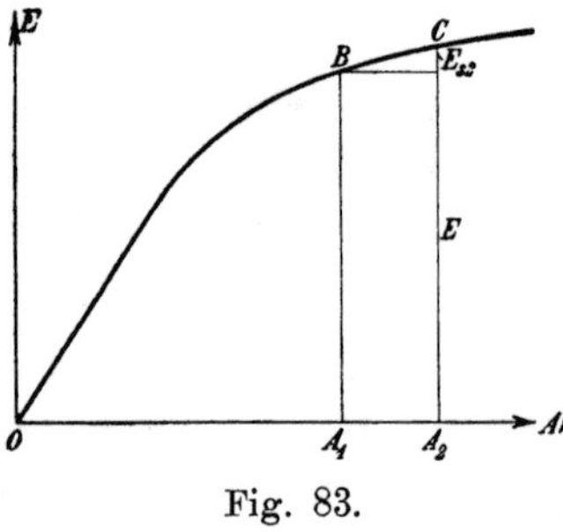

Fig. 83.

Es bleibt noch übrig, die Luft- und Zahninduktion nachzukontrollieren. Für diese ist eigentlich die Spannung $E_p = \overline{OC}$ maßgebend; sie können aber auch mit genügender Genauigkeit aus der Spannung $\overline{OD}$ berechnet werden.

b) Motor. Die Feldamperewindungen eines Motors ergeben sich in ähnlicher Weise.

Man berechnet zuerst den Wattstrom J_w des Motors; dieser ist gleich

$$J_w = \frac{736\,PS}{\eta\, m P},$$

wo PS die Belastung in Pferdestärken, η den Wirkungsgrad, m die Phasenzahl und P die Phasenspannung bedeutet.

Alsdann ermittelt man den wattlosen Strom J_{wl}, den der Motor ins Netz liefern soll. Es ist dann der totale vom Motor aufgenommene Strom

$$J = \sqrt{J_w^2 + J_{wl}^2}$$

und der Phasenverschiebungswinkel

$$\varphi = \operatorname{arctg}\left(\frac{J_{wl}}{J_w}\right).$$

Man berechnet nun nach den Formeln 34 S. 54 und 6a S. 18 Jr_a und Jx_{s1} und bestimmt aus der Leerlaufcharakteristik oder nach der Gl. 28 $\frac{E_{s3}}{\cos\psi}$. Den Winkel ψ kann man wieder entweder analytisch oder graphisch bestimmen. Für einen Motor ist

$$\operatorname{tg}\psi = \frac{\pm P\sin\varphi - \left(Jx_{s1} + \frac{E_{s3}}{\cos\psi}\right)}{P\cos\varphi + Jr_a},$$

wobei das obere Vorzeichen zu nehmen ist, wenn φ ein Verspätungswinkel und das untere, wenn φ ein Voreilungswinkel ist.

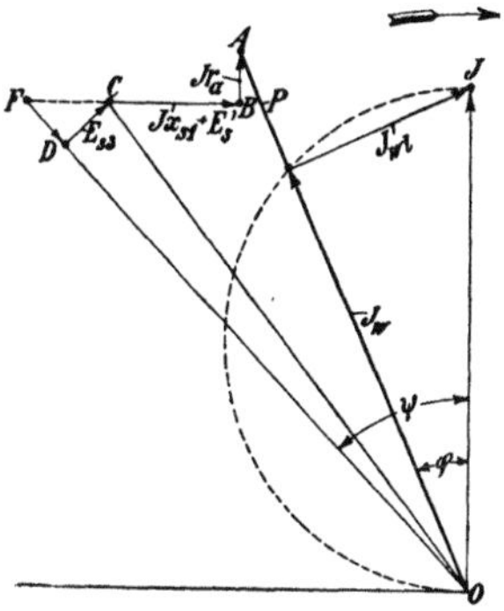

Fig. 84.

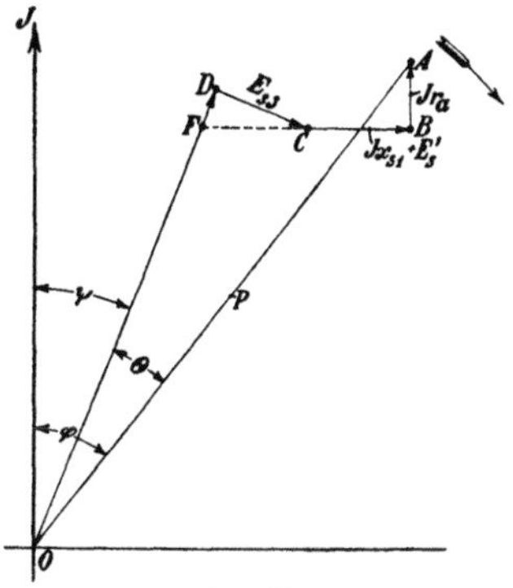

Fig. 85.

Graphisch findet man ψ aus Fig. 84, die sich auf einen übererregten, oder Fig. 85, die sich auf einen untererregten Motor bezieht. Man trägt in den über J beschriebenen Halbkreis J_w und J_{wl} ein. Der Vektor P fällt mit J_w zusammen; von diesem subtrahiert man die Spannungsabfälle Jr_a und $Jx_{s1} + E_s'$. Trägt man in die Verlängerung von Jx_{s1} die Spannung $\frac{E_{s3}}{\cos\psi}$ auf, so kann man den Punkt F und den Winkel ψ bestimmen.

Man erhält durch dieselbe Konstruktion auch die Spannung $\overline{OD}$. Man kann $\overline{OD}$ auch bestimmen aus der Beziehung

$$\overline{OD} = (P\cos\Theta - Jr_a\cos\psi) \mp Jx_{s1}\sin\psi,$$

wobei das obere Vorzeichen zu nehmen ist, wenn J der EMK E nacheilt, und das untere Vorzeichen, wenn J voreilt. Es ist in dieser Gleichung

$$\Theta = \varphi - \psi;$$

φ und ψ sind mit den richtigen Vorzeichen einzusetzen. Berechnet man nun

$$AW_e = k_0 f_{w1} mJw\sin\psi,$$

so ergeben sich aus der Leerlaufcharakteristik die EMK E und die zugehörigen Erregeramperewindungen AW_t (Fig. 83).

Berücksichtigung der vermehrten Streuung. Soll die vermehrte Streuung berücksichtigt werden, so hat man wie folgt zu verfahren. Man bestimmt zunächst in derselben Weise wie oben die Größen Jr_a, Jx_{s1} und $\frac{E_{s3}}{\cos\psi}$ und ermittelt daraus den Winkel ψ bzw. die entmagnetisierenden Amperewindungen

$$AW_e = k_0 f_{w1} m\,J w\sin\psi$$

und die EMK $\overline{OD}$ (Fig. 53).

Wie aus den Gl. 63 und 66 folgt, kann man für den Streuungskoeffizienten bei Belastung σ_b mit genügender Genauigkeit setzen:

$$\sigma_b = \sigma + \frac{2\,\frac{AW_e}{p}}{\Phi_{a,b}}\,\Sigma(\lambda_p + \lambda_m + \lambda_j) \quad . \quad . \quad . \quad (67)$$

wo σ den Streuungskoeffizienten bei Leerlauf bedeutet. Dieser Wert von σ_b ist etwas kleiner als der, der sich aus Gl. 66 ergibt. Soll nun der Einfluß der zusätzlichen Streuung aufgehoben werden, so müssen die Amperewindungen für die Magnete und für das Joch um einen kleinen Betrag erhöht werden. Bestimmen wir die bei Belastung nötigen Amperewindungen, indem wir wie früher die EMK $\overline{OD}$ in die Leerlaufcharakteristik eintragen (Fig. 83), so bleibt der Einfluß der zusätzlichen Streuung unberücksichtigt und die sich auf diese Weise ergebenden Feldamperewindungen werden etwas zu klein sein. Hätten wir in die Leerlaufcharakteristik statt $\overline{OD}$ die EMK $\overline{OD}\frac{\sigma_b}{\sigma}$ eingetragen, so wären dadurch nicht nur die Amperewindungen für die Magnete und das Joch, sondern auch diejenigen für den Luftspalt und den Anker erhöht worden. Man muß daher von dem der EMK $\overline{OD}\frac{\sigma_b}{\sigma}$ entsprechenden Punkte B' der Leerlaufcharakteristik (Fig. 86) eine Parallele zur Charakteristik für den

Luftspalt und Anker ziehen; der Schnittpunkt dieser mit der Parallelen zur Abszissenachse vom Punkte B, der der EMK $\overline{OD}$ entspricht, ergibt die zur Induktion der EMK $\overline{OD}$ bei den wirklichen Streuungsverhältnissen nötigen Amperewindungen $\overline{OA_1'}$ (Fig. 86)[1]. $\overline{A_1 A_1'}$ stellt die durch die vermehrte Streuung bedingte Erhöhung der Feldamperewindungen dar. Als Charakteristik für den Luftspalt und den Anker ist somit die Verlängerung des geradlinigen Teiles der Leerlaufcharakteristik angenommen, was einen etwas zu hohen Wert für die Amperewindungen ergibt. Dieser Fehler wird aber durch die Annahme eines etwas zu kleinen Streuinduktionskoeffizienten σ_b nach Gl. 67 behoben.

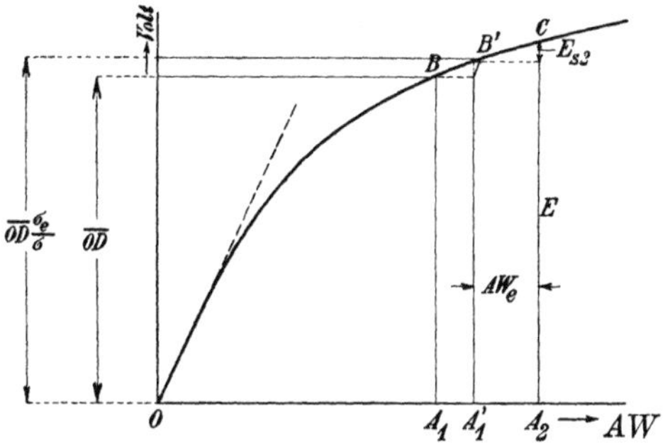

Fig. 86. Berücksichtigung der vermehrten Streuung bei Bestimmung der AW bei Belastung.

Addiert man zu den Amperewindungen $\overline{OA_1'}$ die entmagnetisierenden Amperewindungen

$$AW_e = k_0 f_{w1} w m J \sin \psi,$$

so erhält man die gesuchten totalen Feldamperewindungen bei Belastung $AW_t = \overline{OA_2}$ (Fig. 86).

[1] Vgl. J. Sumec, ETZ 1911, S. 77.

Viertes Kapitel.

Ankerrückwirkung, Spannungsänderung und Feldamperewindungen von Maschinen mit Vollpolen.

23. Ankerrückwirkung. — 24. Änderung der Klemmenspannung mit der Belastung. — 25. Feldamperewindungen bei Leerlauf. Leerlaufcharakteristik. — 26. Feldamperewindungen bei Belastung.

Bis jetzt haben wir unsere Betrachtungen hauptsächlich auf Wechselstrommaschinen mit körperlichen Polen beschränkt; Fig. 87

Fig. 87. Magnetrad einer Maschine mit ausgeprägten Polen. 2600 PS, 3600 bis 4800 Volt, 315 Umdr. i. d. Min.

zeigt ein Polrad einer solchen Maschine. Bei schnellaufenden Maschinen wird das Feldeisen meistens verteilt. Der zylindrische Rotorkörper erhält Nuten, in denen die Erregerwicklung untergebracht wird. In den meisten Fällen wird die Erregerwicklung

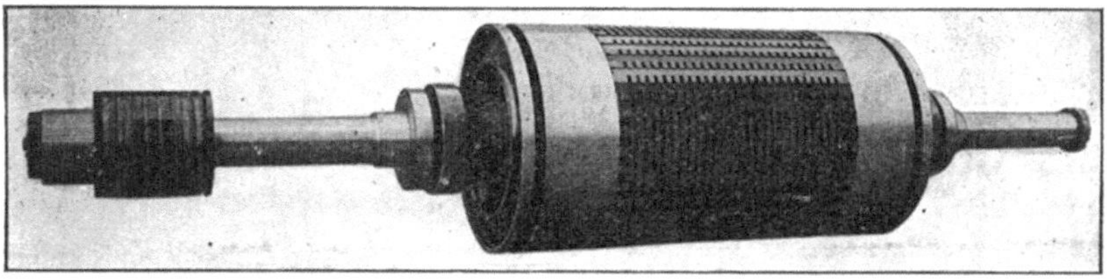

Fig. 88. Rotor eines Turbogenerators mit „großem Zahn".

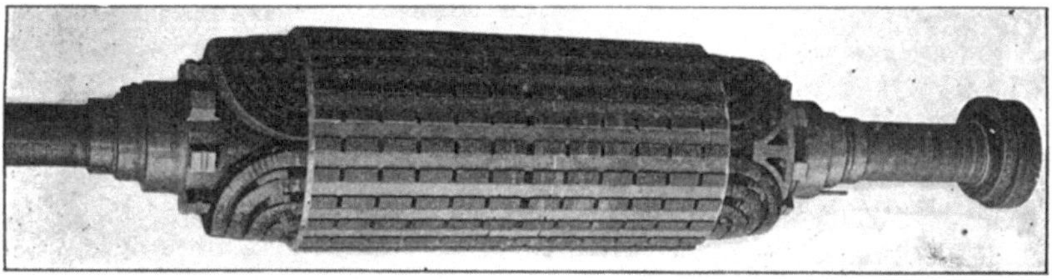

Fig. 89. Rotor eines Turbogenerators. 2150 KVA, 5300 Volt.

nur auf $^2/_3$ der Nuten pro Pol verteilt. Der übrig bleibende Teil, der den eigentlichen Pol bildet, erhält entweder keine Nuten (Fig. 88) oder solche, die unbewickelt bleiben (Fig. 89). Wir wollen die Vollpolmaschine im folgenden kurz behandeln.

23. Ankerrückwirkung.

Das Charakteristische der Maschine mit körperlichen Polen, die Variation des Selbstinduktionskoeffizienten der Ankerwicklung, tritt jetzt fast nicht mehr auf. Dadurch, daß bei der Vollpolmaschine auch die Pollücke mit Eisen ausgefüllt ist, wird die magnetische Leitfähigkeit für den längsmagnetisierenden Kraftfluß Φ_{s2} und den quermagnetisierenden Kraftfluß Φ_{s3} fast dieselbe. Der Kraftfluß Φ_{s3} wird seinen Widerstand nicht nur im Luftspalte, sondern auch im Eisen haben. Es genügt somit eine Zerlegung des vom Ankerstrome erzeugten Kraftflusses Φ_s in zwei Teile: den Streufluß Φ_{s1} und den Kraftfluß Φ_{sr}; in dem letzteren sind dann Φ_{s2} und Φ_{s3} zusammengefaßt.

Die vom Streuflusse induzierte EMK E_{s1} setzen wir wie früher gleich Jx_{s1}, wo

$$x_{s1} = \frac{12{,}5\, c\, w^2}{p\, q}(l_i \lambda_n + l_i \lambda_k + l_s \lambda_s)\, 10^{-8};$$

hierin ist:

$$\lambda_n = 0{,}4\, \pi \left(\frac{r}{3\, r_3} + \frac{r_5}{r_3} + \frac{2\, r_6}{r_1 + r_3} + \frac{r_4}{r_7}\right) \quad \ldots \quad (68)$$

$$\left.\begin{aligned} \lambda_k &= 1{,}25\, \frac{z_{1r} - r_{1s}}{6\, \delta} \text{ (s. Fig. 97)} \\ &\text{bzw.} \\ \lambda_k &= 0{,}92 \log \frac{\pi\, t_1}{2\, r_1}, \end{aligned}\right\} \quad \ldots \quad (69)$$

wenn die Rotorkeile aus leitendem Material sind.

$$\lambda_s = 0{,}46\, q_s \log \left(\frac{2\, l_s}{U_s} + A\right) \quad \ldots \ldots \quad (70)$$

Für die Werte von q_s und A wird auf S. 17 verwiesen.

Die dem Kraftfluße Φ_{sr} entsprechende Amplitude der Grundwelle der MMK-Kurve für alle $2p$ Pole ist

$$\boldsymbol{AW_r = 0{,}9\, f_{w1}\, w\, m\, J} \quad \ldots \ldots \quad (71)$$

Sie ist in Phase mit dem Ankerstrome J. Denken wir uns auch die MMK-Kurve der Erregerwicklung in ihre Harmonischen zerlegt und rechnen nur mit der Grundwelle AW_t, so eilt AW_t der vom Erregerfelde induzierten EMK E um 90^0 vor. Da J gegen E um ψ verschoben ist, ist AW_r um $90 + \psi$ gegenüber AW_t im Sinne der Nacheilung verschoben (vgl. Fig. 92). Die MMK $AW_r' = -AW_r$, die zur Überwindung der rückwirkenden MMK des Ankerstromes nötig ist, muß somit gegenüber AW_t um $180 - (90 + \psi) = 90 - \psi$ voreilen.

Wir haben es hier also mit zwei Sinuswellen zu tun, die um einen bestimmten Winkel gegeneinander verschoben sind. Man darf sie ebenso wie bei einem Transformator vektoriell addieren. Eine Zerlegung in E_{s2} und E_{s3} wäre unzweckmäßig, da zur Bestimmung von E_{s3} der untere Teil der Leerlaufcharakteristik nicht mehr benutzt werden darf. Andererseits wäre es zu ungenau, AW_r in die Leerlaufcharakteristik einzutragen, wie früher z. B. AW_e.

Wir wollen nun die Grundwelle der MMK-Kurve der Erregerwicklung berechnen.

Ist die Erregerwicklung über die ganze Polteilung gleichmäßig verteilt, so ergibt sich die MMK-Kurve Fig. 90; ist sie nur über $^2/_3$ der Polteilung verteilt, so hat die MMK-Kurve die Gestalt der

Fig. 91. Zerlegt man diese Kurven in ihre Harmonischen, so ergibt sich, analog wie WT III, S. 245ff., die maximale MMK der Grundwelle pro Pol zu

$$\frac{4}{\pi} f_{w1} \frac{i_e s_e q_e}{2} = \frac{2}{\pi} f_{w1} i_e s_e q_e,$$

wo i_e den Erregergleichstrom, s_e die Drahtzahl pro Nut und q_e die bewickelten Nuten pro Pol bedeuten.

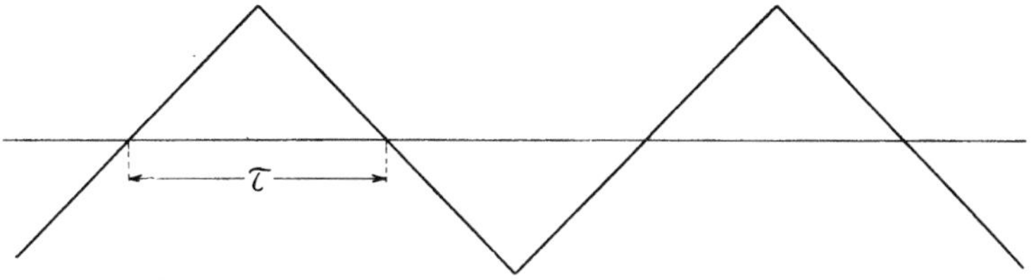

Fig. 90. MMK einer gleichmäßig verteilten Erregerwicklung.

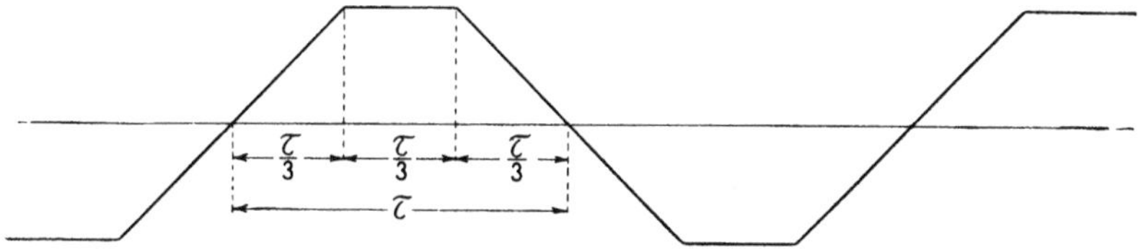

Fig. 91. MMK einer über $^2/_3$ der Polteilung verteilten Erregerwicklung.

Die Grundwelle der MMK-Kurve erzeugt das Grundfeld, über das sich kleine Oberfelder von drei-, fünf- und siebenfacher Polzahl lagern. Das νte Oberfeld wird von einer maximalen MMK $\frac{0{,}637}{\nu} f_{w\nu} i_e s_e q_e$ erzeugt. Um die Oberfelder möglichst klein zu machen, verteilt man zweckmäßig die Erregerwicklung über ca. $^2/_3$ der Polteilung; denn in diesem Falle wird $f_{w3} = 0$ und das nächste Oberfeld, das fünfte, wird von einer maximalen MMK

$$\frac{0{,}637}{5} 0{,}165\, i_e s_e q_e$$

erzeugt, während die maximale MMK des Grundfeldes pro Pol gleich $0{,}637 \cdot 0{,}83\, i_e s_e q_e$ ist, d. h. 25 mal größer als die des fünften Oberfeldes. Man kann somit im allgemeinen die Oberfelder vernachlässigen und erhält als maximale MMK des sinusförmigen Erregerfeldes pro magnetischen Kreis

$$AW_k = 2 \cdot 0{,}637\, f_{w1} i_e s_e q_e = 1{,}27\, f_{w1} i_e s_e q_e \quad . \quad . \quad (72)$$

und total

$$AW_t = 1{,}27\, f_{w1}\, i_e\, s_e\, q_e\, p = 1{,}27\, f_{w1}\, i_e\, w_e \quad . \quad . \quad . \quad . \quad (73)$$

wo w_e die in Serie geschaltete Windungszahl des Erregerstromkreises bedeutet.

Die resultierende MMK ist gleich der geometrischen Differenz zwischen AW_t und AW_r' (Fig. 92).

Das oben Gesagte gilt für die Dreiphasenmaschine und für das synchrone Drehfeld der Einphasenmaschine. Auf die Wirkung des inversen Drehfeldes bei der Einphasenmaschine mit Vollpolen haben wir im Kap. I hingewiesen.

Den Spannungsabfall, der vom effektiven Widerstande der Ankerwicklung r_a herrührt, berücksichtigen wir in derselben Weise wie bei der Maschine mit ausgeprägten Polen.

Man kann setzen

$$\left.\begin{array}{l}\text{für die Dreiphasenmaschine} \\ \qquad r_a = (1{,}2 \text{ bis } 1{,}5)\, r_g \\ \text{und für die Einphasenmaschine} \\ \qquad r_a = (1{,}4 \text{ bis } 2{,}0)\, r_g \end{array}\right\} \quad . \quad . \quad . \quad . \quad . \quad . \quad (74)$$

24. Änderung der Klemmenspannung mit der Belastung.

In Fig. 92 ist das Spannungsdiagramm einer Vollpolmaschine bei Phasennacheilung des Stromes dargestellt. Die geometrische Differenz zwischen AW_t und AW_r' ergibt die resultierende MMK AW_t' bzw. den resultierenden Kraftfluß. Die pro Phase induzierte EMK

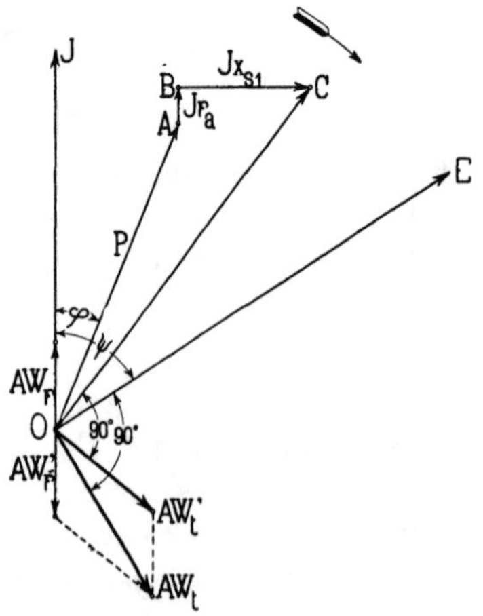

Fig. 92. Spannungs- und AW-Diagramm einer Maschine mit Vollpolen bei nacheilendem Strom.

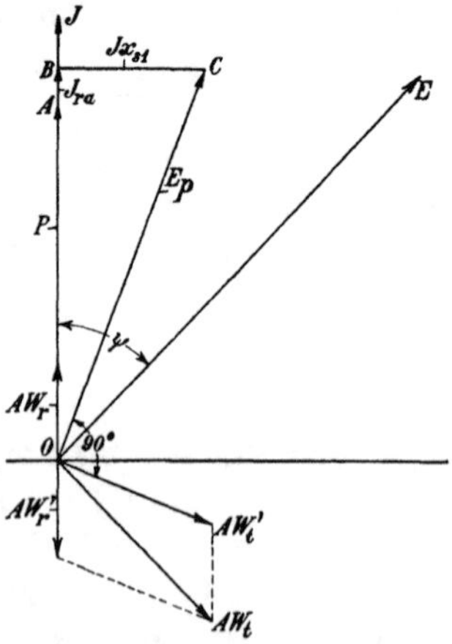

Fig. 93. Spannungsdiagramm einer Maschine mit Vollpolen bei induktionsfreier Belastung.

$E_p = \overline{OC}$ muß der MMK AW_t' um 90^0 nacheilen. Subtrahieren wir geometrisch von E_p Jx_{s1} und Jr_a, so erhalten wir die Klemmenspannung $P = \overline{OA}$. Fig. 93 stellt das Spannungsdiagramm bei Phasengleichheit zwischen Strom und Klemmenspannung, Fig. 94 dasjenige bei Phasenvoreilung des Stromes gegenüber der Klemmenspannung dar. Bei Phasenvoreilung des Stromes wird AW_t' größer als AW_t, da die Anker-MMK magnetisierend wirkt.

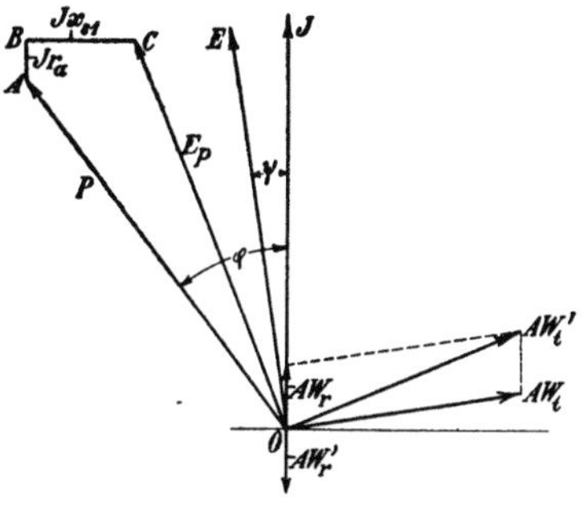

Fig. 94. Spannungsdiagramm einer Maschine mit Vollpolen bei voreilendem Strome.

a) Bestimmung der Spannungserhöhung.

Gegeben sind P, J und $\cos\varphi$. Man berechnet zunächst Jr_a und Jx_{s1}. Im Diagramm Fig. 92 macht man $\overline{OA} = P$. Addiert man zu P geometrisch $\overline{AB} = Jr_a$ und $\overline{BC} = Jx_{s1}$, so erhält man die Phasenspannung $E_p = \overline{OC}$. Trägt man in die Leerlaufcharakteristik Fig. 95 $\overline{A_1C} = E_p$ ein, so stellt $\overline{OA_1}$ die resultierenden

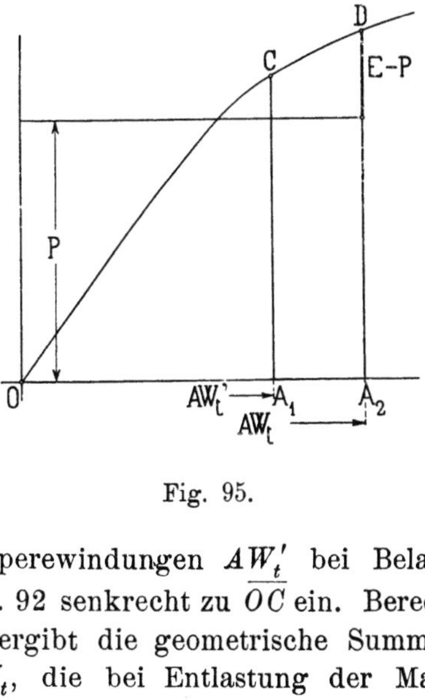

Fig. 95.

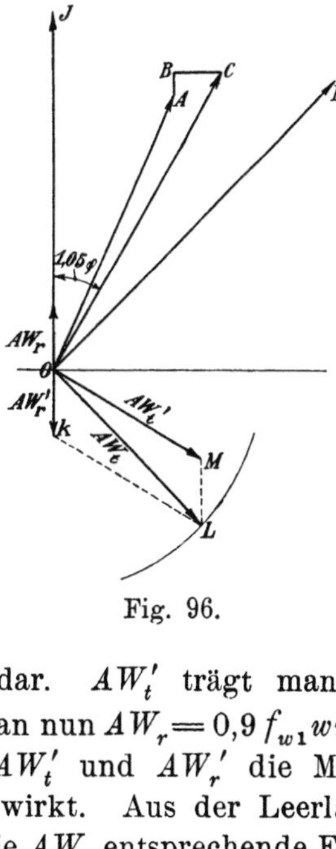

Fig. 96.

Amperewindungen AW_t' bei Belastung dar. AW_t' trägt man in Fig. 92 senkrecht zu $\overline{OC}$ ein. Berechnet man nun $AW_r = 0{,}9\, f_{w1} w m J$, so ergibt die geometrische Summe aus AW_t' und AW_r' die MMK AW_t, die bei Entlastung der Maschine wirkt. Aus der Leerlaufcharakteristik Fig. 95 können wir jetzt die AW_t entsprechende EMK

$E = \overline{A_2 D}$ entnehmen. Es ist die prozentuale Spannungserhöhung

$$\varepsilon\,{}^0/_0 = \frac{E - P}{P}\,100.$$

b) Bestimmung des Spannungsabfalles (Fig. 96).

Gegeben sind E, J und $\cos\varphi$. Wir begehen einen minimalen Fehler, wenn wir annehmen, daß der Winkel zwischen $\overline{OC}$ und J (Fig. 92, 93, 94) annähernd derselbe ist, wie zwischen $P = \overline{OA}$ und J. Wir setzen ihn gleich 1,05 φ bei Phasennacheilung bzw. 0,95 φ bei Phasenvoreilung des Stromes. In einem maßstäblich aufgezeichneten Diagramm wird das sehr annähernd zutreffen, da $J r_a$ und $J x_{s1}$ nur wenige Prozente von P ausmachen.

Wir bestimmen nun den Spannungsabfall wie folgt. Wir machen in der Leerlaufcharakteristik $\overline{A_2 D} = E$, dann ist $\overline{OA_2}$ gleich den Erreger-AW AW_t (Fig. 95). Mit $AW_t = \overline{OL}$ (Fig. 96) schlagen wir von O aus einen Kreis. Da AW_t' senkrecht auf $E_p = \overline{OC}$ steht und $\overline{OC}$ nach unserer Annahme mit J den Winkel 1,05 φ einschließt, so können wir die Richtung von AW_t' bestimmen, indem wir eine Senkrechte zu $\overline{OC}$ ziehen. Wir berechnen nun $AW_r' = \overline{OK}$

$$AW_r' = 0{,}9\, f_{w1}\, w\, m\, J$$

und ziehen durch k eine Parallele zu AW_t' und finden Punkt L. $\overline{OM}$ ist dann gleich AW_t' der Größe und Richtung nach. Machen wir in der Fig. 95 $\overline{OA_1} = AW_t'$, so ist $\overline{A_1 C} = E_p$ der Größe nach. Wir berechnen jetzt $J r_a$ und $J x_{s1}$ und subtrahieren diese geometrisch von $\overline{OC} = E_p$. Es ist dann $\overline{OA} = P$ und der prozentuale Spannungsabfall

$$\varepsilon\,{}^0/_0 = \frac{E - P}{E}\,100.$$

25. Feldamperewindungen bei Leerlauf. Leerlaufcharakteristik.

Wir wollen zwei Fälle unterscheiden.

a) Der unbewickelte Teil der Polteilung erhält keine Nuten und bildet also einen breiten Zahn (Fig. 88).

Um die Leerlaufcharakteristik für diesen Fall zu berechnen, verfahren wir wie folgt. Wir berechnen zunächst zwei Übertrittscharakteristiken, d. h.

$$B_l = f(AW_{zr} + AW_l + AW_{zs}),$$

eine für den breiten Zahn und eine für die schmalen Zähne. Wir nehmen also verschiedene Werte für B_l an und berechnen erstens

$$AW_l = 1{,}6\, k_1 \delta B_l.$$

Der breite Zahn verhält sich gegenüber den Statorzähnen ähnlich wie ein ausgeprägter Pol. Wir können somit für ihn k_1 in derselben Weise finden, wie für eine Maschine mit ausgeprägten Polen (S. 79). Komplizierter liegen die Verhältnisse für die schmalen Zähne. Um für diese k_1 zu berechnen, denken wir uns (Fig. 97) durch den Luftspalt eine mit der Stator- und Rotoroberfläche konzentrische Zylinderfläche gelegt und berechnen die Leitfähigkeit zwischen dieser Zylinderfläche und den Oberflächen von Stator und Rotor[1]). Die Abstände δ_s und δ_r berechnen wir in der Weise, daß

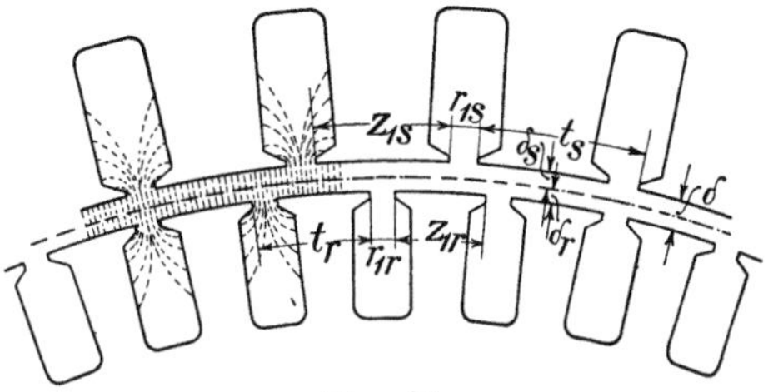

Fig. 97.

$$\frac{r_{1s}}{\delta_s} = \frac{r_{1r}}{\delta_r} = \frac{r_{1s} + r_{1r}}{\delta} = \nu,$$

also

$$\delta_s = \frac{r_{1s}\,\delta}{r_{1s} + r_{1r}} \qquad \delta_r = \frac{r_{1r}\,\delta}{r_{1s} + r_{1r}}$$

gesetzt wird. Für die Luftstrecken δ_s und δ_r berechnen wir nun mit Bezug auf die zwischengelegte Zylinderfläche in derselben Weise, wie auf S. 79 gegenüber der Fläche des ausgeprägten Poles, die Werte

$$k_s = \frac{t_s}{z_{1s} + X\delta_s} \quad \text{und} \quad k_r = \frac{t_r}{z_{1r} + X\delta_r}.$$

Hierin ist X der Kurve Fig. 67 für den Abszissenwert

$$\nu = \frac{r_{1s} + r_{1r}}{\delta}$$

zu entnehmen. Es ist dies die gleiche Kurve X, die sich für Maschinen mit körperlichen Polen als Funktion von $\frac{t_1 - z_1}{\delta}$ ergab.

Wir können nun durch Hintereinanderschalten der beiden Strecken δ_s und δ_r den Faktor k_1 berechnen, denn es ist der magnetische Widerstand des ganzen Luftspaltes

---

[1]) Siehe WT V. 1, S. 42.

$$\frac{0{,}8\,\delta\,k_1}{\tau\,l}=\frac{0{,}8\,\delta_s k_s}{\tau\,l}+\frac{0{,}8\,\delta_r k_r}{\tau\,l},$$

also

$$k_1=\frac{\delta_s k_s+\delta_r k_r}{\delta} \quad . \; . \; . \; . \; . \; . \; . \; . \quad (75)$$

Wir sehen, daß die Formeln für k_s und k_r ein Spezialfall der Formel 75 sind, denn setzen wir z. B. $r_{1s}=0$, so wird $\delta_s=0$, $\delta_r=\delta$ und somit $k_1=k_r$, was ja erforderlich ist.

Der Wert von k_1 für die schmalen Zähne wird bedeutend größer als derjenige für den großen Zahn, denn der Luftwiderstand für die schmalen Zähne ist größer.

Man berechnet weiter die zu jedem Werte von B_l gehörigen AW_{zr} bzw. AW_{zs}.

Es ist

$$B_{zi}=B_l\,\frac{t_1 l_i}{z\,k_2\,l};$$

im allgemeinen werden t_1, z, l und k_2 für den Statorzahn, den schmalen und breiten Rotorzahn verschieden sein. Nach einer der auf S. 80—85 angegebenen Methoden bestimmt man die zugehörigen B_{zw} bzw. aw_z und berechnet für den schmalen bzw. breiten Rotorzahn

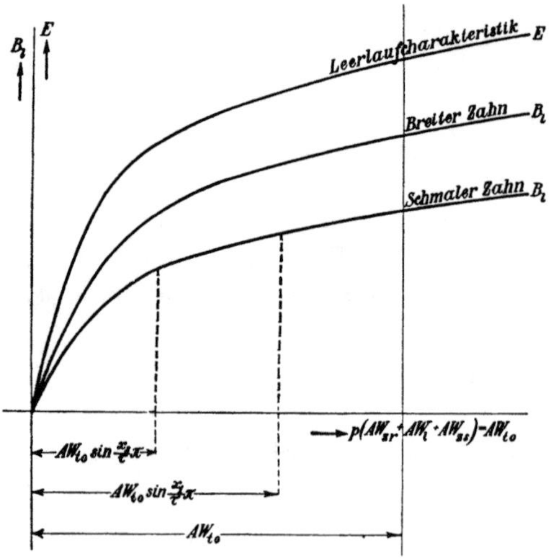

Fig. 98. Übertrittscharakteristiken einer Vollpolmaschine.

$$AW_{zr}=L_{zr}\,aw_{zr}$$

und

$$AW_{zs}=L_{zs}\,aw_{zs}.$$

Es sind die AW_{zr} ebenso wie die AW_l für den breiten und schmalen Rotorzahn verschieden.

In Fig. 98 sind die Übertrittscharakteristiken dargestellt. Man trägt am zweckmäßigsten

$$B_l=f\left[p\left(AW_{zr}+AW_l+AW_{zs}\right)\right]$$

auf.

Vernachlässigen wir den magnetischen Widerstand des Stator- und Rotorkernes, was zulässig ist, so können wir mit Hilfe dieser beiden Übertrittscharakteristiken, die jetzt B_l als Funktion von AW_{t0} darstellen, die Magnetisierungskurve der Maschine

$$\Phi_a = f[p(AW_{zr} + AW_l + AW_{zs})] = f(AW_{t0})$$

bestimmen.

Mit Hilfe der zwei Übertrittscharakteristiken können wir zunächst die Luftinduktion an jeder Stelle des Polbogens für eine gegebene Erregung bestimmen. Wir ziehen hierbei nur die **Grundwelle** der **MMK** in Betracht.

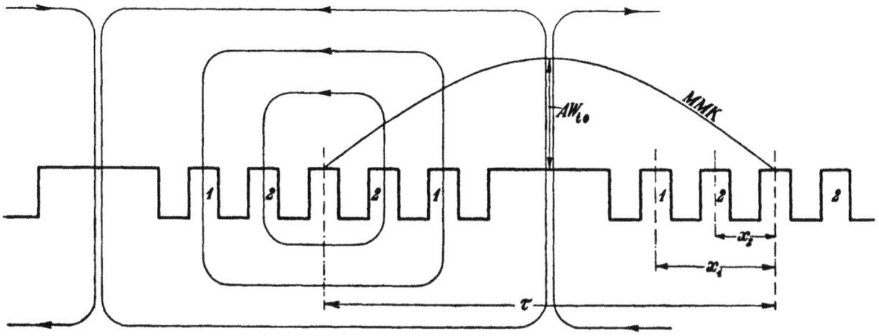

Fig. 99.

Wie aus Fig. 99, die einen Schnitt durch einen vierpoligen Rotor abgerollt darstellt, ersichtlich ist, wirkt in der Mitte eines breiten Zahnes die Amplitude der Grundwelle $\frac{AW_k}{2}$; auf sämtliche breiten Zähne wirkt somit AW_{t0}. Es wirken dann in der Mitte der schmalen Zähne 1, 2 usw. die MMKe $AW_{t0} \sin \frac{x_1}{\tau}\pi$, $AW_{t0} \sin \frac{x_2}{\tau}\pi$ usw. Für ein gegebenes AW_{t0} kann man also aus der Verteilung und den Abmessungen der Nuten die zu jedem Zahn zugehörige MMK der Grundwelle bestimmen.

Daraus kann man weiter die zu jedem Zahn zugehörige Luftinduktion B_l ermitteln. Man trägt auf der Abszissenachse Fig. 98 die Größen AW_{t0}, $AW_{t0} \sin \frac{x_1}{\tau}\pi$ usw. ab; der Schnittpunkt der zu AW_{t0} gehörigen Ordinate mit der Übertrittscharakteristik des breiten Zahnes ergibt das B_l für den breiten Zahn; die Ordinaten zu $AW_{t0} \sin \frac{x_1}{\tau}\pi$, $AW_{t0} \sin \frac{x_2}{\tau}\pi$ usw. mit der Übertrittscharakteristik der schmalen Zähne ergeben die zu den Zähnen 1, 2 usw. gehörigen B_{l1}, B_{l2} usw. Nimmt man (Fig. 99) die MMKe, die zu den Zahnmitten gehören, so kann man die gefundenen B_l mit genügender Genauigkeit als Mittelwerte für die betreffende Nutenteilung betrachten.

Als Querschnitt für die einzelnen Rotorzähne hat man dann $l_i t_1$ einzuführen, wo t_1 die mit dem Luftspalt δ in Berührung kommende Teilung des betreffenden Zahnes ist, und mit Hilfe der gefundenen B_l kann man dann die aus den einzelnen Rotorzähnen austretenden Kraftflüsse bestimmen. Summiert man die Kraftflüsse, die aus den Zähnen nur eines Poles austreten, so ergibt sich der Kraftfluß pro Pol Φ_a.

Es ist weiter

$$E_p = 4 f_B f_w c w \Phi_a 10^{-8} \text{ Volt}.$$

Infolge der Zahnsättigung wird die Feldkurve von der Sinusform abweichen, obwohl die MMK-Kurve als sinusförmig angenommen ist. Wir können uns diese Feldkurve in eine Grundharmonische aufgelöst denken, über die sich eine dritte Harmonische lagert; auf die verkettete Spannung hat aber diese letzte keinen Einfluß. Wir können daher setzen

$$f_B = 1{,}11 \quad \text{und} \quad f_w = f_{w1}.$$

Führen wir diese Rechnung für mehrere AW_{t0} durch und tragen die gefundenen E_p als Funktion von AW_{t0} auf, so erhalten wir die gesuchte Leerlaufcharakteristik der Maschine (Fig. 98). Damit die Spannungsänderungen beim Übergang von Leerlauf zur Belastung und umgekehrt nicht zu groß werden, soll der den normalen Verhältnissen entsprechende Teil der Leerlaufcharakteristik nicht unter dem Knie liegen. Man wird aus diesem Grunde eine hohe Zahnsättigung im Rotor wählen. Wird die Maschine mit einer selbsttätigen Regulierung versehen, so können die Sättigungen des ganzen magnetischen Kreises klein gewählt werden.

b) Der Rotor erhält Nuten längs des ganzen Umfanges und nur $^2/_3$ der Nuten pro Pol werden bewickelt (Fig. 89). In diesem Falle ist die magnetische Leitfähigkeit längs des ganzen Rotorumfanges die gleiche. Man braucht also nur eine Übertrittscharakteristik zu berechnen. Mit dieser führt man dann die Rechnung in derselben Weise durch wie unter Fall a).

Es ist in diesem Falle auch möglich, die Rechnung so durchzuführen, wie bei einer Asynchronmaschine.[1])

26. Feldamperewindungen bei Belastung.

Um die Feldamperewindungen, die bei einem gegebenen J und $\cos\varphi$ die nötige Klemmenspannung P erzeugen sollen, zu bestimmen, verfährt man in ähnlicher Weise, wie bei der Bestimmung der Spannungserhöhung. Man berechnet zunächst Jr_a und Jx_{s1}. Im Diagramme Fig. 100 addiert man zu $\overline{OA} = P$ geometrisch Jr_a und Jx_{s1}.

---

[1]) Siehe WT Bd. V. 1, S. 36.

Die Resultierende $\overline{OC}$ ist die pro Phase wirklich induzierte EMK E_p. Macht man in der Leerlaufcharakteristik Fig. 101 $\overline{A_1C} = \overline{OC}$, so stellt $\overline{OA_1}$ die wirksamen Amperewindungen AW_t' dar. Man trägt AW_t'

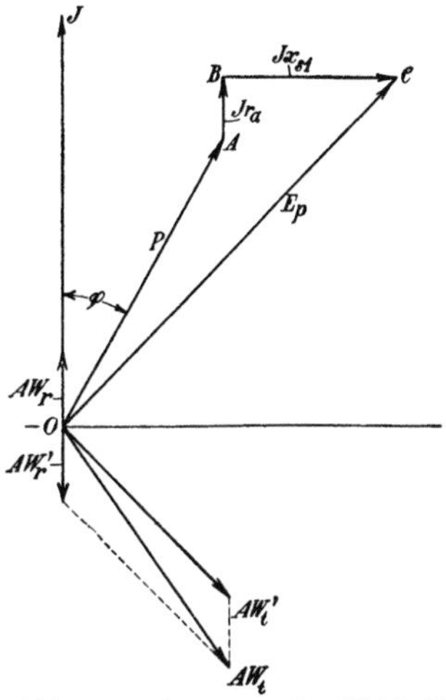

Fig. 100. Bestimmung der Feld-AW einer Vollpolmaschine bei Belastung.

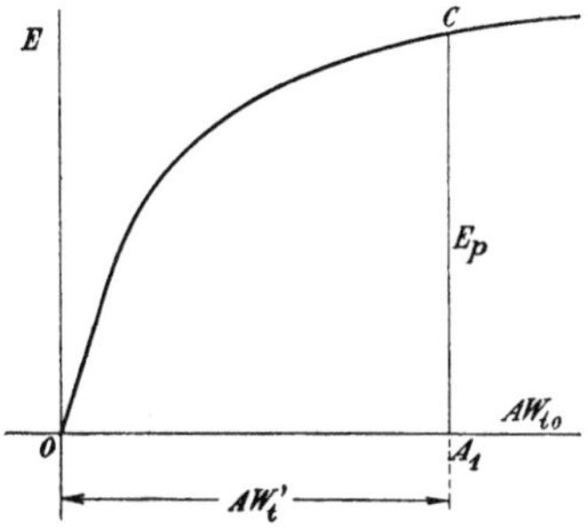

Fig. 101.

in das Diagramm Fig. 100 ein, senkrecht zu $\overline{OC} = E_p$. Die gesuchten Feldamperewindungen bei Belastung AW_t erhält man, wenn man die geometrische Summe aus AW_t' und

$$AW_r' = 0{,}9\, f_{w1}\, m J w$$

bildet.

Fünftes Kapitel.

Charakteristische Kurven eines Wechselstromgenerators.

27. Berechnung der äußeren Charakteristik. — 28. Kurzschlußcharakteristik. 29. Belastungscharakteristiken. — 30. Berechnung der Regulierungskurven.

Die Berechnung der Leerlaufcharakteristik einer Maschine mit ausgeprägten Polen bzw. einer Vollpolmaschine ist in den Kap. III und IV angegeben worden.

27. Berechnung der äußeren Charakteristik.

Die Kurve, die bei konstanter Erregung und konstanter Tourenzahl die Abhängigkeit der Klemmenspannung P vom Belastungsstrome darstellt, bezeichnet man als äußere Charakteristik. Man kann sie berechnen, indem man entweder vom Leerlaufzustande ausgeht und sich die Maschine allmählich belastet denkt oder vom Belastungszustand und die Maschine allmählich entlastet denkt. In Fig. 102 sind die äußeren Charakteristiken für Phasengleichheit und Phasennacheilung des Stromes gegenüber der Klemmenspannung aufgezeichnet. Der Spannungsabfall nimmt nicht proportional mit J, sondern

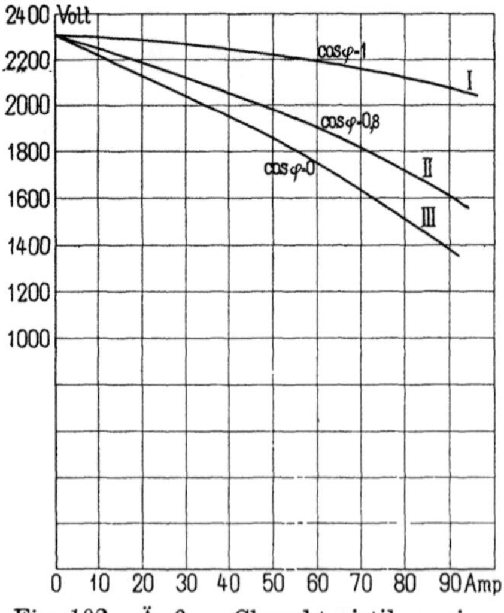

Fig. 102. Äußere Charakteristiken einer Synchronmaschine.

rascher zu, d. h. die Kurven kehren ihre konkave Seite gegen die Abszissenachse.

a) Genaue graphische Berechnung der äußeren Charakteristik.

Wir wollen zunächst die äußere Charakteristik beim Belasten der Maschine berechnen. Die Leerlaufcharakteristik wird hierbei als bekannt vorausgesetzt.

Der Leistungsfaktor $\cos\varphi$ wird für jede Kurve konstant gehalten; man berechnet gewöhnlich die äußere Charakteristik für verschiedene Leistungsfaktoren, z. B. $\cos\varphi = 1$, 0,8 und 0.

Zur Berechnung der den einzelnen Belastungsströmen J entsprechenden Klemmenspannungen P haben wir in derselben Weise zu verfahren, wie bei Bestimmung des Spannungsabfalles S. 62.

Wir berechnen zunächst für verschiedene Ströme die Größen Jr_a, $Jx_{s1} + E_s'$ und für einen, z. B. den normalen Strom

$$\frac{AW_q}{\cos\psi} = k_q f_{w1} w m J.$$

Der Leerlaufcharakteristik entnimmt man dann für diesen Strom den Wert $\frac{E_{s3}}{\cos\psi}$ (Fig. 54) und die zum konstanten Erregerstrome gehörige konstante EMK $E = P_0$.

Da die Leerlaufcharakteristik auf ihrem unteren Teile geradlinig verläuft, ist

$$\frac{E_{s3}}{J\cos\psi} = x_{s3}$$

eine konstante Größe und wir können für die verschiedenen Ströme $\frac{E_{s3}}{\cos\psi} = Jx_{s3}$ berechnen.

Die zu irgend einem Belastungsstrome J zugehörige Klemmenspannung ergibt sich nun wie folgt (Fig. 55). Wir schlagen mit $\overline{OF} = P_0$ als Radius um O einen Kreis und von irgend einem Punkte A' der Linie $\overline{OA}$, deren Richtung durch den Winkel φ bestimmt ist, tragen wir in Richtung von J $\overline{A'B'} = Jr_a$ und senkrecht dazu $\overline{B'F'} = Jx_{s1} + E_s' + \frac{E_{s3}}{\cos\psi}$ an. Die Parallele zu $\overline{OA}$ durch den Endpunkt F' schneidet den Kreis in F. Konstruieren wir von F ausgehend einen zum Linienzug $\overline{F'B'A'}$ parallelen Linienzug $\overline{FBA}$, so ist $\overline{OA}$ die gesuchte Klemmenspannung. Mittels der so gefundenen Klemmenspannung und der Leerlaufcharakteristik kann man rückwärts $E = P_0$ bestimmen und durch nochmalige Rechnung genauer die Klemmenspannung ermitteln.

Für jede Belastung ist diese Konstruktion zu wiederholen. In dieser Weise wurden z. B. bei verschiedenen Belastungen und $\cos\varphi = 0{,}8$ die Klemmenspannungen ermittelt und als Funktion der Belastungsstromstärke aufgetragen; die dadurch entstandene Kurve II (Fig. 102) ist die äußere Charakteristik für $\cos\varphi = 0{,}8$. Bei induktionsfreier Belastung, d. h. $\cos\varphi = 1$, und bei rein induktiver Belastung, d. h. $\cos\varphi = 0$, erhält man in gleicher Weise die Kurve I bzw. Kurve III. Diese Methode ist umständlich, und da für viele Zwecke eine angenäherte Methode ausreicht, soll im folgenden eine solche angegeben werden.

b) Angenäherte graphische Berechnung der äußeren Charakteristik.

Für die EMK $\overline{OD}$ (Fig. 55) folgt aus Fig. 56 S. 64

$$\overline{OD} = P\cos\Theta + Jr_a\cos\psi + (Jx_{s1} + E_s')\sin\psi.$$

Wir können mit großer Annäherung setzen

$$\overline{OD} = P + J(r_a\cos\varphi + x_{s1}\sin\varphi)$$

oder, da $\overline{OD} = E - E_{s2}$

$$P = E - E_{s2} - J(r_a\cos\varphi + x_{s1}\sin\varphi) \quad . \; . \; . \quad (76)$$

Zur Bestimmung von E_{s2} müssen wir AW_e kennen. Wir berechnen zunächst für den Normalstrom nach Gl. 39, S. 64

$$\psi = \varphi + \Theta = \varphi + \frac{180}{\pi}\cos\varphi\,\frac{Jx_{s1} + E_s' - Jr_a\operatorname{tg}\varphi + \dfrac{E_{s3}}{\cos\psi}}{E}$$

und daraus

$$AW_e = k_0 f_{w1}\, m\, w\, J\sin\psi.$$

$\dfrac{E_{s3}}{\cos\psi}$ ebenso wie E entnimmt man der Leerlaufcharakteristik entsprechend den Abszissen $\dfrac{AW_q}{\cos\psi}$ und $i_e w_e$, wobei i_e den konstanten Erregerstrom bedeutet. Um nun P für verschiedene Belastungen zu bestimmen, trägt man in der Leerlaufcharakteristik (Fig. 103) die konstanten Erregeramperewindungen gleich $\overline{OP}$ ab und subtrahiert davon die entmagnetisierenden Amperewindungen $AW_e = \overline{PQ}$. $\overline{PA}$ ist die Klemmenspannung bei Leerlauf, d. h. die induzierte EMK E. $\overline{AB}$ ist die EMK E_{s2}. Subtrahieren wir nun von

$$\overline{PB} = \overline{QD} = E - E_{s2}$$

den dem Strome J proportionalen Spannungsabfall

$$\overline{BC} = J(r_a\cos\varphi + x_{s1}\sin\varphi),$$

so erhalten wir die Klemmenspannung $\overline{PC}$, die dem Strome J entspricht. Indem wir $\overline{PC}$ als Funktion von J links von der Ordinatenachse auftragen, erhalten wir einen Punkt F der äußeren Charakteristik.

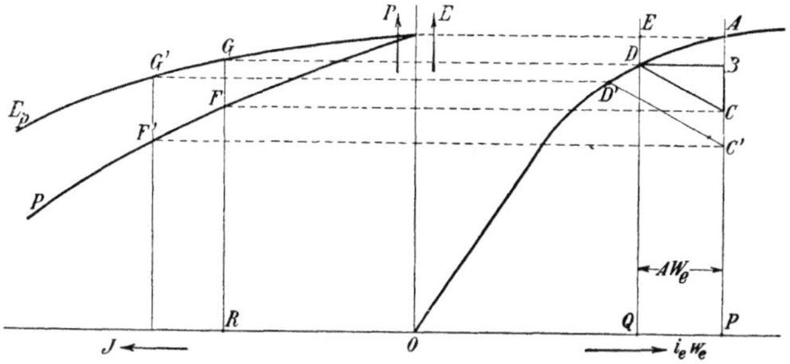

Fig. 103. Angenäherte graphische Berechnung der äußeren Charakteristik.

Um diese Konstruktion für weitere Punkte möglichst einfach zu gestalten, nehmen wir an, daß sich AW_e und die Spannungskomponente $\overline{BC}$ proportional mit dem Belastungsstrom ändern. Dies ist nicht ganz richtig; denn der innere Phasenverschiebungswinkel ψ ändert sich mit der Belastung. Derselbe ist bei kleineren Belastungen kleiner und bei Überlastungen größer als der angenommene Wert, der mit dem bei Normallast übereinstimmt. Die durch diese kleine Ungenauigkeit entstehenden Fehler sind jedoch nicht groß und können bei diesem einfachen Verfahren vernachlässigt werden. Da die Änderung von $\overline{BC}$ und $\overline{BD}$ proportional mit dem Belastungsstrome J vor sich geht, so variiert auch $\overline{CD}$ proportional mit J, infolgedessen verschiebt sich beim Verändern des Belastungsstromes die Gerade $\overline{CD}$ parallel zu sich selbst. Wir erhalten nun einen weiteren Punkt der äußeren Charakteristik, indem wir auf der Leerlaufcharakteristik einen beliebigen Punkt, z. B. D', annehmen, durch ihn eine Parallele zu $\overline{DC}$ ziehen und sie zum Schnitt mit der Geraden $\overline{PA}$ bringen. Wegen der Proportionalität von $\overline{C'D'}$ mit dem Belastungsstrome J können wir die $\overline{C'D'}$ entsprechende Stromstärke rechnerisch oder graphisch leicht bestimmen; sie sei J'. $\overline{PC'}$ stellt die Klemmenspannung dar, die dem Belastungsstrome J' entspricht.

Wir tragen nun links von der Ordinatenachse die Klemmenspannung als Funktion von J' ab und erhalten so den Punkt F' der äußeren Charakteristik. Auf diese Weise können wir beliebig viele Punkte der äußeren Charakteristik bestimmen.

Wenn man ferner durch den Punkt D eine Parallele zur Abszissenachse zieht und diese mit $\overline{RF}$ zum Schnitte bringt, so bekommen wir den Punkt G der Kurve der induzierten EMK $\overline{OD} \cong \overline{OC} = E_p$ (Fig. 65). Diese vereinfachte Konstruktion der äußeren Charakteristik stimmt vollständig mit derjenigen einer fremderregten Gleichstrommaschine überein[1]).

Wünscht man die äußere Charakteristik beim Entlasten der Maschine zu konstruieren, so bestimmt man zuerst die Erregung, die nötig ist, um bei Belastung die normale Klemmenspannung zu erhalten, von der wir ausgehen werden. Kennt man diese Felderregung, die konstant gehalten wird, so ist der Punkt A der Leerlaufcharakteristik (Fig. 103) bekannt und es kann nun die äußere Charakteristik in derselben Weise wie oben bestimmt werden. Die äußere Charakteristik beim Entlasten entspricht einer größeren Sättigung des Magnetsystems als die, die beim Belasten der Maschine aufgenommen wird. Deshalb erhält man auch stets eine kleinere Spannungsvariation durch Entlasten als durch Belasten einer Maschine, wenn man in beiden Fällen von derselben Spannung ausgeht; d. h. die Spannungserhöhung ist stets kleiner als der Spannungsabfall.

c) Analytische Berechnung der äußeren Charakteristik unter Annahme einer konstanten Reaktanz.

In Fig. 104 ist das Spannungsdiagramm für diesen Fall aufgetragen. Aus diesem folgt

$$E^2 = (P \cos\varphi + J r_a)^2 + (P \sin\varphi + J x_a)^2$$
$$= P^2 + J^2 z_a^2 + 2PJ(r_a \cos\varphi + x_a \sin\varphi),$$

wo $z_a = \sqrt{r_a^2 + x_a^2}$ die konstante innere Impedanz des Generators bedeutet.

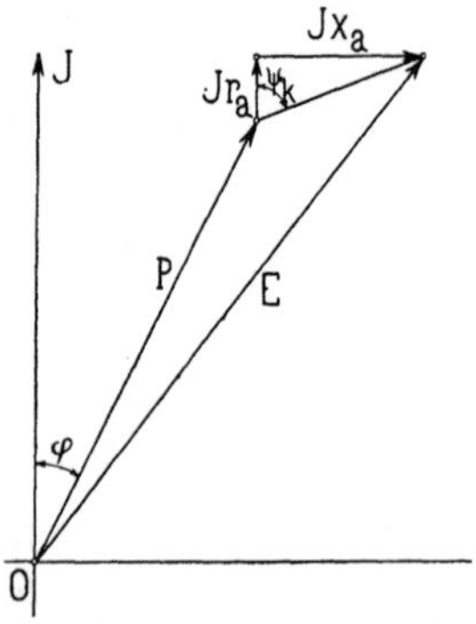

Fig. 104. Spannungsdiagramm einer Maschine mit konstanter Reaktanz.

Hieraus folgt, daß die Klemmenspannung P als Funktion der Stromstärke J aufgetragen einen Teil einer Ellipse liefert. Anstatt nun die Werte P und J direkt aufzutragen, trägt man nach Ölschläger die Werte $\frac{P}{E}$ und $\frac{J}{J_k}$, d. h. die Klemmenspannung dividiert durch die Leerlaufspannung und die Stromstärke dividiert durch die Kurzschlußstromstärke J_k auf. — Bei Division beider Seiten der obigen Gleichung durch E^2 erhält man

[1]) Siehe E. Arnold, „Die Gleichstrommaschine", Bd. I.

$$1 = \left(\frac{P}{E}\right)^2 + \frac{J^2 z_a^2}{E^2} + 2\frac{P}{E}\frac{J}{E}(r_a \cos\varphi + x_a \sin\varphi).$$

Da die Kurzschlußstromstärke $J_k = \frac{E}{z_a}$ und $r_a = z_a \cos\psi_k$ und $x_a = z_a \sin\psi_k$ ist, geht die Gleichung über in

$$1 = \left(\frac{P}{E}\right)^2 + 2\left(\frac{P}{E}\right)\left(\frac{J}{J_k}\right)\cos(\psi_k - \varphi) + \left(\frac{J}{J_k}\right)^2 \quad . \quad . \quad (77)$$

Diese stellt eine Schar von Ellipsen dar, die unter der obigen Annahme für alle Maschinen Gültigkeit haben.

Die Hauptachsen sämtlicher Ellipsen sind um 45° gegen die Achsen des Koordinatensystems gedreht.

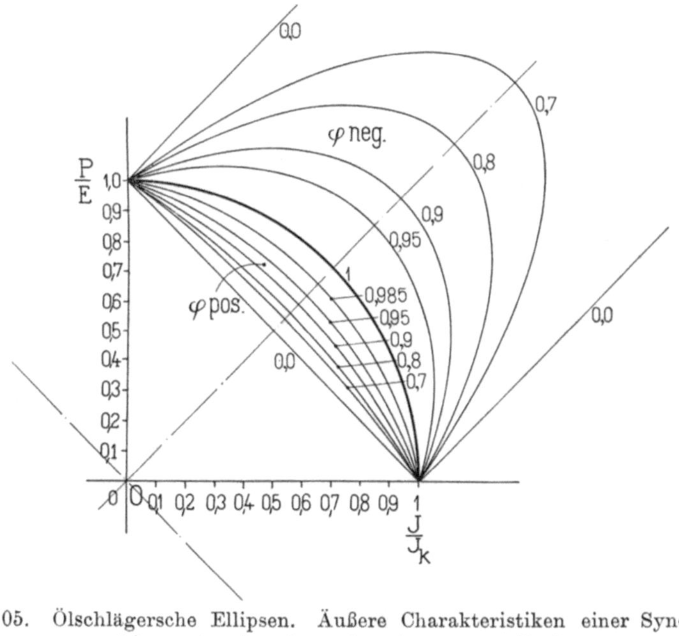

Fig. 105. Ölschlägersche Ellipsen. Äußere Charakteristiken einer Synchronmaschine unter Annahme einer konstanten Reaktanz.

Der Phasenverschiebungswinkel ψ_k bei Kurzschluß liegt gewöhnlich zwischen 80° und 90°. Einige dieser Ellipsen sind in Fig. 105 dargestellt, und zwar erhalten wir für die Werte

a) $\cos\left(\varphi + \frac{\pi}{2} - \psi_k\right) = 1$ oder $-\varphi = \frac{\pi}{2} - \psi_k$ einen Kreisbogen.

In diesem Falle ist somit φ ein kleiner negativer Winkel, d. h. J ist gegen P voreilend.

b) φ positiv und $\cos\left(\varphi + \frac{\pi}{2} - \psi_k\right) = 0{,}985$ ($\varphi \simeq 0$)

0,95, 0,90, 0,80, 0,70 } innere Ellipsen

0,00 gerade Linie

c) φ negativ und $\cos\left(\varphi + \frac{\pi}{2} - \psi_k\right) = 0{,}95$

0,90, 0,80, 0,70 } äußere Ellipsen

0,00 zwei gerade Linien.

Die Kurven zeigen, daß die Spannungsänderung in der Nähe des Wertes $\cos\left(\varphi + \frac{\pi}{2} - \psi_k\right) = 1$ schon bei kleinen Änderungen dieses Wertes groß sind.

Ist die innere Impedanz z_a eines Generators sehr klein gegenüber derjenigen des Belastungsstromkreises, so wird der Kurzschlußstrom J_k viel größer als der normale Belastungsstrom. In diesem Falle wird die Spannung P nicht stark von der EMK E abweichen, d. h. eine Maschine mit verhältnismäßig kleiner innerer Impedanz oder großem Kurzschlußstrom arbeitet bei konstanter Felderregung mit beinahe konstanter Klemmenspannung.

Ist dagegen die synchrone Reaktanz x_a sehr groß gegenüber dem äußeren Widerstande, so wird der Strom J fast konstant. Bei induktionsfreier Belastung mit dem Widerstande r wird in diesem Falle die Klemmenspannung

$$P = Jr = \frac{E r}{\sqrt{(r_a + r)^2 + x_a^2}} \simeq \frac{E}{x_a} r,$$

d. h. angenähert proportional dem Widerstande der äußeren Belastung. Derartige Maschinen wurden früher von Jablotschkoff und Gramme zur Speisung von Bogenlampen angewandt, weil man bei Serieschaltung von Bogenlampen auf konstanten Strom regulieren muß.

Alle modernen Generatoren dagegen werden mit kleiner innerer Impedanz gebaut, da die Stromverbraucher parallel geschaltet werden und deswegen die Spannung an den Klemmen möglichst konstant zu halten ist.

28. Kurzschlußcharakteristik.

Die Kurzschlußcharakteristik stellt den Ankerstrom J als Funktion des Erregerstromes i_e oder der Feld-AW $i_e w_e$ bei kurzgeschlossenen Ankerklemmen und konstanter Tourenzahl dar.

Man erhält hierbei das Spannungsdiagramm Fig. 106. Die Klemmenspannung P ist gleich Null. Die in der Ankerwicklung induzierte EMK $\overline{OC} = Jz_k$ wird gleich der Resultierenden der beiden Spannungskomponenten Jr_a und Jx_{s1}.

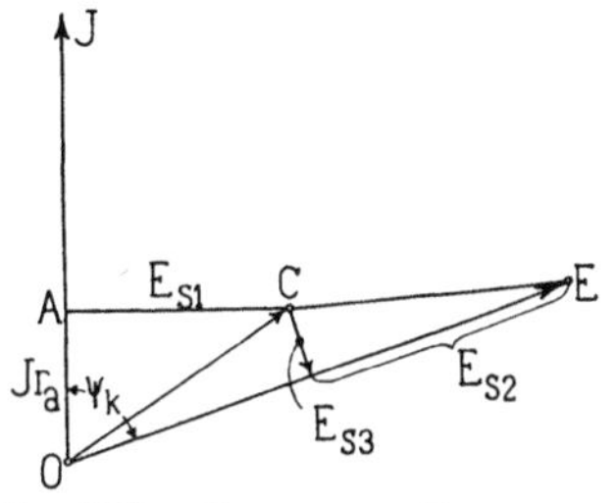

Fig. 106. Spannungsdiagramm der Synchronmaschine bei Kurzschluß.

Der innere Phasenverschiebungswinkel ψ_k ist infolge der stark induktiven Belastung bei Kurzschluß nahezu gleich 90^0. Man kann daher $\cos \psi_k \simeq 0$ und $\sin \psi_k \simeq 1$ setzen, d. h. man hat bei Kurzschluß fast kein quermagnetisierendes, sondern hauptsächlich ein entmagnetisierendes Feld, und das obige Kurzschlußdiagramm kann mit genügender Genauigkeit durch das in Fig. 107 dargestellte, wo $E_{s3} = 0$, ersetzt werden.

Um die zur Erzeugung des Kurzschlußstromes J nötige Felderregung zu ermitteln, trägt man $\overline{OC}$ aus Fig. 107 in die Leerlaufcharakteristik, Fig. 108, gleich $\overline{A_1 B_1} = Jz_k$ ein, und macht

$$AW_e = k_0 f_{w1} m w J \sin \psi_k = \overline{A_1 C_1},$$

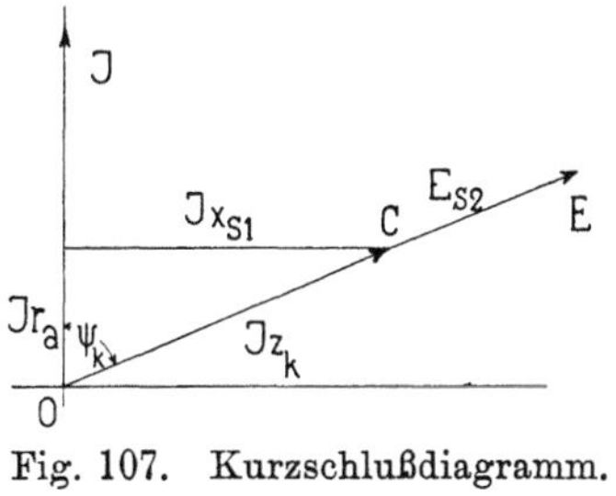

Fig. 107. Kurzschlußdiagramm.

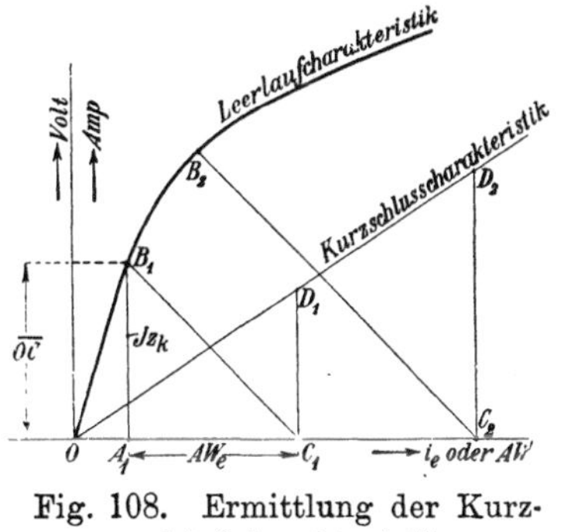

Fig. 108. Ermittlung der Kurzschlußcharakteristik.

$\overline{OC_1}$ ist dann die nötige Felderregung zur Erzeugung des Kurzschlußstromes J. Trägt man im Punkte C_1 den Kurzschlußstrom als Ordinate $\overline{C_1 D_1}$ auf, so hat man einen Punkt der Kurzschlußcharakteristik.

Da die Kurzschlußimpedanz z_k eine konstante Größe und ψ_k auch konstant ist, sind die Winkel des Dreieckes $A_1 B_1 C_1$ von der Stromstärke J unabhängig und die Strecke $\overline{B_1 C_1}$ ist ihr proportional. Wir erhalten somit einen weiteren Punkt der Kurzschlußcharakteristik, wenn wir irgendein i_e (oder AW) annehmen, z. B. $\overline{OC_2}$ und von C_2 aus eine Parallele zu $\overline{B_1 C_1}$ bis zum Schnitt mit der Leerlaufcharakteristik ziehen. Der zu den AW $\overline{OC_2}$ zugehörige Kurzschlußstrom ist dann gleich

$$\overline{C_2 D_2} = \overline{C_1 D_1}\,\frac{\overline{C_2 B_2}}{\overline{C_1 B_1}}.$$

Verbindet man alle Punkte D, so erhält man eine fast geradlinige Kurve durch den Koordinatenanfangspunkt.

29. Belastungscharakteristiken.

Häufig berechnet man noch die Belastungscharakteristik der Generatoren bei verschiedenen Leistungsfaktoren; diese Kurven haben aber wenig praktische Bedeutung. Die Belastungscharakteristik stellt die Klemmenspannung der Maschine als Funktion des Erregerstromes bei konstanter Ankerstromstärke und konstantem Leistungsfaktor dar. Wenn es nicht auf große Genauigkeit ankommt, kann die Konstruktion in der Weise vereinfacht werden, daß man (s. Fig. 109) die entmagnetisierenden Amperewindungen

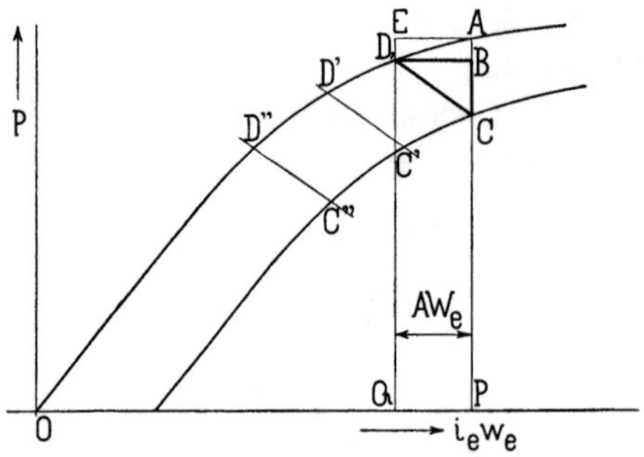

Fig. 109. Belastungscharakteristik.

$$AW_e = k_0 f_{w1} m w J \sin\psi = \overline{AE}$$

direkt von den gegebenen Feldamperewindungen $\overline{OP}$ subtrahiert und die den resultierenden Amperewindungen $\overline{OQ}$ entsprechende EMK $\overline{QD} = \overline{PB}$ um die Spannungskomponente $\overline{BC} = J(r_a \cos\varphi + x_{s1} \sin\varphi)$ verkleinert, wodurch sich nach Gl. 76 die Klemmenspannung $\overline{PC} = P$ ergibt.

Machen wir nun ferner die Annahme, daß die Spannungskomponente $\overline{BC}$ und die entmagnetisierenden Amperewindungen AW_e bei derselben Stromstärke konstant sind, was bei den größeren Spannungen angenähert der Fall ist, so wird das Dreieck BCD

unabhängig von der Felderregung. Wir verschieben nun das Dreieck BCD so parallel zu sich selbst, daß der Punkt D sich auf der Leerlaufcharakteristik bewegt. Dann beschreibt der Punkt C die gesuchte Belastungscharakteristik. Dieselbe stimmt mit der wirklichen, auf dem unteren Teil nicht genau überein, weil $\overline{BC}$ und AW_e hier nicht konstant sind.

Besonders interessant ist die Belastungscharakteristik bei $\cos\psi = 0$; denn in dem Falle wird die Spannungskomponente $\overline{BC} = Jx_{s1} =$ konstant und $AW_e = k_0 f_{w1} m J w =$ konstant und somit das Dreieck BCD vollständig unabhängig von der Spannung. Die Bedeutung dieser Kurve ebenso wie der Kurzschlußcharakteristik zur experimentellen Bestimmung der Reaktanz x_{s1} werden wir im Kapitel XXIII ersehen.

30. Berechnung der Regulierungskurven.

Bei der Vorausberechnung einer Maschine hat ferner die Regulierungskurve Interesse, wenn man die Spannung der Maschine automatisch regulieren will. Diese Kurve stellt die Erregerstromstärke als Funktion der Ankerstromstärke dar bei Konstanthaltung der Klemmenspannung, des Leistungsfaktors und der Tourenzahl.

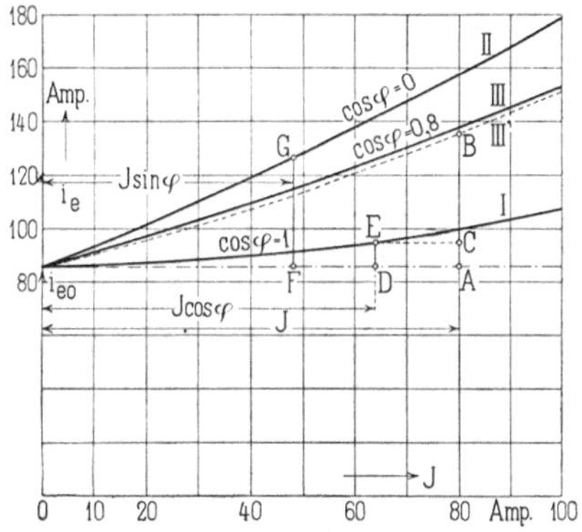

Fig. 110. Regulierungskurven eines Generators.

Berechnet man z. B. bei $\cos\varphi = 0{,}8$ und für verschiedene Stromstärken die Feldamperewindungen, die nötig sind, um die konstante Klemmenspannung zu liefern, und trägt den Erregerstrom als Funktion des Ankerstromes auf, so erhält man die Kurve III (Fig. 110). In derselben Weise ergeben sich die Regulierungskurven I und II bei induktionsfreier und induktiver Belastung.

Da die Sättigung der Maschine sich von Leerlauf bis Belastung wenig ändert, so kann der Erregerstrom bei Belastung i_{eb} wie folgt ausgedrückt werden:

$$i_{eb} = i_{eo} + i_w + i_{wl} \quad \ldots \ldots \ldots \quad (78)$$

i_{eo} ist der Erregerstrom bei Leerlauf, i_w die von dem Wattstrome $J\cos\varphi$ und i_{wl} die von dem wattlosen Strome $J\sin\varphi$ bedingte Erregungserhöhung. i_w und i_{wl} ergeben sich direkt aus den Kurven I und II der Fig. 110.

Addieren wir für irgend einen Leistungsfaktor diese beiden Ströme zu dem Leerlaufstrom, so erhalten wir den totalen Erregerstrom. Dies ist für $\cos\varphi = 0{,}8$ geschehen. Um die Erregung für den Strom J zu finden, entnimmt man aus Kurve I die zusätzliche Erregung $i_w = \overline{ED} = \overline{AC}$ für den Wattstrom $J\cos\varphi$ und aus Kurve II die zusätzliche Erregung $i_{wl} = \overline{FG} = \overline{CB}$ für den wattlosen Strom $J\sin\varphi$ und addiert sie zum Erregerstrom bei Leerlauf. Die in dieser Weise erhaltene Kurve III' stimmt mit der graphisch ermittelten Kurve III gut überein.

Es läßt sich auch die Erregerstromstärke als Funktion des Ankerstromes analytisch ausdrücken. Für die EMK $\overline{OD}$ haben wir auf S. 114 den folgenden Ausdruck abgeleitet (vgl. Fig. 56)

$$\overline{OD} = P\cos\Theta + Jr_a\cos\psi + Jx_{s1}\sin\psi.$$

Arbeiten wir auf dem unteren geradlinigen Teil der Leerlaufcharakteristik, wo der Erregerstrom der EMK proportional ist, so wird

$$i_e' = a\,\overline{OD} = a(P\cos\Theta + Jr_a\cos\psi + Jx_{s1}\sin\psi).$$

Wegen der entmagnetisierenden Amperewindungen

$$AW_e = k_0 f_{w1}\, m\, w\, J\sin\psi$$

ist der Erregerstrom i_e' noch um i_e'' zu erhöhen; es ist

$$i_e'' = \frac{AW_e}{w_e} = bJ\sin\psi.$$

Ferner bedingt die vermehrte Streuung auch eine Erhöhung oder Erreger AW, sie kann jedoch bei wenig gesättigten Maschinen vernachlässigt werden.

Der totale Erregerstrom bei Belastung wird somit gleich

$$i_{eb} = i_e' + i_e'' = a\left[P\cos\Theta + Jr_a\cos\psi + \left(x_{s1} + \frac{b}{a}\right)J\sin\psi\right].$$

In dem letzten Gliede dieses Ausdruckes muß $\frac{b}{a}$ die Dim. einer Reaktanz haben; und zwar stellt $x_{s1} + \frac{b}{a}$ die gesamte Reaktanz der Maschine dar. Es folgt daraus

$$\frac{x_{s1} + \frac{b}{a}}{r_a} = \operatorname{tg}\psi_k.$$

Jr_a und $J\left(x_{s1}+\frac{b}{a}\right)$ bilden miteinander einen Winkel von 90^0.

Man kann somit, wie aus Fig. 111 ersichtlich, die zwei letzten Glieder des obigen Ausdruckes durch ein Glied ersetzen, indem man statt der Katheten die Hypothenuse einführt. Es wird

$$i_{eb}=a\,\overline{OE}$$

oder

$$\boldsymbol{i_{eb}=aP\cos\Theta+AJ\sin(\psi+\alpha)} \quad (79)$$

wo

$$A=\sqrt{(ar_a)^2+(ax_{s1}+b)^2}$$

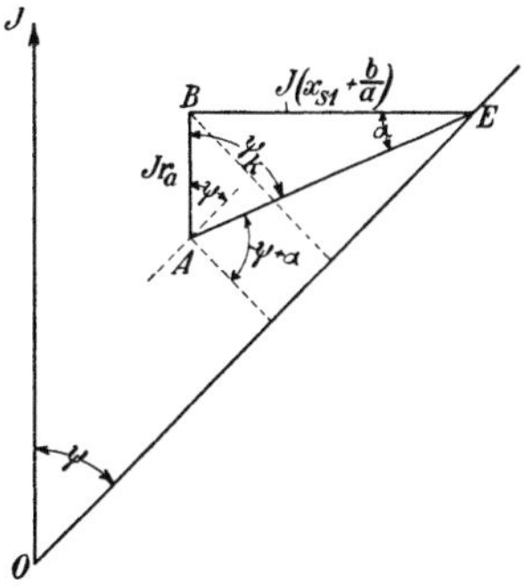

Fig. 111.

und

$$\operatorname{tg}\alpha=\operatorname{tg}\left(\frac{\pi}{2}-\psi_k\right)=\frac{ar_a}{ax_{s1}+b}.$$

Die Konstanten a und A kann man wie folgt bestimmen. Bezeichnet

i_{e0} den Erregerstrom, der bei Leerlauf die EMK P_0 induziert, und

i_{ek} den Erregerstrom, der dem Kurzschlußstrome J_k entspricht,

so ergibt sich aus der obigen Gleichung

1. bei Leerlauf, wo $J=0$ und $\Theta \simeq 0$ ist

$$i_{e0}=aP_0 \quad \text{oder} \quad a=\frac{i_{e0}}{P_0}$$

und

2. bei Kurzschluß, wo $J=J_k$, $P=0$, $\psi=\psi_k$ und $\alpha=\frac{\pi}{2}-\psi_k$ ist

$$i_{ek}=AJ_k\sin(\psi_k+\alpha)=AJ_k \quad \text{oder} \quad A=\frac{i_{ek}}{J_k}.$$

Es ist somit für eine schwachgesättigte Maschine

$$i_{eb}=i_{e0}\frac{P}{P_0}\cos\Theta+i_{ek}\frac{J}{J_k}\sin\left(\psi+\frac{\pi}{2}-\psi_k\right) \quad . \; . \quad (80)$$

Diese Formel ist auch ohne weiteres verständlich, wenn man bedenkt, daß der Belastungszustand einer Maschine sich aus dem Leerlauf- und Kurzschlußzustand durch Superposition ableiten läßt.

Ist die Maschine stark gesättigt, so erhält man für den Erregerstrom mit großer Annäherung eine Formel analog der obigen

$$\boldsymbol{i_{eb}=aP\cos\Theta+BJ\sin(\psi+\beta)} \quad . \; . \; . \; . \quad (81)$$

wo
$$a = \frac{i_{e0}}{P_0}$$
$$B = \sqrt{(d\,r_a)^2 + (e\,x_{s1} + f)^2}$$
und
$$\operatorname{tg}\beta = \frac{d\,r_a}{e\,x_{s1} + f}.$$

In diesen Formeln sind d und e zwei a entsprechende Größen; es ist
$$d < a < e,$$
ferner ist
$$f J \sin\psi = \frac{AW_e + \varDelta AW}{w_e},$$
wo $\varDelta AW$ die wegen der vermehrten Steuerung bedingte Erhöhung der Erregeramperewindungen bedeutet. Wie aus der obigen Formel ersichtlich, ist der Erregerstrom bei Belastung nur abhängig von der Spannung, dem Strome und den Phasenverschiebungswinkeln Θ und ψ bei Belastung.

Wünscht man, daß die Spannung an den Generatorklemmen mit der Belastung steigen soll, so kann dies durch eine Erhöhung des Erregerstromes geschehen. Eine derartige Spannungserhöhung mit der Belastung geschieht gewöhnlich, um die Spannung an einem entfernten Punkte konstant zu halten. Bei der Berechnung der Konstanten a und B der Formel sind in diesem Falle nicht allein der Widerstand r_a und die Reaktanz x_{s1} des Generators in Betracht zu ziehen, sondern auch die der Leitungen (r_l und x_l), die den Generator mit dem Punkte verbinden, an dem die Spannung konstant gehalten werden soll. In den obigen Formeln ist dann überall $r_a + r_l = r_1$ und $x_{s1} + x_l = x_1$ statt r_a und x_{s1} einzuführen.

Sechstes Kapitel.

Die Erregung der synchronen Wechselstrommaschinen.

31. Verschiedene Arten der Erregung.

Die Erregung der synchronen Wechselstrommaschinen kann Fremderregung oder Selbsterregung sein.

a) Fremderregung. Der für die Erregung notwendige Gleichstrom wird einem etwa vorhandenen Gleichstromnetz oder besonderen Erregermaschinen entnommen; manchmal sind außerdem Akkumulatoren vorhanden.

Als Erregermaschinen werden hauptsächlich Nebenschlußmaschinen verwendet.

In vielen Fällen hat jeder Generator seine eigene Erregermaschine, die durch die gleiche Kraftmaschine angetrieben wird wie der Hauptgenerator und im allgemeinen direkt auf die Generatorwelle aufgesetzt ist. Man erhält so eine mechanisch gute Anordnung, dagegen bei langsam laufenden Generatoren auch langsam laufende und teure Erregermaschinen mit kleinem Wirkungsgrad.

Der Antrieb von Generator und Erregermaschine durch die gleiche Kraftmaschine hat den Nachteil, daß bei zunehmender Belastung die Tourenzahl und infolge davon auch die Erregerspannung sinkt. Ferner ist beim Anlassen der Maschine keine Erregung vorhanden. Wenn daher an einen Wechselstromgenerator Synchronmotoren oder große asynchrone Motoren ohne besondere Anlaßapparate angeschlossen sind, die gleichzeitig mit dem Generator anlaufen sollen, ist mindestens für die Anlaßperiode eine besondere unabhängige Gleichstromquelle vorzusehen. In größeren Zentralen, namentlich in solchen mit Turbinenantrieb, findet man häufig, daß für die Erregerdynamos besondere Kraftmaschinen aufgestellt sind und sämtliche Generatoren von den gleichen Maschinen erregt werden.

Der Antrieb der Erregermaschinen durch Synchron- oder Asynchronmotoren ist in seiner Wirkungsweise dem Antrieb durch mechanische Kupplung mit dem Hauptmotor gleich, indem die Tourenzahl bei wachsender Belastung sinkt. Hier ist dann für das Inbetriebsetzen der ersten Maschine einer Zentrale gewöhnlich eine Akkumulatorenbatterie vorhanden, die während des Anlaufens den Erregerstrom liefert.

b) Selbsterregung. Die Selbsterregung der synchronen Wechselstrommaschinen wird mittels kommutiertem Wechselstrom bewirkt. Wünscht man eine kleine Wechselstrommaschine mit Selbsterregung zu versehen, so wählt man am einfachsten die Außenpoltype und nimmt mittels eines gewöhnlichen Kommutators von einer auf dem Anker untergebrachten neben der Wechselstromwicklung liegenden Gleichstromwicklung den Erregerstrom ab.

In größeren Maschinen kann die Kommutation des Wechselstromes durch einen synchronlaufenden Kommutator oder durch rotierende Umformer oder mittels ruhender Gleichrichter erfolgen.

Von jeher ist man bestrebt gewesen, die synchronen Wechselstrommaschinen selbsterregend zu machen. Dies ist ganz erklärlich; denn in der ersten Zeit, wo Dynamomaschinen gebaut wurden, waren die Anlagen klein und die Notwendigkeit einer Erregermaschine mit Schalttafel verteuerte die sonst billigen Wechselstromanlagen. Heutzutage, wo hauptsächlich Wechselstrommaschinen bei großen Anlagen in Frage kommen, spielen die Kosten der Erregeraggregate eine untergeordnete Rolle. Da ferner auch gemischter Betrieb mit Gleichstrom und Mehrphasenstrom vielfach vorkommt, fühlt man heute die Fremderregung der Wechselstrommaschinen nicht mehr als eine Komplikation, sondern eher die Selbsterregung.

Für sich allein angewandt hat die Selbsterregung einen größeren Spannungsabfall zur Folge als es bei der Fremderregung sonst der Fall wäre.

So ist z. B. die Selbsterregung mit rotierendem Umformer in ihrer Wirkungsweise der Gleichstromnebenschlußmaschine ähnlich, indem der Erregerstrom mit der Spannung ebenfalls sinkt, so daß der Spannungsabfall noch vergrößert wird.

Auch für den Fall einer besonders angeordneten Hilfswicklung gilt dasselbe. Wird eine derartige Maschine induktiv belastet, so wird das Feld vom Hauptstrome geschwächt; dadurch sinkt die Erregerspannung und das Feld wird noch schwächer. Man erhält deswegen bei selbsterregten Wechselstrommaschinen einen potenzierten Spannungsabfall.

Was die selbsterregten Synchronmotoren anbetrifft, so sind diese wegen des größeren Spannungsabfalls, den sie im Netze verursachen, weniger überlastungsfähig als fremderregte Synchronmotoren. Aus allen diesen Gründen wird heutzutage fast nur dann Selbsterregung angewandt, wenn gleichzeitig mittels Kompoundierung eine automatisch wirkende Spannungsregulierung der Maschine beabsichtigt ist.

32. Regulierung der Erregung.

Es wird heutzutage verlangt, daß die Klemmenspannung der Generatoren möglichst konstant sei. Die mit der Änderung der Belastung auftretende, von der Selbstinduktion und dem effektiven Widerstande der Ankerwicklung herrührende Spannungsänderung muß somit durch Änderung der Erregung ausgeglichen werden.

Bei Fremderregung wird die Erregung des Wechselstromgenerators dadurch reguliert, daß man entweder den Widerstand des Erregerkreises oder die Spannung der Erregermaschine verändert. Beide Methoden werden auch gleichzeitig angewandt, indem man die Änderung der Erregerspannung zur gröberen und die des Widerstandes zur feineren Regulierung benutzt.

Die Regulierung der Erregung durch Vorschaltwiderstände kommt vor allem stets dann allein in Betracht, wenn für die Erregung Hauptschlußmaschinen oder Akkumulatoren verwendet werden und wenn mehrere Generatoren von der gleichen Stromquelle oder von Sammelschienen aus erregt werden.

Die Regulierung durch Änderung der Erregerspannung ist allgemein gebräuchlich, wenn jeder Generator seine eigene Erregermaschine (mit Nebenschlußerregung) besitzt. Man legt den Regulierwiderstand in den Nebenschluß der Erregermaschine und bekommt daher nur kleine Stromstärken im Regulierkreis. Damit die Erregermaschine bei genügender Sättigung, d. h. stabil arbeitet, wird es oft nötig, auch in den Hauptstromkreis bzw. in den Erregerkreis der Wechselstrommaschine einen Widerstand einzuschalten.

Die Regulierung erfolgt entweder von Hand oder automatisch.

Die Handregulierung hat den großen Nachteil, daß die Spannung vom Schalttafelwärter erst reguliert werden kann, nachdem das Voltmeter die Schwankung angezeigt hat. Damit die momentanen Spannungsänderungen nicht zu groß werden, macht diese Methode Generatoren mit kleinen Spannungsänderungen und Antriebsmaschinen mit kleinem Tourenabfall nötig.

Um die Spannungsänderung klein zu halten, werden Wechselstromgeneratoren gewöhnlich mit einem relativ starken magnetischen

Felde und mit schwacher Ankerrückwirkung (AS klein) gebaut. Außerdem wird das Feldeisen stark gesättigt, so daß bei konstanter Klemmenspannung der Erregerstrom bei Vollast und $\cos\varphi = 0{,}8$ nur etwa das 1,3 bis 1,6fache des Erregerstromes bei Leerlauf beträgt. Die starke Sättigung hat eine Zunahme der Erregerverluste zur Folge. Da außerdem der Anker nicht voll ausgenützt werden kann, werden solche Maschinen teuer und haben einen kleineren Wirkungsgrad als Maschinen mit großen Spannungsänderungen. Durch diese sogenannte inherente Regulierungsmethode läßt sich aber die Spannungserhöhung nicht unter etwa 14 bis 18 % herunterdrücken, bei einem Leistungsfaktor von etwa 0,8. Deswegen sind in Betrieben mit sog. konstanten Spannungen Spannungsschwankungen von 3 bis 6 % etwas Gewöhnliches, es kommen vielfach sogar erheblich größere Änderungen vor. Die Größe und Art des Betriebes angeschlossener Motoren ist hierbei von großem Einfluß.

Ein weiterer Nachteil der inherenten Regulierungsmethode bzw. der Generatoren mit kleinem AS, also kleiner Impedanz, besteht darin, daß Maschinen mit kleiner Impedanz große Kurzschlußströme ergeben, so daß die mechanische Beanspruchung der Maschine und der Ankerwicklung bei Kurzschlüssen gefährlich werden kann. Aus ökonomischen und betriebstechnischen Gründen ist somit eine automatische Spannungsregulierung sehr erwünscht.

Die automatische Spannungsregulierung gestattet, den Erregerstrom zwischen Leerlauf und Vollast auf das $2^1/_2$ bis 3fache und noch höher zu steigern. Man darf daher automatisch regulierte Generatoren, konstante Erregung vorausgesetzt, für einen großen Spannungsabfall bauen. Man ist somit nicht mehr an eine hohe Sättigung des Feldsystems und kleine lineare Ankerbelastung (AS) gebunden. Das ist besonders wichtig für Turbogeneratoren.

Infolge der gedrungenen Bauart dieser Maschinen ist der für die Feldwicklung zur Verfügung stehende Platz nicht groß, außerdem sind wegen der kleineren Abkühlungsflächen die Abkühlungsverhältnisse schlechter.

Was die selbsterregten Wechselstrommaschinen anbetrifft, so werden diese aus früher angegebenen Gründen fast immer mit einer Kompoundierung versehen.

Die verschiedenen Arten der selbsttätigen Regulierung und Kompoundierung werden im nächsten Kapitel behandelt.

Siebentes Kapitel.

Selbsttätige Regulierung der synchronen Wechselstrommaschinen.

33. Einteilung der Anordnungen zur selbsttätigen Regulierung der synchronen Wechselstrommaschinen.

Wir haben im vorigen Kapitel gesehen, daß eine richtig funktionierende selbsttätige Spannungsregulierung aus wirtschaftlichen und betriebstechnischen Gründen sehr erwünscht ist. In der Tat bürgert sich heutzutage die selbsttätige Spannungsregulierung mehr und mehr ein.

Die verschiedenen Arten der automatischen Spannungsregulierung können wir in zwei Hauptgruppen einteilen:

I. Elektromechanische Regulatoren und

II. Kompoundierungen.

Ein elektromechanischer Regulator besteht im Wesen aus einem Mechanismus, der bei normaler Spannung im Gleichgewicht ist, bei Spannungsänderungen jedoch aus dem Gleichgewicht kommt und durch die dabei freiwerdende Kraft (Verstellkraft des Regulators) auf die Erregung des zu regulierenden Generators im geeigneten Sinne einwirkt.

Die Beeinflussung des Gleichgewichts des Mechanismus kann z. B. mit Hilfe eines Solenoides mit Eisenkern und die Einwirkung auf die Erregung des Generators z. B. durch Verstellen eines in den Erregerkreis geschalteten Regulierwiderstandes erfolgen.

Im Gegensatz hierzu besitzen die Regulieranordnungen, die man Kompoundierungen nennt, keinen Reguliermechanismus; die Regulierung erfolgt hier, je nach dem System, durch die Wirkung von Wicklungen, durch Benutzung der Ankerrückwirkung, durch geeignete Erregermaschinen (Umformer) oder Transformatoren.

Die Forderungen, die an eine gute Regulierung gestellt werden, sind eine exakte und rasche Ausregulierung der auftretenden Spannungsschwankungen. Außerdem soll die Regulieranordnung ansprechen bei allen Spannungsänderungen, gleichgültig ob sie von Änderungen der Belastung, des Stromes, der Tourenzahl oder der Erwärmung des Generators herrühren.

Es sollen nun im folgenden die Einrichtung, Arbeitsweise und Theorie der einzelnen Reguliersysteme kurz erläutert werden.

34. Einteilung der elektromechanischen Regulatoren.

Die elektromechanischen Regulatoren kann man, genau wie die Regulatoren der Wärme- und Wasserkraftmaschinen einteilen, in

A. unmittelbar (direkt) wirkende und

B. mittelbar (indirekt) wirkende

Regulatoren[1]).

Dabei versteht man unter unmittelbar (direkt) wirkenden Regulatoren solche, die beständig mit dem Regulierwerk (hier Regulierwiderstand) verbunden sind und dieses (bei Spannungsänderung) mit der Kraft W (Verstellkraft) verstellen[2]).

Mittelbar (indirekt) wirkende Regulatoren sind solche, die nur an den Hubgrenzen mittels der Kraft W (Verstellkraft) eine Hilfskraft (Servomotor) mit der Regelungsvorrichtung kuppeln[2]). Wenn der Servomotor ein Elektromotor ist, dann ist die Kraft W der Kontaktdruck zum Einschalten des Motors.

Wegen der einfacheren Wirkungsweise sollen im folgenden zunächst die mittelbar wirkenden Regulatoren besprochen werden.

---

[1]) Siehe Dr.-Ing. A. Schwaiger, „Das Regulierproblem in der Elektrotechnik". Teubner 1909.

[2]) Siehe „Hütte", 20. Aufl., Bd. I, S. 906. Das in Klammern Stehende ist vom Verfasser zu der in der „Hütte" l. c. stehenden Definition hinzugefügt.

35. Die indirekt (mittelbar) wirkenden Regulatoren.

Die Regulierungsanordnung mit einem indirekt wirkenden Regulator ist im Prinzip in Fig. 112 dargestellt.

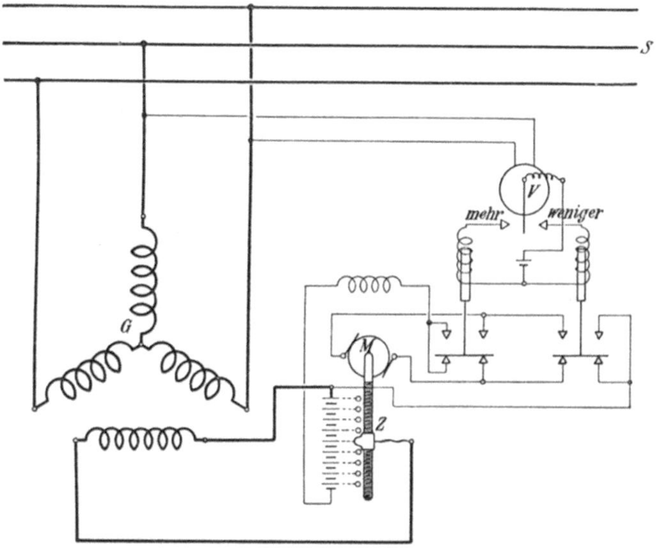

Fig. 112. Prinzipielle Anordnung eines indirekt wirkenden Regulators.

Ein Generator *G* arbeitet auf die Sammelschienen *S*, deren Spannung konstant zu halten ist. Der Erregerstrom möge von einer Akkumulatorenbatterie geliefert werden, so daß er durch Zu- und Abschalten von einzelnen Zellen reguliert werden kann. Das Zu- und Abschalten der Zellen erfolgt durch einen Zellenschalter *Z*, der von einem Motor *M* für Rechts- und Linkslauf angetrieben wird. Der Motor *M*, der sogenannte Servomotor, wird von einem Spannungsrelais *V*, das die Funktion des Regulators ausübt, eingeschaltet.

Das Spannungsrelais *V* ist nach Art eines Voltmeters gebaut und wird deshalb auch Kontaktvoltmeter genannt. Bei normaler Spannung schwebt der Zeiger des Relais frei in der Mitte zwischen zwei Anschlägen. Sinkt z. B. die Netzspannung, so legt sich der Zeiger an den einen Anschlag (Kontakt) und schaltet dabei den Motor so ein, daß dieser den Zellenschalter mit einer bestimmten konstanten Geschwindigkeit *v* im Sinne der Vergrößerung der Erregung verstellt. Dadurch steigt die Klemmenspannung des Generators wieder an. Erreicht sie den Normalwert, so verläßt der Zeiger wieder den Anschlag, der Kontakt wird dadurch geöffnet und der Motor *M* bleibt wieder stehen.

Diese Anordnung ist eine indirekte Regulierung; denn der Regulator schaltet nur an den Hubgrenzen den Servomotor ein.

Wir sehen, daß die Lage des Regulators unabhängig von der jeweiligen Last ist; denn die Kontaktzunge muß im Ruhezustand zwischen den Kontakten frei schweben.

Anstatt des Servomotors kann zum Antrieb ein mit konstanter Tourenzahl laufender Motor angewendet werden, der durch eine elektromagnetische Kupplung oder durch ein Klinkwerk je nach der Lage der Kontaktzunge den Zellenschalter im gewünschten Sinne verstellt.

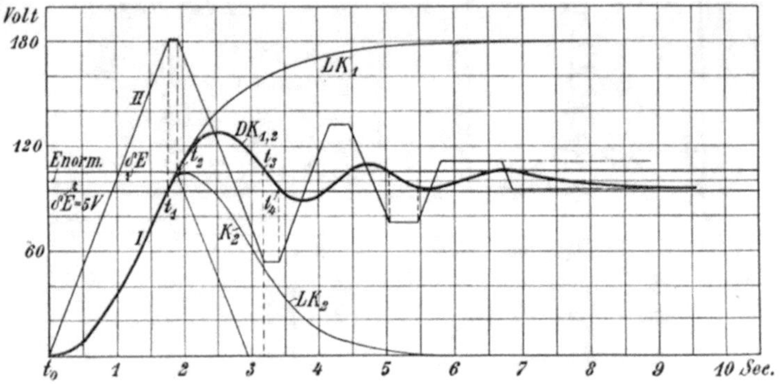

Fig. 113. Reguliervorgang eines indirekt wirkenden Regulators. Unempfindlichkeitsgrad $\delta = \pm 5\,\%$; Reguliergeschwindigkeit: $v = \frac{100}{100} \cdot 100$ Volt/Sek.; Zeitkonstante des Erregerkreises $T = 1$ Sek.

Die Tourenzahl des Servomotors und damit die Geschwindigkeit des Steuerorgans, in unserem Beispiele des Zellenschalters, wird gewöhnlich ein für allemal eingestellt, so daß der Motor ganz unabhängig von der Größe der Spannungsschwankungen stets gleich schnell läuft. Je größer also die Spannungsänderung des Generators ist, desto länger dauert es, bis die normale Spannung wieder herrscht, da der Zellenschalter weiter verschoben werden muß, als bei kleinen Spannungsänderungen.

Wir wollen nun die Vorgänge im Erregerstromkreise des Generators während eines Regulierprozesses an Hand der Fig. 113 verfolgen.

Wir nehmen an, daß nur ein Generator auf die Sammelschienen S (Fig. 112) arbeite, und daß die Spannung der Sammelschienen 100 Volt betragen soll. Es sei verlangt, daß diese Spannung mit Hilfe eines Regulators nach Fig. 112 auf 100 Volt $\pm 5\,\%$ gehalten werde; auf Schwankungen von $\pm 5\,\%$ braucht der Regulator, d. i.

das Kontaktvoltmeter, nicht zu reagieren. Es kann also ein Kontaktvoltmeter mit einem „Unempfindlichkeitsgrad“ von $\delta = \pm 5\,\%$ verwendet werden, d. h. die oben erwähnten Anschläge (Kontakte) müssen am Kontaktvoltmeter da angebracht werden, wo auf der Skala des Voltmeters 95 Volt und 105 Volt stehen würde.

Wir nehmen weiter an, die Spannung des Generators sei zu Beginn des Reguliervorganges 0 Volt. Die Geschwindigkeit v des vom Kontaktvoltmeter gesteuerten Hilfsmotors[1]) sei so gewählt, daß der Zellenschalter die Maschinenspannung um 100 Volt in der Sek. gleich $100\,\%$ der Normalspannung in der Sek. erhöhen könnte, wenn sich in den Magneten des Generators stets sofort der Strom einstellen würde, der nach dem Ohmschen Gesetz (R = Widerstand der Magnetwicklung) der jeweiligen Stellung des Zellenschalters (Erregerspannung) entspricht.

Tatsächlich stellt sich jedoch dieser Erregerstrom nicht sofort ein wegen der Selbstinduktion der Magnete.

Wir nehmen nun an, daß der Selbstinduktionskoeffizient L der Magnete des Generators konstant, also unabhängig vom Erregerstrom sei, so daß den Magneten eine Zeitkonstante T (angenommen zu 1 Sek.) zugeschrieben werden kann. Danach ist die Klemmenspannung des Generators proportional dem Erregerstrom.

Da die Spannung zu Beginn des Reguliervorganges gleich Null ist, liegt die Zunge des Kontaktvoltmeters (Fig. 112) an dem Anschlag, der bei 95 Volt der Skala angebracht ist („Mehr Spannung“). Der Servomotor ist dadurch eingeschaltet und läuft in dem Sinne, daß mehr Zellen zugeschaltet werden. Infolgedessen wächst die Spannung an der Erregerwicklung proportional mit der Zellenschalterstellung. Wenn die Magnete keine Trägheit besäßen, würde auch der Erregerstrom und damit die Generatorspannung proportional mit der Zellenschalterstellung anwachsen. Die Kurve für die Regulatorbewegung, die wegen der gleichförmigen Geschwindigkeit des Servomotors eine Gerade ist (Kurve II Fig. 113), würde also in diesem Falle auch das Anwachsen der Generatorspannung angeben. Tatsächlich wachsen jedoch der Erregerstrom und damit die Generatorspannung wegen der Trägheit der Magnete langsamer an, als die Erregerspannung, und zwar so, wie die Kurve I für die Klemmenspannung von $t = t_0$ bis $t = t_1$ in Fig. 113 zeigt. Die Kontaktzunge bleibt nun an dem 95 Volt-Anschlag so lange liegen, bis eine Spannung von 95 Volt am Generator herrscht. Dies ist der Fall zur Zeit $t = t_1$ (= 1,785 Sek.).

[1]) Die Geschwindigkeit v soll durch die Spannungsänderung pro Sek. in Prozenten der Normalspannung gemessen werden.

Die Kontaktzunge verläßt in diesem Augenblick den Anschlag „Mehr Spannung!“, der Servomotor bleibt stehen und somit auch der Zellenschalter. Die Stellung des Zellenschalters ist 181 Volt. Würde der Zellenschalter in dieser Stellung lange genug verharren, so müßte die Generatorspannung auch auf diesen Wert anwachsen, und zwar nach einer Exponentialfunktion[1]) mit dem Endwert 181 Volt. Eine Zeitlang wächst auch die Spannung nach dieser Kurve an, und zwar so lange, bis der Wert 105 Volt erreicht ist. In diesem Augenblick (t_2) legt sich die Kontaktzunge an den Anschlag 105 Volt („Weniger Spannung!“). Dadurch wird der Zellenschalter nach rückwärts verschoben.

Von diesem Augenblicke an können wir uns den Verlauf des Erregerstromes, also auch der Klemmenspannung des Generators nach der Differenzkurve zweier Kurven vorstellen. Eine dieser beiden ist die früher erwähnte Exponentialkurve LK_1 und die andere K_2 wird jetzt durch die Rückwärtsbewegung des Zellenschalters eingeleitet. Die Klemmenspannung des Generators verläuft somit nach der Differenzkurve $DK_{1,2}$ bis zur Zeit $t = t_3$. In diesem Momente herrscht die Spannung 105 Volt, die Kontaktzunge verläßt den Anschlag „Weniger Spannung!“ und der Servomotor bleibt stehen. Die Regulatorstellung ist dabei 54 Volt. Die Klemmenspannung sucht diesen Wert zu erreichen. In dem Augenblick jedoch, wo sie auf den Wert 95 Volt sinkt, legt sich die Kontaktzunge auf den Anschlag 95 Volt („Mehr Spannung!“), schaltet den Servomotor ein und die Spannung verläuft wieder nach einer Differenzkurve usw.

Das ganze Spiel dauert so lange, bis die Regulatorstellung und die Generatorspannung gleich sind und innerhalb 95 Volt und 105 Volt liegen.

Wie aus dem Diagramm Fig. 113 ersichtlich, pendelt der Regulator, somit auch der Zellenschalter und die Spannung, eine gewisse Zeit um die neue Ruhelage. Die Zahl und die Amplituden dieser Schwingungen sind um so größer, 1. je größer die Zeitkonstante der Magnete, 2. je größer die Reguliergeschwindigkeit und 3. je kleiner der Unempfindlichkeitsgrad des Regulators ist, wie man sich nach dem Bisherigen leicht überzeugen kann. In Fig. 114 z. B. ist das Regulierdiagramm für dieselben Verhältnisse wie in Fig. 113 angegeben, nur ist die Reguliergeschwindigkeit viel kleiner gewählt.

Es gibt eine bestimmte Reguliergeschwindigkeit, bei der überhaupt kein Pendeln mehr auftritt. Nach Schwaiger[2]) ist diese „kritische“ Reguliergeschwindigkeit v_k

[1]) Arnold, Wechselstromtechnik, Bd. I, S. 616.

[2]) „Das Regulierproblem in der Elektrotechnik.“

$$v_k = \frac{2\,\delta}{T}$$

(v_k gemessen in Prozent der Normalspannung pro Sek.).

Bei gleichem Unempfindlichkeitsgrad δ muß der Regulator um so langsamer laufen, je größer die Zeitkonstante ist. Der Unempfindlichkeitsgrad δ darf nicht gleich Null gewählt werden. Zeichnet man den Regulierungsprozeß, für $\delta = 0$, so findet man, daß die Pendelungen niemals erlöschen.

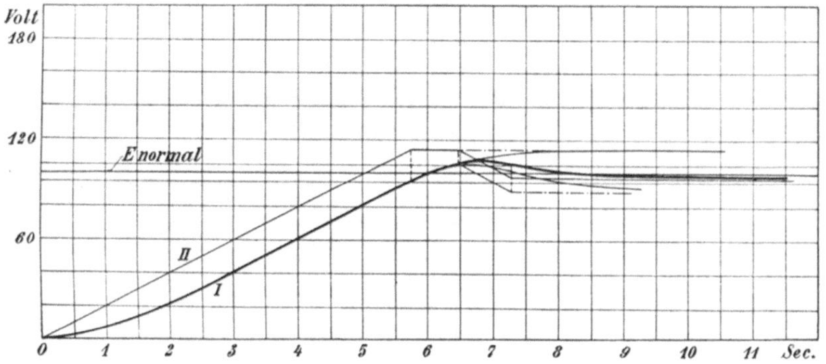

Fig. 114. Unempfindlichkeit $\delta = \pm 5\,\%$; Reguliergeschwindigkeit: $\frac{20}{100} \cdot 100$ Volt/Sek.; Zeitkonstante des Erregerkreises $T = 1$ Sek.

Da die Pendelungen der Spannung sehr lästig sind, muß man zur Vermeidung derselben den Servomotor mit einer Geschwindigkeit v laufen lassen, die kleiner oder höchstens gleich der kritischen v_k ist.

In vielen Fällen muß jedoch eine bestimmte Mindestreguliergeschwindigkeit gefordert werden, die größer als v_k ist. Um in solchen Fällen ein Pendeln zu vermeiden, rüstet man den Regulator mit einer „Rückstellvorrichtung“, auch „Rückführung“ genannt, aus.

Das Prinzip der Rückführung besteht darin, daß die Beendigung des Reguliervorganges nicht vom Regulator (Kontaktvoltmeter) besorgt wird, sondern von dem Steuerorgan (Zellenschalter, Regulierwiderstand). Das Steuerorgan beschließt also die Regulierung in dem Moment, wo es die richtige neue Stellung hat, indem es die ganze Regulierungsvorrichtung in ihre Ruhelage zurückführt.

Die bekanntesten indirekt wirkenden trägen Regulatoren sind die

a) von S. & H., der A. E.-G. und der M.-F. Oerlikon mit elektromagnetischer Kupplung,

b) der E.-A.-G. vorm. Schuckert & Co., von S. & H. und von Thury[1]) mit Antrieb mittels Klinkwerk,

c) der Siemens-Schuckertwerke mit Antrieb mittels Servomotor.

Es muß noch erwähnt werden, daß statt der Regulierung durch Zu- und Abschalten von Zellen in der Praxis immer die Widerstandsregulierung benutzt wird. Die im Obigen angestellten Betrachtungen gelten aber im großen und ganzen auch für die Widerstandsregulierung[2]).

36. Die direkt wirkenden Regulatoren.

Die Regulierungsanordnung mit einem direkt wirkenden Regulator ist im Prinzip in Fig. 115 dargestellt.

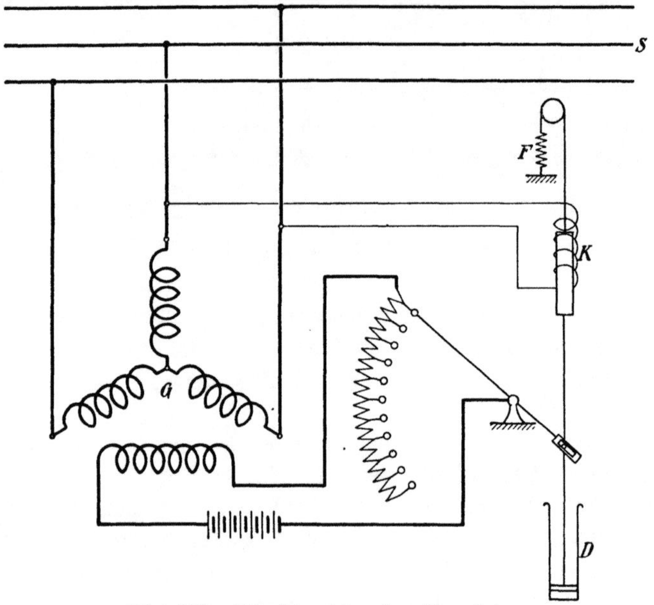

Fig. 115. Direkt wirkender Regulator.

Der Regulator besteht aus einem Solenoid, das von der konstant zu haltenden Spannung gespeist wird und eine bestimmte Zugkraft P auf einen Eisenkern K ausübt. Der Kern trägt ein Gestänge, mit dem die Widerstandskurbel und der Kolben eines

---

1) ETZ 1905, S. 824; Elektrische Bahnen und Betriebe 1906, S. 641; ETZ 1909, S. 872.

2) Schwaiger, Das Regulierproblem, S. 62 u. ff.

Ölkataraktes D gekuppelt sind. Das Gewicht des Gestänges samt Zubehör ist durch eine Feder F oder durch ein Gegengewicht ausbalanciert. Das Kerngewicht wird entweder durch die Zugkraft P oder teilweise auch durch die Federkraft ausbalanciert.

Tritt eine Spannungsänderung ein, so ändert sich die Zugkraft des Solenoids auf den Eisenkern. Infolgedessen wird das Gleichgewicht des Regulators gestört, der Kern K gerät in Bewegung und verstellt die Widerstandskurbel.

Daß diese Regulieranordnung eine unmittelbar (direkt) wirkende ist, folgt aus der Definition (S. 130); denn der Regulator ist ständig mit dem Regulierwerk (Widerstand) verbunden und verstellt dieses bei Spannungsänderungen mit der Kraft W (Verstellkraft).

Wir sehen, daß im Gegensatz zur Anordnung mit einem mittelbar wirkenden Regulator hier der Regulator bei jeder Belastung resp. jedem Strome des Generators eine ganz bestimmte Stellung hat.

Bezüglich des Reguliervorganges ist hier folgendes zu bemerken:

Die Erfahrung hat gezeigt, daß diese Regulieranordnungen unter Umständen zum Pendeln neigen.

Man kann den Reguliervorgang analytisch verfolgen[1]). Das Integral der Differentialgleichung für den Reguliervorgang gibt an, unter welchen Bedingungen Pendelungen auftreten und unter welchen der Reguliervorgang „stabil“ ist, d. h. die Pendelungen des Regulators und der Spannung mit der Zeit abklingen. Ohne auf diese analytischen Untersuchungen näher einzugehen, können wir aus unseren früheren Betrachtungen folgendes erkennen: Wir haben bei den indirekt wirkenden Regulatoren gesehen, daß die Pendelungen unter sonst gleichen Verhältnissen mit zunehmender Reguliergeschwindigkeit (Geschwindigkeit des Servomotors) an Amplitude und Zahl zunehmen. Wenn man die Reguliergeschwindigkeit klein genug machte ($\leqq v_k$), so traten überhaupt keine Pendelungen auf.

Ähnliche Erscheinungen kann man auch beim direkt wirkenden Regulator erwarten. Je rascher der Hebel des Regulierwiderstandes sich bewegt, um so größer muß die Gefahr des Pendelns sein. Diese Vermutung wird durch die Theorie und Erfahrung bestätigt. Man muß deshalb die Bewegungen des Regulators verlangsamen, was mit Hilfe einer „Dämpfung“ (Ölkatarakt) erfolgen kann.

Die Dämpfung hat aber auch noch einen anderen Zweck, nämlich den, ein Zuweitgehen des Regulators infolge der Massenträgheit desselben zu verhindern.

---

[1]) Schwaiger, Das Regulierproblem usw., S. 19 u. ff.

Man kann analytisch den Nachweis erbringen, daß es unmöglich ist, einen stabil arbeitenden direkt wirkenden Regulator ohne eine Dämpfung zu bauen.

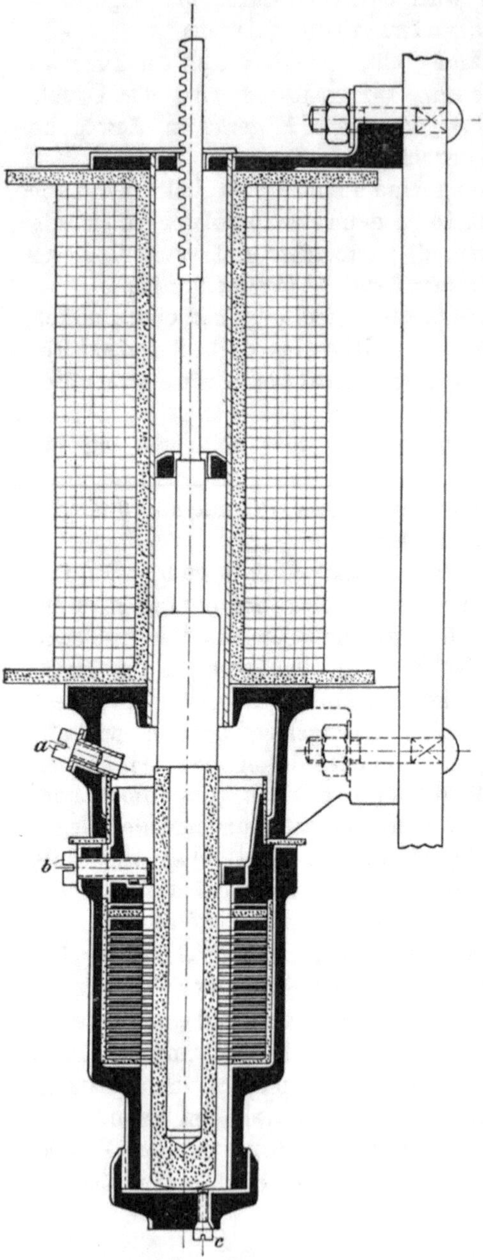

Fig. 116. Dick-Regulator.

Die bekanntesten direkt wirkenden Regulatoren sind die von Ganz & Co., Voigt & Haeffner, Blathy und Dick[1]), ferner die Regulatoren nach Tirrill, Schwaiger (S. S. W.) und Brown-Boveri.

Dick-Regulator. Dieser Regulator besteht im wesentlichen aus (Fig. 116) einem zylindrischen Gefäß, auch Kontaktgefäß genannt, das aus einer Anzahl von Eisenblechscheiben mit zwischengelegter Isolation aufgebaut ist und zur Aufnahme eines bestimmten Quantums Quecksilber dient. Die einzelnen Blechscheiben führen zu den Stufen eines Regulierwiderstandes. In das Kontaktgefäß taucht ein zylindrischer Körper aus Isoliermaterial ein, der mit einem Eisenkern verbunden ist. Auf diesen Eisenkern wirkt nun das Solenoid, das von der konstant zu haltenden Spannung gespeist wird. Sinkt die Klemmenspannung, so bewegt sich der Eisen-

[1]) Emil Dick, „Neuer selbsttätiger Spannungsregler", ETZ 1900, S. 80. — Natalis, „Die selbsttätige Regulierung der elektrischen Generatoren". Dissertation 1908.

kern nach abwärts; der damit gekuppelte zylindrische Körper verdrängt mehr Quecksilber und das Niveau des Quecksilbers wird gehoben; dadurch wird die Zahl der kurzgeschlossenen Widerstandsstufen größer. Um den veränderlichen Auftrieb des Quecksilbers auszugleichen, wird das Solenoid konisch oder treppenförmig gestaltet. Eine Dämpfung wird dadurch erreicht, daß man das obere Ende des Eisenkernes mit einem Dämpferkolben versieht.

Der Dick-Regulator ist gegen Erschütterungen verhältnismäßig unempfindlich, da der Eisenkern zum größten Teil durch den Auftrieb des Quecksilbers gehalten wird; der Apparat wird daher mit großem Erfolg bei der elektrischen Zugbeleuchtung benutzt.

Nach den für die elektromechanischen Regulatoren nötigen Einrichtungen, die wir bis jetzt kennen gelernt haben, könnte man, wie bereits früher erwähnt, vermuten, daß sich bei ihnen der Reguliervorgang langsamer abspielt als bei Kompoundierungen, bei denen keine Massenträgheit und Dämpfung einer raschen Regulierung im Wege steht. Das ist bei vielen Regulatortypen auch der Fall, besonders bei denen, die man in der Praxis „träge Regulatoren" nennt. Andererseits gibt es aber elektromechanische Regulatoren, die rascher regulieren als eine Kompoundierung, nämlich die sog. „Schnellregulatoren".

Welche Regulatoren nun als „träge" und welche als „Schnellregulatoren" zu bezeichnen sind, darüber kann man verschiedener Ansicht sein. Auch der oben angeführte Vergleich mit den Kompoundierungen ist kein eindeutiges Kriterium, da es unter den Kompoundierungen selbst wieder verschieden schnell wirkende gibt. Es sollen deshalb bei den einzelnen Regulatoren die von den betreffenden Firmen oder den Erfindern gewählten Bezeichnungen beibehalten werden.

So gelten im allgemeinen sämtliche indirekt wirkende Regulatoren als träge Regulatoren.

Von den direkt wirkenden gilt der Dicksche Regulator als Zwischenstufe zwischen trägen und Schnellregulatoren, während die im folgenden beschriebenen Regulatoren allgemein als „Schnellregulatoren" bezeichnet werden.

37. Die Schnellregulatoren.

Das langsame Regulieren vieler elektromechanischer Regulatoren ist, wie wir oben gesehen haben, durch die magnetische und mechanische Trägheit bedingt. Damit ein Regulator schnell regulieren kann, muß er besondere Einrichtungen zur Überwindung dieser zwei Trägheiten besitzen.

Bei dem Schnellregulator von Brown, Boveri & Co. wird die schädliche Wirkung der magnetischen Trägheit dadurch verringert, daß man im ersten Augenblick den Erregerwiderstand sprungweise ändert und dann das Ende des Regulierprozesses sich langsamer abspielen läßt.

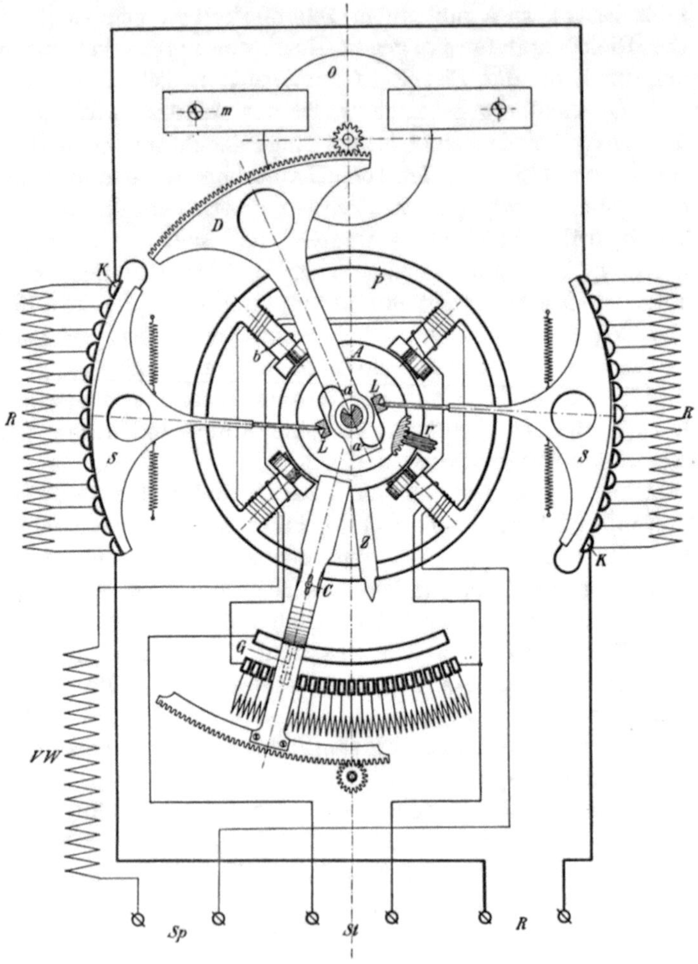

Fig. 117. Schnellregulator von Brown, Boveri & Co.

Der schädliche Einfluß der mechanischen Trägheit wird durch Verringerung der Massen und der zurückzulegenden Wege des Regulators nach Möglichkeit beseitigt.

Die Einrichtungen dieses Regulators sind aus Fig. 117 und 118 zu erkennen. Die konstant zu haltende Spannung speist die Magnete des Polrades *P*. Infolge der Wirkung der auf den Polen angebrachten Kurzschlußringe entsteht ein Drehfeld, das auf einen Aluminium-Anker *A* ein von der jeweiligen Klemmenspannung abhängiges Drehmoment ausübt. Diesem wirkt das Drehmoment der Feder *F* (Fig. 118) entgegen. Da die Spannkraft der Feder *F* mit zunehmender Verdrehung ansteigt, so wird sie durch die Zusatzfeder *f* so korrigiert, das ihr Drehmoment in jeder Stellung konstant ist und gleich demjenigen, das die konstante Klemmenspannung auf den Anker *A* in jeder Stellung ausübt. Mittels der Mikrometerschraube *r* kann die Federkraft für eine bestimmte konstante Spannung einreguliert werden.

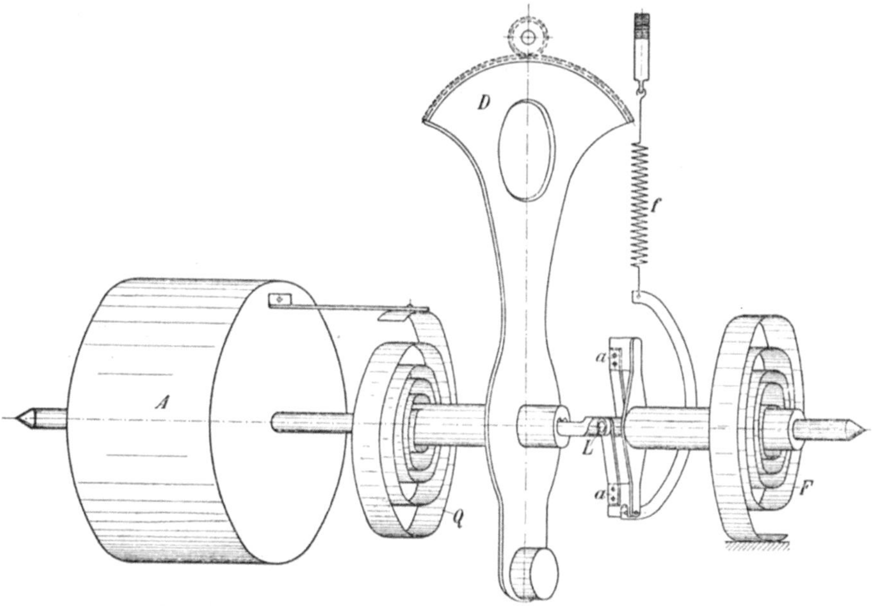

Fig. 118. Schnellregulator von Brown, Boveri & Co.

Tritt eine Spannungsänderung ein, so verdreht sich der Anker wegen der dadurch frei werdenden Kraft *W* (Verstellkraft) und somit auch die in Spitzenlagern *L* angeordneten nachgiebig aufgehängten Schaltsektoren *S*, die sich auf den im Kreise um die Ankerachse angeordneten Kontakten *K* der Widerstandsstufen *R* abwälzen können und so das Aus- und Einschalten von Widerständen im Erregerkreis bewirken.

Um eine Überregulierung und das damit verbundene Pendeln des Regulators und der Klemmenspannung zu vermeiden, ist eine Dämpfungsvorrichtung angebracht. Diese besteht aus der Aluminiumscheibe *O*, die sich zwischen den permanenten Magneten *m* drehen kann. Durch die induzierten Wirbelströme wird die Bewegung der Scheibe *O* gedämpft (Wirbelstrombremse). Die Kupplung des Ankers *A* mit der Dämpfung ist nicht starr, sondern erfolgt mittels der Feder *Q* des Dämpfersektors *D* und Zahngetriebe. Im Gleichgewichtszustande ist die Feder *Q* ungespannt, wird aber, sobald eine Netzspannungsänderung eintritt, je nach der Größe und Richtung dieser Änderung in dem einen oder anderen Sinne gespannt und zieht auf diese Weise die Dämpfung nach. Dadurch wird erreicht, daß sich der Anker und die Schaltsektoren im ersten Augenblick bei Spannungsänderungen rasch bewegen können, was nicht möglich wäre, wenn sie mit der Dämpfung starr gekuppelt wären; der Erregerwiderstand wird also im ersten Augenblicke beträchtlich geändert.

Ist erwünscht, daß die Spannung in fernliegenden Punkten (Speisepunkten) konstant sein soll, so kompoundiert man den Schnellregulator. Mit zunehmender Belastung wird also die zu regulierende Spannung zunehmen. Die Einstellung der Kompoundierung geschieht durch Verstellen des Gleitkontaktes *G*, wodurch zu der vom Stromtransformator *St* gespeisten Magnetwicklung *b* mehr oder weniger Widerstand parallel geschaltet wird. Jedem konstanten Drehmomente des Federsystems $F-f$ entspricht eine bestimmte konstante Klemmenspannung des Generators. Soll nun die Klemmenspannung mit wachsender Belastung zunehmen, so muß das Drehmoment des Federsystems $F-f$ mit steigender Belastung anwachsen, d. h. das vom Strome des Stromtransformators ausgeübte Drehmoment muß mit demjenigen des Federsystems gleichsinnig sein. Die vom Stromtransformator gespeiste Magnetwicklung *b* wird also auf den Anker ein entgegengesetztes Drehmoment ausüben, als die von der Spannung gespeiste Magnetwicklung *a*.

Durch Anbringen einer von einem Stromtransformator gespeisten Wicklung läßt sich mit allen Regulatoren eine Kompoundierung des Generators erreichen.

Tirrillregulator[1]). Fig. 119 zeigt die systematische Anordnung und die Hauptteile des Apparates. Ein Generator *G* arbeitet auf die Sammelschienen *S*, deren Spannung konstant zu halten ist. Die Erregerwicklung des Generators *G* wird von einer Erregermaschine *E* gespeist, die selbst eigen oder fremd erregt sein kann. In der Figur ist Fremderregung angenommen. Im Erregerkreis der Er-

---

[1]) Dr. G. Grossmann, „Über den selbsttätigen Spannungsregler, System Tirrill", ETZ 1907, S. 1202; Dr.-Ing. A. Schwaiger, „Das Regulierungsproblem in der Elektrotechnik", Teubner, 1909; Ders., E. und M. 1908, S. 421; M. Seidner, ETZ 1909, S. 1238.

regermaschine liegt ein Widerstand R, der vom Regulator abwechselnd kurzgeschlossen und wieder eingeschaltet werden kann.

Der Regulator besteht aus zwei Kontakthebeln f und g, die in O bzw. O' drehbar gelagert sind. Der Hebel f wird von der Spule b, die an der Ankerspannung der Erregermaschine liegt, beeinflußt, der Hebel g von einer Spule c, die an der konstant zu haltenden Netzspannung liegt. Jeder der beiden Hebel trägt einen Kontakt v, w, durch die der Widerstand R kurzgeschlossen wird, wenn sich die beiden Hebel berühren.

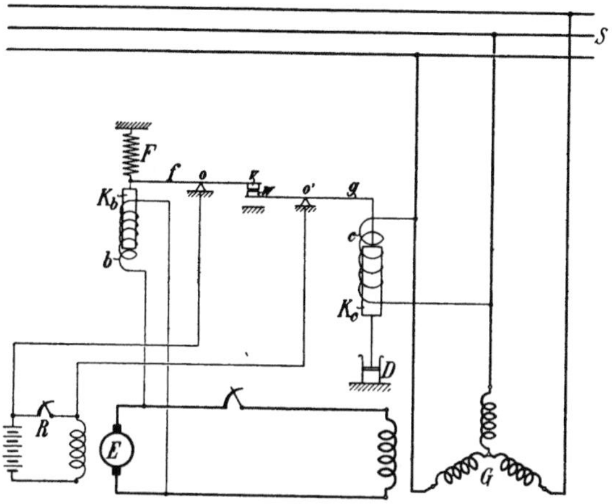

Fig. 119. Tirrillregulator.

Die Zugkraft P_b der Spule b auf den Kern K_b ist durch eine Feder F und die der Spule c (P_c) durch das Gewicht des Kernes K_c ausbalanciert. Die Bewegungen des Hebels g sind durch den Ölkatarakt D gedämpft.

Es soll nun zunächst die Bedeutung des Hebels f klargelegt werden. Es bezeichne $x = 0$ die Lage des Kernes K_b und damit des Hebels f, in der die Feder F gerade die Spannung Null besitzt. Die Zugkraft P_F der Feder F als Funktion von x ist dann: $P_F = k_1 x$; k_1 ist eine Konstante.

Die Zugkraft P_b der Spule b auf den Kern K_b in einer bestimmten Lage x ist eine Funktion der Spannung E, an der die Spule liegt, und zwar ist: $P_b = k_2 E^2$, wobei k_2 eine Konstante ist.

Es muß jetzt noch angegeben werden, nach welchem Gesetz sich die Zugkraft P_b bei **konstanter** Spannung E mit der Lage x des Kernes K_b ändert. Es werde angenommen, daß $\frac{\partial P_b}{\partial x} = 0$ ist, d. h. daß die Zugkraft P_b unabhängig von x ist, wenn E konstant ist. Das ist eine mögliche, aber keine notwendige Forderung. Jedenfalls erleichtert diese Annahme die Vorstellung über die Vorgänge.

Wenn nun die Spannung E verschiedene Werte annimmt (auf welche Weise diese verschiedenen Werte der Spannung E zustande kommen, ist vorläufig gleichgültig), dann nimmt der Kern K_b und der Hebel f ebenfalls verschiedene Lagen x ein, und zwar gehört zu jedem $E_1, E_2 \ldots E_n$ ein ganz bestimmtes $x_1, x_2 \ldots x_n$.

Wenn die Forderung $\frac{\partial P_b}{\partial x} = 0$ nicht erfüllt wäre, dann wäre der Fall möglich, daß der Kern K_b bei gleichbleibender Spannung E in mehreren Lagen x im Gleichgewichte bleibt.

Es muß nunmehr gezeigt werden, wie die Werte $E_1, E_2 \ldots E_n$ der Spannung E zustande kommen.

Es werde angenommen, daß der Hebel g in einer beliebigen Lage festgehalten wird. Diese Lage sei folgendermaßen definiert: Wenn der Hebel f so weit gedreht wird, daß sich die Kontakte beider Hebel berühren, dann nehme der Kern K_b z. B. die Lage x_1 ein.

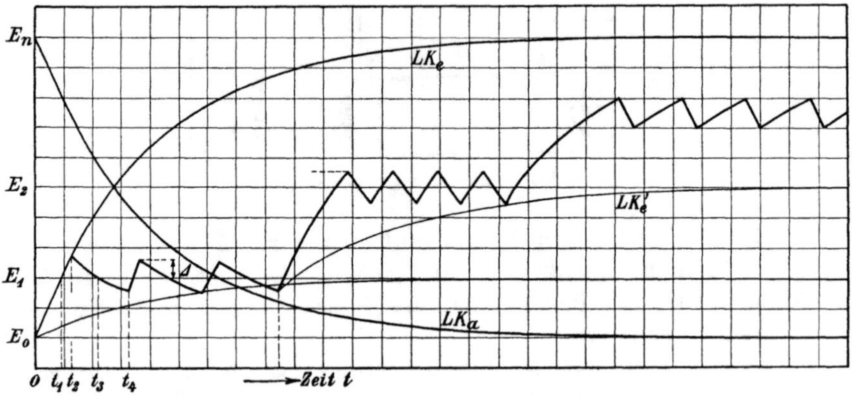

Fig. 120. Reguliervorgang beim Tirrillregulator.

Es ist nun zu überlegen, was geschieht, wenn die Erregermaschine erregt und der Apparat sich selbst überlassen wird.

Wenn der Hebel f nicht die Stellung x_1 einnimmt, sondern z. B. die Lage $x_2, x_3 \ldots x_n$ hat, dann berühren sich offenbar die beiden Hebel nicht und die Kontakte sind geöffnet. Der Widerstand R ist also eingeschaltet und es herrscht infolgedessen die Spannung E_0 (s. Fig. 120). Diese Spannung E_0 ist die niedrigste, die auftreten kann.

Um den Hebel f in einer der Lagen $x_2, x_3 \ldots x_n$ festzuhalten, wäre bekanntlich eine Spannung $E_2, E_3 \ldots E_n$ nötig, die größer ist als

E_0. Daraus erkennt man, daß der Hebel f keine der Lagen $x_2, x_3 \ldots x_n$ einnehmen oder beibehalten kann, daß er vielmehr unter dem Übergewicht der Feder F so lange im Uhrzeigersinn gedreht wird, bis er auf den Hebel g stößt, wodurch die Kontakte v, w den Widerstand R kurzschließen.

Das sei zur Zeit $t = 0$ der Fall. Die Spannung E wächst also von diesem Augenblicke an nach einem Gesetze an, das durch die Exponentialkurve $L K_e$ dargestellt ist. Der Endwert, dem die Spannung E zustrebt, sei E_n.

Zur Zeit t_1 erreicht die Spannung E den Wert E_1 und da der Hebel f bekanntlich die Stellung x_1 hat, herrscht in diesem Augenblick Gleichgewicht am Hebel f.

Die Spannung E behält aber den Wert E_1 nicht bei, sondern wächst noch weiter. Infolgedessen überwiegt von der Zeit t_1 an die Zugkraft P_b die Federspannung. Der Hebel f verläßt unter dem Einfluß dieses Übergewichts den Hebel g, wodurch der Widerstand R eingeschaltet wird.

Das ist zur Zeit t_2 der Fall; die Spannung hat dabei den Wert $E_1 + \varDelta$. Es ist ja klar, daß ein Überschuß $\varDelta$ an Spannung notwendig ist, um den Hebel f in Bewegung zu setzen, weil die Massen des Hebels samt Zubehör beschleunigt werden müssen.

Von der Zeit t_2 an fällt die Spannung nach dem zugehörigen Stück der Exponentialkurve $L K_a$ ab.

Zur Zeit t_3 ist E wieder gleich E_1. Die Spannung fällt aber noch weiter ab, da sie dem Werte E_0 zustrebt. Dadurch gewinnt die Feder F wieder das Übergewicht und bringt den Hebel f zur Berührung mit Hebel g. Das ist zur Zeit t_4 der Fall. Die Spannung E hat dabei den Wert $E_1 - \varDelta$. Der Widerstand R wird kurzgeschlossen, die Spannung wächst an und es beginnt das eben beschriebene Spiel von neuem.

Man sieht also, daß der Hebel f ähnlich wie der Hammer eines Selbstunterbrechers schwingt, während die Spannung E um den Mittelwert E_1 pulsiert. Die mittleren Kräfte am Hebel f sind im Gleichgewicht, der Hebel f äußert also keinen Druck auf den Hebel g, abgesehen vom Kontaktdruck, der sehr klein sein kann.

Es ist leicht einzusehen, daß die Spannung E_1 durch das Verhältnis der Kurzschlußdauer zur Einschaltdauer des Widerstands R bedingt ist.

Bringt man den Hebel g in eine andere Lage x_2, so muß sich nach ähnlichen Überlegungen eine mittlere Spannung E_2 einstellen (s. Fig. 120). Man erkennt, daß das eben erwähnte Verhältnis zugenommen hat. Außerdem hat sich auch die Zahl der Pulsationen pro Sekunde geändert, wie man leicht nachzählen kann.

Zeichnet man nun diese Zickzackkurven für mehrere Werte $E_{1,2\ldots n}$ auf, so findet man, daß das Verhältnis (auch Takt oder Puls genannt)

$$\frac{\text{Kurzschlußdauer des Widerstandes}}{\text{Einschaltdauer des Widerstandes}}$$

mit wachsendem E zunimmt.

Die Zahl der Pulse pro Sekunde ist bei der gleichen Spannung E von der Zeitkonstante T der Magnete und dem Unempfindlichkeitsgrad δ (Masse, Reibung) des Hebels f abhängig, und zwar wächst die Pulszahl mit abnehmendem T und δ.

Praktisch schwankt die Pulszahl über dem ganzen Regulierbereich etwa zwischen $0 \sim 6$ pro Sekunde.

An der pulsierenden Spannung der Erregermaschine liegt nach der Schaltung (Fig. 119) auch die Erregerwicklung des Generators G. Der Erregerstrom muß infolgedessen auch pulsieren bzw. den Charakter eines Wellenstromes zeigen und damit die Generatorspannung E_N. Es hat sich aber gezeigt, daß die Amplitude des Wellenstromes wegen der dämpfenden Wirkung der Induktivität der Magnete des Generators G so klein ist, daß man praktisch an der Netzspannung E_N eine Pulsation nicht mehr konstatieren kann.

Nunmehr ist die Bedeutung des Hebels g zu erklären. Der Hebel g wird, wie schon erwähnt, von der Spule c beeinflußt, die an der konstant zu haltenden Netzspannung E_N liegt. Für die Zugkraft P_c dieser Spule auf den Kern K_c gilt die notwendige Bedingung $\frac{\partial P_c}{\partial x} = 0$, d. h. bei gleichbleibender Spannung E_N ist die Zugkraft P_c unabhängig von der Lage des Kernes in der Spule.

Da verlangt wird, daß der Regulator bei jeder Belastung des Generators auf gleiche Spannung reguliert, muß die die Zugkraft P_c ausbalancierende Zugkraft in jeder Lage konstant sein, d. h. es darf keine Feder zur Ausbalancierung verwendet werden, sondern ein Gewicht. Nach der Fig. 119 ist das Gewicht des Kernes K_c selbst benützt.

Betrachtet man den Hebel g für sich allein, dann erkennt man, daß sich bei sinkender Netzspannung der Hebel g im Uhrzeigersinn dreht, und zwar auch schon bei einer kleinen Abweichung von E_n bis zum Anschlag, der den Hub begrenzt. Und umgekehrt: Wenn die Netzspannung auch nur um einen kleinen Betrag den Wert E_n übersteigt, dreht sich der Hebel an den anderen Anschlag. Der Hebel g ist also nur bei der Spannung E_n im Gleichgewicht, und zwar dann in jeder Lage.

Es soll nunmehr der Apparat in seiner Gesamtheit betrachtet werden.

Die Netzspannung sei normal, der Mittelwert der Erregerspannung sei E_1, der Hebel f vollführe die bekannten Vibrationen auf dem Hebel g und das ganze System habe die Lage x_1.

Wenn nun die Netzspannung aus irgend einem Grunde sinkt, dann nimmt auch die Zugkraft P_c ab, so daß das Kerngewicht überwiegt und den Hebel c im Uhrzeigersinne dreht.

Dadurch wird auch der Hebel f mitgenommen, und weil die Kontakte nun zur dauernden Berührung kommen, wird der Widerstand R kurzgeschlossen, was ein Ansteigen der Erregerspannung E und damit der Netzspannung E_N zur Folge hat.

Sobald die Netzspannung E_N ihren normalen Wert wieder angenommen hat, ist der Hebel g wieder im Gleichgewicht und bleibt stehen.

Sobald aber der Hebel g stehen bleibt, beginnt der Hebel f sofort wieder sein vibrierendes Spiel. Dabei herrscht z. B. die Erregerspannung E_2, die so groß sei, daß sie gerade den Spannungsabfall kompensieren kann. Das ganze System hat dabei die Lage x_2 und ist wieder im Gleichgewicht.

Ist eine Spannungserhöhung auszuregulieren, so geht der Vorgang im entgegengesetzten Sinne vor sich.

Damit ist gezeigt, daß der Apparat in allen Lagen im Gleichgewichte sein kann.

Es ist noch zu erwähnen, inwiefern diese Anordnung tatsächlich eine Schnellregulierung in dem zu Anfange definierten Sinne darstellt.

1. Es geht aus dem Vorhergehenden hervor, daß der Hebel g nur einen minimalen Weg zurückzulegen braucht, damit sofort der ganze Widerstand R kurzgeschlossen wird. Denn sobald sich Hebel g nur minimal im Uhrzeigersinn dreht, trifft er sofort den Hebel f, der bisher schon auf ihm vibriert hat, wodurch sofort ein nach Bedarf langes Schließen der Kontakte bewirkt wird. Wie sich die beiden Hebel schließlich weiter bewegen ist vorläufig gleichgültig, wenn sie nur in Berührung bleiben.

2. Aus Fig. 120 ist der Übergang vom Werte $E_1 - \Delta$ auf E_2 ersichtlich. Würde man die Erregerspannung der Erregermaschine gerade um so viel erhöhen, daß sich die Spannung E_2 einstellt, dann würde die Spannung E etwa nach der Kurve LK_e' anwachsen. Man sieht schon, um wie viel schneller sich bei der getroffenen Einrichtung die Spannung E_2 einstellt.

Schwaiger-(Siemens-Schuckertwerke-)Regulator[1]). Dieser ist in Fig. 121 schematisch dargestellt.

Vom Tirrillregulator unterscheidet er sich hauptsächlich dadurch, daß er nur einen einzigen beweglichen Kontakt besitzt, während der Gegenkontakt feststeht.

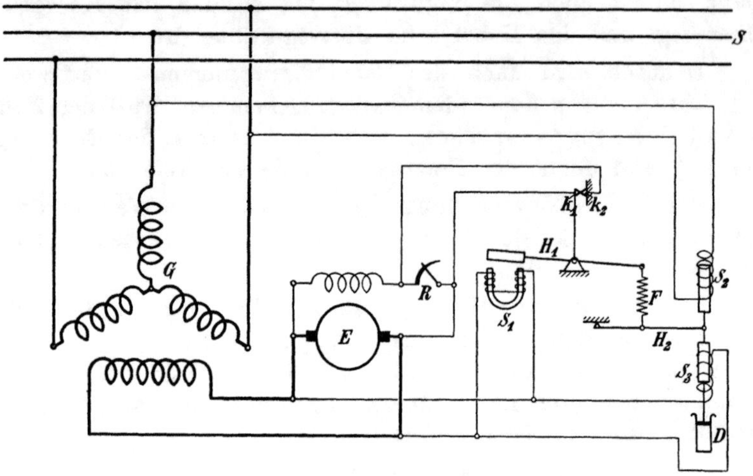

Fig. 121. Schwaiger-(Siemens-Schuckertwerke-)Regulator.

Der Hebel H_1 ist hier dreiarmig und trägt den beweglichen Kontakt k_1. Der Anker des Magneten S_1 vibriert und bewirkt das Kurzschließen und Einschalten des Regulierwiderstandes R. Die Feder F spielt hier dieselbe Rolle wie beim Tirrillregulator. Der frühere feste Punkt der Feder ist am Hebel H_2 angebracht. Tritt eine Spannungsschwankung ein, so ändert der Hebel H_2 seine Lage; damit ändert sich auch die Federspannung. Wie wir früher gesehen haben, kommt es nur auf diese letztere an. Die mittleren Zugkräfte der Spulen S_1 und S_3 sind einander gleich. Die Schwingungen des Hebelarmes H_1 übertragen sich jedoch nicht auf den Arm H_2 und die Kerne der Spulen S_2 und S_3, da an dem Arm H_2 eine Dämpfung angebracht ist.

Die neueste (von Dipl.-Ing. F. Netzsch angegebene) Ausführung des Schwaiger-Regulators ist in Fig. 122 dargestellt. Die beiden Spulen S_1 und S_3 sind zu einer einzigen vereinigt, ebenso die beiden Kerne.

---

[1]) Fr. Natalis, „Die selbsttätige Regulierung der elektrischen Maschinen". Dissertation.

Diese Anordnung besitzt der ersteren gegenüber den Vorteil, daß die Ausbalancierung zwischen den Zugkräften der Spulen S_1 und S_2 wegfällt.

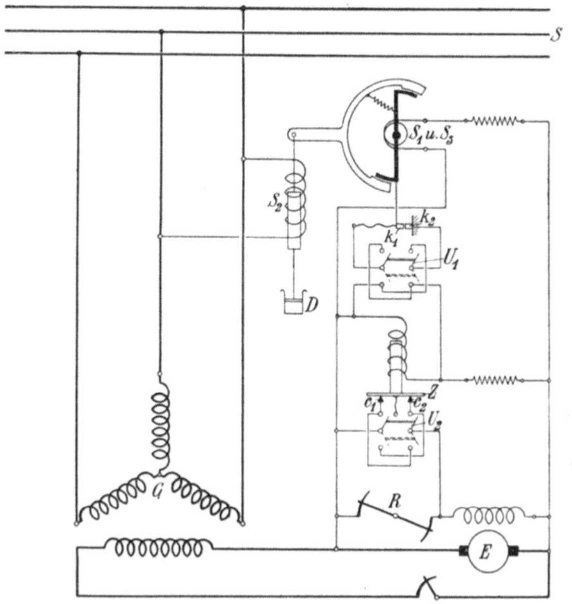

Fig. 122. Schnellregulator der S.-S.-W nach Dipl.-Ing. F. Netzsch.

Sowohl bei dem Regulator der S. S. W. wie bei dem Tirrill-Regulator ist die Anordnung so gewählt, daß die Kontakte k_1 und k_2 (v und w in Fig. 119) zunächst auf ein Zwischenrelais Z einwirken und erst dieses das Kurzschließen und Einschalten des Regulierwiderstandes R bewirkt. Die Kontakte des Zwischenrelais C_1 und C_2 sind kräftiger ausgebildet, da sie die Energie des Erregerkreises ein- und auszuschalten haben. Parallel zu den Kontakten C_1 und C_2 werden gewöhnlich Kondensatoren gelegt, um das Auftreten schädlicher Funken zu verhindern. Mittels der Umschalter U_1 und U_2 kann man die Stromrichtung an den Kontakten k_1 und k_2 bzw. C_1 und C_2 ändern; dadurch wird eine ungleichmäßige Abnutzung der Kontaktstellen verhindert.

38. Einteilung der Kompoundierungsanordnungen.

Die verschiedenen Kompoundierungsanordnungen teilen wir in drei Hauptgruppen ein, die folgenderweise charakterisiert werden können:

A. Die Kompoundierung ist mit Selbsterregung vereinigt. Der

für die Selbsterregung und Kompoundierung nötige Strom wird mittels Transformatoren dem Generator entnommen und umgeformt.

Die Umformung in Gleichstrom kann geschehen

a) mittels synchron rotierenden Kommutators,
b) mittels rotierender Umformer,
c) durch Anwendung spezieller Erregermaschinen (Boucherot, Hutin-Leblanc),
d) mittels ruhender Gleichrichter.

B. Zur Kompoundierung wird die Ankerrückwirkung selbst benutzt. Dieses Prinzip wurde zuerst von A. Blondel im Jahre 1896 vorgeschlagen. Bei Anwendung dieser Kompoundierungsanordnungen werden die Generatoren von normalen Gleichstrommaschinen erregt. Die Ausnutzung der Ankerrückwirkung geschieht

a) durch Einführung des transformierten Generatorstromes in die Ankerwicklung der Erregermaschine, oder
b) durch besondere konstruktive Ausbildung der Generatorpole.

C. Die Kompoundierung wird dadurch erreicht, daß man den transformierten Generatorstrom mittels besonderer elektrischer, magnetischer oder kalorischer Einrichtungen auf die Erregermaschine einwirken läßt.

Wir wollen der Beschreibung der verschiedenen Kompoundierungsanordnungen der Gruppe A einiges über den Serien-Nebenschlußtransformator (Kompoundtransformator), der zur Erzeugung des für die Kompoundierung und Selbsterregung benötigten Wechselstromes dient, vorausschicken.

39. Der Kompoundtransformator.

Wir haben gesehen (S. 123), daß der Erregerstrom einer Wechselstrommaschine, um die Klemmenspannung konstant zu halten, nach dem Gesetz

$$i_{eb} = a P \cos \Theta + B J \sin(\psi + \beta)$$

geändert werden muß. Will man diesen Erregerstrom durch Kommutation von Wechselstrom erhalten, so muß man eine ihm proportionale Wechselspannung erzeugen. Hierzu werden gewöhnlich zwei Transformatoren, ein Nebenschlußtransformator und ein Hauptschlußtransformator benützt. Die Sekundärwicklungen werden gewöhnlich in Serie geschaltet. Damit der Strom in den Sekundärwicklungen nicht durch den Hauptschlußtransformator allein bestimmt sei, wird dieser mit verhältnismäßig großem magnetischen Widerstande gebaut; er erhält dadurch gewissermaßen die Eigenschaften eines Spannungstransformators.

In Fig. 123 ist die Schaltung beider Transformatoren für die Kompoundierungsanordnung eines Dreiphasengenerators dargestellt. Die Sammelschienen oder die drei Leitungen des Netzes sind mit L bezeichnet. A_I, A_{II} und A_{III} bezeichnen die Ankerwicklung des Dreiphasengenerators G. Im Hauptschluß mit dieser sind die Primärwicklungen des Hauptschlußtransformators HT_I, HT_{II} und HT_{III} geschaltet. Parallel zu den Primärwicklungen liegen drei Widerstände R_I, R_{II} und R_{III} zur Regulierung der Größe und Phase des Primärstromes im Hauptschlußtransformator. In Nebenschluß zu den Sammelschienen werden die Primärwicklungen des Nebenschlußtransformators NT_I, NT_{II} und NT_{III} gelegt. Die Sekundärwicklungen des Hauptschluß transformators und die des Nebenschlußtransformators sind hintereinandergeschaltet. Die drei Leitungen U führen zu einer der später zu besprechenden Anordnungen zur Umformung des Wechselstromes in Gleichstrom.

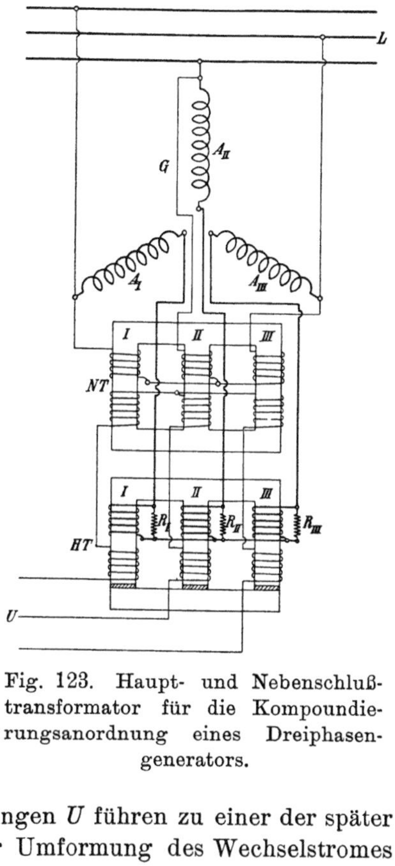

Fig. 123. Haupt- und Nebenschlußtransformator für die Kompoundierungsanordnung eines Dreiphasengenerators.

Die gesamte im Erregerkreise induzierte EMK läßt sich aus Fig. 124 erkennen. E ist der EMK-Vektor, P der Vektor der Klemmenspannung und J der Stromvektor des Generators. Die in den beiden Sekundärwicklungen des Haupt- und Nebenschlußtransformators induzierten EMKe sind E_H und E_N. E_N ist in Phase mit P und E_H senkrecht zum Vektor J. Die Resultierende der beiden Vektoren E_N und E_H ist $\overline{OQ_e'}$. Es ist nun möglich diese Spannung $\overline{OQ_e'}$ der-

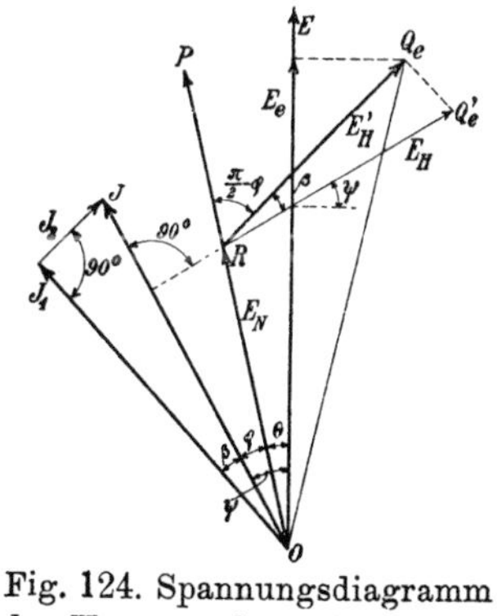

Fig. 124. Spannungsdiagramm des Kompoundtransformators.

art gleichzurichten, daß die Gleichspannung proportional der Projektion des Vektors $\overline{OQ_e}'$ auf irgendeine feste Achse wird. Wählt man als feste Achse die Richtung des EMK-Vektors $\overline{OE}$ des Generators, d. h. hier die Ordinatenachse, so wird die gleichgerichtete Erregerspannung proportional der Projektion von $\overline{OQ_e}'$ auf die Ordinatenachse. Diese Projektion ist gleich der Summe der Projektionen der beiden EMKe E_N und E_H auf die Ordinatenachse, also gleich

$$a_1 P \cos \Theta + B_1 J \sin \psi.$$

Schalten wir einen passenden Widerstand parallel zur Primärwicklung des Hauptschlußtransformators, so wird ein Teil J_2 des Hauptstromes durch diesen fließen und der übrige Teil J_1 durch die Primärwicklung. Diese beiden Stromkomponenten stehen fast senkrecht aufeinander, so daß J_1 in der Phase gegen J verspätet ist. Der Verspätungswinkel β hängt von dem parallel geschalteten Widerstand ab und läßt sich mit diesem regulieren.

Die in der Sekundärwicklung des Hauptschlußtransformators induzierte EMK E_H dreht sich somit auch um den Winkel β in die Lage E'_H und wir erhalten (Fig. 124) als Summe der Projektionen der beiden EMKe E_N und E'_H auf die Ordinatenachse

$$E_e = a_1 P \cos \Theta + B_1 J \sin (\psi + \beta),$$

d. h. eine EMK, der der erforderliche Erregerstrom i_{eb} proportional ist. Da die Impedanz des aus den Sekundärwicklungen der beiden Transformatoren und der Magnetwicklung bestehenden Erregerstromkreises konstant ist, so wird diese EMK einen Strom erzeugen, der, nachdem er gleichgerichtet ist, den gewünschten Erregerstrom i_{eb} liefert.

Anstatt Widerstände R parallel zu schalten, kann man, um den Strom J_1 in der Phase gegenüber dem totalen Strom J zu verschieben, auch die Primär- und Sekundärwicklungen des Hauptschlußtransformators auf dem Stator bzw. Rotor eines stillstehenden asynchronen Motors anordnen und durch richtige Einstellung dieser beiden relativ zueinander jeden gewünschten Winkel β erreichen.

Bei Anordnung der Wicklungen auf einem Stator und Rotor ändert man den Widerstand des magnetischen Kreises, indem man den Rotor in axialer Richtung verschiebt.

Statt einen besonderen Nebenschlußtransformator auszuführen, kann man auch eine Hilfswicklung H auf dem Generator G anordnen, wie Fig. 125 zeigt. Um auch die Hilfswicklung zu sparen, kann man, wie von P. Boucherot vorgeschlagen, einen Teil der Hauptwicklung als Hilfswicklung benutzen (Fig. 126). Die Anzapfungen werden derart gewählt, daß die Spannung von diesen

Punkten bis zum neutralen Punkt des Generators gleich der erforderlichen Nebenschlußspannung ist.

Statt die Sekundärwicklungen des Haupt- und Nebenschlußtransformators in Serie zu schalten und mit einem Gleichrichter zu verbinden, könnte man auch die Sekundärwicklungen der beiden Transformatoren je für sich durch einen Gleichrichter mit zugehöriger Feldwicklung schließen.

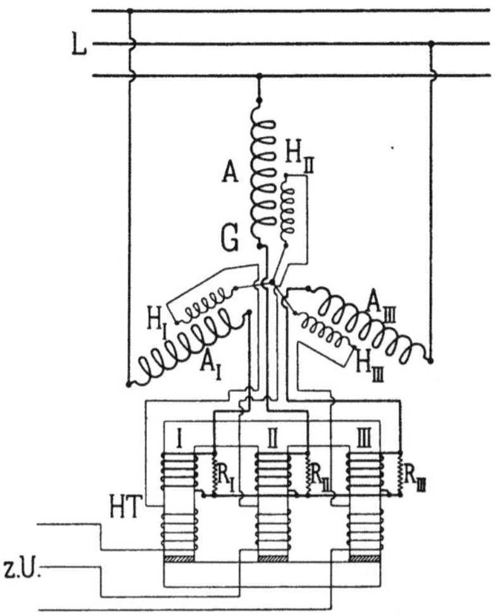

Fig. 125. Kompoundierungsanordnung für einen Dreiphasengenerator mit Hauptschlußtransformator und Hilfswicklung auf der Generatorarmatur.

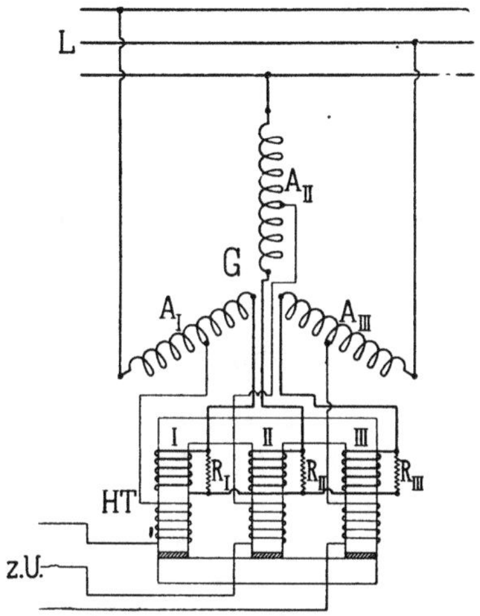

Fig. 126. Kompoundierungsanordnung für einen Dreiphasengenerator mit Hauptschlußtransformator und Abzweigung von der Hauptwicklung.

Diese Anordnung ist aber komplizierter und dürfte deswegen keine Verwendung finden. Unter Umständen kann es dagegen von Vorteil sein, besonders bei bestehenden Anlagen, auf die Feldwicklung außer der von einer fremden Stromquelle erzeugten Spannung auch eine gleichgerichtete und mit dem Belastungsstrome proportionale Spannung einwirken zu lassen. Man braucht in diesem Falle nur einen Hauptschlußtransformator, während der Nebenschlußtransformator durch die fremde Stromquelle ersetzt ist.

Die Einstellung der Kompoundierung erfolgt wie folgt: Bei Leerlauf, wo der EMK-Vektor E und der Spannungsvektor P der Wechselstrommaschine zusammenfallen, darf die Erregerspannung zwischen den Bürsten des Gleichrichters nur von der Amplitude des Vektors $\overline{OQ_e}$, der in diesem Falle in $\overline{OR}$ übergeht (Fig. 124) abhängen. Die Bürsten sind bei Leerlauf deswegen so einzustellen, daß man bei einer und derselben Wechsel-

EMK $\overline{OQ_e}$ die größtmögliche Spannung an der Gleichstromseite erhält. Werden die Bürsten so eingestellt, so wird die Erregerspannung an der Gleichstromseite bei jeder Belastung proportional der Projektion des Vektors $\overline{OQ_e}$ auf dem EMK-Vektor des Generators werden. Hierauf wird noch bei Leerlauf die normale Spannung entweder durch passende Wahl des Übersetzungsverhältnisses im Nebenschlußtransformator oder durch Änderung des magnetischen Widerstandes des Hauptschlußtransformators einreguliert. Die Windungszahl der Primärwicklung des Hauptschlußtransformators wird bei rein induktiver Belastung einreguliert. Die zu den Primärwicklungen des Hauptschlußtransformators parallel geschalteten Widerstände R_I, R_{II} und R_{III} werden dagegen bei möglichst induktionsfreier Belastung eingestellt, weil bei dieser Belastungsart die Widerstände den größten Einfluß auf die Erregerspannung haben.

40. Kommutatoren zum Gleichrichten des Erregerstromes.

Die ersten Gleichrichter dieser Art wurden Anfang der neunziger Jahre für Einphasenmaschinen von der Firma Ganz & Co. ausgeführt. Corsepius[1]) und die General Electric Company haben diese Kompoundierungsmethode auf Mehrphasensysteme übertragen. Im Jahre 1903 gab A. Heyland[2]) eine verbesserte Anordnung an. Er führt seinen Kommutator mit mehreren Lamellen pro Pol und Phase aus und schaltete bei mehrpoligen Maschinen die Wicklungen der einzelnen Pole bzw. der einzelnen Polgruppen parallel[3]). Dadurch werden bessere Kommutierungsverhältnisse erreicht.

E. F. Alexanderson[4]) erreichte eine befriedigende Kommutierung ohne die Feldwicklung, wie es Heyland tat, zu unterteilen. Fig. 127 zeigt die Anordnung für einen Dreiphasengenerator. Statt eines Spannungstransformators verwendet Alexanderson eine Hilfswicklung *HW*, die in den Nuten des Generators untergebracht und mit den Sekundärspulen des Stromtransformators *HT* in Reihe geschaltet ist. Die drei anderen Enden der Hilfswicklung sind an drei auf einem zweiteiligen Kommutator schleifende Bürsten angeschlossen. Die Feldwicklung *GF* des Generators liegt zwischen beiden Segmenten, ferner ist ein Dreiphasenwiderstand *R* als Nebenschluß zwischen *HW* und *HT* eingeschaltet.

---

1) D. R. P. 132439.

2) A. Heyland, ETZ 1903, Heft 45; E. Kolben, ETZ 1903, Heft 41.

3) A. Heyland, Transactions of the international electrical congress, St. Louis 1904.

4) Proc. Amer. Inst. Electr. Eng. 1906, S. 29.

Die Hilfswicklung ist auf dem Anker so angebracht, daß die in ihr induzierten EMKe um 90° den EMKen, die in den entsprechenden Phasen der Ankerwicklung induziert werden, nacheilen. Für induktionsfreie Belastung sind somit die Sekundärströme des Stromtransformators *HT* um 90° gegen die Ströme, die von den in den Hilfswicklungen induzierten EMKen herrühren, verschoben. Bei induktiver Belastung nimmt die Phasenverschiebung zwischen diesen Strömen ab, der kommutierte Strom wird daher größer, und zwar um so mehr, je induktiver die Belastung ist; das ist für eine richtige Kompoundierung auch nötig.

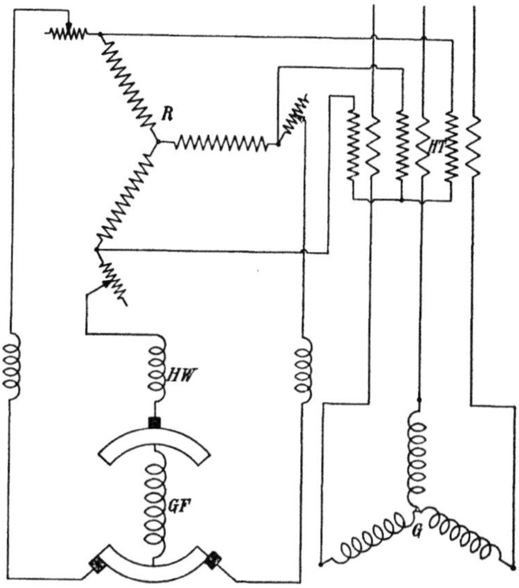

Fig. 127. Kompoundierungsanordnung von Alexanderson.

Die Anordnung ist so gewählt, daß jeweils zwei Bürsten eine gewisse Zeit auf einem und demselben Segment stehen. Dadurch entsteht ein Ausgleichstrom zwischen diesen Bürsten über den Widerstand *R*. Stellt man die Bürsten so ein, daß in dem Moment, in dem die Bürste abläuft, der Ausgleichstrom gleich und entgegengesetzt ist dem, den die betreffende Bürste sonst liefern würde, so ist der Gesamtstrom gleich Null und die Kommutation verläuft funkenfrei.

Die Kompoundierungsanordnungen mit rotierendem Kommutator haben keine Verbreitung gefunden. Die funkenfreie Kommutation ist bei diesen Anordnungen labil, d. h. sie ist nur bei einer ganz bestimmten Bürstenstellung möglich. Die Leistungen der Transformatoren und die Verluste in den Widerständen sind groß. Außerdem werden bei vielpoligen Maschinen auch die Kommutatoren groß, besonders bei der Anordnung von Heyland.

41. Umformer zum Gleichrichten des Erregerstromes.

Freilaufender Umformer. Führt man dem Umformer eine Wechselspannung zu, so erhält man zwischen den Kommutatorbürsten eine Gleichspannung, die der Wechselspannung direkt proportional ist.

Werden nun die Kommutatorbürsten durch die Feldwicklungen des Generators und des Umformers, die konstante Widerstände haben, geschlossen, so werden in diesen Wicklungen Ströme fließen, die der Wechselspannung des Umformers proportional sind. Hierbei ist es gleichgültig, ob die Feldwicklungen vom Umformer und Generator in Serie oder parallel geschaltet sind. Der von dem frei rotierenden Umformer aufgenommene Wattstrom ist somit direkt proportional der Spannung der Wechselstromseite, wenn der Belastungswiderstand der Gleichstromseite konstant gehalten wird.

Anders verhält es sich mit dem wattlosen Strom; dieser ist außer von der Wechselspannung auch noch von der Erregung und der Sättigung des Umformers abhängig. Da die Gleichspannung proportional der Wechselspannung ist, ist die Erregung des Umformers auch proportional der Wechselspannung, und da ferner der wattlose Strom gleich

$$J_{wl} \cong \frac{E - P}{x_2}$$

ist, so ist dieser so lange proportional der Wechselspannung, als die Reaktanz des Umformers x_2 konstant ist. Dies ist der Fall, wenn man auf dem unteren geradlinigen Teil der Charakteristik des Umformers arbeitet, wo derselbe noch nicht gesättigt ist.

Wird der Umformer aus diesem Grunde nicht gesättigt, so nimmt er sowohl einen wattlosen Strom wie einen Wattstrom auf, die beide der Wechselspannung proportional sind. Der Umformer und die beiden Erregerwicklungen lassen sich in diesem Falle als eine konstante Impedanz betrachten und die Erregung der Wechselstrommaschine wird für jede Belastung proportional dem EMK-Vektor $\overline{OQ_e}$ (Fig. 124). Da sie jedoch theoretisch nur proportional der Projektion von $\overline{OQ_e}$ auf dem EMK-Vektor sein soll, so wird sie bei einzelnen Belastungen etwas zu groß. Die Differenz zwischen $\overline{OQ_e}$ und seiner Projektion ist jedoch klein, weil $\overline{OQ_e}$ selten einen Winkel, der größer als 15^0 ist, mit dem EMK-Vektor E einschließt. Diese Anordnung zur Kompoundierung, die aus einem Kompoundtransformator und einem frei rotierenden Umformer besteht, ist im deutschen Reichspatent 129552 beschrieben.

Diese Anordnung hat aber den Nachteil, daß der Umformer leicht pendelt und bei Kurzschlüssen im Netz außer Tritt fällt. Ferner muß man zur Inbetriebsetzung einer derartigen Anordnung, wenn keine weitere Wechselstrom- oder Gleichstrom-Energiequelle vorhanden ist, den Umformer mit einem Hilfsmotor anlassen.

Mechanisch gekuppelter Umformer. Würde man, um das Außertrittfallen zu vermeiden, den Umformer mit dem Generator mechanisch kuppeln[1]), so hätte der Vektor der im Umformer induzierten Wechselspannung eine feste Lage relativ zum Vektor E der Fig. 124, und da die Lage des Vektors $\overline{O Q_e}$ sich mit der Belastung ändert, so würde $\overline{O Q_e}$ im allgemeinen nicht mit dem Vektor der im Umformer induzierten EMK zusammenfallen und es müßte daher zwischen Umformer und Generator Energie übertragen werden; der Umformer würde von dem Generator Ströme aufnehmen, die mit der Wechselspannung des Umformers nicht proportional sind und deswegen eine Kompoundierung unmöglich machen.

Freilaufender Umformer mit Sicherung gegen Außertrittfallen. Ordnet man dagegen nach dem Vorschlag der Verfasser den Umformer auf der Generatorwelle W frei beweglich an, wie in Fig. 128 gezeigt ist (was z. B. mit Kugellagern zwischen Anker und Welle vollkommen erreicht wird), so wird er nur im Falle des Außertrittfallens von dem Keil k mitgenommen. Dadurch ist die Schwierigkeit des Inbetriebsetzens ebenfalls beseitigt.

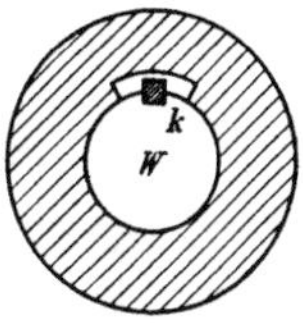

Fig. 128.

Drehfeldumformer. Um bei mechanischer Kupplung zwischen Umformer und Generator eine Energieübertragung zwischen den beiden Maschinen zu vermeiden, schlagen die Verfasser zur Umformung des Wechselstromes in Gleichstrom ferner einen Drehfeldumformer vor. Derselbe besteht aus einem gewöhnlichen Umformeranker mit Kommutator, der von einem Statoreisen ohne Gleichstromerregung und ohne körperliche Pole umgeben wird, und der synchron mit der Hauptmaschine von dessen Welle aus mechanisch angetrieben wird. Die Felderregung eines solchen Umformers erfolgt also allein durch wattlose Ströme vom Anker aus. Bei einer derartigen Anordnung macht die Kommutation Schwierigkeit. Wenn man aber geeignete Wicklungen, wie z. B. mehrfach geschlossene Wicklungen, auf dem Anker anwendet, und den Kommutator reichlich dimensioniert, so ist es möglich, eine funkenfreie Kommutation zu erreichen. Durch Anordnung von Dämpferwicklungen auf dem Statoreisen in der Kommutierungszone werden außerdem alle Feldpulsationen, herrührend von inneren Strömen der kurzgeschlossenen Spulen, abgedämpft.

Bei Anwendung eines Drehfeldumformers erhält man die Projektion von $\overline{O Q_e}$ als umzuformende Wechselspannung.

Ein Drehfeldumformer kann in verschiedener Weise zur Kompoundierung eines Wechselstromgenerators verwendet werden.

---

[1]) Schweiz. Patent 18484.

1. In Verbindung mit einem Kompoundtransformator. In diesem Falle erhält man direkt den erforderlichen Erregerstrom.

2. In Verbindung mit einem Stromtransformator und in Reihe geschaltet mit einer Erregermaschine. — In diesem Falle liefert der Drehfeldumformer von dem erforderlichen Erregerstrome

$$i_{eb} = a P \cos\Theta + B J \sin(\psi + \beta)$$

nur die Komponente $BJ\sin(\psi+\beta)$, während der annähernd konstante Teil $aP\cos\Theta$ einer besonderen Erregermaschine mit Fremd- oder Doppelschlußerregung, deren Anker mit dem Anker des Drehfeldumformers in Reihe geschaltet ist, entnommen wird. Beide zusammen liefern dann den erforderlichen Erregerstrom i_{eb}.

3. In Verbindung mit einem Stromtransformator zur Erregung der Erregermaschine. — Ist die Erregerleistung groß, so würde bei obigen Anordnungen der Drehfeldumformer groß ausfallen. In einem solchen Falle kann man den Strom des Drehfeldumformers zur Erregung der Erregermaschine benutzen und erst von letzterer aus den Generator erregen. Die Erregermaschine erhält somit zwei oder drei Feldwicklungen, nämlich außer der genannten Wicklung noch eine Nebenschlußwicklung und ev. noch eine Hauptschlußwicklung.

Einige weitere Anordnungen ergeben sich, wenn wir den Drehfeldumformer (zweipolig gedacht) mit vier um 90° versetzten Bürsten versehen. Nach S. 121 ist nämlich

$$i_{eb} = i_{e0} + i_w + i_{wl}.$$

Der variable Teil des Erregerstromes kann somit als die Summe zweier Ströme betrachtet werden, von denen einer (i_w) vom Wattstrome und der andere (i_{wl}) vom wattlosen Strome bedingt ist. Es ist nun möglich, diese Ströme i_w und i_{wl} einzeln dem Drehfeldumformer zu entnehmen, indem man den Anker des Umformers mit zwei Wicklungen und zwei Kommutatoren versieht, von denen der eine den Strom i_w, der andere den Strom i_{wl} liefert, oder indem man, wenn nur eine Ankerwicklung vorhanden ist, zwei um 90° verschobene Bürstenpaare anbringt. Letztere Anordnung ist in Fig. 129 dargestellt. Eine Bürstenachse ist in beiden Fällen senkrecht zum Feld des Wattstromes und die andere Bürstenachse senkrecht zum Feld des wattlosen Stromes. — Um die Kommutation zu unterstützen, können Wendepole angebracht werden. — Es ergeben sich nun folgende weitere Anordnungen:

4. Man schaltet die beiden Anker des Drehfeldumformers mit dem Anker einer Erregermaschine, die den konstanten Strom i_{e0} liefert, hintereinander in den Erregerkreis des Generators.

5. Man schaltet die beiden Anker des Drehfeldumformers hintereinander und erregt damit das Feld einer Erregermaschine, die außerdem eine Nebenschluß- oder eine Doppelschlußerregung erhält.

6. Wenn der Drehfeldumformer einen Anker mit einfacher Wicklung besitzt, führt jedes Bürstenpaar zu einer besonderen Feldwicklung der Erregermaschine. Dieser Fall ist in Fig. 129 dargestellt.

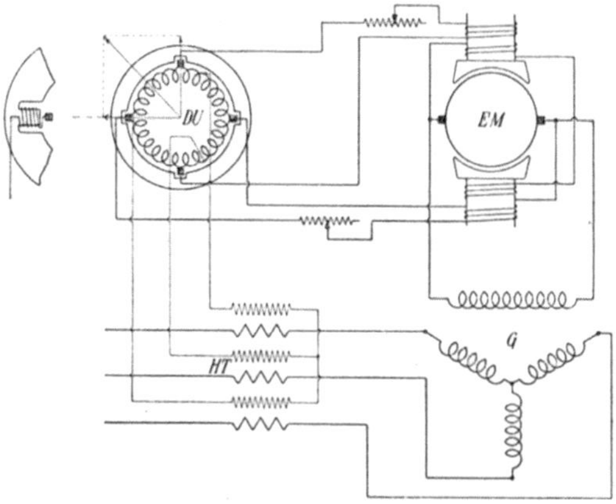

Fig. 129. Drehfeldumformer mit zwei um 90° versetzten Bürstenpaaren.

Wird der Drehfeldumformer mit einer Feldwicklung versehen, so kann in dessen Anker direkt der konstante Teil des Erregerstromes induziert werden. Man gelangt auf diese Weise zu den im Abschnitt 42 beschriebenen Anordnungen, die sich auf die oben angegebenen Arten variieren lassen.

Bei Einphasenmaschinen erzeugt die Wechselspannung im Umformer kein Drehfeld, sondern ein Wechselfeld. Dieses Feld können wir in zwei Drehfelder, ein synchron- und ein inversrotierendes zerlegt denken. Das erste dient zur Erzeugung der Gleichspannung, während das letztere nur zu Feldpulsationen Anlaß gibt. Man schwächt deswegen das inverse Drehfeld so gut wie möglich, was am besten durch eine auf dem Statoreisen angeordnete Kurzschlußwicklung (Amortisseur) geschieht.

Soll die Polzahl des Umformers kleiner als die der Wechselstrommaschine sein, so empfiehlt es sich, als mechanische Kupplung zwischen Wechselstrommaschine und Umformer eine Schnecke mit Schneckenrad, ein Centrator-Getriebe oder ein Grisson-Getriebe anzuwenden. Da durch die mechanische Kupplung nur so viel Leistung als für die Reibungsarbeit des Umformers nötig ist, übertragen wird, so kann sie selbst für größere Übersetzungsverhältnisse ausgeführt werden.

Die Verwendung von zwei freilaufenden Umformern[1]), wobei dem einen proportional der Klemmenspannung, dem anderen proportional dem Strome des Generators Leistung zugeführt wird, ist wegen der Verteuerung und wegen der Verkleinerung der Betriebssicherheit infolge der Komplikation nicht zu empfehlen.

42. Spezielle Erregermaschinen.

Kompoundierungsanordnung von P. Boucherot. Der Gleichrichter von Boucherot ist ganz eigenartig ausgebildet. Er wird durch den vom Kompoundtransformator gelieferten Strom erregt und besitzt somit als induzierendes Feld ein Wechsel- oder Drehfeld. Der relativ zu diesem Drehfelde mit einer bestimmten Winkelgeschwindigkeit rotierende induzierte Teil besitzt zwei Spulensysteme, bei denen die Windungszahl der einzelnen Spulen in Abhängigkeit von ihrer Lage am Rotorumfange nach einer Sinusfunktion variiert. Von diesen beiden Wicklungen werden immer zwei solche Spulen, in denen EMKe induziert werden, die um 90^0 gegeneinander verschoben sind, gegeneinander geschaltet und mit zwei benachbarten Lamellen des Kommutators verbunden. Wie Boucherot mathematisch nachgewiesen hat[2]), ist die Spannung zwischen den Bürsten am Kommutator eine Gleichspannung, die in jedem Momente annähernd gleich

$$a_1 P \cos \Theta + B_1 J \sin (\psi + \beta)$$

ist, somit der Generatorerregerstrom

$$i_{eb} = a P \cos \Theta + B J \sin (\psi + \beta).$$

Kompoundierungsanordnung von Hutin und Leblanc. Bei dieser Kompoundierungsanordnung ist der Kompoundtransformator und die Umformungsanordnung in einer besonderen Maschine vereinigt. In Fig. 130 ist die Anordnung schematisch dargestellt. Auf zwei aus lamelliertem Eisen bestehenden Ringen A und B sind zwei den Primärwicklungen des Kompoundtransformators entsprechenden Wicklungen S_1 und S_2 aufgebracht. S_1 entspricht der Primärwicklung des Nebenschlußtransformators und liegt parallel zu den Generatorklemmen, S_2 entspricht der Primärwicklung des Hauptschlußtransformators und wird vom Generatorstrome durchflossen. Die beiden Wicklungen S_1 und S_2 umgibt eine Wicklung S_3, die wie eine gewöhnliche Gleichstromwicklung mit einem Kommutator

1) E. Roth, „L'Eclairage Electrique" 1906.

2) Boucherot, Bulletin de la Société intern. des Electriciens, 1902, S. 446.

verbunden ist. Die Ringe A und B ebenso wie der Kommutator werden synchron mit dem Generator angetrieben. Die Wicklungen S_1 und S_2 erzeugen je ein Drehfeld, die sich zu einem resultierenden Drehfelde zusammensetzen. Wählt man die Drehrichtung des resultierenden Feldes entgegengesetzt derjenigen der Ringe A und B, so erhalten wir ein Feld, das im Raume feststeht. Dies entspricht nun in bezug auf die Wicklung S_3 und den Kommutator dem gleichen Falle, der bei einer gewöhnlichen Gleichstrommaschine vorliegt: von einem feststehenden Felde werden in einer Wicklung EMKe induziert, welche Ströme in derselben erzeugen, die ihrerseits wieder am Kommutator gleichgerichtet werden. Verschiebt man die Wicklung S_2 relativ gegenüber der Wicklung S_1 um ein dem Winkel β proportionales Stück, so wird bei jeder Belastung die Gleichspannung der jeweiligen Projektion von $\overline{OQ_e}$ (Fig. 124) auf die Richtung von E gleich sein.

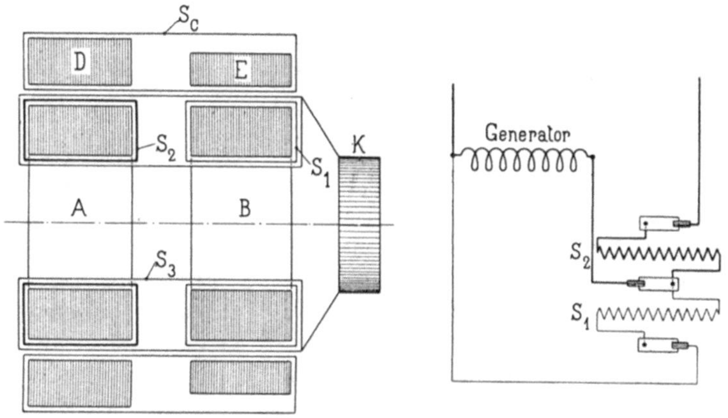

Fig. 130. Schema der Kompoundierungsanordnung von Hutin und Leblanc.

S_c ist eine Kompensationswicklung, die vom Gleichstrome durchflossen wird und das Armaturfeld der Wicklung S_3 aufhebt.

Bei der auf der Pariser Weltausstellung ausgestellten Maschine (Piguet-Grammont) waren die Wicklungen S_1 und S_2 auf dem ruhenden Teile der Erregermaschine angebracht. Das hat den Vorteil, daß die Ströme den Wicklungen S_1 und S_2 nicht über Schleifringe zugeführt werden brauchen. Andererseits machte diese Anordnung aber Schwierigkeiten in der Umformung der in der Wicklung S_3 fließenden Ströme; die Verbindungen zu dem Kommutator mußten in besonderer Weise ausgeführt werden. Bei rasch laufender Maschine können die Verbindungen am Kommutator wieder normal gewählt werden.

43. Ruhende Einrichtungen zum Gleichrichten des Erregerstromes.

Dolivo-Dobrowolsky hat vorgeschlagen, die Eigenschaft der Aluminiumzellen nur gleichgerichteten Strom durchzulassen, zur Umformung des Wechselstromes in Gleichstrom zu verwenden. Der Allgemeinen Elektrizitäts-Gesellschaft ist ein Patent auf diese Anordnung verliehen. Solche Aluminiumzellen sind nur für kleine Leistungen geeignet; der umgeformte Strom wird deswegen nur für die Erregung einer Erregermaschine benutzt.

Sie sind aber nicht genügend betriebssicher für einen so wichtigen Zweck als die Erregung großer Wechselstromanlagen.

Auch Quecksilberdampf-Gleichrichter (nach Cooper-Hewitt) sind für denselben Zweck vorgeschlagen worden[1]); diese haben dieselben Nachteile wie die Aluminiumzellen.

44. Kompoundierung durch Einführung des rückwirkenden Stromes in die Erregermaschine (kompoundierende Erregermaschine).

Die erste praktische Ausführung dieser Art der Kompoundierung, die sich am besten für Mehrphasengeneratoren eignet, jedoch auch bei Einphasengeneratoren verwendbar ist, ist von Danielson[2]) gegeben worden. Danielson führt den Ankerstrom des Generators in eine besondere Wicklung der Erregermaschine so ein, daß ein Strom, der das Feld des Generators schwächt, das Feld der Erregermaschine stärkt. Rice[3]) (General Electric Comp.) und mit einigen Modifikationen auch Ch. P. Steinmetz[4]) und Baum[5]) erreichen dasselbe Ziel dadurch, daß sie den Generatorstrom oder einen ihm proportional transformierten Strom direkt in die Gleichstromarmatur der Erregermaschine einführen. Die Kompoundierungsanordnung von Rice ist in Fig. 131 dargestellt. *G* ist der Generator, *HT* der Stromtransformator, *E* die Erregermaschine, die mit dem vom Kommutator abgenommenen Strom die Magnetwicklung *GF* des Generators speist. Die Erregermaschine kann eine fremderregte Maschine, eine Nebenschluß- oder eine Hauptschlußmaschine sein. Um den Spannungsabfall der Erregermaschine selbst

---

1) B. Schäfer, ETZ 1900, S. 55.

2) ETZ 1899, S. 38 und D. R. P. Nr. 95133.

3) El. World and Eng. 1899, S. 831 und 1900, S. 19. Amerik. Patent Nr. 595412 vom 14. Dez. 1897.

4) El. World and Eng. 1901. Amerik. Patent Nr. 660534 vom 23. Okt. 1900.

5) Trans. Am. Inst. of Electr. Eng. 1902, S. 511.

aufzuheben, kann ferner bei Fremderregung oder Nebenschlußerregung das Feld noch einige Hauptschlußwindungen erhalten. Die sekundären Spulen des Stromtransformators sind in Stern geschaltet und über drei Schleifringe (die in der Figur nicht eingezeichnet sind) mit der Armaturwicklung der Erregermaschine verbunden. Wird der Generator belastet, so fließt ein dem Belastungsstrome proportionaler Wechselstrom dem Anker der Erregermaschine zu. Dieser Strom erzeugt in der Erregermaschine ein Drehfeld. Vertauscht man zwei Phasen des Erregerankers gegenüber denselben Phasen des Generatorankers, so dreht sich das Drehfeld in entgegengesetzter Richtung wie der Anker, steht also im Raume still. Die Lage des Drehfeldes den Magnetpolen gegenüber hängt erstens von dem inneren Phasenverschiebungswinkel ψ des Belastungsstromes und zweitens von der Lage der Eintrittspunkte des Generatorstromes in den Gleichstromanker ab.

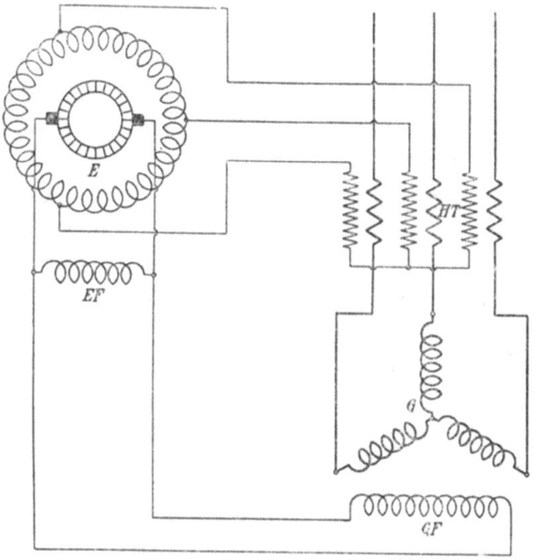

Fig. 131. Kompoundierungsanordnung von Rice.

In Fig. 132 sind Generator und Erregermaschine zweipolig und direkt gekuppelt angenommen. Die Ankerwicklung des Generators ist für denjenigen Moment eingezeichnet, für den die EMK der Phase I im Maximum ist. Ist der Generatorstrom in Phase mit der EMK ($\psi = 0$), so ist für denselben Moment auch der Strom der Phase I im Maximum und die Amplitude des Drehfeldes, durch Φ_D angedeutet, befindet sich über der Pollücke. Aus der Gleichung

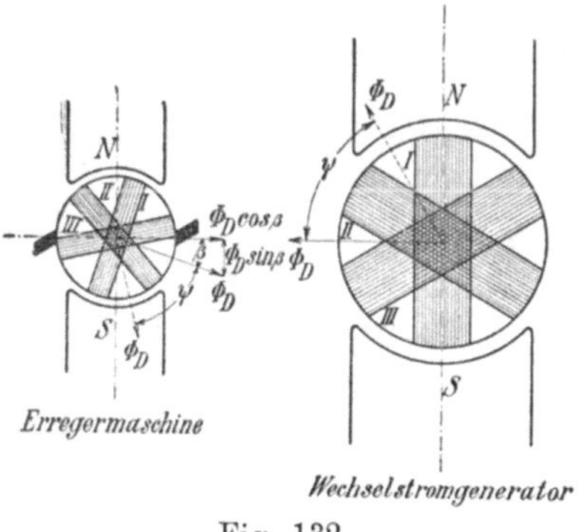

Fig. 132.

$$i_{eb} = a P \cos \Theta + B J \sin (\psi + \beta)$$

folgt, daß für $\psi = 0$ das vom Ankerstrome in der Erregermaschine erzeugte Drehfeld eine das Erregerfeld stärkende Längskomponente entsprechend $J \sin \beta$ haben muß. Die gesamte Wicklung des Errregerankers muß daher um den elektrischen Winkel β gegenüber der Wicklung des Generatorankers verdreht sein. Das kann dadurch geschehen, daß man die Eintrittspunkte des Generatorstromes in dem Gleichstromanker um den Winkel β gegenüber den Austrittspunkten des Generatorstromes aus der Ankerwicklung des Wechselstromgenerators verschiebt, und zwar in der Drehrichtung, wenn der Generatoranker, und entgegen der Drehrichtung, wenn das Polrad rotiert. In Fig. 132 ist die Lage des Drehfeldes Φ_D im Generator und in der Erregermaschine für $\psi = 0$ eingezeichnet. Die Pole der Erregermaschine werden entsprechend $J \sin \beta$ gestärkt. Für irgendeinen Phasenverschiebungswinkel ψ zwischen Strom und induzierter EMK im Generator, verschiebt sich die Amplitude des Drehfeldes im Generator aus der Mitte der Pollücke in der einen oder der anderen Richtung, je nachdem ψ positiv oder negativ ist. Die Längskomponente des Drehfeldes in der Erregermaschine wird dann $J \sin (\psi + \beta)$ entsprechen.

In Fig. 132 ist auch die Lage des Drehfeldes Φ_D im Generator und in der Erregermaschine für einen Phasennacheilungswinkel ψ eingezeichnet. Ist $(\psi + \beta)$ ein positiver Winkel, d. h. ist der Belastungsstrom des Generators phasenverspätet, so wird das Erregerfeld verstärkt: im anderen Falle wird es geschwächt.

Außer der Längskomponente erzeugt das Drehfeld in der Erregermaschine ein Querfeld, entsprechend $J \cos (\psi + \beta)$. Wie aus der Fig. 132 ersichtlich, wirkt das Feld des Gleichstromes diesem Querfelde entgegen. Der Vektor des Querfeldes des zugeführten Wattstromes eilt dem Erregerfelde räumlich um 90^0 vor, während das Querfeld des erzeugten Gleichstromes dem Erregerfeld um 90^0 nacheilt.

Die oben beschriebenen Verhältnisse weichen voneinander ab, je nachdem die Erregermaschine fremd erregt ist oder sich selbst erregt.

a) Die Erregermaschine ist fremderregt. Wir betrachten den Fall, daß der Erregerstrom der Erregermaschine konstant gehalten wird; dies ist z. B. der Fall, wenn die Erregermaschine von einer fremden Stromquelle konstanter Spannung, z. B. von einer Akkumulatorenbatterie, erregt wird. Es wird dann der Nebenschlußstrom in der Erregermaschine so eingestellt, daß diese bei Leerlauf den richtigen Erregerstrom i_{e0} gleich aP für den Wechselstromgenerator liefert. Zwischen den drei Schleifringen der Erregermaschine, über die der dem Generatorstrom proportionale Strom zugeführt wird, tritt dann bei Leerlauf eine der Gleichspannung e_{e0} proportionale

Wechselspannung $P_{e0} = e_{e0} u_l$ auf. u_l ist das Übersetzungsverhältnis zwischen Wechsel- und Gleichspannung. Diese Spannung P_{e0} hat weiter eine ihr proportionale Spannung an den Primärklemmen des Hauptschlußtransformators *HT* zur Folge, die sich mit der Generatorspannung geometrisch zu der Klemmenspannung der Maschine zusammensetzt. Ist die Richtung des in die Gleichstrommaschine eingeleiteten Drehfeldes und sind die Eintrittspunkte des Generatorstromes in der oben beschriebenen Weise gewählt, so wird die Erregerspannung, falls die Erregermaschine schwach gesättigt ist, von Leerlauf bis Belastung proportional $J \sin(\psi + \beta)$ erhöht werden und der Erregerstrom des Wechselstromgenerators wird gleich

$$i_{eb} = a P + B J \sin(\psi + \beta),$$

wo B eine Konstante bedeutet, die sich aus den Dimensionen der Erregermaschine und aus dem Übersetzungsverhältnis des Hauptschlußtransformators ergibt. Da der Phasenverschiebungswinkel Θ zwischen dem EMK-Vektor und dem Spannungsvektor des Generators ein kleiner Winkel ist, so wird $\cos\Theta \simeq 1$, und der obige Erregerstrom stimmt mit dem überein, der zur Konstanthaltung der Klemmenspannung nötig ist.

Durch die Erhöhung der Erregerspannung wird auch die Wechselspannung P_e zwischen den Schleifringen des Erregerankers von Leerlauf bis Belastung erhöht, was wieder eine Änderung der Primärspannung des Hauptschlußtransformators zur Folge hat. Diese Änderung muß bei der Vorausberechnung von den Konstanten a, B und β der Gleichung des Erregerstromes berücksichtigt werden. Wie hieraus ersichtlich, kann also mittels einer in dieser Weise kompoundierten Erregermaschine, deren Feld schwach gesättigt und von einer fremden Stromquelle konstanter Spannung erregt wird, eine vollständige Kompoundierung von Wechselstrommaschinen erreicht werden.

b) Die Erregermaschine besitzt Nebenschlußerregung. Ganz anders und komplizierter liegen die Verhältnisse, wenn die Erregermaschine Nebenschlußerregung besitzt. Dann ändert sich die Felderregung der Erregermaschine mit der Belastung des Generators. In Fig. 133 ist die Belastungscharakteristik der Erregermaschine unter Annahme eines konstanten Belastungswiderstandes dargestellt. Diese Charakteristik, die die Klemmenspannung als Funktion des Nebenschlußstromes i_n oder der Feldamperewindungen $i_n w_n$ darstellt und durch Änderung des Nebenschlußwiderstandes erhalten wird, verläuft etwas unterhalb der Leerlaufcharakteristik, und zwar so, daß die Ordinaten der Belastungscharakteristik in einem fast konstanten Verhältnis γ zu denen der Leerlaufcharakteristik stehen.

Arbeitet man bei Leerlauf bei dem Punkte A der Belastungscharakteristik, so muß die Erregerspannung als Funktion des Nebenschlußstromes bei konstantem Nebenschlußwiderstande nach der geraden Linie $\overline{OA}$ verlaufen. Bei irgendeiner Belastung haben wir z. B. die Erregerspannung $\overline{BC}$; diese erzeugt in der Nebenschlußwicklung die Amperewindungen $i_n w_n = \overline{OB}$. Der wattlose Strom $J \sin \psi$ des Generators hat bei dieser Belastung in dem Erregeranker die längsmagnetisierenden Amperewindungen

$$AW_{ee} = k_0 f_{w1} m w_e J \sin(\psi + \beta) = \overline{CD} = \overline{BF}$$

zur Folge. Den resultierenden Amperewindungen $\overline{OF}$ entspricht die Spannung $\overline{FE}$ an den Klemmen der Erregermaschine. Es tritt aber außer dem Hauptfelde noch ein Streufeld in der Erregermaschine auf. Dieses wird von dem wattlosen Strome $J \sin(\psi + \beta)$ erzeugt und induziert in dem Erregeranker eine EMK proportional

$$e_{se} = J \sin(\psi + \beta) x_{se},$$

wo x_{se} die Streureaktanz der Ankerwicklung der Erregermaschine bedeutet. An den Klemmen der Erregermaschine entspricht dieser EMK eine Spannung

$$p_{se} = \gamma e_{se} = \gamma J \sin(\psi + \beta) x_{se} = \overline{ED}.$$

Es muß die Erregerspannung e_e also gleich $\overline{FE} + \overline{ED} = \overline{FD} = \overline{BC}$ sein, wie wir es in der Fig. 133 angenommen haben. Durch die magnetisierende Wirkung des wattlosen Stromes $J \sin(\psi + \beta)$ hat sich somit die Erregerspannung um $\overline{GD} = \overline{GE} + \overline{ED}$ erhöht. Von diesen beiden Komponenten ist $\overline{ED}$ proportional $J \sin(\psi + \beta)$. Damit die Kompoundierung eine richtige wird, soll aber die ganze Strecke $\overline{GD}$ proportional $J \sin(\psi + \beta)$ sein, was nur möglich ist, wenn auch $\overline{GE}$ proportional diesem Strome ist. Dies ist der Fall, wenn der Teil AE der Belastungscharakteristik, auf dem gearbeitet wird, eine gerade Linie ist, die nicht durch den Ursprung geht.

Wie hieraus ersichtlich, muß die Erregermaschine oberhalb des Knies der Magnetisierungskurve arbeiten; ferner soll der obere Teil der Charakteristik möglichst geradlinig verlaufen und doch noch beträchtlich ansteigen. Um eine solche Charakteristik zu erhalten, ist es zweckmäßig, hauptsächlich die Ankerzähne, nicht aber die Magnetkerne und das Joch zu sättigen. Die Nuten dürfen jedoch in diesem Falle nicht zu tief sein, da der obere Teil der Charakteristik sonst zu flach verläuft.

Der Hauptschluß- oder Stromtransformator soll wie ein gewöhnlicher Spannungstransformator ohne Luftspalt ausgeführt werden. Er ist für den vollen Belastungsstrom des Generators und für die volle Spannung der Erregermaschine zu dimensionieren. Er wird somit bedeutend größer als der Hauptschlußtransformator, den wir oben beschrieben haben.

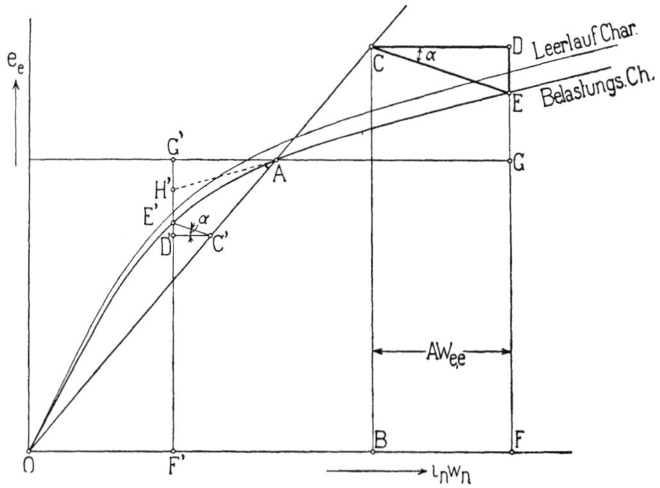

Fig. 133.

Wie aus der Fig. 133 leicht ersichtlich, kompoundiert die Anordnung mit Nebenschlußerregung nur bei phasenverzögerten, aber nicht bei phasenverfrühten Strömen. Da die Seiten des Dreieckes CDE proportional dem wattlosen Strome $J \sin(\psi + \beta)$ sind, so bildet die Linie $\overline{CE}$ einen konstanten Winkel α mit der Abszissenachse. Zieht man deswegen unterhalb A eine Linie $\overline{C'E'}$ parallel zu $\overline{CE}$, so ist der phasenverfrühte Strom $J \sin(\psi + \beta)$ proportional $\overline{D'E'}$, während dies für $\overline{G'D'}$ nicht zutrifft. Die Erregerspannung $\overline{F'D'}$ ist um $\overline{H'E'}$ kleiner als sie sein sollte. Wird der phasenverfrühte Strom sehr groß, so entmagnetisiert derselbe das Feld der Erregermaschine zuletzt so stark, daß die Erregerspannung ganz verschwindet. Diese Erscheinung beeinträchtigt jedoch die Anwendung dieser Kompoundierung wenig, weil Generatoren sehr selten mit phasenverfrühten Strömen belastet werden. Wie hieraus ersichtlich, ist es mittels einer kompoundierten Erregermaschine auch dann möglich, eine richtige Kompoundierung von Wechselstrommaschinen zu erhalten, wenn die Erregermaschine Nebenschlußerregung und eine passende Charakteristik hat.

Die Erregermaschine kann auch mit Hauptschlußerregung ausgeführt werden. Wir erhalten in diesem Falle dieselbe Konstruktion für die Vorausberechnung der Kompoundierung wie bei Nebenschlußerregung.

Die Kompoundierungsanordnung nach Danielson-Rice wird außer von der General Electric Comp. noch von der Allmänna Svenska E. A und von den Siemens-Schuckert-Werken ausgeführt. Die Siemens-Schuckert-Werke verwenden meistens Erregermaschinen mit Fremderregung. Die Erfahrungen, die die obenerwähnten Firmen mit dieser Kompoundierungsanordnung gemacht haben, sind sehr befriedigend. Ein Nachteil ist, daß die Erregermaschine mittels Zahnradübersetzung von der Generatorwelle angetrieben werden muß, wenn die Polzahl des Generators groß ist. Die Energie, die übertragen werden muß, ändert sich stark mit der Belastung, so daß die Belastungsänderungen Stöße in der Zahnrad- (oder Schneckenrad-) Übersetzung hervorrufen.

Als Beispiel eines nach dieser Methode kompoundierten Generators kann der unten beschriebene Dreiphasen-Turbogenerator der Allmänna Svenska E. A. dienen.

Leistung 2650 KVA.

850 Volt, 1790 Amp., 1500 Touren, $c = 50$.

Die Spannungssteigerung bei $\cos\varphi = 0{,}8$ darf $10\,^0/_0$ nicht überschreiten.

Hauptdaten:

1. Generator.

Stator:	Äußerer Ankerdurchmesser	1600 mm
	Innerer „	930 „
	Ankerlänge + Luftkanäle .	650 + 5 · 10 „
	Totale Nutenzahl	48
	Nutendimension, halboffen, rund	$d = 35$ „
	1 Stab pro Nut	$d = 30$ „

Der Generator ist in Stern geschaltet und alle Stäbe pro Phase liegen in Serie.

Rotor:	Ausgeprägte Pole	$p = 2$
	Polbogen: Polteilung	$\alpha = 0{,}6$
	Luftspalt	$\delta = 18$ mm
	Windungszahl pro Pol	80
	hochkantgewickeltes Kupferband .	1,85/60 mm

2. Kompoundierende Erregermaschine.

Direkt gekuppelt, Nebenschlußerregung, $\beta = 18$ elektrische Grad. 45 Volt, 330 Amp. Gleichstrom, 28 Volt zwischen 2 Ringen und 200 Amp. Drehstrom.

Ankerdurchmesser	340 mm
Ankerlänge	136 + 2 · 12 „
Nutenzahl total	39
Nutendimension	11,5/23,5 mm
Stäbe pro Nut	4
$p = a$	2
Lamellenzahl	78
Luftspalt δ	2,25 mm
Windungszahl pro Pol	360

3. Stromtransformator.

Windungszahl pro Phase primär .	1
„ „ „ sekundär	9

Primär und sekundär Sternschaltung.

Prüfungsergebnisse.

Die Leerlauf- bzw. Kurzschlußcharakteristik des Generators bei 1500 Touren sind in Fig. 134 dargestellt.

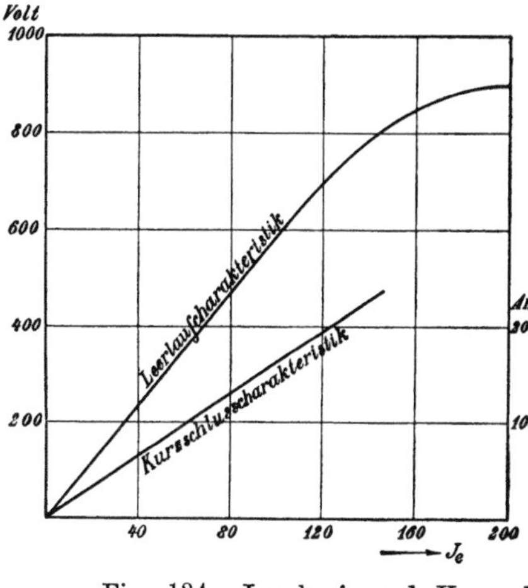

Fig. 134. Leerlauf- und Kurzschluß-charakteristik des 2650 KVA-Turbo-generators der Allmänna Svenska E. A.

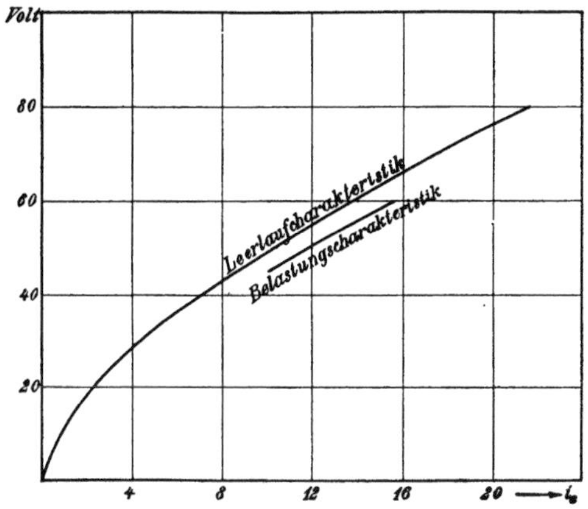

Fig. 135. Leerlauf- und Belastungs-charakteristik der kompoundierenden Erregermaschine.

Widerstand im warmen Zustande:

Erregerwicklung	0,125 Ω
Armaturwicklung pro Phase	0,00114 Ω

Die Leerlauf- bzw. Belastungscharakteristik der Erregermaschine (nur als Gleichstrommaschine) bei 1500 Touren ist in Fig. 135 dargestellt. Widerstände im warmen Zustande: Erregerwicklung 3,0 Ω, Ankerwicklung (von der Gleichstromseite gemessen) 0,004 Ω.

Am Stromtransformator wurde bei Leerlauf des Generators gemessen: Spannung sekundär 28 Volt, Strom 32 Amp., Leistung 410 Watt. Der induktive und Ohmsche Spannungsabfall sind zu vernachlässigen.

In normaler Schaltung wurde gemessen:

Volt	Amp.	KW	Erregeramp.	Tourenzahl
850	1800	1850	350	1500
935	0	0	255	1500

Die Spannungserhöhung beträgt also 10%.

$\cos\varphi$ war aber bei diesem Versuche kleiner als 0,8. Bei $\cos\varphi = 0{,}8$ ist also die Spannungserhöhung kleiner. Bei richtig gewähltem Übersetzungsverhältnisse und Winkel β kann man auch eine Überkompoundierung erreichen.

Ist die Erregerleistung groß, so kann man, um eine kleine kompoundierende Erregermaschine zu erhalten, diese zur Erregung einer besonderen Erregermaschine anstatt direkt zur Erregung des Generators verwenden. Die Schnelligkeit der Kompoundierung wird durch diese Anordnung etwas verzögert, weil jetzt die magnetische Trägheit der Erregermaschine zu der magnetischen Trägheit der kompoundierenden Erregermaschine und des Generators hinzutritt.

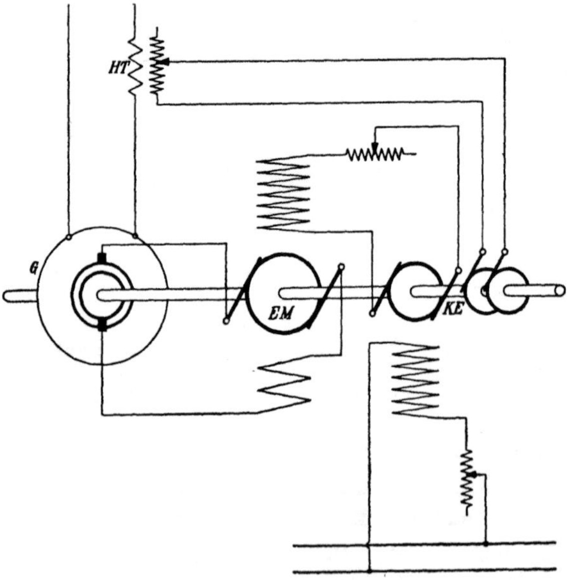

Fig. 136.

In Fig. 136 ist die Schaltung einer solchen Kompoundierung dargestellt, und zwar für einen Einphasengenerator. G ist der

Generator, *EM* die Erregermaschine, *KE* die kompoundierende Erregermaschine, die alle drei auf einer gemeinsamen Welle sitzen. Die kompoundierende Erregermaschine hat Fremderregung und der einem regulierbaren Hauptschlußtransformator *HT* entnommene Wechselstrom wird dem Anker über zwei Schleifringe zugeführt. Denkt man sich das pulsierende Wechselfeld des Ankers in zwei Drehfelder zerlegt, so ist das eine relativ zum Feldsystem in Ruhe, während sich das andere mit doppelt synchroner Geschwindigkeit relativ zum Feldsystem bewegt und durch Wirbelströme abgedämpft wird.

Die Lage der Einführungspunkte des Wechselstromes in den Anker der kompoundierenden Erregermaschine ist in der oben erklärten Weise zu wählen. Die Einstellung der beiden Felder in der kompoundierenden Erregermaschine ist jedoch viel einfacher, wenn man das Magnetsystem dieser Maschine drehbar anordnet, wie es von den Siemens-Schuckert-Werken ausgeführt wird.

45. Besondere Ausbildung der Generatorpole zur Kompoundierung.

Kompoundierung von E. Arnold[1]. Der vom Wattstrome $J\cos\psi$ herrührende Kraftfluß Φ_{s3} sucht bekanntlich die eine Seite des Generatorpoles zu stärken, die andere zu schwächen. Da infolge der Sättigung die Schwächung größer ist als die Stärkung, so kommt dadurch ein kleiner Spannungsabfall zustande. Sättigt man nun schon im Leerlauf den Teil des Generatorpoles stark, der vom Kraftfluß Φ_{s3} geschwächt wird, während der andere Teil nicht gesättigt wird, so wird die Verstärkung des Feldes auf der einen Seite des Poles die Schwächung auf der anderen ganz oder zum Teil aufheben oder überwiegen, so daß bei Belastung ein kleiner Spannungsabfall oder eine Spannungserhöhung eintritt. Dadurch wird nicht nur der vom Wattstrome herrührende Spannungsabfall, sondern auch bis zu einer gewissen Grenze der vom wattlosen Strome herrührende Spannungsabfall aufgehoben. Der Spannungsabfall wird aber hauptsächlich vom wattlosen Strome $J\sin\psi$ verursacht. Die Anordnung wird daher nur für einen bestimmten Leistungsfaktor richtig kompoundieren. Für einen größeren Leistungsfaktor wird Überkompoundierung, für einen kleineren Unterkompoundierung eintreten.

Um nur einen Teil eines Poles stark zu sättigen, trennt E. Arnold diesen Teil des Poles durch einen Luftschlitz vom

---

[1] D. R. P. 128885 v. 16. Jan. 1901.

übrigen Teil und verkleinert den Luftspalt derselben, wie Fig. 137 zeigt. Will man den gleichen Luftspalt über den ganzen Polbogen beibehalten, so muß der stark zu sättigende Teil eine besondere Wicklung *a* — *a* erhalten, so daß nur ein Teil *b* — *b* der Feldspule den ganzen Pol umfaßt (Fig. 138).

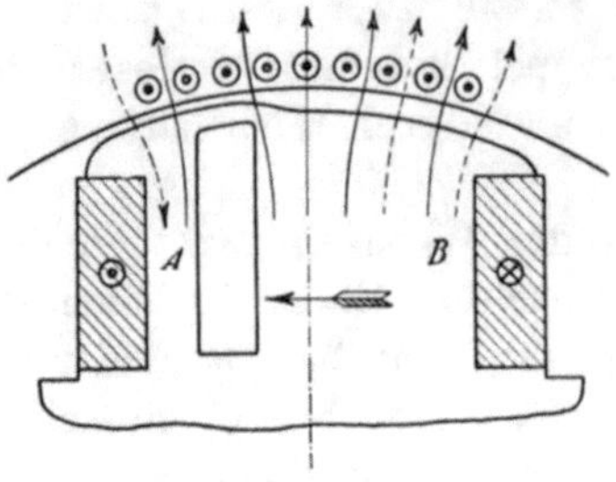

Fig. 137.

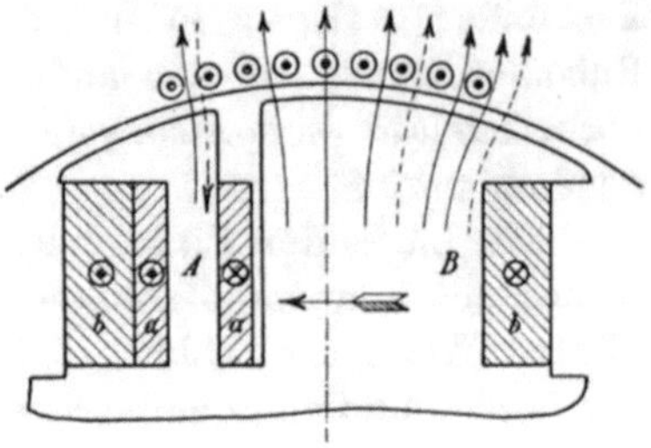

Fig. 138.

Fig. 137 und 138. Kompoundierung von E. Arnold.

Die vom Ankerstrome erzeugten rückwirkenden Amperewindungen wirken in Richtung der punktierten Pfeile, die AW der Feldpole in Richtung der ausgezogenen Pfeile. Die Ankerrückwirkung wird daher das Gesamtfeld entweder nur wenig schwächen oder es verstärken.

Kompoundierung von M. Walker. Auf dem von E. Arnold angegebenen Prinzip beruht die Kompoundierung von M. Walker. Wie Fig. 139 darstellt, nimmt bei dieser Anordnung der stark gesättigte Teil des Poles den größeren Teil des Polbogens ein, während der schwach gesättigte Teil *B* außerhalb der Feldspule *a* — *a* liegt. Ist der Anker stromlos, so kehrt ein Teil des Kraftflusses wieder durch den Teil *B* zurück, was einer Schwächung des Feldes gleichkommt. Durch eine den ganzen Pol umfassende Spule *b*—*b* kann diese Feldschwächung auf ein gewünschtes Maß und z. B. so eingestellt werden, daß bei stromlosem Anker der Teil *B* keinen Kraftfluß führt. Der Ankerstrom wird nun, wie oben angegeben, den gesättigten Teil *A* nur wenig schwächen, dagegen den Teil *B* im Sinne des Hauptfeldes verstärken, so daß eine kompoundierende Wirkung erreicht wird.

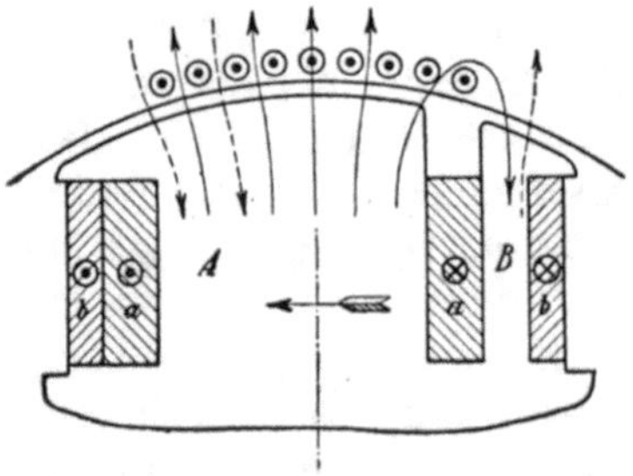

Fig. 139. Kompoundierung von M. Walker.

Für Leistungsfaktoren unter 0,85 ist diese Art der Kompoundierung nicht mehr wirksam genug; sie verhindert aber für größere Leistungsfaktoren den Spannungsabfall in erheblichem Maße und gibt für einen bestimmten Leistungsfaktor eine annähernd genaue Kompoundierung.

Kompoundierung von A. Heyland[1]). Heyland macht den Luftspalt unter den Polen eines Vorzeichens und die Magnetwicklung derselben größer als bei den Polen anderen Vorzeichens, so daß bei Leerlauf die Felder gleich sind. Durch die Ankerrückwirkung werden nun die beiden Polgruppen ungleich beeinflußt; es entsteht ein Streufluß bestimmter Polarität, der über die Welle und die anderen massiven Teile der Maschine in die mit dem Generator gekuppelte Erregermaschine eingeführt wird. Da dieser Streufluß um so größer ist, je größer die entmagnetisierenden Amperewindungen sind, so wird also mit zunehmender Entmagnetisierung die Spannung der Erregermaschine anwachsen und eine Kompoundierung stattfinden. Da aber der Streufluß vielfach durch die massiven Teile der Maschine nebengeschlossen werden kann, bis er an die Pole der Erregermaschine gelangt, so ist diese Methode unsicher.

46. Einrichtungen zur Beeinflussung der Erregermaschine durch den Ankerstrom.

Kompoundierung von Parsons[2]). Das Prinzip dieser Kompoundierung beruht darauf, daß ein von einem Gleichstrome gesättigter Eisenkern einen Wechselfluß hauptsächlich nur in der Richtung durch-

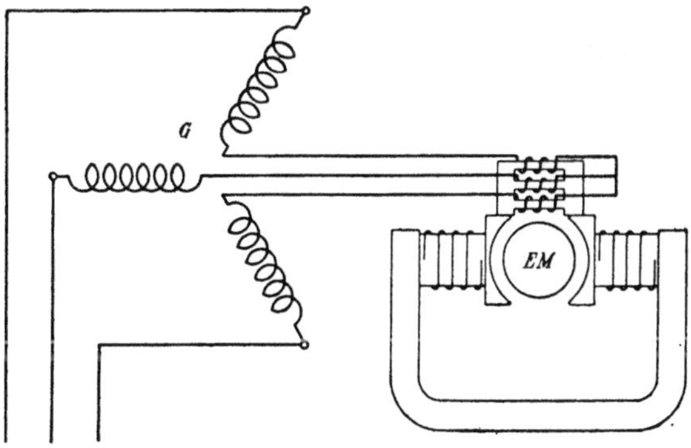

Fig. 140. Kompoundierung von Parsons.

---

[1]) A. Heyland, „Wechselstrommaschine mit Hilfsfeld zur direkten Kompoundierung der Ankerrückwirkung“, ETZ 1906, S. 1011.

[2]) Parsons' patent compounded alternator, The Electrician Bd. 63, 1909, S. 463.

läßt, die der magnetisierenden Kraft des Gleichstromes entgegengesetzt ist. In Fig. 140 ist die Kompoundierungsanordnung von Parsons dargestellt. Zwischen den Polen der Erregermaschine wird eine aus lamelliertem Eisen angefertigte Brücke angebracht, durch die sich Streukraftlinien schließen. Die Anordnung wird so gewählt, daß der vom Ankerstrome in der Brücke erzeugte Fluß in der Brücke selbst geschlossen ist, ohne durch den Anker oder die Magnete der Erregermaschine seinen Weg zu nehmen. Steigt der rückwirkende Ankerstrom, so wächst das Wechselstromfeld und drückt die Gleichstrom-Streukraftlinien in den Anker zurück, wodurch die Erregerspannung erhöht wird.

Kompoundierung von Crompton[1]. Nach dieser Methode wird nicht der sich über eine Brücke schließende Streufluß, sondern der Hauptkraftfluß der Erregermaschine selbst durch den Wechselstrom beeinflußt. Das hat aber den Nachteil, daß in der Ankerwicklung EMKe der Transformation induziert werden, die einerseits die Kommutation verschlechtern, andererseits den Generator-Kraftfluß pulsierend machen.

Kompoundierung von M. Seidner[2]. Seidner benutzt die Eigenschaft eines Eisenwiderstandes, einen ihn durchfließenden Strom in gewissen Grenzen konstant zu halten unabhängig von der Klemmenspannung. Drückt man auf die Klemmen eines solchen Eisenwiderstandes gleichzeitig Gleich- und Wechselspannung, so wird der aus den Komponenten der beiden Stromarten entstehende resultierende Strom in konstanter Höhe gehalten. Eine Zunahme des Wechselstromes hat dann eine Abnahme des Gleichstromes zur Folge, und umgekehrt. Dies kann in der Weise verwertet werden, daß man die Erregermaschine mit einer entmagnetisierenden Hilfsnebenschlußwicklung versieht, die mit dem Eisenwiderstande hintereinander geschaltet wird. Im Leerlauf hat der durch diese Hilfswicklung fließende Gleichstrom seinen Höchstwert, nimmt aber mit zunehmender Wechselstrombelastung ab, so daß die Erregerspannung zunimmt.

---

[1]) M. Seidner, ETZ 1909, S. 1241.

[2]) M. Seidner, „Ein neues System der Spannungsregelung für Wechselstrom-Generatoren", ETZ 1908, S. 450.

Achtes Kapitel.

Die Arbeitsweise eines Synchronmotors.

47. Die Synchronmaschine als Motor.

Die synchrone Wechselstrommaschine kann sowohl als Generator wie als Motor benutzt werden. Die von der Maschine geleistete elektrische Arbeit ist je nach der Richtung des Ankerstromes relativ zu dem Magnetsystem negativ oder positiv. Im ersten Falle arbeitet die Maschine als Motor, im anderen als Generator.

Schickt man einen Mehrphasenstrom durch die Wicklung einer Mehrphasenmaschine, so wird das vom Strome erzeugte Drehfeld mit einer Tourenzahl $n = \frac{60\,c}{p}$ relativ zum Anker rotieren. Steht die Armatur still und bringen wir in irgendeiner Weise das Magnetsystem auf die gleiche Tourenzahl n, so wird das Magnetsystem mitrotieren. Dieses läßt sich am besten in folgender Weise erklären.

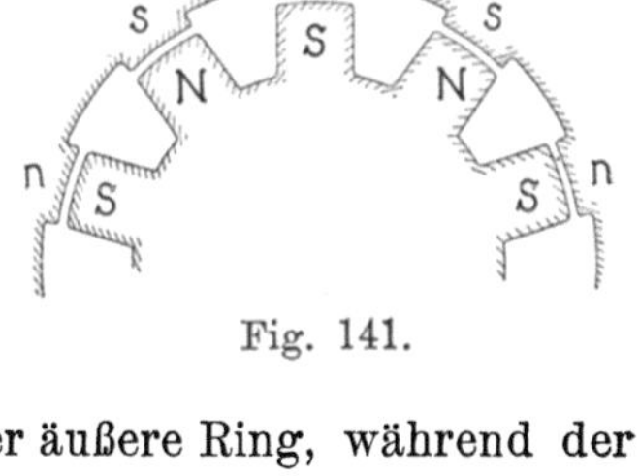

Fig. 141.

Das im stillstehenden Anker erzeugte Drehfeld kann in seiner Wirkung durch einen mit Gleichstrom erregten Magnetkranz ersetzt werden, der mit der gleichen Winkelgeschwindigkeit wie das Drehfeld rotiert. In Fig. 141 sei dies der äußere Ring, während der innere die wirklichen Pole des Magnetrades darstelle. Die Pole entgegengesetzter Polarität ziehen einander an und die der gleichen Polarität stoßen sich gegenseitig ab. Fängt nun der äußere Kranz langsam an zu rotieren, so werden durch die relative Verschiebung der beiden Magnetsysteme tangentiale Kräfte entstehen und das Magnetrad wird mitgenommen; denn die Pole des Magnetrades haben das Bestreben, stets dieselbe Lage gegenüber den Polen des gedachten Magnetkranzes, d. h. des Ankers einzunehmen. Die anziehenden und abstoßenden Kräfte zwischen Magnetrad und Magnetkranz können nur ein konstantes und gleichgerichtetes Drehmoment erzeugen, wenn die beiden Felder mit derselben Geschwindigkeit rotieren; bei verschiedener Geschwindigkeit würden nur pulsierende tangentiale Kräfte entstehen, die sich gegenseitig aufheben. Hieraus folgt, daß die Wechselstrommaschine nur Arbeit als Motor leisten kann, wenn das Magnetrad synchron mit dem Ankerdrehfeld rotiert.

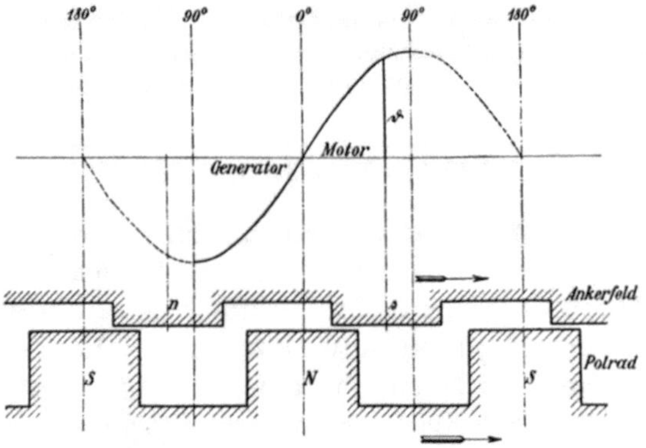

Fig. 142. Drehmoment einer Synchronmaschine in Abhängigkeit von der gegenseitigen Lage der Feld- und Ankerpole.

Hat das Magnetrad kein äußeres Drehmoment zu überwinden, so werden die Pole des Magnetrades sich, wie die Fig. 141 zeigt, gerade gegenüber den Polen entgegengesetzter Polarität des Ankerfeldes einstellen. Hat aber das Magnetrad eine mechanische Arbeit zu leisten, so verschieben sich die beiden Felder gegeneinander, und zwar eilen die Pole des Ankerfeldes denen des Magnetrades vor. Die Größe des ausgeübten Drehmomentes wird bei konstanter Stärke der Pole bis zu einer gewissen Grenze mit zunehmender Verschiebung wachsen, etwa so wie es die Fig. 142 darstellt. Die Ordinaten geben die Größe des Drehmomentes für die jedesmalige Lage der Mitte des Südpoles *s* als Abszisse an. In dem Bereich, in dem die Pole des Magnetrades denen des Ankerfeldes von 0° bis 90° nacheilen, arbeitet die Maschine als Motor, und in dem Bereich, wo die Magnetpole den Ankerpolen von 0° bis 90° voreilen, als Generator. In dem übrigen Bereich, in dem man von 90°

bis 180° Nach- oder Voreilung hat, ist der Gang unstabil. Denkt man sich z. B. bei Stillstand, daß die Pole gleicher Polarität einander gegenüberstehen, so wird das Magnetrad, wenn keine äußeren Kräfte darauf wirken, sich im labilen Gleichgewicht befinden, das durch jede äußere Kraft gestört werden kann.

In Wirklichkeit liegen die Verhältnisse nicht so einfach, da wir keinen Betrieb mit konstantem Ankerfeld, d. h. konstantem Strom haben, sondern mit konstanter Klemmenspannung. Ferner ändert der Ankerstrom mit der gegenseitigen Lage der Pole seine Größe und Phase. Der stabile Arbeitsbereich der Maschine ist daher für den Motor etwas kleiner und für den Generator etwas größer als $\frac{\pi}{2}$ (vgl. Fig. 148).

Hat man es mit einem Einphasenmotor zu tun, so läßt die Zerlegung des Wechselfeldes in zwei Drehfelder, von denen das inverse von den Wirbelströmen in dem Magnetsystem fast vernichtet wird, die gleiche Erklärungsweise zu.

48. Die Arbeitsgleichungen des Synchronmotors.

Wir behandeln zuerst den Fall, in welchem der Synchronmotor an ein Netz von konstanter Spannung P und konstanter Periodenzahl c angeschlossen ist. Im folgenden beziehen sich alle Schemata und Diagramme auf Einphasen-Synchronmotoren, da die für diese abgeleiteten Formeln und Diagramme auch für jede Phase eines Mehrphasen-Synchronmotors allgemein gültig sind.

Die Leitung, die dem Motor den Strom vom Netz zuführt, hat die Impedanz $z_l = \sqrt{r_l^2 + x_l^2}$, die Ankerwicklung des Motors die Impedanz $z_a = \sqrt{r_a^2 + x_a^2}$; r_a ist der effektive Widerstand und x_a die effektive sogenannte synchrone[1]) Reaktanz der Wicklung. Diese letztere ist nicht konstant, sondern abhängig von dem inneren Phasenverschiebungswinkel ψ des Motors, von der Ankerstromstärke J und der Felderregung. In der Ankerwicklung des Motors wird eine EMK induziert; sie heißt die gegenelektromotorische Kraft des Motors in Bezug auf das Netz und wir bezeichnen sie mit $(-E)$, so daß $+E$ die zur Kompensation erforderliche Komponente der Netzspannung ist.

Wir erhalten somit als äquivalente Schaltung des Motors mit Zuführungsleitungen die in Fig. 143 dargestellte. Dem Stromzweige AB wird eine Leistung zugeführt, die der elektromagnetischen Leistung des Motors entspricht. Ein kleiner Teil der elektromagnetischen Energie geht durch die Hysteresis- und Wirbelstromverluste im Ankerkörper in Wärme über. Der übrige Teil wird

[1]) s. Abschnitt 58.

in mechanische Energie umgewandelt, die abzüglich der Reibungsverluste als nutzbare Energie von der Welle des Synchronmotors abgegeben wird.

Der Stromzweig BC hat die Impedanz

$$z_1 = \sqrt{r_1^2 + x_1^2},$$

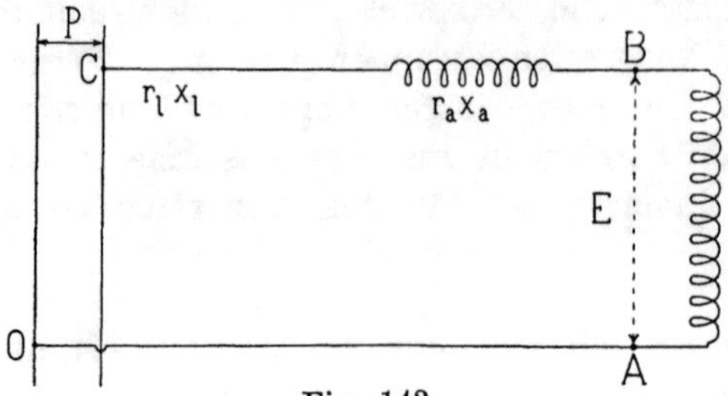

Fig. 143.

wo $r_1 = r_l + r_a$ abgesehen von dem Einfluß der Temperaturänderung eine konstante Größe ist. Die Reaktanz $x_1 = x_l + x_a$ ist, wie wir früher gesehen haben, eine variable Größe. Wir nehmen sie vorläufig als konstant an. Den Einfluß der Veränderlichkeit von x_a auf die Arbeitsweise der Synchronmaschine werden wir in einem weiteren Kapitel untersuchen.

Wir machen die Annahme, daß die Kurvenform sinusförmig sei, sowohl für die Klemmenspannung P wie für die EMK E.

Es bezeichne nun:

P die Spannung des Netzes an den Klemmen der Zuführungsleitungen zum Motor,

$-E$ die im Motor induzierte EMK,

Jz_1 die Impedanzspannung der Leitungen und der Ankerwicklung des Motors,

J den dem Motor zugeführten Strom,

φ die äußere Phasenverschiebung zwischen P und J,

ψ die innere Phasenverschiebung zwischen E und J,

$\psi_1 = \operatorname{arctg}\frac{x_1}{r_1}$ die Phasenverschiebung zwischen P und J für $E = 0$,

$\Theta = \varphi - \psi$ den Winkel zwischen induzierter EMK und Klemmenspannung,

$W_1 = PJ\cos\varphi$ die an den Klemmen der Leitung zugeführte Leistung,

$W_a = W_1 - V_1 = EJ\cos\psi$ die dem Motor zugeführte elektromagnetische Leistung, die die Größe des Drehmomentes bestimmt.

$\frac{\omega}{p}$ die räumliche Winkelgeschwindigkeit,

$W_a = \frac{\omega}{p}\vartheta$ wird oft das Drehmoment in synchronen Watt genannt, weil das Drehmoment ϑ bei der synchronen Winkelgeschwindigkeit $\frac{\omega}{p} = \frac{2\pi c}{p} = \frac{2\pi n}{60}$ eine zugeführte Leistung W_a erfordert,

$W = W_a - V_a$ die an der Motorwelle verfügbare mechanische Leistung,

$V_1 = J^2 r_1$ den Verlust durch Stromwärme in der Leitung und der Ankerwicklung,

$V_a = E^2 g_a$ die Eisen- und Reibungsverluste, wo g_a eine den Eisen- und Reibungsverlusten entsprechende Konduktanz ist,

$V = V_1 + V_a$ die totalen Verluste im Motor.

Tragen wir nun, wie früher, die Stromstärke in der Richtung der Ordinatenachse auf, so erhalten wir das Diagramm Fig. 144, das sich auf die Phasenverschiebung φ des Stromes bezieht. Aus dem Spannungsdiagramm ergibt sich die Spannungsgleichung

$$P^2 = (E + J_w r_1 + J_{wl} x_1)^2 + (J_w x_1 - J_{wl} r_1)^2$$
$$P^2 = E^2 + J^2 z_1^2 + 2 E J_w r_1 + 2 E J_{wl} x_1;$$

setzen wir $J_{wl} = \sqrt{J^2 - J_w^2}$ und $E J_w = W_a$ ein, so folgt

$$\boldsymbol{P^2 - E^2 - J^2 z_1^2 - 2 W_a r_1 = 2 x_1 \sqrt{(EJ)^2 - W_a^2}}, \tag{83}$$

die die Grundgleichung des Synchronmotors ist.

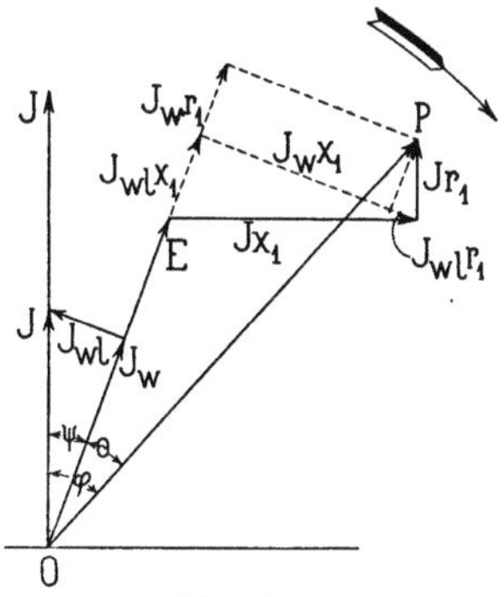

Fig. 144.

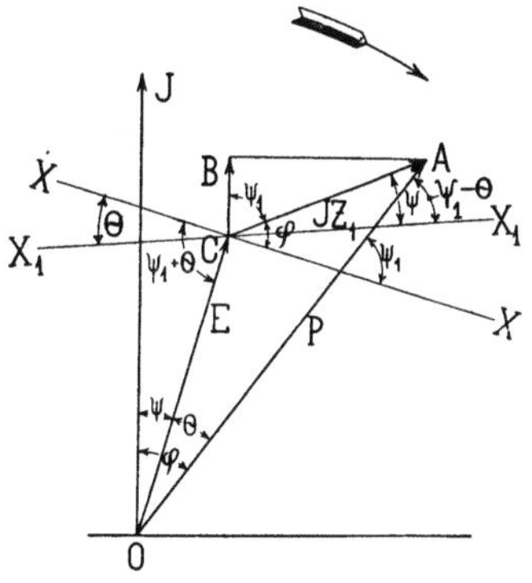

Fig. 145.

Diese Gleichung gibt die Beziehung zwischen der Klemmenspannung P, der EMK E, der Stromstärke J und dem Drehmomente W_a (in synchronen Watt). Es geht aus ihr hervor, daß bei gegebener Klemmenspannung P und Impedanz z_1 noch die drei unabhängigen Variablen J, E und W_a übrigbleiben. Hieraus folgt, daß bei gegebener Klemmenspannung P und Impedanz z_1 der Strom J nicht durch die Größe der Belastung allein bestimmt ist, sondern auch von der EMK E, d. h. von der Erregung abhängt.

Im folgenden wollen wir zunächst betrachten:

1. Das Arbeitsdiagramm des Motors, das uns bei gegebener Klemmenspannung P, Impedanz z_1 und EMK E die Abhängigkeit der Stromstärke J von dem Drehmoment W_a darstellt.

2. Die V-Kurve, die uns bei gegebener Klemmenspannung P, Impedanz z_1 und Drehmoment W_a die Abhängigkeit der Stromstärke J von der EMK E angibt.

Von diesen beiden Arbeitszuständen ausgehend läßt sich das Verhalten des Synchronmotors in allen übrigen Fällen leicht erklären.

Bevor wir aber an die genannten Aufgaben herantreten, wollen wir noch die Formeln für die Leistungen W_1 und W_a etwas umformen. Aus dem Diagramm (Fig. 145) folgt, daß die dem Stromkreis zugeführte Leistung gleich

$$W_1 = PJ\cos\varphi$$

und daß das Drehmoment in synchronen Watt gleich

$$W_a = EJ\cos\psi$$

ist. Projizieren wir die Seiten des Dreieckes $\overline{OAC}$ auf eine zu $\overline{CA}$ unter dem Winkel φ geneigte Gerade $\overline{XX}$, so erhalten wir

$$Jz_1\cos\varphi = P\cos\psi_1 - E\cos(\psi_1 \mp \Theta)$$

oder

$$J\cos\varphi = \frac{1}{z_1}[P\cos\psi_1 - E\cos(\psi_1 \mp \Theta)].$$

Das obere negative Vorzeichen für Θ bezieht sich auf Generatoren und das untere positive auf Motoren, wenn wir unter Θ in beiden Fällen eine positive Zahl verstehen.

In analoger Weise ergibt sich durch Projektion desselben Dreieckes auf eine zu $\overline{CA}$ unter dem Winkel ψ geneigte Gerade X_1X_1

$$J\cos\psi = \frac{1}{z_1}[P\cos(\psi_1 \pm \Theta) - E\cos\psi_1].$$

Es werden somit die beiden Leistungen

$$\boldsymbol{W_1 = \frac{P}{z_1}[P\cos\psi_1 - E\cos(\psi_1 \mp \Theta)]} \quad . \; . \; . \quad (84)$$

$$\boldsymbol{W_a = \frac{E}{z_1}[P\cos(\psi_1 \pm \Theta) - E\cos\psi_1]} \quad . \; . \; . \quad (85)$$

welche Ausdrücke nur die beiden Variablen E und Θ enthalten.

49. Arbeitsdiagramm des Synchronmotors.

Es seien außer der Impedanz z_1 die Klemmenspannung P und die EMK E konstant, während die Belastung des Motors variiert. Diese Arbeitsweise entspricht dem gewöhnlichen Arbeitszustand des Motors. Wir tragen in Fig. 146 die konstante Klemmen-

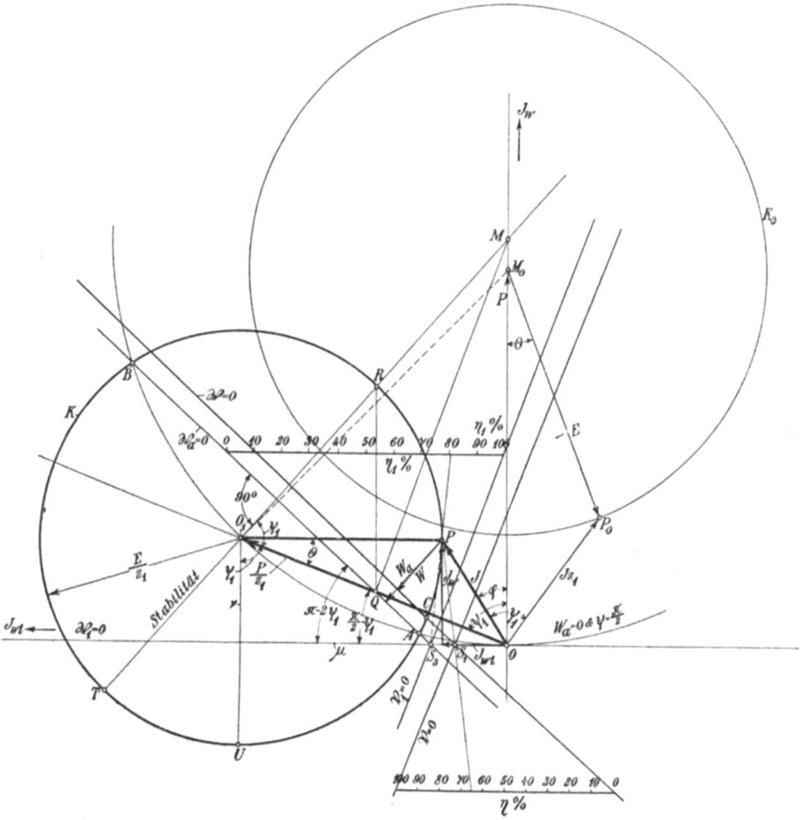

Fig. 146. Arbeitsdiagramm eines Synchronmotors. Wirkungsgradlinien und Stabilitätsgrenze.

spannung P in Richtung der Ordinatenachse von O bis M_0 auf. Zu diesem Vektor addiert sich der Vektor der Gegen-EMK $-E$, der von konstanter Größe, aber veränderlicher Phase ist. Der geometrische Ort des zweiten Endpunktes P_0 des Vektors $-E$ liegt somit auf einem Kreise K_0 um M_0, dessen Radius gleich E ist. $\overline{OM_0P_0}$ ist analog dem Spannungsdreieck $\overline{AOC}$ in Fig. 145, es hat nur eine andere Lage zum Koordinatensystem und ferner ist in Fig. 145 der Vektor $+E$, in Fig. 146 der Vektor $-E$ eingeführt. Die dritte

Seite $\overline{OP_0}$ des Dreieckes gibt uns somit den Vektor der Impedanzspannung Jz_1. Dividieren wir diesen Vektor durch z_1, so erhalten wir den Stromvektor J, der um den Winkel ψ_1 gegen Jz_1 verzögert ist. Die Endpunkte der Vektoren J liegen daher auf einem Kreise K, dessen Mittelpunkte O_1 auf einer Geraden durch den Nullpunkt unter dem Winkel $\psi_1 = \operatorname{arctg}\frac{x_1}{r_1}$ zur Ordinatenachse in dem Abstande $\overline{OO_1} = \frac{\overline{OM_0}}{z_1}$ liegt. Wir haben somit das Dreieck OM_0P_0 um den Winkel ψ_1 um O zu drehen und dessen Seiten durch z_1 zu dividieren. Der Kreis K mit dem Radius $\frac{E}{z_1}$ ist das gesuchte Arbeitsdiagramm des Motors.

Die Ordinaten des Kreises K geben den Wattstrom und die Abszissen den wattlosen Strom des Motors.

Da E konstant ist und J nie gleich Null wird, kann das Drehmoment $W_a = EJ\cos\psi$ nur gleich Null werden, wenn E und J senkrecht aufeinander stehen. Es ist im Stromdiagramm $\overline{OP} = J$, $\overline{OO_1} = \frac{P}{z_1}$ und $\overline{O_1P} = \frac{-E}{z_1}$. Damit $W_a = 0$ wird, müssen E und Jz_1 oder $\overline{O_1P} = \frac{-E}{z_1}$ und $\overline{OP} = J$ miteinander einen Winkel $\frac{\pi}{2} \pm \psi_1$ einschließen. Der geometrische Ort für die Punkte, von denen aus die Strecke $\overline{OO_1}$ unter dem Winkel $\frac{\pi}{2} \pm \psi_1$ gesehen wird, liegen auf einem Kreis durch die Punkte O und O_1, dessen Mittelpunkt M auf einer Geraden unter dem Winkel ψ_1 zu $\overline{OO_1}$ liegt, also auf der Ordinatenachse. Der Winkel OO_1M ist somit auch gleich ψ_1.

Wir ziehen $\overline{MQ} \perp \overline{OO_1}$. Es wird $\overline{OQ} = \overline{O_1Q} = \frac{P}{2z_1}$ und

$$\overline{OM} = \frac{P}{2z_1}\frac{1}{\cos\psi_1} = \frac{P}{2r_1}.$$

Das war auch zu erwarten, denn in jedem Stromkreis mit vorgeschalteter Impedanz lassen sich, wenn das Stromdiagramm ein Kreis ist, die Diagrammpunkte, für die $W_1 - V_1 = 0$ ist, dadurch bestimmen, daß man mit einem Radius von $\frac{P}{2r_1}$ einen Kreis durch den Ursprung schlägt (WT I, S. 82).

Wir bezeichnen hier die Linie $\overline{AB}$, die die Kreispunkte $W_a = 0$ verbindet, als Drehmomentlinie $\mathfrak{W}_a = 0$. Sie ist senkrecht zu $\overline{O_1M}$, bildet daher mit $\overline{OO_1}$ den Winkel $\frac{\pi}{2} - \psi_1$ und mit der Abszissenachse den Winkel $\pi - 2\psi_1$. Ein Ordinatenabschnitt zwischen der Drehmomentlinie und dem Kreise K wird ein Maß für das Drehmoment des Motors. Um dieses zu erhalten, muß man die Abschnitte in Ampere mit $(P - 2\nu r_1)$ gleich $P(1 - 2\cos^2\psi_1)$ multiplizieren, wo $\nu = \frac{P}{z_1}\cos\psi_1$ die Ordinate des Mittelpunktes O_1 bedeutet (s. WT I, S. 81). Man kann aber auch den Abstand des Punktes P von der Drehmomentlinie $\mathfrak{W}_a = 0$ (s. Fig. 146) als Maß für das Drehmoment benutzen; denn alle Abstände bilden denselben Winkel mit den Ordinatenabschnitten wie die Drehmomentlinie mit der Abszissenachse. Dieser Winkel ist nach dem Vorhergehenden gleich $\pi - 2\psi_1$. Um das Drehmoment W_a zu erhalten, müssen wir somit den Abstand des Punktes P von der Drehmomentlinie mit

$$\frac{P - 2\nu r_1}{\cos(\pi - 2\psi_1)} = \frac{P(1 - 2\cos^2\psi_1)}{\cos(\pi - 2\psi_1)} = P$$

d. h. mit der Klemmenspannung multiplizieren.

Da die EMK E konstant ist, sind die Eisenverluste nur abhängig von dem wattlosen Strom, d. h. von der Abszisse des Punktes P. Mit zunehmendem aufgenommenem nacheilendem wattlosem Strom, d. h. voreilendem abgegebenem Strom nimmt die Sättigung der Synchronmaschine zu und also auch die Eisenverluste. Es können deswegen die Eisen- und Reibungsverluste $V_a = E^2 g_a$ angenähert für kleine Winkel Θ berücksichtigt werden, indem wir von allen Ordinatenabschnitten zwischen der Drehmomentlinie und dem Kreise K ein mit der Abszisse des Punktes zunehmendes Stück

$$\frac{V_a}{P - 2\nu r_1} = \frac{V_a}{P(1 - 2\cos^2\psi_1)}$$

subtrahieren. Mit anderen Worten eine gegen die Leistungslinie $\mathfrak{W}_a = 0$ schwach geneigte Gerade gibt uns die Linie $\mathfrak{W} = 0$ für die Nutzleistung des Motors.

Die Verlustlinie $\mathfrak{V}_1 = 0$, deren Abstände von den Kreispunkten uns ein Maß für die Stromwärmeverluste $V_1 = Jr_1^2$ geben, ist (s. WT I, Fig. 79) parallel der Polare des Ursprunges O in bezug auf den Stromkreis K und halbiert den Abstand zwischen O und der Polare. Wir finden die Linie $\mathfrak{V}_1 = 0$, indem wir durch den Schnittpunkt der Linie $\mathfrak{W}_a = 0$ mit der Abszissenachse $\mathfrak{W}_1 = 0$ eine senkrechte zu $\overline{O_1 O}$ ziehen. Sie geht durch den Schnittpunkt S_3 der Geraden $\mathfrak{W}_1 = 0$ und $\mathfrak{W}_a = 0$, denn es ist $V_1 = 0$, wenn $W_1 = 0$ und daher auch $W_a = 0$ ist.

Wir können nun in einfacher Weise die **Wirkungsgrade** η und η_1 der einzelnen Teile der Arbeitsübertragung bestimmen. Es ist

$$\eta_1 = \frac{W_a}{W_1} \quad \text{oder} \quad \eta_1\,{}^0/_0 = \frac{W_a}{W_1}\,100$$

$$\eta = \frac{W}{W_1} \quad \text{oder} \quad \eta\,{}^0/_0 = \frac{W}{W_1}\,100.$$

Da das **elektrische Güteverhältnis**

$$\eta_1 = \frac{W_a}{W_1} = \frac{W_1 - V_1}{W_1}$$

ist, so finden wir es (s. WT I, S. 85) durch Ziehen einer Parallelen (Fig. 146) zur Linie $\mathfrak{W}_1 = 0$, d. h. zur Abszissenachse und durch Einteilung des zwischen den Linien $\mathfrak{V}_1 = 0$ und $\mathfrak{W}_a = 0$ abgeschnittenen Stückes in 100 gleiche Teile, wie dies in der Figur gezeigt ist.

Den **Wirkungsgrad**

$$\eta = \frac{W}{W_1} = \frac{W_1 - V}{W_1}$$

erhält man in gleicher Weise wie oben durch Ziehen einer Parallelen zur Linie $\mathfrak{W}_1 = 0$ und durch Einteilung des zwischen den Linien $\mathfrak{V} = 0$ und $\mathfrak{W} = 0$ abgeschnittenen Stückes in 100 gleiche Teile, wie dies auch in der Figur gezeigt ist.

Es ist $V = V_a + V_1 = W_1 - W$, also ist $V = 0$ für $W_1 = 0$ und $W = 0$, d. h. es geht die Linie $\mathfrak{V} = 0$ durch den Schnittpunkt S_1 der Linien $\mathfrak{W}_1 = 0$ und $\mathfrak{W} = 0$ und ist, da V_a einen mit dem wattlosen Strom zunehmenden Verlust darstellt, gegen die Linie $\mathfrak{V}_1 = 0$ schwach geneigt. In dieser Weise ergeben sich die in der Figur dargestellten Wirkungsgradlinien.

Das Arbeitsdiagramm mit Leistungslinien und Wirkungsgradlinien gibt uns nun vollständig Aufschluß über die Arbeitsweise des Synchronmotors bei konstanter Klemmenspannung und Felderregung.

Wir haben bis jetzt die **Verluste durch die Gleichstromerregung** im Stromdiagramm vernachlässigt. Dies ist auch am zweckmäßigsten, wenn der Motor von einer fremden Stromquelle, die nicht mit dem Motor gekuppelt ist, erregt wird. Sind die Erregerverluste V_e, so wird in diesem Falle der Wirkungsgrad

$$\eta' = \frac{W}{W_1 + V_e} = \frac{\dfrac{W}{W_1}}{1 + \dfrac{V_e}{W_1}} = \frac{\eta}{1 + \dfrac{V_e}{W_1}},$$

wo η den dem Diagramm entnommenen Wirkungsgrad bedeutet.

Besitzt der Motor entweder Selbsterregung, indem ein Teil des zugeführten Wechselstromes in Gleichstrom umgeformt wird, oder wird der Erregerstrom von einer auf der Welle des Motors angebrachten Erregermaschine geliefert, so können die Erregerverluste, in denen auch die Verluste in der Erregermaschine selbst einbegriffen sind, im Kreisdiagramm durch eine Vergrößerung der Konduktanz g_a berücksichtigt werden. Da diese Verluste unter Annahme konstanter Felderregung ebenso wie die Reibungsverluste des Motors konstant sind, so ergibt dann der dem Diagramm entnommene Wirkungsgrad η den wahren Wirkungsgrad der Arbeitsübertragung.

Bei Leerlauf arbeitet der Motor im Punkte C auf dem Kreise K. Belastet man ihn, so steigt der Wattstrom und der Punkt P verschiebt sich auf dem Kreise K nach oben. Bei der in Fig. 146 angenommenen Erregung (E) liegt der Kreis K vollständig links von der Ordinatenachse und die Maschine kann somit bei der angenommenen Klemmenspannung und Erregung nur phasenverspätete Ströme vom Netz aufnehmen. Treibt man dagegen die Maschine an, so werden, wenn der Punkt P mit A zusammenfällt, die Verluste V_a gedeckt, und liegt der Punkt P unterhalb der Abszissenachse, wo der Wattstrom negativ ist, so liefert die Maschine Strom als Generator.

Die Maschine wird als Motor erst dann außer Tritt fallen und stehen bleiben, wenn das von den elektrischen Kräften ausgeübte Drehmoment sein Maximum erreicht hat. Dies ist der Fall, wenn der Punkt P mit dem Punkte R zusammenfällt, denn weil $\overline{O_1 R}$ senkrecht auf der Drehmomentlinie $\mathfrak{W}_a = 0$ steht, wird $\overline{RQ}$ der größte Ordinatenabschnitt zwischen der Drehmomentlinie und dem Kreise K.

Wenn die Wechselstrommaschine als Generator arbeitet, wird die Antriebsmaschine mit ihr nicht durchgehen, solange die von der Wechselstrommaschine verbrauchte Leistung noch steigt; dies ist der Fall bis zu dem zu R diametralen Punkte T. In diesem Punkte ist die von der Antriebsmaschine aufgewandte Leistung ein Maximum. Die Linie $\overline{RT}$ stellt somit die Stabilitätsgrenze der Wechselstrommaschine als Generator und Motor dar. Die Maschine hat einen etwas kleineren Arbeitsbereich als Motor wie als Generator.

Die maximale Leistung des Motors erhält man im Punkte R, für den $\Theta = \psi_1$ ist.

Es ist nach Gl. 85 für einen Motor

$$W = W_a - V_a = \frac{E}{z_1}[P\cos(\psi_1 - \Theta) - E\cos\psi_1] - V_a,$$

also

$$W_{M,\,max} = \frac{E}{z_1}(P - E\cos\psi_1) - V_a$$

$$= \frac{EP}{z_1} - \frac{E^2}{z_1}\cos\psi_1 - V_a \cong \frac{EP}{z_1} - V_a \quad . \quad . \quad (86)$$

Die maximale elektrische Leistung des Generators erhält man im Punkte U; denn der Ordinatenabschnitt zwischen $\mathfrak{W}_1 = 0$ und dem Kreis K bzw. der Wattstrom des Generators ist hier ein Maximum.

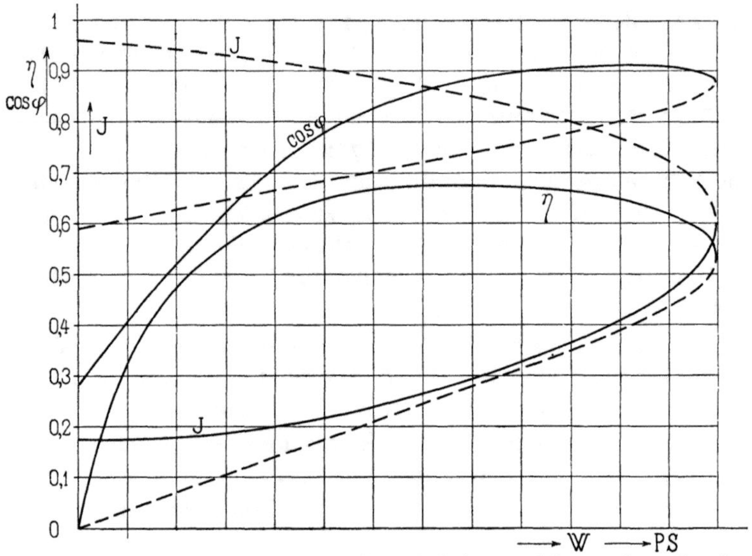

Fig. 147. Stromstärke, Wirkungsgrad und Leistungsfaktor eines Synchronmotors in Abhängigkeit von der Belastung bei konstanter Spannung (entnommen aus Fig. 146).

Es ist nach Gl. 84 für einen Generator

$$W_1 = \frac{P}{z_1}[P\cos\psi_1 - E\cos(\psi_1 - \Theta)].$$

Für den Punkt U, wo die Maschine als Generator arbeitet, ist nach S. 180 Θ ebenfalls gleich ψ_1, also

$$W_{G,\,max} = -\left(\frac{PE}{z_1} - \frac{P^2}{z_1}\cos\psi_1\right) \quad . \quad . \quad . \quad . \quad . \quad (87)$$

Die maximalen Leistungen der Maschine als Generator und Motor weichen bei gegebener Klemmenspannung und Felderregung dem absoluten Betrage nach um

$$W_{M,\,max} - (-W_{G,\,max}) = \frac{P^2 - E^2}{z_1} \cos\psi_1 - V_a$$

voneinander ab. Da die EMK fast stets gleich der Klemmenspannung P und $\cos\psi_1$ meist sehr klein ist, so leistet die Maschine in beiden Fällen fast dasselbe.

In Fig. 147 sind als Funktion der Belastung die Stromstärke J, der Wirkungsgrad η und der Leistungsfaktor $\cos\varphi$, welche Größen alle dem Diagramm entnommen sind, aufgetragen. Die strichpunktierten Teile der Kurven beziehen sich auf den labilen Zustand. Die Kurven entsprechen der Arbeitsweise der Maschine als Motor; die Kurven für die Arbeitsweise als Generator würden auf der linken Seite der Ordinatenachse einzuzeichnen sein, haben jedoch weniger Bedeutung.

50. Die synchronisierende Kraft der Synchronmaschine.

Nach Gl. 85 ist das Drehmoment in synchronen Watt

$$W_a = \frac{E}{z_1}\left[P\cos(\psi_1 \pm \Theta) - E\cos\psi_1\right].$$

Trägt man W_a als Funktion von Θ in einem Koordinatensystem auf, wobei nach links für den Motor das Minuszeichen, nach rechts für den Generator das Pluszeichen gilt, so erhält man eine Sinus-

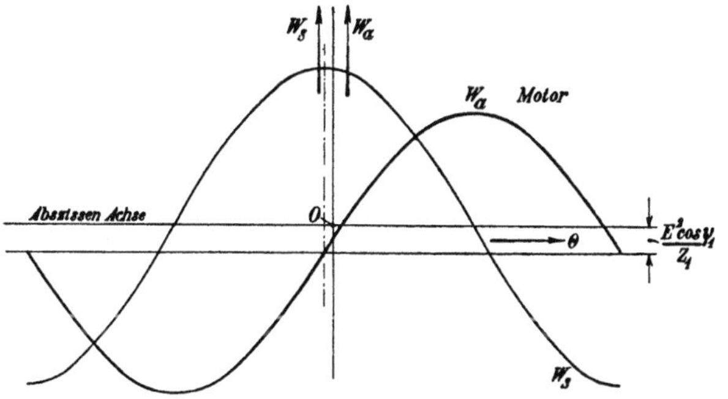

Fig. 148. Drehmoment und synchronisierende Kraft als Funktion des Winkels Θ.

kurve (Fig. 148), deren Mittelachse um $\frac{E^2\cos\psi_1}{z_1}$ niedriger als die Abszissenachse liegt. Diese Kurve bezeichnen wir als die Drehmomentkurve. Der obere Teil rechts der Ordinatenachse bezieht sich auf die Synchronmaschine als Motor, während auf dem unteren Teile links der Ordinatenachse die Maschine als Generator arbeitet.

Treten Belastungsschwankungen auf, so ändert sich der Winkel Θ und umgekehrt bewirkt eine Änderung dieses Winkels eine Belastungsänderung. Bei Pendelerscheinungen führt das Magnetrad außer seiner rotierenden Bewegung noch Schwingungen um eine Mittellage aus; diese bewirken daher Belastungsschwankungen im elektrischen Stromkreise.

Die Größe dieser Schwankungen ist erstens von dem Winkel Θ und zweitens von der Schräge der Drehmomentkurve abhängig. Die Schräge der Drehmomentkurve ist direkt ein Maß für die Kraft, mit der das Magnetrad bei der Entfernung um eine Winkeleinheit aus seiner Mittellage in dieselbe zurückgezogen wird. Diese Kraft heißt man die synchronisierende Kraft W_S der Synchronmaschine. Sie ist

$$W_S = \frac{d W_a}{d \Theta} = \frac{EP}{z_1} \sin(\psi_1 \pm \Theta) \quad . \quad . \quad . \quad (88)$$

oder, da $\psi_1 \cong 90^0$ ist,

$$W_S \cong \frac{EP}{z_1} \cos \Theta .$$

Die maximale synchronisierende Kraft erhalten wir für $\psi_1 \pm \Theta = \frac{\pi}{2}$. Diese ist gleich

$$W_{S_{max}} = \frac{EP}{z_1} \quad . \quad . \quad . \quad . \quad . \quad . \quad . \quad . \quad (89)$$

Das maximale Drehmoment in synchronen Watt bei einer bestimmten Erregung tritt auf für $\psi_1 \pm \Theta = 0$ und es folgt aus Gl. 85

$$W_{a\,max} = \frac{E}{z_1}(P - E \cos \psi_1) \cong \frac{E}{z_1} P \quad . \quad . \quad . \quad (90)$$

Wie wir sehen, ist das maximale Drehmoment angenähert gleich der maximalen synchronisierenden Kraft einer Maschine und das Verhältnis

$$k_u = \frac{W_{a\,max}}{W_a} = \frac{W_{S\,max}}{W_a} = \frac{EP}{W_a z_1}$$

ein Maß für die Überlastungsfähigkeit der Maschine. Alle diese Formeln beziehen sich nur auf konstante Reaktanz x_1. Bei variabler Reaktanz ändern sie sich bedeutend, wie im Kapitel X gezeigt werden soll.

51. Einfluß der Impedanz z_1 und der Erregung auf die Arbeitsweise des Synchronmotors.

Wir wollen nun den Einfluß der Impedanz z_1 und der Erregung auf die Leistungsfähigkeit und Arbeitsweise des Motors untersuchen.

Läßt man die Größe der Impedanz

$$z_1 = \sqrt{r_1^2 + x_1^2}$$

konstant und ändert nur das Verhältnis $\frac{x_1}{r_1}$, so wird der Mittelpunkt O_1 des Stromdiagramms einen Kreis (Fig. 149) mit dem Radius $\frac{P}{z_1}$ um O beschreiben. Je größer r_1 oder $\cos\psi_1 = \frac{r_1}{z_1}$ bzw. je kleiner ψ_1 wird, desto kleiner wird die maximale Leistung des Motors und Generators; denn es werden die Abstände zwischen dem Kreise und der Drehmomentlinie kleiner.

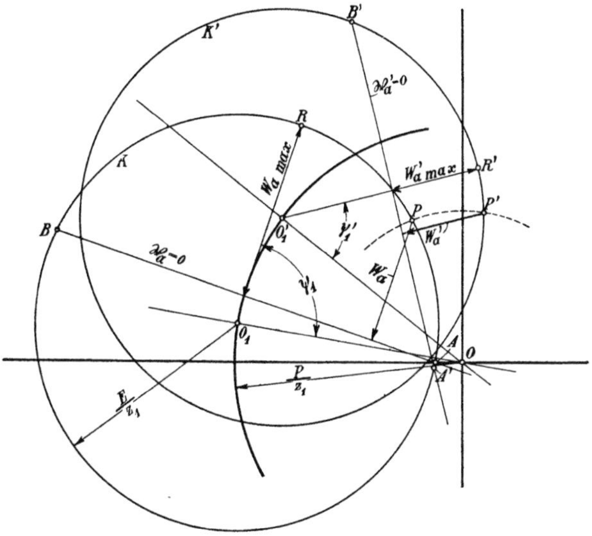

Fig. 149. Stromdiagramm bei veränderlichem Verhältnis $\frac{x_1}{r_1}$.

Da ferner der Radius des Stromdiagramms gleich $\frac{E}{z_1}$ ist, wird die Leistung des Motors um so größer, je kleiner z_1 gemacht wird. Dies geht auch direkt aus den Formeln für $W_{a\,max}$ und $W_{1\,max}$ hervor. Um eine große Überlastungsfähigkeit des Motors zu erhalten, soll man deswegen die Impedanz z_1 und das Verhältnis $\frac{r_1}{z_1} = \cos\psi_1$ möglichst klein machen.

Der **Einfluß der Erregung** bzw. der EMK E läßt sich aus Fig. 150 erkennen. Der Kreis K wird um so größer, je größer, die Erregung gewählt wird. Für $E = P$ geht der Kreis durch den Anfangspunkt (Kreis K_2 Fig. 150) und für $E > P$ reicht er in den vierten Quadranten hinüber. Halten wir nun für alle Erregungen den Strom J konstant, so sehen wir, daß im Falle $E = P$ der wattlose Strom, den der Motor aufnimmt, klein ist. Erst bei großen Belastungen, die sich der Stabilitätsgrenze nähern, wächst der wattlose Strom beträchtlich mit der Belastung an. Bei so großen Belastungen wird man aber die Maschine nicht arbeiten lassen, weil sie dann durch eine äußere Störung leicht außer Tritt fallen würde. Um kleine wattlose Ströme zu erhalten, macht man gewöhnlich die EMK E des Synchronmotors angenähert gleich der Klemmenspannung P; die Kupferverluste werden dabei am kleinsten.

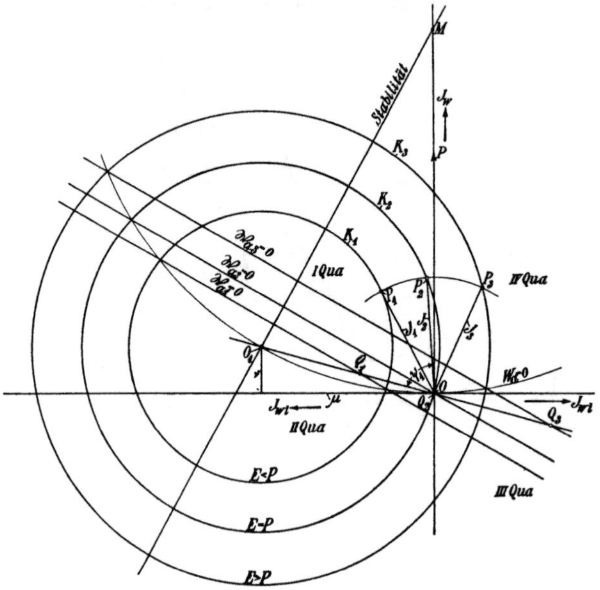

Fig. 150. Arbeitsdiagramme bei verschiedenen EMKen E.

Arbeitet dagegen der Synchronmotor parallel mit Asynchronmotoren oder Transformatoren, so wird es vom Vorteil sein, die Synchronmotoren überzuerregen, d. h. die EMK E größer als die Klemmenspannung P zu machen. Der Stromkreis verläuft dann für alle zulässigen Belastungen im vierten Quadranten (vgl. Fig. 150 Kreis K_3), d. h. der Motor nimmt einen Wattstrom und einen phasenverfrühten wattlosen Strom auf. Die Aufnahme eines phasenverfrühten Stromes ist identisch mit einer Abgabe von phasenverspätetem

Strom; dieser letztere dient dann zur Speisung der asynchronen Motoren.

Aus Fig. 150 läßt sich auch das zu jedem E zugehörige $W_{a\,max}$ entnehmen; alle entsprechenden Punkte liegen auf der Stabilitätslinie. Wie ersichtlich, ist für K_3 $W_{a\,max}$ größer als für K_2 und für K_2 größer als für K_1. Die Vergrößerung der Leistungsfähigkeit des Synchronmotors durch Erhöhung der Gegen-EMK E geht aber nur bis zu einer gewissen Grenze. In Fig. 151 ist $W_{a\,max}$ als Funktion von $\frac{E}{P}$ dargestellt. Von einem bestimmten Werte $\frac{E}{P}$ an beginnt $W_{a\,max}$ zu fallen. Es kann deswegen vorkommen, daß ein Motor, der über eine lange Leitung mit großem Widerstand gespeist wird, bei Übererregung außer Tritt fällt. Das geht aus folgender Betrachtung hervor.

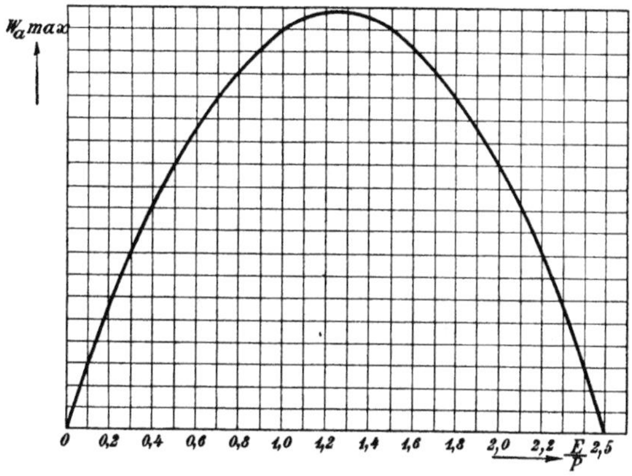

Fig. 151. Maximales Drehmoment als Funktion der EMK E.

Das **maximale** Drehmoment des Motors ist gleich

$$W_{a\,max} = \frac{E}{z_1}(P - E\cos\psi_1).$$

Differenziert man diesen Ausdruck nach E und setzt den Differentialquotienten gleich Null, so ergibt sich

$$P - 2\,E\cos\psi_1 = 0$$

oder

$$E = \frac{P}{2\cos\psi_1} \quad . \quad . \quad . \quad . \quad . \quad . \quad . \quad . \quad (91)$$

Es wird somit das **absolute Maximum** des Drehmomentes gleich

$$W'_{a\,max} = \frac{P}{2\,z_1\cos\psi_1}\left(P - \frac{P}{2}\right)$$

oder

$$W'_{a\,max} = \frac{P^2}{4\,r_1} \quad \ldots \ldots \quad (92)$$

Wie ersichtlich, wird der Ohmsche Widerstand bei jeder Erregung die Stabilität stark beeinflussen. Für das absolute Maximum des Drehmomentes wird der Vektor $\frac{E}{z_1}$ mit $\overline{MO_1}$ (Fig. 146) zusammenfallen, denn es ist für diese Lage und Größe von $\frac{E}{z_1}$ sowohl die Bedingung für W_a gleich einem Maximum erfüllt, da $\psi_1 = \Theta$ ist, wie die Bedingung (Gl. 91) für $W_{a\,max}$ gleich einem Maximum, da

$$\frac{E}{z_1} = \frac{P}{2\,r_1} = \frac{P}{2\,z_1 \cos\psi_1} = \overline{MO_1}.$$

Wir erhalten somit das absolute Maximum des Drehmomentes W_a für eine Erregung, bei der der Kreis K durch den Punkt M geht. Wird die Erregung noch mehr vergrößert, so nimmt W_a wieder ab.

Dieses absolute Maximum von W_a kommt für den praktischen Betrieb nicht in Betracht, da die Dauerleistung eines Synchronmotors wegen der Erwärmung viel tiefer liegt. Ein gut gebauter Synchronmotor wird eher verbrennen, als wegen Überlastung außer Tritt fallen. Da aber die Leistungsfähigkeit der Motoren durch äußere Störungen, wie Spannungs- oder Geschwindigkeitsänderungen stark beeinträchtigt wird, und da ferner nicht erwünscht ist, daß der Motor bei einer momentanen Überlastung außer Tritt fällt, so wählt man deswegen gewöhnlich die maximale Leistung der Synchronmotoren etwa doppelt so groß als die normale. In einzelnen Fällen, in denen eine Überlastung nicht zu erwarten ist, z. B. wenn die Synchronmotoren Gleichstrommaschinen zur Ladung von Akkumulatorenbatterien treiben, genügt es, die maximale Leistung des Motors 25 % größer als die normale zu wählen.

Sind, wie es meistens der Fall ist, E und P nicht sehr verschieden, so tritt das absolut größte Drehmoment, wie aus der Bedingung Gl. 91 zu ersehen ist, bei $2\cos\psi_1 = 1$ ein, d. h. wenn $\cos\psi_1 = \frac{1}{2}$ oder die Reaktanz $x_1 = \sqrt{3}\,r_1$ wird. Da die Reaktanz der Wechselstrommaschinen stets größer ist, als dieser Gleichung entspricht, so wird im allgemeinen jede Vergrößerung derselben die Maximalleistung heruntersetzen. Nur in Fällen, in denen der Motor über eine sehr lange Leitung von großem Widerstand gespeist wird, kann es einen Zweck haben, die Reaktanz x_1 des Motors absichtlich zu vergrößern. In diesem Falle kann man auch dem Motor eine Drosselspule vorschalten. Eine Vergrößerung der Reaktanz x_1 und somit von ψ_1

ermöglicht eine Vergrößerung von Θ innerhalb der Stabilitätsgrenze (vgl. Fig. 149), allerdings unter Verminderung der bei der gegebenen EMK E erreichbaren Höchstleistung. Die Folge davon ist, daß bei gleicher Leistungszunahme des Motors (Belastungsstoß) die Winkelabweichung Θ größer wird, der Stoß also weniger heftig auf den Generator zurückwirkt. Die Maschinen werden weniger Neigung zum Pendeln haben. Ebenso werden bei gleicher Leistungszunahme des Motors die Winkelabweichungen Θ um so kleiner, je größer die Erregung des Motors genommen wird; das gilt bis zu einer gewissen Grenze, und zwar bis $\frac{E}{P}$ den Wert erreicht hat, bei dem $W_{a\,max} = W_{a\,max}'$ wird.

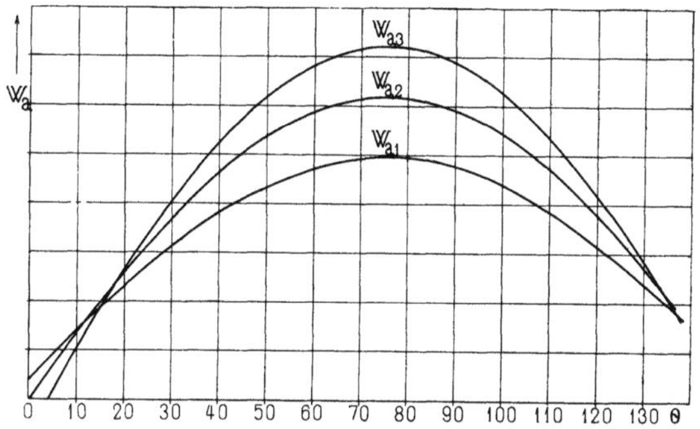

Fig. 152. Drehmoment des Synchronmotors in Abhängigkeit von der Winkelabweichung Θ bei verschiedenen Erregungen.

Einen guten Überblick über diese Verhältnisse geben die Drehmomentkurven der Fig. 152, die aus dem Diagramm leicht abzuleiten sind. Als Abszissen sind die wirklichen Winkel Θ, als Ordinaten die Drehmomente W_a aufgetragen. Die Kurven gelten für je einen Wert von E. Ändert sich die Impedanz z_1, während ψ_1 unverändert bleibt, so ändert sich im Arbeitsdiagramm nur der Maßstab von J im gleichen Sinne, also in der Kurve nur den Ordinatenmaßstab. Verschiebt sich dagegen bei gleicher Impedanz das Verhältnis von $\frac{r_1}{z_1} = \cos\psi_1$, so werden die Kurven für größere Werte von $\cos\psi_1$ nach unten und für kleinere Werte nach oben verschoben.

Bei der Berechnung von Synchronmotoren ist deswegen sowohl der Widerstand r_a wie die Synchronreaktanz x_a möglichst klein zu machen, was durch die Wahl eines großen Kraftflusses pro Pol und kleiner Windungszahl der Ankerwicklung erreicht werden kann. Ist die Impedanz z_1 konstant, was bei der Vollpolmaschine fast der Fall ist, so soll man das Verhältnis $\frac{r_1}{x_1}$ möglichst klein machen.

52. Kraftübertragung mit zwei Synchronmaschinen.

Wir haben bis jetzt angenommen, daß der Synchronmotor an Sammelschienen von konstanter Spannung P angeschlossen sei. Die abgeleiteten Resultate gelten aber auch für den Fall, daß der Motor von einem einzigen Generator gespeist wird. Bei einer einfachen Arbeitsübertragung, bestehend aus einem Generator, den Leitungen und einem Motor, braucht man nur in den obigen Formeln für P die im Generator induzierte EMK E_g und für z_1 die resultierende Impedanz des ganzen Stromkreises einzuführen. V_1 ist der Kupferverlust und V_a der Leerlaufverlust des ganzen Stromkreises. η gibt somit direkt den Wirkungsgrad der Arbeitsübertragung an.

Neuntes Kapitel.

Die *V*-Kurven eines Synchronmotors und seine Anwendung als Phasenregler.

53. Das Stromdiagramm eines Synchronmotors bei konstanter Klemmenspannung und konstantem Drehmoment. — 54. Die *V*-Kurven der Synchronmaschine. — 55. Vollständiges Diagramm eines Synchronmotors. — 56. Anwendung der Synchronmotoren als Phasenregler. — 57. Selbsttätige Phasenregler.

53. Das Stromdiagramm eines Synchronmotors bei konstanter Klemmenspannung und konstantem Drehmoment.

Aus der Hauptgleichung des Synchronmotors (Gl. 83) ging hervor, daß bei gegebener Klemmenspannung P, Impedanz z_1 und gegebenem Drehmoment W_a die Stromstärke J nach einer ganz bestimmten Funktion der EMK E variiert. Diese Kurve, die uns den Einfluß einer Erregungsänderung auf die Wirkungsweise eines konstant belasteten Motors zeigt, wollen wir jetzt berechnen.

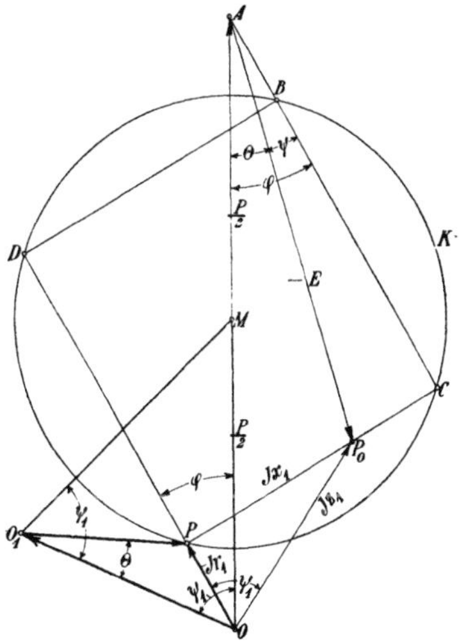

Fig. 153.

Wir gehen vom Stromdiagramm Fig. 146 aus und tragen[1]) das Dreieck OMO_1 auf, wobei alle Seiten mit r_1 multipliziert werden (Fig. 153). Es ist also $\overline{OM} = \frac{P}{2}$ und $\overline{OP} = Jr_1$.

Tragen wir $Jx_1 = \overline{PP_0}$ auf, so wird $\overline{OP_0} = Jz_1$. Wir ver-

[1]) Siehe A. Blondel, Moteurs synchrones à courants alternatifs. Paris, Gauthier-Villars.

längern $\overline{OM}$ bis A, so daß $\overline{MA} = \overline{OM}$ wird; es wird somit $\overline{OA} = P$, $\overline{AP_0} = -E$ und der Winkel $OAP_0 = \Theta$. Ziehen wir $\overline{AC} \parallel J$, so ist der Winkel $P_0AC = \varphi - \Theta = \psi$ und $\overline{CA} = E\cos\psi$. Wir machen auf $\overline{AC}$ die Strecke $\overline{AB} = \overline{OP} = Jr_1$ und verlängern $\overline{OP}$ bis D, so daß $\overline{DO} = \overline{CA} = E\cos\psi$ wird. Es ist daher

$$\overline{AB}\cdot\overline{CA} = \overline{OP}\cdot\overline{DO} = Jr_1\,E\cos\psi = W_a r_1.$$

Wird das Drehmoment W_a konstant gehalten, so wird somit auch

$$\overline{OP}\cdot\overline{DO} = \overline{AB}\cdot\overline{CA} = \text{konstant}$$

und der geometrische Ort für P und D bzw. B und C wird ein Kreis. Damit für alle Vektoren $\overline{OP}$ das Viereck $PDBC$ rechteckig bleibt, muß es ein und derselbe Kreis sein. Der Radius R dieses Kreises für einen bestimmten Wert von W_a ergibt sich aus folgender Beziehung

$$(\overline{OM} - R)(\overline{OM} + R) = W_a r_1$$

und da $\overline{OM} = \frac{P}{2}$

$$\frac{P^2}{4} - R^2 = W_a r_1,$$

also

$$R = \sqrt{\frac{P^2}{4} - W_a r_1}$$

Dividieren wir jetzt alle Vektoren der Fig. 153 durch r_1, so ändert sich nur der Maßstab; es wird wieder (Fig. 154) $\overline{OP} = J$, $\overline{OO_1} = \frac{P}{z_1}$ und $\overline{O_1P} = \frac{-E}{z_1}$ und der Kreis K mit dem Mittelpunkt in M gibt uns in einem Maßstab, der durch $\overline{OM} = \frac{P}{2r_1}$ bestimmt ist und mit dem Radius

$$R = \frac{1}{r_1}\sqrt{\frac{P^2}{4} - W_a r_1} = \frac{1}{r_1}\sqrt{r_1\left(\frac{P^2}{4r_1} - W_a\right)} = \sqrt{\frac{1}{r_1}\left(W'_{a\,max} - W_a\right)} \tag{93}$$

das Stromdiagramm.

Das Stromdiagramm des Synchronmotors für konstante Klemmenspannung P, Impedanz z_1 und konstantes Drehmoment W_a ist somit ein Kreis, dessen Mittelpunkt in M liegt.

Für $W_a = 0$ wird

$$R = \frac{P}{2r_1} = \overline{OM},$$

also geht der Stromkreis für das Drehmoment Null durch den Ursprung O. Dieser ist mit dem Kreise identisch, den wir früher (Fig. 146) als geometrischen Ort für $\psi = \frac{\pi}{2}$ gefunden haben, denn dann ist

$$W_a = E J \cos \psi = 0.$$

Für $W_a = W'_{a\,max}$ wird $R = 0$, d. h. der Stromkreis schrumpft zum Punkte M zusammen; das war auch zu erwarten, denn für den Punkt M ist $\Theta = \psi$ und

$$\frac{E}{z_1} = \frac{P}{2 r_1}$$

oder

$$E = \frac{P}{2 \cos \psi_1}.$$

Wie wir auf S. 185 und 191 gesehen haben, ist $\Theta = \psi_1$ die Bedingung für das maximale Drehmoment und $E = \frac{P}{2 \cos \psi_1}$ die Bedingung für $W_{a\,max} = W'_{a\,max}$.

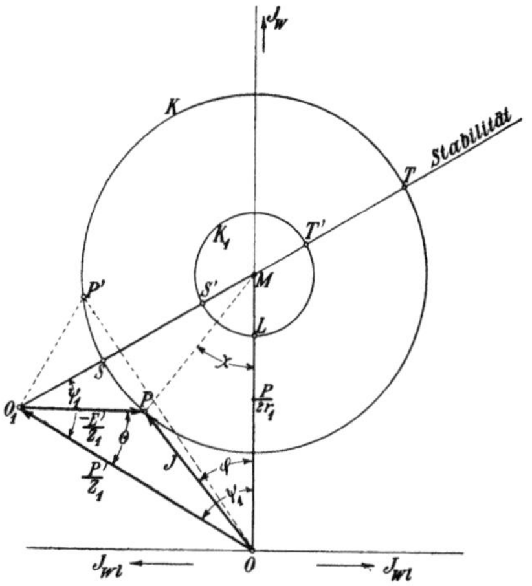

Fig. 154. Stromdiagramm eines Synchronmotors bei konstanter Klemmenspannung und konstantem Drehmoment.

Im Stromdiagramm für konstante EMK E (Fig. 146) stellte die Linie $\overline{O_1 M}$ die Stabilitätsgrenze des Motors dar. Auch im Stromdiagramm für konstantes Drehmoment (Fig. 154) hat diese Linie $\overline{O_1 M}$ dieselbe Eigenschaft. In Fig. 154 ist die Linie $O O_1$ der Größe und Lage nach bestimmt durch die gegebene Klemmenspannung P und Impedanz z_1; der Punkt O_1 ist also ein fester Punkt. $\overline{O_1 P}$ wird daher ein Maß für die EMK E bzw. für den Erregerstrom sein, wenn der Endpunkt des Stromvektors P sich auf dem Kreise K bewegt. Wie aus dem Stromdiagramm K ersichtlich, gehören zu einer Erregung $\overline{O_1 P} = \overline{O_1 P'}$ zwei verschiedene Werte des Stromes $\overline{OP}$ und $\overline{OP'}$. Von diesen entspricht der größere Strom einem labilen Arbeitszustand des Motors und nur der Teil des Kreises K, der unterhalb der Linie $\overline{O_1 M}$ liegt, entspricht dem stabilen Gange des Motors. Bei der kleinsten EMK

$\frac{E}{z_1} = \overline{SO_1}$, bei der der Motor noch nicht außer Tritt fällt, erhält man den größten phasenverspäteten Strom $\overline{OS}$. Erhöht man die Erregung, so nimmt die Stromstärke erst ab, wird ein Minimum bei Phasengleichheit ($\varphi = 0$) und steigt dann wieder. Der Strom ist jetzt phasenverfrüht und steigt bis zu $\overline{OT}$, wo die EMK E ihr Maximum entsprechend $\frac{E}{z_1} = \overline{TO_1}$ erreicht. Bei weiterer Erhöhung der Erregung fällt der Motor dann außer Tritt.

Wir sehen hieraus, daß der Motor bei konstantem äußerem Drehmoment stehen bleibt, sowohl wenn die Erregung zu niedrig als wenn sie zu hoch gemacht wird. Wie aus dem Diagramm Fig. 154 ersichtlich, weicht bei großen Belastungen (Kreis K_1) die minimale Erregung $\overline{S'O_1}$ ganz wenig von der Erregung für minimalen Strom $\overline{LO_1}$ ab.

Eine Verkleinerung der Erregung kann in diesem Falle die Stabilität des Motors gefährden. Man darf deswegen, wenn der Motor für Minimalstrom erregt und stark belastet ist, nicht die Erregung heruntersetzen, denn dann fällt der Motor außer Tritt. Dieselbe Wirkung hat auch ein kleiner Belastungsstoß, so daß es günstig ist, den Motor etwas überzuerregen. Wie wir später sehen werden, ist die Gefahr des Außertrittfallens um so größer, je kleiner das Verhältnis $\frac{x_1}{r_1} = \operatorname{tg} \psi_1$ ist.

Man kann auch in das Stromdiagramm für konstantes Drehmoment W_a die Verlustlinien einzeichnen; diese haben jedoch hier weniger Interesse.

54. Die *V*-Kurven der Synchronmaschine.

Entnimmt man dem Stromdiagramm für konstantes Drehmoment (Fig. 154 und 155) die zu jeder EMK E zugehörige Stromstärke J und trägt sie in einem Koordinatensystem auf, so erhält man *V*-ähnliche Kurven. Diese lassen sich auch analytisch berechnen, und zwar am besten, indem man E und J als Funktion einer einzigen Variablen, des Winkels χ (Fig. 154) ausdrückt. Da die Ordinate des Mittelpunktes M gleich

$$\overline{OM} = \frac{P}{2 r_1}$$

ist, und der Radius des Kreises K gleich

$$R = \sqrt{\frac{1}{r_1}\left(\frac{P^2}{4 r_1} - W_a\right)}$$

ist, ergibt sich aus dem Dreiecke OMP

$$J^2 = \overline{OM}^2 + \overline{MP}^2 - 2\,\overline{OM}\,\overline{MP}\cos\chi$$

$$= \frac{P^2}{4{r_1}^2} + \frac{1}{r_1}\left(\frac{P^2}{4r_1} - W_a\right) - 2\frac{P}{2r_1}\sqrt{\frac{1}{r_1}\left(\frac{P^2}{4r_1} - W_a\right)}\cos\chi.$$

oder

$$J = \frac{P}{r_1}\sqrt{\frac{1}{2}\left(1 - \frac{2r_1W_a}{P^2} - \sqrt{1 - \frac{4r_1W_a}{P^2}}\cos\chi\right)}$$

oder indem man $W'_{a\,max} = \dfrac{P^2}{4r_1}$ einführt, wird

$$J = \frac{P}{r_1\sqrt{2}}\sqrt{1 - \frac{W_a}{2W'_{a\,max}} - \sqrt{1 - \frac{W_a}{W'_{a\,max}}}\cos\chi} \quad . \quad (94)$$

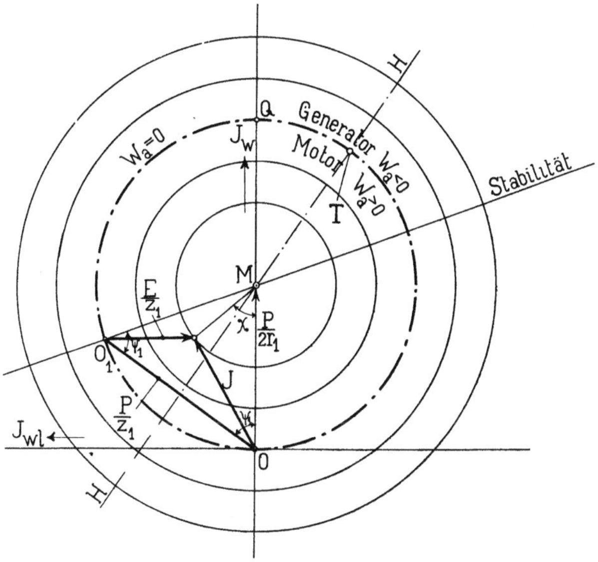

Fig. 155.

In gleicher Weise ergibt sich aus dem Dreiecke O_1MP, dessen eine Seite $\overline{O_1M} = \overline{OM} = \dfrac{P}{2r_1}$ und dessen zweite Seite $\overline{PO_1} = \dfrac{E}{z_1}$ ist

$$\frac{E}{z_1} = \overline{OM}^2 + \overline{MP}^2 - 2\,\overline{OM}\,\overline{MP}\cos(\pi - 2\psi_1 - \chi)$$

oder

$$E = \frac{Pz_1}{r_1\sqrt{2}}\sqrt{1 - \frac{W_a}{2W'_{a\,max}} + \sqrt{1 - \frac{W_a}{W'_{a\,max}}}\cos(2\psi_1 + \chi)} \quad (95)$$

Der Winkel χ ist positiv für phasenverspätete aufgenommene Ströme und negativ für phasenverfrühte Ströme. Innerhalb der Stabilitätsgrenze variiert somit χ von $\pi - 2\psi_1$ bis $-2\psi_1$.

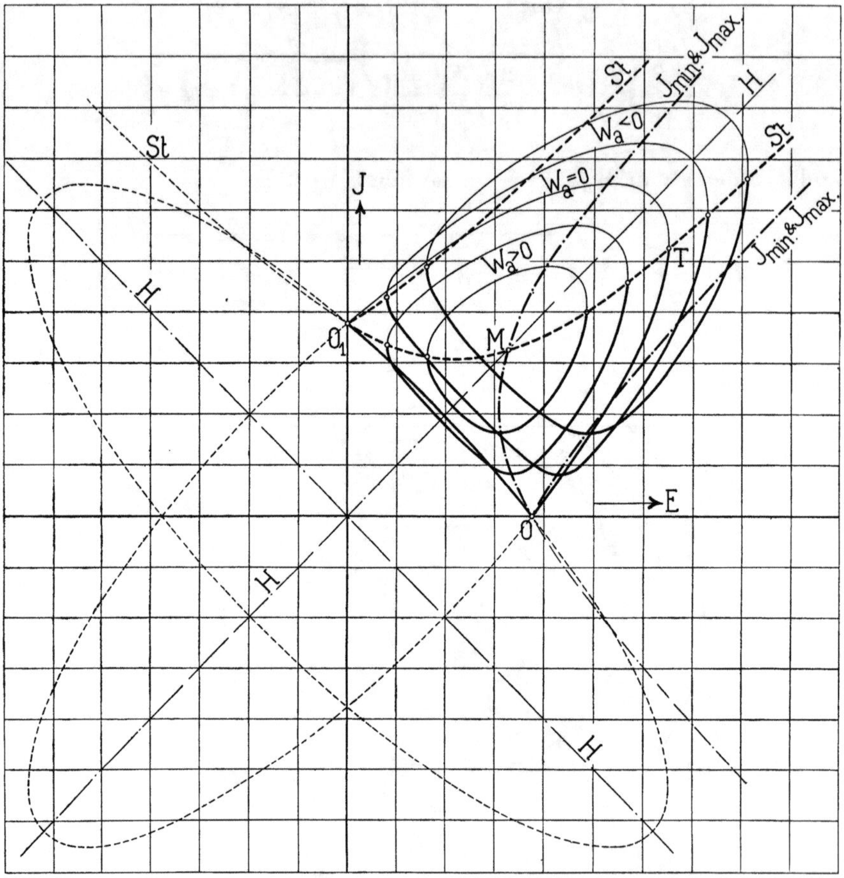

Fig. 156. V-Kurven einer Synchronmaschine. Abhängigkeit des Stromes von der EMK E bei konstanter Spannung und konstantem Drehmomente.

Für den Zustand $W_a = 0$, der dem Leerlauf eines eisenverlust- und reibungslosen Motors entspricht, erhält man

$$J = \frac{P}{r_1 \sqrt{2}} \sqrt{1 - \cos\chi}$$

und

$$E = \frac{P}{\sqrt{2}\cos\psi_1} \sqrt{1 + \cos(2\psi_1 + \chi)}.$$

Für diesen Fall lautet die Grundgleichung des Synchronmotors (s. Gl. 83)

$$P^2 - E^2 - J^2 z_1^2 = \pm 2 x_1 E J.$$

die eine Gleichung zweiten Grades zwischen E und J darstellt. Jedem Vorzeichen der rechten Seite entspricht eine Ellipse.

In Fig. 156 sind die beiden Ellipsen eingezeichnet. Ihre großen Achsen sind unter gleichem Winkel gegen die Ordinatenachse geneigt. Die dick ausgezogenen Teile der Ellipsen entsprechen dem unteren Teil des strichpunktierten Stromdiagramms $W_a = 0$ (Fig. 155). Auf diesen beiden Ellipsenbogen $O O_1$ und OT arbeitet somit die Synchronmaschine beim Drehmomente $W_a = 0$. Diese beiden Bogen bilden zusammen ein V und von dieser Gestalt rührt der Name V-Kurve her.

In Fig. 156 sind die V-Kurven für verschiedene Drehmomente eingezeichnet; sie sind aus den Stromdiagrammen (Fig. 155) ermittelt, konnten aber auch analytisch aus den Gleichungen für E und J berechnet werden, in denen der Winkel χ die einzige Variable ist. Da in Fig. 156 J und $\frac{E}{z_1}$ in demselben Maßstabe aufgetragen sind, so halbieren die großen Achsen $\overline{HH}$ der beiden Ellipsen den Raum zwischen den Koordinatenachsen. Die Achsen $\overline{HH}$ entsprechen in dem Stromdiagramm (Fig. 155) der Mittelsenkrechten $\overline{HH}$ auf der Linie $\overline{OO_1}$, und da diese Mittelsenkrechte eine Symmetrieachse der Stromdiagramme ist, müssen die großen Achsen $\overline{HH}$ der Ellipsen in Fig. 156 auch Symmetrieachsen der V-Kurven werden, weil J und $\frac{E}{z_1}$ in demselben Maßstabe aufgetragen sind. Die Punkte O, O_1 und M der Fig. 156 entsprechen denselben Punkten des Stromdiagramms Fig. 155.

Wir werden nun die Stabilitätsgrenzen einzeichnen. Dies geschieht am besten, indem wir für irgendeinen Punkt der Stabilitätsgrenze die EMK E durch den zugeführten Strom J ausdrücken. Es folgt aus der Fig. 157

$$\frac{E}{z_1} = \frac{P}{z_1} \cos \psi_1 + \sqrt{J^2 - \left(\frac{P}{z_1} \sin \psi_1\right)^2}$$

oder

$$E - P \cos \psi_1 = \sqrt{J^2 z_1^2 - P^2 \sin^2 \psi_1}\,.$$

Durch Quadrierung erhält man

$$E^2 + P^2 \cos^2 \psi_1 - 2 E P \cos \psi_1 = J^2 z_1^2 - P^2 \sin^2 \psi_1$$

oder

$$E^2 - J^2 z_1^2 - 2 E P \cos \psi_1 + P^2 = 0.$$

Es wird somit die Stabilitätsgrenze in der Fig. 156 durch zwei Hyperbeläste gebildet, die durch die punktierten Kurven *St* dargestellt sind. Der ganze Raum oberhalb der Hyperbelbogen entspricht dem labilen Gang des Motors und Generators. In Fig. 156 sind die labilen Teile der *V*-Kurven dünn und die stabilen Teile dick ausgezogen.

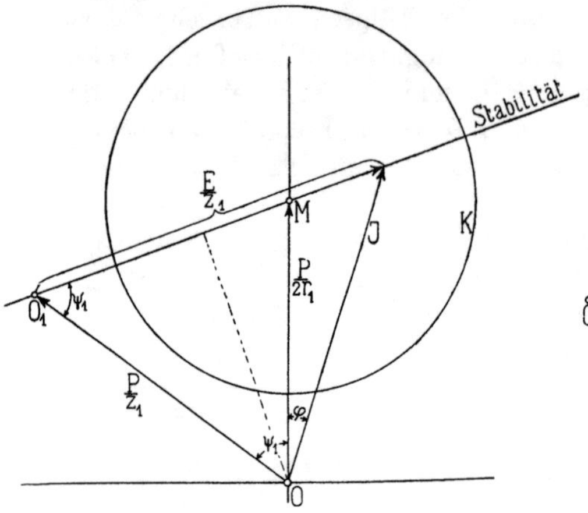

Fig. 157.

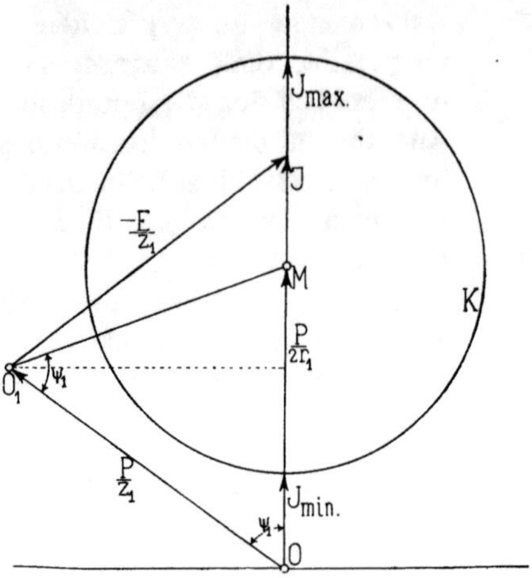

Fig. 158.

Die Ordinatenachse des Stromdiagramms (Fig. 158) entspricht dem minimalen bzw. maximalen Strom. Da für irgendeinen Punkt dieser Achse

$$\frac{E}{z_1} = \sqrt{\left(\frac{P}{z_1}\sin\psi_1\right)^2 + \left(J - \frac{P}{z_1}\cos\psi_1\right)^2}$$

oder

$$E^2 = P^2 + J^2 z_1^{\,2} - 2\,P J z_1 \cos\psi_1$$

$$E^2 = P^2 + J^2 z_1^{\,2} - 2\,P J r_1$$

ist, so besteht die Kurve des minimalen Stromes auch aus zwei Hyperbelzweigen, die den von den Ellipsen begrenzten Raum in zwei Teile, einen mit phasenverspäteten und einen mit phasenverfrühten Strömen, zerlegt. Diese Hyperbeln, die strichpunktiert sind, gehen durch den Punkt des minimalen und des maximalen Stromes und die eine schneidet die Stabilitätsgrenze in dem Punkt *M* des maximalen Drehmomentes. Der kleinste Strom, den man bei gegebenem Drehmoment erhalten kann, ist nach Fig. 158

$$J_{min} = \frac{P}{2\,r_1} - R = \frac{P}{2\,r_1} - \sqrt{\frac{1}{r_1}(W_{a\,max} - W_a)}.$$

Bei der experimentellen Aufnahme der *V*-Kurven kann nicht die EMK *E*, sondern nur der Erregerstrom i_e gemessen werden.

Durch Aufnahme der Leerlaufcharakteristik kann dann nachher die jedem Erregerstrom entsprechende EMK E bestimmt werden.

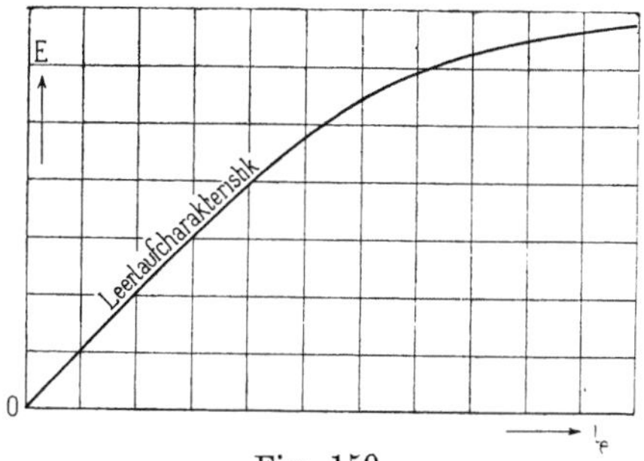

Fig. 159.

Legen wir dem Motor, auf den sich die obigen V-Kurven beziehen, die Leerlaufcharakteristik (Fig. 159) zugrunde, so kann man umgekehrt den jeder EMK E entsprechenden Erregerstrom i_e dieser Kurve entnehmen und den Ankerstrom als Funktion des Erregerstromes auftragen. Das ist in der Fig. 160 geschehen, und zwar für dieselben Drehmomente wie in Fig. 156. Diese V-Kurven, die die Abhängigkeit des Ankerstromes von dem Erregerstrome bei gegebenem Drehmomente darstellen, haben eine etwas andere Form

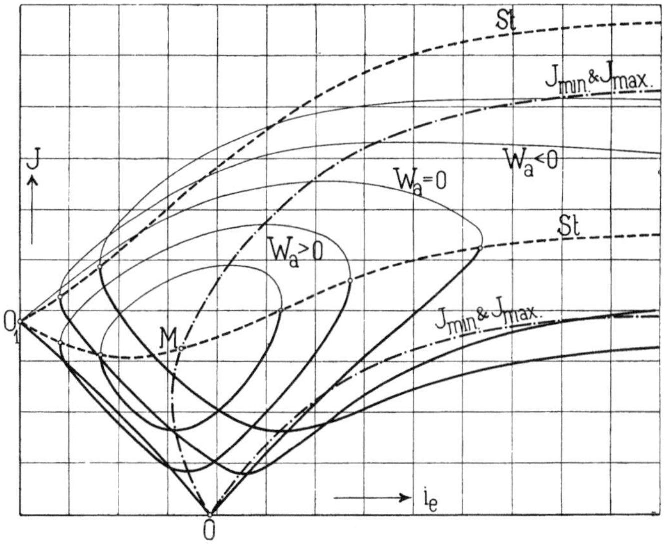

Fig. 160. V-Kurven einer Synchronmaschine. Abhängigkeit des Ankerstromes von der Erregung bei konstanter Spannung und konstantem Drehmomente.

als die V-Kurven, die durch Auftragen des Ankerstromes als Funktion der EMK E erhalten werden. Der linke Ast ist fast geradlinig, während der rechte Ast dieser V-Kurven konkav nach unten verläuft.

In Fig. 160 ist der Raum der V-Kurven, der sich auf phasenverfrühtem Strom bezieht, viel größer als der entsprechende Raum der Fig. 156. Der auf phasenverspätete Ströme Bezug nehmende Arbeitsbereich dagegen ist fast unverändert geblieben. Die V-Kurven, die man bei einer Maschine mit ausgeprägten Polen experimentell aufnimmt, indem man den gemessenen Ankerstrom als Funktion des gemessenen Erregerstromes aufträgt, haben merkwürdigerweise mehr Ähnlichkeit mit den berechneten V-Kurven, die J als Funktion von E darstellen, als mit diesen letzteren Kurven (Fig. 160). Es soll aber später gezeigt werden, daß dieses Verhalten der Motoren von der Änderung der Reaktanz mit der Erregung herrührt.

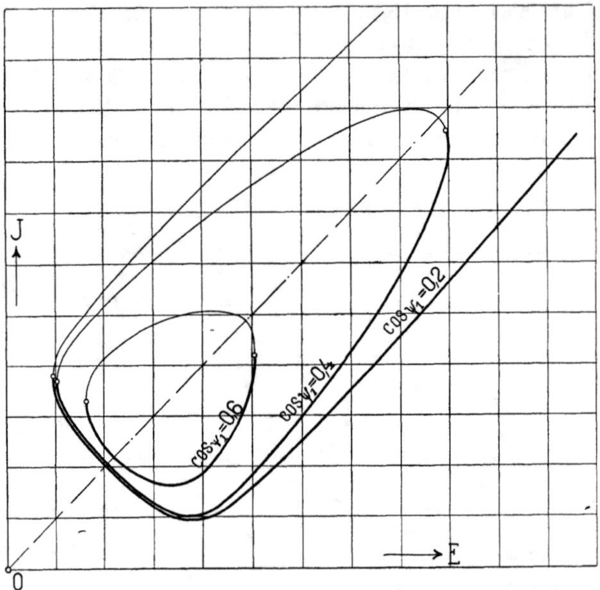

Fig. 161. V-Kurven für konstante Spannung, Leistung und Impedanz bei verschiedenen Verhältnissen $\frac{r_1}{z_1}$.

Wie aus den Formeln (94 und 95) für E und J ersichtlich, wird E für denselben Winkel χ um so größer, je kleiner $\cos \psi_1 = \frac{r_1}{z_1}$ ist, während der Strom J allein von r_1 abhängt. Hieraus folgt, daß die V-Kurven desto flacher verlaufen, je kleiner $\cos \psi_1$ ist. In Fig. 161 sind einige V-Kurven für dieselbe Spannung, Leistung und Impedanz z_1, aber unter Zugrundelegung verschiedener Werte für r_1 und x_1 aufgezeichnet. Es geht aus diesem deutlich hervor, daß man die Erregung eines Motors innerhalb sehr weiten Grenzen variieren kann, wenn der Motor eine verhältnismäßig große Reaktanz hat. Bei ungeschickten Änderungen der Erregung werden deswegen Motoren mit großer Reaktanz weniger leicht außer Tritt fallen, als solche mit großem Widerstand und kleiner Reaktanz.

Bei der Betrachtung des Einflusses der Impedanz z_1 auf das Arbeitsdiagramm des Synchronmotors, also bei konstanter EMK E, haben wir gesehen, daß, wenn bei demselben z_1 das Verhältnis von $\frac{x_1}{r_1}$ variiert wird, das maximale Drehmoment des Motors um so größer ist, je größer dieses Verhältnis ist, d. h. bei demselben E läßt sich irgendein Drehmoment W_a mit einem kleineren Strome erreichen, wenn $\frac{x_1}{r_1}$ größer gewählt ist. Das läßt sich auch aus Fig. 161 erkennen, in der die Leistung für alle Kurven gleich angenommen ist. Wie ersichtlich, gehört im stabilen Arbeitsbereiche des Motors zu irgendeinem E ein um so kleinerer Strom, je kleiner $\cos\psi_1$ ist, d. h. je größer ψ_1 bzw. $\frac{x_1}{r_1} = \operatorname{tg}\psi_1$ ist.

Aus demselben Grunde ist ein Motor mit kleinerem Verhältnis $\frac{x_1}{r_1}$ bei gleichem z_1, gegenüber Schwankungen der Klemmenspannung empfindlicher, als ein solcher mit größerem $\frac{x_1}{r_1}$.

55. Vollständiges Diagramm eines Synchronmotors.

Wir wollen nun die verschiedenen geometrischen Orte des Synchronmotors in einem Diagramm, und zwar in einem Stromdiagramm (Fig. 162) zusammenstellen.

1. Die geometrischen Orte für konstante EMK E sind konzentrische Kreise um den Mittelpunkt O_1.

2. Die geometrischen Orte für konstanten Strom J sind konzentrische Kreise um den Ursprung O als Mittelpunkt.

3. Die geometrischen Orte für konstantes Drehmoment W_a sind konzentrische Kreise um den Mittelpunkt M. Der Kreis für $W_a = 0$ geht durch die Punkte O und O_1 und zerlegt den ganzen Raum in zwei Teile, von denen der eine sich auf die Maschine als Motor und der andere sich auf das Arbeiten als Generator bezieht.

4. Die geometrischen Orte für konstanten inneren Phasenverschiebungswinkel ψ sind Kreise durch O und O_1. Die beiden Vektoren J und E schließen dann alle denselben Winkel $\pi \pm \psi$

miteinander ein. Der geometrische Ort für $\psi = \frac{\pi}{2}$ fällt mit dem Kreis für das Drehmoment $W_a = 0$ zusammen. Der geometrische Ort für $\psi = 0$ tangiert die beiden Linien $\overline{OM}$ und $\overline{O_1 M}$ in O bzw. in O_1.

5. Die geometrischen Orte für konstante zugeführte Leistung sind Geraden, die parallel zur Abszissenachse verlaufen, da für diese der Wattstrom konstant ist.

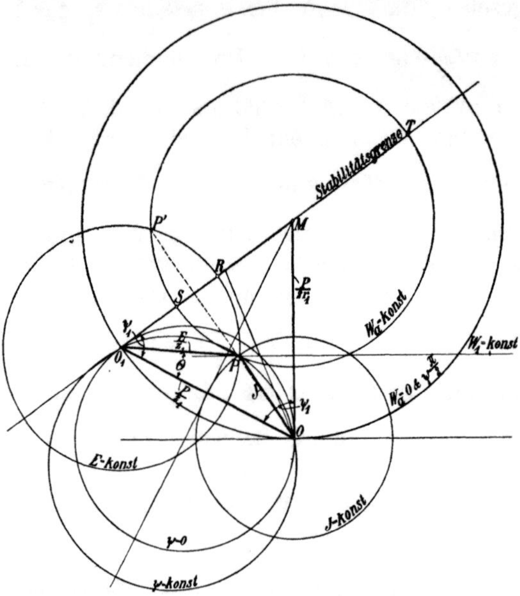

Fig. 162. Zusammenstellung der Diagramme eines Synchronmotors.

Diese Darstellung stimmt mit dem von A. Blondel[1]) gegebenen Diagramm überein.

Zum Schluß sei nochmals darauf hingewiesen, daß die Ergebnisse der Kreisdiagramme nur für sinusförmige Ströme und EMKe und für x_1 und r_1 konstant bei allen Belastungen und Phasenverschiebungen richtig sind. — Der Einfluß der höheren Harmonischen ist im Kap. XI und der Einfluß der Veränderlichkeit der Reaktanz im Kap. X behandelt.

56. Anwendung der Synchronmotoren als Phasenregler.

Wie aus dem Vorhergehenden ersichtlich, nehmen die Synchronmotoren bei Übererregung phasenverfrühte Ströme auf, d. h. die

[1]) Siehe A. Blondel, Moteurs synchrones à courants alternatifs. Paris, Gauthier-Villars.

Synchronmotoren können durch Übererregung zur Erzeugung von wattlosen Strömen benutzt werden, die zur Magnetisierung von Asynchronmotoren dienen. Beim Entwurf einer Arbeitsübertragung ist deswegen darauf zu sehen, daß in der Sekundärstation nicht allein Asynchronmotoren, sondern auch Synchronmotoren oder rotierende Umformer aufgestellt werden. Durch Übererregung der Synchronmaschinen, zu denen auch die rotierenden Umformer gehören, kann man dann erreichen, daß diese die Lieferung eines Teiles des wattlosen Stromes übernehmen, der den Asynchronmaschinen im anderen Falle durch die Leitungen von der Primärstation aus geliefert werden müßte. Dadurch können die Verluste in den Leitungen bedeutend verringert und die Ökonomie der ganzen Anlage erhöht werden. In einzelnen Fällen kann sogar die Ökonomie einer Anlage durch Aufstellung von leerlaufenden Synchronmotoren erhöht werden.

In der in Fig. 163 schematisch dargestellten Einphasenanlage bedeuten G die Generatoren in der Primärstation, L die Leitungen, T die Transformatoren der Sekundärstation, S Synchronmaschinen und A Asynchronmotoren. Die Verluste W in den Generatoren G, Leitungen L und Transformatoren T lassen sich durch die folgende Formel[1]) ausdrücken

$$W = W_0 + W_k + P_2 J_2 (p \cos \varphi_2 + q \sin \varphi_2) \quad . \quad . \quad (96)$$

Hierin bedeutet W_0 die durch die Sekundärspannung P_2 bedingten Leerlaufverluste, W_k die durch den Sekundärstrom J_2 bedingten Kurzschlußverluste, während p und q konstante Größen sind.

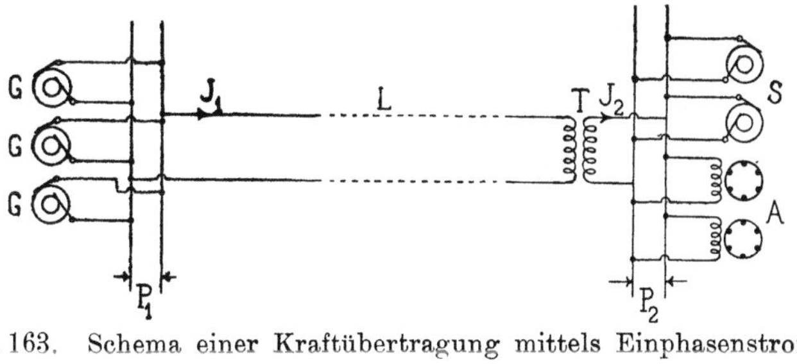

Fig. 163. Schema einer Kraftübertragung mittels Einphasenstrom.

Die Verluste der Gesamtanlage lassen sich also trennen, und zwar in solche, die dem Quadrate der Sekundärspannung proportional sind, d. h. die Leerlaufverluste W_0, in solche, die dem Quadrate des Sekundärstromes proportional sind, d. h. die Kurzschluß-

[1]) Siehe „Leerlauf und Kurzschlußversuch in Theorie und Praxis" von J. L. la Cour, Seite 21.

verluste W_k, und in solche, die teils dem Wattstrome und teils dem wattlosen Strome proportional sind.

Die Verluste W_w, die proportional dem Wattstrom sind, werden durch das Glied $p P_2 J_2 \cos\varphi_2$ und die Verluste W_{wl}, die proportional dem wattlosen Strome sind, durch das Glied $q P_2 J_2 \sin\varphi_2$ dargestellt. Es lassen sich somit W_0, W_k, p und q in der Weise aus den Konstanten der Anlage berechnen, daß man die Verluste der ganzen Anlage getrennt berechnet und

$$p = \frac{W_w}{P_2 J_2 \cos\varphi_2} \quad \text{und} \quad q = \frac{W_{wl}}{P_2 J_2 \sin\varphi_2} \text{ setzt.}$$

Es ist leicht einzusehen, daß die totalen Verluste sich in dieser Weise durch die obige Formel mit großer Annäherung ausdrücken lassen.

Die Verluste in den Synchronmotoren lassen sich in der gleichen Weise ausdrücken; diese sind

$$W' = W_o' + W_k' + P_2 J_2' (p' \cos\varphi_2' + q' \sin\varphi_2').$$

Die von dem wattlosen Strom J_{wl} herrührenden Verluste sind somit

$$W_{wl} = J_{wl1}^2 r_k + J_{wl2}^2 r_a + P_2 J_2 q \sin\varphi_2 + P_2 J_2' q' \sin\varphi_2'$$
$$= J_{wl1}^2 r_k + J_{wl2}^2 r_a + P_2 J_{wl1} q + P_2 J_{wl2} q'.$$

J_{wl1} ist der von den Generatoren gelieferte wattlose Strom und J_{wl2} der von den Synchronmotoren erzeugte wattlose Strom. r_k ist der Kurzschlußwiderstand der Ankerwicklung der Generatoren in Serie mit den Leitungen L und den Transformatoren T, während r_a der Kurzschlußwiderstand der Synchronmotoren ist. Der durch den wattlosen Strom bedingte Verlust W_{wl} ist abhängig von J_{wl1} und J_{wl2} und bei einem bestimmten Verhältnis zwischen diesen beiden Strömen ein Minimum. Um dieses Verhältnis zu finden, schreiben wir

$$J_{wl1}^2 r_k + J_{wl2}^2 r_a + P_2 J_{wl1} q + P_2 J_{wl2} q' = \text{Minimum}$$

und

$$J_{wl1} + J_{wl2} = J_{wl} = \text{konstant.}$$

Bilden wir die Funktion

$$F = J_{wl1}^2 r_k + J_{wl2}^2 r_a + P_2 J_{wl1} q + P_2 J_{wl2} q' + \lambda (J_{wl1} + J_{wl2})$$

und setzen

$$\frac{\partial F}{\partial J_{wl1}} = 0 \quad \text{und} \quad \frac{\partial F}{\partial J_{wl2}} = 0,$$

so erhalten wir

$$2 J_{wl1} r_k + P_2 q + \lambda = 0$$

und
$$2 J_{wl2} r_a + P_2 q' + \lambda = 0,$$
woraus der von den Synchronmotoren zu liefernde wattlose Strom sich ergibt
$$J_{wl2} = \frac{r_k}{r_a} J_{wl1} + \frac{q - q'}{2 r_a} P_2 \quad . \quad . \quad . \quad . \quad . \quad (97)$$

Ein praktisches Beispiel mag die Verhältnisse noch deutlicher illustrieren. Es seien 1000 KW auf eine längere Entfernung zu übertragen. An der Sekundärstation wählt man eine Spannung von 10000 Volt. Es ist möglich, für eine Leistung von 300 KW Synchronmaschinen aufzustellen. 500 KW müssen dagegen durch Asynchronmotoren in mechanische Energie umgesetzt werden und 200 KW werden für Beleuchtungszwecke verbraucht.

Nehmen wir 15 % Kupferverluste in den Generatoren, Leitungen und Transformatoren und 2 % Kupferverluste in den Synchronmotoren an, so werden
$$r_k = 15\,\Omega \quad \text{und} \quad r_a = 6{,}67\,\Omega;$$
außerdem können $q = 0{,}05$ und $q' = 0{,}02$ gesetzt werden. Es wird also
$$J_{wl2} = \frac{15}{6{,}67} J_{wl1} + \frac{0{,}05 - 0{,}02}{2 r_a} P_2 = 2{,}25 J_{wl1} + 15.$$

Hieraus folgt
$$J_{wl} = J_{wl1} + J_{wl2} = 3{,}25 J_{wl1} + 15$$
oder
$$J_{wl1} = \frac{J_{wl} - 15}{3{,}25}$$

Der den Asynchronmotoren zu liefernde wattlose Strom J_{wl} variiert zwischen 20 Amp. bei Leerlauf und 30 Amp. bei Belastung. Nehmen wir ihn im Mittel zu 25 Amp. an, so wird
$$J_{wl1} = \frac{25 - 15}{3{,}25} \doteq 3{,}07 \text{ Amp.} \cong 3 \text{ Ampere}$$
und
$$J_{wl2} = 25 - 3 = 22 \text{ Ampere.}$$

Die Synchronmaschinen haben somit 220 wattlose KVA zu liefern und sind für $\sqrt{300^2 + 220^2} = 370$ KVA zu bauen. Durch Übererregung der Synchronmotoren gehen die durch den wattlosen Strom (25 Amp.) bedingten Verluste von
$$25^2 \cdot 15 + 10000 \cdot 25 \cdot 0{,}05 = 9375 + 12500 = 21875 \text{ Watt}$$
auf
$$3^2 \cdot 15 + 22^2 \cdot 6{,}67 + 10000 (3 \cdot 0{,}05 + 21 \cdot 0{,}02) = 9265 \text{ Watt,}$$
also um 12,6 KW zurück.

57. Selbsttätige Phasenregler.

1. Wünscht man, daß der Phasenregler nicht allein wattlosen Strom ins Netz liefern, sondern auch gleichzeitig dazu benutzt werden soll, die Netzspannung an der betreffenden Stelle, wo er aufgestellt ist, konstant zu halten, so kann dies in der Weise geschehen, daß man den Phasenregler kompoundiert. Die Formel 81

$$i_{eb} = a P \cos \Theta + B J \sin(\psi + \beta)$$

für die Erregung, die bei Belastung notwendig ist, um die Spannung an den Klemmen konstant zu halten, bezieht sich nicht allein auf Generatoren, sondern auch auf Motoren. Die Motoren und Phasenregler lassen sich deswegen in ähnlicher Weise wie die Generatoren kompoundieren. Wünscht man, daß die Spannung an den Klemmen des Phasenreglers mit der Belastung steigen soll, so kann dies durch eine Überkompoundierung erreicht werden. Die Überkompoundierung geschieht gewöhnlich, um die Spannung an einem entfernten Punkte (Fig. 163) konstant zu halten. Bei der Berechnung der Konstanten a und B sind in diesem Falle nicht allein der Widerstand und die Reaktanz r_a und x_a des Phasenreglers selbst in Betracht zu ziehen, sondern der totale Widerstand $r_1 = r_a + r_l$ und die totale Reaktanz $x_1 = x_a + x_l$ des Stromkreises, der an der Phasenreglerseite zwischen den beiden Klemmen liegt, zwischen denen die Spannung konstant gehalten werden soll.

Um die Spannung an den Klemmen des Phasenreglers unabhängig von der Belastung des Netzes konstant zu halten, ist es nötig, daß der Teil $a P \cos \Theta$ des Erregerstromes i_{eb} sich nur mit dem Winkel Θ, d. h. mit der Belastung des Phasenreglers als Synchronmotor ändert. Es soll somit aP konstant gehalten werden. Da Θ ein kleiner Winkel ist, ca. 10 bis 15° bei Normallast, so darf man auch $a P \cos \Theta \cong$ konstant setzen. Um einen Phasenregler zu kompoundieren, muß man diesem deswegen einen Erregerstrom zuführen, der aus einem konstanten Teil aP und einem dem Strom des Phasenreglers proportionalen Teil $B J \sin(\psi + \beta)$ besteht. Den dem Strome J proportionalen Teil der Erregerspannung erhält man mittels eines Hauptschlußtransformators. Der konstante Teil der Erregerspannung kann entweder von einer Gleichstromquelle oder von einer fremden Wechselstromquelle geliefert werden. Im ersteren Falle erhält man zwei Wicklungen auf den Feldmagneten des Phasenreglers, von denen die Nebenschlußwicklung von dem konstanten Gleichstrome und die Kompoundwicklung von dem variablen Teile des Erregerstromes durchflossen wird.

Da zwei Wicklungen auf den Feldmagneten und eine Gleichstromquelle konstanter Spannung die Anlage verteuern, so wäre es günstiger, wenn man in einfacher Weise eine fast konstante Wechselspannung zur Erzeugung des konstanten Teiles des Erregerstromes herstellen könnte.

Der Phasenregler hält die Spannung in der Weise konstant, daß er so viel wattlosen Strom ins Netz schickt, daß der Spannungsabfall von den Generatoren bis zum Phasenregler konstant bleibt. Kompoundiert man die Phasenregler in derselben Weise wie die Generatoren (s. Abschn. 39) mittels eines Nebenschluß- und eines Hauptschlußtransformators, so muß die Spannung an den Klemmen des Phasenreglers sinken, bevor dieser einen wattlosen Strom ins Netz schicken kann. Um diesen Spannungsabfall möglichst klein zu machen, braucht man aber nur den Phasenregler etwas zu sättigen. Hieraus sehen wir, daß ein Phasenregler mit gesättigtem Feldeisen, der nach denselben Prinzipien wie ein Generator kompoundiert ist, imstande ist, die Spannung an seinen Klemmen innerhalb enger Grenzen konstant zu halten, und dies wird für die meisten Fälle der Praxis genügen.

2. Es lassen sich aber auch die Phasenregler in einer anderen einfachen Weise kompoundieren, die eine fast vollständige Konstanthaltung der Spannung ermöglicht[1]). Diese Anordnung beruht auf der folgenden Überlegung[2]):

Um die Spannung P_1 in der Zentrale oder Primärstation und die Spannung P_2 in der Sekundärstation an den Klemmen des Phasenreglers bei allen Belastungen konstant zu halten, muß in der Sekundärstation, d. h. vom Phasenregler, ein wattloser Strom J_{wl2} ins Netz geschickt werden. Um diesen wattlosen Strom als Funktion der Belastung zu bestimmen, gehen wir von der Spannungsgleichung der Leitungen aus, die vektoriell geschrieben lautet

$$\mathfrak{P}_1 = \mathfrak{P}_2 + \mathfrak{J}\,\mathfrak{Z}_l.$$

Wir zerlegen den Leitungsstrom J in zwei Komponenten, in eine Wattkomponente J_w in Phase mit P_2 und in ein wattlose Komponente J_{wl1} um 90^0 in der Phase gegen P_2 verschoben. Es ist also

$$\begin{aligned}\mathfrak{P}_1 &= P_2 + J_w\,\mathfrak{Z}_l + j\,J_{wl1}\,\mathfrak{Z}_l\\ &= P_2 + J_w\,r_l + J_{wl1}\,x_l - j\,(J_w\,x_l - J_{wl1}\,r_l).\end{aligned}$$

Hieraus ergibt sich

$$P_1^2 = (P_2 + J_w\,r_l + J_{wl1}\,x_l)^2 + (J_w\,x_l - J_{wl1}\,r_l)^2.$$

---

[1]) Siehe D. R. P. 145385 von O. S. Bragstad und J. L. la Cour.

[2]) Siehe WT I, S. 115 u. f.

14*

Löst man die Gleichung nach J_{wl1} auf, so erhält man

$$J_{wl1} = -\frac{P_2 x_l - \sqrt{P_1^2 z_l^2 - (P_2 r_l + J_w z_l)^2}}{z_l^2}$$

oder

$$J_{wl1} = -P_2 b_l + \sqrt{\frac{P_1^2}{z_l^2} - (P_2 g_l + J_w)^2} \quad . \quad . \quad . \quad (98)$$

Soll nun die Sekundärspannung P_2 konstant gehalten werden, so muß der Phasenregler erstens den wattlosen Strom $-J_{wl1}$ nach der Zentrale oder Primärstation zurückschicken und zweitens an die Stromverbraucher die von ihnen aufgenommenen wattlosen Ströme J_{wl} abgeben. Es wird somit der von dem Phasenregler zu liefernde wattlose Strom

$$\boldsymbol{J_{wl2} = J_{wl} - J_{wl1} = J_{wl} + P_2 b_l - \sqrt{\frac{P_1^2}{z_l^2} - (P_2 g_l + J_w)^2}} \quad (99)$$

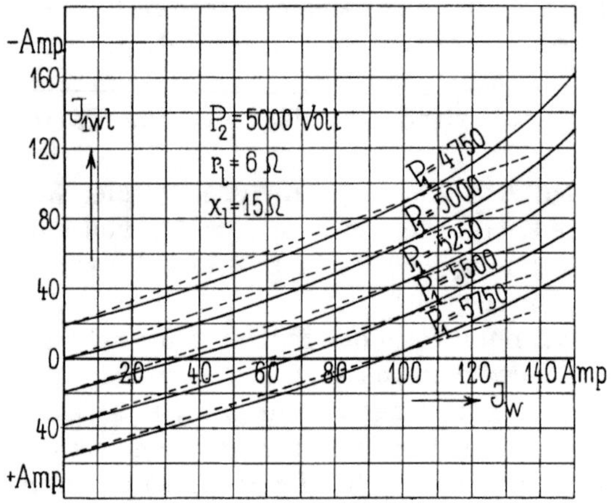

Fig. 164. Abhängigkeit des wattlosen Stromes J_{1wl} der Generatoren einer Kraftübertragung vom Wattstrome (Belastung) bei verschiedenen Werten der Primärspannung.

In Fig. 164 ist für verschiedene Verhältnisse $\frac{P_2}{P_1}$ der wattlose Strom J_{wl1} als Funktion des Wattstromes J_w oder der Belastung $P_2 J_w$ graphisch aufgetragen. Die Kurve für $P_1 = P_2$ geht, wie vorauszusehen war, durch den Ursprung, alle positiven Ordinaten stellen phasenverfrühte Ströme dar. Diese Kurven können mit großer Annäherung durch gerade Linien ersetzt werden, so daß man schreiben kann:

$$-J_{wl1} = a + b J_w$$

und man erhält

$$J_{wl2} = a + b J_w + J_{wl} = a + C J \sin(\varphi + \gamma) \quad . \quad . \quad . \quad . \quad (100)$$

wo $C = \sqrt{1 + b^2}$ und $\operatorname{tg}\gamma = b$ ist, d. h. der wattlose Strom J_{wl2} ist unter Annahme konstanter Primärspannung P_1 und Sekundärspannung P_2 eine lineare Funktion der beiden Komponenten J_w und J_{wl} des Belastungsstromes der Sekundärstation. Damit der Phasenregler M diesen wattlosen Strom zu liefern vermag, ist er sowohl mit einer Nebenschlußerregung wie mit einer Hauptschlußerregung zu versehen. Der Hauptschlußtransformator HT wird aber in diesem Falle nicht von dem Strome des Phasenreglers, sondern von dem Belastungsstrome $\mathfrak{J} = J_w + j\,J_{wl}$ durchflossen und wir erhalten für den Fall einer Dreiphasenanlage das Schaltungsschema Fig. 165.

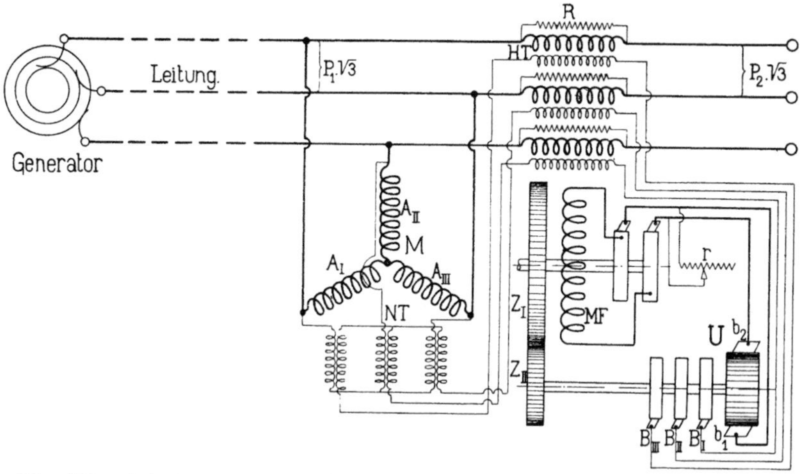

Fig. 165. Schaltungsschema einer Kraftübertragung mit kompoundiertem Phasenregler.

M = Synchronmotor (Phasenregler)
HT = Hauptschlußtransformator
NT = Nebenschlußtransformator
R = Widerstand
B = Schleifringbürsten.
b = Kommutatorbürsten
U = Kommutator
MF = Feldwicklung des Motors
Z = Zahnradübersetzung

Um den Stromvektor $\mathfrak{J} = J_w + j\,J_{wl}$ um den kleinen Winkel γ zu verschieben, verwenden wir auch in diesem Falle einen zu der Primärwicklung des Hauptschlußtransformators parallel geschalteten Widerstand R. Diese Kompoundierung läßt sich in derselben Weise berechnen und einstellen wie die eines Generators. Für die Bestimmung der Konstanten C und γ muß natürlich die Leitungsanlage bekannt sein.

3. Statt einer Kompoundierung kann man zur Konstanthaltung der sekundären Klemmenspannung auch einen elektromechanischen Regulator verwenden.

Zehntes Kapitel.

Der Einfluß der variablen Reaktanz auf die Arbeitsweise einer Synchronmaschine.

58. Spannungsgleichung und Drehmoment der Synchronmaschine bei Berücksichtigung der variablen Reaktanz.

Aus den Spannungsdiagrammen (S. 56 ff.) einer Wechselstrommaschine erkennt man, daß die Ankerwicklung durch das in Fig. 166 gegebene Schema ersetzt werden kann (vgl. Fig. 143). In diesem stellt der Stromzweig AB die Stromquelle und den Sitz der induzierten EMK E dar. Diese wird durch gegenseitige Induktion von dem Erregerstrom i_e in der Ankerwicklung induziert und ist so lange konstant, als Erregerstrom und Periodenzahl unverändert bleiben.

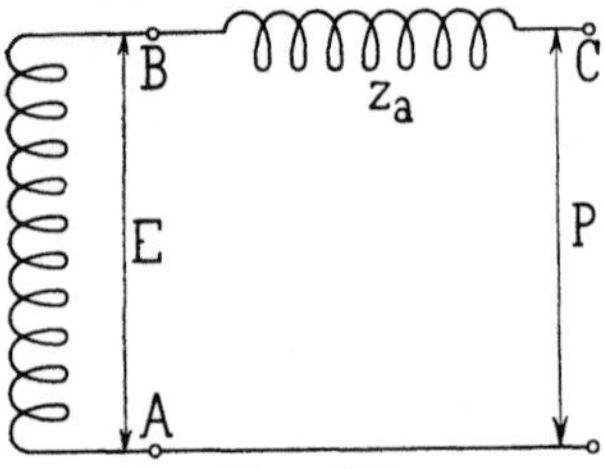

Fig. 166.

Der Spannungsabfall in der Ankerwicklung wird durch die Impedanz z_a des Stromzweiges BC bewirkt. Diese Impedanz setzt sich aus dem effektiven Widerstand r_a, der Reaktanz der Streuinduktion x_{s1} und der variablen Reaktanz des Ankerfeldes zusammen. Der von dieser letzteren verursachte Spannungsabfall setzt sich wieder aus E_{s2} und E_{s3} zusammen.

Da die EMK E_{s3} annähernd den quermagnetisierenden Amperewindungen proportional ist, so wird E_{s3} proportional dem Wattstrome $J_w = J \cos \psi$ und in ähnlicher Weise wird bei einer und derselben Felderregung E_{s2} angenähert proportional $J_{wl} = J \sin \psi$. Man kann deswegen setzen:

$$\frac{E_{s2}}{J \sin \psi} = \frac{E_{s2}}{J_{wl}} = x_{s2}$$

und

$$\frac{E_{s3}}{J \cos \psi} = \frac{E_{s3}}{J_w} = x_{s3}.$$

Zerlegen wir ferner wie Fig. 167 für einen Generator und Fig. 168 für einen Motor zeigt die Reaktanz $J x_{s1}$ in zwei Komponenten $J_{wl} x_{s1}$ in Phase mit E und $J_w x_{s1}$ in Quadratur zu E, so erhalten wir für $J x_a$ die Komponenten

$$\left.\begin{aligned} J_w x_{s1} + E_{s3} &= J_w (x_{s1} + x_{s3}) = J_w x_3 \\ J_{wl} x_{s1} + E_{s2} &= J_{wl} (x_{s1} + x_{s2}) = J_{wl} x_2 \end{aligned}\right\} \quad . \quad . \quad (101)$$

Es bedeutet also x_3 die Reaktanz des Wattstromes und x_2 die Reaktanz des wattlosen Stromes.

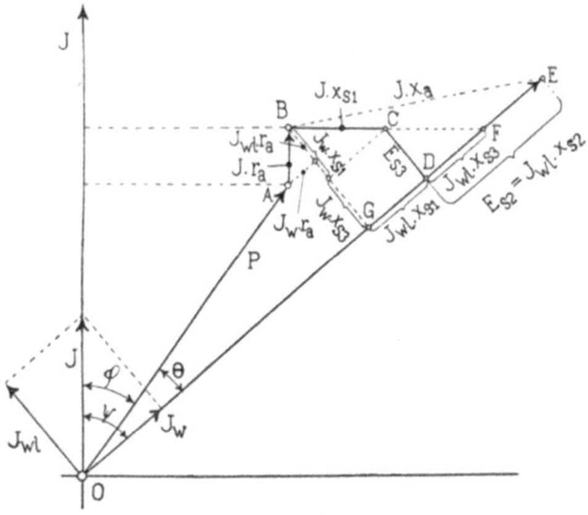

Fig. 167.

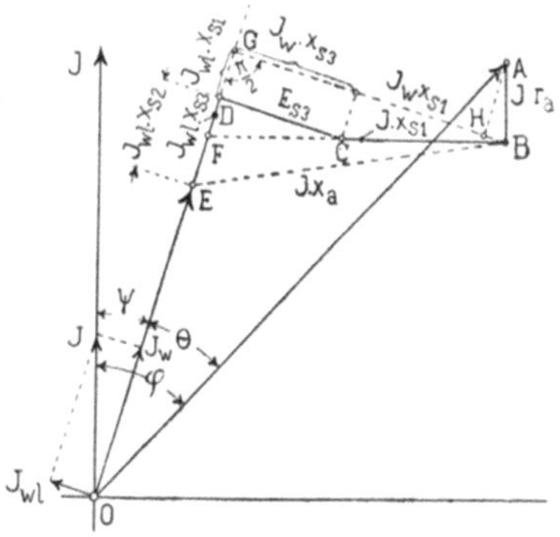

Fig. 168.

Die Reaktanzspannung $J_{wl} x_2$ des wattlosen Stromes ist in Phase mit der EMK E und die Reaktanzspannung $J_w x_3$ des Wattstromes ist in Quadratur zur EMK E. Die Resultante dieser beiden gibt uns die Reaktanzspannung $J x_a$, die im allgemeinen nicht senkrecht auf dem Stromvektor steht. Die Größe und Richtung der Reaktanzspannung $J x_a$ ist abhängig von der Phasenverschiebung und diese Abhängigkeit beruht, wie wir in Kap. II sahen, auf der Änderung des Selbstinduktionskoeffizienten.

Der Mittelwert der Reaktanz während einer halben Periode ist gleich

$$x_{s1} + \tfrac{1}{2}(x_{s2} + x_{s3}) = \tfrac{1}{2}(x_2 + x_3),$$

und wird als die **synchrone Reaktanz** der Maschine bezeichnet.

Die Hälfte der Variation der Reaktanz wird durch

$$\tfrac{1}{2}(x_{s2} - x_{s3}) = \tfrac{1}{2}(x_2 - x_3)$$

dargestellt. Diese Variation der Reaktanz bedingt eine Spannungskomponente, die teils die Reaktanzspannung verkleinert und teils die Widerstandsspannung erhöht, wenn $x_2 > x_3$ und ψ positiv ist.

Vernachlässigt man die Variation der Selbstinduktion, was besonders bei Maschinen mit gleichmäßig verteiltem Feldeisen bei geringer Sättigung gestattet ist, so erhält man

$$z_a = \sqrt{r_a^2 + [x_{s1} + \tfrac{1}{2}(x_{s2} + x_{s3})]^2} \quad . \quad . \quad . \quad (102)$$

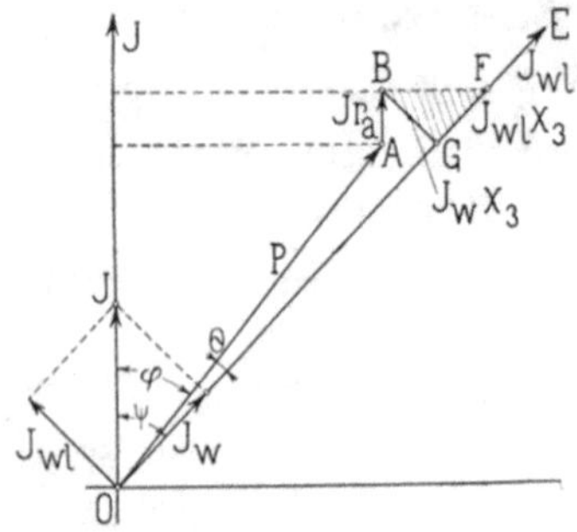

Fig. 169.

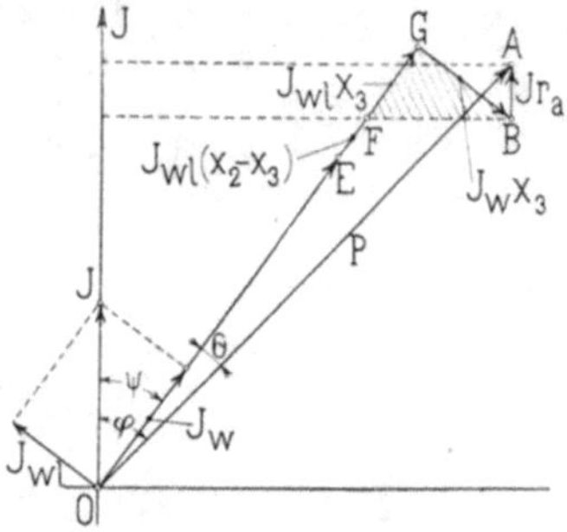

Fig. 170.

Wünscht man die Variation der Selbstinduktion in analytischen Berechnungen zu berücksichtigen, so kann man die Diagramme einfacher in der in den Figuren 169 und 170 dargestellten Weise aufzeichnen. In dem schraffierten Dreieck ist die auf E senkrecht stehende Seite gleich $J_w x_3$ und die mit E zusammenfallende gleich $J_{wl} x_3$.

Zerlegen wir auch noch die Widerstandsspannung $J r_a$ in $J_w r_a$ und $J_{wl} r_a$ (siehe Fig. 167), so bedingen die zwei Komponenten des Stromes J_w und J_{wl} folgende Spannungskomponenten: $J_w r_a$ und $J_{wl} x_2$ in Phase mit E und $-J_{wl} r_a$, $J_w x_3$ in Quadratur zu E. Es wird somit die Spannungsgleichung der Synchronmaschine mit variabler Reaktanz

$$P^2 = (\pm E - J_w r_a - J_{wl} x_2)^2 + (J_w x_3 - J_{wl} r_a)^2 \quad . \quad (103)$$

wo $+E$ sich auf den Generator (Fig. 167) und $-E$ sich auf den Motor (Fig. 168) bezieht.

Sind die induzierte EMK E, der Wattstrom J_w und der wattlose Strom J_{wl} bekannt, so läßt sich die Klemmenspannung P berechnen aus

$$P = \sqrt{(\pm E - J_w r_a - J_{wl} x_2)^2 + (J_w x_3 - J_{wl} r_a)^2}.$$

Durch Auflösung der Gleichung 103 nach J_{wl} erhält man:

$$J_{wl} = \frac{\mp \sqrt{P^2 z_2^2 - [J_w(r_a^2 + x_2 x_3) \mp E r_a]^2} \pm E x_2 - r_a(x_2 - x_3) J_w}{z_2^2}, \quad (104)$$

wo $z_2^2 = r_a^2 + x_2^2$ und $z_3^2 = r_a^2 + x_3^2$.

Durch Vernachlässigung des letzten Gliedes $(J_w x_3 - J_{wl} r_a)^2$ der Spannungsgleichung als klein gegenüber dem ersten geht sie über in

$$\pm P \cong \pm E - J_w r_a - J_{wl} x_2,$$

woraus folgt

$$J_{wl} = \pm \frac{E - P}{x_2} - J_w \frac{r_a}{x_2}. \quad \quad (105)$$

Diese Annäherung trifft besonders bei normalen Stromstärken zu.

Aus der angenäherten Formel folgt, daß der wattlose Strom hauptsächlich von der Reaktanz x_2 abhängt; denn $J_w r_a$ ist bei normalen Belastungen sehr klein im Verhältnis zu $J_{wl} x_2$.

Wenn der Wattstrom J_w wächst, so nimmt in Gl. 104 die Größe unter der Wurzel ab, und wenn diese Größe gleich Null geworden ist, hat J_w seinen maximalen Wert erreicht. Dies ist der Fall, wenn

$$P z_2 = J_w(r_a^2 + x_2 x_3) \mp E r_a$$

d. h. es ist

$$J_{w\,max} = \frac{P z_2 \pm E r_a}{r_a^2 + x_2 x_3}$$

ist. Der wattlose Strom wird in diesem Falle gleich

$$J_{wl} = \frac{\pm E x_2 - r_a(x_2 - x_3) J_w}{z_2^2} = \frac{\pm E z_2 x_3 - P r_a(x_2 - x_3)}{z_2(r_a^2 + x_2 x_3)}$$

und

$$\operatorname{tg} \psi = \frac{J_{wl}}{J_w} = \frac{\pm E z_2 x_3 - P r_a(x_2 - x_3)}{z_2(P z_2 \pm E r_a)} \cong \pm \frac{E x_3}{P z_2 \pm E r_a}$$

Wenn für eine Maschine die Klemmenspannung P und die induzierte EMK E bekannt sind, kann nach den obigen Formeln zu jedem Wattstrome J_w der wattlose Strom J_{wl} berechnet werden.

Die angenäherte Rechnung ist für kleine Werte von J_w genau genug, während für große Wattströme die exakte Formel zur Anwendung kommt.

Aus den Spannungsdiagrammen der Synchronmaschine (Fig. 169 und 170) sieht man, daß die Projektion des Vektors der Klemmenspannung $\overline{OA}$ auf den Stromvektor gleich

$$P \cos \varphi = \overline{OF} \cos \psi - J r_a$$

oder

$$P \cos \varphi = [\pm E - J_{wl}(x_2 - x_3)] \cos \psi - J r_a \text{ ist.}$$

Da nur die Komponente Jr_a einen Wattverlust in der Maschine bedingt, so muß $[\pm E - J_{wl}(x_2 - x_3)] \cos\psi$ ein Maß für das Drehmoment W_a der Maschine bei dem Strom

$$J = \sqrt{J_w^2 + J_{wl}^2}$$

sein. Es ist somit die aufgenommene elektromagnetische Leistung oder das Drehmoment der Synchronmaschine in synchronen Watt, d. h. die Leistung dieses Drehmoments bei synchroner Geschwindigkeit, gleich

$$W_a = - m J [\pm E - J_{wl}(x_2 - x_3)] \cos\psi$$

oder

$$\boldsymbol{W_a = - m J_w [\pm E - J_{wl}(x_2 - x_3)]} \quad . \quad . \quad (106)$$

Wie hieraus ersichtlich, weicht das Drehmoment der Maschine wegen der Verschiedenheit der Reaktanzen des Wattstromes und des wattlosen Stromes von $m J_w E$ ab. Eilt der Strom dem EMK-Vektor E nach, so ist J_{wl} positiv und $W_a \lesseqgtr m J_w E$, je nachdem die Maschine als Generator und als Motor arbeitet und $(x_2 - x_3)$ positiv oder negativ ist. Bei Phasenvoreilung des Stromes, wo ψ negativ ist, wird J_{wl} auch negativ und die Leistung $W \gtreqless m J_w E$. Da bekanntlich das maximale Drehmoment bei Phasennacheilung des Generatorstromes und bei Phasenvoreilung des Motorstromes relativ zu dem EMK-Vektor erhalten wird, so wird bei Maschinen, die für kleinen Spannungsabfall bemessen werden, wo meistens $x_2 < x_3$ ist, das maximale Drehmoment durch das Glied $m J_w J_{wl}(x_2 - x_3)$ vergrößert.

Aus den Spannungsdiagrammen (Fig. 169 und 170) oder aus der Spannungsgleichung läßt sich der Phasenverschiebungswinkel $\Theta = \psi - \varphi$ zwischen der Klemmenspannung P und der induzierten EMK E direkt berechnen; es ist

$$\sin\Theta = \frac{J_w x_3 - J_{wl} r_a}{P} \quad . \quad . \quad . \quad . \quad . \quad (107)$$

Hieraus folgt, daß der Wattstrom

$$\boldsymbol{J_w = \frac{P \sin\Theta + J_{wl} r_a}{x_3}} \quad . \quad . \quad . \quad . \quad . \quad (108)$$

hauptsächlich von seiner Reaktanz x_3 und dem Phasenverschiebungswinkel Θ abhängt.

Ist $\sin\Theta = \sin(\psi - \varphi)$ bekannt, so läßt sich ψ und der Leistungsfaktor $\cos\varphi$ leicht berechnen, da

$$\operatorname{tg}\psi = \frac{J_{wl}}{J_w}$$

ist.

Für den Fall variabler Reaktanzen werden die im Kap. VIII und IX abgeleiteten Diagramme sehr kompliziert; wir werden deswegen hier nur diejenigen Größen und Kurven analytisch berechnen, die besonderes Interesse verdienen. Dieses sind die Kurven, die Strom und Leistungsfaktor $\cos\varphi$ als Funktion der Leistung der Maschine bei konstanter Erregung darstellen, und die Drehmomentkurven, die Drehmoment und Strom als Funktion des Phasenverschiebungswinkels Θ zwischen EMK E und Klemmenspannung bei konstanter Erregung darstellen. Letztere werden wir in Kap. XIV besprechen.

Wenn wir nun die Maschine in verschiedenen Zuständen untersuchen, ist zu berücksichtigen, daß die Reaktanzen x_2 und x_3 sich mit der Belastung ändern. Die Änderung von x_3 ist im allgemeinen ganz zu vernachlässigen, die Änderung von x_2, der längsmagnetisierenden Reaktanz, kann aber groß werden. Wir wollen diese Variation durch die Einführung eines Mittelwertes von x_2 berücksichtigen.

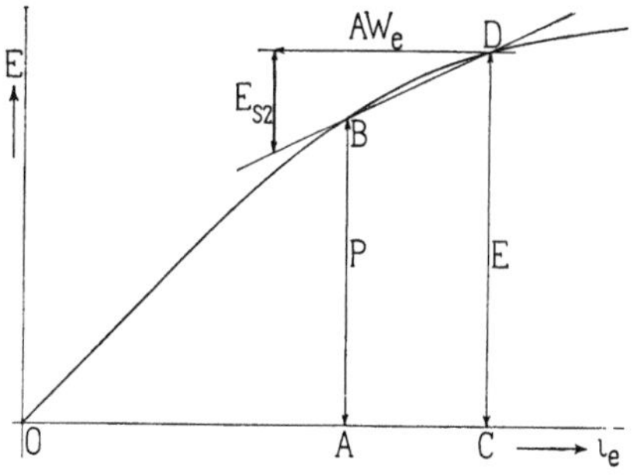

Fig. 171.

Für die betreffende Erregung, für die wir diese Kurven zu berechnen wünschen, ermitteln wir zuerst die mittlere Reaktanz x_2. Wir zeichnen die Klemmenspannung $P = \overline{AB}$ und die induzierte EMK $E = \overline{CD}$ in die Leerlaufcharakteristik (Fig. 171) ein und ziehen eine Gerade durch die Punkte B und D. Hierauf tragen wir von dem Punkte D nach links die irgend einem wattlosen Strome J_{wl} entsprechenden entmagnetisierenden Amperewindungen

$$AW_e = k_0 f_{w1} m w J_{wl}$$

ab. Dann ergibt sich die EMK E_{s2} und

$$x_{s2} = \frac{E_{s2}}{J_{wl}}.$$

Es ist dann die Reaktanz x_2 nach Gl. 101

$$x_2 = x_{s1} + x_{s2}.$$

59. Einfluß der Variation der Reaktanz auf die Arbeitskurven einer Synchronmaschine.

An der Hand eines Beispiels soll gezeigt werden, wie die Arbeitskurven einer Synchronmaschine unter Annahme variabler Reaktanz genau berechnet werden können.

Es sind gegeben der Widerstand $r_a = 1\,\Omega$, die Reaktanzen $x_{s1} = 3{,}24\,\Omega$ und $x_{s3} = 3{,}6\,\Omega$. Die konstante Phasenspannung der

Maschine ist 2310 Volt und die normale Leistung der Maschine 500 KW.

Hieraus ergibt sich

$$x_3 = x_{s1} + x_{s3} = 3{,}24 + 3{,}6 = 6{,}84\,\Omega$$

und

$$z_3 = \sqrt{r_a^2 + x_3^2} = \sqrt{1 + 46{,}8} = 6{,}91\,\Omega.$$

Nehmen wir zuerst $E = 2620$ Volt an, so ergibt sich aus der Leerlaufcharakteristik die Reaktanz $x_{s2} = 3{,}0\,\Omega$, woraus folgt

$$x_2 = x_{s1} + x_{s2} = 3{,}24 + 3 = 6{,}24\,\Omega$$

und

$$z_2 = \sqrt{r_a^2 + x_2^2} = \sqrt{1 + 38{,}9} = 6{,}32\,\Omega.$$

Für irgendeinen Wert J_w des Wattstromes erhält man den wattlosen Strom nach Gl. 104

$$J_{wl} = \frac{\mp\sqrt{P^2 z_2^2 - [J_w(r_a^2 + x_2 x_3) \mp E r_a]^2} \pm E x_2 - r_a(x_2 - x_3) J_w}{z_2^2}$$

den totalen Strom

$$J = \sqrt{J_w^2 + J_{wl}^2}$$

den inneren Phasenverschiebungswinkel

$$\psi = \operatorname{arctg} \frac{J_{wl}}{J_w}$$

das Drehmoment

$$W_a = m J_w [\mp E + J_{wl}(x_2 - x_3)]$$

$$\sin\Theta = \sin(\psi - \varphi) = \frac{J_w x_3 - J_{wl} r_a}{P}$$

und

$$\cos\varphi = \cos(\psi - \Theta).$$

In Fig. 172 sind die Werte des Stromes J und des Leistungsfaktors $\cos\varphi$ als Funktion des Drehmomentes W_a aufgetragen und durch die voll ausgezogenen Kurven dargestellt.

Die Kurven, die rechts von der Ordinatenachse liegen, entsprechen der Arbeitsweise der Maschine als Motor, während die auf der linken Seite liegenden Kurven sich auf den Generator beziehen. Die punktierten Teile der Kurven beziehen sich auf den labilen Arbeitsbereich.

In Fig. 173 sind das Drehmoment W_a und der Strom J als Funktion von Θ aufgetragen. Auch hier beziehen sich die Kurven auf der rechten Seite der Ordinatenachse auf das motorische Gebiet und die punktierten Teile der Kurven auf den labilen Arbeitsbereich.

In den Fig. 174 und 175 sind dieselben Kurven für $E = P = 2310$ Volt, $x_2 = 8{,}34\ \Omega$ und $z_2 = 8{,}4\ \Omega$ aufgetragen und in den Fig. 176 und 177 für $E = 2000$ Volt, $x_2 = 9{,}84\ \Omega$ und $z_2 = 9{,}89\ \Omega$.

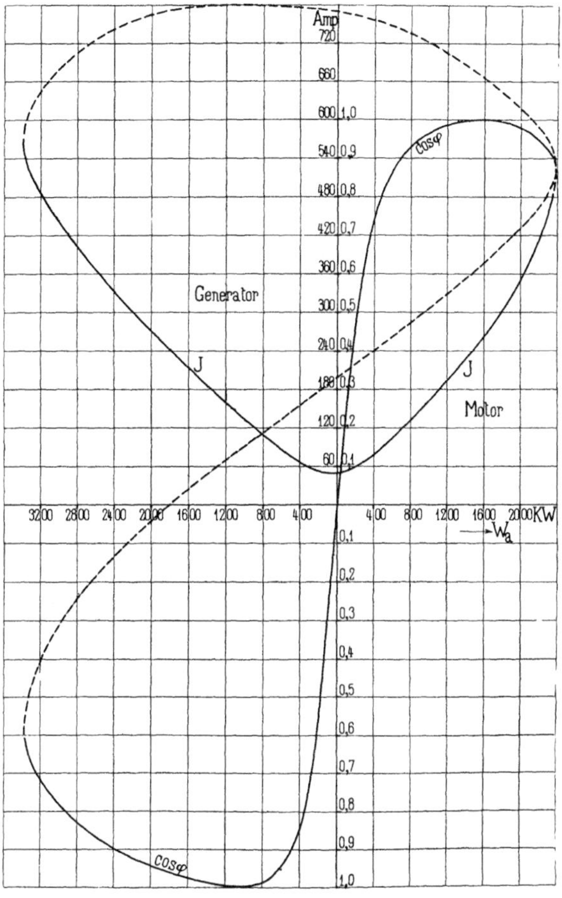

Fig. 172. Strom und Leistungsfaktor einer 500 KW-Dreiphasenmaschine als Funktion des synchronen Drehmoments.
$P = 2310$; $E = 2620$; $x_2 = 6{,}24$; $z_2 = 6{,}32$.

In den Fig. 176 und 177 beziehen die punktierten Kurven sich auf den Fall, daß mit einer mittleren synchronen Reaktanz

$$x_a = \frac{x_2 + x_3}{2} = \frac{9{,}84 + 6{,}84}{2} = 8{,}34\ \Omega$$

und

$$z_a = \sqrt{r_a^2 + x_a^2} = 8{,}4\ \Omega$$

gerechnet wird. Es gehen dann die obigen Gleichungen in die folgende Form über

$$J_{wl}=\frac{\mp\sqrt{P^2 z_a^2-(J_w z_a^2\mp E r_a)^2}\pm E x_a}{z_a^2}\simeq\pm\frac{E-P}{x_a} \quad . \quad (109)$$

$$W_a=\mp m J_w E \quad \ldots\ldots \quad (110)$$

$$\sin\Theta=\frac{J_w x_a-J_{wl} r_a}{P} \quad \ldots\ldots \quad (111)$$

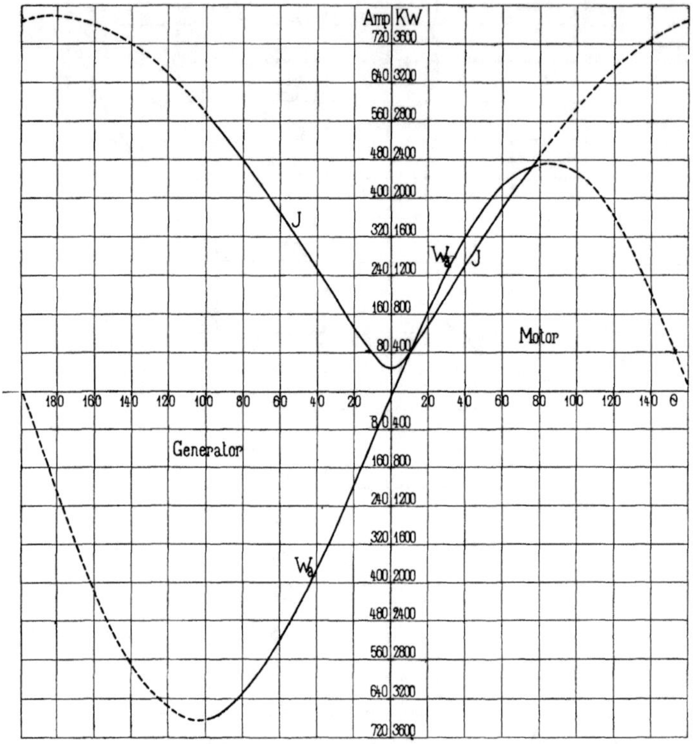

Fig. 173. Strom und Drehmoment einer 500 KW-Dreiphasenmaschine als Funktion des Phasenverschiebungswinkels Θ.

$P=2310$; $E=2620$; $x_2=6{,}24$; $z_2=6{,}32$.

Wie ersichtlich, weichen die voll ausgezogenen und punktierten Kurven in der Form wenig voneinander ab. In den absoluten Werten dagegen gehen dieselben bei den normalen Belastungen der Maschine auseinander.

Besonders zu bemerken ist, daß die Kurve, die das Drehmoment W_a als Funktion von Θ darstellt, bedeutend steiler durch

Null geht als die punktierte Kurve, die das Drehmoment für den Fall angibt, daß die Reaktanz x_2 gleich x_3 ist. Wäre $x_3 > x_2$, so würde die punktierte Kurve steiler durch Null verlaufen als die voll ausgezogene.

Das maximale Drehmoment einer Maschine mit $x_3 > x_2$ tritt dann auf, wenn J_w ein Maximum ist.

Für $x_2 > x_3$ tritt es hingegen nicht auf, wenn J_w ein

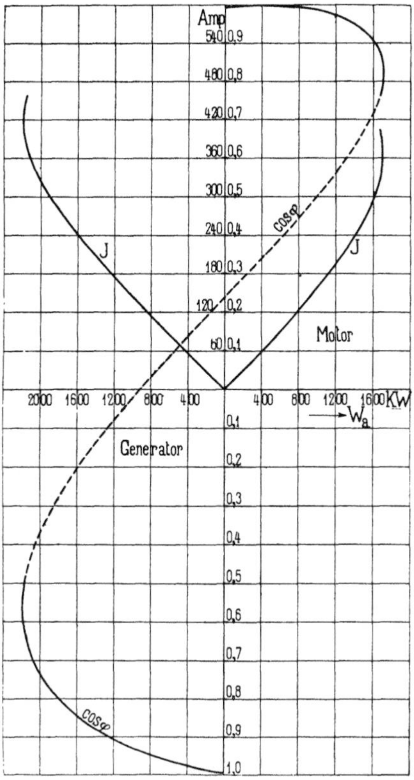

Fig. 174. Strom und Leistungsfaktor einer 500 KW-Dreiphasenmaschine als Funktion des synchronen Drehmoments.
$P = 2310$; $E = 2310$; $x_2 = 8,34$; $z_2 = 8,4$.

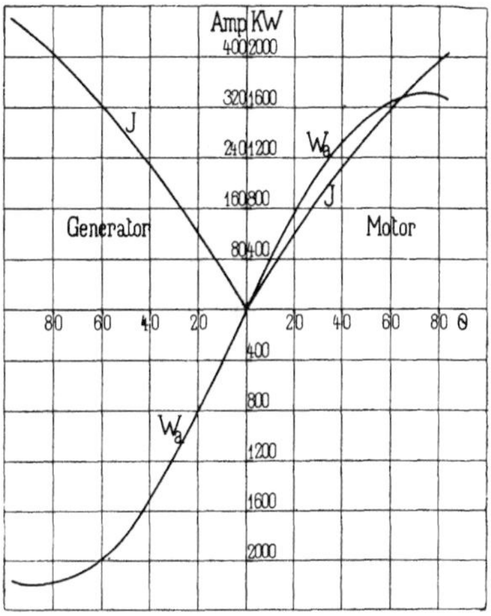

Fig. 175. Strom und Drehmoment einer 500 KW-Dreiphasenmaschine als Funktion des Phasenverschiebungswinkels Θ.
$P = 2310$; $E = 2310$; $x_2 = 8,34$; $z_2 = 8,4$.

Maximum ist; denn dann hat auch J_{wl} seinen negativen maximalen Wert und

$$W_a = m J_w [E + J_{wl} (x_2 - x_3)]$$

ist kein Maximum.

Für $E \simeq P$ ($E = 0,75$ bis $1,5\,P$) findet man durch annähernde Berechnungen, daß das Drehmoment W_a seinen maximalen Wert erreicht, wenn

$$J_w \cong \frac{P z_3 - E r_a}{z_3^2} \text{ ist. } \qquad (112)$$

Es ist dann

$$J_{wl} \cong -\frac{1}{z_2^{\,2} z_3}\Big[P r_a (x_2 - x_3) + E\,(r_a^{\,2} + x_2 x_3) - \sqrt{2\,P E r_a (x_2 - x_3)(r_a^{\,2} + x_2 x_3)}\Big] \quad . \; . \; . \; . \quad (113)$$

und

$$W'_{a\,max} = m\,J_w\,[E + J_{wl}(x_2 - x_3)] \quad . \; . \; . \; . \quad (114)$$

In den meisten Fällen wird die Überlastungsfähigkeit eines Motors durch die Stromwärme begrenzt. Nimmt man deswegen einen Wattstrom J_w an und berechnet dazu den wattlosen Strom J_{wl}, so ist der totale Strom J bekannt. Darf dieser eine gewisse Grenze nicht überschreiten, so muß J_w auch unterhalb eines bestimmten Wertes bleiben.

Nehmen wir deswegen einen maximalen Wert für J_w an, so können wir, nach Gl. 112, für diesen diejenige EMK E berechnen,

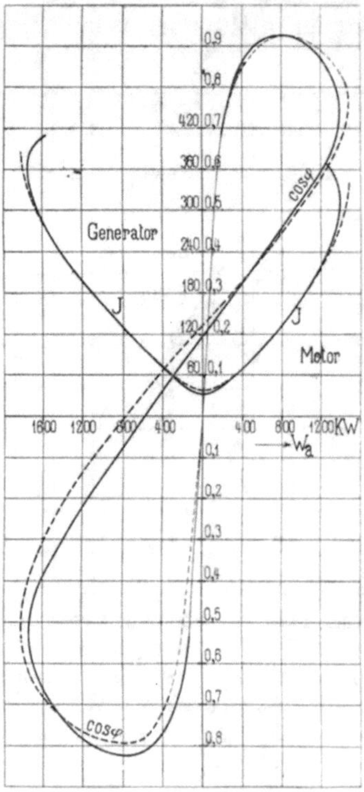

Fig. 176. Strom und Leistungsfaktor einer 500 KW-Dreiphasenmaschine als Funktion des synchronen Drehmoments.
$P = 2310$; $E = 2000$; $x_2 = 9{,}84$; $z_2 = 9{,}89$.

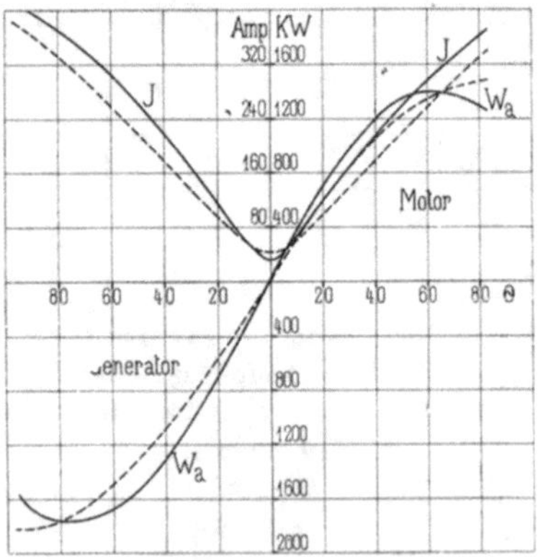

Fig. 177. Strom und Drehmoment einer 500 KW-Dreiphasenmaschine als Funktion des Phasenverschiebungswinkels Θ.
$P = 2310$; $E = 2000$; $x_2 = 9{,}84$; $z_2 = 9{,}89$.

die das größte Drehmoment bei dem gegebenen Wattstrom liefert. In die Formel für W_a führt man den Ausdruck für J_{wl} aus Gl. 113 ein und setzt den Differentialquotienten $\frac{dW_a}{dE} = 0$. Dies ist der Fall, wenn

$$E = (P - J_w z_3)\frac{r_a^2 + x_2 x_3}{r_a z_3} \cong (P - J_w z_3)\frac{x_2}{r_a}$$

und

$$W'_{a\,max} = \frac{J_w}{r_a}\left[P z_3 - J_w \frac{(r_a^2 + x_2 x_3)^2}{z_2^2}\right]$$

$$\cong \frac{J_w z_3}{r_a}(P - J_w x_3)$$

ist. $\frac{d W'_{a\,max}}{d J_w} = 0$ gesetzt, liefert die Bedingung

$$J_w = \frac{P z_2^2 z_3}{2(r_a^2 + x_2 x_3)^2} \cong \frac{P}{2 z_3} \quad . \; . \; . \; . \; . \quad (115)$$

für das absolute Maximum des Drehmomentes.

$$W_{a\,max} = \frac{P^2}{4 r_a} \frac{z_2^2 z_3^2}{r_a^2 + x_2 x_3} = \frac{P^2}{4 r_a}\left[1 - \frac{r_a^2 (x_2 - x_3)^2}{(r_a^2 + x_2 x_3)^2}\right] \quad (116)$$

oder angenähert

$$\boldsymbol{W_{a\,max} \cong \frac{P^2}{4 r_a}} \quad . \; . \; . \; . \; . \; . \; . \; . \; . \quad (117)$$

und zwar ist dann

$$E = \frac{P}{2 r_a z_3}\left[(r_a^2 + x_2 x_3) - \frac{r_a^2 (x_2 - x_3)^2}{r_a^2 + x_2 x_3}\right] \cong \frac{P z_2}{2 r_a} \; . \quad (118)$$

60. Einfluß der Variation der Reaktanz auf die V-Kurven.

Hier sollen nur die V-Kurven konstruiert werden, die sich direkt experimentell aufnehmen lassen. Diese Kurven stellen die Ankerstromstärke als Funktion der Erregerstromstärke dar. Da die Erregung innerhalb weiter Grenzen variiert, so ist die Reaktanz x_2 des wattlosen Stromes sehr verschieden. Wir sind deswegen hier gezwungen, einen anderen Weg als oben einzuschlagen. Wir setzen

$$\pm E' = \pm E - J_{wl}(x_2 - x_3).$$

Es ist dann das Drehmoment

$$W_a = \pm m J_w E'$$

und zwischen P, E' und J besteht die folgende Beziehung nach Gl. 103

$$P^2 = (\pm E' + J_w r_a + J_{wl} x_3)^2 + (J_w x_3 - J_{wl} r_a)^2,$$

wo $+E'$ sich auf das motorische und $-E'$ sich auf das generatorische Arbeitsgebiet bezieht.

Diese Gleichung gilt auch für einen Synchronmotor mit der konstanten Klemmenspannung P, der EMK E' und der konstanten

Reaktanz x_s. Es lassen sich somit E' und J aus dem Diagramm Fig. 154 ermitteln, wenn das Drehmoment W_a konstant ist. Ebenso lassen sich die Gleichungen (94 und 95) der V-Kurve hier direkt anwenden. Es ist

$$J = \frac{P}{r_a\sqrt{2}}\sqrt{1-\frac{W_a}{2W_{a\,max}}-\sqrt{1-\frac{W_a}{W_{a\,max}}}\cos\chi}$$

und

$$E' = \frac{P z_3}{r_a\sqrt{2}}\sqrt{1-\frac{W_a}{2W_{a\,max}}+\sqrt{1-\frac{W_a}{W_{a\,max}}}\cos(2\psi_3+\chi)},$$

wo $W_{a\,max} = \frac{P^2}{4r_a}$, $z_3 = \sqrt{r_a^2+x_3^2}$ und $\psi_3 = \operatorname{arctg}\frac{x_3}{r_a}$ ist. Der innere Phasenverschiebungswinkel ψ ergibt sich direkt aus

$$\cos\psi = \frac{W_a}{E' J}.$$

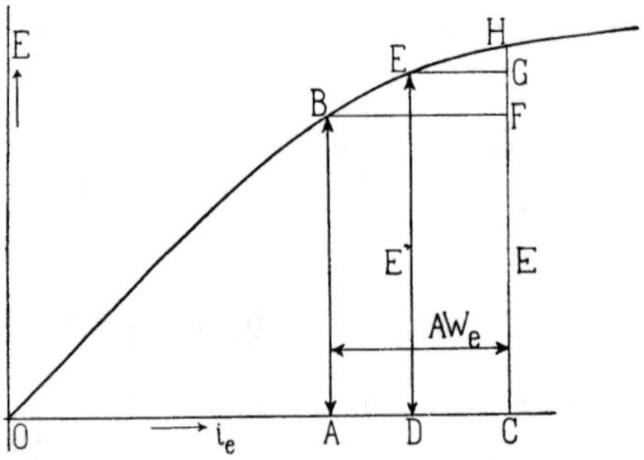

Fig. 178.

Wir können somit entweder graphisch oder analytisch für konstante Spannung P und konstantes Drehmoment W_a die EMK E', den Strom J und den inneren Phasenverschiebungswinkel ψ berechnen. Um nun schließlich die Erregerstromstärke i_e aus der EMK E' zu berechnen, benutzen wir die Leerlaufcharakteristik. In dieser (Fig. 178) wird

$$\overline{AB} = E' \mp J_{wl}\, x_{s3} = E' \mp J_{wl}(x_3 - x_{s1})$$

eingetragen; von A nach C trägt man die entmagnetisierenden Amperewindungen

$$AW_e = k_0 f_{w1} m w J \sin\psi$$

ab, und es ist schließlich die Erregerstromstärke

$$i_e = \frac{\overline{OC}}{w_e}.$$

In Fig. 178 ist ferner $\overline{DE} = E'$, also

$$\overline{FG} = J_{wl}\, x_{s3} = J_{wl}(x_3 - x_{s1})$$

und

$$\overline{FH} = J_{wl}\, x_{s2} = J_{wl}(x_2 - x_{s1}).$$

Hieraus folgt

$$\overline{GH} = J_{wl}(x_2 - x_3).$$

Bei konstanter Reaktanz x_3 wäre die Erregerstromstärke gleich

$$i_e' = \frac{\overline{OD}}{w_e}.$$

Dadurch aber, daß die Reaktanz x_2 größer als x_3 ist, wird i_e bei phasenverspätetem Strom (J_{wl} positiv) bei Generatoren vergrößert und bei Motoren verkleinert. Bei phasenverfrühtem Strom wird i_e bei den Generatoren verkleinert und bei den Motoren vergrößert.

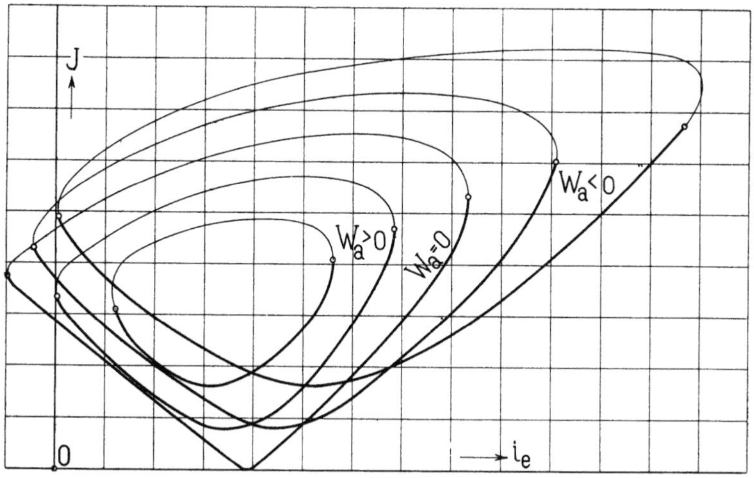

Fig. 179. V-Kurven unter Berücksichtigung der Variation der Reaktanz.

Es sind nun in der oben beschriebenen Weise die V-Kurven für dieselbe Maschine, die wir früher Seite 219 als Beispiel benutzt haben, berechnet und in der Fig. 179 aufgezeichnet worden. Wie ersichtlich, weicht die Form dieser Kurven nicht stark von derjenigen der V-Kurven (Fig. 156) ab, die den Ankerstrom als Funktion der EMK darstellen. Der Einfluß der Sättigung des Magnetsystems auf die V-Kurven wird durch die entmagnetisierenden Amperewindungen stark reduziert.

Der linke Ast der V-Kurven wird, wie die Fig. 179 zeigt, durch eine große Reaktanz x_2 nach links und der rechte Ast nach rechts verschoben. Wir sehen somit, daß die V-Kurven um so flacher verlaufen, je größer die Reaktanz x_2 des wattlosen Stromes ist. Die Leistungsfähigkeit des Motors, die durch die Gleichungen oder durch das Diagramm allein bestimmt ist, hängt lediglich von der Reaktanz x_3 des Wattstromes ab; es soll deswegen diese so klein wie möglich sein. Mit Rücksicht auf die Regulierung der Erregung und auf einen guten Leistungsfaktor ist es günstig, wenn die V-Kurven so flach wie möglich verlaufen. Es ist deswegen die Reaktanz x_2 des wattlosen Stromes groß zu machen. Um eine kleine Reaktanz x_3 und eine große Reaktanz x_2 zu erhalten, muß man das Feld des wattlosen Stromes, d. h. das entmagnetisierende Feld groß machen. Dies ist nur möglich, wenn man den Polbogen im Verhältnis zur Polteilung klein macht und weder die Magnetkerne noch das Joch sättigt. Der Polbogen darf aber nicht beliebig klein gemacht werden; denn in diesem Falle treten zu große Oberwellen in der EMK-Kurve auf. Es ist deswegen günstig, die Ankerzähne stark zu sättigen und den Luftspalt groß zu machen, da dadurch der magnetische Widerstand des Querfeldes erhöht wird.

61. Die Synchronmaschine ohne Felderregung. (Die Reaktionsmaschine.)

Wie aus der genauen Formel (106) für das Drehmoment W_a ersichtlich ist, verschwindet dasselbe selbst dann nicht, wenn man den Erregerstromkreis öffnet. In diesem Falle, in dem E, abgesehen von dem remanenten Magnetismus, gleich Null ist, arbeitet die Synchronmaschine als Reaktionsmaschine. Daß diese überhaupt Arbeit leisten kann, beruht lediglich auf der Verschiedenheit der Reaktanz x_3 des Wattstromes und der Reaktanz x_2 des wattlosen Stromes. Es ist nämlich das Drehmoment, wenn $E = 0$ ist,

$$W_a = m J_{wl} (x_2 - x_3) J_w .$$

Der wattlose Strom erzeugt in diesem Falle das Feld, das sonst vom Erregerstrome erzeugt würde. Die vom wattlosen Strome induzierte EMK, die ein Drehmoment bedingt, ist $J_{wl}(x_2 - x_3)$. Fällt diese EMK mit der Richtung des Wattstromes J_w zusammen, so leistet die Maschine elektrische Arbeit als Generator; im anderen Falle arbeitet sie als Motor und nimmt elektrische Leistung auf.

Für diese beiden Fälle sind die Spannungsdiagramme in den Fig. 180a und b aufgezeichnet.

Wie aus diesen Diagrammen ersichtlich, arbeitet die Maschine als Generator bei Phasenvoreilung des Stromes und als Motor bei Phasennacheilung des Stromes gegenüber der Klemmenspannung P. Da die vom Felde induzierte EMK hier gleich Null ist, so geschieht die Zerlegung des Stromes in zwei Komponenten J_{wl} und J_w lediglich mit Bezug auf die Variation der Reaktanz, d. h. in bezug auf die Polmitten, denn diese bestimmen die Feldverteilung und damit

x_{s2} und x_{s3}. J_w fällt in die Richtung der EMK, die vom Felde, wenn dasselbe erregt wäre, induziert werden würde.

Man hat sogar die Erfahrung gemacht, daß man den Erregerstrom eines Synchronmotors auf Null reduzieren und dann seine Richtung umkehren kann, ohne daß der Motor außer Tritt fällt. In diesem Zustande ist die vom Magnetfelde induzierte EMK des Motors negativ. Daß dieses Phänomen möglich ist, geht ganz deutlich aus der Fig. 179 hervor; denn in dieser sind einige V-Kurven selbst mit ihrem stabilen Aste auf die linke Seite der Ordinatenachse hinübergetreten. Bei negativem Erregerfeld vermögen also die Synchronmaschinen als Motoren Arbeit zu leisten und als Generatoren stark phasenverfrühte Ströme ins Netz zu schicken.

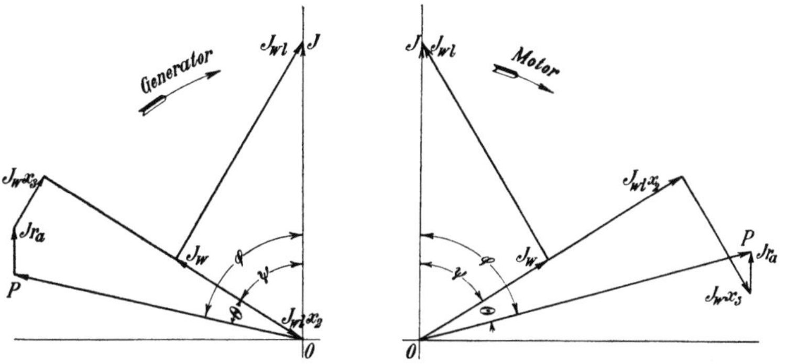

Fig. 180 a und b.
Spannungsdiagramm einer unerregten Maschine: a) bei Phasenvoreilung des Stromes (Generator); b) bei Phasennacheilung des Stromes (Motor).

Hier wollen wir aber nur den Fall näher betrachten, wo die Erregung gleich Null ist.

Da $E = 0$ ist, wird nach der Formel (104) der wattlose Strom

$$J_{wl} = -\frac{r_a (x_2 - x_3) J_w \pm \sqrt{P^2 z_2^2 - J_w^2 (r_a^2 + x_2 x_3)^2}}{z_2^2} \qquad (119)$$

der Strom

$$J = \sqrt{J_w^2 + J_{wl}^2}$$

und das Drehmoment

$$W_a = m \frac{\mp (x_2 - x_3) J_w \sqrt{P^2 z_2^2 - J_w^2 (r_a^2 + x_2 x_3)^2} - r_a (x_2 - x_3)^2 J_w^2}{z_2^2} \qquad (120)$$

Dieser Ausdruck nach J_w differenziert und gleich Null gesetzt ergibt

$$\pm \frac{J_w^{\,2}(r_a^{\,2}+x_2 x_3)^2}{\sqrt{P^2 z_2^{\,2}-J_w^{\,2}(r_a^{\,2}+x_2 x_3)^2}} \mp \sqrt{P^2 z_2^{\,2}-J_w^{\,2}(r_a^{\,2}+x_2 x_3)^2}$$
$$+\,2\,r_a(x_2-x_3)\,J_w=0$$

oder
$$J_w=\frac{P z_2}{\sqrt{2}\sqrt{(r_a^{\,2}+x_2x_3)^2+r_a^{\,2}(x_2-x_3)^2+\sqrt{[(r_a^{\,2}+x_2x_3)^2+r_a^{\,2}(x_2-x_3)^2]\,r_a^{\,2}(x_2-x_3)^2}}} \tag{121}$$

Dieser Wert, oben eingesetzt, ergibt

$$W_{a\,max}=m\,\frac{P^2(x_2-x_3)}{2(r_a^{\,2}+x_2x_3)^2}\left[\mp\sqrt{(r_a^{\,2}+x_2x_3)^2+r_a^{\,2}(x_2-x_3)^2}-r_a(x_2-x_3)\right] \tag{122}$$

oder angenähert

$$W_{a\,max}\cong m\,\frac{P^2(x_2-x_3)}{2(r_a^{\,2}+x_2x_3)}\left[r_a\,\frac{(x_2-x_3)}{x_2x_3}\pm 1\right]$$
$$\cong m\,\frac{P^2(x_2-x_3)}{2\,x_2x_3}\left[\frac{r_a(x_2-x_3)}{x_2x_3}\pm 1\right]\cong\frac{m\,P^2}{2}\left(\frac{1}{x_3}-\frac{1}{x_2}\right) \tag{123}$$

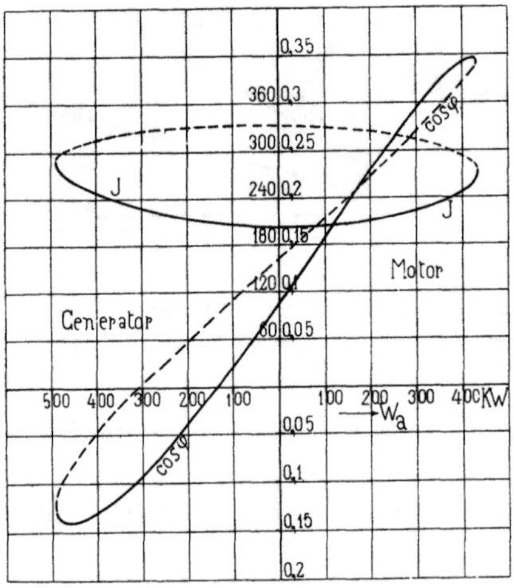

Fig. 181. Stromstärke und Phasenverschiebung einer unerregten Dreiphasenmaschine als Funktion des Drehmoments. $P = 2310$ Volt, $r_a = 1\,\Omega$, $x_3 = 6{,}84\,\Omega$, $x_2 = 11{,}3\,\Omega$.

Die maximale Leistung einer Reaktionsmaschine kann sehr groß werden, wenn die Reaktanz x_2 des wattlosen Stromes viel größer ist als die Reaktanz x_3 des Wattstromes. Reaktionsmaschinen, die als Motoren gut arbeiten sollen, müssen deswegen einen im Verhältnis zur Polteilung kleinen Polbogen, ein ungesättigtes Magnetsystem und einen ziemlich großen Luftspalt haben.

Es ist der innere Phasenverschiebungswinkel

$$\psi=\operatorname{arctg}\frac{J_{wl}}{J_w}$$

und da

$$\sin\Theta=\sin(\psi-\varphi)=\frac{J_w x_3-J_{wl} r_a}{P}$$

ist, so kann der Leistungsfaktor

$$\cos\varphi=\cos(\psi-\Theta)$$

auch berechnet werden.

Läßt man die früher (S. 219) als Beispiel benutzte Dreiphasenmaschine ($P = 2310$ Volt, $r_a = 1\,\Omega$, $x_3 = 6{,}84\,\Omega$ und $x_2 = 11{,}3\,\Omega$) als Reaktionsmaschine laufen, so erhält man ein maximales Drehmoment als Generator

$$W_{a\,max} = -482{,}5 \text{ KW}$$

und als Motor

$$W_{a\,max} = 429 \text{ KW}.$$

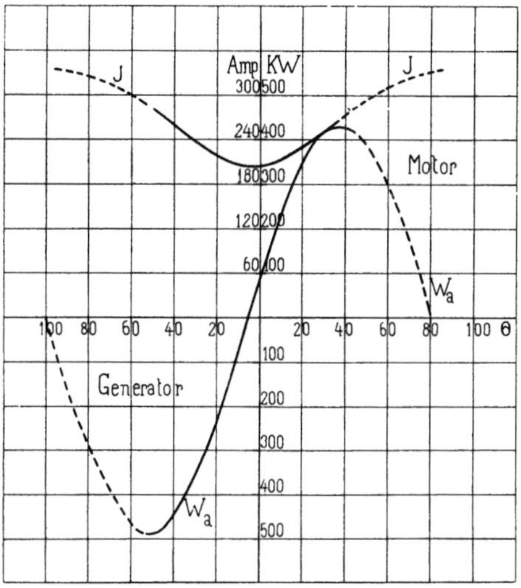

Fig. 182. Stromstärke und Phasenverschiebung einer unerregten Dreiphasenmaschine als Funktion des Phasenverschiebungswinkels Θ.

Für dieselbe Maschine ist in Fig. 181 der Strom J und der Leistungsfaktor $\cos\varphi$ als Funktion des Drehmomentes W_a und in Fig. 182 der Strom J und das Drehmoment W_a als Funktion des Phasenverschiebungswinkels Θ aufgetragen.

Elftes Kapitel.

Einfluß der Form der EMK-Kurven auf die Arbeitsweise synchroner Maschinen.

62. Die Größe und Leistung der Oberströme im synchronen Betrieb. — 63. Einfluß der Oberströme auf den stabilen Gang der Synchronmotoren.

62. Die Größe und Leistung der Oberströme im synchronen Betrieb.

Treten Oberwellen entweder in der Kurve der Netzspannung oder in der EMK-Kurve einer auf das Netz geschalteten Synchronmaschine oder in beiden auf, so geben diese Anlaß zu Strömen höherer Periodenzahl, die in derselben Weise wie der Grundstrom entweder mit dem Diagramm oder analytisch berechnet werden können. In bezug auf diese Oberströme besitzt der ganze Stromkreis andere effektive Widerstände und Reaktanzen als in bezug auf den Grundstrom. Die Oberströme erzeugen auch Drehfelder im Synchronmotor; diese rotieren teils mit derselben, teils mit einer viel größeren Geschwindigkeit als das Magnetsystem. Die ersteren Felder sind sehr klein und die letzteren werden durch Wirbelströme in dem Feldeisen abgeschwächt. Durch diese Wirbelströme werden aber andererseits die effektiven Widerstände des Stromkreises in bezug auf die Oberströme erhöht.

Die Widerstände und Reaktanzen der Oberströme lassen sich am einfachsten ermitteln, indem man Ströme dieser hohen Periodenzahlen durch die Ankerwicklung der Maschine schickt, während man sie langsam herumdreht, damit das Magnetsystem denselben Einfluß auf alle Phasen ausüben kann. Durch Messung von Spannung, Strom und Leistung ergeben sich in gewöhnlicher Weise der effektive Widerstand und die Reaktanz für einen Strom dieser Periodenzahl. Man wird finden, daß der effektive Widerstand des νten Oberstromes etwas größer ist als der des Grundstromes, und daß die synchrone Reaktanz $x_{a\nu}$ des νten Oberstromes (s. S. 216) etwas größer ist als νx_{s1}, hingegen kleiner ist als νx_{a1}, wo x_{s1} die Reaktanz des Streuflusses des Grundstromes ist. In Fig. 183 sind r und x_{s1} für eine 5 KW-Einphasenmaschine als Funktion der Periodenzahl aufgetragen; wegen der Schirmwirkung des Magneteisens erhält man für x_{s1} keine geradlinige, sondern eine nach der Abszissenachse abbiegende Kurve.

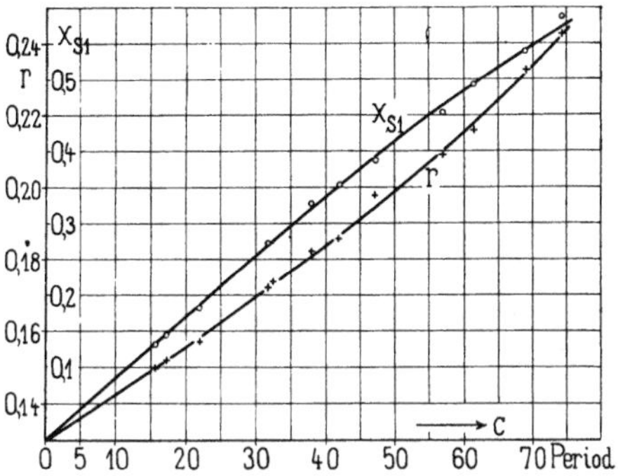

Fig. 183. Effektiver Widerstand und effektive Reaktanz einer 5 KW-Einphasenmaschine in Abhängigkeit von der Periodenzahl.

Eine kleine Phasenverschiebung Θ_1 zwischen Spannung und EMK der Grundwelle, wie sie im normalen Betrieb vorhanden ist, bedingt eine ν mal größere Phasenverschiebung Θ_ν zwischen Spannung und EMK der νten Oberwelle, d. h. $\Theta_\nu = \nu\, \Theta_1$.

Aus diesem Grunde und da $x_{a\nu} < \nu\, x_{a1}$ ist, werden die Oberströme eines Synchronmotors im Verhältnis zum Grundstrom sehr groß, wie man leicht aus dem Spannungsdiagramm dieser Harmonischen ersieht, so daß die Stromkurven der Synchronmotoren stark verzerrt werden, wenn die Spannungs- und EMK-Kurven des Motors nicht Sinusform besitzen. Die Stromkurven ändern auch aus dem gleichen Grunde ihre Gestalt beträchtlich, wenn man entweder die Erregung oder die Belastung variiert.

Da die Synchronreaktanz $x_{a\nu}$ des νten Oberstromes im Verhältnis zum effektiven Widerstand groß ist, und da der Phasenverschiebungswinkel Θ_ν auch groß ist, so leisten die Oberströme wenig Arbeit, erhöhen aber trotzdem die Verluste durch Stromwärme bedeutend. Es sind deswegen in allen Generatoren und Motoren die Oberwellen in den EMK-Kurven durch passende Polschuhformen und durch verteilte Ankerwicklungen zu vermeiden.

Treten die gleichen Oberwellen sowohl in den Generatoren wie in den Motoren auf, so läßt sich für jede Oberwelle ein Diagramm zeichnen, aus welchem der Strom, die Leistung und die Verluste dieser Harmonischen sich berechnen lassen.

Die Leistung eines Oberstromes kann positiv oder negativ sein, ganz unabhängig davon, ob die Maschine als Motor oder als Generator arbeitet. Haben die Klemmenspannung und die EMK einer Maschine genau dieselbe Form, so wird bei Phasengleichheit zwischen Spannung und EMK, d. h. in der Nähe des Leerlaufes, die Form der Stromkurve fast symmetrisch. Die Oberwellen kommen aber viel deutlicher zum Ausdruck in der Strom- als in der EMK-Kurve. Belastet man die Maschine oder ändert man die Erregung innerhalb weiter Grenzen, so verschiebt sich sofort die EMK der Spannung gegenüber und da $\Theta_\nu = \nu\, \Theta_1$, so treten große Oberströme auf und die Stromkurve wird mehr oder weniger unsymmetrisch.

Besonders in den V-Kurven kommt der Einfluß der höheren Harmonischen stark zum Ausdruck. Der kleinste Strom, der einem gegebenen Drehmoment entspricht, wird durch die Oberströme beträchtlich erhöht und der diesem Strom entsprechende Leistungsfaktor ist bedeutend kleiner als die Einheit. Die scheinbare Leistung der Oberströme kann nämlich so bedeutend sein, daß der Leistungsfaktor viel kleiner wie 1 wird, selbst wenn der Grundstrom in Phase mit der Grundwelle der Spannungskurve ist.

Am größten werden die Oberströme, wenn dieselben Oberwellen sowohl in der Spannungskurve wie in der EMK-Kurve vorhanden sind, und wenn diese sich nicht entgegenwirken, sondern sich addieren. Dies ist z. B. der Fall, wenn die EMK-Kurve eine flache Form und die Spannungskurve eine spitze Form hat, oder umgekehrt.

Ein anderer Fall ist der, daß die Formen der Spannungskurve und der EMK-Kurve ganz verschieden sind, indem die beiden Kurven Oberwellen verschiedener Periodenzahlen enthalten. Die Oberwellen der Spannungskurve erzeugen im Synchronmotor große Oberströme von derselben Periodenzahl, und umgekehrt erzeugen die Oberwellen des Synchronmotors im Netze große Oberströme ihrer Periodenzahl. Es entstehen in dieser Weise leicht große Oberströme, die große Verluste sowohl im Synchronmotor wie im Netz zur Folge haben.

63. Einfluß der Oberströme auf den stabilen Gang der Synchronmotoren.

Bei Mehrphasenmaschinen wird die Stabilität durch Oberströme selten gefährdet; denn die Leistungen dieser Ströme sind gewöhnlich sehr klein, höchstens 10 bis 20% von der des Grundstromes. Unter Umständen können jedoch die Oberströme so stark werden, daß sie den Betrieb stören. Um derartige Oberströme zu vermeiden und um die durch dieselben bedingten Stromwärmeverluste zu verringern, schaltet man am zweckmäßigsten eine Selbstinduktionsspule in Serie mit dem Motor und bei parallel arbeitenden Maschinen eine Spule zwischen diese. Durch die Reaktanz einer derartigen Spule können die Oberströme beliebig stark abgeschwächt werden.

Bei Einphasenmaschinen liegen die Verhältnisse ganz anders. Hier sind nämlich die in der Spannungs- oder in der EMK-Kurve bei Leerlauf vorhandenen Oberwellen nicht die einzige Ursache der Oberströme, sondern solche werden auch von dem Grundstrom erzeugt. Im Kap. I, S. 40ff. haben wir gesehen, daß das inverse Drehfeld des Grundstromes in der Ankerwicklung eines Einphasengenerators Ströme dreifacher Periodenzahl induziert, und daß die Oberströme dreifacher Periodenzahl wieder solcher fünffacher Periodenzahl erzeugen. Man kann deswegen bei Einphasenmaschinen keinen direkten Schluß von den EMK-Kurven bei Leerlauf auf die Stromkurven bei Belastung ziehen. Dies geht auch deutlich aus den folgenden Versuchen hervor, die von Dr.-Ing. L. Bloch[1]) im E. T. I. Karlsruhe ausgeführt wurden.

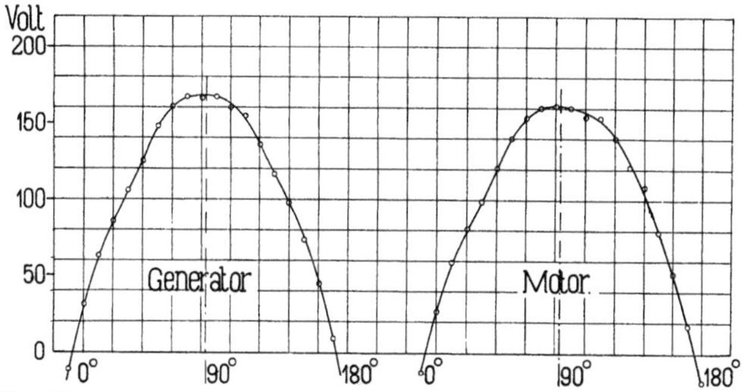

Fig. 184. Kurvenformen der Spannung bei Leerlauf und offenem Anker.

Für die Versuche wurden zwei genau gleiche 3,5 KW-Wechselstrommaschinen der Firma Schuckert & Co. benutzt. Diese leisteten normal 32 Amp. bei 110 Volt Spannung. Beide Maschinen hatten dieselben Polschuhe mit einem Polbogen gleich 60% der Polteilung. Die EMK-Kurven der beiden Maschinen sind in Fig. 184 dargestellt. Beide sind einander gleich und genügen der Gleichung

$$e = 100 \sin \omega t + 4{,}3 \sin 3 \omega t.$$

Die Kurven enthalten keine Oberwellen fünfter Ordnung, und zwar aus dem Grunde, weil die Ankerwicklungen in beiden Maschinen 40% der Polteilung bedecken. Es ist in diesem Falle

$\frac{S}{\tau} = 0{,}4$ und somit

[1]) Siehe: Der Einfluß der Kurvenform auf die Wirkungsweise des Synchronmotors von Dr.-Ing. Leopold Bloch; Verl. v. F. Enke, Sammlung elektrotechnischer Vorträge.

$$f_{w5} = \frac{\sin 5 \frac{S}{\tau} \frac{\pi}{2}}{5 \frac{S}{\tau} \frac{\pi}{2}} = \frac{\sin \pi}{\pi} = 0.$$

Die Oberwellen fünfter Ordnung der Feldkurve kommen somit in der EMK-Kurve nicht zur Geltung.

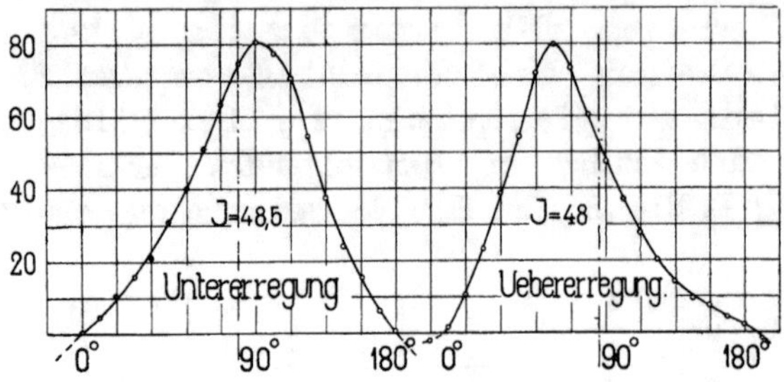

Fig. 185. Kurvenformen des Stromes bei Leerlauf.

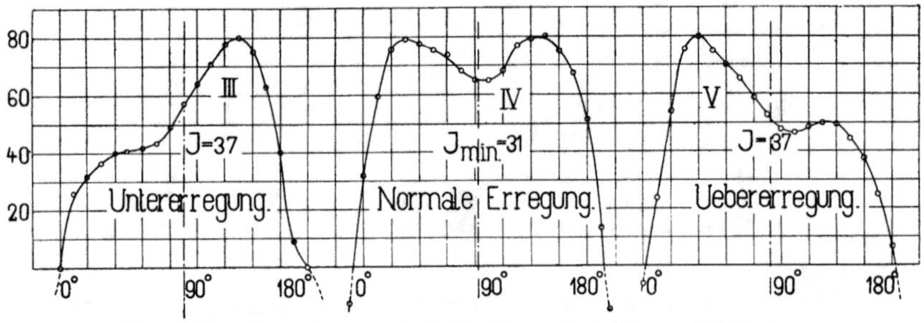

Fig. 186. Stromkurven bei direktem Antrieb und Belastung.

Es wurde nun die eine Maschine als Generator angetrieben und die andere, die als Synchronmotor lief, von diesem mit Strom versorgt. Bei Leerlauf wurden bei den verschiedenen Erregungen i_e die Stromkurven (Fig. 185) und bei Belastung die Stromkurven (Fig. 186) aufgenommen. Die Kurve V (Fig. 186) genügt der Gleichung

$$i = 100 \sin(\omega t + 10^{0}30') + 31 \sin(3\omega t - 16^{0}10')$$
$$+ 6{,}25 \sin(5\omega t - 45^{0}).$$

Trotz der kleinen Oberwellen dritter Ordnung in den EMK-Kurven treten doch sehr große Oberströme dieser Ordnung in dem Stromkreise auf. Die Oberströme fünfter Ordnung werden von dem inversen Drehfelde der Oberströme dritter Ordnung induziert.

In Fig. 187 sind die V-Kurven des Motors für Leerlauf und eine Belastung von ca. 1800 Watt durch die Kurven A_I resp. A_{II} dargestellt. Der minimale Strom bei Leerlauf weicht sehr stark von Null ab; diese Abweichung rührt hauptsächlich von den Oberströmen her. Wurde der Motor mittels Riemen so angetrieben, daß die ihm zugeführte elektrische Leistung gerade gleich Null war, so ergab sich die V-Kurve D (Fig. 187). Diese entspricht dem Zustande $W_a = 0$ und $\cos\psi = 0$ und sollte deswegen, wenn keine Oberströme vorhanden wären, die Abszissenachse mit einer Spitze berühren. Wie ersichtlich, ist dies nicht der Fall. Die dem tiefsten

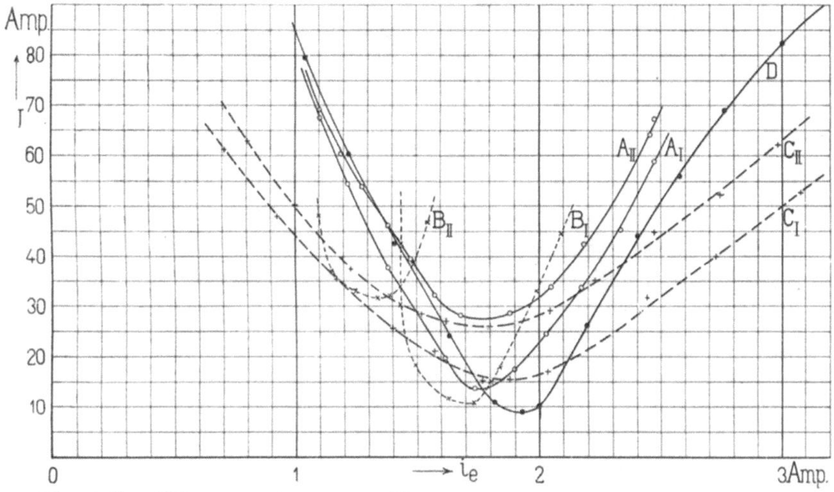

Fig. 187. V-Kurven eines 3,5 KW-Synchronmotors. Es entspricht Kurve A_I — Leerlauf; A_{II} — 1800 Watt Belastung; D — zugeführte Leistung Null; B_I — Leerlauf mit vorgeschaltetem Widerstand; B_{II} — 1800 Watt Belastung und vorgeschaltetem Widerstand; C_I — Leerlauf mit vorgeschalteter Impedanz; C_{II} — 1800 Watt Belastung und vorgeschalteter Impedanz.

Punkte dieser V-Kurve entsprechende Stromstärke besteht deshalb lediglich aus Oberströmen. Um die Oberströme abzudämpfen, wurde dem Motor zuerst ein großer Widerstand (0,685 Ω) und nachher eine große Drosselspule ($\mathfrak{Z} = 0{,}12 - j\,0{,}45$) vorgeschaltet. Wenn der Widerstand dem Motor, dessen Impedanz $\mathfrak{Z}_a = 0{,}215 - j\,(0{,}40$ bis $0{,}65)$ ist, vorgeschaltet wurde, ergaben sich bei Leerlauf und ca. 1800 Watt Belastung die V-Kurven B_I und B_{II} (Fig. 187). Durch Vorschalten der Impedanz wurden unter denselben Betriebsverhältnissen die V-Kurven C_I und C_{II} erhalten.

Aus diesen V-Kurven geht deutlich die viel günstigere Wirkung einer vorgeschalteten Reaktanz als eines entsprechenden Widerstandes hervor. Außerdem verkleinert der Widerstand den Wirkungsgrad der Übertragung sehr stark.

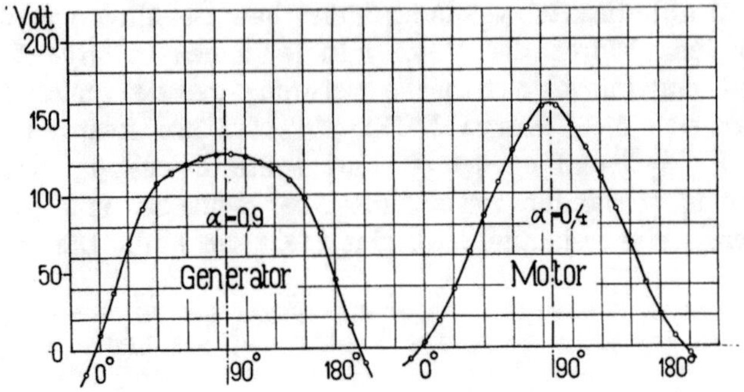

Fig. 188. Kurvenformen der Spannung bei Leerlauf und offenem Anker.

Es wurden jetzt die Polschuhe der beiden Maschinen ausgewechselt. Der Generator bekam sehr breite Polschuhe (Polbogen 90% der Polteilung) und der Motor sehr schmale Polschuhe (Polbogen 40% der Teilung). In Fig. 188 sind die EMK-Kurven des Generators und Motors aufgetragen. Diese genügen den Gleichungen

$$e_g = 100 \sin \omega t + 9{,}5 \sin 3\,\omega t$$

und

$$e_m = 100 \sin \omega t - 12{,}9 \sin 3\,\omega t$$

$$e_g - e_m = 22{,}4 \sin 3\,\omega t.$$

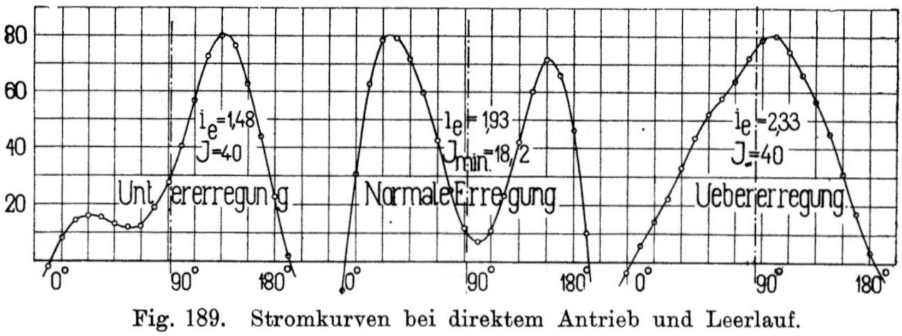

Fig. 189. Stromkurven bei direktem Antrieb und Leerlauf.

Bei Leerlauf und Belastung ergaben sich die Kurven Fig. 189 bzw. Fig. 190. Wurde der Motor mittels Riemen angetrieben, daß $W_a = 0$ und $\cos \psi = 0$ war, so hatte der minimale Strom die Kurvenform Fig. 191. Diese Kurve besteht hauptsächlich aus einer Oberwelle dritter Ordnung.

Zuletzt wurde noch der Motor mit den schmalen Polschuhen an das Netz des Karlsruher Elektrizitätswerkes angeschlossen. Die

Spannungskurve der Zentrale hatte in den Nachtstunden die Form Fig. 192, die der Gleichung

$$p = 100 \sin \omega t + 11{,}3 \sin 5\, \omega t + 3{,}3 \sin (7\, \omega t + 153^{0})$$

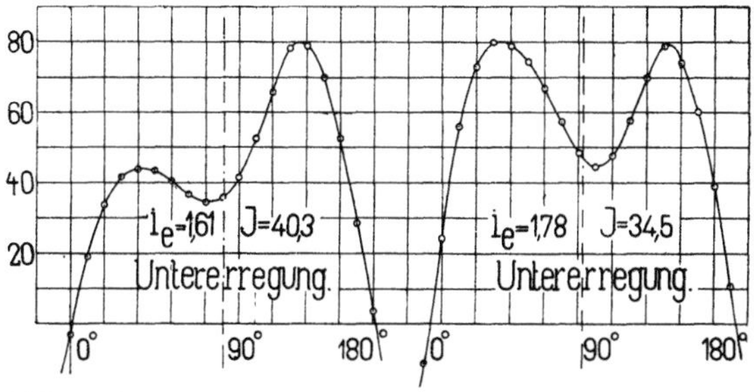

Fig. 190 a. Stromkurven bei direktem Antrieb und Belastung.

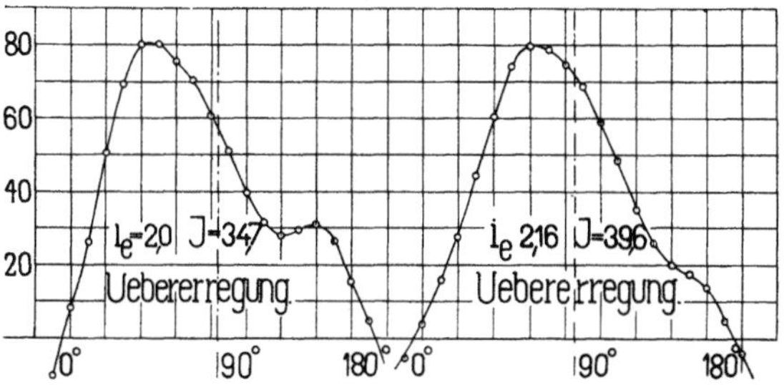

Fig. 190 b. Stromkurven bei direktem Antrieb und Belastung.

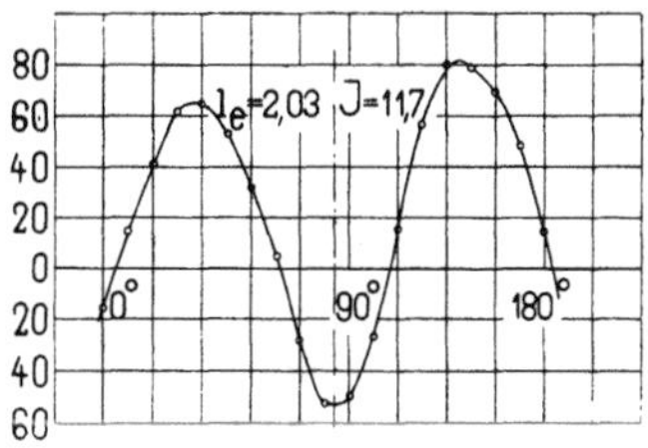

Fig. 191. Stromkurve des Minimalstromes bei direktem Antrieb und $\cos \psi = 0$.

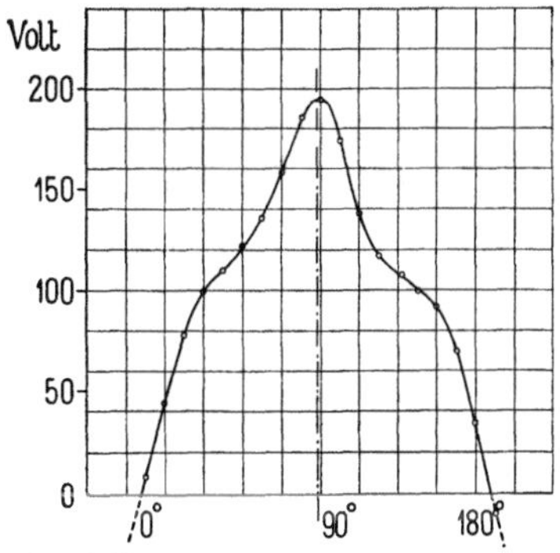

Fig. 192. Spannungskurven des Karlsruher Elektrizitätswerkes in den Nachtstunden.

genügt. Es fehlt die dritte Oberwelle, weil die Zentrale Dreiphasenstrom erzeugt. Die EMK-Kurve des Motors war dieselbe wie oben und hatte also die Gleichung

$$e_m = 100 \sin \omega t - 12{,}9 \sin 3\, \omega t.$$

Bei Leerlauf des Motors ergaben sich bei den verschiedenen Erregungen die Kurven Fig. 193. In diesen sind Oberströme dritter, fünfter und siebenter Ordnung stark vertreten. Die Oberströme sind auch hier alle sämtlich stärker als sie sich aus den EMK-Kurven und aus der Größe der Impedanzen des Stromkreises ergeben würden.

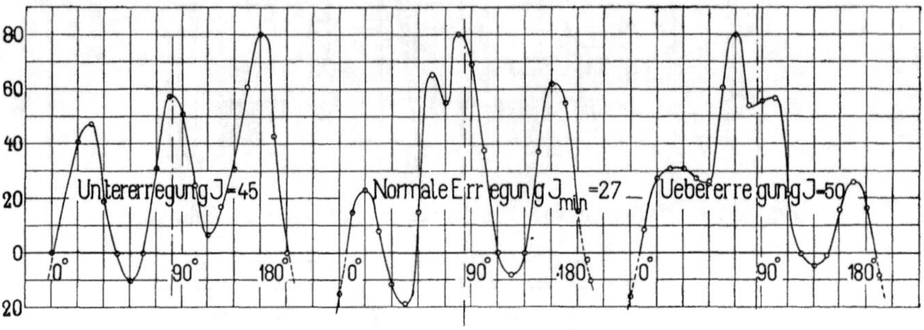

Fig. 193. Stromkurven des 3,5 KW-Synchronmotors bei Leerlauf und bei Anschluß an das Netz des Karlsruher Elektrizitätswerkes.

Die Spannungskurve der Zentrale änderte ihre Form, wenn sie tagsüber durch leerlaufende Motoren stark belastet war. In diesem Falle erhielt man die Spannungskurve A (Fig. 194), die der Gleichung

$$p = 100 \sin \omega t + 15 \sin 5 \omega t + 6{,}35 \sin 7 \omega t$$

genügt. Wurde die Einphasenmaschine am Tage mittels eines Anlaßmotors auf Synchronismus gebracht und auf das Netz geschaltet, so stieg der Motorstrom sofort nach dem Parallelschalten bei gleicher Spannung und Tourenzahl auf über 35 Ampere an, und sobald der

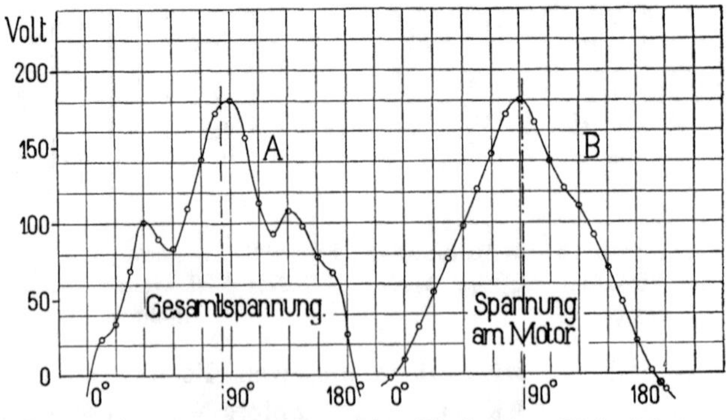

Fig. 194. Kurve A: Spannungskurve des Karlsruher Elektrizitätswerkes am Tage. Kurve B: Dieselbe Kurve bei Vorschaltung einer großen Reaktanz an den Motorklemmen gemessen.

Anlaßmotor abgeschaltet wurde, fiel der Synchronmotor außer Tritt. Bei $W_a = 0$ und $\cos\psi = 0$ bestand der Minimalstrom J_{min} gleich 33 Ampere ausschließlich aus Oberströmen.

Bei Vorschalten einer großen Reaktanz ($\mathfrak{Z} = 0{,}17 - j\,1{,}07$) vor den Motor ergab sich an den Motorklemmen die Spannungskurve *B* (Fig. 194) und der Motor lief nun sowohl leer als belastet. Die Stromkurven hatten in diesem Falle die Form Fig. 195.

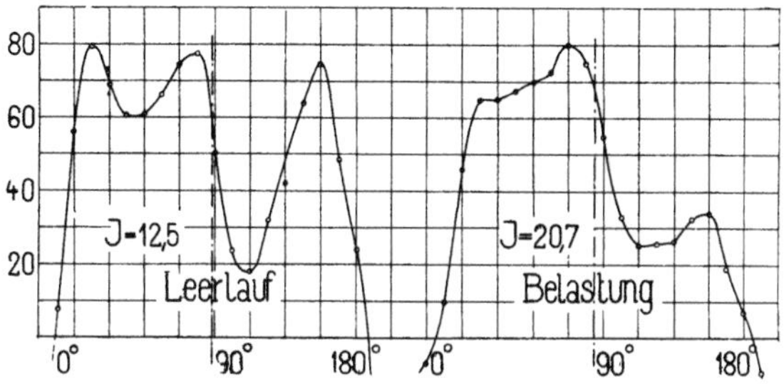

Fig. 195. Stromkurven des 3,5 KW-Synchronmotors bei Anschluß an das Karlsruher Elektrizitätswerk unter Vorschalten einer großen Reaktanz.

Wie hieraus ersichtlich ist, können sehr große Oberströme den Betrieb von Synchronmotoren stören. Durch Vorschalten einer Drosselspule werden die Oberströme aber so stark gedämpft, daß ein Betrieb sowohl bei Leerlauf als bei Belastung möglich wird. Ferner hat die Drosselspule eine Abflachung der *V*-Kurven zur Folge, woraus folgt, daß die Erregung innerhalb weiter Grenzen geändert werden kann, ohne daß der Motor außer Tritt fällt. Die maximale Leistungsfähigkeit des Motors, bedingt durch die Grundwelle der Spannungskurve, wird jedoch durch Vorschalten einer Drosselspule heruntergesetzt. Diese Verminderung der maximalen Leistungsfähigkeit spielt aber bei Normallast eine kleinere Rolle, weil die Wattkomponente des Grundstromes

$$J_w \cong \frac{P \sin\Theta + J_{wl} r_a}{x_3} \cong \frac{P\Theta}{x_3}$$

angenähert proportional $\frac{\Theta}{x_3}$ ist. Wird die Reaktanz x_3 des Wattstromes erhöht, so steigt, wenn die Belastung dieselbe bleibt, der Phasenverschiebungswinkel Θ in demselben Verhältnis. Natürlich kann Θ nur bis zu einer gewissen Grenze (ca. 90^0) ansteigen; bei dieser fällt der Motor außer Tritt. Diese Grenze wird man aber selbst bei Vorschaltung von Drosselspulen in den seltensten Fällen erreichen.

Es ist bei dem letzten Versuch auffallend, daß der Motor, dessen EMK-Kurve nur Oberwellen dritter Ordnung enthält, von einer Spannung, deren Kurve nur Oberwellen fünfter und siebenter Ordnung enthält, nicht in Betrieb gehalten werden kann. Eine Oberwelle dritter Ordnung kann mit einem Oberstrom fünfter Ordnung keine mittlere Leistung, sondern nur Momentanleistungen, deren Summe gleich Null ist, liefern. Da in einem Einphasenmotor

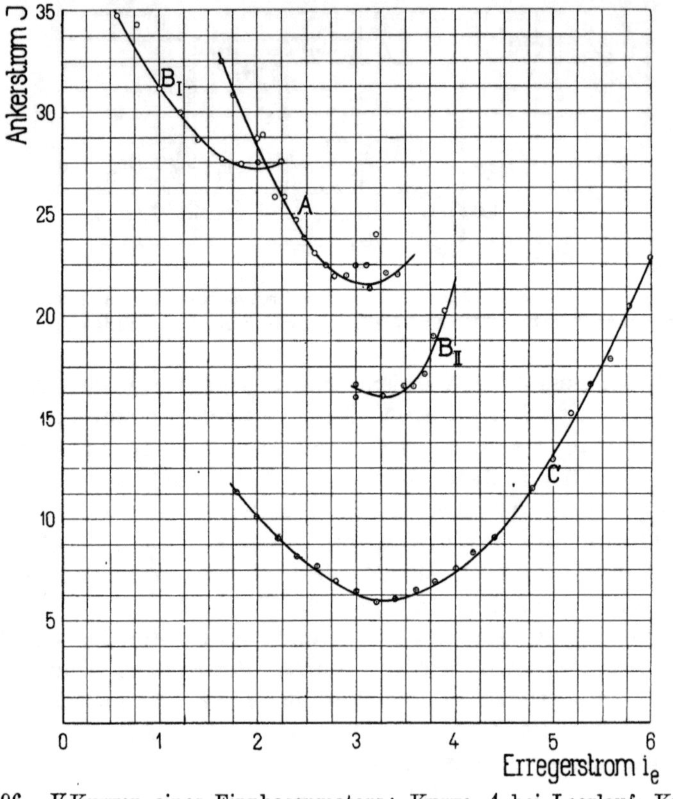

Fig. 196. *V*-Kurven eines Einphasenmotors: Kurve *A* bei Leerlauf; Kurve *B* bei Vorschaltung einer kleinen Reaktanz; Kurve *C* bei Vorschaltung einer besonders günstigen Reaktanz.

nicht allein Oberströme von den Oberwellen der EMK-Kurve, sondern auch von den inversen Drehfeldern erzeugt werden, so ist es fraglich, ob bei den obigen Versuchen die mittlere Leistung der Oberwellen im Motor so groß war, daß er deswegen außer Tritt fiel; denn es ist möglich, daß die Momentanleistungen der Oberströme einer Periodenzahl mit den Ober-EMKen einer anderen Periodenzahl zu so starken Pulsationen Anlaß gaben, daß der Motor aus diesem Grunde außer Tritt fiel.

Die erste Annahme, daß die mittlere Leistung der Oberwellen den Motor außer Tritt wirft, scheint die richtigere zu sein; denn ein anderer Versuch mit einem Dreiphasenumformer, der keine Oberwellen dreifacher Periodenzahl, sondern nur kleine Oberwellen fünfter Ordnung enthielt, ergab, daß dieser Umformer am Tage mit dem Strom der städtischen Zentrale auch nicht im Betriebe gehalten werden konnte. In diesem Falle konnte aber die Betriebsstörung nur von einem Oberstrom fünfter Ordnung herrühren.

Bedell und Ryan haben (ETZ 1895, Heft 15) zwei genau gleiche Einphasenmaschinen untersucht, von denen die eine als Generator angetrieben wurde, während die andere als Motor lief. Bei Leerlauf ergab sich die V-Kurve A (Fig. 196). Bei Vorschalten einer kleinen Reaktanz erhielt man die V-Kurven B; zwischen den beiden Teilen B_I und B_{II} dieser Kurve war ein unstabiler Bereich. Eine Erhöhung der vorgeschalteten Reaktanz brachte die beiden Zweige B_I und B_{II} näher zueinander. Bei einer bestimmten vorgeschalteten Reaktanz wurde der Motorstrom ein Minimum und der Motor lief, selbst wenn die Erregung innerhalb weiter Grenzen geändert wurde, stabiler als bei jeder anderen vorgeschalteten Reaktanz. Bei dieser günstigen Reaktanz ergab sich die V-Kurve C bei Leerlauf. Auch aus diesem Versuche ist also die günstige Wirkung einer vorgeschalteten Reaktanz deutlich zu erkennen.

Zwölftes Kapitel.

Das Parallelschalten synchroner Maschinen.

64. Das Zusammenarbeiten mehrerer Maschinen. — 65. Das Parallelschalten von Einphasengeneratoren. — 66. Das Parallelschalten von Mehrphasengeneratoren. — 67. Methoden zur Einregulierung der Periodenzahl vor der Parallelschaltung. — 68. Parallelschaltung von Maschinen mit selbsttätiger Regulierung. — 69. Automatische Parallelschaltung und Synchronisierung. — 70. Das Anlassen von Synchronmotoren: a) durch eine äußere Kraft, b) als Asynchronmotoren und c) als Kommutatormotoren.

64. Das Zusammenarbeiten mehrerer Maschinen.

Bei den Wechselstromanlagen muß man gerade so wie bei den Gleichstromanlagen, sobald die Leistung der Anlage eine gewisse Höhe erreicht, die Gesamtleistung auf mehrere Einheiten verteilen. Nur dadurch wird es möglich, die Leistung der im Betrieb befind-

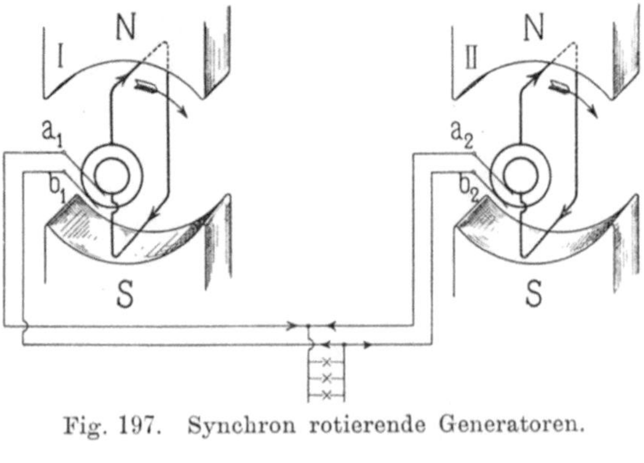

Fig. 197. Synchron rotierende Generatoren.

lichen Maschinen dem momentanen Konsum anzupassen und auf wirtschaftliche Art eine passende Reserve an Maschinen zu erhalten. Die Einheiten arbeiten gewöhnlich parallel auf denselben Stromkreis und müssen deswegen synchron laufen. Daß parallelgeschaltete Generatoren synchron laufen können, beruht auf demselben Prinzip, nach welchem eine Wechselstrommaschine als Synchronmotor benutzt werden kann. — Um das einzusehen, betrachten wir zwei vollständig gleiche Generatoren, deren Armaturwicklungen sich vollständig synchron drehen und in jedem Moment in derselben relativen Lage gegenüber dem Polsystem stehen. Wir denken uns diese beiden Maschinen durch die Fig. 197 schematisch dargestellt. Entsprechende Klemmen der beiden Maschinen $a_1 a_2$ und $b_1 b_2$ seien miteinander leitend verbunden.

Durchlaufen wir den geschlossenen Stromkreis der beiden Maschinen im Sinne $a_1 b_1 b_2 a_2$, so haben die EMKe der beiden Maschinen in bezug auf diese Richtung die entgegengesetzte Phase (sie sind um 180° verschoben). Sind E_1 und $-E_2$ die in I resp. II induzierten EMKe und nehmen wir an, daß sie dem absoluten Werte nach gleich groß sind (Fig. 198), so ist die resultierende EMK im Stromkreise gleich Null, und folglich ist auch der Strom gleich Null.

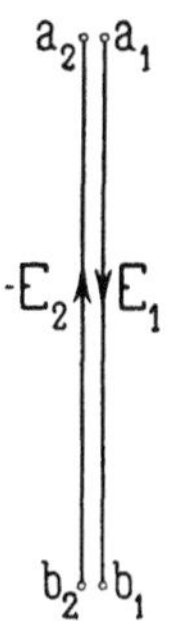

Fig. 198.

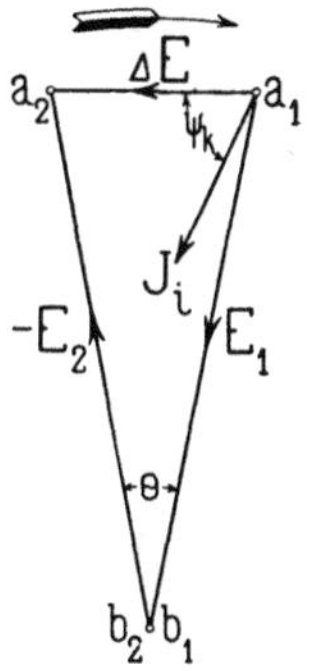

Fig. 199.

Geben wir nun der Armaturwicklung der Maschine I eine Winkelverschiebung Θ (Fig. 199) gegenüber der Ankerwicklung der Maschine II, so wird die in der Maschine I induzierte EMK dieselbe Winkelabweichung Θ gegenüber derjenigen der Maschine II erhalten, und wir bekommen in den Stromkreis der beiden Maschinen eine resultierende EMK

$$\Delta E = 2 E_1 \sin \frac{\Theta}{2}.$$

Diese erzeugt einen inneren Strom J_i, der zwischen den beiden Maschinen fließt. Da die Reaktanz der Ankerwicklungen viel größer ist als ihr Ohmscher Widerstand, so eilt J_i der EMK ΔE um den Winkel $\psi_k \sim 90^0$ nach. I ist, wie angenommen, die voreilende und II die nacheilende Maschine. Der Strom J_i ist ungefähr in Phase mit der EMK E_1, die Maschine I leistet also eine elektrische Arbeit, während die Maschine II als Motor mitgezogen wird, denn der Vektor E_1 eilt dem Vektor E_2 vor. In dem Anker der Maschine II fließt die Wattkomponente des Stromes J_i im entgegengesetzten Sinne der induzierten EMK und die Maschine leistet mechanische Arbeit, indem sie elektrische Energie aufnimmt. Die voreilende Maschine wird von dem Ausgleichstrome J_i gebremst und die nacheilende Maschine fast in gleichem Maße angetrieben. Es ist also ein Bestreben vorhanden, die Armaturwicklungen der beiden Maschinen in dieselbe Lage relativ zu den Polsystemen zurückzubringen und so die Maschinen in synchronem Lauf zu erhalten. Diese Kraft haben wir die synchronisierende Kraft genannt; sie ist die Bedingung für die Möglichkeit der Parallelschaltung.

Die obigen Betrachtungen gelten, wenn der äußere Stromkreis offen ist, also für unbelastete Maschinen. Da aber beide Maschinen sich dem offenen Stromkreise gegenüber gleich verhalten, so gilt das oben Gesagte auch für den Fall, daß der äußere Stromkreis belastet ist.

65. Das Parallelschalten von Einphasengeneratoren.

Soll eine Maschine mit einer zweiten bzw. zu den Sammelschienen parallel geschaltet werden, ohne daß ein großer Stromstoß oder eine Schwankung der Klemmenspannung erfolgt, so hat man folgendes zu beachten:

1. Die Maschine muß auf dieselbe Periodenzahl wie die im Betrieb befindliche Maschine gebracht werden.

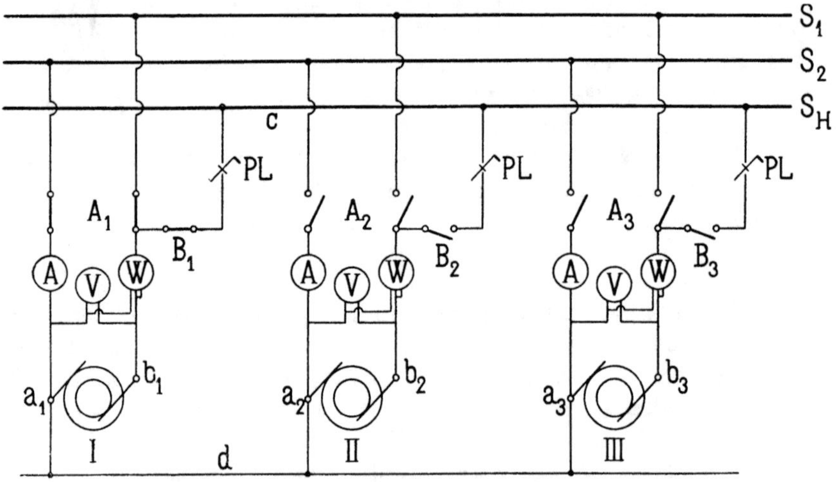

Fig. 200. Schema für das Parallelschalten von Einphasengeneratoren bei Niederspannungsanlagen mit Hilfssammelschiene.

2. Die Maschine muß auf die gleiche Klemmenspannung wie die im Betrieb befindliche erregt sein.

3. Die Maschine muß in bezug auf den äußeren Stromkreis die gleiche Phase erhalten wie die im Betrieb befindliche. Räumlich sind die Maschinen dann in Phase, in bezug auf den Stromkreis $a_1 b_1 b_2 a_2$ dagegen in der Phase um 180° ver-

schoben. Gewöhnlich benutzt man, um festzustellen, ob die einzuschaltende Maschine die richtige Periodenzahl und Phase hat, eine Glühlampe, die sogenannte Phasenlampe. Es sollen im folgenden einige Anordnungen zur Parallelschaltung von Generatoren zusammengestellt werden.

Eine schematische Darstellung einer Anordnung mit Hilfssammelschiene zeigt Fig. 200.

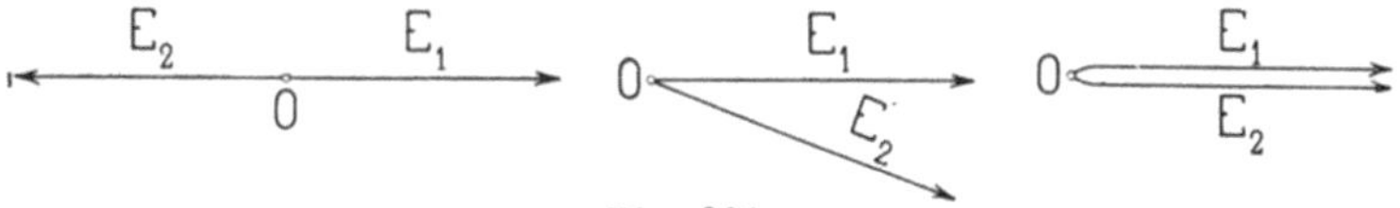

Fig. 201.

Alle Klemmen einer Polarität $(a_1 a_2 a_3)$ sind miteinander verbunden. Zwischen den Klemmen der zweiten Polarität und einer Hilfssammelschiene S_H werden die Phasenlampen PL eingeschaltet. Die Maschine I arbeitet auf das Netz; will man die Maschine II zuschalten, so bringt man sie zuerst angenähert auf dieselbe Tourenzahl und Spannung wie I und schaltet mittels des Schalters B_2 die Phasenlampe ein. Es wird dann in dem geschlossenen Stromkreis $a_1 b_1 PLcPLb_2 a_2 d a_1$ eine EMK induziert, die die Resultierende der in den beiden Ankern der Maschinen I und II induzierten EMKe E_1 und $-E_2$ ist. Die EMKe E_1 und E_2 haben nicht dieselbe Periodenzahl, sondern verschiedene, die nur wenig voneinander abweichen. Es rotieren deswegen die beiden Vektoren E_1 und E_2 (Fig. 201) mit verschiedenen Geschwindigkeiten, sie nehmen jeden Augenblick eine andere Lage zueinander ein und die Amplitude ihrer Resultierenden ändert sich beständig.

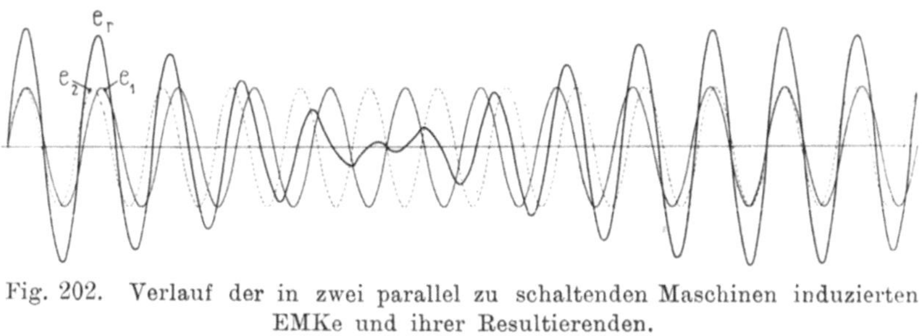

Fig. 202. Verlauf der in zwei parallel zu schaltenden Maschinen induzierten EMKe und ihrer Resultierenden.

In Fig. 202 sind die beiden EMK-Kurven und ihre Resultierende unter der Annahme aufgezeichnet, daß die Effektivwerte der beiden EMKe gleich groß sind.

Analytisch erhält man

$$e_r = e_1 + e_2 = E\sqrt{2}\sin\omega t + E\sqrt{2}\sin(\omega + \varDelta\omega)t$$
$$= 2E\sqrt{2}\cos\frac{\varDelta\omega}{2}t\sin\left(\omega + \frac{\varDelta\omega}{2}\right)t,$$

d. h. eine Sinuskurve von der mittleren Periodenzahl beider EMKe mit einer nach einer Sinuskurve variierenden Amplitude (Fig. 203). Die Amplitude ändert ihre Größe um so schneller, je größer $\varDelta\omega$ ist, d. h. je mehr die Periodenzahlen der beiden EMKe voneinander abweichen.

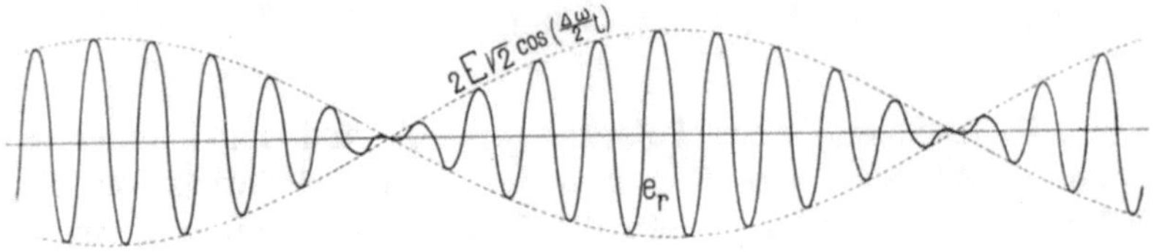

Fig. 203. Resultierende der in zwei parallel zu schaltenden Maschinen induzierten EMKe mit sinusförmig variierender Amplitude.

Jedesmal wenn die beiden EMK-Vektoren E_1 und $-E_2$ in ihrer Richtung einander entgegengesetzt sind, erhält man die größte Amplitude des Stromes, und die Phasenlampen, die für die doppelte Spannung einer Maschine dimensioniert sind, leuchten auf. Wenn die Vektoren gegeneinander um 180° verschoben sind, erhält man die kleinsten Amplituden des Stromes und die Phasenlampen sind dunkel. Die Zeit zwischen dem Aufleuchten der Lampen, d. h. zwischen zwei Strommaxima, gibt uns ein Maß für die Differenz $\varDelta\omega$ der Periodenzahlen der beiden Maschinen. Dagegen geben die Phasenlampen keinen Aufschluß darüber, welche von den beiden Maschinen schneller läuft.

Man sucht nun durch Änderung der Regulatorstellung der zuzuschaltenden Dampfmaschine diese Maschine auf dieselbe Periodenzahl wie die erste zu bringen; dies ist der Fall, wenn das Aufleuchten der Lampen in großen Intervallen erfolgt. Ist dies erreicht, so paßt man die Zeit ab, wo beide Lampen längere Zeit dunkel bleiben, und legt dann den Schalter A_2 ein. Die Maschinen arbeiten jetzt parallel auf den äußeren Stromkreis und jede Abweichung der Tourenzahl der einen Maschine von der der zweiten ruft sofort einen inneren Strom hervor, der den Synchronismus wieder herstellt.

Für Hochspannungsanlagen entspricht dem Schema der Fig. 200 das der Fig. 204. Statt das Voltmeter V und die Phasenlampen PL direkt zwischen den Maschinenklemmen einzuschalten, legt man die primären Klemmen eines kleinen Transformators *MT* (sog. Meßtransformators) an die Maschinenklemmen und schaltet zwischen den Sekundärklemmen des Transformators das Voltmeter *V* und die Phasenlampen *PL*.

Wenn die Lampen dunkel sind, wird auch hier eingeschaltet.

Man kann die Lampen auch so schalten, daß sie hell brennen, wenn die beiden EMKe E_1 und $-E_2$ um 180^0 gegeneinander verschoben sind und also der richtige Moment zum Einschalten gekommen ist. Für diesen letzten Fall erhält man die Schaltung Fig. 205.

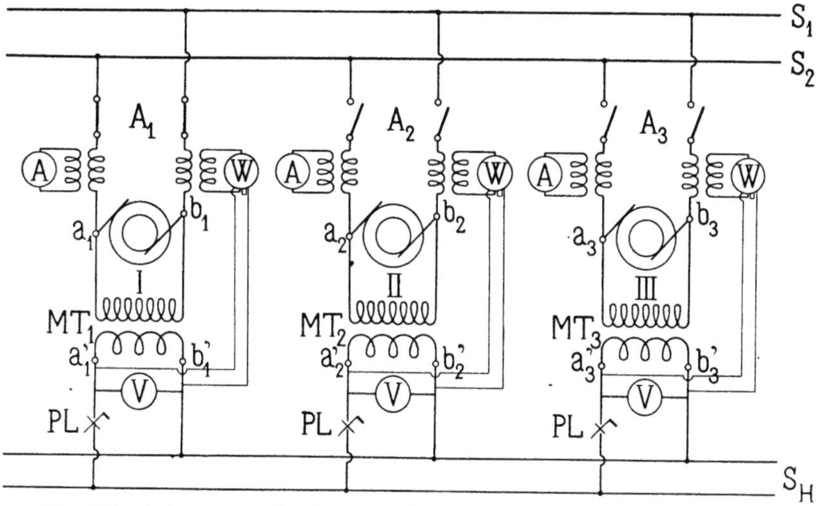

Fig. 204. Schema für das Parallelschalten von Einphasengeneratoren bei Hochspannungsanlagen. Einschalten, wenn Phasenlampen dunkel.

Wenn die Maschinen in Phase sind, addieren sich die Spannungen und die Lampen brennen hell.

In Chêvres wurde folgende Anordnung zur Parallelschaltung der Wechselstromgeneratoren von der Société de l'Industrie Electrique Genf zur Ausführung gebracht (Fig. 206).

Soll Maschine II parallel geschaltet werden, so bringt man sie auf die normale Umdrehungszahl und Spannung und schließt den Ausschalter B_2. Sodann reguliert man Spannung und Periodenzahl genauer ein mittels der Voltmeter V_1, V_2 und der Phasenlampen *PL*. Außer den Phasenlampen ist ein Phasenvoltmeter V_3 vorhanden. Bei Phasengleichheit wird der Ausschalter *A* eingelegt, wodurch die Maschine parallel geschaltet ist. Wenn die Maschinen gut parallel laufen, wird auch der Hauptausschalter A_2 geschlossen. Im Stromkreise des Schalters *A* sind verhältnismäßig kleine Sicherungen angebracht, welche durchbrennen, falls die Ausgleichströme zwischen den Maschinen zu groß werden. Man gefährdet hierdurch nicht

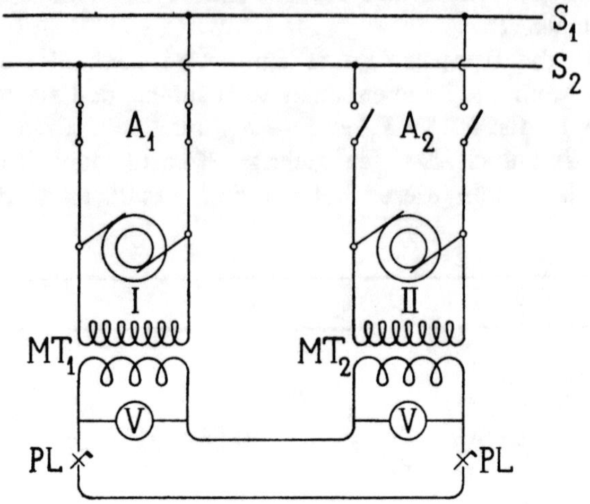

Fig. 205. Schaltungsschema für bei hellen Phasenlampen parallel zu schaltende Generatoren.

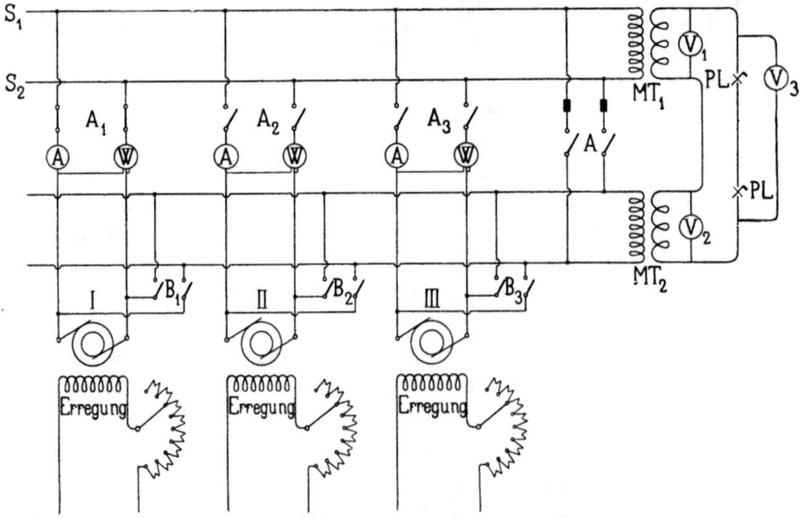

Fig. 206. Anordnung der Société de l'Industrie Electrique, Genf, zur Parallelschaltung von Einphasengeneratoren.

die Hauptsicherungen für den Fall, daß die Einschaltung nicht im richtigen Moment erfolgt.

Von G. Kapp wurde in Bristol die folgende Methode (Fig. 207) angewandt:

Mittels zweier Stöpsel wird die einzuschaltende Maschine I auf die Hilfsschienen S_H geschaltet. Dann wird A geschlossen, wobei die Maschine zunächst nur durch die Drosselspule DS mit den

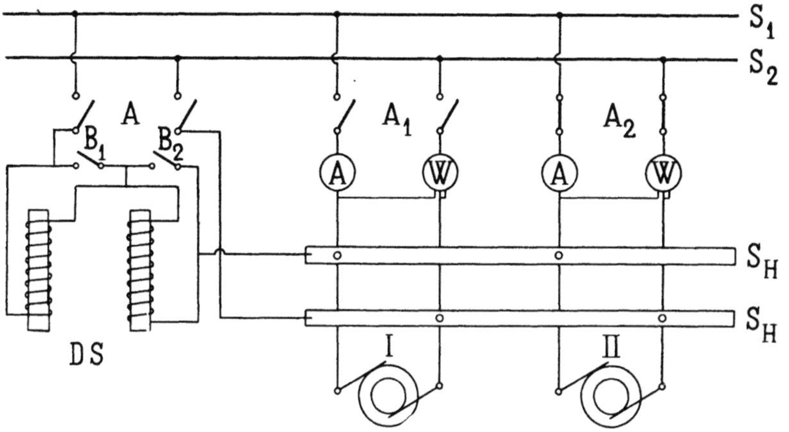

Fig. 207. Anordnung für das Parallelschalten von Einphasengeneratoren von G. Kapp.

Schienen verbunden wird. Wenn der Synchronismus nahezu erreicht ist, werden die Schalter B_1 und B_2 nacheinander eingelegt. Dann wird A_1 geschlossen und die Stöpsel werden herausgezogen.

66. Das Parallelschalten von Mehrphasengeneratoren.

Das Parallelschalten der Mehrphasengeneratoren mit Hilfssammelschienen erfolgt genau in derselben Weise wie bei Einphasengeneratoren. Man verbindet bei Niederspannungsanlagen alle Klemmen einer Phase (Fig. 209). Die Phasenlampen werden zwischen den Klemmen einer anderen Phase und einer Hilfssammelschiene S_H geschaltet.

Bei Hochspannungsanlagen erhält man das Schema Fig. 209, wo die Voltmeter und Phasenlampen in dem Sekundärkreis der Meßtransformatoren liegen. Zwei Maschinen sind in Phase, wenn ihre eingeschalteten Lampen dunkel sind.

Bei der Anwendung von Phasenlampen in einer Phase allein muß man darauf achten, daß man die Lampen aller Maschinen in entsprechenden Phasen anordnet.

Es ist zweckmäßig, namentlich wenn bei dunklen Lampen eingeschaltet wird, zur Kontrolle der Lampenspannung Voltmeter parallel zu den Lampen zu legen. Man kann auch die Voltmeter allein benutzen.

Die bisher dargestellten Schemata werden in der Praxis nicht mehr angewendet.

Fig. 210 zeigt die heute fast allgemein übliche Schaltung in der Anordnung der Siemens-Schuckert-Werke zum Parallelschalten

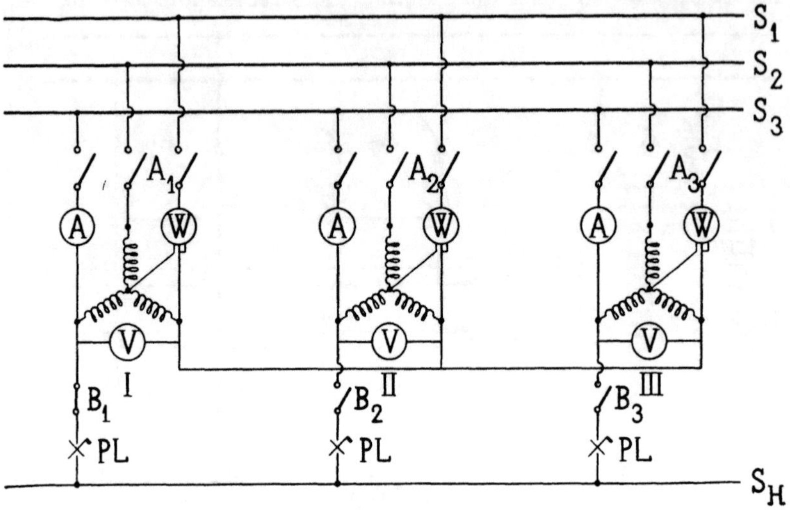

Fig. 208. Schema für das Parallelschalten von Dreiphasengeneratoren bei Niederspannungsanlagen. Alle Klemmen einer Phase verbunden.

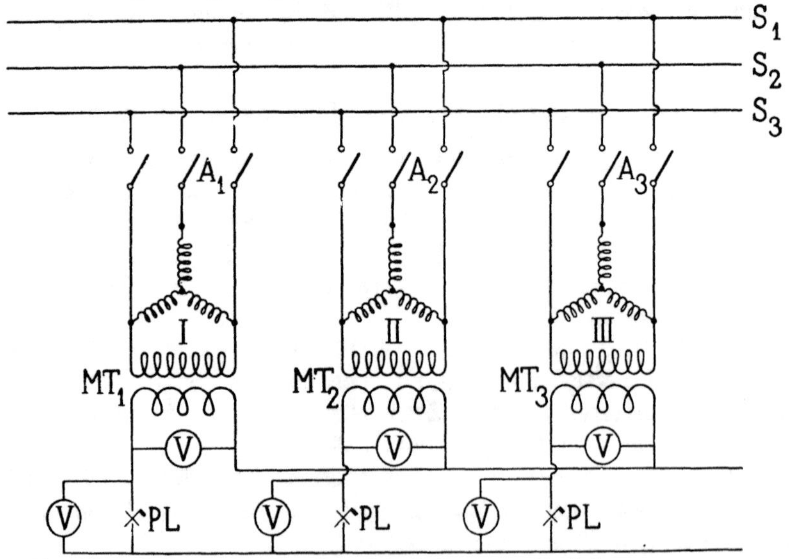

Fig. 209. Schema für das Parallelschalten von Dreiphasengeneratoren bei Hochspannungsanlagen.

mit dem Netz bei geringer Spannung bis etwa 250 Volt (Dunkelschaltung). Parallel zur Phasenlampe *PL* liegt das Nullvoltmeter *NV*. Darunter befinden sich zwei Frequenzmesser *F* mit 2 Skalen in einem Gehäuse, eine für das Netz, die andere für die parallel zu schaltende Maschine. Außerdem sind 2 Voltmeter vorhanden, von

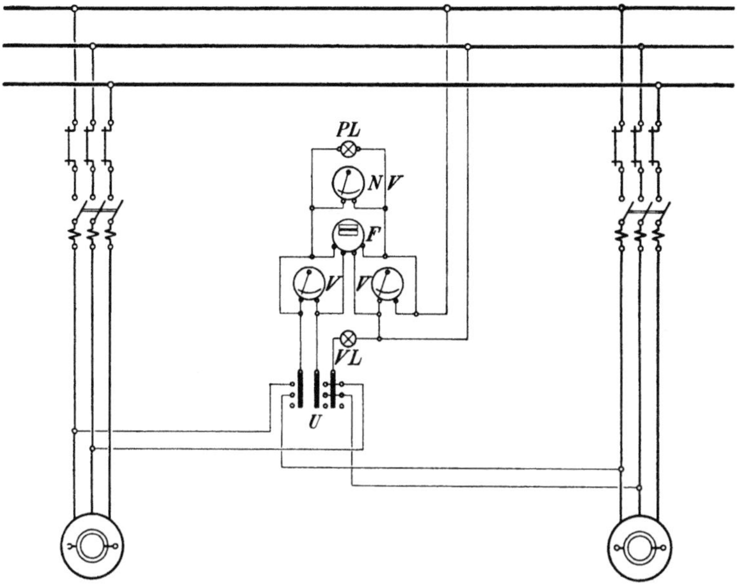

Fig. 210. Synchronisierschaltung der S.-S.-W. für geringe Netzspannung.

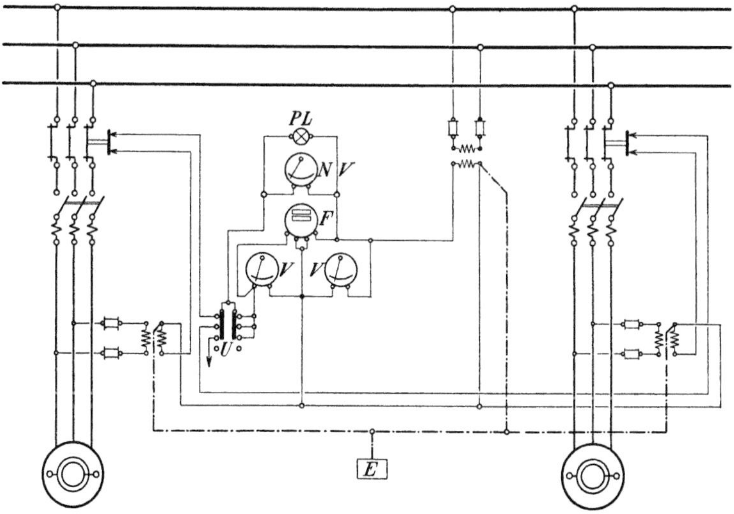

Fig. 211. Synchronisierschaltung der S.-S.-W. für hohe Netzspannung.

denen das eine die Netzspannung, das andere die Maschinenspannung anzeigt. Die Maschinen werden durch einen dreipoligen Stöpselumschalter *U* mit dem Synchronisierapparat verbunden. Nullvoltmeter und Phasenlampe werden für die Netzspannung dimensioniert, es ist daher in ihren Kreis noch eine Vorschaltlampe *VL* eingebaut.

Fig. 211 zeigt das Schaltungsschema für eine Hochspannungsanlage. Alle Meßtransformatoren sind an einem Pole geerdet, und dieser Pol ist auch dauernd mit einer Klemme des Maschinenvoltmeters und Frequenzmessers verbunden, so daß hier nur ein zweipoliger Umschalter *U* erforderlich ist.

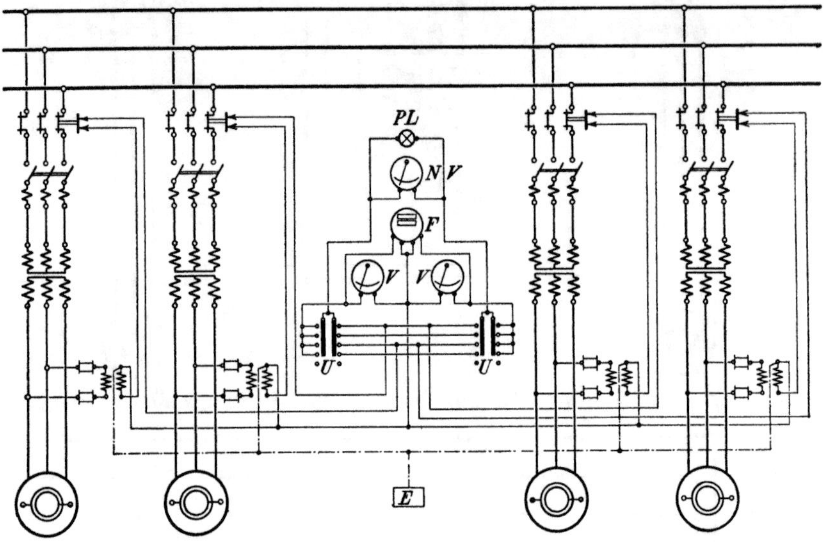

Fig. 212. Synchronisierschaltung der S.-S.-W. für sehr große Netzspannungen.

Der Stöpselumschalter ist im Gegensatz zu den andern Umschaltern besonders zweckmäßig, weil man beim Umschalten auf eine andere Stellung nicht über die zwischenliegenden Kontakte hinweg zu gehen braucht. Denn dadurch könnte eine ruhende Maschine beim Umschalten über ihre Meßtransformatoren vorübergehend unter Spannung gesetzt werden. Die Möglichkeit, eine ruhende Maschine durch falsche Stöpselung in gefährdender Weise unter Spannung zu setzen, wird dadurch unmöglich gemacht, daß die sekundäre Leitung jedes Meßtransformators eine mit den Trennschaltern der Maschine gekuppelte Unterbrechungsstelle besitzt. Ist also eine Maschine zur Reparatur usw. durch den Trennschalter vom Netz getrennt, so ist es unmöglich sie unter Spannung zu setzen.

Fig. 212 zeigt die Anordnung der Siemens-Schuckert-Werke, wenn die Maschinen nicht durch die Sammelschienen, sondern direkt untereinander parallelgeschaltet werden sollen, wie es z. B. bei Anlagen mit sehr hoher Sekundärspannung vorkommt. Jeder Generator ist durch einen Transformator mit der Fernleitung verbunden. Die Ölschalter befinden sich auf der Hochspannungsseite. Es sind hier zwei zweipolige Umschalter *U* erforderlich, um jede Maschine mit jeder anderen synchronisieren zu können. Der unterste Kontakt des Umschalters *U* ist der Ruhekontakt.

Bei Dreiphasenmaschinen können auch alle drei Phasen direkt durch Lampen oder durch Transformatoren und Lampen oder Voltmeter von Maschine zu Maschine verbunden werden. Die Schaltung kann so erfolgen, daß die drei Lampen gleichzeitig aufleuchten und dunkel werden, oder daß das Aufleuchten nacheinander erfolgt.

In Fig. 213 sind diejenigen Phasen, die an dieselbe Sammelschiene geschaltet werden sollen, durch die Phasenlampen verbunden. Beim Einschalten muß zwischen den so verbundenen Phasen die Spannung Null sein. Die Lampen werden deswegen alle gleichzeitig hell brennen und gleichzeitig erlöschen. Die Vektoren der EMKe der drei Phasen der beiden Maschinen müssen sich gleichzeitig decken (Fig. 214). Bei einer relativen Verschiebung der Phasen der beiden Maschinen gegeneinander (Fig. 215) verteilen sich die Spannungen ΔE gleichmäßig auf alle drei Phasenlampen; dieselben brennen somit alle gleich hell.

Diese Anordnung verwendet man, um zu kontrollieren, ob dieselben Phasen der beiden Maschinen mit den entsprechenden Sammelschienen verbunden sind.

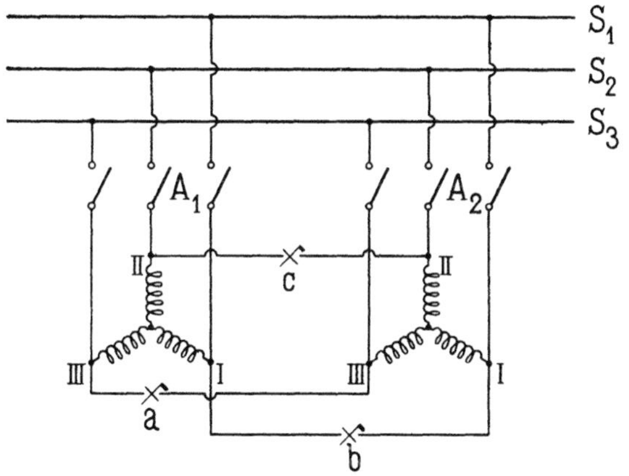

Fig. 213. Schaltungsschema zum Parallelschalten von Dreiphasengeneratoren mit Lampen in jeder Phase. Lampen werden gleichzeitig hell und dunkel.

Schaltet man eine Phasenlampe zwischen die Klemme II der einen und die Klemme III der anderen Maschine und umgekehrt, so erhält man die Schaltung Fig. 216. In diesem Falle werden nicht alle Lampen gleichzeitig erlöschen können; denn die zwei Systeme können nicht so über einander gelegt werden, daß alle drei Punkte, die durch die Glühlampen verbunden sind, sich gleichzeitig decken (s. Fig. 216). Rotiert die Maschine 2 etwas schneller als die Maschine 1, so verschiebt das Vektorsystem 2 sich nach rechts relativ zum Systeme 1. Die Lampen werden dann in der Reihenfolge *c a b c a b c* brennen. Ordnet man die Lampen in einem Kreise an, so erfolgt das Aufleuchten der Lampen in einem gewissen Drehungssinne. Würde die Maschine 2 nicht schneller, sondern langsamer als die

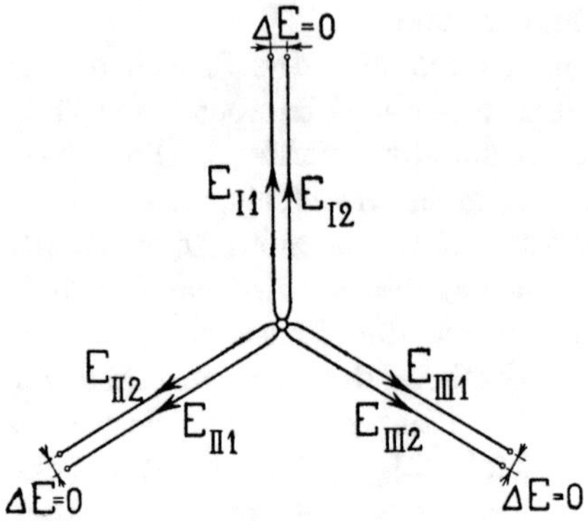

Fig. 214.

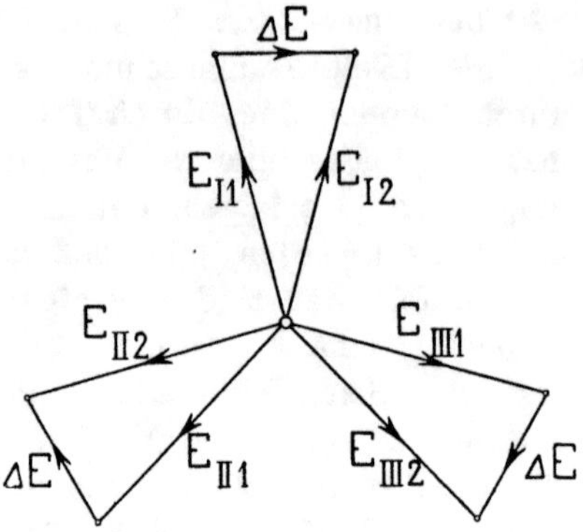

Fig. 215.

Maschine 1 rotieren, so würden die Lampen in der umgekehrten Reihenfolge aufleuchten und der Lichtschein würde sich in der umgekehrten Richtung drehen. Aus dem Drehsinn des Lichtscheines ist also erkenntlich, welche von den beiden Maschinen schneller läuft. Beim Einschalten muß der Lichtschein ruhig stehen; die Periodenzahlen sind sonst nicht gleich groß. Ferner muß die Lampe *a*, welche zwischen zusammengehörigen Phasen geschaltet ist, dunkel sein, während die Lampen *b* und *c* je mit einer Spannung gleich der verketteten Spannung brennen müssen, damit die Maschinen in Phase sind. Die maximale effektive Spannung einer Phasenlampe ist das Zweifache der Phasenspannung.

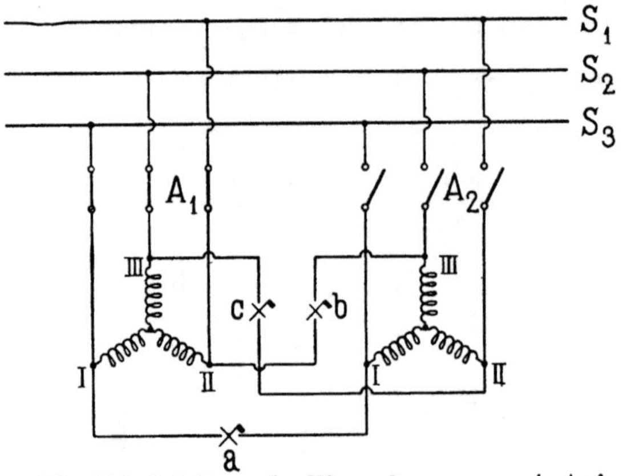

Fig. 216. Schaltung der Phasenlampen, um ein Aufleuchten in einem gewissen Drehsinne zu erzielen.

Anstatt dreier Glühlampen verwendet die Allgemeine Elektrizitätsgesellschaft einen elektromagnetischen Apparat, bei dem sich ein Zeiger über einem mit den Bezeichnungen „zu schnell“, „zu langsam“ versehenen weißen Blatte dreht. Dieser Apparat enthält sechs im Kreise angeordnete Eisenkerne (Fig. 218), welche mit geeigneten Wicklungen versehen sind und ähnlich wie die Lampen in Fig. 216 geschaltet sind, so daß ein magnetisches Drehfeld entsteht, das den mit einem Eisenanker verbundenen Zeiger

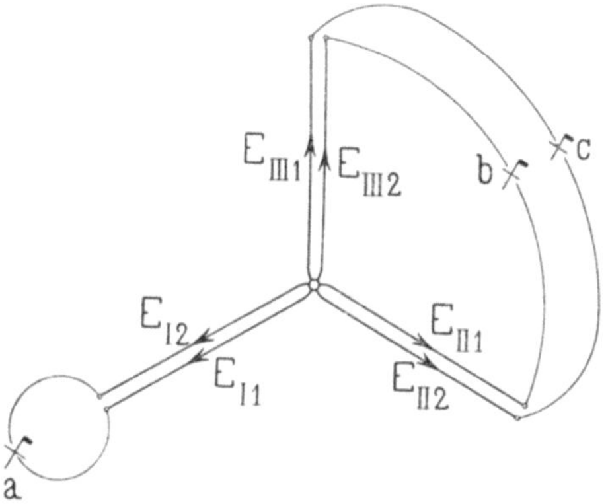

Fig. 217.

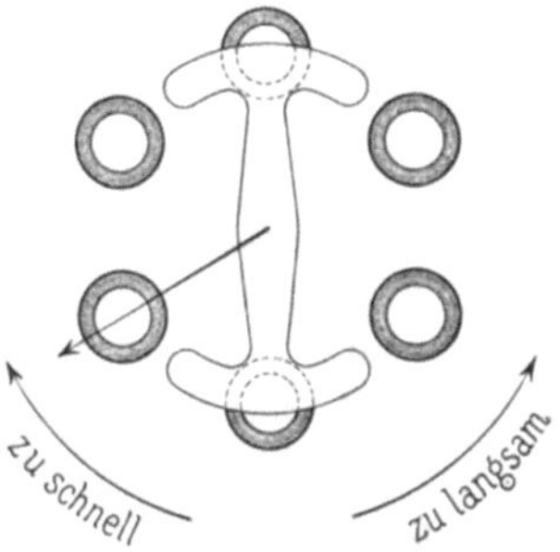

Fig. 218. Elektromagnetischer Apparat der A. E.-G. für Parallelschaltung von Dreiphasengeneratoren.

mit sich nimmt. Sind mehrere Maschinen vorhanden, so muß der Apparat mit den Spulen oder den Lampen mittels eines dreipoligen Umschalters immer mit jener Maschine verbunden werden, die parallel geschaltet werden soll.

67. Methoden zur Einregulierung der Periodenzahl vor der Parallelschaltung.

Wie oben gesagt, muß die Periodenzahl der parallel zu schaltenden Maschine ebenso groß gemacht werden wie die Periodenzahl der schon im Betrieb befindlichen Maschine oder Maschinen. Dies geschieht durch Regulierung der Tourenzahl der leerlaufenden Kraftmaschine. Die Regulierung erfolgt an der Maschine selbst oder besser von der Schalttafel aus durch Einwirkung auf den Regulator.

Die Regulierung direkt an der Maschine hat bei großen Anlagen den Nachteil, daß eine Verständigung zwischen dem Schaltbrett und dem Maschinensaal durch Zeichen oder dergleichen notwendig wird. Hierdurch nimmt das Parallelschalten mehr Zeit in Anspruch. Manchmal befindet sich an der Maschine eine Phasenlampe, die mit der am Schaltbrett angebrachten Lampe in Serie geschaltet ist und an der der Maschinist sehen kann, ob die Maschine die richtige Tourenzahl hat. Man kann aber auch die Tourenzahl direkt von der Schalttafel regulieren. Auf dem Regulator sitzt zu diesem Zweck ein kleiner Gleichstrommotor; derselbe erhält den Strom von der Erregermaschine und kann durch einen auf dem Schaltbrett angebrachten Umschalter in der einen oder in der anderen Richtung angetrieben werden. Dabei verschiebt der kleine Motor das Gegengewicht des Regulators in der einen oder der anderen Richtung, so daß die Maschine schneller oder langsamer läuft.

68. Parallelschaltung von Maschinen mit selbsttätiger Regulierung.

Wenn mehrere Generatoren parallel auf ein Netz arbeiten, und die Netzspannung soll konstant gehalten werden, so könnte das bei Verwendung absolut gleicher Regulatoren bzw. absolut gleicher Kompoundierungsanordnungen (z. B. gleicher Transformatoren und Erregermaschinen bei der Kompoundierung von Rice) in der Weise geschehen, daß man jeden Generator mit je einem Regulator bzw. mit seiner eigenen Kompoundierungsanordnung versieht, gleiche Generatoren vorausgesetzt.

Nun lassen sich aber die Regulatoren bzw. die Kompoundierungsanordnungen praktisch nicht absolut gleich einstellen, es wird also eine Maschine z. B. auf eine etwas höhere Spannung regulieren wollen als die andere. Dadurch treten Ausgleichströme zwischen den Generatoren auf, die unter Umständen auch bei wenig verschiedenen Regulatoren bzw. Kompoundierungsanordnungen sehr groß werden können.

I. Regulierung mittels elektromechanischer Regulatoren. Wenn man bei Verwendung von Regulatoren keine besonderen Mittel zur Vermeidung der Ausgleichströme vorsieht, darf in einem Kraftwerke prinzipiell nur ein Regulator aufgestellt werden. Dabei sind folgende Fälle zu unterscheiden:

A. Sämtliche Generatoren werden von einer Erregermaschine erregt. Die Magnetwicklungen sämtlicher Generatoren werden auf das gemeinsame Erregernetz parallel geschaltet und wie eine einzige Magnetwicklung durch einen Regulator reguliert. Werden träge Regulatoren verwendet, so gibt man auch jedem Generator seinen eigenen Erregerregulator. Die Kontakthebel sämtlicher Stufenschalter werden dabei mechanisch gekuppelt und durch ein einziges Steuerrelais betätigt. (Diese Anordnung ist bei Verwendung von trägen Regulatoren stets möglich, auch im Falle B.)

Sind die Charakteristiken der einzelnen Maschinen verschieden oder arbeiten die Regulatoren der Antriebsmaschinen nicht gleichzeitig, so treten zwischen den einzelnen Maschinen Ausgleichströme auf, die von Zeit zu Zeit von Hand ausreguliert werden müssen.

Bei den mit einer Erregermaschine arbeitenden Schnellregulatoren kann keine Batterie auf das Erregernetz geschaltet werden.

B. Die Generatoren werden von mehreren Erregermaschinen gespeist. Hier hat man bei Verwendung von Schnellregulatoren wieder zu unterscheiden, ob die Erregermaschinen unter sich gleich sind oder nicht, und ob die Erregermaschinen unter sich parallel geschaltet sind oder nicht.

Sind die Erregermaschinen gleich und arbeiten sie nicht unter sich parallel (angebaute Erregermaschinen), dann kann man bei Verwendung eines Schnellregulators a) durch den Regulator (Kontakte *v*, *w* Fig. 119 oder k_1, k_2 Fig. 121) so viele Relais steuern lassen, als Maschinen vorhanden sind. Jedes Relais schließt dann den Widerstand im Erregerkreis einer Erregermaschine periodisch kurz.

Man kann auch b) die Nebenschlußkreise der Erregermaschinen auf Sammelschienen parallel schalten und von einer der Erregermaschinen über einen gemeinsamen Nebenschluß-Regulierwiderstand speisen. Der Schnellregler arbeitet dann auf diesen gemeinsamen Regulierwiderstand. Um während des Betriebes die Erregung von einer oder der anderen der Erregermaschinen entnehmen zu können, wird ein Umschalter ohne Unterbrechung vorgesehen.

Laufen gleiche Erregermaschinen unter sich parallel, so kann man sie so regulieren wie im Falle a. Man wird jedoch auf alle Fälle zwischen die einzelnen Erregermaschinen Ausgleichwiderstände schalten.

Sind die Erregermaschinen ungleich und nicht parallel, so läßt man den Regulator nur mit einer Erregermaschine arbeiten und reguliert also nur einen Generator oder nur eine Gruppe von Generatoren. Die anderen Generatoren werden durch Ausgleichströme mitreguliert.

Ungleiche Erregermaschinen können im Parallelbetrieb nicht reguliert werden.

Bei den letztgenannten Schaltungsarten müssen zwischen den einzelnen Generatoren Ausgleichströme auftreten. Es kann nun der Fall vorkommen, daß die Maschinen voll ausgenutzt sind und die Ausgleichströme daher nicht erwünscht sind. Man wird in solchen Fällen jeden Generator mit seinem eigenen Regulator versehen und den Regulatoren eine besondere Einrichtung geben, die eine proportionale Verteilung der wattlosen Ströme bewirkt.

Mehrere Regulatoren werden auch dann verwendet, wenn mehrere selbständige Elektrizitätswerke in Parallelschaltung arbeiten. Sind die Entfernungen zwischen den einzelnen Werken groß, also die Verbindungskabel lang, so werden sich die Regulatoren so einstellen lassen, daß die Ausgleichströme nicht groß sein werden.

II. Kompoundierte Generatoren. Wie wir später im Kap. XIII sehen werden, hängt der von einer Wechselstrommaschine abgegebene Wattstrom von der Stellung des Geschwindigkeitsregulators der Antriebsmaschine ab, während der wattlose Strom einer Maschine fast lediglich von der Erregung abhängt. Sind mehrere parallel geschaltete Generatoren ganz genau kompoundiert, so würde bei gewöhnlicher Schaltung derselben jeder Generator imstande sein, insoweit einen beliebig großen wattlosen Strom abzugeben, als der wattlose Strom des Netzes sich beliebig auf diese verteilen würde. Um dies zu vermeiden, müssen wir, ähnlich wie bei Gleichstrommaschinen, besondere Ausgleichleitungen legen, welche eine gleiche Erregerspannung aller Erregermaschinen oder Kompoundtransformatoren sichern. Man schaltet deswegen die Kommutatoren, Umformer oder Erregermaschinen aller parallel arbeitenden Wechselstrommaschinen entweder an der Wechselstromseite oder an der Gleichstromseite parallel.

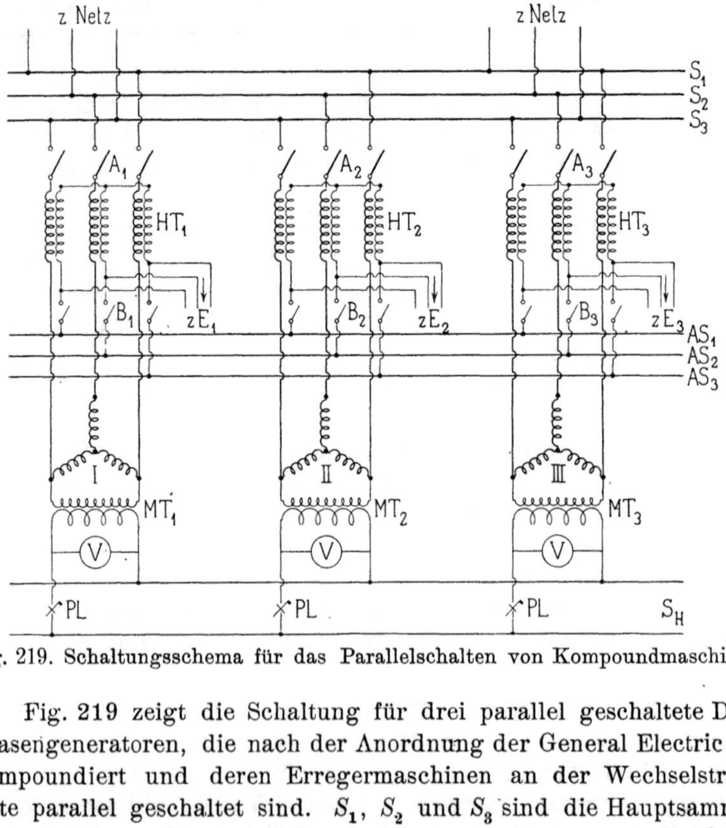

Fig. 219. Schaltungsschema für das Parallelschalten von Kompoundmaschinen.

Fig. 219 zeigt die Schaltung für drei parallel geschaltete Dreiphasengeneratoren, die nach der Anordnung der General Electric Co. kompoundiert und deren Erregermaschinen an der Wechselstromseite parallel geschaltet sind. S_1, S_2 und S_3 sind die Hauptsammelschienen, AS_1, AS_2 und AS_3 die Ausgleichschienen und *I*, *II* und

III die Generatoren. Ferner stellen HT_1, HT_2 und HT_3 die Hauptschlußtransformatoren und MT_1, MT_2 und MT_3 die Meßtransformatoren dar. A_1, A_2 und A_3 sind die Hauptschalter, während die Schalter B_1, B_2 und B_3 zur Parallelschaltung der Erregermaschinen an der Wechselstromseite dienen.

Beim Zuschalten einer Kompoundmaschine zu einer bereits auf das Netz arbeitenden geht man wie folgt vor: Man bringt die zuzuschaltende Maschine in gewöhnlicher Weise zuerst auf Synchronismus und gleiche Phase wie die an das Netz angeschlossene. Die richtige Spannung stellt sich selbsttätig ein. Wenn dies geschehen ist, legt man den Schalter *A* und alsdann den Schalter *B* ein und die neu zugeschaltete Maschine übernimmt die Hälfte des an das Netz abgegebenen wattlosen Stromes. Schließlich verteilt man durch Änderung der Stellung der Geschwindigkeitsregulatoren die Belastung, d. h. den Wattstrom, gleichmäßig auf beide Maschinen.

69. Automatische Parallelschaltung und Synchronisierung.

Da die Parallelschaltung mit der Hand gewisse Anforderungen an die Geschicklichkeit und Ruhe des Schaltenden stellt, und da andererseits eine falsche Parallelschaltung die schlimmsten Folgen für eine Zentrale haben kann, hat man sich schon lange bemüht, den Akt des Schaltens automatisch ausführen zu lassen. Der verbreitetste Apparat dieser Art ist der von der Firma Voigt und Haeffner, Frankfurt a. M., System Vogelsang, der im folgenden beschrieben wird[1]).

Um die automatische Parallelschaltung auszuführen, sind durch verschiedene Relais die einzelnen Bedingungen für die Parallelschaltung festzustellen. In dem Moment, wo alle diese Bedingungen erfüllt sind, muß ein Kontakt für das Einschalten des automatischen Hochspannungsschalters hergestellt werden, wodurch die Parallelschaltung erfolgt.

Diese drei Bedingungen sind:

1. Die zuzuschaltende Maschine soll eine etwas höhere Spannung haben als das Netz.

2. Sie soll mit dem Netz hinsichtlich der Phase übereinstimmen und

3. sie soll mit dem Netz hinsichtlich der Periodenzahl übereinstimmen.

Wie durch verschiedene Relais die Erfüllung dieser Bedingungen festgelegt wird, ist aus dem Schema Fig. 220 zu ersehen. In dem

[1]) Siehe ETZ 1905, Heft 19.

Schema sind mit *n* und *m* die Vergleichs-Spannungstransformatoren für das Netz und die zuzuschaltende Maschine bezeichnet. Wie ersichtlich, sind dieselben so geschaltet, daß die Parallelschaltung erfolgen muß, wenn die Phasenlampe *p* hell brennt.

Um nun die erste der obengenannten Bedingungen festzustellen, daß nämlich die zuzuschaltende Maschine eine etwas höhere Spannung habe als das Netz, ist das Differentialvoltmeter *d* angeordnet und in Verbindung damit das Ruhestromrelais *r*.

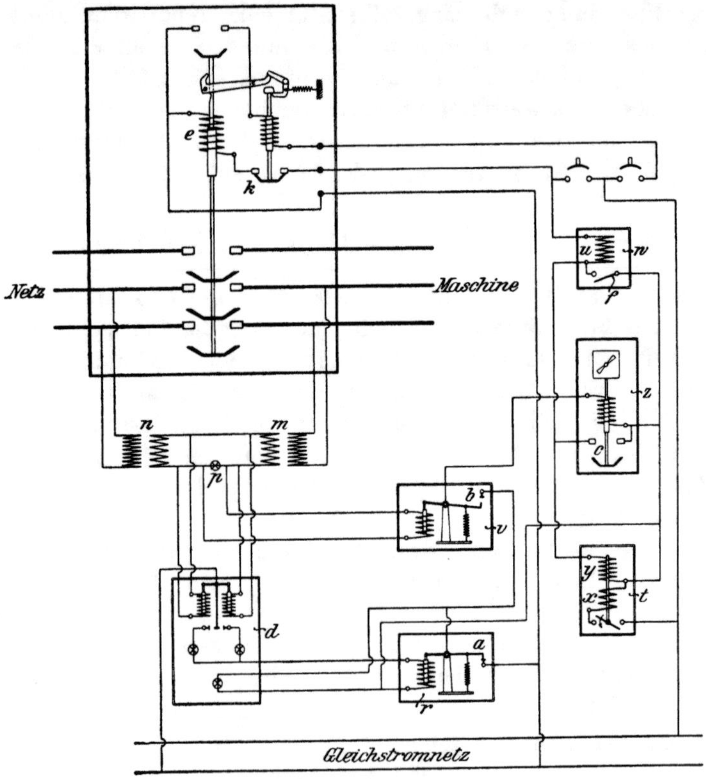

Fig. 220. Automatische Parallelschaltungsvorrichtung der Firma Voigt & Haeffner, A.-G. System Vogelsang.

Das Differential-Kontaktvoltmeter enthält zwei Spulen, von welchen die eine von dem Spannungswandler der zuzuschaltenden Maschine, die andere von dem Spannungswandler des Netzes erregt wird. Die Spulen wirken magnetisch zu beiden Seiten eines kleinen Wagebalkens, mit dem ein Kontaktarm verbunden ist. Der Kontaktarm kann zwischen zwei Kontakten spielen. Wenn die Spannung des Netzes verhältnismäßig zu hoch ist, dann wird der rechte Kontakt, und wenn die Spannung der zuzuschaltenden Maschine erheblich zu hoch ist, der linke Kontakt betätigt. Der Apparat ist so eingestellt, daß, wenn die Spannung der zuzuschaltenden Maschine für die Parallelschaltung gerade richtig, d. h. etwas höher ist als die Netzspannung, daß dann der Kontakthebel gerade frei zwischen den beiden Kontakten spielt und dadurch für den Stromkreis des Ruhestromrelais *r* eine Stromunterbrechung eintritt. Das Ruhestromrelais ist so eingerichtet, daß der Kontakt *a* geöffnet wird, wenn die Spule *r* Strom erhält; umgekehrt wird der Kontakt *a* geschlossen, wenn das Differentialrelais den Stromkreis der Spule *r* unterbricht. Man erkennt also, daß durch das Zusammenarbeiten des Differentialrelais und des Ruhestromrelais der Kontakt *a* geschlossen wird, wenn die zuzuschaltende Maschine die richtige Spannung hat, d. h. wenn die erste Vorbedingung für eine richtige Parallelschaltung erfüllt ist. Die Schaltung des Differential-Kontaktvoltmeters wird noch durch die drei im Schema angedeuteten Glühlampen erweitert. Eine rote Lampe (links) meldet „Spannung zu hoch", eine grüne Lampe (rechts) meldet „Spannung zu niedrig" und die weiße mittlere Lampe leuchtet, wenn die Spannung richtig ist und das Relais *r* bei *a* Kontakt gibt. Der Maschinist hat also an dem Feldregulator der zuzuschaltenden Maschine so zu regulieren, daß die weiße Lampe leuchtet.

Die zweite Bedingung, daß die Phase der zuzuschaltenden Maschine mit der Phase des Netzes übereinstimmen soll, wird durch ein normales Kontaktvoltmeter *v* festgestellt, dessen Spule der Phasenlampe *p* parallel geschaltet ist. Das Kontaktvoltmeter wird also den Stromschluß bei *b* ausführen, immer dann, wenn die Phasenlampe *p* voll aufleuchtet. Wenn die Netzspannung nicht konstant ist, wird die konstante Gegenkraft der Feder durch die Kraft zweier Magnetspulen ersetzt, von denen die eine vom Netz, die andere von der Maschinenspannung beeinflußt wird, und die auf einen Kern wirken, so daß Gleichgewicht nur dann besteht, wenn beide Spannungen wirklich genau in Phase sind. Im anderen Falle würde das Kontaktvoltmeter zu früh oder gar nicht Kontakt geben, je nachdem die Netzspannung zu groß oder zu klein ist.

Das Vorhandensein der dritten und letzten Bedingung für die Parallelschaltung, nämlich die Übereinstimmung der Periodenzahlen, wird bekanntlich dadurch erkannt, daß die Phasenlampe *p* eine längere Zeit hell brennt. Die Ermittelung des richtigen Zeitpunktes geschieht nun bei der automatischen Parallelschaltung in einfacher Weise unter Benutzung eines entsprechend einregulierten Zeitrelais. Das Zeitrelais *z* erhält nach dem Schema Strom, wenn sowohl der Kontakt *a* als auch der mit demselben in Serie geschaltete Kontakt *b* geschlossen ist. Der Kontakt *a* schließt sich, wie oben erklärt, wenn die Felderregung der zuzuschaltenden Maschine richtig reguliert wird. Der Kontakt *b* öffnet und schließt sich, je nachdem die Phasenlampe *p* dunkel wird oder hell brennt, und das Tempo des Aufleuchtens ist bekanntlich das Signal für die Regulierung der Antriebsmaschine. Wird, während *a* geschlossen ist, *b* bei längerem Aufleuchten der Phasenlampe eine gewisse Zeit geschlossen erhalten, so vermag das Zeitrelais *z* abzulaufen und zuletzt den Kontakt *c* zu schließen, wodurch der automatische Hochspannungsschalter eingeschaltet und somit die Parallelschaltung vollzogen wird.

Der Kontakt *b* wird bei den ausgeführten Apparaten durch zwei Kontakte ersetzt, von denen das erste das Zeitrelais *z* etwas vor Phasengleichheit einschaltet, damit es rechtzeitig ablaufen kann und der zweite eine Unterbrechung im Hauptkreise des Ölschalters schließt, wenn gerade Phasengleichheit vorhanden ist. Der zweite Kontakt ist erforderlich, wenn sich die Periodenzahl sehr langsam ändert, da dann das Zeitrelais *z* zu früh Kontakt gäbe.

Die ganze Einrichtung wird noch vervollständigt durch einen Schalter *t*, welcher den Gleichstrom-Anschluß für die Parallelschaltvorrichtung einschaltet und der nach Art eines Minimalautomaten ausgebildet ist. Der Magnet des Automaten trägt zwei Wicklungen *x* und *y*. Letztere ist eine Spannungswicklung und liegt an beiden Kontakten des Zeitrelais an. Wenn man also den Schalter *t* einschaltet, wird der Anker durch die Wirkung der Spannungsspule *y* festgehalten, während die Spule *x* zunächst ohne wesentliche Bedeutung ist. In dem Moment, wo das Zeitrelais den Kontakt *c* schließt, wird *y* kurzgeschlossen, und *x* erhält den vollen Strom der Einschaltspule *e*. Sobald aber die Einschaltspule richtig funktioniert hat, wird ihr Stromkreis an der automatischen Schaltvorrichtung bei *k* unterbrochen, dadurch wird auch die Spule *x* stromlos und der Minimalautomat *t* löst aus, schaltet also den Stromkreis für die automatische Parallelschaltung ab.

Schließlich ist noch ein Sicherheitsrelais *w* zu erwähnen. Dasselbe hat folgenden Zweck: Es kann vorkommen, daß das Zeitrelais den Kontakt *c* nur für einen kurzen Augenblick schließt. In einem solchen Falle würde der automatische Hochspannungsschalter eben anspringen, ohne vielleicht vollständig einschalten zu können. Das ist aber sehr unerwünscht und es ist zweckmäßig, den Schalter in diesem Falle doch völlig einzuschalten, was für die richtige Parallelschaltung ganz unbedenklich ist. Zu dem Zwecke ist in dem Stromkreis der Einschaltspule der kleine Magnet *u* angebracht, der bei auch nur momentaner Erregung den Kontakt *f* schließt und damit parallel zu *c* nochmals einen Stromschluß ausführt, welcher so lange aufrechterhalten wird, bis die Einschaltung vollzogen wurde und der Einschaltstromkreis bei *k* unterbrochen wird.

Für mehrere Maschinen einer Zentrale ist nur eine solche Parallelschaltvorrichtung erforderlich, da man durch Einfügung eines mehrpoligen Umschalters (nach Art eines Voltmeterumschalters) die Einrichtung leicht auf verschiedene Maschinen umschalten kann, natürlich müssen aber alle Maschinenschalter mit automatischer Ein- und Ausschaltvorrichtung versehen sein.

Synchronmelder System Besag[1]). Dieser Apparat vervollständigt die automatische Parallelschaltung, wie sie beschrieben wurde, in der Art, daß er eine automatische Einstellung der richtigen Tourenzahl bewirkt, oder bei Handregulierung in bequemer Weise durch das Leuchten einer roten oder grünen Glühlampe anzeigt, ob die Maschine zu rasch oder zu langsam läuft, und durch die Häufigkeit des Aufleuchtens und Dunkelwerdens, wie weit sie von Synchronismus entfernt ist.

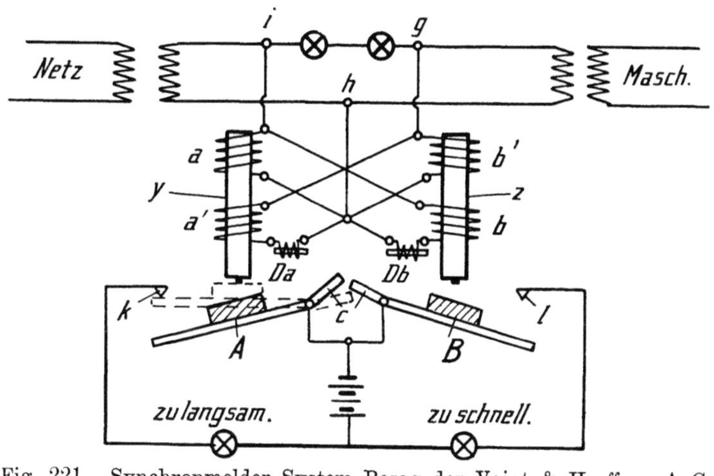

Fig. 221. Synchronmelder System Besag der Voigt & Haeffner A.-G. Frankfurt a. M.

Die Signalgebung erfolgt (s. Fig. 221) durch die zwei Lampen „zu schnell“ und „zu langsam“, welche Strom über einen Anker *B* bzw. *A* und die Kontakte *l* bzw. *k* erhalten. Die Anker tragen Verriegelungsansätze *c*, die dafür sorgen, daß der eine Anker nicht angezogen werden kann, wenn der andere bereits angezogen ist. Die Anziehung der Anker kann unter dem Einfluß zweier Elektromagnete *y* und *z* erfolgen. Durch eine besondere Schaltung der vier

[1]) s. ETZ 1912, Heft 6.

Spulen *a*, *a'* bzw. *b*, *b'* treten in den Elektromagneten elektromagnetische Schwebungen auf, d. h. der Magnetismus nimmt langsam zu und wieder ab, ähnlich wie die Lichtstärke der Phasenlampen. Die beiden Drosselspulen *Da* und *Db* bewirken in einer noch näher zu beschreibenden Weise eine zeitliche Verschiebung der eintretenden Maximalwerte, einer Schwebung in den beiden Magneten *y* bzw. *z*, und zwar erreicht für einen Geschwindigkeitszustand „zu schnell" der Magnet *z* seine größte Kraft, ehe der Magnet *y* dieselbe erreicht und umgekehrt erreicht der Magnet *y* für einen Geschwindigkeitszustand „zu langsam" seine höchste Kraft, ehe der Magnet *z* dieselbe erreicht.

Diese zeitlich aufeinander folgenden Schwebefelder werden in folgender Weise erzeugt.

Auf dem Eisenkerne *y* (in Fig. 221) liegen zwei Spulen *a*, *a'*. Spule *a* liegt fast induktionsfrei am Netze. *a'* liegt unter Vorschaltung der Drosselspule *Da* an der Maschine. Auf dem Eisenkerne *z* liegen die zwei Spulen *b'* und *b*. Spule *b'* liegt fast induktionsfrei an der Maschine, wogegen *b* unter Vorschaltung der Drosselspule *Db* am Netze liegt. Die Drosselspulen dienen zur Erzeugung einer kleinen Phasenverschiebung in den entsprechenden Spulenstromkreisen.

Zur weiteren Erklärung bedienen wir uns der Vektordiagramme Fig. 222, 223, 224.

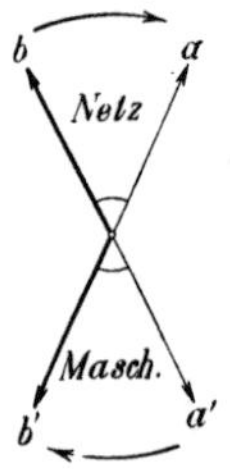

Fig. 222.

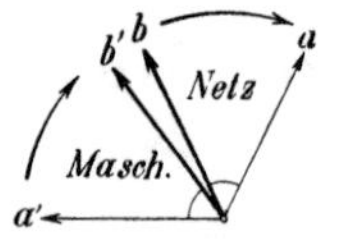

Fig. 223.

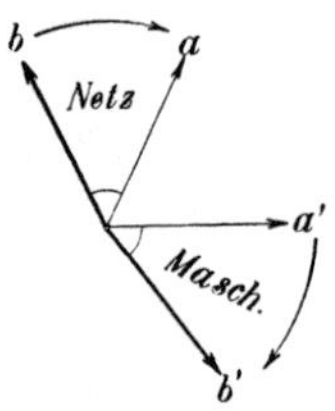

Fig. 224.

Diese Figuren veranschaulichen den Fall für einen Geschwindigkeitszustand „Maschine zu schnell". In diesem Falle wird die Maschine das Netz überholen. Der Vektor *a* (Fig. 222) stellt nach Größe und Richtung den Maximalwert des in der Spule *a* (Fig. 221) auftretenden Stromes dar. Der durch die Drosselspule *Db* nach der Spule *b* fließende Strom wird dann um einen aus der Abbildung ersichtlichen konstanten Winkel dem Strome *a* nacheilen. Ähnlich liegt das Verhältnis zwischen *a'* und *b'*.

Die auf einen gemeinschaftlichen Eisenkern wirkenden Ströme sind stark bzw. schwach ausgezogen dargestellt.

Die Drehrichtung des Netzes sowohl als auch der Maschine sei durch die Pfeilrichtung gekennzeichnet. Wenn also die Maschine das Netz überholt, so tritt der Fall der Fig. 223 ein. Die um den Eisenkern *z* fließenden Ströme in den Spulen *b* und *b'* stimmen in ihrer Phase bereits überein, wenn *a* und *a'* noch weit auseinander liegen. Deswegen tritt im Kerne *z* zuerst der magnetische Höchstwert auf. Der Anker *B* wird infolgedessen hochgezogen und gibt Kontakt für „zu schnell". Gleichzeitig verriegelt *B* den Anker *A*.

Beim Weiterschreiten von *b'*, *a'* erreichen wir eine der Fig. 224 ähnliche Stellung, d. h. der Strom in Spule *b'* kehrt sich allmählich gegen den Strom in Spule *b* um, die Spulen wirken aufeinander entmagnetisierend, der Kern *z* läßt seinen Anker *B* abfallen. Aber die Stromrichtungen in den Spulen *a'* und *a* stimmen in diesem Augenblick ebenfalls so wenig überein, daß der Anker *A* nicht mehr angezogen werden kann. Das Loslassen des betreffenden angezogenen Ankers *B* erfolgt ähnlich wie bei einem Minimalautomaten erst, wenn der Magnetismus sehr gesunken ist. Dadurch wird mit erreicht, daß eine Kontaktgebung bei *k* durch zu frühes Anziehen des anderen Ankers *A* und damit eine unrichtige Kontaktgebung ausgeschlossen ist.

Wenn die parallel zu schaltende Maschine zu langsam läuft, tritt der umgekehrte Vorgang ein, und es wird die andere Lampe aufleuchten. Die richtige Tourenzahl kann so in bequemer Weise eingestellt werden, bzw. sie stellt sich von selbst ein, wenn der Regulator der Kraftmaschine mit Zahnrad und Klinken versehen wird, die von Elektromagneten betätigt werden, die von den beiden Kontakten „zu langsam" und „zu rasch" beeinflußt werden.

Synchronoskop von Weston. Dieser Apparat dient ebenfalls dazu dem Schalttafelwärter anzuzeigen, ob die parallel zu schaltende Maschine zu langsam, richtig oder zu rasch läuft. Er besteht aus einem Westondynamometer, bei dem sich der Zeiger hinter einer transparenten Skala befindet. Diese wird durch eine in Hellschaltung verbundene Phasenlampe beleuchtet (s. Fig. 225). Das feste Spulensystem ist durch einen Vorschaltwiderstand mit dem Netz verbunden, das bewegliche über einen Kondensator mit der parallel zu schaltenden Maschine. Wenn die Spannungen des Netzes und der Maschine genau in Phase oder um etwa 180^0 gegeneinander verschoben sind, sind die Ströme beider Spulen um 90^0 gegeneinander verschoben, das mittlere Drehmoment ist Null, der Zeiger steht in der Mitte der Skala.

Da die Lampe dunkel ist, wenn die Spannungen um 180^0 gegeneinander verschoben sind, und hell leuchtet, wenn sie in Phase sind, wird bei vollständiger Phasengleichheit und gleicher Periodenzahl der Zeiger hell beleuchtet in der Mitte der Skala stehen.

Befinden sich dagegen die Spannungen nicht genau in Phase oder in Gegenphase, so wird ein Drehmoment auftreten, das die bewegliche Spule abzulenken sucht, wobei die Größe dieses Antriebes mit wachsender Phasenverschiebung der Spannungen gegeneinander zunimmt. Die Richtung des Drehmomentes hängt von der relativen Stromrichtung in den Spulen ab, d. h. der Sinn der Zeigerablenkung gibt an, ob der eine Strom zu dem anderen eine Nach- oder Voreilung besitzt.

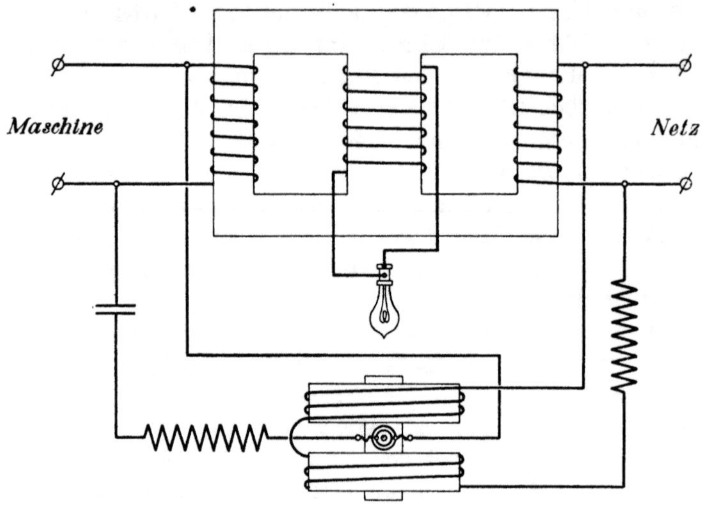

Fig. 225. Synchronoskop von Weston.

Laufen die beiden Maschinen nicht mit genau der gleichen Periodenzahl, so wird sich die Phasenverschiebung andauernd und stetig ändern. Damit wird auch das Drehmoment kontinuierlich von Null zu einem positiven Maximum ansteigen, danach durch Null auf einen negativen Höchstwert gehen und so fort, wodurch der Zeiger zu einem Hin- und Herschwingen über die Skala veranlaßt wird. Jede Schwingung stellt einen Übergang des Phasenunterschiedes aus einer Viertelperiode negativen oder positiven Betrages in eine solche positiven oder negativen Wertes dar. Da dies auch mit einer Periode von Helligkeit oder Dunkelheit zusammenfällt, so wird man den Zeiger nur während der einen Schwingung sehen, d. h. es wird den Anschein haben, daß er in einer Richtung umläuft. Der Sinn dieser scheinbaren Rotation gibt an, ob die hinzukommende Maschine zu schnell oder zu langsam läuft, und die

Schnelligkeit der Umdrehung ist ein Maß für den Betrag, um den die Periodenzahlen voneinander abweichen.

Haben die Maschinen die gleiche Periodenzahl, befinden sich aber nicht in Phasengleichheit, so wird der Zeiger an irgendeinem Punkte der Skala, auf der einen oder anderen Seite von der Mitte aus stehen bleiben. Die Stellung des Zeigers entspricht dabei der Größe des elektromagnetischen Drehmomentes, das gemäß den vorstehenden Ausführungen eine Funktion der Phasenverschiebung zwischen den Strömen in den beiden Spulen ist. Die der Einheit des Phasenwinkels entsprechende Ablenkung ist genügend groß und annähernd gleichmäßig, außer in der Nähe des Synchronismus, wo sie sehr groß ist, indem dort eine Phasenverschiebung von 5° gegen den synchronen Gang eine Ablenkung des Zeigers um etwa 12 mm hervorbringt.

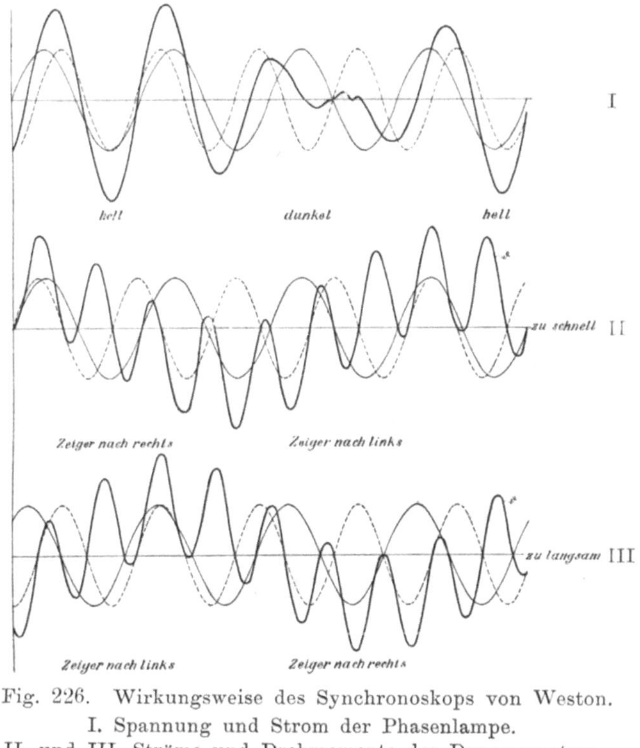

Fig. 226. Wirkungsweise des Synchronoskops von Weston.
I. Spannung und Strom der Phasenlampe.
II. und III. Ströme und Drehmomente des Dynamometers.

Die Schaltung des Apparates ist schematisch in Fig. 225 dargestellt. Aus Fig. 226 ist die Wirkungsweise des Apparates zu sehen, wenn die Maschine zu schnell oder zu langsam läuft. In der obersten

Reihe ist die resultierende Lampenspannung mit ihren Perioden hell und dunkel dargestellt.

In der Mitte sind die Stromwellen der beiden Dynamometersysteme eingezeichnet, deren Produkt das momentan auf den Zeiger wirkende Drehmoment ergibt. Die schnellere, gestrichelte gehört zu der hinzuzuschaltenden zu rasch laufenden Maschine, und ist gegen die entsprechende Spannung in der obersten Reihe um 90° verschoben. Die positiven Werte des Drehmomentes suchen den Zeiger von rechts nach links zu bewegen, die negativen in der entgegengesetzten Richtung. Bei dem positiven Maximum steht der Zeiger ganz links; nimmt das Moment ab, so schwingt er gegen die Mitte, die er bei dem Drehmoment Null erreicht. Er bewegt sich dann weiter in die äußerste rechte Stellung, in der das Drehmoment seinen negativen Höchstwert besitzt. Der Zeiger folgt nur dem mittleren Drehmoment, da die momentanen Pulsationen viel zu rasch erfolgen, als daß er ihnen folgen könnte. Die unterste Reihe zeigt in derselben Weise das Drehmoment, wenn die Maschine zu langsam läuft. Die langsamere dünn ausgezogene Welle gehört zu der Maschine und ist gegen die Spannung der ersten Reihe um 90° verschoben.

Man sieht also, daß sich der Zeiger bei beleuchteter Skala von links nach rechts bewegt, wenn die Maschine zu rasch läuft, und umgekehrt im entgegengesetzten Falle.

Die Phasenlampe wird von einem Transformator gespeist.

70. Das Anlassen von Synchronmotoren.

Die Synchronmotoren leisten als solche nur Arbeit, solange sie synchron laufen. Sie verhalten sich genau wie die Generatoren; nur eilt der EMK-Vektor des Generators dem Spannungsvektor der Sammelschienen voraus, während der Vektor der Netzspannung dem EMK-Vektor des Motors vorauseilt.

Um einen Synchronmotor in Betrieb zu setzen, muß derselbe deswegen zuerst auf die Periodenzahl der Netzspannung gebracht werden. Alsdann bringt man ihn auf die Spannung und Phase des Netzes. Die Synchronmotoren können in verschiedener Weise auf die normale Tourenzahl gebracht werden und dementsprechend erhält man die verschiedenen Anlaßmethoden. Der Synchronmotor kann angelassen werden:

a) durch eine äußere Kraft,
b) als Asynchronmotor und
c) als Kommutatormotor.

a) Anlassen der Synchronmotoren durch eine äußere Kraft. Ist der Synchronmotor mit einer Gleichstrommaschine gekuppelt, so kann das Maschinenaggregat von der Gleichstromseite aus angelassen werden, wenn entweder eine Akkumulatorenbatterie vorhanden ist, oder wenn das Gleichstromnetz stets unter Spannung steht. Die Gleichstrommaschine läuft als Motor an, und wenn die normale Tourenzahl erreicht ist, erregt man den Synchronmotor und bringt ihn auf gleiche Spannung und Phase wie die Sammelschienen. Dies geschieht alles in genau derselben Weise wie es bei dem Parallelschalten der Generatoren erläutert wurde. Ist Spannungs- und Phasengleichheit hergestellt, so schaltet man den Synchronmotor auf das Netz und erhöht nach und nach die Erregung der Gleichstrommaschine; diese letztere fängt nun an, Strom ins Gleichstromnetz zu senden, wodurch das ganze Aggregat entsprechend belastet wird. Arbeitet der Synchronmotor parallel mit anderen Kraftmaschinen auf einer Transmission, so kann er von dieser aus angelassen werden. Auf Synchronismus angelangt, wird der Motor auf die Sammelschienen geschaltet und übernimmt einen Teil der Belastung, indem man nun die übrigen Kraftmaschinen entsprechend entlastet.

Arbeitet der Synchronmotor allein auf eine Transmission und ist keine Gleichstromquelle vorhanden, von der aus die Erregermaschine und mit ihr der Synchronmotor gleichzeitig angelassen werden kann, so ist es unter Umständen zweckmäßig, auf die Welle des Motors einen kleinen asynchronen Anlaßmotor aufzusetzen, der gleichzeitig den Synchronmotor und die leerlaufende Transmission auf Tourenzahl bringt. Der Anlaßmotor erhält zwei Pole weniger als der Synchronmotor.

Die richtige Tourenzahl wird erhalten, indem man entweder den Widerstand der Rotorwicklung des Anlaßmotors ändert oder indem man die Transmission passend belastet. Die Leistung des Anlaßmotors muß entsprechend den Reibungsverlusten der Transmission dimensioniert werden. Die kleinste Leistung des Anlaßmotors, die nötig ist, um den Synchronmotor allein anzulassen, macht ca. $10^0/_0$ der Leistung des Synchronmotors aus.

b) Anlassen der Synchronmotoren als Asynchronmotoren. Bei Stillstand eines Synchronmotors rotiert das Drehfeld relativ zum Magnetsystem und induziert deshalb Wechselströme in den Erregerspulen und Wirbelströme im Feldeisen. Diese Ströme erzeugen wie in Asynchronmotoren ein Drehmoment, mittels dessen der Synchronmotor angelassen werden kann.

Setzt man die volle Spannung auf einen stillstehenden Synchronmotor, so wird er einen Strom gleich dem Kurzschlußstrom aufnehmen und dieser wird in den Erregerspulen so große EMKe induzieren, daß die Isolation derselben nicht genügen würde, die Spannung zwischen Spulen und Magnetsystem zu ertragen.

Es wird deswegen wie folgt ein Synchronmotor direkt von der Wechselstromseite als Asynchronmotor angelassen. Man schaltet die Erregung aus, schließt die Erregerspulen gruppenweise oder im ganzen kurz und setzt eine so kleine Spannung auf die Armaturwicklung, daß der Ankerstrom einen gewissen Wert nicht übersteigt. A. Blondel gibt an, daß ein Motor mit nicht lamellierten Polen bei Stillstand ein Drehmoment gleich $^1/_4$ des normalen besitzt, wenn der Ankerstrom auf den doppelten Wert des normalen Stromes ansteigt. Motoren mit lamellierten Polen dagegen können gerade noch leer anlaufen, wenn der Strom auf den doppelten seines normalen Wertes ansteigt.

Damit der Ankerstrom beim Anlassen nicht zu groß wird, setzt man am besten die Spannung mittels eines Autotransformators auf die Hälfte oder noch weniger herab. Wenn der Motor in der Nähe von Synchronismus gelangt ist, so läuft er von selbst in den Synchronismus hinein und leistet als Reaktionsmaschine Arbeit. Man öffnet nun die kurz geschlossenen Erregerspulen, erregt das Feld und schaltet allmählich den Autotransformator aus.

Wenn ein Synchronmotor von einem einzigen Generator gespeist wird, so ist es oft zweckmäßig, beide gleichzeitig anzulassen. Dies ist z. B. der Fall bei Arbeitsübertragungen, die nur aus einem Generator und einem Motor bestehen. In dem Falle erregt man den Motor am besten von einer Erregermaschine, die nicht auf der Welle des Motors sitzt. Die Anzugskraft des Motors ist um so größer, je stärker das Feld ist.

Die Einphasen-Synchronmotoren besitzen kein Drehfeld. Bringt man aber auf dem Anker eine Hilfswicklung an, die in den leeren Statornuten untergebracht werden kann, so entsteht auch in diesem Falle ein Drehfeld, wenn man den Strom in der Hilfswicklung gegen den der Hauptwicklung in der Phase verschiebt. Eine Phasenverschiebung zwischen den beiden Strömen erzielt man am besten, indem man der Hilfswicklung einen großen Ohmschen Widerstand vorschaltet. Einphasen-Synchronmotoren mit Hilfsphase brauchen für den Anlauf einen ca. 20% größeren Strom als den normalen. In der Nähe von Synchronismus besitzen dieselben ein Drehmoment gleich $^1/_4$ bis $^1/_5$ des normalen.

c) Anlassen der Synchronmotoren als Kommutatormotoren. Diese Methode kommt hauptsächlich bei Einphasenmotoren in Frage, und zwar nur dort, wo man ein großes Anzugsmoment zu erhalten wünscht.

Das Magnetsystem (Fig. 227) wird lamelliert und erhält zwei Wicklungen. Die eine Wicklung ist die gewöhnliche Erregerwicklung, die in großen halbgeschlossenen Nuten *A* untergebracht wird. Die zweite Wicklung ist eine gewöhnliche Gleichstromwicklung, die in den kleinen Nuten ***B*** untergebracht wird. Diese letztere Wicklung wird mit einem gewöhnlichen Kommutator verbunden und dient nur zum Anlassen des Motors. Beim Anlassen

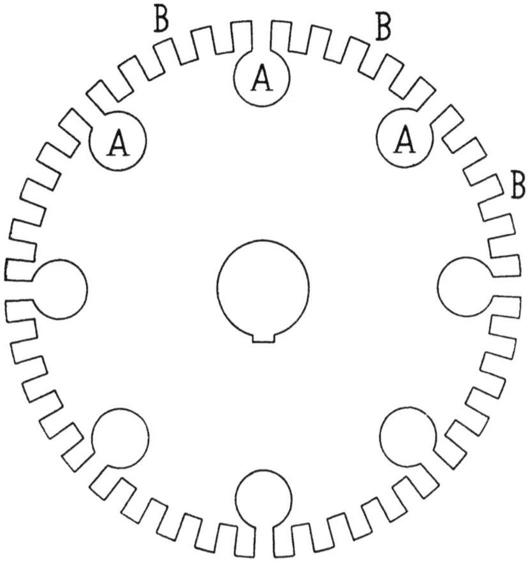

Fig. 227. **Feldsystem eines als Seriemotor anlaufenden Einphasen-Synchronmotors.**

schickt man zuerst den Strom durch die Statorwicklung und alsdann über den Kommutator durch die Gleichstromwicklung des Rotors. Der Motor läuft als Einphasen-Seriemotor an. In der Nähe des Synchronismus angelangt, erregt man den Rotor mit Gleichstrom, wodurch derselbe in Synchronismus hineinläuft. Es können nun die Bürsten am Kommutator zuerst kurzgeschlossen und hierauf abgehoben werden. Der Motor läuft als gewöhnlicher Synchronmotor weiter.

Dreizehntes Kapitel.

Das Parallelarbeiten synchroner Maschinen.

71. Das Parallelarbeiten mehrerer Generatoren.

Ist eine Maschine in richtiger Weise parallel geschaltet, so handelt es sich noch darum, die Belastung der im Betrieb befindlichen Maschinen teilweise auf die neu eingeschaltete Maschine zu verschieben.

Wenn wir es mit Gleichstrommaschinen zu tun haben, die von Kraftmaschinen mit Regulatoren betrieben werden, so ist es bekanntlich möglich, die Belastung der einzelnen parallel geschalteten Maschinen einfach durch Änderung der Erregung der einzelnen Maschinen zu regulieren, indem die stärker erregte Maschine von selbst einen größeren Teil der Belastung übernimmt. Bei Wechselstrommaschinen, die parallel geschaltet sind, liegen die Verhältnisse ganz anders.

Wir haben im Kapitel X gesehen, daß der wattlose Strom

$$J_{wl} \cong \pm \frac{E-P}{x_2} \quad \text{(s. Gl. 105)}$$

hauptsächlich von der Differenz zwischen der EMK E und der Klemmenspannung P abhängt und daß der Wattstrom

$$J_w = \frac{P \sin\Theta + J_{wl} r_a}{x_3} \cong \frac{P}{x_3}(\Theta - \Theta_0) \quad \text{(s. Gl. 108)}$$

$$\sin\Theta_0 \cong \Theta_0 \cong -\frac{J_{wl} r_a}{P} \cong \frac{E-P}{P}\,\frac{r_a}{x_2}$$

hauptsächlich von seiner Reaktanz und dem Winkel Θ abhängt.

Das Drehmoment W_a wächst proportional mit dem Wattstrome J_w und dieser ist proportional $(\Theta - \Theta_0)$. Wie wir auf S. 180 Gl. 85 sahen, ist die Leistung eines mit konstanter Klemmenspannung P arbeitenden Generators dagegen fast unabhängig von der Erregung, da $\psi_1 \cong 90^0$ ist; auch für den Fall variabler Reaktanz trifft dies nach den Gl. 105 bis 108 zu; denn wenn wir die EMK E erhöhen, so geht der Winkel $\Theta - \Theta_0$ in annähernd demselben Verhältnis zurück und umgekehrt, so daß die Leistung fast unverändert bleibt.

72. Einfluß des Ungleichförmigkeitsgrades der Geschwindigkeitsregulatoren auf die Belastungsverteilung parallel geschalteter Generatoren.

Arbeiten mehrere Generatoren auf Sammelschienen, zwischen denen eine Spannung P besteht, so wird jeder Generator einen Wattstrom und somit eine Leistung an die Sammelschienen abgeben, die fast allein von dem Voreilwinkel Θ seiner EMK E gegenüber dem Spannungsvektor P abhängt.

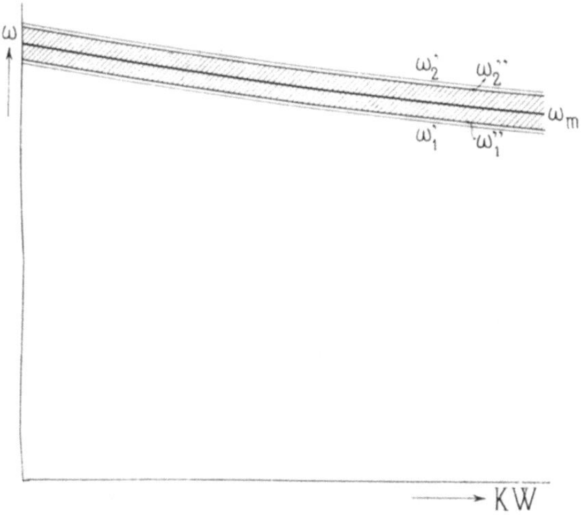

Fig. 228. Winkelgeschwindigkeit einer Dampfmaschine als Funktion der Belastung unter Berücksichtigung von Unempfindlichkeit des Regulators und Ungleichförmigkeit des Antriebs.

Die Größe dieses Voreilwinkels hängt nur von der Leistung der Kraftmaschine ab und kann durch Änderung der Stellung des Geschwindigkeitsregulators reguliert werden. Dies ist aber, wie im folgenden gezeigt werden soll, nur möglich, wenn die Geschwindigkeit der Kraftmaschine sich mit der Belastung ändert.

In Fig. 228 ist die mittlere Tourenzahl oder Umfangsgeschwindigkeit einer Dampfmaschine als Funktion der elektrischen Belastung aufgetragen. Während einer Umdrehung schwankt die Geschwindigkeit der Dampfmaschine innerhalb zweier Grenzen, die durch den Ungleichförmigkeitsgrad der Maschine

$$\delta = \frac{\omega_2 - \omega_1}{\omega_m} \quad \ldots \ldots \ldots \quad (124)$$

bestimmt wird. ω_2 ist die größte, ω_1 die kleinste und ω_m die mittlere Winkelgeschwindigkeit während einer Umdrehung.

Der Regulator jeder Dampfmaschine besitzt aber auch einen gewissen Unempfindlichkeitsgrad. Erst wenn die Winkelgeschwindigkeit einer Maschine sich um einen gewissen Betrag von einem stationären Mittelwert entfernt hat, verstellt sich die Regulatorhülse, wodurch die Steuerung der Maschine entsprechend beeinflußt wird. Dieser Unempfindlichkeitsgrad des Regulators gegenüber kleinen Variationen in der Winkelgeschwindigkeit rührt von den Reibungskräften in den Zapfen des Regulators und den Steuerorganen her. Es ist der Unempfindlichkeitsgrad

$$\varepsilon = \frac{\omega_2' - \omega_1'}{\omega_m} \quad \ldots \ldots \ldots \quad (125)$$

wo ω_2' die größte und ω_1' die kleinste Winkelgeschwindigkeit ist, die die Maschine haben kann, ohne daß der Regulator eingreift. $\omega_m = \frac{\omega_2' + \omega_1'}{2}$ ist die mittlere Winkelgeschwindigkeit.

In Fig. 228 sind außer der Kurve ω_m noch die Kurven ω_2' und ω_1' als Funktion der Belastung aufgetragen. Da aber die Winkelgeschwindigkeit der Maschine während einer Umdrehung um $\frac{1}{2}\delta\,\omega_m$ zu beiden Seiten des Mittelwertes schwankt, so muß man diese Größe von ω_2' subtrahieren und zu ω_1' addieren, um die beiden Kurven ω_2'' und ω_1'' zu bekommen, die die größte mittlere, resp. die kleinste mittlere Winkelgeschwindigkeit darstellt, die die Maschine haben kann, ohne daß der Regulator eingreift. Bei Dampf- und Wasserturbinen fallen die Kurven ω'' mit den ω'-Kurven zusammen, weil diese Antriebsmaschinen einen vollständig gleichförmigen Gang besitzen. Es kann bei gegebener Belastung einer Maschine die mittlere Winkelgeschwindigkeit innerhalb enger Grenzen variieren; der Regulator besitzt mit anderen Worten eine gewisse Stabilität, die durch die schraffierte Fläche (Fig. 228) dargestellt wird.

Unter der Tourenänderung einer Maschine versteht man die

Differenz der mittleren Winkelgeschwindigkeiten, bei Leerlauf und Belastung geteilt durch den Mittelwert dieser beiden. Es ist somit die Änderung der Umdrehungszahl

$$\nu = \frac{\omega_{m0} - \omega_{mb}}{\omega_m} \quad \ldots \ldots \ldots \quad (126)$$

diese ist gleich dem Ungleichförmigkeitsgrade des Regulators.

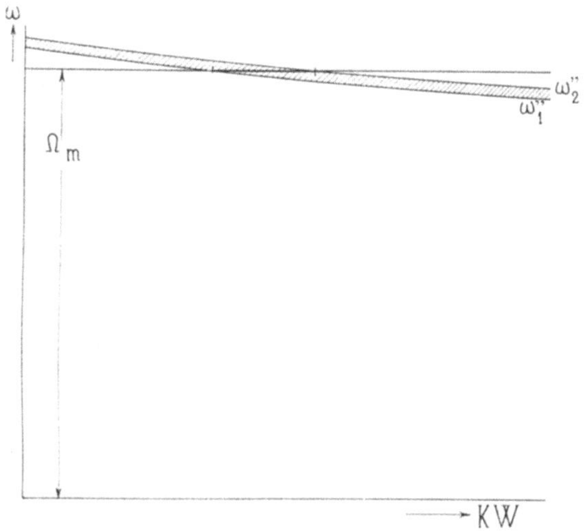

Fig. 229.

Arbeiten mehrere vollständig gleiche und gleicherregte Generatoren auf Sammelschienen und werden sie von gleichen Dampfmaschinen angetrieben, so braucht die Belastung sich trotzdem nicht auf alle Maschinen gleichmäßig zu verteilen. Denn zieht man in Fig. 229 eine Horizontale, die der mittleren Winkelgeschwindigkeit Ω_m aller Maschinen entspricht, so verläuft diese auf einer großen Strecke innerhalb der schraffierten Fläche und es können somit bei dieser Umdrehungszahl die Maschinen höchst verschieden belastet sein. Diese Unterschiede der Belastungen der einzelnen Maschinenaggregate können um so größer sein, je flacher die Geschwindigkeitskurven verlaufen, d. h. je kleiner die Tourenänderungen der Antriebsmaschinen sind. Sind die Regulatoren der Antriebsmaschinen astatisch, so werden die Geschwindigkeitskurven horizontale Gerade und die Verteilung der Belastung zwischen den einzelnen Aggregaten wird eine vollständig willkürliche.

Man sieht leicht ein, daß eine derartige Arbeitsverteilung sowohl vollständig unregulierbar wie unkontrollierbar und deswegen unzulässig ist.

Die Verteilung der Belastung auf die einzelnen Maschinen kann um so genauer durchgeführt werden, je näher die beiden Kurven ω_2'' und ω_1'' zusammenrücken, d. h. je mehr der Unempfindlichkeitsgrad ε des Regulators sich dem Ungleichförmigkeitsgrad δ der Maschine nähert. Natürlich darf ε nicht kleiner als δ werden, denn in diesem Falle würde der Regulator während jeder Umdrehung regulieren, also stetig in Tätigkeit sein. Der Unempfindlichkeitsgrad kann dadurch verkleinert werden, daß man die Reibungskräfte der Steuerorgane verkleinert.

Ferner kann bei gegebener Stabilität des Regulators die Belastungsverteilung um so exakter durchgeführt werden, je steiler die Geschwindigkeitskurven verlaufen. In bezug auf ein gutes Parallelarbeiten mehrerer Maschinenaggregate wirkt deswegen eine große Tourenänderung der Maschine sehr günstig. Eine große Tourenänderung bewirkt aber, daß die Tourenzahl und damit die Periodenzahl sich von Leerlauf bis Belastung stark ändert, wenn man nicht durch eine passende Änderung am Regulator dessen Regulierbereich verschiebt. Dies ist entweder durch Anordnung eines verstellbaren Gegengewichtes oder durch Anbringung einer Hilfsfeder, die passend gespannt werden kann, möglich.

Eine plötzliche Belastungsänderung hat stets eine Spannungsschwankung zur Folge, die um so größer sein wird, je größer die Tourenänderung der Antriebsmaschine ist. Aus diesem Grunde soll man die Tourenänderung nicht größer wählen, als es ein guter Parallelbetrieb erfordert. Gewöhnlich reicht es aus, wenn man 3 bis 6 % Tourenänderung von Leerlauf bis Belastung verlangt.

Die Nachregulierung der Umdrehungszahl mit der Belastung kann entweder von Hand oder automatisch geschehen. Für Beleuchtungsanlagen ist eine automatische Verstellung des Regulators nicht erforderlich. Dagegen ist für Kraftanlagen, wo die Periodenzahl konstant sein soll, eine automatische Nachstellung erforderlich, und diese kann entweder durch ein elektrisches Relais oder auf mechanischem Wege erfolgen.

Von den verschiedenen Regulatoren sind die schnellaufenden Federregulatoren sehr geeignet für Antriebsmaschinen, deren Generatoren parallel arbeiten sollen.

Die Federregulatoren können für große Tourenänderungen gebaut werden und ihr Regulierbereich läßt sich leicht verschieben; ferner ist die Eigenreibung des Federregulators klein.

In Fig. 230 ist die mittlere Winkelgeschwindigkeit ω_m als Funktion der Belastung für drei Antriebsmaschinen aufgetragen, und zwar haben alle drei Maschinen verschiedene Regulatorstellungen. Die ω_m-Kurven fallen deswegen nicht zusammen, sondern verlaufen fast parallel miteinander. Da die drei Maschinen synchron laufen, so sind die mittleren Leistungen derselben W_1, W_2 und W_3 alle drei voneinander verschieden. Durch Änderung der Regulatorstellung läßt sich die Belastung von einer Maschine auf die anderen übertragen und umgekehrt. Mit richtig regulierbaren Antriebs-

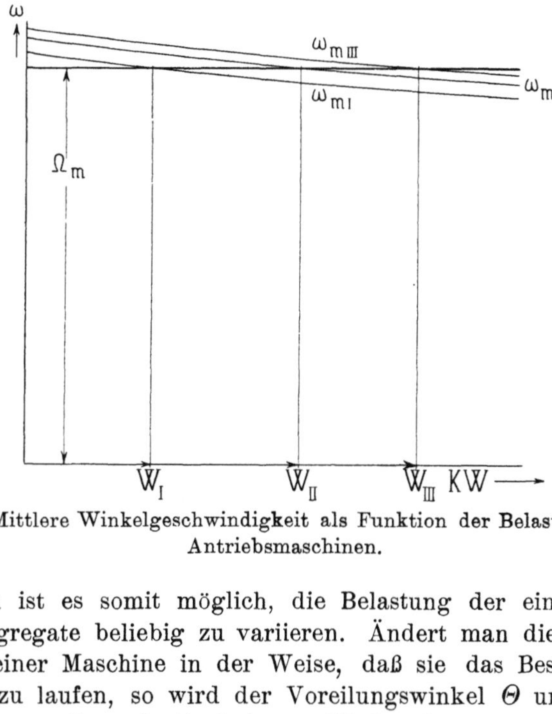

Fig. 230. Mittlere Winkelgeschwindigkeit als Funktion der Belastung für drei Antriebsmaschinen.

maschinen ist es somit möglich, die Belastung der einzelnen Maschinenaggregate beliebig zu variieren. Ändert man die Regulatorstellung einer Maschine in der Weise, daß sie das Bestreben hat, schneller zu laufen, so wird der Voreilungswinkel Θ und mit ihm der Wattstrom J_w und die Leistung W des Generators vergrößert.

73. Belastungsänderung parallel geschalteter Generatoren.

Arbeiten mehrere gleiche Generatoren auf die gleichen Sammelschienen, von denen aus ein Strom bei konstanter Spannung und konstanter Periodenzahl geliefert werden soll, so verteilt sich der Wattstrom

$$J_w \cong \frac{P}{x_3}(\Theta - \Theta_0)$$

auf die einzelnen Aggregate proportional den betreffenden Voreilwinkeln $\Theta - \Theta_0$ zwischen den EMKen und der Klemmenspannung P. Wünscht man die Belastung von einigen Maschinen auf andere zu verschieben, so müssen die Regulatoren dieser Maschinen zusammen um ebensoweit in einer Richtung verschoben werden, wie die der anderen Maschinen zusammen in der entgegengesetzten Richtung, damit die Periodenzahl sich nicht ändert. Es ist dann die Summe der Voreilungswinkel vor und nach der Belastungsverschiebung dieselbe

$$(\Theta_1 - \Theta_0) + (\Theta_2 - \Theta_0) + \ldots = (\Theta_1' - \Theta_0) + (\Theta_2' - \Theta_0) + \ldots \quad (127)$$

Der wattlose Strom $J_{wl} \cong \dfrac{E - P}{x_2}$ verteilt sich dagegen auf die einzelnen Maschinen angenähert proportional den Differenzen zwischen den EMKen E und der Klemmenspannung P. Die stark erregten Maschinen, deren EMK E größer als die Klemmenspannung ist, liefern wattlose Ströme, während die übrigen, deren EMKe E kleiner als die Klemmenspannung sind, wattlose Ströme aufnehmen. Es ist die algebraische Summe

$$\sum_1^n (E - P) \cong x_2 J_{wl} \quad \ldots \ldots \ldots \quad (128)$$

Wünscht man deswegen den wattlosen Strom von einigen Maschinen auf andere zu verschieben und soll sich die Klemmenspannung P nicht ändern, so müssen die EMKe, d. h. die Erregungen dieser Maschinen, zusammen um ebensoviel in einer Richtung geändert werden, wie die der übrigen Maschinen zusammen in der entgegengesetzten Richtung. Es muß vor und nach der Verschiebung des wattlosen Stromes

$$\sum_1^n (E - P) = \sum_1^n (E' - P)$$

oder

$$\sum_1^n (E) = \sum_1^n (E') \quad \ldots \ldots \ldots \quad (129)$$

sein.

Die obigen Sätze gelten fast exakt; die Abweichungen von den genauen Formeln sind für normale Verhältnisse so klein, daß man davon absehen kann. Übrigens hat eine genaue Vorausberechnung der Verteilung des Wattstromes und des wattlosen Stromes in den einzelnen Fällen, die in der Praxis vorkommen können, keinen Zweck, und der Schaltbrettwärter wird ohne weiteres mittels Amperemeter und Wattmeter die Wattströme und die wattlosen Ströme auf die einzelnen Maschinen richtig verteilen können. Es gilt allgemein die Regel: Eine Belastungsverschiebung erfolgt durch Änderung der Regulatorstellungen und eine Verschiebung des wattlosen Stromes durch Änderung der Erregerströme.

Um möglichst kleine Verluste in den Ankerwicklungen zu bekommen, wird man sowohl die Wattströme wie die wattlosen Ströme, wenn keine anderen Gründe vorliegen, auf alle Generatoren möglichst gleichmäßig verteilen.

Wünscht man einen der Generatoren auszuschalten, so darf dies nicht ohne weiteres erfolgen, sondern man entlastet zuerst die betreffende Maschine und verschiebt ihren wattlosen Strom auf die übrigen Maschinen. Ist dies geschehen, so kann der Generator ohne Stromstoß von den Sammelschienen abgeschaltet werden.

74. Stromverteilung parallel geschalteter Generatoren.

Es ist bis jetzt angenommen worden, daß zwischen den Sammelschienen eine konstante Spannung von konstanter Periodenzahl vorhanden sei. Dies wird praktisch immer der Fall sein, besonders wenn die Leistung eines einzelnen Maschinenaggregates nur ein kleiner Teil der maximalen Leistung aller Maschinen ist, die auf Sammelschienen arbeiten.

Arbeiten n gleiche, gleicherregte und gleichbelastete Generatoren auf Sammelschienen, so lautet die Spannungsgleichung eines Generators jetzt

$$P^2 = \left(E - \frac{J_w}{n} r_a - \frac{J_{wl}}{n} x_2\right)^2 + \left(\frac{J_w}{n} x_3 - \frac{J_{wl}}{n} r_a\right)^2.$$

Es wird somit:

$$P = \sqrt{\left(E - J_w \frac{r_a}{n} - J_{wl} \frac{x_2}{n}\right)^2 + \left(J_w \frac{x_3}{n} - J_{wl} \frac{r_a}{n}\right)^2} \quad . \quad (130)$$

Wie hieraus ersichtlich, verhalten sich in dem Falle alle Generatoren dem äußeren Stromkreis gegenüber wie ein einziger großer Generator, dessen Ankerwiderstand und Reaktanz nur $\frac{1}{n}$ derjenigen der einzelnen Generatoren ist.

Arbeiten mehrere verschiedene, ungleich erregte und ungleich belastete Generatoren auf Sammelschienen, so kann man sich auch diese Generatoren durch einen einzigen großen Generator ersetzt denken.

Unsere erste Aufgabe besteht in diesem Falle darin, die EMK E_r, den Widerstand r_{ar} und die Synchronreaktanz x_{ar} dieses großen Generators zu bestimmen. In dem Potentialdiagramm (Fig. 231) sind die EMK-Vektoren E_1, E_2 und E_3 von drei solchen Generatoren aufgetragen. Denken wir uns zuerst die Klemmen der einen Polarität aller drei Generatoren mit der einen Sammelschiene verbunden, so bekommen diese alle das gleiche Potential, dem wir den Wert Null beilegen. Die drei übrigen Klemmen erhalten dann die durch die Punkte E_1, E_2 und E_3 bestimmten Potentiale. Würden wir die Generatoren durch äußere Kräfte in dieser gegenseitigen Lage festhalten und die drei offenen Klemmen an die zweite Sammelschiene anlegen, so würden Ausgleichströme in den Ankerwicklungen der drei Generatoren fließen, deren Summe in jedem Momente gleich Null wäre. Die zweite Sammelschiene wird deshalb[1]) ein Potential erhalten, das durch den Kräftemittelpunkt des Dreieckes $E_1 E_2 E_3$ bestimmt wird. In den Punkten E_1, E_2 und E_3 bringt man als Kräfte die Admittanzen y_{a1}, y_{a2} und y_{a3} der Ankerwicklungen der drei Generatoren an. Sei E_r der Kräftemittelpunkt und y_{ar} die resultierende Admittanzkraft, so werden alle drei Generatoren sich dem Belastungsstromkreis gegenüber wie ein großer Generator mit der EMK E_r und der Impedanz $z_{ar} = \frac{1}{y_{ar}}$ verhalten.

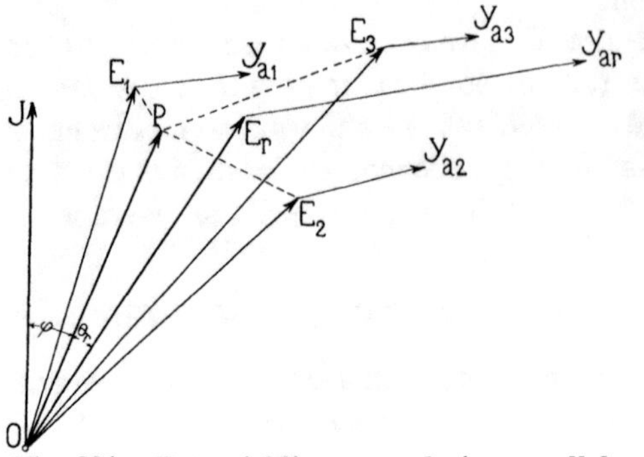

Fig. 231. Potentialdiagramm dreier parallel arbeitender Generatoren.

An den Sammelschienen erhält man eine Klemmenspannung

$$P = \sqrt{(E_r - J_w r_{ar} - J_{wl} x_{ar})^2 + (J_w x_{ar} - J_{wl} r_{ar})^2} \quad . \quad (131)$$

P schließt mit E_r den Winkel Θ_r ein

$$\sin \Theta_r = \frac{J_w x_{ar} - J_{wl} r_{ar}}{P} \cong \Theta_r \quad . \quad . \quad . \quad . \quad . \quad (132)$$

Wir können somit den Vektor P in unserem Potentialdiagramm (Fig. 231) eintragen und der vom jedem Generator zu liefernde Strom läßt sich in einfacher Weise bestimmen; denn der Abstand der Punkte E_1, E_2 und E_3 von P ist ein direktes Maß für den Spannungsabfall in der Wicklung des betreffenden Generators. Wir erhalten also die Ströme der drei Generatoren:

---

[1]) Siehe WT I Abschn. 78: Graphische Behandlung eines Sternsystems, S. 288.

und

$$\left.\begin{aligned} J_1 &= \frac{\overline{E_1 P}}{z_{a1}} \\ J_2 &= \frac{\overline{E_2 P}}{z_{a2}} \\ J_3 &= \frac{\overline{E_3 P}}{z_{a3}} \end{aligned}\right\} \quad \ldots \ldots \ldots \ldots (133)$$

In der Fig. 231 eilt die Klemmenspannung P den beiden Vektoren E_2 und E_3 nach, während sie E_1 voreilt. Hieraus folgt, daß die zweite und dritte Maschine als Generatoren elektrische Arbeit leisten, während die erste Maschine elektrische Arbeit aufnimmt und somit als Synchronmotor mechanische Arbeit leistet.

Im allgemeinen werden die Widerstände und Synchronreaktanzen der einzelnen Maschinen in demselben Verhältnis zueinander stehen. Es kann deswegen

$$\frac{r_{a1}}{x_{a1}} = \frac{r_{a2}}{x_{a2}} = \frac{r_{a3}}{x_{a3}} = \frac{r_{ar}}{x_{ar}}$$

gesetzt werden. Die Admittanzkräfte des Dreieckes $E_1 E_2 E_3$ sind also parallel aufzutragen und wir erhalten

$$\frac{1}{z_{ar}} = y_{ar} = y_{a1} + y_{a2} + y_{a3} = \frac{1}{z_{a1}} + \frac{1}{z_{a2}} + \frac{1}{z_{a3}}$$

oder

$$z_{ar} = \frac{1}{\dfrac{1}{z_{a1}} + \dfrac{1}{z_{a2}} + \dfrac{1}{z_{a3}}} \quad \ldots \ldots \ldots (134)$$

Denken wir uns die Kräfte y_{a1}, y_{a2} und y_{a3} fast senkrecht auf die EMK-Vektoren aufgetragen, so wird ihre Resultante y_{ar} auch fast senkrecht auf dem resultierenden EMK-Vektor E_r stehen. Wie für diese Richtung der Admittanzkräfte ersichtlich, ist die Lage der Resultante y_{ar} fast unabhängig von der gegenseitigen Lage der Vektoren E_1, E_2 und E_3. Sind deswegen die Vektoren E_1, E_2 und E_3 der Größe nach gegeben, so wird auch die Größe von E_r und mit ihr die der Schienenspannung P fast konstant bleiben, selbst wenn die gegenseitige Lage der Vektoren E_1, E_2 und E_3 sich ändert. D. h. die Schienenspannung ist fast unabhängig von der Verteilung der Belastung zwischen den einzelnen Generatoren. Verschiebt man die Belastung von einem Generator auf die übrigen, so wird sich trotzdem die Schienenspannung nur wenig ändern.

Ziehen wir in dem Potentialdiagramm (Fig. 232) eine gerade Linie unter dem Winkel $\psi_k = \operatorname{arctg} \frac{x_a}{r_a}$ zu dem Spannungsvektor P, so geben die Projektionen der Strecken $\overline{E_1 P}$, $\overline{E_2 P}$ und $\overline{E_3 P}$ auf diese Gerade uns ein direktes Maß für die Spannungsabfälle $J z_a \cos\varphi$ der Wattströme der einzelnen Generatoren.

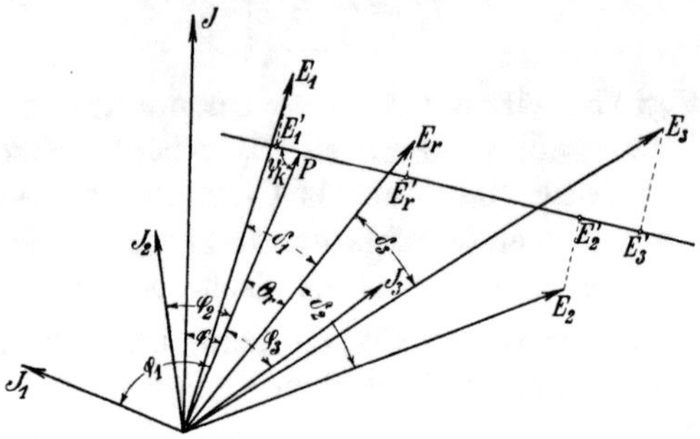

Fig. 232. Potentialdiagramm dreier parallel arbeitender Generatoren.

Es werden somit

$$\left.\begin{aligned} J_1 \cos\varphi_1 &= \frac{\overline{E_1' P}}{z_{a1}} \\ J_2 \cos\varphi_2 &= \frac{\overline{E_2' P}}{z_{a2}} \\ \text{und} \quad J_3 \cos\varphi_3 &= \frac{\overline{E_3' P}}{z_{a3}} \end{aligned}\right\} \quad \ldots \ldots \ldots \quad (135)$$

75. Die synchronisierenden Kräfte mehrerer parallel geschalteter Generatoren.

Die drei parallel geschalteten Maschinen haben die folgenden Leistungen:

$$W_1 = m E_1 J_{w1},$$

$$W_2 = m E_2 J_{w2}$$

und

$$W_3 = m E_3 J_{w3}.$$

Diese sind, wie leicht ersichtlich, um so größer, je größer der Phasenverschiebungswinkel Θ ist, während die Größe der EMK nur wenig Einfluß auf sie hat.

Um Ausgleichströme und die durch diese verursachten Verluste zu vermeiden, sollten die drei Vektoren E_1, E_2 und E_3 alle mit E_r zusammenfallen. In diesem Falle würden die Leistungen sich in bezug auf den Wirkungsgrad der Zentrale am günstigsten verteilen, und zwar hätte die Maschine I den Wattstrom

$$J_1' \cos \varphi_1' = \frac{\overline{E_r' P}}{z_{a1}},$$

die Maschine II

$$J_2' \cos \varphi_2' = \frac{\overline{E_r' P}}{z_{a2}}$$

und die Maschine III

$$J_3' \cos \varphi_3' = \frac{\overline{E_r' P}}{z_{a3}}$$

zu liefern.

$$J_1' \cos \varphi_1' - J_1 \cos \varphi_1 = \frac{\overline{E_r' P} - \overline{E_1' P}}{z_{a1}} = \frac{\overline{E_r' E_1'}}{z_{a1}},$$

$$J_2' \cos \varphi_2' - J_2 \cos \varphi_2 = \frac{\overline{E_r' E_2'}}{z_{a2}}$$

und

$$J_3' \cos \varphi_3' - J_3 \cos \varphi_3 = \frac{\overline{E_r' E_3'}}{z_{a3}}$$

sind die drei Wattströme, die die drei Maschinenaggregate trotz ihrer verschiedenen Belastung im Synchronismus halten. Die Maschinen, die am meisten leisten, haben zwar das Bestreben vorauszueilen und die anderen Maschinen mitzuziehen, sie werden aber infolge der elektrischen Verbindung mit den anderen Maschinen hieran gehindert.

Die den oben erwähnten Ausgleichströmen $(J' \cos \varphi' - J \cos \varphi)$ entsprechenden synchronisierenden Drehmomente sind:

$$W_{a1} = m\,(E_1 J_{w1} - E_r J_{w1}')$$

$$W_{a2} = m\,(E_2 J_{w2} - E_r J_{w2}')$$

$$W_{a3} = m\,(E_3 J_{w3} - E_r J_{w3}')$$

Bezeichnet man die Phasenverschiebungswinkel zwischen den Magnetsystemen der einzelnen Generatoren und des großen gedachten Generators mit

$$\delta_1 = \Theta_1 - \Theta_r,$$

$$\delta_2 = \Theta_2 - \Theta_r$$

und

$$\delta_3 = \Theta_3 - \Theta_r,$$

so ist $\frac{dW_{a1}}{d\delta_1} = W_{S1}$ die sogenannte synchronisierende Kraft des ersten

Generators, $\frac{dW_{a2}}{d\delta_2} = W_{S2}$ die des zweiten und $\frac{dW_{a3}}{d\delta_3} = W_{S3}$ die des dritten Generators, denn dies sind die Mehr- oder Wenigerleistungen der einzelnen Maschinen, wenn die Polräder sich gegeneinander verschieben.

Die synchronisierende Kraft einer Maschine ist die Leistung, die bei einer Änderung der Phase des Generators gegenüber der des großen ideellen Generators von einer Maschine auf die anderen übertragen wird.

Vierzehntes Kapitel.

Pendelerscheinungen parallel geschalteter Synchronmaschinen. Einleitendes.

76. Die Erscheinung des Pendelns und ihre Ursache.

In elektrischen Zentralen, wo mehrere Generatoren parallel auf ein Verteilungsnetz arbeiten, kann man oft die Beobachtung machen, daß während des Betriebs die Strom- und Leistungsmesser der einzelnen Maschinen und des Netzes sich nicht in Ruhe befinden, sondern Schwingungen um eine Mittellage ausführen, deren Amplitude entweder konstant ist, oder sich nach einem sinusähnlichen Gesetz ändert. Außer diesen regelmäßigen Schwingungen kann man kurz nach dem Parallelschalten sehr heftige, mit der Zeit abklingende Schwingungen wahrnehmen, aber auch während des Betriebs führen die Instrumente, manchmal plötzlich und scheinbar ohne Grund, große Schwingungen aus, die freilich mit der Zeit wieder verschwinden.

Wenn in einer Zentrale die Maschinen so angeordnet sind, daß die Mittellinien der Schwungradlager der einzelnen Maschinen in einer Geraden liegen und man sich so vor das erste Schwungrad stellt, daß man auch alle andern durch die Speichen hindurch beobachten kann, so sieht man, daß die Stellung der einzelnen Räder zueinander keine feste und unveränderliche ist, wie es bei ganz gleichförmiger Drehung der Fall sein müßte, sondern es findet eine fortwährende gegenseitige Bewegung statt. Einzelne Räder eilen den andern bald vor, bald nach. Es findet also keine gleichförmige Drehung der Maschinen statt, die Geschwindigkeit der einzelnen Räder ändert sich fortwährend; sie laufen bald rascher, bald langsamer als synchron und über den Zustand gleichförmiger Bewegung erscheint ein zweiter sich periodisch ändernder gelagert, der für sich allein betrachtet einer pendelnden Bewegung entspricht. Die Maschinen „pendeln" gegeneinander, d. h. ihre Winkelgeschwindigkeit ist periodisch veränderlich.

Der Grund für diese Erscheinung ist in der Veränderlichkeit des Drehmoments der Kraftmaschinen im Laufe einer Umdrehung zu suchen. Da die Geschwindigkeit nur wenig von ihrem mittleren Wert, der synchronen, nach oben und unten abweichen darf, ist die auf die elektrische Maschine übertragene Leistung annähernd proportional dem variablen Drehmoment. Dieser variable Teil der Leistung, den man sich über einen konstanten zugeführten mittleren Teil gelagert denken kann, erzeugt Geschwindigkeitsschwankungen in der Maschine, d. h. er sucht das Schwungrad zu beschleunigen oder zu verzögern, je nachdem er im Sinne des mittleren Drehmomentes oder entgegengesetzt dazu gerichtet ist.

Infolge dieser Geschwindigkeitsschwankungen hat das Erregersystem in fast allen Stellungen dem Stator gegenüber eine andere Lage, als es bei gleichförmiger Drehung der Fall wäre, und auch die EMK E der Maschine schwankt etwas wegen der veränderlichen Geschwindigkeit.

Arbeitet die betrachtete Maschine auf ein Netz, dessen Belastung nur aus Glühlampen oder Asynchronmotoren besteht, so schwanken Periodenzahl, Strom und Spannung dieses Netzes, und ein Teil der Mehrleistung der Dampfmaschine setzt sich direkt in elektrische Mehrleistung des Netzes um, und umgekehrt. Das Tempo dieser Schwankungen des Netzes paßt sich genau dem der Maschine an. Das Ankerdrehfeld läuft somit mit derselben ungleichförmigen Geschwindigkeit wie das Polrad, die relative Stellung beider zueinander wird durch das Pendeln nicht geändert. Ganz anders wird aber die Erscheinung, wenn aus irgendwelchen Gründen die Periodenzahl des Netzes nicht den Schwankungen der Maschine folgen kann. Der Vektor der Klemmenspannung der Maschine, dessen Lage jeweils durch die Periodenzahl des Netzes bestimmt ist, und der Vektor der EMK E, dessen Lage von der Stellung des Polrades abhängig ist, führen dann nicht mehr die gleichen Schwingungen aus. Die relative Lage der im Anker umlaufenden Wechselstromwelle und des Polrades ist dann nicht mehr konstant, sondern „Netzvektor“ und „EMK-Vektor“ pendeln auch gegeneinander. Nun ist die elektrische Leistung einer Synchronmaschine, wie schon gezeigt wurde, ganz wesentlich abhängig von dem Phasenverschiebungswinkel zwischen der Klemmenspannung und EMK E, und infolgedessen muß die elektrische, in das Netz abgegebene Leistung ganz bedeutend schwanken, wenn man bedenkt, daß schon ganz geringe Winkeländerungen sehr große Leistungsänderungen zur Folge haben. Bei einer 60poligen Maschine zum Beispiel, mit 100 Umdrehungen, beträgt der räumliche Winkel zwischen Netzvektor und EMK-Vektor nur etwa 1^0 bei Vollast. Diese räumliche Lage beider Vektoren zueinander kann man sich klar machen, wenn man sich zwei parallel geschaltete gleichförmig angetriebene Maschinen denkt, von denen die eine leer läuft, die andere aber voll belastet ist. Die leerlaufende Maschine entspricht in jedem Moment der räumlichen Lage des Netz- bzw. Klemmenspannungsvektors, die belastete dem EMK-Vektor der belasteten Maschine. Die beiden Magneträder drehen sich synchron, haben aber eine verschiedene Lage im Raum relativ zueinander, und der Winkel, den sie einschließen, ist der oben erwähnte, denn die zeitlichen Phasenunterschiede im Diagramm entsprechen räumlichen Lagenunterschieden der Magneträder.

Strom und Leistung der betrachteten Maschine werden bei einem Voreilen des Polrades zunehmen, und infolge der zunehmenden elektrischen Leistung wird auch das Belastungsgegenmoment der elektrischen Maschine zunehmen und verzögernd auf die Kraftmaschine wirken. Diese Zunahme des Gegendrehmoments der elektrischen Maschine beim Voreilen des Polrades gegen seine Normalstellung, die wir als synchronisierende Kraft, gemessen in synchronen Watt, bezeichnen, und die das Bestreben hat, die Maschinen immer wieder in ihre normale Stellung zurückzubringen, begrenzt die Voreilung des Polrades und führt es schließlich wieder in seine Mittellage zurück, über die es aber infolge seiner Massenträgheit hinauspendelt. Sobald das Polrad aber hinter seiner Mittellage zurückbleibt, wirkt die synchronisierende Kraft entgegengesetzt wie früher, d. h. motorisch, begrenzt auch dann den Ausschlag und treibt es wieder nach vorwärts. Es findet ein fortwährendes Spiel der Energien statt, indem die wechselnde Energie der Antriebsmaschine sich teils in kinetische des Schwungrads, teils in potentielle elektrische Energie umsetzt, und das Zusammenwirken dieser drei Faktoren ergibt den resultierenden Schwingungszustand. Es tritt aber noch ein vierter Faktor hinzu, der die Erscheinungen beeinflußt, nämlich die Dämpfung.

Infolge der Stromschwankungen und der Feldänderungen treten in der Armatur zusätzliche Kupferverluste, und in dem Polrade, zumal wenn es aus massivem Eisen besteht, Wirbelströme auf, die einen Teil der zugeführten Energie in Wirbelstromwärme umsetzen und damit aus dem Vorgang herausschaffen. Sind die Maschinen mit Dämpfungsvorrichtungen nach Hutin und Leblanc (s. S. 49) ausgerüstet, so werden in den Kupferstäben durch die Relativbewegung von Ankerfeld und Polrad starke Ströme hervorgerufen, die ebenfalls einen Teil der pendelnden Energie in Stromwärme umsetzen. Die Dämpferwicklung hat aber noch eine zweite Wirkung, die viel stärker ist als die erste, denn die in den Stäben fließenden Ströme geben mit dem Ankerfeld ein Drehmoment, das bei Übersynchronismus bremsend, bei Untersynchronismus antreibend wirkt. Die Dämpferwicklung wirkt ähnlich wie eine kurzgeschlossene Rotorwicklung einer asynchronen Maschine. Diese Wirkungen, die in erster Linie von den Relativgeschwindigkeiten zwischen Polrad und Ankerfeld oder der „Schlüpfung" zwischen beiden abhängig sind, verkleinern daher die Schwingungen der Maschine, da ein Teil der ursprünglichen Antriebsenergie von ihnen aufgezehrt und teils in Stromwärme, teils in elektrische Energie umgesetzt wird. Die Schwankungen der synchronen elektrischen Leistung, die von der Stellung des Polrades abhängig sind, werden damit ebenfalls geringer. Es tritt nun noch eine schwankende Komponente der elektrischen Energie auf, eben die asynchrone Leistung der Dämpferwicklung, indem teils Energie in das Netz geschickt, teils Energie aus dem Netz entnommen wird, so daß nicht von vornherein gesagt werden kann, ob die elektrische Leistungsschwankung einer Synchronmaschine nach Einbau einer Dämpferwicklung kleiner wird. Die synchrone Leistung hat ihren maximalen Wert bei der größten Voreilung des Polrades, die asynchrone hingegen bei der größten Relativgeschwindigkeit gegen das Ankerfeld, also bei der Ausweichung Null. Beide Leistungen dürfen also, wenn sie vektoriell im Diagramm dargestellt werden, nicht einfach algebraisch, sondern sie müssen vektoriell addiert werden, denn sie sind um ein Viertel der Schwingungsdauer gegeneinander zeitlich verschoben.

Durch Zusammenwirken von Trägheitskraft, synchronisierender Kraft und Dämpfung entsteht also der resultierende Schwingungszustand der Maschine, das „Pendeln“ des Polrades und die Schwankungen von Strom und Leistung.

Der Fall, daß der Netzvektor den Schwingungen des EMK-Vektors, d. h. des Polrades, nicht folgen kann, ist nun immer gegeben, wenn mehrere Synchrongeneratoren parallel arbeiten, oder ein Generator ein Netz speist, an das Synchronmotoren angeschlossen sind. Denken wir uns eine Maschine mit ungleichförmigem Antriebsmoment mit einer Anzahl anderer Maschinen parallel arbeitend, so wird bei einer Winkelvoreilung dieser Maschine die von ihr abgegebene Leistung steigen; diese Mehrleistung wird an das Netz und die parallel geschalteten Maschinen übertragen, und deren Voreilungswinkel gegen die Klemmenspannung wird sich daher ebenfalls ändern müssen. Sobald die betrachtete Maschine aber weniger leistet, muß der Fehlbetrag von den andern Maschinen gedeckt werden, da im Gleichgewichtszustande die Leistung des ganzen Systems als fast konstant angesehen werden darf. Wir sehen also, daß eine einzige pendelnde Maschine alle andern in ähnliche Bewegungen zu bringen sucht und daß das Bewegungsgesetz des Netzvektors von allen an das Netz angeschlossenen Maschinen abhängt und nicht nur von der Bewegung der betrachteten Maschine allein abhängig ist.

Das Tangentialdruckdiagramm einer Kurbelmaschine ist eine ganz unregelmäßige Kurve. Die Verhältnisse lassen sich aber einfach übersehen, wenn man die Schwankungen des Tangentialdrucks um seinen Mittelwert in einzelne Sinusschwingungen auflöst, für diese die Bewegungsgesetze feststellt und dann die einzelnen Teilresultate übereinanderlagert.

Wenn mehrere Maschinen des Systems ungleichförmigen Antrieb haben, so untersucht man das System getrennt auf die verschiedenen Schwingungen hin und superponiert dann ebenfalls. Im allgemeinen wird man dann als Resultat recht komplizierte Bewegungen finden. Schwingungen von verschiedener Amplitude, Periodenzahl und Phase überlagern sich; es können Schwebungen entstehen und alle Erscheinungen, die bei gekoppelten schwingenden Systemen auftreten.

Bei dem Parallelschalten treten derartige Schwingungen noch viel stärker auf, da im Moment des Parallelschaltens nie der Bewegungszustand herrscht, wie er dem stationären Zustand entspricht, es tritt, ähnlich wie bei den elektrischen Stromkreisen, kurz nach dem Einschalten ein Übergangszustand ein, der mit der Zeit verschwindet.

Während des Betriebs können auch Schwingungen entstehen

durch plötzliche unregelmäßige Änderung des Tangentialdruckdiagramms der Kraftmaschinen, durch Belastung und Entlastung der elektrischen Maschinen usw. Diese Schwingungen verschwinden auch mit der Zeit, nachdem die erregende Ursache aufgehört hat, und superponieren sich über die stationäre Schwingung.

In den folgenden Abschnitten sollen die für diese Schwingungen charakteristischen Größen und Konstanten näher besprochen werden.

77. Die Ungleichförmigkeit des Tangentialdruckdiagramms der Kraftmaschine.

Das an der Kurbel ausgeübte Drehmoment einer Kurbelkraftmaschine variiert mit der Stellung der Kurbel während einer Umdrehung. Die Ursachen der Veränderlichkeit des Drehmoments sind die Änderung des Dampfdruckes am Kolben während des Hubes, die stets mit dem Kurbelwinkel sich ändernde Komponente der Kolbenkraft, die als Tangentialkraft an der Kurbel zur Geltung kommt, sowie die Drehmomente, die infolge der Massenträgheit der hin und her gehenden Massen und der Bewegung der Pleuelstange entstehen. Das aus diesen Kräften zusammengesetzte Tangentialdruckdiagramm ϑ_r (Fig. 233) läßt sich in einen mittleren konstanten Tangentialdruck ϑ_b (Fig. 233) und einen darüber gelagerten periodisch sich ändernden Teil $(\vartheta_r - \vartheta_b)$ zerlegen. Diesen letzteren kann man nach den in der Wechselstromtechnik üblichen Methoden in eine Grundschwingung, deren Schwingungsdauer bei einer Einzylinderdampfmaschine meistens die halbe Umdrehungszeit der Maschine beträgt, und in höhere Harmonische von der doppelten, dreifachen usw. Schwingungszahl zerlegen. Bei einer Verbundmaschine mit um 90^0 versetzten Kurbeln und für beide Zylinder genau gleichen Tangentialdruckdiagrammen heben sich die Grundwellen des Diagramms auf, so daß die Grundschwingungszahl des Verbunddiagramms der vierfachen Umdrehungszahl entspricht. Analog ist bei einer symmetrischen Dreifachexpansionsmaschine die Grundschwingungszahl des Diagramms gleich der sechsfachen Umdrehungszahl. Sind aber die Leistungen der verschiedenen Zylinder nicht genau gleich, so entsteht im Diagramm infolge der Mehrleistung eines Zylinders eine übergelagerte Schwingung, die nur zwei Zyklen für eine Umdrehung besitzt. Schwingungen von der Dauer einer ganzen Umdrehung können auch bei allen oben genannten Maschinen auftreten, wenn die Leistungen der beiden Kolbenseiten nicht gleich, d. h. die Diagramme für Hin- und Rückgang der Maschine verschieden sind, wie es durch ungleiche Füllung auf beiden Zylinderseiten verursacht sein kann.

Das Beispiel der Zerlegung einer Drehmomentkurve zeigt Fig. 233, die sich auf eine 1000 PS-Tandemmaschine mit 96 Umdrehungen bezieht. Die Kurve wurde aus den Dampfdiagrammen für beide Kolbenseiten und den Beschleunigungskräften des Gestänges konstruiert.

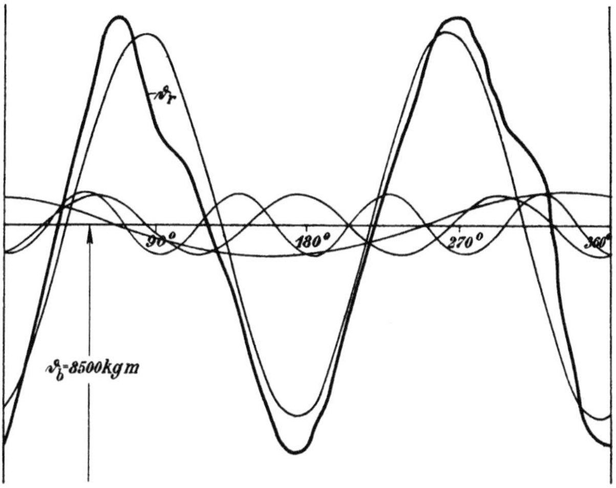

Fig. 233. Zerlegung der Drehmomentkurve einer Tandemmaschine in ihre Harmonischen.

Die entsprechende Gleichung der Kurve lautet:

$$\vartheta_r - \vartheta_b = 1210 \sin(\Omega_m t + 113^0) + 7300 \sin(2\,\Omega_m t + 284^0) + 1120 \sin(3\,\Omega_m t + 285^0) + \ldots \text{ kgm}$$

oder

$$\frac{\vartheta_r - \vartheta_b}{\vartheta_b} 100 = 14{,}2 \sin(\Omega_m t + 113^0) + 86{,}5 \sin(2\,\Omega_m t + 284^0) + 13{,}2 \sin(3\,\Omega_m t + 285^0) + \ldots$$

Natürlich ändern sich die Amplituden und die Phasenverschiebungen der einzelnen Harmonischen gegeneinander mit der Belastung. Die Füllung des Zylinders steigt mit wachsender Belastung, und daher wird die vom Dampfdiagramm herrührende Harmonische, bei Einzylindermaschinen die von doppelter Umdrehungszahl, mit der Belastung ihre Amplitude vergrößern und eine Phasenverschiebung in der Drehrichtung erleiden, besonders bei einem Niederdruckzylinder, wo mit wachsender Belastung die Eintrittsspannung steigt. Die Schwingungen infolge der Massenwirkungen bleiben natürlich konstant, aber jene, die von dem Übergewicht eines Zylinders über die andern bei Mehrfachexpansionsmaschinen herrühren, ändern sich mit der Belastung und können auch das

Vorzeichen wechseln, wenn z. B. bei geringer Belastung der Hochdruckzylinder und bei Überbelastung der Niederdruckzylinder einen größeren Teil der Leistung übernimmt. Die Schwingungen von der Dauer eines ganzen Kurbelumlaufs kann man wohl für einen gewissen Belastungszustand durch sorgfältiges Einstellen der Steuerung unterdrücken, für andere Belastungszustände werden sie aber doch meistens vorhanden sein. Sie sind meist bei sorgfältig ausgeführten Maschinen nicht von großer Amplitude, können aber doch oft zu recht unangenehmen Erscheinungen Anlaß geben, wie wir sehen werden.

Sehr groß ist der Unterschied des Diagramms bei einer Mehrkurbelmaschine, wenn bei geringer Belastung nur der Hochdruckzylinder arbeitet. Der Charakter des Tangentialdiagramms wird dadurch gleich dem einer Einzylindermaschine, und die Schwingungszahlen und Amplituden der einzelnen Harmonischen werden dadurch ganz geändert.

Bei Einzylinderviertaktgasmaschinen, wo nur bei jeder zweiten Umdrehung ein Kraftimpuls erfolgt, ist die Grundschwingungsdauer die Hälfte der Umdrehungszahl der Maschine, bei der Zweitaktmaschine dagegen gleich der Umdrehungszahl. Für die wichtigeren Maschinengattungen sind die Grundschwingungszahlen für eine Umdrehung unter der Annahme gleicher Leistung aller Zylinder für Hin- und Rückgang in folgender Tabelle zusammengestellt:

	Anordnung und Zahl der Zylinder	Pulszahl ν pro Umdrehung
Gasmotoren	Einzylinder-Viertaktmotor	$^1/_2$
	Zweizylinder-Viertakt- und Einzylinder-Zweitaktmotor	1
	Vierzylinder-Viertakt- u. Zweizylinder-Zweitaktmotor	2
Dampfmaschinen	Einzylindermaschinen, Tandemmaschinen, Woolfmaschinen (Kurbeln unter 180°)	2
	Verbundmaschinen (Kurbeln unter 90°)	4
	Dreifachexpansionsmaschinen mit Kurbeln unter 120°	6

Bei der Zweizylinderzweitaktmaschine können ebenfalls Schwingungen von einem Impuls pro Umdrehung auftreten, wenn ein Zylinder mehr leistet als der andere und bei den Viertaktmehrzylindermaschinen Schwingungen von einem Impuls während zweier

Umdrehungen, wenn nicht alle Zylinder das gleiche leisten. Der letztere Fall ist auch bei Zweitaktmaschinen möglich, wenn beide Kolbenseiten verschiedene Diagramme liefern.

Bei stehenden Maschinen kann schließlich auch noch das Gewicht des Gestänges, das nicht vollständig ausbalanciert ist, Ursache zu Schwingungen geben.

Schwingungen von bedeutend größerer Dauer können während des Betriebs auftreten, verursacht durch langsame periodische Änderungen der Kesselspannung, des Gasgemisches und durch Regulatorschwingungen, auf die wir noch später näher eingehen.

Außer diesen regelmäßigen periodischen Zuständen treten während des Betriebs noch mancherlei unregelmäßige Stöße auf, die die Dynamomaschine ebenfalls in Schwingungen versetzen, man denke nur an das Versagen der Zündung oder an eine Vorzündung, wie es bei Gasmaschinen ab und zu vorkommt. Auch jede Belastungsänderung der elektrischen Maschine gibt Ursache zu Schwingungen, die die beiden stationären Betriebszustände miteinander verbinden, ihr Puls entspricht aber nicht dem von der Dampfmaschine aufgeprägten Impuls, sondern der Eigenfrequenz des Systems.

Derartige Pendelzustände sind auch bei Synchron- und Asynchronmotoren beobachtet worden, die eine periodisch sich ändernde Belastung haben, z. B. eine Kolbenpumpe treiben. Nach dem oben Gesagten ist die Erklärung verständlich.

78. Der Ungleichförmigkeitsgrad und die Winkelabweichung des Schwungrades.

a) Bestimmung des Ungleichförmigkeitsgrades aus dem Tangentialdruckdiagramm. Um bei dem wechselnden Drehmoment der Kraftmaschine doch eine möglichst gleichförmige Drehung der Maschine zu erhalten, versieht man sie mit einem Schwungrad. Dieses kann große überschüssige Leistungen durch eine kleine Geschwindigkeitszunahme akkumulieren und sie bei geringerer zugeführter Leistung wieder abgeben. Es bewirkt also einen Ausgleich der an die elektrische Maschine abgegebenen Leistung. Es muß aber während einer Umdrehung eine gewisse Ungleichförmigkeit bestehen bleiben, die durch den „Ungleichförmigkeitsgrad“

$$\delta = \frac{\Omega_2 - \Omega_1}{\Omega_m} \text{[1]} \quad . \; . \; . \; . \; . \; . \; . \quad (136)$$

[1]) Durch Ω wollen wir von jetzt ab die wirklichen Geschwindigkeiten, durch ω die entsprechenden „elektrischen“ Geschwindigkeiten im Diagramm bezeichnen.

charakterisiert wird. Ω_2 bedeutet die größte, Ω_1 die kleinste und Ω_m die mittlere Winkelgeschwindigkeit. Aus dem Tangentialdruckdiagramm läßt sich die Kurve der Winkelgeschwindigkeit und der Winkelabweichung, d. i. die Differenz des wirklich zurückgelegten und des bei gleichförmiger Drehung zurückgelegten Weges für die Kraftmaschine mit Schwungrad bestimmen, wenn man alle mit der

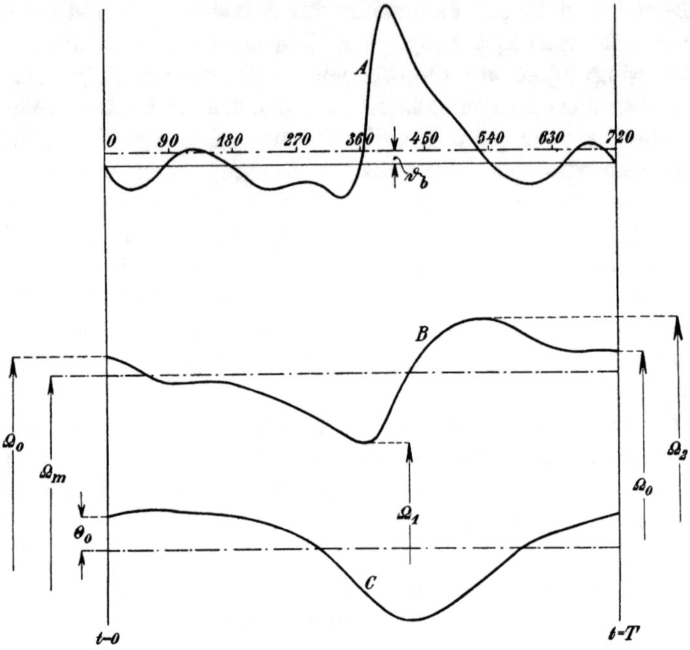

Fig. 234. Drehmoment (A), Winkelgeschwindigkeit (B) und Winkelabweichung (C) eines Einzylinder-Viertaktgasmotors.

Winkelgeschwindigkeit variierenden Reibungs- und Dämpfungsmomente vernachlässigt. Bedeutet ϑ_b das mittlere Drehmoment, das zur Überwindung der Reibung und anderer verlorener Kräfte unabhängig von der Winkelgeschwindigkeit dient, und J das Trägheitsmoment aller rotierenden Massen, so setzt sich die momentane Mehrleistung der Antriebsmaschine in Beschleunigungsleistung um:

$$\Omega(\vartheta_r - \vartheta_b) = J \frac{d\,\Omega}{d\,t}\,\Omega,$$

woraus folgt

$$\Omega = \Omega_0 + \int_0^t \frac{\vartheta_r - \vartheta_b}{J}\,d\,t \text{ (Kurve } B \text{ Fig. 234)} \quad . \quad (137)$$

wo unter Ω_0 die Winkelgeschwindigkeit zur Zeit $t = 0$ verstanden ist. Man kann somit die Ω-Kurve graphisch bestimmen, indem man die zwischen der Kurve A und der ϑ_b-Linie liegende Fläche von der Zeit $t = 0$ bis zur Zeit t ermittelt und durch J dividiert. Die mittlere Winkelgeschwindigkeit

$$\Omega_m = \frac{1}{T}\int_0^T \Omega\, dt$$

ist gleich der mittleren Ordinate dieser Kurve. Ferner ergibt sich direkt der Ungleichförmigkeitsgrad als Differenz der größten und kleinsten Ordinate der Kurve der Winkelgeschwindigkeit, dividiert durch die mittlere Ordinate

$$\delta = \frac{\Omega_2 - \Omega_1}{\Omega_m}.$$

In gleicher Weise kann man nun aus der Kurve der Winkelgeschwindigkeit die räumliche Winkelabweichung Θ von der Mittellage, um die das Schwungrad pendelt, graphisch ermitteln (Kurve C). Es ist nämlich

$$\frac{d\Theta}{dt} = \Omega - \Omega_m$$

$$\Theta = \Theta_0 + \int_0^t (\Omega - \Omega_m)\, dt$$

oder in Grad gemessen

$$\Theta = \Theta_0 + 57{,}3 \int_0^t (\Omega - \Omega_m)\, dt \quad \text{(Kurve } C\text{, Fig. 234)} \qquad (138)$$

wobei unter Θ_0 die Winkelabweichung zur Zeit $t = 0$ verstanden ist. Die Mittellage $(\Theta = 0)$ findet man aus der Gleichung

$$\int_0^T \Theta\, dt = 0;$$

wegen der Periodizität des Vorganges.

Die über und unter der Nullinie liegenden Flächen müssen also einander gleich sein.

In den Fig. 235 bis 238 sind die Kurven A, B, C für die verschiedenen Gattungen der Gasmotoren aufgezeichnet.[1])

Die größte Ungleichförmigkeit ergibt sich natürlich beim Einzylinder-Viertaktmotor, bei welchem auf zwei Umdrehungen nur ein Arbeitshub kommt.

---

[1]) Die Kurven A sind Güldner, „Konstruktion und Berechnungsweise der Verbrennungsmotoren", entliehen.

Günstiger liegen die Verhältnisse beim Einzylinder-Zweitaktmotor. Durch Kombination von mehreren derartigen Motoren zu Mehrzylindermaschinen läßt sich der Ungleichförmigkeitsgrad bedeutend verbessern und die Winkelabweichung verringern. Die

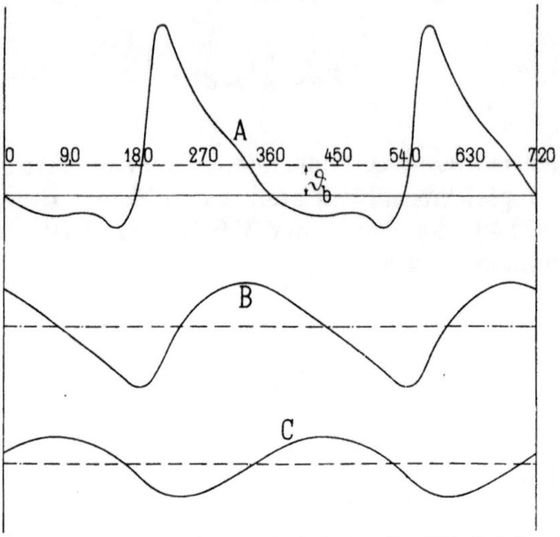

Fig. 235. Drehmoment (*A*), Geschwindigkeit (*B*), Winkelabweichung (*C*) eines Einzylinder-Zweitaktgasmotors.

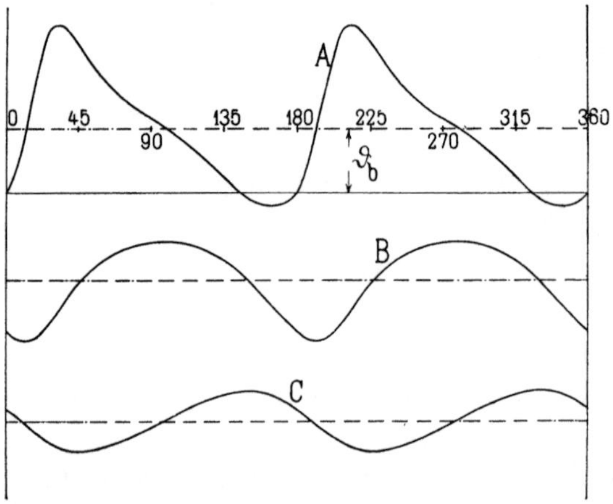

Fig. 236. Drehmoment (*A*), Geschwindigkeit (*B*), Winkelabweichung (*C*) bei einem Zweizylinder-Zweitaktgasmotor, Kurbeln um 180° versetzt.

besten Verhältnisse ergeben die beiden in dieser Beziehung nahezu gleichwertigen Anordnungen des Zweizylinder-Zweitaktmotors (Fig. 236) und des Vierzylinder-Viertaktmotors (Fig. 238), bei denen auf jeden Hub ein Arbeitshub in einem der Zylinder kommt.

In Fig. 239 sind die Kurven A, B und C für eine 1000 PS-Tandemmaschine mit 96 Umdrehungen pro Minute dargestellt.

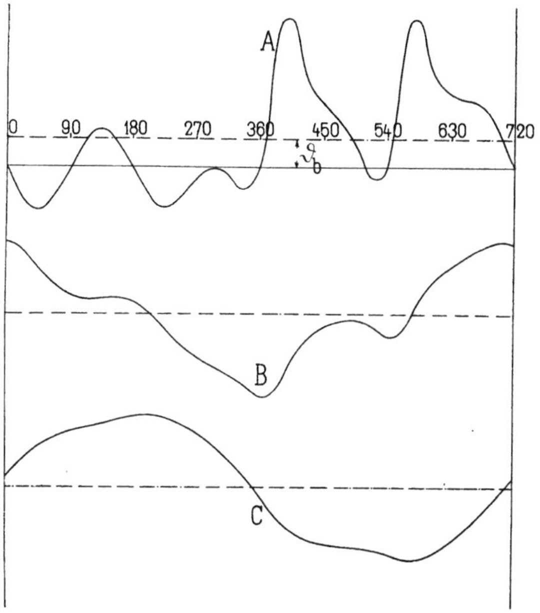

Fig. 237. Drehmoment (A), Geschwindigkeit (B) und Winkelabweichung (C) bei einem Zweizylinder-Viertaktgasmotor, Kurbeln unter 180° versetzt.

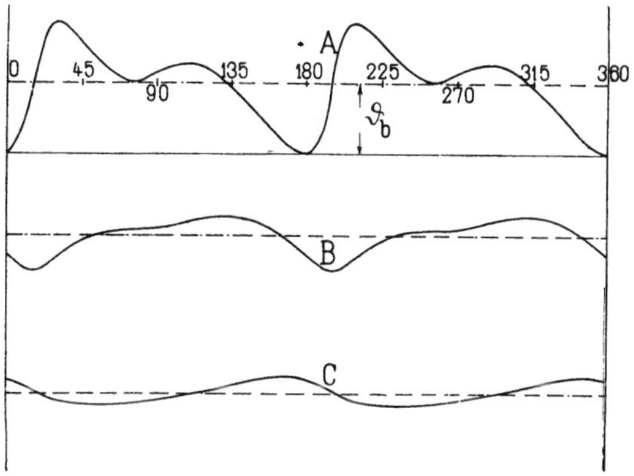

Fig. 238. Drehmoment (A), Geschwindigkeit (B) und Winkelabweichung (C) eines Vierzylinder-Viertaktgasmotors.

Für diese Maschine beträgt die mittlere Winkelgeschwindigkeit Ω_m 10,05 Bogeneinheiten pro Sekunde und der maximale Geschwindigkeitsunterschied $\Omega_2 - \Omega_1$ 0,0502 Bogeneinheiten pro Sekunde, woraus sich ein Ungleichförmigkeitsgrad von $\frac{1}{200}$ ergibt. Die maximale Winkelabweichung tritt etwa bei 180° Kurbelstellung auf und beträgt 0,104 Winkelgrade.

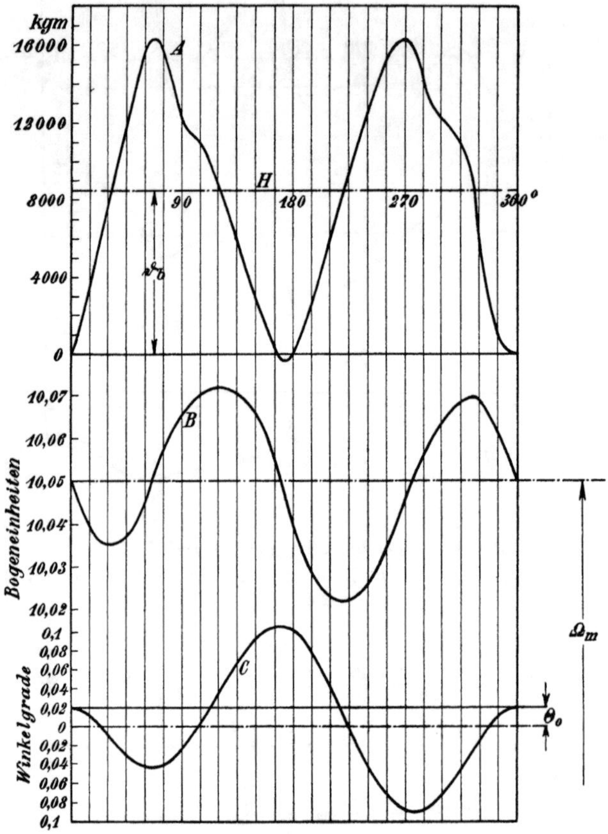

Fig. 239. Drehmoment (*A*), Winkelgeschwindigkeit (*B*) und räumliche Winkelabweichung (*C*) einer 1000 PS-Tandemmaschine.

b) Berechnung der Winkelabweichung aus der Kurve der Winkelgeschwindigkeit. Kennt man die Gleichung der Kurve der Winkelgeschwindigkeit, so läßt sich aus dieser der Ungleichförmigkeitsgrad und die Winkelabweichung berechnen. Die Winkelgeschwindigkeit läßt sich, wie bei dem Drehmoment, durch eine konstante Größe, die mittlere Winkelgeschwindigkeit, und einen darüber gelagerten Pendelanteil darstellen, den man in einzelne Harmonische auflösen kann.

$$\Omega = \Omega_m + \Sigma\, \Omega_\nu \sin(\nu\, \Omega_m t) \quad . \quad . \quad . \quad . \quad (139)$$

ν ist die Ordnungszahl der Harmonischen. Für die Grundharmonische ist ν gleich $\frac{1}{2}$, 1, 2, 4 oder 6, je nach der Art und Arbeitsweise der Kraftmaschine. Jede der Harmonischen erzeugt für sich eine räumliche Winkelabweichung, deren Maximalwert bestimmt ist durch

$$\Theta_{\nu_r} = \int_{t=0}^{t=\frac{\pi}{2\nu\Omega_m}} \Omega_\nu \sin(\nu\,\Omega_m\,t)\,dt = \frac{\Omega_\nu}{\nu\,\Omega_m} \quad . \quad . \quad . \quad (140)$$

Die verschiedenen räumlichen Ausweichungen superponieren sich, und durch Überlagerung der einzelnen entsteht die größte Ausweichung im Verlauf einer Umdrehung.

Bis jetzt wurde nur von der räumlichen Winkelabweichung gesprochen. Beim Eingehen auf den elektrischen Teil des Problems werden wir sehen, daß nicht diese, sondern die „elektrische“ Ausweichung, d. i. die auf die doppelte Polteilung als den Winkel 2π bezogene, eine ausschlaggebende Rolle spielt. Der „elektrische“ Winkel ist es, mit dem wir im Diagramm der Wechselstrommaschine rechnen, und er bestimmt die tatsächlichen Strom-, Spannungs- und Leistungsschwankungen. Bei einer $2p$-poligen Maschine ist dieser Winkel bekanntlich gleich dem p-fachen des entsprechenden räumlichen, so daß sich die elektrische Winkelabweichung zu

$$\Theta_\nu = p\,\Theta_{\nu_r} = \frac{p}{\nu}\frac{\Omega_\nu}{\Omega_m} \quad . \quad . \quad . \quad . \quad . \quad . \quad (141)$$

und in Winkelgraden gemessen zu

$$\Theta_\nu^0 = 57{,}3\,\frac{p}{\nu}\frac{\Omega_\nu}{\Omega_m} \quad . \quad . \quad . \quad . \quad . \quad . \quad . \quad . \quad (142)$$

ergibt.

Jeder dieser einzelnen Geschwindigkeitsharmonischen entspricht ein partieller Ungleichförmigkeitsgrad δ_ν, der mit der Winkelgeschwindigkeit durch die Beziehung

$$\Omega_\nu = \frac{\Omega_{2\nu} - \Omega_{1\nu}}{2} = \frac{\delta_\nu\,\Omega_m}{2} \quad . \quad . \quad . \quad . \quad . \quad (143)$$

zusammenhängt.

$\Omega_{2\nu}$ und $\Omega_{1\nu}$ sind die maximalen und minimalen Geschwindigkeitswerte infolge der betreffenden Harmonischen.

Damit ergibt sich aus Gl. 141 und 143 die Beziehung

$$\Theta_{\nu_r} = \frac{\delta_\nu}{2\,\nu}$$

oder in elektrischen Graden gemessen

$$\boldsymbol{\Theta_\nu^0 = 57{,}3\,\frac{p\,\delta_\nu}{2\,\nu}} \quad . \quad . \quad . \quad . \quad . \quad . \quad . \quad . \quad (144)$$

Hat ein Generator z. B. 60 Pole, d. h. $p = 30$, und wird er von einer Tandemmaschine angetrieben, so wird der Ungleichförmigkeitsgrad infolge der zweiten Harmonischen, die am stärksten ausgeprägt ist,

$$\delta_2 = \frac{2\,\nu\,\Theta_\nu{}^0}{57{,}3\,p} = \frac{4}{57{,}3 \cdot 30}\,\Theta_\nu{}^0.$$

Nehmen wir als zulässige Schwankung des Winkels Θ im Diagramm $\Theta_\nu{}^0 \leqq 3^0$, an, so muß

$$\delta_2 \lesseqqgtr \frac{1}{143}$$

sein. Tritt aber die erste Harmonische infolge Ungleichheit der Leistung der beiden Kolbenseiten auf, so muß

$$\delta_1 \leqq \frac{2 \cdot 3}{57{,}3 \cdot 30} \leqq \frac{1}{286}$$

sein.

Die Grundharmonische erzeugt also bei gleichem Ungleichförmigkeitsgrad, d. h. gleicher Amplitude, eine doppelt so große Winkelabweichung als die nächst höhere. Hätte der betrachtete Generator nur 30 Pole, d. h. $p = 15$ gehabt, so müßten die entsprechenden Ungleichförmigkeitsgrade nur halb so klein sein, $\delta_2 \leqq \frac{1}{72}$ oder $\delta_1 \lesseqqgtr \frac{1}{143}$. Die größten Winkelabweichungen entstehen also bei Generatoren mit vielen Polen, bei denen die Antriebsschwingung eine geringe Schwingungszahl hat, also bei Einzylinderviertaktmotoren. Der Einfluß der ersten Harmonischen zeigt sich auch bei dem oben gerechneten Diagramm (Fig. 239). Nehmen wir an, daß der getriebene Generator 40 Pole besitzt, so ergibt sich aus dem Ungleichförmigkeitsgrad $\frac{1}{200}$, wenn man ihn von der zweiten Harmonischen verursacht denkt, eine Winkelabweichung von

$$\Theta_\nu{}^0 = \frac{57{,}3 \cdot 20 \cdot \frac{1}{200}}{2 \cdot 2} = 1{,}43^0.$$

Die wirkliche auftretende Winkelabweichung von

$$\Theta_\nu{}^0 = 0{,}104 \cdot 20 = 2{,}08$$

elektrischen Graden, ist aber bedeutend größer als die berechnete, und in erster Linie durch die überlagerte Winkelabweichung der Grundharmonischen ($\nu = 1$) verursacht, die nach S. 293 nur 16,4% der zweiten Harmonischen beträgt. Diese bewirkt, daß die Winkelabweichung bei der Kurbeldrehung von 0 bis 180^0 geringer wird, als wenn die Grundschwingung allein vorhanden wäre, verstärkt dagegen die Winkelabweichung beim Rücklauf von 180° auf 360°, so daß die maximale Winkelabweichung hier größer ausfällt, wie es in Fig. 239 zu sehen ist.

In folgender Tabelle sind einige praktische Beispiele normaler Maschinen angegeben[1]):

Art der Maschine	ν Zahl der Impulse pro Umdrehung	δ Ungleichförmigkeitsgrad	p	Θ_r^0 (räumlich)	Θ^0 (elektrisch)
Einzylinderviertaktmotor	$^1/_2$	$\frac{1}{125}$	24	0,46	11
Zweizylinderviertaktmotor	1	$\frac{1}{150}$	20	0,19	3,8
Verbundmaschine mit rechtwinkelig versetzten Kurbeln	4	$\frac{1}{360}$	40	0,02	0,8

Die elektrische Winkelausweichung ist also der Polzahl und dem Ungleichförmigkeitsgrade direkt, der Anzahl von wirkenden Impulsen während einer Umlaufsdauer umgekehrt proportional. Der Ungleichförmigkeitsgrad einer Viertaktgasmaschine ist bedeutend. größer als der einer Mehrfachexpansionsmaschine, wegen der außerordentlich verschiedenen Größe des Tangentialdruckes während zweier Umdrehungen, trotz des bedeutend schwereren Schwungrads, mit dem man Gasmaschinen versieht. Bei zwei Maschinen gleicher Polzahl und Tourenzahl wird das Schwungrad der Gasmaschine stärkere Schwankungen zeigen, als das der Dampfmaschine, weil außerdem die erstere Schwingungen von größerer Dauer erzeugt als die letztere. Weitere Schlüsse über die Wahl des Schwungrads usw. können wir erst ziehen, wenn wir auch die Eigenschaften der elektrischen Maschine berücksichtigt haben, denn bis jetzt untersuchten wir nur die Kraftmaschine mit dem Schwungrad, d. h. mit unerregter, abgeschalteter elektrischer Maschine.

79. Synchronisierende Kraft und synchronisierendes Drehmoment der Maschine mit konstanter Klemmenspannung und konstanter Erregung. Die Überlastungsfähigkeit.

Wir sprachen davon, wie beim Pendeln einer an ein Netz mit konstanter Spannung und Periodenzahl angeschlossenen synchronen Maschine das Polrad während einer Umdrehung andere Stellungen

[1]) Rosenberg, ETZ 1902.

der Armatur gegenüber hat, als ihm bei gleichmäßiger Drehung zukämen. Da der Bewegung um eine doppelte Polteilung ein voller Umlauf im Vektordiagramm entspricht, können wir die Bewegung der Maschine direkt im Vektordiagramm darstellen, wenn wir sie uns auf eine zweipolige reduziert denken, was dadurch geschieht, daß wir alle räumlichen Winkel und Winkelgeschwindigkeiten mit der Polpaarzahl p multiplizieren. Wir erkennen dann sofort, daß zwischen dem Vektor der Klemmenspannung, den wir uns vorläufig von konstanter Länge und gleichmäßiger Umlaufgeschwindigkeit denken, und dem Vektor der EMK, dessen Lage durch das Polrad bestimmt ist, keine konstante Phasenverschiebung mehr herrscht, wie es bei gleichförmiger Drehung der Fall wäre, sondern daß der Phasenverschiebungswinkel Θ zwischen beiden Vektoren sich periodisch ändert. Auch dann, wenn der Klemmenspannungsvektor nicht mit gleichförmiger Geschwindigkeit umläuft, sondern ebenfalls um eine Mittellage pendelt, läßt sich durch die Differenz der von beiden Vektoren zurückgelegten Wege der momentane Phasenverschiebungswinkel zwischen ihnen bestimmen. Für uns handelt es sich nun darum, aus den Werten von Klemmenspannung, EMK und des Phasenverschiebungswinkels Θ die Leistung der Maschine zu finden. Da wir mit dem Begriff der mittleren elektrischen Leistung des Wechselstromes operieren, ist es bei Einphasenmaschinen erforderlich, daß die Frequenz des Wechselstromes groß sei gegen die Frequenz der Schwingungen der Kraftmaschine. Bei Mehrphasenmaschinen dagegen fällt diese Beschränkung fort, da die Leistung einer Mehrphasenmaschine sich mit der Zeit nicht ändert, d. h. die mittlere Leistung gleich der Momentanleistung ist. Aus dem Diagramm der Wechselstrommaschine, Fig. 240, ergibt sich nach der Ableitung S. 218, Gl. 106, die abgegebene elektromagnetische Leistung der Maschine als

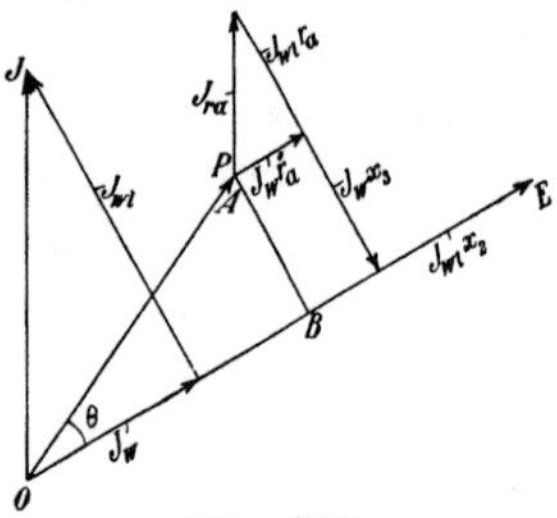

Fig. 240.

$$W_a = m J_w [E - J_{wl}(x_2 - x_3)] \quad . \quad . \quad . \quad . \quad (145)$$

und die Beziehung zwischen Klemmenspannung, Strom und dem Winkel Θ nach Gl. 107 S. 218 als

$$\sin\Theta = \frac{J_w x_3 - J_{wl} r_a}{P} \quad . \quad . \quad . \quad . \quad . \quad . \quad (146)$$

Rechnen wir J_w aus dieser Gleichung aus und setzen es in die obere ein, so erhalten wir:

$$W_a = m\left\{\sin\Theta\left[\frac{PE}{x_3} - \frac{PJ_{wl}}{x_3}(x_2 - x_3)\right] + \frac{EJ_{wl} r_a}{x_3} - \frac{J_{wl}^2 r_a (x_2 - x_3)}{x_3}\right\}.$$

Aus dieser Gleichung ist noch J_{wl}, das auch von Θ abhängig ist, zu eliminieren und kann aus den beiden Gleichungen

$$P \sin \Theta = J_w x_3 - J_{wl} r_a ,$$

$$P \cos \Theta = E - J_w r_a - J_{wl} x_2 ,$$

die sich aus dem Dreieck OAB Fig. 240 ergeben, berechnet werden.

$$J_{wl} = \frac{E x_3 - P(r_a \sin \Theta + x_3 \cos \Theta)}{r_a^2 + x_2 x_3} \quad . \quad . \quad . \quad (147)$$

$$J_w = \frac{E r_a + P(x_2 \sin \Theta - r_a \cos \Theta)}{r_a^2 + x_2 x_3} \quad . \quad . \quad . \quad (148)$$

Setzt man den gewonnenen Wert in die obige Gleichung ein, so erhält man als Resultat

$$\boldsymbol{W_a = m \frac{PE}{x_2}\left[\sin \Theta + \frac{r_a}{x_3}\left(1 - 2\frac{x_3}{x_2}\right)\cos \Theta + \frac{P}{E}\frac{1}{2}\left(\frac{x_2}{x_3} - 1\right)\sin 2\Theta + \frac{E}{P}\frac{r_a}{x_2}\right]} \quad . \quad . \quad . \quad (149)$$

Es ist in dieser Gleichung vorausgesetzt, daß r_a^2 klein sei gegen $x_2 x_3$, was immer mit genügender Genauigkeit zutrifft, und es sind zwei kleine Glieder mit $\sin^2 \Theta$ und $\cos^2 \Theta$ vernachlässigt.

Dieser Gleichung entsprechende Kurven sind in den Fig. 241 und 242 dargestellt. Fig. 241 setzt $x_2 > 2 x_3$, Fig. 242 setzt $x_2 < x_3$ voraus.

Aus den Figuren sieht man deutlich den Einfluß der Reaktanzen auf die Gestalt der W_a-Kurve. Je verschiedener die Reaktanzen x_2 und x_3 sind und je größer der Ohmsche Widerstand r_a ist, desto mehr wird die Kurve von einer reinen Sinuslinie abweichen. In dem praktisch oft vorhandenen Falle $x_2 < x_3$, bei Maschinen mit kleinem Spannungsabfall, dem Fig. 242 entspricht, steigt die W_a-Kurve langsamer an als die Sinuslinie, erreicht ihr Maximum erst für Werte $\Theta > \pm \frac{\pi}{2}$, um dann rasch abzufallen. Es ist dies eine für den Betrieb günstige Kurve, da die Maschine im Gebiet kleiner Θ gegen Stöße nicht so empfindlich ist und erst bei größeren Winkeln Θ große Gegendrehmomente auftreten, die das Aus-dem-Tritt-fallen verhüten. Für den Winkel $\Theta = 0$ ist die Leistung im allgemeinen nicht gleich Null, sondern nach Gl. 149

$$\boldsymbol{W_{a\,(\Theta=0)} = m P E \frac{r_a}{x_2^2}\left(\frac{E}{P} + \frac{x_2}{x_3} - 2\right)} \quad . \quad . \quad . \quad (150)$$

kann also generatorisch oder motorisch sein, je nachdem dieser Wert positiv oder negativ ist. Bei starker Übererregung wird die

Maschine für $\Theta = 0$ als Generator arbeiten, bei Untererregung als Motor.

Das Glied

$$m E^2 \frac{r_a}{x_2^2}$$

dieser Gleichung vergrößert, wie man aus der Figur sieht, die Leistung der Maschine als Generator, und verkleinert die der Ma-

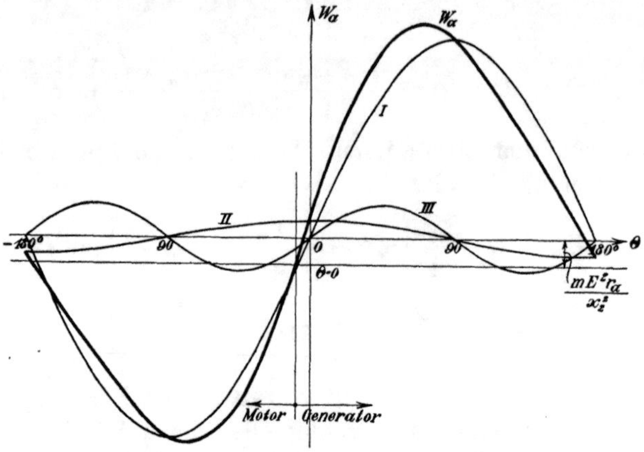

Fig. 241. Drehmoment der Synchronmaschine bei großer entmagnetisierender Reaktanz.

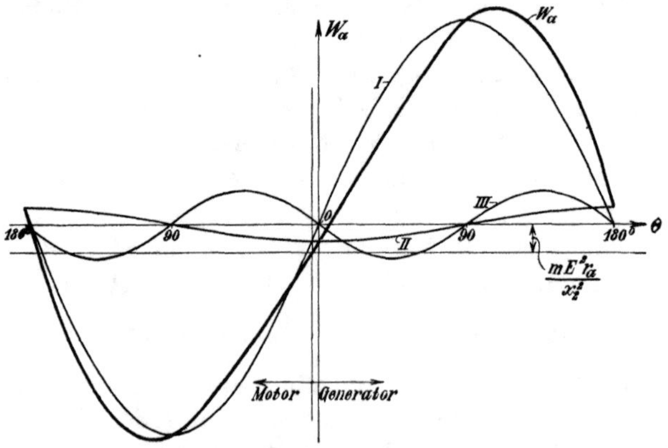

Fig. 242. Drehmoment der Synchronmaschine bei großer quermagnetisierender Reaktanz.

schine als Motor. Je stärker die Maschine erregt wird, desto mehr nähert sich die W_a-Kurve der Sinuslinie und desto mehr verschiebt sie sich nach oben in Richtung der Ordinatenachse, so daß die Ordinaten im generatorischen Teile immer größer werden, relativ zu denen im motorischen Teile.

Die Kurve Fig. 242 ist wohl für den Betrieb als die günstigere anzusehen, und um sie zu erhalten, ist x_2 klein zu halten und x_3 größer als x_2 zu machen, also die Maschine mit breiten Polschuhen, kleinem Luftspalt und genügender Sättigung zu bauen. Den Ohmschen Widerstand wird man immer so klein als möglich halten.

Da bei gegebener Klemmenspannung jeder Belastung eine andere Erregung entspricht und sich mit der Erregung namentlich die entmagnetisierende Reaktanz sehr stark ändern kann, entspricht jeder Belastung eine andere W_a-Kurve. Die quermagnetisierende Reaktanz x_{s3} ändert sich im allgemeinen wenig, während x_{s2} meist mit der Belastung abnimmt und bei induktiver Belastung recht klein werden kann.

Auch Turbogeneratoren mit verteiltem Feldeisen dürfen im allgemeinen nicht als Maschinen konstanter Reaktanz angesehen werden, wie die Nachrechnung einiger Maschinen ergibt. Es ist bei diesen Maschinen meist x_{s3} bedeutend größer als x_{s2} und kann drei- bis viermal so groß werden, besonders wenn der Luftspalt klein ist.

Als Spezialfall, der zufällig eintreten kann, ist der Fall konstanter Reaktanz, $x_2 = x_3 = x$, anzusehen.

In diesem Falle werden die Formeln bedeutend einfacher. Die elektromagnetische Leistung ist nun nach Gl. 145

$$W_a = m J_w E$$

und J_w nach Gl. 148

$$J_w = \frac{E r_a + P(x \sin \Theta - r_a \cos \Theta)}{r_a^2 + x^2}.$$

Setzen wir diesen Wert von J_w in W_a ein, so erhalten wir

$$W_a = m \left[PE \left(\frac{x}{r_a^2 + x^2} \sin \Theta - \frac{r_a}{r_a^2 + x^2} \cos \Theta \right) + E^2 \frac{r_a}{r_a^2 + x^2} \right].$$

Führen wir nun den Winkel ψ_k' ein, der durch

$$\psi_k' = \operatorname{arctg} \frac{r_a}{x}$$

definiert ist, so erhalten wir den einfachen Ausdruck

$$\boldsymbol{W_a = m \frac{PE}{z_k} \left[\sin(\Theta - \psi_k') + \frac{E}{P} \sin \psi_k' \right]} \quad . \quad . \quad (151)$$

$$z_k = \sqrt{r_a^2 + x^2}.$$

Im Prinzip sagt uns diese Formel nichts Neues. Wir erkennen aber den Einfluß des Ohmschen Widerstandes reiner als in der früheren Formel. Die Darstellung der Gl. 151 gibt Fig. 243

W_a stellt eine gegen die Ordinatenachse verschobene Sinuslinie dar, deren Maximum $m\frac{PE}{z_k}$ beträgt. Das konstante Glied vergrößert die Leistung des Generators und verkleinert die Leistung des Motors. Die maximale Generator- und Motorleistung wird

$$W_{a\,max} = m\frac{PE}{z_k}\left(1 \pm \frac{E}{P}\sin\psi_k'\right) \quad . \quad . \quad . \quad . \quad (152)$$

Man sieht den ungünstigen Einfluß, den Übererregung und Ohmscher Widerstand auf das Arbeiten der Maschine als Motor haben.

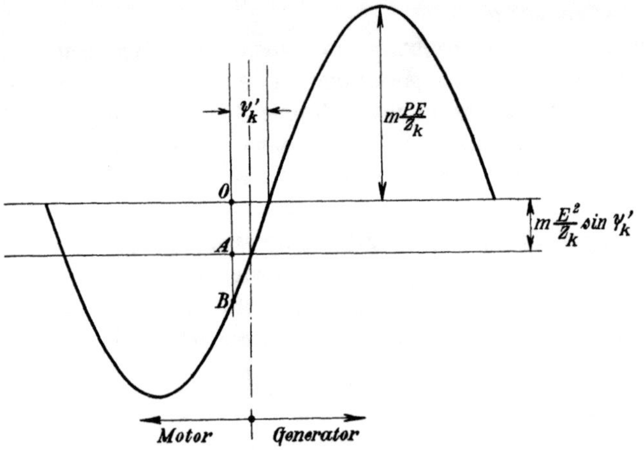

Fig. 243. Drehmoment der Synchronmaschine mit konstanter Reaktanz.

Wir wollen nun noch angenähert die Überlastungsfähigkeit des Generators für variable Reaktanz bestimmen.

Für kleine Winkel Θ können wir $\cos\Theta \cong 1$, $\sin 2\Theta \cong 2\sin\Theta$ setzen und erhalten, wenn wir den Einfluß des Ohmschen Widerstandes als klein vernachlässigen, das Drehmoment als

$$W_a = m\,P\left(\frac{P}{x_3} + \frac{E - P}{x_2}\right)\sin\Theta$$

$$\cong m\,P\left(\frac{P}{x_3} + J_{wl0}\right)\sin\Theta$$

nach Gl. 105.

Nehmen wir an, daß das Drehmoment nach einer Sinuslinie verläuft, so wird es zu einem Maximum, wenn $\sin\Theta = 1$ ist.

$$W_{a\,max} \cong m\,P\left(\frac{P}{x_3} + J_{wl0}\right).$$

Die Überlastungsfähigkeit ist durch das Verhältnis des maximalen Drehmoments zum normalen bestimmt.

$$k_u = \frac{W_{a\,max}}{W_a} \cong \frac{m\,P\left(\frac{P}{x_3} + J_{wl0}\right)}{W_a} \cong \frac{1}{\sin \Theta_m} \cong \frac{1}{\Theta_m} \quad . \qquad (153)$$

Für die Pendelerscheinungen ist nun **nicht** der Wert der Leistung[1]) des Generators **selbst** maßgebend, sondern die Änderung der Leistung bei einer Verschiebung des Polrades um einen kleinen Winkel $d\Theta$, denn diese Änderung bedingt die Mehr- oder Wenigerleistung bei einem Voreilen oder Zurückbleiben des Magnetrades gegen seine stationäre Lage. Es ist mit anderen Worten die **Schräge** der Leistungskurve maßgebend.

Es ist nun

$$\frac{\partial W_a}{\partial \Theta} d\,\Theta = m\,\frac{PE}{x_2}\left[\cos\Theta - \frac{r_a}{x_3}\left(1 - \frac{2\,x_3}{x_2}\right)\sin\Theta + \frac{P}{E}\left(\frac{x_2}{x_3} - 1\right)\cos 2\,\Theta\right] d\,\Theta.$$

$\frac{\partial W_a}{\partial \Theta}$ ist die Neigung der Tangente an die W_a-Kurve in dem Punkt, an dem die Maschine gerade arbeitet. Für kleine Pendelungen, die die Maschine ausführt, ersetzen wir die W_a-Kurve in der Nähe des normalen Punktes durch eine gerade Linie, die Tangente, und bezeichnen die Mehrleistung bei einer Verschiebung des Polrades um den kleinen Winkel $d\Theta$ als

$$\frac{\partial W_a}{\partial \Theta} d\,\Theta$$

$\frac{\partial W_a}{\partial \Theta}$ ist nach dieser Definition die Mehrleistung bei der Verschiebung des Polrades um die Winkeleinheit. Diese Änderung der Leistung wird als „**synchronisierende Kraft**" W_S bezeichnet, denn sie wirkt bremsend bei einer Voreilung des Polrades und wirkt antreibend bei einem Zurückbleiben desselben, sucht es also immer wieder in die der stationären Belastung entsprechende Stellung zu bringen. Für eine Maschine mit der Klemmenspannung P, der EMK E und dem Phasenwinkel Θ_m erhalten wir also die synchronisierende Kraft

---

[1]) Die Leistung, von der wir hier sprechen, ist **nicht** die abgegebene Leistung des Generators, sondern um die Kupferverluste der Armatur größer. Die Kupferverluste sehen wir als zugehörig zur äußeren Belastung an.

$$W_S = m\,\frac{P\,E}{x_2}\left[\cos\Theta_m - \frac{r_a}{x_3}\left(1-\frac{2\,x_3}{x_2}\right)\sin\Theta_m + \frac{P}{E}\left(\frac{x_2}{x_3}-1\right)\cos 2\,\Theta_m\right] \quad . \quad . \quad . \quad . \quad . \quad . \quad . \quad . \quad (154)$$

wobei E, x_2, x_3 und Θ_m aus den Diagrammen der Synchronmaschine S. 216 zu entnehmen sind.

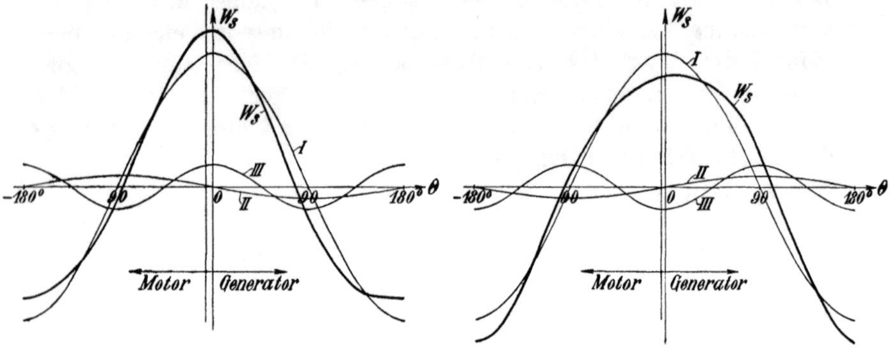

Fig. 244a. Synchronisierende Kraft der Synchronmaschine bei großer entmagnetisierender Reaktanz x_{s2}.

Fig. 244b. Synchronisierende Kraft der Synchronmaschine mit großer quermagnetisierender Reaktanz x_{s3}.

Der Einfluß der verschiedenen Größen auf die synchronisierende Kraft ist aus den Kurven Fig. 244a und b zu ersehen. Je größer x_2 gegen x_3 ist, und je kleiner die Erregung ist, desto größer wird die synchronisierende Kraft im Vergleich zu der der reinen Sinuslinie werden. Sie kann mit dem Winkel Θ_m ab- oder zunehmen, je nachdem ob der erste oder der zweite der obigen Fälle vorhanden ist.

Im ersten Falle fällt die Maschine schon bei einer Winkelabweichung von weniger als 90^0 außer Tritt, im zweiten Falle kann die Winkelabweichung größer werden, ohne daß die Maschine aus dem Tritt fällt.

Der Einfluß des Ohmschen Widerstandes hängt von den Werten der Reaktanz ab.

Im allgemeinen ist der Einfluß des Widerstandes nicht groß, er beträgt nur einige Prozente. Da eine sehr große synchronisierende Kraft keinen ruhigen Betrieb ergibt, denn geringe Änderungen in der Stellung des Polrades erzeugen schon große elektrische Leistungsvariationen, wird Kurve Fig. 244b als ganz günstig zu bezeichnen sein bei einem kleinem x_2, größerem x_3 und kleinerem r_a.

In vielen Fällen, bei kleinem Ankerwiderstand und nicht zu

verschiedenen Reaktanzen ist das mittlere Glied der Gl. 154 zu vernachlässigen, und man erhält dann

$$W_S = m \frac{PE}{x_2} \left[\cos \Theta_m + \frac{P}{E} \left(\frac{x_2}{x_3} - 1 \right) \cos 2\,\Theta_m \right] \quad . \quad (155)$$

Untersucht man die Maschine bei kleinen Winkeln Θ_m (bis ungefähr 8°), so gilt näherungsweise

$$\cos \Theta_m \cong 1. \qquad \cos 2\,\Theta_m \cong 1.$$

$$W_S \cong m \frac{PE}{x_2} \left[1 + \frac{P}{E} \left(\frac{x_2}{x_3} - 1 \right) \right] \quad . \; . \; . \; . \; . \quad (156)$$

oder

$$W_S \cong m\,P \left(\frac{P}{x_3} + J_{wl\,0} \right) \quad . \; . \; . \; . \; . \; . \quad (157)$$

$J_{wl\,0}$ bedeutet den wattlosen Strom, den die Maschine bei Leerlauf ($\Theta_m \cong 0$) abgibt, der nach Gl. 105 S. 217 durch

$$J_{wl\,0} \cong \frac{E - P}{x_2}$$

definiert ist.

Für den Fall konstanter Reaktanz ergibt sich nach Gl. 151

$$W_S = m \frac{PE}{z_k} \cos (\Theta - \psi_k') \quad . \; . \; . \; . \; . \quad (158)$$

woraus man sieht, daß ein großer Ohmscher Widerstand, der ein großes ψ_k' bedingt, für den Generator günstig, für den Motor dagegen ungünstig wirkt.

Die der Leistungsänderung W_S entsprechende Änderung des Gegendrehmoments, die wir als „synchronisierendes Moment" bezeichnen wollen, ist nun

$$S = \frac{W_S}{\Omega} \text{[1]} \quad . \; . \; . \; . \; . \; . \; . \; . \; . \; . \quad (159)$$

Schließlich definieren wir noch einen Faktor k_p als Verhältnis von synchronisierender Kraft W_S zur Normalleistung für $\cos\varphi = 1$. Wir drücken diese Leistung, obwohl $\cos\varphi = 1$ ist, doch in KVA aus, weil die normale Leistung gewöhnlich in KVA angegeben wird

---

[1]) Die Leistung W_S wird in Watt gemessen. Entsprechend haben wir S in 10^7 cgs oder in $\left(\frac{\text{kg}}{\text{g}}\ \text{m}\right)$ zu messen. 10^7 cgs entsprechen der Kraft 1 Dezimegadyne (10^5 Dynen) am Hebelarm 1 m (abgekürzt Dim).

und eine Konstante für die Maschine ist. Für einen Motor wäre entsprechend zu setzen KVA = 0,736 PS

$$k_p = \frac{W_S}{KVA} \quad . \quad . \quad . \quad . \quad . \quad . \quad . \quad . \quad . \quad (160)$$

Der Faktor k_p ist in vielen Fällen, namentlich für kleine Winkel Θ, identisch mit dem auf S. 188 und Gl. 153 S. 309 definierten Faktor k_u, der ein Maß für die Überlastungsfähigkeit der Maschine angibt. Bei variabler Reaktanz und größerer Θ können beide aber ziemlich stark differieren.

Analog setzen wir

$$S = k_p \vartheta_b \quad . \quad . \quad . \quad . \quad . \quad . \quad . \quad . \quad . \quad (161)$$

wo ϑ_b das der Normalleistung entsprechende Drehmoment bedeutet.

Berechnungsbeispiele: Als Berechnungsbeispiele dienen uns ein langsam laufender Generator und ein Turbogenerator. W_S ist nach der genauen Gl. 154 berechnet und darunter nach der angenäherten Gl. 156 angegeben. Der Fehler ist in Prozenten des wahren Wertes von W_S gerechnet.

1. 1000 KVA. 6000 Volt Linienspannung. ($P = 3460$.)

$p = 16$. $n = 187$.

$r_a = 0{,}62$. $x_{s1} = 2{,}9\,\Omega$.

a) Vollast. $\cos\varphi = 1$.

$E = 3730$. $x_2 = 13\,\Omega$. $x_3 = 13{,}26\,\Omega$. $\Theta = 20^0$.

$W_S = 2800$ (Gl. 154)

$W_S = 2925$ (Gl. 156)

Fehler 4,5 %. $\boldsymbol{k_p = 2{,}8}$.

b) Vollast. $\cos\varphi = 0{,}8$.

$E = 4080$. $x_2 = 9{,}4\,\Omega$. $x_3 = 13{,}3\,\Omega$. $\Theta = 13^0$.

$W_S = 3460$ KW (Gl. 154)

$W_S = 3390$ KW (Gl. 156)

Fehler 2 %. $\boldsymbol{k_p = 3{,}46}$.

2. Turbogenerator. 2500 KVA.

$p = 1$. $n = 3000$.

6600 Volt Linienspannung ($P = 3810$).

$r_a = 0{,}066\,\Omega$. $x_{s1} = 0{,}78\,\Omega$.

a) Vollast. $\cos\varphi = 1$.

$E = 4170$. $x_2 = 8{,}3\,\Omega$. $x_3 = 14\,\Omega$. $\Theta = 36^0$.

$W_S = 4025$ KW (Gl. 154)

$W_S = 3600$ KW (Gl. 156)

Fehler 11,5 %. $\boldsymbol{k_p = 1{,}61}$.

b) Vollast. $\cos\varphi = 0{,}8$.

$E = 4450$. $x_3 = 4{,}82$. $x_3 = 12{,}58$. $\Theta = 21^0\,40'$.

$W_S = 5660$ KW (Gl. 154)

$W_S = 4980$ KW (Gl. 156)

Fehler $12\,^0/_0$. $\boldsymbol{k_p = 2{,}26}$.

Man sieht, wie stark sich die synchronisierende Kraft mit der Belastung ändert und inwieweit die angenäherte und die genaue Formel übereinstimmen.

Arbeitet eine Maschine bei normaler Belastung mit dem Phasenverschiebungswinkel Θ_m und ändert sich dieser infolge der übergelagerten Pendelbewegung um den Betrag $(\Theta - \Theta_m)$, so beträgt die Zunahme des Gegendrehmoments $S\,(\Theta - \Theta_m)$ und die Zunahme der elektromagnetischen Leistung $W_S\,(\Theta - \Theta_m)$. Diese beiden Größen führen wir in die Drehmoment- oder Leistungsgleichungen für die Pendelbewegung ein. Θ bedeutet den momentanen, Θ_m den mittleren Phasenverschiebungswinkel.

Die synchronisierende Kraft W_S und das synchronisierende Moment S behandeln wir in den folgenden Kapiteln als konstant. In Wirklichkeit ist dies nicht der Fall, da die EMK E und die Klemmenspannung P sich während des Pendelvorgangs auch ändern. Auch die Reaktanzen x_2 und x_3 können sich ändern und ebenso die Verluste, die wir gar nicht berücksichtigt haben. In vielen Fällen sind diese Änderungen so klein, daß die Vorgänge mit Hilfe eines konstanten S und W_S genügend genau beschrieben werden können. Einige Fälle, wo es erforderlich ist auf sie Rücksicht zu nehmen, sind im Kapitel XVI erwähnt.

80. Synchronisierende Kraft und synchronisierendes Drehmoment zweier parallel geschalteter Maschinen mit konstanter Erregung.

Im vorigen Abschnitt untersuchten wir die synchronisierende Kraft bei konstantem E und P und fanden, daß die Maschine bei ungefähr 90^0 Winkelabweichung außer Tritt fällt. Nun wollen wir die synchronisierende Kraft bei Spannungsvariationen aber konstanter Erregung untersuchen. Die Spannungsvariation ist bei zwei parallel geschalteten Maschinen am größten.

Betrachten wir zwei gleiche und gleicherregte Generatoren, deren EMK-Vektoren durch die beiden Strahlen $\overline{OE_1}$ und $\overline{OE_2}$ der Fig. 245 dargestellt sind, so werden diese nach Abschnitt 74 sich dem äußeren Stromkreis gegenüber verhalten wie ein einziger großer Generator mit dem EMK-Vektor $\overline{OE_r} = \overline{OE_1}\cos\delta = \overline{OE_2}\cos\delta$.

Es wird somit die resultierende EMK

$$E_r = E \cos \delta,$$

und da die beiden Generatoren gleich gebaut sind, wird die Impedanz des ideellen Generators gleich der Hälfte jener der beiden Generatoren, also

$$r_{ar} = \frac{1}{2} r_a$$

$$x_{2r} = \frac{1}{2} x_2$$

und

$$x_{3r} = \frac{1}{2} x_3.$$

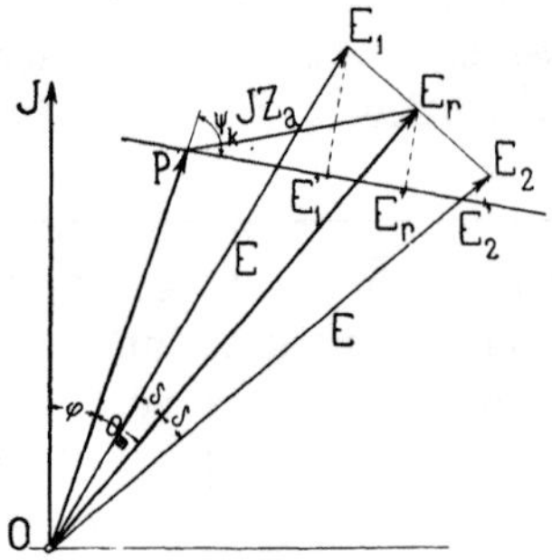

Fig. 245.

Nehmen wir an, daß diese Konstanten unabhängig von dem Winkel δ sind, und daß die äußere Admittanz $y^2 = \sqrt{g^2 + b^2}$ bzw. die Belastung konstant bleibt, so bleibt die Form des Spannungsdreieckes OPE_r von dem Winkel δ unabhängig. Hieraus folgt, daß alle Strecken dieses Dreieckes sich in demselben Verhältnis verändern, wenn der Winkel δ variiert. Da

$$E_r = E \cos \delta \quad . \quad . \quad . \quad . \quad . \quad . \quad . \quad . \quad (162)$$

ist, so wird die Klemmenspannung

$$P = P_0 \cos \delta \quad . \quad . \quad . \quad . \quad . \quad . \quad . \quad . \quad (162\text{a})$$

wo $P_0 = P_{\delta=0}$ bedeutet, die Belastungsstromstärke

$$J = Py = P_0 y \cos \delta = J_0 \cos \delta$$

und die an das Netz abgegebene Leistung

$$W = mPJ \cos \varphi = mP_0 J_0 \cos \varphi \cos^2 \delta.$$

Das Gegendrehmoment bei konstanter Klemmenspannung ist unter Annahme der synchronen Reaktanz x_a nach Gl. 151 durch

$$W_a = m \frac{PE}{z_a} \left[\sin(\Theta - \psi_k') + \frac{E}{P} \sin \psi_k' \right]$$

gegeben. Sind die Generatoren gegenseitig um den Winkel 2δ verschoben, so sind nach Fig. 245 und Gl. 162a die Gegendrehmomente

$$\left.\begin{aligned} W_{a1} &= m\frac{EP_0 \cos\delta}{z_a}\sin(\Theta_r - \delta) + m\frac{E^2}{z_a}\sin\psi_k' \\ W_{a2} &= m\frac{EP_0 \cos\delta}{z_a}\sin(\Theta_r + \delta) + m\frac{E^2}{z_a}\sin\psi_k' \end{aligned}\right\} \quad (163)$$

$$\Theta_r = \Theta_m - \psi_k'.$$

Die Hälfte der Differenz beider Drehmomente ist gleich

$$W_\delta = \frac{1}{2}(W_{a2} - W_{a1}) = \frac{1}{2} m \frac{EP_0}{z_a} \cos\Theta_r \sin 2\delta \quad . \quad . \quad (164)$$

Die Leistung W_δ ist das Drehmoment in synchronen Watt, durch das jeder Generator in die neutrale Zone zwischen beiden, wo $\delta = 0$ ist, zurückgezogen wird. Man kann diese die synchronisierende Leistung oder kurz die Synchronleistung der Generatoren heißen. Differenzieren wir diese Größe nach δ, so erhalten wir die synchronisierende Kraft

$$W_S = \frac{dW_\delta}{d\delta} = m\frac{EP_0}{z_a}\cos\Theta_r \cos 2\delta \quad . \quad . \quad . \quad (165)$$

$$\boldsymbol{W_S = W_{S\,normal} \cos 2\delta} \quad . \quad . \quad . \quad . \quad . \quad . \quad . \quad . \quad (166)$$

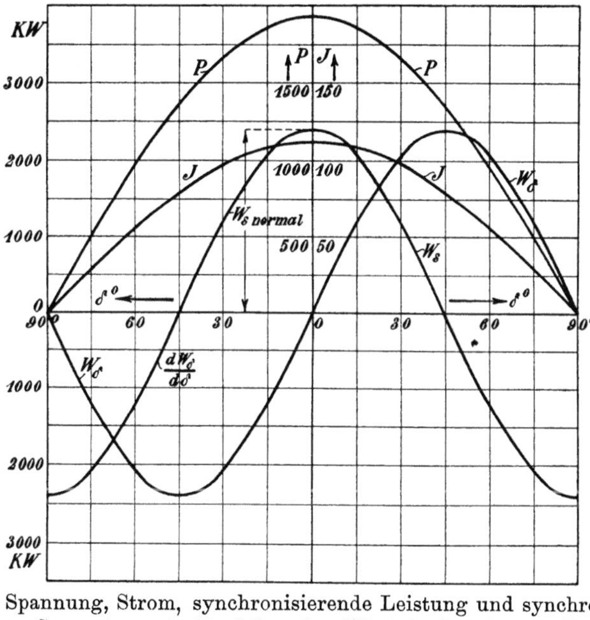

Fig. 246. Spannung, Strom, synchronisierende Leistung und synchronisierende Kraft eines Generators als Funktion des Winkels δ zwischen E und E_r bei zwei parallel arbeitenden Maschinen.

wo $W_{S\,normal}$ die synchronisierende Kraft bedeutet, die die Maschine hätte, wenn sie bei dem gleichen Phasenwinkel $\Theta_r \simeq \Theta_m$ am unendlich starken Netz arbeitete. Man kann also direkt die Gl. 154 bzw. 155 zur Berechnung von W_S benutzen.

Als **Beispiel** betrachten wir zwei Generatoren, deren Abmessungen mit den auf Seite 219 angegebenen übereinstimmen.

Es ist $E = 2200$ Volt, $m = 3$, $r_a = 1\,\Omega$, $x_3 = 5\,\Omega$ und $x_2 = 8\,\Omega$.

Die Klemmenspannung P, der Belastungsstrom $J = Py$, die synchronisierende Leistung W_δ und die synchronisierende Kraft W_S sind als Funktion von δ in Fig. 246 aufgetragen.

Für den Belastungsstromkreis ist $g = 0{,}05$ und $b = 0{,}03$ angenommen.

Man sieht, daß die synchronisierende Kraft mit zunehmendem δ abnimmt und Null wird, wenn die Polräder um 90 elektrische Grade gegeneinander verschoben sind. Der Winkel Θ, bei dem die Maschine aus dem Tritt fällt, ist nicht mehr 90^0, sondern nach Fig. 245 gleich $(45 \pm \Theta_r)$.

Man sieht auch wie wichtig es ist, bei wenigen parallel geschalteten Maschinen die Belastung richtig zu verteilen, so daß keine Ausgleichströme fließen, und $\delta = 0$ ist. Denn ist schon im stationären Zustande δ nicht gleich Null, so ändern sich Klemmenspannung und synchronisierende Kraft und auch die abgegebene Leistung während des Pendelns viel stärker als für $\delta = 0$, und die Magneträder fallen schon bei kleineren Pendelwinkeln als 90^0 gegeneinander außer Tritt.

81. Synchronisierende Kraft und synchronisierendes Drehmoment bei Maschinen mit elektromechanischem Regulator.

Wenn die Klemmenspannung konstant bleiben soll, muß die EMK bei der Ausweichung δ beider Maschinen nach Gl. 162

$$E = \frac{E_m}{\cos\delta} \quad . \; . \; . \; . \; . \; . \; . \; . \quad (167)$$

sein, wenn E_m die EMK für $\delta = 0$ bedeutet. Hieraus folgt, daß das Drehmoment

$$W_a = \frac{m P E_m}{z_a} \frac{\sin\Theta_r}{\cos\delta} + m \frac{E^2}{z_a} \sin\psi_k' . \quad . \; . \quad (168)$$

beträgt. Entsprechend dem vorigen Abschnitt ergibt sich die synchronisierende Leistung zu

$$W_\delta = \frac{m P E_m}{z_a} \cos\Theta_r \frac{\sin\delta}{\cos\delta} \quad . \; . \; . \; . \quad (169)$$

und die synchronisierende Kraft zu

$$W_s = \frac{d W_\delta}{d\delta} = \frac{m E_m P}{z_a} \cos \Theta_r \frac{1}{\cos^2 \delta}$$

$$= \boldsymbol{W_{s\,normal}} \frac{\mathbf{1}}{\mathbf{cos^2} \delta} \quad . \quad . \quad . \quad . \quad . \quad (170)$$

Nach diesen beiden Formeln würden sowohl W_δ wie auch $W_s = \frac{d W_\delta}{d\delta}$ beide für $\delta = 90^0$ unendlich groß werden. Das wird natürlich nicht der Fall sein, weil die EMK $E = \frac{E_m}{\cos \delta}$ wegen der Sättigung des Magnet- und Ankereisens nicht unendlich groß werden kann. Unter Berücksichtigung der Sättigung erhält man für die synchronisierende Leistung W_δ und für die synchronisierende Kraft $\frac{d W_\delta}{d\delta}$ die beiden Kurven Fig. 247.

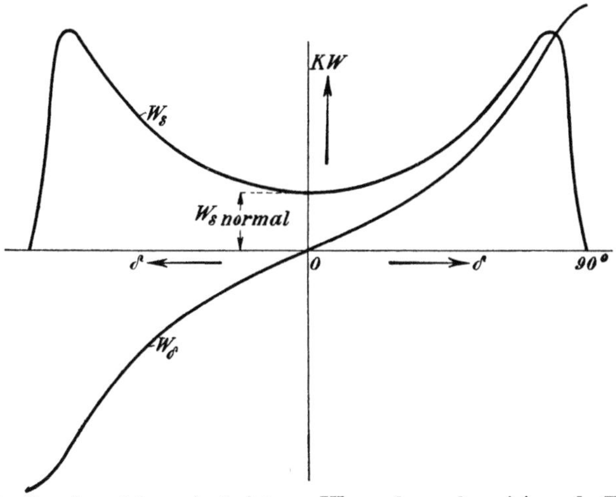

Fig. 247. Synchronisierende Leistung W_δ und synchronisierende Kraft W_s eines Generators mit elektromechanischem Regulator.

Bei zwei solchen Maschinen nimmt die synchronisierende Kraft mit der Verdrehung der Magneträder gegeneinander stark zu, im Gegensatz zum vorigen Abschnitt. Diese Maschinen können stark gegeneinander pendeln, ohne aus dem Tritt zu fallen. Wenn ein solcher Generator auf ein Netz geschaltet wird, bevor er synchron läuft, so wird er mit großer Kraft in den Synchronismus gezogen werden.

Arbeiten viele Generatoren parallel, so ändert sich die Klemmenspannung nach Abschnitt 74 nur sehr wenig, wenn auch die einzelnen Generatoren pendeln. In diesem Falle wird der Spannungsregulator gar nicht zur Wirkung kommen, die Generatoren werden so pendeln, als ob gar kein Regulator vorhanden wäre.

82. Synchronisierende Kraft und synchronisierendes Drehmoment bei kompoundierten Generatoren.

Bei kompoundierten Generatoren liegen die Verhältnisse komplizierter, da die meist gebräuchlichen Kompoundierungen die Spannungsregulierung mit Hilfe des Maschinenstromes durchführen, also nicht direkt auf die Spannung, sondern auf den Strom reagieren. Bei zwei parallel arbeitenden Maschinen liegen die Verhältnisse ungefähr ähnlich wie bei den Schnellregulatoren, die synchronisierende Kraft nimmt mit dem Pendelausschlag stark zu. Durch den vorgeschalteten Hauptschlußtransformator wird x_{s1} erhöht und die normale synchronisierende Kraft etwas erniedrigt.

Bei vielen parallel geschalteten Maschinen hingegen, bei denen der Schnellregulator nicht wirkt, reagiert die Kompoundierung fortwährend, wegen der Ausgleichströme. Es treten dann bei annähernd konstanter Klemmenspannung dauernde Schwankungen der EMK ein, deren Einfluß in Kap. XVI besprochen sind. Es ist bemerkenswert, daß die Kompoundierungen, wegen der verschiedenen Selbstinduktionen in ihrem Stromkreis, die sich jeder Stromänderung entgegensetzen, in ihrer Wirkung immer zeitlich hinter der Ursache der Spannungsänderung zurückbleiben. Die prozentuale Schwankung ε der EMK E kann bei diesen Maschinen ziemlich groß werden, es kann auch ein genügender Phasenwinkel φ zwischen mechanischer Pendelung und resultierender Schwankung der induzierten EMK auftreten, so daß die freien Schwingungen, die Kap. XVI besprochen sind, bei diesen Maschinen auch möglich sind.

Nach Gl. 78, S. 121, kann man den Erregerstrom für eine schwach gesättigte Maschine durch

$$i_{eb} = i_{e0} + i_w + i_{wl}$$

darstellen.

Analog der obigen Gleichung kann man also die induzierte EMK, die proportional dem Erregerstrom ist, bei einer beliebigen Belastung als

$$E = E' + a\,J_w + b\,J_{wl} \text{ [1]}) \quad . \quad . \quad . \quad . \quad . \quad (171)$$

schreiben.

E' entspricht der Erregung bei Leerlauf und wird meist der Klemmenspannung P gleich sein.

---

[1]) Siehe M. Liwschitz, Diss. Karlsruhe 1912.

Die Konstante a, die sich auf die Rückwirkung des Wattstromes bezieht, ist bedeutend kleiner als x_3, die Konstante b nur unbedeutend kleiner als x_2.

Arbeitet eine kompoundierte Maschine an einem unendlich starken Netz, so kann man die synchronisierende Kraft leicht bestimmen, indem man den Wert von E aus Gl. 171 in die Gl. 145, S. 304, einführt und W_a und W_s als Funktion von Θ bestimmt. Die Reaktanz x_{s1} ist um die Streureaktanz des Stromtransformators zu vergrößern. Man erhält annähernd (zwei kleine Glieder sind vernachlässigt)

$$\begin{aligned} W_a = m \frac{E' P}{(x_2 - b)^2} \Big\{ & \frac{E'}{P} r_a + \sin\Theta \left(x_2 - b + \frac{a r_a}{x_3} \right) \\ & + \cos\Theta \left[\frac{r_a}{x_3}(x_2 - b) - 2 r_a \right] \\ & + \frac{P}{E'} \sin 2\Theta \left[\frac{1}{2}(x_2 - b)\left(\frac{x_2 - b}{x_3} - 1 \right) \right] \Big\} \quad . \quad . \quad (172) \end{aligned}$$

Für $a = b = 0$ geht dieser Ausdruck in die Gl. 149 für W_a über.

Die Glieder mit $\cos\Theta$ und $\sin 2\Theta$ sind immer negativ. Man erkennt die außerordentliche Vergrößerung des Drehmoments, da statt x_2 die Größe $x_2 - b$ auftritt, die viel kleiner als x_2 ist. Die synchronisierende Leistung ergibt sich daraus als

$$\begin{aligned} W_s = \frac{d W_a}{d\Theta} = \frac{m E' P}{x_3 (x_2 - b)^2} \Big\{ & r_a (2 x_3 - x_2 + b) \sin\Theta \\ & + [x_3 (x_2 - b) + a r_a] \cos\Theta \\ & + \left[(x_2 - b)(x_2 - b - x_3) \frac{P}{E'} \right] \cos 2\Theta \Big\} \quad . \quad (173) \end{aligned}$$

Die Kompoundierung auf Wattstrom hat nun einen sehr geringen Einfluß, dagegen die Kompoundierung auf wattlosen Strom einen sehr großen.

Für sehr kleine Winkel Θ und $E' = P$ erhält man

$$W_s \cong \frac{m P^2}{x_3}, \text{ analog Gl. 156.}$$

Bei Leerlauf macht sich die Kompoundierung nicht bemerkbar. Für Winkel Θ bis ca. 10^0 kann man setzen

$$W_s = \frac{m P^2}{x_3 (x_2 - b)} \left[r_a \left(\frac{2 x_3}{x_2 - b} - 1 \right) \Theta + (x_2 - b) \right] \quad . \quad (174)$$

In Fig. 248 sind 3 Kurven für W_a und für W_s nach der genauen Formel berechnet und aufgezeichnet.

$$E' = P = 3500 \text{ Volt.}$$

$$r_a = 0{,}6\,\Omega, \quad x_2 = 15\,\Omega, \quad x_3 = 10\,\Omega$$

$$b = 12\,\Omega, \quad a = 2\,\Omega.$$

Die Kurven III beziehen sich auf den nicht kompoundierten Generator ($a = b = 0$), die Kurven II auf die Kompoundierung auf Wattstrom ($a \neq 0$, $b = 0$), die Kurven I auf die Kompoundierung auf Wattstrom und auf wattlosen Strom ($a \neq 0$, $b \neq 0$).

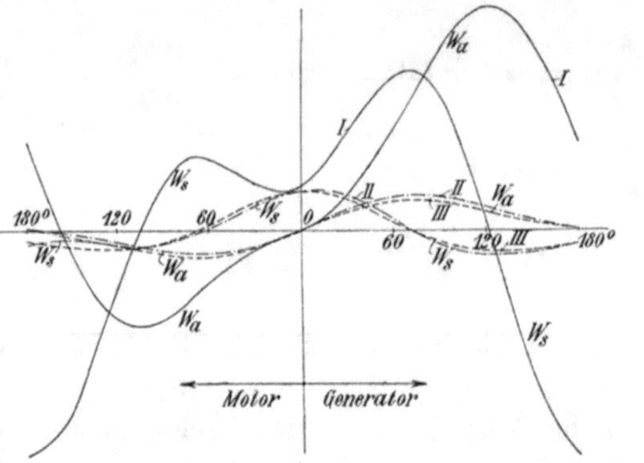

Fig. 248. Drehmoment W_a und synchronisierende Kraft W_s.

I. Für den vollständig richtig kompoundierten Generator.

II. Für den auf Wattstrom kompoundierten Generator.

III. Für den nicht kompoundierten Generator.

Man sieht, welch geringen Einfluß die Kompoundierung auf Wattstrom hat, und daß sie bei einem Motor die synchronisierende Kraft verkleinert. Dagegen zeigt sich die starke Wirkung der Kompoundierung auf wattlosen Strom, die freilich erst bei großen Winkeln Θ voll zur Geltung kommt.

Bei zwei parallel geschalteten leerlaufenden Maschinen macht sich die Kompoundierung, wie zu erwarten, nicht bemerkbar. Wenn man den Ausgleichstrom und die Differenzleistung ausrechnet, erhält man für kleine δ

$$2\,W_\delta = m\frac{E'^2}{x_3}\sin\delta = m\frac{P^2}{x_3}\sin\delta \quad . \quad . \quad . \quad . \quad (175)$$

analog Gl. 164, S. 315 und Gl. 156, S. 311.

83. Das Drehmoment der Dämpferwicklung bei kleinen Schwingungen[1]).

Das durch eine Dämpferwicklung in den Polschuhen erzeugte Drehmoment, das der Relativgeschwindigkeit $\frac{d\Theta}{dt}$ proportional ist, läßt sich bestimmen, wenn man die in den Dämpferstäben fließen-

[1]) s. W. O. Schumann, Diss. Karlsruhe 1912.

den Ströme und das Feld kennt, in dem diese Stäbe sich befinden. In einfacher Weise können wir diese Aufgabe lösen, wenn wir die Ankerwicklung und die Dämpferwicklung als einen Transformator betrachten. Der schwankende Ankerstrom ist der Magnetisierungsstrom dieses Transformators.

In der Dämpferwicklung werden durch das pulsierende Längs- oder Querfeld EMKe und Ströme erzeugt. Bei der Bestimmung dieser Ströme braucht man nur den Ohmschen Widerstand der Dämpferwicklung zu berücksichtigen, da die Streuung wegen der sehr geringen Periodenzahl der Ströme nur einen sehr geringen Einfluß hat.

Wie beim Transformator, nehmen wir auch hier an, daß das magnetisierende Feld bei Belastung ungefähr das gleiche bleibt wie bei Leerlauf, d. h. stromloser Dämpferwicklung. Wir bestimmen daher den Strom, der das magnetisierende Feld erzeugt, aus dem Diagramm der Synchronmaschine für pendelfreien Lauf für den normalen Phasenverschiebungswinkel Θ_m und rechnen ebenfalls, da wir nur kleine Pendelungen voraussetzen, für diesen Winkel Θ_m die Werte $\frac{\partial J_w}{\partial \Theta}$ und $\frac{\partial J_{wl}}{\partial \Theta}$ aus, die für die Pulsation des Ankerfeldes maßgebend sind. Da wir vorläufig nur eine Dämpferwicklung, deren Stäbe pro Pol kurzgeschlossen sind, betrachten, vernachlässigen wir den verzerrten Teil des Feldes zwischen den Polen und ersetzen alle Feldkurven durch Sinuslinien, die sich den wirklichen Formen möglichst anschmiegen. Die ohne Dämpferwicklung auf den Luftspalt und das Eisen eines magnetischen Kreises wirkenden MMKe sind erstens die über die Polschuhbreite konstante MMK der Gleichstromerregung des Polrades und zweitens die MMK des Ankers, die relativ zur Polmitte in bezug auf die Erreger-AW nach dem Gesetz

$$-2A\sin\left(\frac{x}{\tau}\pi+\psi\right)$$

verteilt ist, wobei ψ den Phasennacheilungswinkel des von der Maschine abgegebenen Stromes bedeutet. Analog einer in E. Arnold, „Die Gleichstrommaschine" Bd. I, S. 322 angegebenen Methode kann man die entsprechenden Induktionskurven bestimmen und diese durch Sinuslinien ersetzen. Die Amplitude der Sinuslinie für das Leerlauffeld nennen wir B_p. Sie wird in den meisten Fällen ziemlich nahe B_l, der maximalen Luftinduktion, liegen. Die Amplitude des längsmagnetisierenden Feldes setzen wir proportional dem wattlosen Strom, gleich αJ_{wl}; die des quermagnetisierenden Feldes, wie sie der sinusförmigen Verteilung über dem Polschuh entspricht, gleich βJ_w. Die Konstante α ergibt sich zu

$$\alpha = 0,9\,\varrho_1 \frac{B_l}{E} \frac{x_{s2}}{k_0} \quad \ldots \ldots \ldots \quad (176)$$

die Konstante β zu

$$\beta = 0,9\,\varrho_2 \frac{B_l}{E} \frac{x_{s3}}{k_q} \quad \ldots \ldots \ldots \quad (177)$$

ϱ_1 bedeutet das Verhältnis der Amplitude der äquivalenten Sinuslinie zu der wirklichen Amplitude des Ankerlängsfeldes, die mit der MMK $2\,A \sin\psi$ aus der Leerlaufcharakteristik zu bestimmen ist. ϱ_1 ist etwas kleiner wie eins. Analog bedeutet ϱ_2 das Verhältnis der Amplitude des äquivalenten sinusförmigen Querfeldes zu der Amplitude des Querfeldes, die man erhält, wenn man die MMK $2\,A \cos\psi$ in dem geradlinigen Teile der Leerlaufcharakteristik, vom Ursprung aus gerechnet, einträgt. ϱ_2 kann bei Polschuhen, bei denen der Luftspalt gegen die Polkanten zunimmt, ziemlich viel kleiner als eins werden, da die größten Werte des Querfeldes dort auftreten, wo der Luftspalt am größten ist. Bei konstantem Luftspalt über dem Polschuh wird auch ϱ_2 nahezu eins. Die Feldänderungen setzen wir proportional den Stromänderungen, was für kleine Schwingungen zulässig ist. Für das Ankerlängsfeld ist die Proportionalitätskonstante nicht gleich α wegen der Eisensättigung, sondern im allgemeinen größer. Wir berücksichtigen dies dadurch, daß wir bei der Änderung des Längsfeldes in die Konstante α nicht den Wert x_{s2} einführen, sondern einen vergrößerten Wert x'_{s2}, der durch

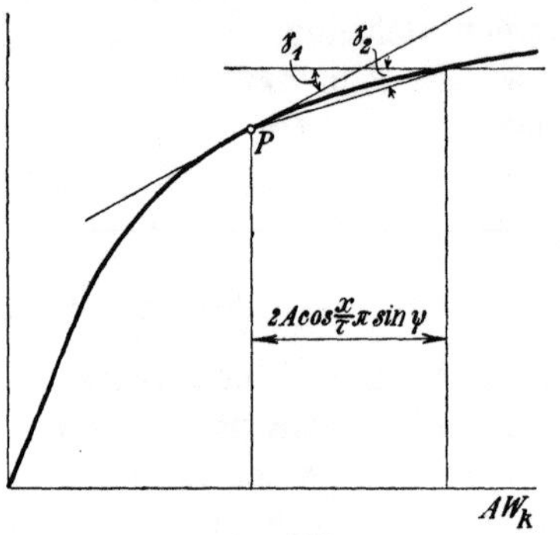

Fig. 249.

$$x'_{s2} = x_{s2} \frac{\operatorname{tg}\gamma_1}{\operatorname{tg}\gamma_2} \quad \ldots \ldots \ldots \quad (178)$$

bestimmt ist (s. Fig. 249). Der Wert x zur Bestimmung des Punktes P wird ungefähr $^1/_3$ bis $^1/_2$ der halben Polbreite gewählt.

Die resultierende Feldverteilung über dem Polschuh ist also durch

$$B_x = B_{lx} + B_{qx} = (B_p - \alpha J_{wl}) \cos\frac{x}{\tau}\pi - \beta J_w \sin\frac{x}{\tau}\pi \quad (179)$$

dargestellt, wo positives J_{wl} von der Maschine abgegebenen nacheilenden Strom bedeutet.

Die Ströme J_w und J_{wl} berechnen wir nach dem Diagramm der Synchronmaschine, Fig. 240 S. 304, s. Gl. 147, 148, S. 305, zu

$$J_w = \frac{E r_a - P(r_a \cos\Theta - x_2 \sin\Theta)}{r_a^2 + x_2 x_3},$$

$$J_{wl} = \frac{E x_3 - P(x_3 \cos\Theta + r_a \sin\Theta)}{r_a + x_2 x_3},$$

die für den Fall konstanter Reaktanz $x_2 = x_3 = x$ in

$$\left.\begin{aligned} J_w &= \frac{1}{z_k}\left[E \sin\psi' + P \sin(\Theta - \psi')\right] \\ J_{wl} &= \frac{1}{z_k}\left[E \cos\psi' - P \cos(\Theta - \psi')\right] \end{aligned}\right\} \quad . \; . \; . \; . \quad (180)$$

übergehen. Es ist hier

$$z_k = \sqrt{r_a^2 + x^2} \qquad \operatorname{tg}\psi' = \frac{r_a}{x}.$$

Zur Berechnung der Ströme der Dämpferwicklung betrachten wir die beiden pulsierenden Feldkomponenten getrennt für sich. Jedes Feld induziert in der Wicklung einen Strom. Man zerlegt die Wicklung in einzelne Maschen und bestimmt die Ströme in den Maschen durch die entsprechende Flußvariation. Sind die Ströme bestimmt, so erhält man das Drehmoment jeder Masche als

$$\vartheta = i \frac{\delta \Phi}{\delta \psi},$$

wo $\delta\Phi$ die virtuelle Zunahme des Flusses im Sinne des vom Strome i erzeugten Flusses bei einer kleinen virtuellen Drehung $\delta\psi$ bedeutet. Schließlich addiert man die Drehmomente aller Maschen, erhält das Drehmoment pro Pol, und wenn man mit $2p$ multipliziert, das Drehmoment der ganzen Maschine.

Führt man diese Rechnung aus, die wir als etwas zu umständlich übergehen, so erhält man als Resultat:

$$\text{I.} \quad \vartheta_1 = -0{,}082\, \varrho_1 \varrho_2 \frac{x'_{s2} x_{s3}}{k_0 k_q} \frac{1}{R} \left(\frac{p \Phi 10^{-8}}{a_i E}\right) J_w \frac{\partial J_{wl}}{\partial \Theta} K_e \frac{d\Theta}{dt} \text{ Dim} \quad (181)$$

$$\vartheta_1 = -18{,}45\, \varrho_1 \varrho_2 \frac{x'_{s2} x_{s3}}{k_0 k_q} \frac{1}{R} \frac{1}{(k n w a_i)^2} J_w \frac{\partial J_{wl}}{\partial \Theta} K_e \frac{d\Theta}{dt} \text{ Dim} \quad (182)$$

$$K_e = \left(Z - \frac{\sin Z \frac{y}{\tau}\pi}{\sin \frac{y}{\tau}\pi} \right) \quad . \; . \; . \; . \; . \quad (182\,\text{a})$$

als Drehmoment des vom Längsfeld induzierten Stromes mit dem Querfeld.

$$\text{II.}\quad \vartheta_2 = 0{,}082\,\varrho_1\varrho_2 \frac{x_{s2}x_{s3}}{k_0 k_q}\frac{1}{R}\left(\frac{p\,\Phi 10^{-8}}{a_i E}\right)\left(\frac{B_p}{a} - J_{wl}\right)\frac{\partial J_w}{\partial \Theta} K_q \frac{d\Theta}{dt}\ \text{Dim} \qquad (183)$$

$$\vartheta_2 = 18{,}45\,\varrho_1\varrho_2 \frac{x_{s2}x_{s3}}{k_0 k_q}\frac{1}{R}\frac{1}{(knwa_i)^2}\left(\frac{B_p}{a} - J_{wl}\right)\frac{\partial J_w}{\partial \Theta} K_q \frac{d\Theta}{dt}\ \text{Dim} \qquad (184)$$

$$K_q = \left(\frac{2}{Z}\,\frac{\sin^2 Z\frac{y}{2\tau}\pi}{\sin^2\frac{y}{2\tau}\pi} - \frac{\sin Z\frac{y}{\tau}\pi}{\sin\frac{y}{\tau}\pi} - Z\right) \quad . \; . \quad (184\text{a})$$

als Drehmoment des vom Querfeld induzierten Stromes mit dem Längsfeld.

Es bedeuten in diesen Formeln

n die Tourenzahl der Maschine,

Φ den Leerlaufkraftfluß $B_l l_i b_i$, der die EMK E induziert,

R den Ohmschen Widerstand eines Stabes der Dämpferwicklung, der geringe Widerstand der kurzen Querverbindungen ist in der Rechnung vernachlässigt,

Z die Anzahl der in einem Pol befindlichen Dämpferstäbe.

Z ist eine ungerade oder eine gerade Zahl, je nachdem ob in der Mitte des Poles ein Stab liegt oder nicht. Dabei ist angenommen, daß die Stäbe annähernd über die ganze Polbreite verteilt sind.

y bedeutet die Entfernung zweier Dämpferstäbe voneinander, in cm gemessen.

Die Drehmomente ϑ sind in Dezimegadynenmetern (abgekürzt Dim) gemessen[1]).

---

[1]) Die Spannungen sind in Volt, die Ströme in Ampere gemessen. Die entsprechenden Leistungen sind in Watt bzw. KW zu messen.

$$1\ \text{Di} = 10^5\ \text{Dynen} = \frac{1}{9{,}81}\ \text{kg}.$$

Die Leistung einer Di bei der Geschwindigkeit 1 m/sek ist gleich $10^7\ \frac{\text{Joule}}{\text{sek}}$ oder gleich 1 Watt. Wirkt eine Di am Hebelarm 1 m, so ist das Drehmoment 1 Dezimegadynenmeter = 1 Dim und die Leistung dieses Drehmoments bei der Winkelgeschwindigkeit eins ist wieder 1 Watt, also

$$\vartheta_{\text{Dim}}\,\omega = \text{Leistung}_{\text{Watt}}.$$

Daher ist diese Einheit das geeignetste Maß des mechanischen Drehmoments für Rechnungen mit den elektrotechnischen Maßeinheiten.

Das resultierende Dämpfungsmoment ist durch die Summe beider Momente bestimmt

$$\vartheta_R = \vartheta_1 + \vartheta_2 = D \frac{d\Theta}{dt} = (D_1 + D_2) \frac{d\Theta}{dt} \quad . \; . \; . \quad (185)$$

D bedeutet die in die Differentialgleichung der Pendelbewegung einzuführende Konstante. Stellt man die Differentialgleichung als Leistungsgleichung auf (s. S. 380), so ist dann mit zulässiger Annäherung für kleine Schwingungen $W_D = D\Omega_m$ als entsprechende Konstante einzuführen. Ω_m bedeutet die mittlere Winkelgeschwindigkeit der Maschine.

84. Abhängigkeit des Drehmoments der Dämpferwicklung von der Anordnung der Dämpferstäbe und von den Maschinenkonstanten. Berechnungsbeispiel.

Da J_w, J_{wl}, $\frac{\partial J_w}{\partial \Theta}$ und $\frac{\partial J_{wl}}{\partial \Theta}$ von dem normalen Betriebszustande der Maschine abhängen, ist die Dämpfungskonstante D für verschiedene Betriebsbedingungen für die gleiche Maschine verschieden. Sie kann deshalb auch nicht gemessen werden, indem man die Maschine als Asynchronmotor ohne Erregung laufen läßt, man mißt nur Mittelwerte, die mit dem beim Pendeln auftretenden Momentanwert für ein bestimmtes Θ_m nichts zu tun haben. Außerdem ist D auch noch von der Erregung abhängig.

Die Abhängigkeit des Drehmomentes von der Wicklungsanordnung zeigt sich in den Gl. 181 bis 184 in den Faktoren

$$Z - \frac{\sin Z \frac{y}{\tau} \pi}{\sin \frac{y}{\tau} \pi} = K_e \quad . \; . \; . \; . \; . \; . \quad (186)$$

und

$$\frac{2}{Z} \frac{\sin^2 Z \frac{y}{2\tau} \pi}{\sin^2 \frac{y}{2\tau} \pi} - \frac{\sin Z \frac{y}{\tau} \pi}{\sin \frac{y}{\tau} \pi} - Z = K_q \quad . \; . \; . \quad (187)$$

Die dämpfende Wirkung ist der Stabzahl nicht direkt proportional.

In den Fig. 250[1]) und 251 sind K_e und $-K_q$ für verschiedene Stabzahlen als Funktion der Weite y zweier benachbarter Stäbe

[1]) In den Fig. 250 bis 253 sind die Kurven mit geradem Z fortgelassen, um die Übersichtlichkeit nicht zu stören.

aufgezeichnet. K_e und K_q nehmen ziemlich rasch mit wachsender Maschenweite zu, besonders bei großen Stabzahlen. Interessanter

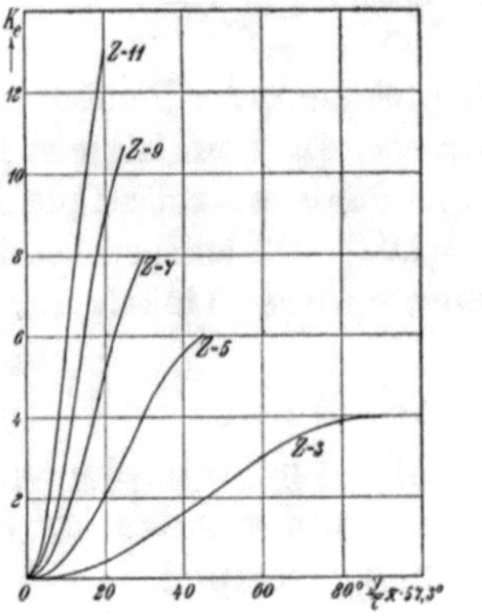

Fig. 250.

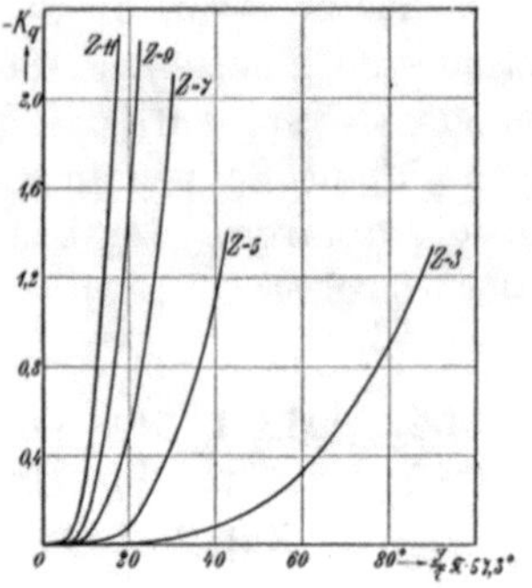

Fig. 251.

sind die Kurven Fig. 252 und 253, die diese Faktoren für verschiedene Stabzahlen als Funktion der gesamten Wicklungsbreite darstellen. Aus diesen Kurven läßt sich bei Annahme einer be-

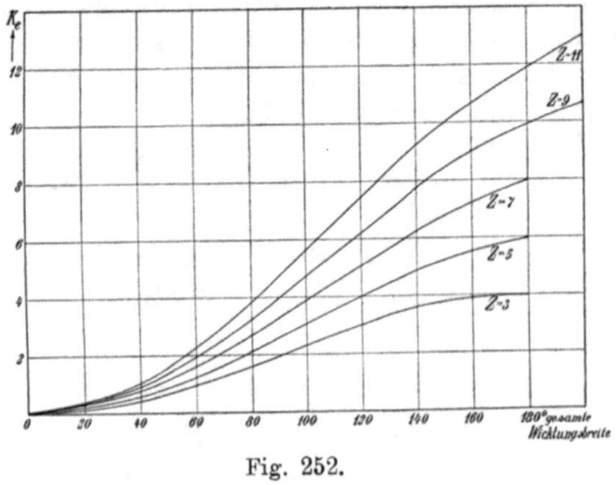

Fig. 252.

stimmten Polbreite, die man bewickeln will, der Einfluß der verschiedenen Unterteilung des zur Verfügung stehenden Kupfers auf das Dämpfungsmoment ersehen. So entnimmt man z. B., daß bei einer Gesamtwicklungsbreite von 135 elektrischen Graden der Faktor K_q für $Z = 11$ das Doppelte des Faktors für $Z = 3$ ist, daß also die Verdopplung der Dämpferwirkung des Querfeldes nur durch den $\frac{11}{3} = 3{,}67$ fachen Kupferquerschnitt zu erreichen ist und daß der Faktor K_e durch diese Vergrößerung des Kupferaufwands auf das 2,55fache steigt. Wie ein gegebener Kupferquerschnitt am

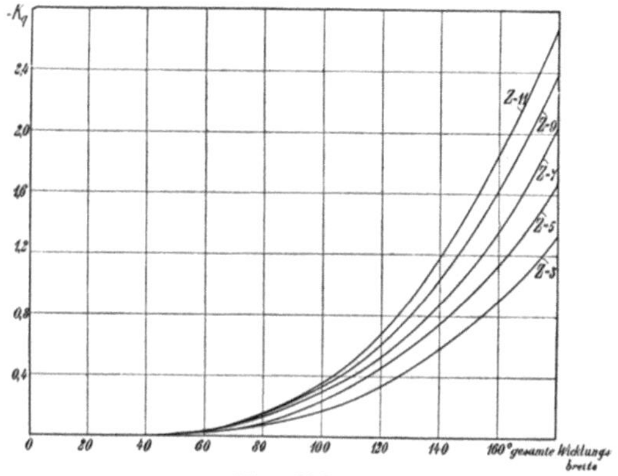

Fig. 253.

günstigsten ausgenützt wird, zeigen die Fig. 254 und 255, die aus den beiden letzten Figuren abgeleitet sind und für verschiedene Gesamtwicklungsbreiten die Faktoren $\frac{K_e}{R}$ und $\frac{-K_q}{R}$ [1]) für verschiedene

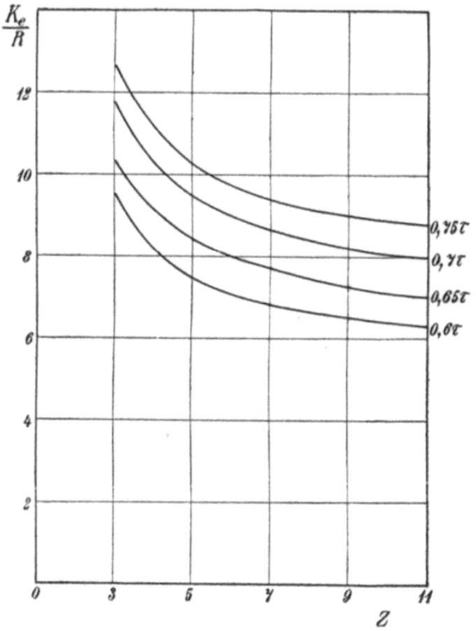

Fig. 254.

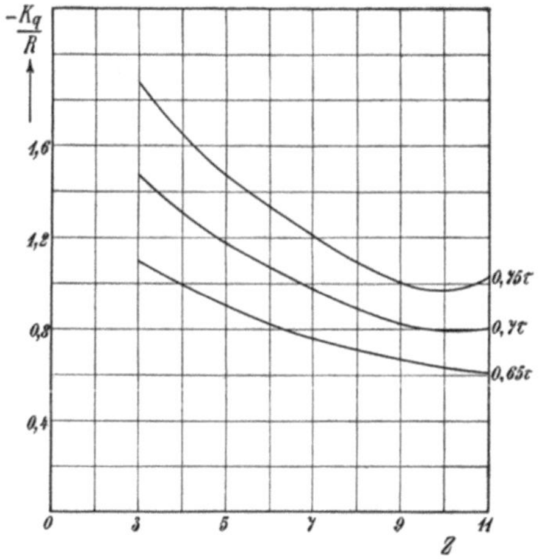

Fig. 255.

[1]) Für $Z = 11$ und die Wicklungsbreite $0{,}65\,\tau$ ist $R = 1$ gesetzt, um einen Ordinatenmaßstab zu haben.

Unterteilungen der Gesamtwicklungsbreite bei konstantem Gesamtkupferquerschnitt enthalten, so daß z. B. für $Z=3$ der Querschnitt eines Stabes das $\frac{11}{3}$fache des Querschnittes eines Stabes für $Z=11$ ist. Die beste Ausnützung bei gegebenem Kupferquerschnitt wird, wie man sieht, durch möglichst geringe Unterteilung der Wicklung erhalten. Der Faktor K_q ist bedeutend kleiner als der Faktor K_e, weil die induzierende Wirkung des Längsfeldes durch die Anordnung der Wicklung bedeutend besser ausgenützt wird als die des Querfeldes, denn für das Querfeld kommt der Mittelleiter als Rückleiter sämtlicher Ströme der anderen Stäbe in Frage. Die Wirkung könnte noch wesentlich verstärkt werden, wenn man nicht allen Stäben den gleichen Querschnitt gäbe, sondern den Stäben in der Mitte einen größeren als den andern außen gelegenen Stäben.

Die Formeln gelten auch für den einfachen Fall, $Z=2$, d. h. wenn die Dämpferwicklung aus einem einfachen Ring um die Pole besteht. K_q wird in diesem Falle zu Null, das Querfeld hat keine induzierende Wirkung mehr. Es ist aber diese Dämpfung, wie wir sehen werden, nicht sehr wirksam, und die Wicklung mit $Z=3$, d. h. der Ring mit einem Querstab in der Mitte, gibt eine bedeutend bessere Wirkung.

Einfluß des Betriebszustandes der Maschine.

Dieser Einfluß zeigt sich in den Größen x_{s2}, x_{s2}', B_p, J_w, J_{wl}, $\frac{\partial J_w}{\partial \Theta}$ und $\frac{\partial J_{wl}}{\partial \Theta}$. x_{s2} und x_{s2}' sind von der Erregung und der Magnetisierungskurve der Maschine abhängig. Je stärker die Maschine gesättigt und erregt ist, desto kleiner werden sie.

Für die Konstanten D_1 und D_2 kommen in erster Linie die Glieder $J_w \frac{\partial J_{wl}}{\partial \Theta}$ und $\left(\frac{B_p}{\alpha} - J_{wl}\right)\frac{\partial J_w}{\partial \Theta}$ in Betracht.

Für die Maschine konstanter Reaktanz ergibt sich das Produkt

$$J_w \frac{\partial J_{wl}}{\partial \Theta} = \frac{P}{z_k^2}\left[E \sin\psi' \sin(\Theta - \psi') + P \sin^2(\Theta - \psi')\right]. \quad (188)$$

nach Gl. 180

In Fig. 256 ist der Klammerausdruck dieser Gleichung als Funktion von Θ dargestellt. Die Konstante D_1 ist für kleine Θ sehr klein und nimmt stark mit Θ zu. Für $\Theta=0$ verschwindet sie. Bei einem Generator ist sie im allgemeinen etwas größer als bei einem Motor. Bei kleinem negativen Θ wird D_1 negativ, d. h. es entsteht ein sog. negatives Dämpfungsmoment, das beim Voreilen der Maschine beschleunigend, beim Zurückbleiben verzögernd wirkt, also bestrebt ist, die Maschine außer Tritt zu werfen. Die Erscheinung hängt mit dem eigentümlichen Charakter des Ankerfeldes während der Pendelungen zusammen, das keineswegs ein reines Drehfeld ist, sondern auch Pendelungen in Geschwindigkeit und Amplitude ausführt. Während also die Pulsation des Längsfeldes nur einen geringen, unter Umständen schädlichen Einfluß hat, ist es die Pulsation des Querfeldes, die bei kleinen Winkeln Θ_m das eigentliche dämpfende Moment mit dem Hauptgleichstromfelde ergibt.

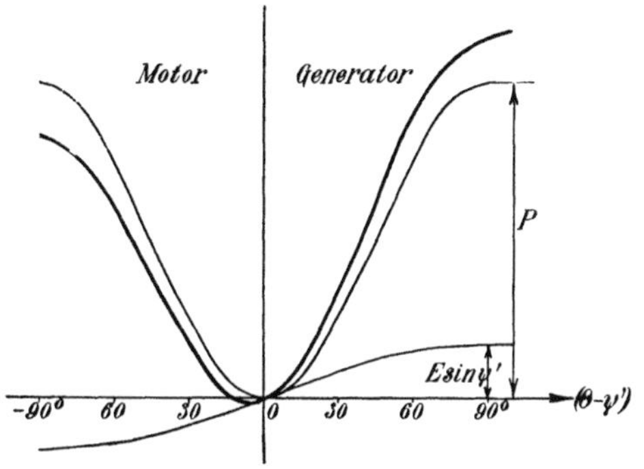

Fig. 256. Dämpferwirkung des Längsfeldes bei konstanter Reaktanz.

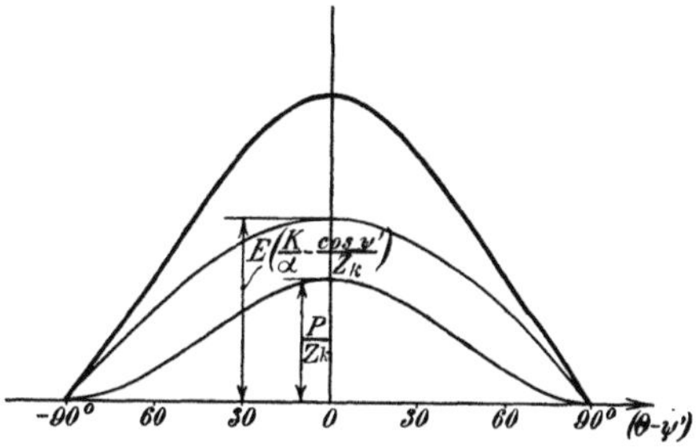

Fig. 257. Dämpferwirkung des Querfeldes bei konstanter Reaktanz.

Die Konstante D_2 ist proportional $\left(\frac{B_p}{\alpha} - J_{wl}\right)\frac{\partial J_w}{\partial \Theta}$.

Setzen wir

$$B_p = KE,$$

so erhalten wir nach Gl. 180

$$\left(\frac{B_p}{\alpha} - J_{wl}\right) = E\left(\frac{K}{\alpha} - \frac{\cos\psi'}{z_k}\right) + \frac{P}{z_k}\cos(\Theta - \psi') \quad . \quad (189)$$

und

$$\left(\frac{B_p}{\alpha} - J_{wl}\right)\frac{\partial J_w}{\partial \Theta} = \frac{P}{z_k}\left[E\left(\frac{K}{\alpha} - \frac{\cos\psi'}{z_k}\right)\cos(\Theta - \psi') + \frac{P}{z_k}\cos^2(\Theta - \psi')\right] \quad (190)$$

$\frac{K}{\alpha}$ ist meistens von gleicher Größenordnung, aber größer als $\frac{\cos\psi'}{z_k}$.

In Fig. 257 ist der Klammerausdruck der Gl. 190 dargestellt

Das Drehmoment D_2 verhält sich ganz anders als D_1. Es ist ein Maximum für $\Theta = \psi' \cong 0$ und wird für $\Theta \cong 90^0$ zu Null. Es ist das eigentliche Dämpfungsmoment für kleine Winkel Θ_m. Im allgemeinen nimmt D_2 mit der Erregung zu, aber auch bei unerregter Maschine ist es vorhanden. Freilich ist D_2 für $\Theta = 0$

wegen der Kleinheit von K_q gegen K_e bedeutend kleiner als D_1 für $\Theta = 90^\circ$.

Bei variabler Reaktanz ändern sich die Verhältnisse ein wenig.

Nach den Gl. 147, 148 läßt sich $J_w \frac{\partial J_{wl}}{\partial \Theta}$ sehr annähernd darstellen als:

$$J_w \frac{\partial J_{wl}}{\partial \Theta} = \frac{P^2}{x_2 x_3}\left[\sin^2\Theta + \frac{r_a}{x_2}\left(\frac{E}{P}\sin\Theta - \frac{x_2 + x_3}{x_2 x_3}\sin 2\Theta\right)\right]. \quad (191)$$

Ist der Ohmsche Widerstand sehr klein, so verläuft D_1 wie in Fig. 256 nach der $\sin^2\Theta$-Kurve. Bei größeren Werten des Ohmschen Widerstandes erhält man die Kurve Fig. 258 für den Klammerausdruck.

Für die Querfeldwirkung erhält man den Ausdruck

$$\left(\frac{B_p}{\alpha} - J_{wl}\right)\frac{\partial J_w}{\partial \Theta} = \frac{P^2}{x_2 x_3}\left\{\frac{E}{P}\left(\frac{K}{\alpha} - \frac{1}{x_2}\right)x_2\cos\Theta + \cos^2\Theta\right.$$

$$\left. + \frac{r_a}{x_2}\left[\frac{E}{P}\left(\frac{K}{\alpha} - \frac{1}{x_2}\right)x_2\sin\Theta + \frac{x_2 + x_3}{2x_3}\sin 2\Theta + \frac{r_a}{x_3}\sin^2\Theta\right]\right\}. \quad (192)$$

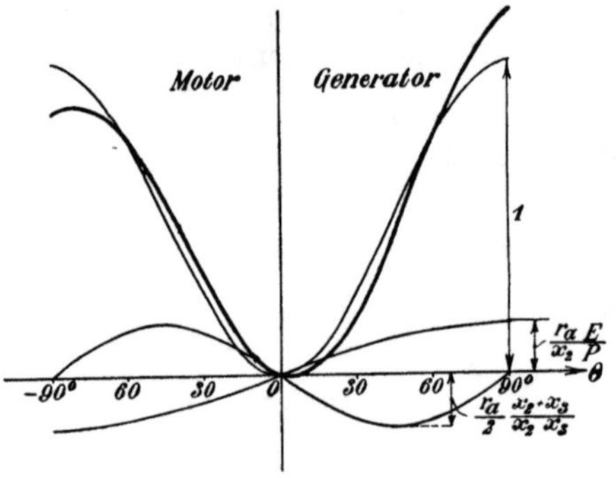

Fig. 258.

Die Glieder in der eckigen Klammer sind klein gegen die beiden ersten, so daß man einen ganz ähnlichen Verlauf erhält, wie in Fig. 257.

Die Stromwärmeverluste in der Dämpferwicklung sind sehr gering, so daß die ihnen entsprechende Leistung nicht in Frage kommt. Nur ein ganz kleiner Teil der mechanischen Energie wird in Wärme umgesetzt, der weitaus größte Teil wird transformatorisch als neue (asynchrone) Leistung auf das Netz übertragen.

Beispiel einer nachgerechneten Wicklung.

Es sei eine Maschine gegeben:

500 KVA, 94 Umdr. i. d. Min.,

4000 Volt verkettete Spannung.

$p = 32 \qquad k = 1{,}07 \qquad w = 512 \qquad \alpha_i = 0{,}65$

$k_0 = 0{,}75 \qquad k_q = 0{,}25 \qquad b_i = 14$ cm.

Es sei für diese eine Dämpferwicklung nach Fig. 259 entworfen.

Die Dämpferwicklung ist entworfen unter Annahme einer maximalen Induktion von 15000 im Polschuh. Der Stabquerschnitt beträgt 280 qmm, der Widerstand R eines Stabes $1{,}52 \cdot 10^{-5}\,\Omega$.

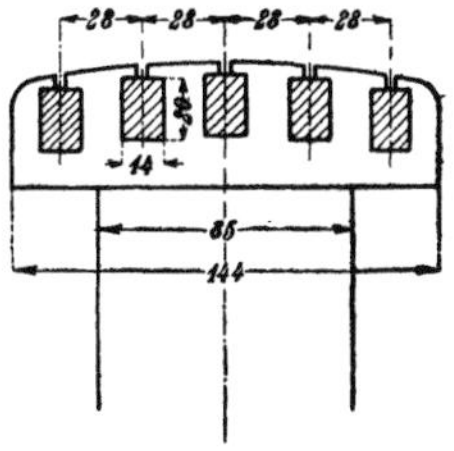

Fig. 259.

Die gesamte Wicklungsbreite beträgt $93{,}5^0$ elektrische Grade, und da $Z = 5$ ist, ergibt sich

$$K_q = -0{,}18 \qquad K_e = 2{,}7.$$

Für diese Maschine wurden für drei verschiedene Fälle

1. $E = P = 2310$ Volt
2. $E > P$ $\quad E = 2620$ Volt $\quad P = 2310$ Volt
3. $E < P$ $\quad E = 2000$ Volt $\quad P = 2310$ Volt

unter Annahme konstanter Klemmenspannung, was das Parallelarbeiten mit vielen großen Maschinen voraussetzt, die Werte J_w, J_{wl}, $\frac{\partial J_w}{\partial \Theta}$ und $\frac{\partial J_{wl}}{\partial \Theta}$ nachgerechnet.

Die Konstanten waren:

$$r_a = 1\,\Omega,\ x_{s1} = 3{,}24\,\Omega,\ x_{s3} = 3{,}6\,\Omega,\ x_3 = 6{,}84\,\Omega.$$

1. $x_2 = 8{,}34\,\Omega \quad x_{s2} = 5{,}1\,\Omega \quad B_p = 7520 \quad \alpha = 19{,}9$
2. $x_2 = 6{,}24\,\Omega \quad x_{s2} = 3\,\Omega \quad B_p = 8540 \quad \alpha = 11{,}73$
3. $x_2 = 8{,}94\,\Omega \quad x_{s2} = 5{,}7\,\Omega \quad B_p = 6510 \quad \alpha = 22{,}3.$

x'_{s2} wurde als gleich x_{s2} angenommen. ϱ_1, $\varrho_2 \cong 1$ und $B_p \cong B_l$ gesetzt.

Die Konstanten D_1 und D_2 ergaben sich zu

$$1. \begin{cases} D_1 = -0{,}276\, J_w \dfrac{\partial J_{wl}}{\partial \Theta} \\[2ex] D_2 = -0{,}0184 \left(\dfrac{B_p}{\alpha} - J_{wl}\right) \dfrac{\partial J_w}{\partial \Theta} \end{cases}$$

$$2. \begin{cases} D_1 = -0{,}1623\, J_w \dfrac{\partial J_{wl}}{\partial \Theta} \\[2ex] D_2 = -0{,}011 \left(\dfrac{B_p}{\alpha} - J_{wl}\right) \dfrac{\partial J_w}{\partial \Theta} \end{cases}$$

$$3. \begin{cases} D_1 = -0{,}308\, J_w \dfrac{\partial J_{wl}}{\partial \Theta} \\[2ex] D_2 = -0{,}021 \left(\dfrac{B_p}{\alpha} - J_{wl}\right) \dfrac{\partial J_w}{\partial \Theta} \end{cases}$$

In Fig. 260 sind die Konstanten D_1, $D_2^{\,1}$ und $D_2^{\,2}$ dargestellt. $D_2^{\,1}$ ist die Komponente der Konstanten D_2, die durch $\frac{B_p}{\alpha}$ bedingt ist, $D_2^{\,2}$ jene, die durch $-J_{wl}$ erzeugt wird. Die Kurve für $D_2^{\,2}$ ist ihrer Kleinheit halber in 20fach größerem Maßstab gezeichnet, als die Kurven für D_1 und $D_2^{\,1}$. Die normalen Werte von D sind nach unten, negativ, abgetragen, da bei positivem $\frac{d\Theta}{dt}$ die Konstante D negativ sein soll. Man sieht, wie klein $D_2^{\,2}$ gegen $D_2^{\,1}$ ist, und dieses wieder für große Θ gegen D_1.

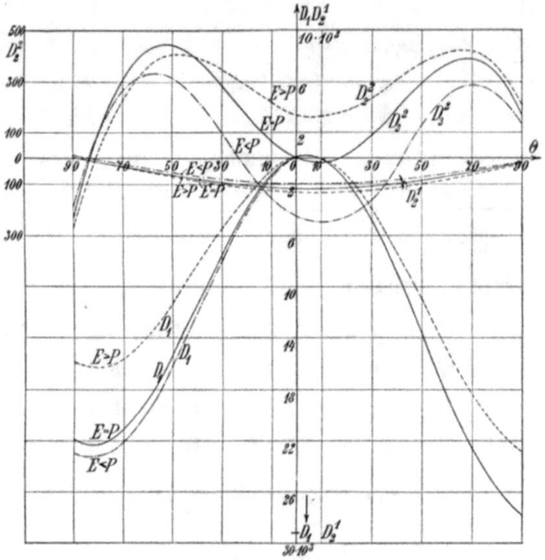

Fig. 260. Dämpfungskonstanten einer 500 KVA-Maschine als Funktion des Winkels Θ.

Nur für den praktisch wichtigen Fall kleiner Θ ist D_1 kleiner als $D_2^{\,1}$. D_2 ist der Hauptsache nach das praktisch in Frage kommende Dämpfungsmoment, das also durch die Pulsation des Querfeldes und das Leerlauffeld erzeugt wird. In Fig. 261 sind D_1 und D_2 noch einmal gezeichnet und zur resultierenden Dämpfungskonstanten D zusammengesetzt.

Die betrachtete Maschine erreicht ihre normale Leistung von 500 KW für $E > P$ als Generator bei $\Theta = 14^0$. Die entsprechende Dämpfungskonstante ist -3300. Bei einem Ungleichförmigkeitsgrad von $\frac{1}{250}$ beträgt die maximale Schlüpfung für eine Sinusschwingung $\frac{\delta}{2} = \frac{1}{500} = 0{,}2\,\%_0$.

Die mittlere Winkelgeschwindigkeit der Maschine ist 9,86, so daß sich $\left(\frac{d\,\Theta_r}{d\,t}\right)_{max} = s_{max}\,\Omega_{max} = 0{,}0197$ ergibt. Daraus findet man $\left(\frac{d\Theta}{dt}\right)_{max} = p\left(\frac{d\,\Theta_r}{d\,t}\right)_{max} = 0{,}63.$

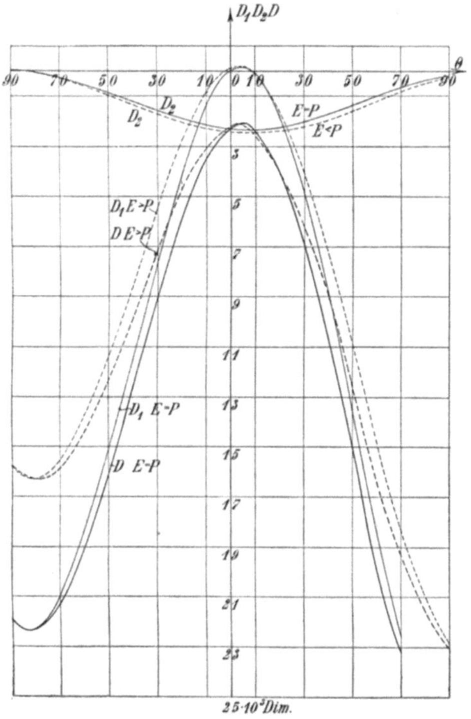

Fig. 261. Resultierende Dämpfungskonstante D einer 500 KVA-Maschine.

Es ist also das maximale auftretende Dämpfungsmoment 2080 Dim und die maximale Dämpferleistung 20,5 KW oder 4,1 $^0/_0$ der Maschinenleistung.

Bei Halblast, 250 KW, $\Theta = 7^0$ und $D = -2300$ und für $\delta = \frac{1}{250}$ ist die maxinale Dämpferleistung 17,65 KW, d. h. 7,06 $^0/_0$ der Maschinenleistung. Bei Leerlauf ist die maximale Dämpferleistung bei dieser Maschine auch 17,65 KW.

85. Die Käfigwicklung als Dämpferwicklung.

Wenn man die in den verschiedenen Polen liegenden Stäbe miteinander verbindet, so erhält man eine Art Käfigwicklung, die viel stärker wirkt als die bisher besprochene Wicklung, da nun das Querfeld viel günstiger ausgenützt wird. Die Wirkung des pulsierenden Längsfeldes ist genau die gleiche wie im vorherbeschriebenen Falle.

Rechnet man wieder die vom Querfeld induzierten Ströme und deren Drehmoment mit dem Längsfeld aus, so erhält man

$$\vartheta_2 = -18{,}4 \frac{x_{s2}\, x_{s3}}{k_0\, k_q} \varrho_1 \varrho_2 \frac{1}{R} \frac{1}{(k n w \alpha_i)^2} \left(\frac{B_p}{\alpha} - J_{wl}\right) \frac{\partial J_w}{\partial \Theta} (K_q' + a) \frac{d\Theta}{dt} \text{ Dim} \quad (193)$$

$$\vartheta_2 = -0{,}082\, \varrho_1 \varrho_2 \frac{x_{s2}\, x_{s3}}{k_0\, k_q} \frac{1}{R} \left(\frac{p\, \Phi\, 10^{-8}}{a\, E}\right)^2 \left(\frac{B_p}{\alpha} - J_{wl}\right) \frac{\partial J_w}{\partial \Theta} (K_q' + a) \frac{d\Theta}{dt} \text{ Dim} \quad (194)$$

wo

$$K_q' = Z + \frac{\sin Z \frac{y}{\tau} \pi}{\sin \frac{y}{\tau} \pi} \quad . \; . \; . \; . \; . \; (195)$$

wieder eine Art Wicklungsfaktor,

$$a = \frac{1}{2R + Zr} \frac{\sin Z \frac{y}{2\tau} \pi}{\sin \frac{y}{2\tau} \pi} \left(4 R \varepsilon - 2 r \frac{\sin Z \frac{y}{2\tau} \pi}{\sin \frac{y}{2\tau} \pi}\right) \quad (196)$$

und

$$\varepsilon = (1 - \alpha_i) \frac{\pi}{2} \gamma - \frac{\cos \pi \alpha_i}{2}$$

ist.

Es bedeuten in diesen Formeln

R Widerstand eines Stabes,
Z Stabzahl pro Pol,
r Widerstand einer Verbindung zwischen zwei Polen,
y Stabentfernung in cm,
α_i Füllfaktor,

$\gamma = \dfrac{\text{wirkliche Größe der Induktion des Querfeldes zwischen den Polkanten}}{\beta J_w = \text{die der Sinuslinie über den Polschuhen entsprechende Amplitude}}$,

$\gamma < 1$.

Der Faktor ε ist negativ und berücksichtigt die Verkleinerung des Querflusses durch die Einsattelung zwischen den Polen. Der Faktor a ist immer negativ. Der erste Teil berücksichtigt die Einsattelung des Feldes zwischen den Polen, der zweite die Verkleinerung der Wirkung der Dämpferwicklung durch den endlichen Widerstand der Verbindungen der einzelnen Pole. $(K_q' + a)$ ist immer positiv.

86. Abhängigkeit des Drehmomentes einer Käfigwicklung als Dämpferwicklung von der Wicklungsanordnung und den Maschinenkonstanten. Berechnungsbeispiel.

Die einfachste Dämpferwicklung dieser Art besteht aus einem Stab pro Pol, der in der Mitte des Poles angebracht ist. Es ist $Z = 1$, $K_q' = 2$ und $a = \frac{1}{2R + r}(4R\varepsilon - 2r)$.

In Fig. 262 ist der Faktor K_q' für verschiedene Z als Funktion der Entfernung zweier Stäbe y aufgetragen. Wie zu erwarten, nimmt K_q' mit wachsendem y ab. In Fig. 263 ist der Faktor als Funktion der gesamten Wicklungsbreite aufgetragen. Schließlich in Fig. 264 ist wieder der Faktor $\frac{K_q'}{R}$ für konstanten Gesamtkupferquerschnitt dargestellt.

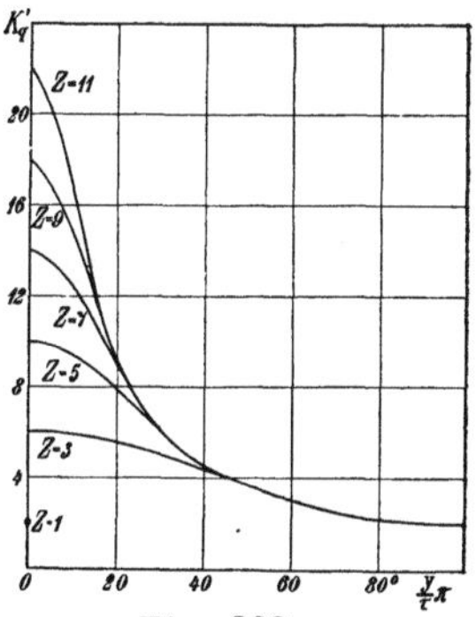

Fig. 262.

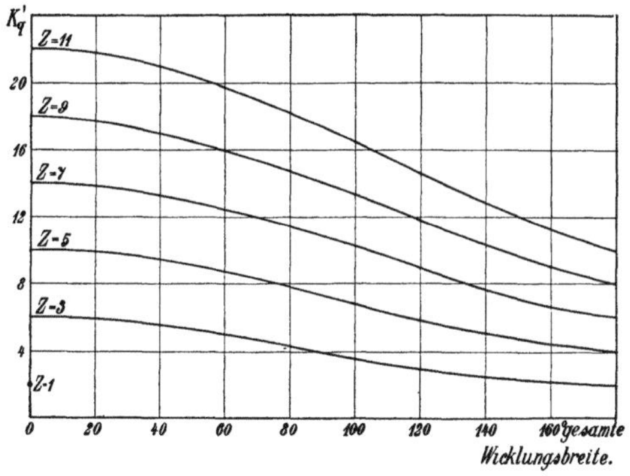

Fig. 263.

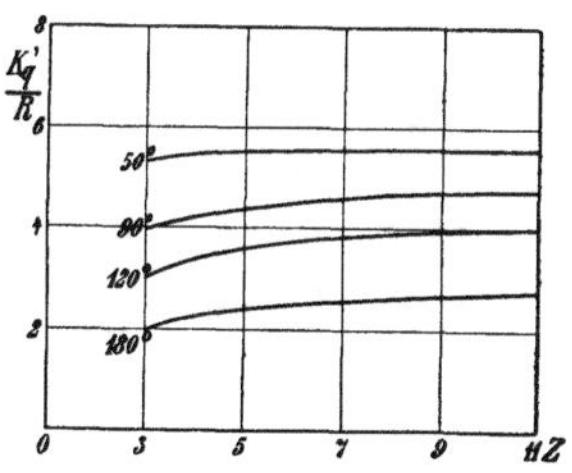

Fig. 264.

Es ist wieder für $Z = 3$ und die Wicklungsbreite 50^0 der Widerstand $R = 1$ gesetzt, um einen Ordinatenmaßstab zr erhalten. Bei geringen Wicklungsbreiten hat die Unterteilung wenig Einfluß, bei größerer wirkt eine größere Unterteilung günstiger. Der Faktor K_q' ist viel größer als K_q, was durch die bedeutend günstigere Ausnutzung des Querfeldes bedingt ist.

Bringt man schließlich bei einem nicht stark gesättigten Turbogenerator mit verteiltem Feldeisen eine gleichmäßig verteilte Dämpferwicklung an, so kann man setzen:

$$r \cong 0, \qquad \varepsilon = 0, \qquad y = \frac{\tau}{Z}, \qquad \frac{yZ}{\tau} = 1.$$

Es wird $K_q' + a = Z$ und K_e ebenfalls gleich Z.

Der Einfluß der Maschinenkonstanten und des Betriebszustandes ist nach Gl. 193 genau der gleiche wie bei der gewöhnlichen Dämpferwicklung. Es gelten wieder dieselben Kurven wie in Fig 256 bis 258. Die Käfigwicklung hat nur einen bedeutend stärkeren Querfeldeffekt.

Berechnungsbeispiel.

Wir nehmen an, daß bei der schon nachgerechneten Dämpferwicklung Querverbindungen zwischen den einzelnen Polen hergestellt würden. Da $Z = 5$, gesamte Wicklungsbreite $93{,}5^0$, ist K_q' nach Fig. 263 gleich 7,1. Es ist $\alpha_i = 0{,}65$ und es sei $\gamma \cong \frac{1}{6}$. Der Widerstand einer Verbindung betrage $r = 4 \cdot 10^{-6}\,\Omega$. Es ergibt sich

$$\varepsilon = -0{,}43 \qquad a = -4{,}99 \qquad (K_q' + a) = 2{,}01.$$

Aus diesen Werten erhält man die Dämpfungskonstanten

$$1. \quad D_2 = -0{,}205\left(\frac{B_p}{\alpha} - J_{wl}\right)\frac{\partial J_w}{\partial \Theta} \qquad (E = P)$$

$$2. \quad D_2 = -0{,}1205\left(\frac{B_p}{\alpha} - J_{wl}\right)\frac{\partial J_w}{\partial \Theta} \qquad (E > P)$$

$$3. \quad D_2 = -0{,}229\left(\frac{B_p}{\alpha} - J_{wl}\right)\frac{\partial J_w}{\partial \Theta} \qquad (E < P).$$

D_1 ist gleich geblieben.

In Fig. 265 sind die Konstanten D_1 und D_2 als Funktion von Θ dargestellt und es ist aus ihnen die resultierende Konstante D gebildet. Infolge der größeren Querfeldwirkung verläuft das resultierende Moment ganz anders wie früher. D ist sehr groß und ändert sich in dem praktisch wichtigen Gebiet kleiner Θ_m nur unwesentlich.

Bei der normalen Generatorleistung von 500 KW für $E > P$, die für $\Theta = 14^0$ erreicht wird, beträgt $D = 27800$. Bei einem Ungleichförmigkeitsgrade von $\frac{1}{250}$ beträgt die maximale Dämpferleistung jetzt 172 KW gleich $34{,}5\,^0/_0$ der normalen Maschinenleistung. Die Wirkung ist durch die Verbindungen zwischen den Polen auf das 8,5fache gestiegen. Bei Leerlauf ist die maximale Dämpferleistung bei $\delta = \frac{1}{250}$ ca. 160 KW. Freilich liegen die Verhältnisse in der Praxis nicht so günstig wie in diesem Beispiele, da ϱ_2 bedeutend kleiner wie eins werden kann, und die Querfeldwirkung entsprechend geringer wird.

Wir definieren schließlich noch einen Faktor g, den wir später benützen werden, durch

$$D = \frac{\vartheta_b\, g}{p\, \Omega_m} \quad \ldots \ldots \ldots \quad (197)$$

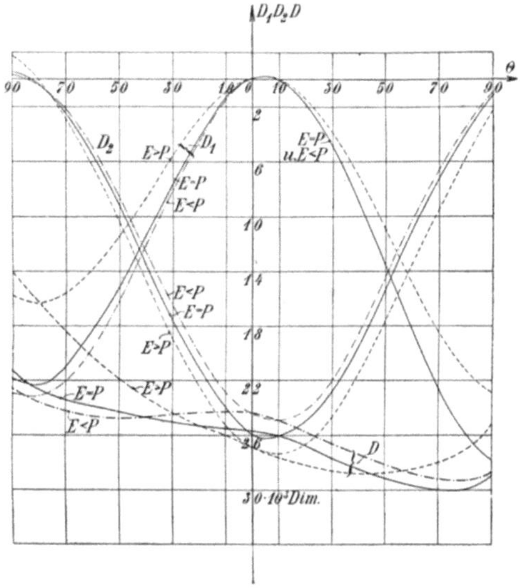

Fig. 265. Dämpfungskonstanten einer 500 KVA-Maschine mit Käfigwicklung als Dämpferwicklung als Funktion des Winkels Θ.

Es ist das Dämpfungsmoment bei der räumlichen Winkelgeschwindigkeit Ω gleich $Dp(\Omega - \Omega_m)$. Nennen wir die Geschwindigkeit, bei der es gleich dem normalen Belastungsmoment ϑ_b wird, Ω_d, so wird

$$Dp(\Omega_D - \Omega_m) = \vartheta_b$$

und

$$\Omega_D = \Omega_m + \frac{\vartheta_b}{Dp}.$$

Es ist also der Faktor g bestimmt durch:

$$g = \frac{Dp\,\Omega_m}{\vartheta_b} = \frac{\Omega_m}{\Omega_d - \Omega_m} \quad \ldots \ldots \quad (198)$$

Wird z. B. bei einer momentanen Schlüpfung von 8% das Drehmoment der Dämpfung gleich dem normalen Belastungsmoment, so ist

$$\Omega_D = 1{,}08\, \Omega_m$$

und

$$g = \frac{\Omega_m}{0{,}08\, \Omega_m} = 12{,}5.$$

In dem Berechnungsbeispiel auf S. 330 ist $\Omega_m = 9{,}86$, $p = 32$,

$$\vartheta_b = \frac{500000}{9{,}86} = 50700 \text{ Dim}$$

und für induktive Vollast 500 KW $D = 3300$.

Es wird

$$\Omega_D = \Omega_m + 0{,}47,$$

d. h. erst bei einer momentanen Schlüpfung von 47 % wird das Dämpfungsmoment gleich dem Belastungsgegenmoment. Daraus

$$g = \frac{1}{0{,}47} = 2{,}13.$$

Für Halblast 250 KW wird $D = 2300$, die maximale Schlüpfung auf das normale Drehmoment ϑ_b bei Vollast bezogen 67,5 % und $g = 1{,}482$.

Hier würde das Belastungsmoment, das 250 KW entspricht, schon bei einer momentanen Schlüpfung von 33,7 % erreicht werden.

Schließlich für den Fall der Käfigwicklung, S. 336, ergibt sich für induktive Vollast 500 KW

$$D = 27800.$$

Hier beträgt die Schlüpfung, bei der Dämpfungsmoment gleich Belastungsmoment wird, nur 5,7 %, und der Faktor g wird 17,5.

87. Die Pendelbewegung eines einzelnen Generators, der nicht parallel geschaltet ist. Ableitung der Differentialgleichung.

Nachdem wir nun die verschiedenen Faktoren kennen gelernt haben, die die Bewegung eines Generators beeinflussen, wollen wir nun den einfachsten Fall, die Pendelbewegung eines einzelnen Generators, der von einer Kraftmaschine angetrieben wird und auf ein Netz arbeitet, untersuchen. Wir setzen voraus, daß der Generator eine konstante Erregung besitzt und daß seine Belastung aus Glühlampen besteht.

Wenn in diesem Falle die Kraftmaschine dem elektrischen Generator mechanische Schwankungen aufzwingt, so werden EMK, Klemmenspannung und Strom des Netzes schwanken. Die relative Lage der 3 Vektoren wird aber bei konstanter Admittanz des Netzes sich nicht ändern, weil das ganze Netz den Schwankungen der Maschine folgt. Das ganze Vektordiagramm pendelt und ändert während des Pendelns nur die Länge seiner Vektoren. Es wird also in diesem Falle keine synchronisierende Kraft auftreten. Die Wirkung einer Dämpferwicklung ist in diesem Falle so gering, daß wir sie vernachlässigen wollen.

Es ist also in unserem Falle, abgesehen von nebensächlichen Einflüssen, der Winkel Θ_m zwischen Klemmenspannung und EMK konstant, Netzvektor und Polrad pendeln genau synchron. Wenn wir hier von einer Winkelabweichung der Maschine sprechen wollen, so können wir darunter nur den Winkel verstehen, zwischen der momentanen Lage eines Vektors des Diagramms, bzw. des Polrades und der Lage, die dieser Vektor bzw. das Polrad im gleichen Moment bei gleichförmiger Drehung einnehmen würden. Dieser Winkel, den wir mit ε bezeichnen wollen ist definiert durch $d\varepsilon = (\omega - \omega_m)\,dt$ und durch $\varepsilon = 0$ für $\omega = \omega_m$. Der entsprechende räumliche Winkel für das Polrad ist $\frac{\varepsilon}{p}$.

Die in das Netz abgegebene Leistung der Maschine (inklusiv Stromwärmeverluste im Anker) ist bei konstanter Admittanz gleich $E^2 g$, also dem Quadrate der induzierten EMK und damit dem Quadrate der Winkelgeschwindigkeit proportional. Diese Leistung wird in Wärme oder Licht umgesetzt und flutet also nicht mehr zur Maschine zurück. Das dieser Leistung entsprechende Drehmoment ist natürlich proportional der Winkelgeschwindigkeit, und das „Pendeldrehmoment", das wir uns über das konstante mittlere Gegendrehmoment der Maschine gelagert denken, ist die Differenz zwischen momentaner und mittlerer Winkelgeschwindigkeit proportional. Wir setzen also dieses Drehmoment[1]) gleich

$$\boldsymbol{N}(\omega - \omega_m) = \boldsymbol{N}\frac{d\varepsilon}{dt} \quad \ldots\ldots \quad (199)$$

und nennen N die „Netzkonstante".

Meist wird die Admittanz des Netzes nicht unabhängig von der Spannung sein, wie z. B. bei Glühlampen, und daher wird das Gegendrehmoment der Maschine mit der 2ten bis 4ten Potenz der Winkelgeschwindigkeit variieren.

Die Reibungsverluste, die auch zu dieser Kategorie gehören, ändern sich proportional der 1,5ten Potenz der Geschwindigkeit. Tragen wir nun das der Belastung und Reibung entsprechende Drehmoment als Funktion der Winkelgeschwindigkeit (Fig. 266) auf, so können wir in der Nähe der normalen Geschwindigkeit Ω_m

---

[1]) Messen wir die Leistung in Watt, so ist dieses Drehmoment auf den Hebelarm 1 m bezogen, in (10^5 Dynen·m) = 1 Dezimegadynenmeter (Dim) = $\frac{1}{g}$ kgm messen. Messen wir die Leistungen in KW, so sind die schwankenden Antriebsmomente in $\frac{1000}{g}$ kgm oder in $\left(\frac{1{,}36}{\Omega_m}\text{PS}\right)$ zu messen.

die Kurve durch eine Gerade ersetzen und für das Drehmoment schreiben

$$\vartheta = \vartheta_b\left(1 + f\,\frac{\Omega - \Omega_m}{\Omega_m}\right) \quad . \quad . \quad . \quad . \quad . \quad . \quad (200)$$

Der Pendelanteil dieses Ausdruckes ist

$$\vartheta_b f\,\frac{\Omega - \Omega_m}{\Omega_m} = \vartheta_b f\,\frac{\omega - \omega_m}{\omega_m} = N(\omega - \omega_m) \quad . \quad . \quad (201)$$

Es ist also $N = \frac{\vartheta_b f}{\omega_m}$, wobei zu bemerken ist, daß das Drehmoment in Dim gemessen sein muß. Zu der Größe N kommt noch ein kleiner Anteil infolge der Stromwärmeverluste in der Armatur und infolge der Wirbelströme im Eisen hinzu, der aber meist verschwindend klein ist.

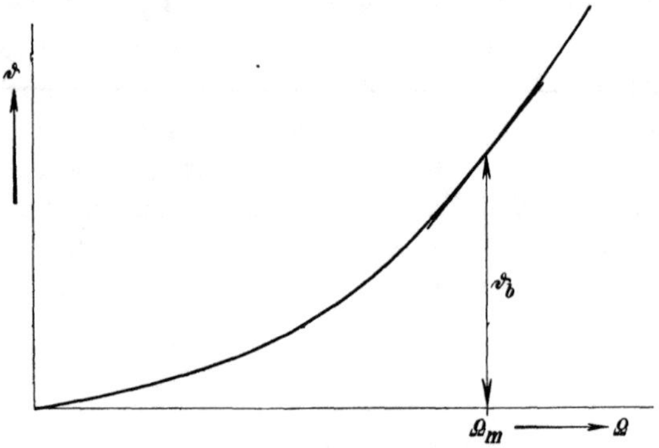

Fig. 266. Drehmoment eines mit Glühlampen belasteten Generators in Abhängigkeit von der Winkelgeschwindigkeit.

Die kinetische Energie eines rotierenden Systems ist $\frac{J\Omega^2}{2}$ und das bei einer Änderung der Winkelgeschwindigkeit auftretende Beschleunigungs- oder Verzögerungsmoment beträgt $J\,\frac{d\Omega}{dt}$ oder $\frac{J}{p}\frac{d\omega}{dt}$ in elektrischen Einheiten gemessen.

Eine synchronisierende Kraft tritt in unserem Falle nicht auf, weil der Stromvektor den Schwankungen des EMK-Vektors folgen kann.

Diese zwei Gegenmomente müssen nun nach dem d'Alembertschen Prinzip in jedem Moment dem schwankenden Teile des Antriebsmomentes der Kraftmaschine das Gleichgewicht halten. Dieses letztere Pendelmoment der Kraftmaschine stellen wir den Entwicklungen im Abschnitt 77 entsprechend als eine Fouriersche Reihe von der Form

$$\sum_{\nu=1}^{\nu} \vartheta_\nu \sin(\nu \Omega_m t + \psi_\nu)$$

dar, in der ν die Ordnung der betreffenden Harmonischen und ψ_ν ihre Phasenverschiebung gegen die Nullage bedeutet, ganz analog der Entwicklung einer beliebigen Wechselstromkurve in einer Fourierschen Reihe[1]). Die Differentialgleichung der Pendelbewegung der Maschine lautet also

$$N(\omega - \omega_m) + \frac{J}{p}\frac{d\omega}{dt} = \sum_{\nu=1}^{\nu} \vartheta_\nu \sin(\nu \Omega_m t + \psi_\nu) \quad . \quad . \quad (202)$$

oder homogen gemacht

$$\boldsymbol{N(\omega - \omega_m) + \frac{J}{p}\frac{d(\omega - \omega_m)}{dt} = \sum_{\nu=1}^{\nu} \vartheta_\nu \sin(\nu \Omega_m t + \psi_\nu)} \quad (203)$$

88. Die Analogie zwischen der Gleichung der mechanischen Bewegung und der des elektrischen Stromkreises.

Die Integration dieser Gleichung können wir uns sehr leicht machen, wenn wir bedenken, daß Gleichungen von diesem Typus schon in den elementarsten Darstellungen der Wechselstromtheorie vorkommen, nämlich bei der Berechnung des Stromes, den eine Wechselspannung in einem Stromkreis mit Widerstand und Selbstinduktion erzeugt. Die Spannungsgleichung eines derartigen Stromkreises lautet bekanntlich:

$$Ri + L\frac{di}{dt} = p \quad . \quad . \quad . \quad . \quad . \quad . \quad . \quad . \quad (204)$$

wo p den Momentanwert der wirkenden Wechselspannung bedeutet. Ist diese nicht von einfacher Sinusform, so läßt sie sich, wie schon oben erwähnt, in eine Summe von Sinusgliedern auflösen; und wie aus der Theorie der Wechselströme bekannt ist, wirkt eine jede dieser Teilspannungen so, als ob alle anderen nicht vorhanden wären. Jede Spannung erzeugt ihren besonderen Strom von ihrer Periodenzahl und die einzelnen Ströme setzen sich zu dem resultierenden Strome zusammen. Bekanntlich ist für jeden der Oberströme die Impedanz und auch seine Phasenverschiebung gegen die ihn erzeugende Spannung eine andere.

Wenn also p sich als

$$\sum_{\nu=1}^{\nu} P_\nu \sin(\nu \omega t + \psi_\nu)$$

[1]) Siehe WT Bd. I, S. 221ff.

darstellt, lautet die Stromgleichung

$$i = \sum_{\nu=1}^{\nu} \frac{P_\nu}{\sqrt{r^2 + (\nu\omega L)^2}} \sin\left(\nu\omega t + \psi_\nu - \operatorname{arctg}\frac{\nu\omega L}{r}\right) . \quad (205)$$

Wir haben also nur die Gleichung rein formal umzudeuten und erhalten die Lösung unserer Pendelgleichung. Die entsprechenden Größen der beiden Gleichungen 203 und 204 sind folgende:

R Ohmscher Widerstand	N Netzkonstante
L Selbstinduktionskoeffizient	$\frac{J}{p} = \frac{\text{Trägheitsmoment}}{\text{Polpaarzahl}}$
i Wechselstromstärke	$(\omega - \omega_m)$ variabler Teil der elektrischen Winkelgeschwindigkeit
P_ν Amplitude der Wechselspannung	ϑ_ν variabler Teil des Antriebsmomentes

Also auch hier wird jede Harmonische des Antriebsmomentes ihre eigene Pendelgeschwindigkeit $(\omega - \omega_m)$ erzeugen, nur wird für jede Ordnungszahl ein anderes Verhältnis beider Größen entsprechend der Impedanz vorhanden sein, und es wird auch die zeitliche Phasenverschiebung zwischen Pendelmoment und Pendelgeschwindigkeit für jede Harmonische eine andere sein.

Es lautet also die Lösung unserer Differentialgleichung

$$\omega - \omega_m = \sum_{\nu=1}^{\nu} \frac{\vartheta_\nu}{\sqrt{N^2 + \left[\nu\,\Omega_m\left(\frac{J}{p}\right)\right]^2}} \times$$

$$\times \sin\left[\nu\,\Omega_m t + \psi_\nu - \operatorname{arctg}\frac{\nu\,\Omega_m\left(\frac{J}{p}\right)}{N}\right] \quad . \; . \; . \quad (206)$$

Um die räumlichen Geschwindigkeitsschwankungen zu erhalten, haben wir $(\omega - \omega_m)$ durch die Polpaarzahl p zu dividieren. Aus der obigen Gleichung folgt, daß man ähnlich wie bei elektrischen Stromkreisen nicht von der Variation des Antriebsmomentes auf die Geschwindigkeitsvariation schließen kann. Ähnlich wie eine Selbstinduktion eine Oberwelle schwächt und dadurch der Stromstärke eine der Sinuskurve ähnliche Form gibt, so schwächt auch hier ein großes Trägheitsmoment die Oberwellen der Geschwindigkeitskurve und die Geschwindigkeit schwankt infolgedessen fast nach einer Sinuskurve um ihren Mittelwert Ω_m.

Die Amplituden der einzelnen Pendelgeschwindigkeiten $(\omega - \omega_m)$ wollen wir von jetzt ab mit ω und dem Index der entsprechenden Harmonischen ausdrücken. Es gilt also:

$$\omega_\nu = \frac{\vartheta_\nu}{\sqrt{N^2 + \left[\nu \Omega_m \frac{J}{p}\right]^2}} \quad . \quad . \quad . \quad . \quad . \quad (207)$$

und es ist die zeitliche Phasenverschiebung der Winkelgeschwindigkeit gegen das sie erzeugende Drehmoment ϑ_ν gegeben durch

$$\operatorname{tg} \psi_\nu = \frac{\nu \Omega_m \left(\frac{J}{p}\right)}{N} \quad . \quad . \quad . \quad . \quad . \quad . \quad . \quad (208)$$

Für den elektrischen Stromkreis, auf den eine Spannung von der Größe $P_\nu \sin \nu \Omega_m t$ wirkt, gelten die Bezeichnungen

$$J_\nu = \frac{P_\nu}{\sqrt{R^2 + (\nu \Omega_m L)^2}} = \frac{P_\nu}{\sqrt{R^2 + x_\nu^2}} \quad . \quad . \quad . \quad (209)$$

und

$$\operatorname{tg} \varphi_\nu = \frac{\nu \Omega_m L}{R} = \frac{x_\nu}{R}.$$

Wir haben also, um die Analogie fortzuführen, festzusetzen: $R = N$

$$x_\nu = \nu \Omega_m \left(\frac{J}{p}\right) = 6{,}28 \left(\frac{\nu}{p}\right) c \left(\frac{J}{p}\right) \quad . \quad . \quad . \quad (210)$$

Wie sich die Spannung im elektrischen Stromkreis in zwei aufeinander senkrechtstehende Komponenten JR und Jx_ν zerlegen läßt, läßt sich nun auch das Drehmoment ϑ_ν nach Gl. 202 in zwei Drehmomente

$$N\omega_\nu \quad \text{und} \quad \frac{J}{p} \nu \Omega_m \omega_\nu \quad . \quad . \quad . \quad . \quad . \quad . \quad (211)$$

zerlegen, die zeitlich um 90^0 in der Phase gegeneinander verschoben sind.

Es entspricht dies auch den physikalischen Eigenschaften des Problems, denn das Pendelmoment des Netzes ist ein Maximum bei der größten Winkelgeschwindigkeit, während das Beschleunigungsmoment bei der größten Winkelbeschleunigung, die bei einer sinusförmigen Schwingung im Nullwert der Amplitude auftritt, seine größten Werte erreicht.

Geradeso wie wir bisher aus Analogiebetrachtungen „Pendelwiderstand" R und „Pendelreaktanz" x_ν abgeleitet haben, kann man ferner auch die Pendelimpedanz als Verhältnis des Drehmoments ϑ_ν und der Winkelgeschwindigkeit ω_ν und die Pendeladmittanz als ihren reziproken Wert einführen. Beide Größen sind Vektoren, die, wie jetzt ohne weiteres ersichtlich ist, genau so behandelt werden können, wie die entsprechenden Konstanten elektrischer Stromkreise.

Um nun aus der Pendelgeschwindigkeit die Winkelabweichung bestimmen zu können, benützen wir die Bezeichnung

$$(\omega - \omega_m) = \frac{d\varepsilon}{dt} \quad . \; . \; . \; . \; . \; . \; . \quad (212)$$

$$\frac{d\varepsilon_\nu}{dt} = \omega_\nu \sin\left(\nu\Omega_m t + \psi_\nu - \operatorname{arctg}\frac{\nu\Omega_m\frac{J}{p}}{N}\right)$$

$$\varepsilon_\nu = \frac{p}{\nu}\frac{\omega_\nu}{\omega_m}\sin\left(\nu\Omega_m t + \psi_\nu - \operatorname{arctg}\frac{\nu\Omega_m\frac{J}{p}}{N} - \frac{\pi}{2}\right) \quad (213)$$

Die elektrische Winkelabweichung eilt also dem Vektor der Winkelgeschwindigkeit um $\frac{\pi}{2}$ nach. Ihre Amplitude in Graden gemessen ist (aus Analogie mit späterem mit $\Theta_\nu{}^0$ bezeichnet):

$$\Theta_\nu{}^0 = \frac{p}{\nu}\frac{\omega_\nu}{\omega_m}57{,}3 \quad . \; . \; . \; . \; . \; . \; . \; . \; . \; . \quad (214)$$

$$\Theta_\nu{}^0 = \frac{57{,}3\,\frac{p}{\nu\,\omega_m}\,\vartheta_\nu}{\sqrt{N^2 + \left(\nu\Omega_m\frac{J}{p}\right)^2}} \quad . \; . \; . \; . \quad (215)$$

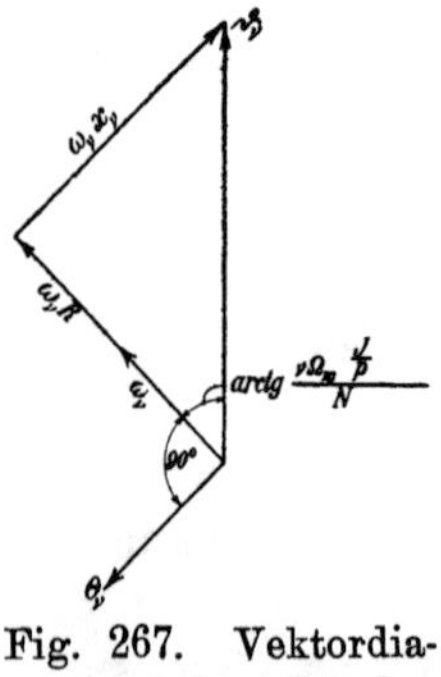

Fig. 267. Vektordiagramm der pendelnden Maschinenleistung ϑ_ν, der maximalen Pendelgeschwindigkeit ω_ν und der maximalen elektrischen Winkelabweichung Θ_ν.

Die maximale räumliche Winkelabweichung $\Theta_{\nu r}^0$ ist gleich $\left(\frac{\Theta_\nu{}^0}{p}\right)$. Wir erhalten also schließlich folgendes Vektordiagramm (Fig. 267).

Wenn wir nun den Einfluß des Netzes und des Trägheitsmomentes auf den Schwingungsvorgang studieren wollen, oder für ein gegebenes ϑ_ν bei verschiedenen R und x die entstehende Pendelgeschwindigkeit ω_ν untersuchen wollen, so werden wir natürlich auf genau dieselben Diagramme kommen, wie sie die Veränderung eines elektrischen Stromes nach Größe und Phase bei gegebener Klemmenspannung in Abhängigkeit von den Konstanten des Stromkreises darstellen.

1. Es sei ein bestimmtes Netz vorhanden, d. h. N sei gegeben, und man will den Einfluß des Trägheitsmoments auf die Pendelbewegung untersuchen, oder für den entsprechenden elektrischen Stromkreis ist R konstant und x variabel. Wir entwickeln zuerst das Admittanzdiagramm in Fig. 268.

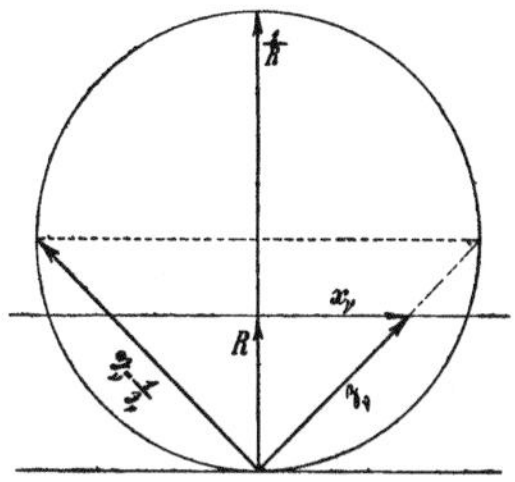

Fig. 268.

Um das Stromdiagramm zu finden, multiplizieren wir das Admittanzdiagramm mit dem Betrag der Klemmenspannung, bzw. um das Diagramm der Winkelgeschwindigkeit zu erhalten mit der Amplitude des Drehmomentes ϑ_ν (Fig. 269 und 270).

$\overline{OB}$ stellt die Amplitude des Wechselstromes bzw. der Pendelgeschwindigkeit dar, $\overline{OB'}$ die Amplitude der elektrischen Winkelabweichung. Das Diagramm der Winkelabweichung erhält man einfach aus dem ω_ν-Diagramm, indem man dieses um 90^0 nach rückwärts dreht und es mit $\frac{57{,}3\,p}{\nu\,\omega_m}$ multipliziert. Der Durchmesser des ω_ν-Kreises ist $\frac{\vartheta_\nu}{N}$, der des $\Theta_\nu{}^0$-Kreises

$$\frac{\vartheta_\nu}{N}\,\frac{p}{\nu}\,\frac{57{,}3}{\omega_m} = 9{,}12\,\frac{\vartheta_\nu}{N}\,\frac{p}{\nu}\,\frac{1}{c} \quad . \quad . \quad . \quad . \quad . \quad (216)$$

Bei einer Änderung von x_ν von 0 bis ∞ bewegt sich der Punkt B, das Ende des ω_ν-Vektors auf der linken Kreishälfte, der Punkt B' auf der untern Kreishälfte von A' nach 0.

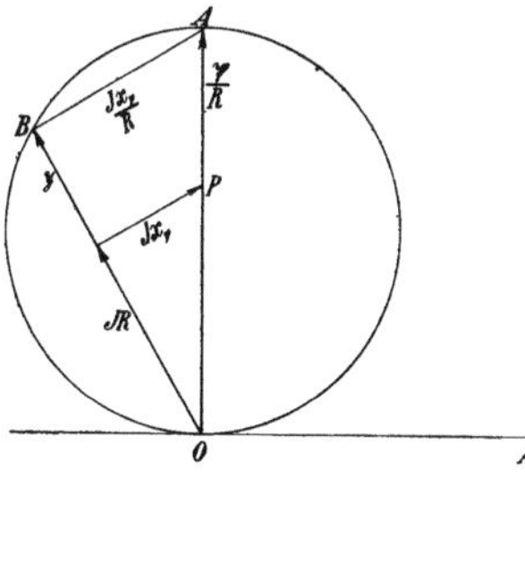

Fig. 269. Elektrisches Diagramm eines Stromkreises mit veränderlicher Selbstinduktion.

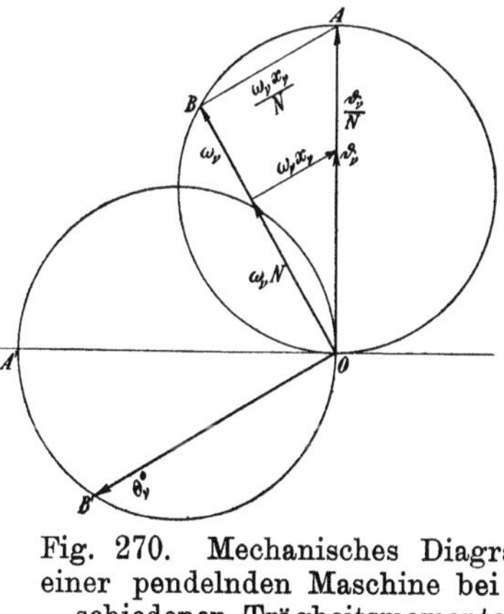

Fig. 270. Mechanisches Diagramm einer pendelnden Maschine bei verschiedenen Trägheitsmomenten.

Die stärksten Schwingungen treten dann auf, wenn die Schwungmassen sehr klein sind. Der Punkt B rückt dann nach A. Die ganze schwingende Energie der Kraftmaschinen muß vom Netze aufgenommen werden. Bei unendlich großen Schwungmassen fallen B und B' nach 0, d. h. Winkelgeschwindigkeit und Winkelabweichung der Pendelung werden Null, die Maschine pendelt nicht mehr, denn bei dem kleinsten Pendelausschlag treten unendlich große bremsende Trägheitsmomente auf. Durch ein genügend schweres Schwungrad lassen sich die Pendelungen verkleinern. Der Ungleichförmigkeitsgrad des ganzen Maschinensatzes ist ein kleinerer, als der für die Dampfmaschine allein bestimmte, denn zu der Wirkung der Schwungmassen kommt jetzt noch der verkleinernde Einfluß des Netzes.

In dem elektrischen Verteilungsnetz werden nun infolge der Spannungsvariation Schwankungen der elektrischen Leistung auftreten.

Die pendelnden Leistungen sind proportional den Produkten aus den schwankenden Drehmomenten und der momentanen Winkelgeschwindigkeit der Maschine. Diese setzt sich aus dem mittleren konstanten Wert Ω_m und einem Pendelanteil zusammen, welch letzteren wir seiner Kleinheit wegen gegen Ω_m vernachlässigen wollen. Die Leistungen sind die folgenden:

$$\left.\begin{array}{ll} \text{I. pendelnde Netzleistung} & N(\omega - \omega_m)\,\Omega_m \text{ Watt} \\ \text{II. Trägheitsleistung . .} & \dfrac{J}{p}\,\dfrac{d(\omega - \omega_m)}{dt}\,\Omega_m \quad " \end{array}\right\} \quad . \quad . \quad (217)$$

Die Amplituden dieser Pendelleistungen ergeben sich zu:

$$\text{I. } N\omega_\nu \Omega_m \qquad \text{II. } \frac{J}{p}\,\omega_\nu \nu\, \Omega_m^{\,2}.$$

II ist in der Phase gegen I um 90° verschoben. Da Ω_m für die betreffende Maschine eine Konstante ist, sehen wir, daß alle Leistungen ω_ν direkt proportional sind. Werden die Konstanten von Gl. 210, S. 343, eingeführt, so lassen sich diese Leistungen darstellen als:

$$\text{I: } R\,\omega_\nu \Omega_m \qquad \text{II: } x_\nu \omega_\nu \Omega_m \quad . \quad . \quad . \quad . \quad (218)$$

Multipliziert man nun die Strecken des Diagramms Fig. 270 mit R, so erhält man die Fig. 271.

Die Strecken $\overline{OB}$ und $\overline{BA}$ sind direkt den Leistungen I und II proportional. Da die maximale pendelnde Maschinenleistung gleich $\vartheta_\nu \Omega_m$ Watt ist, analog früherem, gibt $\overline{OA}$ das Maß für diese. Fig. 271 stellt uns also das Leistungsdiagramm der pendelnden Maschine dar.

2. Es sei eine bestimmte Maschine gegeben. Wie beeinflußt die Art der Belastung die Pendelerscheinungen? Wir entwickeln

wieder das Admittanzdiagramm für x_ν = konst. und R = variabel (Fig. 272). Durch Multiplikation mit ϑ_ν erhalten wir die Diagramme für Winkelgeschwindigkeit und Winkelabweichung (Fig. 273).

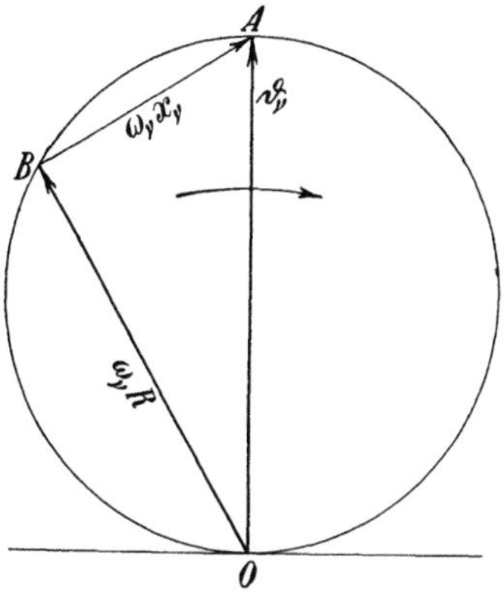

Fig. 271. Leistungsdiagramm einer pendelnden Maschine für veränderliches Trägheitsmoment.

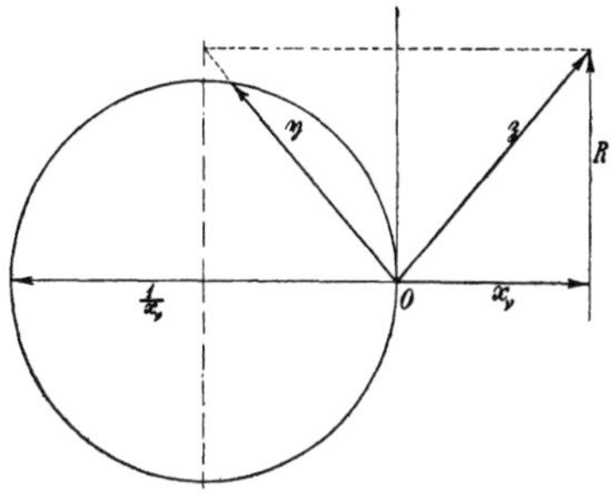

Fig. 272.

$\overline{OB}$ gibt wieder die Amplitude der Winkelgeschwindigkeit, $\overline{OB'}$ die Amplitude der Winkelabweichung. Der Durchmesser des ω_ν-Kreises ist $\dfrac{\vartheta_\nu}{\nu\,\Omega_m \dfrac{J}{p}}$, der des Θ_ν^0-Kreises $1{,}45\,\dfrac{\vartheta_\nu}{\dfrac{J}{p}}\left(\dfrac{p}{\nu}\right)^2\dfrac{1}{c^2}$.

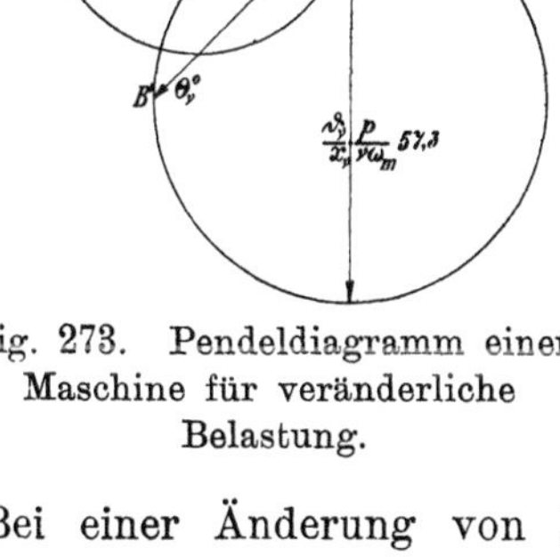

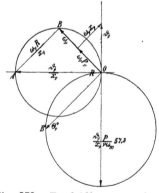

Fig. 273. Pendeldiagramm einer Maschine für veränderliche Belastung.

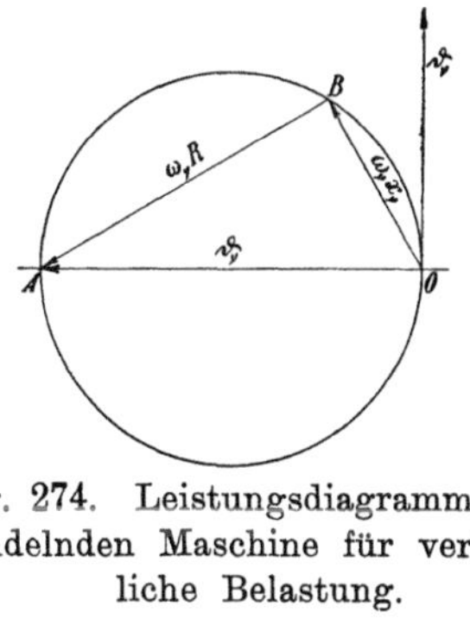

Fig. 274. Leistungsdiagramm einer pendelnden Maschine für veränderliche Belastung.

Bei einer Änderung von N von 0 bis ∞ bewegt sich der Punkt B auf der oberen Kreishälfte von A nach O, die Amplitude der Schwingungen nimmt dauernd ab und ihre Phasenverschiebung gegen das Drehmoment nimmt ebenfalls von $\frac{\pi}{2}$ bis auf 0 ab, während die Phasenverschiebung der Winkelabweichung von 180^0 bis auf 90° abnimmt. Das Diagramm der Leistungen erhält man, indem man das obige Diagramm mit x_ν multipliziert. Man erhält dann die Fig. 274.

Die Strecke $\overline{AB}$ ist ein Maß für die Leistung, die vom Netz aufgenommen und abgegeben wird, und die Strecke $\overline{OB}$ ein Maß für die Trägheitsleistung, wie aus den Ausdrücken für diese Leistungen hervorgeht.

Weiter eingehen wollen wir auf die Vorgänge nicht, da der betrachtete Fall kein praktisches Interesse besitzt, sondern nur die Analogie der mechanischen und elektrischen Vorgänge erläutern sollte.

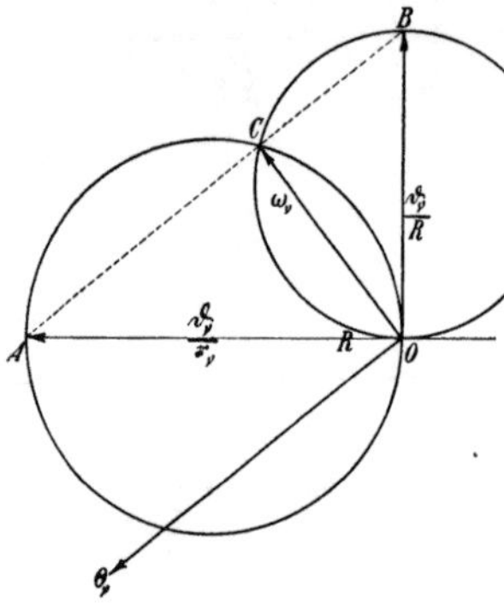

Fig. 275. Konstruktion des Vektors der Pendelgeschwindigkeit.

Hat man auf Grund der gegebenen Konstanten die Pendelgeschwindigkeit der Maschine zu bestimmen, so erhält man den Vektor $\overline{OC}$ am bequemsten durch Übereinanderlagerung beider Diagramme als Schnitt der beiden Kreise, wie es Fig. 275 zeigt.

Daß C der gesuchte Punkt ist, ist evident, da er auf beiden Kreisen liegen muß, also nur ihr Schnittpunkt sein kann. Durch ω_ν ist der Vektor Θ_ν^0 gegeben.

Beispiel. Als Beispiel sei eine Tandemmaschine betrachtet, deren Drehmoment schon auf S. 293 in ihre Harmonischen zerlegt wurde. Von den Harmonischen ist die zweite am bedeutendsten und es ist

$$\vartheta_2 = 0{,}865\,\vartheta_b = 0{,}865 \cdot 99\,400 = \mathbf{86000}\ \text{Dim.}$$

Das Trägheitsmoment des Maschinensatzes, das wir in Kilogramm Masse $\times$ m² einzuführen haben, da wir die Energie in Joule rechnen, ergibt sich zu 169800 kgm². Die Trägheitswirkung des Gestänges und der hin und her gehenden Massen ist schon bei der Aufstellung der Drehmomentkurve berücksichtigt worden.

Es ergibt sich nach Gl. 210, S. 343,

$$\nu = 2. \qquad x_2 = 6{,}28\,\frac{2}{20}\,32\,\frac{169\,800}{20}$$

$$p = 20. \qquad c = 32. \qquad x_2 = 170\,700$$

$$\frac{\vartheta_2}{x_2} = \frac{86\,000}{170\,700} = \mathbf{0{,}5045.}$$

Wenn wir annehmen, daß der Generator von einer auf einer Welle sitzenden Erregermaschine magnetisiert wird, schwankt die

Netzleistung sehr stark mit der Tourenzahl, so daß wir $f = 3$ annehmen. Das mittlere Drehmoment ϑ_b bei einer Leistung von 1000 KW und 96 Touren pro Minute

$$\left(\Omega_m = \frac{\pi n}{30} = 10{,}06\right) \text{ beträgt } 99\,400 \text{ Dim}$$

und

$$N = \frac{\vartheta_b f}{\omega_m} = \frac{99\,400 \cdot 3}{10{,}06 \cdot 20} = 1480$$

$$\frac{\vartheta_2}{N} = \frac{86\,000}{1480} = 58{,}1.$$

Wir zeichnen nun entsprechend Fig. 276 einen Kreis über $\overline{OA} = \frac{\vartheta_2}{x_2}$ als Durchmesser und verbinden A mit dem Punkte B, dessen Abstand von O gleich $\frac{\vartheta_2}{N}$ ist. Der Schnittpunkt P_k dieser Geraden mit dem Kreise gibt uns den Vektor der elektrischen Winkelgeschwindigkeit ω_2 an, und normal auf ihm stehend finden wir den Vektor der elektrischen Winkelabweichung

$$\Theta_\nu{}^0 = \frac{20 \cdot 57{,}3}{2 \cdot 201{,}5}\, \omega_\nu = 2{,}84\, \omega_\nu$$

(siehe Fig. 275).

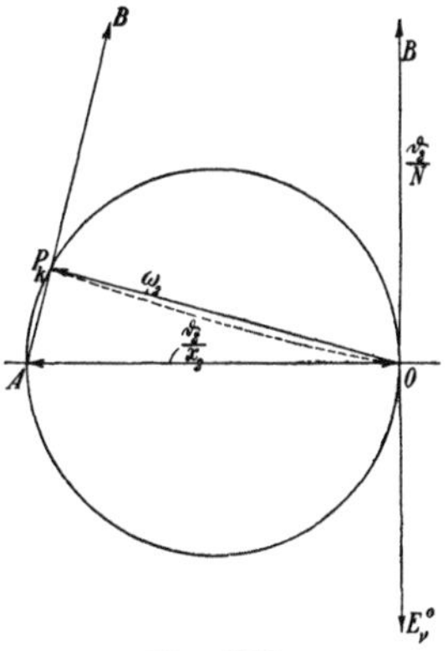

Fig. 276.

Man sieht, wie gering der Einfluß des Netzes gegenüber dem der Schwungmassen ist.

Nachdem wir diesen Fall so ausführlich erörtert haben, werden wir uns in den folgenden Kapiteln, die erst das eigentliche Problem behandeln, bedeutend kürzer fassen können. Wir werden auch dort die hier aufgenommene Analogie weiter führen und auf Grund der hier entwickelten Analogie die Erscheinungen an Hand der Diagramme der elektrischen Stromkreise studieren und wollen die entsprechenden Größen mit „Pendelwiderstand", „Pendelreaktanz", „Pendelimpedanz" und „Pendeladmittanz" bezeichnen.

Bevor wir dieses Kapitel verlassen, sei noch bemerkt, daß wir die elastische Wirkung des Gestänges, des Dampfes usw. vernachlässigt haben. Da aber die Massen der elastisch wirkenden Teile, der Gelenke, des Dampfes usw. im Vergleich zu den anderen sehr klein sind, treten die erforderlichen Deformationen in so kurzer Zeit ein, daß sie auf die Erscheinungen einen verschwindend kleinen Einfluß besitzen. Sie sind deswegen als unnötige Komplikation der Rechnung ganz vernachlässigt worden.

Fünfzehntes Kapitel.

Pendelerscheinungen parallel geschalteter Synchronmaschinen infolge des ungleichförmigen Antriebsmoments der Kraftmaschinen.

I. Die Pendelbewegung einer Maschine, die an ein unendlich starkes Netz angeschlossen ist.

89. Ableitung der Differentialgleichung und ihre Integration.

Wir wollen jetzt eine Synchronmaschine betrachten, die mit vielen großen Generatoren parallel arbeitet, derartig, daß ihre Schwingungen die übrigen Generatoren nicht nennenswert beeinflussen, d. h. daß die Klemmenspannung des ganzen Systems sich nach Größe und Phase nicht ändert. Der Vektor der Klemmenspannung bleibt in Ruhe, unabhängig von den Schwingungen der betrachteten Maschine, es existiert ein „unendlich starkes Netz“.

Die betrachtete Maschine habe eine bestimmte normale elektrische Geschwindigkeit ω_m und einen normalen Phasenverschiebungswinkel Θ_m, über die sich jetzt die Pendelanteile lagern. Es treten die drei bekannten Momente der Maschine, beschleunigendes, synchronisierendes und dämpfendes Moment auf, und ihre Summe muß dem pendelnden Antriebsmoment gleich sein.

Die Differentialgleichung für die Bewegung der betrachteten Maschine lautet also:

$$\frac{J}{p}\frac{d\omega}{dt} + S(\Theta - \Theta_m) + D\frac{d\Theta}{dt} = \sum_{\nu=1}^{\nu} \vartheta_\nu \sin(\nu\,\Omega_m t + \psi_\nu)$$

oder

$$\frac{J}{p}\frac{d\omega}{dt} + D(\omega - \omega_m) + S(\Theta - \Theta_m) = \sum_{\nu=1}^{\nu} \vartheta_\nu \sin(\nu\,\Omega_m t + \psi_\nu).$$

Differenzieren wir diese Gleichung noch einmal nach t und führen überall $(\omega - \omega_m)$ ein, so erhalten wir:

$$\frac{J}{p}\frac{d^2(\omega - \omega_m)}{dt^2} + D\frac{d(\omega - \omega_m)}{dt} + S(\omega - \omega_m) = \sum_{\nu=1}^{\nu} \nu\,\Omega_m \vartheta_\nu \cos(\nu\,\Omega_m t + \psi_\nu) \quad . \quad . \quad (219)$$

Diese Differentialgleichung hat genau denselben Charakter wie die allgemeine Differentialgleichung eines elektrischen Stromkreises, Fig. 277 (s. WT I, S. 51, Fig. 51)

$$L\frac{d^2 i}{dt^2} + R\frac{di}{dt} + \frac{i}{C} = \frac{de}{dt} \quad . \quad (220)$$

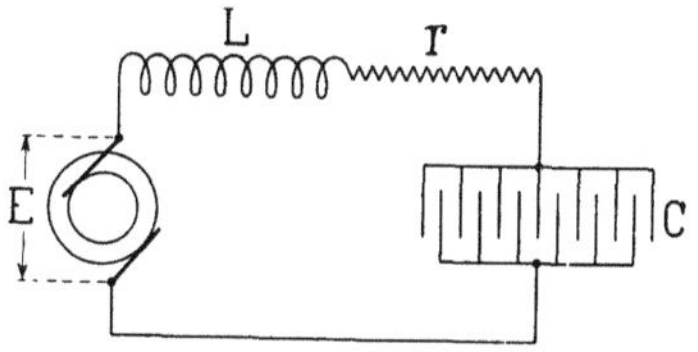

Fig. 277. Elektrischer Analogiestromkreis zu einer Maschine, die an einem unendlich starken Netz pendelt.

Wir haben bloß für

$$i \div (\omega - \omega_m)$$

$$L \div \frac{J}{p}$$

$$R \div D$$

$$\frac{1}{C} \div S$$

zu setzen.

Das partikuläre Integral unserer Gleichung, das die stationären Schwingungen angibt, lautet dann

$$(\omega - \omega_m) = \sum_{1}^{\nu} \frac{\vartheta_\nu}{\sqrt{D^2 + \left(\nu\,\Omega_m \frac{J}{p} - \frac{S}{\nu\,\Omega_m}\right)^2}} \sin(\nu\,\Omega_m t + \psi_\nu - \varphi_\nu) \quad (221)$$

$$\operatorname{tg}\varphi_\nu = \frac{\nu\,\Omega_m \frac{J}{p} - \frac{S}{\nu\,\Omega_m}}{D} \quad . \quad . \quad . \quad . \quad (222)$$

Die Kurve der Geschwindigkeitsvariation setzt sich auch aus einzelnen Sinusharmonischen zusammen.

Gegenüber dem im vorigen Kapitel behandelten Fall, wo wir

$$(\omega - \omega_m) = \sum_1^\nu \frac{\vartheta_\nu}{\sqrt{N^2 + \left(\nu\,\Omega_m \frac{J}{p}\right)^2}} \sin(\nu\,\Omega_m t + \psi_\nu - \varphi_\nu)$$

$$\operatorname{tg}\varphi_\nu = \frac{\nu\,\Omega_m \frac{J}{p}}{N}$$

fanden, zeigt sich ein wesentlicher Unterschied. Früher wurden die einzelnen Harmonischen der Winkelgeschwindigkeit um so kleiner, je höher ihre Ordnungszahl war; das ist jetzt nicht mehr der Fall. Die synchronisierende Kraft, die durch die elektrische Verkettung der Generatoren hervorgerufen wird, wirkt wie die Kapazität in einem Wechselstromkreise.

Eine große Kapazitätsreaktanz $x_c = \frac{1}{\omega C}$ wirkt deformierend auf die Stromkurve; und es kann für einen der Oberströme Resonanz eintreten. So auch hier; die elektrische Verkettung der Generatoren wirkt deformierend auf die Form der Geschwindigkeitskurve und es können diejenigen Harmonischen, für deren Periodizität $\nu\,\Omega_m$ das Glied $\left(\nu\,\Omega_m \frac{J}{p} - \frac{S}{\nu\,\Omega_m}\right)^2$ verschwindet, den Parallelbetrieb gefährden, da ihre Amplitude bei geringer Dämpfung sehr groß werden kann und gegen alle andern sehr verstärkt erscheint. Die Gleichung dieser Harmonischen ist

$$(\omega - \omega_m)_R = \frac{\vartheta_\nu}{D} \sin(\nu\,\Omega_m t + \psi_\nu) \quad . \quad . \quad . \quad (223)$$

Die Ordnung der Harmonischen, bei der dieser Resonanzzustand auftritt, ist gegeben durch

$$(\nu\,\Omega_m) = \sqrt{\frac{p\,S}{J}} = \sqrt{\frac{p\,W_S}{J\,\Omega_m}} \quad . \quad . \quad . \quad . \quad (224)$$

Diese Schwingungszahl gibt zugleich bei Vernachlässigung der Dämpfung die E i g e n s c h w i n g u n g s z a h l des Generators an

$$\sqrt{\frac{p\,W_s}{J\,\Omega_m}} = \Omega_{ei} = 2\,\pi\,c_{ei} \quad . \quad . \quad . \quad . \quad (225)$$

Ω_{ei} bedeutet die Zahl der Schwingungen, die die Maschine in 2π Sekunden ausführt, wenn sie gleichförmig angetrieben wird und durch einen plötzlichen Stoß in ihrer Bewegung gestört wird.

Diese Erscheinung der Resonanz ist ganz analog der, die in Wechselstromkreisen auftritt. Hier kompensieren sich Selbstinduktion und Kapazität und die Spannung wirkt nur auf den Ohmschen Widerstand, dort kompensieren sich Trägheitskraft und synchronisierende Kraft und das variable Drehmoment muß von der Dämpfung aufgenommen werden.

Die Arbeitsmaschine arbeitet in diesem Falle ganz wie eine Maschine ohne Schwungmassen arbeiten würde. Selbstverständlich ist ein derartiger Betrieb unmöglich. Es ist deswegen darauf zu achten, daß der Arbeitszustand einer Maschine möglichst weit von dem Grenzzustand liegt, bei dem Resonanz auftritt. Es soll $\frac{\Omega_{ei}}{\nu\,\Omega_m}$ möglichst von der Einheit verschieden sein, und da im allgemeinen dieses Verhältnis kleiner als 1 ist, so soll es möglichst klein sein. Wollen wir nun die Winkelabweichung aus der normalen Lage bei gleichförmiger Drehung bestimmen, so erhalten wir sie auf Grund der Beziehung:

$$(\omega - \omega_m) = \frac{d\Theta}{dt} \quad \ldots\ldots\ldots \quad (226)$$

woraus folgt:

$$(\Theta - \Theta_m) = \sum_1^{\nu} \frac{\frac{p}{\nu\,\omega_m}\,\vartheta_\nu}{\sqrt{D^2 + \left(\nu\Omega_m \frac{J}{p} - \frac{S}{\nu\,\Omega_m}\right)^2}} \sin\left(\nu\,\Theta_m t + \psi_\nu - \varphi_\nu - \frac{\pi}{2}\right) \quad (227)$$

Die Amplitude der νten Harmonischen der Winkelabweichung sei mit Θ_ν bezeichnet und ergibt sich in elektrischen Graden als

$$\Theta_\nu{}^0 = \frac{57{,}3\,\frac{p}{\nu\,\omega_m}\,\vartheta_\nu}{\sqrt{D^2 + \left(\nu\,\Omega_m \frac{J}{p} - \frac{S}{\nu\,\Omega_m}\right)^2}} \text{ elektr. Gr.}$$

und wenn wir noch die Eigenschwingungszahl der Maschine einführen:

$$\Theta_\nu{}^0 = \frac{57{,}3\,\frac{p}{\nu\,\omega_m}\,\vartheta_\nu}{\sqrt{D^2 + \left\{\nu\,\Omega_m \frac{J}{p}\left[1 - \left(\frac{\Omega_{ei}}{\nu\,\Omega_m}\right)^2\right]\right\}^2}} \text{ elektr. Gr. } . \quad (228)$$

Die räumliche Winkelabweichung ist $\Theta_{\nu r}^0 = \frac{\Theta_\nu{}^0}{p}$.

Die entstehenden Winkelabweichungen der Maschine sind für ein gegebenes ϑ_ν abhängig von der Zahl der Impulse pro Minute, werden ein Maximum bei Resonanz, das für $\nu \Omega_m = \Omega_{ei}$ auftritt, und da

$$\Theta^0_{\nu\, max} = \frac{57{,}3 \dfrac{p}{\nu \omega_m} \vartheta_\nu}{D}$$

nur durch die Stärke der Dämpfung begrenzt ist, da die synchronisierende und Trägheitswirkung sich in diesem Falle vollständig aufheben.

Man sieht aus Gl. 221 ohne weiteres, daß der Ungleichförmigkeitsgrad der Kraftmaschine gar kein Maß für die Pendelschwingungen ist, die im Parallelbetrieb auftreten, denn bei der Berechnung des Ungleichförmigkeitsgrades wird nur die Massenträgheit berücksichtigt. Die Beziehung zwischen dem Ungleichförmigkeitsgrade δ_ν einer Harmonischen des Antriebsmomentes und der entsprechenden Pendelgeschwindigkeit ist (s. Kap. XIV, Gl. 143)

$$\delta_\nu = \frac{2\,\Omega\nu}{\Omega_m} = \frac{2\,\omega_\nu}{\omega_m} \quad \ldots\ldots\ldots \quad (229)$$

Das Verhältnis zwischen berechnetem und tatsächlichem Ungleichförmigkeitsgrad im Parallelbetrieb ist

$$\frac{\delta_{ber.}}{\delta_{tats.}} = \frac{\sqrt{D^2 + \left(\nu\,\Omega_m \dfrac{J}{p} - \dfrac{S}{\nu\,\Omega_m}\right)^2}}{\nu\,\Omega_m \dfrac{J}{p}} \quad \ldots\ldots \quad (230)$$

$\delta_{tats.}$ kann also viel größer werden als $\delta_{ber.}$ Der ohne Rücksicht auf die elektrischen Verhältnisse berechnete Ungleichförmigkeitsgrad der Kraftmaschine ist also keineswegs ein Maß für die Güte der Maschine im Parallelbetrieb.

Um die Resonanzgefahr allgemeiner beurteilen zu können, führen wir in Formel 225 für den Resonanzfall das Verhältnis von synchronisierender Kraft[1]) zur normalen Leistung der Maschine bei $\cos\varphi = 1$ und das Verhältnis der bei normaler Geschwindigkeit im Schwungrad akkumulierten kinetischen Energie zu dieser Leistung der Maschine ein. Letztere Größe kann man auch als Anlaufzeit der Maschine definieren, wenn man ihr dauernd, bis zur Erreichung

[1]) Siehe auch S. 312.

der normalen Geschwindigkeit, die normale Generatorleistung zuführt. Die beiden Größen sind also definiert durch

$$k_p = \frac{W_s}{KVA} \qquad T = \frac{J \Omega_m^{\,2}}{2\,KVA} \quad \ldots\ldots \quad (231)$$

Führen wir diese beiden Größen in Formel 225 ein, so läßt sich die Resonanzbedingung auch schreiben:

$$\frac{p}{\nu} = \sqrt{\frac{4\pi c T}{k_p}} \quad \ldots\ldots\ldots \quad (232)$$

Für große Schwungradmaschinen ist im allgemeinen T zirka 10 Sekunden, $c = 50$ Perioden und der Faktor k_p gleich 4, so wird Resonanz eintreten, wenn

$$\frac{p}{\nu} = \sqrt{\frac{4\pi 50 \cdot 10}{4}} = 40 \text{ ist.}$$

Hieraus geht hervor, daß für diese Maschinen bei gegebener Periodenzahl Resonanz um so eher zu befürchten ist, je größer die Polpaarzahl und je kleiner die Anlaufzeit T des Schwungrades ist.

Man hat es in der Hand, durch eine beliebige Vergrößerung des Schwungradgewichts die Eigenschwingungszahl der Maschine so zu legen, daß sie mit keiner der erzwungenen Schwingungen zusammenfällt, am besten wird man sie natürlich unter die aufgeprägte Grundschwingung legen, weil dann auch jede Möglichkeit einer Resonanzerscheinung mit einer höheren Harmonischen ausgeschlossen ist. Aber bei Maschinen, die eine sehr langsame Grundschwingung haben, wie z. B. langsam laufende Viertaktgasmaschinen, wäre dann eine enorme Vergrößerung des Schwunggewichts erforderlich, so daß hier die Eigenschwingungszahl meist möglichst in die Mitte zwischen Grundschwingung und erste Oberharmonische der Kraftmaschine gelegt wird. Wenn man durch irgend welche Gründe gezwungen sein sollte, in der Nähe von Resonanz zu arbeiten, wird man mit einer starken Dämpfung die Schwingungen zu unterdrücken suchen.

Um die Erscheinungen eingehender zu studieren, wollen wir an der Hand des elektrischen Stromkreises das Diagramm der Erscheinung aufstellen. Die Amplitude der νten Harmonischen der Pendelgeschwindigkeit ergab sich als:

$$\omega_\nu = \frac{\vartheta_\nu}{\sqrt{D^2 + \left(\nu\Omega_m \frac{J}{p} - \frac{S}{\nu\Omega_m}\right)^2}} \quad \ldots\ldots \quad (233)$$

und ihre Phasenverschiebung gegen das Drehmoment ϑ_ν:

$$\operatorname{tg}\varphi_\nu = \frac{\nu\,\Omega_m \frac{J}{p} - \frac{S}{\nu\,\Omega_m}}{D} \quad \ldots\ldots \quad (234)$$

Wir setzen in Analogie mit dem elektrischen Stromkreis: Pendelwiderstand D, Pendelreaktanz $\nu\,\Omega_m \frac{J}{p}$ und Pendelkapazitanz $\frac{S}{\nu\,\Omega_m}$.

Die drei Größen seien entsprechend den elektrischen mit r, x_s und x_c bezeichnet.

Das Diagramm der elektrischen Winkelabweichung ergibt sich bekanntlich aus dem ω-Diagramm, durch Multiplikation desselben mit $57{,}3\,\frac{p}{\nu\,\omega_m}$ und Rückwärtsdrehung um 90^0.

Trägt man nun genau entsprechend der Fig. 275 des vorigen Abschnittes ($x_s - x_c$ ist jetzt die resultierende Reaktanz x_ν)

$$\overline{OA} = \frac{\vartheta_\nu}{x_s - x_c} = \frac{\vartheta_\nu}{\nu\,\Omega_m \frac{J}{p}\left[1 - \left(\frac{\Omega_{ei}}{\nu\,\Omega_m}\right)^2\right]}$$

auf der Abszissenachse (Fig. 278) auf und beschreibt über dieser Strecke als Durchmesser einen Kreis, so ist dieser der geometrische Ort der Radiivektoren, die die Pendelgeschwindigkeit ω_ν bei verschiedener Dämpfung darstellen. Je stärker man die Dämpfung macht, um so mehr verschiebt sich der Punkt P nach rechts.

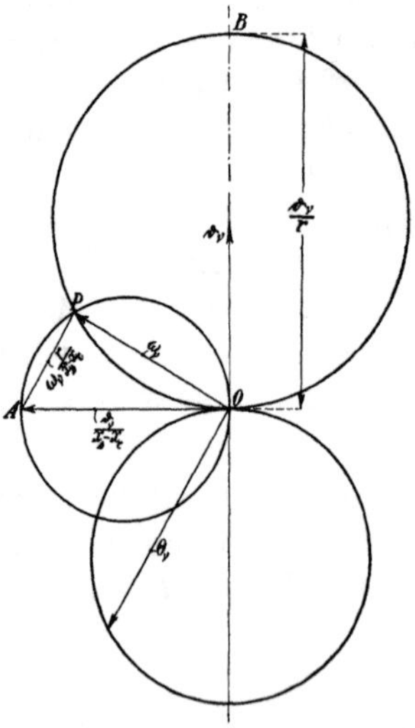

Fig. 278. Pendeldiagramm einer Maschine an einem unendlich starken Netz.

Um den Vektor ω_ν zu finden, trägt man noch auf der Ordinatenachse die Strecke $\overline{OB} = \frac{\vartheta_\nu}{r}$ auf, und findet, entsprechend der Fig. 275, den Punkt P als den Schnitt der beiden Kreise. Je nach der Größe dieser beiden Kreise liegt der Vektor ω_ν näher der Abszissen- oder der Ordinatenachse. Ist keine Dämpfung vorhanden, $r = 0$, so fällt P nach A, tritt der Zustand der Resonanz ein, $x_s = x_c$, dann fällt P nach B.

Wenn wir nun an Hand der entwickelten Gl. 233 und 234 und

der Fig. 278 die Vorgänge überschauen, so erkennen wir, daß bei sehr großen Frequenzen der aufgedrückten Schwingung die Pendelgeschwindigkeit ω_ν und der Pendelweg Θ_ν sehr klein sind, und daß ω_ν in der Phase um annähernd 90^0, Θ_ν dagegen um fast 180^0 verzögert ist. Die Maschine schwingt „gegen" das treibende Drehmoment, d. h. dieses ist immer der Bewegungsrichtung entgegengesetzt, bei der größten Voreilung der Maschine herrscht die größte rücktreibende Kraft der Antriebsmaschine. Es entspricht dieser Fall Maschinen mit großem Trägheitsmoment und kleiner synchronisierender Kraft. Die Trägheitsleistung ist bedeutend viel größer als die Synchronleistung. Bei abnehmender Frequenz nehmen ω_ν und Θ_ν an Amplitude zu, und ihre Phasenverschiebung nimmt ab, bis im Resonanzfall ω_ν in Phase und Θ_ν um 90^0 verschoben zum treibenden Antriebsmoment geworden sind. Ihre Amplitude ist dann, wie wir schon sahen, nur durch die Dämpfung begrenzt. Wenn die Antriebsdauer nun kleiner wird als die Eigenschwingungsdauer, nehmen ω_ν und Θ_ν in der Amplitude wieder ab, der Sinn ihrer Phasenverschiebung kehrt sich um, denn x_s wird kleiner als x_c, ω_ν eilt vor und Θ_ν um weniger als 90^0 nach, bis im Grenzfalle sehr langsamer aufgeprägter Schwingungen die Amplituden beider wieder sehr klein werden, ω_ν um 90^0 voreilt und Θ_ν in Phase mit dem Drehmoment ist. Die Maschine schwingt jetzt „mit" dem Drehmoment, d. h. macht alle aufgeprägten Schwingungen ohne Verzögerung mit. Dieser Fall ist gegeben bei sehr kleinem Trägheitsmoment und relativ großer synchronisierender Kraft, wie es z. B. der Fall ist bei sehr kleinen Synchronmotoren. Diese Maschinen machen alle Schwingungen, die ihnen[1]) vom Netz aufgeprägt werden, bedingungslos mit, ihr Polrad wird sich relativ zu dem großen Polrad des Generators kaum verstellen, daher wird ein nur sehr kleiner Ausgleichstrom zwischen den Maschinen fließen, der Motor kann pendeln, ohne daß Amperemeter oder Wattmeter in Schwingungen geraten. Zu diesem Falle gehören auch die von Rosenberg, ETZ 1903 erwähnten langsamen Schwankungen infolge Änderungen des Dampf-, Wasser- oder Kondensatordruckes, oder infolge der Regulierung indirekt wirkender Regler. Diese Schwankungen machen alle Maschinen in Phase mit und sie haben weiter nichts Gefährliches an sich. Vor allem ist die Vermeidung des Resonanzgebietes wichtig, was sich durch die Wahl eines genügend schweren Schwungrades erreichen läßt.

---

[1]) Ob die Schwankungen des Antriebs mechanisch oder elektrisch zugeführt werden, ist natürlich ganz gleichgültig, unsere Entwicklungen gelten also auch für Motoren. $(\Omega_m \vartheta_\nu)$ bedeutet dann die schwankende zugeführte elektrische Leistung.

90. Das Diagramm der Leistungen.

Um das Diagramm der Leistungen zu finden, multiplizieren wir das ω_ν-Diagramm mit $(x_s - x_c)$ und erhalten dann Fig. 279.

Die pendelnden Leistungen sind mit Vernachlässigung kleiner Bestandteile:

I. Dämpferleistung $D\dfrac{d\Theta}{dt}\Omega_m$,

II. Synchronleistung $S\,\Theta\,\Omega_m$,

III. Trägheitsleistung $\dfrac{J}{p}\dfrac{d\omega}{dt}\Omega_m = \dfrac{J}{p}\dfrac{d^2\Theta}{dt^2}\Omega_m$.

Ihre Maxima ergeben sich aus den Gleichungen 226, 221 und 233 zu

$$1.\ D\omega_\nu\Omega_m; \qquad 2.\ \frac{S}{\nu\,\Omega_m}\omega_\nu\Omega_m; \qquad 3.\ \frac{J}{p}\nu\,\Omega_m\omega_\nu\Omega_m \quad . \quad . \quad . \quad (235)$$

oder zu

$$1.\ r\omega_\nu\,\omega_m; \qquad 2.\ x_c\omega_\nu\Omega_m; \qquad 3.\ x_s\,\omega_\nu\Omega_m \quad . \quad . \quad . \quad . \quad . \quad (236)$$

wobei die Dämpferleistung und Synchron- sowie Trägheitsleistung in Quadratur zueinander stehen. Synchron- und Trägheitsleistung wirken außerdem einander entgegen. Da die maximale Pendelleistung der Kraftmaschine annähernd durch $\vartheta_\nu\Omega_m$ gegeben ist, ist das Diagramm Fig. 279 tatsächlich ein Bild der Leistungen im Maßstabe $\dfrac{1}{\Omega_m}$. $\overline{OA}$ stellt die Variation der zugeführten Leistung, $\overline{AP}$ stellt die Asynchronleistung und $\overline{OP} = (x_s - x_c)\,\omega_\nu$ stellt die Differenz der Trägheitsleistung und der synchronisierenden Leistung dar.

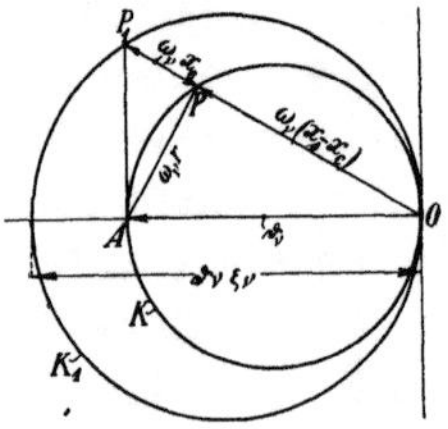

Fig. 279. Leistungsdiagramm einer Maschine, die an einem unendlich starken Netz pendelt.

Berechnen wir nun

$$\frac{x_s}{x_s - x_c} = \frac{1}{1 - \left(\dfrac{\Omega_{ei}}{\nu\,\Omega_m}\right)^2} = \zeta_\nu \quad . \quad . \quad . \quad . \quad . \quad (237)$$

und nennen diese Größe nach Görges den Resonanzmodul, da er die Vergrößerung der entstehenden Schwingungen in einem System mit Trägheit und synchronisierender Kraft im Verhältnis zu einem, das nur Trägheit enthält, also ein Maß für die Nähe der Resonanz angibt, und multiplizieren den ganzen Kreis mit diesem Faktor, so daß wir den Kreis K_1 erhalten, so ergibt uns der Vektor $\overline{OP_1}$ die

Trägheitsleistung $x_s \omega_\nu \Omega_m$. Der Durchmesser des Kreises, der uns die Trägheitsleistung angibt, beträgt also $\vartheta_\nu \zeta_\nu$.

Die Strecken $\overline{PP_1}$ stellen die durch die elektrische Kupplung übertragene variable Leistung $\omega_\nu x_c \Omega_m$ dar. Diese ist nichts anderes als die synchronisierende Leistung der Generatoren; im folgenden werden wir sie der Kürze halber die Synchronleistung nennen.

Die Variation der von dem Generator abgegebenen elektrischen Leistung setzt sich aus zwei Teilen zusammen, nämlich aus der Synchronleistung und aus der Asynchronleistung der Dämpferwicklung. Diese beiden Leistungen sind aber in der Phase um 90° gegeneinander verschoben. Man muß deswegen $\overline{AP}$ und $\overline{PP_1}$ unter 90° zueinander zusammensetzen und erhält dann als Maß für die Variation der elektrischen Leistung die Strecke $\overline{AP_1}$. Diese ändert sich mit der Größe der Dämpfung. Ist der Kreis K_1 viel größer wie K, so nimmt $\overline{AP_1}$ mit zunehmender Dämpfung ab. Im andern Falle, wenn die Kreise sich einander nähern, nimmt die Variation der elektrischen Leistung mit zunehmender Dämpfung ab. Aus Fig. 279 ist leicht ersichtlich, daß für $\zeta_\nu = 2$ der Punkt A mit dem Mittelpunkt des Kreises K_1 zusammenfällt, und daß in diesem Falle die Variation $\overline{AP_1}$ der elektrischen Leistung konstant gleich ϑ_ν ist. Wir sehen somit, daß die Dämpfung die Variation der elektrischen Leistung vergrößert, wenn der Resonanzmodul ζ_ν kleiner wie 2 ist, und sie verkleinert, wenn ζ_ν größer als 2 ist. Diese Wirkung der Dämpfung bezieht sich nur auf die Schwingungen der elektrischen Leistung. Was die mechanischen Schwingungen des Systems anbetrifft, so werden diese, von einer äußeren Ursache hervorgerufen, um so schneller aussterben, je kräftiger die Dämpfung ist. Prof. Görges hat zuerst auf diesen Einfluß der Dämpfung auf die Schwankungen der elektrischen Leistung in der ETZ 1903, S. 379 aufmerksam gemacht und berichtet von einem Fall aus der Praxis, wo die Schwankungen der elektrischen Leistung so groß waren, daß man die Dämpfung durch Entfernung einiger Stäbe der Kurzschlußwicklung abschwächen mußte.

91. Der Einfluß einer Dämpferwicklung auf die elektrischen Vorgänge.

Wir sahen im Diagramm Fig. 279, daß die Anbringung einer Dämpferwicklung keinen Einfluß auf die elektrischen Leistungsschwankungen hat, wenn $\zeta = 2$ ist, d. h. wenn $x_s = 2x_c$ ist. Wie man sich durch Nachrechnung leicht überzeugt, ist dann

$$\Omega_m = 1{,}414\, \Omega_{ei},$$

die erzwungene Schwingungszahl, um ca. 40% größer als die Eigenschwingungszahl der Maschine. Der Zustand ist ziemlich weit von Resonanz entfernt. Es ist in diesem Falle die Synchronleistung $\Omega_m \omega_\nu x_c$ gleich der Hälfte der Beschleunigungsleistung, und die pendelnde Netzleistung $\Omega_m \omega_\nu \sqrt{x_c^2 + r^2}$ gleich der Pendelleistung der Kraftmaschine $\Omega_m \vartheta_\nu$, da $\omega_\nu = \frac{\vartheta_\nu}{\sqrt{r^2 + x_c^2}}$ ist. Wenn man sich dem Zustande der Resonanz nähert, nähern sich auch x_s und x_c, und im Resonanzfalle wird $\zeta = \infty$. In diesem Bereich wirkt die Dämpfung günstig. Wenn wir uns hingegen weiter vom Resonanzpunkt entfernen, wird ζ kleiner und die Dämpfung vergrößert die Schwankungen der elektrischen Leistung. Die Anbringung einer Dämpfung hat also nur in der Nähe der Resonanz wirklichen Nutzen. Ist die Maschine weit von diesem Zustande entfernt, so wirkt sie nachteilig auf den Betrieb. Das Verhältnis der pendelnden Netzleistung zur schwankenden Maschinenleistung ist allgemein durch den Ausdruck

$$\frac{\sqrt{r^2 + x_c^2}}{\sqrt{r^2 + (x_s - x_c)^2}} = m$$

gegeben. Ist x_s viel größer als x_c, so wird m sehr klein, gleich 0 für $x_s = \infty$. Die ganze schwankende Maschinenleistung wird in kinetische Energie des Schwungrades umgesetzt, die Netzleistung ändert sich nur wenig oder gar nicht. In diesem Falle, in dem die Schwingungszahl der Maschine bedeutend geringer ist als die aufgeprägte, kann die Anwendung einer Dämpfung nur schaden, denn eine Vergrößerung von r bewirkt, daß sich m wieder der Einheit nähert, d. h. bei unendlich starker Dämpfung wird die ganze schwankende Maschinenleistung als elektrische Leistung sich wieder im Wattmeter zeigen. Die akkumulierende Wirkung des Schwungrades wird aufgehoben. Für $x_s = 2x_c$ wird $m = 1$, wie schon oben erwähnt. Wird x_s kleiner, so wächst m und ist für $x_s = x_c$ gleich $\sqrt{\frac{r^2 + x^2}{r^2}}$.

Nimmt x_s noch weiter ab, so nimmt m wieder ab und wird für den Grenzfall $x_s = 0$ wieder gleich 1. In diesem ganzen Bereich von $\Omega_{ei} = 0{,}707\,\Omega$ über dem Resonanzfall bis $\Omega_{ei} = \infty$ ist die elektrische Leistungsschwankung stets größer als die pendelnde Maschinenleistung, und die Anbringung einer Dämpfung kann nur günstig wirken, denn eine Vergrößerung von r bewirkt, daß sich m von oben her der Einheit nähert und daß im Grenzfall $m = 1$ wird. Im ersten Fall ist also die größte mögliche und im zweiten

Fall die kleinste mögliche Leistungsschwankung gleich der Schwankung der Antriebsleistung.

Aus dieser Auseinandersetzung geht hervor, daß Maschinen mit sehr ungleichförmigem Tangentialdruckdiagramm kein vorteilhaftes Anwendungsgebiet für die Dämpfung sind. Vier- und Zweitaktgasmotoren, auch einkurbelige Dampfmaschinen werden besser mit einem schweren Schwungrad ausgerüstet, so daß sie bei ζ unter 2 arbeiten. Dagegen kann man Mehrfachexpansionsmaschinen mit genügender Dämpfung ruhig mit einem leichten Schwungrad arbeiten lassen. Die Wattmeter zeigen in diesem Falle die Pendelungen des Tangentialdruckdiagramms vergrößert an, da diese aber bei diesen Maschinen nur recht klein sind, ist das weiter[1]) kein Schaden. Wenn z. B. bei einer Maschine, die unter $\zeta = 2$ arbeitet, zu große Schwankungen auftreten, so können diese nicht durch eine Dämpfung beseitigt werden, sondern haben ihren Grund in einem zu ungleichmäßigen Tangentialdiagramm der Kraftmaschine, an der der Fehler daher aufzusuchen und zu verbessern ist. Auch wenn die Anbringung einer Dämpfung günstig wirkt, können die Schwankungen der elektrischen Leistung nicht kleiner werden, als die Schwankungen des Antriebsmomentes. Die Dämpfung kann also nur den schädlichen Einfluß der Resonanz beseitigen und eine zu große Ungleichförmigkeit des Tangentialdruckdiagramms keineswegs korrigieren. Die mechanischen Schwingungen einer Maschine werden durch die Dämpfung natürlich immer verringert.

Expansionsmaschinen können unter Umständen auch bei vollständiger Resonanz mit der Grundwelle von einer ganzen Umdrehung befriedigend laufen, vorausgesetzt, daß diese nur klein ist und die Maschine eine genügend starke Dämpfung besitzt. Eine solche Maschine wird aber auch gegen kleine Störungen, die diese Harmonische vergrößern, sehr empfindlich sein.

Im allgemeinen wird es also günstig sein, die Antriebsmaschinen möglichst rasch laufen zu lassen und durch genügendes Schwungmoment die Eigenschwingungszahl des Aggregates so zu legen, daß sie mit keiner der Harmonischen der Kraftmaschine in Resonanz kommen kann. Man muß natürlich dann die Maschine für die verschiedenen zu erwartenden Betriebszustände nachrechnen, da die Konstanten sich mit ihnen ändern. Praktische Durchschnittswerte von Eigenschwingungszahlen sind die folgenden:

---

[1]) Die hier angegebenen Betrachtungen über die Dämpfung wurden zuerst von Dr. E. Rosenberg, ETZ 1903 und Zeitschr. d. Ver. deutsch. Ing. 1904, und F. Emde, E. u. M. 1909 ausgesprochen.

Turbodynamos	90—180	pro Min.
Motorgeneratoren . . .	90—180	„ „
Kaskadenumformer . .	75—180	„ „

Bei Zweitaktgasmaschinen kann man aber oft mit der Eigenschwingungsdauer nicht über die Zeit von 2 vollen Umdrehungen hinauskommen, weil das zu große Schwungräder erforderte. In diesem Falle legt man die Eigenschwingungsdauer zwischen die Grundharmonische und die von doppelter Periodenzahl. Man wird dann verlangen, daß die Kurve, die die Ausschläge als Funktion der aufgeprägten Schwingung darstellt (Fig. 280), in der Nähe des Maximums sehr steil verläuft, so daß man auch bei kleiner Entfernung von Resonanz noch kleine Pendelausschläge bekommt. Man kann dies durch eine starke synchronisierende Kraft, d. h. mit einer Maschine mit kleinem Spannungsabfall und ein schweres Schwungrad erreichen, d. h. durch ein großes x_s und x_c.

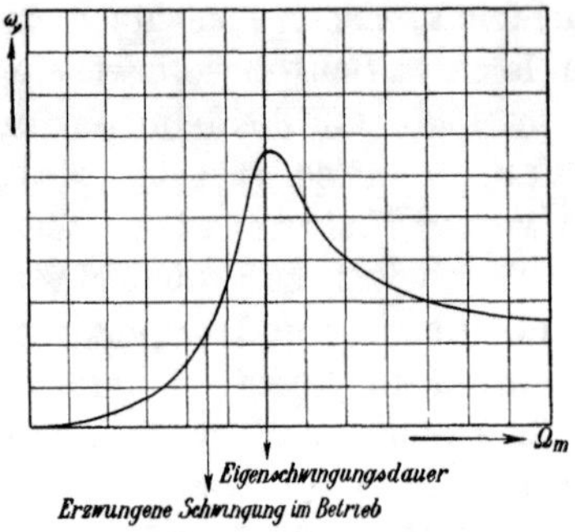

Fig. 280. Resonanzkurve.

In diesem Falle kann die Anbringung einer Dämpferwicklung auch beim Antrieb durch Gasmaschinen sehr vorteilhaft sein. Die Eigenschwingungszahl ist wegen der Veränderlichkeit der synchronisierenden Kraft keine Konstante, sondern nimmt bei einem Generator von Leerlauf bis zu induktiver Vollast zu. Bei Maschinen mit großer Ankerrückwirkung kann diese Zunahme bis zu 30 % betragen. Legt man in diesem Falle die Eigenschwingungszahlen so, daß die Resonanzmodulen für die beiden Grenzfälle dem absoluten Werte nach gleich werden,

$$\zeta = \frac{\Omega^2_{aufgeprägt}}{\Omega^2_{aufgepr.} - \Omega^2_{ei}},$$

so ergibt sich, daß die niedrigste Eigenschwingungszahl 19 % größer ist als die aufgeprägte Grundschwingungszahl, und daß die höchste Eigenschwingungszahl um 22,5 % geringer ist als die zweite Harmonische der aufgeprägten Schwingung.

Man arbeitet in diesem günstigsten Falle recht nahe der Resonanz mit der ersten oder zweiten Harmonischen der aufgeprägten Schwingung, und die Anbringung einer Dämpfung kann nur günstig auf den Betrieb wirken. Diese Maschinen arbeiten um so besser, je geringer die Änderung der Eigenschwingungszahl und je kleiner die Ankerrückwirkung ist.

Die Fehler eines ungenügenden Parallelarbeitens können also sowohl an der Antriebsmaschine als auch an der Konstruktion des Aggregates liegen. Ist man wirklich mit einem Maschinensatz in das Resonanzgebiet geraten, so muß man natürlich versuchen, sich möglichst daraus zu entfernen. Am sichersten geschieht dies durch eine starke Vergrößerung des Schwunggewichts. Ist dies aus irgend einem Grunde nicht möglich, so kann eine genügend starke Dämpferwicklung die mechanischen und elektrischen Schwingungen auf ein zulässiges Maß reduzieren. Man kann auch die synchronisierende Kraft ändern, durch Änderung des Luftspaltes, durch Umwicklung des Ankers oder Vergrößerung der Ankerwindungszahl, Änderung der Form der Polschuhe, schließlich durch Vorschalten einer Reaktanz vor die Maschine, was einer Vergrößerung von x_{s1} entspricht. Den gleichen Effekt, wie eine vorgeschaltete Reaktanz, haben auch vorgeschaltete Transformatoren, durch die eine Maschine auf die Sammelschienen arbeitet; ihre Reaktanz vergrößert ebenfalls x_{s1} und setzt dadurch die Eigenschwingungszahl herab. Freilich kann die vorgeschaltete Reaktanz den Spannungsabfall vergrößern. Auf ihre Wirkung gehen wir später noch genauer ein.

92. Der zulässige Ungleichförmigkeitsgrad für die verschiedenen Arten der Kraftmaschinen.

Daß der Ungleichförmigkeitsgrad kein Maß für die Güte des Parallelbetriebes ist, wurde schon erwähnt. Denken wir uns eine bestimmte elektrische Maschine von einer Kraftmaschine mit einer bestimmten Impulszahl betrieben, und nehmen wir einmal ein sehr gleichförmiges, dann ein weniger gleichförmiges Tangentialdruckdiagramm an, so ist das Schwungradgewicht, wenn man eine bestimmte Entfernung vom Resonanzpunkt zugrunde legt, in beiden Fällen das gleiche. Trotzdem werden beide Kraftmaschinen verschiedene Ungleichförmigkeitsgrade haben, obwohl sie zum Parallelbetrieb gleich gut geeignet sind, wenn die Schwankungen im zweiten Falle nicht extrem groß werden. Aus dieser allerdings etwas idealisierten Betrachtung folgt, daß man nicht für alle Kraftmaschinen einen gleichen Ungleichförmigkeitsgrad vorschreiben darf, wie Rosenberg ETZ 1902 und 1903 gezeigt hat. So wird z. B. für eine Dreifachexpansionsmaschine mit sehr gleichförmigem Tangentialdruckdiagramm, das zu einem gesunden Parallelbetrieb erforderliche Schwungrad der Maschine ohne weiteres einen sehr kleinen Ungleichförmigkeitsgrad geben, während z. B. bei einem Viertaktmotor, wenn da auch die Grundschwingung nach Kap. XIV langsamer ist als bei einer rasch laufenden Expansionsmaschine und daher die Resonanzgefahr größer ist als bei dieser, das zu einem guten Parallelbetrieb erforderliche Schwungrad der Maschine wegen des außerordentlich ungleichförmigen Tangentialdruckdiagramms, einen größeren Ungleichförmigkeitsgrad gibt als bei der Expansionsmaschine. Bei diesen ist also von vornherein ein kleinerer Ungleichförmigkeitsgrad vorhanden, als z. B. bei einer Gasmaschine. Der wirkliche, d. h. mit Berücksichtigung der Pendelschwingungen berechnete Ungleichförmigkeitsgrad braucht gar nicht so klein zu sein, so genügt nach Angaben von Rosenberg für Licht ein δ von $\frac{1}{70} \sim \frac{1}{100}$. Für die schwankende Netzleistung läßt er 20% der normalen, bei einem reinen Kraftnetz sogar 30% zu. Die zulässigen Schwankungen sind natürlich jeweils von der Art des Betriebes abhängig.

Weißhaar, E. und M. 1908, teilt diese in 4 Gruppen:

1. Hütten- und Walzwerksanlagen mit eigener Zentrale, bei deren außerordentlich schwankender Belastung nur verlangt wird, daß die Maschinen im Takt bleiben.

2. Große Zechen- und Hüttenzentralen, bei denen eine ungefähr gleichmäßige Lastverteilung auf die Maschinen und die Konstatierung der ungefähren mittleren Belastung der Zentrale durch die Instrumente verlangt wird.

3. Städtische Licht- und Kraftwerke, die durch registrierende Instrumente die Arbeit der Heizer und Maschinisten kontrollieren und daher fast vollständig ruhige Instrumente verlangen.

4. Schließlich Zentralen, die Umformer und Synchronmotoren speisen. Hier muß natürlich verlangt werden, daß der Umformer unter allen Umständen im Tritt bleibt.

Für Lichtnetze wird im allgemeinen höchstens eine Winkelabweichung Θ von 10^0 gegen den konstanten Netzvektor zulässig sein. Dies bedeutet bei zwei gleichen parallel geschalteten Maschinen im ungünstigsten Fall eine maximale gegenseitige Ausweichung von 20^0, was eine Spannungsvariation von $1,5\%$ zur Folge hat (s. S. 314). Für $\Theta = 20^0$ geben zwei parallel geschaltete Maschinen bereits eine Spannungsvariation von 6%, nach S. 314. Bei mehreren parallel geschalteten Maschinen ist die Spannungsvariation im allgemeinen geringer. Es sei auch noch bemerkt, daß man in der Zentrale das Pendeln der Maschine durch die Instrumente feststellt, die durch ihre Empfindlichkeit und Dämpfung unter Umständen ein falsches Bild der Erscheinungen geben, und diese viel zu groß oder zu klein wiedergeben können, je nach Empfindlichkeit und Dämpfung.

Auch der Meßbereich der Instrumente ist von Einfluß, denn

je nachdem, ob der Zeiger in der Mitte oder am Ende der Skala steht, sieht eine Pendelung von gleicher Größe weniger oder mehr gefährlich aus.

Durch den bei der Kraftmaschine berechneten Ungleichförmigkeitsgrad ist eine gewisse Beziehung zwischen Trägheitsmoment, Tourenzahl und Leistung der Maschine gegeben, wie sich empirisch nach der „Hütte“ als $G\,D^2 = \frac{C}{\delta}\,\frac{N_e}{n^3}$ darstellt. Es bedeuten G Schwungradgewicht, D Schwungraddurchmesser, N_e Leistung der Maschine und C eine Konstante, die je nach der Art der Maschine bestimmt ist. Rosenberg hat auf Grund dieser Beziehung unter der Annahme des Faktors $k_p = 3{,}75$ die „kritischen“ Werte von δ berechnet, d. h. jene Werte, die ein Schwungmoment ergeben, das bei Parallelbetrieb Resonanz ergibt. Die Tabelle Z. Ver. deutsch. Ing. 1904 sei hier auszugsweise mitgeteilt:

Art der Maschine	Kurbelzahl	Kurbelversetzung					
			$p =$ $n =$ $c =$	10 300 50	20 150	32 94	40 75
1. Schwingungen von der Dauer einer ganzen Umdrehung.							
α) Einzylinder oder Tandem . . .	1	—	$\delta_k =$	$\frac{1}{39}$	$\frac{1}{78}$	$\frac{1}{125}$	$\frac{1}{157}$
β) Verbund	2	90°	„	$\frac{1}{69}$	$\frac{1}{138}$	$\frac{1}{222}$	$\frac{1}{277}$
			bis „	$\frac{1}{106}$	$\frac{1}{212}$	$\frac{1}{339}$	$\frac{1}{423}$
γ) Dreifachexpansion	3	120°	„	$\frac{1}{180}$	$\frac{1}{360}$	$\frac{1}{576}$	$\frac{1}{720}$
2. Schwingungen von der Dauer einer halben Umdrehung.							
α) Einzylinder oder Tandem . . .	1	—	$\delta_k =$	$\frac{1}{10}$	$\frac{1}{20}$	$\frac{1}{31}$	$\frac{1}{39}$
β) Verbund	2	90°	„	$\frac{1}{17}$	$\frac{1}{35}$	$\frac{1}{56}$	$\frac{1}{69}$
			bis „	$\frac{1}{27}$	$\frac{1}{53}$	$\frac{1}{85}$	$\frac{1}{106}$
γ) Dreifachexpansion	3	120°	„	$\frac{1}{45}$	$\frac{1}{90}$	$\frac{1}{144}$	$\frac{1}{180}$

Dieselbe Tabelle hat man auch für Gasmaschinen zusammengestellt:

Art der Maschine	Kurbelzahl					
		$p =$ $n =$ $c =$	10 300 50	20 150	32 94	40 75
1. Schwingungen von der Dauer einer doppelten Umdrehung.						
Einzylinder Viertakt	1	$\delta_k =$	$\frac{1}{8}$	$\frac{1}{16}$	$\frac{1}{26}$	$\frac{1}{32}$
Zweizylinder Viertakt	2 oder 1	„	$\frac{1}{20}$	$\frac{1}{40}$	$\frac{1}{64}$	$\frac{1}{80}$
Vierzylinder Viertakt	4 oder 2	„	$\frac{1}{90}$	$\frac{1}{180}$	$\frac{1}{288}$	$\frac{1}{360}$

Art der Maschine	Kurbelzahl	$p =$ $n =$ $c =$	10 300 50	20 150	32 94	40 75
2. Schwingungen von der Dauer einer ganzen Umdrehung.						
Einzylinder Zweitakt	1					
Zweizylinder Viertakt	2 oder 1	$\delta_k =$	$\frac{1}{5}$	$\frac{1}{10}$	$\frac{1}{16}$	$\frac{1}{20}$
Zweizylinder Zweitakt	1 oder 2					
Vierzylinder Viertakt	1 oder 4	„	$\frac{1}{23}$	$\frac{1}{45}$	$\frac{1}{72}$	$\frac{1}{90}$
Einzylinder Eintakt	1	„	$\frac{1}{15}$	$\frac{1}{30}$	$\frac{1}{48}$	$\frac{1}{60}$
Zweizylinder Eintakt	2	„	$\frac{1}{50}$	$\frac{1}{100}$	$\frac{1}{160}$	$\frac{1}{200}$
3. Schwingungen von der Dauer einer halben Umdrehung.						
Zweizylinder Zweitakt	1 oder 2	δ_k } =	$\frac{1}{6}$	$\frac{1}{11}$	$\frac{1}{18}$	$\frac{1}{23}$
Vierzylinder Viertakt	2 oder 4	„ }				
Einzylinder Eintakt	1	„	$\frac{1}{4}$	$\frac{1}{8}$	$\frac{1}{12}$	$\frac{1}{15}$
Zweizylinder Eintakt	2	„	$\frac{1}{12}$	$\frac{1}{25}$	$\frac{1}{40}$	$\frac{1}{50}$

Aus den Tabellen geht deutlich hervor, daß bei Dampfmaschinen kleinere Ungleichförmigkeitsgrade gefordert werden müssen, als bei Gasmaschinen, die dort auch mit geringeren Schwungmassen wegen des gleichförmigeren Tangentialdruckdiagramms erreicht werden können. Auch wegen der unregelmäßigen Änderung des Arbeitszustandes dürfen Dampfmaschinen kein zu leichtes Schwungrad erhalten, denn diese Maschinen sind dagegen viel empfindlicher als Gasmaschinen. Durch plötzliche Änderung der Kesselspannung, des Gasgemisches, durch Vorzündung oder Versagen der Zündung, Veränderung der Belastung, Spielen des Regulators treten oft große Leistungsschwankungen auf, die von dem schweren Schwungrad der Gasmaschine aufgenommen werden, die dagegen bei Dampfmaschinen ein Vielfaches des normalen Arbeitsüberschusses über den mittleren ausmachen, so daß große Schwingungen entstehen, die unter Umständen den Regulator in Tätigkeit setzen, der bei diesen relativ raschen Schwingungen die Sache nur verschlimmert und die Maschine schließlich außer Tritt wirft.

93. Die Änderung der Eigenschwingungszahl einer Maschine.

Die Eigenschwingungszahl einer Maschine ist, wie schon erwähnt, keine Konstante, sondern von den Betriebsverhältnissen abhängig.

Dr.-Ing. W. Sarfert hat die Eigenschwingungszahl eines sechspoligen 5 KW-Drehstromgenerators für die normale Klemmenspannung von 110 Volt für verschiedene Betriebsverhältnisse bestimmt. Die erhaltenen Werte sind in den Fig. 281 bis 283 dargestellt.

Fig. 281 stellt die Eigenschwingungszahl $c_{ei} = \frac{\Omega_{ei}}{2\pi}$ als Funktion der Belastung dar. Die Maschine wurde zuerst als Generator induktionsfrei belastet und die Klemmenspannung konstant gehalten. Infolge der zunehmenden Erregung steigt die Eigenschwingungszahl mit der Belastung. Bei induktiver Belastung ist diese Zunahme entsprechend größer, besonders da mit einer Vergrößerung der Erregung eine starke Verkleinerung der entmagnetisierenden Reaktanz verbunden sein kann. Die Zunahme der Eigenschwingungsdauer kann ziemlich groß werden. Bei der Maschine der Fig. 281 betrug sie $6\,^0/_0$ von Leerlauf bis zu induktionsfreier Vollast.

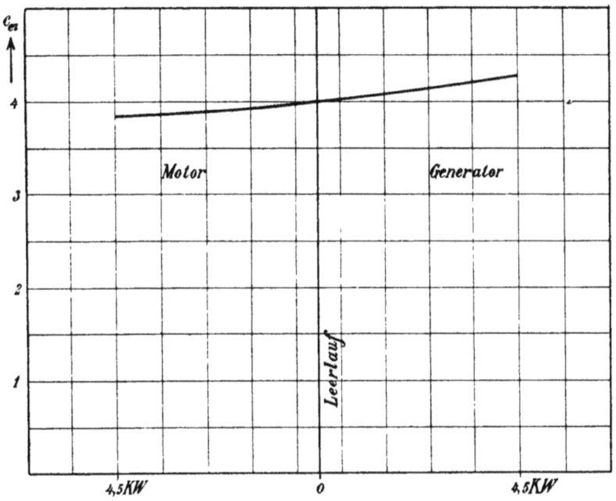

Fig. 281. Eigenschwingungszahl als Funktion der Belastung.

In dem Beispiele der 1000 KVA-Maschine (Abschnitt 79) betrug die Zunahme der synchronisierenden Kraft von induktionsfreier bis zu induktiver ($\cos\varphi = 0{,}8$) Vollast $24\,^0/_0$, die entsprechende Zunahme der Eigenschwingungszahl beträgt $11\,^0/_0$, kann also von Leerlauf aus gerechnet Werte von $15\,^0/_0$ und mehr erreichen. Es ist dies eine Maschine mit geringer Ankerrückwirkung. Bei großen Werten derselben kann man auf eine Zunahme von 25 bis $30\,^0/_0$ kommen.

Bei einem Motor nimmt bei normaler Erregung ($\cos\varphi = 1$) die Eigenschwingungszahl mit zunehmender Belastung ab, wie Fig. 281 zeigt. Die Abnahme ist geringer als bei einem Generator die Zunahme bei induktionsfreier Belastung, in der Fig. 281 beträgt sie $4\,^0/_0$. Wird der Motor dagegen bei Belastung übererregt, so ist im allgemeinen seine Eigenschwingungszahl dann größer als bei Leerlauf.

Fig. 282 stellt die Eigenschwingungszahl als Funktion der Erregung bei konstanter Belastung dar. Der Generator gab konstant 3 KW ab, der Motor nahm konstant 3 KW auf. Die Kurve des

Generators (a) liegt höher als die des Motors (b), da die induzierte EMK E beim Generator größer ist, als beim Motor. Auch hier steigt die Eigenschwingungszahl mit der Erregung. Bei induktiver Belastung und Übererregung ist die synchronisierende Kraft größer als bei Kapazitätsbelastung und Untererregung.

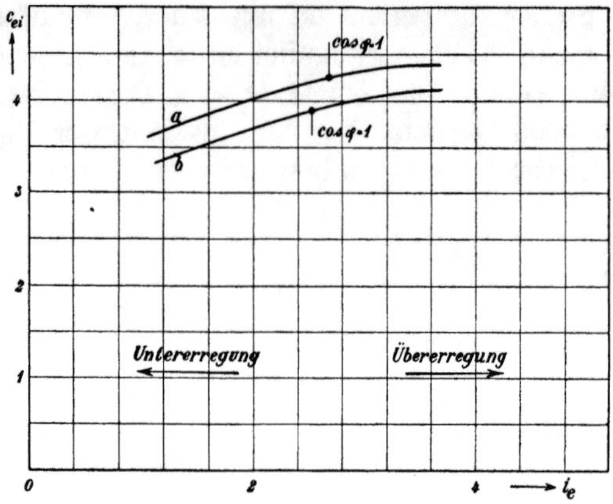

Fig. 282. Eigenschwingungszahl als Funktion der Erregung.

Fig. 283 zeigt die Eigenschwingungszahl als Funktion der Klemmenspannung bei geringer Belastung (0,6 KW), konstanter Periodenzahl und günstigster Erregung.

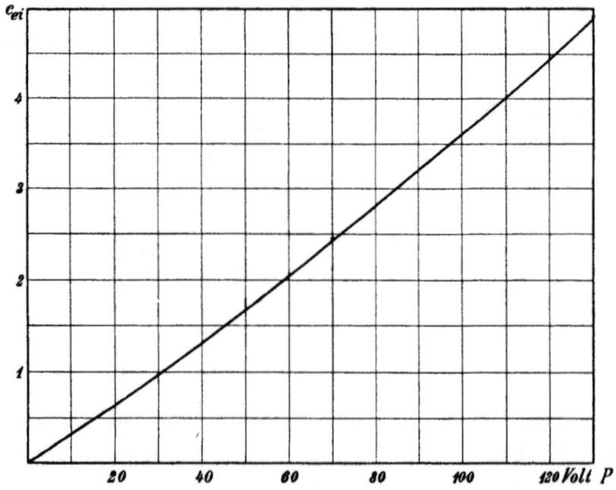

Fig. 283. Eigenschwingungszahl als Funktion der Klemmenspannung.

Die Eigenschwingungszahl ist der Netzspannung fast direkt proportional und ändert sich stark mit der Netzspannung. Es ist also auch möglich, durch Änderung der Spannung, falls dies ausführbar ist, Resonanzerscheinungen zu beseitigen.

Bringt man also die Eigenschwingungszahl unter die niedrigste aufgeprägte Schwingungszahl, so ist die Resonanzgefahr bei der größten vorkommenden Erregung am größten, beim Generator bei induktiver Vollast, beim Motor bei der stärksten Übererregung. Will man, daß der Resonanzmodul höchstens den Wert 2 erreiche, d. h. daß $\Omega_{ei\,max} = 0{,}7\,\Omega_m$ sei, so ist bei einer Änderung von Ω_{ei} um 10% Ω_{ei} bei Leerlauf gleich $0{,}62\,\Omega_m$ zu machen, und bei einer Änderung von 30% Ω_{ei} bei Leerlauf gleich $\frac{\Omega_m}{2}$ zu machen. Unter den Wert Ω_{ei} gleich der halben aufgeprägten Grundschwingungszahl wird man kaum gehen, da dies zu schwere Schwungräder erfordert und mit diesen schweren Schwungrädern andere Unannehmlichkeiten verknüpft sein können, die in Kap. XVI besprochen sind.

94. Zusammenfassung der verschiedenen Bedingungen für ein gutes Parallelarbeiten.

Für ein befriedigendes Arbeiten an einem unendlich starken Netz ist in erster Linie die Vermeidung der Resonanz mit einer Harmonischen der Drehmomentkurve maßgebend.

$$\Omega_{ei} = \sqrt{\frac{p\,W_s}{J\Omega_m}} = \sqrt{\frac{\pi\,c\,k_p}{T}} \neq \nu\,\Omega_m .$$

Der kleinste Wert, den ν annehmen kann, ist $\frac{1}{2}$ bei Einzylinder-Viertaktmaschinen. Bei Dampfmaschinen ist der geringste Wert von ν gleich 1. Auch bei Mehrzylindermaschinen können diese geringen Werte auftreten, wenn ein Zylinder mehr leistet als die anderen, oder der Verlauf der Leistung für Hin- und Rückgang des Kolbens verschieden ist.

Trotz ihrer geringen Amplitude sind diese Harmonischen die gefährlichsten, da für sie die Resonanzgefahr am größten ist. Um einen befriedigenden Betrieb zu erzielen, sollte

$$\boldsymbol{\Omega_{ei} \leqq 0{,}7\,\nu_{min}\,\Omega_m} \quad \text{sein.}$$

Ω_{ei} ist bei Generatoren für induktive Vollast, für Motoren bei der größten Übererregung festzulegen und dadurch die Trägheitsmomente zu bestimmen. Eine Dämpfung ist unter diesen Bedingungen überflüssig.

Mit diesem Trägheitsmoment kontrolliert man die Pendelgeschwindigkeit und Winkelabweichung für die Harmonische $\nu_{min}\,\Omega_m$ und für die Harmonische, die die größte Amplitude besitzt (Gl. 221 und 227), und rechnet daraus den wirklichen Ungleichförmigkeitsgrad infolge dieser beiden Harmonischen (Gl. 143). Fällt er noch zu groß aus, so liegt der Fehler nicht an der Resonanzgefahr, sondern an den zu großen Amplitudenwerten der Drehmomentharmonischen. Diese können durch sorgfältige Einstellung der Kraftmaschine verringert werden. Ist dies nicht möglich, so muß das Schwungmoment noch vergrößert werden, um einen zulässigen wirklichen Ungleichförmigkeitsgrad zu erhalten. Der ohne Rücksicht auf den elektrischen Teil berechnete Ungleichförmigkeitsgrad kann von dem wirklichen stark differieren, der wirkliche ist größer, als der aus dem Trägheitsmoment allein berechnete.

Ist man gezwungen Ω_{ei} größer zu wählen als $\nu_{min} \Omega_m$, so legt man es möglichst in die Mitte zwischen den beiden angrenzenden Harmonischen der Drehmomentkurve. Man wird dann am besten mit einer Maschine arbeiten, deren Eigenschwingungszahl sich nicht stark mit den Betriebsverhältnissen ändert.

In diesem Falle kann die Anbringung einer Dämpfung sehr wertvoll sein, da man bei veränderlicher Eigenschwingungszahl in den Grenzlagen ziemlich nahe den beiden angrenzenden Harmonischen des Drehmoments kommen kann. Es sind in diesem Falle die Pendelgeschwindigkeiten und Ungleichförmigkeitsgrade für die beiden angrenzenden Harmonischen und für die Harmonische, die die größte Amplitude besitzt, zu bestimmen. Fallen diese noch zu groß aus, so muß an der Kraftmaschine ausgeglichen werden, oder eine starke Dämpferwicklung angebracht werden, da eine Vergrößerung des Schwungmoments zur Resonanz mit der niederen angrenzenden Harmonischen führen könnte.

Liegen Eigenschwingungszahl und erzwungene Schwingungszahl näher als ungefähr 30%, so verkleinert die Dämpfung die elektrischen Leistungsschwankungen.

Die Wirkung der Dämpfung ist sehr von dem Zustande der elektrischen Maschine abhängig, und für die Nachrechnung der Grenzfälle sind die Konstanten D nach Abschnitt 83 bis 86 festzustellen.

Die Faktoren k_p variieren zwischen 1 und 5. Die größeren Werte gelten für normal gebaute, langsam laufende Generatoren, die kleinen für Turbogeneratoren mit großer Ankerrückwirkung und für Umformer. Wie das Beispiel S. 312 zeigt, ist k_p keine Konstante für die Maschine, sondern für die verschiedenen Betriebsbedingungen sehr veränderlich.

Das Trägheitsmoment haben wir mit der Anlaufzeit in Beziehung gesetzt, S. 355,

$$T = \frac{A_s}{KVA}; \qquad A_s = \frac{1}{2}\,\Omega_m^2\,\frac{GD^2}{4};$$

$$T = \frac{\left(\frac{n}{27}\right)^2 GL^2}{KVA} \quad \ldots\ldots\ldots \quad (238)$$

Ersetzen wir den rotierenden Teil der Maschine durch einen Kranz vom mittleren Durchmesser D, von der Länge l und der Stärke b cm und von dem mittleren spezifischen Gewicht 8, so wird $G \cong 8\pi D l b 10^{-3}$.

Dieser Ausdruck, in die obige Formel eingeführt, gibt

$$T = \frac{2}{3}\frac{D^2 l n}{KVA}\frac{v b}{10^8}.$$

Das Trägheitsmoment ergibt sich aus T zu

$$J = \left(\frac{13{,}5}{n}\right)^2 T\,\mathrm{KVA} \quad \ldots \ldots \ldots \quad (239)$$

$\frac{D^2 l n}{KVA}$ ist, wie wir bei der Vorausberechnung der Maschinen finden werden, ein Maß für die Ausnutzung der Materialien. Diese Größe ist um so kleiner, je größer die Leistung der Maschine ist, je schneller sie läuft (natürlich bis zu einer gewissen Grenze) und je kleiner ihre Spannung ist. Hieraus folgt, daß T bei Umformern und Asynchronmotoren am kleinsten ist. Bei Synchronmotoren ist T größer.

Tabelle der Anlaufzeit T ausgeführter Maschinen.

1. Generatoren und Synchronmotoren.

Leistung KW	Umdrehungszahl n	Perioden c	Umfangsgeschwindigkeit v m/sek	$\frac{D^2 l n}{KVA}$	T sek	
20	1000	50	23,0	$125 \cdot 10^4$	0,41	Generatoren
50	600	50	21,4	$139 \cdot 10^4$	0,75	
80	500	50	17,7	$70 \cdot 10^4$	0,2	
170	600	50	27,2	$50{,}2 \cdot 10^4$	0,5	
275	360	42	38,0	$200 \cdot 10^4$	2,75	
300	250	25	16,7	$44{,}8 \cdot 10^4$	0,27	
325	150	50	27,6	$185 \cdot 10^4$	3,75	
330	400	53	28,0	$76{,}4 \cdot 10^4$	1,25	
680	300	40	38,0	$126 \cdot 10^4$	2,35	
750	300	50	35,6	$103 \cdot 10^4$	3	
900	107	50	25,2	$82 \cdot 10^4$	2,1	
1600	180	42	38,5	$110 \cdot 10^4$	4	
550	212	60	29,0	$96 \cdot 10^4$	2,35	Synchronmotoren
700	276	46	29,0	$50{,}5 \cdot 10^4$	0,75	

2. Umformer und Asynchronmotoren.

Leistung KW	Umdrehungszahl n	Perioden c	Umfangsgeschwindigkeit v m/sek	$\frac{D^2 l n}{KVA}$	T sek	
150	750	50	35,4	$56,6 \cdot 10^4$	1,25	Umformer
170	360	48	24,0	$76 \cdot 10^4$	1,05	
300	320	42,5	25,0	$124 \cdot 10^4$	1,3	
500	630	42	27,7	$33,8 \cdot 10^4$	0,6	
500	375	25	25,0	$48 \cdot 10^4$	0,65	
22	975	50	23,0	$113 \cdot 10^4$	0,65	asynchrone Motoren
44	725	50	29,4	$100 \cdot 10^4$	1,15	
55	300	50	23,5	$150 \cdot 10^4$	1,8	
59	203	50	14,0	$122 \cdot 10^4$	0,45	
185	250	50	23,6	$100 \cdot 10^4$	1,15	

In der vorstehenden Tabelle sind einige Werte von T zusammengestellt. In derselben sind zum Vergleich auch die Leistung, Tourenzahl und Periodenzahl der Maschinen eingetragen. Generatoren, deren Joch als Schwungrad dient, haben eine um so größere Anlaufzeit, je gleichförmiger der Gang der Antriebsmaschine sein soll. Die Anlaufzeit liegt bei diesen zwischen 10 und 25 Sekunden.

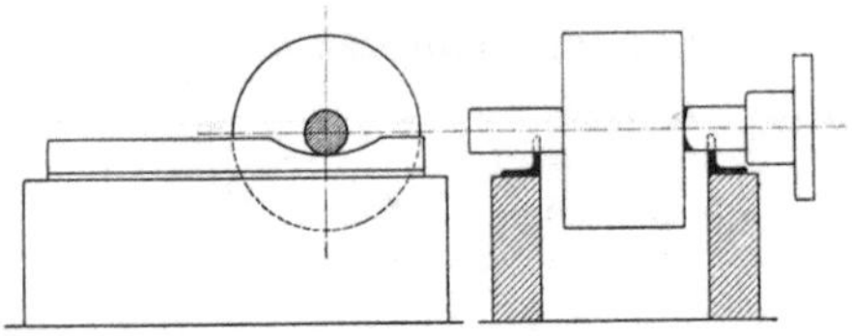

Fig. 284. Rollpendelmethode zur Bestimmung des Trägheitsmoments.

Bei ausgeführten Maschinen wird man das Trägheitsmoment am besten durch das Experiment feststellen, indem man das Polrad auf irgendeine Weise zum Schwingen bringt. Am einfachsten ist die Methode des Rollpendels auf einer Kreisbahn, indem man das Polrad auf einer kreisförmigen Bahn rollen läßt, wie es Fig. 284 zeigt.

Das Trägheitsmoment ergibt sich zu[1])

$$J = \frac{G g r^2}{4 \pi^2 c^2 (\varrho - r)} - r^2 G \quad . \quad . \quad . \quad . \quad . \quad . \quad . \quad (240)$$

J wird in $m^2 \cdot$kg-Masse erhalten.

Es bedeuten:

c die beobachtete Schwingungszahl pro sek,

ϱ Radius der Kreisbahn in m,

---

[1]) s. W. Sarfert, Diss. Dresden.

G Gewicht des Polrades in kg,

r Radius der Welle in den Auflagerungsstellen in m,

$g = 9{,}81$ msek^{-2}.

95. Fernere Ursachen von Schwingungen. Die Erwärmung durch den Ausgleichstrom. Praktische Beispiele.

Es können in Wirklichkeit auch noch andere Gründe sein, die zu Schwingungen Anlaß geben. So können z. B. Torsionsschwingungen der Welle[1]), oder bei mit Riemen getriebenen Maschinen Schwingungen im Riemen, wenn sie mit der Eigenschwingungsdauer übereinstimmen, starke Pendelung erzeugen.

Bei Dampfturbinen, deren Regulierung intermettierend wirkt, durch periodisches Öffnen und Schließen des Eintrittsventils, kann man unter Umständen auch Schwingungen beobachten, wenn die Pulsationen, die durch die Ventilbewegung erzeugt werden, mit der Eigenschwingungszahl des Aggregats angenähert übereinstimmen.

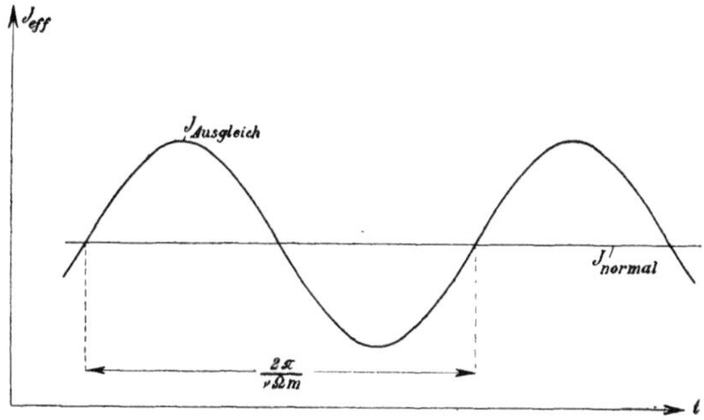

Fig. 285.

Schließlich wollen wir noch die Erwärmung der Maschine durch den Ausgleichstrom infolge des Pendelns untersuchen. Die Effektivwerte der Ausgleichströme seien eine Sinusfunktion der Zeit und lagern sich über den konstanten Effektivwert des Normalstroms (Fig. 285).

Auf S. 44 ist die Zusammensetzung eines Gleichstroms mit einem Wechselstrom behandelt. Dasselbe wenden wir jetzt hier auf einen Wechselstrom konstanten Effektivwertes und einen pulsierenden Effektivwertes an. Der dort angegebenen Formel entspricht der für die Erwärmung maßgebende quadratische Mittelwert

$$J_w = \sqrt{J_n^2 + \left(\frac{J_A}{\sqrt{2}}\right)^2} \quad \ldots\ldots \quad (241)$$

[1]) s. z. B. Dr. L. Fleischmann, ETZ 1912.

J_A bedeutet den maximalen Effektivwert des Ausgleichstromes, nehmen wir diesen gleich αJ_n an, so erhalten wir

$$J_w = J_n \sqrt{1 + \left(\frac{\alpha}{\sqrt{2}}\right)^2}.$$

Ist $\alpha = 1$, d. h. ist der maximale Ausgleichstrom gleich dem Normalstrom, so gilt $J_w \cong 1{,}22\, J_n$, d. h. die Erwärmung der Maschine entspricht einer 22 prozentigen Überlastung. Ist $\alpha = 0{,}6$, so ist $J_w = 1{,}09\, J_n$, d. h. also bei einem starken pulsierenden Strom von $60\,^0/_0$ des Normalstromes erfährt die Maschine nur eine Erwärmung, die einer dauernden Überlastung von $9\,^0/_0$ entspricht. Die Erwärmung durch die Ausgleichströme wird also meist nicht gefährlich sein, dagegen treten immer wechselnde mechanische Beanspruchungen der Spulenköpfe auf, die die Isolation im Laufe der Zeit zerstören können.

Als Beispiel[1]) wollen wir eine Verbundmaschine von 250 PS betrachten, die eine 48 polige Drehstrommaschine mit 125 Umdrehungen pro Minute antreibt. Das Trägheitsmoment dieser Maschine beträgt 9750 kgm². Für die Grundwelle von einer Umdrehung ist $\Omega_m = 13{,}1$. Nehmen wir für Leerlauf $k_p = 3{,}75$ an, so ergibt sich W_s zu 690 KW. Die Eigenschwingungszahl der Maschine $\Omega_{ei} = \sqrt{\dfrac{p\, W_s}{J \Omega_m}}$ ergibt sich zu 11,36.

Nehmen wir nun für Vollast den Wert $k_p = 4$ an, so wird $W_s = 763$ KW und die Eigenschwingungszahl Ω_{ei} wird jetzt 13,8. Diese Maschine arbeitet also recht nahe dem Resonanzpunkt und geht zwischen Leerlauf und Vollast direkt durch ihn hindurch, so daß sie ohne Dämpfung und bei genügender Größe dieser Harmonischen außer Tritt fallen würde.

Als 2. Beispiel[2]) wollen wir einen Synchronmotor betrachten, der mit einem Gleichstromgenerator gekuppelt war und der seinen Strom teils von Turbogeneratoren, teils von Dampfdynamos erhielt und absolut nicht mit den Dampfdynamos parallel laufen wollte. Der Motor lief mit $n = 600$ Umdrehungen, hatte 10 Pole, $p = 5$. Das Trägheitsmoment des Motors und der Gleichstrommaschine betrug 525 kgm² und seine synchronisierende Kraft 720 KW. Die Eigenschwingungszahl des Motors ergibt sich daraus zu

$$\Omega_{ei} = \sqrt{\frac{5 \cdot 720\,000}{525 \cdot 62{,}8}} = 10{,}43,$$

Ω_m für den Motor ist $\dfrac{600\,\pi}{30} = 62{,}8$.

---

[1]) Das Beispiel ist der Abhandlung von Dr. E. Rosenberg entnommen.
[2]) Fleischmann, E. u. M. 1908.

Die Tourenzahl der Dampfdynamos, die den Motor trieben, war 94, die elektrischen Leistungsimpulse, die von ihnen ins Netz gesendet wurden und dem Motor Schwingungen aufzwangen, hatten also die Grundschwingungszahl $\frac{94\pi}{30} = 9{,}85$. Der Motor war also fast vollständig in Resonanz mit diesen aufgeprägten Schwingungen und daher arbeitete er unbefriedigend.

F. Emde hat in E. u. M. 1907 eine Tabelle der Eigenschwingungen und der erzwungenen Schwingungen einer Reihe von Maschinen wiedergegeben, deren Leistungen zwischen 300 und 3000 KVA liegen.

Frequenz der freien Schwingung c_{ei} pro Minute	Frequenz d. erzwungen. Schwingungen pro Minute	Verhältnis der Frequenzen
32,3	125	0,259
34,7	125	0,278
38,0	94	0,405
38,2	125	0,306
39,4	125	0,316
39,7	94	0,424
40,0	125	0,310
41,5	94	0,445
46,3	107	0,432
50,9	150	0,339
54,0	107	0,505
57,0	94	0,608
57,2	107	0,533
58,8	100	0,590
63,6	100	0,636
74,2	100	0,735

Die letzte Maschine ist mit einer Dämpferwicklung versehen, die übrigen nicht; sie läuft unter starken Leistungsschwankungen parallel.

Man sieht aus der Tabelle, daß die Maschinen, solange ihre Eigenschwingungszahl ungefähr 30% unter der aufgeprägten bleibt, ohne Dämpfung gut parallel laufen.

Ein interessantes Beispiel der Störung des Parallelbetriebes gibt Dr. E. Rosenberg, Z. Ver. deutsch. Ing. 1904. Bei Verbundmaschinen von 3000 PS Leistung und 90 Umdrehungen pro Minute, die zum Antrieb von 64poligen Drehstrommaschinen dienten und einen berechneten Ungleichförmigkeitsgrad von 1 : 250 hatten, machte der Parallelbetrieb große Schwierigkeiten, die dadurch verursacht waren, daß für die Kurbeln keine Ausgleichgewichte vorhanden waren. Als diese eingebaut wurden, war der Betrieb tadellos. Es trat hier ein sehr großes pendelndes Moment von der Dauer einer Umdrehung auf, das dann durch ein Gegengewicht beseitigt wurde. Das eingebaute Gewicht war 400 kg, der Halbmesser, an dem es angebracht wurde, 3,1 m. Das maximale Pendeldrehmoment betrug also früher 1240 mkg = 12170 Dim. Das normale Drehmoment der Maschine betrug 23900 mkg = 234200 Dim. Das pendelnde Moment war also 5,2% des normalen mittleren. Das Trägheitsmoment der Maschine betrug 325000 kgm². Der Faktor k_p war 3,87, so daß die synchronisierende Kraft bei einer Normalleistung der elektrischen Maschine von ca. 2080 KW 8050 KW und das synchronisierende Moment 854000 Dim. betrug. Die Winkelgeschwindigkeit der Maschine war $\Omega_m = 3\pi = 9,42$. Für die Pendelreaktanzen ergaben sich die Werte

$$x_s = \frac{J}{p}\Omega_m = \frac{325\,000}{32}\,9,42 = 95\,700$$

$$x_c = \frac{S}{\Omega_m} = \frac{854\,000}{9,42} = 90\,700.$$

Die annähernde Gleichheit beider Werte zeigt, daß die Maschine nahe dem Resonanzzustande arbeitete. Die elektrische Pendelgeschwindigkeit ergibt sich als

$$\omega_\nu = \frac{\vartheta_\nu}{x_s - x_c} = \frac{12170}{5000} = 2,438$$

und der Ungleichförmigkeitsgrad infolge der unbalancierten Kurbel ist

$$\delta_\nu = \frac{2\,\omega_\nu}{\omega_m} = \frac{2 \cdot 2,436}{314} = \frac{1}{62}$$

und lagert sich über dem normalen Ungleichförmigkeitsgrad von $\frac{1}{250}$, so daß man von vornherein keinen günstigen Betrieb zu erwarten hat. Die elektrische Winkelabweichung im Diagramm beträgt

$$\Theta_\nu{}^0 = 57,3\,\frac{\omega_\nu}{\Omega_m} = 14,8^0$$

und die räumliche

$$\boldsymbol{\Theta}_{\nu r}^0 = \frac{\boldsymbol{\Theta}_\nu}{p} = \frac{\mathbf{14,8}}{32} = 0,463^0$$

und die maximale Schlüpfung gegenüber dem synchronen Gang

$$s_{max} = \frac{\boldsymbol{\delta}_\nu}{2} = \frac{\mathbf{1}}{124} = 0,807\,\%.$$

Die elektrische synchrone Leistungsschwankung ist $x_c \omega_\nu \Omega_m$ ca. 2080 KW gleich der Normallast, so daß infolge dieses relativ kleinen Drehmoments die Belastung der Maschine zwischen Leerlauf und doppelter Belastung periodisch schwankt. Die Eigenschwingungszahl dieser Maschine ist

$$\Omega_{ei} = \sqrt{\frac{pS}{J}} = 9{,}15$$

um nur 2,9% von der aufgeprägten Schwingung einer Umdrehung verschieden und daher ist sie für diese Schwingungen so empfindlich.

Ein weiterer interessanter Fall (Dr. E. Rosenberg, Inst. of E. E.) trat in Mexiko bei einer Maschine von 1050 KVA, 125 Umdrehungen und 50 Perioden auf, die einen berechneten Ungleichförmigkeitsgrad von $\frac{1}{180}$ hatte, bei der Pendelungen von 40 bis 50 KW auftraten und das Licht sehr unruhig war. Die Maschine arbeitete zwar fast in Resonanz mit der Grundschwingung von einer Umdrehung, war aber mit einer starken Dämpferwicklung versehen, so daß bei geringer Größe dieser Grundschwingung, die bei Dreifachexpansionsmaschinen mit 120° Kurbelversetzung, mit der die elektrische Maschine angetrieben wurde, im allgemeinen nur klein zu sein pflegt, keine Pendelgefahr vorhanden war. Der Grund der Störung wurde in einer an die Hauptmaschine gehängten, einseitig wirkenden Luftpumpe erkannt, die ein maximales pendelndes Moment von 20% des normalen Antriebsmoments von der Grundperiodenzahl erzeugte und dadurch die starken Pendelungen hervorrief. Nach Abkuppelung der Luftpumpe gingen die Leistungsschwankungen auf 4 bis 5 KW zurück und das Licht brannte ruhig.

In einem anderen Falle war die Störung des Parallelbetriebes durch ungleiche Dampfverteilung verursacht und konnte durch sorgfältige Einstellung der Steuerung beseitigt werden.

In einer anderen Zentrale arbeiteten mehrere Kolbenmaschinen vorzüglich parallel. Als aber zur Vergrößerung ein Turbogenerator aufgestellt wurde, zeigte dieser sehr starke Pendelerscheinungen. Die Nachrechnung zeigte, daß er fast in Resonanz mit der Grundschwingung der Dampfmaschinen von einer Umdrehung war, die ihm auf elektrischem Wege aufgeprägt wurde. Durch Änderung der synchronisierenden Kraft und Anbringung einer Dämpfung wurden die Erscheinungen beseitigt.

96. Freie Schwingungen und Interferenzerscheinungen.

Wir haben bis jetzt von den stationären Schwingungen einer Maschine an einem unendlich starken Netz gesprochen, die ihr mechanisch oder elektrisch aufgeprägt werden und die sich als das partikuläre Integral der Gl. 219, S. 351, darstellten. Nun hat aber die Differentialgleichung 219 als allgemeine Lösung ein Integral mit zwei beliebigen Konstanten, und dieser zweite Teil, der zu Gl. 221 hinzukommt, ergibt bekanntlich die freien Schwingungen des Systems, die bei einer plötzlichen Zustandsänderung auftreten und das System nach und nach in den neuen Bewegungszustand bringen. Die Gleichung der freien Schwingungen ist nach WT, Bd. I, S. 640

$$\omega_f = e^{-\alpha t}(A\cos\beta t + B\sin\beta t) \quad . \quad . \quad . \quad . \quad (242)$$

wo

$$\alpha = \frac{Dp}{J}, \quad \beta = \sqrt{\frac{Sp}{J} - \left(\frac{Dp}{2J}\right)^2} \quad . \quad . \quad . \quad . \quad (243)$$

ist und A und B Konstanten bedeuten, deren Größe durch die Art der Zustandsänderung bedingt ist. Die obige Gleichung, die eine schwingende freie Bewegung des Systems verlangt, gilt nur, solange die Dämpfung D relativ zum Trägheitsmoment und zur synchronisierenden Kraft S klein ist, was aber fast immer der Fall ist. Ist D groß, so verläuft ω_f nach einer einfachen abnehmenden Exponentialfunktion.

Die stärksten freien Schwingungen werden beim Parallelschalten auftreten, wenn die Maschine in ihrer Phase oder ihrer Tourenzahl nicht genau mit den Netzwerten übereinstimmt. Wenn man eine Maschine bei großer Phasendifferenz mit dem Netz parallel schaltet, so erhält man Vorgänge elektrischer Natur, die im Wesen mit den in Kap. XVIII besprochenen Kurzschlußvorgängen übereinstimmen. Der stationäre Zustand ist durch das Zusammenwirken von r_a, x_{s1}, x_{s2} und x_{s3} bestimmt, indem der aus Erreger-AW und Anker-AW resultierende Kraftfluß den Ausgleichstrom induziert. Da aber der wirkliche Kraftfluß der Maschine sich nur langsam ändern kann, ist im ersten Moment die vektorielle Differenz der vollen Leerlaufspannungen auf den Ohmschen Widerstand und die Streureaktanz des Ankers geschaltet, d. h. x_{s2} ist für die ersten Momente gleich 0 zu setzen. Dadurch entstehen große Stromstöße, die ein Vielfaches des Ausgleichstromes im stationären Zustande betragen können. Dieser starke Stromstoß wird natürlich auch eine entsprechend große synchronisierende Kraft zur Folge haben, wodurch die Erscheinung zu erklären ist, daß nicht richtig parallel geschaltete Maschinen mit einem starken Ruck in den Synchronismus gerissen werden. Dieser

Ruck kann so stark sein, daß die Welle der Kraftmaschine bricht, was auch öfter beobachtet wurde.

Diese freien Schwingungen können nicht dauernd bestehen, sondern klingen mit der Zeit ab und um so rascher, je größer die Wirkung der Dämpfung ist, indem in jeder Periode der freien Schwingung ein gewisser Energiebetrag abgegeben wird, der nicht mehr zur Maschine zurückflutet. Dieser Betrag besteht in abgegebener asynchroner Leistung und in Stromwärme in der Dämpferwicklung, den Polschuhen, den Leistungen anderer Maschinen usw. Maschinen bei Betrieben, die mit plötzlichen Belastungsänderungen rechnen müssen und nicht aus dem Tritt fallen sollen, also z. B. Umformer, werden stets vorteilhaft mit starker Dämpfung ausgeführt. Ist die Dämpfung nur gering, so dauern die freien Schwingungen eine lange Zeit hindurch und geben mit den eingeprägten Schwingungen Interferenzerscheinungen, indem sie sich teils schwächen, teils verstärken. Arbeitet die Maschine nahe dem Resonanzzustand, so können diese Interferenzen zu Schwebungen[1]) werden, die sich durch ein langsames periodisches Zu- und dann wieder Abnehmen der einzelnen Schwingungsamplituden charakterisieren. Im ungünstigsten Falle ist die Gesamtamplitude gleich der Summe aus den Amplituden der freien und der erzwungenen Schwingungen und die Gefahr des Außertrittfallens vorhanden. Diese Erscheinung ist im allgemeinen nur nach dem Parallelschalten, bei plötzlichen Änderungen der Kraftzufuhr und plötzlichen Belastungsänderungen zu beobachten.

II. Das Pendeln beliebig vieler parallel geschalteter Maschinen.

97. Differentialgleichung zweier parallel geschalteter Maschinen.

Wir wollen nun zu dem Falle übergehen, daß zwei Maschinen von nicht zu verschiedener Größe, aber von verschiedener Bauart miteinander parallel arbeiten, so daß die eine Maschine, der mechanisch Schwingungen aufgedrückt werden, dieselben auch der andern mitteilen kann. Der gemeinsame Klemmenspannungsvektor beider Maschinen kann nun nicht mehr in Ruhe bleiben, wie im ersten Fall, sondern er wird auch Pendelungen ausführen müssen. Seine

---

[1]) Als ein Bild des Verlaufens von Schwebungen, die **nur** dann auftreten, wenn Ω_{ei} nahezu gleich $\nu\Omega_m$ ist, sei auf die Fig. 202, S. 247 hingewiesen.

Größe nehmen wir als konstant an, setzen also kleine Pendelungen voraus. Es gilt folgendes Diagramm (Fig. 286).

Die Winkel Θ sind durch folgende Gleichungen mit den elektrischen Winkelgeschwindigkeiten verknüpft:

$$\frac{d\Theta_1}{dt} = \omega_1 - \omega_k; \qquad \frac{d\Theta_2}{dt} = \omega_2 - \omega_k, \qquad \frac{d\Theta}{dt} = \omega_k - \omega_m \qquad (244)$$

ω_k bedeutet die Momentangeschwindigkeit des Netzvektors, ω_m dessen mittlere Geschwindigkeit.

Wir erhalten nun drei Bewegungsgleichungen. Da wir nun Netze mit Maschinen zu betrachten haben, die mit ganz verschiedenen Tourenzahlen laufen, wollen wir diese Gleichungen nicht mehr als Drehmomentgleichungen wie bisher, sondern als Leistungsgleichungen ansetzen, da für jede Maschine jetzt ein anderes Verhältnis zwischen Drehmoment und Leistung besteht. Die letzte Gleichung für das gesamte Netz würde nicht mehr mit dem vorhergehenden harmonieren, und die Analogie des elektrischen Stromkreises würde nicht mehr in der einfachen Weise gelten wie bisher.

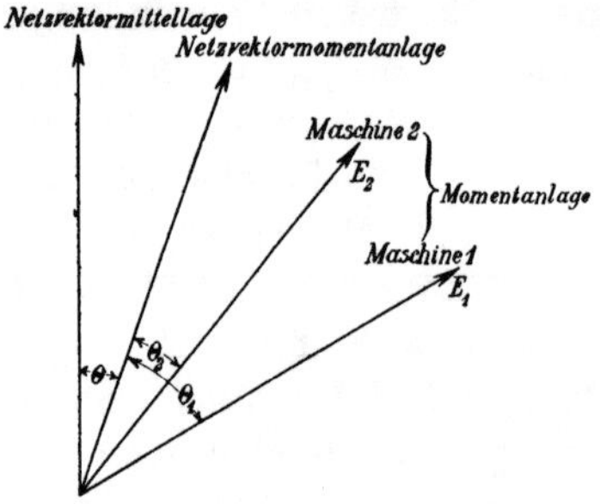

Fig. 286. Spannungsdiagramm zweier parallel geschalteter Maschinen.

Unsere drei Leistungsgleichungen enthalten jeweils Trägheitsleistung $\frac{J}{p}\Omega_m\frac{d\omega}{dt}$, Synchronleistung $S\Omega_m\Theta = W_S\Theta$, Dämpfungsleistung $D\Omega_m\frac{d\Theta}{dt} = W_D\frac{d\Theta}{dt}$ [1]) und pendelnde Kraftmaschinenleistung

$$\vartheta_\nu\,\Omega_m \sin(\nu\,\Omega_m t + \psi_\nu) = W_M \sin(\nu\,\Omega_m t + \psi_\nu).$$

Die pendelnde Netzleistung, die durch den „Netzfaktor" bestimmt war, wollen wir nicht weiter berücksichtigen, denn sie ist ja nur durch Spannungsschwankungen bedingt, die bei vielen parallel geschalteten Maschinen nur gering sein werden, besonders bei modernen Generatoren mit Spannungsregulierung. Als Tatsache können wir feststellen, daß eine starke Glühlampenbelastung durch ihre Energieabsorption immer dämpfend auf die Pendelungen wirken muß, wenn ihre Wirkung auch meist recht klein ist.

Unsere drei Gleichungen sind nun:

---

1) Siehe S. 325.

1. Maschine 1 gegen Netz:

$$\frac{J_1}{p_1}\Omega_{m1}\frac{d\omega_1}{dt}+W_{S1}(\Theta_1-\Theta_{m1})+W_{D1}\frac{d\Theta_1}{dt}=\sum_{\nu=1}^{\nu}W_{M1}\sin(\nu\Omega_{m1}t+\psi_{\nu1}),$$

2. Maschine 2 gegen Netz:

$$\frac{J_2}{p_2}\Omega_{m2}\frac{d\omega_2}{dt}+W_{S2}(\Theta_2-\Theta_{m2})+W_{D2}\frac{d\Theta_2}{dt}=\sum_{\nu=1}^{\nu}W_{M2}\sin(\nu\Omega_{m2}t+\psi_{\nu2}),$$

3. Gleichgewicht der ins Netz gesandten Leistungen:

$$W_{S1}(\Theta_1-\Theta_{1m})+W_{S2}(\Theta_2-\Theta_{2m})+W_{D1}\frac{d\Theta_1}{dt}+W_{D2}\frac{d\Theta_2}{dt}=0.$$

Θ_{1m} und Θ_{2m} sind die den normalen mittleren Stellungen der Maschinen entsprechenden Phasenverschiebungen zwischen EMK und Klemmenspannung.

Wenn wir die ersten beiden Gleichungen addieren und sie mit der dritten kombinieren, so erhalten wir folgende Gleichung:

$$W_{M1}\sin(\nu\Omega_{m1}t+\psi_{\nu1})+W_{M2}\sin(\nu\Omega_{m2}t+\psi_{\nu2})-\frac{J_1}{p_1}\Omega_{m1}\frac{d\omega_1}{dt}$$
$$-\frac{J_2}{p_2}\Omega_{m2}\frac{d\omega_2}{dt}=0.$$

Die gesamten pendelnden Maschinenleistungen setzen sich in Trägheitsleistungen um, da das Netz nach unserer Voraussetzung keine Energie absorbiert.

Wenn man die obigen Gleichungen nach der Zeit differenziert und die wirklichen Pendelgeschwindigkeiten $\omega_1-\omega_m$ bzw. $\omega_2-\omega_m$ einführt, so entstehen folgende Gleichungen:

$$\frac{J_1}{p_1}\Omega_{m1}\frac{d^2(\omega_1-\omega_m)}{dt^2}+W_{S1}(\omega_1-\omega_k)+W_{D1}\frac{d(\omega_1-\omega_k)}{dt}$$
$$=\Sigma\nu\Omega_{m1}W_{M1}\cos(\nu\Omega_{m1}t+\psi_{\nu1}) \quad (245)$$

$$\frac{J_2}{p_2}\Omega_{m2}\frac{d^2(\omega_2-\omega_m)}{dt^2}+W_{S2}(\omega_2-\omega_k)+W_{D2}\frac{d(\omega_2-\omega_k)}{dt}$$
$$=\Sigma\nu\Omega_{m2}W_{M2}\cos(\nu\Omega_{m2}t+\psi_{\nu2}) \quad (246)$$

$$W_1(\omega_1-\omega_k)+W_2(\omega_2-\omega_k)+W_{D1}\frac{d(\omega_1-\omega_k)}{dt}$$
$$+W_{D2}\frac{d(\omega_2-\omega_k)}{dt}=0 \quad . \quad . \quad . \quad . \quad . \quad . \quad . \quad (247)$$

Daß diese Gleichungen auch für den elektrischen Stromkreis, Fig. 287, Gültigkeit haben, kann man durch Aufstellen dieser Gleichungen für den Stromkreis sofort verifizieren.

Es wirken zwei Schwingungserzeuger und es entstehen in dem System auch zwei verschiedene Schwingungen von den Periodenzahlen der Schwingungserzeuger, die sich überlagern. Es gelten nun in unserem System, das durch drei lineare Differentialgleichungen beherrscht wird, die bekannten Superpositionsprinzipien, die von den Eigenschaften elektrischer Stromkreise her auch schon bekannt sind. Es erregt jede Schwingungsquelle ihre eigenen Oszillationen, so, als ob die andere nicht vorhanden wäre, und der resultierende Schwingungszustand entsteht durch Überlagerungen der Partialschwingungen. Dementsprechend untersuchen wir das schwingende System, als ob nur eine Schwingungsquelle $\vartheta_{\nu 1}$ vorhanden wäre und erhalten dann folgendes Schema (Fig. 288), das in Wirklichkeit der Parallelschaltung zweier Kraftmaschinen entspricht, von denen nur eine ein wechselndes Drehmoment hat, also der Parallelschaltung einer Kurbelmaschine mit einer Turbine.

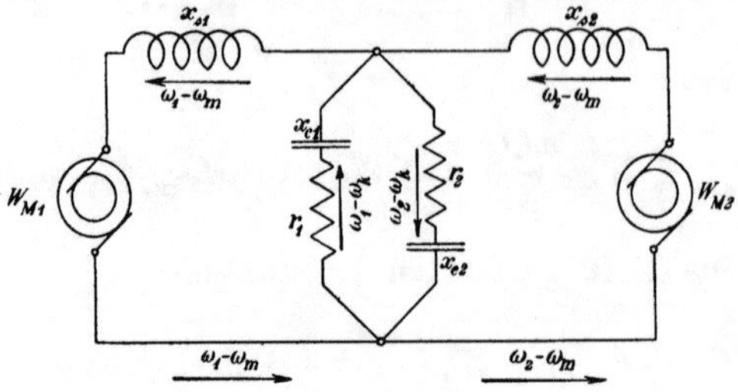

Fig. 287. Elektrischer Analogiestromkreis für zwei parallel arbeitende Kolbenmaschinen.

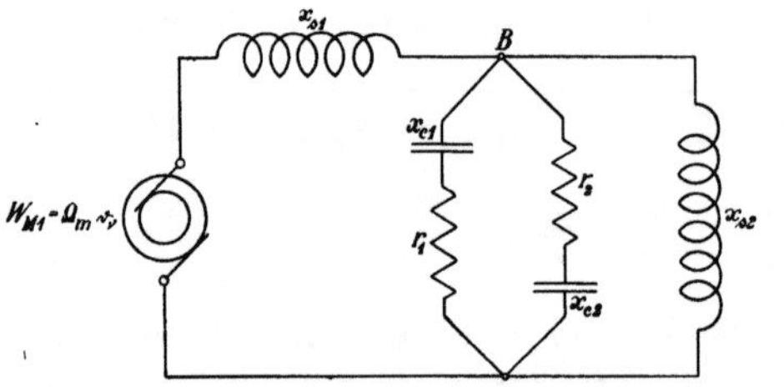

Fig. 288. Elektrischer Analogiestromkreis für eine Kolbenmaschine, die mit einer Turbine parallel arbeitet.

Die Konstanten des elektrischen Stromkreises sind durch folgende Gleichungen mit den Konstanten unseres Gleichungssystems verknüpft:

$$\left.\begin{aligned} x_{s1} &= \frac{J_1}{p_1}\Omega_{m1}\,\nu\,\Omega_{m1}; & x_{c1} &= \frac{W_{S1}}{\nu\,\Omega_{m1}}; & r_1 &= W_{D1} \\ x_{s2} &= \frac{J_2}{p_2}\Omega_{m2}\,\nu\,\Omega_{m1}; & x_{c2} &= \frac{W_{S2}}{\nu\,\Omega_{m1}}; & r_2 &= W_{D2} \end{aligned}\right\} \quad (248)$$

da in der Analogie der Gleichungen:

$$\left.\begin{aligned} L_1 &= \frac{J_1}{p_1}\Omega_{m1}; & C_1 &= \frac{1}{W_{S1}} \\ L_2 &= \frac{J_2}{p_2}\Omega_{m2}; & C_2 &= \frac{1}{W_{S2}} \end{aligned}\right\} \quad . \quad . \quad . \quad (249)$$

zu setzen ist.

Die maximalen pendelnden Leistungen sind nun gegeben durch:

1. Trägheitsleistung

$$\frac{J_1}{p_1} \Omega_{m1} \left[\frac{d(\omega - \omega_m)}{dt}\right]_{max} = (\omega - \omega_m)_m x_{s1},$$

2. Synchronleistung

$$W_{S1}(\Theta_1 - \Theta_m)_{max} = W_{S1}\left[\int(\omega - \omega_k)\,dt\right]_{max} = (\omega - \omega_k)_m x_{c1},$$

3. Asynchronleistung

$$W_{D1}\left(\frac{d\Theta_1}{dt}\right)_{max} = W_{D1}(\omega - \omega_k)_{max} = (\omega - \omega_k)_m r_1,$$

da

$$\omega - \omega_m = (\omega - \omega_m)_m \sin(\nu\,\Omega_m t + \psi_\nu - \varphi_\nu)$$

ist.

Auf Grund des Diagramms des elektrischen Stromkreises der Fig. 288 läßt sich der Einfluß der einzelnen Konstanten auf die Größe der entstehenden Pendelungen untersuchen. Wir unterlassen dies, denn es ergibt sich das bereits von Anfang an zu erwartende Resultat, daß die Pendelungen im allgemeinen um so kleiner werden, je größer man die Schwungmomente wählt. Die Pendelung des ersten Generators steigt etwas mit der Vergrößerung des Schwungmomentes des zweiten.

Wenn man zwei gleiche Maschinen auf den Einfluß der Dämpfung untersucht, erhält man das Resultat, daß die Dämpfung die elektrischen Leistungspendelungen nicht verändert, wenn der Vergrößerungsfaktor der Maschine gleich 2 ist, wie es schon im vorhergehenden Abschnitt gezeigt wurde.

Die wichtigste Frage für uns ist die nach der Resonanz, denn bei vielen parallel geschalteten Maschinen wird man sich nicht damit aufhalten, durch die Aufstellung komplizierter Diagramme und deren Superposition die resultierenden Schwingungszustände der einzelnen Maschinen zu bestimmen, da die genaue Ermittlung der Pendelausschläge gar nicht so wichtig ist, sondern der Hauptwert ist auf die Frage zu legen: wann kommt eine bestimmte Maschine des Systems in Resonanz mit einer der vielen verschiedenen dem System aufgezwungenen Schwingungen? Nur in diesem Falle wird die Maschine zu ernsthaften Störungen des Betriebs Anlaß geben können und muß dann mit einer Dämpferwicklung versehen werden, oder ihre Konstanten müssen geändert werden. Wir wollen das Problem gleich für beliebig viele parallel geschaltete Maschinen in Angriff nehmen.

98. Lösung des Problems für *n* parallel geschaltete Maschinen, ohne Berücksichtigung der Dämpfung. Der allgemeine Resonanzfall.

Die Differentialgleichungen für n parallel geschaltete Maschinen lauten:

$$\left.\begin{aligned}
&1.\quad \frac{J_1}{p_1}\Omega_{m1}\frac{d\omega_1}{dt}+W_{S1}(\Theta_1-\Theta_{1m})+W_{D1}\frac{d\Theta_1}{dt}\\
&\qquad =\sum_{\nu=1}^{\nu} W_{M1}\sin(\nu\,\Omega_{m1}t+\psi_{\nu 1})\\
&2.\quad \frac{J_2}{p_2}\Omega_{m2}\frac{d\omega_2}{dt}+W_{S2}(\Theta_2-\Theta_{2m})+W_{D2}\frac{d\Theta_2}{dt}\\
&\qquad =\sum_{\nu=1}^{\nu} W_{M2}\sin(\nu\,\Omega_{m2}t+\psi_{\nu 2})\\
&\quad\vdots\qquad\vdots\qquad\vdots\qquad\vdots\qquad\vdots\qquad\vdots\\
&n)\quad \frac{J_n}{p_n}\Omega_{mn}\frac{d\omega_n}{dt}+W_{Sn}(\Theta_n-\Theta_{nm})+W_{Dn}\frac{d\Theta_n}{dt}\\
&\qquad =\sum_{\nu}^{\nu=1} W_{Mn}\sin(\nu\,\Omega_{mn}t+\psi_{\nu n})\\
&n+1)\quad W_{S1}(\Theta_1-\Theta_{1m})+W_{S2}(\Theta_2-\Theta_{2m})+\cdots\\
&\qquad +W_{Sn}(\Theta_n-\Theta_{nm})+\cdots\\
&\quad +W_{D1}\frac{d\Theta_1}{dt}+W_{D2}\frac{d\Theta_2}{dt}+\cdots+W_{Dn}\frac{d\Theta_n}{dt}n=0
\end{aligned}\right\}\qquad(250)$$

In der Praxis entspricht dieses Gleichungssystem dem Falle, daß in einer elektrischen Zentrale verschiedene Kraftmaschinen, z. B. kleine schnellaufende Dampfmaschinen, größere langsamlaufende und Dampfturbinen aufgestellt sind, die alle parallel geschaltete Generatoren antreiben. Das Netz dient durch Asynchronmotoren, Synchronmotoren und rotierende Umformer zur Arbeitsübertragung. Diese Motoren können entweder eine von der Tourenzahl fast unabhängige Belastung oder eine mit dieser stark variierende Belastung oder eine während jeder Umdrehung pulsierende Belastung haben. Das letztere ist z. B. der Fall, wenn die Motoren Kolbenpumpen oder Arbeitsmaschinen antreiben.

Für jede Maschine, Generator oder Motor, erhält man Differentialgleichungen, die alle dieselbe Form wie die obigen Gleichungen haben. Wird der Generator von einer Turbine angetrieben oder hat der Motor eine konstante Belastung, so verschwinden die Glieder auf der rechten Seite der Gleichheitszeichen. Wenn dagegen der Generator von einer Kolbenmaschine angetrieben wird oder wenn der Motor zum Antreiben einer Kolbenmaschine dient, so besteht die rechte Seite der Gleichung aus einer Summe variierender Drehmomente, die zu Schwingungen im ganzen Systeme Anlaß geben. Außer den Differentialgleichungen jeder Maschine erhält man eine solche für das Netz mit der ganzen Glühlichtbelastung.

In den folgenden Betrachtungen wollen wir den Einfluß der Dämpfung und der Glühlichtbelastung vernachlässigen, denn beide haben nur auf die Amplituden einen Einfluß, auf die zu bestimmenden Resonanzschwingungszahlen nur einen sehr geringen.

Nach dem Superpositionsprinzip denken wir uns nun nur in einer Maschine erzwungene Schwingungen erzeugt und untersuchen, wie das ganze System darauf reagiert. Wir erhalten also für unser System das Schema Fig. 289.

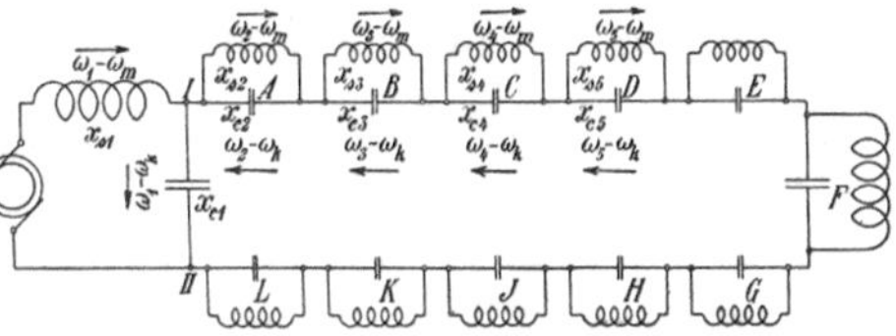

Fig. 289. Elektrischer Analogiestromkreis eines Systems parallel geschalteter Maschinen.

In der Fig. 289 ist auch der Einfluß der asynchronen Motoren vernachlässigt. Asynchronmotoren wirken nur als vorgeschaltete Widerstände bzw. Reaktanzen, so daß ihre Wirkung in einer Begrenzung der Amplituden besteht. In einem Netze, daß viele Asynchronmotoren enthält, werden die Pendelschwingungen immer geringer sein, als in einem ohne sie[1]).

Parallel zu dem Kondensator x_{c1} liegt eine große Zahl hintereinander geschalteter Systeme (A — L). Die Admittanz eines solchen Systems ist

$$-j\frac{1}{x_c}+j\frac{1}{x_s}=j\frac{x_c-x_s}{x_c x_s}$$

und seine Impedanz $jx_c\frac{x_s}{x_s-x_c}$. Der Ausdruck $\frac{x_s}{x_s-x_c}$ ist der bereits erwähnte Resonanzmodul ζ, so daß die Impedanz $jx_c\zeta$ ist.

Die Impedanz aller hintereinander geschalteter Systeme ist nun

[1]) Die folgenden Betrachtungen wurden zuerst 1908 von Dr.-Ing. W. Sarfert allgemein theoretisch auf anderem Wege durchgeführt (Diss. Dresden).

$j\sum_2^n x_c\zeta$ und ihre Admittanz $-j\frac{1}{\sum_2^n x_c\zeta}$. Zu dieser Admittanz ist noch die des Kondensators x_{c1} zu addieren und man erhält

$$-j\frac{1}{x_{c1}}-j\frac{1}{\sum_2^n x_c\zeta}=-j\frac{x_{c1}+\sum_2^n x_c\zeta}{x_{c1}\sum_2^n x_c\zeta}.$$

Die Totalimpedanz des Systems ergibt sich schließlich als

$$-jx_{s1}+j\frac{x_{c1}\sum_2^n x_c\zeta}{x_{c1}+\sum_2^n x_c\zeta}=-j\frac{(x_{s1}-x_{c1})\sum_2^n x_c\zeta+x_{s1}x_{c1}}{x_{c1}+\sum_2^n x_c\zeta}$$

und die Totaladmittanz ergibt sich daraus zu

$$j\frac{\frac{x_{c1}}{x_{s1}-x_{c1}}+\frac{1}{x_{s1}-x_{c1}}\sum_2^n x_c\zeta}{\sum_2^n x_c\zeta+x_{c1}\zeta_1}=j\frac{x_{c1}}{x_{s1}}\zeta_1\frac{1+\frac{\sum_2^n x_c\zeta}{x_{c1}}}{\sum_1^n x_c\zeta}.$$

Also ist

$$(\omega_1-\omega_m)_m=W_{M1}\,j\frac{x_{c1}}{x_{s1}}\zeta_1\frac{1+\frac{\sum_2^n x_c\zeta}{x_{c1}}}{\sum_1^n x_c\zeta}\quad . \; . \; . \quad (251)$$

Um zu einem Ausdruck für die Größe der Netzpendelung zu kommen, berechnen wir den Strom im Kondensator x_{c1}. Dem Punkte I der Fig. 289 fließt der Strom $(\omega_1-\omega_m)$ zu, durch den Kondensator fließt $(\omega_1-\omega_k)$, folglich fließt durch die Systeme A, B, C... der Strom $(\omega_k-\omega_m)$. Nach dem Vorhergegangenen läßt sich die Potentialdifferenz I II ausdrücken durch[1]):

$$j(\omega_1-\omega_k)_m x_{c1}=(\omega_k-\omega_m)_m j\sum_2^n x_c\zeta$$

---

[1]) Die Werte $\omega_1-\omega_m$, $\omega_2-\omega_m$ geben die absolute Bewegung der Maschinen an, die experimentell bestimmt werden kann. $(\omega_1-\omega_k)$, $(\omega_2-\omega_k)$ geben die Relativbewegung gegen den Netzvektor an, bestimmen also die schwankenden elektrischen Leistungen. Die Relativbewegung der Maschinen gegeneinander ist durch $(\omega_n-\omega_m)$ gegeben.

und es ergibt sich daraus

$$(\omega_1 - \omega_k)_m = (\omega_k - \omega_m)_m \frac{\sum_2^n x_c \zeta}{x_{c1}} \quad . \quad . \quad . \quad . \quad (252)$$

und

$$(\omega_1 - \omega_m)_m = (\omega_k - \omega_m)_m \left(\frac{\sum_2^n x_c \zeta}{x_{c1}} + 1 \right) \quad . \quad . \quad . \quad (253)$$

und schließlich

$$(\omega_k - \omega_m)_m = j \frac{W_{M1}}{x_{s1}} \frac{x_{c1} \zeta_1}{\sum_1^n x_c \zeta} = j \frac{W_{M1}}{x_{s1} - x_{c1}} \frac{x_{c1}}{\sum_1^n x_c \zeta} \quad . \quad (254)$$

und es ist

$$(\omega_1 - \omega_k)_m = j \frac{W_{M1}}{x_{s1} - x_{c1}} \frac{\sum_2^n x_c \zeta}{\sum_1^n x_c \zeta} \quad . \quad . \quad . \quad . \quad (255)$$

Wir haben jetzt die Pendelung des Netzvektors ermittelt und auch die Pendelung der Maschine, die die Schwingungen erregt, gegen das Netz. Da $\frac{W_M}{x_s - x_c}$ die Pendelung einer Maschine an einem unendlich starken Netz darstellt, wird die Maschine, die die erzwungenen Schwingungen aussendet, mehr oder weniger pendeln als an einem unendlich starken Netz, je nachdem, ob $x_{c1} \zeta_1$ kleiner oder größer als Null ist, da $\sum_2^n x_c \zeta$ für normale Verhältnisse im allgemeinen größer als Null ist. Hat also die die Schwingungen aussendende Maschine eine größere Eigenschwingungsdauer als die der Schwingungen, die ihr aufgeprägt sind, so wird sie weniger stark pendeln als an einem unendlich starken Netz. Im anderen Falle umgekehrt. $\sum_2^n x_c \zeta > 0$ setzt freilich voraus, daß auch der größere Teil der übrigen Maschinen eine größere Schwingungsdauer habe als die erzwungene Schwingung. Man sieht, daß auch hier Schwingungen großer Frequenz ungefährlicher sind als Schwingungen geringer. Auch die Pendelungen der übrigen Maschinen sind leicht zu bestimmen, denn für jedes der Systeme A bis L gilt die Gleichung

$$(\omega_n - \omega_k)_m j x_{cn} - (\omega_n - \omega_m)_m j x_{sn} = 0,$$

woraus sich

$$(\omega_n - \omega_k)_m = -(\omega_k - \omega_m)_m \zeta_n = -j W_{M1} \frac{x_{c1}}{x_{s1} - x_{c1}} \frac{\zeta_n}{\sum_1^n x_c \zeta} \quad (256)$$

$$(\omega_n - \omega_m)_m = -(\omega_k - \omega_m)_m \frac{x_{cn}}{x_{sn}} \zeta_n \quad . \quad . \quad . \quad (257)$$

ergibt. Man sieht, daß im allgemeinen die Maschine am stärksten gegen das Netz schwingen wird, die die Schwingungen aussendet. Das Verhältnis der Pendelamplituden der ersten und der $n$ten Maschine gegen das Netz ist:

$$\frac{(\omega_1 - \omega_k)_m}{(\omega_n - \omega_k)_m} = \frac{\sum_2^n x_c \zeta}{x_{c1} \zeta_n}.$$

Je kleiner die Leistung der ersten Maschine ist, je weiter entfernt die $n$te Maschine vom Resonanzzustand ist und um so größer die Leistungen der anderen Maschinen sind, um so größer wird dieses Verhältnis.

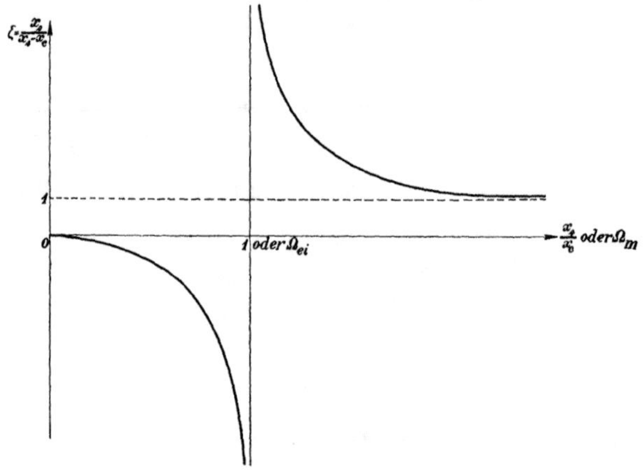

Fig. 290. Resonanzmodul.

Durch die erste Maschine wird also das ganze System in Schwingungen versetzt. Die Schwingung des Netzes hängt von allen Maschinen ab und eine jede schwingt entsprechend ihrem Resonanzmodul ζ mehr oder weniger stark gegen das Netz. Der Resonanzmodul ζ ist bekanntlich ein Maß für die Nähe des Resonanzzustandes. Graphisch dargestellt verläuft er wie in Fig. 290. Im Resonanzpunkt, wenn $\Omega_m = \Omega_{ei}$, $x_s = x_c$ ist, wird ζ unendlich; ist die aufgeprägte Schwingung von größerer Frequenz, so ist $x_s > x_c$ und ζ positiv. Ist die Eigenfrequenz größer als die aufgeprägte, so wird ζ negativ.

Die Resonanzverhältnisse haben sich gegenüber dem im vorigen Kapitel behandelten einfachen Fall geändert.

Es sind verschiedene Arten von Resonanzerscheinungen möglich, die wir nacheinander betrachten wollen:

1. Die die Schwingungen aussendende Maschine ist mit sich selbst in Resonanz. $(x_{s1} = x_{c1},\ \zeta_1 = \infty)$.

2. Eine der n Maschinen ist mit den ausgesendeten Schwingungen in Resonanz. $(x_{sn} = x_{cn},\ \zeta_n = \infty$, Impedanz $\mathfrak{Z}_n = \infty.)$

3. Der Stromzweig parallel zum Kondensator x_{c1} ist in Resonanz mit den Schwingungen, seine Impedanz ist Null, der Kondensator kurzgeschlossen. $\left(\sum_2^n x_c \zeta = 0.\right)$

4. Resonanz zwischen den Klemmen I II. Der Kondensator x_{c1} und der parallel geschaltete Stromzweig kompensieren sich. $\left(x_{c1} + \sum_2^n x_c \zeta = 0.\right)$ Die Totalimpedanz des Systems ist unendlich.

5. Der eigentliche Resonanzfall für den ganzen Kreis. $\left(\sum_1^n x_c \zeta = 0\right.$, Gl. 251, S. 386.$\left.\right)$ Die Gesamtimpedanz wird Null, $(\omega_1 - \omega_m)$ unendlich groß.

1. Wenn eine Maschine des Systems zufällig mit der ihr aufgeprägten Schwingungszahl in Resonanz ist, braucht sie noch nicht aus dem Tritt zu fallen.

Ist $\zeta_1 = \infty$, $x_{s1} = x_{c1}$, d. h. die die Schwingungen aussendende Maschine in Resonanz mit diesen, so wird der Pendelung des Netzvektors:

$$(\omega_k - \omega_m)_m = j \frac{W_{M1}}{x_{s1}} \quad \ldots \ldots \quad (258)$$

und die Pendelungen der anderen Maschinen gegen das Netz:

$$(\omega_1 - \omega_k)_m = (\omega_k - \omega_m)_m \frac{\sum_2^n x_c \zeta}{x_{c1}} = j \frac{W_{M1}}{x_{s1}} \frac{\sum_2^n x_c \zeta}{x_{c1}} {}^{1)} \quad . \quad (259)$$

$$(\omega_n - \omega_k)_m = -j \frac{W_{M1}}{x_{s1}} \zeta_n = -j \frac{W_{M1}}{x_{sn} - x_{cn}} \frac{x_{sn}}{x_{s1}} \quad . \ . \quad (260)$$

Kommt also die die Schwingungen erregende Maschine in Re-

---

[1]) Für die elektrische Leistungsvariation und die Gefahr des Außertrittfallens ist $(\omega_n - \omega_k)$ maßgebend. Für die mechanischen Pendelungen und die damit verbundenen Spannungsschwankungen ist $(\omega_n - \omega_m)$ maßgebend. Eine Maschine kann sichtbar sehr pendeln, ohne große Leistungsvariationen zu zeigen oder aus dem Tritt zu fallen. Ebenso kann eine Maschine aus dem Tritt fallen, ohne mechanisch stark zu pendeln, wenn $(\omega_n - \omega_m)$ klein ist und $(\omega_n - \omega_k)$ groß ist. Es ist noch zu berücksichtigen, daß die räumlichen Pendelungen sich aus den elektrischen durch Division mit p ergeben. Das Bild der arbeitenden Maschinen ist gegenüber den Rechnungsergebnissen verzerrt. Langsamlaufende Maschinen pendeln weniger, raschlaufende mehr.

sonanz, so wird ihre Schwingungsamplitude gegen das Netz nicht unendlich. Sie wird im allgemeinen stärker schwingen als die anderen, und besonders wenn ihre Leistung klein ist gegen die Leistungen der anderen Maschinen und ihr Trägheitsmoment gering ist. Die anderen Maschinen schwingen mehr oder weniger stark gegen den Netzvektor im Vergleich mit einem unendlich starken Netz, je nachdem ob ihr Trägheitsmoment größer oder kleiner ist ist als das der ersten Maschine. Ist deren Trägheitsmoment klein, so liegt freilich die Gefahr nahe, daß das ganze System außer Tritt fällt, wenn auch bei einem allgemeinen starken Pendeln sie zuerst diejenige sein wird, die außer Tritt fällt.

2. Kommt eine der anderen Maschinen in Resonanz mit den aufgeprägten Schwingungen, d. h. $\zeta_n = \infty$, so wird $(\omega_k - \omega_m)_m = 0$, der Netzvektor pendelt nicht und alle Maschinen, außer der ersten und der betrachteten, laufen gleichmäßig[1]).

Es gilt dann:

$$(\omega_1 - \omega_k)_m = j \frac{W_{M1}}{x_{s1} - x_{c1}} = (\omega_1 - \omega_m)_m \quad . \quad . \quad . \quad (261)$$

$$(\omega_n - \omega_k)_m = -j \frac{W_{M1}}{x_{s1} - x_{c1}} \frac{x_{c1}}{x_{cn}} = (\omega_n - \omega_m)_m \quad . \quad (262)$$

Diejenige der beiden Maschinen wird stärker pendeln, deren Leistung die geringere ist. Ein kleinerer Motor wird z. B. von einem Generator in sehr starke Schwingungen versetzt werden können. Die erste Maschine verhält sich, als ob sie an einem unendlich starken Netz arbeitete. Die elektrische Leistungsvariation der ersten Maschine ist $W_{M1} \frac{x_{c1}}{x_{s1} - x_{c1}}$ und die der andern

$$(\omega_n - \omega_k)_m \, x_{cn} = W_{M1} \frac{x_{c1}}{x_{s1} - x_{c1}} .$$

Die erste Maschine gibt ihre ganze pendelnde Leistung an die andere ab, und wenn diese klein ist, fällt sie außer Tritt. Es können unter Umständen beide Maschinen in dem Zustande arbeiten.

3. Der Stromzweig parallel zum Kondensator ist in Resonanz mit den Schwingungen, d. h. die Eigenschwingungszahlen der Maschinen A bis L liegen zum Teil höher, zum Teil tiefer als die aufgeprägte Schwingungszahl.

$$\sum_2^n x \zeta = 0.$$

[1]) In diesem Falle stimmen „mechanische“ und „elektrische“ Pendelung überein.

$$(\omega_k - \omega_m)_m = j\,\frac{W_{M1}}{x_{s1}} \quad \ldots\ldots\ldots \quad (263)$$

$$(\omega_1 - \omega_k)_m = 0.$$

$$(\omega_1 - \omega_m)_m = j\,\frac{W_{M1}}{x_{s1}} \quad \ldots\ldots\ldots \quad (264)$$

$$(\omega_n - \omega_k)_m = -j\,\frac{W_{M1}}{x_{s1}}\,\zeta_n \quad \ldots\ldots \quad (265)$$

Die die Schwingungen aussendende erste Maschine pendelt in diesem Falle mechanisch um so stärker, je kleiner ihr Trägheitsmoment ist und je geringer die ausgesendete Schwingungszahl ist. Der Netzvektor pendelt genau synchron mit, so daß diese Maschine bei starken mechanischen Pendelungen keine elektrischen Leistungsvariationen zeigen wird. Sie verhält sich, als ob sie vom Netz abgeschaltet wäre. Die übrigen Maschinen zeigen elektrische Leistungspendelungen um so stärker, je mehr ihre Eigenschwingungszahl mit der aufgezwungenen übereinstimmt.

4. Es herrsche Resonanz zwischen den Klemmen I II, die Impedanz zwischen diesen beiden Punkten sei unendlich groß, nach Gl. 251, S. 386 gilt dann

$$x_{c1} + \sum_2^n x_c \zeta = 0.$$

Dieser Fall kann z. B. eintreten, wenn ein großer Generator eine Zahl von kleineren Synchronmotoren und Umformern speist, deren Eigenschwingungszahlen höher liegen als die dem Netz aufgeprägte Schwingungszahl. Die Pendelung des Netzvektors ergibt sich als

$$(\omega_k - \omega_m)_m = j\,\frac{W_{M1}}{x_{c1}} = j\,\frac{W_{M1}}{W_{s1}}\,\nu\,\Omega_{m1} \quad \ldots \quad (266)$$

Der Netzvektor pendelt um so weniger, je größer die Leistung der ersten Maschine ist und je g e r i n g e r die aufgeprägte Schwingungszahl ist.

$$(\omega_1 - \omega_m)_m = 0.$$

Der Generator läuft vollkommen gleichmäßig, kann aber infolge der Netzpendelung starke Leistungsvariationen zeigen.

$$(\omega_1 - \omega_k)_m = -j\,\frac{W_{M1}}{W_{s1}}\,\nu\,\Omega_{m1} = -j\,\frac{W_{M1}}{x_{c1}} \quad \ldots \quad (267)$$

Je höher die Ordnungszahl der Schwingung ist, desto größer werden die Leistungsvariationen. Der Generator verhält sich gegenüber dem Netz, als ob er keine Schwungmassen hätte.

$$(\omega_n - \omega_k)_m = -j\,\frac{W_{M1}}{x_{c1}}\,\zeta_n \quad \ldots\ldots\ldots \quad (268)$$

Je näher die Eigenschwingungszahl der übrigen Maschinen der aufgezwungenen Schwingungszahl liegt, desto größer werden ihre Leistungsvariationen im Vergleich zu denen der ersten Maschine.

Bei den bisher betrachteten Resonanzfällen kann das System unter Umständen noch befriedigend arbeiten. Wir betrachten jetzt den letzten Fall, bei dem unter allen Umständen das System außer Tritt fällt.

5. Der eigentliche Resonanzfall für den ganzen Kreis. Die Totalimpedanz wird Null, was nach Gl. 251 durch

$$\sum_1^n x_c \zeta = 0 \quad \text{oder} \quad \sum_1^n W_s \zeta = 0 \quad . \quad . \quad . \quad . \quad (269)$$

ausgedrückt wird.

Dann wird $(\omega_k - \omega_m)$ unendlich groß uud damit auch die Schwingungsamplituden aller Maschinen.

$$x_{c1}\zeta_1 + x_{c2}\zeta_2 + x_{c3}\zeta_3 + \ldots + x_{cn}\zeta_n = 0.$$

$$W_{s1}\frac{J_1}{p_1}\Omega_{m1}\frac{1}{\frac{J_1}{p_1}\Omega_{m1}\nu\Omega_{m1} - \frac{W_{s1}}{\nu\Omega_{m1}}} + W_{s2}\frac{J_2}{p_2}\Omega_{m2}\frac{1}{\frac{J_2}{p_2}\Omega_{m2}\nu\Omega_{m1} - \frac{W_{s2}}{\nu\Omega_{m1}}} + \ldots$$

$$\ldots + W_{sn}\frac{J_n}{p_n}\Omega_{mn}\frac{1}{\frac{J_n}{p_n}\Omega_{mn}\nu\Omega_{m1} - \frac{W_{sn}}{\nu\Omega_{m1}}} = 0 \quad . \quad (270)$$

Wenn man die Gleichung durch $\nu\Omega_{m1}$ dividiert und auf gemeinsamen Nenner bringt, erhält man eine Gleichung in $(\nu\Omega_{m1})^2$ vom $(n-1)$ten Grade. Diese liefert allgemein $(n-1)$ Wurzeln für $(\nu\Omega_{m1})^2$ und auch für $(\nu\Omega_{m1})$, da die negative Wurzel aus $(\nu\Omega_m)^2$ für unser Problem keinen Sinn hat.

Dasselbe läßt sich auch ohne weiteres aus den ζ-Kurven ersehen. Für n parallel geschaltete Maschinen existieren n verschiedene Ω_{ei}. In dem Gebiet Ω über dem größten Ω_{ei} sind alle ζ positiv, in dem Gebiet unter dem kleinsten Ω_{ei} sind alle ζ (nach Fig. 290) negativ. $\Sigma W_s\zeta$ kann nur zwischen diesen beiden Grenzen liegen. Für jedes Ω_{ei} wird $\Sigma W_s\zeta$ unendlich groß; positiv unendlich, wenn man sich von größeren Werten her, negativ unendlich, wenn man sich von kleineren Werten Ω her nähert. Da die ζ-Kurven nun stetig verlaufen und W_s immer eine positive Zahl ist, muß in dem Raum zwischen je zwei Eigenschwingungsdauern $\Sigma W_s\zeta$ einmal Null werden, da es stetig von $-\infty$ bis $+\infty$ ansteigt. Fig. 291 verdeutlicht diese Tatsachen[1]).

[1]) Fig. 291 ist aus der Doktor-Diss. von W. Sarfert, Dresden 1908, entnommen.

Es sind in der Fig. 291 vier parallel arbeitende Maschinen angenommen, mit den Eigenschwingungsdauern Ω_{ei1}, Ω_{ei2}, Ω_{ei3}, Ω_{ei4}. Es sind die verschiedenen $W\zeta$ dargestellt und die „kritischen Schwingungszahlen" Ω_{k1}, Ω_{k2} und Ω_{k3} markiert, bei denen die $\Sigma W_s\zeta$ gleich Null wird. Da ζ für Ω gleich unendlich dem Werte 1 zustrebt, streben die $W_s\zeta$-Kurven alle dem Grenzwert W_s zu. W_s steht mit der Normalleistung der Maschine durch den Faktor k_p in Beziehung. Für eine Maschine großer Leistung liegt die $W_s\zeta$-Kurve im allgemeinen höher als für eine Maschine kleiner Leistung. Die Leistungen der Maschinen 1, 3 und 4 sind von ungefähr gleicher

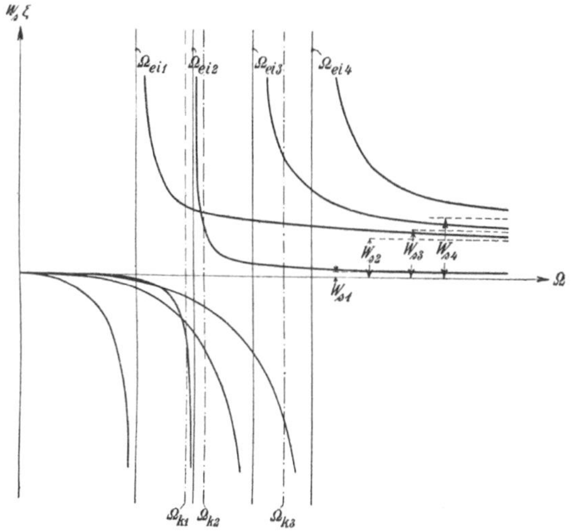

Fig. 291.

Größe, während Maschine 2 im Vergleich mit ihnen eine kleine Normalleistung hat. Die $W_{s2}\zeta_2$-Kurve schmiegt sich daher eng an die Abszissenachse und die Ordinate Ω_{ei2} an. Die Eigenschwingungszahlen folgen also immer so aufeinander, daß zwischen je zwei Eigenschwingungszahlen eine kritische Schwingungszahl liegt.

$$\Omega_{ei1},\ \Omega_{k1},\ \Omega_{ei2},\ \Omega_{k2},\ \Omega_{ei3},\ \ldots,\ \Omega_{kn-1},\ \Omega_{ein}.$$

Mit den verschiedenen Betriebsumständen ändern sich sowohl die Ω_{ei} als auch die Ω_k, da die W_s sich ändern. Wenn mehrere Maschinen, z. B. m, die gleiche Eigenschwingungszahl haben, fallen auch m-Werte der kritischen Schwingungszahlen zusammen, so daß dann nur noch $n - m - 1$ gefährliche Schwingungszahlen existieren. Sind alle Maschinen gleich gebaut, so gibt es nur noch eine kritische Schwingungszahl, und diese ist gleich der Eigenschwingungszahl der Maschinen. Die Lage der kritischen Schwingungszahl in dem Intervall zwischen zwei benachbarten Ω_{ei} ist von den Leistungen der Maschinen abhängig. Haben die beiden entsprechenden Maschinen ungefähr gleiche Leistungen, so liegt Ω_k in der Mitte des Intervalls (Ω_{k3}), hat aber eine Maschine eine bedeutend geringere Leistung als die andere, so schmiegt sich ihre $W_s\zeta$-Kurve eng der Abszissenachse und ihrer Ω_{ei}-Ordinate an, so daß $\Sigma W_s \zeta = 0$, die kritische Schwingungszahl, sehr nahe ihrer Eigenschwingungszahl $(\Omega_{k1}, \Omega_{k2})$ liegt.

Eine große Maschine wird unter Umständen bei Gleichheit von aufgeprägter Schwingung und Eigenschwingung noch befriedigend arbeiten, während eine kleine desselben Systems unter diesen Umständen aus dem Tritt fällt, z. B. ein Synchronmotor, der von einer Zentrale aus betrieben wird. In einer Zentrale mit vielen Maschinen ist der Ausdruck $\Sigma W_s \zeta$ natürlich abhängig von der Zahl der arbeitenden Maschinen und ändert sich, sobald eine Maschine an- oder abgeschaltet wird. Die Tatsache, daß gewisse Kombinationen von Maschinen vorzüglich parallel arbeiten, während durch Zu- oder Abschalten gewisser Maschinen der Betrieb völlig gestört werden kann, läßt sich dadurch erklären, daß durch das Zu- oder Abschalten jener Maschine die $\Sigma W_s \zeta$ zufällig einen sehr kleinen Wert erhält. Freilich kann die eingeschaltete störende Maschine auch durch Aussendung gefährlicher erzwungener Schwingungen Betriebsstörungen verursachen.

Wird dem System die kritische Schwingungszahl aufgeprägt, so sollten nach unsern Resultaten alle Maschinen aus dem Tritt fallen. Das tritt natürlich nicht ein. Bevor der kritische Zustand erreicht ist, schwingen die einzelnen Maschinen verschieden stark entsprechend dem Werte ihres Resonanzmoduls, denn wir fanden Gl. 256

$$(\omega_n - \omega_k)_m = -(\omega_k - \omega_m)_m \zeta_n \quad . \quad . \quad . \quad . \quad . \quad (271)$$

Auch für die erste Maschine gilt dies, wenn die ausgeprägte Schwingungszahl sich in der Nähe der kritischen befindet, d. h. $\Sigma W_s \zeta$ klein ist, denn nach der Gl. 255

$$(\omega_1 - \omega_k)_m = j \frac{W_{M1}}{x_{s1}} \zeta_1 \frac{\sum\limits_2^n x_c \zeta}{\sum\limits_1^n x_c \zeta},$$

was sich umformen läßt in

$$(\omega_1 - \omega_k)_m = j \frac{W_{M1}}{x_{s1}} \zeta_1 \left(1 - \frac{x_{c1}\zeta_1}{\sum\limits_1^n x_c \zeta}\right) \quad . \quad . \quad . \quad (272)$$

Ist nun Summe $x_c \zeta$ klein, so gilt annähernd

$$(\omega_1 - \omega_k)_m \cong - j \frac{W_{M1}}{x_{s1}} \frac{x_{c1} \zeta_1}{\sum\limits_1^n x_c \zeta} \zeta_1 = - j (\omega_k - \omega_m)_m \zeta_1 \ . \quad (273)$$

Sobald der kritische Zustand eintritt und die Schwingungsamplituden der einzelnen Maschinen sich vergrößern, werden natürlich die zuerst aus dem Tritt fallen, die schon vorher die größten Schwingungsamplituden hatten, deren Ω_{ei} am nächsten dem Ω_k liegt. Ist nun eine solche Maschine aus dem Tritt gefallen, so ändert der Ausdruck $\Sigma W_s \zeta$ seinen Wert und das ganze System beruhigt sich oder schwingt noch stärker, je nachdem, ob $\Sigma W_s \zeta$ größer oder kleiner geworden ist, wenn nicht gerade die aus dem Tritt gefallene Maschine die war, die die gefährlichen Schwingungen Ω_k aussandte. Beim Durchgehen durch den kritischen Zustand ändern alle $(\omega_k - \omega_m)$ ihr Vorzeichen, d. h. alle Maschinen, die vorher „gegen" das Drehmoment schwangen, schwingen jetzt „mit" ihm. Wenn man ein Schema der Koeffizienten der $(\omega_m - \omega_m)$ für verschiedene Werte der aufgeprägten Schwingung aufstellt, erkennt man, daß sich die ganzen Maschinen, entsprechend dem Vorzeichen ihrer Schwingungsamplituden, in zwei Gruppen einteilen lassen, die gegeneinander schwingen. Der einen Gruppe gehören immer die kleineren, im Grenzfall die kleinste, der anderen die größeren, im Grenzfall die größte Maschine an. Nie schwingen große und kleine Maschinen gegen mittlere. Schon aus diesen Tatsachen erkennt man die Möglichkeit von $(n - 1)$ verschiedenen Zuständen des Systems, denn unter jener Voraussetzung sind eben $(n - 1)$ verschiedene Möglichkeiten denkbar.

Wir haben bis jetzt angenommen, daß nur eine Maschine Schwingungen erregt. Im allgemeinen Fall kann nun jede Maschine Schwingungen aussenden, und alle diese verschiedenen Schwingungen superponieren sich, so daß die resultierenden entstehenden Bewegungen recht komplizierter Natur sein können. Wenn zwei der aufgeprägten Schwingungszahlen nahezu übereinstimmen, erhält man im System die schon erwähnte Erscheinung der Schwebungen, d. h. ab- und zunehmende Schwingungsamplituden.

Zusammenfassung. Die $(n - 1)$ kritischen Schwingungszahlen eines Systems von n parallel geschalteten Wechselstrommaschinen liegen jeweils in dem Intervall zwischen zwei benachbarten Eigenschwingungszahlen, und liegen den Eigenschwingungszahlen um so näher, je kleiner die Leistung der betrachteten Maschine im Vergleich zu den Leistungen der anderen Maschinen des Systems ist. Kommt das System in die Nähe einer kritischen Schwingungszahl, so fällt zuerst die Maschine aus dem Tritt, deren Eigenschwingungszahl der aufgeprägten am nächsten kommt. Sind m Maschinen gleich, so existieren nur $(n - m - 1)$ kritische Schwingungszahlen.

Es muß also vermieden werden, daß von einer Maschine des Systems eine Schwingung ausgeht, deren Periodenzahl annähernd mit der Eigenschwingungszahl irgendeiner anderen Maschine des Systems zusammenfällt. Jeder Generator z. B. ist auch auf die Schwingungen der Kraftmaschinen aller anderer Generatoren nachzuprüfen.

Da die kritischen Schwingungszahlen innerhalb des Bereichs der Eigenschwingungszahlen liegen, kann man jede Gefahr vermeiden, indem man die Kraftmaschinen so rasch laufen läßt, daß alle erzwungenen Schwingungszahlen höher liegen, als alle Eigenschwingungszahlen. Die Tourenzahlen von Dampfmaschinen und Zweitaktgasmaschinen werden vorteilhaft immer höher gelegt als die Eigenschwingungszahlen der Generatoren.

Bei Viertaktgasmaschinen läßt sich dies, wie schon erwähnt, oft schwer durchführen, weil man zu große Schwungmassen brauchte, um die Eigenschwingungszahl kleiner zu machen als die Grundschwingungszahl der Kraftmaschine, deren Schwingungsdauer die doppelte Umdrehungszeit ist. Man wird in dem Falle die Eigenschwingungszahlen alle in den Bereich zwischen Grundschwingung und erster höherer Harmonischer der Kraftmaschine legen. Damit dies für alle Maschinen in einfacher Weise möglich ist, wird man die Tourenzahlen aller Kraftmaschinen gleich zu machen suchen, und auch die Eigenschwingungszahlen auf einen möglichst engen Bereich bringen, am besten, indem allen elektrischen Maschinen die gleiche Schwingungsdauer gegeben wird. Diese legt man zwischen Grund- und erste Oberschwingung der Kraftmaschine, und zwar näher der ersteren oder letzteren, je nachdem, ob die Amplitude der ersten Oberschwingung oder der der Grundschwingung stärker im Tangentialdruckdiagramm ausgebildet ist.

99. Pendeln von Generatoren und Umformern.

Betrachten wir noch den Fall, wo im Netz nur zwei Arten von Maschinen sind, nämlich in der Zentrale große Generatoren und an den Verteilungsstellen der Energie rotierende Umformer. Die Eigenschwingungszahl der Umformer ist im allgemeinen höher als die Grundschwingungszahl, die von den Kraftmaschinen ins Netz gesandt wird, wenn die Generatoren große vielpolige Schwungradmaschinen sind, die z. B. von Gasmotoren angetrieben werden. Es ist in diesem Falle für die Umformer $x_{cn} > x_{sn}$ und ζ_n negativ.

Aus der Resonanzgleichung $\Sigma x_c \zeta = 0$ leiten wir für N Generatoren die Zahl n der Umformer ab, die man an die Zentrale anschließen kann, bis Resonanz entsteht.

$$N x_{cg} \zeta_g + n x_{cu} \zeta_u = 0$$

$$n = -N \frac{x_{cg} \zeta_g}{x_{cu} \zeta_u} \quad \text{. . . . . . . (274)}$$

Je höher die Eigenschwingungszahl der Umformer ist, d. h. je näher ζ_u dem Werte (-1) steht, je größer die Leistung der Generatoren ist (x_{cg}) und je kleiner die der Umformer ist, desto mehr Umformer können angeschlossen werden, ohne daß das Netz in Resonanz gerät.

100. Pendelerscheinungen, wenn die n Maschinen gleich sind. Einfluß der verschiedenen Kurbelstellungen.

Sind die parallel geschalteten Maschinen alle gleich, so vereinfachen sich unsere Gl. 251 bis 257. Es ist dann $\Sigma x_c \zeta = n x_c \zeta$ und

$$\left.\begin{aligned}
(\omega_k - \omega_m)_m &= j \frac{W_{M_1}}{x_s} \frac{1}{n} \\
(\omega_1 - \omega_k)_m &= (\omega_k - \omega_m)_m (n-1) \zeta \\
(\omega_1 - \omega_m)_m &= (\omega_k - \omega_m)_m [(n-1)\zeta + 1] \\
(\omega_n - \omega_k)_m &= -(\omega_k - \omega_m)_m \zeta \\
(\omega_n - \omega_m)_m &= -(\omega_k - \omega_m)_m \frac{x_c}{x_s} \zeta = -(\omega_k - \omega_m)_m (\zeta - 1)
\end{aligned}\right\} \quad (275)$$

Wenn in diesem Falle eine einzelne Maschine Schwingungen aussendet, so pendelt sie mechanisch $\left(\frac{n}{\zeta - 1} - 1\right)$ mal so stark als die übrigen, und ihre Leistung schwankt $(n-1)$ mal stärker als die Leistungen der andern Maschinen. Die störende Maschine pendelt gegen alle andern Maschinen, die sich synchron miteinander bewegen, und im Resonanzfall wird sie zuerst aus dem Tritt fallen. Denken wir uns alle Generatoren von gleichen Kraftmaschinen angetrieben, deren Kurbeln phasengleich sind, so sind auch die verschiedenen pendelnden Momente in Phase, und durch Superposition finden wir den resultierenden Schwingungszustand des Systems:

$$\left.\begin{aligned}
(\omega_k - \omega_m)_m &= j \frac{W_{M_1}}{x_s} \\
(\omega_1 - \omega_k)_m &= j \frac{W_{M_1}}{x_s} \frac{1}{n} (n-1) \zeta - j (n-1) \frac{W_{M_1}}{x_s} \frac{1}{n} \zeta \\
\omega_1 - \omega_k &= 0.
\end{aligned}\right\} \quad (276)$$

Aus Symmetriegründen gilt allgemein $\omega_n - \omega_k = 0$. Die Maschinen pendeln hier nicht gegeneinander, alle sind immer in Phase mit dem Netzvektor, es kommen keine elektrischen Leistungsschwankungen vor. Das ganze System verhält sich wie eine nicht parallel geschaltete Maschine. Wenn nun ein Maschinenaggregat, z. B. das erste, um 180^0 in der Phase gegen die andern verschoben wird, so arbeitet es bedeutend ungünstiger als die andern, denn es gilt jetzt:

Pendelnde Leistung der ersten Maschine W_M.
Pendelnde Leistung jeder anderen Maschine $(-W_M)$.

1. Pendelung infolge des ersten Aggregates:

$$\left.\begin{aligned}(\omega_k - \omega_m)_m &= j\frac{W_M}{x_s}\frac{1}{n}\\ (\omega_1 - \omega_k)_m &= j\frac{W_M}{x_s}\frac{1}{n}(n-1)\zeta\\ (\omega_n - \omega_k)_m &= -j\frac{W_M}{x_s}\frac{1}{n}\zeta\end{aligned}\right\} \quad \ldots \quad (277)$$

2. Pendelung infolge aller anderer Aggregate:

$$\left.\begin{aligned}(\omega_k - \omega_m)_m &= -j\frac{W_M}{x_s}\frac{n-1}{n}\\ (\omega_1 - \omega_k)_m &= +j\frac{W_M}{x_s}\frac{n-1}{n}\zeta\\ (\omega_n - \omega_k)_m &= -j\frac{W_M}{x_s}\frac{1}{n}(n-1)\zeta + j\frac{W_M}{x_s}\frac{n-2}{n}\zeta\end{aligned}\right\} \quad (278)$$

Der resultierende Schwingungszustand ist also:

$$\left.\begin{aligned}(\omega_k - \omega_m)_m &= -j\frac{W_M}{x_s}\frac{1}{n}(n-2)\\ (\omega_1 - \omega_k)_m &= j\,2\frac{W_M}{x_s}\frac{n-1}{n}\zeta = j\,2\frac{W_M}{x_s - x_c}\frac{n-1}{n}\\ (\omega_n - \omega_k)_m &= -j\,2\frac{W_M}{x_s}\frac{1}{n}\zeta = -j\,2\frac{W_M}{x_s - x_c}\frac{1}{n}\end{aligned}\right\} \quad (279)$$

Es pendelt nun die erste Maschine elektrisch wieder gegen alle anderen, und ihre Leistungsschwankungen sind $(n-1)$ mal so groß als die der anderen Maschinen. Der Netzvektor pendelt nicht so stark wie im vorhergehenden Falle. Alle Maschinen außer der ersten bewegen sich synchron zueinander.

Werden nun die Generatoren gegeneinander in bezug auf eine

Schwingung um $\frac{1}{n}$ Periode verschoben, d. h. z. B. in bezug auf die Grundschwingung die Kurbeln der Kraftmaschine um $\frac{2\pi}{n}$ gegeneinander verdreht, so bilden die Vektoren, durch die man die Pendelmomente darstellen kann, ein geschlossenes Polygon, z. B. für 6 Maschinen nach Fig. 292.

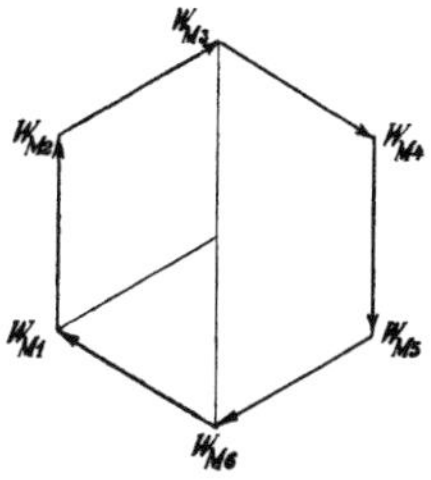

Fig. 292.

Es ist dann $\sum_1^n W_M = 0$ und folglich auch das resultierende

$$(\omega_k - \omega_m)_m = j \frac{\Sigma W_M}{x_s} \frac{1}{n} = 0 \quad . \quad . \quad . \quad . \quad . \quad (280)$$

da $\sum_2^n W_M = - W_{M1}$ ist, gilt z. B. für die erste Maschine:

$$\left. \begin{aligned} (\omega_1 - \omega_k)_m &= j \frac{W_{M1}}{x_s} \frac{1}{n} (n-1) \zeta + j \frac{W_{M1}}{x_s} \frac{1}{n} \zeta \\ (\omega_1 - \omega_k)_m &= (\omega_1 - \omega_m)_m = j \frac{W_{M1}}{x_s} \zeta = j \frac{W_{M1}}{x_s - x_c} \end{aligned} \right\} \quad . \quad (281)$$

was natürlich auch für die anderen Maschinen gilt.

Der Netzvektor führt in diesem Falle überhaupt keine Pendelungen aus, aber alle Maschinen pendeln gegeneinander mit gegenseitigen Phasenverschiebungen $\frac{2\pi}{n}$. Jeder Generator verhält sich gegenüber dem Netze so, als ob er allein an einem unendlich starken Netze arbeitete. In bezug auf das Netz ist also diese Arbeitsweise die günstigste, und wenn keine Resonanz vorhanden ist, ist sie auch für die Maschinen ganz günstig. Wenn aber Nähe von Resonanz vorhanden ist, so werden die Maschinen bei Kurbelsynchronismus weit besser zusammenarbeiten. Freilich treten dann Netzschwankungen auf, die aber durch ein genügendes Trägheitsmoment in zulässigen Grenzen gehalten werden können. Jedenfalls ist zu vermeiden $(n-1)$ Maschinen gleich und die letzte anders anzutreiben. Es sind derartige Erscheinungen oft in der Praxis beobachtet worden, wo Maschinen nur in Kurbelphasengleichheit parallel arbeiteten und bei anderen Kurbelstellungen aus dem Tritt fielen.

101. Parallelarbeiten zweier beliebiger Generatoren.

Wir wollen unsere Formeln jetzt noch auf den einfachsten Fall zweier parallel arbeitender Generatoren anwenden. Die kritische Schwingungszahl ist durch die Bedingung $\Sigma W \zeta = 0$ gegeben oder durch

$$W_{s1} \frac{x_{s1}}{x_{s1} - x_{c1}} + W_{s2} \frac{x_{s2}}{x_{s2} - x_{c2}} = 0 \quad . \quad . \quad (282)$$

Führt man die Maschinenkonstanten ein, so erhält man folgende Gleichung:

$$W_{s1} \frac{J_1}{p_1} \Omega_{m1} \left(\frac{J_2}{p_2} \Omega_{m2} \Omega_k^2 - W_{s2} \right) = - W_{s2} \frac{J_2}{p_2} \Omega_{m2} \left(\frac{J_1}{p_1} \Omega_{m1} \Omega_k^2 - W_{s1} \right).$$

Rechnet man Ω_k aus dieser Gleichung aus, und berücksichtigt, daß

$$\Omega_{ei1}^2 = \frac{W_{s1} p_1}{J_1 \Omega_{m1}} \quad \text{und} \quad \Omega_{ei2}^2 = \frac{W_{s2} p_2}{J_2 \Omega_{m2}},$$

so ergibt sich:

$$\Omega_k^2 = \Omega_{ei1}^2 \frac{W_{s2}}{W_{s1} + W_{s2}} + \Omega_{ei2}^2 \frac{W_{s1}}{W_{s1} + W_{s2}} \quad . \quad . \quad (283)$$

als kritische Schwingungszahl. Ein Wert, der weder mit Ω_{ei1} noch mit Ω_{ei2} übereinstimmt. Sind beide Maschinen gleich, d. h.

$$\Omega_{ei1} = \Omega_{ei2} \quad \text{und} \quad W_{s1} = W_{s2},$$

so wird

$$\Omega_k = \Omega_{ei}$$

und kritische und Eigenschwingungszahl fallen zusammen, wie es zu erwarten war.

Ist der eine Generator sehr groß gegen den andern, also $W_{s1} \gg W_{s2}$, dann wird

$$\Omega_k \cong \Omega_{ei2}.$$

Die kritische Schwingungszahl liegt nahe der Eigenschwingungszahl der kleineren Maschine, wie wir es schon allgemein abgeleitet haben.

Zwei Generatoren gleicher Tourenzahl und verschiedener Leistung.

Die entstehenden Pendelungen lassen sich darstellen durch:

$$\left.\begin{aligned}
&(\omega_k-\omega_m)_m \\
&\quad = j\left(\frac{W_{M1}}{x_{s1}}\frac{x_{c1}\zeta_1}{x_{c1}\zeta_1+x_{c2}\zeta_2}+\frac{W_{M1}}{x_{s2}}\frac{x_{c2}\zeta_2}{x_{c1}\zeta_1+x_{c2}\zeta_2}\right)\\
&(\omega_1-\omega_k)_m \\
&\quad = j\left(\frac{W_{M1}}{x_{s1}-x_{c1}}\frac{x_{c2}\zeta_2}{x_{c1}\zeta_1+x_{c2}\zeta_2}-\frac{W_{M2}}{x_{s2}}\frac{x_{c2}\zeta_2}{x_{c1}\zeta_1+x_{c2}\zeta_2}\zeta_1\right)\\
&(\omega_2-\omega_k)_m \\
&\quad = j\left(\frac{W_{M2}}{x_{s2}-x_{c2}}\frac{x_{c1}\zeta_1}{x_{c1}\zeta_1+x_{c2}\zeta_2}-\frac{W_{M1}}{x_{c1}}\frac{x_{c1}\zeta_1}{x_{c1}\zeta_1+x_{c2}\zeta_2}\zeta_2\right)
\end{aligned}\right\} \quad (289)$$

Sind die Maschinen von gleicher Type, so ist

$$\frac{W_{M1}}{x_{s1}} \cong \frac{W_{M2}}{x_{s2}} \quad \text{und} \quad \zeta_1 \cong \zeta_2 .$$

Man sieht, daß dann der große Generator den kleineren stärker beeinflußt als umgekehrt. Die zweiten Glieder der Ausdrücke für $(\omega_1-\omega_k)_m$ und $(\omega_2-\omega_k)_m$ geben diese gegenseitige Beeinflussung an. Diese verhalten sich nach den obigen Voraussetzungen wie $\frac{x_{c2}}{x_{c1}}$, also wie $\frac{W_{s2}}{W_{s1}}$ und damit wie die Leistungen der Maschinen. Der kleinere Generator wird also stärker pendeln als der große, und zwar ungefähr im Verhältnis der Leistungen. Am stärksten sind die gegenseitigen Pendelungen dann, wenn die beiden Maschinen gegenseitig um eine halbe Periode der stärksten Harmonischen in der Phase verschoben sind.

Haben die beiden Maschinen verschiedene Tourenzahlen, ohne einen gemeinschaftlichen Teiler, so werden von jeder Maschine harmonische Schwingungen eingeleitet, die sich mit denen der andern superponieren, als ob diese nicht vorhanden wären. Der eine Generator verhält sich dem andern gegenüber so, als ob er von einer Turbine angetrieben wäre.

Haben die Tourenzahlen einen gemeinschaftlichen Teiler a, so werden alle νten Harmonischen des ersten Generators mit den $a\nu$ten Harmonischen des zweiten Generators zusammenarbeiten und resultierende Schwingungen verursachen. In bezug auf die Phasen der gleichen Schwingungen gilt auch hier das oben Gesagte, sie sollen, wenn möglich, um 180^0 verschieden sein, wenn die Pendelungen im Netz möglichst gering sein sollen.

Nehmen wir nun schließlich an, die beiden Maschinen seien genau gleich. Es ist dann

$$\left.\begin{aligned}(\omega_k-\omega_m)_m&=j\,\frac{\overline{W}_{M1}+\overline{W}_{M2}}{2\,x_s}\\(\omega_1-\omega_k)_m&=j\,\frac{\overline{W}_{M1}-\overline{W}_{M2}}{2\,(x_s-x_c)}\\(\omega_2-\omega_k)_m&=j\,\frac{\overline{W}_{M2}-\overline{W}_{M1}}{2\,(x_s-x_c)}\end{aligned}\right\}\begin{array}{c}(\overline{W}_{M1}\text{ und }\overline{W}_{M2}\text{ vektoriell}\\\text{aufzufassen})\end{array}\quad(285)$$

Beide Dampfmaschinen erzeugen hier dieselben Harmonischen; diese brauchen aber nicht in Phase zu sein; denn die Phase der Harmonischen hängt nur von der gegenseitigen Lage der Kurbeln der beiden Maschinen ab. Wenn die Kurbeln dieselbe Lage einnehmen, so werden $\omega_1-\omega_k$ und $\omega_2-\omega_k$ gleich Null und die Generatoren verhalten sich, als ob jeder für sich allein arbeitete. In bezug auf den äußeren Stromkreis ist aber die Variation der elektrischen Leistung dieselbe, als wenn nur eine Maschine auf das Netz arbeitet, denn für $W_{M1}=W_{M2}$ ergibt sich

$$\left.\begin{aligned}(\omega_k-\omega_m)_m&=j\,\frac{W_M}{x_s}\\(\omega_1-\omega_k)_m&=0.\quad(\omega_2-\omega_k)_m=0\end{aligned}\right\}\quad\ldots\quad(286)$$

Dasselbe gilt auch für alle Schwingungen, die eine Periodenzahl gleich einem geraden Vielfachen der Grundperiodenzahl haben, wenn die Kurbeln um 180^0 gegeneinander versetzt sind. Die Schwingungen nach der Grundperiodenzahl und den ungeraden Vielfachen davon heben sich in diesem Falle dagegen in bezug auf das Netz auf, während sie in bezug auf die Generatoren sich so verhalten, als ob jeder Generator mit einem unendlich großen Generator, d. h. einem unendlich starken Netz, parallel geschaltet wäre.

Denn für $W_{M1}=-W_{M2}$ werden die Schwingungen $\omega_k-\omega_m=0$, d. h. der Netzvektor ist bewegungslos,

$$\left.\begin{aligned}(\omega_1-\omega_k)_m&=j\,\frac{W_{M1}}{x_s-x_c}\\(\omega_2-\omega_k)_m&=-j\,\frac{W_{M2}}{x_s-x_c}\\(\omega_1-\omega_2)_m&=2j\,\frac{W_{M1}}{x_s-x_c}\end{aligned}\right\}\quad\ldots\ldots\quad(287)$$

Wenn der eine Generator infolge dieser ungeraden Harmonischen nach rechts schwingt, so macht in demselben Moment der andere eine Schwingung nach links. Die Winkelabweichung der beiden Generatoren wird in diesem Falle doppelt so groß wie die Winkelabweichung der EMK eines Generators der Klemmenspannung gegenüber, daher entsteht in diesem Falle die größte Spannungsschwankung.

Da die Winkelabweichung der beiden Generatoren nur ca. 90^0 ausmachen darf, bis sie außer Tritt fallen, so sind die Generatoren doppelt so schlecht daran, als wenn sie mit einem unendlich großen Generator parallel arbeiteten.

Sind die Kurbeln der beiden Maschinen um 90^0 gegeneinander versetzt, so setzen sich die Amplituden der ungeraden harmonischen Oberschwingungen unter 90^0 zusammen und die der geraden Harmonischen unter 180^0. Es werden deswegen die Schwingungen der zweifachen Periodenzahl sich in diesem Falle in bezug auf das Netz aufheben, während die Schwingungen der Generatoren nach dieser Periodenzahl ebenso groß werden, als wenn jeder Generator mit einem unendlich großen Generator parallel geschaltet wäre.

Es ist hieraus leicht ersichtlich, daß die Winkelabweichung $\Theta_\nu{}^0$ eines Generators am größten wird, wenn die betreffenden Harmonischen 180^0 gegeneinander in Phase verschoben sind. Dies ist für die erste Harmonische der Fall, wenn die Kurbeln um 180^0 gegeneinander verschoben sind, für die zweite Harmonische, wenn sie um 90^0 versetzt sind. Die Winkelabweichung $\Theta_\nu{}^0$ ist dann ebenso groß als wenn der Generator mit einem unendlich großen, gleichförmig angetriebenen Generator parallel arbeiten würde.

Die Winkelabweichung $\Theta_\nu{}^0$ verschwindet, wenn die betreffenden Harmonischen der beiden Maschinen miteinander in Phase sind. Dies ist für die erste Harmonische der Fall, wenn die Kurbeln gegenseitig dieselbe Lage einnehmen. Es ist für die zweite Harmonische der Fall, wenn die Kurbeln entweder dieselbe Lage einnehmen oder um 180^0 gegeneinander verschoben sind.

Wenn man zwei gleiche Generatoren parallel schaltet, so ist der ungünstigste Fall, der überhaupt eintreten kann, analog dem in Abschn. 89—95 behandelten Fall, wo ein von einer Kurbelmaschine angetriebener Generator mit einem unendlich starken Netz parallel arbeitet. Die für diesen Fall abgeleiteten Diagramme gelten somit auch für den ungünstigsten Fall hier. Es darf jedoch in diesem letzten Falle die Winkelabweichung $\Theta_\nu{}^0$ nur halb so groß sein als im ersten, wo der eine Generator unendlich groß war.

102. Beispiel eines praktischen Parallelbetriebs.

Eine Zentrale enthalte 6 Maschinenaggregate:

2 Stück 500 KW-Generatoren mit 107 Umdr. i. d. Min.
2 „ 1000 KW-Generatoren „ 107 „ „ „ „

die von horizontalen Tandem-Verbundmaschinen angetrieben werden,

1 1500 KW-Generator mit 83,5 Umdr. i. d. Min. und
1 3000 KW-Generator „ 1000 „ „ „ „

die von einer vertikalen Kompound-Dampfmaschine resp. von einer Dampfturbine angetrieben werden. Alle Maschinen liefern 50 Perioden und arbeiten parallel auf dasselbe Netz; sie leisten zusammen normal 7500 KW. Die vier kleinsten Aggregate haben 28 Polpaare und erzeugen deswegen Schwingungen entsprechend $\frac{p}{\nu} = 28, 14, 9{,}33, 7$ usw. Die Variation der Leistung nach der Grundwelle $\left(\frac{\nu}{p} = \frac{1}{28}\right)$ macht bei Belastung 15 % und die Variation nach der zweiten Harmonischen 85 % der Normalleistung aus.

Die vertikale Kompoundmaschine hat 36 Polpaare und erzeugt somit Schwingungen entsprechend $\frac{p}{\nu} = 36, 18, 12, 9$ usw. Die Variation der Leistung nach der Grundwelle ist hier 10 %, die der zweiten Harmonischen 30 %, die der dritten 15 % und die der vierten Harmonischen 30 % der Normalleistung. Bei Aufstellung von Synchronmotoren und Umformern ist nun darauf zu sehen, daß ihr Resonanzverhältnis

$$\left(\frac{p}{\nu}\right)_{res} = \sqrt{\frac{4\pi c T}{k_p}}$$

nicht in der Nähe von 36, 28, 18, 14, 12, $9^1/_3$, 9, 7 usw. zu liegen kommt.

Es ist $c = 50$, k_p schwankt zwischen 3 und 6, T zwischen 1 und 4. Es ist also

$$\left(\frac{p}{\nu}\right)_{res} = \sqrt{\frac{4\pi c T}{k_p}} = 14{,}5 \text{ bis } 20{,}5.$$

Wie ersichtlich, werden die Synchronmotoren und die Umformer besonders von der zweiten Harmonischen der beiden Maschinengattungen gefährdet, was besonders unangenehm ist, weil diese am größten ist.

Hätte z. B. ein 100 PS-Synchronmotor $\sqrt{\frac{4\pi c T}{k_p}} \cong 18$, so würde derselbe sofort von der zweiten Harmonischen der 1500 KW-Kompoundmaschine außer Tritt geschlagen werden.

Für den 1500 KW-Generator beträgt die Anlaufzeit $T = 7{,}5$ Sek. Da seine mittlere Winkelgeschwindigkeit $\Omega_m = 8{,}75$ ist, ergibt sich sein Trägheitsmoment zu 294000 kgm². Der Faktor k_p sei 4, woraus sich die synchronisierende Leistung zu 6000 KW ergibt. In bezug auf die zweite Harmonische der Dampfmaschine, die ihn antreibt, sind seine Pendelkonstanten

$$x_{sg} = \frac{J}{p} \Omega_m 2 \Omega_m = \frac{294000}{36} \cdot 8{,}75 \cdot 2 \cdot 8{,}75 = 1250000,$$

$$x_{cg} = \frac{W_s}{2 \Omega_m} = \frac{6000 \cdot 10^3}{2 \cdot 8{,}75} = 344000.$$

Sein Resonanzmodul

$$\zeta_g = \frac{x_{sg}}{x_{sg} - x_{cg}} = 1{,}376.$$

Seine Eigenschwingungszahl ist

$$\Omega_{ei} = \sqrt{\frac{Sp}{J}} = 9{,}16,$$

so daß unter Umständen Resonanzerscheinungen mit seiner Grundharmonischen ($\Omega_m = 8{,}75$) eintreten können. Die Leistungsvariation der zweiten Harmonischen macht $30\,^0/_0$ der Normalleistung aus, d. h. 450 KW. Wenn der Generator an einem unendlich starken Netz arbeitete, so betrüge die Schwankung der elektrischen Leistung

$$\frac{450}{x_{sg} - x_{cg}} x_{cg} = 170 \text{ KW}.$$

Wenn der 100 PS-Synchronmotor in Resonanz mit der zweiten Harmonischen kommt, so beträgt seine elektrische Leistungsvariation, nach S. 390.

$$(\omega - \omega_k) x_{cn} = W_M \frac{x_{c1}}{x_{s1} - x_{c1}} = 170 \text{ KW},$$

d. h. also mehr als die doppelte Leistung des Motors. Die normale Leistung des Motors ist ca. 82 KW. $82 + 170 = 252$ KW ist mehr wie die dreifache Leistung des Motors, und wenn er nicht imstande ist, diese Leistung zu liefern, so fällt er aus dem Tritt.

Um dies zu verhüten, muß man entweder das Verhältnis $\frac{T}{k_p}$ ändern oder an dem Motor eine kräftige Dämpfung anordnen.

In diesem Systeme können aber noch andere Störungen auftreten. Werden z. B. mehrere Umformer aufgestellt, die von der 1500 KW-Maschine betrieben werden, für die

$$\sqrt{\frac{4 \pi c T}{k_p}} = 16 \lesssim \frac{18}{14}$$

gemacht wird, so muß $\frac{k_p}{T} = \frac{4 \pi c}{16^2} = \frac{628}{256} = 2{,}45$ sein. Nehmen wir

$T = 1$ an, so wird $k_p = 2{,}45$ und ist $p = 5$, $n = 600$, $\Omega_m = 62{,}8$ und die Leistung 300 KW, so ergibt sich:

$$J = 152 \text{ kgm}^2 \qquad W_s = 735 \text{ KW},$$

und es ergeben sich die Pendelkonstanten in bezug auf die zweite Harmonische des Generators:

$$x_{su} = 33\,500 \qquad x_{cu} = 41\,750$$

und der Resonanzmodul $\zeta_u = -4{,}01$.

Die Zahl der Umformer, die aufgestellt werden können, bevor das ganze Netz in Pendelungen gerät, ist

$$n = -\frac{x_{cg}\,\zeta_g}{x_{cu}\,\zeta_u} = \frac{687\,000 \cdot 1{,}376}{41\,750 \cdot 4{,}01} = 5{,}6.$$

Wenn also die Maschine auf 5 bis 6 derartige Umformer arbeitet, werden Pendelungen zu erwarten sein.

Was den von der Dampfturbine angetriebenen Generator anbetrifft, so ist seine Anlaufzeit angenähert

$$T = \frac{2\,D^2 l_n}{3\,KVA}\,\frac{v\,b}{10^8} \cong \frac{2}{3}\,\frac{60 \cdot 10^4 \cdot 60 \cdot 6}{10^8} = 14{,}4 \text{ Sek.}$$

und da $k_p \cong 3$, so wird

$$\sqrt{\frac{4\pi c T}{k_p}} = 17{,}3.$$

Selbst wenn für den Turbogenerator Resonanz auftreten würde, so kann die Variation der elektrischen Leistung eines der kleinen Generatoren diesen großen Generator doch nicht in nennenswerte Schwingungen versetzen. Da der Turbogenerator eine konstante Leistung liefert, so wirkt er günstig auf den Betrieb, weil die Variation der elektrischen Leistung dadurch verkleinert wird.

Die vier Maschinenaggregate mit je 28 Polpaaren können ebenfalls störend aufeinander einwirken. Der ungünstigste Fall tritt dann ein, wenn einer der 500 KW-Generatoren in bezug auf die erste oder zweite Harmonische in Gegenlage zu den drei anderen kommt. Die drei Generatoren, die in bezug auf die zweite Harmonische in Phase sind, haben zusammen eine Leistung von 2500 KW, d. h. eine fünfmal größere Leistung als der 500 KW-Generator selbst. Die elektrische Leistung dieses letzteren wird deswegen ca. fünfmal so stark pendeln, als die Leistung der andern 500 KW-Generatoren. Scine elektrische Pendelung ist nach S. 398 ungefähr $2 \cdot \frac{2500}{3000} \sim 1{,}7$ mal so stark, als wenn er an einem unendlich starken Netz arbeitete.

Sechzehntes Kapitel.

Stationäre freie Schwingungen parallel geschalteter Wechselstrommaschinen.

103. Das Pendeln einer einzelnen Maschine, herrührend von dem Geschwindigkeitsregulator.

Man hat in der Praxis oft die Erfahrung gemacht, daß parallel geschaltete Generatoren, gleichgültig ob sie von Kolbenmaschinen oder Turbinen angetrieben werden, pendeln. Die Schwingungen zeichnen sich dann durch eine große Schwingungsdauer aus, die sich auf mehrere Sekunden beläuft. Da die Schwingungsdauer der von dem Kurbelmechanismus erzwungenen Schwingungen nur Bruchteile von Sekunden beträgt, so ist es klar, daß es sich hier nicht um erzwungene Schwingungen, die von dem Kurbelmechanismus herrühren, sondern lediglich um freie Schwingungen des ganzen

Systems handelt. Freie Schwingungen können bekanntlich nicht von selbst entstehen, sondern müssen von äußeren Kräften, wie Belastungsstößen oder Spannungsänderungen hervorgerufen werden. Ist das System durch irgendeine äußere Kraft erst in Schwingungen versetzt, so werden diese in ihrer Größe entweder zu oder abnehmen. Im ersten Falle ist das System im labilen und im zweiten Falle im stabilen Gleichgewicht.

Während einer Schwingungsdauer der mit den Schwungrädern verbundenen Generatoren führen die Regulatoren auch eine volle Schwingung aus. Die Regulatoren spielen somit auch eine Rolle bei diesen Schwingungen[1]). Wir werden deswegen hier zuerst den Reguliervorgang bei allein arbeitenden Kraftmaschinen näher betrachten.

Wir haben in Kap. XIII gesehen, daß es für das Parallelarbeiten mehrerer Wechselstrom-Generatoren günstig ist, wenn die Regulatoren der Kraftmaschinen eine Geschwindigkeitsänderung mit der Belastung bedingen. Durch Verstellung des Gegengewichtes am Regulator stellt man dann nachträglich die erwünschte Tourenzahl her. Einer plötzlichen Belastungsänderung einer Maschine entspricht auch eine plötzliche Geschwindigkeitsänderung. Die Geschwindigkeit ändert sich aber nicht sprungweise und in den meisten Fällen auch nicht asymptotisch, wie in Fig. 293 angenommen ist, obgleich eine solche Änderung die ideelle ist. Im allgemeinen geraten die Maschinen bei einer plötzlichen Belastungsänderung in Schwingungen; denn die Trägheit der Regulatormassen und die Unempfindlichkeit des Regulators gestatten dem Regulator nicht, den schnellen Geschwindigkeitsvariationen der Maschine zu folgen. Mittels eines Tachographen ist es möglich, die Geschwindigkeitsvariation der Maschine experimentell zu bestimmen.

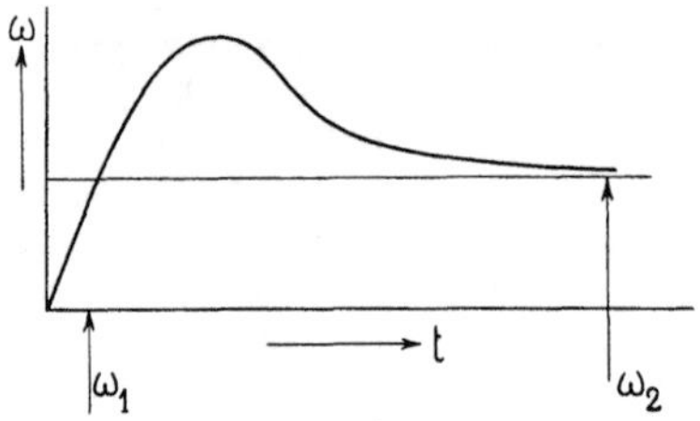

Fig. 293.

In der Fig. 294 sind solche experimentell aufgenommene Tachogramme einer Tandemverbundmaschine dargestellt.

Die Geschwindigkeitsvariation läßt sich als Funktion der Zeit durch die folgende Formel ausdrücken

$$\Omega - \Omega_m = A\,e^{-at} \sin(bt + \psi) + B\,e^{-dt}, \quad . \quad . \quad . \quad (288)$$

wo A und B zwei Konstanten sind, die von der Größe der Be-

[1]) A. Föppl hat in ETZ 1902, S. 59 zuerst diese Schwingungen mathematisch behandelt, jedoch in etwas anderer Weise, als es hier geschieht.

lastungsänderung abhängen und e die Basis der natürlichen Logarithmen bedeutet. Die drei Größen a, b, d hängen von der Form

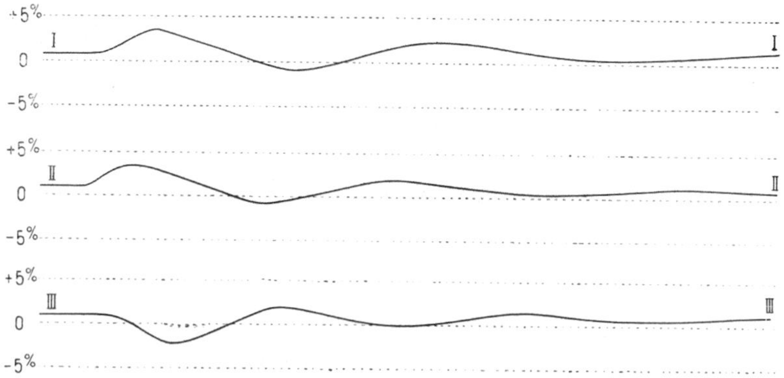

Fig. 294. Experimentell aufgenommene Tachogramme einer Tandemverbundmaschine.

der Geschwindigkeitskurve ab. Bezeichnen wir die Zeitdauer einer vollen Periode mit T Sekunden, so wird

$$b = \frac{2\pi}{T},$$

a ergibt sich aus der Geschwindigkeit, mit der die Schwingungen aussterben. Zeichnet man die Einhüllungskurven der Schwingungen,

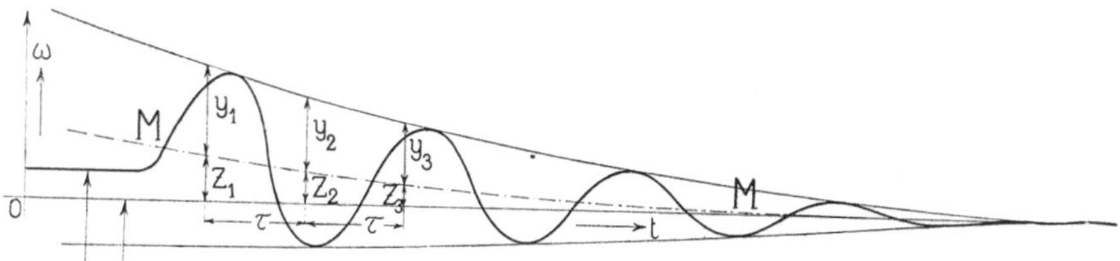

Fig. 295.

wie in Fig. 295 geschehen, ein und mißt die Abstände $2\,y_1$, $2\,y_2$ und $2\,y_3$ derselben in drei gleich weit (τ) voneinander liegenden Zeitpunkten, so ist

$$y_1 - y_2 = A\,(e^{-at} - e^{-a(t+\tau)})$$

und

$$y_2 - y_3 = A\,(e^{a-(t+\tau)} - e^{-a(t+2\tau)}),$$

also

$$\frac{y_1 - y_2}{y_2 - y_3} = \frac{e^{-at} - e^{-a(t+\tau)}}{e^{-a(t+\tau)} - e^{-a(t+2\tau)}} = e^{a\tau},$$

woraus folgt

$$a=\frac{1}{\tau}\ln\frac{y_1-y_2}{y_2-y_3}=\frac{2{,}3}{\tau}\log\frac{y_1-y_2}{y_2-y_3}.$$

Die Werte a und b wurden aus Tachogrammen einer 400 PS-Dampfmaschine zu $a=0{,}027$ und $b=\frac{2\pi}{19}=\frac{1}{3}$ ermittelt.

Die Konstante d ist schwieriger zu ermitteln, weil diese sich aus der Geschwindigkeit ergibt, mit der die Mittellinie MM der Schwingungskurve sich der Achse OO des stationären Wertes nähert. Es ist

$$d=\frac{2{,}3}{\tau}\log\frac{z_1-z_2}{z_2-z_3}.$$

Da aber die Mittellinie schwierig genau zu bestimmen ist, hat der in dieser Weise ermittelte Wert für d keinen Anspruch auf Genauigkeit. Es sollen deswegen Formeln zur Berechnung von d aufgestellt werden.

Für das Verhalten eines Regulators während einer Belastungsänderung erhält man die folgende Differentialgleichung

$$a_1\frac{d^2x}{dt^2}+a_2\frac{dx}{dt}+a_3(x-x_0)=(\omega-\omega_m)a_4,\text{[1]}\quad. \qquad (289)$$

x ist der Hub der Regulatorhülse,
x_0 der Hub in dem Gleichgewichtszustand,
a_1 ein Maß für die Trägheitskräfte,
a_2 ein Maß für die Dämpfungskräfte,
a_3 ist ein Maß für die statischen Kräfte, die bei einer Änderung des Hubes auftreten, und
a_4 ein Maß für die Änderung der statischen Kräfte bei einer Geschwindigkeitsvariation der Maschine. Diese Konstante denken wir uns auf die elektrische Winkelgeschwindigkeit ω der Maschine reduziert.

Für den Porterregulator Fig. 296a ergibt sich

$$a_1=\frac{Q}{2lg\sin\varphi_0}l_1^2+\frac{G}{g}l\sin\varphi_0$$

und

$$a_4=\frac{Q}{g}\frac{\Omega_r^2l_1^2}{p\Omega_m}\left(\frac{\varrho}{l_1}+\sin 2\varphi_0\right).$$

Für den Federregulator Fig. 296b ergibt sich

$$a_1=\frac{Q}{lg\cos\varphi_0}l_1^2$$

[1]) Siehe Föppl, ETZ 1902, S. 59.

und
$$a_4 = \frac{Q}{g} \frac{\Omega_r^2}{p\,\Omega_m} l_1^2 \left(\frac{\varrho'}{l_1} + \sin 2\,\varphi_0\right),$$

a_2 ist besonders abhängig von der Reibung und von dem Ölkatarakt, wenn ein solcher vorhanden ist; diese Konstante läßt sich deswegen schwierig vorausberechnen,

a_3 ist proportional dem Quadrate der Umfangsgeschwindigkeit Ω_r und dem Ungleichförmigkeitsgrade δ des Regulators.

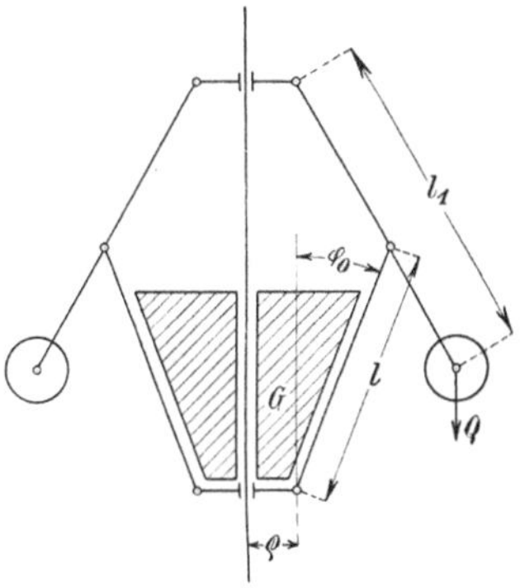

Fig. 296a. Gewichtsregulator.

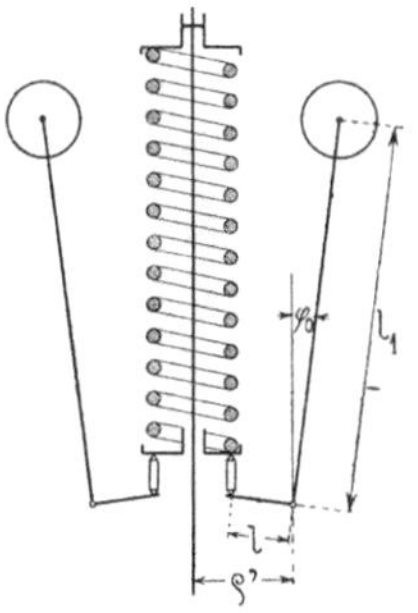

Fig. 296b. Federregulator.

Um die obige Differentialgleichung lösen zu können, muß noch eine Beziehung zwischen $(\omega - \omega_m)$ und x eingeführt werden. In Fig. 297 ist das Drehmoment der Kraftmaschine als Funktion des Regulatorhubes aufgetragen. Durch eine Änderung des Hubes um dx von der Gleichgewichtslage x_m aus wird das Drehmoment der Kraftmaschine um
$$(x_m - x)\frac{d\vartheta}{dx}$$
verändert und diesem wird von dem Moment der Trägheitskraft $\frac{J}{p}\frac{d\omega}{dt}$ des Schwungrades das Gleichgewicht gehalten; es ist somit

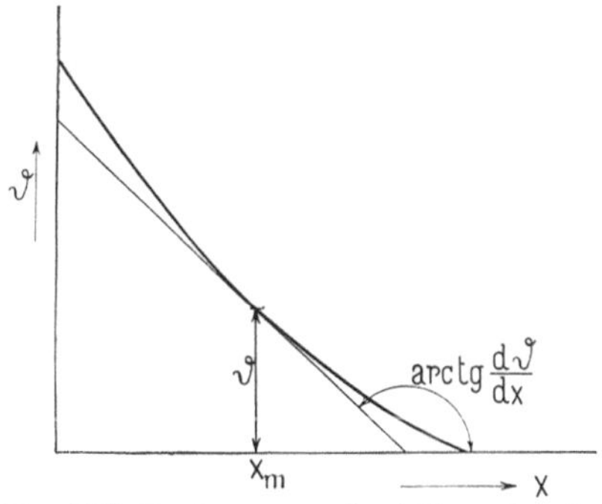

Fig. 297. Drehmoment in Abhängigkeit vom Regulatorhub.

$$(x - x_m)\frac{d\vartheta}{dx} = \frac{J}{p}\frac{d\omega}{dt}$$

oder

$$x - x_m = \frac{J\dfrac{d\omega}{dt}}{p\dfrac{d\vartheta}{dx}}.$$

Führen wir diese Beziehung in die obige Gleichung ein, so geht diese in

$$a_1 \frac{d^3\omega}{dt^3} + a_2 \frac{d^2\omega}{dt^2} + a_3 \frac{d\omega}{dt} - a_4 \frac{\dfrac{d\vartheta}{dx}}{J} p(\omega - \omega_m) = 0$$

über. Dividieren wir diese Gleichung überall durch a_1 und setzen

$$\frac{a_2}{a_1} = \alpha, \quad \frac{a_3}{a_1} = \beta \quad \text{und} \quad -\frac{a_4}{a_1}\frac{\dfrac{d\vartheta}{dx}}{J} p = \gamma,$$

so erhalten wir die folgende Gleichung

$$\frac{d^3\omega}{dt^3} + \alpha \frac{d^2\omega}{dt^2} + \beta \frac{d\omega}{dt} + \gamma(\omega - \omega_m) = 0 \quad . \quad . \quad (290)$$

Die Lösung dieser Gleichung lautet

$$\omega = \omega_m + A\, e^{-at} \sin(bt + \psi) + B\, e^{-dt},$$

$-a \pm jb$ und $-d$ sind die drei Wurzeln der Gleichung

$$y^3 + \alpha y^2 + \beta y + \gamma = 0 \quad . \quad . \quad . \quad . \quad . \quad (291)$$

Es ist somit

$$y^3 + \alpha y^2 + \beta y + \gamma = (y + a + jb)(y + a - jb)(y + d)$$
$$= [(y+a)^2 + b^2](y+d) = y^3 + (2a+d)y^2 + (a^2 + b^2 + 2ad)y + (a^2+b^2)d,$$

woraus folgt

$$\gamma = (a^2 + b^2)\,d \quad \text{oder} \quad d = \frac{\gamma}{a^2 + b^2} \quad . \quad . \quad . \quad (292)$$

Berechnet man nun γ nach den obigen Formeln und ermittelt a und b durch Versuch, so läßt sich die Konstante d in dieser Weise bestimmen. Es kann dann auch die Konstante

$$\alpha = 2a + d$$

und

$$\beta = a^2 + b^2 + 2ad$$

berechnet werden.

Bilden wir das Produkt

$$\alpha\beta = (2a + d)(a^2 + b^2 + 2ad) = d(a^2 + b^2) + 2ad^2 + 2a^3 + 2ab^2 + 4a^2 d$$

und ziehen davon γ ab, so erhalten wir

$$\alpha\beta - \gamma = 2a(a^2 + d^2 + 2ad + b^2) = 2a[(a + d)^2 + b^2].$$

Aus dieser Gleichung folgt, daß a eine positive Größe ist, d. h. daß einmal entstandene Schwingungen nicht zu- sondern abnehmen, wenn

$$\alpha\beta - \gamma > 0 \quad . \quad . \quad . \quad . \quad . \quad . \quad . \quad (293)$$

Diese Ungleichung ist somit die Bedingung für das Aussterben der Schwingungen.

Bei einem vollständig astatischen Regulator ist $a_3 = 0$, und da $\beta = \frac{a_3}{a_1}$ in dem Falle auch gleich Null wird, so ist der astatische Regulator für sich allein ganz unbrauchbar; denn γ ist stets positiv.

104. Das Pendeln zweier gleicher und von gleichen Kraftmaschinen angetriebenen Generatoren infolge der Geschwindigkeitsregulatoren.

Wir gehen nun zu dem Falle über, wo zwei gleiche Kraftmaschinen parallel geschaltete Generatoren antreiben. Die beiden Maschinenaggregate sind durch die elektrischen Verbindungen der Generatoren miteinander gekuppelt; die Kupplung ist, wenn die Generatoren Synchronmaschinen sind, eine elastische. Man kann deswegen die elektrische Kupplung durch eine elastische mechanische Kupplung, z. B. eine Welle, ersetzen, so daß das ganze System aus zwei mechanisch gekuppelten Maschinen besteht. Das ganze Problem wird dadurch, wie C. F. Scott gezeigt hat, ein rein mechanisches, was am besten aus der folgenden Analogie von Scott hervorgeht. Wir vergleichen zwei Systeme, ein elektrisches und ein mechanisches. Das elektrische System, das in Fig. 298a ge-

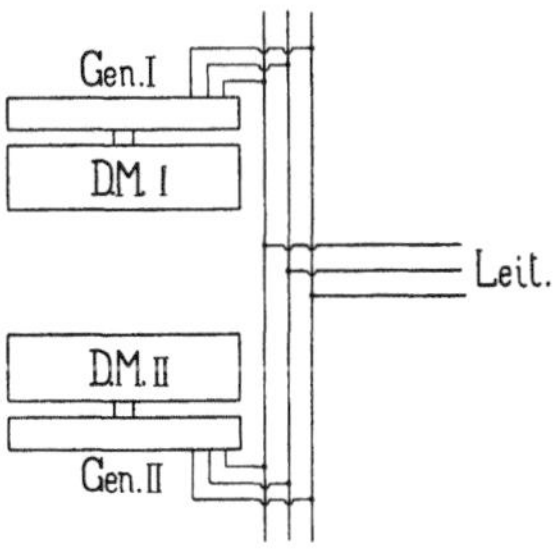

Fig. 298a. Elektrische Kupplung zweier Dampfmaschinen

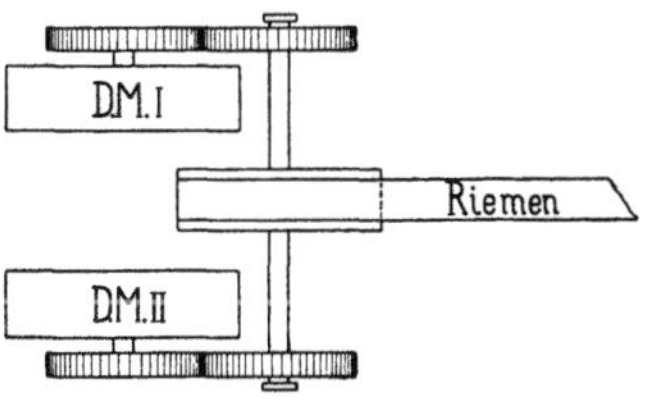

Fig. 298b. Mechanische Kupplung zweier Dampfmaschinen

zeigt ist, besteht aus zwei gleichen Kraftmaschinen, die zwei gleiche parallel geschaltete Generatoren antreiben. Das mechanische System, das in Fig. 298b dargestellt ist, besteht aus zwei gleichen Kraftmaschinen, wie die des elektrischen Systems; diese beiden Maschinen arbeiten durch eine Zahnräderübersetzung auf eine gemeinschaftliche Welle; auf dieser Welle sitzt eine Riemenscheibe, die zur Belastung des Systems dient. In beiden Fällen arbeiten die Kraftmaschinen somit auf dieselbe Belastung. Wenn die eine Kraftmaschine der anderen ein wenig voreilt, so wird diese letztere entlastet, indem die erste die Belastung auf sich nimmt. Wenn die gemeinschaftliche Welle elastisch ist, so kann sie um einen kleinen Winkel tordiert werden, so daß eine Winkelabweichung zwischen den beiden Kraftmaschinen auftritt. Die Torsionskraft der Welle sucht aber die beiden Maschinen in ihre ursprünglich neutrale Lage zueinander zurückzudrehen. Wenn nun aus irgendeinem Grunde die eine Maschine voreilt, während die andere zurückbleibt, so nimmt die erste die größere Last auf sich und entlastet dadurch die zweite Maschine. In diesem Falle wird der Regulator der ersten Maschine sich stets senken, damit die Maschine immer mehr und mehr Arbeit liefern kann. Bei dem zweiten Generator ist das Umgekehrte der Fall, hier hebt sich der Regulator und die Maschine liefert stets weniger Energie. Die Torsionskraft der Welle treibt aber die Generatoren in ihre ursprüngliche gegenseitige Lage zurück, und da die zweite (entlastete) Maschine schneller läuft als die erste (belastete), werden die Maschinen nicht in der neutralen Lage bleiben, sondern die zweite wird jetzt der ersten voreilen. Dadurch wird die zweite (bisher entlastete) belastet und die andere entlastet, bis die Torsionskraft der Welle die Maschine wieder in ihre neutrale Lage zurücktreibt. Wieder dort angelangt, ist die Geschwindigkeit der entlasteten Maschine die größere, weshalb jetzt diese voreilt. In dieser Weise wird die Belastung zwischen den beiden Kraftmaschinen hin und her schwingen, wodurch die Maschinen mit den Regulatoren langsame Schwingungen ausführen. Diese Schwingungen können nicht von selbst entstehen, sondern müssen, wie jede andere freie Schwingung, von äußeren Kräften, z. B. durch Belastungsstöße, eingeleitet werden. Einmal erzeugt, werden die Schwingungen entweder allmählich aussterben oder zunehmen. Im letzten Falle wird die gemeinschaftliche Welle stets mehr und mehr tordiert, bis sie zuletzt bricht. — Ganz analog verhält sich das elektrische System, hier tritt nur an Stelle der Welle die elektrische Verbindung der beiden Generatoren; diese Verbindung ist, wie wir früher gezeigt haben, auch eine elastische. Die synchronisierende Kraft der Generatoren ist fast proportional dem Phasenverschiebungswinkel Θ. Wachsen bei dem elektrischen System auch die Schwingungen, so wird zuletzt der Winkel Θ größer wie ca. 80^0 und die Generatoren fallen außer Tritt.

Wenn die natürliche Schwingungszeit eines Maschinenaggregats mit der natürlichen Schwingungsdauer der elastischen Verbindung der Maschinen übereinstimmt, so werden die Regulatoren sehr schnell eine starke Schwingung der Energie zwischen den Maschinen herstellen können.

Wir werden nun untersuchen, wann eine Gefahr des Außertrittfallens für ein solches System besteht und in welcher Weise diese beseitigt werden kann.

Für die Regulatoren der beiden Kraftmaschinen bestehen die beiden Gleichungen

$$\left.\begin{aligned} a_1 \frac{d^2 x_1}{dt^2} + a_2 \frac{dx_1}{dt} + a_3 (x_1 - x_m) = a_4 (\omega_1 - \omega_m) \\ a_1 \frac{d^2 x_2}{dt^2} + a_2 \frac{dx_2}{dt} + a_3 (x_2 - x_m) = a_4 (\omega_2 - \omega_m) \end{aligned}\right\} \quad . \quad (294)$$

Für die Kraftmaschinen erhalten wir die Differentialgleichungen

$$\left.\begin{aligned} \frac{J}{p} \frac{d\omega_1}{dt} + S(\Theta_1 - \Theta_m) = \left(\frac{d\vartheta}{dx}\right)_m (x_1 - x_m) \\ \frac{J}{p} \frac{d\omega_2}{dt} + S(\Theta_2 - \Theta_m) = \left(\frac{d\vartheta}{dx}\right)_m (x_2 - x_m) \end{aligned}\right\} \quad . \quad . \quad (295)$$

Nur ist hier statt des während einer Umdrehung veränderlichen Drehmomentes das mit der Regulatorstellung variierende Drehmoment getreten, das sich über das normale mittlere lagert. Das Dämpfungsmoment der Generatoren haben wir vernachlässigt.

Aus den beiden ersten Gleichungen ergibt sich durch Subtraktion und Einführung von

$$(\omega_1 - \omega_m) = \frac{d\Theta_1}{dt} \quad \text{und} \quad (\omega_2 - \omega_m) = \frac{d\Theta_2}{dt}$$

$$a_1 \frac{d^2 (x_1 - x_2)}{dt^2} + a_2 \frac{d(x_1 - x_2)}{dt} + a_3 (x_1 - x_2) = a_4 \frac{d(\Theta_1 - \Theta_2)}{dt}$$

und aus den beiden letzten:

$$\frac{J}{p} \frac{d^2 (\Theta_1 - \Theta_2)}{dt^2} + S(\Theta_1 - \Theta_2) = \left(\frac{d\vartheta}{dx}\right)_m (x_1 - x_2)$$

Aus diesen beiden Gleichungen ergibt sich

$$a_1 \frac{J}{p} \frac{d^4 (x_1 - x_2)}{dt^4} + a_2 \frac{J}{p} \frac{d^3 (x_1 - x_2)}{dt^3} + \left(a_3 \frac{J}{p} + a_1 S\right) \frac{d^2 (x_1 - x_2)}{dt^2}$$
$$+ \left[a_2 S - a_4 \left(\frac{d\vartheta}{dx}\right)_m\right] \frac{d(x_1 - x_2)}{dt} + a_3 S (x_1 - x_2) = 0 \quad . \quad (296)$$

oder $$\frac{d^4(x_1-x_2)}{dt^4}+\alpha\frac{d^3(x_1-x_2)}{dt^3}+\left(\beta+\frac{Sp}{J}\right)\frac{d^2(x_1-x_2)}{dt^2}$$

$$+\left(\alpha\frac{Sp}{J}+\gamma\right)\frac{d(x_1-x_2)}{dt}+\beta\frac{Sp}{J}(x_1-x_2)=0 \quad . \quad (297)$$

Analog lautet die Differentialgleichung für den Pendelweg der Generatoren

$$\frac{d^4(\Theta_1-\Theta_2)}{dt^4}+\alpha\frac{d^3(\Theta_1-\Theta_2)}{dt^3}+\left(\beta+\frac{Sp}{J}\right)\frac{d^2(\Theta_1-\Theta_2)}{dt^2}\cdot$$

$$+\left(\alpha\frac{Sp}{J}+\gamma\right)\frac{d(\Theta_1-\Theta_2)}{dt}+\beta\frac{Sp}{J}(\Theta_1-\Theta_2)=0 \quad . \quad (298)$$

Es wird somit

$$\Theta_1-\Theta_2=A_1e^{-et}+A_2e^{-ft}+A_3e^{-gt}+A_4e^{-ht},$$

wo $-e$, $-f$, $-g$ und $-h$ die Wurzeln der biquadratischen Gleichung für y:

$$y^4+\alpha y^3+\left(\beta+\frac{Sp}{J}\right)y^2+\left(\gamma+\alpha\frac{Sp}{J}\right)y+\frac{Sp}{J}=0 \text{ sind.}$$

Damit die Schwingungen aussterben, müssen e, f, g und h reelle oder komplexe Zahlen mit positivem reellem Anteil sein. Dies ist der Fall, wenn

$$\alpha\left(\beta+\frac{Sp}{J}\right)\left(\gamma+\alpha\frac{Sp}{J}\right)-\left(\gamma+\alpha\frac{Sp}{J}\right)^2-\alpha^2\beta\frac{Sp}{J}>0$$

oder wenn

$$\alpha\beta\gamma-\alpha\gamma\frac{Sp}{J}-\gamma^2>0,$$

d. h. wenn

$$\alpha\beta>\gamma+\alpha\frac{Sp}{J} \quad . \quad . \quad . \quad . \quad . \quad . \quad . \quad (299)$$

Für jedes Maschinenaggregat für sich ergab sich die Bedingung für stabilen Gang

$$\alpha\beta>\gamma.$$

Diese zweite Bedingung ist somit noch strenger als die erste. Führen wir die Ausdrücke für α und β ein, so erhalten wir als endgültige Bedingung für das stabile Arbeiten parallel geschalteter Generatoren

$$2a[(a+d)^2+b^2]>(2a+d)\frac{Sp}{J}$$

oder

$$2a\frac{(a^2+b^2+d^2+2ad)}{2a+d}>\frac{Sp}{J} \quad . \quad . \quad . \quad (300)$$

Es ist fast immer $b < 1$ und $a < 0{,}5$, während d viel größer ist. Vernachlässigen wir deswegen $a^2 + b^2$ gegenüber $d^2 + 2\,a\,d$, so erhalten wir die folgende einfache Bedingung für stabiles Parallelarbeiten zweier Generatoren:

$$2\,a\,d > \frac{S\,p}{J} \quad \ldots\ldots\ldots \quad (301)$$

Wir haben vorhin gesehen, daß $d = \frac{\gamma}{a^2 + b^2}$ ist. Außerdem ist

$$\gamma = -\frac{a_4}{a_1}\frac{\left(\frac{d\,\vartheta}{d\,x}\right)_m}{J}\,p$$

und da wir

$$-\left(\frac{d\,\vartheta}{d\,x}\right)_m \cong \frac{\vartheta_b}{s}$$

setzen können, wo s die Hubhöhe des Regulators von Leerlauf bis Vollast ist, so erhalten wir:

$$\frac{2\,a}{a^2 + b^2}\frac{a_4}{a_1}\frac{\vartheta_b\,p}{s\,J} > \frac{S\,p}{J} = \frac{p\,k_p}{J}\,\vartheta_b$$

oder

$$\frac{2\,a}{a^2 + b^2}\frac{a_4}{s\,a_1} > p\,k_p \cong p\,k_u \quad \ldots\ldots \quad (302)$$

wo k_u ungefähr das Verhältnis zwischen dem maximalen Drehmoment des Generators und dem normalen bedeutet.

Aus dieser Formel geht hervor, daß das Verhältnis $\frac{a_4}{s\,a_1}$ und die Konstante a möglichst groß sein sollen. Unter dem Arbeitsvermögen eines Regulators versteht man das Produkt $S\,s$, wo S die statische Hülsenkraft und s die Hubhöhe des Regulators ist. Dieses Produkt darf nicht zu klein werden; man kann deswegen mit der Hubhöhe s nicht beliebig weit heruntergehen. Wenn man also $\frac{a_4}{s\,a_1}$ groß machen will, muß es in anderer Weise geschehen. Es ist a_4 proportional Ω_r^2 und a_1 proportional den Massen des Regulators. Von zwei Regulatoren ist deswegen stets der, der am schnellsten läuft und der die kleinsten Massen hat, dem anderen vorzuziehen. In dieser Beziehung ist also ein schnell laufender Federregulator allen anderen vorzuziehen.

Was nun die Konstante a anbetrifft, so ergibt diese sich aus der Gleichung

$$\alpha = 2\,a + d$$

$$a = \frac{\alpha - d}{2} = \frac{\frac{a_2}{a_1} - d}{2} \quad \ldots\ldots\ldots \quad (303)$$

Damit a groß werden kann, muß $\frac{a_2}{a_1}$ möglichst groß sein. a_2 ist proportional der Dämpfung und den Reibungskräften des Regulators. Mittels eines Ölkataraktes läßt die Konstante a_2 sich beliebig erhöhen. a_1 ist wie gesagt proportional den Massen des Regulators; diese sind somit auch mit Rücksicht auf a möglichst klein zu halten.

Für einen Federregulator läßt die Bedingung sich wie folgt schreiben

$$\frac{2a}{a^2+b^2}\Omega_r^2\left(\frac{\varrho}{l_1}+\sin 2\varphi_0\right)\frac{l\cos\varphi_0}{s}>\frac{p\,k_p\,\Omega_m}{2}=p\,k_p\frac{\pi n}{60}$$

oder

$$\frac{a\,\Omega_r^2}{a^2+b^2}\left(\frac{\varrho'}{l_1}+\sin 2\varphi_0\right)\frac{57{,}3}{\varDelta\varphi_0}>\pi c\,k_p \quad . \quad . \quad . \quad (304)$$

ϱ, l_1 und φ_0 ergeben sich aus den Dimensionen des Regulators; $\varDelta\varphi_0$ ist die Änderung des Winkels φ_0 von Leerlauf bis Belastung. c ist die Periodenzahl des Generators und $k_p \cong k_u$ angenähert dessen Überlastungsfähigkeit.

Die Konstanten a und b ergeben sich aus dem Tachogramm der Kraftmaschine. Diese Größen hängen natürlich auch von der konstanten Reibung und von dem Unempfindlichkeitsgrad des Regulators und der Steuerorgane ab. Um die Konstante a beliebig variieren zu können, ist stets darauf zu sehen, daß der Regulator, wie es heutzutage allgemein üblich ist, mit einem Ölkatarakt versehen wird. Bemerkenswert bei der obigen Gleichung ist, daß das Trägheitsmoment des Schwungrades gar nicht darin vorkommt.

105. Berücksichtigung der elektrischen Dämpfung der Generatoren bei den Regulatorschwingungen.

Im vorigen Abschnitt haben wir die elektrische Dämpfung der Generatoren vernachlässigt. Um sie zu berücksichtigen, führen wir in die Differentialgleichung das Glied

$$D(\omega-\omega_m)$$

ein.

Die Differentialgleichung der Generatoren lautet dann

$$\frac{J}{p}\frac{d^2(\Theta_1-\Theta_2)}{dt^2}+D\frac{d(\Theta_1-\Theta_2)}{dt}+S(\Theta_1-\Theta_2)=\left(\frac{d\vartheta}{dx}\right)_m(x_1-x_2)$$

und die biquadratische Gleichung zur Bestimmung der Konstanten

$$y^4 + \left(\alpha + \frac{Dp}{J}\right) y^3 + \left(\beta + \alpha \frac{Dp}{J} + \frac{Sp}{J}\right) y^2$$
$$+ \left(\gamma + \beta \frac{Dp}{J} + \alpha \frac{Sp}{J}\right) \gamma + \beta \frac{Sp}{J} = 0 \quad . \quad . \quad . \quad . \quad (305)$$

Die Bedingung für stabiles Parallelarbeiten lautet jetzt:

$$\left(\alpha + \frac{Dp}{J}\right)\left(\beta + \alpha \frac{Dp}{J} + \frac{Sp}{J}\right)\left(\gamma + \beta \frac{Dp}{J} + \alpha \frac{Sp}{J}\right)$$
$$- \left(\gamma + \beta \frac{Dp}{J} + \alpha \frac{Sp}{J}\right)^2 - \left(\alpha + \frac{Dp}{J}\right)^2 \beta \frac{Sp}{J} > 0 \quad . \ (306)$$

oder indem man alle Glieder höherer Ordnung vernachlässigt

$$\alpha \beta \gamma + \alpha \frac{\alpha^2 D S p^2}{J^2} - 2 \alpha \beta \frac{D S p^2}{J^2} - \gamma \alpha \frac{Sp}{J} > 0 .$$

Dividiert man überall durch $\alpha \gamma$ und setzt

$$\beta = 2\, a\, d + a^2 + d^2 \cong 2\, a\, d$$

und

$$\frac{\alpha^2 - 2 \beta}{\gamma} = \frac{2\, a^2 - 2\, b^2 + d^2}{d\,(a^2 + b^2)} \cong \frac{d}{a^2 + b^2}$$

und führt schließlich die Beziehungen

$$S = \vartheta_b k_p \text{ (s. S. 312) und } D = \frac{\vartheta_b\, g}{p\, \Omega_m} = \frac{\vartheta_b\, g}{\omega_m} \text{ (s. S. 337)}$$

ein, so erhält man

$$\left[2\, \boldsymbol{a} + \frac{\boldsymbol{p\, k_p\, \vartheta_b^2\, g}}{\boldsymbol{\Omega_m J^2 (a^2 + b^2)}}\right] \boldsymbol{d} > \frac{\boldsymbol{p\, k_p\, \vartheta_b}}{\boldsymbol{J}} \quad . \quad . \quad . \quad (308)$$

Führen wir die Anlaufzeit des Schwungrades

$$T = \frac{\frac{1}{2} \Omega_m^{\,2} J}{\Omega_m \vartheta_b} = \frac{\Omega_m J}{2\, \vartheta_b}$$

ein, so ergibt sich

$$\frac{p\, k_p\, \vartheta_b^{\,2}\, g}{\Omega_m J^2} = \frac{p\, k_p\, \Omega_m\, g}{4\, T^2} = \frac{g\, k_p}{2\, T} \frac{\pi\, c}{T} = \frac{\pi\, c\, g\, k_p}{2\, T^2}$$

und es soll also

$$\left[2\, a + \frac{\pi\, c\, g\, k_p}{2\, T^2\, (a^2 + b^2)}\right] d > \frac{p\, k_p\, \vartheta_b}{J}$$

sein, oder in analoger Weise wie oben

$$\left[2\, \boldsymbol{a} + \frac{\boldsymbol{\pi\, c\, g\, k_p}}{\boldsymbol{2\, T^2\, (a^2 + b^2)}}\right] \frac{\boldsymbol{a_4}}{\boldsymbol{(a^2 + b^2)\, s\, a_1}} > \boldsymbol{p\, k_p} \quad . \quad (309)$$

und speziell für Federregulatoren

$$\left[a+\frac{\pi c g k_p}{4T^2(a^2+b^2)}\right]\left(\frac{\varrho'}{l_1}+\sin 2\varphi_0\right)\frac{57{,}3}{\varDelta\varphi_0(a^2+b^2)}>\pi c k_p \qquad (310)$$

sein.

Wie leicht ersichtlich, überwiegt das zweite Glied, herrührend von der elektrischen Dämpfung, schon bei einem kleinen Wert der Konstante g das erste Glied, das von der Dämpfung des Regulators herrührt. Es ist deswegen sehr empfehlenswert, parallel geschaltete Generatoren elektrisch zu dämpfen. Da diese freien Schwingungen des Systems nur durch Belastungsstöße entstehen, so klingen diese bald ab und die Dämpferwicklung verursacht nur in dieser kurzen Zeit einen Verlust an Energie. In der übrigen Zeit, in der der Beharrungszustand herrscht, hat die Dämpferwicklung nur Einfluß auf den ungleichförmigen Gang der Maschine.

106. Die Periodenzahl der Regulatorschwingungen, und die Interferenzerscheinungen mit der erzwungenen Schwingung der Kraftmaschine.

Nach S. 419 sind die Exponentialkoeffizienten $-e$, $-f$, $-g$, $-h$ bei Berücksichtigung der Dämpfung durch die Gl. 305

$$y^4+\left(\alpha+\frac{Dp}{J}\right)y^3+\left(\beta+\alpha\frac{Dp}{J}+\frac{Sp}{J}\right)y^2$$

$$+\left(\gamma+\beta\frac{Dp}{J}+\alpha\frac{Sp}{J}\right)y+\beta\frac{Sp}{J}=0$$

definiert. Vernachlässigen wir im vierten Gliede γ gegenüber dem viel größeren Gliede $\alpha\frac{Sp}{J}$, so läßt sich die Gleichung in ein Produkt zweier quadratischer Funktionen zerlegen

$$(y^2+\alpha y+\beta)\left(y^2+\frac{Dp}{J}y+\frac{Sp}{J}\right)=0 \quad . \quad . \quad . \quad . \quad (311)$$

Wir erhalten also als Lösung zwei Sinusschwingungen verschiedener Periodenzahl.

Die Gleichung

$$y^2+\alpha y+\beta=0$$

liefert die Wurzeln e und f

$$y_{12}=-\frac{a_2}{2a_1}\pm\sqrt{\frac{a_2^{\,2}}{4a_1^{\,2}}-\frac{a_3}{a_1}} \quad . \quad . \quad . \quad . \quad (312)$$

und wenn wir sie mit der Gleichung 291 für die Schwingung der nicht parallel geschalteten Maschine vergleichen, S. 412.

$$y^3 + \alpha y^2 + \beta y + \gamma = 0,$$

so sehen wir, daß diese Partialschwingungen ungefähr dieselbe Periodenzahl haben, mit der das Schwungrad einer einzelnen Maschine bei plötzlichen Stößen infolge des Regulators schwingt.

Diese Schwingungsdauer ist bekanntlich durch den Ausdruck

$$\frac{4 \pi a_1}{\sqrt{4 a_1 a_3 - a_2^2}} \quad \dots \dots \dots \quad (313)$$

gegeben, und beträgt im allgemeinen mehrere Sekunden. Diese Partialschwingung bezeichnen wir als „lange Schwingung“.

Die andere Gleichung

$$y^2 + \frac{D}{J} p y + \frac{S}{J} p = 0$$

liefert die Wurzeln g und h

$$y_{34} = -\frac{D}{2J} p \pm \sqrt{\left(\frac{D}{2J} p\right)^2 - \frac{S}{J} p} \quad \dots \dots \quad (314)$$

Wenn der Wurzelausdruck imaginär wird, treten Oszillationen ein, deren Schwingungszahl

$$c_{34} = \frac{1}{2\pi} \sqrt{\frac{S}{J} p - \left(\frac{D}{2J} p\right)^2} \quad \dots \dots \quad (315)$$

beträgt.

Wenn wir nun auf den Wert der Eigenschwingungszahl eines Generators an einem unendlich starken Netz, S. 378, Gl. 243, zurückgehen, so erkennen wir, daß $c_{34} = c_{ei}$ ist.

Mit anderen Worten, das aus Kraftmaschinen mit Geschwindigkeitsregulatoren und aus parallelgeschalteten Generatoren bestehende System führt dieselben kurzen Schwingungen aus als es bei Abwesenheit der Regulatoren tun würde.

Es ist noch zu bemerken, daß die Partialschwingungen verschieden rasch ablaufen, so daß nach einer gewissen Zeit nur noch eine bemerkbar sein wird.

Die Amplituden der freien Schwingungen ergeben sich aus den Grenzgleichungen, die die Art des Belastungsstoßes charakterisieren, sie sind nur von ihm abhängig. Reagierten die Geschwindigkeitsregulatoren momentan auf jede Belastungsänderung, so könnte keine Belastungsänderung das System in Schwingungen bringen. Jeder Regulator braucht aber Zeit, um in Wirksamkeit treten zu können; so wird z. B. ein Generator, der entlastet wird, eine Zeitlang mehr

Arbeit von der Kraftmaschine aufnehmen, als er ans Netz abgeben kann. Die überschüssige Arbeit wird in den Schwungmassen des Generators akkumuliert; dieser wird somit beschleunigt und es fängt der Regulator erst jetzt an zu wirken. Dieser reguliert zu weit, weil die Geschwindigkeit des Generators zu groß geworden ist. Wenn der Generator sich jetzt verzögert, öffnet der Regulator wieder die Dampfzufuhr, worauf der Generator sich wieder beschleunigt. In dieser Weise führt der Generator mehrere Schwingungen aus, bevor er seinen neuen Beharrungszustand erreicht.

Die entstehenden Pendelungen werden also bei einem empfindlichen Regulator geringer sein als bei einem unempfindlichen. Da die Winkelabweichung für eine gegebene Geschwindigkeitsvariation nach S. 301, Gl. 140 der Periodenzahl dieser Variation umgekehrt proportional ist, wird die Gefahr des Außertrittfallens bei plötzlichen Stößen für große Werte von c_1, c_2, c_3, c_4, d. h. eine große Zahl freier Schwingungen pro Umdrehung geringer sein, als im umgekehrten Falle.

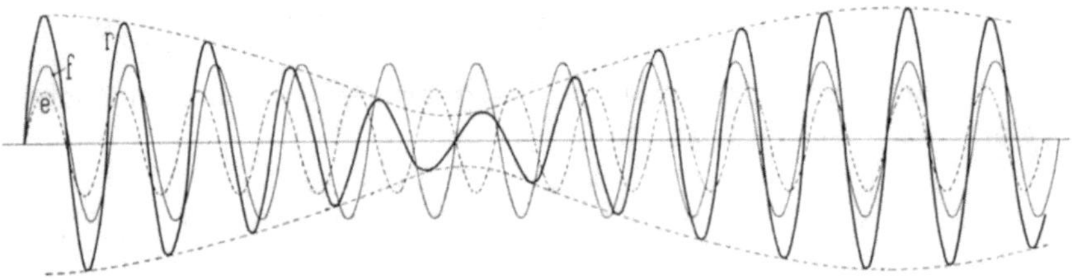

Fig. 299. Interferenz der kurzen Eigenschwingungen und der erzwungenen Schwingungen.

Von diesen freien Schwingungen sind die langen weniger gefährich als die kurzen, die manchmal ungefähr dieselbe Schwingungszahl haben wie die erzwungenen. Dies ist der Fall, wenn Resonanz vorhanden ist. Es treten dann Interferenzerscheinungen zwischen den erzwungenen und freien Schwingungen auf. Eine solche ist in Fig. 299 dargestellt. e stellt die erzwungene, f die freie kurze und r die aus beiden resultierende Schwingung dar. Wie ersichtlich, hat man hier ein Phänomen analog demjenigen, dem man bei dem Parallelschalten von Synchronmaschinen begegnet (s. Fig. 203). Bald sind die beiden Schwingungen in Phase und unterstützen sich; bald sind sie einander entgegengesetzt und schwächen sich gegenseitig. In dieser Weise erhalten wir Schwebungen in der Amplitude der Winkelabweichung. Diese Erscheinung dauert so lange an, bis die freie Schwingung ausgestorben ist, und dies geschieht um so schneller, je kräftiger die Generatoren gedämpft sind. Aus den Tachogrammen der Fig. 311 bis 317 sind die Interferenzerscheinungen leicht erkennbar. Wie ersichtlich, erhöhen sie die Geschwindigkeitsvariation und somit die Gefahr eines Außertrittfallens in hohem Grade. Es ist deswegen auch mit Bezug auf Interferenzerscheinungen in synchronen Betrieben darauf zu achten, daß man möglichst weit entfernt von allen Resonanzzuständen arbeitet und daß alle synchronen Maschinen möglichst stark gedämpft sind.

Ist die νte erzwungene Schwingung durch die Gleichung

$$e = \Theta_e \sin(\nu \Omega_m t)$$

und die freie Schwingung durch

$$f = \Theta_f \sin(\Omega_{ei} t)$$

gegeben, so ist die Zahl der Schwebungen pro Sekunde:

$$\frac{\Omega_{ei} - \nu \Omega_m}{2\pi}$$

und die Schwebungsdauer

$$\frac{2\pi}{\Omega_{ei} - \nu \Omega_m}.$$

Wenn diese klein ist, kommt keine Interferenz zustande.

107. Freie Schwingungen parallel arbeitender Gasdynamos, verursacht durch erzwungene Gasschwingungen in der Ansaugeleitung.[1])

Diese freien Schwingungen, die manchmal bei den elektrischen Generatoren auftreten, die von Sauggasmotoren angetrieben werden, stehen in einem gewissen Parallelismus zu den im vorigen Abschnitt besprochenen, von den Regulatoren verursachten Schwingungen, indem durch die Rückwirkung der pendelnden Maschine ein variables Antriebsmoment erzeugt wird. Aber mit dem Unterschied, daß sie auch bei vollständig gebremstem Regulator möglich sind.

Das Gas in der Ansaugeleitung einer solchen Maschine befindet sich dauernd in schwingender Bewegung. Die Geschwindigkeit der Gasteilchen am Ende der Leitung, wo sie in den Zylinder mündet, ist während der Ansaugeperiode durch die Kolbengeschwindigkeit bestimmt, während sie für die übrige Dauer des Arbeitsprozesses gleich Null ist. Durch diese der Gassäule an einem Ende aufgeprägte Bewegung befindet sie sich dauernd in periodischen Schwingungen, die sich je nach einem Arbeitsprozeß wiederholen[2]).

---

[1]) s. W. O. Schumann, E. u. M. 1912.

[2]) s. z. B. Sommerfeld-Debye, Mitteilungen über Forschungsarbeiten auf dem Gebiete d. Ingenieurwesens, herausgeg. v. V. D. I., Heft 106.

Diese Schwingungen geben nicht zu Pendelungen Anlaß. Denken wir uns aber eine solche Maschine mit einem sehr schweren Schwungrad, so daß ihre Eigenschwingungsdauer mehrere Antriebsprozesse umfaßt, durch irgendeinen Stoß in Bewegung versetzt. Die Maschine wird dann sehr langsame Schwingungen ausführen und bei den verschiedenen während einer solchen Schwingung stattfindenden Ansaugeperioden werden in zwei Zeitmomenten, die durch die Dauer eines Arbeitsprozesses voneinander entfernt sind, nicht mehr die gleichen Kolbengeschwindigkeiten herrschen, sondern bald eine größere, bald eine kleinere als der normalen Bewegung entspricht. Da die angesaugte Gasmenge, die durch ihre Explosion das Drehmoment für den betreffenden Arbeitsprozeß bestimmt, in erster Linie von der Kolbengeschwindigkeit abhängig ist, wird sie und damit auch das Antriebsmoment während der verschiedenen Arbeitsprozesse innerhalb einer Schwingungsperiode variieren. Die Maschine erzeugt sich so selbst ein veränderliches Antriebsmoment, und wenn dieses in Takt mit der mechanischen Schwingung kommt, kann eine starke Pendelung entstehen.

Da diese Schwingungen mit den vom Kurbelmechanismus erzeugten nichts zu tun haben, wollen wir die Betrachtung vereinfachen, indem wir eine Maschine untersuchen, deren normales Drehmoment konstant ist, eine Gasturbine, die kontinuierlich Gas ansaugt und verbrennt. Die elektrische Maschine arbeite an einem unendlich starken Netze.

Für die Vorgänge in der Gasleitung nehmen wir wegen der großen Geschwindigkeit, mit der sie vor sich gehen, die adiabatische Zustandsänderung an.

Es sei ϱ die momentane Gasdichte, ϱ_0 die mittlere Dichte und μ die dynamische Verdichtung.

$$\varrho = \varrho_0 + \mu \quad . \; . \; . \; . \; . \; . \; . \; . \; . \quad (316)$$

Die Bewegung des Gases erfolgt nach den hydrodynamischen Grundgleichungen von Euler und der Kontinuitätsgleichung[1]).

Wir nehmen an, die Gasleitung habe konstanten Querschnitt und dieser sei klein gegen die Länge der Leitung. Nehmen wir die X-Achse in der Rohrrichtung und die Bewegungsrichtung aller Gasteilchen parallel zu dieser Achse an, so ergibt sich folgende Differentialgleichung für die Bewegung der Gasteilchen

$$\frac{\partial^2 u}{\partial x^2} - \frac{1}{a^2}\frac{\partial^2 u}{\partial t^2} = 0 \quad . \; . \; . \; . \; . \; . \; . \quad (317)$$

[1]) s. z. B. A. Föppl, Dynamik.

wo u die Geschwindigkeit der Teilchen und a die Schallgeschwindigkeit bedeutet.

Als Grenzbedingungen nehmen wir an:

Für $x = 0$, am Anfang des Rohres, im Gasgenerator oder in der Außenluft, wenn das betrachtete Rohr das Luftansaugerohr ist, treten keine Dichteänderungen auf, weil sie sich sofort ausgleichen.

$$\varrho = \varrho_0, \qquad \mu = 0,$$

also

$$\frac{\partial \mu}{\partial t} = 0, \qquad \frac{\partial u}{\partial x} = 0,$$

da nach der Kontinuitätsgleichung

$$\frac{\partial \varrho}{\partial t} = \frac{\partial \mu}{\partial t} = - \varrho_0 \frac{\partial u}{\partial x} \text{ ist.}$$

Für $x = l$ am Ende des Saugrohres, bei der Einmündung in die Maschine ist die Gasgeschwindigkeit durch die Kolbengeschwindigkeit bzw. durch die Umfangs- oder Winkelgeschwindigkeit der Turbine bestimmt.

Wir setzen $u_{x=l} = q\omega$, wobei der Faktor q das Verhältnis des in der Maschine zur Gasbewegung zur Verfügung stehenden Querschnitts (bei der Kolbenmaschine des Kolbenquerschnitts) zum Querschnitt der Gasleitung, den Radius der Turbine bzw. den Kurbelradius und die Polpaarzahl berücksichtigt, da ω wieder die elektrische Winkelgeschwindigkeit bedeutet.

Wir nehmen nur eine einfache Sinusschwingung im Gasrohr an, d. h. wir betrachten ein partikuläres Integral der Gl. 317 von der Form

$$u = (A' \sin fx + B' \cos fx) \sin fat + (C' \sin fx + D' \cos fx) \cos fat + u_0, \tag{318}$$

wo u_0 die mittlere Einströmungsgeschwindigkeit während einer Schwingungsperiode bedeutet. Da für $x = 0$ auch $\frac{\partial u}{\partial x} = 0$ sein muß, müssen auch A' und C' gleich Null sein, so daß wir

$$u = \cos fx\,(A \sin fat + B \cos fat) + u_0 \quad . \; . \; . \quad (319)$$

erhalten.

Die in jedem Moment angesaugte Gasmenge ist gleich dem Produkt aus Geschwindigkeit, Dichte und Rohrquerschnitt Q und diesem Produkt setzen wir auch das durch die Verbrennung dieser Menge erzeugte Drehmoment proportional

$$\vartheta = C \varrho_{x=l} u_{x=l} Q \quad . \; . \; . \; . \; . \; . \; . \quad (320)$$

Da

$$\frac{\partial \varrho}{\partial t} = -\varrho_0 \frac{\partial u}{\partial x} = \varrho_0 f \sin fx \, (A \sin fat + B \cos fat), \quad (321)$$

ist

$$\varrho = \varrho_0 + \frac{\varrho_0}{a} \sin fx \, (-A \cos fat + B \sin fat)$$

$$= \varrho_0 - \frac{\varrho_0}{fa^2} \frac{\partial u}{\partial t} \operatorname{tg} fx$$

$$\varrho_{x=l} = \varrho_0 \left(1 - \operatorname{tg} fl \frac{q}{fa^2} \frac{d\omega}{dt}\right) \quad . \; . \; . \; . \; . \; . \; . \; . \; . \; . \quad (322)$$

Es ist also

$$\vartheta = C \varrho_{x=l} \, u_{x=l} \, Q = QC \varrho_0 q \omega \left(1 - \operatorname{tg} fl \frac{q}{fa^2} \frac{d\omega}{dt}\right).$$

Da das normale mittlere Drehmoment $\vartheta_m = QC\varrho_0 q \omega_m$ ist, wird der Pendelteil dieses Momentes

$$\vartheta_p = \vartheta - \vartheta_m = QCq\varrho_0 \left[(\omega - \omega_m) - \operatorname{tg} fl \frac{q}{fa^2} \omega \frac{d\omega}{dt}\right] \quad . \quad (323)$$

Die bekannte Schwingungsgleichung der elektrischen Maschine lautet

$$\frac{J}{p} \frac{d(\omega - \omega_m)}{dt} + D(\omega - \omega_m) + S(\Theta - \Theta_m) = \vartheta_p \quad (324)$$

oder

$$\frac{J}{p} \frac{d^2(\Theta - \Theta_m)}{dt^2} + D \frac{d(\Theta - \Theta_m)}{dt} + S(\Theta - \Theta_m)$$

$$= QCq\varrho_0 \left[\frac{d(\Theta - \Theta_m)}{dt} - \operatorname{tg} fl \frac{q}{fa^2} \omega \frac{d\omega}{dt}\right] \quad . \; . \; . \; . \quad (325)$$

Das zweite Glied der rechten Seite dieser Gleichung ist für alle praktischen Fälle, wie wir sehen werden, so klein, daß wir es unbedenklich vernachlässigen dürfen. Die Gleichung vereinfacht sich dann zu

$$\frac{J}{p} \frac{d^2(\Theta - \Theta_m)}{dt^2} + (D - QCq\varrho_0) \frac{d(\Theta - \Theta_m)}{dt} + S(\Theta - \Theta_m) = 0 \quad (326)$$

Es ist dies wieder die Gleichung der freien Schwingungen und wir haben wieder den Fall, daß das Dämpfungsglied Null ja negativ werden kann, was bedeutet, daß einmal aus irgendeiner Ursache entstandene Schwingungen nicht abklingen, sondern bestehen bleiben oder zunehmen.

Das ist um so leichter der Fall, je größer $QCq\varrho_0$ ist. Da dieser Ausdruck gleich $\frac{\vartheta_m}{\omega_m}$ ist, ist er bei gleicher Leistung um so größer, je langsamer die Maschine läuft, je kleiner die Periodenzahl und je größer die Leistung ist. Wir berücksichtigen nur kleine Schwingungen und nehmen an, daß das Dämpfungsglied nur klein sei und erhalten dann als zyklische Periodenzahl der freien Schwingungen

$$\Omega_f = \Omega_{ei} = \sqrt{\frac{Sp}{J}} \quad \ldots \ldots \ldots \quad (327)$$

Es wird eine solche Maschine stets annähernd in ihrer Eigenschwingungsdauer schwingen.

Bei der Kolbengasmaschine ist der wirkliche Schwingungsvorgang ein weit komplizierterer wegen des Kurbelmechanismus und wegen der getrennten Ansauge-, Explosions-, Ausschub- und Kompressionsperioden. Im Wesen ist aber der Vorgang der gleiche, denn die komplizierten Kurven der Gasgeschwindigkeit, der Winkelgeschwindigkeit und der Winkelabweichung müssen entsprechende Harmonische enthalten, die man analog den früheren Gleichungen behandeln kann. Nur ist hier wegen der scharf definierten Ansaugeperioden, die nun in ganz bestimmten Zeitintervallen auftreten, erforderlich, daß die Eigenschwingungsdauer ein ganzes Vielfaches der Prozeßdauer ist, denn sonst würde das von der Maschine erzeugte pendelnde Moment die Schwingungen stören. Nur bei solchen Maschinen, die natürlich schwere Schwungräder haben müssen, sind diese Schwingungen zu beobachten und es ist unbedingt zu vermeiden, die Eigenschwingungsdauer gleich einem ganzen Vielfachen der Prozeßdauer zu machen.

Bei dem Einzylinderviertaktmotor muß also die Eigenschwingungsdauer mindestens gleich der vierfachen Umdrehungszeit sein, damit die Erscheinung möglich sei. Hingegen kann bei dem Zweizylindermotor die Erscheinung auch auftreten, wenn die Eigenschwingungsdauer gleich der zweifachen Umdrehungszeit und beim Vierzylindermotor schon wenn sie gleich der Umdrehungszeit ist. Diese Maschinen sind also besonders ungünstig gegenüber diesen Schwingungen, da das Schwungrad nach der Grundwelle von doppelter Umdrehungszeit dimensioniert wird, und man bei einem Vierzylindermotor für $\Omega_{ei} = \frac{1}{3}\,\Omega_m$, was für die Vermeidung von Resonanz ein günstiger Wert ist, sich schon in einem gefährlichen Gebiet befindet.

Für den Einzylindermotor sind also zu vermeiden

$$\Omega_{ei} = \frac{1}{4}\,\Omega_m, \quad \frac{1}{6}\,\Omega_m, \quad \frac{1}{8}\,\Omega_m.$$

Für den Zweizylindermotor sind zu vermeiden (wenn auf jede Umdrehung eine Explosion entfällt)

$$\Omega_{ei} = \frac{1}{2}\,\Omega_m, \quad \frac{1}{3}\,\Omega_m, \quad \frac{1}{4}\,\Omega_m, \ldots$$

Für den Vierzylindermotor sind zu vermeiden (wenn auf jeden Hub eine Explosion entfällt)

$$\Omega_{ei} = \Omega_m, \quad \frac{2}{3}\,\Omega_m, \quad \frac{2}{4}\,\Omega_m, \quad \frac{2}{5}\,\Omega_m, \ldots$$

Um die Größe des vernachlässigten Gliedes angenähert zu bestimmen, bilden wir das allgemeine Integral der Gl. 326 bei Vernachlässigung des Dämpfungsgliedes

$$(\Theta - \Theta_m) = L \sin \sqrt{\frac{Sp}{J}}\, t + M \cos \sqrt{\frac{Sp}{J}}\, t,$$

daraus

$$(\omega - \omega_m) = \frac{d(\Theta - \Theta_m)}{dt} = L' \cos \sqrt{\frac{Sp}{J}}\, t + M' \sin \sqrt{\frac{Sp}{J}}\, t.$$

Verglichen mit dem Ausdruck der Gasgeschwindigkeit für $x = l$

$$(u - u_0)_{x=l} = \cos fl\,(A \sin fat + B \cos fat)$$

ergibt sich durch die Beziehung $u_{x=l} = q\omega$

$$\sqrt{\frac{Sp}{J}} = fa = \Omega_{ei},$$

$$f \cong \frac{\Omega_{ei}}{a} \qquad \ldots\ldots\ldots \quad (328)$$

Als Mittelwert von $\Omega_{ei} = 2\pi c_{ei}$ können wir 2π annehmen, a können wir für Generatorgas und Luft ca. 340 m/sek ansetzen, und erhalten

$$f = \frac{2\pi}{340} = 0{,}0174.$$

Für ein 30 m langes Rohr ist

$$fl = 0{,}523 = 30^0, \qquad \operatorname{tg} fl = 0{,}578$$

und

$$\frac{\operatorname{tg} fl}{fa^2} = \frac{0{,}578}{0{,}0174 \cdot 1{,}16 \cdot 10^5} = 2{,}86 \cdot 10^{-4}.$$

Selbst bei dieser großen Rohrlänge und großen Werten von $q\omega_m$ bleibt das zweite Glied der rechten Seite der Gl. 325 klein gegen das erste.

Es bedeutet dies, daß die Gassäule annähernd wie ein starrer Körper schwingt, daß nur die Geschwindigkeitsänderungen und nicht die Dichteänderungen einen Einfluß auf die Erscheinung haben.

In der Gl. 326 kommt dies dadurch zum Ausdruck, daß die Rohrlänge l gar nicht vorkommt. Durch ein „Verstimmen des Rohres", durch eine Änderung seiner Länge können die Schwingungen nicht beseitigt werden, da die Eigenschwingung des Gases keine Rolle spielt.

Die Schwingungen sind auch vom Rohrquerschnitt Q unabhängig, da in dem Produkt Qq dieser sich heraushebt. Bei kleinerem Rohrquerschnitt entstehen stärkere Gasschwingungen, aber die in den Zylinder transportierte Gasmenge ist bei gegebener Geschwindigkeit entsprechend kleiner als bei einem Rohre großen Querschnitts, wo geringere Schwingungen entstehen.

Da die Maschine im Resonanzzustande schwingt, sind bei kleinen Werten der Dämpfungskonstanten schon sehr geringe pendelnde Momente fähig die Maschine in starke Schwingungen zu versetzen. Die während der Schwingungen aufgenommenen Indikatordiagramme brauchen nur sehr geringe, kaum bemerkbare Unterschiede aufzuzeigen, auch wenn Strom und Leistung stark pendeln.

Bei zwei parallel arbeitenden Maschinen erhält man dieselben Resultate wie für die Maschine am unendlich starken Netz.

Die Maschinen schwingen gegeneinander, die Gassäulen beider Rohre ebenfalls.

Um diese Schwingungen zu beseitigen, ist das beste Mittel eine Änderung der Eigenschwingungszahl, und zwar eine Vergrößerung derselben durch verkleinertes Schwunggewicht. Denn die Eigenschwingungszahl ist keine Konstante und ändert sich von Leerlauf bis Vollast. Ist nun die Eigenschwingungsdauer schon ein Vielfaches der Prozeßdauer, z. B. 5mal so groß, und macht man sie nachträglich 5,5 bei Leerlauf, so genügt schon eine Abnahme von 0,5, d. i. 9%, um auf den Wert 5, also wieder in ein gefährliches Gebiet zu kommen, was bei Belastung gut möglich ist. Erniedrigt man sie aber auf 2,5, so ist schon eine Abnahme um 20% erforderlich, um den gefährlichen Wert 2 zu erreichen.

Auch durch eine Dämpferwicklung kann die Erscheinung in erträgliche Grenzen gebracht werden. Freilich muß die Dämpferwicklung sehr stark gebaut sein, Querfelddämpfung, Käfigwicklung, wegen der sehr geringen Relativgeschwindigkeiten; andererseits ist ja das zu dämpfende Moment nicht sehr groß.

Derartige freie Schwingungen sind auch bei elektrischen Maschinen mit geringer Eigenschwingungsdauer möglich, wenn man die Einwirkung des Regulators mit in Betracht zieht. Führt die Maschine bei einem Stoße die im vorigen Abschnitt erwähnten Schwingungen aus, so tritt auch bei geringer Eigenschwingungsdauer die auf S. 421, Gl. 313 abgeleitete „lange" Schwingung auf, deren Periode wieder ein Vielfaches des Arbeitsprozesses sein kann. Normalerweise klingen diese Schwingungen bei genügender Dämpfung ab; aber durch die Rückwirkung der schwingenden Gassäule können sie zu stationären werden. Statt des auf S. 411 eingeführten, infolge des Regulators pendelnden Momentes

$$(x_m - x)\frac{d\vartheta}{dx}$$

tritt bei Anwesenheit der Gasschwingungen das Moment

$$(x_m - x)\frac{d\vartheta}{dx} + \frac{\vartheta_m}{\omega_m}(\omega - \omega_m)$$

auf, und durch den Einfluß des zweiten Gliedes werden α und β verkleinert, γ vergrößert (Gl. 293, S. 413), so daß die Stabilitätsbedingung leichter überschritten werden kann.

Bei zwei parallelarbeitenden Maschinen, Abschnitt 105, tritt in diesem Falle überall statt der Konstanten D die Konstante $D - \frac{\vartheta_m}{\omega_m}$ auf, d. h. die Dämpferwirkung wird reduziert, es sind infolge der Gasschwingungen leichter Freipendelungen möglich.

Freilich ist es auch hier aus den schon erwähnten Gründen erforderlich, daß die „lange" Schwingung ein ganzes Vielfaches des Arbeitsprozesses ist.

108. Ein praktisches Beispiel der Gasschwingungen.

In einer Zentrale, wo derartige Schwingungen auftraten, befanden sich drei gleichgebaute liegende Zweizylinder-Viertaktsauggasmotoren 200/220 PS mit direkt gekuppelten Drehstrommaschinen für je 175 KVA bei 3000 Volt, 50 Perioden und 187,5 Umdrehungen in der Minute.

Die Erregung erfolgte von Erregerumformern. Das Trägheitsmoment des Maschinensatzes war 31000 kgm^2. Die Eigenschwingungsdauer bei Leerlauf war ca. 1,6 sek, bei Vollast 1,5 sek. Die Prozeßdauer des Antriebs entsprach zwei Umdrehungen gleich 0,64 sek, bzw. 0,32 sek wegen der Zweizylinderanordnung.

Beim Betrieb ergaben sich dauernde Freipendelungen. Die von der Gasmaschine aufgezwungenen Schwingungen von der Dauer einer Umdrehung (der Ungleichförmigkeitsgrad) waren im Parallelbetrieb fast genau die gleichen wie bei abgeschalteter Maschine, da man sich weit entfernt von Resonanz befand. Über die aufgezwungene lagerte sich die freie Schwingung. Besonders deutlich wurde die Erscheinung bei einer Belastung von ca. 30 bis 40 KW, wo die Eigenschwingungsdauer genau 1,6 sek, das 5fache der Prozeßdauer war. Das Tachogramm zeigt Fig. 300. Wenn man bedenkt, daß zwei solche Maschinen gegeneinander schwangen, so erkennt man leicht, daß sehr große störende Winkelabweichungen auftraten. Mit der Belastung nahmen die Schwingungen ab, von 120 KW aufwärts war der Betrieb ruhig, weil die Eigenschwingungszahl sich geändert hatte.

Um den Betrieb zu verbessern, wurde zwischen zwei Maschinen eine induktionsfreie Drosselspule (s. Abschnitt 112) geschaltet. Die Eigenschwingungszahl wurde dadurch von 40 auf 22 bis 24 heruntergesetzt. Auch jetzt zeigten sich bei kleinen Belastungen starke Schwankungen, da die Schwingungszahl 22 dem nächsten gefährlichen Wert 20 ziemlich nahe lag. Der Strom schwankte zwischen 10 und 30 Amp., die Leistung zwischen 0 und 150 KW und die Spannung von 40 bis 60 Volt bei 3100 Volt, da nur zwei Maschinen parallel arbeiteten. Die Periodenzahl der Schwingungen änderte sich mit der Größe der Ausgleichströme, wegen der Sättigung der Drosselspule. Bei kleinen Ausgleichströmen ist diese gering, ihre effektive Reaktanz groß, die synchronisierende Kraft klein und daher auch die Eigenschwingungszahl; bei großen Ausgleichströmen umgekehrt. Die Schwingungszahl änderte sich von 16 bis 24.

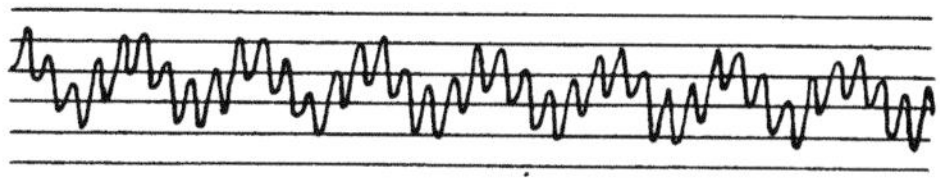

Fig. 300.

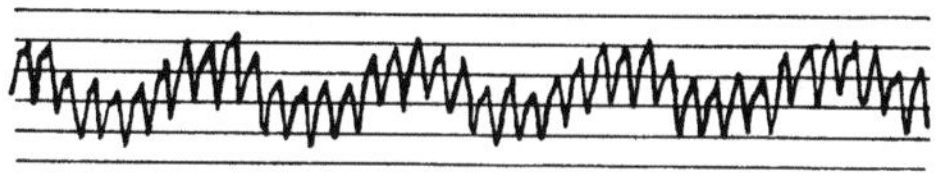

Fig. 301.

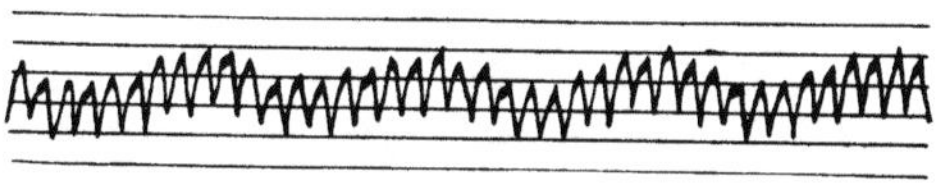

Fig. 302.

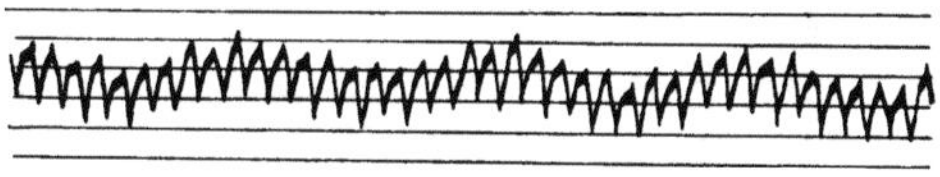

Fig. 303.

Die Regulatoren der Kraftmaschinen standen während der Pendelungen vollständig ruhig. Am ungünstigsten arbeiteten die zwei Maschinen zusammen, die an eine gemeinsame Gasleitung angeschlossen waren, und zwar bei Ansaugesynchronismus.

Wegen der veränderlichen Reaktanz der Drosselspule war die Eigenschwingungsdauer der Maschine veränderlich, je nach der Größe des Stoßes, der die Maschine in Schwingungen versetzte, und nach der Größe des Ausgleichstromes. Es war daher möglich, Freipendelungen von verschiedener Schwingungsdauer zu beobachten und es ergaben sich die stärksten Pendelungen jedesmal, wenn die Eigenschwingungsdauer t ein ganzes Vielfaches z der Prozeßdauer T war. Man beobachtete folgende „kritische“ Werte:

I	z	t	Schwingungen i. d. Minute	
0,32	5	1,6	37,5	ohne Drosselspule beobachtet
	7	2,24	26,8	mit Drosselspule beobachtet
	8	2,56	23,4	
	9	2,88	20,8	
	10	3,20	18,75	
	11	3,52	17,05	

Fig. 300 zeigt ein Tachogramm mit $z = 5$, Fig. 301 mit $z = 9$, Fig. 302 mit $z = 10$ und Fig. 303 mit $z = 10$ und 11. Zur Beseitigung der Schwingungen wurde das Schwunggewicht und der Luftspalt verändert.

109. Freipendelungen zweier parallel geschalteter Wechselstrommaschinen infolge der Änderung der synchronisierenden Kraft während des Pendelvorganges. Berechnung des Ausgleichstromes mit Berücksichtigung der Spannungsschwankungen[1]).

Wir haben bis jetzt immer vorausgesetzt, daß die synchronisierende Kraft eine Konstante sei, d. h. daß die EMK $\dot{E}$ und die Klemmenspannung der Maschine durch die Pendelerscheinungen nicht beeinflußt werden, also merklich konstant bleiben. Ist die Wechselstrommaschine von einer Gleichstromquelle konstanter Spannung erregt, z. B. von einem besonderen Erregeraggregat, so sind die Spannungsänderungen proportional den Schwankungen der Umdrehungszahl, werden also meist $1\,^0/_0$ und weniger der Gesamtspannung ausmachen. Ist aber die Erregermaschine von der pendelnden Kraftmaschine auch beeinflußt, sitzt jene also z. B. auf dem Wellenstumpf des Generators, so können die Spannungsschwankungen der Hauptmaschine bedeutend größer werden, da jetzt auch der Erregerstrom des Generators schwankt. Die Größe der entstehenden Schwankungen der EMK E bei einer gewissen Tourenänderung in der Synchronmaschine ist nach Abschn. 19 in erster Linie abhängig von den Sättigungen der Erregermaschine und des Generators, in der Art, daß bei großen Sättigungen die Schwankungen klein sind, und umgekehrt. Im stationären Schwingungszustand des Aggregates haben wir nun auch noch mit einer

---

[1]) Die beschriebene Erscheinnng wurde zuerst von H. H. Barnes, Am. Inst. of E. E., beobachtet. Die theoretische Erklärung gab P. Boucherot, La Revue électrique, 1904.

zeitlichen Verzögerung der Spannungsschwankungen gegen die sie erregenden Pendelungen der Geschwindigkeit zu rechnen. Denn infolge der Selbstinduktion der Erregermaschine und des Polrades der Synchronmaschine sind die Erregerströme beider Maschinen gegenüber den Änderungen der Geschwindigkeit zeitlich verzögert, so daß maximale Spannung und maximale Geschwindigkeit durchaus nicht zusammenfallen. Infolge der Spannungsänderungen entstehen auch Schwankungen der synchronisierenden Leistung der Maschine, die natürlich auch phasenverschoben gegen die pendelnde Bewegung sind, und unter gewissen Umständen kann das Produkt aus der EMK E und dem Ausgleichwattstrom der beiden Maschinen so stark phasenverschoben gegen die Schwingungsbewegung sein, daß W_A nicht nur proportional Θ wächst, sondern auch proportional $-\left(\frac{d\Theta}{dt}\right)$ wird, welches letztere Glied einer Phasennacheilung von 90^0 entspricht. Auch bei kompoundierten Maschinen sind solche Schwankungen möglich, wie in Kap. XIV, S. 318 erwähnt ist. In diesem Falle treten Momente auf, die nicht mehr dem Winkel, sondern der Schlüpfung proportional sind und dem normalen Dämpfermoment entgegenwirken, d. h. bestrebt sind, die Bewegung zu verstärken.

Wir wollen nun diese Schwankungen der synchronisierenden Kraft für zwei gleiche Maschinen untersuchen und zuerst den Ausgleichstrom zwischen den beiden Maschinen bestimmen, der von der Vektordifferenz $(\mathfrak{E}_1 - \mathfrak{E}_2)$ (Kap. XII, S. 245) abhängig ist.

Für beide Maschinen gelten folgende Gleichungen:

$$\left.\begin{aligned} \mathfrak{E}_1 &= \mathfrak{P} + \mathfrak{J}_1 r_a - j\,\mathfrak{J}_{w1} x_3 - j\,\mathfrak{J}_{wl1} x_2 \\ \mathfrak{E}_2 &= \mathfrak{P} + \mathfrak{J}_2 r_a - j\,\mathfrak{J}_{w2} x_3 - j\,\mathfrak{J}_{wl2} x_2 \end{aligned}\right\} \quad . \; . \quad (329)$$

$$\mathfrak{J}_1 + \mathfrak{J}_2 = 0. \qquad \mathfrak{J}_1 - \mathfrak{J}_2 = 2\,\mathfrak{J}_A,$$

d. h. wir setzen voraus, daß die Maschinen nicht belastet seien. Es sollen nur kleine Schwingungen in Frage kommen, d. h. die Vektoren $\mathfrak{E}_1$ und $\mathfrak{E}_2$ keine großen Phasendifferenzen haben. Unter der Annahme können wir setzen:

$$\mathfrak{J}_{w1} \cong -\mathfrak{J}_{w2}, \qquad \mathfrak{J}_{wl1} \cong -\mathfrak{J}_{wl2}.$$

Für die Wattströme ist der begangene Fehler fast immer sehr gering; wird er für den wattlosen Strom groß, so ist dieser selbst so klein, daß sein Einfluß gegenüber dem Wattstrome verschwindet. Die beiden Maschinen pendeln gleichmäßig gegeneinander, so daß der Netzvektor $\mathfrak{P}$,

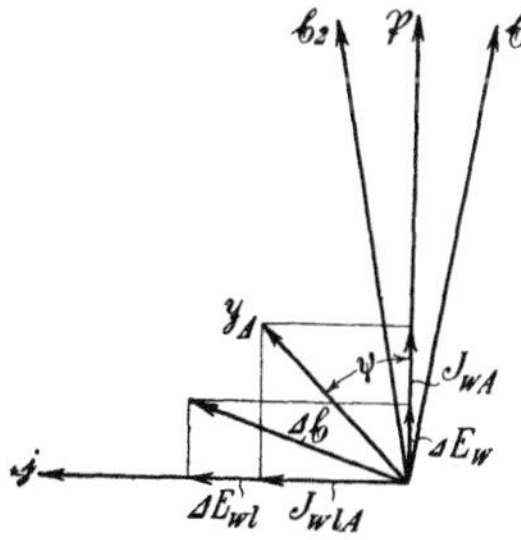

Fig. 304.

der mit der Mittellage der EMK-Vektoren zusammenfällt, in Ruhe bleibt, aber seine Größe ändert. Diesen Vektor wollen wir als reelle Achse eines Koordinatensystems annehmen und alle Wattkomponenten auf ihn beziehen. Bei der Berechnung der synchronisierenden Kraft korrigieren wir dann die erhaltenen Stromkomponenten in bezug auf $\mathfrak{E}_1$ und $\mathfrak{E}_2$.

Führen wir noch ein

$$\mathfrak{E}_1 - \mathfrak{E}_2 = \Delta\,\mathfrak{E}, \quad \mathfrak{J}_{w1} - \mathfrak{J}_{w2} = 2\,\mathfrak{J}_{wA}, \quad \mathfrak{J}_{wl1} - \mathfrak{J}_{wl2} = 2\,\mathfrak{J}_{wlA},$$

so erhalten wir durch Subtraktion der Gl. 329

$$\Delta\,\mathfrak{E} = 2\,r_a\,\mathfrak{J}_A - 2\,j\,x_3\,\mathfrak{J}_{wA} - 2\,j\,x_2\,\mathfrak{J}_{wlA} \quad . \; . \; . \quad (330)$$

Aus dem Diagramm Fig. 304 folgt

$$J_{wA} = J_A \cos\psi \qquad J_{wlA} = J_A \sin\psi$$

$$\mathfrak{J}_A = J_{wA} + j\,J_{wlA} \qquad \Delta\,\mathfrak{E} = \Delta\,E_w + j\,\Delta\,E_{wl}$$

$$\mathfrak{J}_{wA} = J_{wA} \qquad \mathfrak{J}_{wlA} = j\,J_{wlA}$$

$$\Delta\,E_w + j\,\Delta\,E_{wl} = 2\,r_a\,J_A(\cos\psi + j\sin\psi) - 2\,j\,x_3\,J_A\cos\psi + 2\,J_A\,x_2\sin\psi.$$

Aus dieser Gleichung ergibt sich

$$\left.\begin{aligned} \Delta\,E_{wl} &= 2\,J_A(r_a\sin\psi - x_3\cos\psi) \\ \Delta\,E_w &= 2\,J_A(r_a\cos\psi + x_2\sin\psi) \end{aligned}\right\} \quad . \; . \; . \quad (331)$$

$$\operatorname{tg}\psi = \frac{\Delta\,E_{wl}\,r_a + \Delta\,E_w x_3}{\Delta\,E_w\,r_a - \Delta\,E_{wl}\,x_3} \quad . \; . \; . \; . \; . \; . \quad (332)$$

$$\left.\begin{aligned} J_A &= \frac{\Delta\,E_{wl}}{2\,(r_a^2 + x_2\,x_3)}\sqrt{\left(\frac{\Delta E_w}{\Delta E_{wl}}\right)^2 z_3^2 - 2\,r_a\,\frac{\Delta\,E_w}{\Delta\,E_{wl}}(x_2 - x_3) + z_2^2} \\ J_{wA} &= \frac{1}{2}\cdot\frac{\Delta\,E_w r_a - \Delta\,E_{wl}\,x_2}{r_a^2 + x_2\,x_3}, \qquad J_{wlA} = \frac{1}{2}\,\frac{\Delta\,E_{wl}\,r_a + \Delta\,E_w\,x_3}{r_a^2 + x_2\,x_3} \end{aligned}\right\} \quad (333)$$

Zur Feststellung von $\Delta\,\mathfrak{E}$ setzen wir fest, es seien die elektrischen Winkelgeschwindigkeiten der Maschinen durch

$$\omega_m \pm \omega_\nu \sin\nu\,\Omega_m\,t,$$

und die Momentanwerte der vom Erregerfeld induzierten EMK durch

$$E_{12} = E\,[1 \pm \varepsilon\sin(\nu\,\Omega_m\,t - \varphi)] \quad . \; . \; . \; . \; . \quad (334)$$

gegeben.

Die Größe ε ist natürlich proportional der Geschwindigkeitsvariation ω_ν und hängt in ziemlich komplizierter Weise von Selbstinduktion und Widerstand der Magnetsysteme der Erregermaschine $(r,\,l)$ und des Polrades $(R,\,L)$ und von den Sättigungen beider

Systeme ab. Außerdem ist sie noch von der Geschwindigkeit[1]) der Schwingung $(\nu\,\Omega_m)$ abhängig. Nimmt man als Mittelwert

$$\frac{l}{r} = 1 \text{ für Erregermaschinen,}$$

$$\frac{L}{R} = 1 \text{ bis } 5 \text{ für Polräder,}$$

so erhält man als Resultat, daß bei Schwingungen von der Dauer einer Sekunde ε fast gleich der prozentualen Geschwindigkeitsschwankung $\frac{\omega_\nu}{\omega_m}$ ist, also nur $1 \div 2\,^0/_0$ beträgt, da infolge der großen Selbstinduktion des Polrades keine großen Schwankungen im Erregerstrom auftreten können. Größere Werte können nur bei sehr langsamen Schwingungen auftreten oder wenn das Polrad wenig gesättigt ist.

Die Phasenverschiebung φ, die für das folgende sehr wichtig ist, bewegt sich zwischen den Grenzen 0 und $\frac{\pi}{2}$ und ist von $(\nu\,\Omega_m)$, $\frac{l}{r}$, $\frac{L}{R}$ und den Sättigungsverhältnissen abhängig. Für normale Verhältnisse beträgt sie $20^0 \div 30^0$, kann aber leicht bis auf 45^0 wachsen und diesen Wert überschreiten. Sie wächst ungefähr proportional $\frac{\varepsilon}{\left(\frac{\omega_\nu}{\omega_m}\right)}$. Die elektrischen Winkelabweichungen beider Maschinen sind nun durch

$$\Theta_{1\,2} = \mp \frac{\omega_\nu}{\nu\,\Omega_m} \cos \nu\,\Omega_m\,t$$

gegeben. Zur Zeit t eilen die Maschinen dem Vektor $\mathfrak{P}$ um die Winkel Θ_1 bzw. Θ_2 vor. Wir schreiben also

$$\mathfrak{E}_1 = E\,[1 + \varepsilon \sin(\nu\,\Omega_m\,t - \varphi)]\,(\cos\Theta_1 - j\sin\Theta_1)$$

$$\mathfrak{E}_2 = E\,[1 - \varepsilon \sin(\nu\,\Omega_m\,t - \varphi)]\,(\cos\Theta_2 - j\sin\Theta_2).$$

Da $\Theta_1 = -\Theta_2$ ist, ergibt sich

$$\Delta\,\mathfrak{E} = 2\,\varepsilon\,E \sin(\nu\Omega_m\,t - \varphi)\cos\Theta_1 - j\,2\,E\sin\Theta_1 \qquad (335)$$

Die elektromagnetische Leistung, die bestrebt ist, die beiden Maschinen in Tritt zu bringen, beträgt

$$W_a = m\,J'_{wA}\,[E_1 - J'_{wlA}\,(x_2 - x_3)] \quad . \quad . \quad . \quad . \quad (336)$$

---

[1]) Der magnetische Einfluß der bei den Feldschwankungen entstehenden Wirbelströme ist verschwindend klein.

J'_{wA} ist nicht gleich unserem berechneten J_{wA}, sondern nach Fig. 305

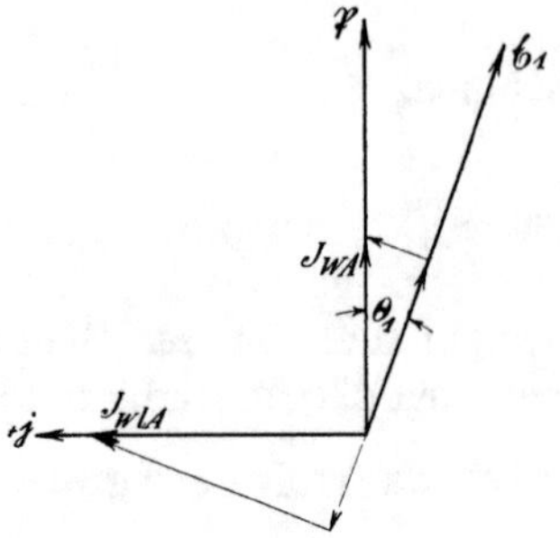

Fig. 305.

$$J'_{wA} = J_{wA} \cos \Theta_1 - J_{wlA} \sin \Theta_1$$

und für kleine Schwingungen

$$J'_{wA} = J_{wA} - J_{wlA}\,\Theta_1 .$$

Analog ergibt sich

$$J'_{wlA} = J_{wA} \sin \Theta_1 + J_{wlA} \cos \Theta_1$$
$$= J_{wA}\Theta_1 + J_{wlA},$$

und man erhält bei Vernachlässigung von r_a^2 gegen $x_2 x_3$ nach Gl. 333

$$\left.\begin{aligned} J'_{wA} &= \frac{1}{2\,x_2\,x_3}\left[\Delta E_w (r_a - x_3\,\Theta_1) - \Delta E_{wl}(x_2 - r_a\,\Theta_1)\right] \\ J'_{wlA} &= \frac{1}{2\,x_2\,x_3}\left[\Delta E_w (x_3 + r_a\,\Theta_1) - \Delta E_{wl}(x_2\,\Theta_1 - r_a)\right] \end{aligned}\right\} \quad . \quad (337)$$

Wenn man $r_a\,\Theta_1$ gegenüber x_2 und x_3 vernachlässigt, erhält man

$$\left.\begin{aligned} J'_{wA} &= \frac{1}{2\,x_2\,x_3}\left[\Delta E_w (r_a - x_3\,\Theta_1) - \Delta E_{wl}\,x_2\right] \\ J'_{wlA} &= \frac{1}{2\,x_2\,x_3}\left[\Delta E_w\,x_3 - \Delta E_{wl}(x_2\,\Theta_1 - r_a)\right] \end{aligned}\right\} \quad . \quad (338)$$

und

$$W_a = \frac{m}{2\,x_2\,x_3}\left[\Delta E_w (r_a - x_3\,\Theta_1) - \Delta E_{wl}\,x_1\right]\Big\{E\left[1 + \varepsilon \sin(\nu\,\Omega_m t - \varphi)\right]$$
$$- \frac{x_2 - x_3}{2\,x_2\,x_3}\left[\Delta E_w\,x_3 - \Delta E_{wl}(x_2\,\Theta_1 - r_a)\right]\Big\},$$

oder nach Gl. 335, wo wir $\sin \Theta_1 = \Theta_1$ und $\cos \Theta_1 = 1$ setzen

$$W_a = \frac{m\,E^2}{x_2\,x_3}\left[(r_a - x_3\,\Theta_1)\,\varepsilon \sin(\nu\,\Omega_m t - \varphi) + x_2\,\Theta_1\right]\Big\{1 + \varepsilon \sin(\nu\,\Omega_m t - \varphi)$$
$$- \frac{x_2 - x_3}{x_2\,x_3}\left[x_3\,\varepsilon \sin(\nu\,\Omega_m t - \varphi) + (x_2\Theta_1 - r_a)\Theta_1\right]\Big\} \quad . \quad . \quad . \quad (339)$$

In diese Gleichung setzen wir noch den Wert für Θ_1 ein und rechnen die einzelnen Glieder aus. Wir berücksichtigen nur die Schwingungen der Grundperiodenzahl und erhalten dann als Resultat:

$$W_a = \frac{m E^2}{x_2 x_3}\left\{\left[-x_2 \frac{\omega_\nu}{\nu \Omega_m}\left(1-\frac{3}{4}\frac{\omega_\nu^2}{\nu^2 \Omega_m^2}\left(\frac{x_2}{x_3}-1\right)\right)\right.\right.$$

$$-\varepsilon r_a \sin\varphi\left(1-\frac{3}{4}\frac{\omega_\nu^2}{\nu^2\Omega_m^2}\left(\frac{x_2}{x_3}-\frac{x_3}{x_2}\right)\right)$$

$$\left.+\frac{\varepsilon^2}{2}\frac{x_3^2}{x_2}\frac{\omega_\nu}{\nu\Omega_m}(1-\tfrac{1}{2}\cos 2\varphi)\right]\cos\nu\Omega_m t$$

$$+\varepsilon\left[r_a\cos\varphi\left(1-\frac{1}{4}\frac{\omega_\nu^2}{\nu^2\Omega_m^2}\left(\frac{x_2}{x_3}-\frac{x_3}{x_2}\right)\right)\right.$$

$$\left.\left.-\frac{\varepsilon}{2}x_3\frac{\omega_\nu}{\nu\Omega_m}\sin 2\varphi\left(\frac{x_2}{x_3}-\frac{1}{2}\right)\right]\sin\nu\Omega_m t\right\} \quad . \quad . \quad . \quad (340)$$

Führen wir nun für

$$\cos\nu\Omega_m t = -\Theta_1\frac{\nu\Omega_m}{\omega_\nu}$$

und für

$$\sin\nu\Omega_m t = \frac{d\Theta_1}{dt}\frac{1}{\omega_\nu}$$

ein, so erhalten wir folgende Beziehung zwischen Drehmoment und Winkelabweichung:

$$\boldsymbol{W_a = \frac{m E^2}{x_2 x_3}\left\{\left[x_2\left(1-\frac{3}{4}\frac{\omega_\nu^2}{\nu^2\Omega_m^2}\left(\frac{x_2}{x_3}-1\right)\right)\right.\right.}$$

$$\boldsymbol{+\varepsilon r_a\sin\varphi\frac{\nu\Omega_m}{\omega_\nu}\left(1-\frac{3}{4}\frac{\omega_\nu^2}{\nu^2\Omega_m^2}\left(\frac{x_2}{x_3}-\frac{x_3}{x_2}\right)\right)}$$

$$\boldsymbol{\left.-\frac{\varepsilon^2}{2}\frac{x_3^2}{x_2}\left(1-\frac{1}{2}\cos 2\varphi\right)\right]\Theta_1}$$

$$\boldsymbol{+\varepsilon\left[\frac{r_a}{\omega_\nu}\cos\varphi\left(1-\frac{1}{4}\frac{\omega_\nu^2}{\nu^2\Omega_m^2}\left(\frac{x_2}{x_3}-\frac{x_3}{x_2}\right)\right)\right.}$$

$$\boldsymbol{\left.\left.-\frac{\varepsilon}{2}x_3\frac{1}{\nu\Omega_m}\sin 2\varphi\left(\frac{x_3}{x_2}-\frac{1}{2}\right)\right]\frac{d\Theta_1}{dt}\right\}} \quad . \quad . \quad . \quad . \quad (341)$$

Wie wir es erwartet hatten, zerfällt das Gegendrehmoment der elektrischen Maschine in zwei Komponenten.

Die erste Komponente ist proportional der Winkelabweichung Θ_1, die zweite hingegen der Relativgeschwindigkeit gegen den synchronen Lauf proportional. Die letztere ist proportional der Schlüpfung und wirkt wie ein Dämpfungsmoment. Der Faktor von $\boldsymbol{\Theta_1}$ gibt uns die synchronisierende Leistung W_S. Nach Gl. 157 ergab sich diese für Leerlauf und $E = P$ zu

$$W_S = \frac{m E^2}{x_3},$$

was dem ersten Gliede der Gleichung entspricht. Der wahre Wert der synchronisierenden Leistung weicht von dem nach Gl. 157 berechneten ab; um so mehr, je verschiedener die Reaktanzen sind, je geringer die aufgeprägte Schwingungszahl ist, je mehr die EMK E in ihrer Größe schwankt, und je mehr diese Schwankung in der Phase hinter der Bewegung zurückbleibt. Am stärksten wird diese Wirkung bei Maschinen mit kleiner entmagnetisierender und großer quermagnetisierender Reaktanz sein. In diesem Falle wird die synchronisierende Leistung verringert und die Eigenschwingungsdauer erhöht.

Die zweite Komponente des Gegendrehmoments wirkt, solange ihr Vorzeichen positiv ist, wie eine Dämpferwicklung, und begrenzt die Schwingungsamplituden. Wird ihr Vorzeichen aber negativ, so nimmt das Gegendrehmoment mit steigender Geschwindigkeit ab und mit abnehmender Geschwindigkeit zu. Es hat die Komponente dann das Bestreben, die Maschine während des Voreilens noch mehr zu beschleunigen und während des Zurückbleibens noch mehr zu verzögern. Die Größe dieses Momentes wächst, wie die Formel zeigt, mit den steigenden Schwingungsamplituden, da sowohl ε als auch ω_ν zunehmen, so daß selbst bei sehr kleinen Anfangswerten dieses Moment bald recht groß werden kann. Die Schwingungsamplituden nehmen im Anfang langsam zu und wachsen dann immer rascher und rascher.

Die Möglichkeit des Auftretens eines solchen Momentes ist ganz wesentlich von den Reaktanzen der Maschine abhängig. Bei sehr kleiner entmagnetisierender Reaktanz und großer quermagnetisierender, bei Maschinen mit breiten Polschuhen, kleinem Luftspalt und starker Sättigung kann es bei kleinem Ankerwiderstand r_a, großer Spannungsvariation ε, großer Phasenverschiebung φ und geringer Frequenz der aufgeprägten Schwingung auftreten. Das gleiche gilt für eine Maschine konstanter Reaktanz. Hier tritt es um so leichter auf, je kleiner r_a gegen x ist. Dagegen wird es bei Maschinen mit großem x_2 und kleinem x_3, also schmalen Polschuhen, breitem Luftspalt und geringer Sättigung viel seltener auftreten, um so seltener je größer die Spannungsvariation ε, je kleiner der Ohmsche Widerstand und je größer die Phasenverschiebung φ ist. Beide Arten von Maschinen verhalten sich also ganz verschieden gegen diese Schwingungen. Interessant ist es, daß dieses Moment auch dann auftreten kann, wenn $\varphi = 0$ ist, d. h. wenn die Maschinen von einem Erregeraggregat aus erregt werden, der Erregerstrom konstant ist und die induzierte EMK in ihrer Größe der Geschwindigkeit des Polrades direkt proportional ist. Dies ist eine

Gefahr, die bei jeder Maschine vorhanden ist. Die Größe dieses Momentes unter diesen Umständen ergibt sich zu

$$\frac{mE^2}{x_2 x_3} \varepsilon \frac{r_a}{\omega_\nu}\left[1 - \frac{1}{4}\frac{\omega_\nu^2}{\nu^2 \Omega_m^2}\left(\frac{x_2}{x_3} - \frac{x_3}{x_2}\right)\right]\frac{d\Theta_1}{dt}.$$

Nun werden im allgemeinen die aufgeprägten Schwingungen nicht von so geringer Frequenz sein, um diesen Ausdruck negativ zu machen, wenn aber die Maschinen ein großes Trägheitsmoment, eine kleine Eigenschwingungszahl haben, und durch irgendeinen Stoß in Eigenschwingungen versetzt werden, so können diese langsamen Eigenschwingungen (für die wir dann in der Formel Ω_{ei} statt $\nu \Omega_m$ zu setzen haben) den Faktor von $\frac{d\Theta_1}{dt}$ in Gl. 341 negativ machen, und eine solche Maschine wird durch jeden Stoß von der Kraftmaschine oder vom Netz her nach Verlauf einiger Pendelungen aus dem Tritt geworfen sein. Für $\varphi = 0$ lautet jetzt die Bedingung für das Auftreten des negativen Momentes bei Eigenschwingungen

$$1 - \frac{1}{4}\frac{\omega_\nu^2}{\Omega_{ei}^2}\left(\frac{x_2}{x_3} - \frac{x_3}{x_2}\right) < 0$$

oder

$$\Omega_{ei} < \frac{\omega_\nu}{2}\sqrt{\frac{x_2}{x_3} - \frac{x_3}{x_2}}.$$

Wir sehen, daß bei Maschinen mit kleinem x_2 und großem x_3, also in den meisten praktischen Fällen, diese Gefahr vollständig ausgeschlossen ist.

Für ω_ν führen wir nach Formel 143 die Beziehung

$$\omega_\nu = \frac{p\Omega_m}{2}\delta_\nu$$

ein und erhalten

$$\frac{\Omega_{ei}}{\Omega_m} < \frac{p\delta_\nu}{4}\sqrt{\frac{x_2}{x_3} - \frac{x_3}{x_2}}.$$

Nehmen wir $x_2 = 2x_3$ an, so erhalten wir

$$\frac{\Omega_{ei}}{\Omega_m} < 0{,}306\, p\, \delta_\nu.$$

Ist $\Omega_{ei} = \frac{1}{4}\Omega_m$, so wird diese Gleichung mit $p = 100$ und $\delta \geqq \frac{1}{49}$ befriedigt. Wenn bei einer solchen Maschine beim Parallelschalten oder durch Belastungsänderung ein Stoß entsteht, der eine Ungleichförmigkeit im Gange von $\frac{1}{49}$ erzeugt, so werden diese gefährlichen freien Schwingungen einsetzen. Je größer die Polzahl einer Maschine ist, desto leichter kann dieser Fall eintreten. Es sind also solche Schwingungen auch bei Kraftmaschinen mit gleichförmigem Antriebsmoment möglich, z. B. bei langsam laufenden Wasserturbinen.

Für die normalen Typen, bei denen meist x_3 größer als x_2 ist, können derartige gefährliche freie Schwingungen nur bei größeren Phasenwinkeln φ auftreten, wenn φ Werte von 45^0 erreicht. Maschinen mit schweren Schwungrädern, langsam wirkender Spannungsregulierung und großer Polzahl werden also in bezug auf derartige zufällige Stöße sehr empfindlich sein.

Boucherot gibt deshalb als untere Grenze der Eigenschwingungsdauer ungefähr die Hälfte der Grundschwingungsdauer der Kraftmaschine an.

Besitzt die Maschine eine Dämpferwicklung, so muß deren Konstante größer sein als der Faktor von $\frac{d\Theta_1}{dt}$ in Gl. 341, sie muß dann für die größten vorkommenden Stöße dimensioniert sein. Unter Umständen genügt auch die natürliche Dämpfung, die jede Maschine in der Erregerwicklung und in den Wirbelströmen im Polrade besitzt, um dieses Moment, solange es noch klein ist, zu kompensieren, so daß die freien Schwingungen einfach abklingen. Hält dieses negative Dämpfungsmoment, den dämpfenden Wirkungen der Erregerwicklung und der Wirbelströme gerade das Gleichgewicht, so ist die resultierende dämpfende Wirkung Null und die Maschine führt, einmal gestört, dauernd freie Pendelungen von ihrer Eigenschwingungsdauer aus, die weder ab- noch zunehmen. Die Energieverluste wurden von den Kraftmaschinen her gedeckt.

Wie die Schwingungen, nachdem sie über eine gewisse Größe hinausgewachsen sind, sich weiter verhalten, können wir nicht sagen, da die Rechnung für kleine Winkel Θ_1 durchgeführt wurde. Boucherot hat gezeigt, daß die Eigenschwingungszahl dann stark abnimmt, wie es auch nach unserer Formel zu erwarten ist, und daß bei gewissen Werten der Amplitude das negative dämpfende Moment wieder verschwindet. Freilich wird die Maschine schon meist vor Erreichung dieses Zustandes außer Tritt fallen.

Kompoundierte Maschinen verhalten sich bei Leerlauf in diesem Falle wie nichtkompoundierte.

110. Ein praktischer Fall. Möglichkeit derselben Erscheinung auf Grund der Ankerhysteresis. Schwierigkeit des Parallelschaltens bei schweren Schwungrädern.

Einen praktischen Fall derartiger Störungen berichtet H.H. Barnes, Proc. Amer. Inst. E. E. 1904. Es handelte sich um drei Kraftwerke, in denen sich genau gleiche Generatoren von 500 KW und $k_p = 3{,}5$ befanden. Die Stationen unterschieden sich nur durch verschieden schwere Schwungräder. In der ersten war $\Omega_{ei} = 0{,}63\, \Omega_m$, in der zweiten $\Omega_{ei} = 0{,}5\, \Omega_m$ und in der dritten $\Omega_{ei} = 0{,}41\, \Omega_m$. Die dritte Station besaß also sehr große Schwungräder. Die erste Station arbeitete gut parallel, bei der zweiten mußte eine starke Dämpfung der Regulatoren angebracht werden und bei der dritten war jedes Parallelarbeiten unmöglich, selbst bei ganz gebremsten Regulatoren an den Kraftmaschiuen. Es traten beim Parallelschalten jene erwähnten wachsenden Schwingungen ein, die die Maschine außer Tritt warfen. Durch Parallelschalten der Polräder und Erregermaschinen ließ sich die Erscheinung beseitigen. Der Winkel φ wurde dadurch zu Null und die aufeinander kurzgeschlossenen Polräder wirkten als Dämpferwicklung.

Boucherot[1]) hat gezeigt, daß auch der Einfluß der Hysteresis des Ankereisens ein derartiges negatives Dämpfungsmoment erzeugen kann, da infolge des Hysteresiswinkels die induzierte EMK, die durch die Induktion des Ankereisens bestimmt wird, gegenüber dem induzierenden Felde des Polrades zurückbleibt, also ebenfalls ein Phasenwinkel φ entsteht, der von dem Hysteresiskoeffizienten abhängig ist. Das entstehende Moment ist ziemlich klein, kann aber bei Generatoren mit lamellierten Polen ohne Dämpfung Schwierigkeiten verursachen.

Gegen die Anwendung zu schwerer Schwungräder spricht auch die wachsende Schwierigkeit des Parallelschaltens. Wenn man sorgfältig parallel schaltet und wartet bis die Phasenlampen erst nach 10 Sekunden eine vollständige Schwebung ausführen, d. h. nach je 10 Sekunden hell leuchten, so führt bei 50 periodigen Maschinen die eine Maschine 501 Perioden aus, wenn die andere 500 Perioden ausführt. Die maximale Geschwindigkeitsdifferenz, wenn $\mathfrak{E}_1$ und $\mathfrak{E}_2$ sich überlagern, beträgt $\frac{2}{500}\, \Omega_m$ und beim Parallelschalten wirkt plötzlich eine lebendige Kraft von $\frac{2}{500}$ der normalen auf das System, die die Maschinen wieder auseinanderreißen will.

Wir wollen den entstehenden Winkelausschlag beim Parallelschalten betrachten und annehmen, daß die eine Maschine gleichförmig

[1]) Bulletin d. l. Soc. Int. des El. 1904, S. 655.

rotiere und nur die andere pendele. Der erste Generator führt infolge des Stoßes freie Schwingungen aus. Seine momentane Geschwindigkeit ist

$$\omega = \omega_m + \omega_f \sin(\Omega_{ei} t),$$

$$\Omega_{ei} = \sqrt{\frac{Sp}{J}}.$$

Die maximale Geschwindigkeit ist

$$\omega_{max} = \omega_m + \omega_f.$$

In diesem Moment ist seine ganze Pendelenergie W_p kinetisch, und, abgesehen von der Dämpfung, gleich der Energie, die ihm beim Stoß zugeführt wurde

$$W_p = \frac{1}{2} \frac{J}{p^2} (\omega_{max}^2 - \omega_m^2) = \frac{J}{p^2} \omega_m \omega_f$$

$$\omega_f = \frac{W_p}{J \omega_m} p^2.$$

Die Winkelabweichung des Generators ist nun:

$$\Theta = \int (\omega - \omega_m) \, dt = -\frac{\omega_f}{\Omega_{ei}} \cos(\Omega_{ei} t)$$

und ihr Maximum $\quad \Theta_m = \dfrac{\omega_f}{\Omega_{ei}} = \dfrac{W_p}{\sqrt{2 W_{Sch} \dfrac{S}{p}}},$

wenn W_{Sch} die mittlere kinetische Energie des Schwungrades $\frac{1}{2} \frac{J}{p^2} \omega_m^2$ bedeutet.

Im Resonanzfalle ist $\quad \dfrac{J}{p} = \dfrac{S}{\Omega_m^2}$

und die kinetische Energie des Schwungrades, das Resonanz erzeugen würde, ist

$$\frac{1}{2} \frac{J}{p^2} \omega_m^2 = \frac{1}{2} \frac{S}{p} p^2 = W_R,$$

also ist

$$\Theta_m = \frac{p \, W_p}{2 \sqrt{W_{Sch} W_R}}.$$

Die Stoßenergie W_p ist beim Parallelschalten gleich $\frac{2}{500} W_{Sch}$. Ist nun z. B. $\Omega_{ei} = \frac{1}{2} \Omega_m$, oder $W_{Sch} = 4 W_R$, so wird

$$\Theta_m = p \frac{2}{500} = \mathbf{0{,}23\, p^0}.$$

Bei einer 80poligen Maschine tritt also selbst bei einem derartig sorgfältigen Parallelschalten infolge des Stoßes der Schwungräder eine Winkelabweichung von 9 bis 10^0 auf.

111. Freipendelungen an einem unendlich starken Netz infolge der Variation der synchronisierenden Kraft.[1]

a) Unter Annahme der Gültigkeit des Vektordiagramms während der Pendelungen und Berücksichtigung der Änderung der EMK E.

Im vorigen Kapitel haben wir die Schwingungen zweier parallel geschalteter Wechselstrommaschinen untersucht, bei denen die induzierten EMKe und daher auch die Klemmenspannung während des Pendelvorganges schwankte.

Wir wollen nun untersuchen, wie sich die Verhältnisse gestalten, wenn eine Maschine mit vielen andern parallel arbeitet, so daß die Klemmenspannung des Netzes sich nicht ändert, das Netz als „unendlich stark" anzusehen ist.

Den Ausdruck für das Gegendrehmoment der elektrischen Maschine an einem unendlich starken Netz auf Grund des Vektordiagramms haben wir schon S. 305 abgeleitet und erhielten W_a als Funktion von E und Θ. Wir nehmen nun an, die induzierte EMK sei nicht mehr konstant, sondern ändere ihre Größe nach dem Gesetz

$$E = E_m \left[1 + \varepsilon \sin(\nu \Omega_m t - \varphi)\right],$$

entsprechend dem vorigen Abschnitt. Der normalen Belastung der Maschine entspreche die mittlere Phasenverschiebung Θ_m. Über diese mittlere Phasenverschiebung lagert sich die Pendelvor- und -nacheilung Θ_ν, die durch

$$\Theta_\nu = -\frac{\omega_\nu}{\nu \Omega_m} \cos \nu \Omega_m t$$

entsprechend dem vorigen Kapitel gegeben ist. Für einen bestimmten Moment ist also die Phasenverschiebung zwischen E und P durch

$$\Theta = \Theta_m + \Theta_\nu = \Theta_m - \frac{\omega_\nu}{\nu \Omega_m} \cos \nu \Omega_m t$$

gegeben. Wir setzen diesen Wert von E und Θ in die Gleichung für W_a ein, behandeln Θ_ν als kleinen Winkel, vernachlässigen die

---

[1]) Auf die Möglichkeit freier Schwingungen an einem Netz mit konstanter Klemmenspannung hat zuerst K. W. Wagner, E. u. M. 1908, hingewiesen.

Oberschwingungen von W_a und erhalten schließlich, wie im vorigen Kapitel, einen Ausdruck von der Form

$$W_a = \text{Konstante} + A \sin \nu \Omega_m t + B \cos \nu \Omega_m t,$$

wobei der konstante Teil, abgesehen von einigen Korrektionsgliedern, der mittleren stationären Belastung entspricht. Führen wir dann wieder die Winkelabweichung Θ_ν ein, so erhalten wir

$$W_a = \text{Konstante} + A' \, \Theta_\nu + B' \frac{d\Theta_\nu}{dt}.$$

Die Größe A' gibt wieder etwas modifiziert den Wert der synchronisierenden Leistung für die Erregung E_m und den Winkel Θ_m an. Die Größe B' ergibt sich dann mit kleinen Vernachlässigungen zu

$$B' = E_m P m \left[\frac{1}{x_2} \sin \Theta_m + \frac{r_a}{x_2 x_3} \left(1 - 2 \frac{x_3}{x_2} \right) \cos \Theta_m + \frac{E_m}{P} \frac{2 r_a}{x_2{}^2} \right] \frac{\varepsilon}{\omega_\nu} \cos \varphi. \tag{342}$$

Wenn wir diesen Ausdruck mit dem (Gl. 341) des vorigen Abschnittes vergleichen, sehen wir, daß diese Pendelgefahr an einem Netze mit konstanter Klemmenspannung bedeutend geringer ist als bei zwei parallel geschalteten Maschinen. Freipendelungen sind nur dann möglich, wenn der Klammerausdruck negativ wird, was für Generatoren bei Leerlauf, bei Motoren bei Vollast am leichtesten möglich ist. Bei Generatoren sind diese Pendelungen sehr unwahrscheinlich, denn setzen wir für Leerlauf ($\Theta_m \cong 0$) als äußersten Fall für einen stark gesättigten Turbogenerator $x_3 = 2 x_2$, so muß nach Gl. 342

$$\frac{E}{P} < 1 - \frac{x_2}{2 x_3} < \frac{3}{4}$$

sein. Nur bei starker Untererregung ist eine Pendelung möglich. Für einen belasteten Motor lautet die Bedingung für das Verschwinden der Dämpfung

$$\frac{E}{P} < - \frac{x_2}{2 r_a} \sin \Theta_m + \left(1 - \frac{x_2}{2 x_3} \right) \cos \Theta_m.$$

Je größer x_3 und Θ_m und je kleiner x_2 und r_a sind, desto leichter ist diese Bedingung erfüllt.

Für $\Theta_m = -10^{\,0}$, $\dfrac{x_2}{r_a} = 10$ und $\dfrac{x_2}{x_3} = 1$ sind solche Pendelungen für $E < 1,36 P$ möglich.

Die auftretenden Momente sind sehr klein, besonders wenn der Winkel φ größere Werte erreicht, und sie werden wohl meist durch das im nächsten Abschnitt erwähnte positiv dämpfende Drehmoment der Erregerwicklung kompensiert.

Bei belasteten kompoundierten Maschinen sind derartige Schwingungen denkbar wegen der Schwankungen des Erregerstromes und des Zurückbleibens dieser Schwankungen hinter der erzeugenden Ursache, d. h. der Winkel φ kann größer als 90^0, $\cos\varphi$ negativ werden. In diesem Falle sind freie Schwingungen, wie Gl. 342 zeigt, möglich.

Es treten bei den Maschinen aber noch andere größere negative dämpfende Momente auf, die sich nicht aus dem Vektordiagramm ableiten lassen, sondern zu deren Feststellung man auf die ursprünglichen Differentialgleichungen der Maschine zurückgehen muß, die wir nun besprechen wollen.

b) Freipendelungen durch den Einfluß des Ohmschen Widerstandes der Maschine.

Die Theorie dieser freien Pendelungen wurde von Dr.-Ing. L. Dreyfus, E. u. M. 1911, für eine Maschine mit konstanter Reaktanz und sehr kleiner Streuung abgeleitet. Aus der Differentialgleichung einer Phase wurde die Gleichung des Längs- und Querfeldes des Ankers als Funktion des Winkels Θ_v abgeleitet, wobei sich als wichtigstes Resultat ergab, daß die Vektoren dieser Felder, gegenüber der Lage im Vektordiagramm, immer zurückbleiben, um so mehr, je größer die Frequenz der aufgezwungenen Schwingung ist.

Rechnet man aus dem resultierenden Feld und dem Ankerstrom das Drehmoment aus, so ergibt sich wieder ein Glied, das $\frac{d\Theta_v}{dt}$ proportional ist, wieder die Eigenschaften eines Dämpfungsgliedes hat. Die Dämpferleistung, in Watt gemessen, ergibt sich zu:

$$-m E_m^2 \frac{\sin 4\varrho}{4x} \frac{1}{\omega} \frac{d\Theta v}{dt} \quad \ldots\ldots \quad (343)$$

$$\omega = 2\pi c. \qquad \operatorname{tg}\varrho = \frac{r_a}{x}.$$

Solange $\varrho < 45^0$ ist, ist dieses Moment negativ. Es ist um so größer, je größer die Erregung ist, je kleiner die Periodenzahl c ist und je größer ϱ ist, wenn es zwischen 0 und $22^1/_2{}^0$ liegt.

Dieses Moment wächst sehr stark mit der Erregung und ist oft bedeutend größer als das im vorigen Abschnitt besprochene. Je größer der Ohmsche Widerstand r_a ist, desto größer ist die Pendelgefahr.

Ist die positive Dämpferwirkung der Maschine, einer besonderen

deren Dämpferwicklung, der Erregerwicklung, oder der Eisenverluste größer als das entstehende negative Moment, so klingen die freien Schwingungen nach einem Stoß einfach ab. Ist jene geringer, so nehmen sie zu, und sind beide gleich, so ist das resultierende Dämpfungsmoment gleich Null, und es entstehen bei einem Stoß dauernde Freipendelungen mit annähernd konstant bleibender Amplitude. Derartige freie Pendelungen wurden bis jetzt hauptsächlich an Synchronmotoren beobachtet, die in Kaskade mit Asynchronmotoren geschaltet waren, also eine sehr niedrige Periodenzahl besaßen, übererregt waren und einen großen Widerstand im Polraderregerkreis hatten. In diesem Falle ist die dämpfende Wirkung der Erregerwicklung des Polrades sehr gering, so daß das negative Dämpfungsmoment des Motors nicht durch das positive der Erregerwicklung kompensiert werden konnte.

Das dämpfende Moment der Erregerwicklung, das auf denselben Erscheinungen beruht wie die Wirkung einer Dämpferwicklung, wurde von Dr.-Ing. L. Dreyfus, E. u. M. 1911, für die Synchronmaschine mit rein sinusförmiger Feldverteilung und geringer Sättigung von sehr kleinem Ohmschen Widerstand und von sehr kleiner Streuung durch Aufstellung der Differentialgleichung und ihre Integration bestimmt.

Die Dämpferleistung der Erregerwicklung in Watt gemessen ergibt sich als

$$m \frac{P^2}{x_2} \frac{L_m}{r_m} \sin^2(\Theta_m + \Theta_v) \frac{d\Theta_v}{dt} \quad . \quad . \quad . \quad . \quad . \quad (344)$$

wo L_m den Selbstinduktionskoeffizienten und r_m den Ohmschen Widerstand des Polrads mit Vorschaltwiderstand bedeutet entspr. Gl. 182.

Die Dämpferleistung ist um so größer, je kleiner x_2, je größer L_m und je kleiner r_m ist. Je größer der Erregerwiderstand ist, desto leichter werden die freien Schwingungen zu beobachten sein. Die Dämpferwirkung der Erregung nimmt mit der Größe der freien Schwingungen zu, und wird diese deshalb nur bis zu einer gewissen Grenze anwachsen lassen, bei der die Wirkung der Erregerwicklung überwiegt. Je mehr die Maschine belastet ist, desto größer wird die Dämpferwirkung der Erregerwicklung, so daß die freien Schwingungen fast nur bei Leerlauf oder sehr kleiner Belastung zu bemerken sind.

Siebzehntes Kapitel.

Anwendung von Drosselspulen zur Vermeidung der Pendelerscheinungen.

112. Induktionsfreie Drosselspulen nach Swinburne und E. Kolben.

Von den verschiedenen Möglichkeiten des Vermeidens von Pendelungen durch Vorrichtungen an der Maschine haben wir schon ausführlich gesprochen. Die Dämpfungsvorrichtungen für die Regulatoren der Kraftmaschinen sind Gegenstand des Maschinenbaus und in den betreffenden Werken ausführlich behandelt. Wir wollen noch ein besonderes Mittel ausführlicher besprechen, nämlich die Anwendung der Drosselspulen.

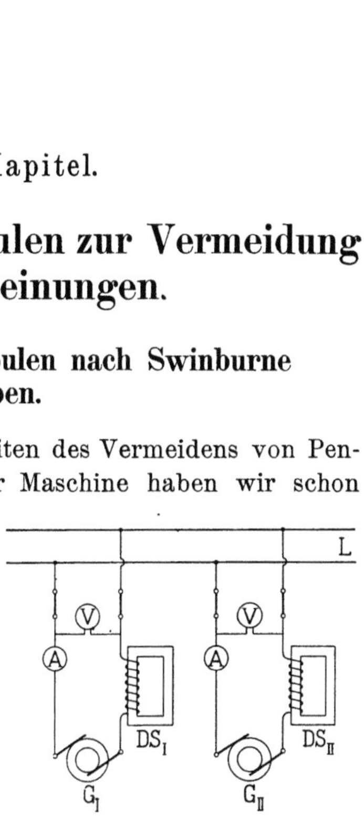

Fig. 306. Anwendung von Drosselspulen zur Dämpfung von Oberströmen bei parallel arbeitenden Maschinen.

Es werden Drosselspulen nicht allein zur Dämpfung der Oberströme zwischen parallel arbeitenden Maschinen (Fig. 306), sondern auch zur Vermeidung von Resonanz und Pendelungen benutzt. Tritt z. B. für eine Maschine Resonanz auf, so kann man durch Vorschalten einer Drosselspule deren Eigenschwingungszahl ändern. Es ist nach Seite 352 die Eigenschwingungszahl einer Maschine

$$\Omega_{ei} = \sqrt{\frac{W_S p}{J \Omega_m}}$$

und W_S nach Gl. 156 S. 311

$$W_S = mP \frac{E x_3 + P(x_2 - x_3)}{x_2 x_3}.$$

Schalten wir nun in Serie mit der Maschine eine Drosselspule, so wird x_2 und x_3 vergrößert, und W_S nimmt ab und damit auch Ω_{ei}. Die Drosselspulen verkleinern aber die Überlastungsfähigkeit, vergrößern den Spannungsabfall und vermehren die Verluste der Maschinen. Man wird sie deswegen nur im Notfalle benutzen.

Diese Nachteile der Drosselspulen lassen sich jedoch, wie es im folgenden gezeigt werden soll, durch passende Schaltungen vermeiden.

Bei den gewöhnlichen Drosselspulen verursacht der ganze von einer Maschine gelieferte Strom einen Spannungsabfall und Energieverluste in den Spulen, wodurch auch die Überlastungsfähigkeit der Maschine verkleinert wird. Zur Vermeidung dieser Nachteile hat J. Swinburne[1]) die magnetischen Kreise je zweier Drosselspulen zu einem einzigen vereinigt und die Wicklungen, die die beiden Maschinenströme um diesen gemeinsamen magnetischen Kreis führen, in entgegengesetzter Richtung gewickelt (Fig. 307). Hieraus folgt, daß nur der Differenzstrom der beiden parallel arbeitenden Maschinen EMKe in den Wicklungen der Drosselspulen induziert. Sind die von den beiden Maschinen abgegebenen Ströme gleich groß und in Phase miteinander, so verschwindet der magnetische Kraftfluß in der Drosselspule und es werden keine EMKe in deren Windungen induziert. Hieraus folgt, daß der induktive Spannungsabfall und die Überlastungsfähigkeit der Maschinen durch derartig angeordnete Drosselspulen nicht beeinflußt werden. Nur der Ohmsche Widerstand der Spulen bedingt einen kleinen Spannungsabfall mit entsprechenden Verlusten. — In bezug auf die Oberströme, die zwischen den beiden Maschinen zirkulieren, wirken dagegen die Drosselspulen stark dämpfend. In derselben Weise verkleinern sie die Differenzströme, die infolge ungleicher Erregung oder ungleicher Belastungen sonst entstehen würden.

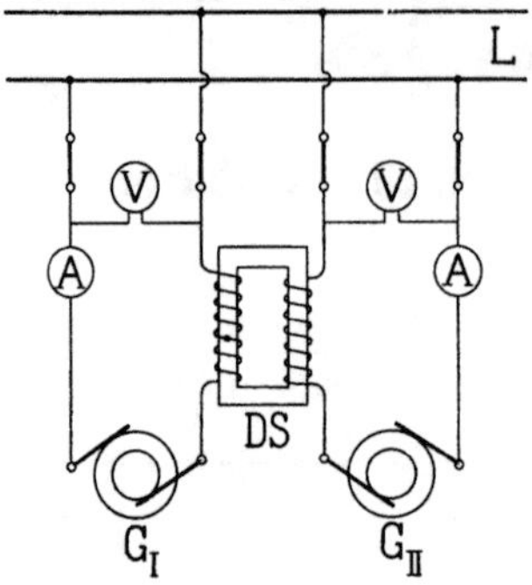

Fig. 307. Induktionsfreie Drosselspule zur Dämpfung von Oberströmen zwischen parallel geschalteten Generatoren.

Derartige Drosselspulen, die in bezug auf den Hauptstrom induktionsfrei sind, werden wir im folgenden kurz induktionsfreie Drosselspulen heißen. In Fig. 308 ist das Diagramm von zwei derart verbundenen Maschinen dargestellt. J ist die Hälfte des von

[1]) Engl. P. Nr. 5811, 19. April 1888.

den beiden Generatoren ins Netz abgegebenen Stromes. P ist der Spannungsvektor und E_r der EMK-Vektor des großen Generators, der in bezug auf das Netz den beiden einzelnen Generatoren äquivalent ist; E_1 und E_2 sind die EMK-Vektoren der beiden Generatoren. ΔE ist die in einer Wicklung der Drosselspule induzierte EMK und ΔJ der Differenzstrom; dieser eilt ΔE um ca. 90^0 nach. J_1 und J_2 sind die von den beiden Maschinen an die Sammelschienen abgegebenen Ströme. Die Drehmomente der beiden Maschinen in synchronen Watt sind

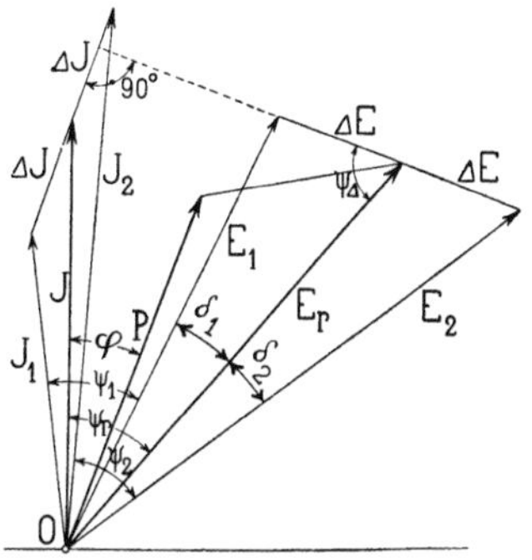

Fig. 308. Diagramm zweier nach Schaltungschema Fig. 307 parallel geschalteter Generatoren.

$$W_{a1} = E_1 J_1 \cos \psi_1$$

und

$$W_{a2} = E_2 J_2 \cos \psi_2,$$

wobei wir das kleine Glied $J_{wl}(x_2 - x_3)$ vernachlässigen.

Bei einem stabilen Betrieb leistet die voreilende Maschine mehr als die nacheilende, es muß daher

$$W_{a2} > W_a > W_{a1},$$

oder

$$E_2 J_2 \cos \psi_2 > E_r J \cos \psi_r > E_1 J_1 \cos \psi_1$$

sein.

Die EMKe E_1 und E_2 setzen sich zusammen aus den Komponenten E_r und ΔE und die Ströme J_1 und J_2 aus den Komponenten J und ΔJ, folglich kann jede der Leistungen obiger Ungleichung als die Summe von vier Leistungen der paarweise genommenen Vektoren 1. $\Delta E \Delta J$, 2. $E_r J$, 3. $\Delta E J$, 4. $E \Delta J$ angesehen werden.

Da die Vektoren ΔE und ΔJ nahezu einen rechten Winkel bilden, so ist ihre Leistung verschwindend klein und kann vernachlässigt werden; ferner ist die Leistung der Vektoren E_r und J in allen Leistungen der obigen Ungleichung enthalten; sie führt daher zu der Gleichung

$$E_r \Delta J \sin \psi_\Delta + J \Delta E \cos (\psi_r + \psi_\Delta) > 0,$$

oder

$$E_r > -\frac{\Delta E}{\Delta J} J \frac{\cos (\psi_r + \psi_\Delta)}{\sin \psi_\Delta} \quad . \quad . \quad . \quad . \quad (345)$$

Im allgemeinen ist $E_1 = E_2 = E$ und in diesem Falle wird $\psi_\Delta = \frac{\pi}{2}$ und $\delta_1 = \delta_2 = \delta$ und die Ungleichung geht in die folgende über

$$E_r > \frac{\Delta E}{\Delta J} J \sin \psi_r \quad . \quad . \quad . \quad . \quad . \quad (346)$$

Das Verhältnis von $\frac{\Delta E}{\Delta J}$ ergibt sich unter diesen Umständen nach Gl. 333, wenn $\Delta E_w = 0$ gesetzt wird, zu

$$\frac{\Delta E}{\Delta J} = \frac{r_a^2 + x_2 x_3}{\sqrt{r_a^2 + x_2^2}} \cong x_3,$$

wo jetzt

$$x_3 = x_{s1} + x_d + x_{s3}$$

ist, wenn x_d die Reaktanz der Drosselspule bedeutet. Diese wirkt wie eine Vergrößerung von x_{s1}.

Es ist nun $E_r = E \cos\delta$ und $J \sin\psi_r = J'_{wl} = J_{wl} \cos\delta$, da J'_{wl} proportional E_r zu setzen ist, nach S. 314. Es gilt also

$$E > J_{wl}[x_{s1} + x_d + x_{s3}] \quad . \quad . \quad . \quad . \quad . \quad (347)$$

Die Drosselspule darf deswegen keine zu große Reaktanz x_d besitzen; denn in diesem Falle wird der Betrieb unstabil. Damit der Differenzstrom bei gegebenem ΔE möglichst klein bleibt, ist es jedoch nötig x_d groß zu machen. Die synchronisierende Leistung ist gleich

$$W_\delta = W_{a2} - W_a = W_a - W_{a1}$$
$$= m\left[E_r \Delta J \sin\psi_\Delta + J \Delta E \cos(\psi_r + \psi_\Delta)\right].$$

Für den Fall, daß $E_1 = E_2 = E$ und $\psi_\Delta = \frac{\pi}{2}$ ist, wird die synchronisierende Leistung

$$W_\delta = m \Delta E \left[\frac{E_r}{x_3} - J_{wl} \cos\delta\right]$$
$$= m \frac{E}{2}\left[\frac{E}{x_3} - J_{wl}\right] \sin 2\delta \quad . \quad . \quad . \quad . \quad (348)$$

und die synchronisierende Kraft wird in diesem Falle gleich

$$\boldsymbol{W_S = mE\left[\frac{E}{x_3} - J_{wl}\right] \cos 2\delta} \quad . \quad . \quad . \quad (349)$$

In Fig. 309 sind die synchronisierende Leistung W_δ und die synchronisierende Kraft $W_S = \frac{dW_\delta}{d\delta}$ als Funktion von δ aufgetragen. Da die Reaktanz der Drosselspule mit Eisenkern x_d keine konstante Größe ist, sondern mit der Sättigung abnimmt, so wird W_δ nicht vollständig nach einer Sinuskurve verlaufen, sondern bei größeren Sättigungen, d. h. bei größeren Winkeln δ rasch in die Höhe steigen, und man sieht leicht ein, daß die Überlastungsfähigkeit der Maschinen fast dieselbe ist, ob die Drosselspulen vorgeschaltet sind oder nicht.

W_S und k_p können durch passende Wahl von x_d beliebig klein gemacht werden. Sie dürfen nur nicht negativ werden, denn dann wird der Betrieb unstabil. Mittels derartiger induktionsfreier Drosselspulen kann man also ohne merkbare Verluste die synchronisierende Kraft und damit die Pendelkapazitanz parallel arbeitender Generatoren auf einen beliebigen Wert verkleinern, wenn die Kurbeln der Antriebsmaschinen nicht in Phase sind. Sind die Kurbeln dagegen in Phase, so treten keine Ausgleichsströme auf und die Drosselspulen kommen nicht zur Wirkung. Die an das Netz abgegebene Leistung pendelt in diesem Falle eben so stark als ob die Drosselspulen nicht vorhanden wären. Sorgt man bei dem Parallelschalten mehrerer Generatoren dafür, daß die Kurbeln nicht in Phase sind, so sind die induktionsfreien Drosselspulen allen anderen Dämpfungsvorrichtungen vorzuziehen, weil dadurch nicht allein ein Pendeln der Generatoren, sondern auch eine Schwankung der an das Netz abgegebenen elektrischen Leistung vermieden wird. Indem k_p verkleinert wird, wird auch ein Hin- und Herwogen von Energie zwischen den einzelnen Generatoren infolge der Regulatorpendelungen erschwert.

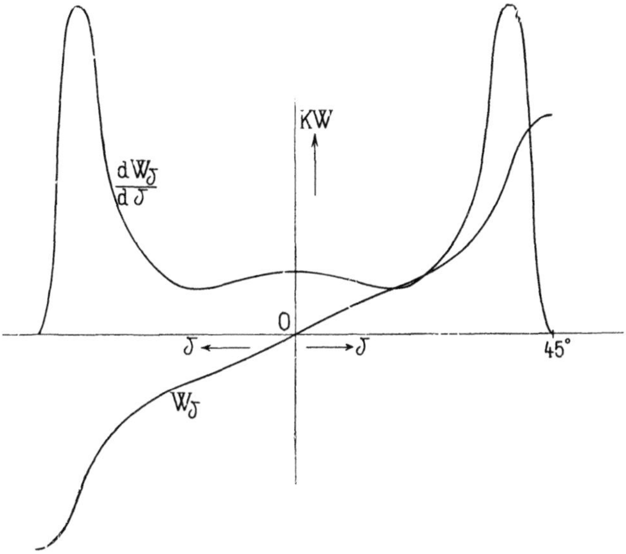

Fig. 309. Synchronisierende Leistung W_δ und synchronisierende Kraft $W_S = \frac{dW_\delta}{d\delta}$ von nach Fig. 307 parallel geschalteten Generatoren.

Anordnung der E. A. G. vorm. Kolben & Co. Wünscht man mehr als zwei Generatoren durch induktionsfreie Drosselspulen zu verketten, so führt man diese am besten nach dem Vorschlage der E. A. G. vorm. Kolben & Co.[1]) als Transformatoren aus und stellt einen Transformator für jeden Generator auf. Fig. 310 zeigt die Schaltung für drei Dreiphasengeneratoren. Die Primärwicklungen P der drei Transformatoren T_1, T_2 und T_3 sind in Stern und die Sekundärwicklungen S phasenweise in Serie geschaltet. Der neutrale Punkt der primären Wicklungen jedes Transformators bildet

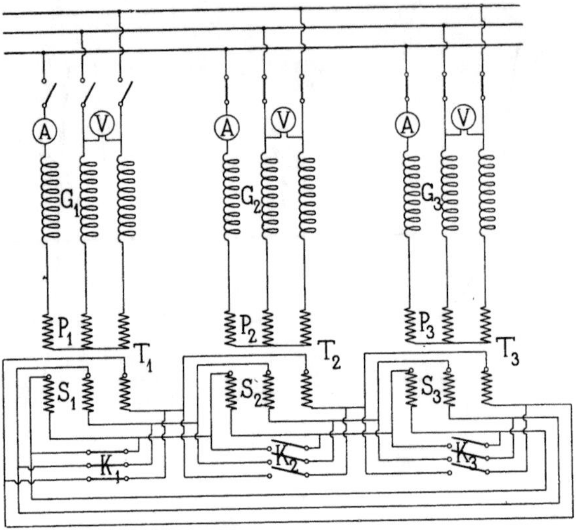

Fig. 310. Schaltungsschema mehrerer durch Transformatoren verketteter Generatoren. D.R.P. Nr. 145386. Kolben & Co.

hier zugleich den neutralen Punkt der zugehörigen Maschine. Die Isolation der Transformatoren braucht daher nur für eine ganz geringe Spannung bemessen zu werden. Alle Operationen können an einem Schaltbrett, das nur die Sekundärklemmen der Drosselspulen enthält, und zwar unter allen Umständen unter Niederspannung während des Betriebes ausgeführt werden. Nur die Sekundärwicklung derjenigen Drosselspulen, deren Generatoren parallel geschaltet sind, dürfen natürlich in Serie geschaltet werden. Steht z. B. der Generator G_1 still, so muß der Kurzschließer K_1 der Sekundärwicklung S_1 geschlossen bleiben. Soll dieser Generator angelassen und parallel geschaltet werden, so bringt man ihn zuerst auf Synchronismus und erst nachdem er auf die Sammel-

[1]) D.R.P. Nr. 145386.

schienen geschaltet und belastet ist, wird der Kurzschließer K_1 geöffnet. Sind die Generatoren für verschiedene Leistungen gebaut, so werden die Übersetzungsverhältnisse der einzelnen Drosselspulen zweckmäßig so gewählt, daß alle Generatoren denselben Prozentsatz ihrer normalen Leistungen liefern. Das Übersetzungsverhältnis der Drosselspulen von Primär auf Sekundär wird somit umgekehrt proportional der normalen Leistung der Generatoren.

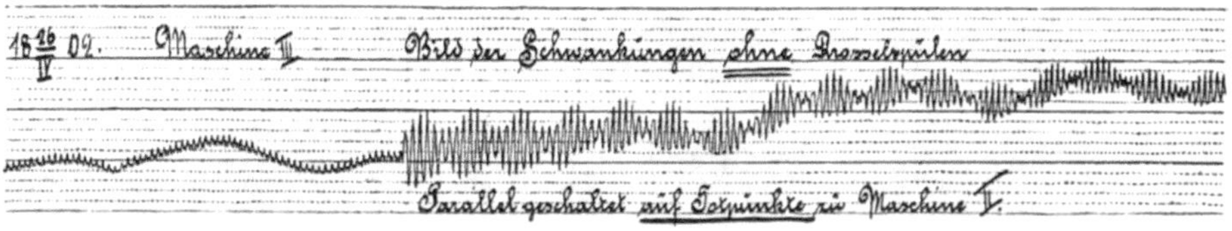

Fig. 311.

Fig. 312.

Fig. 311 und 312. Tachogramme eines ohne Drosselspulen parallel arbeitenden Generators. (Aufgenommen von Kolben & Co.)

In den folgenden Fig. 311 bis 317 sind einige Tachogramme dargestellt, die bei parallel arbeitenden Maschinen mit und ohne induktionsfreie Drosselspulen von der E. A. G. vorm. Kolben & Co., Prag, aufgenommen worden sind. Aus diesen geht die dämpfende Wirkung der Drosselspulen deutlich hervor. Fig. 311 zeigt die Geschwindigkeitsvariationen der Maschine III kurz nachdem diese ohne zwischengeschaltete Drosselspulen mit Maschine II parallel geschaltet worden ist. Die Kurbeln der beiden Maschinen sind in Phase miteinander. In Fig. 312 sind die Geschwindigkeitsvariationen für denselben Fall dargestellt, und zwar nachdem die Maschinen sich beruhigt haben. Wie aus der Figur ersichtlich, beträgt der Ungleichförmigkeitsgrad der Maschine III bei Parallelschaltung mit der Maschine II $^1/_{140}$, wenn die Kurbeln in Phase sind. Das Tachogramm Fig. 313 bezieht sich auf den Fall, daß die Kurbeln der beiden Generatoren nicht in Phase sind; in diesem Falle leistet jeder Generator 300 KW und es beträgt der Ungleichförmigkeitsgrad sogar $^1/_{55}$. Fig. 314 zeigt, wie durch irgendeine äußere Ur-

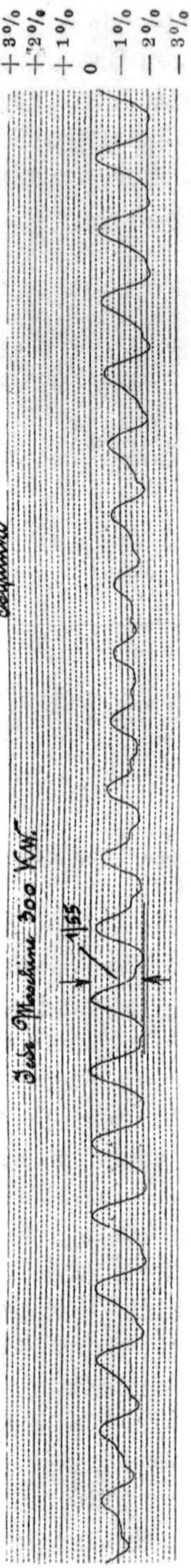

Fig. 313.

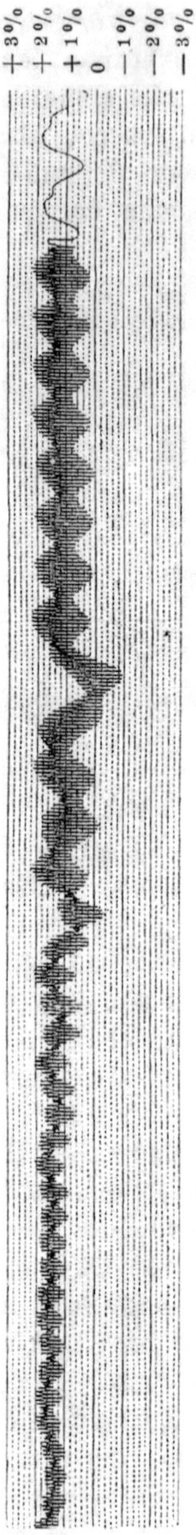

Fig. 314.

Fig. 313 und 314. Tachogramme eines ohne Drosselspulen parallel arbeitenden Generators.

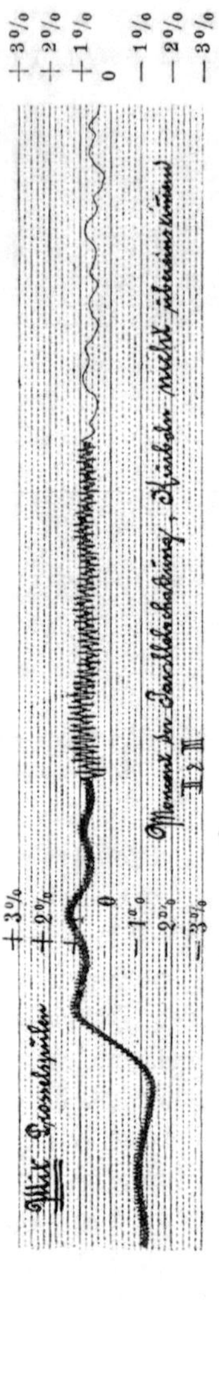

Fig. 315. Tachogramme eines parallel arbeitenden Generators mit Drosselspulen. (Aufgenommen von Kolben & Co.)

sache hervorgerufen freie kurze Schwingungen entstehen, die mit den erzwungenen Schwingungen interferieren und Schwebungen hervorrufen. Die Geschwindigkeitsvariationen sind zur Zeit der Maxima sehr groß und gefährden das Parallelarbeiten. Die Zeit zwischen zwei Maxima ist auch groß; sie entspricht der Zeit von 7,3 Umdrehungen. Fig. 315 zeigt den Moment der Parallelschaltung, wenn induktionsfreie Drosselspulen zwischen den Generatoren eingeschaltet sind. Trotzdem die Kurbeln nicht in Phase sind, beruhigen sich die Maschinen doch sofort. Fig. 316 zeigt auch, daß die Maschinen mit zwischengeschalteten Drosselspulen sehr ruhig arbeiten und bei 250 KW Belastung einen Ungleichförmigkeitsgrad von nur $^1/_{250}$ haben. In Fig. 317 ist schließlich der Moment einer Parallelschaltung dargestellt, bei der die Maschinen kaum in Phase waren. Wie ersichtlich, haben die Maschinen sich auch in diesem Falle sehr rasch beruhigt.

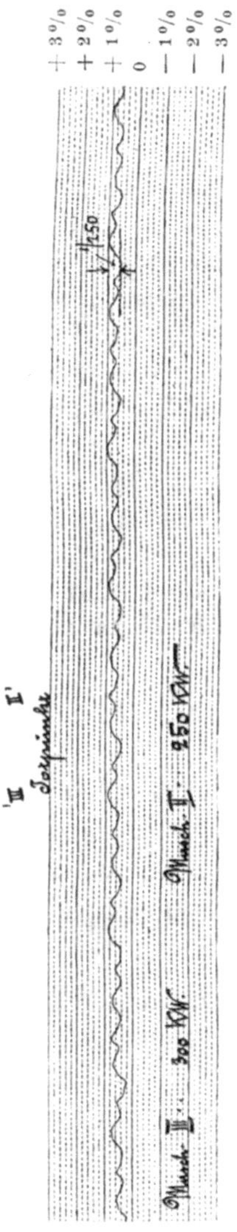

Fig. 316.

Fig. 317.

Fig. 316 und 317. Tachogramme eines parallel arbeitenden Generators mit Drosselspulen. (Aufgenommen von Kolben & Co.)

Als ein praktisches Beispiel sei eine Bahnhofzentrale der E. A. G. Kolben angegeben mit 2 Drehstromgeneratoren von 100 KVA, $n = 180$, 48 Perioden, 1940 Volt, angetrieben durch 2 Dieselmotoren mit 2 Zylindern und 2 gleichgerichteten Kurbeln. Jeder Generator besitzt einen Ausgleichtransformator. Letztere sind sekundär in Serie geschaltet und haben eine Größe von 8,8 KVA, $\frac{180}{170}$ Volt, $\frac{30}{30}$ Amp., mit einem Übersetzungsverhältnis 1:1. Primär- und Sekundärwicklung haben 92 Windungen. Das Eisengestell hat einen Querschnitt von 71 qcm und folgende Gestalt (Fig. 318).

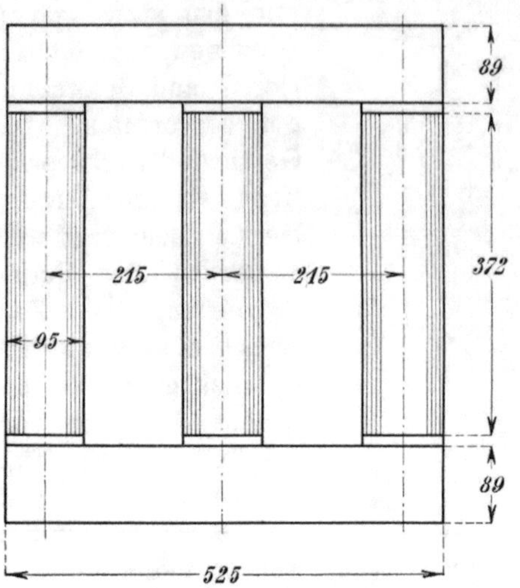

Fig. 318. Eisengestell eines Kolbenschen Ausgleichtransformators für 8,8 KVA, $\frac{180}{170}$ Volt, $\frac{30}{30}$ Amp.

In einer anderen Zentrale sind mit Hilfe von Ausgleichtransformatoren parallel geschaltet:

1. Generator 248 KVA, $n = 126$, 300 Volt, 42 Perioden, mit doppelt wirkendem Zweitaktmotor.
2. Generator 170 KVA, $n = 157{,}5$, mit Dämpferwicklung, mit Zwillings-Viertaktmotor.
3. Generator 122 KVA, $n = 126$, mit Zwillings-Viertaktmotor.
4. Generator 240 KVA, $n = 157{,}5$, mit Dämpferwicklung, mit Zwillings-Viertaktmotor.

Jeder Generator hat einen Ausgleichtransformator, deren Größen im Verhältnis der Generatorleistungen stehen. Die Sekundärseiten der Transformatoren sind hier parallel geschaltet.

Der Parallelbetrieb ist auch bei geringer Belastung sehr gut. Auch im Leerlauf sind 2 Generatoren gut parallel schaltbar.

Achtzehntes Kapitel.

Die Kurzschlußerscheinungen der synchronen Wechselstrommaschinen.

113. Die physikalischen Vorgänge bei dem plötzlichen Kurzschluß eines erregten Wechselstromgenerators.

Wird ein Wechselstromgenerator, der normal erregt ist und seine volle Spannung besitzt, leer laufend oder in belastetem Zustande, an seinen Klemmen kurzgeschlossen, so stellt sich nach genügend langer Zeit der normale Kurzschlußzustand ein, der schon in Kap. V, S. 119 untersucht wurde. Der Strom stellt sich so ein, daß der aus Anker-AW und Erreger-AW resultierende Kraftfluß genügt, um eine EMK zu induzieren, die gleich der geometrischen. Summe des Ohmschen und des Streuspannungsabfalls in der Anker wicklung ist.

Jener stationäre Zustand kann aber nicht sofort im Moment des Kurzschließens eintreten, sondern es vergeht eine gewisse Zeit, in der durchaus unregelmäßige und unperiodische Erscheinungen herrschen, bis sich die Maschine in dem neuen stationären Kurzschlußzustande befindet. Diese Zeit dauert theoretisch unendlich lange, ist aber praktisch nur von der Dauer einiger Sekunden.

Die Notwendigkeit eines solchen Übergangszustandes ergibt sich einfach daraus, daß die magnetische und elektrische Energie einer Maschine, die gerade im Kurzschlußmoment im Polrad und im Anker aufgespeichert ist, sich nicht unstetig ändern kann, sondern allmählich von einem Zustand in den andern übergeht.

Besteht also in diesem Stromkreise im stationären Zustande zur Zeit $t=0$ der Strom i_0 und die Spannung p_0 und wird in diesem Moment plötzlich der Zustand geändert, so stellt sich nach einiger Zeit ein neuer stationärer Zustand mit dem Strome i_s und der Spannung p_s ein. Während der Übergangszeit ist der Strom

$$i=i_s+i_v$$

und die Spannung

$$p=p_s+p_v.$$

i_v wird als „vorübergehender Strom" oder „Ausgleichstrom" bezeichnet, analog die Spannung p_v. Der Strom i_s entspricht dem zweiten stationären Zustand und kann auf Grund der Differentialgleichungen oder eines Vektordiagrammes bestimmt werden. Über diesen lagert sich aber die freie Schwingung i_v, die die Verbindung mit dem ersten stationären Zustand herstellt und mit der Zeit verschwindet. Der wirklich bestehende Strom ist durch die Summe von i_s und i_v bestimmt.

Der vorübergehende Strom i_v und die vorübergehende Spannung p_v müssen natürlich auch den Differentialgleichungen der Stromkreise gehorchen, womit ihr zeitlicher Verlauf bestimmt ist. Die Grenzwerte für

$$i_v=i-i_s \quad \text{und} \quad p_v=p-p_s \quad . \quad . \quad . \quad . \quad . \quad (350)$$

sind bestimmt für $t=0$ (Moment des Kurzschlusses) durch:

$$i_{v0}=i_0-i_s \quad \text{und} \quad p_{v0}=p_0-p_s \quad . \quad . \quad . \quad (351)$$

und für $t=\infty$, wenn der zweite stationäre Zustand eingetreten ist, durch

$$i_v=0 \qquad p_v=0 \quad . \quad . \quad . \quad . \quad . \quad . \quad . \quad . \quad (352)$$

Die vorübergehenden Ströme und Spannungen verschwinden nach Exponentialfunktionen mit negativen und der Zeit proportionalen Exponenten. Sie sind mit anderen Worten der Teil des allgemeinen Integrals einer Differentialgleichung, der mit willkürlichen Konstanten behaftet ist.

Der Wert der Konstanten ist durch die Gl. 351 definiert. Die Gl. 352 ergibt sich von selbst aus dem Verlaufe des Integrals und ist für Stromkreise mit Ohmschem Widerstand immer erfüllt, da dieser es ist, der die bei einem Stoß entstehenden Energien der freien Schwingung, denn als eine solche haben wir, analog wie in der Mechanik, den Strom i_v und die Spannung p_v aufzufassen, aufnimmt, in Wärme umsetzt, und damit diese Schwingungen zum Verschwinden bringt.

Die bei einem Kurzschluß auftretenden Vorgänge sind in Wirklichkeit äußerst kompliziert. Die Wechselstrommaschine ist ein Transformator, indem sie aus zwei magnetisch verketteten Systemen besteht, dem Anker und der Erregerwicklung. Als drittes System kommt noch das der Wirbelströme hinzu, die in massiven Polen infolge der Feldänderungen auftreten. Die Stromkreise der Wirbelströme lassen sich annähernd durch eine zweite gedachte in sich kurzgeschlossene Erregerwicklung auf den Polen ersetzen, durch deren Einfluß der effektive Widerstand der Erregerwicklung für Stromschwankungen vergrößert und die effektive Selbstinduktion derselben verkleinert werden kann.

Die Wirbelströme bewirken eine ungleichmäßige Verteilung der Induktion über den Querschnitt und damit eine Verkleinerung der gesamten magnetischen Leitfähigkeit des Eisens. Die Verminderung der magnetischen Leitfähigkeit des Eisens kommt freilich bei Maschinen mit genügend großem Luftspalt nicht stark zur Geltung, da der größte Teil des magnetischen Widerstands im Luftspalt liegt. Der Einfluß der Wirbelströme auf die Vorgänge wird auch durch die lose Kopplung zwischen Erregerkreis und Wirbelstromkreis sehr verringert, da die Kraftlinien des Wirbelstromfeldes fast nur im Eisen verlaufen und nur ein geringer Teil mit der Erregerwicklung wirklich verkettet ist. Es ist der Streuinduktionskoeffizient S für die Wirbelströme im allgemeinen viel größer als der Koeffizient der gegenseitigen Induktion zwischen Erregerwicklung und Wirbelstromkreis.

Der Koeffizient der gegenseitigen Induktion zwischen einer Ankerspule und dem Polrad ist eine veränderliche Größe und variiert bekanntlich unter Annahme sinusförmiger Feldverteilung auch nach einem Sinusgesetz.

Zur exakten Darstellung der Vorgänge wären nun die simultanen Differentialgleichungen für die drei Kreise aufzustellen und zu integrieren. Mit einigen Annäherungen ist dies in WT I, S. 703ff. getan, worauf für eine genauere Nachrechnung verwiesen sei.

Wir wollen uns hier nur die physikalischen Erscheinungen zu vergegenwärtigen suchen.

Wir sahen, daß bei einer plötzlichen Zustandsänderung ein Stromkreis freie Schwingungen ausführt, die sich über den sofort nach der Änderung eintretend gedachten sekundären Zustand lagern und schließlich verschwinden, so daß nur noch dieser übrigbleibt.

Bei den elektrischen Maschinen haben wir im allgemeinen Stromkreise, die nur aus Widerstand und Selbstinduktion bestehen. Die freie Schwingung solcher Kreise klingt immer aperiodisch ab (WT I, S. 613, 675ff.). Das Abklingen geschieht in der Art, daß die zur Zeit $t = 0$ vorhandene magnetische Energie der freien Schwingung sich in Joulesche Wärme umsetzen muß. Je größer also der Ohmsche Widerstand im Kreise gegen die Selbstinduktion ist, d. h. je mehr elektrische Energie er in der Sekunde in Wärmeenergie umsetzen kann, desto rascher läuft die freie Schwingung ab.

Bei den Vorgängen in elektrischen Maschinen haben wir es meist mit Stromänderungen und Feldänderungen zu tun. Betrachten wir als ersten Zustand den Leerlaufzustand, so gilt:

$$i_0 = 0 \qquad \Phi = \Phi_0 \quad \ldots \ldots \quad (353)$$

und es entspricht der freien Schwingung zur Zeit $t = 0$

$$i_{v0} = -i_{s0} \qquad \Phi_v = \Phi_0 - \Phi_{s0} \quad \ldots \quad (354)$$

Die Amplitude der freien Stromschwingung zur Zeit $t = 0$ ist gleich dem negativen Werte des stationären Stromes zur Zeit $t = 0$, und die Schwingung des Kraftflusses ist gleich der Differenz der Kraftflüsse des ersten und zweiten Zustandes.

Die Zustandsänderungen elektrischer Apparate lassen sich nun in zwei Gruppen einteilen:

1. Es treten im wesentlichen nur Stromänderungen ein, während der den beiden Kreisen gemeinsame Hauptkraftfluß annähernd unverändert bleibt. Die magnetische Energie der freien Schwingungen kann hier nur in den Streureaktanzen der beiden Wicklungen enthalten sein, so daß die freien Schwingungen sehr rasch abklingen, da die so existierende magnetische Energie naturgemäß nicht groß sein kann. Der Strom kann in diesem Falle höchstens gleich dem doppelten des stationären Zustandes werden. Die Sättigung des Eisens kommt nicht in Betracht, weil die Kraftlinienwege ganz oder zum größten Teil durch Luft verlaufen. Ein solcher Vorgang ist z. B. das Belasten oder Kurzschließen eines Transformators, dessen primärer Widerstand und dessen primäre Streuung klein sind, wo die Änderung des gemeinsamen Kraftflusses verschwindend gegen die Stromänderung ist.

2. Es treten wesentliche Änderungen des den beiden Kreisen gemeinsamen Kraftflusses auf, während die entsprechenden Stromänderungen nur gering sind. Es sind sehr große magnetische Energien in der freien Schwingung enthalten, die ihr Äquivalent nur in den primären und sekundären Jouleschen Verlusten finden können. Die Ausgleichvorgänge klingen viel langsamer ab als im ersten Fall, nach einem Gesetz, dessen Exponent im wesentlichen der Quotient aus der Summe von primärem und sekundärem Widerstand und den Koeffizienten der gegenseitigen Induktion beider Wicklungen ist (WT, I, S. 679). Für die Erscheinung ist die

Sättigung des Eisens sehr wichtig. Bei Abnahme der magnetischen Leitfähigkeit mit steigendem Kraftfluß kann der Ausgleichstrom ein Vielfaches des stationären werden. Beispiele für diesen Fall sind das Einschalten der Primärseite eines Transformators und des Stators eines asynchronen Motors bei offenem Rotor.

Beim Kurzschluß eines leerlaufenden Synchrongenerators sind nun beide Erscheinungen übereinander gelagert. Es treten Stromänderungen und gleichwertige Kraftflußänderungen auf.

Die freie Schwingung setzt sich aus zwei Teilen zusammen. Erstens aus einem rasch abklingenden Teil, dessen Energie in magnetischen Streufeldern besteht und daher klein ist, und zweitens aus einem langsam abklingenden Teil, dessen anfängliche Energie in dem gemeinsamen Kraftfluß von Anker und Feldsystem besteht und daher groß ist. Die beiden Ströme werden sich gegenseitig nur wenig beeinflussen, denn der erste ist fast abgelaufen, bevor der andere richtig eingesetzt hat, da die Änderung des Hauptkraftflusses nur verhältnismäßig langsam vor sich gehen kann, so daß in den ersten Momenten des Kurzschlusses noch der volle Leerlaufkraftfluß vorhanden ist.

Im ersten Moment des Kurzschlusses wirkt die volle Leerlaufspannung der Maschine auf einen aus dem Widerstand r_a und der Streureaktanz x_k bestehenden Stromkreis und erzeugt eine erzwungene Schwingung von normaler Periodenzahl, die einem Grenzwert zustrebt, der durch den effektiven Strom

$$J_{mk} = \frac{P}{\sqrt{r_a^2 + x_k^2}} \quad \ldots \ldots \quad (355)$$

gegeben ist. Dieser Strom ist um den Phasenwinkel $\psi_a = \operatorname{arctg} \frac{x_k}{r_a}$ gegen die Leerlaufspannung oder die EMK E verschoben.

Die erste freie Schwingung vermittelt den sehr rasch erfolgenden Übergang vom Leerlaufzustand zu diesem ersten stationären Zustand. Ihr Wert im Kurzschlußmoment muß also gleich dem negativen Werte des Stromes $J_{mkm} \sin(\omega t + \psi - \psi_a)$ im Kurzschlußmoment $t = 0$ sein, weil in diesem Moment der Anker ja noch stromlos sein muß. Diese Schwingung klingt nach dem Gesetz $e^{-\frac{r_a}{S_a} t}$ ab, wo S_a den Streuinduktionskoeffizienten eines Ankerzweiges bedeutet. Die Summe der erzwungenen und der freien Schwingung gibt den zeitlichen Verlauf des Kurzschlußstromes. Der maximale Strom, der in diesem Intervall auftreten kann, ist durch ca. $2\,J_{mkm}$ gegeben.

Die Streureaktanz x_k strebt dem Grenzwert x_{s1} (s. S. 18) zu und ist in den ersten Momenten des Kurzschlusses bedeutend kleiner als x_{s1}, weil nur der Teil des Streufeldes gleichzeitig mit dem Kurzschlußstrome sich ausbildet, der nur durch Luft verläuft. Auf den übrigen Teil, z. B. den zwischen den Zahnköpfen des Ankers und durch die Ankerzähne verlaufenden Streufluß, üben die Wirbelströme des Eisens eine verzögernde und dämpfende Wirkung aus, so daß x_k mit abnehmendem Strome nur allmählich den Wert x_{s1} erreichen kann und infolgedessen der Strom in den ersten Momenten des Kurzschlusses einen sehr hohen Wert annimmt.

Da der Hauptkraftfluß im Anfang des Kurzschlusses wesentlich auf seinem konstanten Wert beharrt, muß im Polrad eine Elektrizitätsbewegung vor sich gehen, die die entmagnetisierende Wirkung des Ankerfeldes kompensiert, d. h. das Ankerfeld induziert in der Erregerwicklung und in den massiven Teilen der Pole Ströme, die bestrebt sind, den Kraftfluß aufrechtzuerhalten und dies auch fast erreichen. Unter gewissen Umständen werden nicht nur die ganzen Gegen-AW, sondern noch mehr erzeugt, so daß in Maschinen mit sehr starker Wirbelstromausbildung kurz nach dem Kurzschluß statt eines starken Zunehmens des Erregerstroms, wie es ohne Wirbelströme immer zu beobachten ist, im Gegenteil eine Abnahme stattfindet. Nach einer kurzen Zeit setzt nun die magnetische Entladung des Polrades, also die zweite freie Schwingung, ein, indem der Kraftfluß im Eisen dem stationären Kurzschlußwert Φ_k zustrebt. Der Strom strebt jetzt auch einem andern Grenzzustand zu, als in den ersten Momenten, nämlich dem stationären Wert $J_{k_m} \sin(\omega t + \psi - \psi_a)$, der auch langsam erreicht wird. Die Änderung des Kraftflusses geht so langsam vor sich, daß die rein transformatorische Wirkung $\left(\text{prop.} \frac{d\Phi}{dt}\right)$ auf den Anker vernachlässigt werden kann, wir berücksichtigen also nur die EMK, die durch die Drehung des Polrades erregt wird. Ein Bild der Vorgänge gibt Fig. 319.

Die zweite freie Schwingung i_{f2} ist bereits mit dem stationären Kurzschlußstrom i_s zusammengesetzt, so daß man als Folge des langsam abklingenden magnetischen Kraftflusses die Kurve $(i_{f2} + i_s)$ erhält. Nach genügend langer Zeit haben die Amplituden dieser Kurve den Wert J_{km}, während der Amplitudenwert für den Kurzschlußmoment $t = 0$, wo noch der volle Kraftfluß vorhanden ist, J_{mkm} beträgt. Da im Kurzschlußmoment der Gesamtstrom i gleich Null sein muß, ist durch den Wert von $(i_{f2} + i_s)$ für $t = 0$ auch der Wert der ersten freien Schwingung i_{f1} bestimmt, wie es in Fig. 319 angedeutet ist, die rasch abklingt. Aus

i_{f1}, i_{f2} und i_s ist die Kurve des wirklichen Kurzschlußstromes i_a bestimmt, dessen Maximalwert also sehr vom Kurzschlußmoment abhängt.

Um den Einfluß des Wertes der EMK oder der Stellung des Polrades im Kurzschlußmoment zu zeigen, ist auch eine Welle der Leerlaufspannung p_0, die um annähernd 90° gegen den Strom verschoben ist, eingezeichnet.

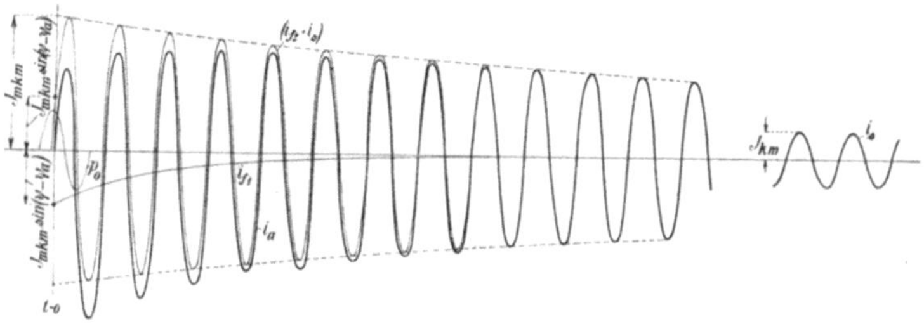

Fig. 319. Kurzschlußstrom eines Synchrongenerators. Kurzschlußmoment nahe dem Maximum der Leerlaufspannung.

In Fig. 319 findet der Kurzschluß unmittelbar nach dem Maximum der Leerlaufspannung statt. Der maximale Kurzschlußstrom ist deswegen bedeutend kleiner als $2 J_{mk_m}$.

Der normale stationäre Kurzschlußstrom wird infolge der langsamen Änderung des Hauptkraftflusses erst nach ungefähr 70 Perioden erreicht. Die freie Schwingung i_{f1} ist indessen praktisch schon nach 8 Perioden verschwunden. Der normale Kurzschlußstrom mit dem Maximalwert J_{k_m} ist auch für einige Wellen eingezeichnet. Es ist $J_{mk_m} = 5 J_{k_m}$ angenommen.

Es ist also nicht gleichgültig, in welchem Zeitmoment, d. h. bei welcher Polradstellung die Maschine kurzgeschlossen wird. Um das einzusehen, müssen wir etwas näher auf die Erscheinungen eingehen.

114. Berechnung des Ankerstromes bei Kurzschluß.

Es sei die Gleichung der induzierten EMK bei Leerlauf

$$e = E \sin(\omega t + \psi) \quad . \quad . \quad . \quad . \quad . \quad . \quad . \quad (356)$$

Da der Erregerstrom konstant ist, kann die induzierende Wirkung des Polrades auf eine Phase nur auf der Änderung des Koeffizienten M der gegenseitigen Induktion zwischen dem Polrad und dieser Phase beruhen. Es ist also

$$e = -\frac{\partial M i_e}{\partial t} = -i_e \frac{\partial M}{\partial t}$$

$$M = \frac{E}{i_e \omega} \cos(\omega t + \psi) \quad \ldots \ldots \quad (357)$$

Da die Kraftlinienverkettung einer Spule mit dem Polrad ein Maximum ist, wenn Polmitte und Spulenmitte zusammenfallen, und bei einer Weiterbewegung des Polrades unter der Annahme einer sinusförmigen Feldverteilung diese Kraftlinienverkettung sich nach dem Kosinusgesetz ändern muß, gibt uns das Argument $(\omega t + \psi)$ zugleich die räumliche Entfernung von Spulenmitte und Polmitte für jeden Zeitmoment an, gemessen in elektrischen Graden. Zur Zeit $t = 0$, im Kurzschlußmoment, ist also das Polrad gegen die Spulenmitte der betrachteten Phase um den elektrischen Winkel ψ verschoben (Fig. 320).

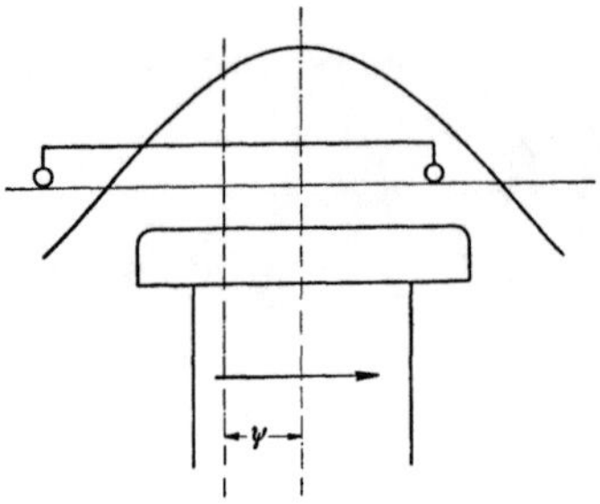

Fig. 320.

Da der Koeffizient M, abgesehen von den verschiedenen Windungszahlen von Anker und Polrad, auch ein Maß für den Kraftfluß ist, den jede Phase durch die Erregerwicklung hindurchschickt, so ist der zeitliche Verlauf dieses Kraftflusses, der die Ankerrückwirkung bedingt, auch durch das Gesetz $\cos(\omega t + \psi)$ gegeben, wenn das Polrad sich dreht.

In den ersten Momenten nach dem Kurzschluß strebt der Ankerstrom dem Wert

$$J_{mk_m} \sin(\omega t + \psi - \psi_a)$$

zu, wo

$$J_{mk_m} = \frac{\sqrt{2}P}{\sqrt{r_a^2 + x_k^2}}$$

bedeutet.

Der entsprechende vorübergehende Strom ist also nach Gl. 354 S. 460 im Zeitmoment $t = 0$:

$$-\boldsymbol{J_{mk_m} \sin(\psi - \psi_a)} \quad \ldots \ldots \quad (358)$$

Die Größe dieses Stromes ist also vom Kurzschlußmoment sehr abhängig. Ist $\psi = \psi_a$, d. h. ist der Pol für $t = 0$, den Kurzschlußmoment, um ca. 90^0 gegen die Spulenmitte verschoben, wird also im Maximum der EMK E kurzgeschlossen, so verschwindet dieser Stromstoß überhaupt. Wird dagegen kurzgeschlossen, wenn der Pol sich gerade unter der Mitte einer Phase befindet, $\psi = \psi_a - \frac{\pi}{2} \cong 0$, d. h. wenn die

EMK E sich im Nullwert befindet, die Feldenergie des Systems aber ein Maximum ist, dann wird dieser Stoß am größten, und beträgt $J_{mk_{max}}$ Ampere. Es ist gerade dieser Strom, der beim Kurzschließen die Zerstörung der Wicklungen bewirkt, denn er verhält sich zum maximalen stationären Kurzschlußstrom $J_{k_{max}}$, wie der Leerlaufkraftfluß zum Kurzschlußkraftfluß

$$\frac{J_{mk_m}}{J_{k_m}} = \frac{\Phi_0}{\Phi_k} \text{ (WT I, S. 704)},$$

kann also bei kleinen Streureaktanzen und großer entmagnetisierender Wirkung des Ankers das 4- bis 5fache des maximalen stationären Kurzschlußstromes werden. Wird x_k kleiner als x_{s1}, so wird das Verhältnis noch größer.

Nach dem ersten Moment strebt das System dem normalen stationären Kurzschlußstrom zu, den wir mit großer Annäherung setzen können als

$$J_{k_m} \sin(\omega t + \psi - \psi_a) \quad \ldots \ldots \quad (359)$$

$$J_{k_m} = \frac{\sqrt{2}\, P}{\sqrt{r_a^2 + x_a^2}},$$

wo x_a die „synchrone" Reaktanz bedeutet.

Dieser Übergang erfolgt nicht aperiodisch, denn wir haben es jetzt mit einer erzwungenen Stromschwingung der Armatur infolge der freien Schwingung des magnetischen Hauptkraftflusses zu tun, die von der Sättigung des Magnetsystems abhängig ist, wie WT I, S. 694 gezeigt ist. Das System geht nun von dem Grenzwert $J_{mk_m} \sin(\omega t + \psi - \psi_a)$ zu dem Grenzwert $J_{k_m} \sin(\omega t + \psi - \psi_a)$ über, so daß die entstehende Amplitude des dafür erforderlichen Ausgleichvorgangs nach S. 458 durch $(J_{mk_m} - J_{k_m})$ gegeben ist. Da der Ausgleichvorgang durch die Bewegung des Polrades festgelegt ist und wir die transformatorische Wirkung infolge der Änderung des Kraftflusses vernachlässigen, muß der Ausgleichstrom dem Gesetz

$$(J_{mk_m} - J_{k_m})\, e^{-\alpha t} \sin(\omega t + \psi - \psi_a) \quad \ldots \quad (360)$$

folgen, so daß als Gleichung für den gesamten Ausgleichstrom im Anker:

$$i_{av} = (J_{mk_m} - J_{k_m})\, e^{-\alpha t} \sin(\omega t + \psi - \psi_a)$$
$$- J_{mk_m} \sin(\psi - \psi_a)\, e^{-\frac{r_a}{S_a} t}$$

entsteht.

Der wirkliche, im Anker fließende Strom ist nun nach S. 458

$$i_a = i_{av} + i_s = J_{k_m} \sin(\omega t + \psi - \psi_a)(1 - e^{-\alpha t})$$
$$+ J_{mk_m}\left[e^{-\alpha t}\sin(w t + \psi - \psi_a) - \sin(\psi - \psi_a)\, e^{-\frac{r_a}{S_a}t}\right] \quad . \quad (362)$$

und in Fig. 319 dargestellt. Es ist

$$i_{av} = i_{f1} + i_{f2}.$$

Ist $\psi = \psi_a - \frac{\pi}{2}$, d. h. wird die Phase kurzgeschlossen, wenn der Pol gerade unter ihr steht, d. h. im Nullwert der Spannung, wo der stationäre Kurzschlußstrom im Maximum sein sollte, so ergibt sich

$$i_{a\,max} \cong - J_{mk_m}\left(1 + e^{-\frac{\pi r_a}{x_{s1}}}\right)$$

zur Zeit $\omega t \cong \pi$, also nachdem das Polrad eine Polteilung zurückgelegt hat.

Wird in der um 90 el. Grade verschobenen Lage des Polrades $\psi = \psi_a$ kurzgeschlossen, d. h. im Maximum der Spannung, so wird

$$i_{a\,max} \cong J_{mk_m} \quad \text{zur Zeit } \omega t = \frac{\pi}{2}.$$

In der Phase, die sich im Kurzschlußmoment gerade über dem Pole befindet, entsteht der größte Stromstoß.

Wenn wir die Art der Rückwirkung des Kurzschlußstromes auf das Feldsystem untersuchen wollen, müssen wir Einphasen- und Mehrphasenmaschine getrennt betrachten.

115. Berechnung des vorübergehenden Erregerstromes einer Mehrphasenmaschine bei Kurzschluß.

In einer Dreiphasenmaschine existieren 3 Ausgleichströme, und diese sind für jede Phase anders nach dem auf S. 464 Gesagten, denn jede Phase hat im Kurzschlußmoment eine andere Lage gegen das Polrad. Ist eine Phase gerade über dem Pole, so ist in dieser Phase der Stromstoß doppelt so groß als in den beiden anderen, da der Winkel ψ für diese (-120^0) bzw. (-240^0) ist.

Die ersten Glieder der 3 Ausgleichströme sind um je 120 el. Grade gegeneinander verschoben. Diese Ströme erzeugen eine synchron rotierende magnetomotorische Kraft (WT III, S. 239), deren Lage zur Zeit t durch (WT III, S. 240)

$$\sin(\omega t - x + \psi - \psi_a) \quad . \; . \; . \; . \; . \; . \; . \quad (363)$$

gegeben ist, so daß der Punkt maximaler Feldstärke dem Gesetz

$x = \omega t - \frac{\pi}{2} + \psi - \psi_a$ gehorchen muß. Für die Polradbewegung fanden wir

$$x_p = \omega t + \psi,$$

so daß die Relativlage von Polrad und Ankerfeld durch:

$$x_p - x = \frac{\pi}{2} + \psi_a$$

gegeben ist, die unveränderlich ist. Das Polrad zieht also das Ankerfeld in einem Abstand von $\frac{\pi}{2} + \psi_a$ elektrischen Graden hinter sich her (Fig. 321), so daß die entmagnetisierenden Amperewindungen des Ankerstromes gleich

$$e^{-\alpha t}(J_{mk_m} - J_{k_m}) \frac{n}{2} w_a \sin \psi_a \quad . \quad . \quad . \quad . \quad . \quad (364)$$

zu setzen sind.

Dieses Feld klingt langsam ab, ist unabhängig vom Kurzschlußmoment und induziert einen gleichgerichteten Strom in der Erregerwicklung.

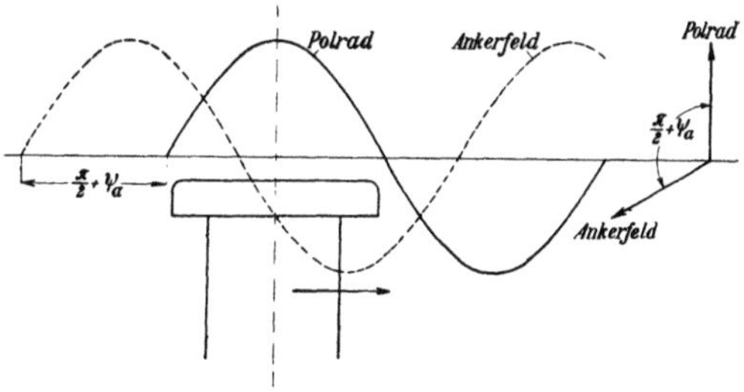

Fig. 321.

Der zweite Teil der Ausdrücke für i_{av} entsteht, indem wir in dem Argument $(\omega t + \psi - \psi_a)$ den Wert von ωt gleich Null setzen.

Das resultierende Feld aller drei Phasen erhalten wir, indem wir in Gl. 363 ωt gleich Null setzen. Wir erhalten dann eine Feldverteilung

$$\sin(-x + \psi - \psi_a) \quad . \quad . \quad . \quad . \quad . \quad . \quad . \quad (365)$$

d. h. ein Feld, das im Raume stillsteht, und das genau dieselbe Lage hat, wie das entsprechende Drehfeld sie im Kurzschlußmoment hatte. In diesem Felde, das ziemlich rasch abklingt, bewegt sich das Polrad nach dem Gesetz $x_p = \omega t + \psi$ und es werden von diesem Felde also abklingende Wechselströme von der Statorperiodenzahl induziert werden. Setzen wir x_p in die Gl. 365 ein, und multiplizieren mit dem Faktor $\frac{n}{2} w_a J_{mkm} e^{-\frac{r_a}{S_a} t}$, der die Amplitude des Feldes angibt, so erhalten wir für diese gegenwirkenden Ankeramperewindungen die Gleichung

$$\frac{n}{2} w_a J_{mkm} e^{-\frac{r_a}{S_a} t} \sin(\omega t + \psi_a) \quad . \quad . \quad . \quad . \quad (366)$$

Die entsprechenden induzierten Erregeramperewindungen sind den gesamten Anker-AW entgegengesetzt gleich, wenn wir den Einfluß des Widerstandes und vor allem der Wirbelströme vernachlässigen. Der vorübergehende Erregerstrom, der sich über dem normalen Erregerstrom lagert, ist also annähernd:

$$i_{mv} w_m = \frac{n}{2} w_a (J_{mkm} - J_{km}) e^{-\alpha t} \sin \psi_a$$
$$+ \frac{n}{2} w_a J_{mkm} e^{-\frac{r_a}{S_a} t} \sin(\omega t + \psi_a) \quad . \quad . \quad . \quad (367)$$

und ist also vollständig unabhängig vom Kurzschlußmoment, was auch zu erwarten war, da ja im stationären Zustand keine Relativbewegung zwischen Ankerfeld und Polrad stattfindet.

Im allgemeinen wird die Schwankung des Erregerstroms nicht so groß sein, wie Gl. 367 angibt, sondern der Ohmsche Widerstand der Wicklung und vor allem die ganz vernachlässigten Wirbelströme können die Schwankung sehr verkleinern und unter Umständen, wie schon erwähnt, ein Abnehmen statt eines Zunehmens dieses Stromes erzeugen.

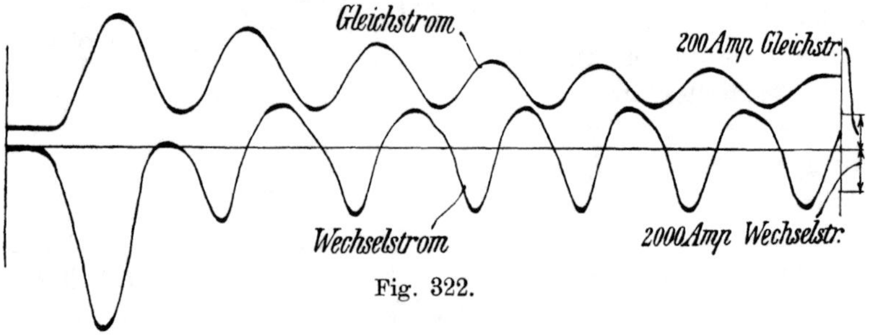

Fig. 322.

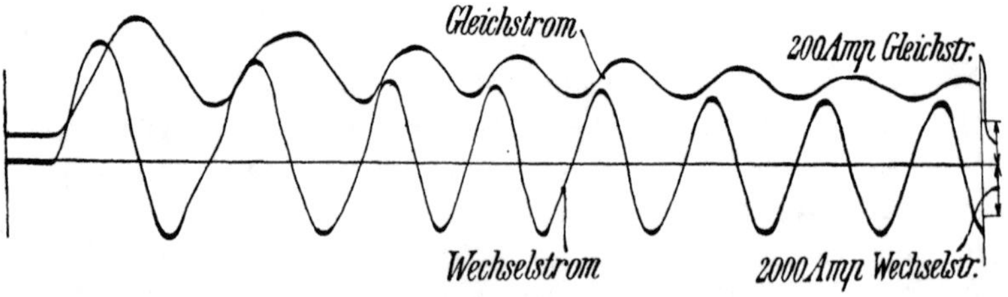

Fig. 323.

Fig. 322 und 323. Erreger- und Ankerströme eines 11000 KVA-Dreiphasengenerators bei plötzlichem Kurzschluß aller drei Phasen.

In Fig. 322 und 323 sind Oszillogramme der Feld- und Ankerströme eines dreiphasig kurzgeschlossenen Drehstromgenerators für 2 Kurzschlußmomente wiedergegeben, an denen die besprochenen Schwingungen deutlich sichtbar sind.

In Fig. 322 ist der Generator im Nullwert der Spannung $\psi = \psi_a - \frac{\pi}{2} \cong 0$ dreiphasig kurzgeschlossen. Man sieht die große Amplitude des Ankerstromes und den Einfluß des Gliedes $J_{mkm} e^{-\frac{r_a}{S_a} t}$, indem die Stromkurve zuerst ganz unsymmetrisch zur Abszissenachse ist, aber sehr rasch symmetrisch wird, und langsam abklingt. Der Erregerstrom steigt kurz nach dem Kurzschluß auf seinen 7fachen Normalwert.

In Fig. 323 ist der Generator im Maximum der Spannung $\psi \cong \frac{\pi}{2}$ dreiphasig kurzgeschlossen. Das obenerwähnte Glied fehlt jetzt in dem Strom dieser Phase, die Stromkurve verläuft gleich symmetrisch zur Abszissenachse. Der maximale Stromstoß ist ungefähr nur halb so groß wie in Fig. 322.

Die Leistung der Maschine in den ersten Momenten nach dem Kurzschluß ist auch keine Konstante, sondern wird infolge der Bewegung des Polrades in dem ruhenden Ankerfeld mit der Statorperiodenzahl schwanken. Der pulsierende Teil der Leistung variiert (WT I, S. 707) zwischen 0,4 und 0,8 der dem momentanen Kurzschlußstrome entsprechenden Leistung

$$n P_0 J_{mk\,eff}.$$

Durch diese pulsierende Leistung werden alle mechanischen Teile des Generators abwechselnd in der einen und der anderen Richtung mit einem Moment beansprucht, das den zehnfachen Wert des normalen Drehmomentes erreichen kann, vorausgesetzt, daß die Kraftmaschine imstande ist, den Generator in normaler Geschwindigkeit zu erhalten. Die mittlere Leistung ist von $\cos \psi_a$ abhängig.

Allgemein ist für den n phasigen Generator die momentane Leistung (WT I, S. 707)

$$w = n P_0 J_{mk} \left[\cos \psi_a - e^{-\frac{r_a}{S_a} t} \cos(\omega t + \psi_a)\right] \quad . \quad . \quad (368)$$

116. Berechnung des vorübergehenden Erregerstromes einer Einphasenmaschine bei Kurzschluß.

In diesem Falle entsteht in der kurzgeschlossenen Phase ein gewöhnliches Wechselfeld, in dem der Pol rotiert. Der Kraftfluß, der den Pol durchsetzt, ist proportional dem momentanen Stromwert und proportional dem Kosinus des elektrischen Winkels zwischen Polmitte und Spulenmitte. Die auf den Pol wirkenden vorübergehenden Ankeramperewindungen sind also gegeben durch

$$AW_{av} = w_a i_{av} \cos(\omega t + \psi) \quad \ldots\ldots\ldots\ldots \quad (369)$$
$$= w_a (J_{mkm} - J_{km}) e^{-\alpha t} \sin(\omega t + \psi - \psi_a) \cos(\omega t + \psi)$$
$$- w_a J_{mkm} e^{-\frac{r_a}{S_a} t} \sin(\psi - \psi_a) \cos(\omega t + \psi)$$

und durch Umformung erhält man:

$$AW_{av} = \frac{w_a}{2} (J_{mkm} - J_{km}) e^{-\alpha t} [-\sin \psi_a + \sin(2\omega t + 2\psi - \psi_a)]$$
$$- \frac{w_a}{2} J_{mkm} e^{-\frac{r_a}{S_a} t} [\sin(\omega t + 2\psi - \psi_a) - \sin(\omega t + \psi_a)] \,. \quad (370)$$

Der vorübergehende Strom in der Erregerwicklung i_{mv}, der sich über den normalen Erregerstrom bei Kurzschluß lagert, ist

$$i_{mv} = -\frac{AW_{av}}{w_m},$$

wenn w_m die Windungszahl der Magnetwicklung bedeutet und der Widerstand dieser Wicklung und der Einfluß der Wirbelströme vernachlässigt werden. i_{mv} wird im allgemeinen kleiner sein, als nach der Formel berechnet.

Es werden also in der Erregerwicklung 1. gleichgerichtete EMKe, 2. Wechsel-EMKe von Statorperiodenzahl und 3. Wechsel-EMKe von doppelter Statorperiodenzahl induziert. Das folgt aus der Natur des Stromes. Denn i_{av} ist ein abklingender Wechselstrom mit einem darüber gelagerten gleichgerichteten abklingenden Glied. Das abklingende Wechselfeld läßt sich in zwei Drehfelder zerlegen, von denen das synchrone mit dem Polrad rotiert und die konstante räumliche Phasenverschiebung $\left(\frac{\pi}{2} + \psi_a\right)$ gegen dasselbe hat. Dieses erregt die gleichgerichtete EMK in der Erregerwicklung, die natürlich vom Kurzschlußmoment unabhängig ist. Das inverse Drehfeld ruft EMKe doppelter Periodenzahl im Polrad hervor, und da seine Lage relativ zum Pole sich mit der Zeit ändert, muß die Phase dieser induzierten EMK im Polrad von dem Kurzschlußmoment abhängig sein. Der gleichgerichtete Anteil von i_{av} bedeutet ein einfach abklingendes gleichgerichtetes Feld, das in dem rotierenden Polrad Wechselströme von der Statorperiodenzahl erzeugt. Dieses Feld ist sowohl in seiner Größe wie in seiner Lage zum Pole vom Kurzschlußmoment abhängig.

Wird bei $\psi = \psi_a$ kurzgeschlossen, d. h. wenn der Pol um ca. 90^0 gegen die Spulenachse verschoben ist, annähernd im Maximum der Spannung, so verschwindet das abklingende Gleichstromglied des Stromes und in der Erregerwicklung fließen keine Ströme von der Statorperiodenzahl. Das Oszillogramm eines solchen Vorgangs zeigt Fig. 324[1]).

Der Generator wurde nur während dreier Perioden kurzgeschlossen und also nur die ersten freien Schwingungen aufgenommen. Der Kurzschlußmoment ist im Maximum der Spannung $\psi \cong \frac{\pi}{2}$, was sich nach S. 466 in der Symmetrie der Stromkurve des Ankers zeigt. Man sieht auch die Schwingungen des Erregerstroms von doppelter Periodenzahl. Der Vorgang ist für die ersten Momente fast stationär.

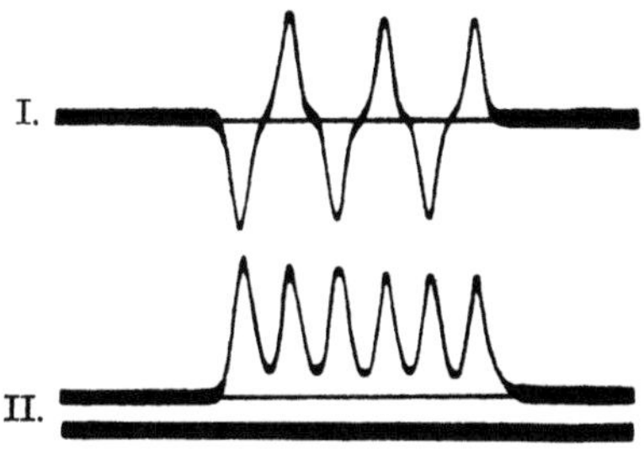

Fig. 324. Kurzschluß eines Einphasengenerators im Maximum der Spannung. I. Ankerstrom. II. Erregerstrom.

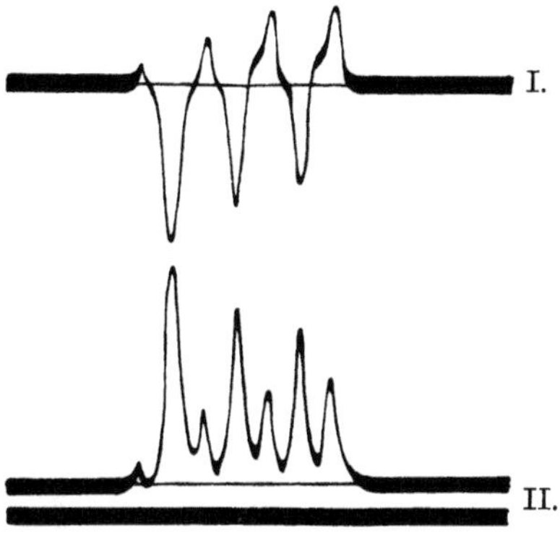

Fig. 325. Kurzschluß eines Einphasengenerators im Nullwert der Spannung. I. Ankerstrom. II. Erregerstrom.

Wird aber im Moment $\psi = \psi_a - \frac{\pi}{2} \cong 0$ kurzgeschlossen, wenn Polachse und Spulenachse zusammenfallen, so tritt ein sehr großer Stromstoß auf, ungefähr doppelt so groß als im ersten Falle, und in der Erregerwicklung sind auch Pulsationen von der Statorperiodenzahl bemerkbar. Ein Bild dieser Vorgänge gibt Fig. 325. Auch hier war der Generator nur während dreier Perioden einphasig kurzgeschlossen. Man sieht den großen Stromstoß, die Unsymmetrie der Stromkurve in den ersten Perioden nach dem Kurzschlußmoment.

Der Erregerstrom pulsiert nun auch noch nach der Statorperiodenzahl, und diese Schwingungen lagern sich über die von doppelter Periodenzahl und erregen die unregelmäßigen Pulsationen in dieser Periodenzahl. Die obigen Schwingungen verschwinden rasch, so daß bald nur die Schwingung doppelter Periodenzahl übrig-

[1]) Die beiden Oszillogramme Fig. 324 und 325 sind dem Werke von Ch. P. Steinmetz, „Transient El. Phenomena and Osc.“ entnommen.

bleibt. Der maximale Erregerstrom ist ungefähr gleich dem 10fachen Werte des normalen.

Für diesen Kurzschlußmoment treten auch die größten Leistungen auf.

117. Der maximale Ankerstrom. Falsches Parallelschalten. Der Stromstoß in der Erregerwicklung. Auftreten von Wirbelströmen.

Wir sehen also aus dem Vorhergegangenen, daß der größte Stromstoß in derjenigen Phase entsteht, deren Achse mit der Polachse im Kurzschlußmoment zusammenfällt. Der maximale auftretende Strom ist

$$J_{mkm}\left(1+e^{-\frac{\pi r_a}{x_{s1}}}\right)$$

und bei sehr kleinen Ohmschen Widerständen

$$\cong 2\,J_{mkm}.$$

Da

$$J_{mkm}=\frac{\sqrt{2}\,P}{\sqrt{r_a{}^2+x_k{}^2}}\cong\frac{\Phi_0}{\Phi_v}J_{km}$$

ist, kann J_{mkm} 4 bis 5mal so groß sein als J_{km}, und wenn x_k kleiner ist als x_{s1}, noch größer. Der maximale auftretende Strom kann also bei kleinen Ohmschen Widerständen und Reaktanzen und großer Ankerrückwirkung 8 bis 10mal so groß sein als J_{km}, und da J_{km} für normale Verhältnisse etwa $3\sqrt{2}\cong 4{,}2$ mal so groß ist als der effektive Vollaststrom, kann in ungünstigen Fällen der $4{,}2\cdot(8\sim 10)=34$ bis 42fache Normalstrom in der Ankerwicklung auftreten. Von der Belastung der Maschine ist der Kurzschlußstrom ziemlich unabhängig, wenn die Klemmenspannung konstant gehalten wird, da diese es ist, die bei Belastung den ersten großen Stromstoß hervorruft. Bei kleinen Belastungen ist das Verhältnis $\frac{J_{mk}}{J}$ größer als bei großen.

Die Oszillogramme aufgenommener Kurzschlußstromkurven sind oft noch bedeutend komplizierter, als unsere Gleichungen angeben. Wenn sich die Eigenkapazität der Wicklung bemerkbar macht oder der Generator über ein Kabel mit genügender Kapazität kurzgeschlossen wird, können oszillatorisch verlaufende Übergangszustände eintreten zwischen der Streureaktanz des Generators und der Kapazität des Kabels, die bedeutend höhere Frequenzen haben können als die Statorfrequenz. Es kann aber auch sein, daß die

Nutenharmonischen der Spannungskurve, die sich im allgemeinen nicht stark bemerkbar machen, in dem elektrischen Kreis, bestehend aus Streureaktanz und Kapazität, den Resonanzzustand und starke Ströme ihrer Periodenzahl erzeugen, die sich über den Hauptstrom lagern.

Es ist ferner zu beachten, daß sehr große Ströme entstehen können, wenn ein Generator falsch parallel geschaltet wird. Wird auf hell statt z. B. richtig auf dunkel geschaltet, so sind die EMKe beider Maschinen in Phase in bezug auf den inneren Stromkreis und es entsteht der oben berechnete Strom, da jetzt plötzlich die maximale Spannung $2\sqrt{2}\,P$ auf den Kreis $2\sqrt{r_a^2 + x_k^2}$ geschaltet wird. Soll die betrachtete Maschine mit mehreren bereits arbeitenden Maschinen, z. B. n, parallel geschaltet werden, so ist sie noch ungünstiger daran, weil die Impedanzen der übrigen Maschinen in bezug auf die erste nur in der Größenordnung $\frac{z}{n}$ erscheinen, so daß der entstehende Strom ca. $\frac{2n}{n+1}$ mal größer ist als der maximale Kurzschlußstrom der Maschine; wenn sie also zu vielen anderen parallel geschaltet werden soll, kann der maximale Strom 2 mal so groß werden als bei Kurzschluß, und noch größer, wenn die Normalleistungen der anderen Maschine groß sind gegen die der betrachteten Maschine. Es kann also in solchen Fällen der 80—100fache Normalstrom auftreten, der die Zerstörung einer solchen Maschine begreiflich macht.

Die starken Stromschwankungen im Erregerkreis können auch zu Störungen Anlaß geben, denn in irgendeiner außerhalb der Maschine liegenden Selbstinduktion, z. B. im Anker oder in einer Kompoundwicklung der Erregermaschine, können durch sie sehr große Spannungen induziert werden, so daß die Isolation in dieser oder auch in der Erregerwicklung selbst auf dem Polrade zerstört werden kann. In den Erregerwicklungen von Turbogeneratoren findet man ab und zu sehr viele Punktierungen, die wohl auf diese Erscheinung zurückzuführen sind. Aus diesen Gründen ist der Ohmsche Widerstand der Erregerwicklung und eine möglichst kräftige Dämpferwirkung der Pole von großem Vorteil, da hierdurch diese Schwankungen, die namentlich im ersten Moment dem Erregerstrom fast reinen Wechselstromcharakter geben, sehr verringert werden. So ist die Wirkung der Metallkeile, mit denen die Nuten verschlossen sind, bei einem Kurzschluß eine äußerst günstige, denn wenn ihr Kontakt mit dem Eisen nicht zu schlecht ist, wirken sie als Dämpferwicklung. Wie kräftig die entwickelten Wirbelstromspannungen und Stromstärken sind, zeigte sich bei Versuchen in England, wo bei Kurzschlußversuchen starke Lichtbogen an den Verschraubungen der Bronzekappen des Rotors bemerkt wurden, die sich in einem konzentrischen Kreis befanden. Es wurde dann festgestellt, daß die Verbindungsstellen der Schrauben, die die Kappe hielten, mit der Kappe verbrannt waren. Die Wirbelstromspannungen waren also so stark, daß sie die unvollkommenen Kontakte durch starke Lichtbogen überbrücken konnten. In einem anderen Falle, wo ähnliche Feuererscheinungen auftraten, wurde die ganze Wirbelstromstärke auf ca. 150000 Amp. geschätzt.

118. Die mechanische Beanspruchung der Wicklung bei einem plötzlichen Kurzschluß.

Neben den starken mechanischen Beanspruchungen, die die rotierenden Teile einer Maschine bei einem plötzlichen Kurzschluß auszuhalten haben, treten auch sehr starke Kräfte an den Spulenköpfen auf. Ähnlich wie bei den Transformatoren sind es die primären und sekundären Streufelder, die zwischen Magnetwicklung und Ankerwicklung entstehen und die Wicklungen zu verbiegen suchen. Man kann hier 3 Arten von Kräften unterscheiden, die an den Spulenköpfen, als an dem beweglichsten Teil des Systems, Deformationen erzeugen:

1. Kräfte, die durch den gleichgerichteten Teil des vorübergehenden Stromes und das Streufeld der Magnetwicklung erzeugt werden. Diese Kräfte pulsieren mit Statorperiodenzahl. 2. Kräfte infolge der gegenseitigen Induktion zweier Ankerspulen und 3. Kräfte, die infolge der gegenseitigen Wirkung des Wechselstromes der Armatur und des Streufeldes der Magnetwicklung entstehen. Die Kräfte 2 und 3 pulsieren mit der doppelten Periodenzahl des Statorstromes.

Infolge der ersten Art treten anziehende und abstoßende Kräfte zwischen den Spulenköpfen und der Magnetwicklung auf. Die Spulenköpfe der Statorwicklung suchen sich infolge der 3. Art der Kräfte von dem Magnetsystem zu entfernen und die Kräfte der zweiten Art wirken anziehend oder abstoßend zwischen den Spulenköpfen der einzelnen Phasen, je nach der Richtung des Stromes in den einzelnen Phasen.

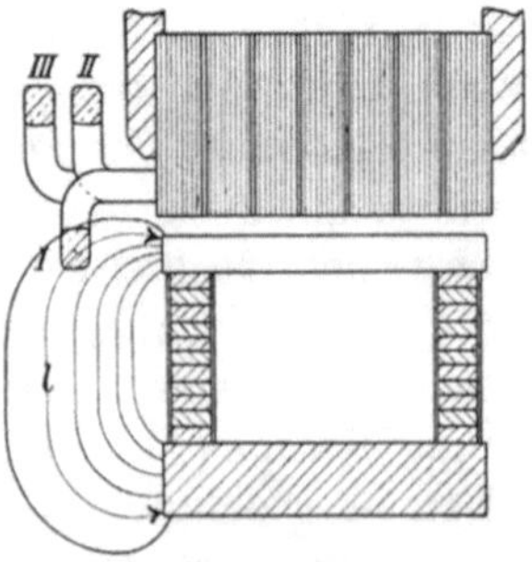

Fig. 326.

Wenn ein Spulenkopf sehr nahe am Eisen liegt, wird er gewöhnlich gegen das Eisen gezogen. Bei der in Fig. 326

dargestellten Anordnung der Wicklungsköpfe eines Dreiphasengenerators werden gewöhnlich die Spulenköpfe der Phase I von dem Streufelde zwischen Stator und Magnetwicklung nach außen abgebogen, während die Spulenköpfe der II. und III. Phase sich gegenseitig abstoßen.

Um die abstoßende Kraft auf die Phase I (Fig. 326) zu berechnen, muß beachtet werden, daß im Kurzschluß ein dem großen induzierten Erregerstrom proportionales Streufeld auftritt. Diesen maximalen Erregerstrom i_{me} haben wir im vorhergehenden Abschnitt festgestellt. Es wirkt nun auf alle Kraftröhren eines Poles zwischen Polschuh und Joch die MMK $i_{me} w_e - \frac{1}{2} AW_m$, wobei $\frac{1}{2} AW_m$ die AW sind, die zur Erregung des Kraftflusses im Pole erforderlich sind. Durch Aufzeichnen der Kraftlinien läßt sich angenähert die Feldstärke in der Umgebung der Phase I berechnen, und man erhält:

$$H \cong \frac{i_{me} w_e - \frac{1}{2} AW_m}{0,8\, l} \quad . \; . \; . \; . \; . \; . \; . \; . \quad (371)$$

und die maximale mechanische Kraft pro Zentimeter Länge des Spulenkopfes

$$K = \frac{H i_{a\,max} w_s}{l\, 10^7} = \frac{i_{me} w_e - \frac{1}{2} A W_m}{0,8\, l\, 10^7} i_{a\,max} w_s \,\mathrm{kg} \quad . \quad (372)$$

worin $i_{a\,max}$ den Höchstwert des momentanen Kurzschlußstromes in Phase I und w_s die Windungszahl des Spulenkopfes bedeuten. Da $i_{me} w_e$ bei großen Maschinen im Augenblick des Kurzschlusses bis zu 100000 AW anwachsen kann, während $i_{a\,max} w_s$ gleichzeitig den Wert von 150000 erreicht, so wird

$$K = \frac{10^5 \cdot 1,5 \cdot 10^5}{0,8\, l \cdot 10^7} = \frac{1500}{0,8\, l} \,\mathrm{kg}.$$

Setzt man $l = 36$ cm, so wird $K = 52$ kg. Ist der Polbogen der Maschine 60 cm und die Länge des Spulenkopfes 80 cm, so kann man mit einer Kraft auf den Spulenkopf von ca.

$$52 \cdot \frac{60 + 80}{2} \cong 3600 \,\mathrm{kg}$$

rechnen. Es können also sehr erhebliche Kräfte in großen Maschinen auftreten. Man ist deswegen auch von der in Fig. 326 gezeigten Wicklungsanordnung abgekommen und führt die Wicklungsköpfe, wenn möglich, in zwei Ebenen aus, wie Fig. 327 zeigt. Die Wicklungsköpfe sind dann so weit von den Magnetspulen entfernt, daß

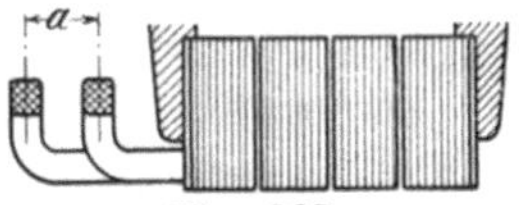

Fig. 327.

diese nur wenig Einfluß auf die Köpfe haben. Bei der letzten Wicklung erhält man hauptsächlich abstoßende Kräfte zwischen den Köpfen, weil in demselben Moment die Ströme in den Spulenköpfen der beiden Ebenen fast stets entgegengesetzt gerichtet sind. In dem axial verlaufenden Teile der Spulen, wo sie gerade aus den Nuten herauskommen, haben wir gruppenweise dieselbe Stromrichtung, weshalb hier sowohl anziehende, als abstoßende Kräfte bestehen. Die letzteren sind die Größeren, da das Streufeld zwischen den Spulen dort am stärksten wird, wo der Strom seine Richtung wechselt.

Die Kraft, mit der ein dem Eisen naheliegender Spulenkopf von demselben angezogen wird, läßt sich berechnen, wenn der Abstand a des Spulenkopfes vom Eisen gegen die Eisenfläche klein ist. Unter dieser Annahme läßt sich das entstehende magnetische Feld bekanntlich so berechnen, als ob symmetrisch zur Trennungsebene Luft—Eisen ein genau gleich geformter vom gleichen Strom durchflossener Spulenkopf sich befände und das Eisen gar nicht vorhanden wäre. Ist die Länge eines Spulenkopfes groß gegen den Abstand $2a$, so läßt sich die Kraft zwischen diesen beiden Spulenköpfen annähernd nach der Formel für das magnetische Feld eines unendlich langen geradlinigen Leiters berechnen. Die magnetische Feldstärke ist in der Entfernung $2a$ von einem solchen Leiter

$$H = \frac{0{,}2\, i_{a\,max} w_s}{2\,a} = \frac{0{,}1\, i_{a\,max} w_s}{a} \quad . \quad . \quad . \quad . \quad (373)$$

In diesem Felde des gedachten Spulenkopfes befindet sich der wirkliche, und die Kraft, die ihn gegen das Eisen treibt, ist also pro Zentimeter Länge gerechnet,

$$\boldsymbol{K = \frac{i_{a\,max}^2 w_s^2}{a\,10^8}\,\mathrm{kg}} \quad . \quad . \quad . \quad . \quad . \quad (374)$$

Rechnen wir mit einem Abstand von ca. 6 cm und setzen $i_{a\,max} w_s \cong 150000$, dann wird

$$K = \frac{2{,}25 \cdot 10^{10}}{6 \cdot 10^8} \cong 38\ \mathrm{kg}.$$

Bei einer gesamten Länge von 60 cm wird die totale Kraft auf den Spulenkopf

$$K = 38 \cdot 60 = 2280\ \mathrm{kg}.$$

Es sind also ganz bedeutende pulsierende Kräfte, die zwischen 0 und dem berechneten Maximum $2c$ mal in der Sekunde schwanken, die den Spulenkopf gegen das Eisen ziehen. Man begreift, daß, als man ursprünglich hölzerne Distanzstücke zwischen Spule und Eisen legte, diese nach einem Kurzschluß so zersplittert wurden, als ob sie unter einem Dampfhammer gelegen hätten. Die Kraft zwischen zwei Spulenköpfen läßt sich für genügend lange Spulenköpfe auch nach der Formel für den unendlich langen Leiter berechnen. Eine genauere Rechnung ist in WT I, S. 582 angegeben, die den endlichen Querschnitt der Spulenköpfe berücksichtigt. Nach der vereinfachten Annahme mit linearen Leitern erhält man

$$\boldsymbol{H} = \frac{0{,}2\, \boldsymbol{i_a w_s}}{\boldsymbol{a}} \quad \ldots \ldots \quad (375)$$

wenn a nun den gegenseitigen Abstand der Spulenköpfe bezeichnet. Die maximale Kraft, die die Spulenköpfe auseinander treibt, ist dann vorhanden, wenn der Strom in einem Kopf $\frac{1}{2}\sqrt{3}\, i_{a\,max}$ und im andern $-\frac{1}{2}\sqrt{3}\, i_{a\,max}$ ist, da sie proportional ii' ist.

Es ist dann

$$H = \frac{0{,}2\, w_s}{a} \frac{1}{2} \sqrt{3}\, i_{a\,max}$$

und die Kraft pro Zentimeter Länge wird dann

$$\boldsymbol{K} = \frac{0{,}2\, \boldsymbol{w_s^2}}{\boldsymbol{a}\, 10^7} \frac{3}{4} \boldsymbol{i_{a\,max}^2} = 1{,}5 \frac{(\boldsymbol{i_{a\,max} w_s})^2}{\boldsymbol{a}\, 10^8} \quad . \; . \quad (376)$$

Als wirklich von dieser Kraft beeinflußt sind nur $\frac{2}{3}$ der Länge eines Spulenkopfes zu betrachten.

Setzen wir z. B.

$$a = 10 \text{ cm} \qquad i_{a\,max} w_s = 150000,$$

so ist

$$K \cong 34 \text{ kg pro cm},$$

und ist die Länge eines Spulenkopfes 60 cm, so ist die Kraft, die auf den ganzen Spulenkopf wirkt,

$$34 \cdot 60 \cdot \tfrac{2}{3} = 1360 \text{ kg}.$$

Also eine ganz beträchtliche Kraft, die den Druck der innersten Spule gegen das Eisen noch erhöht und die Wicklungshalter ganz wesentlich beansprucht. Eine gute Festlegung und Versteifung der Wicklungsköpfe ist also eine äußerst wichtige Sache, und eine mangelhafte Befestigung kann bei einem Kurzschluß Ursache zur völligen Zerstörung der Anker- und Erregerwicklung sein.

Neunzehntes Kapitel.

Verluste und Wirkungsgrad einer Wechselstrommaschine.

119. Verlust durch Hysteresisarbeit. — 120. Verlust durch Wirbelströme, nicht isolierte Ankerbolzen und innere Ankerströme. — 121. Berechnung der gesamten Eisenverluste. — 122. Stromwärmeverluste durch den Ankerstrom und den Erregerstrom. — 123. Mechanische Verluste. — 124. Der Wirkungsgrad einer Wechselstrommaschine und der Einfluß der einzelnen Verluste. — 125. Die Lagerströme.

In jeder Dynamomaschine ist die Erzeugung der elektrischen Energie mit einer großen Zahl von Verlusten verbunden, magnetischer, elektrischer und mechanischer Natur. Wir unterscheiden

1. Verlust durch Hysteresisarbeit;
2. Verlust durch Wirbelströme, durch innere Ankerströme und nichtisolierte Ankerbolzen;
3. Stromwärmeverluste, verursacht
   a) durch den Ankerstrom,
   b) durch den Erregerstrom;
4. Mechanische Verluste
   a) durch Lagerreibung,
   b) durch Luftreibung,
   c) durch Vibration der Maschine.

Die unter 1 und 2 genannten Verluste werden beim Leerlaufversuch gemeinsam gemessen; sie bestehen größtenteils aus Verlusten im Eisen und werden deswegen oft „Eisenverluste" genannt, während man die Verluste der Gruppe 3 „Kupferverluste" nennt. Wir wollen nun die Verluste der Reihe nach besprechen.

119. Verlust durch Hysteresisarbeit.

Aus zahlreichen Versuchen hat Steinmetz gefunden, daß der Hysteresisverlust bei linearer Magnetisierung pro Zyklus und Volumeneinheit (Kubikzentimeter) angenähert gleich

$$\eta\, B_{max}^{1,6}\ \text{Erg}$$

gesetzt werden kann, wo η eine für die betreffende Eisensorte konstante Größe ist, und B_{max} die maximale Induktion bezeichnet.

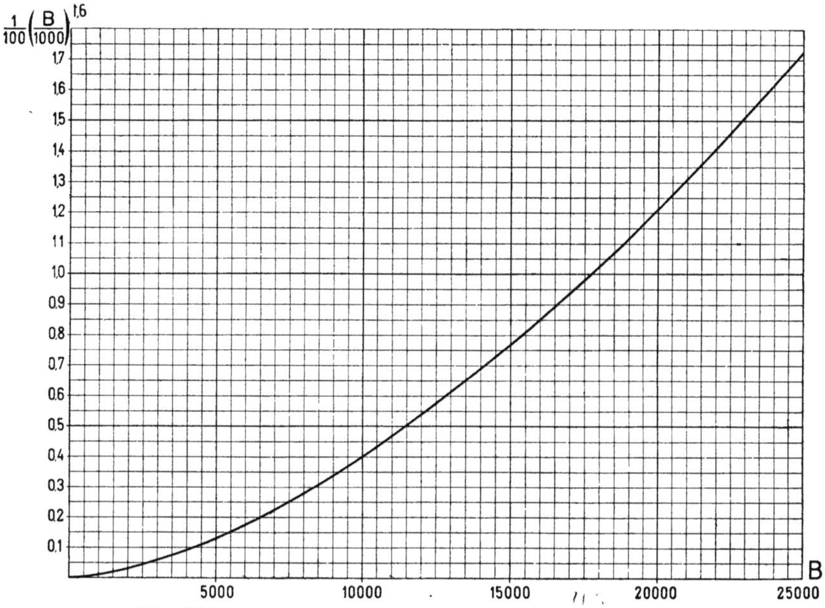

Fig. 328. Kurve zur Berechnung der Hysteresisverluste.

Nimmt man an, daß der Hysteresisverlust pro Zyklus der Ummagnetisierung unabhängig von der Geschwindigkeit ist, mit der er durchlaufen wird, was tatsächlich auch annähernd der Fall ist[1]), so kann man den Hysteresisverlust für die lineare Ummagnetisierung bei c Ummagnetisierungen pro Sekunde und unter der Annahme $\eta = 0{,}0016$

$$W_h = \left(\frac{c}{100}\right)\left(\frac{B_{max}}{1000}\right)^{1,6} V\ \text{Watt}$$

setzen, wobei V in dm^3 einzusetzen ist. Bei Ummagnetisierung mit Wechselstrom ist c die Periodenzahl des Wechselstromes.

In Fig. 328 ist $\frac{1}{100}\left(\frac{B_{max}}{1000}\right)^{1,6}$ als Funktion von B_{max} aufgetragen.

Bei den Dynamomaschinen kommt meistens die drehende Ummagnetisierung vor, bei welcher die magnetisierende Kraft der Größe nach mehr oder weniger konstant, der Richtung nach aber

[1]) Vgl. Gumlich und Rose, „Wissenschaftl. Abhandlungen der physikalisch-technischen Reichsanstalt", 1905.

veränderlich ist. Über den Hysteresisverlust bei drehender Magnetisierung herrscht zurzeit noch Unsicherheit. Wir übertragen das Gesetz von Steinmetz auch auf diese Hysteresis und setzen

$$W_h = \sigma_h \frac{c}{100} \left(\frac{B_{max}}{1000}\right)^{1,6} V \text{ Watt}, \quad . \quad . \quad . \quad (377)$$

wo σ_h ein Maß für die Güte des Bleches ist; bei gutem Transformatorblech ist $\sigma_h = 1$ oder kleiner als 1. Bei legierten Eisenblechen von Capito und Klein wurde im Elektrot. Institut Karlsruhe $\sigma_h = 0{,}67$ gefunden.

a) Der Hysteresisverlust im Ankerkern. Betrachten wir einen Nutenanker, so ist der Hysteresisverlust im Ankerkern und in den Zähnen getrennt zu berechnen. Der Hysteresisverlust im Ankerkern ergibt sich für einen gleichförmig über den ganzen Ankerkern verteilten Kraftfluß nach der Formel

$$W_{ha} = \sigma_h \left(\frac{c}{100}\right) \left(\frac{B_a}{1000}\right)^{1,6} V_a \text{ Watt} \quad . \quad . \quad (378)$$

$c = \frac{pn}{60}$ ist die Periodenzahl der Ummagnetisierung, B_a die maximale Induktion im Ankerkern und V_a das Eisen-Volumen des Kernes.

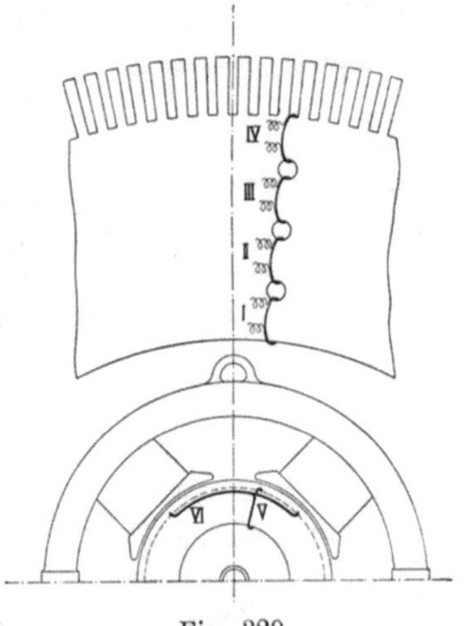

Fig. 329.

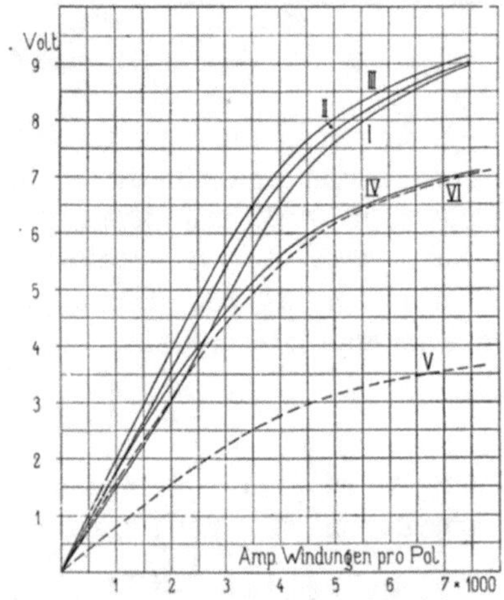

Fig. 330.

Fig. 329 und 330. Verteilung des Kraftflusses im Ankerkerne.

Die Induktion verteilt sich aber nicht vollständig gleichmäßig über den ganzen Kernquerschnitt, wie der folgende in der Maschinenfabrik Örlikon ausgeführte Versuch zeigt.

An verschiedenen Stellen des Ankers (Fig. 329) sind die Prüfspulen I bis VI jede mit 10 Windungen angebracht; die an diesen Spulen gemessene Wechselspannung ist als Funktion des Erregerstromes in den Kurven I bis VI (Fig. 330) aufgezeichnet. In das Armatureisen wurden in axialer Richtung 3 Löcher von 8 mm Durchmesser gebohrt, und zwischen diese Löcher sind die Meßspulen I bis IV gewickelt; die Spule V umschließt den ganzen Eisenring und die Spule VI umschließt als Trommelwindung 44 Armaturzähne. Eigentümlich ist, daß die in der Spule IV induzierte EMK mit der Erhöhung der Feldstärke langsamer ansteigt als die in den Spulen I, II und III induzierten EMKe. Die in der Spule VI induzierte EMK ist fast doppelt so groß wie die in der Spule V induzierte EMK.

Fig. 331 stellt die Resultate ähnlicher Versuche mit Nutenankern von W. M. Thornton[1]), und zwar bei verschiedenen Zahninduktionen dar. Als Abszisse ist die radiale Tiefe des Ankerkernes (5 cm), als Ordinate die Induktion im Ankerkern aufgetragen. Es zeigt sich aus diesen Kurven, daß bei höherer Zahninduktion die maximale Ankerinduktion direkt hinter den Nuten auftritt, während bei niedriger Zahninduktion die maximale Ankerinduktion in einiger Entfernung der Nuten auftritt. Dies läßt sich dadurch erklären, daß bei hoher Zahninduktion der Kraftfluß schon teilweise durch den Nutenraum von den Nutenwänden nach dem Nutengrund verläuft und außerdem dadurch, daß der Zahnkraftfluß, sobald ihm ein größerer Querschnitt geboten wird, plötzlich abbiegt.

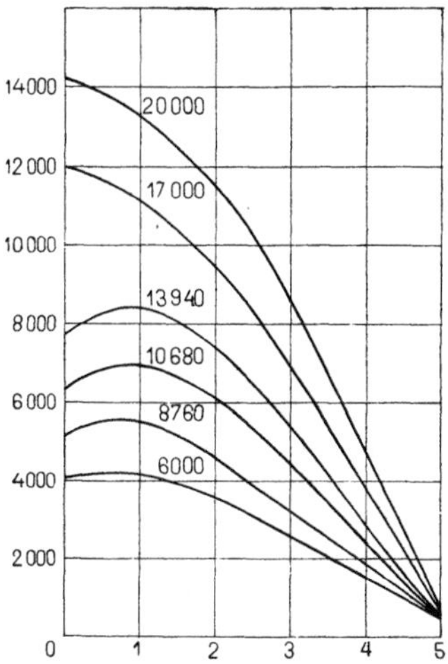

Fig. 331. Verteilung der Induktion in einem Nutenanker als Funktion der radialen Tiefe.

Unter der Annahme, daß das Eisen dort fortgelassen werden kann, wo die Induktion auf etwa die Hälfte der maximalen gesunken ist, ergibt sich als Anhaltspunkt für die Wahl der Kerntiefe h

$$h \simeq \frac{D}{2p} \qquad (379)$$

Der Einfluß dieser ungleichförmigen Verteilung des Kraftflusses über den ganzen Kernquerschnitt auf den Hysteresisverlust ist im

[1]) „Electrician", 1905—1906, S. 959.

allgemeinen nicht groß und kann, wenn erforderlich, am einfachsten durch einen Zuschlag berücksichtigt werden.

Der Hysteresisverlust ist auch abhängig von der Form der Feldkurve oder von dem Verhältnis $\alpha = \frac{\text{Polbogen}}{\text{Polteilung}}$ und von der Form der Polspitzen.

Ist der durch Wechselstrommagnetisierung und Trennung der Hysteresis und Wirbelstromverluste nach der Periodenzahl gefundene Koeffizient η, so setzen wir

$$\sigma_h = 0{,}9 \text{ bis } 1{,}1 \frac{\eta}{0{,}0016} \quad . \; . \; . \; . \; . \; (380)$$

Der kleinere Wert ist bei Leerlauf und der größere bei Volllast zu benutzen, weil hier die ungleichförmige Verteilung des Kraftflusses über den Kernquerschnitt größer ist.

Bezeichnen wir mit Q_a den Querschnitt des Ankerkernes, so kann angenähert der Hysteresisverlust proportional

$$B_a^{1,6} Q_a = \frac{\Phi_a^{1,6}}{Q_a^{0,6}}$$

gesetzt werden. Der Hysteresisverlust ändert sich somit bei konstantem Kraftfluß Φ_a umgekehrt mit der 0,6ten Potenz des Eisenvolumens; d. h. die Ersparnis an Eisen wächst prozentual rascher als die Zunahme des Verlustes.

b) Der Hysteresisverlust in den Zähnen. Dieser ist einfach zu berechnen, wenn man von den Annahmen ausgeht, daß

1. durch jeden Zahnquerschnitt derselbe Kraftfluß geht und
2. das Steinmetzsche Gesetz richtig sei.

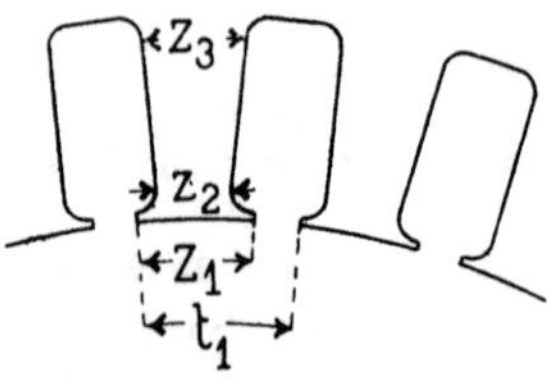

Fig. 332.

Bedeute, wie in Fig. 332, z_2 die kleinere Zahnbreite am Umfang bzw. Zahnfuß z_3 die größere Zahnbreite am Zahnfuß bzw. Umfang, l die totale Länge des Armatureisens, k_2 den Faktor, der die Isolation zwischen den Blechen berücksichtigt, und $V_z = l_z \frac{z_2 + z_3}{2} l k_2 Z$ das Volumen aller Z Zähne in dm³, so wird der Hysteresisverlust aller Zähne

$$W_{hz} = \sigma_h k_4 \frac{c}{100} \left(\frac{B_{z\,min}}{1000} \right)^{1,6} V_z \quad . \; . \; . \; . \; (381)$$

k_4 stellt einen Koeffizienten dar, der die Variation der Zahndicke entlang der Zahnhöhe berücksichtigt.

Für trapezförmige Nuten (Fig. 332) findet sich[1])

$$k_4 = 5 \frac{1 - \left(\frac{z_2}{z_1}\right)^{0,4}}{1 - \left(\frac{z_2}{z_3}\right)^{2}} = f\left(\frac{z_2}{z_3}\right)$$

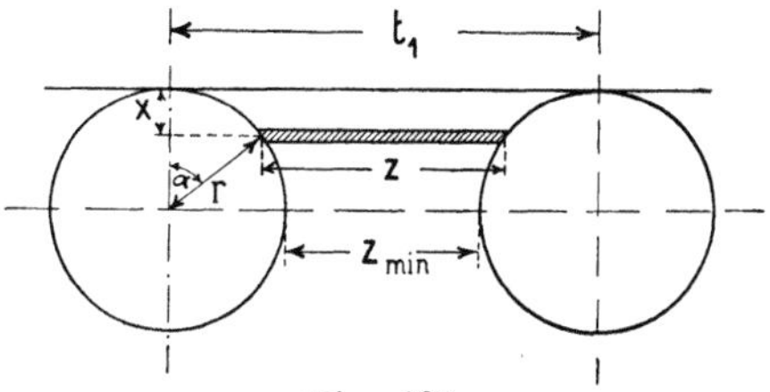

Fig. 333.

und für runde Löcher (Fig. 333)

$$k_4 = \frac{t_1^{1,6}}{2 t_1 r - \pi r^2} \int_0^{\pi} \frac{r \sin \alpha \, d x}{(t_1 - 2 r \sin \alpha)^{0,6}} = f\left(\frac{z_{min}}{t_1}\right).$$

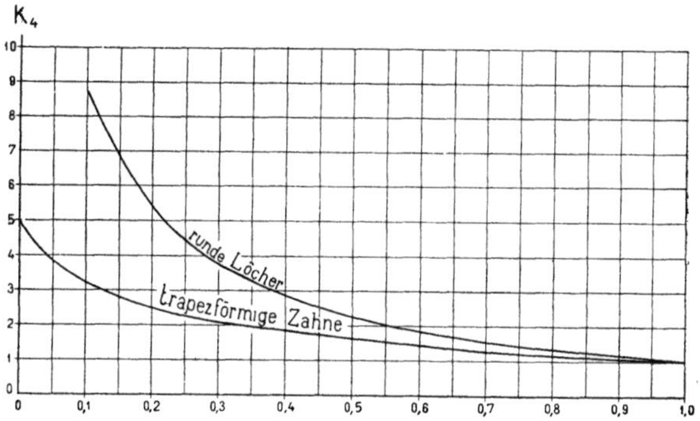

Fig. 334. Der Koeffizient $k_4 = f\left(\frac{z_2}{z_3}\right)$ oder $\left(\frac{z_{min}}{t_1}\right)$.

In Fig. 334 ist $k_4 = f\left(\frac{z_2}{z_3}\right)$ bzw. $= f\left(\frac{z_{min}}{t_1}\right)$ für trapezförmige Zähne und kreisrunde Löcher aufgetragen.

120. Verlust durch Wirbelströme, nicht isolierte Ankerbolzen und innere Ankerströme.

a) Verlust durch Wirbelströme im Ankereisen. Da das Ankereisen infolge seiner Drehung im magnetischen Felde ummagnetisiert und die Induktion stetig geändert wird, enstehen im Ankerkörper selbst EMKe, die Ströme hervorrufen, die der Variation der Induktion entgegenwirken. Diese Ströme werden Wirbelströme oder Foucaultströme genannt und sind nach den Rechnungen von J. J. Thomson so kräftig, daß eine dicke Eisenplatte einen Wechselkraftfluß von 100 Perioden nicht besser leitet als zwei

[1]) s. Arnold, „Gleichstrommaschine", Bd. I, S. 639 u. 640.

dünne Platten von je $^1/_4$ mm Stärke. Diese Ströme würden das Ankereisen stark erwärmen. Aus diesen Gründen muß der ganze Ankerkörper aus lamelliertem Eisen, d. h. aus dünnen Blechscheiben, die voneinander isoliert sind, zusammengesetzt werden. Da die induzierte EMK der Wirbelströme senkrecht zu der Ebene steht, die durch die Richtung der magnetischen Kraft und die Bewegungsrichtung gebildet wird, ist die Lamellierung des Eisenkörpers parallel zu dieser Ebene auszuführen, wie Fig. 335 zeigt. Bei den üblichen Periodenzahlen genügt es, die Stärke der Bleche auf 0,5 mm zu reduzieren; bei großer Periodenzahl ist es günstig, noch dünnere Bleche zu verwenden, z. B. solche von 0,3 mm Stärke. — Die Wirbelstromverluste lassen sich nach der folgenden Formel berechnen

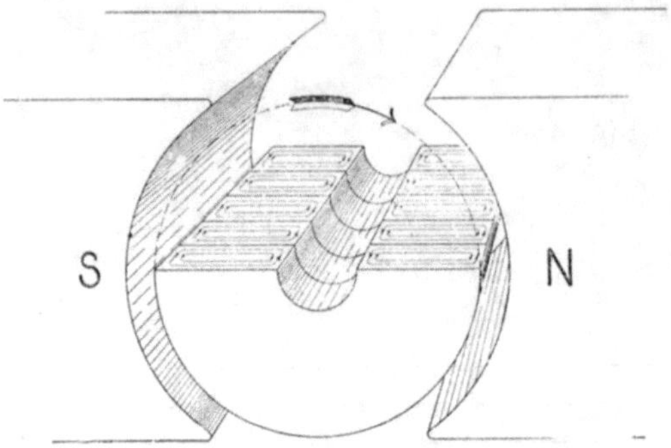

Fig. 335. Wirbelströme im Ankerkerne.

$$W_w = \sigma_w \left(\Delta \frac{c}{100} \frac{B_{max}}{1000}\right)^2 V \quad . \quad . \quad . \quad . \quad . \quad (382)$$

wo Δ die Blechstärke in mm

c die Periodenzahl

und σ_w eine Konstante ist, die von der elektrischen Leitfähigkeit des Eisens und von der Art der Ummagnetisierung abhängig ist.

Die Leitfähigkeit des Eisens, die sich, je nach der molekularen und chemischen Beschaffenheit desselben, innerhalb weiter Grenzen ändert, übt einen besonders großen Einfluß auf σ_w aus. Führt man die Trennung der Eisenverluste in den mit der Periodenzahl proportionalen und den mit dem Quadrate derselben variierenden Teil durch, so zeigt sich, daß für die höheren Induktionen und Periodenzahlen die Proportionalität mit dem Quadrate von c nicht mehr besteht.

Die Fig. 336 zeigt diese Trennung für verschiedene Induktionen B_1, B_2 und B_3 bei einem Transformatorblech. Bei geringen Induktionen und niederen Periodenzahlen ist die Kurve $\frac{W_h + W_w}{c} = f(c)$ eine Gerade (Kurve I), während sie bei den höheren Induktionen mit zunehmender Periodenzahl von der Geraden abweicht und unterhalb derselben verläuft (Kurve III).

Bei der rotierenden Hysteresis können dieselben Verhältnisse beobachtet werden.

Diese Abweichung ist zum Teil auf Temperaturänderungen, zum Teil auf die Selbstinduktion der Wirbelströme zurückzuführen.

Nach Gumlich und Rose (s. S. 479 zitierten Aufsatz) nimmt das Leitvermögen bei den gewöhnlichen Blechsorten mit steigender Temperatur pro Grad um rund 0,45 % ab.

Aus Messungen mit Wechselstrom ergibt sich für Transformatorbleche ein Wert von $\sigma_w = 2{,}0$ oder kleiner als 2,0.

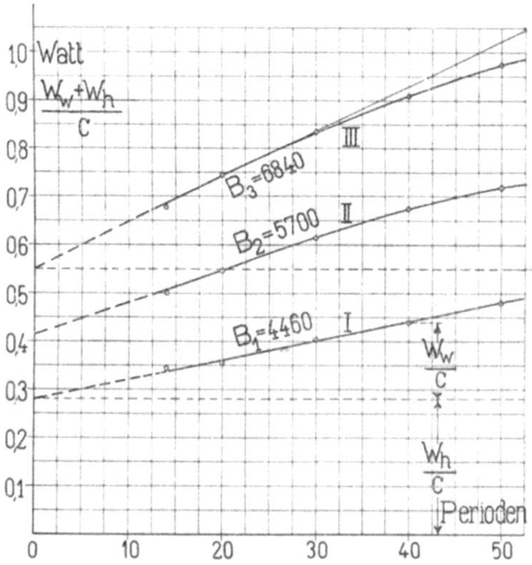

Fig. 336. Hysteresis- und Wirbelstromverluste pro Periode als Funktion der Periodenzahl.

Bei den erwähnten Versuchen von Gumlich und Rose ergaben sich für die drei untersuchten Blechsorten Werte von

$$\sigma_w = 1{,}86 \qquad 1{,}54 \qquad 0{,}88.$$

Eine Untersuchung von legiertem Eisenblech der Firma Capito & Klein durch die Physikalisch-Technische Reichsanstalt ergab für die Wirbelstromkonstante den Wert

$$\sigma_w = 0{,}63.$$

Im Ankerkörper treten aber außer diesen Wirbelstromverlusten noch andere, zusätzliche Wirbelstromverluste auf:

Erstens entsteht in den massiven Teilen des Ankerkörpers, die die Ankerbleche zusammenhalten, ein zusätzlicher Wirbelstromverlust. Dieser Teil wird um so größer, je mehr die Bauart der Maschine den Eintritt eines magnetischen Kraftflusses in die massiven Teile begünstigt. Um Wirbelstromverluste in den Ankerplatten möglichst zu vermeiden, macht man mitunter die Eisenlänge l des Ankers auf jeder Seite um einige Millimeter größer als die Polschuhlänge.

Zweitens wird durch das Abdrehen der Armaturbleche und das Fräsen und Feilen der Nuten die Isolation zwischen den benachbarten Blechen am äußeren Rande derselben zerstört, so daß die ganze Armatur als mit einem sehr dünnen, siebartig durchlöcherten Eisenmantel bedeckt angesehen werden kann. Der Wattverlust, der bei der Rotation eines solchen Ankerkörpers im magnetischen Felde entsteht, kann erheblich ausfallen, besonders, wenn stumpfe Drehstähle oder ungenügend geschärfte Fräser verwendet werden. Schmale und tiefe Nuten erhöhen, wegen ihrer großen Oberfläche, den Verlust.

Das Stanzen der Nuten ohne nachträgliches Feilen oder Fräsen verdient daher den Vorzug. Findet dieses dennoch statt, so ist das durch die billigere Herstellung einer saubern, glatten Nut zu erklären.

Die durch ungenügende Isolation der Bleche verursachten Wirbelstromverluste sind außer von dem Quadrate der Periodenzahl und dem Quadrate der Feldstärke auch von der Länge der Armatur, bzw. von der Länge, auf der die Isolation unterbrochen ist, abhängig. Es ist deshalb bei gefrästen Nuten zweckmäßig, etwa in Entfernung von 2 bis 3 cm dickere Papierscheiben zwischen die Ankerbleche zu legen.

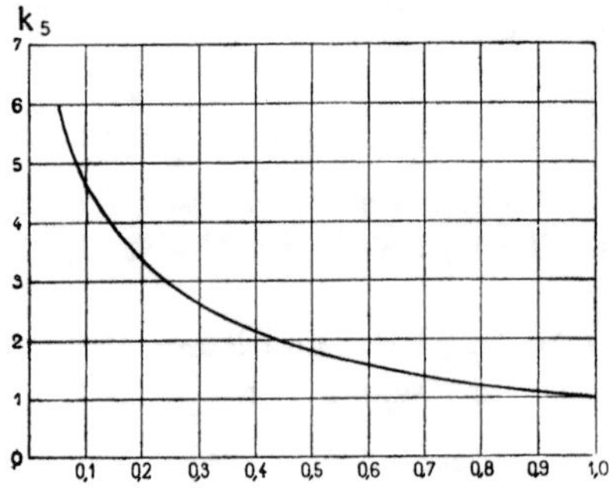

Fig. 337. Der Koeffizient $k_5 = f\left(\frac{z_2}{z_3}\right)$.

Nach einer Mitteilung von Parshall und Hobart[1]) hat das Fräsen der Nuten in gewissen Fällen den Eisenverlust auf das Dreifache des ursprünglichen erhöht. Sogar leichtes Feilen erhöht den Verlust beträchtlich.

Die Wirbelstromverluste im Armatureisen einer Wechselstrommaschine lassen sich nach den folgenden Formeln berechnen.

Für den Armaturkern sind die Wirbelstromverluste

$$W_{wa} = \sigma_w \left(\Delta \frac{c}{100} \frac{B_a}{1000}\right)^2 V_a \text{ Watt}$$

und für die Zähne

$$\boldsymbol{W_{wz} = \sigma_w k_5 \left(\Delta \frac{c}{100} \frac{B_{z\,min}}{1000}\right)^2 V_z} \textbf{ Watt} \quad . \quad . \quad . \quad (383)$$

wo der Faktor k_5 sich in ähnlicher Weise wie k_4 berechnen läßt; man findet für trapezförmige Zähne

[1]) „Engineering", 1898, Bd. LXVI, S. 6.

$$k_5 = \frac{2}{1 - \left(\frac{z_2}{z_3}\right)^2} \ln\left(\frac{z_3}{z_2}\right)$$

oder

$$k_5 = \frac{4{,}6}{1 - \left(\frac{z_2}{z_3}\right)^2} \log\left(\frac{z_3}{z_2}\right)$$

In Fig. 337 ist k_5 als Funktion von $\left(\frac{z_2}{z_3}\right)$ aufgetragen.

Der Koeffizient σ_w ist, wie wir gesehen haben, in hohem Grade abhängig von der Bearbeitung des Ankers und von der ganzen Bauart desselben.

In der Praxis wird es zweckmäßig sein, diesen Koeffizienten für die verschiedenen Maschinengrößen und Typen experimentell zu bestimmen, obwohl derselbe für die gleiche Maschine in verschiedener Ausführung noch erheblich schwanken kann.

b) Verluste durch Wirbelströme in den Polen der Feldmagnete. Bei Nutenankern verteilt sich der Kraftfluß längs des Polschuhes nicht gleichförmig, sondern es folgen entsprechend den sich abwechselnden Nuten und Zähnen Maximal- und Minimalwerte der Induktion aufeinander. Sei B_l die mittlere Induktion und $k_1 B_l$ die maximale Induktion im Luftzwischenraum, so kann für einen bestimmten Moment die Kraftflußverteilung durch die wellenförmige Kurve (Fig. 338) dargestellt werden. Es lagert sich hiernach über den Mittelwert der Induktion B_l eine wellenförmige Kurve, deren Amplitude gegenüber dem Mittelwerte der Induktion B_l gleich $(k_1 - 1) B_l$ ist.

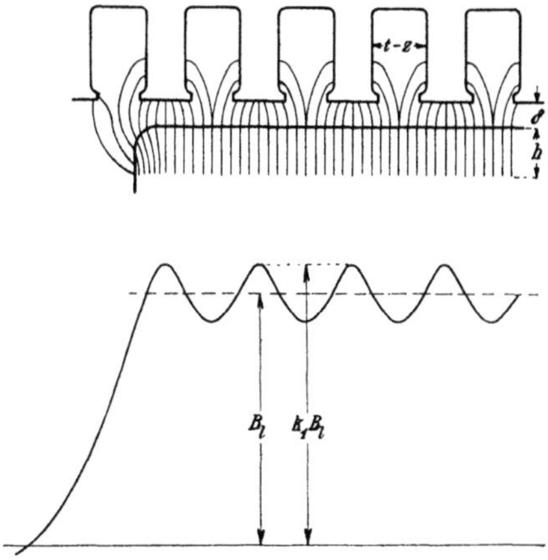

Fig. 338. Wirbelströme in den Polschuhen.

Mit der Rotation des Feldsystems bzw. der Armatur verschieben sich die Minima und Maxima dieser Kurve längs der Polfläche und für eine bestimmte Stelle unter dem Polschuh schwankt somit die Induktion nach Maßgabe der pro Sekunde vorbeiwandernden Zähnezahl Z. Dadurch werden in der Polschuhfläche Wirbelströme von der Periodenzahl $c_w = \frac{Zn}{60}$ induziert, die sich bis zu einer gewissen Tiefe h im Materiale schließen.

Die Ströme sind so gerichtet, daß sie die Schwankung des Feldes dämpfen, d. h. sie üben eine Schirmwirkung aus, und werden daher hauptsächlich an der Oberfläche[1]) des Polschuhes verlaufen und nach innen schnell abgedämpft. Die Wirbelströme geben Veranlassung zu Verlusten in den Polschuhen; diese hängen erstens von der Amplitude der Feldpulsation

$$(k_1 - 1) B_l,$$

dann von der Periodenzahl c_w und endlich von der Dämpfung, d. h. von der Permeabilität μ und dem spezifischen Widerstande ϱ des Polschuhmaterials ab[2]).

Der Wert von k_1 (siehe S. 79) läßt sich bei halb oder ganz geschlossenen Nuten nur annähernd bestimmen. Man muß dabei nach Fig. 332, S. 482 für die Schlitzweite der Nut eine mit Rücksicht auf die Sättigung des Steges entsprechend vergrößerte Weite in die Rechnung einführen.

Wenn größere Wirbelströme in den Polen vermieden werden sollen, die sich bei der Feststellung des Wirkungsgrades unangenehm bemerkbar machen, so soll

$$(k_1 - 1) B_l \frac{Zn}{60 \cdot 10^5} < 6 \text{ bis } 8$$

sein.

Die Größe dieses Wirbelstromverlustes läßt sich nicht experimentell von den übrigen Wirbelstromverlusten trennen. Er erscheint deshalb als zusätzlicher Eisenverlust und wird immer zu den Wirbelstromverlusten im Ankereisen zugeschlagen.

Um das Auftreten von Wirbelstromverlusten möglichst zu vermeiden, gibt es verschiedene Mittel. Man macht $\frac{t_1 - z_1}{\delta}$ möglichst klein. Bei halbgeschlossenen Nuten könnte man $t_1 - z_1$ beliebig verkleinern, wenn man dadurch nicht Gefahr liefe, die Armaturreaktanz zu erhöhen und zu große Spannungsabfälle zu erhalten. Bei weiten Nuten ist jedoch eine mäßige Verbreiterung des Zahnkopfes ohne großen Einfluß auf die Reaktanz.

Bei einphasigen, nur teilweise bewickelten Ankern kommt man oft auf große Entfernungen der Nuten, was das Auftreten von magnetischen Schwankungen wesentlich begünstigt. Eine Abhilfe

---

[1]) s. R. Rüdenberg, ETZ 1905, S. 182.

[2]) Siehe Arnold, Gl.-M., Bd. I, S. 647 f.

kann dadurch geschaffen werden, daß man, um den magnetischen Widerstand entlang der Armaturoberfläche möglichst konstant zu machen, zwischen den bewickelten Nuten unbewickelte (blinde Nuten) anordnet. Bei mehrphasigen Armaturen wird die Anordnung einer entsprechenden Mehrlochwicklung auf günstige Dimensionen der Nuten führen.

Ein anderes Mittel besteht in der Anwendung lamellierter Polschuhe oder lamellierter Pole. In diesem Falle läßt man aber die Polschuhe unbearbeitet, denn durch das Abdrehen wird die äußere Isolationsschicht zerstört, und da die Eindringungstiefe der Wirbelströme an sich klein ist, so würde dies zu wenig nützen. Bei weiten Nuten und kleinem Luftspalt δ bietet die Lamellierung der Pole das wirksamste Mittel gegen die Wirbelströme und kommt vielfach zur Anwendung.

Andererseits vermindern lamellierte Polschuhe die dämpfende Wirkung durch Wirbelströme, wodurch die Maschinen gegen Pendelungen empfindlicher werden.

Sind die Bedingungen eines sicheren und ruhigen Zusammenarbeitens mit anderen Maschinen und geringen Herstellungskosten in erster Linie gegenüber geringen Wirbelstromverlusten zu beachten, dann wird man massive Polschuhe den lamellierten vorziehen. Die Vorteile einer starken Dämpfung zugleich mit geringen Wirbelstromverlusten bei synchronem Lauf erreicht man nur durch Lamellierung und Anwendung von Dämpferwicklungen.

Die Entscheidung über die Anwendung von lamellierten oder massiven Polschuhen mit oder ohne Dämpfung wird sich demnach weniger nach den absoluten Werten des Ausdruckes $(k_1 - 1) B_l \frac{Zn}{10^5 60}$ zu richten haben. Sie wird vielmehr je nach den vorliegenden Verhältnissen davon abhängen, inwiefern geringe Wirbelstromverluste im Dauerbetriebe und eine gute Dämpfung gegenüber billiger Herstellungsweise und annähernd gleicher Dämpfung, aber größeren Verlusten, in Betracht kommt

c) Wirbelstromverluste im Ankerkupfer. Das von der Erregerwicklung erzeugte Magnetfeld ruft in massiven Ankerleitern Wirbelströme hervor, so daß auch bei unbelasteter Maschine Verluste im Ankerkupfer entstehen.

Betrachten wir zunächst einen glatten Anker mit massiven Kupferstäben (Fig. 339), so werden in einem Stab, der sich in einem gleichförmigen magnetischen Feld bewegt, wie die Stäbe *b* und *c*, keine Wirbelströme induziert. Ist dagegen die Feldstärke über dem Querschnitt des Stabes veränderlich, wie z. B. für den Stab *a* unter der Polecke, so wird auf der einen Seite des Stabes eine größere EMK induziert als auf der anderen und die Differenz dieser EMK erzeugt einen Wirbelstrom.

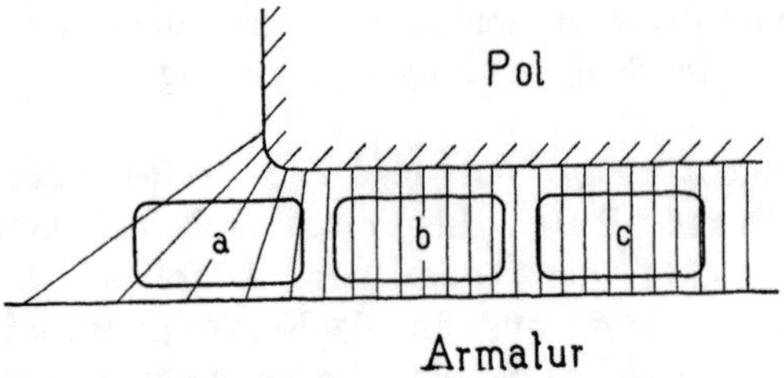

Fig. 339. Wirbelströme in den Armaturleitern.

Um diese Wirbelstromverluste zu vermeiden, ist es notwendig, starke Kupferquerschnitte aus mehreren parallelen Drähten oder aus Drahtlitzen herzustellen. Wird ein Stab in mehrere parallele Stäbe geteilt, so ist ein Verlöten auf beiden Seiten der Armatur zu vermeiden, weil sonst, wie Fig. 340 zeigt, die Wirbelströme ihren Weg durch die Lötstellen nehmen. Bei Drahtlitzen kreuzen sich die einzelnen Drähte, so daß in jedem die gleiche EMK induziert wird und keine Wirbelströme entstehen.

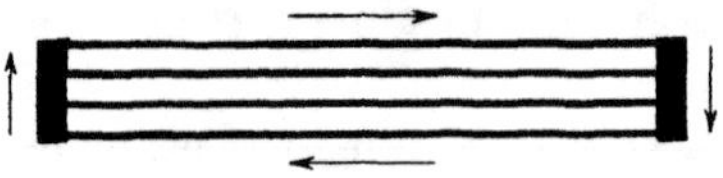

Fig. 340.

Bei Nutenankern liegen die Verhältnisse etwas anders. Genaue Versuche hierüber hat Dr.-Ing. S. Ottenstein im Elektrotechnischen Institut der Hochschule Karlsruhe ausgeführt[1]).

Die Größe des Wirbelstromverlustes hängt bei Nutenankern außer von der Form und Größe des Stabquerschnittes von der Änderung der Feldstärke im Nutenraume ab.

Wir können innerhalb des Nutenraumes drei Kraftflüsse unterscheiden:

1. den Kraftfluß zwischen dem Pol und den Nutenwänden,
2. den Kraftfluß zwischen den Nutenwänden selbst,
3. den Kraftfluß zwischen Nutenboden und Nutenwänden.

Die Größe dieser Kraftflüsse ist abhängig von der Nutenform, der Sättigung der Zähne und der Stellung der Nut zum Pol. In den Fig. 341a und b ist eine offene Nut und in die Fig. 342a und b eine halbgeschlossene Nut in zwei verschiedenen Stellungen zum Pole aufgezeichnet.

In Fig. 341a steht die Nut unter der Polmitte, die Mittellinie der Nut ist eine Symmetrielinie für den Kraftfluß, und wir erhalten keinen Kraftfluß zwischen den Nutenwänden. Bringen wir die Nut

[1]) Siehe Sammlung Elektrotechnischer Vorträge F. Enke, Stuttgart 1903, „Das Nutenfeld in Zahnarmaturen und die Wirbelströme in massiven Armatur-Kupferleitern“ von S. Ottenstein.

unter die Polspitze, wie in Fig. 341 b, so ist der Zahn A stark und der Zahn B nur wenig gesättigt; wir erhalten daher ein magnetisches Potentialgefälle zwischen den Nutenwänden und einen Kraftfluß 2) quer durch den Nutenraum.

Ist die Nut ganz oder halb geschlossen, so dringt der Kraftfluß 1) fast gar nicht in das Innere des Nutenraumes ein, es besteht eine sog. Schirmwirkung, dagegen tritt der Kraftfluß 2) in gleicher Stärke auf. Der Kraftfluß 3) erreicht nur bei großen Zahnsättigungen am Zahnfuße einen erheblichen Wert, weil dann zwischen der Nutenwand und dem Nutenboden eine erhebliche magnetische Potentialdifferenz vorhanden ist.

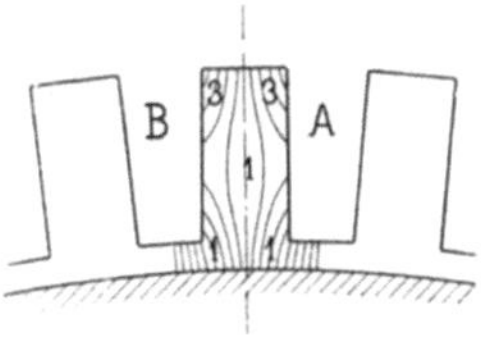

Fig. 341 a.

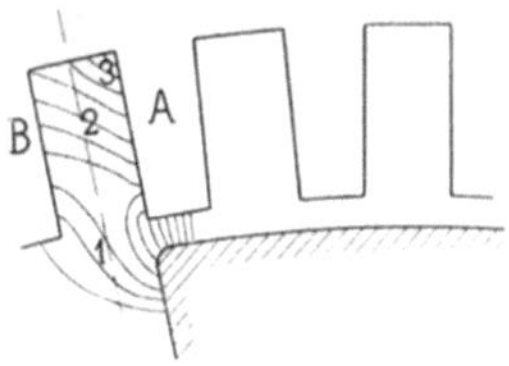

Fig. 341 b.

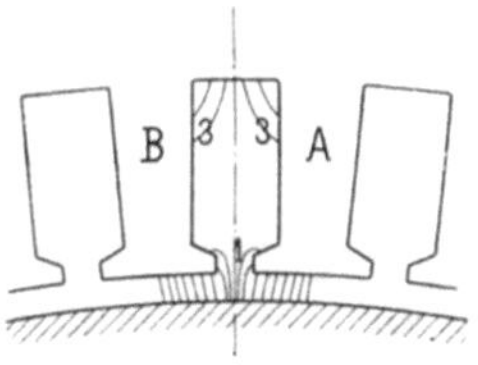

Fig. 342 a.

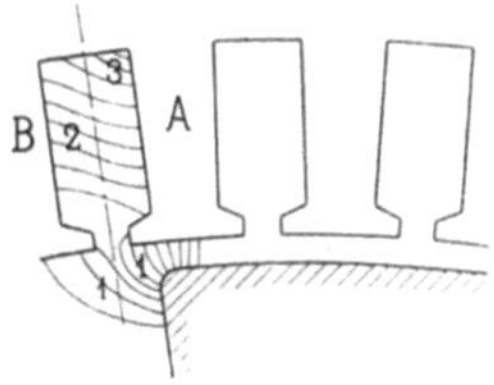

Fig. 342 b.

Fig. 341 a u. b und Fig. 342 a u. b. Kraftflüsse im Nutenraume.

Die genannten Felder des Nutenraumes kann man in zwei Komponenten zerlegen, und zwar in eine Längskomponente, deren Richtung parallel zu den Nutenwänden verläuft, und in eine Querkomponente, deren Richtung tangential zum Armaturumfang verläuft.

Dr.-Ing. S. Ottenstein hat diese Komponenten für verschiedene Nutenformen experimentell ermittelt. Zur Messung wurden kleine, auf Kupferstäbe gewickelte Prüfspulen an verschiedenen Stellen der Nut eingelegt und der Ausschlag an einem geeichten ballistischen Galvanometer beobachtet, wenn jeweils der gleiche Erregerstrom unterbrochen wurde.

In Fig. 343 a und b sind die Nutenfelder für die eine mit der Polmitte zusammenfallende Lage der Nut dargestellt.

Die Prüfspule wurde längs der beiden Nutenwände und längs der Nutenmitte in je fünf verschiedene Lagen zwischen Nutenkopf und Nutenboden gebracht. Die Werte der gefundenen Querinduktion sind als Abszissen in Fig. 343a abgetragen, als Ordinatenachse ist die betreffende Nutenwand bzw. die Nutenmitte gewählt worden.

Sodann wurde die Prüfspule quer in die Nut gelegt und die Längsinduktion ebenfalls in fünf verschiedenen Höhen gemessen. Das Resultat gibt Fig. 343b.

Fig. 343a.

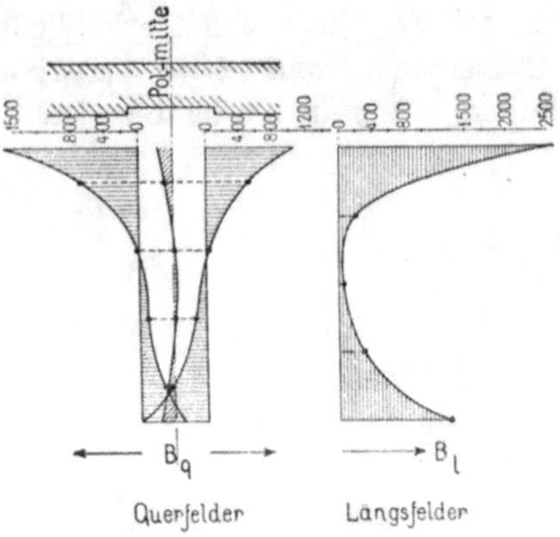

Fig. 343b.

Fig. 344a.

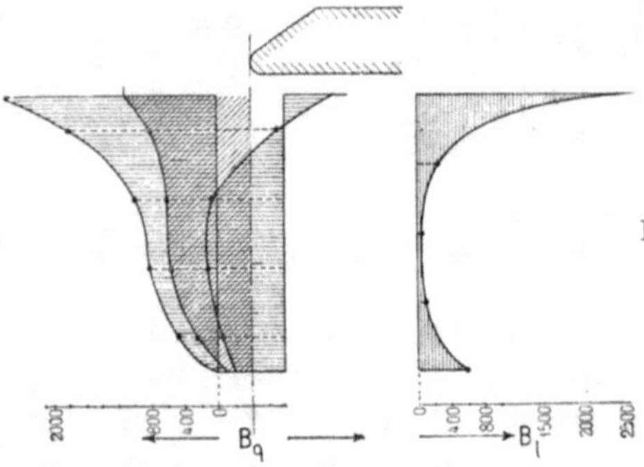

Fig. 344b.

Fig. 343a u. b und Fig. 344a u. b. Quer- und Längsinduktion als Funktion der Nutentiefe.

Die Fig. 344a und b stellen die gleichen Werte für die Lage der Nut unter der Polspitze dar. Man sieht, daß das Querfeld namentlich in der Nutenmitte einen viel größeren Wert hat als in Fig. 343a. An den oberen Teilen der Nutenwand haben wir überall eine starke Querinduktion, weil der Kraftfluß von den Polen senkrecht in die Nutenwände eintritt.

Das Längsfeld nimmt vom Nutenkopf an sehr rasch ab, ist in der Nutenmitte nahezu Null und wächst entsprechend der Zahnfußinduktion am Nutenfuß wieder an.

Die Abhängigkeit der Nutenfelder von der Stellung der Nut am Ankerumfang, die ebenfalls mit Prüfspulen, einem ballistischen Galvanometer und Unterbrechung der Erregung ermittelt wurde, ist in den Fig. 345a bis d dargestellt. Die Ordinaten in den Figuren a und b bedeuten Millivolt, E_q die vom Querfeld, E_l die vom Längsfeld in der Prüfspule induzierte EMK.

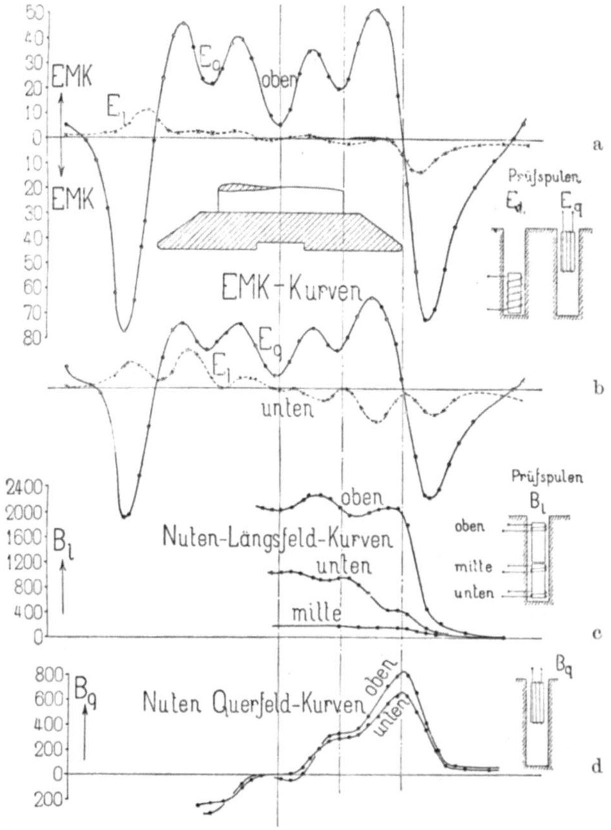

Fig. 345a—d. Abhängigkeit der Nutenfelder von der Lage der Nut am Ankerumfang.

Die Nutenfeldkurven Fig. 345c und d sind aus den EMK-Kurven ermittelt worden. Es ist ersichtlich, daß das Längsfeld unter der Polspitze rasch ansteigt bzw. abfällt und unter dem Polbogen nahezu konstant bleibt. Das Querfeld erreicht unter der Polspitze sein Maximum und ist, übereinstimmend mit den an die Fig. 343 und 344 angeknüpften Betrachtungen, in der Polmitte gleich Null.

Obwohl E_q ein Mehrfaches von E_l beträgt, ist B_q doch kleiner als B_l, weil die Fläche einer Prüfspule im ersten Falle viel größer war als im zweiten.

Bei schmalen und tiefen Nuten wird daher ein verhältnismäßig schwaches Querfeld doch eine verhältnismäßig große EMK induzieren und Wirbelströme erzeugen.

Als besonders bemerkenswert geht aus diesen Versuchen hervor, daß wir bei der Wahl der Abmessungen der Nuten, der Stäbe und der Zahnsättigung namentlich den Einfluß des Querfeldes im Auge behalten müssen. Dem Längsfeld können wir ausweichen, indem wir den oberen Rand des Kupferstabes von dem oberen Nutenrand genügend weit entfernt halten, oder indem wir die Nut teilweise oder ganz schließen. Das Querfeld läßt sich dagegen nicht abschirmen; um dessen Einfluß genügend klein zu halten, darf die Zahnsättigung nicht zu hoch gewählt werden, oder wir müssen Kupferstäbe von beträchtlicher Höhe quer zur radialen Richtung der Nut spalten und dürfen sie an den Enden nicht verlöten.

Um die Größe der Verluste unter verschiedenen Bedingungen zu ermitteln, wurden Versuche mit 6 Ankern von verschiedener, aber immer offener Nutenform durchgeführt. Zum Versuche diente ein 5 PS-Motor von 225 mm Ankerdurchmesser und 190 mm Ankerlänge. Die Kupferstäbe erhielten verschiedene Querschnitte und ragten auf beiden Seiten des Ankers 4 cm frei in die Luft.

Um die Eisenverluste und die Verluste durch Lager- und Luftreibung zu bestimmen, wurden die Nuten mit hölzernen Stäben, deren Gestalt mit den Kupferstäben übereinstimmte, ausgefüllt.

Zum Antrieb des Ankers diente ein Elektromotor, und das übertragene Drehmoment wurde mittels einer geeichten Torsionsfeder, deren Verdrehung durch elektrische Kontakte und Ablesung mit Spiegelgalvanometer genau gemessen werden konnte, bestimmt. — Diese Art der Messung des Drehmomentes hatte sich als sehr zuverlässig und genau erwiesen. Im vorliegenden Falle konnten noch 2 Watt gemessen werden, so daß der durchschnittliche Fehler des gemessenen gesamten Wattverbrauches des Motorankers nicht größer als 0,5 $^0/_0$ sein kann.

Die sämtlichen folgenden Versuche wurden bei 1000 Umdrehungen i. d. Min. oder einer Periodenzahl von 33,3 aufgenommen.

In der Fig. 346 sind die Verluste für ein Kupfervolumen von 1 cbcm in Abhängigkeit von der ideellen Zahninduktion B_{id} gemessen am Zahnfuß dargestellt.

Fig. 346, Kurven I bis V geben die Verluste in Stäben von $5,5 \times 16 = 88$ qmm Querschnitt. Die Verluste für die Anker I bis V beginnen bei ideellen Zahninduktionen von 18000 und steigen allmählich bis $B_{id} = 22000$, von hier an beginnt ein rasches Anwachsen der Verluste.

Die Kurve VI zeigt die Verluste für Stäbe von 8×11 mm, die in breiten und wenig tiefen Nuten liegen; diese Anordnung ist außerordentlich ungünstig.

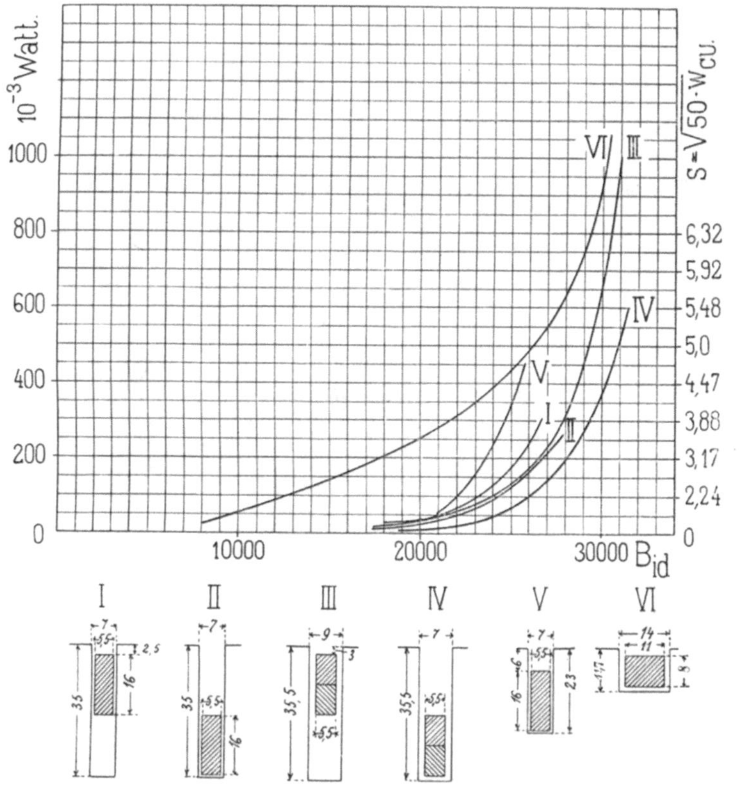

Fig. 346. Wirbelstromverluste in einem cbcm Armaturkupfer als Funktion der ideellen Zahninduktion.

In Fig. 347 sind die für sieben verschiedene Anordnungen gemessenen Wirbelstromverluste ebenfalls in Abhängigkeit von B_{id} dargestellt, der Stabquerschnitt ist hier nur $5{,}5 \times 8 = 44$ qmm und das rasche Ansteigen der Verluste beginnt bei etwas höheren Zahninduktionen als in Fig. 346.

Um einen bequemen Maßstab für den Vergleich der Wirbelstromverluste mit dem Ohmschen Verluste zu erhalten, ist in den Figuren rechts diejenige Stromdichte angegeben, die im Kupfer denselben Verlust erzeugen würde wie die Wirbelströme. Die Leitfähigkeit des Kupfers in warmem Zustande wurde gleich 50 gesetzt. Bezeichnet W_{cu} den Wirbelstromverlust pro 1 cbcm, so wird die äquivalente Stromdichte

$$s = \sqrt{50\, W_{cu}} \text{ Amp./qmm.}$$

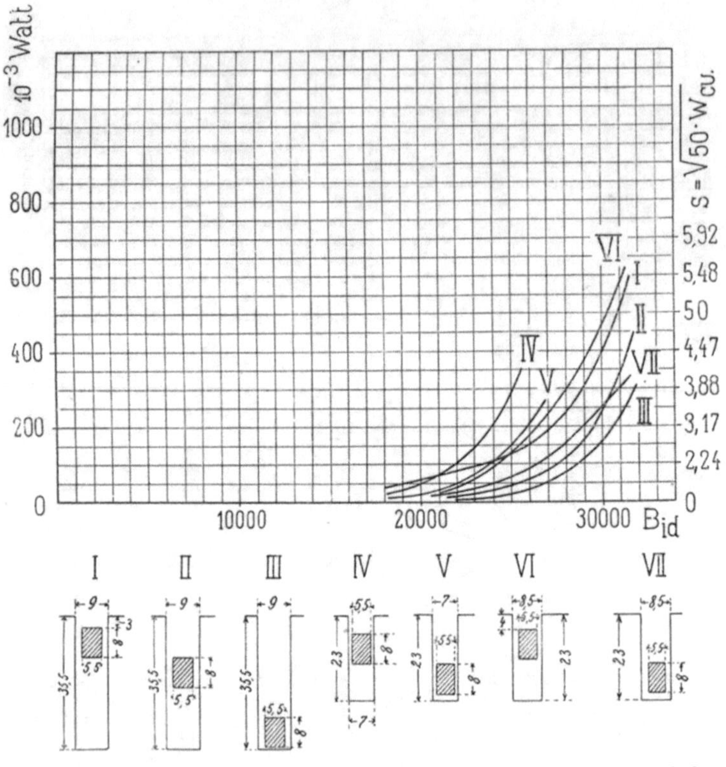

Fig. 347. Wirbelstromverluste in einem cbcm Armaturkupfer als Funktion der ideellen Zahninduktion.

Bezeichnet ferner N die Stabzahl des Ankers, l dessen Eisenlänge, q_a den Stabquerschnitt in qmm, c die Periodenzahl, so wird der Wirbelstromverlust im Ankerkupfer

$$W_{kw} = \frac{N q_a}{5000}\, l\, s^2 \left(\frac{c}{33,3}\right)^2$$

oder

$$W_{kw} = 18\, N q_a\, l\, s^2 c^2\, 10^{-8} \quad . \; . \; . \; . \; . \quad (384)$$

Wählen wir z. B. die Nutenform 7×35 mm und zwei Stäbe von $5,5 \times 16$ mm pro Nut, $B_{id} = 24000$, $N = 200$, $l = 30$ cm, so liegen 100 Stäbe oben und 100 Stäbe unten in der Nut. Für die ersteren ist nach Fig. 346 Kurve I $s = 2{,}55$ und für die letzteren nach Kurve II $s = 2{,}12$, und wir erhalten für $c = 50$

$$W_{kw} = 18 \cdot 88 \cdot 30 \cdot 50^2 (100 \cdot 2{,}12^2 + 100 \cdot 2{,}55^2) 10^{-8}$$

$$W_{kw} = 1320 \text{ Watt.}$$

Die Abhängigkeit der Verluste von der Periodenzahl ergab, wie zu erwarten war, eine quadratische Beziehung. Ferner war die Unterteilung der Stäbe nur dann wirksam, wenn die Stäbe einer Nut an den vorstehenden Enden nicht verlötet waren, wurden sie verlötet, so waren die Wirbelstromverluste nur wenig kleiner als bei massiven Stäben.

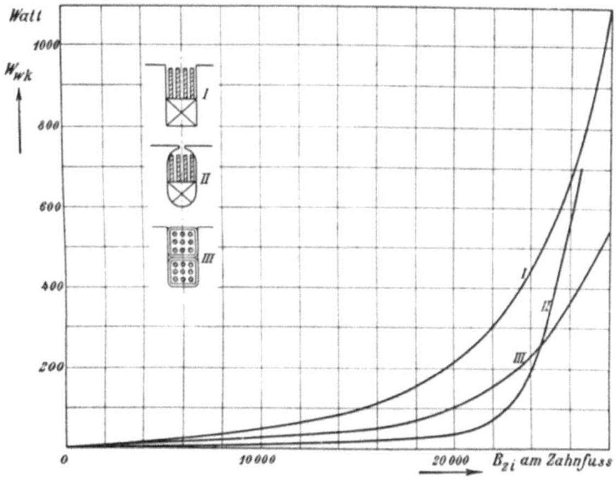

Fig. 348. Wirbelstromverluste im Armaturkupfer als Funktion der ideellen Zahninduktion.

Die vorliegenden Versuche gelten natürlich nur für die angegebenen Verhältnisse. Inwieweit sich die Verluste für andere Nutengrößen und Stabquerschnitte und andere Arten der Unterteilung ändern, müßte durch weitere Versuche festgestellt werden.

Die Versuche bestätigen jedoch die Erfahrung, daß bei massiven Stäben von großem Querschnitt hohe Zahnsättigungen zu vermeiden sind, namentlich bei großen Periodenzahlen.

Die genannten Versuche sind mit Rücksicht auf die Nutenformen und Stabquerschnitte von Gleichstrommaschinen durchgeführt worden. Bei den Wechselstrommaschinen kommen viel größere Nuten- und Stabquerschnitte vor, dagegen bleibt die Zahninduktion meist unter 20000.

Ingenieur Bodensteiner hat auf Veranlassung von Prof.

Pichelmayer[1]) ähnliche Versuche ausgeführt. Die Resultate dieser Versuche stimmen mit den Ottensteinschen überein. Es werden hier nur diejenigen Versuche wiedergegeben, die die Ottensteinschen ergänzen (Fig. 348). Der Einfluß der Litzen der halbgeschlossenen Nuten tritt sehr deutlich hervor.

Zu den hier berechneten vom Magnetfeld induzierten Wirbelströmen treten bei Wechselstrom noch diejenigen Wirbelströme hinzu, die das vom Strome selbst erzeugte Nutenfeld induziert (siehe Abschn. 122), so daß unter ungünstigen Verhältnissen die gesamten Wirbelstromverluste sehr groß werden können[2]).

d) Verlust durch innere Ankerströme. Ist die Ankerwicklung in sich geschlossen, oder sind zwei oder mehr Ankerstromzweige bei einer offenen Wicklung parallel geschaltet, so werden, und zwar auch bei Leerlauf, innere Ankerströme, die von einem Stromzweig zum andern verlaufen, entstehen, sobald die induzierten EMKe von zwei Ankerstromzweigen verschieden sind, oder wenn bei einem Dreiphasenanker mit Dreieckschaltung EMKe von 3facher, 9facher, 15facher Periodenzahl der Grundwelle induziert werden.

Die Ursachen einer unsymmetrischen Ankerinduktion sind folgende:

1. Unsymmetrische Wicklungen. Diese sind dadurch gekennzeichnet, daß die Windungszahlen der einzelnen Ankerstromzweige verschieden sind, oder daß die Lage der Ankerstromzweige im Felde unsymmetrisch ist. Wie in WT III gezeigt worden ist, lassen sich die Wechselstromwicklungen stets symmetrisch ausführen.

2. Exzentrische Lagerung des Ankers. Wenn der Anker exzentrisch gelagert ist, so wird der Kraftfluß in denjenigen Polen erheblich größer sein, die dem Ankereisen näher stehen, und sie werden eine größere EMK induzieren als die übrigen.

3. Ungleichmäßige Pole. Diese Ungleichheiten können herrühren von Blasen im Guß, von ungleicher Gestalt der Pole, ungleicher magnetischer Streuung, verschiedenen Windungszahlen der Erregerspulen oder ungleichen Erregerströmen bei parallel geschalteten Erregerspulen.

Die Ausgleichströme, die infolge solcher Unsymmetrien im Innern der geschlossenen Wicklung entstehen, sind Wechselströme. Wegen der großen Reaktanz der Wicklung im Verhältnis zu ihrem Ohmschen Widerstande sind diese Ströme nahezu um 90° gegen

[1]) K. Pichelmayer, „Dynamobau“, S. 415.

[2]) Siehe WT I, S. 571.

die induzierte EMK verzögert, sie wirken daher entmagnetisierend auf das Feld zurück und suchen die magnetischen Unsymmetrien zu verkleinern. Der Verlust durch innere Wirbelströme ist daher im allgemeinen nicht erheblich.

e) Verlust durch nicht isolierte Ankerbolzen. In den Bolzen, die das Eisen des Ankers durchqueren, wird eine EMK von der Periodenzahl $\frac{pn}{60}$ induziert. Sind die Bolzen nicht isoliert, so entsteht in denselben ein Wechselstrom, der sich durch die Endplatten schließt. Der durch diese Ströme verursachte Effektverlust ist klein. Je näher die Bolzen dem äußeren Rande liegen, desto kleiner ist der mit ihnen verkettete Kraftfluß, um so kleiner ist der induzierte Strom und der Verlust.

Sind die Bolzen nicht nahe am äußeren Blechrande, so entsteht noch eine Erhöhung des Hysteresisverlustes, indem der Kraftfuß nach außen gedrängt und an diesen Stellen die Induktion im Ankereisen erhöht wird. In einem solchen Falle sind die Bolzen sorgfältig zu isolieren.

Bei nicht isolierten Bolzen, die nahe am Blechrande angeordnet sind, kann man als nutzbaren Kernquerschnitt nur den Teil rechnen, der zwischen den Nuten und den Bolzenmitten liegt.

121. Berechnung der gesamten Eisenverluste.

Um die sog. Eisenverluste, zu denen wir alle in den vorhergehenden Abschnitten 119 und 120 angeführten Verluste zählen, obwohl auch Verluste, die im Ankerkupfer auftreten, darin enthalten sind, berechnen zu können, ist man auf die Erfahrung angewiesen. Wird eine Wechselstrommaschine bei stromlosem Anker etwa von einem geeichten Gleichstrommotor angetrieben, so erhält man bei unerregtem Felde die Verluste durch Lager und Luftreibung und bei erregter Maschine treten zu diesen Reibungsverlusten noch die Verluste der Abschnitte 119 und 120 hinzu. Wir erhalten daher

$$\text{Eisenverluste} = \text{Leerlaufverluste} - \text{Reibungsverluste}$$

oder

$$W_{ei} = W_0 - W_\varrho .$$

Den Eisenverlust zerlegt man gewöhnlich in zwei Teile, und zwar:

1. in einen Teil, der proportional der Periodenzahl ist, und bezeichnet ihn als Hysteresisverlust W_h;
2. in einen Teil, der proportional dem Quadrate der Periodenzahl ist, und bezeichnet ihn als Wirbelstromverlust W_w.

Bei der Vorausberechnung dieser Verluste kann man nun in der Weise vorgehen, daß man den ganzen Verlust W_{ei} in den Ankerkern und in die Zähne verlegt denkt. Es ergeben sich dann die Gleichungen

$$W_h = \sigma_h \frac{c}{100}\left[\left(\frac{B_a}{1000}\right)^{1,6} V_a + k_4\left(\frac{B_{z\,min}}{1000}\right)^{1,6} V_z\right] \quad . \quad . \quad (385)$$

$$W_w = \sigma_w \left(\varDelta \frac{c}{100}\right)^2\left[\left(\frac{B_a}{1000}\right)^2 V_a + k_5\left(\frac{B_{z\,min}}{1000}\right)^2 V_z\right] \quad . \quad (386)$$

Bei Verwendung von sehr guten bis mittelguten Eisenblechen ($\eta = 0{,}0012$ bis $0{,}0030$) schwankt der Wert der Hysteresiskonstante zwischen

$$\sigma_h = 1{,}0 \text{ bis } 2{,}0.$$

Die Wirbelstromkonstante ist innerhalb weiteren Grenzen veränderlich.

Wie wir auf S. 485 gesehen haben, schwankt σ_w für verschiedene Blechsorten zwischen 1,0 bis 2,0. Für legierte Bleche ist σ_w noch kleiner. Infolge des Auftretens von zusätzlichen Verlusten werden in Dynamoankern die gesamten Wirbelstromverluste etwa drei- bis viermal größer; es ist somit je nach der Blechsorte

$$\sigma_w = 4 \text{ bis } 8.$$

Bei fehlerhaften Konstruktionen und unzweckmäßigen Bearbeitungsvorgängen kann jedoch σ_w bedeutend größer, und zwar bis 20 und 25 werden.

Nach einer anderen gebräuchlichen Methode werden nur die Hysteresisverluste berechnet und man setzt

$$W_h + W_w = 1{,}6 \text{ bis } 2{,}4\, W_h.$$

Der größere Wert gilt für eine größere Blechstärke ($\varDelta = 0{,}5$ mm).

Hat man für bestimmte Blechsorten durch experimentelle Untersuchungen die Eisenverluste w_{ei} pro Volum- oder Gewichtseinheit und pro Periode als Funktion der maximalen Induktion B festgestellt, so können aus diesen Kurven die Eisenverluste sehr einfach und bequem ermittelt werden, indem

$$W_{ei} = c\,(V_a w_{ei,a} + V_z w_{ei,z})\; 1{,}25 \text{ bis } 1{,}6.$$

gesetzt wird.

Die 1,25 bis 1,6fache Vergrößerung der für die Blechprobe gefundenen Verluste entspricht der in der fertigen Maschine erfahrungsgemäß auftretenden Erhöhung der Verluste infolge Blechbearbeitung, Wirbelströme usw.

Hier und da kommt es vor, daß Maschinen bei einer gewissen Tourenzahl anfangen zu brummen oder zu heulen. Dieser Übelstand scheint mit großen örtlichen Eisenverlusten und der Resonanz von mechanischen Schwingungen zusammenzuhängen und kann oft durch eine größere Abschrägung der Polschuhe, durch Vergrößerung des Luftspaltes oder durch Verkleinerung der Polschuhe beseitigt werden.

Um eine Vorstellung von den Verhältnissen zwischen den einzelnen Verlusten und insbesondere von der Größe der zusätzlichen Wirbelstromverluste zu geben, mögen hier die folgenden Meßresultate angeführt werden:

Dreiphasen-Generator, 1000 PS, 2100 Volt (verkettet), 275 Amp., 50 Perioden, $\cos\varphi = 0{,}7$.

Bei Leerlauf mit normaler Induktion (2100 Volt, $c = 50$) wurde gemessen:

Wirbelstromverluste in der Wicklung	2,0 KW
Verluste in den Schlußplatten	2,0 „
Verluste im Wicklungshalter	1,5 „
Verluste in den nützlichen Eisenmassen des Stators	10,0 „
Somit die gesamten Eisenverluste	15,5 KW
Die Kupferverluste bei normalem Strom und 20° C waren 9,80 KW, bei normalem Strom und 60° C	11,3 KW
Reibungs- und Ventilationsverluste	15,0 „
Die Summe aller Verluste somit	41,8 KW

was einen Wirkungsgrad $\eta = 94{,}5\,^0/_0$ ergibt (ohne Erregerverluste).

Die Armaturbleche waren bei diesen Versuchen gestanzt und gewalzt. Ein Vorversuch mit nicht gewalzten Blechen ergab die gesamten Eisenverluste zu 40 KW, wovon 8 KW Hysteresisverluste und 32 KW Wirbelstromverluste bilden. Das Walzen der Bleche hat somit in diesem Falle die Eisenverluste auf das 2,5fache heruntergedrückt.

122. Stromwärmeverluste durch den Ankerstrom und den Erregerstrom.

a) Verluste durch den Ankerstrom. Bezeichnet l_a die halbe Länge einer Windung in cm, q_a den Querschnitt in qmm, a die Ankerstromzweigzahl pro Phase und w die Anzahl der hintereinandergeschalteten Windungen pro Phase, so ergibt sich der Ohmsche (Gleichstrom-) Widerstand pro Phase gleich

$$r_g = \frac{2w}{a}\,\frac{l_a(1 + 0{,}004\,T_a)}{5700\,q_a}\ \text{Ohm} \quad . \ . \ . \ . \quad (387)$$

Wir müssen aber nicht mit dem Ohmschen, sondern mit dem effektiven Widerstand rechnen. Zur scheinbaren Erhöhung des Widerstandes tragen folgende Ursachen bei:

1. Das vom Ankerstrome erzeugte Feld quer durch die Nuten, das in massiven Leitern Wirbelströme induziert und außerdem eine ungleiche Verteilung des Stromes über den Leiterquerschnitt zur Folge hat.
2. Die Wirbelströme, die vom pulsierenden Ankerfeld in massiven Metallteilen der Armatur und des Feldsystems, sowie in der Feldwicklung induziert werden.

Die dadurch entstehenden Wattverluste und der vermehrte Spannungsverlust lassen sich durch eine Erhöhung des Ohmschen Widerstandes berücksichtigen. Für den effektiven Widerstand normaler Maschinen kann man setzen

$$r_a = (1{,}5 \text{ bis } 2{,}5)\, r_g \quad \text{bei Einphasengeneratoren}$$

und

$$r_a = (1{,}3 \text{ bis } 2{,}0)\, r_g \quad \text{bei Mehrphasengeneratoren.}$$

Bei Einführung des effektiven Widerstandes r_a erhält man für m-Phasen die gesamten Stromwärmeverluste im Anker

$$W_{ka} = J^2 r_a m \text{ Watt} \quad \ldots\ldots \quad (388)$$

b) Verluste durch den Erregerstrom. Sei l_e die mittlere Länge einer Erregerwindung in cm, q_e der Querschnitt in qmm und w_e die totale Windungszahl, so ist der Widerstand der Feldwicklung gleich

$$r_e = \frac{w_e l_e (1 + 0{,}004\, T_m)}{5700\, q_e} \text{ Ohm,}$$

wenn T_m die Temperaturerhöhung des Feldkupfers über 15° C bedeutet.

Wird die Variation des Erregerstromes durch Regulierung der Spannung der Erregermaschine erzielt, so ergeben sich die Erregerverluste zu

$$W_e = i_e^2 r_e \text{ Watt} \quad \ldots\ldots\ldots \quad (389)$$

Wird die Erregung durch eine Stromquelle konstanter Spannung, vielleicht durch Zentralerregung oder eine mit konstanter Klemmenspannung laufende Maschine erzeugt, so wird die Regulierung der Erregung durch einen mit der Feldwicklung in Serie geschalteten Widerstand bewirkt. Bei P_e Volt Klemmenspannung der Erregerenergiequelle sind die totalen Erregerverluste

$$W_e = P_e i_e \text{ Watt} \quad \ldots\ldots\ldots \quad (390)$$

Die Erregerverluste sind in diesem Falle größer, weshalb eine Anordnung mit Regulierwiderstand im Erregerstromkreis weniger wirtschaftlich ist; sie hat dagegen den Vorzug, daß die magnetische Verzögerung der Erregermaschine, die bei Regulierung ihres Nebenschlusses die Regulierung verzögert, nicht in Frage kommt, und daß man bei Regulierung innerhalb weiter Grenzen nicht Gefahr läuft, auf den wenig stabilen geraden Teil der Charakteristik der Erregermaschine zu gelangen.

Zu erwähnen wären noch die Verluste im Übergangswiderstand zwischen Bürsten und Schleifringen, sie sind jedoch unbedeutend.

123. Mechanische Verluste.

Die mechanischen Verluste setzen sich zusammen aus der Lager- und Luftreibung und den Verlusten durch Vibration der Maschine. Rechnerisch verfolgen lassen sich hiervon jedoch nur die Lagerreibungsverluste.

Sei Q der Lagerdruck in kg, $p = \frac{Q}{d l_z}$ der spez. Lagerdruck in kg/qcm, d der Zapfendurchmesser und l_z die Zapfenlänge in cm, μ der Reibungskoeffizient und $v_z = \frac{\pi d n}{6000}$ die Zapfengeschwindigkeit in m/sek, so ergibt sich die Reibungsarbeit in mkg/sek gleich

$$R_m = \mu Q v_z$$

und der Reibungsverlust in Watt gleich

$$W_R = 9{,}81\, R_m = 9{,}81\, \mu p d l_z v_z .$$

Nach den von Tower und Dettmar aus Versuchsresultaten abgeleiteten Reibungsgesetzen[1]) kann man für den Reibungskoeffizienten die Beziehung

$$\mu = \frac{k_6}{T_z} \frac{\sqrt{v_z}}{p}$$

[1]) s. Arnold, Die Gleichstrommaschine, Bd. I, S. 674. Die drei Reibungsgesetze lauten folgendermaßen:

1. Bei konstanter Lagertemperatur und Umfangsgeschwindigkeit der Welle ist der Reibungskoeffizient μ umgekehrt proportional dem spezifischen Lagerdrucke p und somit die Reibungsarbeit unabhängig vom Druck, sofern dieser 30 bis 44 kg/qcm nicht überschreitet.

2. Bei konstantem spezifischen Druck und konstanter Umfangsgeschwindigkeit der Welle ist der Reibungskoeffizient umgekehrt proportional der Lagertemperatur und folglich auch die Reibungsarbeit umgekehrt proportional der Temperatur.

3. Bei konstanter Lagertemperatur und bei konstantem spezifischen Druck wächst der Reibungskoeffizient mit der Wurzel aus der Umfangsgeschwindigkeit der Welle und somit die Reibungsarbeit mit der 1,5 ten Potenz.

einführen, in welcher k_6 eine von der Ölsorte abhängige Konstante, im Mittel 2,65, und T_z die Zapfentemperatur ist.

Dies eingesetzt ergibt für den Wattverlust durch Reibung

$$W_R = 9{,}81 \frac{k_6}{T_z} d l_z \sqrt{v_z^3} \quad . \quad . \quad . \quad . \quad (391)$$

Die Temperatur T_z des Zapfens hängt bei einer und derselben Lagertype und Außentemperatur nur von der Umfangsgeschwindigkeit v_z ab. Hat man durch Versuche, für die betreffende Lagertype, die Abhängigkeit zwischen der Temperaturerhöhung $(T_z - T_l)$ des Zapfens und der Zapfengeschwindigkeit v_z festgelegt, so kann man für jedes v_z die Temperaturzunahme ablesen, die, zur Lufttemperatur zugezählt, T_z ergibt. Unter T_z ist hierbei immer die stationäre Temperatur zu verstehen, also diejenige Temperatur, die sich nach 4 bis 6 stündigem Betriebe bei der betreffenden Zapfengeschwindigkeit einstellt. Fig. 349 stellt die Resultate der Versuche von Lasche und Stribeck dar. Die eingetragenen Zahlen bedeuten den Flächendruck. Für die meisten praktischen Fälle wird es jedoch genügen, die Kurve $(T_z - T_l) = f(v_z)$ für Zapfengeschwindigkeiten zwischen 1 und 5 m/sek durch die Gleichung (Fig. 349, Kurve I)

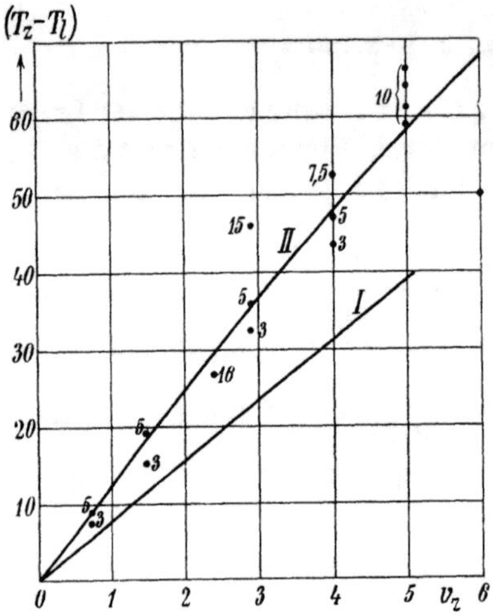

Fig. 349. Temperaturerhöhung des Zapfens als Funktion der Umfangsgeschwindigkeit.

$$T_z - T_l = 8\, v_z$$

auszudrücken.

Das dritte Reibungsgesetz von Tower-Dettmar und auch die eben angegebene Formel für W_R gelten nur bis zu einer Zapfengeschwindigkeit von 4 m pro Sekunde. Ist die Zapfengeschwindigkeit größer als 4 m/sek, so wird der Reibungsverlust kleiner und für $v_z > 10$ m/sek gilt nach Lasche[1])

$$\mu = \frac{k_6'}{T_z p}$$

und

$$W_R = 9{,}81 \frac{k_6'}{T_z} d_z l_z v_z \quad . \quad . \quad . \quad . \quad . \quad (392)$$

[1]) Lasche, Z. Ver. deutsch. Ing., 1902.

Für p bis 15 kg/qcm, T_z bis 100° C und v_z von 10÷20 m/sek ist k_6' im Mittel gleich 2,0. Für $T_z - T_l$ kann man näherungsweise setzen (Fig. 349, Kurve II)

$$T_z - T_l = 11{,}5\, v_z.$$

Aus dieser Formel folgt, daß schon bei einer Zapfengeschwindigkeit von 4,5 m/sek die Temperaturerhöhung des Zapfens ca. 50°, seine Temperatur also ca. 70° beträgt, ein Wert, den man kaum überschreiten wird.

Doch zeigt es sich in der Praxis, daß öfters Zapfen mit einer Umfangsgeschwindigkeit von 10 m/sek und darüber noch keine künstliche Kühlung bedürfen. Als eine praktische Regel kann man annehmen, daß man noch ohne künstliche Kühlung auskommt, wenn das Produkt $pv_z < 18$ ist.

Zur künstlichen Kühlung verwendet man Wasser, das durch Kanäle der Lagerschalen oder durch eine in der Ölkammer des Lagers liegende Kühlschlange geführt wird. Bei hohen Lagerpressungen wird das Öl mit 1,5 bis 3 Atm. Druck dem Zapfen zugeführt und das zwischen Pumpe und Zapfen zirkulierende Öl wird durch Wasserschlangen gekühlt. Auf diese Art wird es möglich, auch bei hohen Zapfengeschwindigkeiten und hohen Pressungen das Lager auf einer zulässigen Temperatur zu halten.

Was nun die Verluste durch Luftreibung W_r anbetrifft, so sind sie, je nachdem das Magnetsystem oder die Armatur rotiert, nur von der Form des Armsystems, der Pole bzw. der Anordnung der Wicklung abhängig.

Bei kleinen Umfangsgeschwindigkeiten bis ca. 20 m/sek ist der Verlust durch Luftreibung nur ein kleiner Teil, ca. 10 %, der Lagerreibung; bei großen Umfangsgeschwindigkeiten, wie z. B. bei Turbogeneratoren mit besonders stark gekühltem Anker, kann er jedoch bedeutend größer werden und die Lagerreibung um ein Vielfaches überschreiten.

Man kann für die Gesamtreibungsverluste die folgenden Werte als Anhaltspunkte für die Größenordnung ansehen:

1 bis 3 % der Leistung bei 400 KW bis 60 KW und 360 Umdrehungen bis 1500 Umdrehungen	schnellaufende riemengetriebene Maschinen
0,8 bis 2 % der Leistung bei 500 KW bis 50 KW	langsam laufende Maschinen.

Große mit der Dampfmaschine direkt gekuppelte langsam laufende Maschinen haben ½ bis 1 % Reibungsverluste bei Leistungen von 1000 KW und abwärts. Bei sehr rasch laufenden Maschinen sind die Reibungsverluste wesentlich größer.

124. Der Wirkungsgrad einer Wechselstrommaschine und der Einfluß der einzelnen Verluste.

Unter dem Wirkungsgrad η irgendeines Apparates versteht man das Verhältnis:

$$\frac{\text{Abgegebene Leistung}}{\text{Zugeführte Leistung}}.$$

Bei einem Generator ist die abgegebene Leistung $W = mPJ\cos\varphi$ und die zugeführte Leistung gleich dieser Leistung vermehrt um die Summe der Verluste in der Maschine. Bezeichnen wir die Summe der Verluste mit W_v, so ergibt sich der Wirkungsgrad eines Generators gleich

$$\eta = \frac{W}{W + W_v} \quad \ldots \ldots \quad (393)$$

Bei einem Motor ist die zugeführte Leistung gleich $W = mPJ\cos\varphi$ und die abgegebene Leistung gleich der zugeführten Leistung abzüglich aller Effektverluste im Motor. Es wird somit der Wirkungsgrad eines Motors

$$\eta = \frac{W - W_v}{W} \quad \ldots \ldots \quad (394)$$

Für Maschinen, die mit konstanter Spannung arbeiten, können wir in Bezug auf die experimentelle Bestimmung der Verluste die letzteren folgendermaßen zusammenstellen:

1. Die Hysteresisverluste

$$W_h = W_{ha} + W_{hz}$$

nehmen von Leerlauf bis Vollast etwas zu. Die Zunahme entspricht der nach Maßgabe des Spannungsabfalles erforderlichen Erhöhung der EMK E.

2. Die Wirbelstromverluste sind

$$W_w = W_{wa} + W_{wz}.$$

Die zusätzlichen Verluste werden dadurch in der Rechnung berücksichtigt, daß σ_h und σ_w entsprechend größer gewählt werden.

3. Die Stromwärmeverluste.

Diese setzen sich zusammen aus den Wattverlusten im Anker- und Erregerkupfer.

Der Wattverlust im Ankerkupfer ist

$$W_{ka} = mJ^2 r_a,$$

er nimmt proportional mit dem Quadrate des Stromes zu.

Der Verlust durch die Erregung $W_{ke} = P_e i_e$ besitzt bei Leerlauf den zur Erregung für die normale Spannung erforderlichen Wert und nimmt mit der Belastung entsprechend der Regulierungskurve langsam zu. Für eine konstante Phasenverschiebung können wir ihn durch eine Funktion zweiten Grades darstellen, in welcher das konstante Glied und das Glied erster Ordnung die bedeutendsten sind. Die Stromwärmeverluste sind demnach

$$W_k = W_{ka} + W_{ke}$$

und können angenähert durch die Funktion

$$W_k = W_{k0} + C_1 J + C_2 J^2$$

ausgedrückt werden, wenn W_{k0} den Stromwärmeverlust bei Leerlauf bedeutet.

4. Die mechanischen Verluste oder Reibungsverluste

$$W_\varrho = W_r + W_R$$

sind konstant von Leerlauf bis Vollast, wenn die Tourenzahl konstant ist.

Die Summe aller Verluste ist somit

$$W_v = W_k + W_h + W_w + W_\varrho = \Sigma W.$$

Tragen wir die Einzelverluste als Funktion der Belastung auf und bilden wir für die zugehörigen Belastungen die Summe der Verluste und berechnen hiernach die Wirkungsgrade, so erhalten wir die Fig. 350. Der Wirkungsgrad besitzt ein Maximum, und wir finden die entsprechende Belastung folgendermaßen:

Bei Leerlauf treten die Verluste

$$W_{v0} = W_{k0} + W_{h0} + W_{w0} + W_\varrho$$

auf. Bei Maschinen, die mit verschiedenen Strömen und konstantem Leistungsfaktor laufen, kommen noch Verluste hinzu, die wir gleich

$$C_1 J + C_2 J^2$$

setzen können. Es wird somit der Wirkungsgrad

$$\eta = \frac{W}{W + W_{v0} + C_1 J + C_2 J^2} = \frac{P}{P + \frac{W_{v0}}{C'J} + \frac{C_1}{C'} + \frac{C_2}{C'} J} = \frac{\text{Konst.}}{N};$$

wenn wir $W = mPJ\cos\varphi = C'PJ$ setzen. Damit der Wirkungsgrad ein Maximum wird, muß der Nenner

$$N = P + \frac{C_1}{C'} + \frac{W_{v0}}{C'J} + \frac{C_2}{C'} J$$

ein Minimum werden. Der Nenner nach J differentiiert ergibt

$$\frac{dN}{dJ} = \frac{C_2}{C'} - \frac{W_{v0}}{C'J^2},$$

also wird, da $\frac{d^2 N}{dJ^2}$ positiv ist, η ein Maximum, wenn

$$W_{v0} = C_2 J^2 \cong m J^2 r_a.$$

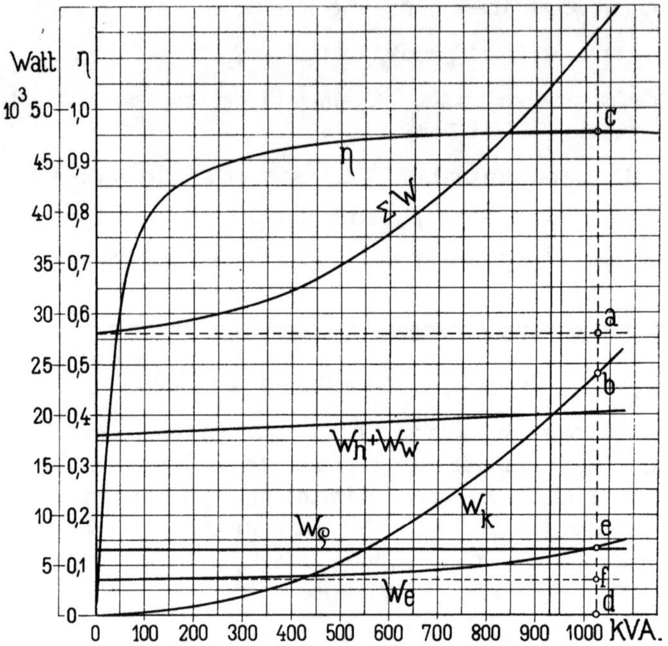

Fig. 350. Einzelverluste und maximaler Wirkungsgrad.

Der maximale Wirkungsgrad tritt bei derjenigen Belastung ein, bei welcher der dem Quadrate des Armaturstromes proportionale Verlust gleich dem Leerlaufverluste ist. In Fig. 350 sind die Einzel- und Gesamtverluste, sowie die Wirkungsgradkurve eines 930 KVA-Generators für $\cos\varphi = 1$ dargestellt. Dem Maximum c entsprechen die Leerlaufverluste

$$W_{v0} = \overline{ad},$$

ferner die Stromwärmeverluste

$$m J^2 r_a = W_k = \overline{bd}$$

und die Vergrößerung der Erregerverluste zwischen Leerlauf und der betreffenden Belastung

$$\Delta W_e = \overline{ef}.$$

Wie aus der Figur ersichtlich, ist

$$\overline{ad} = \overline{bd} + \overline{ef}.$$

125. Die Lagerströme.

Bei synchronen Wechselstrommaschinen, namentlich bei solchen mit kleiner Polzahl, wurde vielfach beobachtet, daß zwischen Zapfen und Lager elektrische Ströme auftreten, die ein Anfressen der Zapfen und Lagerschale zur Folge haben. Zwischen Welle und Lager kann dabei eine Spannung von einigen Volt gemessen werden; an einem zwischen Lagerbock und Fundamentplatte eingeschalteten Amperemeter kann man unter Umständen einige Hundert Ampere ablesen. Die Erfahrung zeigt, daß diese Lagerströme nur bei solchen Maschinen auftreten, die durch horizontale Trennfugen geteilt sind; sie haben also ihre Ursache in magnetischen Unsymmetrien in dem induzierten Teil der Maschine. Das Auftreten der Lagerströme läßt sich wie folgt erklären[1]).

In Fig. 351 ist eine 4polige Maschine mit einer magnetischen Unsymmetrie in Form einer Trennfuge dargestellt. Denken wir uns den Anker glatt, so liegt der Gedanke nahe, daß diese Trennfuge in ähnlicher Weise wirkt wie eine Nut, nur in viel stärkerem Maße, da die Trennfuge auf den ganzen Kraftfluß, während eine Nut auf einen Teil des Flusses einwirkt. Es wird somit der Einfluß dieser Trennfuge sich darin äußern, daß die Magnetflüsse der Reihe nach eine Längs- und eine Querpulsation erfahren werden[2]). Wir wollen nun verschiedene geschlossene Stromkreise betrachten, einerseits solche, die der Wirkung der Querpulsation, andererseits solche, die der Wirkung der Längspulsation ausgesetzt sind. Für die angenommene Lage des Magnetsystems (Fig. 351) sind die Flüsse der Pole a und b von der Unsymmetrie beeinflußt. Für einen Stromkreis, der aus zwei Eisenstreifen (1 und 2) der Pole und durch die axialen Begrenzungsebenen des Polrades gebildet wird, kommt infolge des Einflusses der Trennfuge eine normale Komponente der Induktion in Betracht in der Weise, wie es durch Pfeile angedeutet ist. Wie ersichtlich, wirken die induzierten EMKe der Eisenstreifen der beiden Pole in bezug auf die Welle einander entgegen, sie können aber innere Ströme im Magnet-

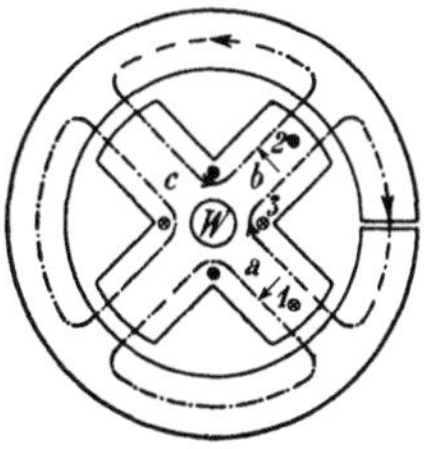

Fig. 351.

[1]) Siehe M. Liwschitz, El. u. Masch. 1912.
[2]) Vgl. WT III, Kap. IX, Abschn. 37.

system hervorrufen. Betrachten wir den Stromkreis, gebildet aus einem Eisenstreifen (3) des Joches, den axialen Begrenzungsebenen und der Welle, so wird in diesem Kreise die Längspulsation des Kraftflusses Ströme erzeugen, die sich auch durch die Lager, Lagerböcke und Fundamentplatte schließen werden. Die Lagerströme werden hier somit durch die Längspulsationen der Kraftflüsse erzeugt, während die Querpulsationen innere Ströme im Magnetsystem verursachen. Dreht sich das Magnetsystem um eine Polteilung, so daß die Pole *b* und *c* von der Unsymmetrie beeinflußt werden, so kehrt die die Lagerströme verursachende EMK ihre Richtung um; die Lagerströme werden also dieselbe Periodenzahl haben wie der Ankerstrom.

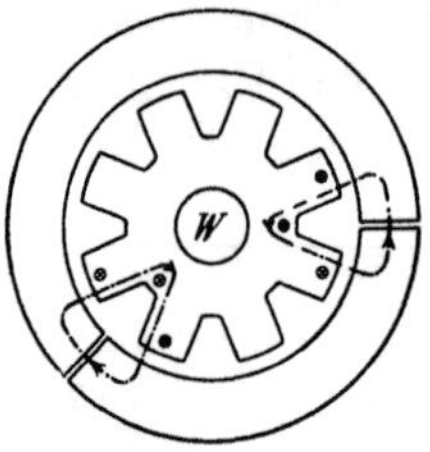

Fig. 352.

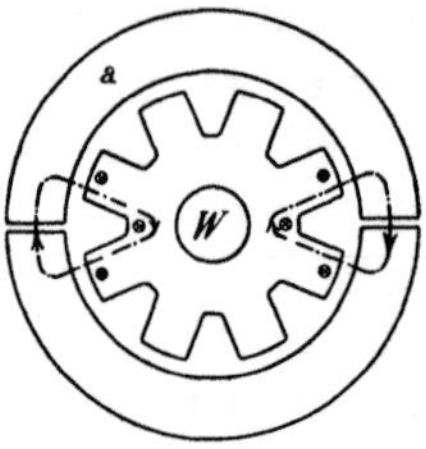

Fig. 353.

Wir betrachten nun den Fall, wo die Maschine zwei magnetische Unsymmetrien hat, einmal um eine ungerade (Fig. 352), das andere Mal um eine gerade (Fig. 353) Anzahl Polteilungen voneinander entfernt. In Fig. 352 haben die EMKe, die infolge der Längspulsation in den auf obige Weise gebildeten Stromkreisen der einzelnen Pole induziert werden, entgegengesetzte Richtung und können ebenso wie die durch Querpulsation verursachten EMKe nur innere Ströme im Magnetsystem erzeugen. Anders liegen die Verhältnisse für den Fall, wo die Unsymmetrien um eine gerade Anzahl Polteilungen voneinander entfernt sind: hier unterstützen sich die durch Längspulsation verursachten EMKe und die Lagerströme werden größer. Es folgt daraus, daß bei Maschinen mit zwei horizontalen Trennfugen Lagerströme nur dann entstehen können, wenn die Polpaarzahl eine gerade Zahl ist, denn nur in diesem Falle sind beide Unsymmetrien um eine gerade Anzahl Polteilungen voneinander entfernt. Eine 6polige Maschine z. B. mit zwei horizontalen Trennfugen wird somit keine Lagerströme aufweisen. Dies ist durch die Erfahrung auch bestätigt.

Die Lagerströme machen sich bei schnellaufenden Maschinen viel stärker bemerkbar als bei langsamlaufenden, denn jene führen bedeutend größere Kraftflüsse pro Pol als diese, und die Längspulsationen machen sich daher bei ihnen mehr bemerkbar.

Zur Vermeidung der Lagerströme wird oft ein Lagerbock von der Fundamentplatte isoliert; seltener werden auf der Welle Bürsten angeordnet, die mit dem Lagerkörper verbunden werden, so daß die gefährlichen Stellen, nämlich die Lagerschalen und Zapfen, überbrückt werden.

Wie aus dem Obigen hervorgeht, lassen sich aber die Lagerströme viel einfacher und billiger dadurch vermeiden, daß man an einer oder mehreren Stellen, die um eine ungerade Anzahl Polteilungen von einer der beiden Trennfugen entfernt sind, künstliche magnetische Unsymmetrien anbringt, die magnetisch den beiden Trennfugen äquivalent sind. Bei der fertigen Maschine kann dies z. B. dadurch geschehen, daß man an den betreffenden Stellen Löcher bohrt; bei der 8poligen Maschine (Fig. 353) genügt es z. B. an der mit *a* bezeichneten Stelle ein Loch zu bohren, das den beiden Trennfugen magnetisch äquivalent ist. Oder man stanzt von vornherein Schlitze in die Bleche und stellt nachträglich die richtige Symmetrie durch Einschieben von Stücken magnetischen Materials her. Es ist zweckmäßig zwei künstliche Unsymmetrien anzubringen, von denen jede einer Trennfuge äquivalent ist.

Zwanzigstes Kapitel.

Erwärmung und Kühlung einer Synchronmaschine.

126. Allgemeines über die Erwärmung.

Diejenige Energie, die den in einer Dynamomaschine auftretenden Effektverlusten entspricht, wird in Wärme übergeführt, einerlei welcher Art diese Verluste sind.

Es tritt deswegen eine Temperaturerhöhung der Maschine über das umgebende Medium ein. Mit Rücksicht auf die Isolation der Wicklungen darf die Temperatur bestimmte Werte nicht überschreiten. Baumwolle fängt z. B. bei über 100° C an zu verkohlen.

Es ist deshalb von großer Wichtigkeit die Temperatur bzw. die Temperaturerhöhung über die Temperatur der Umgebung der einzelnen Teile der Maschine zu ermitteln. Im allgemeinen herrscht hier noch Unsicherheit, — ganz zuverlässige Formeln und Rechnungen gibt es nicht, weil die Temperaturerhöhung sehr von der Bauart und der Art der Lüftung der Maschine, der Anordnung der Wicklung, der Beschaffenheit der Oberfläche und anderen Verhältnissen abhängt, deren Wirkung sich nicht ziffernmäßig berechnen läßt.

Für Maschinen mit rotierender Armatur berechnet man die Temperaturerhöhung wie bei Gleichstrommaschinen[1]). Für die Maschinen mit rotierendem Feld ist die Berechnung im folgenden angegeben.

127. Erwärmung der Armatur.

Für die Temperaturerhöhung eines homogenen Körpers im Beharrungszustande, bei dem die ganze erzeugte Wärme nach außen abgegeben wird, kann man setzen

$$T = \text{konst.}\,\frac{\text{Erzeugte Wärmemenge}}{\text{Abkühlungsfläche}}.$$

Die in dieser Gleichung vorkommende Konstante ist nur so lange konstant, wie die Abkühlungsverhältnisse konstant bleiben, d. h. die

[1]) s. Arnold, Gleichstrommaschine, Bd. I.

spezifische Wärmeabführung für 1° C und 1 qcm Kühlfläche durch Strahlung, Konvektion und Leitung sich nicht ändert. Sie gilt also nur für den einen Körper, für den sie bestimmt ist, und auch bei ihm nur unter den eben gemachten Voraussetzungen. Wenn wir also davon absehen, daß die Dynamomaschinen keine homogenen Körper darstellen, so kann die oben angegebene Erwärmungsformel ungefähr richtige Resultate nur für eine und dieselbe Maschinentype geben. Die Formel soll also nur einen Anhaltspunkt für die Erwärmung normal gebauter Maschinen gewähren und bekommt nur dadurch Wert, daß für eine große Zahl von Maschinen die Verluste, die Oberflächen und die Erwärmung gemessen und daraus die Grenzen, innerhalb deren die Konstante schwankt, bestimmt wurden.

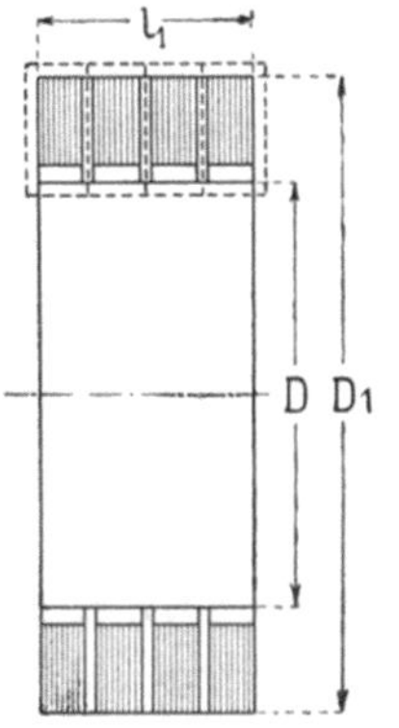

Fig. 354.

a) Erwärmung des Armatureisens. Als Abkühlungsflächen nehmen wir die Oberflächen des Statoreisens an, vermehrt um so viel Ringflächen wie Luftschlitze vorhanden sind (s. Fig. 354), also

$$A_a = \frac{\pi}{4}(D_1^2 - D^2)(2 + \text{Anzahl der Luftschlitze}) + \pi l (D + D_1).$$

Als nach außen abzugebende Verluste rechnen wir die Verluste durch Hysteresis und Wirbelströme und die Stromwärmeverluste, die in den im Eisen eingebetteten Leiterstücken auftreten. Diese letzteren sind

$$W_{kz} = \frac{l_1}{l_a} m J^2 r_a.$$

Die gesamten Verluste sind also

$$W_h + W_w + W_{kz}$$

und damit die Temperaturerhöhung des Statoreisens

$$\boldsymbol{T_a = C_a \frac{W_h + W_w + W_{kz}}{A_a} = \frac{C_a}{a_a}} \quad . \; . \; . \; (395)$$

Wir bezeichnen

$$\frac{A_a}{W_{ei} + W_{kz}} = a_a$$

als spezifische Kühlfläche der Armatur.

Als Anhaltspunkt für den Wert des Koeffizienten der Wärmeabgabe C_a ergibt sich für normale Typen mit rotierendem Feldsystem

$$C_a = 200 \text{ bis } 250.$$

Den innerhalb der Armatur erzeugten Wärmemengen stehen nach außen die Wege durch das Eisen an die Oberfläche und durch das Kupfer an die Spulenköpfe offen. Dabei findet zwischen Kupfer und Eisen ein Wärmeaustausch statt. Da die Leitfähigkeit der Eisenpakete nach Versuchen von Ott[1]) radial 50 bis 130mal größer ist als axial, ist 1 qcm Oberfläche des Mantels für einen gleichlangen Weg der Wärme auch ebensovielmal mehr wirksam für die Abkühlung als das gleichgroße Stück auf der Ringfläche. Das Verhältnis dieser beiden Leitfähigkeiten ändert sich etwas mit der Größe der Induktion. Die Unterteilung des Statoreisens in Pakete wird daher erst dann wirksam werden, wenn die Paketdicke gering genug gewählt wird, ungefähr 2 bis 4 cm. Unter Umständen kann die Anordnung von radialen Luftschlitzen sogar schädlich sein[2]). Dagegen führt eine axiale Kühlung, die durch axiale Kanäle im Eisen erhöht werden kann, sehr günstige Verhältnisse herbei.

Die Wärmeabgabe der verschiedenen Kühlflächen kann für jede Maschinentype einzeln nur durch sorgfältige Untersuchungen ermittelt werden; insbesondere ist die Geschwindigkeit und die Menge der Kühlluft und ihre Führung durch die Maschine von Wichtigkeit. Die einzelnen Abkühlungsflächen sind um so wirksamer, je größer sie sind, je schneller die Luftbewegung längs der Fläche ist, und je ungehinderter die Wärmestrahlung ist. Die Ventilationsgeschwindigkeit der Maschine, also die Luftgeschwindigkeit an jeder Stelle, läßt sich jedoch rechnerisch nicht oder höchstens annähernd verfolgen. Aber auch das Gesetz, das die Wärmeabgabe als Funktion der Ventilationsgeschwindigkeit angibt, ist trotz sorgfältiger Experimentaluntersuchungen und theoretischer Überlegungen noch nicht endgültig gefunden worden[3]). Aus all diesen Gründen muß auf eine sichere Vorausbestimmung der Eisentemperatur verzichtet werden.

b) Erwärmung des Armaturkupfers. Von großer Wichtigkeit ist die Kenntnis der Kupfertemperatur, vor allem der maximalen Temperatur. Es ist, besonders bei langen Maschinen, die Gefahr vorhanden, daß die Isolation im Innern der Maschine verkohlt und daher ihre mechanische Festigkeit verliert. Bei starken Stromstößen oder Kurzschluß treten zwischen den Ankerleitern bedeutende

---

[1]) Mitteilungen über Forschungsarbeiten aus dem Gebiete des Ingenieurwesens, Heft 35 u. 36.

[2]) Siehe Theodore Hoock, „Über radiale Kühlung elektrischer Maschinen", E. & M. 1910, S. 908.

[3]) Siehe Ott, Mitteilungen über Forschungsarbeiten aus dem Gebiete des Ingenieurwesens, Heft 35 u. 36. — Goldschmidt, ETZ 1908, S. 886.

mechanische Kräfte auf, die dann die Isolation vollständig zerstören. Auch die Längenausdehnung der Ankerleiter infolge der Erwärmung kann das verkohlte Isoliermaterial zerreißen. Solche Fälle sind bei Maschinen mit großen Eisenlängen, wie Turbogeneratoren, mehrmals vorgekommen. Die Ursache dieser Erscheinung liegt darin, daß durch die Nutenisolation der Wärmeaustausch zwischen Kupfer und Eisen erschwert wird und die Kupferwärme zum größten Teil durch die Spulenköpfe abgeführt werden muß. Ist außerdem die Zahninduktion hoch gewählt, so kann es vorkommen, daß durch das Kupfer auch ein Teil der Eisenwärme abgeführt wird. Die ausführliche Untersuchung dieser Verhältnisse ist in WT V 1, S. 226 angegeben. Hier mögen nur die Resultate zusammengestellt werden.

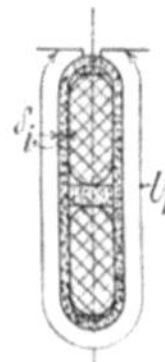

Fig. 355.

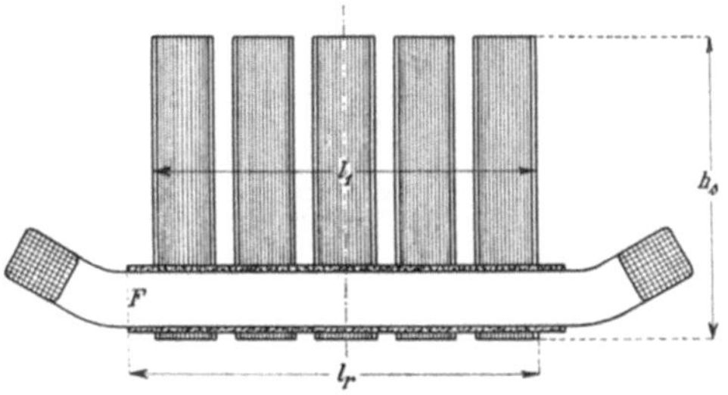

Fig. 356.

Es bezeichnet:

U_n den Umfang der Nut in cm (Fig. 355),

U_k den Umfang eines Spulenkopfes in cm,

q_n den Kupferquerschnitt einer Nut in qmm,

l_r die Länge des Isolierrohres (Fig. 356) in cm,

l_k die Länge des Spulenkopfes außerhalb des Isolierrohres in cm,

δ_i die gesamte Isolationsdicke zwischen Kupfer und Eisen (Fig. 355) in cm,

δ_a die Isolationsdicke der Spulenköpfe in cm,

s die Stromdichte in Amp./qmm,

k_r den Koeffizienten der Widerstandserhöhung durch Wirbelströme und Hautwirkung,

v die Umfangsgeschwindigkeit des Magnetrades in m/sek,

Z die totale Nutenzahl,

T_{Luft} die wirkliche Lufttemperatur in ^{0}C,

T_{Eisen} die wirkliche Eisentemperatur in ^{0}C.

Sind die Stäbe mehrerer Nuten zu einem Spulenkopf zusammengefaßt, so ist der Gesamtumfang durch die betreffende Nutenzahl zu dividieren, um U_k zu erhalten.

Man kann setzen:

für dünndrähtige Wicklungen . . . . $k_r = 1{,}15$ bis $1{,}25$

für Stabwicklungen von großem Querschnitt . . $k_r =$ bis $1{,}35$

Mit Hilfe der Gleichungen

$$a^2 = 234\left(\frac{U_n}{\delta_i q_n} - \frac{k_r s^2}{1000}\right) 10^{-4} \quad \text{. . . . .} \quad (396)$$

$$b = k_r \frac{0{,}94 + 0{,}004\, T_{Eisen}}{170} s^2 \quad \text{. . . . .} \quad (397)$$

$$c^2 = \frac{U_k}{25\left(\delta_a + \frac{1}{1+0{,}05\, v}\right) q_n} - 0{,}234 \cdot 10^{-4} k_r s^2 \quad \text{. .} \quad (398)$$

$$d = k_r \frac{0{,}94 + 0{,}004\, T_{Luft}}{170} s^2 \quad \text{. . . . .} \quad (399)$$

berechnet man zunächst die Konstanten a, b, c und d. Es lassen sich dann auch die Größen A und C aus den Gleichungen

$$a A \operatorname{Sin} \frac{a l_r}{2} = - c C \operatorname{Sin} \frac{c l_k}{2} \quad \text{. . . . .} \quad (400)$$

und

$$2 A \operatorname{Cof} \frac{a l_r}{2} + \frac{b}{a^2} + (T_{Eisen} - T_{Luft}) = 2 C \operatorname{Cof} \frac{c l_k}{2} + \frac{d}{c^2} \text{[1]} \quad \text{.} \quad (401)$$

berechnen.

Die maximale Temperatur des Kupfers, die in der Mitte der Armatur auftritt, ergibt sich aus

$$\boldsymbol{T_{k\,max} = T_{Eisen} + 2A + \frac{b}{a_2}} \quad \text{. . . . .} \quad (402)$$

worin A immer negativ ist.

Die Kupfertemperatur im Querschnitt F (Fig. 356) ist

$$T_f = 2 A \operatorname{Cof} \frac{a l_r}{2} + \frac{b}{a^2} + T_{Eisen} \quad \text{. . . . .} \quad (403)$$

---

[1]) Für die hyperbolischen Funktionen Sin und Cof befindet sich eine Tabelle in der Hütte. Sonst kann man berechnen: Man schlage zu $\frac{x}{2{,}3}$ als Briggschen Logarithmus den Numerus N auf. Dann ist

$$\operatorname{Sin} x = \frac{1}{2}\left(N - \frac{1}{N}\right), \qquad \operatorname{Cof} x = \frac{1}{2}\left(N + \frac{1}{N}\right).$$

Die mittlere Übertemperatur des Kupfers, wie man sie aus der Widerstandserhöhung berechnen kann, ist

$$T_k = \frac{1}{l_r}\left(\frac{2A}{a}\,\mathfrak{Sin}\,\frac{a l_r}{2} + \frac{b}{a^2}\frac{l_r}{2}\right) + \frac{1}{l_s}\left(\frac{2C}{c}\,\mathfrak{Sin}\,\frac{c l_k}{2} + \frac{d}{c^2}\frac{l_k}{2}\right) + (T_{Eisen} - T_{Luft}) \quad (404)$$

Die zwischen Eisen und Kupfer in einer Sekunde ausgetauschte Wärmemenge ist

$$W_{\ddot{u}} = 14.10^{-4} Z \frac{U_n}{\delta_i}\left(\frac{2A}{a}\,\mathfrak{Sin}\,\frac{a l_r}{2} + \frac{b}{a^2}\frac{l_r}{2}\right) \text{ Watt} \quad . \quad . \quad (405)$$

Die Spulenköpfe geben an die Luft ab:

$$W = 6.10^{-2} Z q_n c^2 \left(\frac{2C}{c}\,\mathfrak{Sin}\,\frac{c l_k}{2} + \frac{d}{c^2}\frac{l_k}{2}\right) \text{ Watt} \quad . \quad . \quad (406)$$

Diese Rechnung gibt richtige Resultate für Maschinen, die keine künstliche Kühlung haben. Es ist aber auch bei Maschinen mit künstlicher Kühlung zu kontrollieren, ob die sich aus dieser Rechnung ergebende maximale Kupfertemperatur nicht zu hoch wird; eine Zerstörung der Isolation kommt auch bei künstlich gekühlten Turbogeneratoren vor.

128. Erwärmung der Magnetspulen.

Die Abkühlung erfolgt auch hier einerseits durch Wärmeleitung und Strahlung an die Umgebung, andererseits durch die ventilierende Wirkung der durch die Rotation hervorgerufenen Luftströmung.

Nun sind die Bedingungen für die Abkühlung der einzelnen Teile einer Magnetspule sowohl in bezug auf die Spulenoberfläche, als auch in bezug auf den Querschnitt des Wicklungsraumes nicht die gleichen, sondern sie variieren je nach der Höhe und Breite des Wicklungsraumes, der Anordnung und Isolation der Wicklung, dem Abstande der benachbarten Spulen, der Konstruktion der Polschuhe und des Polradkranzes, der Armaturabdeckungen und der Größe der Umfangsgeschwindigkeit.

Alle diese Faktoren für die Vorausberechnung der zu erwartenden Temperaturerhöhung zu berücksichtigen, ist nicht möglich. Wir werden uns daher auch hier damit begnügen müssen, aus den bei den verschiedenen Maschinentypen, bei einer bestimmten Abkühlungsfläche, Umfangsgeschwindigkeit, bekannten Wattverlusten und der experimentell ermittelten Temperaturerhöhung bis zum Eintritt des stationären Zustandes, Beziehungen abzuleiten, die uns dann für ähnliche Verhältnisse eine Beurteilung der Erwärmung mit genügender Genauigkeit ermöglichen werden.

Ebenso wie bei Bestimmung der Erwärmung des Armatureisens, setzen wir auch hier

$$T_m = C_m \frac{\text{Erzeugte Wärmemenge}}{\text{Abkühlungsfläche}}.$$

Als Abkühlungsfläche A_m nehmen wir die Mantelfläche (ohne die Stirnflächen) an. Ist ferner v_m die Umfangsgeschwindigkeit des Feldsystems in m/sek, bezogen auf den mittleren Umfang, so kann die auf Stillstand reduzierte Abkühlungsfläche gleich

$$A_m (1 + 0{,}1\, v_m)$$

gesetzt werden. Bedeutet $W_e = i_e^2 r_e$ den Wattverlust im Erregerkupfer, so kann die durch Widerstandsmessung bestimmte mittlere Temperaturerhöhung der Magnetspulen durch die Gleichung

$$\boldsymbol{T_m = \frac{C_m W_e}{(1+0{,}1\,v)\,A_m} = \frac{C_m}{a_m}} \quad \ldots\ldots \quad (407)$$

ausgedrückt werden.

$$\frac{(1+0{,}1\,v)\,A_m}{W_e} = a_m$$

ist die spezifische Abkühlungsfläche der Magnetspulen. Die Konstante C_m hängt von der Bauart der Maschine und der Isolation der Spulen ab.

Bei rotierenden Spulen spielt die Dicke derselben eine sehr wichtige Rolle. Ist die Dicke klein, so stellt sich in der ganzen Spule fast dieselbe Temperatur ein und die Wärmeabgabe durch Ventilation ist eine sehr wirksame. Sind die Spulen dagegen dick, so tritt in ihrem Innern eine viel höhere Temperatur auf als in den äußeren Schichten. Die Wärmeabgabe durch Ventilation entspricht dann weitaus nicht der maximalen oder mittleren Temperaturerhöhung. Die Temperatur im Inneren einer dicken Spule kann daher so hoch ansteigen, daß leicht Gefahr für Verkohlung der Isolation eintritt.

Trotz der verhältnismäßig hohen Umfangsgeschwindigkeiten können bei eng nebeneinander stehenden Polen oder in axialer Richtung sehr langen Spulen Luftstauungen auftreten. Die Wirbelstromverluste in den Polschuhen, die Art der Wicklung und deren Isolation wird nebst den genannten Größen eine ganz wesentliche Rolle spielen.

Für die Größe C_m können folgende Werte als Anhaltspunkte dienen:

Drahtwicklung	400 bis 800,
Flachkupferwicklung . .	300 „ 400.

Bei Drahtwicklungen gelten die unteren Werte für besonders ventilierte Spulen.

Die maximale Kupfertemperatur tritt ungefähr in der Mitte der Spule auf. Sind durch Versuche die mittlere Temperatur an der Oberfläche T_0 und die sich aus Messung der Widerstandserhöhung ergebende mittlere Temperatur T_m ermittelt, so kann man die maximale Kupfertemperatur der Spule nach der Gleichung[1])

$$T_{max} = 2\,T_m - T_0 \qquad (408)$$

bestimmen. Diese Formel ergibt um so genauere Resultate, je kleiner die Differenz $T_m - T_0$ ist.

Nach den Vorschriften des Verbandes deutscher Elektrotechniker soll die Temperaturerhöhung der mit Gleichstrom erregten Feldspulen und aller ruhenden Wicklungen bei Generatoren und Motoren aus Widerstandszunahme bestimmt werden; dabei ist der Temperaturkoeffizient des Kupfers, wenn er nicht besonders bestimmt wird, zu 0,004 anzunehmen. Ferner darf die auf diese Weise ermittelte Temperaturzunahme, in gewöhnlichen Fällen und insofern die Lufttemperatur 35° C nicht übersteigt, folgende Werte nicht überschreiten:

Bei Baumwollisolierung	50° C
„ Papierisolierung	60° „
„ Isolierung durch Glimmer, Asbest und deren Präparate	80° „

129. Kühlung der Synchronmaschinen.

Bei langsam laufenden Maschinen werden häufig außer der Anordnung von radialen Luftschlitzen (etwa von 0,8 bis 1,5 cm Breite bei einer Packetdicke von 5 bis 8 cm) und der Einhaltung einer bestimmten Dicke für die Erregerspulen keine besonderen Hilfsmittel zur Kühlung angewendet. Bei Eisenlängen bis zu 15 cm läßt man die radialen Luftschlitze meist ganz weg. Die Abkühlungs-

[1]) Karl Humburg, „Die Temperaturverteilung im Innern von Magnetspulen mit rechteckigem Querschnitt", E. u. M. 1909, S. 677.

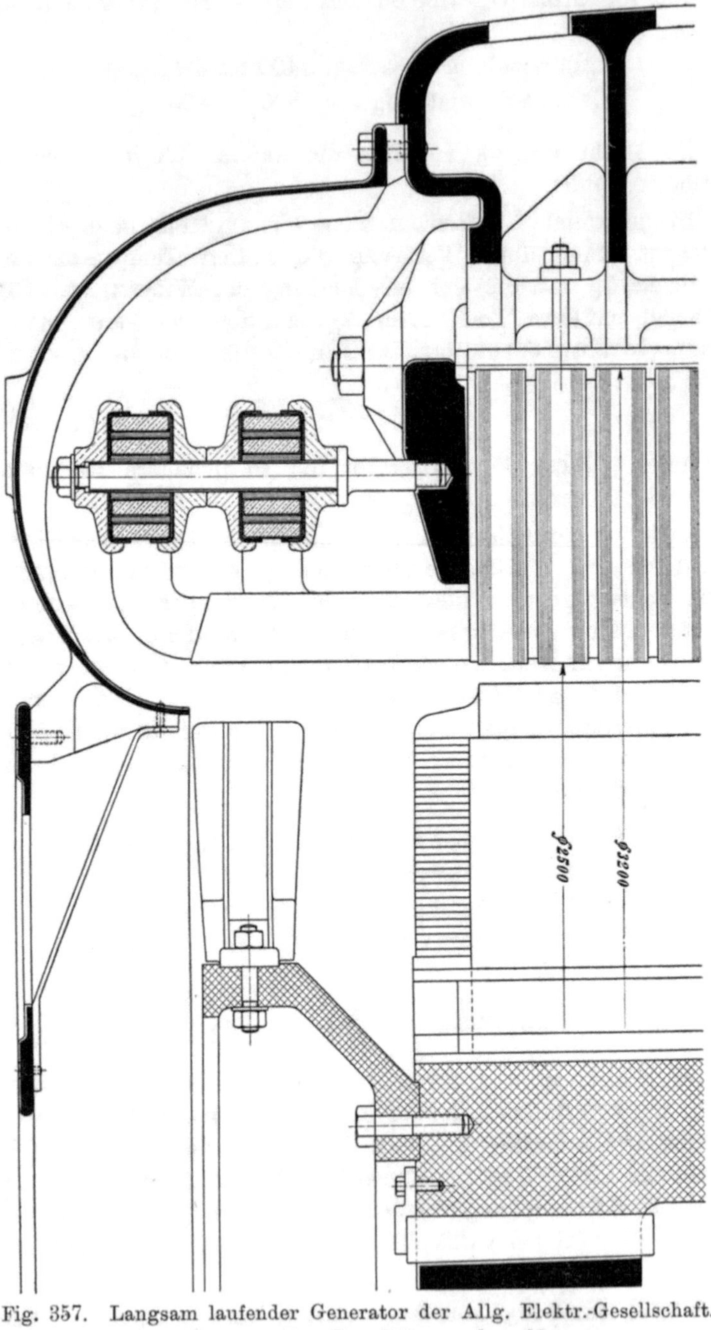

Fig. 357. Langsam laufender Generator der Allg. Elektr.-Gesellschaft.
$n = 420.$ $c = 42.$ $D = 250$ cm. $l_1 = 80$ cm.

verhältnisse können dadurch verbessert werden, daß man am Gehäuse eine Luftführung und am rotierenden Teile Ventilationsflügel anordnet, etwa nach Fig. 357 oder Tafel II. In manchen Fällen wird nur die Luftführung allein angebracht.

Fig. 358. Rotor eines Zweiphasen-Turbogenerators der Société Alsacienne des Constr. Méc. Belfort.

6000 KW, $\cos\varphi = 0{,}8$, $n = 833\frac{1}{3}$, $c = 41\frac{2}{3}$, 12500 Volt.

Bei schnell laufenden Maschinen wird fast immer künstliche Kühlung angewendet, da sie eine gedrungene Bauart erhalten und die kühlende Fläche daher kleiner ist, als bei den langsam laufenden Maschinen von derselben Leistung. Als Kühlmittel wird ausschließlich Luft verwendet. Die übliche Anordnung zur Erzeugung des erforderlichen Luftstromes besteht aus zwei an beiden Seiten des Rotors angebauten Ventilatoren. Die Ventilatoren können aber auch außerhalb der Maschine aufgestellt werden. Die Kühlluft wird in der Regel vom Erdgeschoß her durch Luftfilter in die Maschine eingeführt und von oben in das Maschinenhaus ausgestoßen. Manchmal wird die Anordnung so getroffen, daß die Luft sowohl nach oben wie nach unten ausgeblasen werden kann. Im Winter dient dann die warme Luft zur Heizung des Maschinensaals, im Sommer wird sie dagegen in das Freie ausgestoßen.

Die Luftführung in der Maschine selbst muß eine derartige sein, daß in keinem Teile die Luft stagniert oder gedrosselt wird und daß keine Geräuschbildung auftritt.

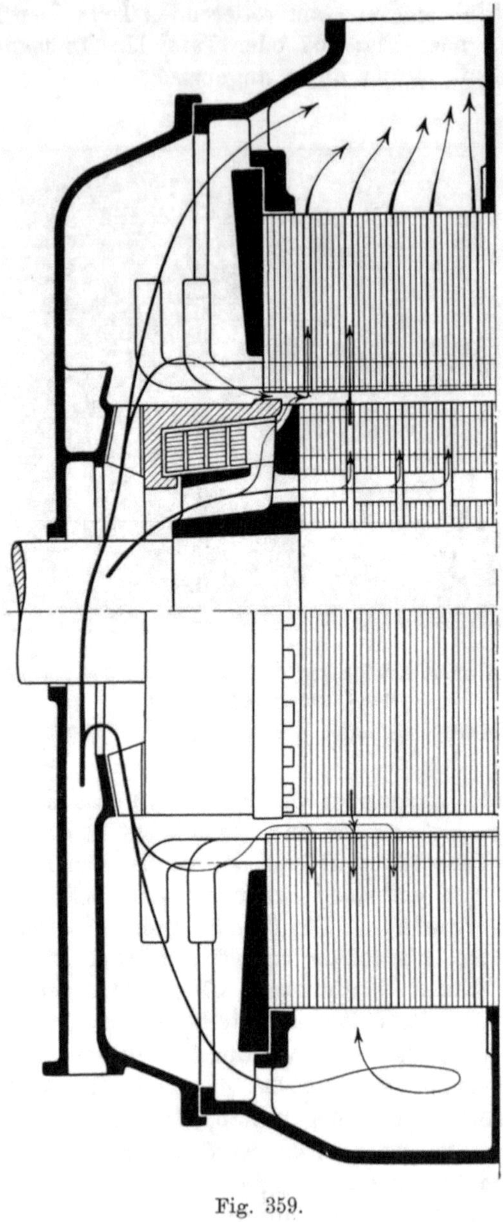

Fig. 359.

Die Luftführung kann mittels radialer Schlitze, axialer Kanäle oder mittels dieser beiden gleichzeitig geschehen. Der Rotor hat immer axiale Kanäle und in den meisten Fällen auch radiale

Luftschlitze. Die axialen Kanäle werden häufig dadurch erhalten, daß man die Welle mit Rippen versieht (Fig. 358). Am wirksamsten sind die axialen Kanäle dann, wenn sie direkt durch besondere Ausgestaltung der Nuten gebildet werden (s. Tafel VI und XII). Die Spulenköpfe der Erregerwicklung werden allgemein besonders durch Frischluft bestrichen. In Fig. 359 ist eine Kühleinrichtung mit Radialbelüftung dargestellt. Der Rotor hat axiale Kanäle und radiale Luftschlitze, der Stator nur radiale Luftschlitze.

Fig. 360. Rotor eines Turbogenerators der Maschinenfabrik Örlikon mit angebautem Ventilator.

9330 KVA. 8650 Volt. $n = 1260$. $c = 42$.

Einen Rotor der M.-F. Örlikon mit derartiger Kühlung zeigt Fig. 360, in der der seitlich angebaute Ventilator deutlich zu erkennen ist. Damit bei größeren Maschinenlängen die der Kühlung bedürftigsten mittleren Schlitze genügend mit Luft bespült werden, wendet die Firma Brown, Boveri & Cie. die in Fig. 361 dargestellte Anordnung an.

In Fig. 362 ist eine Kühleinrichtung der Siemens-Schuckert-Werke angegeben. Sowohl Stator wie Rotor erhalten nur axiale Luftkanäle, die teilweise durch die besondere Form der Stator- und Rotornuten gebildet sind. In Fig. 363 ist eine weitere Anordnung derselben Firma angegeben. Zur Erreichung einer intensiveren Kühlung des Rotoreisens sind bei dieser Ausführung beide Ventilatoren in bezug auf den Rotor hintereinandergeschaltet. In der

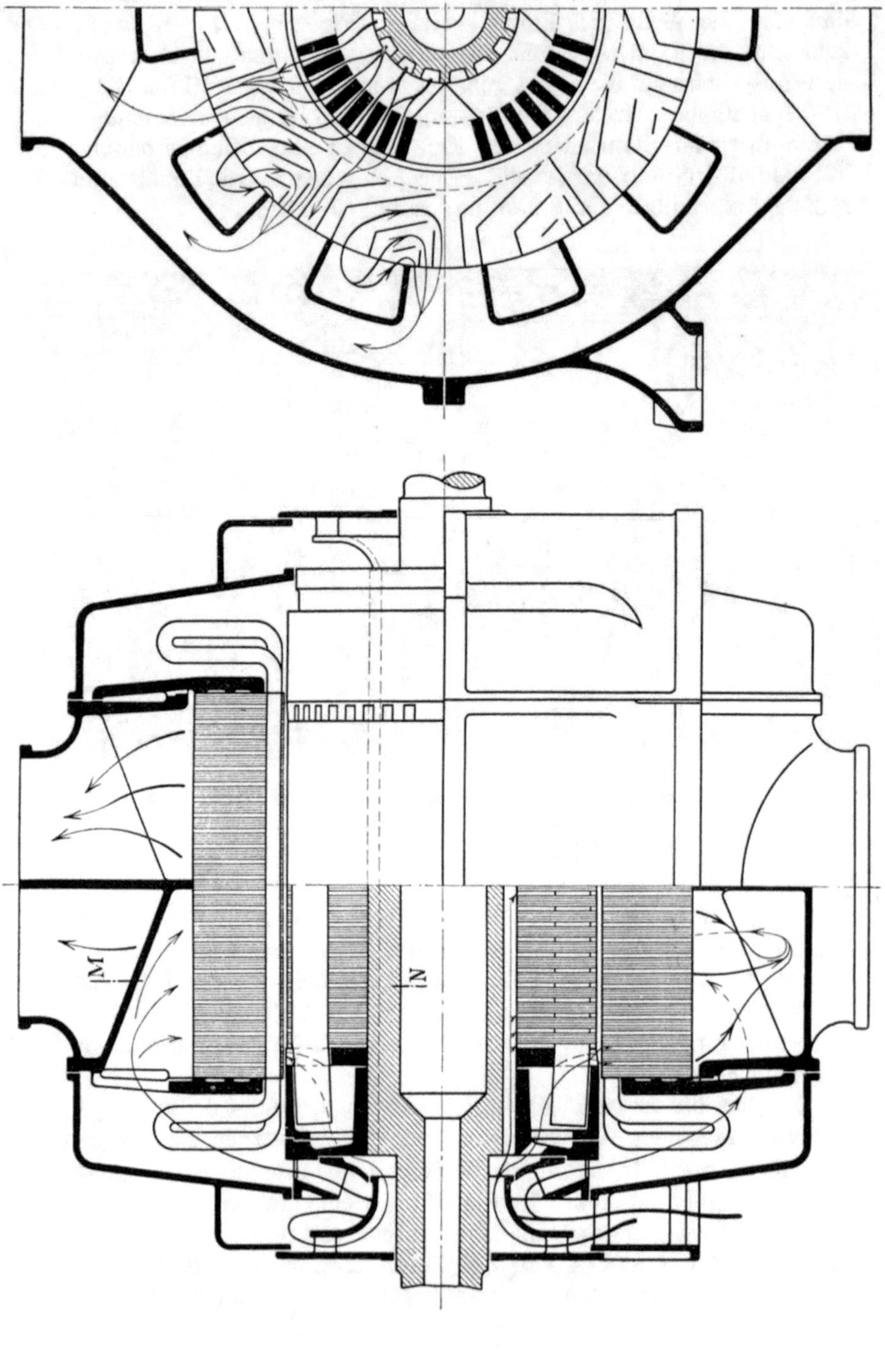

Fig. 361. Kühlanordnung der Firma Brown, Boveri & Co., Baden, Schweiz.

Fig. 364 ist eine Kühleinrichtung der A. E.-G. abgebildet. Sowohl Stator wie Rotor erhalten gemischte Luftführung. Die radialen Luftschlitze des Statoreisens dienen der Reihe nach als Einströmungs- und Ausströmungsluftschlitze. Diese sind miteinander durch axiale Kanäle verbunden und in entsprechender Weise gegen den Luftspalt und am äußeren Statoreisenmantel abgeschlossen.

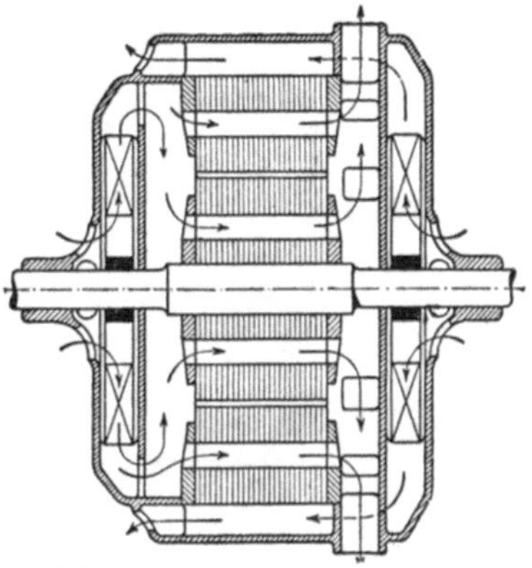
Fig. 362. Kühlanordnung der S.-S.-W.

Bedeutet ΣW_v die Summe der Verluste in Watt, die an der Erwärmung teilnehmen, T_1 die Innentemperatur der angesaugten Luftmenge, T_2 die Temperatur der ausströmenden Luft, so ergibt sich die erforderliche Luftmenge[1])

$$Q = \frac{1{,}2 \Sigma W_v 10^{-3}}{(T_2 - T_1)\,\eta_{th}} \text{cbm/sek} \quad . \quad . \quad . \quad . \quad . \quad (409)$$

η_{th} ist ein Faktor, der einem Wirkungsgrade entspricht, und von der Anordnung der Lüftungskanäle, Strahlung der Außenflächen

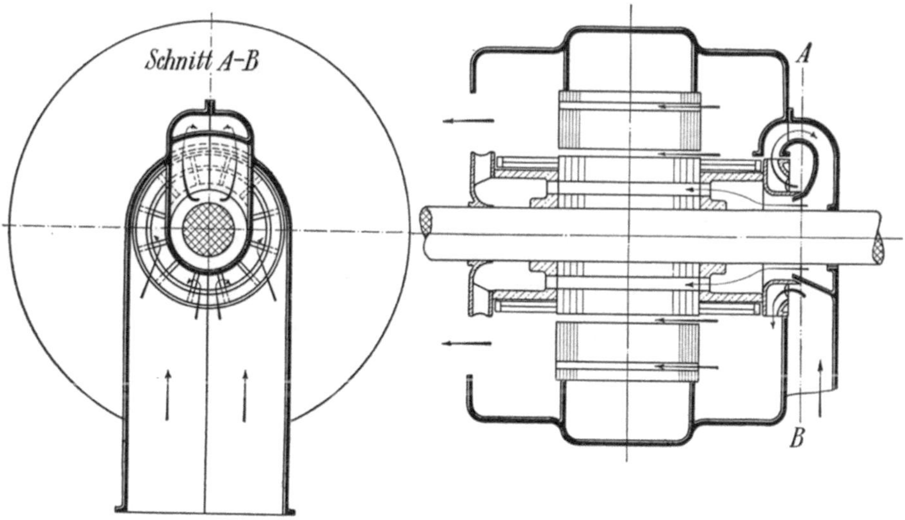

Fig. 363. Kühlanordnung der Siemens-Schuckert-Werke.

[1]) Siehe Karl Czeija, „Entwicklung der Belüftungseinrichtungen von raschlaufenden Dynamomaschinen". ETZ 1912, S. 313.

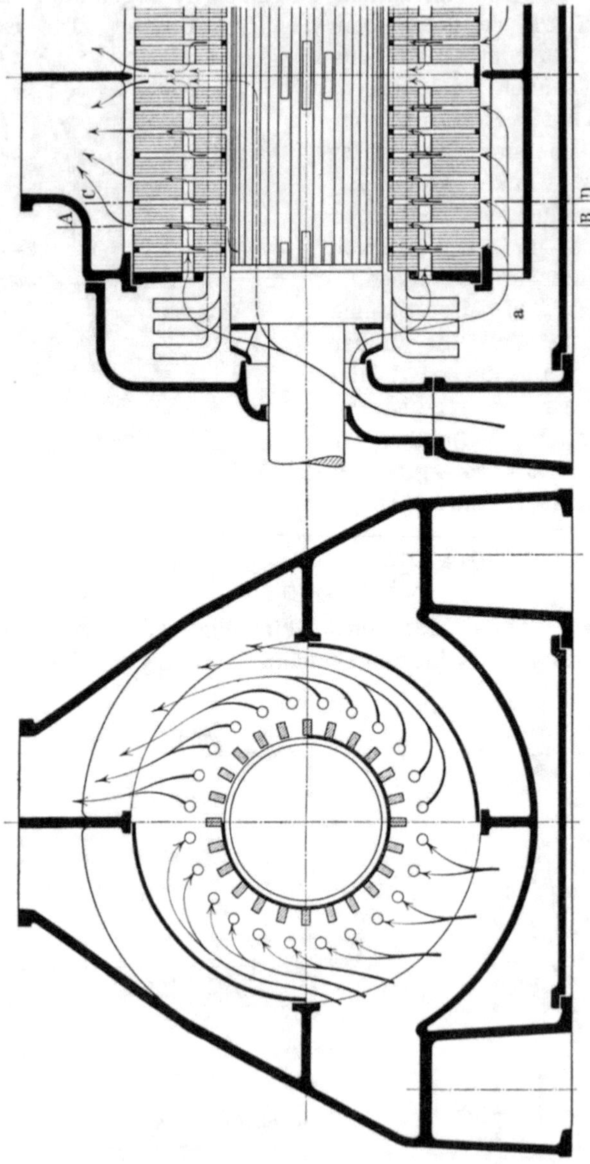

Fig. 364. Kühlanordnung der Allg. Elektr.-Gesellschaft, Berlin.

usw. abhängt. η_{th} bewegt sich zwischen 0,5 bis 0,75. Für $(T_2 - T_1)$ kann je nach den verlangten Erwärmungsforderungen etwa 15 bis 20° C eingeführt werden.

Einundzwanzigstes Kapitel.

Vorausberechnung.

130. Allgemeines über die Vorausberechnung einer Synchronmaschine.

In bezug auf die gegenseitige Anordnung der Feldmagnete und der Armatur unterscheiden wir:

A. Innenpolmaschinen. Bei diesen bildet das Magnetsystem den inneren Teil und ist rotierend angeordnet, während die Armatur feststeht. Diese Form der Wechselstrommaschinen ist die heutzutage am meisten gebräuchliche. Die Turbogeneratoren werden fast nur als Innenpolmaschinen ausgeführt. Für kleine Wechselstromgeneratoren kann man bei dieser Anordnung bequem die Statoren der normalen Asynchronmotoren anwenden. Als Magnetsystem kommen dann entweder die normalen Rotoren mit Gleichstromerregung oder ein gewöhnliches Magnetfeld mit körperlichen Polen zur Anwendung.

B. Außenpolmaschinen. Das Magnetsystem bildet den äußeren Teil, die Armatur den inneren. Die zu dieser Type gehörigen Maschinen können wieder eingeteilt werden in solche

1. mit rotierendem Magnetsystem und solche
2. mit rotierender Armatur.

Die Außenpoltype mit rotierendem Magnetsystem, wie sie z. B. von der Firma Brown, Boveri & Cie. gebaut wird (s. Tafel III), ist in den Fällen, wo ein großes Schwungmoment verlangt wird, bei Leistungen von 200 bis 600 KW und größerer Polzahl sehr vorteilhaft.

Die Außenpoltype mit feststehendem Magnetsystem und innen rotierendem Anker wird seltener ausgeführt und kommt in Europa nur für kleinere Maschinen etwa bis 20 KVA bei 500 Volt in Betracht.

Ist eine Maschine zu berechnen, so sind ihre Leistung und die Bedingungen, unter denen sie arbeiten soll, bekannt.

Zunächst muß man die Hauptabmessungen der Maschine annähernd festlegen; durch eine genauere Berechnung ist dann zu prüfen, ob die gefundenen Abmessungen allen Anforderungen genügen.

Um eine Beziehung zwischen den Hauptabmessungen und der Leistung, der Tourenzahl und der Beanspruchung der Materialien zu erhalten, gehen wir von der Formel

$$1000\, KVA = m\, P J \cong m\, E_p\, J$$

aus. Hierin ist E_p die pro Phase induzierte EMK, J der Ankerstrom und m die Phasenzahl, also $m\, E_p\, J$ diejenige scheinbare Leistung in Kilovoltampere, die bei Generatoren der in elektrische Leistung umgesetzten mechanischen und bei Motoren der in mechanische Leistung umgesetzten elektrischen entspricht. Es ist

$$\begin{aligned} E_p &= 4\, k\, c\, w\, \Phi\, 10^{-8} \\ &= 4\, k \frac{p\, n}{60} w\, B_l\, l_i\, b_i\, 10^{-8} \\ &= 4\, k \frac{p\, n}{60} w\, B_l\, l_i\, \alpha_i\, \tau\, 10^{-8}. \end{aligned}$$

Ferner ist $2\, m\, J\, w$ die Zahl der Amperedrähte am Ankerumfange; bezeichnen wir die Zahl der Amperedrähte pro cm Ankerumfange oder die lineare Ankerbelastung mit AS, so wird

$$2\, m\, J\, w = \pi\, D\, AS,$$

wo D den Durchmesser des induzierten Teiles bedeutet.

Durch Einführung dieser Ausdrücke erhalten wir

$$1000\, KVA \cong m J\, 4 k \frac{pn}{60} w B_l l_i \alpha_i \tau\, 10^{-8}$$

$$= 4 k \frac{pn}{60} \frac{\pi D AS}{2} B_l l_i \alpha_i \frac{\pi D}{2p} 10^{-8} = \frac{k \alpha_i B_l AS\, n D^2 l_i}{6 \cdot 10^8}.$$

Hieraus folgt, daß

$$D^2 l_i \cong \frac{6 \cdot 10^{11} KVA}{k \alpha_i B_l AS\, n} \quad \ldots \ldots \quad (410)$$

In dieser Formel steht links eine Funktion der beiden Hauptdimensionen und rechts im Zähler die scheinbare Leistung. Im Nenner stehen die Tourenzahl und die magnetische $(\alpha_i B_l)$ und elektrische (AS) Beanspruchung der Ankeroberfläche. Bevor wir weiter gehen, soll der Reihe nach die Wahl dieser drei letzten Größen kurz erläutert werden.

131. Periodenzahl und Umdrehungszahl.

Ist die Periodenzahl eines Generators nicht gegeben, so ist diese mit Bezug auf die Verwendung des Stromes zu wählen. Die in Europa üblichen Periodenzahlen sind 15, $\frac{50}{3}$, 25, 42, 50; in Amerika: 15, 20, 25, 40, 50, 60, 120.

Für Lichtanlagen stellen 42 Perioden die unterste Grenze dar, denn erst von etwa 40 Perioden an ist ein ruhiges Licht mit Bogenlampen zu erreichen. Dies gilt selbstverständlich auch für Anlagen mit gemischtem Licht- und Kraftbetrieb. Dient der Wechselstrom ausschließlich für Beleuchtungszwecke, so kann c hoch, z. B. zu ca. 100 Perioden gewählt werden. Die Generatoren und Transformatoren werden in diesem Falle billiger.

Bei Kraftbetrieben wird in der Regel eine Periodenzahl von 50, vereinzelt auch 42 angewendet. Die Periodenzahl 50 hat sich aus dem Grunde eingeführt, weil bei dieser Periodenzahl sich noch technisch brauchbare Umdrehungszahlen der Motoren ergeben. Bei elektrischen Bahnen wird häufig 15 oder $\frac{50}{3}$-periodiger Einphasenstrom verwendet. Bei gemischtem Bahn- und Lichtbetrieb kommen auch 25 Perioden vor, wobei nur Glühlampen verwendet werden. Für Elektrostahlöfen werden ganz kleine Periodenzahlen verwendet.

Bei Arbeitsübertragungen ist es nicht günstig, die Periodenzahl sehr groß zu wählen, da die Selbstinduktion und Kapazität der Leitungen dann leichter zu Störungen durch Resonanzerscheinungen Anlaß geben. Auch für den Betrieb von rotierenden Umformern wird eine niedrigere Periodenzahl gewählt. In diesen Fällen werden meistens 25, vereinzelt auch 15 Perioden angewandt.

Ist die Periodenzahl gewählt, so kann man zur Festlegung der Umdrehungszahl übergehen. Diese ist bei Generatoren, die mit den Antriebsmaschinen direkt gekuppelt sind, innerhalb enger Grenzen allein von den Antriebsmaschinen abhängig. Die

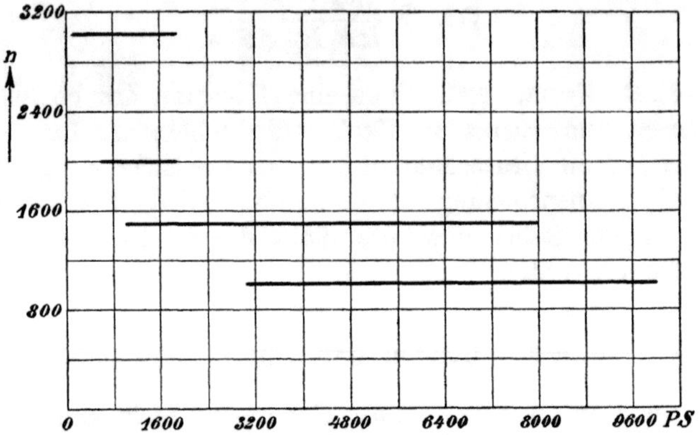

Fig. 365. Umdrehungszahl und Leistung der Zoelly- (Siemens-Schuckert-Werke) Turbine.

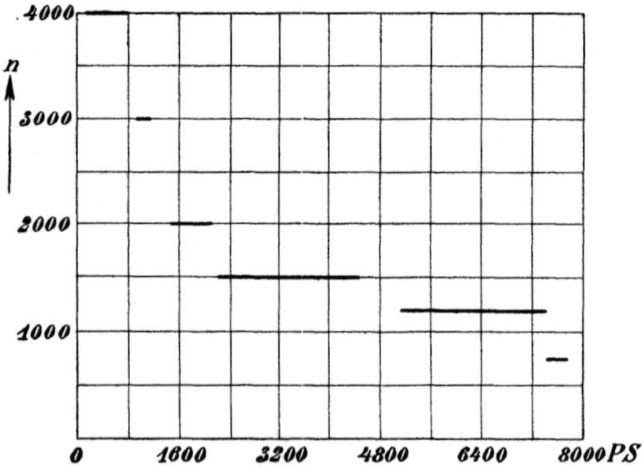

Fig. 366. Umdrehungszahl und Leistung der Parsons- (Brown-Boveri) Turbine.

für Gasmaschinen üblichen Umdrehungszahlen liegen zwischen 290 und 75 für Leistungen bis 3000 PS, wobei zu den kleineren Leistungen die höheren Umdrehungszahlen gehören. Bei den Kolbendampfmaschinen für Leistungen bis 1200 PS liegt die Umdrehungszahl zwischen ca. 260 und 65 pro Minute. Den Zusammenhang zwischen Leistung und Umdrehungszahl der Dampfturbinen verschiedenen Systems ist in den Fig. 365 bis 367 veranschaulicht. Die sprungweise Änderung der Umdrehungszahl mit der Leistung ist nicht durch die Eigenschaften der Dampfturbine, sondern durch den Umstand bedingt, daß die Polpaarzahl des Generators eine ganze Zahl sein muß. Bei Wasserturbinen wählt man die Umdrehungszahl entsprechend dem vorhandenen Gefälle.

Wird der Generator nicht direkt von der Antriebsmaschine, sondern mittels Riemen oder Seil angetrieben, so sind der Umdrehungszahl durch die Riemengeschwindigkeit und die Umfangsgeschwindigkeit gewisse Grenzen gegeben.

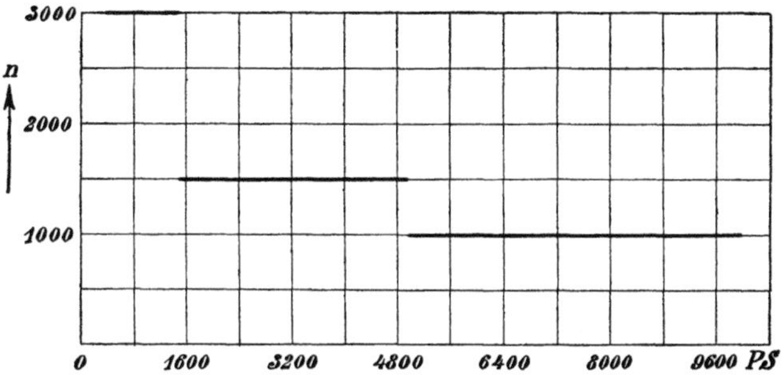

Fig. 367. Umdrehungszahl und Leistung der A. E.-G.-Turbine.

Die gebräuchlichsten Umfangsgeschwindigkeiten normaler Maschinen mit Riemenantrieb sind 15 bis 25 m, wobei der kleinere Wert für kleinere Maschinen gilt. Für langsam laufende, direkt gekuppelte Dynamos liegt v zwischen 20 und 35 m. Bei großen Umdrehungszahlen und Leistungen kann der Konstrukteur gezwungen sein, mit v bis 45 m und noch höher zu gehen. Bei Generatoren, die direkt mit Dampfturbinen gekuppelt werden, gelangt man sogar zu Umfangsgeschwindigkeiten bis 140 m.

Die Umfangsgeschwindigkeit steht in dem folgenden einfachen Verhältnis zu der Periodenzahl und der Polteilung.

Es ist

$$v = \frac{\pi D n}{6000} \text{ m/sek} = \frac{\pi D p n}{p\,6000} = \frac{\tau c}{50} \text{ m/sek.}$$

Ist also die Periodenzahl gegeben, so ist v direkt proportional der Polteilung. Diese darf deswegen nicht beliebig groß gemacht werden.

Bei 50 Perioden ist v in m/sek gleich der Polteilung in cm.

Da die Polpaarzahl p eine ganze Zahl sein muß, so ist die Umdrehungszahl entsprechend zu wählen

$$n = \frac{60\,c}{p}.$$

132. Magnetische und elektrische Beanspruchung des Ankers.

Der Füllfaktor α_i ist ein Maß für die magnetische Ausnützung der Polteilung. Diesen Faktor wird man mit Rücksicht auf die Kurvenform der EMK und die seitliche Streuung fast immer zu ca. 0,65 wählen.

Die Luftinduktion B_l kann nicht beliebig hoch gewählt werden; denn, wie aus Gl. 54, S. 81, ersichtlich, ist bei gegebener Nutenzahl und Nutendimensionen die Zahninduktion direkt proportional B_l. Da aber bei größeren Periodenzahlen die Verluste in den Zähnen ziemlich schnell mit der Zahnsättigung ansteigen, darf diese nicht zu groß gewählt werden. Sind die Nuten breit, was der Fall ist, wenn die in ihnen unterzubringenden Kupfer- und Isolationsmengen groß sind, so muß B_l klein gewählt werden. B_l ist deswegen in Abhängigkeit von der Spannung und der linearen Belastung des Ankers zu wählen. Die folgenden Zahlen geben die für Maschinen mit Nutenankern üblichen Werte.

	ca. 50 Perioden	ca. 25 Perioden
1. Kleine Maschinen, hohe Spannung	$B_l = 4000-5000$	$5000-6000$
2. Kleine Maschinen, niedrige Spannung	$B_l = 5000-6500$	$6000-7500$
3. Große Maschinen, hohe Spannung	$B_l = 6500-8000$	$7000-8500$
4. Große Maschinen, niedrige Spannung	$B_l = 7000-9000$	$8000-11000$

Bei Turbogeneratoren wird man sich bei der Wahl von B_l mehr der unteren Grenze nähern, um kleinere Zahninduktionen im Stator zu erhalten.

Ein Maß für die elektrische Beanspruchung gibt uns die lineare Belastung AS. Diese hängt mit der Ankerrückwirkung und mit der Temperaturerhöhung des Ankers zusammen.

Je größer man AS wählt, um so größer wird die Reaktanz x_{s1} der Streuinduktion und um so größer wird die Zahl der rückwirkenden Amperewindungen des Ankers. AS ist somit direkt maßgebend für die Spannungsänderungen. Ist bei der Anwendung der inherenten Regulierungsmethode erwünscht, daß der Spannungsabfall eines Generators bei $\cos\varphi = 0{,}8$ etwa 25 % bei kleinen und etwa 15 bis 20 % bei großen Maschinen nicht überschreiten soll, so ist es anzuraten, AS bei Mehrphasenmaschinen innerhalb der folgenden Grenzen zu wählen:

1. Kleine Maschinen, hohe Spannung . . . . 100—160
2. Kleine Maschinen, niedrige Spannung . . 120—180
3. Große Maschinen, hohe Spannung . . . . 150—250
4. Große Maschinen, niedrige Spannung . . 200—320

Diese Werte gehören zu Periodenzahlen $c = 50 \div 25$. Für die kleineren Periodenzahlen sind die höheren Werte von AS zu wählen.

Wird zur Spannungsregulierung ein elektromechanischer Regulator oder eine Kompoundierung angewendet, so kann man mit AS höher gehen. Bei mehrphasigen Synchronmotoren kann man AS um 20 bis 30 % höher als nach der obigen Tabelle wählen. Die spezifische Belastung der Einphasenmaschinen wählt man zu ca. 70 % derjenigen der Mehrphasenmaschinen.

Je größer man AS wählt, desto kleiner wird das Eisengewicht der Maschine.

133. Berechnung der Hauptabmessungen der Maschine.

Wir ermitteln zuerst angenähert den Ankerdurchmesser und die Eisenlänge und behalten uns Abänderungen im Laufe der vollständigen Berechnung des Ankers vor, wenn entweder die Spannungsänderungen oder die Temperaturerhöhung sich zu groß herausstellen sollten. Als Ausgangspunkt für die Berechnung dient die Formel

$$D^2 l_i \cong \frac{6 \cdot 10^{11} KVA}{k\alpha_i B_l AS n}.$$

Mit Hilfe der über α_i, B_l und AS gemachten Angaben kann nun das Produkt $D^2 l_i$ aus der obigen Gleichung gefunden werden und wir haben es nun passend zu zerlegen.

1. Bei sehr rasch laufenden großen Maschinen setzt oft die Umfangsgeschwindigkeit eine Grenze für den Durchmesser. Man kann in dem Falle von v ausgehend den Durchmesser

$$D \cong \frac{6000\, v}{\pi n} \quad \text{und} \quad l_i = \frac{(D^2 l_i)}{D^2}$$

berechnen.

2. Bei Maschinen mit normaler Tourenzahl und bei langsam laufenden Maschinen kann man entweder von der Umfangsgeschwin-

digkeit, von dem ideellen Polbogen b_i oder von der ideellen Ankerlänge l_i ausgehen.

Bei Schwungradmaschinen kann man z. B. eine passende Umfangsgeschwindigkeit ($v = 25$ bis 30 cm) annehmen. Einige Fabriken lassen mit Rücksicht auf eine billige und gleichmäßige Fabrikation nur eine gewisse Anzahl von Polformen für alle Maschinen zu, so daß man hier am besten von den zulässigen Polbogen b_i ausgeht und unter diesen einen so auswählt, daß

$$D = \frac{2pb_i}{\pi\alpha_i} \quad \text{und} \quad l_i = \frac{(D^2 l_i)}{D^2}$$

einen passenden Wert erhalten. Für $\alpha_i = \frac{2}{\pi} = 0{,}64$ wird $D = pb_i$.

Man kann auch l_i wählen und

$$D = \sqrt{\frac{(D^2 l_i)}{l_i}}$$

berechnen.

Die verschiedenen geschätzten und berechneten Werte stellt man in einer Tabelle zusammen und wählt die passendste Reihe aus.

$2p$	b_i	α_i	D	l_i	$\frac{l_i}{b_i}$	τ	v
—	—	—	—	—	—	—	—
—	—	—	—	—	—	—	—

Wenn möglich soll bei Maschinen mit ausgeprägten Polen das Verhältnis

$$\frac{l_i}{b_i} = 1{,}3 \text{ bis } 1{,}9$$

gewählt werden, damit die Magnetkerne einen möglichst kreisförmigen Querschnitt erhalten können. Oft ist man gezwungen, z. B. wenn man mit der Umfangsgeschwindigkeit an der zulässigen Grenze angelangt ist oder wenn die Tourenzahl der Maschine zu klein ist (wie es beim Antrieb durch eine Wasserturbine vorkommen kann, so daß der Durchmesser für eine bestimmte Leistung zu groß ausfallen würde), das Verhältnis $\frac{l_i}{b_i}$ bedeutend höher zu wählen. Dient als Antriebsmaschine eine Explosionsmaschine und soll der rotierende Teil des Generators als Schwungrad ausgebildet werden, so wird man zweckmäßig, um ein großes Schwungmoment zu erhalten, den Durchmesser D groß, also das Verhältnis $\frac{l_i}{b_i}$ klein wählen.

Bei Turbogeneratoren bis zu $n = 1500$ wählt man gewöhnlich

$$\frac{l_i}{b_i} = 1{,}6 \text{ bis } 2{,}7.$$

Bei höheren Tourenzahlen wird man dieses Verhältnis aus mechanischen Rücksichten kleiner wählen.

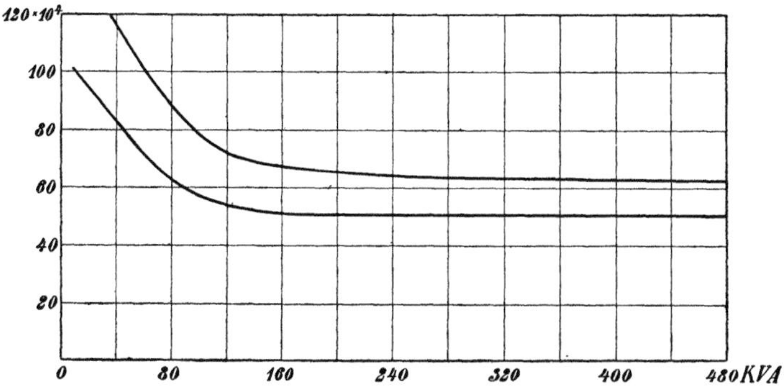

Fig. 368. Werte der Maschinenkonstanten für kleine Maschinen.

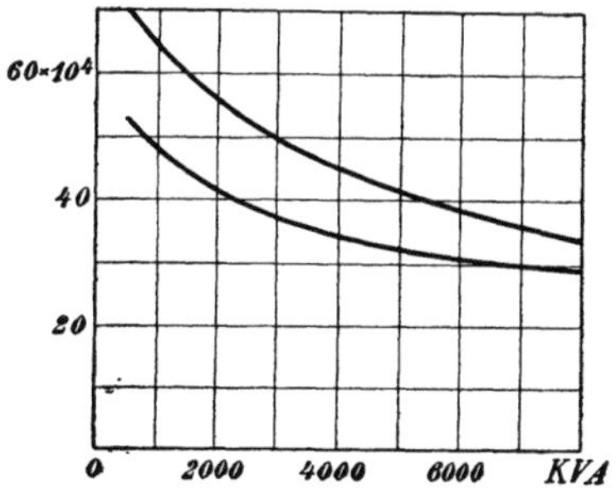

Fig. 369. Werte der Maschinenkonstanten für große Maschinen mittlerer Spannung.

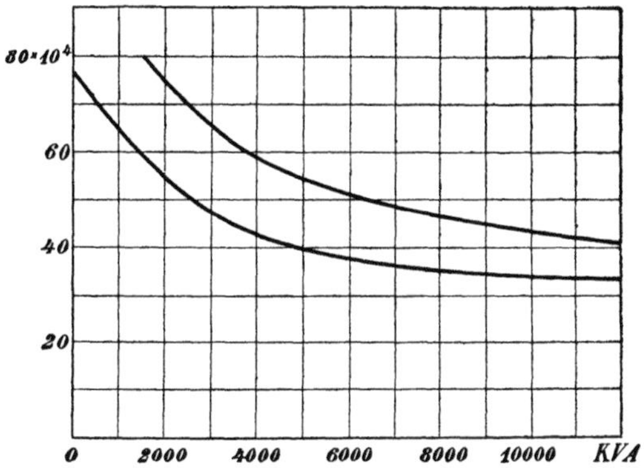

Fig. 370. Werte der Maschinenkonstanten für Turbogeneratoren.

Damit sind die Hauptdimensionen der Maschine vorläufig festgelegt.

Man kann sie noch schneller ermitteln, wenn man die Dimensionen von bereits gebauten guten Maschinen oder von sorgfältig berechneten Maschinen als Ausgangspunkt wählt. Nach Gl. 410 ist

$$\frac{D^2 l_i n}{KVA} = \frac{6 \cdot 10^{11}}{k \alpha_i B_l AS} \cong \textbf{Konstante}, \quad . \quad . \quad (411)$$

da das Produkt aus der magnetischen und elektrischen Beanspruchung des Ankers ($B_l AS$) für verschiedene Maschinentypen eine wenig veränderliche Größe ist. Die linke Seite der Gl. 411, die als Maschinenkonstante bezeichnet wird, bildet somit eine für jede Maschine charakteristische Größe, die um so kleiner ist, je kleiner die Dimensionen der Maschine im Verhältnis zur Leistung sind. Damit ist aber nicht gesagt, daß bei gegebener Leistung die Maschine mit dem kleinsten $\frac{D^2 l_i n}{KVA}$ die billigste sei, weil hier das Verhältnis von Eisen zu Kupfer von großem Einfluß ist.

In den Fig. 368 bis 370 stellen die obere und untere Kurve die Grenzen für die Maschinenkonstanten dar. Wird ein Satz gleichartiger Maschinen entworfen, so gibt die Aufstellung solcher Kurven die Möglichkeit, die Gleichmäßigkeit der Berechnung der einzelnen Größen zu prüfen.

134. Berechnung der Eisenlängen l und l_1.

Um die Anker zu ventilieren, ordnet man Luftschlitze von 0,8 bis 1,5 cm Weite zur Ventilation an. Sind die Armaturverluste im Verhältnis zu der Ankeroberfläche groß, so ordnet man für je 4 bis 6 cm Ankerlänge einen Luftschlitz an. Im anderen Falle, wenn die Armaturverluste relativ klein sind, genügt es, ein Paar oder gar keine Luftschlitze vorzusehen. Ist n_s die Zahl der Luftschlitze und b_s die Breite eines solchen, so wird die totale Ankerlänge

$$l_1 = l + n_s b_s,$$

wo l die Länge des Ankereisens bedeutet. Diese Länge l erhalten wir zu

$$l \cong l_i - \left(\frac{1}{2} \text{ bis } \frac{2}{3}\right) n_s b_s .$$

135. Anordnung und Berechnung der Ankerwicklung.

Ist der Ankerdurchmesser D vorläufig bestimmt, so läßt sich die Windungszahl w pro Phase berechnen. Es ist

$$w = \frac{\pi D A S}{2 m J} \quad \ldots \ldots \ldots \quad (412)$$

wo die Stromstärke pro Phase gleich

$$J = \frac{1000\, KVA}{m P}$$

ist. Die Wicklungen werden als Trommelwicklung ausgeführt; wir haben deswegen 2 induzierte Seiten pro Windung. Die

w Windungen sind in q Nuten pro Pol und Phase unterzubringen und wir erhalten

$$s_n = \frac{2w}{2pq} = \frac{w}{pq}$$

Drähte pro Nut, wenn alle Drähte in Serie geschaltet sind.

Haben wir a parallele Zweige pro Phase, so erhalten wir $\frac{aw}{pq}$ Drähte pro Nut und im ganzen

$$2maw$$

Drähte auf dem Ankerumfange, und in jedem Draht fließt der effektive Strom

$$J_a = \frac{J}{a}.$$

Die Zahl a der Ankerstromzweige hängt von der Stromstärke J und von der Art der Wicklung ab.

Die Zahl der in Serie geschalteten Drähte pro Nut s_n wird am einfachsten erhalten, indem man erfahrungsgemäß eine Nutenzahl q pro Pol und Phase wählt. Im allgemeinen wird man aus

$$s_n = \frac{w}{pq} \quad \ldots \ldots \ldots \quad (413)$$

keine ganze Zahl erhalten. Man rundet dann w bzw. aw auf eine solche Zahl ab, daß s_n eine ganze Zahl wird; man erhält dann in allen Nuten eine gleiche Drahtzahl. Es ist jedoch auch gestattet, in den pro Pol auf eine Phase entfallenden Nuten die Drahtzahl verschieden zu wählen, z. B. für 4 Nuten pro Pol die Drahtzahlen 10, 11, 11, 10.

Als Kontrolle für die richtige Wahl der Nutenzahl kann das Stromvolumen pro Nut $J_n = s_n J$ dienen. Dieses variiert zwischen weiten Grenzen. Man geht jedoch mit J_n selten höher als 2000 Ampere pro Nut.

Bei Maschinen mit hoher Spannung wählt man wenig Nuten pro Pol und Phase, um an Isolationsmaterial zu sparen und um große Abstände zwischen den Spulenköpfen zu erhalten. Das Stromvolumen pro Nut wird daher hoch sein. Man darf damit aber nicht zu weit gehen, da sonst die pro Nut induzierte EMK, besonders bei Maschinen mit kleiner Polzahl, leicht zu hoch wird. Diese Spannung soll wenn möglich kleiner sein als 350 Volt und 500 Volt nicht überschreiten.

Anker für große Stromstärken erhalten gewöhnlich eine Stabwicklung, die bei hohen Spannungen als Schleifen- oder Spulenwicklung, bei niedrigen Spannungen als umlaufende Wicklung ausgeführt wird.

Bei der umlaufenden Wicklung soll q möglichst eine ganze Zahl sein. Da dies aus elektrischen Gründen nicht immer günstig ist, z. B. wenn AS oder J_n zu hoch ausfallen, kann es unter Umständen von Vorteil sein eine aufgelöste Gleichstromwicklung oder eine Teillochwicklung anzuwenden. Ausführlich ist die Theorie und der Bau der Wicklungen im dritten Band der Wechselstromtechnik behandelt.

136. Berechnung des Querschnittes der Ankerdrähte.

Es ist der Strom pro Ankerstromzweig

$$J_a = \frac{J}{a}$$

und der Querschnitt $q_a = \frac{J_a}{s_a}$ qmm.

Die Stromdichte s_a variiert zwischen weiten Grenzen. Es ist für sie die zulässige Erwärmung des Ankers und der Wirkungsgrad der Maschine maßgebend. Man kann jedoch die Stromdichte auf Grund der Erfahrung wählen und nachträglich die Erwärmung und den Wirkungsgrad prüfen. Die folgende Tabelle gibt gebräuchliche Werte für Dauerbelastung.

Draht		Stromdichte	Strom
Durchmesser	Querschnitt q_a qmm	$s_a \frac{\text{Amp.}}{\text{qmm}}$	J_a
0,8 bis 1,2	0,5 bis 1,10	4,5 bis 4,0	2,25 bis 4,4
1,3 „ 2,0	1,32 „ 3,14	4,0 „ 3,5	5,25 „ 11
2,1 „ 3,5	3,46 „ 9,62	3,5 „ 3,0	12 „ 29
3,6 „ 5	10,1 „ 19,6	3,2 „ 2,8	32,5 „ 55
Kabel	12 „ 25	3,5 „ 3,2	42 „ 80
	25 „ 50	3,2 „ 2,8	80 „ 140
Stabwicklung	25 „ 60	3,0 „ 2,8	75 „ 170
	60 „ 120	2,8 „ 2,5	170 „ 300
	120 „ 300	2,5 „ 2,2	300 „ 660

Bei größeren Querschnitten als den in der Tabelle angegebenen soll die Stromdichte noch kleiner gewählt werden. Bei guten Abkühlungsverhältnissen und wenn es der Wirkungsgrad gestattet, können die obigen Werte höher gewählt werden.

Der Ohmsche Widerstand der Ankerwicklung, die aus a parallelgeschalteten Stromzweigen pro Phase besteht, ergibt sich zu

$$r_g = \frac{2\,w\,l_a\,(1 + 0{,}004\,T_a)}{a \qquad 5700\,q_a},$$

worin l_a die halbe Länge einer Ankerwindung in Zentimetern und w die in Serie geschalteten Windungen bezeichnet. Für eine Temperaturerhöhung T_a von 45^0 über ca. 15^0 C wird

$$r_g = \frac{2\,w}{a}\,\frac{l_a}{4800\,q_a} \quad . \; . \; . \; . \; . \; . \; . \; . \quad (414)$$

Der effektive Widerstand ist (siehe S. 54)

$$r_a = k_r r_g = k_r \frac{2\,w}{a}\,\frac{l_a}{4800\,q_a} \quad . \; . \; . \; . \; . \quad (415)$$

und der Spannungsabfall im Anker, bedingt durch den effektiven Widerstand, wird gleich

$$J r_a = a J_a r_a = k_r\, 2\,w \frac{l_a s_a}{4800}, \quad . \; . \; . \; . \; . \quad (416)$$

also direkt proportional der Stromdichte.

Mit Rücksicht auf den Wirkungsgrad der Maschine kann auch von vornherein ein bestimmter Wattverlust W_{ka} im Ankerkupfer angenommen und daraus s_a berechnet werden.

Es ist

$$W_{ka} = m J^2 r_a = m\,a^2 J_a{}^2 r_a = m k_r \frac{2\,w\,l_a s_a}{4800} J.$$

Man findet dann

$$s_a = \frac{4800\,W_{ka}}{k_r m\, 2\,w\,l_a J} \quad . \; . \; . \; . \; . \; . \; . \quad (417)$$

Das Kupfergewicht des Ankers ergibt sich aus der obigen Gleichung, indem wir $J_a = q_a s_a$ und das Kupfervolumen

$$V = 2\,m\,w\,l_a \frac{q_a}{100}\,a$$

in cbcm einsetzen

$$G = \frac{0{,}43\,W_{ka}}{k_r s_a^2}\ \text{kg} \quad . \; . \; . \; . \; . \; . \; . \quad (418)$$

Bei gegebenem Wattverlust im Ankerkupfer ist das Kupfergewicht umgekehrt proportional dem Quadrate der Stromdichte.

137. Die Berechnung der Ankernuten.

Die Abmessungen der Nuten müssen verschiedenen Bedingungen genügen. Erstens muß der berechnete Querschnitt der Ankerdrähte mit einer für die betreffende Spannung ausreichenden Isolation in den Nuten Platz finden, ohne daß die Zahnsättigung und die Hysteresisverluste die zulässigen Grenzen überschreiten.

Zweitens soll die magnetische Leitfähigkeit der Nut möglichst klein sein.

Drittens sollen bei massiven Polen, damit die Wirbelstromverluste in ihnen nicht zu groß werden, die Nuten entweder halb oder ganz geschlossen sein.

Die Nutenzahl ist gleich

$$Z = 2m\frac{w}{s_n} = 2mpq \quad . \quad . \quad . \quad . \quad . \quad . \quad . \quad (419)$$

und die Nutenteilung

$$t_1 = \frac{\pi D}{Z}.$$

Um nun die Dimensionen der Nut (Fig. 371 u. 372) zu bestimmen, gehen wir am besten von der kleinsten Breite z_2 der Zähne aus.

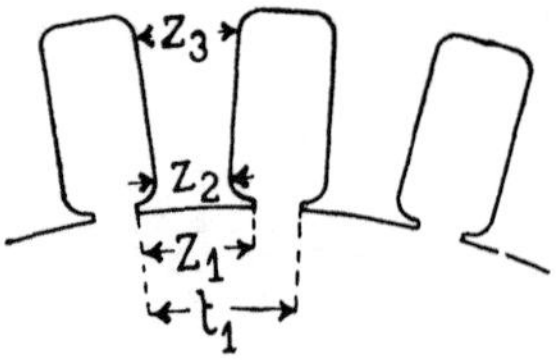

Fig. 371.

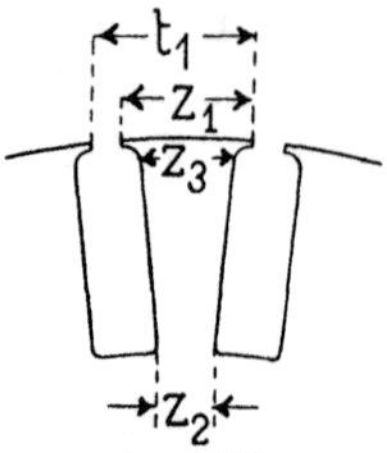

Fig. 372.

Die Zahl der Nuten, die auf einen Polbogen entfallen, ist $\frac{b_i}{t_1}$, es muß daher, wenn $B_{z\,max}$ die maximale Zahninduktion bedeutet,

$$\frac{b_i}{t_1} z_2 l k_2 B_{z\,max} = \Phi = b_i l_i B_l$$

sein, wo

$$\Phi = \frac{E_p 10^8}{4kcw}.$$

Der Faktor k_2 berücksichtigt die Isolation zwischen den Ankerblechen. Die Dicke der Isolation beträgt im Mittel $10\,^0/_0$ der Dicke der Ankerbleche ($\Delta = 0{,}3$ bis $0{,}5$ cm) Es ist somit

$$k_2 = 0{,}88 \text{ bis } 0{,}92.$$

Diese Werte gelten sowohl bei Papierisolation wie bei Isolation mittels Lackanstrich. Werden die Bleche nicht gut aufeinander gepreßt, so nimmt k_2 kleinere Werte an.

Für E_p, das später genauer berechnet wird, setzen wir zunächst die der maximalen Klemmenspannung entsprechende Phasenspannung ein und beachten bei der Wahl von $B_{z\,max}$, daß bei Generatoren der Kraftfluß mit der Belastung bei konstanter Klemmenspannung und Tourenzahl zunimmt und bei Motoren abnimmt. Eine Berechnung von $B_{z\,max}$ für die belastete Maschine erfolgt später.

Wir erhalten $$z_2 = \frac{t_1 \Phi}{b_i l k_2 B_{z\,max}} = \frac{t_1 B_l l_i}{k_2 B_{z\,max} l} \quad . \; . \; . \; . \; . \quad (420)$$

Bei Maschinen mit kleinerem Verhältnis $\frac{l_i}{b_i}$ sind die gebräuchlichen Werte von $B_{z\,max}$

$$B_{z\,max} < 18000 \text{ bis } 20000 \text{ bei } 60-40 \text{ Perioden}$$
und
$$B_{z\,max} < 21000 \quad „ \quad 23000 \quad „ \quad 30-20 \quad „$$

Bei Maschinen mit größerem Verhältnis $\frac{l_i}{b_i}$, wie Turbogeneratoren, wählt man $B_{z\,max}$ kleiner, um die Gefahr der Verkohlung der Isolation in der Mitte der Maschine infolge einer übermäßigen Erwärmung zu vermeiden. Die für Turbogeneratoren bei 50 Perioden üblichen Werte sind

$$B_{z\,max} = 12000 \text{ bis } 16000.$$

Soll daher bei einem Turbogenerator die Spannung nach der inherenten Methode reguliert werden, so müssen die Rotorzähne entsprechend stärker gesättigt werden.

Wenn z_2 berechnet ist, ergibt sich nach Fig. 371 die Nutenweite zu $t_1 - z_2$[1]) und wir können die Dimensionierung der Nut und die Anordnung der Drähte vornehmen. Ist es nicht möglich, eine passende Form der Nut und der Drähte zu finden, so sind entweder die Nutenzahl Z oder die Windungszahl w oder die Nutenteilung t_1 oder die Eisenlänge l zu ändern. Bei einer Änderung der Nutenzahl Z oder der Windungszahl w können die Hauptdimensionen D und l beibehalten werden. Es verschiebt sich nur das Verhältnis zwischen B_l und AS. Bei einer Änderung der Nutenteilung unter Beibehaltung der Zahl der Nuten ändert sich der Durchmesser. In vielen Fällen genügt eine Änderung der Länge. Ist z. B. die Zahnsättigung zu groß und alle übrigen Verhältnisse passend, so vergrößert man l so weit, bis die Zahnsättigung den gewünschten Wert

[1]) Bei Ankern nach Fig. 372 ist allerdings erst noch die Nutentiefe zu schätzen.

erhält; im umgekehrten Falle hat man die Länge zu verkleinern. Die Werte von B_l und B_z werden dann umgerechnet. Man muß so lange probieren, bis man die günstigste Form der Nuten und der Drähte und passende Sättigungen gefunden hat.

138. Berechnung der Eisenhöhe des Ankers.

Bezeichnet B_a die Ankerinduktion, so wird die Eisenhöhe ohne Zahnhöhe

$$h = \frac{\Phi}{2\,k_2 l B_a} \quad \ldots \ldots \ldots \quad (421)$$

und die totale Eisenhöhe gleich $h +$ Zahnhöhe. Werden die Ankerbleche durch Bolzen zusammengehalten, die nicht isoliert sind und am äußeren Blechrande liegen, so ist für die Eisenhöhe h die Strecke bis zur Mittellinie des Bolzens einzuführen.

Bei der Wahl von B_a ist die Größe des entstehenden Eisenverlustes durch Hysteresis und Wirbelströme zu berücksichtigen. Bei gegebener Periodenzahl $c = \frac{pn}{60}$ und konstantem Kraftflusse Φ ist der Hysteresisverlust annähernd umgekehrt proportional der 0,6ten Potenz des Eisenvolumens oder der $\sqrt{h}$. Der Eisenverlust pro Kubikdezimeter bleibt im allgemeinen unter 15 bis 25 Watt.

Die für verschiedene Periodenzahlen üblichen Werte von B_a sind:

c	B_a
15 bis 35	13000 bis 10000
35 „ 60	10000 „ 6000
60 „ 100	6000 „ 3000

139. Größe des Luftspaltes δ und Form des Polschuhes.

Eine richtige Bemessung des Luftspaltes δ ist von Wichtigkeit. Einige Gründe sprechen für einen kleinen, andere dagegen für einen großen Luftspalt.

Es ist ein möglichst kleiner Luftspalt anzustreben:

1. weil die für die Magnetisierung des Luftspaltes verbrauchten AW mit δ abnehmen,
2. weil die magnetische Streuung der Feldmagnete mit δ abnimmt.

Ein großer Luftspalt ist dagegen günstig:

1. weil der magnetische Widerstand des Ankerfeldes mit δ wächst,

2. weil die magnetischen Unsymmetrien des Feldes, herrührend von einer exzentrischen Lage des Magnetrades, ungleichen Polschuhen, ungleichen Erregungen der einzelnen Pole usf. verhältnismäßig um so kleiner werden, je größer δ ist,
3. weil bei Nutenankern und massiven Polen die Wirbelstromverluste in den Polschuhen mit δ abnehmen.

Bei langsam laufenden Generatoren und Motoren wählt man zweckmäßig

$$\delta = 0{,}6 \text{ bis } 1{,}2 \frac{\tau AS}{B_l}.$$

Bei hoher Sättigung der Magnetkerne kann δ noch kleiner gemacht werden. Bei großen Ankerdurchmessern wird man den Luftspalt jedoch nicht gern kleiner als 0,4 bis 0,5 cm machen.

Bei Turbogeneratoren wählt man

$$\delta = 0{,}5 \text{ bis } 0{,}85 \frac{\tau AS}{B_l} \text{ cm}.$$

Dieser Wert beträgt gewöhnlich etwa 15 bis 30 mm.

Der Durchmesser des Magnetsystems ist

$$D - 2\delta.$$

Wir können nun den Polschuh aufzeichnen. Der Luftspalt δ, der ideelle Polbogen b_i und die totale Ankerlänge l_1 sind bekannt. Ist die Form des Polschuhes gewählt[1]), so zeichnet man das Kraftröhrenbild auf und berechnet den ideellen Polbogen (siehe Gl. 52, S. 79)

$$b_i = b_{in} + 2\delta k_1 k_z \Sigma \frac{b_x}{\delta_x}.$$

Stimmt dieser nicht mit dem angenommenen Wert überein, so muß der innere Polbogen b_{in} entsprechend geändert werden, was jedoch fast keinen Einfluß auf das Kraftröhrenbild hat.

Die Länge des Polschuhes l_p macht man gewöhnlich gleich der totalen Ankerlänge l_1. Man kann nun auch noch kontrollieren, ob die ideelle Eisenlänge nach Formel 53, S. 80

$$l_i = \frac{l_1 + z(k_1' - 1)}{k_1'} + l_x$$

mit dem angenommenen Wert übereinstimmt.

[1]) Entwurf der Polschuhform mit Rücksicht auf die Erreichung einer möglichst sinusförmigen EMK-Kurve, siehe WT III, S. 190.

140. Berechnung der Armaturreaktanz.

Ist erwünscht, daß der Spannungsabfall nicht zu groß werden soll, so kann man schon an dieser Stelle die vom Ankerstreufluß induzierte EMK berechnen. Diese ist

$$E_{s1} + E_s' = J x_{s1} + E_s' \quad \text{(s. S. 19).}$$

Diese EMK kann auch kurzweg Reaktanzspannung genannt werden. Wir haben früher (Gl. 6a, S. 18) die Reaktanz

$$x_{s1} = \frac{4\pi c w^2}{p q 10^8}(l_i \lambda_n + l_i \lambda_k + l_s \lambda_s)$$

gefunden, und es ist die EMK des Streuflusses durch die Nutenstege

$$E_s' = \frac{2cw}{10^3} l_i \delta'.$$

Als Anhaltspunkt für die Berechnung von x_{s1} können die folgenden Werte dienen. Es liegen bei normalen Maschinen

	λ_n	zwischen	0,8	und	2,0
	λ_k	„	0,5	„	2,0
und	λ_s	„	0,5	„	1,0 (meist $\cong$ 0,7),

also $\lambda_n + \lambda_k + \frac{l_s}{l_i}\lambda_s$ zwischen 2,5 und 6,0.

Die Reaktanzspannung macht gewöhnlich 5 bis 10% der Phasenspannung aus. Überschreitet sie diesen Wert, so ist entweder die Windungszahl oder die Nutenform entsprechend abzuändern, wenn man nicht einen großen Spannungsabfall zulassen will.

141. Berechnung des Kraftflusses Φ.

Um das Magnetsystem einer Maschine mit ausgeprägten Polen entwerfen zu können, ist die Kenntnis des Kraftflusses bei normaler Belastung, d. h. bei normalem Strome J und normalem Leistungsfaktor $\cos\varphi$ erforderlich. Die im weiteren angegebene Berechnung von Φ gilt allgemein, d. h. für jede beliebige Belastung.

Nach Fig. 56, S. 64 ist die für den Kraftfluß bei Belastung maßgebende EMK

$$E_D = \overline{OD} = P\cos\Theta \pm J r_a \cos\psi \pm J x_{s1} \sin\psi.$$

Es wird somit der Hauptkraftfluß pro Pol

$$\Phi = \frac{E_D 10^8}{4 k c w}.$$

Für den Winkel ψ folgt nach Gl. 37, S. 63

$$\operatorname{tg}\psi = \frac{P\sin\varphi \pm \left(Jx_{s1} + \frac{E_{s3}}{\cos\psi}\right)}{P\cos\varphi \pm Jr_a}$$

In den Gleichungen für E_D und $\operatorname{tg}\psi$ bezieht sich das obere Vorzeichen auf Generatoren und das untere auf Motoren. Bei Phasenvoreilung des Stromes ist ψ bzw. φ negativ einzuführen.

Es ist weiter nach Gl. 28

$$\frac{E_{s3}}{\cos\psi} = 1{,}77\, k_q{}' c (f_{w1} w)^2 m J \frac{\tau l_i}{\delta k_1 p} 10^{-8} \text{ Volt}$$

und

$$\Theta = \varphi - \psi.$$

Die Werte von $k_q{}'$ sind in der Tabelle auf S. 34 angegeben. Ist die Leerlaufcharakteristik bekannt, so kann man E_{s3} aus dieser bestimmen, indem man von dem Koordinatenanfangspunkt $AW_q = k_q m J w f_{w1} \cos\psi$ aufträgt. Der EMK-Faktor $k = f_B f_w$ ist

$k = 1{,}11 f_{w1}$ bei sinusförmiger Feldkurve und

$$k = 1{,}11 f_{w1} \frac{0{,}81 \sin\frac{\pi\alpha_i}{2}}{\alpha_i}$$ bei einer sich der Rechteckform nähernden Feldkurve[1]).

Die Werte des Wicklungsfaktors der Grundharmonischen f_{w1} sind in der Einleitung angegeben.

142. Entwurf des Magnetsystems einer Maschine mit ausgeprägten Polen.

Der Kraftfluß eines Magnetkernes ist

$$\Phi_m = \sigma\Phi.$$

Den Streuungskoeffizienten müssen wir zunächst schätzen. Erst wenn die Abmessungen des Feldsystems festgelegt sind, können wir ihn durch Rechnung nachprüfen.

Der Streuungskoeffizient ist abhängig von der Polform; runde Polkerne geben eine kleinere Streuung als rechteckige von großer axialer Länge. Die Streuung ist aber auch abhängig von der Größe des Luftspaltes, der Sättigung der Magnetkerne, der Ankerzähne (siehe Gl. 62, S. 90) und der Höhe des Polschuhes.

Für normale, gut gesättigte Maschinen (Radialpoltype) kann σ wie folgt geschätzt werden:

[1]) s. WT III. S. 211.

a) bei Maschinen mit rundem oder nahezu quadratischem Querschnitt der Polkerne

$$\sigma = 1{,}15 \text{ bis } 1{,}25.$$

b) Bei Maschinen, deren Polquerschnitt in axialer Richtung erheblich länger ist als in tangentialer Richtung

$$\sigma = 1{,}2 \text{ bis } 1{,}35.$$

σ ist um so größer zu wählen je größer δB_l ist.

Um aus dem Werte Φ_m die Querschnitte des Magnetgestelles berechnen zu können, ist zu entscheiden, aus welchem Material es hergestellt und welche Induktion zugelassen werden soll. Oft werden mehrere Materialien verwendet, z. B. für die Polschuhe Eisenblech, die Magnetkerne Stahlguß und das Joch Gußeisen. Die Induktion hat sich nach dem Material, der Bauart und dem Verwendungszwecke der Maschine zu richten.

Soll die Maschine nach der inherenten Methode reguliert werden, so ist es das Zweckmäßigste die Magnetkerne stark zu sättigen, weil die äußere Charakteristik von wenig gesättigten Maschinen schnell abfällt. Die normale Erregung soll hinter dem Knie der Magnetisierungskurve liegen. Passende Werte für die Induktionen sind:

für Schmiedeisen:

$$B_m = 15500 \text{ bis } 18000 \qquad B_j = 12000 \text{ bis } 15000$$

für Stahlguß oder Flußeisen:

$$B_m = 15000 \text{ bis } 17500 \qquad B_j = 11000 \text{ bis } 14000$$

für Gußeisen:

$$B_m = 6000 \text{ bis } 8600 \qquad B_j = 5000 \text{ bis } 8000.$$

Bei kleineren Maschinen nähert man sich möglichst der untern Grenze, damit die prozentuale Erregerarbeit nicht zu groß wird.

Für die Bemessung des Joches großer Maschinen kommen meistens mechanische Gründe in Betracht, so daß die Jochinduktion in diesen Fällen klein wird.

Soll die Klemmenspannung variiert werden, so geht man beim Entwurf des Magnetsystems am besten von den maximalen zulässigen Werten der Induktionen und dem maximalen erforderlichen Kraftflusse aus.

Bei Motoren ist eine kleine Sättigung des Eisens günstig, weil dann eine Änderung der Klemmenspannung nur eine kleine Änderung des wattlosen Stromes zur Folge hat, und weil es möglich ist, durch Änderung der Erregung einen größeren phasenverfrühten Strom zu erzeugen.

Bei dem Entwurf des Magnetsystemes muß darauf geachtet werden, daß genügend Raum für die Erregerwicklung bleibt und die Magnetspulen eine ausreichende Abkühlungsfläche erhalten. Wird der Raum zu groß oder zu klein gewählt, so kann später, nachdem die Erregerwicklung berechnet ist, das Magnetsystem entsprechend geändert werden. Um keinen großen Fehler zu begehen, kann jedoch die Größe des Wicklungsraumes vorläufig annähernd wie folgt gefunden werden.

143. Vorläufige Berechnung des Wicklungsraumes der Erregerwicklung einer Maschine mit ausgeprägten Polen.

Sind die Amperewindungen für den Luftspalt, die Zähne und das Ankereisen bekannt, so können die Feldamperewindungen bei einiger Erfahrung mit ziemlicher Sicherheit geschätzt werden. Wir wollen sicherheitshalber (wegen Gußfehler usw.) die Amperewindungszahl der Erregerwicklung so wählen, daß man eine um 5 bis 10% höhere Spannung als die normale erhalten kann. Diese Amperewindungszahl pro Kreis bezeichnen wir mit $AW_{k\,max}$. Bei wenig gesättigten Maschinen kann man setzten

$$AW_{k\,max} = (1{,}8 \text{ bis } 2{,}0)\, AW_l$$

und bei stark gesättigten Maschinen

$$AW_{k\,max} = (2 \text{ bis } 3)\, AW_l.$$

Denken wir uns nun, die Feldwicklung bestehe aus einer einzelnen Windung und s_e sei die Stromdichte, so wird der erforderliche Gesamtkupferquerschnitt der Erregung pro Pol

$$Q_{ke} = \frac{AW_{k\,max}}{2\,s_e}.$$

Zerlegen wir jetzt diesen Querschnitt in mehrere Windungen, so geht ein Teil des Wicklungsraumes für die Isolation der Drähte verloren, und es wird der erforderliche Wicklungsraum pro Pol

$$\frac{AW_{k\,max}}{200\,s_e f_e} \text{ qcm} \quad \ldots\ldots\ldots \quad (422)$$

Gebräuchliche Werte der Stromdichte sind in der Tabelle S. 599 angegeben. Es bewegt sich s_e etwa zwischen den Grenzen 2 bis 3,5 Amp./qmm.

Der Füllfaktor f_e der Erregerspulen hängt hauptsächlich von der Form des verwendeten Drahtes und von der Isolation ab. Für kleine Querschnitte q_e benutzt man runde zweimal besponnene Drähte, für mittlere Querschnitte rechteckige Drähte und für große

Querschnitte Kupferbänder, die gewöhnlich hochkant gewickelt werden. Der Füllfaktor nimmt dementsprechend folgende Werte an:

Runde Drähte

Durchmesser nackt	$d = 0{,}5$	1,0	2,0	3,0	4,0	5,0	mm
„ isoliert	$d_1 = 0{,}9$	1,5	2,5	3,6	4,6	5,6	mm
Füllfaktor $f_e = 0{,}785 \frac{d^2}{d_1^{\,2}}$	$= 0{,}24$	0,35	0,5	0,55	0,6	0,63	

Rechteckige Drähte

$q_e = 20$	25	30	35	40	45	50	qmm
$f_e = 0{,}66$	0,69	0,71	0,73	0,74	0,75	0,76	

und für hochkantgewickelte Kupferbänder

$$q_e = 40 \quad \text{bis } 100 \quad \text{qmm}$$
$$f_e = \ 0{,}80 \quad „ \quad 0{,}93.$$

Die Dicke der Erregerspule soll, wenn man hierüber frei verfügen kann,

$$d_w = 4 \text{ bis } 5 \text{ cm}$$

nicht überschreiten, weil sonst die Abkühlung der Spulen zu sehr erschwert wird. Ist d_w bekannt, so wird die Höhe des Wicklungsraumes

$$h_w \geqq \frac{A\,W_{k\,max}}{200\,d_w s_e f_e} \text{ cm} \quad \ldots\ldots \quad (423)$$

Um die Länge $\frac{1}{2} L_m$ der Magnetkerne zu finden, ist noch die doppelte Dicke der Spulenkasten zu h_w zu addieren. Wir können nun die Skizze der magnetischen Anordnung der Maschine entwerfen (siehe Fig. 375 u. 376), den mittleren Kraftlinienweg einzeichnen und den Streuungskoeffizienten σ bei Leerlauf berechnen.

144. Berechnung der Erregung.

Zu einer vollständigen Berechnung der Maschine gehört die Berechnung der Leerlaufcharakteristik und der äußeren Charakteristik, besonders wenn über die Größe der Spannungsabfälle oder die Grenzen der Regulierfähigkeit der Maschine bestimmte Garantien zu geben sind. In den meisten Fällen beschränkt man jedoch die Rechnung auf die Ermittelung der Feldamperewindungen, die erforderlich sind:

1. Bei Leerlauf, normaler Klemmenspannung P und Umdrehungszahl n. Wir haben diese Amperewindungszahl mit $A\,W_{k0}$ bezeichnet.

2. Bei normaler induktionsfreier Belastung, normaler Spannung und Umdrehungszahl.

3. Bei induktiver Belastung ($\cos\varphi \cong 0{,}8$), 5 bis 10% höherer Spannung als die normale und normaler Drehzahl. Diese haben wir mit $AW_{k\,max}$ bezeichnet.

Die Berechnung der Feldamperewindungen bei Leerlauf und Belastung ist im Kap. III ausführlich erläutert.

145. Berechnung der Erregerwicklung einer Maschine mit ausgeprägten Polen.

Nachdem die Feldamperewindungen $AW_{t\,max}$, und zwar diejenigen bei induktiver Belastung ($\cos\varphi \cong 0{,}8$) und 5 bis 10% höherer Klemmenspannung als die normale berechnet worden sind, kann auch die Erregerwicklung berechnet werden.

Bezeichnet i_e die Erregerstromstärke, q_e den Querschnitt in qmm, l_e die mittlere Länge einer Erregerwindung in cm, ferner w_e die Anzahl aller Windungen und r_e deren Widerstand, so ist

$$r_e = \frac{w_e\, l_e (1 + 0{,}004\, T_m)}{5700\, q_e} \text{ Ohm} \quad . \; . \; . \; . \quad (424)$$

wenn T_m die mittlere Temperaturerhöhung des Magnetkupfers über ca. 15° C bedeutet und l_e zunächst aus der entworfenen Skizze des Magnetgestelles ermittelt wird.

Der maximale Erregerstrom bei der Klemmenspannung e wird

$$i_{e\,max} = \frac{e}{r_e} \quad . \; . \; . \; . \; . \; . \; . \; . \; . \quad (425)$$

Aus den Gleichungen 424 und 425 folgt

$$i_{e\,max}\, w_e = \frac{5700\, e\, q_e}{(1 + 0{,}004\, T_m)\, l_e} = AW_{t\,max}.$$

Die maximale Amperewindungszahl der Erregerwicklung ist somit unabhängig von der Windungszahl, wenn die Klemmenspannung e und die mittlere Windungslänge l_e gegeben sind, und nur abhängig vom Querschnitt q_e.

Wenn daher die Erregung z. B. wegen magnetisch schlechten Materials zu klein ausgefallen ist, so hat es keinen Zweck, die Windungszahl zu erhöhen. $AW_{t\,max}$ kann, wenn e gegeben ist, nur durch Vergrößerung des Querschnittes q_e oder allenfalls durch Parallelschaltung der Feldspulen vergrößert werden.

Für die berechneten $AW_{t\,max}$ ergibt sich somit der Querschnitt der Erregerwicklung in qmm

$$q_e = \frac{AW_{t\,max}\, l_e\,(1+0{,}004\,T_m)}{5700\,e} \quad . \; . \; . \; . \quad (426)$$

Das Kupfergewicht der Erregerwicklung in kg ist, wenn das spezifische Gewicht des Kupfers gleich 8,9 gesetzt wird,

$$G_{ke} = 8{,}9 \cdot 10^{-5}\, w_e\, l_e\, q_e \text{ kg}$$

und da

$$q_e = \frac{i_e}{s_e}$$

$$G_{ke} = \frac{8{,}9\, w_e\, i_e\, l_e}{10^5\, s_e} \cong \frac{\text{Konstante}}{s_e} \quad . \; . \; . \; . \quad (427)$$

Der Wattverlust W_e in der Erregerwicklung ist

$$W_e = i_e^2\, \frac{(1+0{,}004\,T_m)\, w_e\, l_e}{5700\, q_e} = \frac{(1+0{,}004\,T_m)\, i_e\, w_e\, l_e}{5700}\, s_e \quad (428)$$

Aus diesen Gleichungen ist ersichtlich, daß für eine gegebene Amperewindungszahl und mittlere Windungslänge l_e das Kupfergewicht und der Wattverlust nur von der Stromdichte abhängig sind; das Gewicht ist umgekehrt und der Wattverlust direkt proportional derselben.

Bei der Berechnung verfährt man nun am besten wie folgt:

Man berechnet aus Formel 426 q_e, wählt $s_{e\,max}$ und findet den maximalen Erregerstrom

$$i_{e\,max} = q_e\, s_{e\,max}$$

und die Windungszahl der Erregerwicklung

$$w_e = \frac{AW_{t\,max}}{i_{e\,max}}.$$

Für normale Belastung wird dann der Erregerstrom

$$i_e = \frac{AW_t}{w_e}$$

und für Leerlauf

$$i_{e0} = \frac{AW_{t0}}{w_e}.$$

Übliche Werte der Stromdichte für die maximale Erregung sind

$$s_{e\,max} = 2{,}0 \text{ bis } 3{,}5 \text{ Amp./qmm.}$$

Da bei Maschinen mit großer Polzahl der Wattverlust in der Erregerwicklung sehr bedeutend werden kann, geht man oft von dem zulässigen Erregerverlust W_e aus und berechnet für diesen und die erforderliche Amperewindungszahl $AW_{t\,max}$ die Stromdichte nach Gl. 428 zu

$$s_{e\,max} = \frac{5700\,W_e}{AW_{t\,max}(1+0{,}004\,T_m)\,l_e} \quad . \quad . \quad . \quad . \quad (429)$$

Wir können nun den Wicklungsraum nach Größe und Gestalt bestimmen und die mittlere Windungslänge l_e, sowie den Widerstand r_e genauer berechnen.

146. Vorläufige Berechnung der Erregerwicklung und der Rotornuten einer Maschine mit Vollpolen.

Um die Erregung einer Maschine mit Vollpolen berechnen zu können, müssen zunächst die Abmessungen der Rotorzähne bekannt sein. Diese können aber erst dann festgelegt werden, wenn die Erregerwicklung bekannt ist. Man geht daher wie folgt vor.

In derselben Weise wie bei der Berechnung des Wicklungsraumes einer Maschine mit ausgeprägten Polen schätzt man

$$AW_{k\,max} = (1{,}5 \text{ bis } 2{,}0)\,AW_l$$

bei wenig gesättigten Maschinen und

$$AW_{k\,max} = (2 \text{ bis } 3)\,AW_l$$

bei stark gesättigten Maschinen und somit

$$AW_{t\,max} = p\,AW_{k\,max}.$$

Die mittlere Länge einer Erregerwindung kann angenähert gesetzt werden

$$l_e = 2\,[l_1 + (0{,}5 \text{ bis } 0{,}6)\,\tau + 2\,(10 \text{ bis } 15)],$$

wo l_1 die totale Eisenlänge des Stators mit Luftschlitzen bedeutet.

Wählt man eine bestimmte Erregerspannung, so läßt sich nach Gl. 426 der Querschnitt der Erregerwicklung

$$q_e = \frac{AW_{t\,max}\,l_e\,(1+0{,}004\,T_m)}{5700\,e}$$

bestimmen und daraus

$$i_{e\,max} = q_e\,s_{e\,max},$$

wobei

$$s_{e\,max} = 2{,}0 \text{ bis } 3{,}5 \text{ Amp./qmm ist.}$$

Die totale Erregerwindungszahl ist somit

$$w_e = \frac{AW_{t\,max}}{i_{e\,max}}.$$

Entsprechend dieser Erregerwindungszahl w_e müssen jetzt eine bestimmte Rotornutenzahl und bestimmte Abmessungen der Nuten gewählt werden. Meistens wird die Erregerwicklung so verteilt, daß über der Polmitte keine Stäbe angeordnet werden; dieser Teil kann daher auch unverzahnt bleiben. Die MMK-Kurve hat bei dieser Anordnung eine trapezförmige Gestalt und ist in dem Teile über der Polmitte von konstanter Größe. Nach einer anderen Anordnung werden die Erregerwindungen über den ganzen Pol verteilt, aber derart, daß die Stabzahl der Nuten, die sich in der Nähe der Polmitte befinden, kleiner ist, als die Stabzahl der von der Polmitte weiter liegenden Nuten. In diesem Falle nähert sich die Feldkurve mehr der Sinusform.

Bei der Wahl der Nutenzahl und Zahndimensionen ist zu berücksichtigen, daß bei Maschinen mit größerem Verhältnis $\frac{l_i}{b_i}$, wie bei Turbogeneratoren, die Rotorzähne den Teil des magnetischen Kreises bilden, durch den der magnetische Widerstand des ganzen Kreises bestimmt werden kann, denn, wie früher erläutert, darf bei derartigen Maschinen die Induktion im Anker nicht hoch gewählt werden. Soll daher eine solche Maschine nach der inherenten Methode reguliert werden, so ist die Sättigung der Rotorzähne hoch zu wählen. Man geht mit der wirklichen maximalen Zahninduktion im Rotor (B_{zrw}) bis zu 25000 (Stahlplatten).

Sind auf diese Weise Nutenzahl und Zahndimensionen des Rotors gewählt, so kann man, da jetzt die Abmessungen aller Teile des magnetischen Kreises der Maschine bekannt sind, die Amperewindungszahl bei Leerlauf und Belastung nachrechnen, wie im Kap. IV gezeigt ist.

Ergibt die Nachrechnung, daß die gewählte Amperewindungszahl der Erregerwicklung zu klein oder zu groß ist, so sind Nutenzahl oder Zahndimensionen im Rotor anders zu wählen und ist die Rechnung nochmals durchzuführen.

147. Schlußbemerkung.

Nachdem alle Dimensionen der Maschine bekannt sind, werden nun der Reihe nach Spannungsänderung, Wirkungsgrad, Verluste und Erwärmung bei induktionsfreier und induktiver Belastung berechnet. Überschreiten einzelne dieser Größen die üblichen oder garantierten Werte, so ist die Maschine entsprechend abzuändern.

Für die Spannungserhöhung $\varepsilon^0/_0$ können bei der inherenten Regulierung die folgenden Werte als normal betrachtet werden:

$$\left.\begin{array}{ll} & \varepsilon^0/_0 \cong 4 \text{ bis } 8^0/_0 \text{ bei } \cos\varphi = 1 \\ \text{und} & \varepsilon^0/_0 \cong 12 \text{ bis } 18^0/_0 \text{ bei } \cos\varphi = 0{,}8 \end{array}\right\} \begin{array}{c}\text{Große}\\ \text{Maschinen}\end{array}$$

$$\left.\begin{array}{ll} & \varepsilon^0/_0 \cong 5 \text{ bis } 8^0/_0 \text{ bei } \cos\varphi = 1 \\ \text{und} & \varepsilon^0/_0 \cong 14 \text{ bis } 30^0/_0 \text{ bei } \cos\varphi = 0{,}8 \end{array}\right\} \begin{array}{c}\text{Kleine}\\ \text{Maschinen.}\end{array}$$

Soll die Maschine mit einem elektromechanischen Regulator oder einer Kompoundierung versehen werden, so sind höhere Werte für ε zulässig.

Zweiundzwanzigstes Kapitel.

Beispiele für die Vorausberechnung.

148. Berechnung eines 1000 KVA-Dreiphasengenerators für eine Wasserturbine.

Es sei ein Dreiphasengenerator von 1000 KVA zu berechnen, der von einer Wasserturbine angetrieben werden soll. Die günstigste Tourenzahl der Turbine beträgt bei dem vorhandenen Gefälle ca. 190 pro Minute. Die Spannung ist auf 6000 Volt, die Periodenzahl auf 50 festgesetzt, und es soll der Berechnung ein $\cos\varphi = 0{,}8$ zugrunde gelegt werden. Die Spannungsänderung soll bei Übergang von voller induktionsfreier Belastung (1000 KW) zu Leerlauf $8\,^0/_0$ und beim Übergang von 1000 KVA induktiver Belastung mit $\cos\varphi = 0{,}8$ zu Leerlauf $15\,^0/_0$ nicht überschreiten. Der Wirkungsgrad muß bei induktionsfreier Vollbelastung mindestens $94\,^0/_0$ betragen. Die Temperaturerhöhung nach 10stündiger Vollbelastung und $\cos\varphi = 0{,}8$ darf für keinen Teil der Maschine die vom Verbande Deutscher Elektrotechniker vorgeschriebenen Grenzen überschreiten.

Die Maschine muß

$$p = \frac{60\,c}{n} = \frac{60 \cdot 50}{190} \cong \mathbf{16\ Polpaare}$$

erhalten. Bei $p = 16$ wird die Drehzahl der Antriebsmaschine $n = 187$.

Die Ankerwicklung wird als Spulenwicklung mit Sternschaltung ausgeführt. Die Phasenspannung wird somit $E = 3460$ Volt.

Der Phasenstrom bei Vollbelastung wird nach S. 536

$$J = \frac{1000 \cdot 1000}{3 \cdot 3460} = 96{,}5 \text{ Amp.}$$

Bestimmung der Hauptdimensionen. Die Polschuhform wird so gewählt, daß die Feldkurve annähernd sinusförmig wird; somit $\alpha_i = 0{,}637$.

Nach S. 532 u. 533 wird gewählt

$$B_l = 8100$$
$$AS = 200.$$

Für den EMK-Faktor setzen wir zunächst $k = f_B f_{w1} = 1{,}11 \, f_{w1} = 1{,}05$ und erhalten nach Gl. 410

$$D^2 l_i \cong \frac{6 \cdot 10^{11} \cdot 1000}{1{,}05 \cdot 0{,}637 \cdot 8100 \cdot 200 \cdot 187} = 29{,}6 \cdot 10 \,.$$

Zur Zerlegung dieses Produktes gehen wir von dem ideellen Polbogen aus (s. S. 534).

b_i	$D = \frac{2 p b_i}{\alpha_i \pi}$	l_i	l_i/b_i	τ	v
20	320	29,0	1,45	31,4	31,4
19	304	32,0	1,68	29,8	29,8
18	288	35,7	1,98	28,3	28,3

Es wird gewählt

$$\boldsymbol{D = 290 \text{ cm}}, \qquad \boldsymbol{l_i = 34{,}0 \text{ cm}};$$

dabei wird $\tau = 28{,}5$, $b_i = 18{,}2$, $l_i/b_i = 1{,}87$ und $v = 28{,}5$.

Die Maschinenkonstante ist

$$\frac{D^2 l_i n}{KVA} = \frac{290^2 \cdot 34{,}0 \cdot 187}{1000} = 53{,}5 \cdot 10^4.$$

Dieser Wert stimmt mit den Angaben in Fig. 369 überein.

Wir ordnen vier Luftschlitze von je 1 cm an und setzen die Eisenlänge

$$\boldsymbol{l} \cong l_i - \tfrac{2}{3} n_s b_s = 34{,}0 - \tfrac{2}{3} \cdot 4 = \mathbf{31 \text{ cm}}$$
$$l_1 = l + n_s b_s = 31 + 4 = 35 \text{ cm}.$$

Anordnung und Berechnung der Ankerwicklung. Die Windungszahl pro Phase finden wir nach Gl. 412

$$w \cong \frac{\pi \cdot 290 \cdot 200}{2 \cdot 3 \cdot 96{,}5} = 315.$$

Die Anzahl der Löcher pro Pol und Phase wird

$$q = 2$$

gewählt. Die gesamte Lochzahl pro Phase wird

$$2pq = 2 \cdot 16 \cdot 2 = 64$$

und die Leiterzahl pro Loch nach Gl. 413

$$s_n = \frac{315}{16 \cdot 2} = 9{,}9.$$

Wir wählen

$$s_n = 10.$$

Somit wird

$$w = 10 \cdot 16 \cdot 2 = \mathbf{320}$$

und nach Gl. 412

$$AS = \frac{2 \cdot 320 \cdot 3 \cdot 96{,}5}{\pi \cdot 290} = 203.$$

Die Ankerwicklung soll als Stabwicklung ausgeführt werden. Nach der Tabelle S. 538 gehört zu $J_a = 96{,}5$ eine Stromdichte

$$s_a \cong 2{,}8 \text{ Amp./qmm}$$

und somit ein Leiterquerschnitt

$$q_a \cong 35 \text{ qmm}.$$

Berechnung der Ankernuten. Die Nutenzahl ist gleich

$$Z = 2mpq = 2 \cdot 3 \cdot 16 \cdot 2 = 192,$$

die Nutenteilung nach S. 540

$$t_1 = \frac{\pi \cdot 290}{192} = 4{,}75 \text{ cm}.$$

Für die Berechnung der Nutenweite gehen wir mit Rücksicht auf die Periodenzahl $c = 50$ von einer maximalen Zahninduktion (S. 541)

$$B_{z\,max} = 18000$$

aus.

Für eine Dreiphasen-Zweilochwicklung wird nach der Tabelle S. 3

$$f_{w1} = 0{,}966$$

und daher

$$k = 1{,}11 \cdot 0{,}966 = 1{,}07$$

und nach Gl. 45, S. 72

$$\Phi = \frac{3460 \cdot 10^8}{4 \cdot 1{,}07 \cdot 50 \cdot 320} = 5{,}05 \cdot 10^6,$$

wobei für die induzierte EMK die Phasenspannung eingesetzt ist. Es ist aber zu beachten, daß bei einem Generator die vom Magnetfelde induzierte EMK mit der Belastung zunehmen muß, falls die Klemmenspannung konstant bleiben soll (induktive oder induktionsfreie Belastung vorausgesetzt).

Bei $10\,^0/_0$ Isolation zwischen den Blechen ($k_2 = 0{,}9$) wird die kleinste Zahnstärke nach Gl. 420

$$z_2 = \frac{4{,}75 \cdot 5{,}05 \cdot 10^6}{18{,}2 \cdot 31 \cdot 0{,}9 \cdot 18\,000} = 2{,}6 \text{ cm},$$

so daß eine Nutenweite von

$$t_1 - z_2 = 4{,}75 - 2{,}6 = 2{,}15 \text{ cm}$$

übrigbleibt.

Wir wählen die Stabdimensionen zu

$$11 \times 3 \text{ mm nackt}$$

und

$$11{,}8 \times 3{,}8 \text{ mm isoliert.}$$

Somit

$$q_a = 33 \text{ qmm}$$

und

$$s_a = \frac{96{,}5}{33} = 2{,}92 \text{ Amp./qmm.}$$

Die $s_n = 10$ Stäbe werden übereinander angeordnet. Als Nutenisolation wird ein Mikanitrohr von 3,0 mm Dicke genommen.

Nutenweite:

Mikanitrohr	6,0 mm
Stabbreite + Spielraum .	12,0 „
	18,0 mm

Nutenhöhe:

Mikanitrohr	6,0 mm
Höhe der Stäbe . .	38,0 „
Keil, Steg, Spielraum	8,0 „
	52,0 mm

Die Nutenteilung am Zahnfuße wird

$$t_2 = \frac{\pi\,(290 + 2 \cdot 5{,}2)}{192} = 4{,}92 \text{ cm}$$

und die Zahndicke am Zahnfuße

$$z_3 = 4{,}92 - 1{,}8 = 3{,}12 \text{ cm}$$

und am Zahnkopfe (vgl. Fig. 371)

$$z_2 = z_1 = 4{,}75 - 1{,}8 = 2{,}95 \text{ cm.}$$

Bei diesen Nutendimensionen wird die maximale Zahninduktion nach S. 81

$$B_{z\,max} = \frac{4{,}75 \cdot 5{,}05 \cdot 10^6}{18{,}2 \cdot 31 \cdot 0{,}9 \cdot 2{,}95} = 16\,000.$$

Bei Annahme einer Ankerinduktion B_a von 9000 finden wir die Eisenhöhe des Ankers nach Gl. 421

$$h = \frac{5{,}05 \cdot 10^6}{2 \cdot 0{,}9 \cdot 31 \cdot 9000} \cong 10 \text{ cm}.$$

Hierzu kommt noch die Zahnhöhe von 5,2 cm, so daß sich eine gesamte Blechhöhe von 15,2 cm und ein äußerer Eisendurchmesser

$$D_1 = 290 + 2 \cdot 5{,}2 + 2 \cdot 10 = 320{,}4 \text{ cm} \quad \text{ergibt}$$

Wir wählen

$$\mathbf{D_1 = 320\ cm},$$

dann wird

$$\mathbf{h = 9{,}8\ cm} \qquad \text{und} \qquad B_a = 9200.$$

Luftzwischenraum δ und Polschuhe. Für die Wahl des Luftspaltes δ sind die auf S. 542 angegebenen Gesichtspunkte maßgebend. Es ergab sich $AS = 203$ und es ist

$$B_l = \frac{\Phi}{b_i l_i} = \frac{5{,}05 \cdot 10^6}{18{,}2 \cdot 34} = 8150.$$

Somit nach S. 543

$$\delta = 1{,}1 \cdot \frac{28{,}5 \cdot 203}{8150} = \mathbf{0{,}75\ cm}.$$

Für die Polschuhe nehmen wir die in WT III, Fig. 240 dargestellte Form. Hierdurch erreichen wir, wie dort erläutert ist, eine fast sinusförmige Feldkurve, deren Füllfaktor gleich $\frac{2}{\pi} = 0{,}637$ gesetzt werden kann. Es sind dabei folgende Maße einzuhalten:

$$b_a = \tfrac{2}{3}\tau = 0{,}667 \cdot 28{,}5 = 19{,}0 \text{ cm},$$
$$b_{in} = 0{,}31\,\tau = 0{,}31 \cdot 28{,}5 = 8{,}8 \text{ cm},$$
$$\delta_a = 1{,}5\,k_1 k_z \delta.$$

Zur Bestimmung von k_1 ist die Kenntnis der Eisenstärke zwischen zwei Nutenschlitzen z_1 erforderlich; da offene Nuten gewählt worden sind, ist die Schlitzbreite r_1 gleich der Nutenweite, folglich

$$z_1 = t_1 - r_1 = 4{,}75 - 1{,}8 = 2{,}95 \text{ cm}.$$

Für

$$\nu = \frac{t_1 - z_1}{\delta} = \frac{1,80}{0,75} = 2,40$$

finden wir in Fig. 67, S. 78

$$X = 1,56 .$$

Dann wird nach Gl. 51

$$k_1 = \frac{4,75}{2,95 + 1,56 \cdot 0,75} = 1,15 .$$

Um

$$k_z = 1 + \frac{AW_z}{AW_l}$$

zu finden, müssen wir die Luft- und Zahnamperewindungen bei Leerlauf annähernd berechnen (siehe S. 77 und 81)

$$AW_l = 1,6\, k_1 B_l \delta = 1,6 \cdot 1,15 \cdot 8150 \cdot 0,75 = 11200 ,$$

$$B_{z\,max} = 16000 \qquad aw_z = 43 ,$$

$$AW_z = aw_z L_z = 43 \cdot 2 \cdot 5,2 = 450 ,$$

$$k_z = 1 + \frac{450}{11200} = 1,04 .$$

Hiermit ergibt sich

$$\delta_a = 1,5 \cdot 1,15 \cdot 1,04 \cdot 0,75 = \mathbf{1,35\ cm.}$$

Die Länge l_p des Polschuhes machen wir gleich l_1, also

$$\mathbf{l_p = 35\ cm.}$$

Wir können nun die Länge l_i nachrechnen, da δ festgelegt ist. Für

$$\nu' = \frac{b_s}{\delta} = \frac{1}{0,75} = 1,33$$

finden wir in Fig. 67, S. 78

$$X' = 1,05 .$$

Die Paketdicke ist

$$z = \frac{l}{n_s + 1} = \frac{31}{5} = 6,2 \text{ cm} .$$

Somit wird

$$k_1' = \frac{t}{z + X'\delta} = \frac{z + b_s}{z + X'\delta} = \frac{7,2}{6,2 + 1,05 \cdot 0,75} = 1,03 .$$

Nach Gl. 53 folgt

$$l_i = \frac{35 + 6,2\,(1,03 - 1)}{1,03} + \frac{4,6}{\pi}\, 0,75 \log\left(\frac{\pi \cdot 2,0 + 0,75}{0,75}\right) = 35,1 .$$

Um die dämpfende Wirkung der Wirbelströme in den äußersten Blechen zu berücksichtigen, nehmen wir

$$l_i = 34{,}5 \text{ cm}$$

an und behalten alle Dimensionen bei.

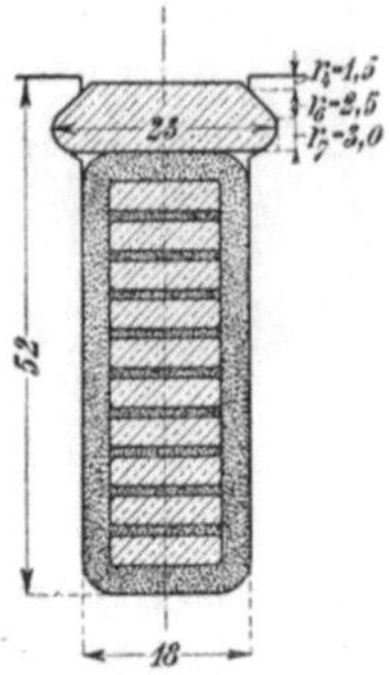

Fig. 373.

Berechnung der Streureaktanz und des effektiven Widerstandes der Ankerwicklung. Um die Leitfähigkeit der Nut λ_n zu berechnen, ersetzen wir die Nut durch eine der Fig. 7b möglichst ähnliche, wie dies in Fig. 373 durch die gestrichelten Linien angedeutet ist. Es ergeben sich dann folgende Abmessungen:

$$r_1 = 1{,}8 \text{ cm} \qquad r_4 = 0{,}15 \text{ cm} \qquad r_5 = 0{,}35 \text{ cm}$$
$$r_2 = 2{,}3 \text{ „} \qquad r_6 = 0{,}25 \text{ „} \qquad r = 3{,}8 \text{ „}$$
$$r_3 = 1{,}8 \text{ „} \qquad r_7 = 0{,}30 \text{ „}$$

Hieraus folgt nach Gl. 7a

$$\lambda_n = 1{,}25\left(\frac{3{,}8}{5{,}4} + \frac{0{,}35}{1{,}8} + \frac{0{,}30}{2{,}3} + \frac{2\cdot 0{,}25}{1{,}8+2{,}3} + \frac{0{,}15}{1{,}8}\right) = 1{,}55.$$

Für die Leitfähigkeit der Zahnköpfe ergibt sich nach Gl. 11 für $q=2$

$$\lambda_k = 0{,}92 \log\frac{\pi\cdot 4{,}75}{2\cdot 1{,}8} = 0{,}57.$$

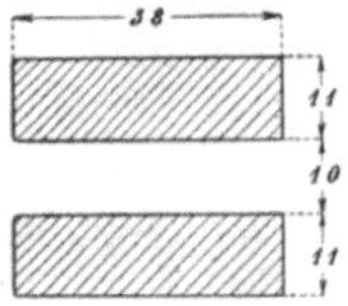

Fig. 374.

Um die Leitfähigkeit λ_s um die Spulenköpfe zu berechnen, ist zunächst der Umfang der zu einem Spulenkopf zusammengefaßten Leiter derselben Phase zu bestimmen. Es folgt aus Fig. 374

$$U_s = 2\,(1{,}1 + 1{,}0 + 1{,}1) + 2\cdot 3{,}8 = 13{,}8 \text{ cm}.$$

Die Spulenköpfe sollen einen mittleren Abstand von 16 cm vom Armatureisen haben; ihre mittlere Länge wird daher

$$l_s \cong \tau + 2\cdot 16 = 28{,}5 + 32 \cong 60 \text{ cm}.$$

Hieraus ergibt sich nach Gl. 12

$$\lambda_s = 0{,}46\cdot 2\log\frac{2\cdot 60}{13{,}8} = 0{,}87.$$

Nach Gl. 6a, S. 18 folgt somit

$$x_{s1} = \frac{12{,}5\cdot 50\cdot 320^2}{16\cdot 2\cdot 10^8}\cdot 34{,}5\left(1{,}55 + 0{,}57 + 0{,}87\,\frac{60}{34{,}5}\right) = \mathbf{2{,}50\ \Omega}.$$

Die halbe Länge einer Windung ist

$$l_a = l_1 + l_s = 35 + 60 = 95 \text{ cm}.$$

Bei 40° C Übertemperatur wird der Ohmsche Widerstand nach S. 539

$$r_g = \frac{2 \cdot 320}{1} \cdot \frac{95\,(1 + 0{,}004 \cdot 40)}{5700 \cdot 33} = 0{,}375\ \Omega.$$

Der effektive Widerstand pro Phase ist dann ca.

$$\boldsymbol{r_a} = k_r r_g = 1{,}5 \cdot 0{,}375 = \mathbf{0{,}56\ \Omega.}$$

Magnetsystem. Um den Querschnitt der Pole und des Joches zu bestimmen, müssen wir den Kraftfluß bei Vollast und $\cos\varphi = 0{,}8$ berechnen (siehe S. 544). Wir ermitteln zunächst den Winkel ψ. Nach Gl. 28, S. 33 wird

$$\frac{E_{s3}}{\cos\psi} = 1{,}77 \cdot 0{,}482 \cdot 50\,(0{,}966 \cdot 320)^2 \cdot 3 \cdot 96{,}5 \cdot \frac{28{,}5 \cdot 34{,}5}{0{,}75 \cdot 1{,}15 \cdot 16} \cdot 10^{-8}$$
$$= 840 \text{ Volt},$$

wobei k_q' der Fig. 25 für $\alpha = 0{,}667$ entnommen ist. Somit wird nach Gl. 37, S. 63

$$\operatorname{tg}\psi = \frac{3460 \cdot 0{,}6 + 96{,}5 \cdot 2{,}50 + 840}{3460 \cdot 0{,}8 + 96{,}5 \cdot 0{,}56} = 1{,}12,$$

$$\psi = 48^0\,15',$$

$$\Theta = \psi - \varphi = 48^0\,15' - 36^0\,55' = 11^0\,20'.$$

Die bei Vollast und $\cos\varphi = 0{,}8$ zu induzierende EMK wird nach S. 544

$$E_D = 3460 \cdot 0{,}98 + 96{,}5 \cdot 0{,}56 \cdot 0{,}665 + 96{,}5 \cdot 2{,}5 \cdot 0{,}746 \cong 3610 \text{ Volt}.$$

Der dieser EMK entsprechende Kraftfluß

$$\Phi = 5{,}05 \cdot 10^6 \cdot \frac{3610}{3460} = 5{,}26 \cdot 10^6.$$

Die Polkerne und Polschuhe sollen aus Blech hergestellt werden; das Joch aus Gußeisen. Den Streuungskoeffizienten nehmen wir zunächst an

$$\sigma = 1{,}20.$$

Somit wird

$$\Phi_m = \sigma\,\Phi = 1{,}20 \cdot 5{,}26 \cdot 10^6 = 6{,}3 \cdot 10^6$$

und für $B_m = 16000$

$$Q_m = \frac{6{,}3 \cdot 10^6}{16000} = 395 \text{ qcm}.$$

Die Länge der Polkerne in der Achsenrichtung wird bei Blechpolen gleich der Länge der Polschuhe $l_p = 35$ cm.

Die Bleche werden ohne Zwischenlage aufeinander gelegt. Rechnet man für Zwischenräume zwischen den Blechen und Oxydschichten 5% ab, so ist eine Schenkelbreite von ca.

$$\frac{Q_m}{0{,}95\,l_p} = \frac{395}{0{,}95 \cdot 35} = 11{,}8 \text{ cm}$$

notwendig. Wir nehmen die Schenkelbreite zu 12 cm an. Somit wird

$$Q_m = 12 \cdot 35 \cdot 0{,}95 = 400 \text{ qcm}.$$

Um die Länge der Magnetschenkel festsetzen zu können, müssen wir zuerst den Raum für die Erregerwicklung annähernd berechnen.

Die Luftinduktion wird bei dem neuen Werte von l_i

$$B_l = \frac{5{,}05 \cdot 10^6}{18{,}2 \cdot 34{,}5} = 8000$$

und die Luftamperewindungen bei Leerlauf

$$AW_l = 1{,}6 \cdot 1{,}15 \cdot 8000 \cdot 0{,}75 = 11100.$$

Bei Vollast und $\cos\varphi = 0{,}8$ werden pro Kreis annähernd

$$AW_{k\,max} \cong 2 \cdot 11100 = 22200$$

Amperewindungen notwendig sein.

Wir lassen eine maximale Stromdichte

$$s_e = 2{,}7 \text{ Amp./qmm}$$

zu. Die Erregerwicklung soll aus hochkantgewickeltem Kupferband von 4 cm Breite hergestellt werden. Nach S. 548 ist für diesen Fall der Füllfaktor

$$f_e = 0{,}85$$

zu nehmen. Hieraus ergibt sich der Wicklungsraum pro Pol nach Gl. 422

$$\frac{22200}{200 \cdot 2{,}7 \cdot 0{,}85} = 48 \text{ qcm}$$

und die Wicklungshöhe

$$\frac{48}{4{,}0} = 12 \text{ cm}.$$

Rechnen wir dazu noch 2,5 cm für die Endisolation und Befestigung der Spulen und 2,5 cm Polschuhhöhe, so erhalten wir eine radiale Höhe des Poles von 17 cm. Die Polteilung am Polradkranz wird also

$$\frac{\pi(290 - 2 \cdot 0{,}75 - 2 \cdot 17)}{32} = 25 \text{ cm},$$

so daß für eine Wicklungshöhe von 4,0 cm genügend Platz bleibt.

Für $B_j = 8000$ wird

$$Q_j = \frac{6{,}3 \cdot 10^6}{2 \cdot 8000} = 395 \text{ qcm}.$$

Es sind jetzt die Hauptabmessungen der Maschine festgelegt und wir können eine Skizze, Fig. 375 und 376, aufzeichnen, aus der auch die verschiedenen Kraftlinienwege für die Berechnung der Erregung entnommen werden können. Aus der Skizze entnehmen wir

$$Q_j \cong 350 \text{ qcm}.$$

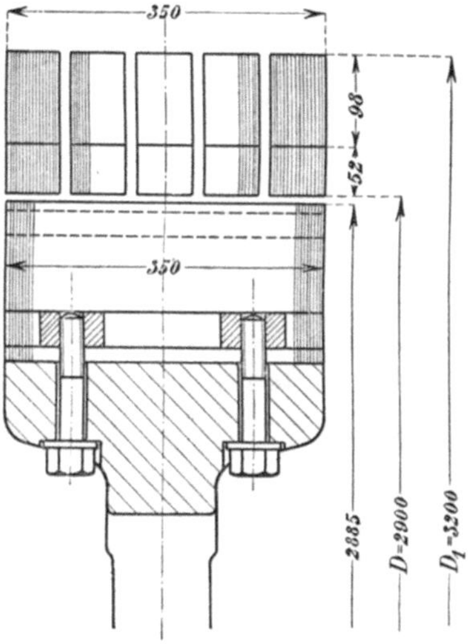

Fig. 375.

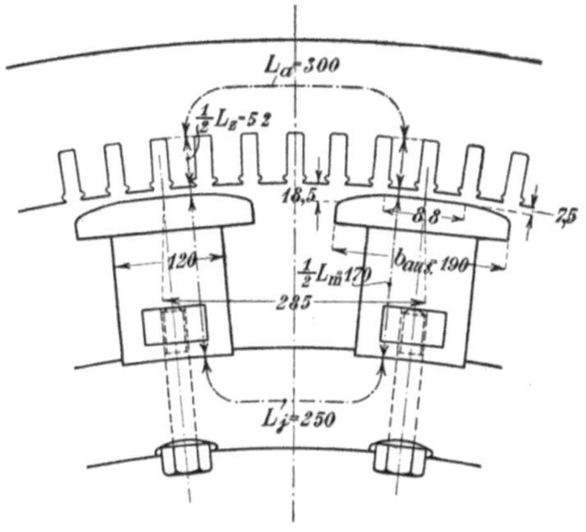

Fig. 376.

Berechnung der Feldamperewindungen bei Leerlauf. Den Kraftfluß bei Leerlauf und normaler Klemmenspannung haben wir früher berechnet zu

$$\Phi = 5{,}05 \cdot 10^6$$

und die Luftinduktion zu

$$B_l = 8000.$$

Die Induktion im Anker ist nach S. 85

$$B_a = \frac{5{,}05 \cdot 10^6}{2 \cdot 31 \cdot 0{,}9 \cdot 9{,}8} = 9200.$$

Für die Zahninduktion in irgendeinem Zahnquerschnitte folgt nach Gl. 54

$$B_z = \frac{t_1 B_l l_i}{k_2 l z} = \frac{4{,}75 B_l \cdot 34{,}8}{0{,}9 \cdot 31 z} = \frac{5{,}97}{z} B_l.$$

Es ist

$$z_1 = z_{min} = 2{,}95 \text{ cm}, \quad z_{mitt} = 3{,}03 \text{ cm}, \quad z_3 = z_{max} = 3{,}12 \text{ cm},$$

somit

$$B_{z\,max} = 2{,}00\,B_l, \quad B_{z\,mitt} = 1{,}95\,B_l, \quad B_{z\,min} = 1{,}90\,B_l.$$

Für $B_l = 8000$ wird

$$B_{z\,max} = 16000, \quad B_{z\,mitt} = 15600, \quad B_{z\,min} = 15200.$$

Um den Streuungskoeffizienten für Leerlauf σ_0 ermitteln zu können, berechnen wir zunächst die zur Erzeugung von B_l, B_a und B_z notwendigen Amperewindungen. Die Luftamperewindungen für $B_l = 8000$ haben wir oben berechnet zu

$$AW_l = 11100.$$

Der mittlere Kraftlinienweg im Anker ist

$$L_a \cong \frac{D + L_z + h}{2p}\pi = \frac{290 + 10{,}4 + 9{,}8}{32}\pi \cong 30 \text{ cm}.$$

Für $B_a = 9200$ sind nach der Tafel mit den Magnetisierungskurven (am Ende des Buches) die Amperewindungen pro cm $aw_a = 4{,}0$

$$AW_a = aw_a L_a = 120.$$

Der Berechnung der Amperewindungen für die Zähne können wir die mittlere Zahninduktion zugrunde legen, da die Zahninduktion nicht hoch ist und vom Zahnkopfe bis zum Zahnfuße sich nur wenig ändert.

$$B_{zm} = 15600, \quad aw_z = 36, \quad L_z = 10{,}4 \quad AW_z = 380,$$

$$AW_l + AW_z + AW_a = 11100 + 380 + 120 = 11600.$$

Der Berechnung der Leitfähigkeiten $\Sigma\lambda_p$ und $\Sigma\lambda_m$ legen wir die Fig. 77 u. 78, S. 88 zugrunde. Es ist

$$l_p = l_1 = 35 \text{ cm} \qquad \tau_1 = 28{,}4 \qquad d_q = 12 \text{ cm}$$

$$h_p \cong 2{,}5 \text{ cm} \qquad \tau_2 = 25{,}0 \qquad h_m = 14{,}5$$

$$b_p = 19{,}0$$

Hieraus ergibt sich nach S. 90

$$\Sigma\lambda_p = \frac{35 \cdot 2{,}5}{0{,}8\,(28{,}4 - 19)} + 2 \cdot 2{,}25 \log\left(1 + \frac{\pi}{2}\,\frac{19}{28{,}4 - 19}\right) = 14{,}7$$

und

$$\Sigma\lambda_m = \frac{12 \cdot 14{,}5}{0{,}8\,(28{,}4 + 25 - 24)} + 14{,}5 \log\left(1 + \frac{\pi \cdot 12}{28{,}4 + 25 - 24}\right) = 12{,}8$$

$$\Sigma\lambda_p + \Sigma\lambda_m = 14{,}7 + 12{,}8 = 27{,}5.$$

Hiermit finden wir den Streuungskoeffizienten für Leerlauf nach Gl. 62

$$\sigma_0 = 1 + \frac{2 \cdot 11\,550}{5{,}05 \cdot 10^6} 27{,}5 = 1{,}25.$$

Der Kraftfluß im Polkern ist

$$\Phi_m = \sigma \Phi = 1{,}25 \cdot 5{,}05 \cdot 10^6 = 6{,}31 \cdot 10^6.$$

Induktion in den Polen

$$B_m = \frac{\Phi_m}{Q_m} = \frac{6{,}31 \cdot 10^6}{400} = 15\,000$$

$$aw_m = 40 \qquad L_m = 34 \qquad AW_m = 40 \cdot 34 = 1360.$$

Induktion im Joch

$$B_j = \frac{\Phi_m}{Q_j} = \frac{6{,}31 \cdot 10^6}{2 \cdot 350} = 9000$$

$$aw_j = 7{,}2 \qquad L_j = 25 \qquad AW_j = 180.$$

Durch Addition sämtlicher Amperewindungen finden wir schließlich die AW pro Kreis (s. S. 86)

$$AW_{k0} = 11\,000 + 120 + 380 + 1360 + 180 = 13040$$

und die totale Amperewindungszahl

$$AW_{t0} = p\,AW_{k0} = 16 \cdot 13040 = 209\,000.$$

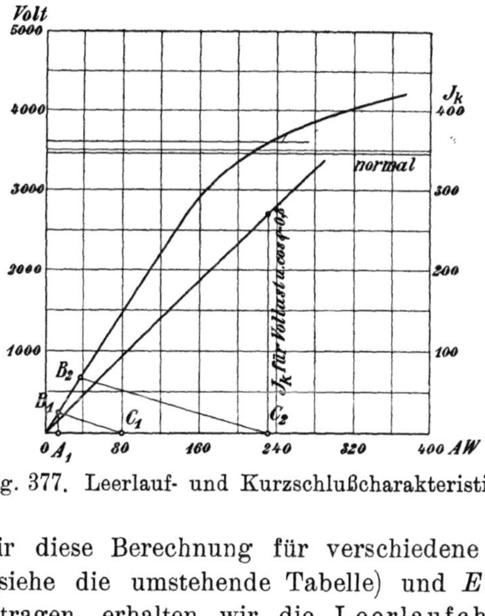

Fig. 377. Leerlauf- und Kurzschlußcharakteristik.

Indem wir diese Berechnung für verschiedene Werte von E durchführen (siehe die umstehende Tabelle) und E als Funktion von AW_{t0} auftragen, erhalten wir die Leerlaufcharakteristik der Maschine, Fig. 377.

E	2700	3100	3460	3800	4200	
$\Phi = 1{,}46 \cdot 10^3 E$ . .	3,94	4,53	5,05	5,55	6,14	10^6
$B_l = \frac{\Phi}{634}$	6220	7150	8000	8750	9680	
$B_a = \frac{\Phi}{546}$	7200	8300	9200	10200	11200	
$B_{z\,max} = 2{,}0\, B_l$ . . .	12500	14300	16000	17500	19400	
$B_{z\,mitt} = 1{,}95\, B_l$ . .	12200	14000	15600	17100	18900	
$B_{z\,min} = 1{,}90\, B_l$ . .	11800	13600	15200	16600	18400	
$\Phi_m = \sigma \Phi = 1{,}25\, \Phi$.	4,93	5,66	6,31	6,94	7,66	10^6
$B_m = \frac{\Phi_m}{400}$	12300	14200	15800	17350	19200	
$B_j = \frac{\Phi_m}{700}$	7050	8100	9000	9900	11000	
aw_a	2,0	2,5	4,0	3,8	5,0	
aw_z	7,0	14,0	36	84	185	
aw_m	7,0	15,6	40	94	210	
aw_j	3,4	5,1	7,2	9,8	14,0	
$AW_l = 1{,}38\, B_l$ . .	8600	9870	11000	12100	13400	
$AW_a = 30\, aw_a$ . .	60	75	120	114	150	
$AW_z = 10{,}4\, aw_z$ . .	73	146	380	870	1920	
$AW_m = 34\, aw_m$ . .	238	530	1360	3200	7150	
$AW_j = 25\, aw_j$ . . .	85	128	180	245	350	
AW_{k0}	9060	10750	13040	16530	22970	
$AW_{t0} = 16\, AW_{k0}$ . .	145	172	209	264,2	367,2	10^3

Berechnung der Feldamperewindungen bei Belastung. Mit Hilfe der Leerlaufcharakteristik kann man jetzt die Amperewindungen bei Belastung ermitteln. Es wurde oben berechnet

$$\frac{E_{s3}}{\cos\psi} = 840 \text{ Volt.}$$

1. Vollast und $\cos\varphi = 1{,}0$:

Nach Gl. 37, S. 63, ergibt sich

$$\operatorname{tg}\psi = \frac{96{,}5 \cdot 2{,}50 + 840}{3460 + 96{,}5 \cdot 0{,}56} = 0{,}308$$

$$\psi = \Theta = 17^{\circ}\,10'.$$

Nach Gl. 22 werden die entmagnetisierenden Amperewindungen

$$AW_e = 0{,}761 \cdot 0{,}966 \cdot 320 \cdot 3 \cdot 96{,}5 \cdot 0{,}295 = 20{,}1 \cdot 10^3.$$

Die zu induzierende EMK E_D wird nach S. 544

$$E_D = 3460 \cdot 0{,}955 + 96{,}5 \cdot 0{,}56 \cdot 0{,}955 + 96{,}5 \cdot 2{,}5 \cdot 0{,}295 = 3420 \text{ Volt.}$$

Um die zur Erzeugung dieser EMK nötigen Amperewindungen zu bestimmen, müssen wir den Streuungskoeffizienten bei Vollast und $\cos\varphi = 1{,}0$ ermitteln. Dieser unterscheidet sich nur wenig von demjenigen bei Leerlauf. Für $E_D = 3420$ ist $\Phi = 5{,}05 \cdot 10^6$, somit nach Gl. 67, S. 98

$$\sigma_b = 1{,}25 + \frac{2 \cdot 20{,}1 \cdot 10^3 \cdot 27{,}5}{16 \cdot 5{,}05 \cdot 10^6} = 1{,}27.$$

Wir tragen nun in die Leerlaufcharakteristik $E_D = 3420$ und $\frac{\sigma_b}{\sigma} E_D = 3480$ Volt ein und ziehen durch diesen letzteren Punkt eine Parallele zum geradlinigen Teil der Leerlaufcharakteristik (Fig. 377) bis zum Schnitt mit der Horizontalen durch den Punkt $E_D = 3420$. Es ergeben sich auf diese Weise die zur Erzeugung von $E_D = 3420$ Volt nötigen Amperewindungen zu

$$p\,AW_k = 211 \cdot 10^3$$

und die totale Amperewindungszahl

$$AW_t = p\,AW_k + AW_e = 231 \cdot 10^3.$$

2. Vollast und $\cos\varphi = 0{,}8$:

Wir berechnen in derselben Weise wie unter 1

$$\operatorname{tg}\psi = \frac{3460 \cdot 0{,}6 + 96{,}5 \cdot 2{,}5 + 840}{3460 \cdot 0{,}8 + 96{,}5 \cdot 0{,}56} = 1{,}12$$

$$\psi = 48^0\,15' \qquad \Theta = 48^0\,15' - 36^0\,55' = 11^0\,20'$$

$$AW_e = 20{,}1 \cdot 10^3 \frac{0{,}746}{0{,}295} = 51 \cdot 10^3$$

$$E_D = 3460 \cdot 0{,}98 + 96{,}5 \cdot 0{,}56 \cdot 0{,}665 + 96{,}5 \cdot 2{,}5 \cdot 0{,}746 = 3610 \text{ Volt.}$$

Zu $E_D = 3610$ gehört $\Phi_{a,b} = 5{,}27 \cdot 10^6$, somit

$$\sigma_b = 1{,}25 + \frac{2 \cdot 51 \cdot 10^3 \cdot 27{,}5}{16 \cdot 5{,}27 \cdot 10^6} = 1{,}29$$

$$\frac{\sigma_b}{\sigma} 3610 = 3720 \text{ Volt.}$$

Mit Hilfe der Leerlaufcharakteristik bestimmen wir

$$p\,AW_k = 244 \cdot 10^3,$$

somit

$$AW_t = 244 \cdot 10^3 + 51 \cdot 10^3 = 295 \cdot 10^3.$$

3. Vollast, $\cos\varphi = 0{,}8$ und $5\,^0/_0$ höhere Klemmenspannung:

$$\operatorname{tg}\psi = \frac{1{,}05 \cdot 3460 \cdot 0{,}6 + 96{,}5 \cdot 2{,}5 + 840}{1{,}05 \cdot 3460 \cdot 0{,}8 + 96{,}5 \cdot 0{,}56} = 1{,}10$$

$$\psi = 47^0\,45' \qquad \Theta = 10^0\,50'$$

$$AW_e = 20{,}1 \cdot 10^3 \frac{0{,}740}{0{,}295} = 50{,}5 \cdot 10^3$$

$$E_D = 1{,}05 \cdot 3460 \cdot 0{,}982 + 96{,}5 \cdot 0{,}56 \cdot 0{,}672 + 96{,}5 \cdot 2{,}5 \cdot 0{,}74 = 3790 \text{ Volt}$$

$$\frac{\sigma_b}{\sigma} 3790 = \frac{1{,}29}{1{,}25} \cdot 3790 = 3910 \text{ Volt}$$

$$pAW_k = 283 \cdot 10^3$$

$$\boldsymbol{AW_t = 333 \cdot 10^3}.$$

Berechnung der Spannungsänderungen.

A. Spannungserhöhung. 1. Vollast und $\cos\varphi = 1{,}0$. Zu $AW_t = 231 \cdot 10^3$ entnehmen wir aus der Leerlaufcharakteristik

$$E = 3600 \text{ Volt}.$$

Hiermit wird

$$\varepsilon\,\% = \frac{3600 - 3460}{3460} 100 = 7\,\%.$$

2. Vollast und $\cos\varphi = 0{,}8$. Zu $AW_t = 295 \cdot 10^3$ gehört

$$E = 3930 \text{ Volt}$$

$$\varepsilon\,\% = \frac{3930 - 3460}{3460} 100 = 13{,}5\,\%.$$

Die Bedingungen für die Spannungserhöhung werden also von der Maschine erfüllt.

B. Spannungsabfall. Wir wollen den Spannungsabfall für Vollast und $\cos\varphi = 0{,}8$ angenähert berechnen. Es ist nach Gl. 39, S. 64

$$\Theta \cong \frac{180}{\pi} 0{,}8 \frac{96{,}5 \cdot 2{,}5 - 96{,}5 \cdot 0{,}56 \cdot 0{,}751 + 840}{3460} \cong 13{,}8^0$$

und

$$\psi = \varphi + \Theta = 50^0\,45',$$

somit

$$P \cong \frac{1}{0{,}971}[3460 - (840 + 96{,}5 \cdot 2{,}5)\,0{,}774 - 96{,}5 \cdot 0{,}56 \cdot 0{,}632]$$

$$= 2660 \text{ Volt}$$

und

$$\varepsilon\,\% = \frac{3460 - 2660}{3460} 100 = 23\,\%.$$

Berechnung des Kurzschlußstromes.

Wir tragen in die Leerlaufcharakteristik (Fig. 377) das Dreieck $A_1 B_1 C_1$ ein mit den Seiten

$$\overline{A_1 B_1} = J z_k = J\sqrt{x_{s_1}^2 + r_a{}^2} = 96{,}5\sqrt{2{,}5^2 + 0{,}56^2} = 247 \text{ Volt},$$

$$\overline{A_1 C_1} = k_0 m f_{w1} w J = 0{,}761 \cdot 3 \cdot 0{,}966 \cdot 320 \cdot 96{,}5 = 68{,}0 \cdot 10^3.$$

Hierauf ziehen wir durch den Punkt C_2 bei $AW_t = 231 \cdot 10^3$ (Vollast und $\cos\varphi = 0{,}8$) eine Parallele zu $\overline{C_1 B_1}$, die die Leerlaufcharakteristik in B_2 schneidet. Dann wird der Kurzschlußstrom $\frac{\overline{C_2 B_2}}{\overline{C_1 B_1}} = 2{,}83$ mal größer als der normale Strom.

$$J_k = 96{,}5 \cdot 2{,}83 = \mathbf{270\ Amp.}$$

Diese Stromstärke tragen wir bei $231 \cdot 10^3$ Amperewindungen in das Diagramm (Fig. 377) ein und verbinden den erhaltenen Punkt mit dem Nullpunkte, wodurch sich die Kurzschlußcharakteristik der Maschine ergibt.

Erregerwicklung. Der Erregerstrom soll von einer Nebenschlußmaschine, deren Spannung durch Regulierung des Nebenschlußstromes verändert wird, geliefert werden. Die maximale Erregerspannung soll $e = 110$ Volt betragen und die Erregerwicklung so dimensioniert sein, daß sich bei dieser Spannung die Amperewindungszahl

$$AW_{t\,max} = 333 \cdot 10^3$$

ergibt, die für die Vollbelastung bei $\cos\varphi = 0{,}8$ und um $5\,^0/_0$ erhöhte Klemmenspannung gefunden wurde. Die mittlere Länge einer Windung l_e wird bei einer Wicklungsbreite von 4,0 cm und dem Magnetquerschnitt 35×12 mm, wenn wir für Isolation zwischen Spule und Kern je 0,5 cm und für die Biegung des Kupferbandes 6 cm zuschlagen,

$$l_e = 2\,(35 + 12 + 2 \cdot 4 + 2 \cdot 0{,}5) + 6 = 118 \text{ cm}.$$

Die Übertemperatur T_m nehmen wir zu 25^0 an. Hiermit finden wir nach Gl. 426 S. 550

$$q_e = \frac{333 \cdot 10^3 \cdot 118 \cdot 1{,}10}{5700 \cdot 110} = 69 \text{ qmm}.$$

Wir wählen Kupferband $1{,}7 \times 40$ mm nackt, somit $q_e = 68$ qmm.

Bei einer maximalen Stromdichte

$$s_{e\,max} = 2{,}54 \text{ Amp./qmm}$$

wird

$$i_{e\,max} = 2{,}54 \cdot 78 = 173 \text{ Amp.}$$

und die Windungszahl pro Spule

$$\frac{AW_{t\,max}}{i_{e\,max}\,2p} = \frac{333 \cdot 10^3}{173 \cdot 32} = \mathbf{60.}$$

Bei 0,3 mm Isolation zwischen den einzelnen Windungen wird die Länge der Spule gleich $0{,}2 \cdot 60 = 12$ cm.

Bei 2,5 cm Höhe für Endisolation und Befestigung der Spulen

wird die Höhe des Polkernes 14,5 cm, also dieselbe, wie oben angenommen wurde.

Die totale Windungszahl wird

$$w_e = 60 \cdot 32 = 1920 \text{ Windungen.}$$

Bei Vollast und $\cos\varphi = 1{,}0$ ist also eine Erregerstromstärke von

$$\boldsymbol{i_e} = \frac{231 \cdot 10^3}{1920} = \mathbf{120\ Amp.}$$

notwendig.

Bei Vollast und $\cos\varphi = 0{,}8$ ist eine Stromstärke von

$$\boldsymbol{i_e} = \frac{295 \cdot 10^3}{1920} = \mathbf{154\ Amp.}$$

und bei Leerlauf von

$$\boldsymbol{i_{e0}} = \frac{209 \cdot 10^3}{1920} = \mathbf{110\ Amp.}$$

notwendig.

Der Widerstand der Erregerwicklung beträgt nach Gl. 424

$$\boldsymbol{r_e} = \frac{1{,}10 \cdot 1920 \cdot 118}{5700 \cdot 68} = \mathbf{0{,}65\ \Omega.}$$

Bestimmung des Wirkungsgrades bei Vollast und $\cos\varphi = 1$.

a) Verluste im Ankereisen. Als Hysteresiskonstante nehmen wir $\sigma_h = 1{,}5$ und als Wirbelstromkonstante $\sigma_w = 6$ (vgl. S. 500).

Eisenvolumen der Zähne:

$$V_z \cong Z\left(\frac{z_2 + z_3}{2}\right)\frac{L_z}{2}\, l\, k_2\, 10^{-3} = 192 \cdot 3{,}03 \cdot 5{,}2 \cdot 31 \cdot 0{,}9 \cdot 10^{-3} = 85 \text{ cbdm.}$$

Für $\frac{z_2}{z_3} = \frac{2{,}95}{3{,}12} = 0{,}945$ finden wir in den Kurven (Fig. 334 u. 337) die Werte $k_4 \cong 1$ und $k_5 = 1{,}05$ und erhalten den Hysteresisverlust in den Zähnen nach Gl. 381

$$W_{hz} = 1{,}5 \cdot 1 \cdot 50 \cdot 0{,}77 \cdot 85 = 4900 \text{ Watt.}$$

Die Werte $\frac{1}{100}\left(\frac{B_{z\,min}}{1000}\right)^{1,6}$ können der Fig. 328 entnommen werden. Es ist bei Vollast und $\cos\varphi = 1$, $\Phi = 5{,}05 \cdot 10^6$ und $B_{z\,min} = 15\,200$. Der Wirbelstromverlust in den Zähnen wird nach Gl. 383

$$W_{wz} = 6 \cdot 1{,}05\,(0{,}5 \cdot \tfrac{1}{2} \cdot 15{,}2)^2 \cdot 85 = 7700 \text{ Watt.}$$

Eisenvolumen des Ankerkernes:

$$V_a = (D_1 - h)\,\pi\, l\, h\, k_2\, 10^{-3} = (320 - 9{,}8)\pi \cdot 31 \cdot 9{,}8 \cdot 0{,}9 \cdot 10^{-3} = 265 \text{ cbdm.}$$

Hysteresisverlust im Ankerkern nach Gl. 378

$$W_{ha} = 1{,}5 \cdot 50 \cdot 0{,}35 \cdot 265 = 6950 \text{ Watt.}$$

Wirbelstromverlust im Ankerkern nach Gl. 382

$$W_{wa} = 6 \cdot (0{,}5 \cdot \tfrac{1}{2} \cdot 9{,}2)^2 \cdot 265 = 8450 \text{ Watt.}$$

Totaler Eisenverlust im Anker:

$$\boldsymbol{W_{ea}} = W_{hz} + W_{wz} + W_{ha} + W_{wa} = 4900 + 7700 + 6950 + 8450 = \mathbf{28000\ Watt.}$$

$$\text{Prozentualer Eisenverlust} = \frac{W_{ea}}{10\,KW} = \frac{28000}{10 \cdot 1000} = \mathbf{2{,}80\,\%}.$$

b) Verluste im Ankerkupfer. Der effektive Widerstand ist oben zu $r_a = 0{,}56\,\Omega$ berechnet worden; der Wattverlust wird also

$$\boldsymbol{W_{ka}} = mJ^2 r_a = 3 \cdot 96{,}5^2 \cdot 0{,}56 = \mathbf{15600\ Watt}$$

und der prozentuale Kupferverlust gleich

$$\frac{W_{ka}}{10\,KW} = \frac{15600}{10 \cdot 1000} = \mathbf{1{,}56\,\%}.$$

c) Verluste durch Erregung. Der totale Erregerverlust beträgt

$$\boldsymbol{W_e} = i_e^2 r_e = 120^2 \cdot 0{,}65 = \mathbf{9300\ Watt,}$$

der prozentuale Erregerverlust also:

$$\frac{W_e}{10 \cdot 1000} = \mathbf{0{,}93\,\%}.$$

Wenn wir die Luft- und Lagerreibung außer acht lassen, so wird die Summe aller Verluste

$$W_v = W_{ea} + W_{ka} + W_e = 28{,}0 + 15{,}6 + 9{,}3 = 53{,}0 \text{ KW.}$$

Der Wirkungsgrad bei Vollast und $\cos\varphi = 1{,}0$ wird also

$$\eta = \frac{1000}{1000 + 53{,}0}\,100 = \mathbf{94{,}8\,\%}.$$

Bestimmung des Wirkungsgrades und der Temperaturerhöhung bei Vollast und cos φ = 0,8.

a) Verluste im Ankereisen. Es ist bei Vollast und $\cos\varphi = 0{,}8$, $\Phi \cong 5{,}27 \cdot 10^6$ und $B_{z\,min} = 15800$

$$\frac{1}{100}\left(\frac{B_{z\,min}}{1000}\right)^{1{,}6} \text{ wird nach Fig. 328 gleich } 0{,}83,$$

$$W_{hz} = 4{,}90 \frac{0{,}83}{0{,}77} = 5{,}28 \text{ KW},$$

$$W_{wz} = 7{,}7 \left(\frac{158}{152}\right)^2 = 8{,}32 \text{ KW}.$$

Ferner $B_a = 9600$.

$$\frac{1}{100}\left(\frac{9600}{1000}\right)^{1{,}6} = 0{,}37,$$

also

$$W_{ha} = 6{,}95 \frac{0{,}37}{0{,}35} = 7{,}35 \text{ KW},$$

$$W_{wa} = 8{,}45 \left(\frac{96}{92}\right)^2 = 9{,}20 \text{ KW},$$

$$\boldsymbol{W_{ea}} = 5{,}28 + 8{,}32 + 7{,}35 + 9{,}20 = \mathbf{30\ KW}.$$

Der prozentuale Eisenverlust

$$\frac{30}{0{,}8 \cdot 1000} 100 = \mathbf{3{,}7\,\%}.$$

b) Verluste im Ankerkupfer wie bei $\cos\varphi = 1$

$$\boldsymbol{W_{ka}} = \mathbf{15600\ Watt}.$$

Der prozentuale Kupferverlust

$$\frac{15{,}6}{800} 100 = \mathbf{1{,}9\,\%}.$$

Abkühlungsfläche des Ankers

$$A_a = \frac{\pi}{4}(D_1^2 - D^2)(2 + n_s) + \pi l (D + D_1)$$

$$= \frac{\pi}{4}(320^2 - 290^2) \cdot (2 + 4) + \pi\, 31\,(290 + 320) = 163\,300 \text{ qcm}.$$

Die Stromwärmeverluste in den im Eisen eingebetteten Leiterstücken betragen

$$W_{kz} = \frac{l_1}{l_a} W_{ka} = \frac{35}{95} \cdot 15{,}6 = 5{,}75 \text{ KW}.$$

Die spezifische Kühlfläche

$$a_a = \frac{A_a}{W_{ea} + W_{kz}} = \frac{163\,300}{30\,000 + 5750} = 4{,}6 \text{ qcm/Watt}.$$

Temperaturerhöhung der Armatur bei induktiver Belastung

$$\boldsymbol{T} \cong \frac{225}{4{,}6} = \mathbf{49^\circ}.$$

c) Verluste durch Erregung

$$W_e = i_e^2 r_e = 154^2 \cdot 0{,}65 = \mathbf{15{,}4\ KW}.$$

Der prozentuale Erregerverlust

$$\frac{15{,}4}{800}\,100 = \mathbf{1{,}9\,\%}.$$

Als Abkühlungsfläche der Spulen rechnen wir nur die äußere Mantelfläche

$$A_m \cong 130 \cdot 12{,}0 \cdot 32 = 50000\ \text{qcm}.$$

Spezifische Kühlfläche:

$$a_m = \frac{A_m(1 + 0{,}1\,v_m)}{W_e} = \frac{50000\,(1 + 2{,}67)}{15400} = 12\ \text{qcm/Watt},$$

wobei

$$v_m = \frac{\pi n D_m}{60} \simeq \frac{\pi \cdot 187}{60 \cdot 100}(290 - 2 \cdot 0{,}75 - 2 \cdot 2{,}5 - 12{,}0) = 26{,}7\ \text{m/sek}.$$

Die Temperaturerhöhung der Erregerspulen entsprechend einer Berechnung aus der Widerstandszunahme bei induktiver Belastung wird:

$$T_m = \frac{350}{12{,}0} = \mathbf{29^\circ\ C}.$$

Die Summe aller Verluste bei $\cos\varphi = 0{,}8$ beträgt

$$W_v = 30 + 15{,}6 + 15{,}4 = 61\ \text{KW}.$$

Der Wirkungsgrad bei Vollast und $\cos\varphi = 0{,}8$ wird also

$$\eta = \frac{0{,}8 \cdot 1000}{0{,}8 \cdot 1000 + 61}\,100 = \mathbf{92{,}8\,\%}.$$

Berechnung der Gewichte.

1. Ankerkupfer.

$$G_{ka} = 8{,}9\, m\, a\, w\, 2\, l_a q_a 10^{-5}\,\text{kg} = 8{,}9 \cdot 3 \cdot 1 \cdot 320 \cdot 190 \cdot 33 \cdot 10^{-5} = \mathbf{500\ kg}.$$

2. Erregerkupfer.

$$G_{ka} = 8{,}9\, w_e l_e q_e 10^{-5}\,\text{kg} = 8{,}9 \cdot 1920 \cdot 118 \cdot 68 \cdot 10^{-5} = \mathbf{1370\ kg}.$$

3. Ankerbleche.

$$G_{ea} = (V_a + V_z)\,7{,}8 = (265 + 85)\,7{,}8 = \mathbf{2730\ kg}.$$

4. Pole.

$$G_{ep} = 2p\,(b_p l_p h_p + Q_m h_m)\,10^{-3} \cdot 7{,}8$$

$$= 32\,(19{,}0 \cdot 35 \cdot 2{,}5 + 400 \cdot 14{,}5)\,10^{-3} \cdot 7{,}8 = \mathbf{1860\ kg}.$$

149. Berechnung eines 100 PS-Einphasenmotors.

Es ist ein Einphasen-Synchronmotor für 2000 Volt Netzspannung, 60 Perioden und 600 Umdrehungen i. d. Min. zu berechnen, der imstande ist, 100 PS mechanische Leistung dauernd abzugeben und außerdem einen wattlosen Strom von 21 Ampere (50% des Wattstromes) ins Netz zu liefern.

Der Wirkungsgrad des Motors bei voller Belastung mit 100 PS und 21 Amp. wattlosem Strom soll mindestens 90% betragen. Für keinen Teil der Maschine darf hierbei nach 10stündigem Dauerbetrieb die Temperaturerhöhung 50° C übersteigen.

Um die Leistung von 100 PS abzugeben, müssen wir, wenn wir den Wirkungsgrad zunächst zu 90% annehmen,

$$\frac{100}{0,9} \cdot 0,736 = 82 \text{ KW}$$

elektrische Leitung zuführen. Der Wattstrom wird also

$$J_w = \frac{82 \cdot 1000}{2000} = \mathbf{41\ Amp.}$$

Hierzu kommen noch 21 Amp. wattloser Strom, so daß der Gesamtstrom

$$J = \sqrt{41^2 + 21^2} = \mathbf{46\ Amp.} \quad \text{wird.}$$

Ferner wird die Phasenverschiebung:

$$\operatorname{tg} \varphi = \frac{21}{41}, \qquad \varphi \cong 27^\circ, \qquad \cos \varphi = 0,89,$$

die scheinbare Leistung:

$$\frac{PJ}{1000} = \frac{2000 \cdot 46}{1000} = \mathbf{92\ KVA.}$$

Im weiteren erfolgt die Berechnung in ähnlicher Weise, wie beim vorigen Beispiele des Dreiphasen-1000 KVA-Generators.

150. Nachrechnung eines Dreiphasen-Turbogenerators

für 2500 KVA, 6600 Volt verkettete Spannung, 218 Amp., 50 Perioden, 3000 Umdrehungen i. d. Min.

p ist also gleich 1. Die Maschine hat folgende Daten:

Eisenabmessungen:

Stator:	Äußerer Durchmesser	1340 mm
	Innerer Durchmesser	700 „
	Eisenlänge (ohne Luftschlitze)	960 „

	24 Luftschlitze . . . . zu	10 mm
	Nutenzahl	60
	Nutenabmessungen (s. Fig. 378) .	20 × 70 mm
	Nutenöffnung	20 „
	Luftspalt	17,5 „
Rotor:	Durchmesser	665 mm
	Eisenlänge (ohne Luftschlitze)	910 „
	16 Luftschlitze . . . . zu	15 „
	Nutenabmessungen (s. Fig. 378) .	22 × 112,5 „
	Nutenöffnung	22 „

Die Nutenteilung beträgt $^1/_{36}$ des Umfanges. 28 Nuten sind ausgeführt, die übrigen Nutenteilungen bilden zwei breite Zähne, je einen pro Pol (Fig. 379).

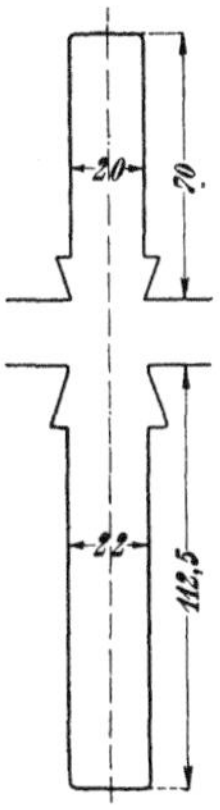

Fig. 378.

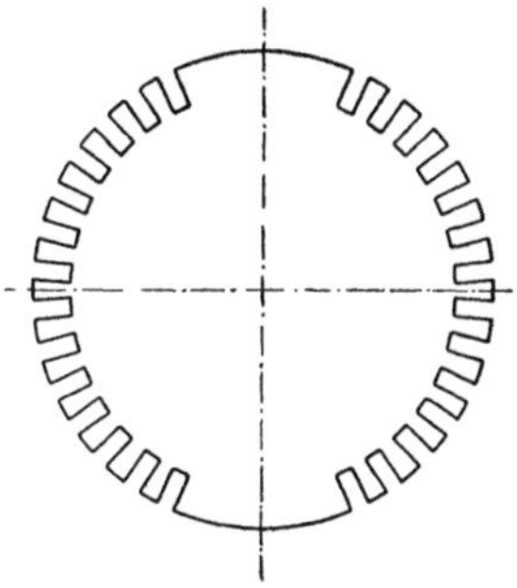

Fig. 379.

Statorwicklung:

10 Nuten pro Pol und Phase.
Spulenwicklung in Sternschaltung.
4 Litzen pro Nut 11 mm/11 mm,
effektiver Querschnitt einer Litze = 91 qmm.

Rotorwicklung:

14 Nuten pro Pol.
30 Leiter pro Nut, übereinander angeordnet.
Leiterdimensionen 2,5 × 19 mm = 47,5 qmm Querschnitt.

Die Berechnung der Eisenabmessungen des Stators und der Statorwicklung geschieht in derselben Weise wie bei langsam laufenden Maschinen. Die Berechnung der Eisenabmessungen des Rotors und der Rotorwicklung von Maschinen mit verteilter Feldwicklung ist im Abschnitt 146 angegeben.

Aus den Daten der Maschine ergibt sich nun:

$$l_1 = 96 + 1{,}0 \cdot 24 = 120\ \text{cm} = l_i$$

$$\tau = 110\ \text{cm} \qquad b_i = \frac{2}{\pi}\tau = 70\ \text{cm} \qquad \frac{l_i}{b_i} = 1{,}17.$$

Die Maschinenkonstante beträgt

$$\frac{D^2 l_i n}{KVA} = \frac{70^2 \cdot 120 \cdot 3000}{2500} = 70{,}6 \cdot 10^4.$$

Die Windungszahl pro Phase

$$w = \frac{60 \cdot 4}{2 \cdot 3} = 40$$

und

$$AS = \frac{2\,m w J}{\pi D} = \frac{2 \cdot 3 \cdot 40 \cdot 218}{\pi \cdot 70} = 238.$$

Für $q = 10$ ist $f_{w1} = 0{,}955$. Der Kraftfluß bei Leerlauf ist

$$\Phi = \frac{3810 \cdot 10^8}{4{,}44 \cdot 50 \cdot 40 \cdot 0{,}955} = 44{,}9 \cdot 10^6$$

und die maximale Luftinduktion bei Leerlauf

$$B_l = \frac{44{,}9 \cdot 10^6}{120 \cdot 70} = 5350.$$

Die dieser Luftinduktion entsprechende maximale Zahninduktion ist

$$B_{z\,max} = \frac{t_1 \Phi}{k_2 l\, b_i z_1}.$$

Die Nutenteilung des Stators beträgt

$$t_1 = \frac{700\pi}{60} = 36{,}7\ \text{mm},$$

$$t_2 = \frac{(700 + 140)\pi}{60} = 44\ \text{mm}.$$

Somit

$$z_1 = 36{,}7 - 20 = 16{,}7\ \text{mm},$$

$$z_2 = 44 - 20 = 24\ \text{mm};$$

also

$$B_{z\,max} = \frac{3{,}67 \cdot 44{,}9 \cdot 10^6}{0{,}9 \cdot 70 \cdot 1{,}67 \cdot 96} = 16\,300,$$

$$h = \frac{134{,}0 - 70{,}0}{2} - 7{,}0 = 25\ \text{cm}.$$

Die gesamte Erregerwindungszahl ergibt sich zu

$$\frac{28 \cdot 30}{2} = 420\ \text{Windungen}.$$

Für einen schmalen Zahn ist:

$$t_{max} = \frac{\pi \cdot 665}{36} = 58 \text{ mm}; \qquad z_{max} = 36 \text{ mm};$$

$$t_{min} = \frac{(665 - 225)\pi}{36} = 38{,}4 \text{ mm}; \qquad z_{min} = 16{,}4 \text{ mm}.$$

Für einen breiten Zahn ist:

$$t_{max} = 58 \cdot 5 = 290 \text{ mm}; \qquad z_{max} = 268 \text{ mm};$$

$$t_{min} = 38{,}4 \cdot 5 = 192 \text{ mm}; \qquad z_{min} = 170 \text{ mm}.$$

Wir wollen nun die Leerlaufcharakteristik berechnen. Zu diesem Zwecke berechnen wir zunächst zwei Übertrittscharakteristiken, eine für die schmalen, die andere für die breiten Rotorzähne, d. h. wir nehmen verschiedene B_l an und bestimmen die zu diesen B_l zugehörigen $AW_{zs} + AW_l + AW_{zr}$. Die Amperewindungen für den Stator- und Rotorkern lassen wir also außer acht, was auch in allen praktischen Fällen zulässig ist.

Berechnung des Faktors k_1. Für die breiten Zähne kann k_1 in ähnlicher Weise bestimmt werden wie für eine Maschine mit ausgeprägten Polen. Aus der Fig. 67, S. 78, ergibt sich für

$$\nu = \frac{t_1 - z_1}{\delta} = \frac{3{,}67 - 1{,}67}{1{,}75} = 1{,}14, \qquad X = 0{,}88,$$

also

$$k_1 = \frac{3{,}67}{1{,}67 + 0{,}88 \cdot 1{,}75} = 1{,}14.$$

Für die schmalen Zähne müssen wir k_1 in ähnlicher Weise berechnen, wie bei Asynchronmaschinen (S. 107). Es ist

$$z_{1s} = 16{,}7, \quad r_{1s} = 20, \quad t_{r\,max} = 58, \quad r_{1r} = 22, \quad z_{1r} = 36,$$

also

$$\delta_s = \frac{20 \cdot 1{,}75}{42} = 0{,}834 \quad \text{und} \quad \delta_r = \frac{22 \cdot 1{,}75}{42} = 0{,}916.$$

Für

$$\nu = \frac{42}{17{,}5} = 2{,}4$$

entnehmen wir der Kurve Fig. 67 $X = 1{,}56$, somit

$$k_s = \frac{36{,}7}{16{,}7 + 1{,}56 \cdot 8{,}34} = 1{,}235,$$

$$k_r = \frac{58}{36 + 1{,}56 \cdot 9{,}16} = 1{,}152$$

und

$$k_1 = \frac{8{,}34 \cdot 1{,}235 + 9{,}16 \cdot 1{,}52}{17{,}5} = 1{,}19.$$

Es ist also für die breiten Zähne

$$AW_l = 1{,}6 \cdot 1{,}14 \cdot 1{,}75\, B_l = 3{,}19\, B_l$$

und für die schmalen Zähne

$$AW_l = 1{,}6 \cdot 1{,}19 \cdot 1{,}75\, B_l = 3{,}33\, B_l.$$

Zahninduktionen. Für die Statorzähne gilt:

$$B_{zi} = \frac{3{,}67 \cdot 120}{0{,}9 \cdot 96} \frac{B_l}{z} = 5{,}1 \frac{B_l}{z}$$

$z_{min} = 16{,}7$ mm	$B_{zi\,max} = 3{,}05\, B_l$	$k_{3\,max} = 2{,}05$
$z_{mitt} = 20{,}3$ „	$B_{zi\,mitt} = 2{,}51\, B_l$	$k_{3\,mitt} = 1{,}76$
$z_{max} = 24$ „	$B_{zi\,min} = 2{,}12\, B_l$	$k_{3\,min} = 1{,}55$

wobei die Faktoren k_3 nach S. 82 berechnet worden sind. Es ist z. B.

$$k_{3\,max} = \frac{120 \cdot 36{,}7}{0{,}9 \cdot 16{,}7 \cdot 96} - 1 = 2{,}05 \text{ usw.}$$

Es ist die Kraftlinienlänge für die Statorzähne

$$L_{zs} = 2 \cdot 7{,}0 = 14 \text{ cm.}$$

Für einen schmalen Rotorzahn gilt:

$$B_{zi} = \frac{5{,}8 \cdot 120}{1 \cdot 91} \frac{B_l}{z} = 7{,}65 \frac{B_l}{z}.$$

Es ist für den Rotor $k_2 = 1{,}0$ zu setzen, da für diesen massive Stahlscheiben verwendet werden.

$z_{max} = 36$ mm	$B_{zi\,min} = 2{,}12\, B_l$	$k_{3\,min} = 1{,}12$
$z_{mitt} = 26{,}2$ „	$B_{zi\,mitt} = 2{,}92\, B_l$	$k_{3\,mitt} = 1{,}43$
$z_{min} = 16{,}4$ „	$B_{zi\,max} = 4{,}67\, B_l$	$k_{3\,max} = 2{,}09$

wo

$$k_{3\,min} = \frac{120 . 5{,}8}{91 \cdot 1 \cdot 3{,}6} - 1 = 1{,}12 \text{ usw.}$$

$$L_{zr} = 22{,}5 \text{ cm.}$$

Für den breiten Rotorzahn gilt:

$$B_{zi} = \frac{28{,}8 \cdot 120}{91 \cdot 1} \frac{B_l}{z} = 38 \frac{B_l}{z}$$

$z_{max} = 26{,}6$	$B_{z\,min} = 1{,}43\, B_l$	$k_{3\,min} = 0{,}43$
$z_{mitt} = 21{,}8$	$B_{z\,mitt} = 1{,}74\, B_l$	$k_{3\,mitt} = 0{,}45$
$z_{min} = 17{,}0$	$B_{z\,max} = 2{,}23\, B_l$	$k_{3\,max} = 0{,}49$

$$L_{zr} = 22{,}5 \text{ cm.}$$

Unter Benutzung der Fig. 74 und der Tafeln der Magnetisierungskurven am Ende des Bandes berechnen wir nun die Übertrittscharakteristiken.

Übertrittscharakteristik der schmalen Rotorzähne.

B_l	3000	4000	5000	6000	7000	8000	9000
Stator							
$B_{z\,i\,min} = 2{,}12\,B_l$; $k_3 = 2{,}05$	6360	8480	10600	12700	14800	17000	19100
$B_{z\,i\,mitt} = 2{,}51\,B_l$; $k_3 = 1{,}76$	7550	10050	12600	15100	17600	20100	22600
$B_{z\,i\,max} = 3{,}05\,B_l$; $k_3 = 1{,}55$	9050	12100	15100	18100	21100	24100	27100
$a w_{z\,min}$	1,7	2,6	4,2	8,2	21	80	140
$a w_{z\,mitt}$	2,1	3,7	8,0	25	102	230	550
$a w_{z\,max}$	3,0	6,7	26	100	330	820	1370
$A W_{z\,s} = \frac{14}{6}(a w_{z\,min} + 4\,a w_{z\,mitt} + a w_{z\,max})$	30	56	145	485	1770	4680	8900
Rotor							
$B_{z\,i\,min} = 2{,}12\,B_l$; $k_3 = 1{,}12$	6360	8480	10600	12700			
$B_{z\,i\,mitt} = 2{,}92\,B_l$; $k_3 = 1{,}43$	8760	11700	14600	17500			
$B_{z\,i\,max} = 4{,}67\,B_l$; $k_3 = 2{,}09$	14000	18700	23400	28000			
$a w_{z\,min}$	1,8	2,7	4,5	7,8			
$a w_{z\,mitt}$	2,9	5,9	15,8	80			
$a w_{z\,max}$	12	130	620	1520			
$A W_{z\,r} = \frac{22{,}5}{6}(a w_{z\,min} + 4\,a w_{z\,mitt} + a w_{z\,max})$	95	585	2580	6880			
$A W_l = 3{,}33\,B_l$	9990	13320	16650	20000			
$A W_{z\,s}$	30	56	145	485			
$A W_{z\,r}$	95	585	2580	6880			
$A W_t$	10100	14000	19400	27400			

Übertrittscharakteristik der breiten Zähne.

B_l	3000	4000	5000	6000	7000	8000	9000
Rotor							
$B_{z\,min} = 1{,}43\,B_l$; $k_3 = 0{,}43$ . .	4290	5720	7150	8580	10000	11450	12870
$B_{z\,mitt} = 1{,}74\,B_l$; $k_3 = 0{,}45$ . .	5220	6960	8700	10450	12200	13900	15650
$B_{z\,max} = 2{,}23\,B_l$; $k_3 = 0{,}49$ . .	6700	8930	11150	13400	15600	17850	20100
$a w_{z\,min}$	1,2	1,6	2,1	2,8	4,0	5,5	8,2
$a w_{z\,mitt}$	1,5	2,0	2,9	4,2	6,8	11,8	24,0
$a w_{z\,max}$	1,9	3,0	5,1	9,6	24,0	86	280
$A W_{z\,r} = \frac{22{,}5}{6}(a w_{z\,min} + 4\,a w_{z\,mitt} + a w_{z\,max})$	35	50	75	110	205	520	1440
$A W_l = 3{,}19\,B_l$	9570	12770	15950	19150	22350	25530	28700
$A W_{z\,s}$	30	56	145	485	1770	4680	8900
$A W_{z\,r}$	35	50	75	110	205	520	1440
$A W_t$	9650	12900	16200	19750	24300	30750	39050

Mit Hilfe der beiden Übertrittscharakteristiken (Fig. 380) können wir nun nach S. 108 die Leerlaufcharakteristik berechnen. Es gilt für den breiten Zahn

$$\Phi_{br\,Z} = B_{l,br\,Z}\, l_i\, t_{max,\,br\,Z} = 120 \cdot 28{,}8\, B_{l,br\,Z} = 3460\, B_{l,br\,Z}$$

und für die schmalen Zähne

$$\Phi_{schm\,Z} = 120 \cdot 5{,}8\, \Sigma B_{l,schm\,Z} = 698\, \Sigma B_{l,\,schm\,Z}\,.$$

Es ist der Gesamtfluß

$$\Phi = \Phi_{br\,Z} + \Phi_{schm\,Z}$$

und

$$E = 4 \cdot 1{,}06 \cdot 50 \cdot 40\, \Phi\, 10^{-8} = 84{,}8 \cdot 10^{-6}\, \Phi.$$

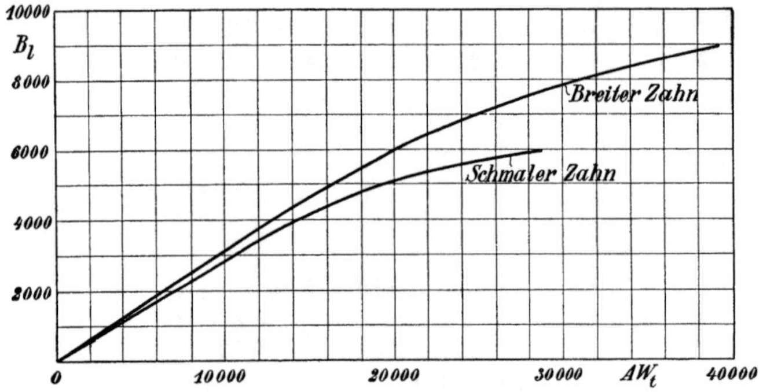

Fig. 380. Übertrittscharakteristiken.

Leerlaufcharakteristik.

AW_t	$B_{l,br\,Z}$	$\Phi_{br\,Z}$	Schmale Zähne						$\Sigma B_{l\,schm\,Z}$	$\Phi_{schm\,Z}$	Φ_{gesamt}	$E = 84{,}8 \cdot 10^{-6}\, \Phi$
			B_{l1}	B_{l2}	B_{l3}	B_{l4}	B_{l5}	B_{l6}				
7000	2200	$7{,}61 \cdot 10^6$	1800	1500	1200	900	600	300	6300	$4{,}39 \cdot 10^6$	$12 \cdot 10^6$	1020
14000	4320	14,95	3420	2900	2360	1780	1180	600	12440	8,66	23,6	2000
21000	6220	21,6	4710	4120	3420	2620	1780	900	17550	12,2	33,8	2870
28000	7540	26,1	5370	5000	4340	3420	2360	1200	21690	15,1	41,2	3500
35000	8500	29,4	5650	5450	5000	4120	2900	1500	24620	17,16	46,56	3960

Wir entnehmen der Leerlaufcharakteristik (Fig. 381) für

$$E = 3810 \text{ Volt}$$

die Feldamperewindungen bei Leerlauf

$$\boldsymbol{AW_{t0} = 32700.}$$

Wir wollen noch mit Hilfe der Übertrittscharakteristiken den Kraftfluß bei Leerlauf kontrollieren; wir entnehmen diesen für $AW_t = 32700$

$$B_{l,\,br\,Z} = 8200\,,$$
$$B_{l,\,schm\,Z} = 5600 \quad 5350 \quad 4900 \quad 4000 \quad 2700 \quad 1400\,,$$
$$\Sigma B_{l,\,schm\,Z} = 23950\,.$$

Kraftfluß des breiten Zahnes $= 8200 \cdot 3460 = 28{,}4 \cdot 10^6$
Kraftfluß der schmalen Zähne $= 23950 \cdot 696 = 16{,}6 \cdot 10^6$
Kraftfluß pro Pol $\Phi = 45{,}0 \cdot 10^6$

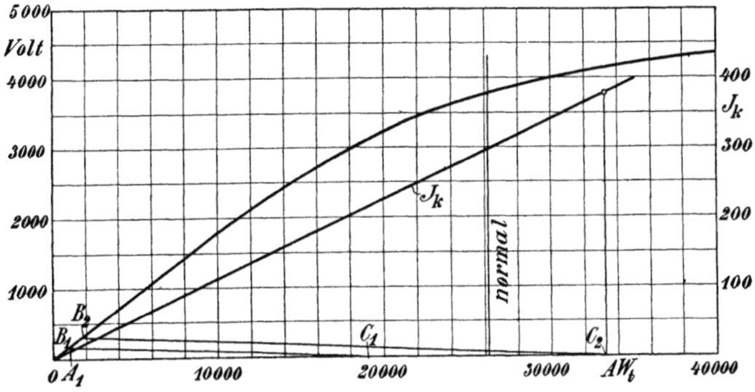

Fig. 381. Leerlauf- und Kurzschlußcharakteristik.

Berechnung der Streureaktanz und des effektiven Widerstandes der Ankerwicklung.

$$r_1 = 20 \text{ mm} \qquad r_5 = 5{,}5 \text{ mm}$$
$$r_3 = 20 \text{ mm} \qquad r = 48 \text{ mm}$$
$$r_6 = 11 \text{ mm}$$

$$\lambda_n = 0{,}4\,\pi \left(\frac{48}{60} + \frac{5{,}5}{20} + \frac{22}{40}\right) = 2{,}03\,,$$

$$\lambda_k' = 1{,}25\,\frac{z_{1r} - r_{1s}}{6\,\delta} = 1{,}25\,\frac{36 - 20}{6 \cdot 17{,}5} = 0{,}19\,.$$

Der nach dieser Formel berechnete Wert von λ_k ist bei Turbogeneratoren wegen des großen Luftspaltes etwas kleiner als der wirkliche. Wir berechnen noch den Wert von λ_k, indem wir den Kopfstreufluß über eine Nutenteilung bilden, und rechnen aus diesen beiden Werten den Mittelwert.

$$\lambda_k'' = 0{,}92 \log \frac{\pi t_1}{2 r_1} = 0{,}92 \log \frac{\pi\,36{,}7}{2{,}20} = 0{,}42\,,$$
$$\lambda_k = 0{,}30\,,$$
$$\lambda_s = 0{,}46\,q_s \left(\log \frac{2\,l_s}{U_s} + A\right).$$

Die qs_n Leiter derselben Phase werden auf zwei nach entgegengesetzten Richtungen verlaufende Spulenköpfe verteilt; somit $q_s = 5$

$$l_s \cong \tau + 2 \cdot 20 = 150 \text{ cm},$$
$$U_s = 2 \cdot 4{,}6 + 2\,(5 \cdot 1{,}16 + 4 \cdot 1{,}2) = 30{,}5 \text{ cm}.$$

Unter Berücksichtigung des Einflusses der einzelnen Phasen aufeinander wird

$$\lambda_s = 1{,}4 \cdot 0{,}46 \cdot 5 \left(\log \frac{2 \cdot 150}{30{,}5} + 0{,}3\right) = 3{,}93,$$

$$\boldsymbol{x_{s1}} = \frac{12{,}5 \cdot 50 \cdot 40^2}{1 \cdot 10}\, 120 \left(2{,}03 + 0{,}3 + \frac{150}{120} \cdot 3{,}93\right) 10^{-8} = \mathbf{0{,}87\ \Omega}.$$

Der Ohmsche Widerstand der Armaturwicklung ist

$$r_g = \frac{2 \cdot 40}{1} \cdot \frac{270 \cdot 1{,}16}{5700 \cdot 91} = 0{,}0485\ \Omega,$$

wo $l_a = l_1 + l_s = 250$ cm und $T_{max} = 40^0$ angenommen ist.

$$\boldsymbol{r_a} = 1{,}5\, r_g = \mathbf{0{,}073\ \Omega}.$$
$$J x_{s1} = 218 \cdot 0{,}87 = 190 \text{ Volt},$$
$$J r_a = 218 \cdot 0{,}073 = 16 \text{ Volt}.$$

Berechnung der Feldamperewindungen bei Belastung.

a) Vollast und $\cos\varphi = 1{,}0$. Die Resultierende der Vektoren $P = 3810$ Volt, Jx_{s1} und Jr_a entnehmen wir aus dem Diagramm (Fig. 382a) zu 3860 Volt und dementsprechend aus der Leerlaufcharakteristik

$$AW_t' = 33{,}5 \cdot 10^3.$$

Es ist

$$AW_r = 0{,}9 \cdot 0{,}955 \cdot 40 \cdot 3 \cdot 218 = 22\,500.$$

Die geometrische Summe aus $AW_r' = AW_r$ und AW_t' ergibt die Feldamperewindungen bei Vollast und $\cos\varphi = 1{,}0$ zu

$$AW_t = 41{,}5 \cdot 10^3.$$

b) Vollast und $\cos\varphi = 0{,}8$ (Fig. 382b). Aus der Leerlaufcharakteristik entnehmen wir zu 3950 Volt

$$AW_t' = 35{,}0 \cdot 10^3.$$

Es ergibt sich weiter

$$AW_t = 52{,}3 \cdot 10^3.$$

c) Vollast, $\cos\varphi = 0{,}8$ und um 5% höhere Klemmenspannung (Fig. 382c). Es ergibt sich

$$AW_t' = 39{,}8 \cdot 10^3$$

und

$$AW_t = 58{,}0 \cdot 10^3.$$

Der Widerstand der Erregerwicklung beträgt

$$r_e = \frac{420 \cdot 390 \cdot 1{,}16}{47{,}5 \cdot 5700} = 0{,}70\ \Omega,$$

wobei $T_m = 40^0$ und

$$l_e = 2\,[l_1 + (0{,}5 \text{ bis } 0{,}6)\,\tau + 2\,(10 \text{ bis } 15)]$$
$$= 2\,(120 + 0{,}5 \cdot 110 + 20) = 390 \text{ cm}$$

eingesetzt wird. Bei 110 Volt Erregerspannung wird der maximale Erregerstrom

$$i_{e\,max} = \frac{110}{0{,}70} = 157 \text{ Amp.}$$

und die maximale vorhandene Erregeramperewindungszahl

$$AW_{t\,max} = 157 \cdot 420 = 66{,}0 \cdot 10^3,$$

was vollkommen ausreicht.

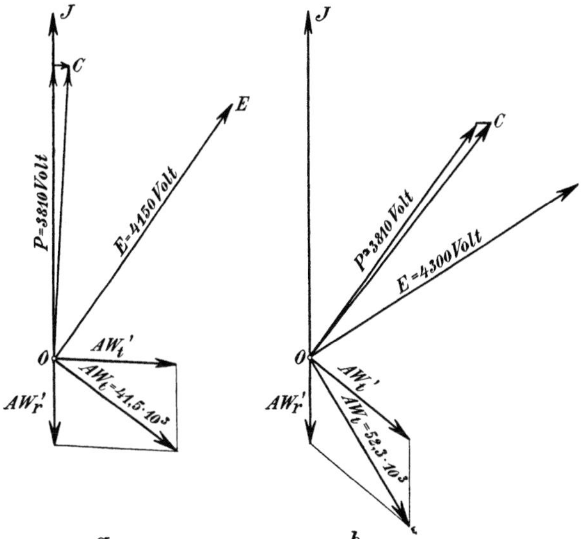

a Vollast $\cos\varphi = 1.$

b Vollast $\cos\varphi = 0{,}8.$

c Vollast $\cos\varphi = 0{,}8.$ 5 % höhere Klemmenspannung als normal.

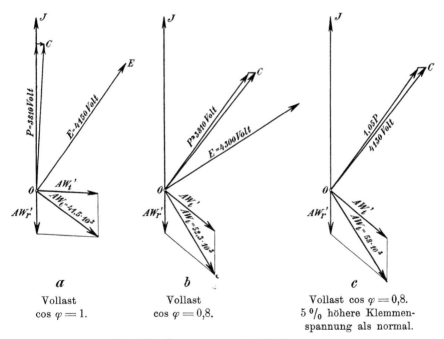

Fig. 382. Spannungs- und AW-Diagramme.

Kurzschlußstrom J_k. Wir tragen in die Leerlaufcharakteristik (Fig. 381) die Strecken $\overline{A_1 B_1} = J\sqrt{x_{s_1}^2 + r_a^2} = 190$ Volt und $\overline{A_1 C_1} = AW_r = 22{,}5 \cdot 10^3$ ein, verbinden ihre Endpunkte B_1 und C_1 und ziehen eine Parallele von dem Punkte C_2 aus, der den Amperewindungen bei Vollast und $\cos\varphi = 1{,}0$ entspricht, $\overline{OC_2} = 41{,}5 \cdot 10^3$. Es ergibt sich J_k

$$\boldsymbol{J_k = 218 \cdot \frac{157{,}5}{90} = 380 \text{ Amp.}}$$

Berechnung der Spannungsänderungen.

a) Spannungserhöhung bei Vollast und $\cos\varphi = 1{,}0$. Zu $AW_t = 41{,}5 \cdot 10^3$ entnehmen wir der Leerlaufcharakteristik $E = 4150$ Volt, somit

$$\varepsilon\,{}^0/_0 = \frac{4150 - 3810}{3810}\,100 = 8{,}9\,{}^0/_0.$$

b) Spannungserhöhung bei Vollast und $\cos\varphi = 0{,}8$. Zu $AW_t = 52{,}3 \cdot 10^3$ gehört $E \cong 4450$ Volt, also

$$\varepsilon\,{}^0/_0 \cong \frac{4450 - 3810}{3810}\,100 = 17{,}3\,{}^0/_0.$$

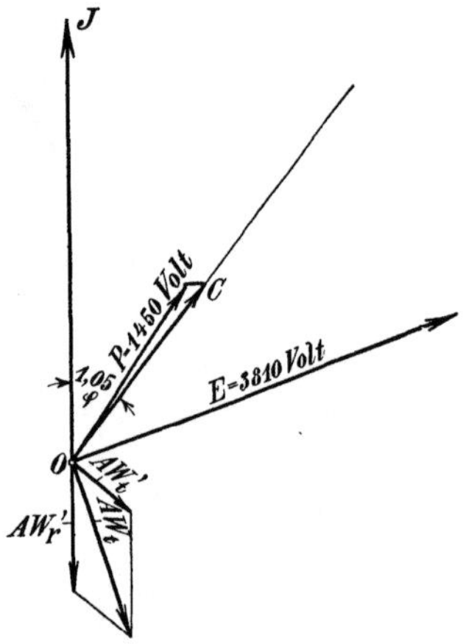

Fig. 383.

c) Spannungsabfall bei Vollast und $\cos\varphi = 0{,}8$ (Fig. 383). Nach Fig. 96, S. 105 nehmen wir die Richtung von $E_p = \overline{OC}$ unter einem Winkel $= 1{,}05\,\varphi$ gegenüber J an. Mit $AW_t = 32{,}7 \cdot 10^3$ und $AW_r = 22{,}5 \cdot 10^3$ ergibt sich nun $AW_t' = 14{,}0 \cdot 10^3$ und aus der Leerlaufcharakteristik $\overline{OC} = 2000$ Volt.

Subtrahieren wir von $\overline{OC} = 2000$ Volt, $Jx_{s1} = 190$ Volt und $Jr_a = 16$ Volt, so ergibt sich $P = 1950$ Volt und

$$\varepsilon\,{}^0/_0 = \frac{3810 - 1950}{3810}\,100 = 48\,{}^0/_0.$$

Wirkungsgrad bei Vollast und $\cos\varphi = 1{,}0$.

a) Verluste im Ankereisen. Hysteresiskonstante $\sigma_h = 1{,}5$.

$\sigma_w = 8$ für die Zähne,
$\sigma_w = 4$ für das Armatureisen.

Eisenvolumen der Zähne

$$V_z \cong 60\left(\frac{1{,}67 + 2{,}4}{2}\right) 7{,}0 \cdot 96 \cdot 0{,}9 \cdot 10^{-3} = 74 \text{ cbdm}.$$

Für $\frac{z_2}{z_3} = \frac{1,67}{2,4} = 0,7$ finden wir in den Kurven Fig. 334 und 337 die Werte $k_4 = 1,25$ und $k_5 = 1,35$. Für Vollast und $\cos\varphi = 1,0$ ist $AW_t' = 33,5 \cdot 10^3$; aus der Übertrittscharakteristik für den großen Zahn entnehmen wir für $AW_t = 33,5 \cdot 10^3$

$$B_{l, gr Z} = 8300.$$

Dem entspricht

$$B_{z i min} = 2,12 \cdot B_l = 17600$$

und

$$B_{z w min} = 17400.$$

Der Hysteresisverlust in den Zähnen ist somit

$$W_{hz} = 1,5 \cdot 1,25 \cdot 50 \cdot 0,97 \cdot 74 = 6700 \text{ Watt}$$

und der Wirbelstromverlust in den Zähnen

$$W_{wz} = 8 \cdot 1,35 \, (0,4 \cdot 0,5 \cdot 17,4)^2 \cdot 74 = 9700 \text{ Watt.}$$

Eisenvolumen des Kernes:

$$V_a = (134 - 25)\, \pi \cdot 96 \cdot 25 \cdot 0,9 \cdot 10^{-3} = 740 \text{ cbdm.}$$

Es ist bei Vollast und $\cos\varphi = 1,0$ $E_p = \overline{OC} = 3850$ Volt (siehe Fig. 382a) und somit

$$\Phi_a = \frac{E \cdot 10^6}{84,8} = 45,4 \cdot 10^6,$$

also

$$B_a = \frac{45,4 \cdot 10^6}{2 \cdot 96 \cdot 0,9 \cdot 25} = 10500.$$

Der Hysteresisverlust im Ankerkern ist

$$W_{ha} = 1,5 \cdot 50 \cdot 0,43 \cdot 740 = 24000 \text{ Watt}$$

und der Wirbelstromverlust im Ankerkern

$$W_{wa} = 4\,(0,4 \cdot 0,5 \cdot 10,5)^2 \cdot 740 = 13000 \text{ Watt.}$$

Totaler Eisenverlust im Anker

$$W_{ea} = 6700 + 9700 + 24000 + 13000 = 53400 \text{ Watt.}$$

Prozentualer Eisenverlust

$$\frac{53,4}{2500} 100 = 2,17\,\%.$$

b) Verluste im Ankerkupfer.

$$W_{ka} = 3 \cdot 218^2 \cdot 0,073 = 10400 \text{ Watt}$$

und der prozentuale Kupferverlust

$$\frac{10,4}{2500} 100 = 0,42\,\%.$$

c) Verluste durch Erregung. Der Erregerverlust bei Vollast und $\cos\varphi = 1{,}0$ beträgt

$$W_e = i_e^2 r_e = \left(\frac{41{,}5 \cdot 10^3}{420}\right)^2 0{,}70 = 6800 \text{ Watt}$$

und der prozentuale Erregerverlust

$$\frac{6{,}8}{2500} 100 = 0{,}28\,\%_0.$$

Die Summe aller Verluste bei Vollast und $\cos\varphi = 1{,}0$, ausschließlich Luft- und Lagerreibung, beträgt

$$W_v = 53{,}4 + 10{,}4 + 6{,}8 = 70{,}6 \text{ KW}.$$

Der Wirkungsgrad bei Vollast und $\cos\varphi = 1{,}0$, ohne Berücksichtigung der Luft- und Lagerreibung, wird also

$$\eta = \frac{2500}{2500 + 70{,}6} 100 = 97{,}2\,\%_0.$$

Wirkungsgrad bei Vollast und $\cos\varphi = 0{,}8$.

a) Verluste im Ankereisen. Für Vollast und $\cos\varphi = 0{,}8$ ist $AW_t' = 35{,}0 \cdot 10^3$; aus der Übertrittscharakteristik für den großen Zahn entnehmen wir

$$B_{l,\,gr\,Z} = 8500.$$

Dem entspricht

$$B_{z\,i\,min} = 2{,}12 \cdot 8500 = 18000$$

und
$$B_{z\,w\,min} = 17\,700.$$

Somit

$$W_{hz} = 1{,}5 \cdot 1{,}25 \cdot 50 \cdot 1{,}0 \cdot 74 = 6900 \text{ Watt}$$

und
$$W_{wz} = 8 \cdot 1{,}35\,(0{,}4 \cdot 0{,}5 \cdot 17{,}7)^2 \cdot 74 = 10000 \text{ Watt}.$$

Es ist bei Vollast und $\cos\varphi = 0{,}8$ $E_p = \overline{OC} = 3950$ Volt (siehe Fig. 382b) und somit

$$\Phi_a = \frac{3950 \cdot 10^6}{84{,}8} = 46{,}7 \cdot 10^6,$$

also
$$B_a = 10500 \frac{46{,}7}{45{,}4} = 10800,$$

$$W_{ha} = 1{,}5 \cdot 50 \cdot 0{,}46 \cdot 740 = 25\,500 \text{ Watt}$$

und
$$W_{wa} = 4\,(0{,}4 \cdot 0{,}5 \cdot 10{,}8)^2 \cdot 740 = 13\,800.$$

Totaler Eisenverlust im Anker

$$W_{ea} = 6900 + 10000 + 25\,500 + 13\,800 = 56{,}2 \text{ KW}$$

und prozentualer Eisenverlust

$$\frac{56{,}2}{2000} 100 = 2{,}81\,\%_0.$$

b) Verluste im Ankerkupfer.

$$W_{ka} = 10400 \text{ Watt}$$

und der prozentuale Kupferverlust

$$\frac{10,4}{2000} 100 = 0,52\,\%.$$

c) Verluste durch Erregung.

$$W_e = \left(\frac{52,3 \cdot 10^3}{420}\right)^2 0,70 = 10900 \text{ Watt}$$

und der prozentuale Erregerverlust

$$\frac{10,9}{2000} 100 = 0,54\,\%.$$

Die Summe aller Verluste bei Vollast und $\cos\varphi = 0,8$, ausschließlich Luft- und Lagerreibung, beträgt

$$W_v = 56,2 + 10,4 + 10,9 = 77,5 \text{ KW}.$$

Der Wirkungsgrad bei Vollast und $\cos\varphi = 1,0$, ohne Berücksichtigung der Luft- und Lagerreibung, wird somit

$$\eta = \frac{2000}{2000 + 77,5} 100 = 96,4\,\%.$$

Es ist bei der Bemessung von Turbogeneratoren darauf zu achten, daß die mechanische Beanspruchung der einzelnen Teile der Maschine gewisse Grenzen nicht überschreitet. Es soll außerdem die normale Tourenzahl der Maschine nicht mit der sog. „kritischen“ Tourenzahl zusammenfallen. Bezüglich der Festigkeitsberechnungen sei hier auf E. Arnold, „Die Gleichstrommaschine“, Bd. II, Kap. XV, und Ch. A. Werner, „Die mechanische Beanspruchung raschlaufender Magneträder“, Dissertation, verwiesen. Über die Berechnung der kritischen Tourenzahl siehe Stodola, „Die Dampfturbine“.

151. Zusammenstellung der Berechnung einer Synchronmaschine.

Nachfolgend sind die zur Berechnung einer Synchronmaschine mit ausgeprägten Polen in Betracht kommenden Größen und Hauptformeln zusammengestellt. Das Formular soll während der Durchrechnung einer Maschine das rasche Auffinden der Formeln und der bereits festgestellten Größen ermöglichen und die Prüfung der berechneten Werte erleichtern. Die Aufeinanderfolge der einzelnen Größen ist nach diesen Gesichtspunkten festgesetzt und entspricht daher nicht ganz dem Gange der Rechnung.

Das Berechnungsformular ist in der nachstehenden Form für die Studierenden der Elektrotechnik an der Technischen Hochschule Karlsruhe eingeführt.

.... Generator .... Motor .... KVA

..... PS, ... Touren, Perioden, .. Pole, ... Type,

.... $= \cos\varphi$, ... KW,

...... Schaltung { . Volt verk., ... Volt pro Phase; Amp. Linienstrom, Amp. Phasenstrom.

Anker: Leistung der Maschine	=	KVA
$D^2 l_i \simeq \frac{6 \cdot 10^{11}\, KVA}{\alpha_i k n AS B_l}$	=	.... 10^4
$\frac{D^2 l_i n}{KVA}$	=	.... 10^4
Ankerbohrung (Durchmesser) D	=	cm
Eisendurchmesser (außen bzw. innen) D_1 .	=	"
Ideelle Eisenlänge l_i	=	"
Eisenlänge (ohne Luftschlitze) l	=	"
Eisenlänge (mit Luftschlitzen) l_1	=	"
Anzahl der Luftschlitze n_s	=	
Umfangsgeschwindigkeit v	=	m/sek
Eisenhöhe (ohne Zahnhöhe) h	=	cm
Wicklungsart:	=	
Stromstärke pro Phase J	=	Amp.
Anzahl paralleler Zweige pro Phase a . .	=	....
Stromstärke pro Zweig $J_a = \frac{J}{a}$	=	Amp.
Lineare Belastung AS	=	
Anzahl Windungen in Serie pro Phase $\frac{\pi D AS}{2 m J} = w$	=	
Stromdichte s_a	=	Amp./mm²
Draht-Stab-Querschnitt q_a	=	mm²
Draht-Stab-Dimension nackt und isoliert .	=	.... mm
Länge einer Windung l_a	=	.... cm
Bewickelte Nuten pro Pol und Phase q .	=	....
Nutenzahl pro Phase	=	

Ankernutenzahl Z	=	
Leiter pro Nut $\frac{aw}{pq}$	=	
Nutenform, Nutenweite, Nutentiefe, Anordnung der Drähte	Figur.	
Zahnteilung am Umfange t_1	=	mm
Zahnteilung am Fuße t_2	=	„
Breite der Zahnkrone z_1	=	„
Kleinste Zahndicke z_2	=	„
Größte Zahndicke z_3	=	„
Dicke des Eisenbleches	=	„
Isolation zwischen den Blechen $100\,(1-k_2)$	=	%
Effektiver Eisenquerschnitt $l h k_2$	=	cm^2
Kraftlinienlänge L	=	cm
Pol: Material	=	
Länge $l_p (\leqq l_1)$	=	cm
Polbogen b	=	„
Polteilung $\tau = \frac{\pi D}{2p}$	=	„
Verhältnis $\frac{b_i}{\tau} = \alpha_i$	=	
Verhältnis $\frac{l_i}{b_i}$	=	
Luftzwischenraum $\delta = 0{,}6$ bis $1{,}2 \frac{\tau AS}{B_l}$	=	cm
Faktor $k_1 = \frac{t_1}{z_1 + X\delta}$	=	
Magnetraddurchmesser	=	cm
Magnetschenkel: Material	=	
Länge in der Achsenrichtung	=	cm
Breite-Durchmesser	=	„
Radiale Höhe inkl. Polschuh	=	„
Querschnitt Q_m	=	cm^2
Kraftlinienlänge L_m	=	cm
Joch: Material	=	
Länge in der Achsenrichtung	=	cm
Radiale Höhe	=	„
Querschnitt Q_j	=	cm^2
Kraftlinienlänge L_j	=	cm

Berechnung der Feldamperewindungen bei Leerlauf.

			$E_p = P$ normal		
Induzierte EMK E_p . . . . . =					
Kraftfluß $\Phi = \dfrac{E_p\, 10^8}{4\, k\, c\, w}$ . . . . =	10^6	10^6	10^6	10^6	10^6
EMK-Faktor k . . . . =					
Ideeller Polbogen b_i . . . . . =					
Ideelle Pollänge l_i . . . . =					
Induktion im Luftzwischenraum $B_l = \dfrac{\Phi}{b_i\, l_i}$ . . . . =					
Induktion im Anker $B_a = \dfrac{\Phi}{2\, l\, h\, k_2}$ =					
Ideelle Induktion in den Zähnen $B_{z\,max} = \dfrac{B_l\, t_1\, l_i}{k_2\, z_{min}\, l}$ . . . . . =					
$\sigma = 1 + \dfrac{2\,(AW_l + AW_z + AW_a)}{\Phi} \times (\Sigma\lambda_p + \Sigma\lambda_m + \Sigma\lambda_j)$ . . =					
$\Phi_m = \sigma\, \Phi$ . . . . =					
$B_m = \dfrac{\Phi_m}{Q_m}$ . . . . =					
$B_j = \dfrac{\Phi_j}{Q_j}$ . . . . =					
$AW_l = 1{,}6\, k_1\, B_l\, \delta$ . . . . =					
$AW_a = aw_a\, L_a$ . . . . =					
$AW_z = aw_{z\,id}\, L_z$ . . . . =					
$AW_m = aw_m\, L_m$ . . . . =					
$AW_j = aw_j\, L_j$ . . . . =					
AW pro Kreis . . . . AW_{k0} =					
AW total . . . . AW_{t0} =					

Graphische Darstellung der Leerlaufcharakteristik.

Berechnung der Feldamperewindungen bei Belastung.

Äquivalente Leitfähigkeit des Nutenraumes λ_n =

Äquivalente Leitfähigkeit an der Ankeroberfläche λ_k . . . . =

Länge eines Spulenkopfes l_s . . . . = ... cm

Äquivalente Leitfähigkeit um die Spulenköpfe λ_s =

$\Sigma(l_x \lambda_x) = l_i(\lambda_n + \lambda_k) + l_s \lambda_s$ . . . . =

Reaktanz des Ankerstreuflusses

$x_{s1} = \dfrac{12{,}5\, c w^2}{p q 10^8} \Sigma(l_x \lambda_x)$ . . . . = ... Ω

Stärke des Nutensteges δ' . . . . = ... cm

EMK des Streuflusses durch die Nutenstege

$E_s' = \dfrac{2 c w}{10^3} l_i \delta'$ . . . . = ... Volt

Amperewindungsfaktor k_0 . . . . =

Amperewindungsfaktor k_q . . . . =

		$\cos\varphi = 1$	$\cos\varphi =$	$\cos\varphi =$
Phasenspannung P	=			
Phasenstrom J	=			
Widerstandsspannung $Jr_a = Jk_r r_g$ . .	=			
Reaktanzspannung $E_{s1} = Jx_{s1} + E_s'$ . .	=			
Reaktanzspannung einer Einphasenmaschine $E_{s1} = (1{,}1 \text{ bis } 1{,}2)\, Jx_{s1} + E_s'$	=			
$\dfrac{AW_q}{\cos\psi} = k_q f_w m J w$	=			
$\dfrac{E_{s3}}{\cos\psi}$ (aus der Leerlaufcharakteristik) .	=			
$\operatorname{tg}\psi = \dfrac{P\sin\varphi + Jx_{s1} + E_s' + \dfrac{E_{s3}}{\cos\psi}}{P\cos\varphi + Jr_a}$ . .	=			
$E_D = P\cos\Theta \pm Jr_a \cos\psi \pm (Jx_{s1} + E_s')\sin\psi$	=			
$\sigma_b = \sigma + 2\dfrac{AW_e}{p\,\Phi_{a,b}} \Sigma(\lambda_p + \lambda_m + \lambda_j)$ . . .	=			
pAW_k (mit Hilfe d. Leerlaufcharakteristik)	=			
$AW_e = k_0 f_w m J w \sin\psi$	=			
AW_t	=			

Erregerwicklung.

Erregerspannung e	=	Volt
Zahl der Spulen	=	
Windungen pro Spule	=	
Mittlere Länge einer Windung l_e	=	
Schaltung der Spulen	=	
$q_e = \frac{(1 + 0{,}004\, T_m{}^0)\, AW_{t\,max}\, l_e}{5700\, e}$	=	mm²
Drahtdurchmesser nackt und isoliert	=	mm
Stromdichte bei Vollast $s_e = \frac{5700\, W_e}{(1 + 0{,}004\, T_m)\, AW_t\, l_e}$	=	Amp./mm²
i_{e0} bei Leerlauf	=	Amp.
i_{en} (bei Vollast und $\cos\varphi =$) $q_e\, s_e$ . . .	=	"
$i_{e\,max} = \frac{e}{r_e}$	=	"
$i_{e\,min}$	=	"
Windungszahl total $w_e = \frac{AW_t}{i_{en}}$	=	
Höhe des Wicklungsraumes (radial)	=	cm
Breite des Wicklungsraumes	=	"
Widerstand $\frac{(1 + 0{,}004\, T_m{}^0)\, w_e\, l_e}{5700\, q_e} = r_e$ . . .	=	Ω
Regulier- und Vorschaltwiderstand r_v . . .	=	Ω

Verluste

bei Vollast und $\cos\varphi = 1$.

a) im Ankereisen:

Periodenzahl $c = \frac{pn}{60}$	=	
Hysteresiskonstante σ_h	=	
Wirbelstromkonstante σ_w	=	
Eisenvolumen der Zähne V_z	=	dm³
Hysteresisverlust der Zähne W_{hz}	=	Watt
Wirbelstromverlust der Zähne W_{wz} . . .	=	"
Eisenvolumen des Kernes V_a	=	dm³

Hysteresisverlust des Kernes W_{ha} . . . . = Watt

Wirbelstromverlust des Kernes W_{wa} . . . = „

Totaler Eisenverlust

$W_{ea} = W_{hz} + W_{ha} + W_{wz} + W_{wa}$ . . . = „

Prozentualer Eisenverlust $= \frac{W_{ea}}{10 KW}$ . . . = %

b) im Ankerkupfer:

Ohmscher Widerstand pro Phase

$r_g = \frac{w}{a} \frac{l_a (1 + 0{,}004\, T_a)}{5700\, q_a}$ . . . . = Ω

Effektiver Widerstand $r_a = k_r r_g$ . . . . . . = Ω

Wattverlust $W_{ka} = m J^2 r_a$ . . . . = Watt

Prozentualer Kupferverlust im Anker

$= \frac{m J^2 r_a}{10 KW}$ . . . . = %

Abkühlungsfläche des Ankers A_a . . . . = cm²

$W_{kz} = \frac{l_1}{l_a} W_{ka}$ . . . . = Watt

$a_a = \frac{A_a}{W_{ea} + W_{kz}}$ . . . . = cm²/Watt

Temperaturerhöhung (Anker ruhend):

$T_a = \frac{(150 \text{ bis } 350)}{a_a}$ . . . . = °C

c) durch Erregung:

$W_e = i_e^2 r_e$ . . . . = Watt

$W_{et} = i_e e_e$ . . . . = „

Prozentualer Erregerverlust $= \frac{W_{et}}{10 KW}$ . . = %

Abkühlungsfläche der Spulen A_m . . . . . = cm²

$$a_m = \frac{A_m(1+0{,}1\,v)}{W_e} \;.\;.\;.\;.\;.\;.\;.\;.\;.\;.\;.\; = \quad \ldots\ldots \text{ cm}^2/\text{Watt}$$

Temperaturerhöhung der Erregerspulen durch den

$$\text{Widerstand gemessen, } T_m = \frac{125 \text{ bis } 600^{1)}}{a_m} = \quad {}^0\text{C}$$

d) Lagerreibung und Luftreibung:

$$W_R = 26\,\frac{d\,l_z}{T_z}\sqrt{v_z^{\,3}} \;.\;.\;.\;.\;.\;.\;.\;.\;.\;.\;.\;.\; = \quad \text{Watt}$$

Summe aller Verluste.

$$W_v = W_{ea} + W_{ka} + W_{et} + W_R \;.\;.\;.\;.\;.\;.\; = \quad \text{Watt}$$

Wirkungsgrad.

$$\eta = \frac{\text{Leistung}}{\text{Leistung} + W_v}\begin{cases} \text{bei Vollast} \;.\;.\;.\;.\;. = \quad {}^0/_0 \\ {}^3/_4 \text{ Belastung} \;.\;.\;.\;. = \quad {}^0/_0 \\ {}^1/_2 \text{ Belastung} \;.\;.\;.\;. = \quad {}^0/_0 \\ {}^1/_4 \text{ Belastung} \;.\;.\;.\;. = \quad {}^0/_0 \end{cases}$$

Gewichte.

Ankerkupfer . . . . = ... kg

Erregerkupfer . . . . = „

Ankerbleche . . . . = „

Pole . . . . = „

Prozentuale Spannungsänderung

(bei normaler Spannung und Belastung in KVA =).

	Spannungsabfall			Spannungserhöhung		
	$\cos\varphi = 1$	$\cos\varphi =$	$\cos\varphi = 0$	$\cos\varphi = 1$	$\cos\varphi =$	$\cos\varphi = 0$
P						
J						
ε						

[1]) Bei hochkant gewickeltem Flachkupfer ist der untere Wert einzuführen.

Kurzschlußstrom (für AW_t bei $\cos\varphi = 1$) $J_k =$ Amp. $\frac{J_k}{J_a} =$

Bemerkungen:

152. Tabelle über Hauptabmessungen und berechn

Laufende Nr.	Figur oder Tafel	Firma	Art der Maschine	Leistung in KVA	Phasenzahl m	Verkettete Spannung E_k	Phasenspannung E_p	Periodenzahl c	Drehzahl n	Polpaarzahl p	Bohrung D	Luftspalt δ
1	I	Brown, Boveri & Co., Baden	Antrieb durch Wasserturbine	2500	1	16000	16000	15	300	3	250	13,5
2		Ateliers de Constr. Electr. de Charleroi	Antrieb d. Gasmotor	850	3	3000	1730	25	115	13	550	9
3	439	El.-Ges. Alioth, München-stein-Basel	Generator für Bahnbetrieb	1000	1	850	850	25	500	3	145,0	20
4	VI	Soc. Als. de Constr. Mecaniques, Belfort	Turbogenerator	2800	3	6000	3470	25	1500	1	113	12
5	440	El.-Ges. Alioth, München-stein-Basel	Antrieb durch Wasserturbine	5500	3	8250	4768	25	300	5	280,0	22
6	VII	Brown, Boveri & Co., Baden	Turbogenerator	7000	3	5750	3325	40	1200	2	135	25
7	XIV	Maschinenfabrik Örlikon	Turbogenerator	9330	3	8650	5000	42	1260	2	132	35
8	II	Brown, Boveri & Co., Baden	Antr. d. Wassert.	5700	3	3400	1960	45	128,5	21	600	11
9		Elektra, Karlsruhe		45	3	3000	1730	50	750	4	64	3,5
10		Elektra, Karlsruhe		350	3	2000	1159	50	125	24	350	5
11	III	Brown, Boveri & Co., Baden	Motor (500 PS)	420	3	200	116	50	167	18	275	7
12	442	Maschinenfabrik Örlikon	Antr. d. Wassert.	500	3	7500	4330	50	40	75	550	3
13	443	E.-A.-G. vorm. Kolben & Co., Prag		650	3	500	289	50	107	28	366	6
14		Elektra, Karlsruhe		700	3	500	500	50	300	10	223	7
15	IV	Maschinenfabrik Örlikon		925	3	13500	7800	50	375	8	200	8
16	VIII	Siemens-Schuckert-Werke	Turbogenerator	1000	3	5000	2880	50	3000	1	60	15
17		British Westinghouse	Generator	1000	3	6000	3470	50	187	16	297,2	8
18		Siemens-Schuckert-Werke		1000	3	525	304	50	3000	1	60	15
19		E.-A.-G. vorm. Kolben & Co., Prag	Turbogenerator	1250	3	540	540	50	3000	1	65	20
20		Soc. Als. de Constr. Mecaniques, Belfort		1600	3	575	575	50	94	32	450	6,5
21		El.-Ges. Alioth, München-stein-Basel	Motor	1760 PS	3	5000	2890	50	500	6	145,0	8
22	446	Brown, Boveri & Co., Baden		2000	3	600	347	50	375	8	300	10
23		Bergmann, El. W. A. G.	Antr. d. Gasmot.	2000	3	6000	3470	50	94	32	665	7,5
24		Bergmann, El. W. A. G.	Turbogenerator	2000	3	3100	1790	50	1500	2	92,5	12,5
25		Allm. Svenska El.-Aktiebolaget, Vesterås		2340	3	4000	2310	50	250	12	300	10
26		El.-A.-G. Alioth, München-stein-Basel	Turbogenerator	2500	3	5250	3035	50	1500	2	115	15
27	IX	British-Westinghouse	Turbogenerator	4000	3	5000	2890	50	1500	2	117	20
28	X	Ateliers de Constr. Electr. de Charleroi	Turbogenerator	4000	3	6600	3820	50	1500	2	103,4	20
29	XI	Ganzsche E.-A.-G., Budapest	Turbogenerator	5000	3	520	300	50	1500	2	116	23
30	V	Siemens-Schuckert-Werke, Berlin		6250	3	4400	2540	50	300	10	375	8
31	XII	Allg. Elektr.-Ges., Berlin	Turbogenerator	7500	3	3150	1820	50	1500	2	120,6	21
32	XIII	El.-Ges. Alioth, München-stein-Basel	Turbogenerator	8000	2	12700	12700	53,3	1066	3	170,0	29
33	448	Allm. Svenska El.-Aktiebolaget, Vesterås		3510	3	7000	4050	60	180	20	416	10

ßen ausgeführter Synchronmaschinen.

Eisenlänge l	Polbogen b	$\alpha = \frac{b}{\tau}$	Eisenlänge mit Luftschlitzen l_1	Ideeller Polbogen $\cong \frac{2}{\pi}\tau$ b_i	Zahl n_s / Breite b_s der Luftschlitze	Maschinenkonstante $\frac{D^2 l_i n}{KVA} 10^{-4}$	Phasenstrom J_p	Zahl der parallelgeschalt. Zweige a	Anzahl der Stäbe pro Nut s_n	Lineare Ankerbelastung AS	Löcher pro Pol und Phase q	Nutenzahl Z	Windungszahl pro Phase w
83	73 u. 87		91	83,5	12 zu 10	68,2	156	1	11	183	$q = 14$ $Q = 18$	84 bewickelt 108	462
17	47	0,7	17	42,3	0	70	164	1	5	148	4	312	260
65	46	0,6	70	48	1 zu 90 u. 6 zu 10	73,5	1180	1	2	218	7	72 wovon 42 bewickelt	42
80			100	113	8 zu 15 14 zu 12,5	68,5	270	1	48 zu 7 24 zu 6	183	12	72	40
67	62	0,71	74	56	1 zu 70 u. 6 zu 10	31,5	385	1	6	315	4	120	120
130	vert. Feldwckl.		160	67,5	30 zu 10	50	700	1	3	297	5	60	30
136	„	„	170	66	12 zu 25, 1 zu 40	40	622	1	2	325	9	108	36
39	28	0,62	45,0	28,6	9 zu 10	36,5	965	1	2	322	2,5	315	105
15,5	17,5	0,7	15,5	16	0	106	8,7	1	39	120	3	72	468
14	16,5	0,72	14	14,6	0	61,2	100	3	6	156	2	288	288
18	15	0,625	19,5	15,3	2 zu 10	64,5	1200	2	1	224	3	324	27
34,5	7,5	0,65	35,5	7,33	1 zu 15	86	38	1	8	160	2	900	1200
21	14	0,68	22,3	13	2 zu 10	49,2	750	1	1	218	2	336	56
30	23	0,65	31,5	22,3	2 zu 10	67	467	1	1	159	4	240	40
40	29,4	0,748	45		4 zu 12,5	70	39,5		20	181	3	144	480
86	vert. Feldwckl.		86	60	axiale Lüftung	93	116	1	5	186	10	60	50
31	21	0,72	34	18,5	4 zu 9,5	56	96,5	1	10	200	2	192	320
86	vert. Wicklung		86	60	axiale Kühlung	93	1100	2	1	175	10	60	5
70,2	vert. Feldwckl.		81	65	9 zu 12	82	770	1	1	181	8	48	8
30,5	14,5	0,66	33,5	14,1	3 zu 15	40	1600	2	1	126	2	384	32
59	24	0,635	63	24	6 zu 10	46	166	1	9	235	2	72	108
29,4	36	0,61	33	37,5	8 zu 7	55,5	1925	2	1	196	4	192	16
28	22	0,67	30	21	3 zu 10	62,5	192	2	9	159	2	384	288
82,8	vert. Feldwckl.		85	46,3	2 zu 36	54,5	373	1	4, 5, 4	200	3	36	26
45,2	26	0,663	48,5	25	4 zu 12	46,5	340	2	7,5	273	3	216	126
83	54	0,6	94	57,5	1 zu 90 u. 10 zu 10	64	275	1	2	182	10	120	40
110	vert. Feldwckl.		134,5	58,5	31 zu 8	69	463	2	5	189	5	60	25
87	„	„	105	52	24 zu 7,5	42,3	350	1	5		5	60	
113	23,5	0,405	128	58	14 zu 10 u. 1 zu 20	31,4	5550	4	1	274	6	72	3
44,0	39	0,665	49	37,4	9 zu 8	33,2	820	1	2	293	3,5	210	70
145	vert. Feldwckl.		196	60,5	1 zu 40, 20 zu 10 u. 22 zu 14	34	1375	1	1	261	6	72	12
135	56,0	0,63	153	57	2 zu 85 u. 18 zu 10	59	315	1	5	315	9	108	135
50,4	22	0,672	57	20,8	12 zu 8	50,5	290	3	3	240	3	360	180

152. Tabelle über Hauptabmessungen und berechn[...]

Laufende Nr.	Dimensionen der Nuten	Querschnitt der Ankerstäbe q_a	Stromdichte s_a	Eff. Widerstand pro Phase (45°) r_a	Prozentualer Ohmscher Spannungsverlust $\frac{J r_a}{E_p} 100$	Kraftfluß Φ	Luftinduktion B_l	Magnetquerschnitt Q_m	Magnetinduktion B_m	Zahnteilung t_1	Kleinste Zahnbreite z_{min}	Maximale B
1	85×32	70 mm²	2,2	0,91	0,8	$67{,}8 \cdot 10^6$	8950	4450	18300	72,8	40,8	1
2	46×21	2 Litzen à 19 Drähte à 1,2 Φ, 43 mm²	2,8	0,356	3,38	$6{,}3 \cdot 10^6$	8750	425	$\sigma = 1{,}1$ 16300	54	33	1
3	$47{,}5 \times 24{,}5$ Nutenschlitz 5	$18 \times (5 + 5 + 5 + 4)$	3,6	0,011	1,5	$21{,}2 \cdot 10^6$	6300	$2 \cdot 746$	17000	63,5	39,5	1
4	90×23 Isolation 3 mm	2 Stäbe parallel zu $4{,}5/5{,}3 \times 15/15{,}8$, 135 mm²	2	0,056	0,43	$80 \cdot 10^6$	7100	verteilte Feldwicklung		49,3	26,3	1
5	62×35 Nutenschlitz 8	$6/7 \times 20/21$, 120 mm²	3,2	0,09	0,72	$38 \cdot 10^6$	9100	$2 \cdot 1410 = 2820$	16000	73,1	38,5	2
6	76×31	300 mm²	2,35	0,024	0,5	$66 \cdot 10^6$	6100	verteilte Feldwicklung		70,5	39,5	1
7	$75 \times 18{,}5$	25×11	2,26			$76{,}5 \cdot 10^6$	6850	verteilte Feldwicklung		38,4	19,9	1
8	65×26	350 mm²	2,76	0,032	1,67	$9{,}9 \cdot 10^6$	7700	730	16300	60	34	1
9	$31 \times 14{,}5$, Schlitz 4,3	1,8 mm Φ	2,68	4,95	2,5	$1{,}74 \cdot 10^6$	7000	140	15000	28	13,5	1
10	32×16, Schlitz 7	3 Drähte parallel von 3,6 mm Φ	3,25	0,252	2,1	$1{,}88 \cdot 10^6$	9200	133	16900	38,2	22	1
11	30×13	8×25	3	0,00316	3,2	$2{,}04 \cdot 10^6$	6200	165	14900	25,5	12,5	1
12	50×9	$3{,}2 \times 4{,}2 = 13{,}4$	2,88	3,9	3,4	$1{,}69 \cdot 10^6$	6500	162	13500	19	10	1
13	$35 \times 15{,}5$	$12 \times 30 = 360$	2,1	0,0065	1,7	$2{,}41 \cdot 10^6$	8300	215	13500	34,2	19	1
14	$20 \times 12{,}5$	10×16 (Bügel 4×33)	2,92	0,013	1,2	$5{,}9 \cdot 10^6$	8400	425	16700	29,9	17	1
15	24×57	4,4 mm Φ, 15,2 mm²	2,6		0,7		6050	720	14800			1
16	$(20 + 44) \times 18$	Preßseil 10×5, 40 mm²	2,9			$27{,}25 \cdot 10^6$	5300	verteilte Feldwicklung		31,4	13,4	1
17	$55 \times 18{,}8$	$10 \times 3{,}24$	2,98	0,067	1,8	$5{,}1 \cdot 10^6$	8100	520	13000	48,5	30	1
18		$2\,(8/12 \times 22/26)$, 352	3,04			$28{,}7 \cdot 10^6$	5550	vert. Feldwcklg.		31,4	15,4	1
19	$d = 24$ runde Nut	Rundstab 20 mm Φ 314 mm²	2,45	0,0042	0,6	$31{,}9 \cdot 10^6$	6050	verteilte Feldwicklung		42,5	20,3	1
20	42×16 Isolation 2 mm	2 Stäbe parallel zu $10 \times 24 = 480$ mm²	1,94	0,003	0,48	$3{,}34 \cdot 10^6$	7100	290	15000	36,8	20,8	1
21	$47{,}5 \times 24{,}5$, Schlitz 5	$2 \times 5{,}4/6\ \Phi$, 45,8 mm²	3,6	0,19	1,09	$12{,}6 \cdot 10^6$	8400	852	17700	63,5	39,5	1
22	30×20	14×24, 336 mm²	2,87	0,0021	1,17	$10{,}3 \cdot 10^6$	8300	730	17000	49	30	1
23	$47 \times 25{,}5$	Litze $4{,}6 \times 9{,}1$, 35 mm²	2,75	0,236	1,3	$5{,}7 \cdot 10^6$	9000	377	18100	54,5	29	2
24	53×33	2 Litzen $7{,}2 \times 10{,}8$, 120 mm²	3,1	0,029	0,57	$32{,}6 \cdot 10^6$	8300	vert. Feldwcklg.		80,5	47,5	1
25	$17{,}5 \times 57$	$9 \times 6 = 54$ mm²	3,15	0,109	1,6	$8{,}6 \cdot 10^6$	7100	700	14700	43,6	26,1	1
26	$58 \times 12{,}5$	$20/21 \times 4{,}5/5{,}5$	3,05	0,085	0,77	$36 \cdot 10^6$	6650	$2 \cdot 1018$	21000	30	18	1
27	$48 \times 23{,}5$	$15{,}6 \times 5{,}85 = 92$ mm²	2,5	0,033	0,53	$55{,}5 \cdot 10^6$	7100	vert. Feldwcklg.		61,3	39	1
28	22×73	$11/12 \times 10/11$	3,2							54,2		
29		$4\,(32 \times 20)$	2,17	0,00019	0,33	$47 \cdot 10^6$	6400	$2 \cdot 1660$	15500	50,5	22,5	1
30	56×24	Litze 18×18, 250 mm²	3,28			$17{,}3 \cdot 10^6$	9500	1070	17800	56	32	2
31	20×70	11×60	2,08	0,004	0,32	$71{,}5 \cdot 10^6$	6000	vert. Feldwcklg.		52,5	32,5	1
32	75×26	$9{,}5/10{,}5 \times 14{,}5/15{,}5$ Kabel: $q_a = 110$ mm²	2,85	0,26	0,64	$44{,}3 \cdot 10^6$	5100	3×1134 3402	15500	49,5	23,5	1
33	18×56	3 Leiter parallel zu $4 \times 8{,}25$	2,92	0,15	1,06	$8{,}85 \cdot 10^6$	7450	685	15500	36,4	18,5	1

…ößen ausgeführter Synchronmaschinen. (Fortsetzung.)

	Induktion im Joch B_j	Erregerspannung e_e	Erregerstrom i_e	Querschnitt der Erregerwicklung q_e	Stromdichte der Erregerwicklung s_e	Erregerwindungen pro Pol	Totale Erreger-AW AW_t	Prozentualer Erregerverlust für $\cos\varphi = 1$	Bemerkungen	f_{w1}	$(f_B = 1{,}11)$. k
0	16300	120	420	3,8 × 40 mm	2,75	90	$227 \cdot 10^3$	2,03	Polkerne mit Luftschlitzen.		
0		130	200	$8{,}7^2/9{,}5^2$	2,63	78	$405 \cdot 10^3$	3,0	$GD^2 = 700\,000$ kgm².		
0		170	140	2/2,4×25/25,4	2,8	196	$164 \cdot 10^3$	2,3	$GD^2 = 6500$ kgm². 1,8fache Drehzahl gestattet. Dämpferwicklung. 12 Stäbe zu 18 mm Durchm. Ringquerschnitt 1500 qmm.	0,87	0,954
0		120	200	5/6×13,5/14,5	2,95	168	$67 \cdot 10^3$	0,85	Im Rotor 4 Nuten pr. Pol unbewickelt. Ankerkupfer 1250 kg. Erregerkupfer 900 kg.		
0	14300	125	430	3,5/3,9 × 50/50,4	2,46	84	$360 \cdot 10^3$	0,96	$GD^2 = 100\,000$ kgm². 1,7fache Drehzahl gestattet.	0,958	1,05
0		200	220	86 mm²	2,55	4 Spul. zu 40 Windg.	$140{,}8 \cdot 10^3$	0,6	Verteilte Feldwicklung.	0,957	1,05
0		60	410 $\cos\varphi = 1$	2 parallel zu 6,4·18	3,55	136	$22{,}4 \cdot 10^3$				
0		110	600	5,3 × 45 mm	2,5	38	$960 \cdot 10^3$	1,16	Runde Polkerne.		1,05
0	10400	100	12	2,2 mm Φ	3,1	420	$40{,}2 \cdot 10^3$	2,67	Ankerkupfer 40 kg, Feldkupfer 68 kg.		
0		60	220	2,2 × 28	3,57	36	$380 \cdot 10^3$	3,7	Ankerkupfer 270 kg, Feldkupfer 500 kg.		
0		110	100	1,3·25	3,08	85	$306 \cdot 10^3$	2,6			
0		220	90	2,3×26,5 = 61	1,48	50,5	$680 \cdot 10^3$	3,9	$GD^2 = 300\,000$ kgm².		
0		120	130	5,5/6,3 × 10/10,8	2,36	54	$393 \cdot 10^3$	2,4	Blechverlustziff. 3,67 Watt/kg, Ankerkupfer 600 kg, Erregerkupfer 1160 kg, Kurzschlußstrom = 2,35 J_{normal}.		
0	5800	110	75	2 × 13,5	2,78	124	$186 \cdot 10^3$	1,18			
0		120	72 $\cos\varphi = 1$	1,5 × 40 Flachkupfer	1,2	100,5	$115{,}5 \cdot 10^3$	0,935			
0		110	83	28 × 1,2	2,5	192	$31{,}8 \cdot 10^3$	0,75	Im Rotor vier Nuten pro Pol unbewickelt.		
0	9600	110	230	160 mm²	1,45	2 × 48	$354 \cdot 10^3$	2	Lamellierte Pole.		
0		110	83	1,2 × 28	2,5	192	$31{,}8 \cdot 10^3$	0,75			
0		65	100	4 × 9	2,78	180	$36 \cdot 10^3$	0,52	Blechverlustziffer 2,3 bis 2,6 Watt/kg, Feldkupfer 350 kg.	0,961	1,06
0		240	180	2,2 × 25	2,66	49	$568 \cdot 10^3$	2,7			
0		110	100	16/16,5×2,5/3	2,5	110	$132 \cdot 10^3$	0,76	Massive Polschuhe.	0,966	1,06
0		110	200	1,5 × 40	3,3	80	$256 \cdot 10^3$	1,1			
0				45,8		138					
0				70 und 75		96			Induktor 4 Luftschlitze zu 20 mm.		
0		220		2,0 × 22		160			Ankerkupfer 1250 kg, Feldkupfer 1800 kg, Blechdicke 0,7 mm.		
0		110	190	26/26,4 × 2,1/2,5	3,5	124	$93{,}5 \cdot 10^3$	0,84	Massive Polschuhe. 2 Polräder.	0,961	1,06
0		100	400	162 mm²	2,47	64	$102 \cdot 10^3$	1	Rotor vier unbewickelte Nuten pro Pol.	0,957	1,5
		110	200	3,5/4,1 × 22,6/23,2	2,54	120	$96 \cdot 10^3$	0,55			
0						104			$\eta_{Vollast} = 96{,}4\,\%$, Gewicht 30 t. Gewicht ohne Grundplatte und Lager 29 t.		
0		125	247	4 × 35	1,76	63	$310 \cdot 11^3$	0,4			
0				3,2/3,4 × 21,5/21,7 = 69 mm²		8 Sp. zu 21 Leit. = 168			72 Ventilationslöcher 30 mm Φ.		
0	12500	250	350	60/60,5 × 1,8/2,3 = 108	3,2	105	$220 \cdot 10^3$	1,1	Legierte Bleche, massive Polschuhe. Runde Pole.	0,905	0,995
0		110		1,75 × 35,5		79			Ankerkupfer 1300 kg, Feldkupfer 2100 kg, Blechdicke 0,5 mm.		

Dreiundzwanzigstes Kapitel.

Experimentelle Untersuchung der synchronen Wechselstrommaschinen.

153. Aufnahme der charakteristischen Kurven. — 154. Experimentelle Bestimmung der Streureaktanz x_{s1} und des effektiven Widerstandes der Ankerwicklung r_a. — 155. Bestimmung des Wirkungsgrades. — 156. Trennung der Eisenverluste. — 157. Untersuchung der Temperaturerhöhung. — 158. Beispiel für die vollständige Untersuchung eines Dreiphasengenerators. — 159. Untersuchung eines Synchronmotors. — 160. Experimentelle Bestimmung der Winkelabweichung.

153. Aufnahme der charakteristischen Kurven.

a) Leerlaufcharakteristik. $E_a = f(i_e)$.

Drehzahl konstant.
Erregung veränderlich.

Steigert man bei der leerlaufenden Maschine den Erregerstrom von Null ausgehend bis zu seinem Maximalwerte und beobachtet die jedem Werte des Erregerstromes entsprechende Spannung an den Klemmen der Maschine, die in diesem Falle gleich der EMK E ist, so erhält man die Leerlaufcharakteristik. Die Leerlaufcharakteristik stellt die Magnetisierungskurve der Maschine dar. Bei der Aufnahme der Leerlaufcharakteristik ist noch besonders darauf zu achten, daß die Änderung des Erregerstromes immer in gleicher Richtung erfolgt, da man sonst einen unstetigen Verlauf der Magnetisierungskurve erhält.

Kleinere Abweichungen von der der Untersuchung zugrunde gelegten Drehzahl n können leicht korrigiert werden, da $E_a : E_a' = n : n'$, wenn E_a' bzw. E_a die bei den Drehzahlen n' bzw. n abgelesenen Spannungen bedeuten.

Bei Mehrphasenmaschinen wird man in den meisten Fällen bei der Sternschaltung nur die verkettete und bei der Dreieckschaltung nur die Phasenspannung messen können. Es wird sich in diesem Falle empfehlen, für bestimmte Werte des Erregerstromes die Spannung von Mehrphasengeneratoren zwischen verschiedenen Klemmen zu messen, um sich zu überzeugen, ob die Wicklung symmetrisch und richtig ausgeführt ist.

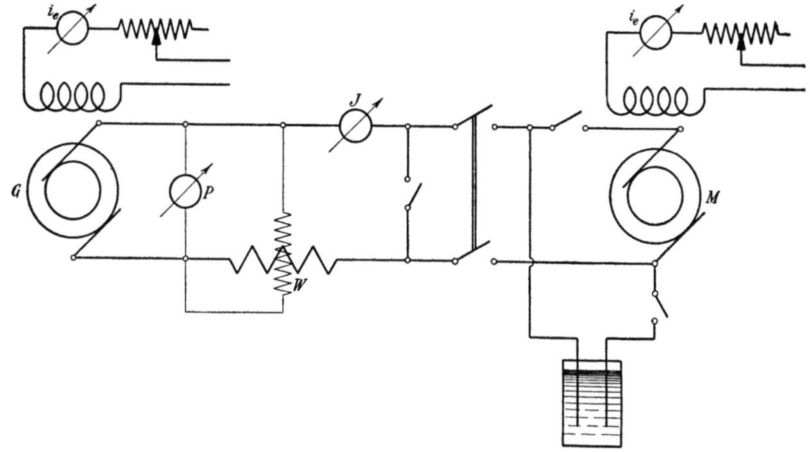

Fig. 384. Schaltung zur Aufnahme der charakteristischen Kurven eines Wechselstromgenerators.

Nach dem Schaltungsschema (Fig. 384) kann man sowohl die Leerlaufcharakteristik, wie alle anderen charakteristischen Kurven der Synchronmaschine aufnehmen. G ist der zu untersuchende Generator, der von irgendeiner Antriebsmaschine mit konstanter Drehzahl angetrieben wird. M ist eine zweite Synchronmaschine, die zur Belastung des Generators G dient. Parallel zu M ist ein Wasser- oder Drahtwiderstand geschaltet.

b) Kurzschlußcharakteristik. $J_k = f(i_e)$.

Drehzahl konstant.
Erregerstrom veränderlich.

Schließt man nach Fig. 385 die einzelnen Phasen eines Generators durch Amperemeter von vollkommen gleichen inneren Widerständen kurz und erregt man die Maschine stufenweise so weit, daß ein bestimmter Strom J_k in den kurzgeschlossenen Phasen fließt (in den Amperemetern je nach der Schaltung J_k bzw. $\sqrt{3}\,J_k$), dann ergibt die bei konstanter Umdrehungszahl beobachtete Abhängigkeit zwischen dem Kurzschlußstrom und Erregerstrom die Kurzschlußcharakteristik.

Die Kurzschlußcharakteristik verläuft für den geraden Teil der Leerlaufcharakteristik geradlinig und biegt im weiteren Verlaufe gewöhnlich gegen die Abszissenachse ab. Bei kurzgeschlossener Armatur besitzt der Kurzschlußstrom für die normale Leerlauferregung ungefähr den 3- bis 5fachen Wert des normalen Stromes.

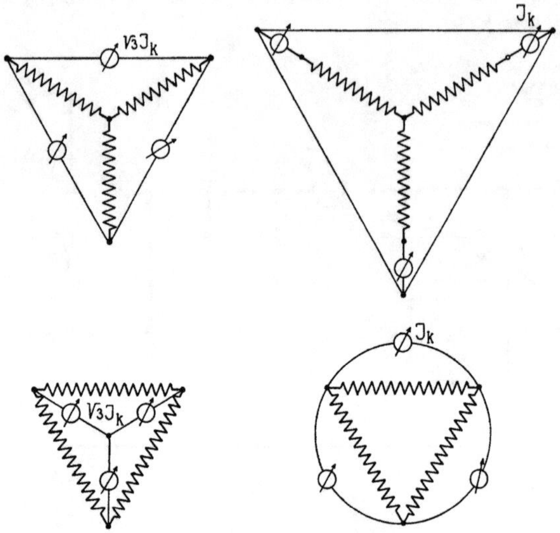

Fig. 385. Kurzschlußschaltungen von Dreiphasengeneratoren.

c) Belastungscharakteristik.

Drehzahl konstant.
Belastungsstrom und Phasenverschiebung konstant.
Erregerstrom veränderlich.

Die Maschine wird auf einen Belastungswiderstand oder einen andern Energie aufnehmenden Apparat geschaltet, und indem man bei stufenweiser Erhöhung des Erregerstromes die Belastung jeweils so einreguliert, daß der Belastungsstrom J und der Leistungsfaktor $\cos\varphi = \frac{W}{PJ}$ = konstant bleibt, beobachtet man die Spannung an den Klemmen.

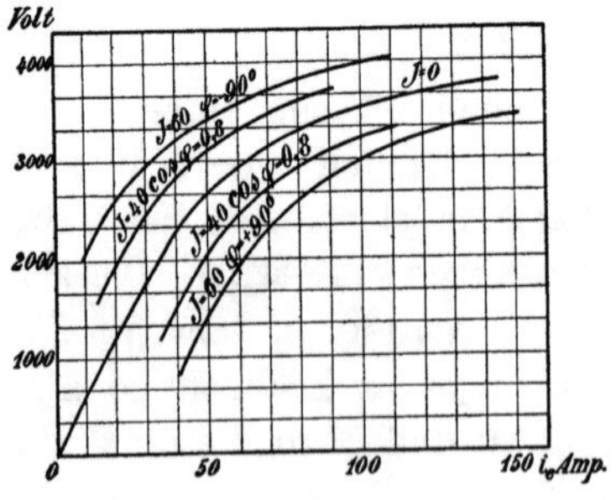

Fig. 386. Belastungscharakteristiken eines 350 KVA-Dreiphasengenerators.

Nimmt man die Belastungscharakteristiken bei verschiedenen Strömen und Phasenverschiebungen auf, so erhält man eine Kurvenschar, in der die einzelnen Belastungscharakteristiken äquidistant verlaufen.

In Fig. 386 sind die Belastungscharakteristiken einer 64poligen 350 KVA-Dreiphasenmaschine dargestellt.

Als Belastungswiderstände verwendet man, solange es sich nur um induktionsfreie Belastung handelt, Wasser-, Drahtspiralen- oder Glühlampenwiderstände.

Induktive Belastungen können entweder durch Einschalten von Drosselspulen bzw. Kapazitäten oder viel bequemer dadurch hergestellt werden, indem man den zu untersuchenden Generator mit einer zweiten Wechselstrommaschine parallel schaltet, wie in Fig. 384 gezeigt ist. Schaltet man noch einen Wasserwiderstand oder einen Drahtwiderstand parallel dazu, so kann man durch Regulieren des Widerstandes jede beliebige Belastung und durch Regulierung der Erregung der zweiten Maschine jede beliebige Phasennach- oder -voreilung des Stromes einstellen.

d) Äußere Charakteristik.

Drehzahl konstant.
Erregerstrom bzw. Erregerwiderstand konstant.
Leistungsfaktor konstant und
Belastungsstrom veränderlich.

Die äußere Charakteristik einer Wechselstrommaschine wird aufgenommen, indem man bei konstant eingestelltem Erregerstrom und bei konstanter Phasenverschiebung den Belastungsstrom verändert und die Klemmenspannung beobachtet. Für die 350 KVA-Maschine sind in Fig. 387 die äußeren Charakteristiken:

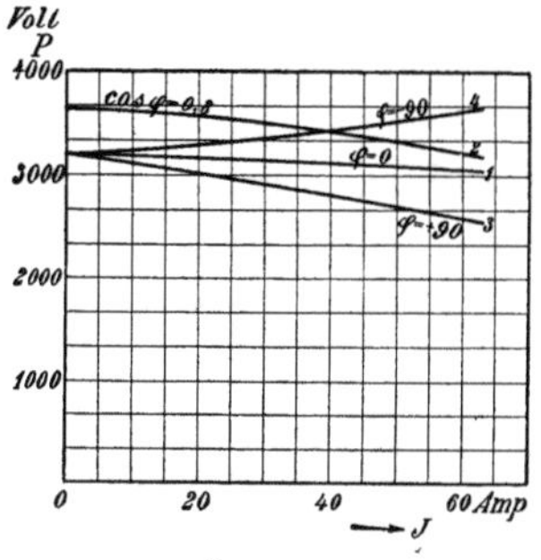

Fig. 387. Äußere Charakteristiken eines 350 KVA-Dreiphasengenerators.

Kurve 1: für $\cos\varphi = 1$, ausgehend von der normalen Spannung bei Leerlauf $P_0 = 3200$ und Kurve 2: für $\cos\varphi = 0{,}8$, ausgehend von der normalen Klemmenspannung $P = 3200$ Volt bei normaler Belastung, aufgetragen. Außerdem sind in den Kurven 3 und 4 noch die äußeren Charakteristiken für die Phasenverschiebungen $\cos\varphi = 0$ und $\varphi = +90^0$ bzw. $\cos\varphi = 0$ und $\varphi = -90^0$ dargestellt.

Hat man die Erregung so eingestellt, daß bei Leerlauf die normale Spannung P_0 an den Klemmen gemessen wird, und beobachtet man bei derselben Erregung, bei dem normalen Strome und einer bestimmten Phasenverschiebung die Klemmenspannung P', so ergibt

$$\frac{P_0 - P'}{P_0} 100$$

den prozentualen Spannungsabfall. Aus der Kurve 1 ergibt sich z. B. für eine Belastung von $J = 60$ Amp. der Spannungsabfall gleich $\frac{3200 - 3040}{3200} 100 = 5\,^0/_0$ ($\cos\varphi = 1$).

Stellt man bei normaler Belastung die Erregung so ein, daß man an den Klemmen die normale Klemmenspannung P erhält und entlastet man die Maschine, ohne die Erregung zu ändern, so ergibt

$$\frac{P_0 - P}{P} 100$$

die prozentuale Spannungserhöhung. Aus der Kurve 2 ergibt diese sich für eine Belastung von $J = 60$ Amp. zu

$$\frac{3610 - 3200}{3200} 100 = 12{,}5\,^0/_0 \; (\cos\varphi = 0{,}8).$$

Nach den Bestimmungen des Verbandes Deutscher Elektrotechniker ist die Spannungserhöhung zu untersuchen, um die Spannungsänderung einer Maschine festzustellen.

Unter Spannungsänderung hat man hiernach die Änderung der Spannung zu verstehen, die eintritt, wenn man bei normaler Klemmenspannung den höchsten Ankerstrom, der für die betr. Maschine angegeben ist, abschaltet, ohne Drehzahl und Erregerstrom zu ändern. Bei Maschinen, die nur für induktionsfreie Belastung bestimmt sind, genügt die Angabe der Spannungsänderung für letztere. Bei Maschinen, die für induktive Belastung bestimmt sind, ist außer der Spannungsänderung für induktionslose Belastung noch die Spannungsänderung bei einer induktiven Belastung anzugeben, deren Leistungsfaktor 0,8 ist.

Will man die Spannungsänderungen eines Generators experimentell zu bestimmen ohne ihn zu belasten, was namentlich bei großen Maschinen in den Werkstätten häufig nötig ist, so kann man nach einer der im weiteren beschriebenen Methoden die Streureaktanz x_{s1} und den effektiven Widerstand der Ankerwicklung bestimmen und dann die Spannungserhöhung bzw. Spannungsabfall graphisch oder rechnerisch nach der auf S. 60 angegebenen Methode ermitteln.

e) Regulierungskurve.

Drehzahl konstant.
Klemmenspannung und Phasenverschiebung konstant.
Belastungsstrom veränderlich.

Die Regulierungskurve einer Wechselstrommaschine stellt die Größe der zur Konstanthaltung der Klemmenspannung erforderlichen Nachregulierung des Erregerstromes in Abhängigkeit von der Belastungsstromstärke bei konstanter Phasenverschiebung dar. Die Regulierungskurven werden gewöhnlich bei verschiedenen Leistungsfaktoren aufgenommen.

Fig. 388 zeigt die Regulierungskurven der 350 KVA-Maschine.

Kurve 1: für die normale Klemmenspannung und $\cos\varphi = 1$.

Kurve 2 bzw. 3 für $\varphi = +90^0$ bzw. $\varphi = -90^0$.

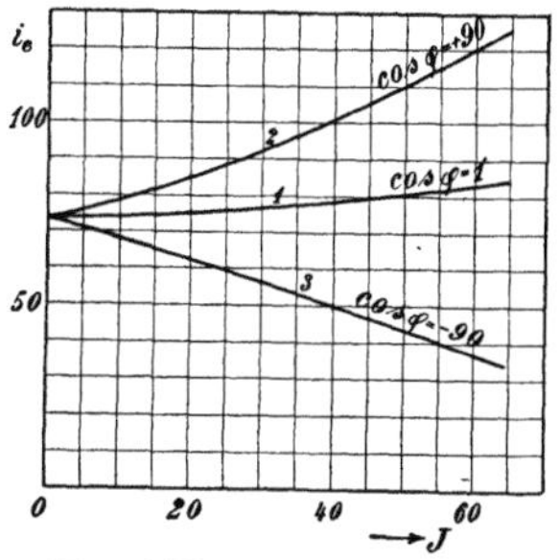

Fig. 388. Regulierungskurven eines 350 KVA-Dreiphasengenerators.

154. Experimentelle Bestimmung der Streureaktanz x_{s1} und des effektiven Widerstandes der Ankerwicklung r_a.

a) Mittels Leerlauf- und Kurzschlußcharakteristik. Es genügt dazu die Aufnahme nur eines Punktes der Kurzschlußcharakteristik. Ist P (Fig. 389) dieser Punkt, so stellt $\overline{OA_2}$ die Amperewindungen dar, die bei Kurzschluß zur Erzeugung des Kurzschlußstromes $\overline{A_2P}$ nötig sind. Da bei Kurzschluß der Winkel $\psi = \psi_k$ fast 90^0 ist, so kann man die quermagnetisierenden Amperewindungen

$$AW_q = k_q f_{w1} m J w \cos\psi_k$$

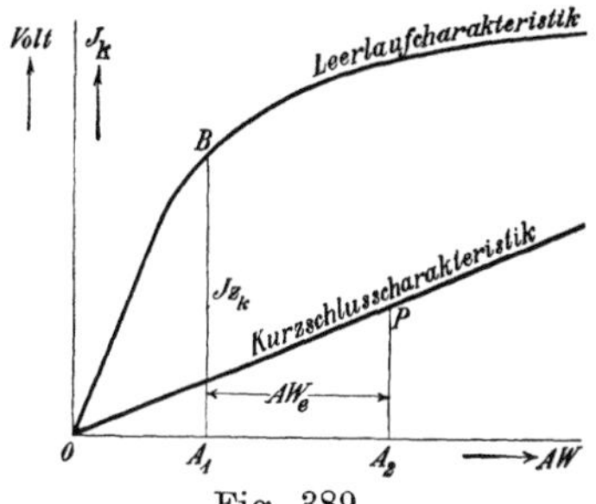

Fig. 389.

gleich Null annehmen und für die längsmagnetisierenden Amperewindungen mit genügender Genauigkeit setzen

$$AW_e = 0{,}98\, k_0 f_{w1} m J w.$$

Trägt man in Fig. 389 von A_2 die Strecke $\overline{A_2A_1} = AW_e$ ab, so ist $\overline{A_1B} = Jz_k$ (vgl. S. 119).

b) Mittels Leerlaufcharakteristik und Belastungscharakteristik für rein induktive Belastung. Diese Methode ist von A. Blondel und Potier angegeben worden. — Da P um 90^0 gegen J verschoben ist, so wird E, wie bei Kurzschluß, fast unabhängig von Jr_a und der innere Phasenverschiebungswinkel ψ wird ca. 90^0. Man kann somit bei rein induktiver Belastung mit genügender Genauigkeit setzen

$$\left.\begin{aligned} E &= P + Jx_{s1} + E_{s2} \\ \text{und}\qquad AW_e &= k_0 f_{w1} m J w \end{aligned}\right\} \quad \ldots\ldots \quad (430)$$

Irgendeiner Amperewindungszahl $\overline{OA_2}$ (Fig. 390) wird bei dieser rein induktiven Belastung J eine Klemmenspannung $P = \overline{A_2 P}$ und eine EMK $E = \overline{A_2 E}$ entsprechen. Es ist somit

$$\overline{PE} = E - P = Jx_{s1} + E_{s2}.$$

Tragen wir von A_2 die Strecke $\overline{A_2 A_1} = AW_e$ ab, so ist $\overline{A_1 C} = P + Jx_{s1}$, $\overline{DE} = E_{s2}$ und $\overline{PD} = \overline{BC} = Jx_{s1}$.

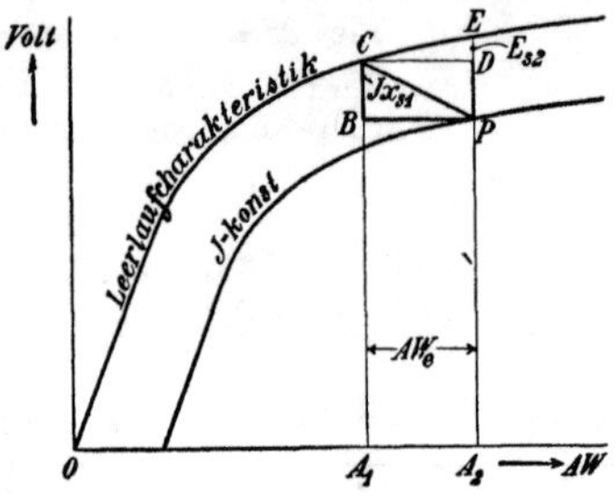

Fig. 390. Bestimmung der Streureaktanz aus dem Potierschen Dreieck.

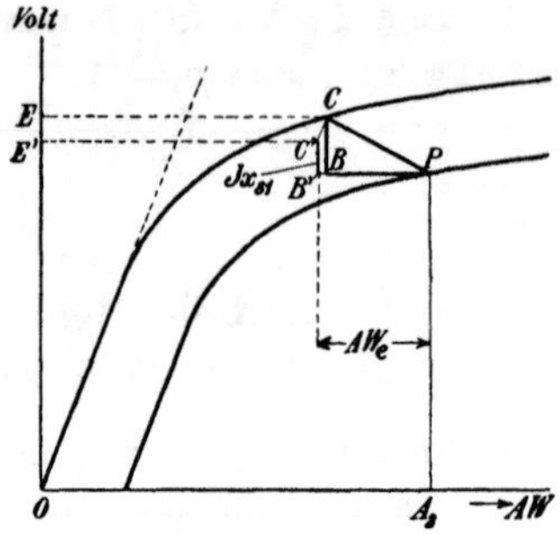

Fig. 391. Bestimmung der Streureaktanz aus dem Potierschen Dreieck unter Berücksichtigung der vermehrten Magnetstreuung.

Die durch die Belastung hervorgerufene zusätzliche Streuung ist dabei unberücksichtigt geblieben. Will man diese berücksichtigen, so kann es in ähnlicher Weise geschehen, wie bei der Bestimmung der Feldamperewindungen bei Belastung (Kap. III, S. 98). Man zeichnet zunächst in der oben angegebenen Weise das Potiersche Dreieck BCP ein (Fig. 391) und zieht durch den Punkt C eine Parallele zur Charakteristik für den Luftspalt und das Ankereisen bis zum Schnitt mit der Horizontalen durch E'. Es ist dabei

$$\overline{OE'} = \overline{OE} \frac{\sigma}{\sigma_b},$$

wo σ bzw. σ_b den Streuungskoeffizienten bei Leerlauf bzw. bei Belastung bedeutet (siehe Gl. 63 und 66). Als Charakteristik für den Luftspalt und das Ankereisen kann bei wenig gesättigten Ankerzähnen die Verlängerung des geradlinigen Teiles der Leerlaufcharakteristik angenommen werden.

Es wird dann $\overline{B'P}$ gleich den wirklichen AW_e (vgl. S. 98) und

$$\overline{B'C'} = Jx_{s1}.$$

Infolge der vermehrten Streuung entspricht den Amperewindungen $\overline{OA_2}$ eine etwas kleinere induzierte EMK als $\overline{A_1 C}$. Es fällt daher Jx_{s1} etwas kleiner als $\overline{BC}$ aus.

Bei großen Maschinen ist es oft schwierig, einen Belastungszustand herzustellen, bei dem $\cos\varphi$ gleich oder annähernd gleich Null wird, weshalb diese Methode etwas an Bedeutung verliert. Ferner muß zur Bestimmung von r_a entweder der Kurzschlußversuch oder die Messung von $r_g = \frac{r_a}{k_r}$ durchgeführt werden.

c) Die dritte Methode zur experimentellen Bestimmung von x_{s1} besteht darin, daß man durch eine Phase der Ankerwicklung der stillstehenden Maschine einen Wechselstrom schickt. Befindet sich die Armatur im Felde, so stellt man die Pole relativ zum Anker derartig ein, daß die Leiter der betreffenden Phase in die neutrale Zone zwischen den Polen zu liegen kommen. Ferner schließt man die Erregerspulen kurz und benutzt eventuell einen Wechselstrom hoher Periodenzahl; dadurch wird sich infolge der Schirmwirkung der Wirbelströme sehr wenig Streufluß durch die Magnetkerne und das Joch schließen.

Mißt man die der Maschine bei Kurzschluß zugeführte totale Leistung W_{kt} und zieht von dieser die Reibungsverluste W_ϱ ab, so erhält man den Stromwärmeverlust $J^2 r_a$ und es ist somit der effektive Widerstand der Ankerwicklung

$$r_a = \frac{W_{kt} - W_\varrho}{J^2}.$$

Angenähert kann man r_a auch in der Weise bestimmen, daß man den Ohmschen Widerstand r_g mit Gleichstrom mißt und

$$r_a = r_g k_r$$

berechnet[1]).

Die Reaktanz des Streuflusses wird gleich

$$x_{s1} = \sqrt{z_k^2 - r_a^2} \quad . \; . \; . \; . \; . \; . \; . \quad (431)$$

Man kann jetzt nachkontrollieren, ob die Annahme $\sin\psi_k = 0{,}98$ genügend genau ist, indem man

$$\sin\psi_k = \frac{x_{s1}}{z_k} = \sqrt{1 - \left(\frac{r_a}{z_k}\right)^2}$$

berechnet.

155. Bestimmung des Wirkungsgrades.

a) Bestimmung des Wirkungsgrades aus der Messung des Leerlauf- und Kurzschlußeffektes. Die in einer Wechselstrommaschine auftretenden Verluste lassen sich in die Reibungsverluste W_ϱ, Hysteresisverluste W_h und Wirbelstromverluste W_w einer-

---

[1]) Siehe S. 54.

seits und in die Stromwärmeverluste der Armatur und der Erregung andererseits zerlegen.

Wir messen nun bei der leerlaufenden Maschine die zugeführte Leistung bei einer Erregung, die bei offener Ankerwicklung die Klemmenspannung

$$P_0 = \sqrt{(P + Jr_a)^2 + (Jx_{s1})^2}$$

erzeugt. Die bei diesem Versuch benutzte Erregung wollen wir als P_0-Erregung bezeichnen. Die im Anker induzierte EMK entspricht dann derjenigen, die wir nötig haben, um bei induktionsfreier Belastung J die Klemmenspannung P zu erhalten. Entwickeln wir obigen Ausdruck in eine Reihe, so wird

$$P_0 = P + Jr_a + \frac{(Jx_{s1})^2}{2P},$$

wobei das letzte Glied als klein (etwa $= 0{,}005 P$) vernachlässigt werden kann.

Läuft die Maschine außerdem mit der normalen Geschwindigkeit, so entspricht die gemessene Leistung den Leerlaufverlusten

$$W_\varrho + W_h + W_w.$$

Der Stromwärmeverlust W_k der Armatur wird gefunden, indem man bei kurz geschlossener Armatur die Maschine soweit erregt, daß der normale Belastungsstrom sich einstellt. Die der kurzgeschlossenen Maschine zuzuführende Leistung ist dann

$$W_\varrho + W_k.$$

Bestimmen wir durch einen besonderen Versuch noch W_ϱ, so ist W_k bekannt, wobei wir $W_k = m J_k^2 r_a$ setzen.

Ein ganz kleiner Teil der in W_k gemessenen Verluste entfällt auch auf die vom Armaturfeld herrührenden Eisenverluste. Eine kleine Nachrechnung gibt uns hierüber Aufschluß.

Bei einer 350 KVA-Maschine betrugen die bei der der normalen Erregung entsprechenden induzierten EMK gemessenen Eisenverluste $W_h + W_w = 19400$ Watt.

Angenommen es gälte die Beziehung

$$(W_h + W_w) = \text{Konst.}\, E^{1,8},$$

dann ergeben sich für Kurzschluß die Eisenverluste zu

$$0{,}095^{1,8} \cdot 19400 = 280 \text{ Watt},$$

indem die Kurzschlußimpedanz ca. 9,5 % der normalen Klemmenspannung beträgt.

Die der kurzgeschlossenen Maschine zugeführte Leistung nach Abzug der Reibungsverluste beträgt:

$$W_k = 11\,100 \text{ Watt},$$

also betragen die Eisenverluste hierin nur

$$\frac{280}{11\,100} \cdot 100 = 2{,}5\,\%.$$

Wir können somit mit genügender Annäherung die bei Kurzschluß gemessenen Verluste als Stromwärmeverluste betrachten und erhalten dann in

$$\frac{W_k}{m J_k^2} = r_a$$

den effektiven Widerstand der Armatur, d. h. denjenigen Widerstand, der für die Größe der Armaturverluste maßgebend ist und der mit dem Quadrate des Armaturstromes multipliziert die Stromwärmeverluste des Ankers ergibt.

Das bei Belastung auftretende resultierende Feld wird infolge der Quermagnetisierung gewöhnlich etwas größere Verluste bedingen, als das bei Leerlauf und derselben induzierten EMK bestehende Feld. Diesen Teil der Eisenverluste messen wir aber im Kurzschlußeffekt mit, wodurch wir den entstehenden Fehler wieder ausgleichen.

Wir erhalten sonach aus den bei Leerlauf und Kurzschluß gemessenen Verlusten den Wirkungsgrad einer Wechselstrommaschine gleich

$$\eta = \frac{W}{W + (W_\varrho + W_h + W_w) + W_k + W_e} \quad . \quad . \quad (432)$$

Die Erregerverluste $W_e = i_e^2 r_e$ für einen bestimmten Belastungszustand ermittelt man, wenn durch einen Belastungsversuch die Regulierungskurve nicht erhalten werden kann, durch graphische Bestimmung der induzierten EMK bei Zugrundelegung der Leerlaufcharakteristik und der experimentell gefundenen Größen r_a und x_{s1}.

Die Messung der Leerlauf- und Kurzschlußverluste kann nach folgenden Versuchsanordnungen durchgeführt werden:

1. durch Messung der der Antriebsmaschine zugeführten Leistung (mit geeichtem Motor oder durch Indizierung der Antriebsmaschine) und

2. durch Beobachtung des Auslaufes bei unerregter, erregter und kurz geschlossener Maschine.

1. Messung des Leerlauf- und Kurzschlußeffektes mit geeichtem Motor.

Die Bestimmung der Leerlauf- und Kurzschlußverluste erfolgt bei normaler Drehzahl durch Antrieb des Generators mit einem Motor, dessen Eichkurve bzw. Eigenverluste bekannt sind. (Siehe Gleichstrommasch., Bd. I, S. 726.)

Aus der dem Antriebsmotor zugeführten Leistung nach Abzug der Eigenverluste oder aus der an die Generatorwelle abgegebenen mechanischen Leistung erhält man:

die Reibungsverluste W_ϱ, wenn man den Generator unerregt und mit offenem Ankerstromkreis laufen läßt,

die Leerlaufverluste $W_\varrho + W_h + W_w$, wenn man den auf die Spannung P_0 erregten Generator bei offenem Armaturstromkreise antreibt, und

die Kurzschlußverluste W_k, indem man den Anker des Generators kurzschließt und die Maschine soweit erregt, daß in der Armatur der normale Strom fließt. Die vom Generator verbrauchte mechanische Leistung ist dann gleich $W_\varrho + W_k$.

Da W_ϱ aus Versuch 1 bekannt ist, so kann auch W_k bestimmt werden.

Für rohe Untersuchungen und dort, wo man zum Antrieb des Generators einen Hilfsmotor verwendet, der durch den leerlaufenden und normal erregten bzw. durch den kurzgeschlossenen Generator voll belastet wird, genügt es, die Differenzen zwischen den Leistungen zu messen, die man dem Motor zuzuführen hat, wenn

1. der Antriebsmotor leer läuft und der Generator abgekuppelt ist,

2. der Generator mit dem Motor gekuppelt und mit der P_0-Erregung bei offenem Anker läuft, und

3. der Generator kurzgeschlossen ist.

Werden die Generatoren durch Dampfmaschinen angetrieben, so erhält man aus der Differenz der aus den Indikatordiagrammen erhaltenen Leistungen, entsprechend dem Antriebe des unerregten bzw. auf die Spannung P_0 erregten Generators, die Eisenverluste. Ebenso erhält man aus der Differenz zwischen den bei kurzgeschlossenem und den bei unerregtem Generator gemessenen Leistungen die Kurzschlußverluste.

Die Reibungsverluste des Generators können hiernach nicht besonders ermittelt werden und werden dann den Reibungsverlusten der Dampfmaschine zugezählt. Diese Methode ist jedoch verhältnismäßig ungenau, da die Indizierung bei unbelasteter oder nur wenig belasteter Maschine sehr unzuverlässige Resultate liefert.

2. Bestimmung des Leerlauf- und Kurzschlußeffektes durch Beobachtung des Auslaufes.

Wird eine Maschine, die auf eine bestimmte Geschwindigkeit gebracht wurde, sich selbst überlassen, so wird die in ihr aufgespeicherte kinetische Energie nach und nach in die zur Deckung der Reibungs- und Ankerverluste erforderliche Energie umgesetzt und sie wird ihre Geschwindigkeit nach und nach verlieren. Diejenige Kurve, die uns die Abhängigkeit der Drehzahl von der Zeit während des Auslaufens darstellt, bezeichnen wir als **Auslaufkurve**.

Besitzt der rotierende Teil der Maschine das Trägheitsmoment J_z in bezug auf die Achse und ist seine Winkelgeschwindigkeit $\omega = \frac{\pi n}{30}$, so ist die kinetische Energie

$$L = \tfrac{1}{2} J_z \omega^2,$$

und die mechanische Leistung gleich

$$-\frac{dL}{dt} = -J_z \omega \frac{d\omega}{dt} = -J_z \left(\frac{\pi}{30}\right)^2 n \frac{dn}{dt} = -Cn\frac{dn}{dt}.$$

$$C = J_z \left(\frac{\pi}{30}\right)^2 \quad . \quad . \quad . \quad . \quad . \quad . \quad . \quad . \quad . \quad (433)$$

ist eine Konstante, die wegen der komplizierten Form des Ankers nur experimentell bestimmt werden kann.

Die Abnahme $-\frac{dL}{dt}$ der in den rotierenden Massen aufgespeicherten Energie gemessen in Watt wird in jedem Momente von den in der Maschine auftretenden Verlusten W_v verbraucht, also ist

$$-Cn\frac{dn}{dt} = W_v.$$

Ist also C bekannt, so kann man sofort aus einer aufgenommenen Auslaufkurve, z. B. Kurve i_{e2} in Fig. 392a, die einer bestimmten Geschwindigkeit entsprechenden Verluste berechnen.

Errichten wir in einem Punkte c der Auslaufkurve die Normale $\overline{cb}$, so ist

$$-\frac{dn}{dt} = \operatorname{tg}\gamma$$

und die Subnormale

$$\overline{ab} = n\frac{dn}{dt}, \quad \text{also} \quad C\overline{ab} = W_v.$$

$\overline{ab}$ entspricht dem Produkte aus Drehzahl und Drehzahländerung pro Sekunde, und man hat, wenn $\overline{ab}$ in Sekunden abgelesen wird, noch mit dem Verhältnisse $\left(\frac{\text{Ordinatenmaßstab}}{\text{Abszissenmaßstab}}\right)^2$ zu multiplizieren.

Hat man umgekehrt sowohl die Auslaufkurven als auch die Verlustkurven unter denselben Verhältnissen bestimmt, dann kann C für beliebig viele Punkte berechnet werden und es ist dann

$$C = \frac{W_v}{-n\frac{dn}{dt}} = \frac{\overline{de}}{\overline{ab}} \quad \ldots \ldots \ldots \quad (434)$$

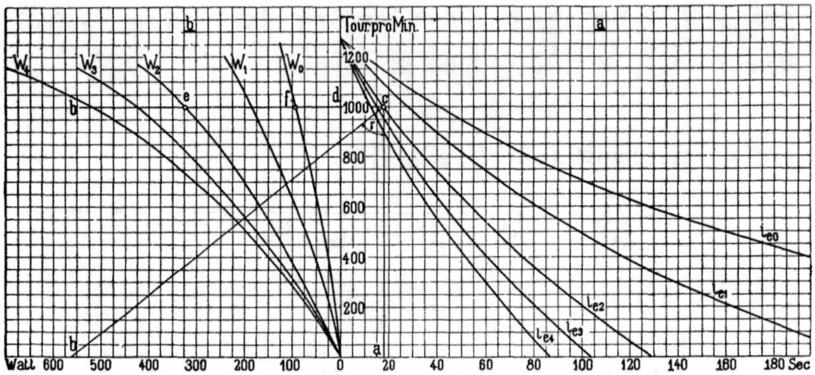

Fig. 392. a) Auslaufkurven, b) Verlustkurven.

Seien in Fig. 392a i_{e0}, i_{e1}, i_{e2}, i_{e3} usw. die Auslaufkurven, die unter verschiedenen Auslaufbedingungen, z. B. verschiedenen konstant gehaltenen Erregerströmen i_{e0}, i_{e1}, i_{e2}, i_{e3}, i_{e4} Amp. erhalten wurden, so hat man, um die Konstante C zu ermitteln, die Versuchsmaschine mechanisch oder elektrisch anzutreiben und die an die Maschinenwelle abgegebene bzw. von der Maschine aufgenommene Leistung W_v bei verschiedenen Erregungen zu messen.

Es ist dann

$$W_v = W_\varrho + W_h + W_w = \overline{de}$$

und

$$C = \frac{\overline{de}}{\overline{ab}},$$

wobei $\overline{ab}$ als Subtangente für den betreffenden Punkt der Auslaufkurve abzugreifen und $\overline{de}$ im Wattmaßstabe einzuführen ist.

Da die Reibungsverluste mit der Lagertemperatur, den Lageänderungen der Welle den Lagerschalen gegenüber und der Art der Antriebsweise der Maschine als Motor sich ändern, so muß man besonders darauf Rücksicht nehmen, daß die Reibungsverluste bei der Messung der zugeführten Leistung und beim Auslaufsversuch möglichst die gleichen bleiben.

Um dieses zu erreichen, verfährt man wie folgt. Man läßt zunächst die Maschine als Motor bei der normalen Tourenzahl einlaufen und mißt dann bei den betreffenden Erregungen die Leerlaufverluste. Nun bringt man die Maschine rasch auf eine höhere Tourenzahl und läßt sie von dort bei dem größten Erregerstrom auslaufen. Sie kommt schnell zur Ruhe und die Lager können sich während der kurzen Auslaufzeit nur wenig abkühlen. Dann bringt man die Maschine sofort wieder auf die normale Tourenzahl und läßt sie dort so lange laufen, bis man dieselben Leerlaufverluste erhält wie vorhin. Wenn dies der Fall ist, wird die Tourenzahl schnell wieder etwas erhöht und die Maschine läuft mit dem nächsten Wert des Erregerstromes aus. Die auf diese Weise aus jeder Auslaufkurve erhaltenen Werte für C werden dann sehr wenig voneinander abweichen, so daß ihr Mittelwert mit großer Genauigkeit zur Bestimmung der Verlustkurven dienen kann.

Zur Bestimmung der Konstanten C sind dann die in der folgenden Tabelle angegebenen Größen zu beobachten.

n	i_e	Zugeführte Leistung $W_\varrho + W_h + W_w$	Subtangente	C
n_1	i_{e1}	$W_1 = \overline{de}$	$\overline{ab}$	$\frac{\overline{de}}{\overline{ab}}$
Konst.	.	.	.	.
	.	.	.	.

Um nun nach dieser Methode die Gesamtverluste zu bestimmen, hat man:

1. den Auslauf der mit verschiedenen Strömen erregten,
2. den Auslauf der kurzgeschlossenen Maschine zu beobachten und
3. durch einige direkte Messungen der Verluste die Konstante C zu ermitteln.

Angenommen, es wären in Fig. 392a die Auslaufkurven der unerregten, mit $^1/_2$, $^3/_4$ und $^4/_4$ des normalen Stromes erregten Maschine in den Kurven i_{e0}, i_{e1}, i_{e2} usw. aufgetragen und die Konstante C wie vorher angegeben bestimmt worden, so ergeben sich die Verluste folgendermaßen:

a) Die Reibungsverluste W_ϱ. Aus der für $i_e = 0$ bestimmten

Auslaufkurve i_{e0} bzw. der hieraus ermittelten Verlustkurve W_0 erhält man direkt die Reibungsverluste W_ϱ als Funktion der Tourenzahl.

b) Die Eisenverluste $W_h + W_w$ sind für eine bestimmte Dreh- bzw. Periodenzahl gleich den Abszissen der Verlustkurven abzüglich der entsprechenden Reibungsverluste W_ϱ. Für die bestimmte Erregung i_{e2} und Drehzahl $n = 1000$ ergibt sich aus Fig. 392 b z. B. $W_{hw} = \overline{ef}$.

Für eine konstante Erregung ist der Kraftfluß eines Poles

$$\Phi = \frac{10^8}{4kw} \frac{E_p}{c} = \text{konst.} \quad \frac{E_p}{c} = \text{konstant}$$

und es entspricht sonach jedem Werte des Erregerstromes eine bestimmte Konstante $\left(\frac{E_p}{c}\right)$, die man leicht bestimmen kann, indem man gleichzeitig mit den Tourenzahlen auch die induzierten EMKe E_p mißt.

Sollen nun die Eisenverluste für die konstante Periodenzahl c_1 bei verschiedenen induzierten EMKen aufgetragen werden, so hat man aus den, den einzelnen Verlustkurven zugehörigen konstanten Verhältnissen $\left(\frac{E_p}{c}\right)_1$, $\left(\frac{E_p}{c}\right)_2$ usw., $E_{p1} = c_1 \left(\frac{E_p}{c}\right)_1$, $E_{p2} = c_1 \left(\frac{E_p}{c}\right)_2$ usw. zu ermitteln. Die zugehörigen Abszissenabschnitte $W_h + W_w$ aus Fig. 392b in Abhängigkeit von $\frac{E_p}{c}$ bzw. E_p aufgetragen, ergeben dann Fig. 393.

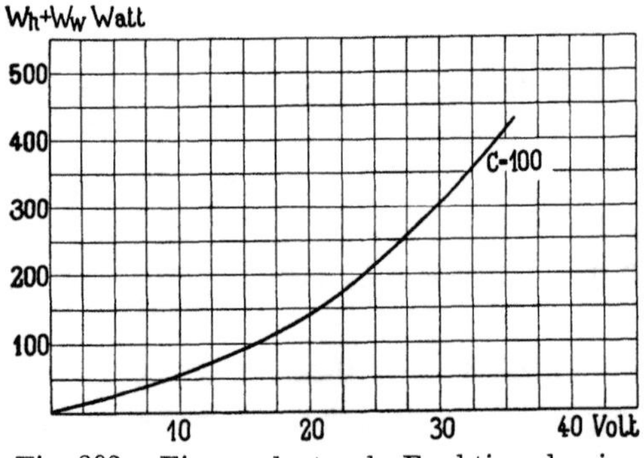

Fig. 393. Eisenverluste als Funktion der induzierten EMK bei konstanter Periodenzahl.

c) Die Kupferverluste W_k. Der Auslauf bei Kurzschluß wird beobachtet, indem man den auf den normalen Armaturstrom erregten und kurzgeschlossenen Generator von einer bestimmten Geschwindigkeit ab sich selbst überläßt und innerhalb der Auslaufdauer in regelmäßigen Zeitintervallen die Geschwindigkeit und die Kurzschlußstromstärke beobachtet.

Die Verluste W_k in Abhängigkeit von der Periodenzahl ergeben sich nach Abzug der Reibungsverluste W_ϱ aus der Verlustkurve, die aus der Auslaufkurve bei Kurzschluß und Zugrundelegung derselben Konstante C wie vorher ermittelt wurde. Aus der Kurve für die Abhängigkeit des Kurzschlußstromes J_k von der Periodenzahl erhält man ferner den der Periodenzahl c_1 entsprechenden effektiven Widerstand

$$r_a = \frac{W_k}{m J_k^2}\text{[1]}.$$

Ein übersichtliches Bild über die Größe und Änderung der Verluste in Abhängigkeit von der Belastung bei konstanter Periodenzahl ergibt die Zusammenstellung der Verluste in Fig. 394.

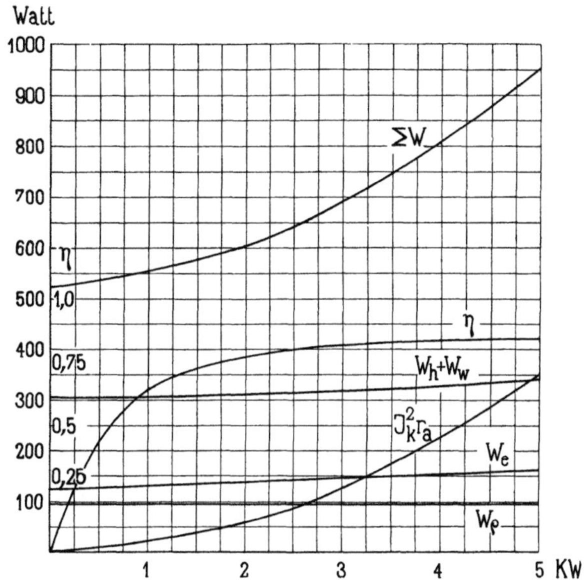

Fig. 394. Verluste und Wirkungsgrad als Funktion der Leistung.

Die Reibungsverluste W_ϱ sind konstant bei konstanter Drehzahl, die Eisenverluste $W_h + W_w$ variieren nach Maßgabe der für einen bestimmten Belastungszustand erforderlichen Erhöhung der EMK E_p. Diese findet man graphisch aus dem Diagramm, sobald die Reaktanz und der effektive Widerstand bekannt sind.

Die Erregerströme, die den einzelnen Belastungszuständen entsprechen, ergeben sich aus der Leerlaufcharakteristik, indem man für die graphisch ermittelten induzierten EMKe die zugehörigen Erregungen aufsucht. Es ist dann $W_e = i_e^2 r_e$. Die Stromwärmeverluste $W_k = m J^2 r_a$ ändern sich mit dem Quadrate des Armaturstromes.

---

[1]) Siehe S. 539.

Bildet man für die einzelnen Belastungen die Summe der Verluste ΣW, so ergibt sich der Wirkungsgrad

$$\eta = \frac{W}{W + \Sigma W}.$$

Was nun die Versuchsanordnung selbst anbelangt, so ist zunächst unbedingt erforderlich, daß die Maschine vor Beginn der Versuche durch einen 4- bis 6stündigen Lauf mit normaler Drehzahl stationäre Temperaturen erreicht hat.

Auf die betreffende Drehzahl, von der aus der Auslauf beobachtet werden soll, wird die Maschine gebracht, indem man sie mit einem besonderen Motor mit einem Riemen oder direkt durch eine ausrückbare Kupplung verbindet. Ist die Maschine direkt mit einer Dampfmaschine, Gasmaschine oder Turbine gekuppelt, so hat man die Schubstange auszuhängen, bzw. die Turbine ohne Beaufschlagung laufen zu lassen. Den leerlaufenden Generator kann man dann als Synchronmotor mit variabler Erregung laufen lassen. Die Erregung muß während der Auslaufversuche von einer besonderen Gleichstromquelle mit konstanter Klemmenspannung geliefert werden.

Die Eichung der Versuchsanordnung bzw. die Bestimmung der Konstanten C muß sich nach den vorliegenden Verhältnissen, unter denen die Maschinen untersucht werden und den Hilfsenergiequellen, die zur Verfügung stehen, richten. In den meisten praktischen Fällen wird die Erregermaschine höchstens dazu ausreichen, den unerregten oder eventuell schwach erregten Generator in Bewegung zu setzen. Zu einem Antrieb für die Dauer der Leerlaufeffektmessung der normal erregten Maschine wird sie fast immer zu klein sein. Läßt man jedoch die zu untersuchende Maschine als Synchronmotor laufen, so kann die Messung der den einzelnen Werten der Erregung entsprechenden Leerlaufverluste durch Bestimmung der dem leerlaufenden Motor zugeführten Leistung abzüglich der Stromwärmeverluste erfolgen. Die Klemmenspannung des Motors ist hierbei für die betreffenden Werte des Erregerstromes so einzuregulieren, daß der Ankerstrom ein Minimum wird.

Auf die synchrone Drehzahl kann die Versuchsmaschine gebracht werden, indem man sie mit kurzgeschlossener Feldwicklung zugleich mit dem Generator anlaufen läßt. Die Erregermaschine des Versuchsgenerators kann hierbei zur Unterstützung als Motor wirken.

In ganz besonderen Fällen wird man gezwungen sein, die Leerlaufverlustmessung durch Antreiben mit einem besonderen geeichten Motor oder durch die Indizierung der Dampfmaschine durchzuführen.

b) Bestimmung des Wirkungsgrades durch Messung des Leerlauf- und Stromwärmeverlustes nach der Leerlaufmethode. Eine in vielen Fällen besonders bequem durchzuführende indirekte Methode zur Bestimmung des Wirkungsgrades besteht darin, daß man nicht nur den Leerlaufeffekt, sondern auch die Stromwärmeverluste dadurch bestimmt, daß man die zu untersuchende Maschine als Synchronmotor laufen läßt und den Wattverbrauch mißt.

Zunächst bestimmt man mittels zweier Versuche den effektiven Widerstand r_a. Man führt von einer Hilfsmaschine der zu untersuchenden und als Synchronmotor leerlaufenden Maschine die normale Klemmenspannung zu und gibt dem Motor eine so große Über- oder Untererregung, daß er die normale Stromstärke J aufnimmt. Die zugeführte Leistung ist dann

$$W_I = W_0' + m\, r_a J^2.$$

Die in W_0' enthaltenen Eisenverluste sind durch die resultierende Feldstärke bestimmt, die sich aus den Feld- und Ankeramperewindungen ergibt. Sind die Windungszahlen der Feld- und Ankerwicklung bekannt, so lassen sich die resultierenden Amperewindungen aus der Beziehung

$$AW_r = i_e w_e \pm k_0 f_{w1} m\, w\, J$$

berechnen, denn die Phase des Ankerstromes J ist um nahezu 90^0 gegenüber der induzierten EMK verschoben. Das obere Vorzeichen bezieht sich auf einen phasenverfrühten und das untere auf einen phasenverspäteten Strom.

Reguliert man ferner bei denselben Amperewindungen

$$AW_r = i_e' w_e = (i_e w_e \pm k_0 f_{w1} m\, w\, J),$$

also bei dem Erregerstrome

$$i_e' = \frac{(i_e w_e \pm k_0 f_{w1} m\, w\, J)}{w_e}$$

des Motors die auf den Motor wirkende Klemmenspannung so ein, daß der vom Motor aufgenommene Strom J_0 ein Minimum wird, dann hat W_0' denselben Wert wie beim ersten Versuch und die mit dem Wattmeter gemessene Leistung ist

$$W_{II} = W_0' + m\, r_a J_0^2.$$

Aus diesen beiden Versuchen ergibt sich

$$r_a = \frac{W_I - W_{II}}{m\,(J^2 - J_0^2)},$$

oder bei Vernachlässigung von J_0^2 gegenüber J^2

$$\boldsymbol{r_a \cong \frac{W_I - W_{II}}{m\, J^2}} \quad \ldots\ldots\ldots \quad (435)$$

Der Einfluß der Temperaturerhöhung t beim stationären Betrieb über die Temperatur der Ankerwicklung beim Versuch kann durch Multiplikation mit $(1 + 0{,}004\, t)$ berücksichtigt werden.

Der Leerlaufverlust wird nötigenfalls durch einen weiteren dritten Versuch bestimmt, indem wir den Wattverbrauch der als Synchronmotor laufenden Maschine messen, die an eine Klemmenspannung

$$P_0 = P \pm J r_a$$

angeschlossen ist und so erregt wird, daß der Leerlaufstrom J_0 ein Minimum wird. Das — Zeichen gilt, wenn der Wirkungsgrad für die Maschine als Motor bestimmt werden soll. Ist W_0 die am Wattmeter abgelesene Leistung, so ist

$$W_0 = W_\varrho + W_h + W_w + m J_0^2 r_a$$

und der Wirkungsgrad

$$\eta = \frac{W}{W + W_0 + m r_a (J^2 - J_0^2) + i_e^2 r_e}.$$

Fällt die für den dritten Versuch geforderte Erregung mit der Erregung des zweiten Versuches zusammen, so wird

$$W_0 = W_0' = W_{II} - m r_a J_0^2$$

und der dritte Versuch wird entbehrlich.

Damit die Reibungsverluste einen konstanten Wert haben, ist es erforderlich, die Maschine 4 bis 6 Stunden laufen zu lassen.

Die vorliegende Methode ist ganz allgemein verwendbar und eignet sich insbesondere für Messungen an fertig montierten Maschinen in der Zentrale. Es ist hier nur nötig, die Pleuelstange der Versuchsmaschine auszuhängen, oder die Turbine ohne Beaufschlagung laufen zu lassen; eine besondere Eichung und Erhöhung der Geschwindigkeit, wie dies bei der Auslaufmethode erforderlich ist, ist hier nicht vorzunehmen. Auch für kleine Maschinen mit geringen Schwungmassen, die wegen der kurzen Auslaufzeit keine genaue Bestimmung der Auslaufkurven gestatten, ist diese Anordnung sehr gut zu verwenden. Soll diese Methode für eine Reihe von Belastungen durchgeführt werden, so ist nebst der Ermittlung von r_a und W_0 noch die Kenntnis der Leerlauf- und Kurzschlußcharakteristik erforderlich, aus denen sich die entsprechenden Erregerströme i_e und Erregerverluste $W_e = i_e^2 r_e$ leicht bestimmen lassen.

c) Wirkungsgradbestimmung nach der Zurückarbeitungsmethode. Wo es sich um eine Bestimmung des Wirkungsgrades zweier für die gleiche Leistung und nach gleicher Type gebauter Maschinen handelt, kann man den Wirkungsgrad nach der Zurückarbeitungsmethode bestimmen. Die als Motor M und die als Generator G laufenden Maschinen werden entweder direkt oder durch Vermittlung einer Riemenübersetzung mechanisch gekuppelt. Es erzeugt sich dann das nach Schema Fig. 395 geschaltete System die zum Betriebe erforderliche Energie selbst, und nur das, was bei der Transformation der Energie verloren geht, muß einer anderen Energiequelle, im vorliegenden Falle einem geeichten Motor H, entnommen werden.

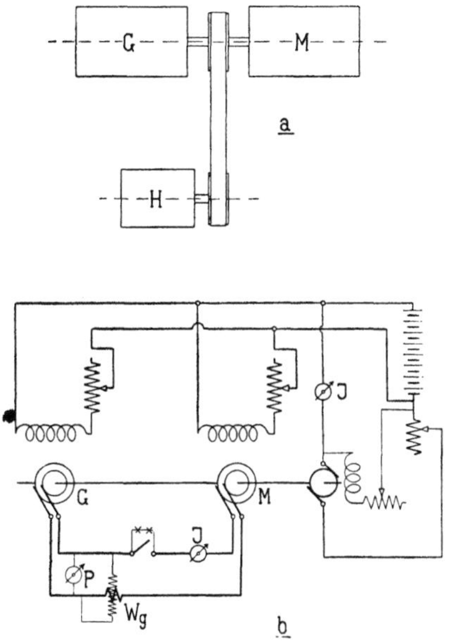

Fig. 395. Schaltungsschema der Zurückarbeitungsmethode.

Haben die beiden Maschinen gleiche Phase und Spannung erreicht, dann werden sie parallel geschaltet und durch Einregulierung der Erregung und Einstellung der relativen Lage der beiden Armaturen gegeneinander kann dann jeder beliebige Belastungszustand eingestellt werden.

Es bedeute W_g die in dem Systeme vom Generator G gelieferte elektrische Leistung, W_z die vom Hilfsmotor H gelieferte mechanische Leistung und η_t den Wirkungsgrad der Transmission zwischen dem Hilfsmotor und dem Dynamopaare. Ist ferner η_m der Wirkungsgrad des Motors und η_g derjenige des Generators, dann ist die an die Generatorwelle abgegebene mechanische Leistung

$$\eta_m W_g + \eta_t W_z = \frac{W_g}{\eta_g}.$$

Setzen wir nun $\eta_m = \eta_g = \eta$, dann ist

$$\eta^2 W_g + \eta (\eta_t W_z) - W_g = 0$$

und der Wirkungsgrad einer Maschine

$$\eta_m = \eta_g = \frac{1}{2 W_g} \left[\sqrt{(\eta_t W_z)^2 + 4 W_g^2} - \eta_t W_z\right].$$

Eine einfachere und hinreichend genaue Formel erhalten wir folgendermaßen. Man macht die Annahme, daß sich die von dem Hilfsmotor zugeführte Leistung $\eta_t W_z$ gleichmäßig auf die als Generator und die als Motor laufende Maschine verteilt, daß also der Verlust in einer Maschine $\frac{W_z \eta_t}{2}$ ist. Der Wirkungsgrad $\eta_g \eta_m$ der Gesamtübertragung ergibt sich dann als Verhältnis der vom Motor abgegebenen zu der vom Generator aufgenommenen Leistung:

$$\eta_g \eta_m = \frac{W_g - \frac{W_z \eta_t}{2}}{W_g + \frac{W_z \eta_t}{2}},$$

und der Wirkungsgrad einer Maschine

$$\eta_g = \eta_m = \eta = \sqrt{\frac{W_g - \frac{W_z \eta_t}{2}}{W_g + \frac{W_z \eta_t}{2}}} \quad . \; . \; . \quad (436)$$

Wir benötigen also nur die Kenntnis der vom Generator gelieferten Leistung $W_g = PJ \cos \varphi$ und der vom Hilfsmotor H abgegebenen Leistung W_z. Um letztere genau zu erhalten, müssen nebst der vom Motor aufgenommenen Leistung noch seine Eigenverluste und der Wirkungsgrad η_t der Transmission bekannt sein. Die Eigenverluste kennen wir durch die Eichung; in bezug auf η_t sind wir jedoch hauptsächlich auf Schätzung angewiesen.

Den Angaben dieser Methode kann nur eine geringe Genauigkeit zuerkannt werden, da die induzierten Spannungen von Generator und Motor wesentlich verschieden sind und dementsprechend auch Eisenverluste auftreten, die weder dem normalen Betriebe einer Maschine als Generator entsprechen, noch die Annahme der Gleichheit von Generator- und Motorwirkungsgrad als zulässig erscheinen lassen.

In der Praxis kann man diese Methode vielfach dort verwenden, wo es sich um die rasche Untersuchung einer großen Zahl gleichgebauter Maschinen handelt. Die Schaltungsanordnung der Zurückarbeitungsmethode bietet ferner ein sehr bequemes Mittel, um ohne viel Energieverbrauch die Maschinen einer Dauerprobe zu unterziehen.

156. Trennung der Eisenverluste.

Aus den Auslaufkurven, die bei offener Armatur und verschiedenen Werten des Erregerstromes beobachtet wurden, ergeben sich die Verlustkurven, aus denen wir die Reibungsverluste und die Eisenverluste entnehmen können.

Die Eisenverluste $W_h + W_w$ für eine bestimmte Periodenzahl c_1

und einer bestimmten Induktion entsprechend einem konstanten Verhältnisse $\left(\frac{E_p}{c}\right)$ bzw. konstantem Erregerstrome i_{e1} sind gleich den zugehörigen Abszissenabschnitten (Fig. 392) zwischen der Verlustkurve W_0 für $i_e = 0$ und der Verlustkurve W_1 für $i_e = i_{e1}$. Um nun die Trennung der Eisenverluste in die mit der Periodenzahl proportionalen und die mit dem Quadrate der Periodenzahl veränderlichen Verluste durchzuführen, hat man zunächst die Verluste pro Periode $\frac{W_h + W_w}{c}$ für jeden Wert von $\left(\frac{E_p}{c}\right)$ bzw. i_e zu berechnen und die erhaltenen Werte in Abhängigkeit von c aufzutragen (Fig. 396). Werden die so erhaltenen Kurven bis zum Schnitt mit der Ordinatenachse verlängert und zieht man durch den Schnittpunkt eine Parallele zur Abszissenachse, so stellt z. B. $\overline{ab}$ in Fig. 396 den Hysteresisverlust pro Periode $\frac{W_h}{c}$ und $\overline{bc}$ ein Maß für den Wirbelstromverlust pro Periode $\frac{W_w}{c}$ dar. Aus den Größen $\frac{W_h}{c}$ und $\frac{W_w}{c}$ kann nun die Abhängigkeit der Hysteresis- und Wirbelstromverluste von der induzierten EMK bei einer konstanten Periodenzahl leicht ermittelt werden.

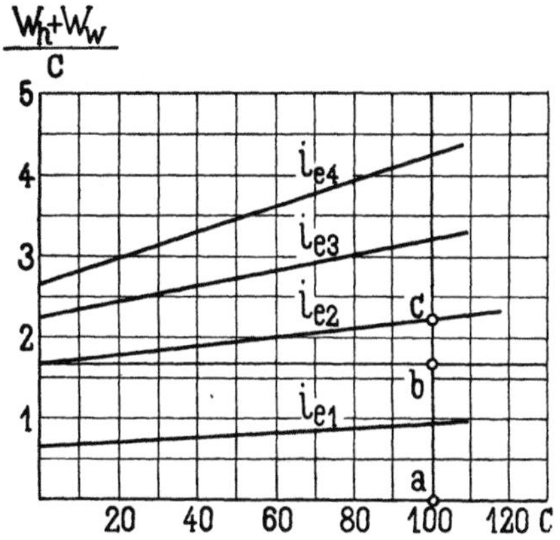

Fig. 396. Trennung der Hysteresis- und Wirbelstromverluste.

So erhält man z. B. für $c = c_1$ aus dem einer bestimmten Erregung entsprechenden konstanten Verhältnis $\left(\frac{E_p}{c}\right)$ die induzierte EMK

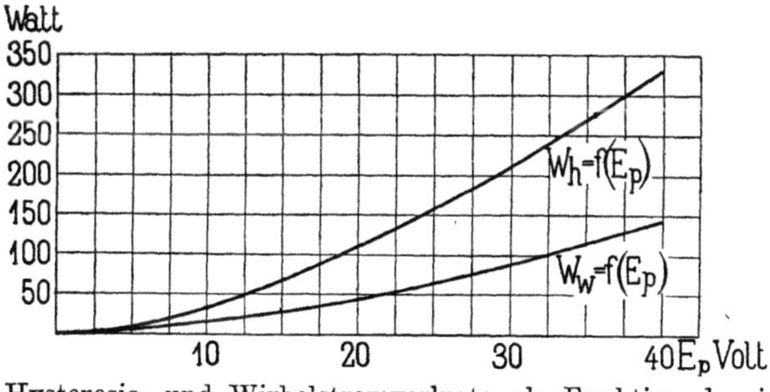

Fig. 397. Hysteresis- und Wirbelstromverluste als Funktion der induzierten EMK bei konstanter Periodenzahl.

$E_p = \left(\frac{E_p}{c}\right) c_1$ und die aus den einzelnen Kurven abgegriffenen Stücke $\frac{W_h}{c}$ bzw. $\frac{W_w}{c}$, mit c_1 multipliziert, ergeben dann je einen Punkt der Kurve $W_h = f(E_p)$ bzw. $W_w = f(E_p)$ (Fig. 397).

Wie die experimentelle Trennung der Eisenverluste gezeigt hat, gilt die Proportionalität der Wirbelstromverluste mit dem Quadrate der Periodenzahl nur bei geringen Induktionen und niederen Periodenzahlen. Bei hohen Periodenzahlen und Sättigungen beobachtet man ein Abbiegen der Kurven $\frac{W_h + W_w}{c}$ gegen die Abszissenachse (s. Fig. 436, S. 485).

157. Untersuchung der Temperaturerhöhung.

Die Temperaturerhöhung ist nach den „Normalien des Verbandes Deutscher Elektrotechniker" bei der normalen Belastung unter Berücksichtigung der verschiedenen Betriebsarten zu messen. Und zwar:

1. bei intermittierenden Betrieben (es wechseln nach Minuten zählende Arbeitsperioden mit Ruhepausen ab) nach Ablauf eines ununterbrochenen Betriebes von einer Stunde;

2. bei kurzzeitigen Betrieben nach Ablauf eines ununterbrochenen Betriebes während der auf dem Leistungsschild verzeichneten Betriebszeit;

3. bei Dauerbetrieben nach Ablauf von 10 Stunden. Sofern für kleine Maschinen feststeht, daß die stationäre Temperatur in weniger als 10 Stunden erreicht wird, kann die Temperaturzunahme nach entsprechend kürzerer Zeit gemessen werden.

Betriebsmäßig vorgesehene Umhüllungen, Abdeckungen und Ummantelungen usw. dürfen nicht entfernt, geöffnet oder verändert werden. Die Lufttemperatur ist immer in Höhe der Maschinenmitte und 1 m von der Maschine entfernt zu messen. Während des letzten Viertels der Versuchszeit ist die umgebende Luft in regelmäßigen Zeitabschnitten zu messen und daraus ein Mittelwert zu nehmen.

Zwischen dem Thermometer und dem zu messenden Maschinenteil ist eine möglichst gute Wärmeleitung durch Umgeben der Thermometerkugel mit Staniol herzustellen. Wärmeverluste sollen ferner dadurch tunlichst vermieden werden, daß man Thermometer und Meßteile mit trockener Putzwolle überdeckt. Die Ablesung findet erst statt, wenn das Thermometer nicht mehr steigt. Mit Ausnahme der mit Gleichstrom erregten Feldspulen und aller ruhenden Wicklungen werden alle Teile der Generatoren und Motoren mittels Thermometer auf ihre Temperaturzunahme untersucht. Soweit wie möglich, sind jeweilig die Punkte höchster Temperatur zu ermitteln und die dort gemessenen Temperaturen bei Bestimmung der Temperaturzunahme zu verwenden.

Die Temperaturerhöhung der Feldspulen. Diese ist aus der Widerstandszunahme zu ermitteln. Dabei ist, wenn nicht anderes bestimmt wird, für den Temperaturkoeffizienten 0,004 anzunehmen.

Sei R_{nt0} der der Temperatur t_0^0 C und R_{nt1} der der Temperatur t_1^0 C entsprechende Widerstand der Feldspulen, so wird

$$R_{nt1} = R_{nt0}\left[1 + 0{,}004\,(t_1 - t_0)\right]$$

und die Temperaturerhöhung

$$t_1 - t_0 = 250\,\frac{R_{nt1} - R_{nt0}}{R_{nt0}} \quad . \quad . \quad . \quad . \quad (437)$$

Die Widerstände R_{nt0} und R_{nt1} ergeben sich aus der Messung des Erregerstromes und der Klemmenspannung der Feldspulen.

Die Temperaturerhöhungen des Ankers. Diese werden gemessen, indem man die Maschine einer Dauerprobe unterzieht. Eine normale Dauerbelastung zu Versuchszwecken bedingt aber, insbesondere bei großen Maschinen, einen ganz beträchtlichen Energieaufwand und sie wird unter Umständen in den Versuchsräumen einer Fabrik gar nicht durchzuführen sein.

Hat man mehrere Maschinen gleicher Größe und für gleiche Spannungen, dann kann die Zurückarbeitungsmethode (siehe S. 619) zweckmäßig hierzu verwendet werden.

In vielen Fällen wird man auch hiermit nicht auskommen und muß dann zur Anwendung künstlicher Belastungen oder sogenannter Sparschaltungen übergehen.

Eine der Sparschaltungen besteht darin, daß man das Eisen der Versuchsmaschine normal beansprucht, indem man die Maschine mit voller Spannung leer laufen läßt und das Kupfer mit dem normalen Strome erwärmt, der einer besonderen Energiequelle entnommen wird. Als Heizstrom kommt in erster Linie Gleichstrom in Frage.

Die Anordnungen[1]) müssen so getroffen werden, daß die Gleichstromenergiequelle ihren Strom so in die Armatur des Generators zu liefern vermag, daß sie selbst keinen Strom vom Generator erhalten kann. Umgekehrt darf der Gleichstrom in der Wechselarmatur keine die Materialbeanspruchung störende Wirkung hervorrufen.

---

[1]) Goldschmidt, ETZ 1901, S. 682.

Ohne besondere Hilfsmittel werden diese Methoden nur bei Armaturen mit Dreieckschaltung anwendbar sein; bei Sternschaltungen hat man daher die Armatur provisorisch in Dreieck zu schalten. Die in Dreieck geschaltete Armatur wird dann zu diesem Zwecke in einem Verkettungspunkte aa' (Fig. 398) geöffnet und in diese eine Gleichstromquelle eingeschaltet.

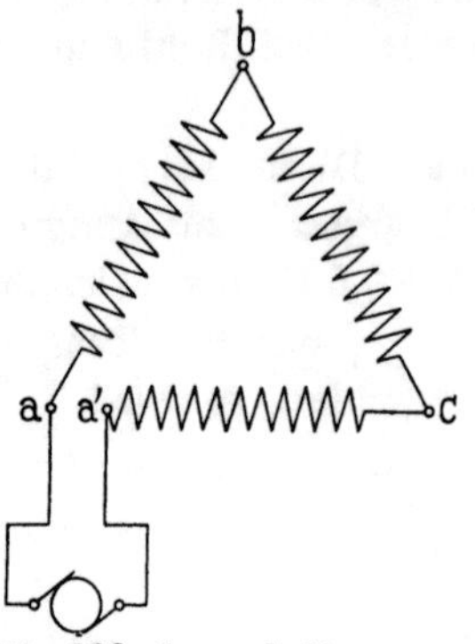

Fig. 398. Sparschaltung zur künstlichen Belastung eines Dreiphasengenerators.

Bei normaler Erregung des Generators heben sich für den Punkt aa' nur die Grundwellen der Phasenspannungen gegenseitig auf, nicht aber die dritten Harmonischen. Die von den dritten Harmonischen hervorgerufenen Ströme sind jedoch nur sehr klein, da für die Ströme dreifacher Periodenzahl die Impedanzen der in Serie geschalteten Phasen der Generatorwicklung sehr groß sind. Zur Sicherheit erregt man den Generator immer erst dann, wenn die Gleichstromquelle angeschlossen ist.

Der in der Dreiphasenarmatur fließende Gleichstrom kann auf die Feldpole keine Rückwirkung ausüben, da sich die in gleicher Richtung durchflossenen Phasen in ihrer magnetisierenden Wirkung gegenseitig aufheben.

Die in der Armatur bestehen bleibenden lokalen Felder, denen die 3fache Polzahl des Generators entspricht, können jedoch Veranlassung zu Wirbelströmen in den Polschuhen geben. Nun ist zwar die Streuung dieser lokalen Kraftflüsse und die Frequenz der Wirbelströme sehr groß, doch könnte, insbesondere bei massiven Polschuhen, der Fall eintreten, daß die so induzierten Wirbelströme größer werden, als die im normalen Betriebe auftretenden, weshalb diese Methode bei manchen Maschinentypen nur mit Vorsicht zu verwenden sein wird.

Als Gleichstromquelle benötigt man zu diesen Versuchen nur eine Maschine oder Batterie, die eine Leistung von ca. $2^0/_0$ der des Generators besitzt. Bei Maschinen für geringe Spannungen sind die erforderlichen hohen Stromstärken und niedrigen Spannungen schwer herzustellen. Unter Umständen kann man hierzu eine Gleichstrommaschine verwenden, die durch die Generatorwicklung beinahe kurzgeschlossen wird. Die auf die Wicklung wirkende Gleichspannung muß ferner nach Maßgabe der Widerstandsänderung bei zunehmender Temperatur nachreguliert werden können.

Eine andere Art der Sparschaltung besteht in der Anwendung

der Zurückarbeitungsmethode in einer und derselben Maschine, d. h. man läßt einen Teil der Maschine als Generator und den anderen als Motor arbeiten. Von außen brauchen somit durch eine Antriebsmaschine nur die Verluste zugeführt zu werden. Zu diesem Zwecke ist eine Gegeneinanderschaltung der Magnetpole vorzunehmen, wie es zuerst Prof. Ayrton vorgeschlagen hat. Die gegeneinandergeschalteten Teile müssen eine ungleiche Spulenzahl haben; infolge der Unterschiede der induzierten EMKe fließt ein Strom in der Ankerwicklung. Behrend[1]) macht die Anzahl der gegeneinandergeschalteten Pole gleich, erregt aber beide Hälften mit verschiedenen Strömen. Das hat den Nachteil, daß die Feldmagnete nicht betriebsmäßig erregt sind und daß auf den Rotor ein einseitiger Zug ausgeübt wird. Smith[2]) teilt daher die Erregerwicklung in mehrere Teile, so daß Gruppen von Generator- und Motorpolen sich längs des Ankerumfanges gegenseitig abwechseln. Alle Gruppen werden hintereinander geschaltet und werden also von demselben Erregerstrome durchflossen. Der Strom in der Ankerwicklung kommt dadurch zustande, daß die Gesamtzahl der Generatorpole von derjenigen der Motorpole verschieden ist. Die Ankerwicklung ist in sich kurzgeschlossen. Wählt man nun das Verhältnis der Generatorpolpaare x zu den Motorpolpaaren y so, daß bei dem normalen Erregerstrome im Anker der normale Volllaststrom fließt, so sind die Eisenverluste sowohl wie die Stromwärmeverluste ungefähr dieselben wie im normalen Betriebe. Es kann auf diese Weise nicht nur die Erwärmung der Maschine, sondern auch der Wirkungsgrad mit genügender Genauigkeit bestimmt werden.

Die Größen x und y ergeben sich aus folgender Überlegung. An jeder Stelle, wo die Erregerwicklung aufgeschnitten wird, bilden sich Folgepole aus. Von jedem der zwei aufeinanderfolgenden gleichnamigen Pole geht eine Polhälfte verloren, also an jeder Öffnungsstelle ein ganzer Pol. Ist $2q$ die Anzahl der Wicklungsöffnungen, so folgt

$$x + y = p - q \quad \ldots \ldots \ldots \quad (438)$$

Da weiter die Ankerwicklung in sich kurzgeschlossen ist, so kommt für die Größe und Phase des Ankerstromes fast nur die Streureaktanz x_{s1} in Betracht. Daraus folgt

$$x E_g - y E_m = J x_{s1} = E_{s1} \quad \ldots \ldots \quad (439\text{a})$$

E_g bzw. E_m ist die einem Generator- bzw. Motorpolpaare ent-

[1]) The Electrician, Bd. LII, S. 248.

[2]) J. of Inst. of El. Eng. 1908, Bd. XLII, S. 190.

sprechende EMK. Um E_g bzw. E_m zu bestimmen, ist die Resultierende aus den Amperewindungen pro Kreis AW_k und den längsmagnetisierenden Amperewindungen

$$AW_e = k_0 f_{w1} w m J$$

zu bilden und in die Leerlaufcharakteristik einzutragen. Es ist die resultierende Amperewindungszahl für den Generator $AW_k - AW_e$ und für den Motor $AW_k + AW_e$. E_m ist also größer als E_g, es muß also x größer als y gewählt werden.

In der Gl. 439a ist der Einfluß der Folgepole nicht berücksichtigt. In der Tat wird infolge der Ankerrückwirkung und des Einflusses der Sättigung an jeder Stelle, wo die Erregerwicklung geöffnet ist, die von den Motorpolen induzierte EMK angenähert um $\frac{1}{2}(E_m - E_g)$ erhöht.

Es ist also

$$x E_g - [y E_m + q (E_m - E_g)] = J x_{s1} \quad . \quad . \quad . \quad (439\,\text{b})$$

Aus 438 und 439b lassen sich x und y berechnen. Wie aus dem Obigen folgt, wird diese Methode um so genauere Resultate ergeben, je größer die Polzahl ist.

Eine andere Methode zur Bestimmung der Erwärmung ist von Hobart und Punga[1]) angegeben worden. Nach dieser Methode läßt man die zu untersuchende Maschine abwechselnd im Leerlauf und im Kurzschluß laufen, und zwar in der Weise, daß die während einer bestimmten Zeit erzeugten Eisenverluste und Stromwärmeverluste im Anker denjenigen, die während derselben Zeit im normalen Betrieb erzeugt werden, gleich sind. Da auch die Verluste im Erregerkupfer während dieser Zeit denjenigen des normalen Betriebes gleich sein sollen, muß das Verhältnis zwischen der Zeit des Kurzschlusses und Leerlaufes ein ganz bestimmtes sein. (Vgl. den erwähnten Aufsatz.) Auch bei dieser Methode ist der Energieaufwand nur dem gleich, der zur Deckung der Verluste nötig ist. Zur Ausführung dieses Versuches müssen die Einzelverluste der Maschine aus Vorversuchen bekannt sein.

Bestimmung der Temperaturerhöhung aus dem Leerlauf- und Kurzschlußversuch. Im Abschnitt 155 haben wir gesehen, daß sich die Verluste hauptsächlich aus den Leerlauf- und Kurzschlußverlusten zusammensetzen. Jeder dieser Verluste bedingt eine Temperaturerhöhung, und da das Verhältnis zwischen Temperaturerhöhung und Verlust nahezu konstant ist, so braucht man nur die bei Leerlauf mit normaler Erregung und die bei Kurzschluß ge-

[1]) H. M. Hobart und F. Punga, „Eine neue Methode zur Prüfung von Wechselstromgeneratoren". ETZ 1905, S. 441.

messenen Temperaturerhöhungen des Ankers und der Feldspulen zu addieren, um die Temperaturerhöhung bei Belastung annähernd zu erhalten. Im allgemeinen wird die so erhaltene Temperaturerhöhung ein wenig zu groß sein, so daß man zugleich die Sicherheit hat, daß die so ermittelte Temperaturerhöhung im Betriebe unter sonst gleichen Bedingungen nicht überschritten wird.

158. Beispiel für die vollständige Untersuchung eines Dreiphasengenerators.

Der untersuchte Generator der Firma Brown, Boveri & Co. war für eine Leistung von 350 KVA oder 280 KW bei $\cos\varphi = 0{,}8$, 3200 Volt verkettete Spannung, 50 Perioden und 94 Umdrehungen pro Minute bestimmt und direkt mit einer Dampfmaschine gekuppelt, auf deren Welle noch eine Gleichstrommaschine von 260 KW angebracht war.

Die Hauptdimensionen des Generators sind die folgenden:

Ankerdurchmesser	$D = 410$	cm
Ankerlänge	$l_1 = 23$	„ (3 Luftschlitze zu 0,75 cm)
Eisenlänge	$l = 20{,}75$	„
Eisenhöhe	$h = 11{,}0$	„
Polteilung	$\tau = 20{,}1$	„
Polbogen	$b_i = 21{,}0$	„
Verhältnis	$\frac{b_i}{\tau} = \alpha_i = 0{,}55$	

Windungszahl pro Phase in Serie $w = 448$ (14 Drähte pro Loch)

Nutenzahl	$Z = 192$	(runde Löcher)
Luftraum	$\delta = 4$ mm	
Polzahl	$2p = 64$	

64 Spulen: hochkant gewickeltes Flachkupfer, pro Pol 48 Windungen.

1. Die Leerlauf- und Kurzschlußcharakteristik zeigt Fig. 399.

2. Die Ermittlung der Spannungsänderungen wurde wie folgt durchgeführt. Aus dem Kurzschlußversuch ergibt sich für den effektiven Widerstand pro Phase

$$r_a = 0{,}94 \text{ Ohm}.$$

Durch Messung des Widerstandes mit Gleichstrom wurde

$$r_g = 0{,}545 \text{ Ohm}$$

gefunden; es ist somit

$$\frac{r_a}{r_g} = \frac{0{,}94}{0{,}545} = 1{,}72.$$

Aus der Leerlauf- und Kurzschlußcharakteristik (Fig. 399) ergibt sich für einen Kurzschlußstrom

$$J_k = 100 \text{ Amp.} = \overline{bd}$$

und

$$AW_e = k_0 f_{w1} m w J_k \sin \psi_k = 0{,}79 \cdot 1 \cdot 3 \cdot 448 \cdot 100 = 106000$$

entsprechend

$$i_e = \frac{AW_e}{w_e} = \frac{106000}{64 \cdot 48} = 34{,}5 \text{ Amp.} = \overline{ab}.$$

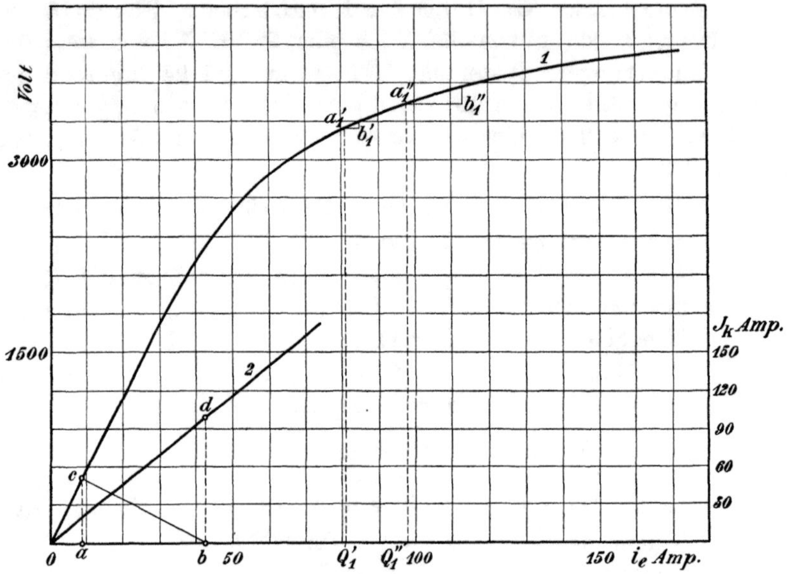

Fig. 399. Leerlauf- und Kurzschlußcharakteristik des 350 KVA-Dreiphasengenerators.

Vom resultierenden Felde, das einer Amperewindungszahl $\overline{ob} - \overline{ab}$ entspricht, wird, wie aus der Leerlaufcharakteristik zu entnehmen ist, eine EMK pro Phase von

$$\frac{\overline{ac}}{\sqrt{3}} = \frac{480}{\sqrt{3}} = 277 \text{ Volt} = J_k \sqrt{r_a^2 + x_{s1}^2}$$

induziert, also wird

$$x_{s1} = \sqrt{\left(\frac{277}{100}\right)^2 - 0{,}94^2} = \mathbf{2{,}63\ Ohm}.$$

a) Spannungserhöhung für Vollast und $\cos \varphi = 1{,}0$. Wir bestimmen zunächst den Winkel ψ aus der Beziehung

$$\operatorname{tg}\psi = \frac{P\sin\varphi + Jx_{s1} + \dfrac{E_{s3}}{\cos\psi}}{P\cos\varphi + Jr_a}.$$

Für $J = 63$ Amp. ergibt sich

$$\frac{AW_q}{\cos\psi} = k_q f_{w1} m J w = 0{,}36 \cdot 3 \cdot 63 \cdot 448 = 30\,500,$$

wenn nach Fig. 25, S. 34 für $k_q = 0{,}36$ eingesetzt wird. Aus der Leerlaufcharakteristik finden wir für eine Erregung von

$$\frac{30\,500}{64 \cdot 48} = 9{,}9 \text{ Amp.}$$

eine verkettete Spannung von 570 Volt und somit

$$\frac{E_{s3}}{\cos\psi} = \frac{570}{\sqrt{3}} = 330 \text{ Volt}.$$

Es ist also

$$\operatorname{tg}\psi = \frac{63 \cdot 2{,}63 + 330}{1850 + 63 \cdot 0{,}94} = 0{,}26,$$

$$\psi = 14^0\,35' = \Theta.$$

Die entmagnetisierenden Amperewindungen betragen nun

$$AW_e = k_0 m f_{w1} w J \sin\psi = 0{,}79 \cdot 3 \cdot 448 \cdot 63 \cdot 0{,}251 = 16\,800,$$

welchen ein Erregerstrom

$$i_e = \frac{16\,800}{48 \cdot 64} = 5{,}5 \text{ Amp.}$$

entspricht. Wir berechnen weiter

$$E_D = P\cos\Theta + Jr_a\cos\psi + Jx_{s1}\sin\psi$$
$$= 1850 \cdot 0{,}968 + 63 \cdot 0{,}94 \cdot 0{,}968 + 63 \cdot 2{,}63 \cdot 0{,}251 = 1887 \text{ Volt}$$

und tragen $\sqrt{3}\,E_D = \overline{a_1' Q_1'}$ in die Leerlaufcharakteristik ein; machen wir jetzt $\overline{a_1' b_1'} = 5{,}5$ Amp., so ergibt sich die induzierte EMK $E = 1980$ Volt und

$$\varepsilon\,{}^0\!/_0 = \frac{1930 - 1850}{1850} \cdot 100 = 4{,}3\,{}^0\!/_0.$$

b) Spannungserhöhung bei Vollast und $\cos\varphi = 0{,}8$.

$$\operatorname{tg}\psi = \frac{1850 \cdot 0{,}6 + 63 \cdot 2{,}63 + 330}{1850 \cdot 0{,}8 + 63 \cdot 0{,}94} = 1{,}04,$$

$$\psi = 46^0\,5' \qquad \Theta = 9^0\,10'$$

$$AW_e = 16\,800 \frac{0{,}720}{0{,}251} = 48\,000;$$

dem entspricht $i_e = 15{,}6$ Amp.

$$E_D = 1850 \cdot 0{,}987 + 63 \cdot 0{,}94 \cdot 0{,}693 + 63 \cdot 2{,}63 \cdot 0{,}720 = 1992 \text{ Volt.}$$

Wir tragen in die Leerlaufcharakteristik

$$\sqrt{3}\, E_D = \overline{a_1'' Q_1''} \quad \text{und} \quad \overline{a_1'' b_1''} = 15{,}6 \text{ Amp.}$$

ein und entnehmen $E = 2080$ Volt; somit

$$\varepsilon\,{}^0\!/_0 = \frac{2080 - 1850}{1850}\, 100 = 12{,}4\,{}^0\!/_0 .$$

c) Spannungsabfall für Vollast und $\cos\varphi = 0{,}8$. Wir bestimmen diesen angenähert auf rechnerischem Wege. Der Winkel Θ ergibt sich aus der Beziehung

$$\Theta \cong \frac{180}{\pi} \cos\varphi \frac{J x_{s1} - J r_a \operatorname{tg}\varphi + \dfrac{E_{s3}}{\cos\psi}}{P_0},$$

also $$\Theta = \frac{180}{\pi}\, 0{,}8\, \frac{63 \cdot 2{,}63 - 63 \cdot 0{,}94 \cdot 0{,}751 + 330}{1850} = 11{,}2^0 .$$

Die Phasenspannung beträgt

$$P \cong \frac{1}{\cos\Theta} \left\{ P_0 - \left[\left(\frac{E_{s3}}{\cos\psi} + J x_{s1} \right) \sin\psi + J r_a \cos\psi \right] \right\}$$

$$P \cong \frac{1}{0{,}981} [1850 - (330 + 63 \cdot 2{,}63)\, 0{,}745 - 63 \cdot 0{,}94 \cdot 0{,}667] = 1470 \text{ Volt,}$$

also $$\varepsilon\,{}^0\!/_0 = \frac{1850 - 1470}{1850}\, 100 = 20{,}5\,{}^0\!/_0 .$$

3. Regulierungskurve und Verluste in der Feldwicklung bei $\cos\varphi = 1$.

J $\cos\varphi = 1$	P verkett. Sp.	$\sqrt{3}\, E_p$	$\dfrac{AW_e}{w_e}$ Amp.	i_e Amp.	$W_e = i_e^2 r_e$ Watt
63	3200	3300	3,1	$81 + 3{,}1 = 84$	3140
$\frac{3}{4} \cdot 63$	3200	3280	1,77	$78{,}7 + 1{,}77 = 80{,}5$	2890
$\frac{1}{2} \cdot 63$	3200	3250	0,8	$77{,}6 + 0{,}8 = 78{,}4$	2730
$\frac{1}{4} \cdot 63$	3200	3225	0,196	$76{,}5 + 0{,}196 = 76{,}7$	2620
0	3200	3200	0	74,0	2440

Durch Berechnung der für die verschiedenen Belastungen erforderlichen induzierten EMKe (nach S. 629) und der entmagnetisierenden Amperewindungen

$$AW_e = k_0 f_{w1} m\, w\, J \sin\psi$$

ergeben sich aus der Leerlaufcharakteristik (Fig. 399) die vorstehenden Erregerströme i_e und die Erregerverluste $W_e = i_e^2 r_e$ Watt. Der Widerstand der Feldwicklung wurde im warmen Zustande zu $r_e = 0{,}445$ Ohm gemessen.

4. Bestimmung der Reibungs-, Eisen- und Kupferverluste. Wirkungsgrad.

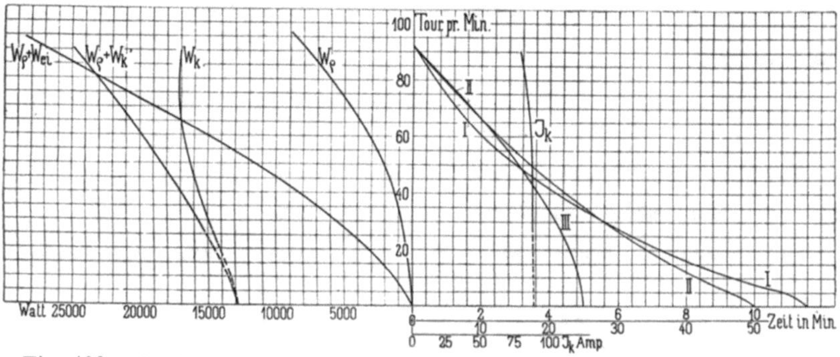

Fig. 400. Auslauf- und Verlustkurven des 350 KVA-Dreiphasengenerators.

Es wurde der Auslauf bei ausgehängter Schubstange beobachtet und die in Fig. 400 dargestellten Auslaufkurven erhalten.

Bei unerregter Maschine ($i_e = 0$) ergab sich (unterer Zeitmaßstab) — Kurve I

bei normal erregter Maschine ($i_e = 84$ Amp.) (oberer Zeitmaßstab) — Kurve II

und bei kurzgeschlossener Maschine ($J_k = 78$ Amp.) (oberer Zeitmaßstab). — Kurve III

Der Generator wurde ferner durch die auf der gleichen Welle sitzende Gleichstrommaschine mit $n = 90$ Umdrehungen pro Minute angetrieben.

Der Gleichstrommaschine wurden abzüglich der Anker- und Übergangsverluste zugeführt, wenn

der Generator unerregt lief: 13200 Watt $= W_\varrho + W'_{ei,g}$

der Generator normal erregt lief: 32300 Watt $= W_\varrho + W''_{ei,g} + W_{ei,w}$

der Generator kurzgeschlossen lief: 30300 Watt $= W_\varrho + W'''_{ei,g} + W_k$.

Die Eisenverluste der Gleichstrommaschine können wir als konstant ansehen, so daß

$$W'_{ei,g} = W''_{ei,g} = W'''_{ei,g}$$

ist, und somit die Eisenverluste der Wechselstrommaschine

$$W_{ei,w} = W_{ei} = 32300 - 13200 = 19100 \text{ Watt sind.}$$

Für $J_k = 78$ Amp. wird $W_k = 30300 - 13200 = 17100$ Watt.

Aus den Auslaufkurven I und II ergibt sich für den

unerregten Generator $\qquad W_\varrho = C n_1 \frac{dn}{dt} = C n_1 \operatorname{tg} \gamma_1$

und für den normal erregten Generator $\quad W_\varrho + W_{ei} = C n_1 \operatorname{tg} \gamma_2$

und hieraus

$$W_\varrho = W_{ei} \frac{\operatorname{tg} \gamma}{\operatorname{tg} \gamma_2 - \operatorname{tg} \gamma_1} = 19100 \cdot 0{,}403 = \mathbf{7700\ Watt},$$

da für $n_1 = 90$, $\operatorname{tg} \gamma_1 = 0{,}25$ und $\operatorname{tg} \gamma_2 = 0{,}87$.

Die Konstante C bestimmt sich wie folgt:

n	i_e	J_k	dem Generator zugeführte Leistung	$\overline{ab}$ mm	C.	
90	0	0	$W_\varrho = 7700$	55	140	$C_m = \mathbf{136{,}5}$
90	—	78	$W_\varrho + W_k =$ 24800	186	133	

Die Verlustkurven (Fig. 400) ergeben sich durch folgende Berechnung:

n	aus Kurve I $\overline{ab}$[1])	W_ϱ	aus Kurve II $\overline{ab}$	$W_\varrho + W_{ei}$	$\frac{W_{ei}}{c}$	aus Kurve III $\overline{ab}$	$W_\varrho + W_k$	J_k Amp.	$r_a = \frac{W_k}{J_k^2 m}$ Ohm
90	55 ≅ 56,5	7700	196	26750	397	186 ~ (181,5)	24800	78	0,936
85	50	6820	181	24750	395	175	23950	80,5	0,882
80	43	6000	166,5	22750	392	169	23100	82	0,85
75	38,5	5250	152,5	20800	389	163	22250	83,3	0,818
70	33	4500	138	18850	359	157	21400	84,5	0,80
.	.	.	.	.	.	.	.	.	.
.	.	.	.	.	.	.	.	.	.

[1]) Die Subtangenten $\overline{ab}$ beziehen sich natürlich alle auf einen gleichen Zeitmaßstab der Auslaufkurven.

Bildet man aus den, aus Fig. 400 für die normale Erregung und verschiedene Dreh- bzw. Periodenzahlen zu entnehmenden Eisenverlusten W_{ei} die Eisenverluste pro Periode, so erhält man die Kurve der Fig. 401, die sehr deutlich den Einfluß der Schirmwirkung auf die Größe der Verluste mit zunehmender Periodenzahl veranschaulicht.

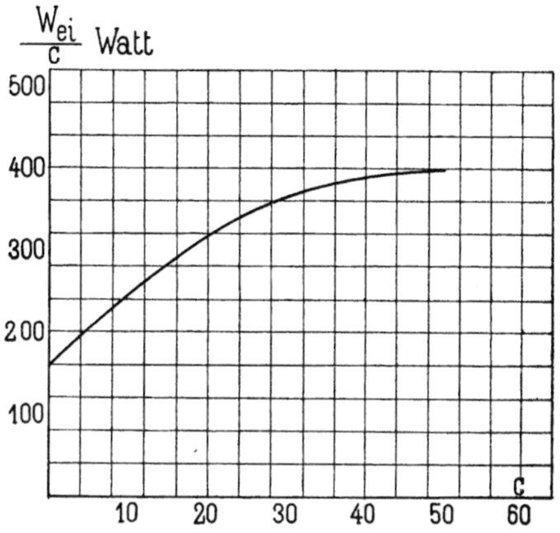

Fig. 401. Eisenverluste pro Periode als Funktion der Periodenzahl.

In Fig. 400 ist ferner noch die Abhängigkeit des Kurzschlußstromes J_k von der Auslaufzeit bzw. der Drehzahl dargestellt. Unmittelbar vor Stillstand der Maschine sind die Ablesungen von J_k sehr schwankend und unsicher, weshalb die Kurve bis zum Schnittpunkte mit der Abszissenachse, entsprechend einem stetigen Verlaufe, verlängert wurde. Dasselbe wurde auch für die Verlustkurve

$$W_k = m J_k^2 r_a = f(n)$$

durchgeführt.

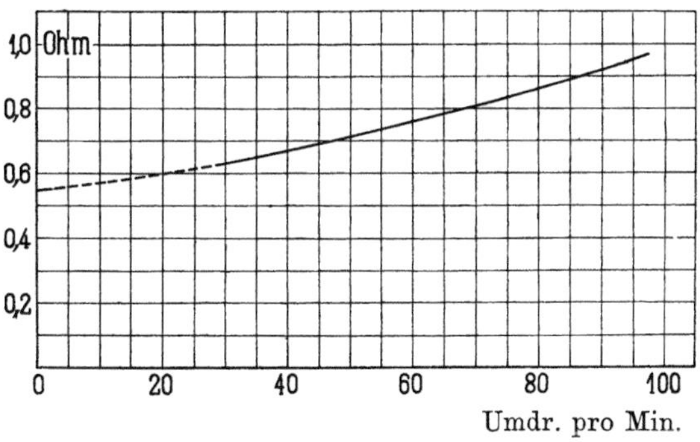

Fig. 402. Abhängigkeit des effektiven Widerstandes von der Drehzahl.

Bildet man $r_a = \frac{W_k}{m J_k^2}$, so erhält man für den effektiven Widerstand als Funktion der Dreh- bzw. Periodenzahl den Verlauf der Kurve in Fig. 402; für die Drehzahl $n = 0$ ist

$$\boldsymbol{r_a = \frac{12\,850}{3 \cdot 88{,}5^2} = 0{,}547 \simeq r_g},$$

also auf den Wert gesunken, den wir mit Gleichstrom (s. S. 627) gemessen hatten. Der effektive Widerstand bei $n = 94$ ist

$$r_a = 0{,}94 \text{ Ohm}.$$

Die Summe der Verluste und die Wirkungsgrade als Funktion der abgegebenen Leistung bei $\cos\varphi = 1$ sind in der folgenden Tabelle enthalten.

n	KVA	P	J	$\sqrt{3}\,E_p$	$3\,J^2 r_a$	W_{ei}	W_e	W_ϱ	ΣW	η
94	350	3200	63	3300	11200	19050	3140	8400	41790	0,896
94	263,25	3200	47,2	3280	6270	18700	2890	8400	36260	0,882
94	175	3200	31,5	3250	2980	18300	2730	8400	32410	0,846
94	87,75	3200	15,72	3225	695	18100	2620	8400	29815	0,746
94	0	3200	0	3200	0	17900	2440	8400	28740	0

Bei $n = 94$ Umdrehungen pro Minute und der Erregung $i_e = 84$ Amp. ergeben sich aus Fig. 400 bzw. 401 die Eisenverluste zu

$$W_{ei} = 19850 \text{ Watt},$$

die einer induzierten EMK von $\sqrt{3}\,E_p = 3350$ Volt entsprechen. Nun variieren die gesamten Eisenverluste annähernd proportional der 1,8ten Potenz der induzierten EMK und man findet dann die einem bestimmten Belastungszustand bzw. die einer bestimmten induzierten EMK entsprechenden Eisenverluste zu

$$W_{ei} = \frac{19850}{(3350)^{1,8}}(E_p)^{1,8} = 8{,}78 \cdot 10^{-4}\, E_p^{1,8}.$$

Im Wirkungsgrad des Generators sind die ganzen Reibungsverluste des Aggregates, also auch die der Gleichstrommaschine enthalten.

5. Dauerversuch und Temperaturerhöhung. Nach Ablauf eines 7stündigen Dauerversuches, bei dem die Maschine im Mittel mit 310 KW belastet war, wurden folgende Temperaturerhöhungen gemessen:

Armatureisen (mit Thermometer) $T_a = 19^0$ C,
Feldspulen (aus Widerstandserhöhung) $T_m = 3{,}1^0$ C.

159. Untersuchung eines Synchronmotors.

Die Untersuchung eines Synchronmotors wird sich auf die Aufnahme der *V*- und Arbeitskurven und die Bestimmung des Wirkungsgrades zu erstrecken haben.

Die Bestimmung des Wirkungsgrades einer für den Lauf als Synchronmotor bestimmten Maschine kann naturgemäß nach irgendeiner der im Abschnitt 155 behandelten Methoden durchgeführt werden. Besonders vorteilhaft wird sich hierzu die Messung des Leerlaufeffektes und der Stromwärmeverluste beim leerlaufenden Synchronmotor (Leerlaufmethode s. S. 617) anwenden lassen.

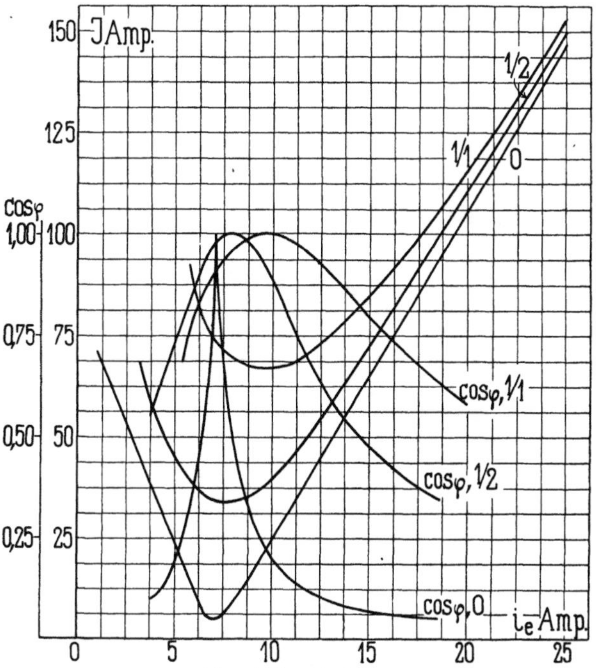

Fig. 403. *V*-Kurven.

Kurve 0: *V*-Kurve für Leerlauf; $\cos\varphi, 0$: $\cos\varphi = f(i_e)$ bei Leerlauf
Kurve $^1/_2$: *V*-Kurve für $^1/_2$-Last; $\cos\varphi, ^1/_2$: $\cos\varphi = f(i_e)$ bei $^1/_2$-Last.
Kurve $^1/_1$: *V*-Kurve für Vollast; $\cos\varphi, ^1/_1$: $\cos\varphi = f(i_e)$ bei Vollast.

Die *V*-Kurven, für die

Drehzahl konstant,
Klemmenspannung konstant,
gelieferte mechanische Leistung konstant,
Erregung veränderlich ist,

werden aufgenommen, nachdem die als Synchronmotor laufende Maschine mit einem Generator parallel geschaltet und die Belastung des Motors auf einen bestimmten Wert einreguliert ist. Indem man nun bei konstanter Drehzahl und Klemmenspannung der Antriebsmaschine und konstanter Belastung des Motors die Erregerstromstärke

i_e innerhalb der möglichen Grenzen verändert, erhält man aus der Abhängigkeit zwischen i_e und der aufgenommenen Stromstärke J die V-Kurven.

In Fig. 403 sind die V-Kurven für einen 525 PS-Dreiphasen-Synchronmotor der Maschinenfabrik Örlikon für 3500 Volt, 375 Umdrehungen pro Minute und 50 Perioden dargestellt, wenn derselbe leer, mit halber und voller Belastung läuft. Beobachtet man gleichzeitig noch die vom Motor aufgenommene Leistung, so kann hieraus der Leistungsfaktor $\cos\varphi$ berechnet werden, der in Abhängigkeit von der Erregung für Leerlauf, Halb- und Vollast die Kurven $\cos\varphi\,0$, $\cos\varphi\,{}^1/_2$ und $\cos\varphi\,{}^1/_1$ liefert.

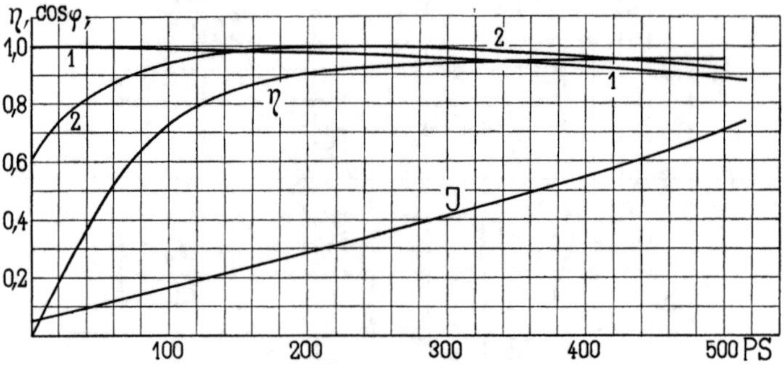

Fig. 404. Arbeitskurven eines Synchronmotors.

Kurve 1: $\cos\varphi$ für $i_e = 7{,}1$ Amp.
Kurve 2: $\cos\varphi$ für $i_e = 7{,}6$ Amp.

Die **Arbeitskurven** eines Synchronmotors stellen uns den Wirkungsgrad η, den Leistungsfaktor $\cos\varphi$ und den Ankerstrom J als Funktion der vom Motor gelieferten Leistung in PS dar. Sie werden bei konstanter Klemmenspannung und bei ein oder mehreren innerhalb einer Versuchsreihe konstant zu haltenden Werten des Erregerstromes i_e aufgenommen. Die vom Motor gelieferte Leistung kann entweder mechanisch mittels eines Bremszaumes oder elektrisch durch Belasten mit einer Gleichstromdynamo, deren Wirkungsgradkurve bekannt ist, gemessen werden.

In Fig. 404 sind diese Kurven für den 525 PS Dreiphasen-Synchronmotor der Maschinenfabrik Örlikon dargestellt. Die Klemmenspannung betrug hierbei 3500 Volt und die Erregung $i_e = 7{,}1$ Ampere. Bei einer Erregung von $i_e = 7{,}6$ Ampere erhalten wir bei der mittleren Belastung den Leistungsfaktor $\cos\varphi = 1$; soll der Motor bei Vollast mit $\cos\varphi = 1$ arbeiten, dann müssen wir die Erregerstromstärke auf $i = 9{,}4$ Ampere (s. Fig. 403) einregulieren.

160. Experimentelle Bestimmung der Winkelabweichung.

a) Winkelabweichung einer Maschine gegen vollkommenen Synchronismus. Die periodischen Abweichungen der Winkelgeschwindigkeit einer mit Kolben und Kurbelmechanismus arbeitenden Kraftmaschine gegenüber der mittleren gleichförmigen Geschwindigkeit drücken wir durch den Ungleichförmigkeitsgrad aus, der durch

$$\frac{\omega_{max} - \omega_{min}}{\omega_{mitt}}$$

definiert ist. Für das Parallelarbeiten von Generatoren kommt jedoch weniger der absolute Wert des Ungleichförmigkeitsgrades in Betracht, als vielmehr die durch die ungleichförmige Bewegung bedingte maximale Winkelabweichung zwischen der Kurbel der Antriebsmaschine und einer ideellen Kurbel, die mit vollkommen gleichförmiger Geschwindigkeit rotiert.

Die zahlreichen zur experimentellen Bestimmung der Winkelabweichung bisher angewandten Versuchsanordnungen lassen sich in die folgenden drei Methoden einteilen:

1. Die Bestimmung der Winkelabweichung erfolgt durch die Messung der Winkel, die in gleichen Zeiten zurückgelegt werden, oder durch die Messung der Zeiten, in denen gleiche Winkel durchlaufen werden.

2. Die Bestimmung der Winkelabweichung erfolgt durch den Vergleich der ungleichförmigen Drehbewegung mit einer gleichförmigen Drehbewegung, und

3. Die Bestimmung der Winkelabweichung erfolgt durch die direkte Messung der Momentanwerte der Geschwindigkeit.

Bei den zur ersten Methode gehörenden Versuchsanordnungen bedient man sich, da es sich um die Messung kleiner Winkel bzw. Zeitunterschiede in rascher Aufeinanderfolge handelt, einer schreibenden Stimmgabel[1]). Die Anwendung derselben beruht auf der Unveränderlichkeit der Schwingungszahl tönender Stimmgabeln, die in der Weise verwertet wird, daß man die schwingende und mit einem Schreibstift versehene Stimmgabel Wellenlinien auf ein an der ungleichförmigen Bewegung teilnehmendes Organ aufzeichnen läßt. Aus den verschiedenen Winkeln, die durch den Abstand einer vollen Stimmgabelschwingung gegeben sind und in gleichen Zeiten zurückgelegten Wegen entsprechen, kann unmittel-

---

[1]) Joh. Radinger, „Dampfmaschinen mit hoher Kolbengeschwindigkeit". Ransome, Cyclometer 1888. Dr. Braun, Gyrograph 1894. Dr. Göpel, Z. Ver. deutsch. Ing. 1900, S. 1359.

bar die Winkelabweichung und der Ungleichförmigkeitsgrad bestimmt werden.

Für diese Untersuchungen werden nach der Phys. Techn. Reichsanstalt bei Umdrehungszahlen zwischen 70 und 300 pro Minute Stimmgabeln mit 435 vollen Schwingungen pro Sekunde verwendet; Keilholtz[1]) und David[2]) verwendeten solche von nur ca. 100 vollen Schwingungen. Als Schreibstift wird an eine Stimmgabelzinke ein elastischer Metalldraht von ca. 20 mm angelötet.

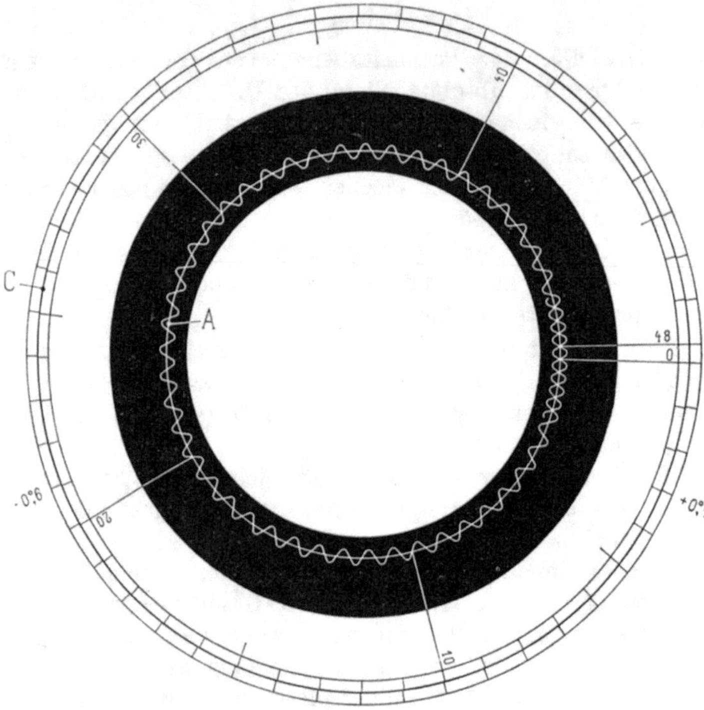

Fig. 405. Bestimmung der Winkelabweichung mittels Stimmgabel.

Die Aufzeichnungen der Stimmgabel können nun entweder auf der Schwungradkranzfläche, auf einem zylindrischen Teile der Kurbelwelle oder auf einer besonderen, auf das freie Wellenende aufgebrachten Papier- oder Metallscheibe erhalten werden. Die letztere Anordnung mit einer vollständig homogen berußten Scheibe wird am meisten verwendet, da gewöhnlich dieser Teil der Maschine während des Betriebes am leichtesten zugänglich ist.

[1]) Transactions of Am. Inst., Bd. XVIII, S. 719.

[2]) Bulletin de la Soc. int. d. Electr., Bd. XVIII, S. 503.

Ein Beispiel für eine derartige Messung zeigt Fig. 405[1]); in die durch die Stimmgabelschwingung erhaltene kreisförmige Wellenlinie wurde bei ruhender Stimmgabel der Kreis *A* eingezeichnet. Für die Auswertung überträgt man zweckmäßig die Schnittpunkte der Wellenlinie mit der Mittellinie *A* auf den Kreis *C*. Man erhält dann die während einer Umdrehung gleichen Zeiten entsprechenden verschiedenen Wellenlängen. Teilt man ferner den Umfang, auf welchen z. B. die 48 Schwingungen projiziert wurden, in 48 gleiche Teile, so gibt der maximale Abstand zwischen der gleichförmigen und ungleichförmigen Teilung in Graden gemessen direkt die maximale Winkelabweichung. Hierbei ist bei gegebener Drehrichtung auf das Vorzeichen der Winkelabweichung Rücksicht zu nehmen.

Die zur zweiten Gruppe dieser Methoden gehörenden Vorrichtungen sind sehr mannigfaltig und gestatten die Beobachtung der Winkelabweichung entweder durch eine mechanisch betätigte Zeigerablesung oder durch eine stroboskopische Anordnung.

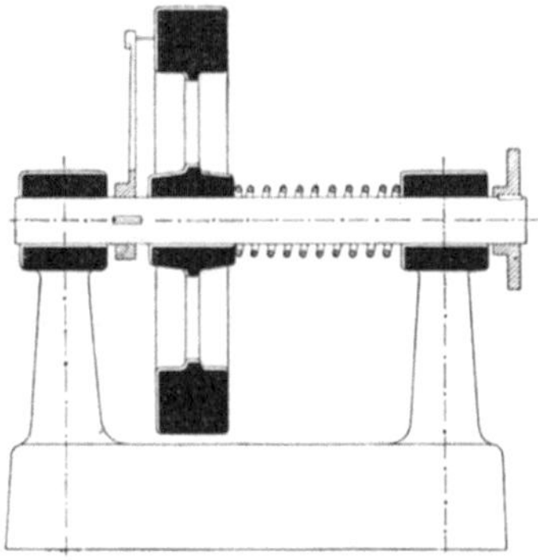

Fig. 406. Bestimmung der Winkelabweichung mit dem Apparat von Aichele.

Das Prinzip der ersteren Anordnungen kann durch den Apparat von Aichele[2]) charakterisiert werden. In Fig. 406 wird das lose auf der Welle sitzende und nur durch eine Spiralfeder mit dieser verbundene Schwungrad eine gleichförmige mittlere Geschwindigkeit annehmen, wenn die Welle mit ungleichförmiger Geschwindigkeit angetrieben wird. Die relativen Bewegungen zwischen Welle und Schwungrad können durch einen auf der Welle sitzenden Schreibhebel auf der Seitenfläche des Schwungrades in Form eines Bogens aufgezeichnet werden. Man erhält auf diese Weise die maximalen Winkelabweichungen. Wenn man keine besondere Übersetzung zwischen der Kraftmaschinenwelle und der Welle des Versuchsapparates verwendet, werden die aufgezeichneten Bogen klein und die Ablesungen ungenau, da sich die Bogen wie das Verhältnis zwischen Maschinen- und Hilfsschwungradhalbmesser verhalten.

---

[1]) Aus Bulletin de Soc. int. des Electr., Bd. XVIII, S. 2, II.

[2]) ETZ 1900, S. 263. D. R. P. Nr. 81572 Schäfer und Budenberg; Franke, ETZ 1901, S. 887; Rateau und Mix, Bulletin de la Soc. d. E., Bd. XVIII.

Dieser Apparat wurde mehrfach modifiziert und erhielt unter anderem von Göpel und Franke[1]) eine andere Form.

Von den sog. stroboskopischen Methoden soll hier als besonders einfache Anordnung die von Sartori[2]) angeführt werden. Bei dieser werden zwei Scheiben verwendet, in denen je ein spiralförmiger Schlitz eingeschnitten ist. Werden diese Scheiben auf zwei unabhängig voneinander drehbaren Wellen so aufgesetzt, daß die Spiralen sich entgegengesetzt aufrollen, so wird der Kreuzungspunkt zweier Schlitze einen belichteten Punkt geben, dessen Vektor die momentane gegenseitige Lage der beiden Scheiben bestimmt. Rotiert nun die eine dieser beiden Scheiben mit der ungleichförmigen Geschwindigkeit und stellt man die andere mit gleichförmiger Geschwindigkeit angetriebene Scheibe der ersteren auf kurze Entfernung gegenüber, so wird bei gleicher Drehrichtung ein den Kreuzungspunkt der beiden Spiralen durchdringendes Lichtbüschel ein kontinuierliches Bild auf einen passend angeordneten Schirm aufzeichnen. Haben beide Scheiben gleichförmige Geschwindigkeit, dann geht das Bild in einen festen Kreis über; bei periodisch erfolgender Variation der Geschwindigkeit der einen Scheibe wird sich der Kreis verengen oder erweitern, je nachdem es sich um eine Beschleunigung oder Verzögerung gegenüber der gleichförmigen mittleren Geschwindigkeit handelt. Die Winkelabweichungen der beiden Wellen erhält man durch Beobachtung der verschiedenen Radien, die die vom Schnittpunkt der beiden Spiralschlitze beschriebene Figur besitzt. Die Verschiebungen gegenüber der Mittellage bzw. die Radien können deutlicher beobachtet werden, wenn zwischen der die ungleichförmige Bewegung mitmachenden Scheibe und der Maschinenwelle eine Friktionsräderübersetzung eingeschaltet wird. Auf diese Weise wurde von Sartori an einem Dreiphasengenerator eine maximale Verschiebung der Schnittpunkte gegenüber der Mittellage der beiden Spiralschlitze von 1,6 cm gemessen. Die Spirale der verwendeten Scheibe war so dimensioniert und das Übersetzungsverhältnis so gewählt, daß eine Verschiebung von 1,0 cm einer Winkelabweichung der Maschinenwelle von $0{,}24^0$ entsprach. Die maximale Winkelabweichung in bezug auf die Mittellage betrug demnach

$$\tfrac{1}{2} \cdot 1{,}6 \cdot 0{,}24 = 0{,}192^0.$$

Eine ähnliche Versuchsanordnung, bei der die Bilder stark beleuchteter, in gleichen Abständen auf dem Schwungradkranze an-

---

[1]) ETZ 1901, S. 877.

[2]) Bulletin de la Soc. des Electr., Bd. XVIII und Z f. E. 1903, S. 489.

gebrachter Spiegel mit den Löchern in einer gleichförmig angetriebenen Trommel in Koinzidenz gebracht werden, ist von Cornu[1]) angegeben worden. (Siehe ferner ETZ 1901, S. 890.)

Zur Messung von periodisch veränderlichen Winkelgeschwindigkeiten kann man auch die Momentanwerte der in einer konstant erregten Gleichstrommaschine induzierten EMKe benutzen. Hierauf beruhen die Versuchsanordnungen der dritten Gruppe, von denen die Anordnung der General Electric Comp.[2]) angeführt sei. Von der Welle der Versuchsmaschine (Fig. 407) aus wird entweder direkt oder durch Vermittlung einer Übersetzung eine kleine Gleichstrommaschine angetrieben, deren Spannung für eine mittlere gleichförmige Geschwindigkeit so eingestellt wird, daß sie die Spannung der Akkumulatorenbatterie *B* kompensiert. Jede Abweichung von dieser mittleren Geschwindigkeit kann dann in einem in die Leitung zwischen Gleichstromanker und Batterie eingeschalteten Milli-Voltmeter abgelesen und hieraus der Ungleichförmigkeitsgrad als Verhältnis zwischen der Instrumentablesung und der konstanten Spannung des Systems gefunden werden.

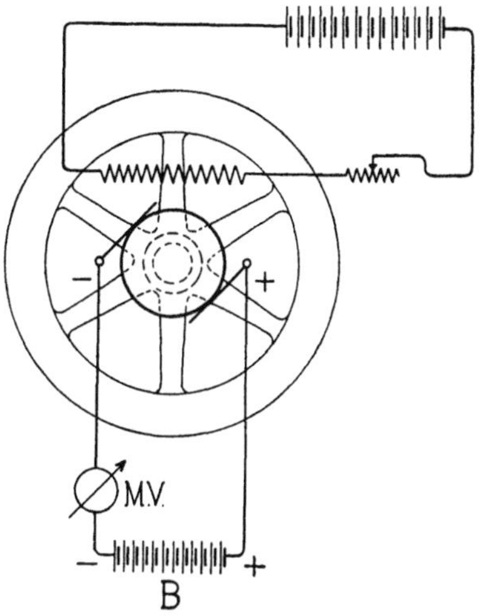

Fig. 407. Messung der Momentanwerte der Geschwindigkeit mittels einer konstant erregten Gleichstrommaschine.

Die Tachographen, die auf dem Zentrifugalpendelprinzip beruhen, gestatten ebenfalls die Messung der Momentanwerte einer ungleichförmigen Geschwindigkeit. Empfindliche und für diese Zwecke gut brauchbare Tachographen werden von der Firma Horn gebaut. Die Aufzeichnungen eines derartigen Apparates zeigen die Fig. 311 bis 317, aus denen Ungleichförmigkeitsgrade bis zu $^1/_{200}$ mit genügender Genauigkeit bestimmt werden können.

Alle hier angeführten Methoden, bei denen wir eine konstante Vergleichsgeschwindigkeit in der Versuchsanordnung und eine konstante mittlere Geschwindigkeit der Versuchsmaschine benötigen, sind mehr oder weniger ungenau, da die Herstellung der kon-

[1]) Bulletin de la Soc. intern. des Electr., Bd. XVIII, S. 519 u. 1902 II, S. 50.
[2]) ETZ 1901, S. 890 und 908.

stanten Geschwindigkeiten sehr schwierig ist. Die verhältnismäßig einfachen Methoden mit Verwendung der Stimmgabel gestatten mit genügender Genauigkeit die Messung von Ungleichförmigkeitsgraden bis ca. $^1/_{100}$. Die Genauigkeit der Messung wird vergrößert indem man die Beobachtung der ungleichförmigen Bewegung vom Schwungradkranze aus vornimmt. Dies ist auch schon deshalb zu empfehlen, weil dadurch Fehlerquellen, die durch die Deformation des Armsystems oder der Torsion der Welle entstehen könnten, für die Winkelabweichung nicht in Betracht kommen.

Für kleinere Ungleichförmigkeitsgrade und Winkelabweichungen eignen sich in erster Linie die Tachographen und ferner noch von den stroboskopischen Methoden die Anordnung von Sartori, wenn auf genaue Zentrierung, Eingriffsverhältnisse und gleichförmige Bewegung der stroboskopischen Scheiben genügend Rücksicht genommen wird.

b) Winkelabweichung zwischen zwei parallelgeschalteten Maschinen. Die von Görges und Weidig[1]) angegebene Methode zur Messung der Winkelverdrehung zwischen zwei parallel arbeitenden Maschinen beruht auf dem Gedanken, die Strahlen einer Lichtquelle A (Fig. 408) über zwei mit den Maschinen gekuppelten Spiegel B und C in ein Fernrohr D zu werfen. Nur bei einer bestimmten Stellung der Spiegel zueinander, zu der Lichtquelle und dem Fernrohr können Lichtstrahlen in das Fernrohr gelangen. Laufen beide Maschinen synchron, also auch beide Spiegel, so sieht man das Licht im Fernrohr, sobald diese Stellung eintritt. Eilt eine Maschine der anderen vor, so ändert sich die Lage der Spiegel zueinander. Man muß daher entweder die Lichtquelle oder das Fernrohr oder beide Teile verschieben, damit die Strahlen wieder in das Fernrohr gelangen. Aus der Größe der Verschiebung kann man dann die Änderung der Lage der Spiegel zueinander und somit auch die Winkelverdrehung zwischen beiden Maschinen bestimmen.

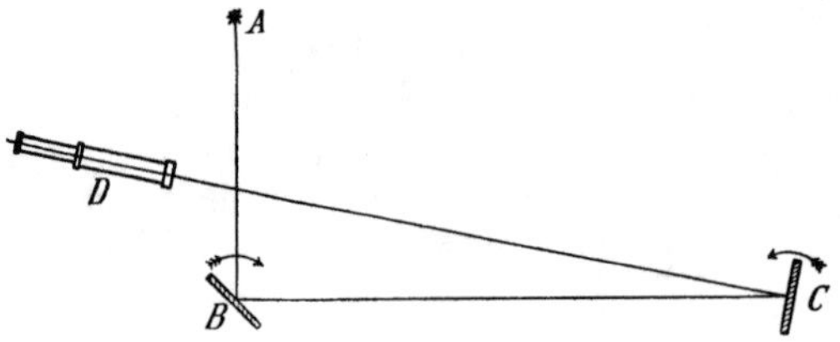

Fig. 408. Anordnung von Görges und Weidig zur Messung der Winkelabweichung zweier parallel geschalteter Maschinen.

1) J. Görges und P. Weidig, „Über die Messung der Voreilung parallel arbeitender Wechselstrommaschinen". ETZ 1910, S. 232.

Eine ähnliche Methode ist auch von J. W. van Dyk[1]) angegeben worden.

Ein weiteres Mittel zur Bestimmung des Phasenverschiebungswinkels Θ zwischen der Klemmenspannung und der induzierten EMK ist von Liska und Szillas[2]) angegeben worden.

Mit dem zu untersuchenden Generator wird ein zweipoliger Hilfsgenerator mittels Zahnradübersetzung gekuppelt. An die Klemmen des Haupt- bzw. des Hilfsgenerators werden die Spulen eines Dynamometers angeschlossen. Ist bei Leerlauf der beiden Generatoren die Anordnung so getroffen, daß die beiden EMKe aufeinander senkrecht stehen, so zeigt das Dynamometer auf Null. Die Einstellung der EMKe kann am besten dadurch geschehen, daß man den Hilfsgenerator mit einem verdrehbaren und mit Winkeleinteilung versehenem Stator ausführt.

Wird nun der zu untersuchende Generator belastet, so zeigt das Dynamometer einen bestimmten Ausschlag, der dem Phasenverschiebungswinkel Θ proportional ist. Verdreht man den Stator der Hilfsmaschine so, daß der Ausschlag wieder gleich Null wird, so ergibt die Skalendifferenz der beiden Statorstellungen direkt den gesuchten Winkel Θ.

---

[1]) Dr. J. W. van Dyk, „Über die Messung der Voreilung parallel arbeitender Wechselstrommaschinen", ETZ 1911, S. 99.

[2]) Dr.-Ing. J. Liska und Dr.-Ing. O. Szilas, „Die Bestimmung des Winkels zwischen Klemmenspannung und induzierter EMK bei synchronen Generatoren". El. u. M. 1911, S. 329.

Vierundzwanzigstes Kapitel.

Anordnung der Feldmagnete und der Erregerwicklung der synchronen Wechselstrommaschinen.

161. Anordnung der Feldmagnete und der Erregerwicklung bei langsam laufenden Maschinen. — 162. Anordnung der Feldmagnete und der Erregerwicklung bei schnellaufenden Maschinen mit ausgeprägten Polen. — 163. Anordnung der Feldmagnete und der Erregerwicklung bei schnellaufenden Maschinen mit Vollpolen.

161. Anordnung der Feldmagnete und der Erregerwicklung bei langsam laufenden Maschinen.

Bei den langsam laufenden Maschinen kommen nur ausgeprägte Pole vor.

Die Pole, Polschuhe und das Polrad werden oft aus einem Stücke hergestellt. Werden die Polkerne massiv und getrennt vom Polrade hergestellt, so werden sie auf diesem meist durch Schraubenbolzen oder durch Schwalbenschwanz befestigt (Fig. 409 und 410).

Bemerkenswerte Konstruktionen zeigen Fig. 411 und 412. In Fig. 411 sind die Pole mit einem Stahlgußringe zusammengegossen und es ist dieser Ring auf das gußeiserne Polrad aufgebracht und durch Schrauben gegen Verschiebung gesichert. Die Konstruktion nach Fig. 412 rührt von der Maschinenfabrik Örlikon her. Der Aufbau des Polrades geht aus den beiden Figuren 412a und 412b ohne weiteres hervor. Der Vorteil dieser Anordnung liegt darin, daß Materialfehler in einem der Radkränze im allgemeinen nicht gefährlich werden können.

Sollen die Pole geblättert sein, so bilden sie mit den Polschuhen ein Stück. Die Befestigung auf dem Polrade kann ebenfalls mittels Schrauben oder Schwalbenschwanz geschehen. Eine gebräuchliche Befestigung von geblätterten Polen mittels Schrauben zeigt Fig. 413. In eine Öffnung des Polkernes ist ein Schmiedeeisenbalken eingeschoben, der mit dem Radkranz verschraubt wird.

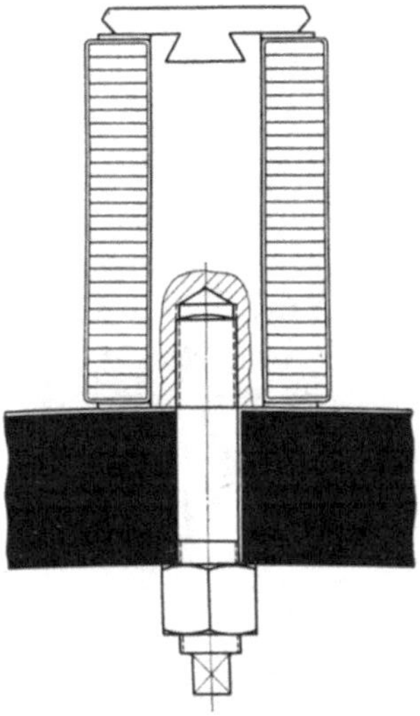

Fig. 409. Maschinenfabrik Örlikon.

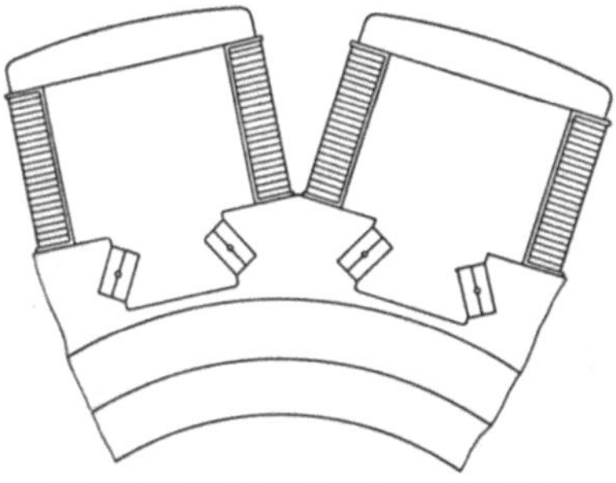

Fig. 410. Allg. El.-Ges. Berlin.

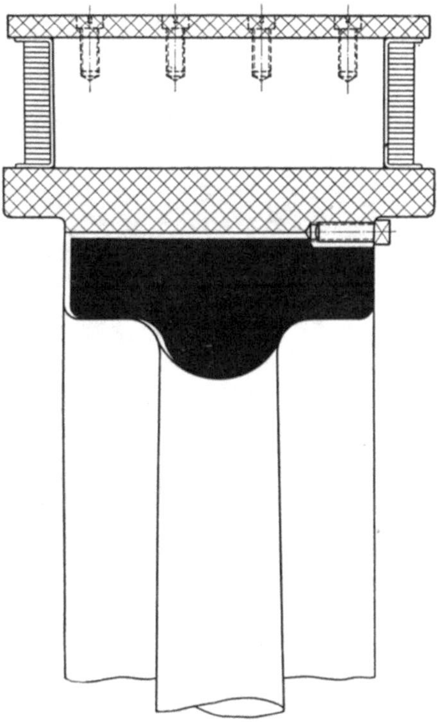

Fig. 411. Allmänna Svenska El. A.-B. Vesterås.

Häufig werden auch die Pole und das Polrad aus einem Stück hergestellt und die Polschuhe auf den Polkernen befestigt. Ein Nachteil dieser Konstruktion ist, daß die Spulen nicht entfernt werden können, wenn das Polrad sich in der Armatur befindet. Fig. 414 zeigt eine Anordnung der Siemens-Schuckert-Werke. Polrad und Pole sind getrennt hergestellt. In den massiven Polschuhen werden Rinnen vorgesehen, in die die Blechpakete eingesetzt werden. Diese werden mit Nieten befestigt. Ausgeführte Polräder mit gestaffelten Polschuhen zeigen Fig. 415 und 416. Das Polrad (Fig. 416) gehört zu einem Einphasengenerator. Die Stirnseiten der

Fig. 412a. Maschinenfabrik Örlikon. 9000 KVA.-Generator.

Fig. 412b. Maschinenfabrik Örlikon.

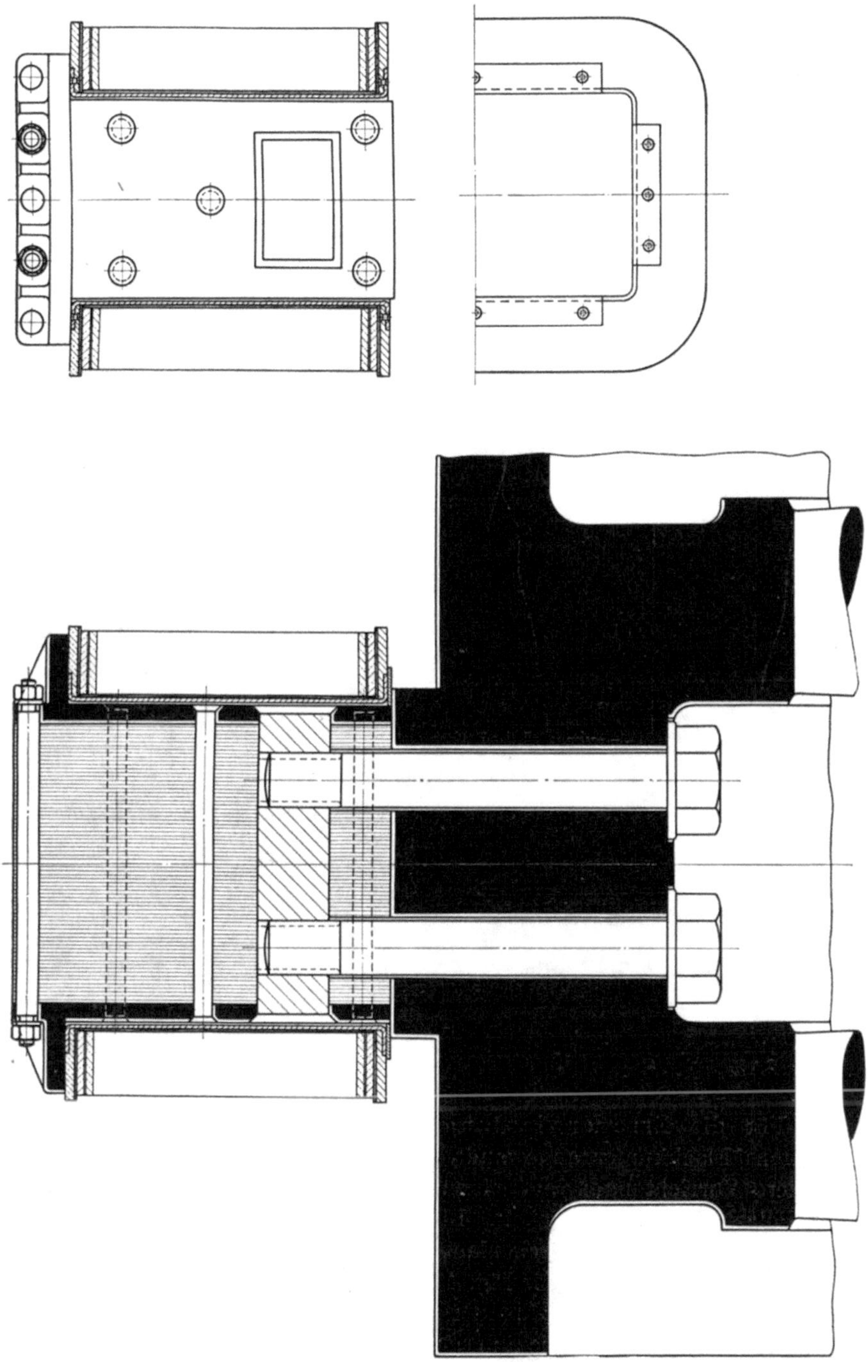

Fig. 413.

Spulen werden durch halbrunde Gußstücke gehalten, die mit dem Polrad verschraubt sind. In den Schlitzen zwischen den einzelnen Blechpaketen ist die Dämpferwicklung zu erkennen.

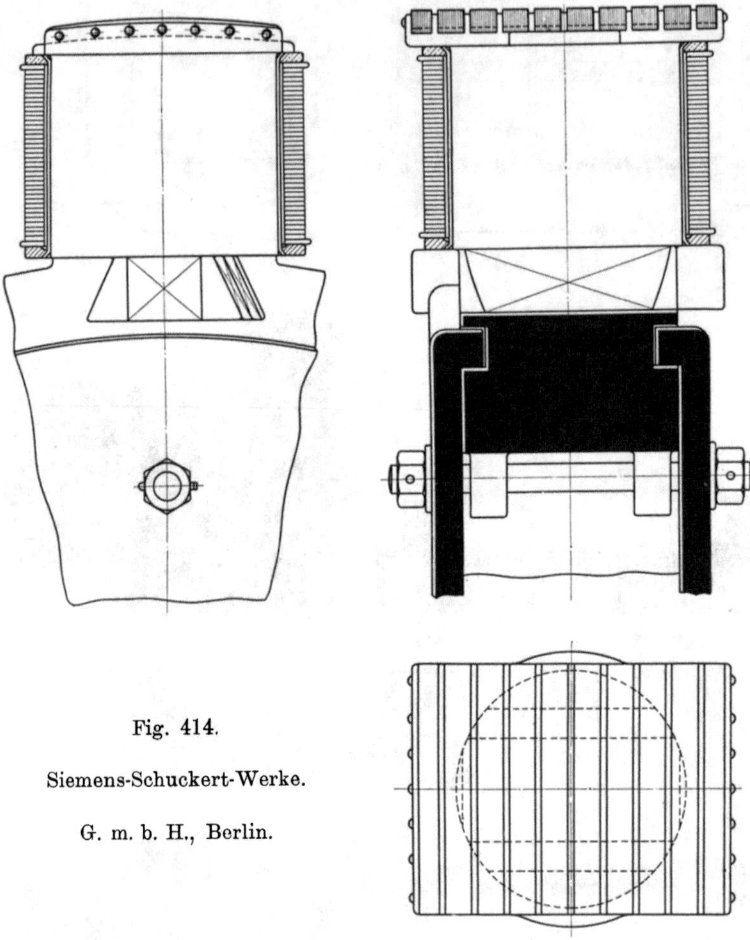

Fig. 414.

Siemens-Schuckert-Werke.

G. m. b. H., Berlin.

Für die **Erregerwicklung** wird bei größeren Generatoren meistens Flachkupfer angewandt. Das Kupferband wird durch besondere Vorrichtungen auf einen Dorn von der Querschnittsform des Poles hochkant gewickelt. Die Windungen dieser Kupferspirale werden dann durch Zwischenlagen von ausgestanzten Streifen aus Preßspan, deren Enden, wie Fig. 417 zeigt, schwalbenschwanzförmig oder in ähnlicher Art ineinandergreifen, voneinander isoliert. Das Aufbringen der Erregerwicklung, wenn Polrad, Pole und Polschuhe aus einem Stück hergestellt sind, zeigt Fig. 418. Das Rad wird mit je zwei Polen zwischen zwei Spitzen gelagert. Nachdem die Kerne isoliert sind, können die Spulen A und B gewickelt werden. In allen anderen Fällen werden die Erregerspulen gesondert hergestellt und als fertige Spulen auf das Polrad gebracht. Fig. 419 zeigt eine übliche Anordnung. Zur Aufnahme der Fliehkräfte wer-

Fig. 415. Maschinenfabrik Örlikon.

den Bronzeringe zwischen Wicklung und Polschuh gelegt. Diese können auch mit Rippen versehen sein, die sich auf den Polschuh stützen (Fig. 420). Für höhere Umfangsgeschwindigkeiten kann eine festere Konstruktion nach Fig. 413 erreicht werden, indem man als seitliche Preßplatten für die Polbleche Temperguẞscheiben verwendet. Diese tragen seitlich einen Ansatz, der die Spule trägt.

Fig. 416. Société Alsacienne de Constructions Mécaniques, Belfort.
Einphasengenerator, 2000 KVA, 10500 Volt.
$n = 500$, $c = 50$.

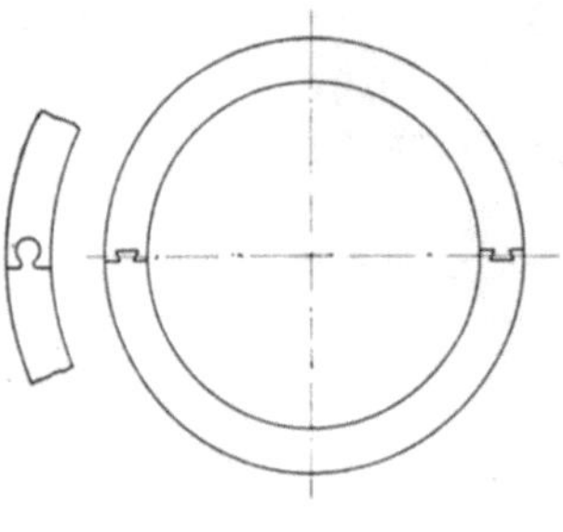

Fig. 417.

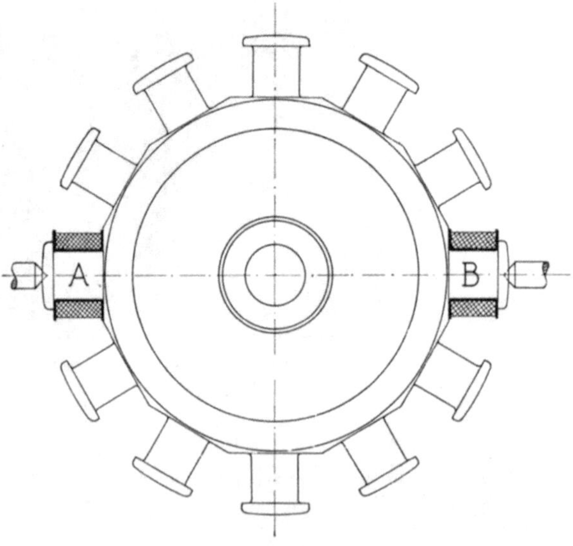

Fig. 418.

Wird die Erregerwicklung als Drahtwicklung ausgeführt, so wird diese meist auf einem besonderen Spulenkasten gewickelt.

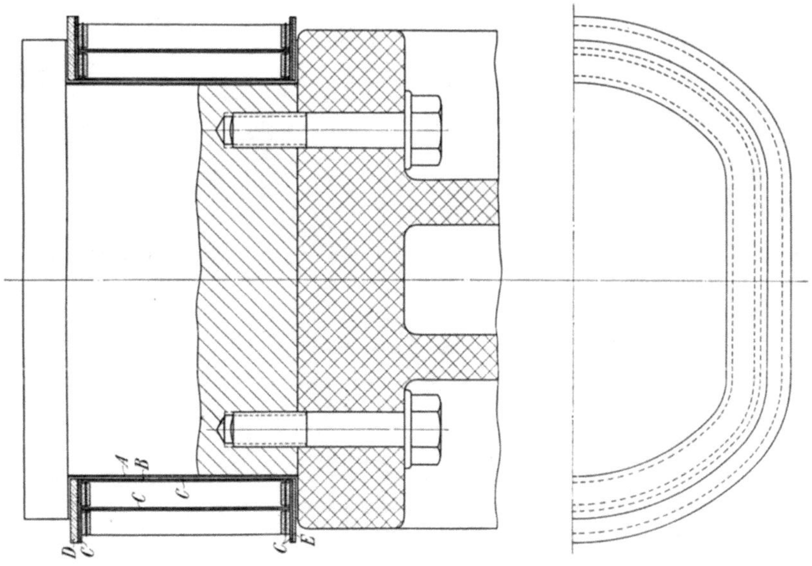

Fig. 419. Gesellschaft für elektr. Industrie, Karlsruhe. 700 KVA-Drehstromgenerator. $n = 300$.

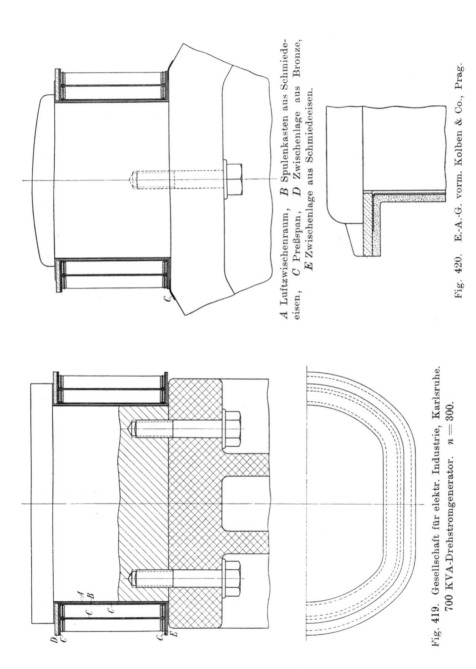

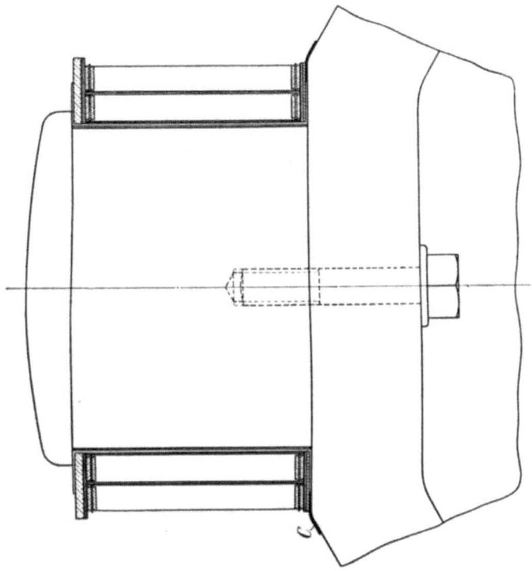

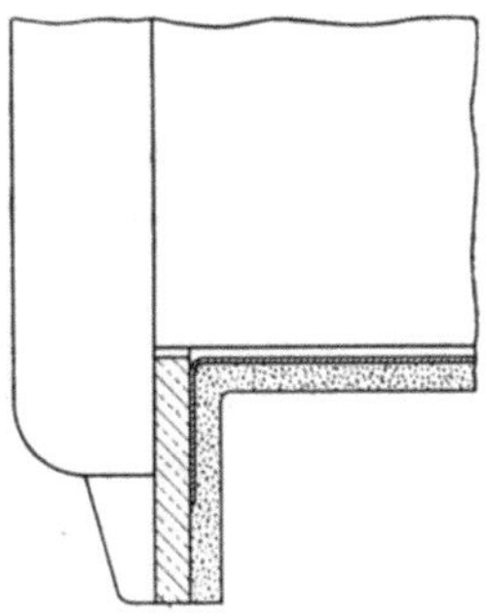

A Luftzwischenraum, *B* Spulenkasten aus Schmiedeeisen, *C* Preßspan, *D* Zwischenlage aus Bronze, *E* Zwischenlage aus Schmiedeeisen.

Fig. 420. E.-A.-G. vorm. Kolben & Co., Prag.

162. Anordnung der Feldmagnete und der Erregerwicklung bei schnellaufenden Maschinen mit ausgeprägten Polen.

Die schnellaufenden Maschinen werden sowohl mit ausgeprägten Polen wie mit verteiltem Feldeisen ausgeführt.

Bei der Ausführung mit ausgeprägten Polen werden, ebenso wie bei langsam laufenden Maschinen, entweder Joch, Pole und Polschuhe aus einem Stück hergestellt (Fig. 421) oder Joch und Pole aus einem Stück und die Polschuhe besonders aufgesetzt (Fig. 422) oder schließlich Pole und Polschuhe aus einem Stück, welches auf dem Joch befestigt wird. Die zweite Anordnung ist die übliche. Die Herstellung aller drei Teile aus einem Stück kommt nur bei kleineren Maschinen vor. Die Befestigung der Polschuhe an den Polen kann mittels Schrauben oder Schwalbenschwanz geschehen (Fig. 422 und 423). In einer Ausführung von Ganz & Co. werden die Polschuhe mit Hülsen versehen, die auf die Pole geschoben werden. (Siehe Tafel XI.)

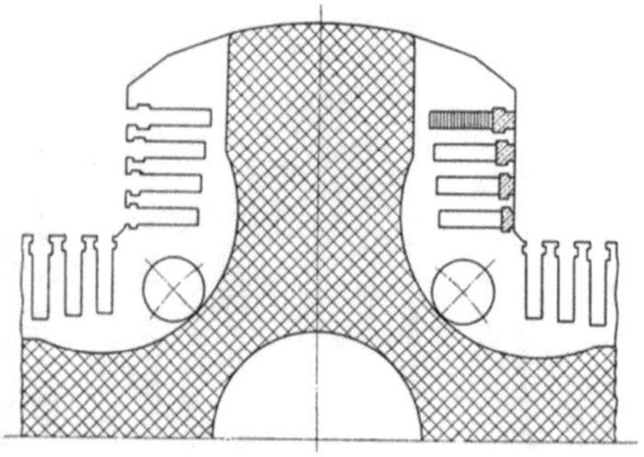

Fig. 421. Westinghouse Electric and Manufacturing-Co.

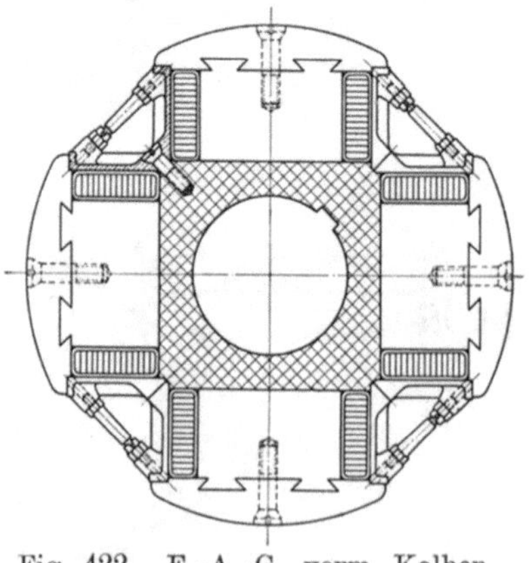

Fig. 422. E.-A.-G. vorm. Kolben & Co., Prag.

Die E.-G. Alioth (Fig. 424 und Tafel XIII.) versieht den kreisrunden Pol mit einer schwalbenschwanzförmigen Rille, in die die beiden Hälften des in der Richtung der Achse geteilten Polschuhes von beiden Seiten eingeschoben werden. Die beiden Hälften werden an den Seiten durch je einen Schraubenbolzen zusammengehalten. Die Westinghouse Co. setzt die Polschuhe in V-förmige Rinnen ein und befestigt sie mittels axialer Keile und Bolzen (Fig. 425).

Die Befestigung der Erregerwicklung muß mit besonderer Sorgfalt geschehen, da sie durch die Fliehkräfte stark beansprucht

Fig. 423. Siemens-Schuckert-Werke, G. m. b. H., Berlin.
6000 KVA-Drehstrom-Turbogenerator, 5000 V. $n = 1000$, $c = 50$.

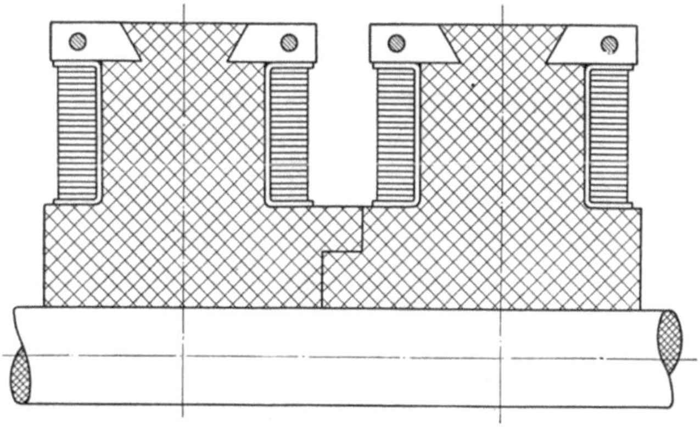

Fig. 424. El.-Ges. Alioth, Münchenstein-Basel.

wird. Bei länglichen Polen ist es wiederholt vorgekommen, daß die Erregerspulen sich ausbauchten und Betriebsstörungen verursachten. Am sichersten gegen das Ausbauchen sind runde Polquerschnitte. Bei längeren Maschinen ordnen daher manche Firmen zwei bis drei runde Pole nebeneinander an. Aus demselben

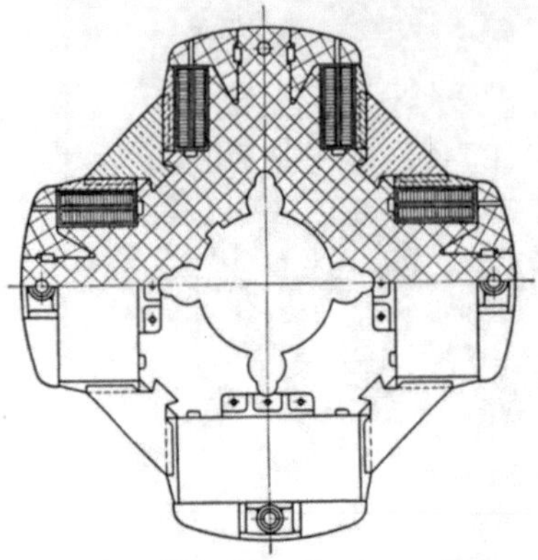

Fig. 425. Westinghouse El. and Mfg.-Co.

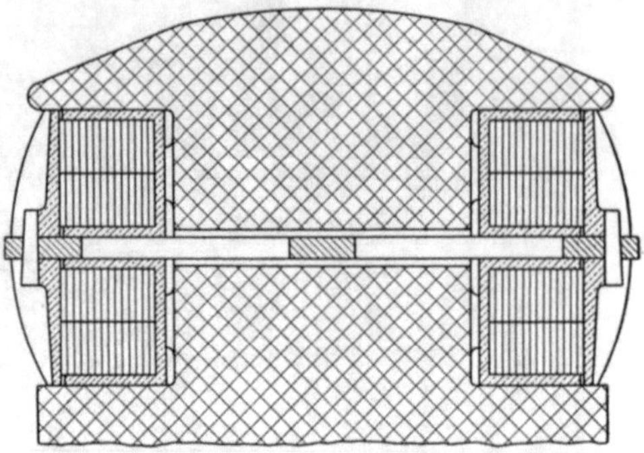

Fig. 426. C. A. Parsons.

Grunde ist es besser, die Erregerwicklung als Hochkantkupferspule auszuführen. Flachgewickelte Spulen werden selten verwendet. Um das Ausbauchen der Wicklung bei länglichen Polen zu vermeiden, werden zwischen den einzelnen Polen Spannvorrichtungen angeordnet (Fig. 422 und 425). Bei Verwendung von flachgewickelten Spulen kann die Wicklung nach Fig. 426 geschützt werden.

163. Anordnung der Feldmagnete und der Erregerwicklung bei schnellaufenden Maschinen mit Vollpolen.

Bei der Ausführung mit verteiltem Feldeisen erhält der Rotor die Form einer Walze. Diese wird entweder aus einem vollen Stück Stahlguß hergestellt, in das die Nuten und Luftkanäle eingefräst bzw. gedreht werden, oder sie wird aus 20 bis 30 mm dicken Stahlscheiben (oder Kesselblech) aufgebaut, zwischen denen Luftschlitze gelassen werden; schließlich können solche Magneträder aus Paketen von 0,5 bis 2 mm dünnem Dynamoblech hergestellt werden. In der Regel verlaufen die Erregernuten solcher Magneträder radial (z. B. Fig. 427). Die Electric Construction Co. ordnet die Nuten jedes einzelnen Poles parallel zueinander an (Fig. 428), wodurch das Einlegen einer fertigen Spule ermöglicht wird.

In manchen Ausführungen wird nicht der ganze Pol mit Nuten versehen, sondern der mittlere Teil bleibt ohne Nuten und bildet einen breiten Zahn (Fig. 427 und Fig. 88, S. 101). Dieser breite Zahn spielt dann dieselbe Rolle wie ein ausgeprägter Pol. In manchen Konstruktionen erhält der ganze Rotor Nuten, nur bleiben

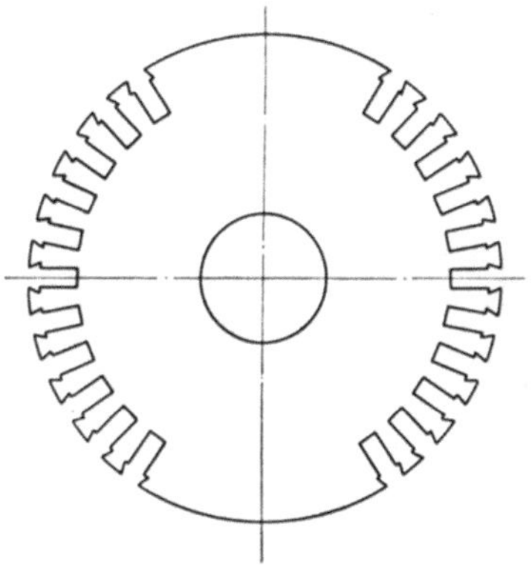

Fig. 427. Brown, Boveri & Co., Baden.

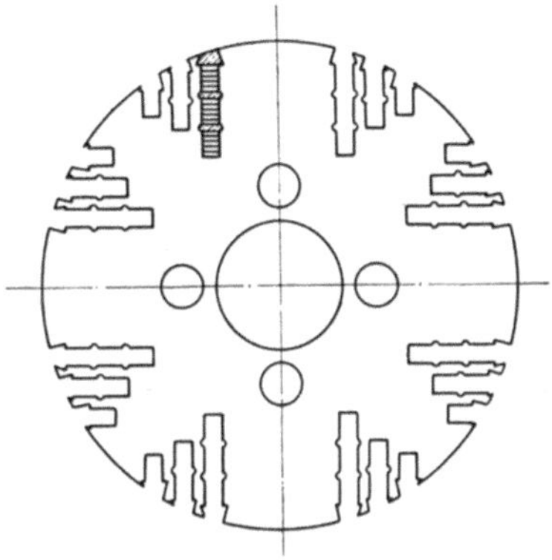

Fig. 428. Electric Construction Co.

einige Nuten in der Polmitte unbewickelt (Fig. 429). Schließlich wird die Anordnung auch derart getroffen, daß der ganze Rotor Nuten erhält, deren Dimensionen nach der Polmitte hin abnehmen (Fig. 430). Hierdurch wird erreicht, daß die Feldkurve sich mehr der Sinusform nähert.

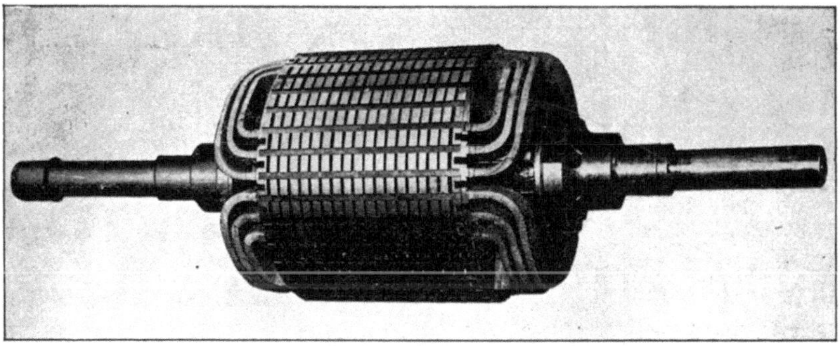

Fig. 429. Soc. Als. de Construction Méc., Belfort. 1500 KVA. $n = 1500$, $c = 50$.

Eigenartig ist der Aufbau des Rotors der Turbogeneratoren der Allg. El.-Ges., Berlin (Fig. 431). Jeder Zahn bildet einen Teil für sich und ist aus Stahlblechpaketen zusammengesetzt und unter der

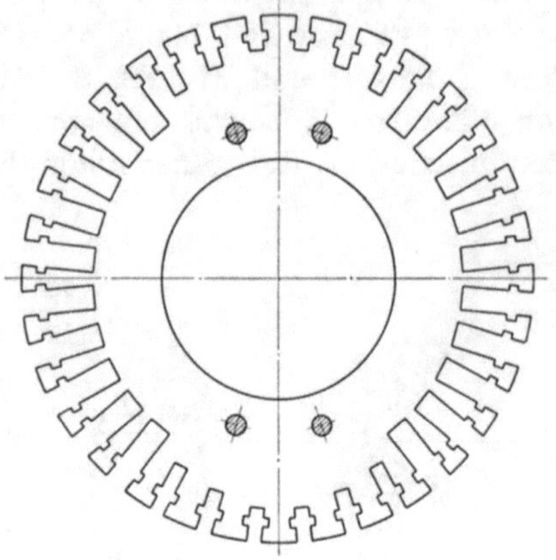

Fig. 430.

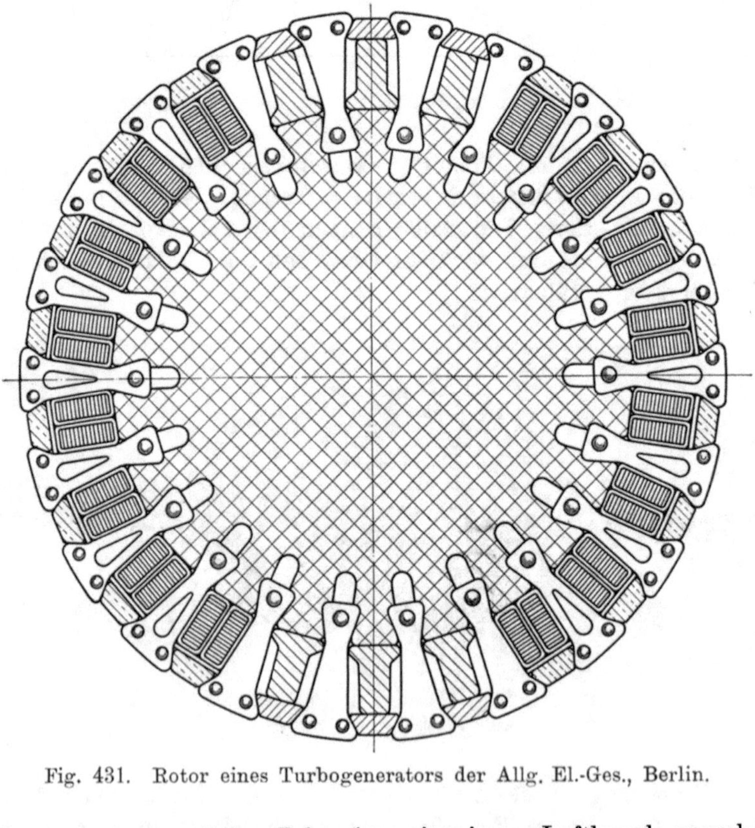

Fig. 431. Rotor eines Turbogenerators der Allg. El.-Ges., Berlin.

Presse vernietet. Jeder Zahn ist mit einem Luftkanal versehen (Fig. 432); die durch diesen Kanal getriebene Luft kann teils durch

Öffnungen im Zahnkopf, teils durch die Luftschlitze zwischen den einzelnen Paketen austreten. Die Nuten in der Polmitte, die unbewickelt bleiben, werden durch passende Metallstücke ausgefüllt, die das gleiche Gewicht haben, wie die Stäbe pro Nut. Der Auf-

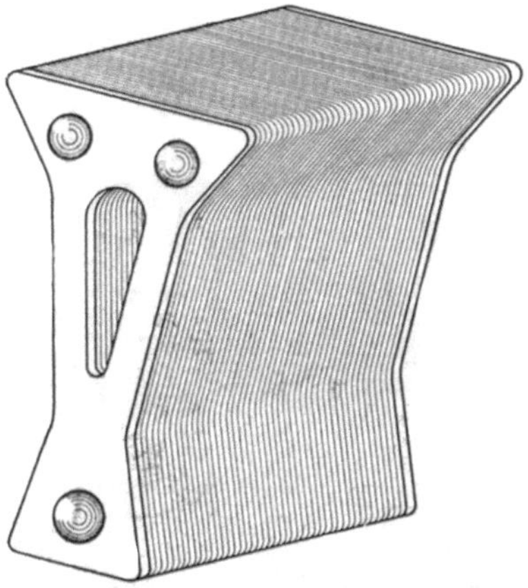

Fig. 432. Allg. El.-Ges., Berlin.

bau des Rotors beginnt mit dem Einsetzen der Zähne und Metallstücke in der Polmitte, es folgt dann das Auflegen der ersten Spule und Einsetzen der folgenden Zähne usw. Zwischen dem Nutenkeil und einer Unterlage werden Doppelkeile eingetrieben, die die Wicklung gegen die Welle drücken und so dem ganzen System eine gewisse Steifigkeit erteilen.

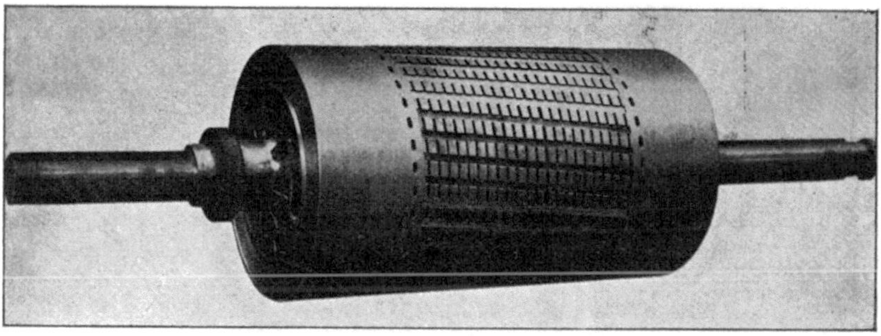

Fig. 433. Soc. Als. de Constr. Méc., Belfort. 2600 KVA. 5500 Volt. $n = 1500$, $c = 25$.

Um die Spulenköpfe der Erregerwicklung gegen Zerstörung durch die Fliehkräfte zu schützen, werden Bandagen oder Kappen angewendet. Die letzteren werden aus unmagnetischem Material hergestellt (Bronze).

In den Fig. 433 und 434 sind fertiggestellte Rotoren mit den Wicklungskappen dargestellt. In der Ausführung der Fig. 433 sind die Nuten schräg gestellt, um höhere Harmonische in der EMK-Kurve

Fig. 434. Soc. Als. de Constr. Méc. Belfort. 6000 KW, $\cos\varphi = 0{,}8$, $n = 833\frac{1}{3}$, 12500 Volt, $41\frac{2}{3}$ Perioden-Zweiphasengenerator.

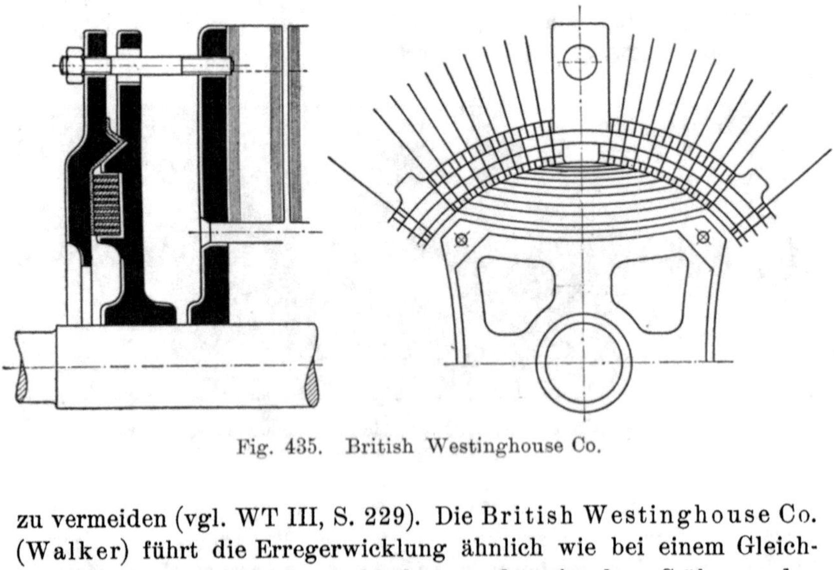

Fig. 435. British Westinghouse Co.

zu vermeiden (vgl. WT III, S. 229). Die British Westinghouse Co. (Walker) führt die Erregerwicklung ähnlich wie bei einem Gleichstromanker aus. Die Stirnverbindungen der einzelnen Stäbe werden mit einer Art Kommutatorkörper für sich zusammengebaut und erst dann mit den geraden Rotorstäben verlötet oder vernietet (Fig. 435). Eigenartig ist der Rotor der American Westinghouse Co. (Cooper) für zweipolige Maschinen. Der Rotorkörper

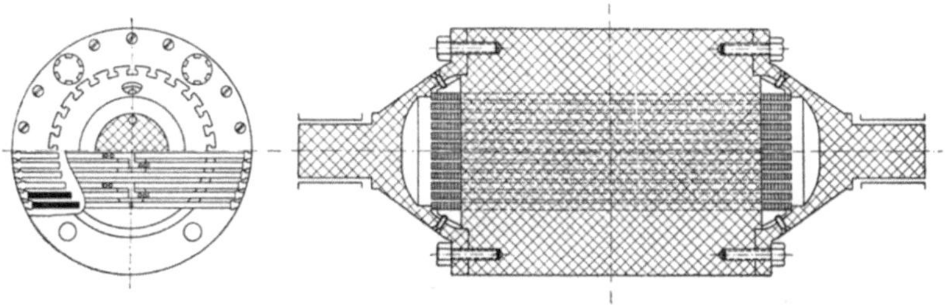

Fig. 436. American Westinghouse Co.

ist aus einem Stück hergestellt. Die Wicklung wird durch eine glockenförmige Haube aus Bronze gehalten, die in die schwalbenschwanzförmigen Nuten des einem Kegelrad ähnlichen Wellenendes eingegossen ist (Fig. 436).

Fünfundzwanzigstes Kapitel.

Beispiele ausgeführter Konstruktionen.

164. Langsam laufende Maschinen.

1800 KVA-Einphasengenerator der D. E.-W. zu Aachen, Garbe, Lahmeyer & Co., A.-G. 5000 Volt, 360 Amp., $\cos\varphi = 0{,}5$, 100 Umdr. i. d. Min., 5 Perioden.

Fig. 437 zeigt das Gesamtbild der Maschine.

Wegen der geringen Periodenzahl besitzt die Maschine einen sehr großen Fluß pro Pol, daher die große Erregerwindungszahl von 580 pro Pol, die außergewöhnlich hohe Erregerspannung von 525 Volt und die relativ große Erregermaschine.

Hauptdaten der Maschine:

Polzahl	6
Äußerer Durchmesser des Stators	3750 mm
Bohrung des Stators	2850 „
Eisenlänge mit Luftschlitzen l_1	1150 „
Anzahl der Luftschlitze n_s	10
Breite eines Luftschlitzes b_s	10 mm
Nutenzahl Z	216
(davon 144 bewickelt)	
Stäbe pro Nut s_n	4
Nutendimensionen	18×56
Erregerwicklung	580 Windg. pro Pol
Erregerspannung	525 Volt
Erregerstrom	75 Amp.

2500 KVA-Einphasengenerator der A.-G. Brown, Boveri & Co., Baden. 16000 Volt, 156 Ampere, 300 Umdr. i. d. Min., 15 Perioden. (Taf. I, Fig. 438.)

Die Maschine ist mit einer Dämpferwicklung ausgeführt, die Dämpferstäbe jedes Poles sind für sich verbunden. Die Pole sind geblättert und mit Schwalbenschwänzen am Magnetrad befestigt. Eigenartig ist die Befestigung der Ankerwicklung. Der ganze Spulenkopf wird von einem Rahmen umfaßt, der an der Preßplatte verschraubt ist. Die Erregermaschine ist angebaut. Die Polkonstruk-

Fig. 437. D. E.-W. zu Aachen, Garbe, Lahmeyer & Co., A.-G. 1800 KVA-Einphasengenerator.

tion und die Befestigung der Erregerwicklung sind kräftiger ausgeführt mit Rücksicht auf die mögliche Erhöhung der Drehzahl beim Antrieb durch eine Wasserturbine. Die Nuten sind nicht radial angeordnet, sondern die zu einem Pol gehörigen Nuten sind parallel, wegen des bequemeren Einlegens der Wicklung. Die Wicklung bedeckt $^7/_9$ der Polteilung. Die untere Ankerhälfte hat abnehmbare Stützen und ist drehbar angeordnet zur Ausbesserung der Wicklung. (Daten siehe Abschnitt 152, S. 596, Tabelle Nr. 1.)

Fig. 438. Brown Boveri & Co., Baden-Schweiz.
2500 KVA-Einphasengenerator.

1000 KVA-Einphasengenerator für Bahnbetrieb der El.-Ges. Alioth, Münchenstein, Basel. 850 Volt, 1180 Ampere, 500 Umdr. i. d. Min., 25 Perioden.

Fig. 439 stellt das Polrad dieser Maschine dar. Die Pole haben runden Querschnitt, je zwei sind nebeneinander angeordnet. Die Maschine ist mit Dämpferwicklung ausgeführt. Um eine vollkommene Dämpfung des inversen Drehfeldes zu erreichen, sind die Dämpferstäbe der einzelnen Pole auch untereinander verbunden. Es sind pro Pol 12 Dämpferstäbe mit 18 mm Durchmesser angeordnet. Es wird durch die runde Polform das Ausbauchen der Erregerwicklung vermieden und es ist bei dieser Maschine die 1,8fache Drehzahl zulässig. $GD^2 = 6500$ kgm². Es lassen sich in der Figur deutlich die Lüftungsflügel erkennen. (Daten siehe S. 596 Tabelle Nr. 3.) (Wicklungsbefestigung s. WT III Fig. 452.)

Fig. 439. El.-Ges. Alioth, Münchenstein, Basel. 1000 KVA-Einphasengenerator.

5500 KVA-Dreiphasengenerator der El.-Ges. Alioth, Münchenstein, Basel. 8250 Volt verkettete Spannung, 385 Ampere, 300 Umdr. i. d. Min., 25 Perioden. (Fig. 440.)

In der Mitte der Maschine, wo im allgemeinen die höchste Temperatur auftritt, befindet sich ein breiter Luftschlitz von 70 mm Breite, der auch durch das Polrad durchgeführt ist. Aus konstruktiven Gründen ist das Polrad in der Längsrichtung geteilt. Die Maschine ist in bezug auf mechanische Festigkeit auf die 1,7fache normale Drehzahl bemessen, da sie von einer Wasserturbine angetrieben wird. $GD^2 = 100000$ kgm². (Daten siehe S. 596 Tabelle Nr. 5.)

5700 KVA-Dreiphasengenerator der A.-G. Brown, Boveri & Co., Baden. (Tafel II, Fig. 441.) 3400 Volt verkettete Spannung, 965 Ampere, 128,5 Umdr. i. d. Min., 45 Perioden.

Die Maschine wird von einer Wasserturbine mit vertikaler

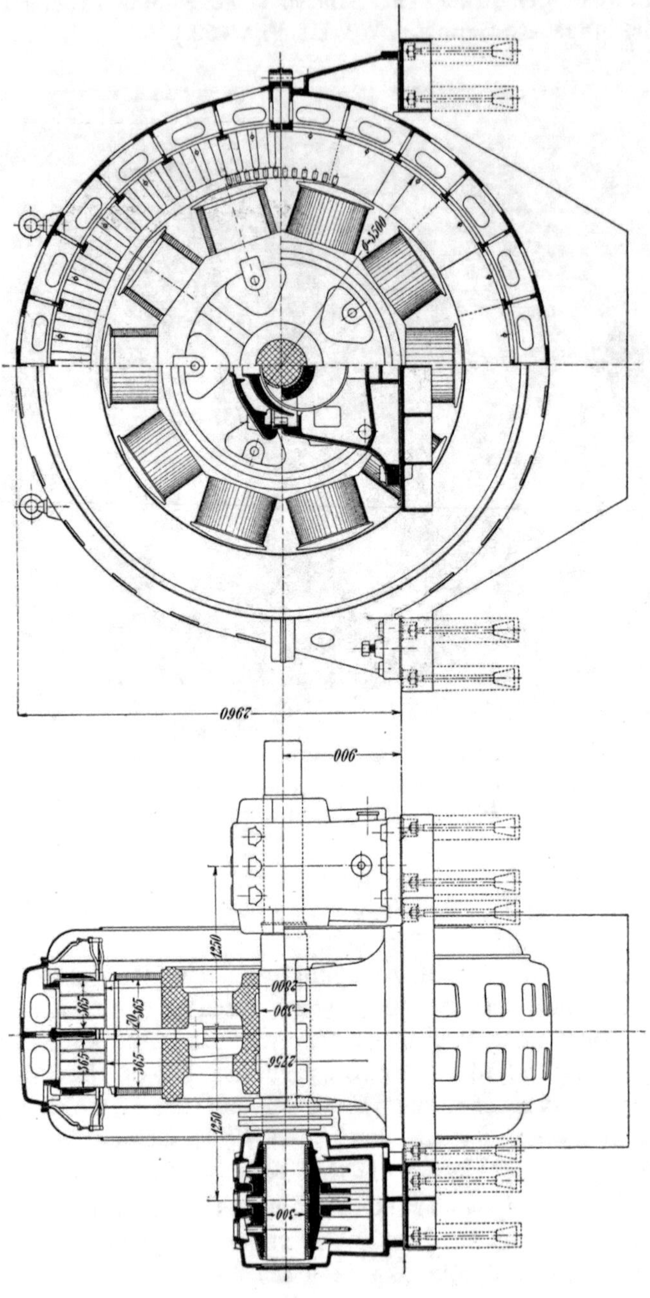

Fig. 440. El.-Ges. Alioth, Münchenstein, Basel.
5500 KVA-Dreiphasengenerator. 8250 Volt verkettete Spannung, 385 Amp., 300 Umdr. i. d. Min., 25 Perioden.

Welle angetrieben. Sie hat Druckölschmierung und das Öl wird mit einer Kühlschlange gekühlt.

Die Pole sind mit Schwalbenschwanz und Keil am Joch befestigt, die Polschuhe an den Polen ebenfalls mit Schwalbenschwanz.

Die Ankerwicklung ist nach Art einer Mantelwicklung ausgeführt und ist durch Konsolen an den Preßplatten befestigt (s. WT III Fig. 451).

Fig. 441. Brown, Boveri & Co., Baden.
5700 KVA-Dreiphasengenerator für eine Wasserturbine.

Zur besseren Kühlung sind an den Polen Flügel angeordnet und an den Schildern besondere Luftführungen.

Die Erregermaschine ist oberhalb der Maschine auf derselben Welle angeordnet.

Hauptdaten siehe S. 596 Tabelle Nr. 8.

420 KVA-Dreiphasenmotor der A.-G. Brown, Boveri & Co., Baden. (Tafel III.) 200 Volt verkettete Spannung, 1200 Ampere, 167 Umdr. i. d. Min., 50 Perioden.

Die Maschine ist als Außenpoltype ausgeführt, mit rotierendem Magnetsystem. Die Pole sind mit Schrauben an dem gußeisernen Joch befestigt. Der Anker ist an der Fußplatte verschraubt und kann zur Reparatur gedreht werden. Die Erregermaschine ist fliegend angeordnet.

Hauptdaten siehe S. 596 Tabelle Nr. 11.

500 KVA-Dreiphasengenerator der Maschinenfabrik Örlikon, Schweiz. (Fig. 442.) 7500 Volt verkettete Spannung, 38 Ampere, 40 Umdr. i. d. Min., 50 Perioden.

Die Maschine wird durch eine Wasserturbine angetrieben. Um ein genügendes Schwungmoment ($GD^2 = 300000$ kgm^2) zu erreichen, ist sie mit großem Durchmesser ausgeführt. Fig. 442 zeigt die Gesamtansicht.

Hauptdaten siehe S. 596 Tabelle Nr. 12.

Fig. 442. Maschinenfabrik Örlikon.
500 KVA-Dreiphasengenerator für eine Wasserturbine.

650 KVA-Dreiphasengenerator der E.-A.-G. vorm. Kolben & Co., Prag. (Fig. 443 und 420.) 500 Volt verkettete Spannung, 750 Ampere, 107 Umdr. i. d. Min., 50 Perioden.

Das rotierende Magnetsystem ist zweiteilig, die Pole sind mit Schrauben an dem gußeisernen Joch befestigt. Die Nuten sind oval und halbgeschlossen. Gewicht des Ankerkupfers 600 kg, Erregerkupfer 1160 kg. Kurzschlußstrom gleich dem 2,35fachen Normalstrom, gleich 1760 Amp. Blechverlustziffer 3,67 Watt/kg.

Hauptdaten siehe S. 596 Tabelle Nr. 13.

925 KVA-Dreiphasengenerator der Maschinenfabrik Örlikon. 13500 Volt verkettete Spannung, 39,5 Amp. Stromst. pro Phase, 375 Umdrehungen, 50 Perioden. (Tafel IV.)

Tafel IV zeigt eine Konstruktion der Maschinenfabrik Örlikon. Das Polrad besteht aus einem Armstern aus Grauguß, über den ein

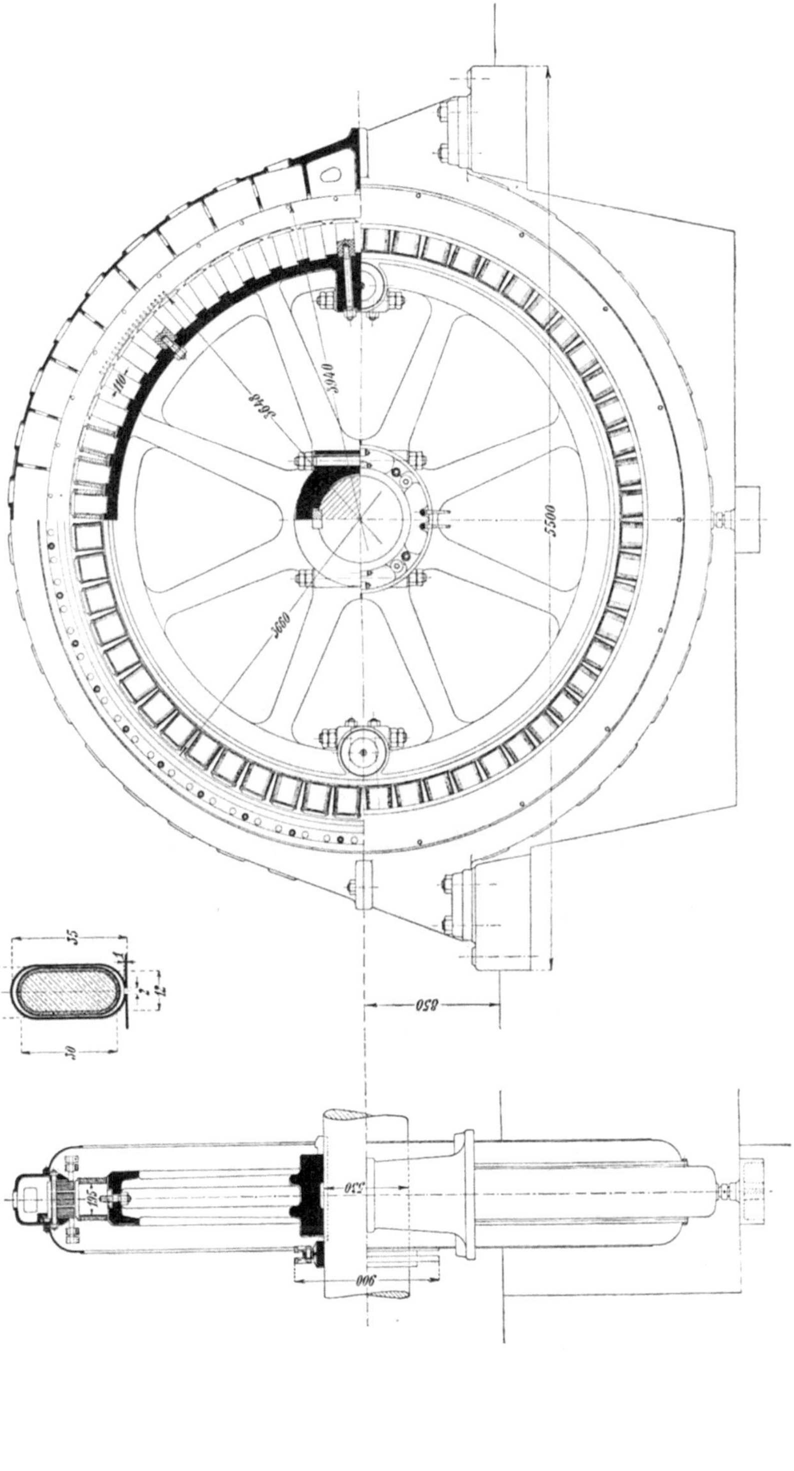

Fig. 443. E. A.-G. vorm. Kolben & Co., Prag. 650 KVA-Dreiphasengenerator. 500 Volt verkettete Spannung, 750 Ampere, 107 Umdr. i. d. Min. 50 Perioden.

Kranz aus Stahlguß geschoben und mit Bolzen befestigt ist. Die Bolzen sind im mittleren Teil als Mitnehmerkeile ausgebildet und halb in die Arme und halb in den Kranz eingelassen.

Interessant ist die Konstruktion der geblätterten Pole. Um ein allmähliches Ansteigen der Feldkurve und möglichst sinusförmigen Verlauf der EMK-Kurve zu erhalten (siehe WT III, S. 192), sind die Pole in acht Blechpakete unterteilt, und die Polschuhe der einzelnen Pakete sind, wie aus Fig. 3 der Tafel IV zu ersehen ist, am Umfange um je 6 mm gegeneinander verschoben, so daß der ganze Polschuh eine schräge Form erhält. Es sind pro Pol acht Pakete vorhanden, jedoch müssen nur vier verschiedene Formen von Blechen gestanzt werden, indem in den letzten vier Paketen die Bleche einfach umgekehrt eingelegt werden (s. auch Fig. 415).

Fig. 444. Maschinenfabrik Örlikon.

Die Armaturwicklung liegt in offenen Nuten. Es ist eine Schablonenwicklung mit drei verschiedenen Spulenformen.

Eigentümlich sind die Preßbolzen der Armatur ausgebildet; sie haben in ihrem mittleren Teil trapezförmigen Querschnitt und sind mit dem Gehäuse durch Schrauben verbunden. Über diese Bolzen werden die Armaturbleche, die zu diesem Zwecke am äußeren

Rande schwalbenschwanzförmig ausgeschnitten sind, übergeschoben. An beiden Enden sind die Bolzen rund abgedreht und mit Gewinde und Muttern zum Zusammenpressen der Bleche versehen.

Das Gehäuse ist in der Horizontalen geteilt. Die Schrauben, die die beiden Hälften zusammenhalten, sind in das Innere verlegt; in der äußeren Form ist die Teilung nicht ausgeprägt, was der Maschine ein gefälliges Aussehen verleiht. Die Verbindungsschrauben sind durch Flacheisenstücke, die zwischen die Gehäusehälften eingelegt sind, von Schubkräften entlastet. Diese dienen gleichzeitig als Paßstifte.

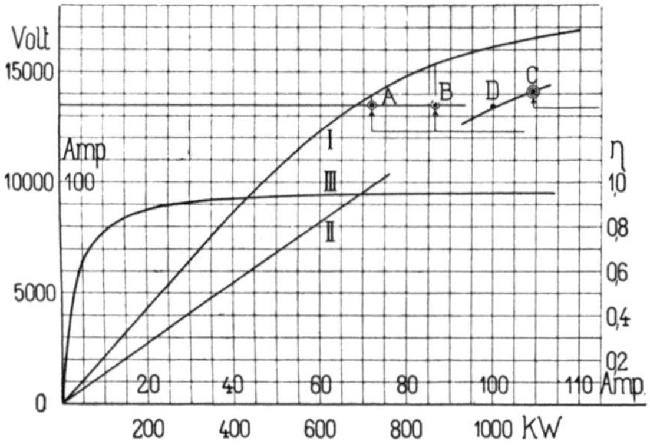

Fig. 445. Versuchsergebnisse des 925 KVA-Dreiphasengenerators der Maschinenfabrik Örlikon. 13500 Volt, 375 Umdrehungen, 50 Perioden.
Kurve I Leerlaufcharakteristik. Kurve II Kurzschlußcharakteristik.
Kurve III Wirkungsgrad bei $\cos\varphi = 1$.

Das Gesamtbild einer ähnlichen Maschine ist in Fig. 444 dargestellt.

Die charakteristischen Kurven der Maschine zeigt Fig. 445.

Hauptdaten siehe S. 596 Tabelle Nr. 15.

2000 KVA-Dreiphasengenerator der A.-G. Brown, Boveri & Co., Baden. (Fig. 446 u. 447.) 600 Volt verkettete Spannung, 1925 Amp., 375 Umdr. i. d. Min., 50 Perioden.

Die Pole sind mit Schwalbenschwanz und Keil am Joche befestigt, das aus Stahlplatten besteht, die auf dem gußeisernen Radkranze angeordnet sind. Die Ankerwicklung ist in zwei Ebenen ausgeführt und mit Schrauben an den Preßplatten befestigt. Die Erregermaschine befindet sich auf der Generatorwelle fliegend angeordnet. Zur besseren Kühlung ist eine Luftführung vorgesehen.

Hauptdaten siehe S. 596 Tabelle Nr. 22.

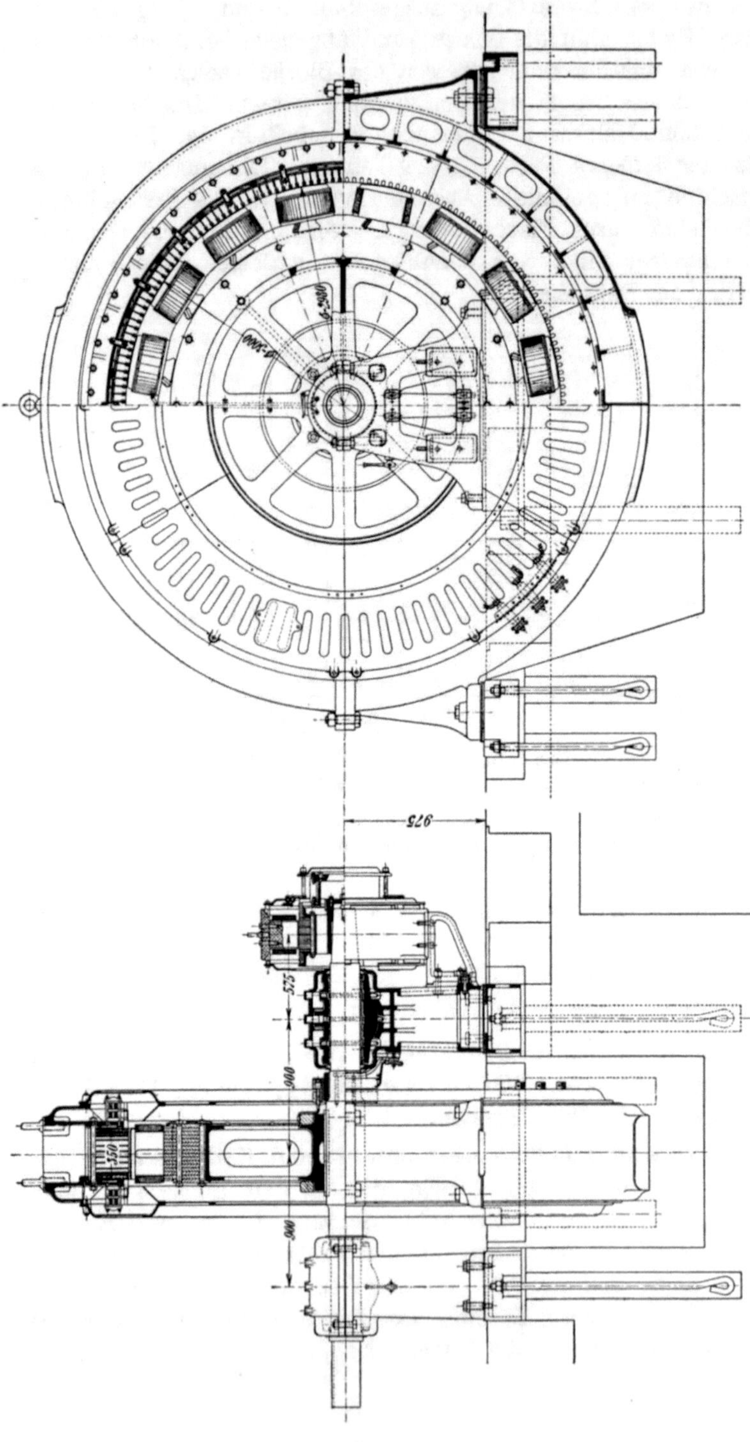

Fig. 446. Brown, Boveri & Co., Baden. 2000 KVA-Dreiphasengenerator.
600 Volt verkettete Spannung, 1925 Amp., 375 Umdr. i. d. Min., 50 Perioden.

6250 KVA-Dreiphasengenerator der Siemens-Schuckert-Werke, G. m. b. H., Berlin. (Tafel V.) 4400 Volt verkettete Spannung, 820 Ampere, 300 Umdr. i. d. Min., 50 Perioden.

Die Maschine besitzt eine vertikale Welle. Die Pole sind mit Schwalbenschwanz am Joch befestigt. Die Polschuhe bestehen aus einzelnen Blechpaketen, die in die Pole eingesetzt sind (s. Fig. 414). Die Ankerwicklung ist als Mantelwicklung ausgeführt und nach der WT III Fig. 454 am Gehäuse befestigt.

Fig. 447. Brown, Boveri & Co., Baden. 2000 KVA-Dreiphasengenerator.

Die Erregermaschine ist oben an der Welle angeordnet. Der Erregerstrom wird dem Polrad des Generators durch die Welle zugeführt. Die Pole der Erregermaschine sind auch lamelliert.

Auf Tafel IV ist die Konstruktion des Spurzapfens deutlich zu erkennen.

Hauptdaten der Maschine siehe S. 596 Tabelle Nr. 30.

3510 KVA-Dreiphasengenerator der Almänna Svenska El.-A.-B., Vesterås. (Fig. 448.) 7000 Volt verkettete Spannung, 290 Ampere, 180 Umdr. i. d. Min., 60 Perioden.

Die Polschuhe aus Stahl sind mit Schrauben an den Polen befestigt. Die Pole sind mit einem Stahlring vergossen, der auf den gußeisernen Radkranz aufgeschoben und mit Keilen und Schrauben gegen Verdrehung gesichert ist (s. Fig. 411).

Die Ankerwicklung ist in zwei Ebenen angeordnet; in einer, die in die Verlängerung der Nuten fällt, und einer senkrecht dazu. Die beiden Phasen, deren Spulenköpfe in die letzte Ebene fallen,

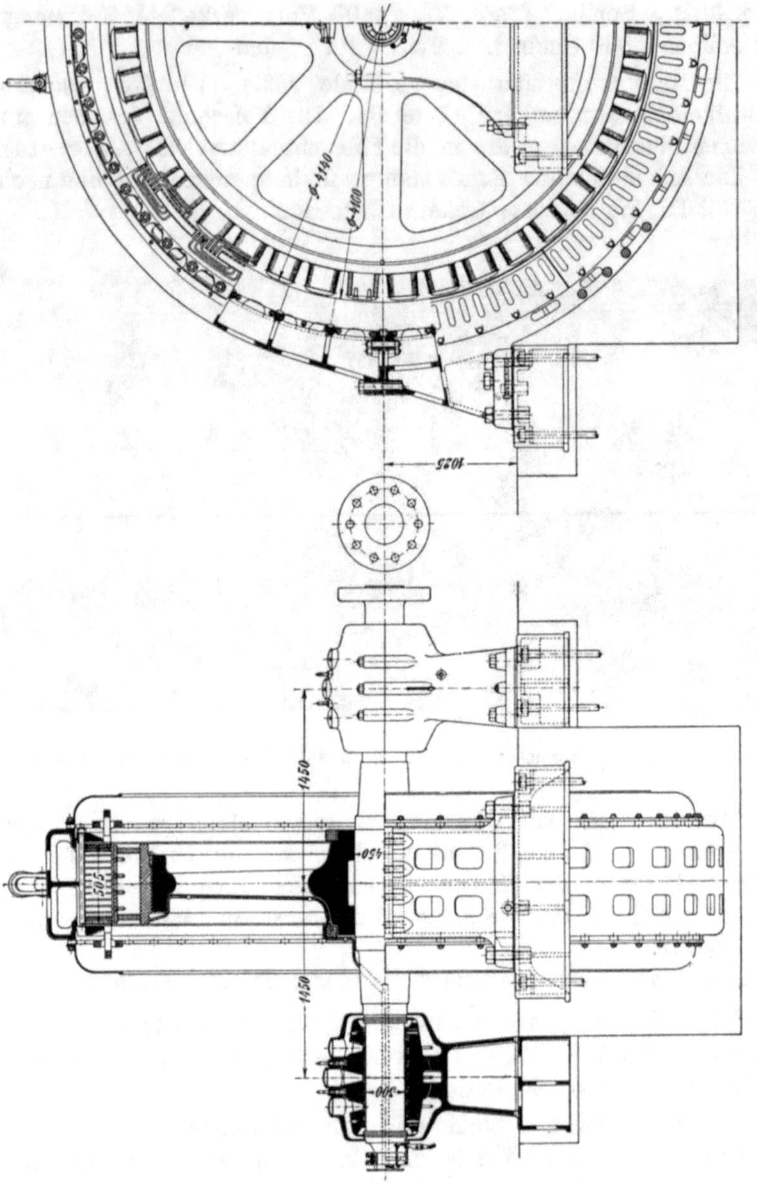

Fig. 448. Allmänna Svenska El. A. B., Vesterås. 3510 KVA-Dreiphasengenerator. 7000 Volt verkettete Spannung, 290 Ampere, 180 Umdr. i. d. Min., 60 Perioden.

sind mit Rücksicht auf die hohe Spannung nach entgegengesetzten Seiten abgebogen. Das Gehäuse ist zweiteilig. Gewicht des Ankerkupfers 1300 kg, des Feldkupfers 2100 kg.

Hauptdaten siehe S. 596 Tabelle Nr. 33.

165. Rasch laufende Maschinen.

2800 KVA-Dreiphasenturbogenerator der Soc. Alsacienne de Constr. Méc., Belfort. (Tafel VI.) 6000 Volt verkettete Spannung, 270 Ampere, 1500 Umdr. i. d. Min., 25 Perioden.

Der Rotor ist aus Blechpaketen zusammengesetzt, die voneinander distanziert sind. Eigenartig ist die Ausbildung der Rotornuten. Die Erregerwicklung ist tiefgelegt und oberhalb der Messingkeile, die sie halten, sind Lüftungskanäle angeordnet, die ihrerseits durch Aluminiumkeile verschlossen sind. Diese Aluminiumkeile sind in guter Verbindung mit den Schlußkappen des Rotors und bilden in dieser Weise eine Dämpferwicklung, die bei Kurzschluß die Erregerwicklung schützen soll.

Die Spulenköpfe der Erregerwicklung stützen sich einerseits auf einen Stahlring, andererseits durch Bronze- und Stahlringe auf die äußere Messingkappe des Rotors.

Die Rotornuten sind schräg gestellt, um eine möglichst sinusförmige Spannungskurve zu erhalten (s. Fig. 433 und WT III S. 232).

Zur statischen und dynamischen Ausbalancierung des Rotors, die den Zweck hat, daß der Schwerpunkt in der Drehachse liegt und die Hauptträgheitsachse mit dieser zusammenfällt, befinden sich wie üblich im Ventilator ringförmige Aussparungen, in die verschiebbare Gewichtsstücke eingebracht werden können. Die Wickelköpfe des Stators sind in drei Ebenen angeordnet, durch Schrauben an der Preßplatte befestigt und mit Verbindungsstücken gegen das Gehäuse versteift (s. auch WT III Fig. 457). Die offenen Statornuten besitzen am Fuß der Nut einen Lüftungskanal.

Die Schleifringe sind je einer auf einer Seite des Rotors angeordnet.

Die Maschine besitzt radiale Ventilation. Die von den angebauten Ventilatoren angesaugte Frischluft tritt einerseits durch Kanäle der mit Rippen versehenen Welle in die radialen Luftschlitze des Rotors und Stators, andererseits bespült sie die Wickelköpfe der Erregerwicklung und der Statorwicklung und tritt dann in die Luftschlitze des Stators. Diese sind in der Mitte größer gewählt als außen. Die Frischluft tritt auch in die Kühlkanäle der Rotor- und Statornuten ein.

Das Gehäuse ist zweiteilig.
Gewicht des Erregerkupfers 900 kg,
„ „ Ankerkupfers 1250 kg.
Von den Rotornuten pro Pol bleiben vier unbewickelt.

In Fig. 449 ist die Leerlauf- und Kurzschlußcharakteristik dieser Maschine dargestellt. In der Figur ist die normale Spannung und der normale Strom eingetragen und man sieht, daß der Kurzschlußstrom etwas kleiner ist als der Normalstrom. Die Maschine besitzt eine große entmagnetisierende Reaktanz.

Hauptdimensionen siehe S. 596 Tabelle Nr. 4.

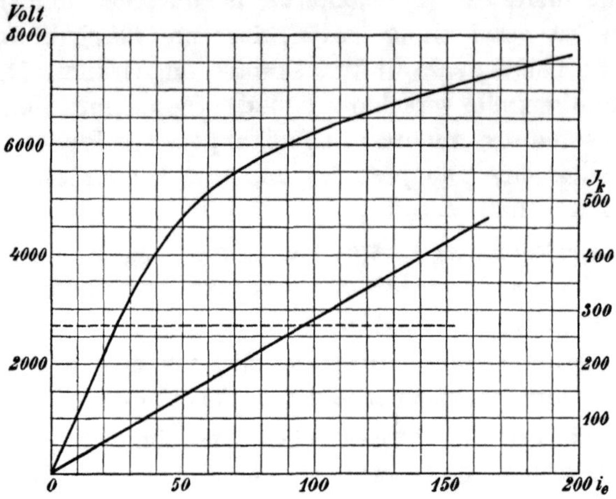

Fig. 449. Leerlauf- und Kurzschlußcharakteristik des 2800 KVA-Turbogenerators der Soc. Als. de Constr. Méc., Belfort.

7000 KVA-Dreiphasenturbogenerator der A.-G. Brown, Boveri & Co., Baden. (Tafel VII.) 5750 Volt verkettete Spannung, 700 Amp., 1200 Umdr. i. d. Min., 40 Perioden.

Der Rotor ist aus einzelnen Stahlplatten (Kesselblech) zusammengesetzt, die auf die hohle mit Rippen versehene Welle geschoben sind. Die Polmitte besitzt keine Nuten und bildet einen breiten Zahn (s. Fig. 427). Die Nuten des Rotors sind radial angeordnet. Die Rotorwicklungsköpfe stützen sich auf die den Rotor abschließende Wicklungskappe. Die Schleifringe sind auf beiden Seiten der Maschine angeordnet. Die Erregermaschine ist fliegend befestigt. Die Wickelköpfe der Statorwicklung sind in zwei Ebenen angeordnet und mit Schrauben und Versteifungsstücken an der Preßplatte befestigt. Die Kühlung ist radial. Die Frischluft wird auf drei Wegen durch die Maschine geführt. Erstens durch die Kanäle in der Welle, durch die Luftschlitze des Rotors und Stators und dann aus der Maschine. Zweitens über die Wickelköpfe der Erregerwicklung und durch den Stator ins Freie. Drittens an den Spulenköpfen der Statorwicklung vorbei, durch die radialen Kanäle des Stators aus der Maschine.

Hauptdaten siehe S. 596 Tabelle Nr. 6.

1000 KVA-Dreiphasenturbogenerator der Siemens-Schuckert-Werke, G. m. b. H., Berlin. (Tafel VIII.) 5000 Volt verkettete Spannung, 116 Ampere, 3000 Umdr. i. d. Min., 50 Perioden.

Der Rotor ist aus Stahlscheiben zusammengesetzt. Die Rotornuten sind radial angeordnet und haben am Fuße Lüftungskanäle.

Die Wickelköpfe des Rotors stützen sich gegen die Wicklungskappe.

Die Wickelköpfe des Stators sind in drei Ebenen angeordnet und gegen das Gehäuse und die Preßplatten versteift. Die Versteifungsbolze sind durch einen umlaufenden Ring und durch Verbindungsstücke weiter befestigt (vgl. WT III, Fig. 459—461). (Nutenform des Stators s. WT III, Fig. 328.)

Die Kühlung ist axial, sowohl für den Rotor wie für den Stator. Die Frischluft tritt einerseits durch die axialen Kanäle des Rotors, andererseits über die Wickelköpfe des Stators durch dessen axiale Kanäle. Die Ventilatoren an den beiden Rotorenden wirken in gleicher Richtung, d. h. wie hintereinandergeschaltet. Die Frischluft wird auf einer Seite von unten angesaugt, auf der andern Seite unten ausgestoßen. Oben ist die Maschine abgedeckt.

Die Erregermaschine ist fliegend angeordnet.

Hauptdaten siehe S. 596 Tabelle Nr. 16.

4000 KVA-Dreiphasenturbogenerator der British Westinghouse Co. (Tafel IX.) 5000 Volt verkettete Spannung, 460 Amp., 1500 Umdr. i. d. Min., 50 Perioden.

Der Rotor ist aus einzelnen Blechpaketen zusammengesetzt, pro Pol sind vier Nuten unbewickelt.

Die Rotorwicklung ist nach Art einer Gleichstromwicklung ausgeführt, die Wickelköpfe stützen sich auf Stahlringe und nach außen gegen die Wicklungskappen (s. auch Fig. 435).

Die Maschine ist mit einer Kompoundierung nach M. Walker (s. S. 172) versehen, entsprechend dem Prinzip Fig. 139. Um eine kleinere magnetische Leitfähigkeit an dem betreffenden Teile des Poles zu erhalten, sind an diesen Stellen in der Mitte jedes Paketes die Eisenbleche bis unterhalb der Zähne entfernt und Bleche aus magnetisch nicht leitendem Material eingeschoben, die durch Schrauben mit den Paketen verbunden sind.

Die Wickelköpfe des Stators sind in zwei Ebenen angeordnet und mit Schrauben an den Preßplatten befestigt, entsprechend WT III Fig. 456. Wo die Ankerleiter aus den Nuten treten, sind Distanzklötze angebracht (s. WT III, Fig. 462).

Die Kühlung ist eine radiale. Die Luft wird von beiden Seiten mit Ventilatoren angesaugt und durch axiale Kanäle im Rotor den radialen Luftschlitzen desselben und auch denen des Stators zugeführt. Die Luft wird nach oben ausgestoßen. Die Ventilatoren sind nicht mit dem Rotorkörper verbunden, sondern getrennt für sich auf der Welle angeordnet.

Die Erregermaschine befindet sich auf der Generatorwelle. Eigenartig ist die Zuführung des Erregerstromes zum Rotor ausgebildet. Beide Schleifringe befinden sich auf einer Seite des Rotors.

Fig. 450. Turborotoren der British Westinghouse Co.

Die schleifenden Flächen sind senkrecht zur Rotorachse. Das Kabel vom Schleifring zur Wicklung ist mit Bandagen gesichert.

In Fig. 450 sind einige Rotoren abgebildet.

Hauptdaten siehe S. 596 Tabelle Nr. 27.

4000 KVA-Dreiphasenturbogenerator des Ateliers de Constr. El. de Charleroi. (Tafel X.) 6600 Volt verkettete Spannung, 350 Amp., 1500 Umdr. i. d. Min., 50 Perioden.

Die Statorwicklung ist in drei Ebenen angeordnet und an der Preßplatte befestigt. Der Rotor ist aus Stahlscheiben aufgebaut, die direkt auf der Welle sitzen. Die Welle besitzt Rippen zur Ventilation. Die Luftführung zur Kühlung ist radial, die Luft wird von beiden Seiten angesaugt. Das Gehäuse ist geteilt, der Stator ebenfalls. (Wicklungsanordnung, Stator- und Rotornut s. WT III, Tafel II.)

Hauptdaten siehe S. 596 Tabelle Nr. 28.

5000 KVA-Dreiphasenturbogenerator der Ganzschen Elektrizitäts-A.-G., Budapest. (Tafel XI.) 520 Volt verkettete Spannung, 5550 Ampere, 1500 Umdr. i. d. Min., 50 Perioden.

Diese Maschine ist ein Schnelläufer mit ausgeprägten Polen. Die Pole haben runden Querschnitt, es sind in axialer Länge zwei nebeneinander angeordnet.

Die Statorbleche besitzen dementsprechend einen großen Luftschlitz in der Mitte.

Eigenartig ist die Anordnung der Erregerwicklung. Sie ist auf Stahlhülsen angeordnet, die auf den eigentlichen Pol geschoben werden. Durch mehrere Schrauben sind diese Hülsen gegen die Fliehkraft gesichert. Eine Ausbauchung und Deformation der Erregerwicklung ist auf diese Weise vollständig vermieden.

Die Polkerne sind mit dem Joch aus einem Stück gegossen.

Die Anordnung der Wicklung, die aus vier parallelen Zweigen besteht, ist auf der Tafel schematisch angegeben.

Das Gesamtgewicht der Maschine beträgt 30 t.

Die nötige Menge der Kühlluft beträgt 6 cbm in der Sekunde.

Die Verluste für Ventilation und Lagerreibung betragen 50 KW, die Eisenverluste bei 550 Volt betragen 66 KW.

Der Wirkungsgrad bei Vollast ist 96,4 $^0/_0$.

Hauptdaten siehe S. 596 Tabelle Nr. 29.

7500 KVA-Dreiphasenturbogenerator der Allg. Elektrizitäts-Ges. Berlin. (Tafel XII.) 3150 Volt verkettete Spannung, 1370 Amp., 1500 Umdr. i. d. Min., 50 Perioden.

Der Aufbau des Rotors ist derselbe wie in Abschnitt 163 S. 656, Fig. 431 und 432 beschrieben. Der Stator ist zweiteilig. Die Tafel zeigt zwei verschiedene Arten der Wicklungsbefestigung für Hoch- und Niederspannung.

Die Kühlung ist gemischt radial und axial. Die auf beiden Seiten angesaugte Frischluft strömt durch die unter den Zähnen des Rotors liegenden axialen Kanäle in die radialen Luftschlitze des Rotors und Stators.

Der Stator hat außerdem 72 axiale Luftlöcher von 30 mm Durchmesser. In der Mitte der Maschine ist der radiale Luftschlitz sowohl im Rotor wie im Stator größer als die übrigen. Der Stator ist zweiteilig.

Hauptdimensionen siehe S. 596 Tabelle Nr. 31.

8000 KVA-Zweiphasenturbogenerator der El.-Ges. Alioth, Münchenstein-Basel. (Tafel XIII.) 12700 Volt, 315 Amp., 1066 Umdr. i. d. Min., 53,3 Perioden.

Die Maschine ist mit ausgeprägten Polen versehen. Die Polkerne sind zylindrisch, es sind in axialer Richtung drei nebeneinander angeordnet. Die Polschuhe sind zweiteilig und greifen mit einem Ansatz in eine Ausdrehung der Polkerne ein. Die beiden Teile sind seitlich verschraubt (s. auch Fig. 424). Durch die Polschuhe ist die Erregerwicklung gegen die Wirkung der Fliehkraft geschützt. Polkern und Joch bilden ein Stück und sind aus Stahlguß. Das Joch ist in axialer Richtung dreiteilig, entsprechend den drei Polen. Die drei Polräder sind durch lange Schraubenbolzen miteinander verbunden. Außer 18 kleineren besitzt der Stator drei größere Luftschlitze, entsprechend den Abständen der Polräder.

In Fig. 451 ist der Rotor der Maschine während der Ausbalancierung dargestellt. Man sieht, daß die Lager auf Rollen stehen und durch Gummipuffer gegen zu große seitliche Verschiebung gesichert sind.

Die Statorbleche sind legiert.

Die Luft wird durch die Ventilatoren des Rotors von oben angesaugt, bestreicht die Wickelköpfe des Stators, die Erregerwicklung, tritt dann in die radialen Schlitze des Stators und wird nach unten ausgestoßen.

Hauptdaten siehe S. 596 Tabelle Nr. 32.

9330 KVA-Dreiphasenturbogenerator der Maschinenfabrik Örlikon. (Tafel XIV.) 8650 Volt verkettete Spannung, 620 Ampere, 1260 Umdr. i. d. Min., 42 Perioden.

Die Statorwicklung ist nach Art einer Stirnwicklung ausgeführt. Die Wickelköpfe sind mit Schrauben an der Preßplatte befestigt (s. WT III Fig. 458). Die Dicke der Blechpakete nimmt von beiden Seiten nach der Mitte zu ab, der größeren Erwärmung halber. In der Mitte des Stators und Rotors befindet sich ein breiterer Luftschlitz. Der Rotor ist gleichmäßig genutet. Von den zwölf Nuten pro Pol sind acht bewickelt, die vier unbewickelten, die den eigentlichen Polkopf bilden, werden zur Ausbalancierung ausgefüllt.

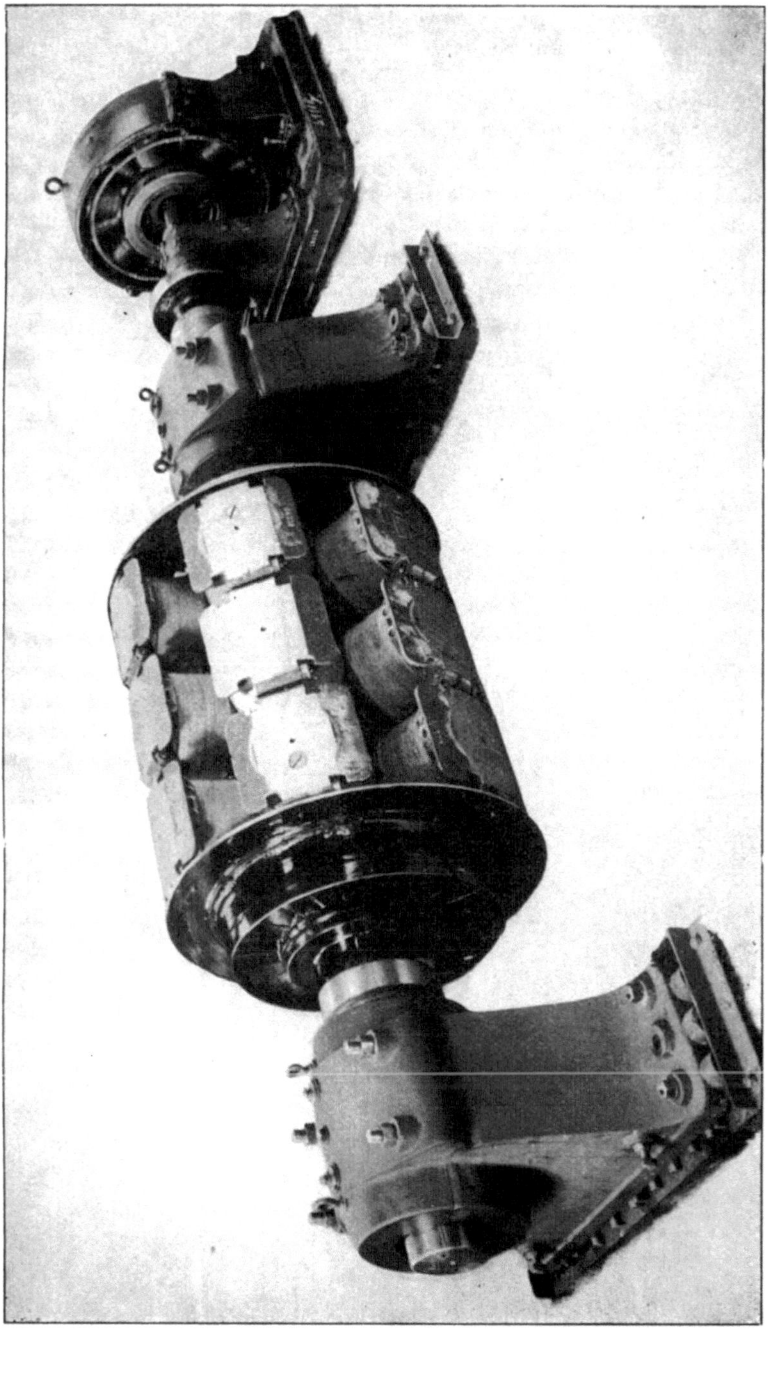

Fig. 451. Rotor eines 8000 KVA-Zweiphasenturbogenerators der El.-Ges. Alioth, Münchenstein, Basel, beim Ausbalancieren.

Die Statorbleche sind auf runde, am Statorgehäuse befestigte Schraubenbolzen aufgeschoben.

Die Frischluft wird von unten beiderseits durch die an den Rotor angebauten Ventilatoren angesaugt. Sie wird einerseits durch Führungsbleche um die Wickelköpfe des Stators und durch den Luftspalt in die Statorluftschlitze geleitet. Andererseits durch einen zweiten Ventilator an den Wickelköpfen der Erregerwicklung vorbei und durch axiale Kanäle des Rotors in den Luftspalt geleitet.

Der Rotor dieser Maschine mit dem angebauten Ventilator ist in Fig. 360 dargestellt.

Daten siehe S. 596 Tabelle Nr. 7.

Zweiter Teil.

Die Umformer.

Sechsundzwanzigstes Kapitel.

Einleitung.

166. Allgemeines über Umformer.

Unter Umformer versteht man gewöhnlich elektrische Maschinen, die elektrische Energie einer Stromart, Spannung, Phasenzahl oder Periodenzahl in elektrische Energie anderer Stromart, Spannung, Phasenzahl oder Periodenzahl umformen.

Stationäre Transformatoren, die nur die Spannung bzw. die Phasenzahl des Wechselstromes ändern, werden gewöhnlich nicht zu den Umformern gerechnet.

Diejenigen Aggregate, die Gleichstrom in Gleichstrom anderer Spannung umformen, sind in „Die Gleichstrommaschine“ behandelt[1]).

Die wichtigsten Umformer sind diejenigen, die Wechselstrom (ein- oder mehrphasigen) in Gleichstrom umformen, oder umgekehrt.

Von viel geringerer Bedeutung sind die Periodenumformer, die oft zu gleicher Zeit Spannungs- und Phasenzahlumformer sind.

Es sei hier nur noch bemerkt, daß die stationären Transformatoren zwar im allgemeinen als Phasenzahlumformer verwendet werden können, daß sie aber für die Umwandlung von Einphasenstrom in Mehrphasenstrom nicht geeignet sind, da die Leistung des Einphasenstromes pulsiert.

Solange die momentane Leistung des Einphasenstromes kleiner ist als die mittlere Leistung, die — abgesehen von den Verlusten — der Mehrphasenleistung entspricht, muß der Fehlbetrag von Schwung-

[1]) Der Gleichstrom-Gleichstrom-Spaltpolumformer (auch Zusatzpolumformer genannt) ist ausführlich behandelt in: „Arbeiten aus dem elektrotechnischen Institut“ Bd. II 1910—1911, Dr.-Ing. H. S. Hallo: Die Spaltpolumformer.

massen geliefert werden, die während der Zeit, da die momentane Leistung größer ist als die mittlere, die überschüssige Energie aufspeichern. Zu diesem Zwecke sind also Maschinen mit rotierenden Teilen nötig.

Mit der Änderung der Phasenzahl ist meistens eine Spannungstransformation und oft eine Umformung der Periodenzahl verbunden. Es sei deswegen auf Abschnitt 172 über Periodenumformer hingewiesen.

167. Umwandlung von Wechselstrom in Gleichstrom.

Die billige Erzeugung elektrischer Energie fordert den Bau von großen Kraftstationen, in denen die Aufstellung großer ökonomisch arbeitender Maschineneinheiten, ein einfacher und einheitlicher Betrieb und die Beschaffung einer verhältnismäßig billigen Reserve möglich werden, und deren Lage so gewählt ist, daß die Beschaffung von Kohle und Wasser bequem und billig und der Platz für die Ausdehnung des Werkes nicht beschränkt ist. Wo große Wasserkräfte nutzbar gemacht werden sollen, ergibt sich der Bau eines großen Kraftwerkes von selbst.

Die Zentralisierung der Erzeugung elektrischer Energie bedingt einerseits eine Übertragung des Stromes auf große Entfernungen, und andererseits eine Verteilung desselben über große Flächen. Hierzu eignet sich nur der hochgespannte Strom, sei es nun ein Gleichstrom, oder ein Einphasen- oder Mehrphasenstrom.

Für die einfache Übertragung von Energie auf große Entfernungen hat der Gleichstrom[1]), wenn das Verhältnis der Länge der Fernleitung zu der zu übertragenden Leistung nicht zu groß ist, dem Wechselstrome gegenüber Vorteile, für die Verteilung der Energie über große Flächen ist er aber nicht geeignet.

Deswegen ist die Gleichstrom-Serien-Kraftübertragung nur vereinzelt zur Ausführung gekommen, und hat der hochgespannte Wechselstrom große Verbreitung gefunden. Zum Betriebe von Motoren und Umformern verdient der Mehrphasenstrom den Vorzug, er kommt für große Kraftwerke in fast allen Fällen heute allein in Betracht. Nur wenn es sich um die Stromversorgung elektrischer Bahnen handelt, wendet man sich dem Einphasensystem zu.

Für manche Zwecke, wie z. B. für den Betrieb von Straßenbahnen, wird jedoch der Gleichstrom vorgezogen, und für andere Zwecke, wie die Elektrolyse, oder die Speisung von vorhandenen Gleichstromnetzen ist der Gleichstrom durchaus erforderlich.

---

[1]) Serie-Kraftübertragungssystem nach Thury.

Um in solchen Fällen die Energie von einer Wechselstromzentrale beziehen zu können, wird es erforderlich, den Wechselstrom in Gleichstrom umzuwandeln.

Zu einer solchen Umformung können verwendet werden:

1. der Motorgenerator, bestehend aus einem Wechselstrommotor, der einen Gleichstromgenerator antreibt;

2. der Einankerumformer (auch kurz Umformer oder Drehumformer oder rotierender Umformer genannt), d. h. eine Gleichstrommaschine, deren Anker mittels Schleifringe Wechselstrom aufnimmt und am Kollektor Gleichstrom abgibt;

3. der Spaltpolumformer, d. h. ein Einankerumformer mit besonderer Konstruktion der Feldpole, zur Verbesserung der Spannungsregulierung;

4. der Kaskadenumformer[1]), der aus einer asynchronen Maschine und einer Gleichstrommaschine besteht. Die Rotorwicklung der Asynchronmaschine und die Ankerwicklung der Gleichstrommaschine sind hintereinander, d. h. in Kaskade geschaltet;

5. der Drehfeldumformer, der keine Felderregung besitzt und von einem kleinen Synchronmotor angetrieben wird. Er kommt für die Umwandlung elektrischer Energie in größerem Umfange jedoch nicht in Betracht;

6. der mechanische Gleichrichter. Hierzu gehört der synchron rotierende Stromwender, der von einem kleinen besonderen Synchronmotor angetrieben wird.

Bei dem Gleichrichter erweist sich das Pendeln des Synchronmotors besonders nachteilig, es führt zu heftigen Funkenbildungen am Kommutator. Ein Gleichrichter wird daher nur mit Generatoren, die mit sehr großer Gleichförmigkeit rotieren, und bei denen keine plötzlichen Geschwindigkeitsänderungen vorkommen, gut arbeiten. Da diese Bedingungen nur selten erfüllt sind, hat sich der Gleichrichter nicht bewährt; jedenfalls eignet er sich, wegen der leichten Funkenbildung am Kommutator, nur für kleine Spannungen und kleine Leistungen[2]);

7. der elektrolytische Gleichrichter (Aluminiumzellen von Graetz und Grisson);

8. der Quecksilberdampf-Gleichrichter (Cooper-Hewitt).

Die unter 7 und 8 genannten Gleichrichter werden nur für kleine Leistungen gebaut; auch eignen sie sich weniger für einen kontinuierlichen Betrieb.

---

[1]) D. R. P. 145434 von O. S. Bragstad und J. L. la Cour.

[2]) Die S.-S.-W. bauen Drehstrom-Gleichrichter für Leistungen bis zu etwa 6 KVA (ETZ 1912, S. 56).

Für größere Leistungen kommen somit nur die unter 1 bis 4 genannten Arten der Umformung in Betracht.

Obwohl die asynchronen Maschinen und der Kaskadenumformer erst in WT V, 1 ausführlich behandelt werden, soll hier doch ein kurzer Vergleich[1]) zwischen diesen drei Arten der Umformung angestellt werden.

168. Motorgeneratoren.

Der Motor, der den Generator antreibt, kann ein synchroner oder ein asynchroner sein, wir unterscheiden demnach synchrone Motorgeneratoren und asynchrone Motorgeneratoren.

Gewöhnlich werden Motor und Generator direkt miteinander gekuppelt und auf einer gemeinsamen Grundplatte aufgestellt, wie in Fig. 452. Rechts ist der Anwurfmotor, links die Erregermaschine für den Synchronmotor angebracht, der zwei gleiche 16polige Gleichstromgeneratoren antreibt, die je 4000 Ampere liefern.

Gegenüber dem Einankerumformer haben die Motorgeneratoren den Vorteil, daß sie für Spannungen bis 10000 Volt und bei großen Leistungen bis 15000 Volt gewickelt werden können. In manchen Fällen ist es ferner von Vorteil, daß die Gleichstrommaschine und ihre Polzahl ganz unabhängig von der Periodenzahl des Wechselstromes sind. Für die Konstruktion der Gleichstrommaschine können so die günstigsten Abmessungen gewählt werden. Ferner wirkt eine Regulierung der Spannung auf der Gleichstromseite nicht auf das Wechselstromnetz zurück.

Wenn eine Regulierung der Gleichspannung innerhalb weiter Grenzen gefordert ist, so ist ein Motorgenerator einem Einankerumformer vorzuziehen, weil das Pendeln eines Einankerumformers durch eine weitgehende Regulierung unter Umständen derart begünstigt wird, daß ein Betrieb unmöglich ist, und weil ein Einankerumformer in dem Falle sehr große wattlose Ströme aufnimmt.

Auf den Betrieb ist ferner von wesentlichem Einfluß, ob der Motor ein synchroner oder ein asynchroner ist.

Für die Anwendung eines Synchronmotors spricht die Tatsache, daß dessen Leistungsfaktor verändert und durch Übererregung ein phasenvoreilender Strom erzeugt werden kann. Auf diese Weise ist es möglich, den wattlosen Strom und den Spannungsabfall des Wechselstromgenerators und der Linie zu verkleinern und den

---

[1]) Für einen ausführlichen Vergleich siehe: „Elektrische Kraftbetriebe und Bahnen", 1910, Heft 5, Dr.-Ing. H. S. Hallo: „Der Kaskadenumformer", und „Arbeiten aus dem elektrotechnischen Institut", Bd. II, Dr.-Ing. H. S. Hallo: „Die Eigenschaften des Kaskadenumformers und seine Anwendung".

Wirkungsgrad zu erhöhen. Ist der Synchronmotor mit asynchronen Motoren an dasselbe Netz angeschlossen, so kann der wattlose Strom, den er bei Übererregung ins Netz schickt, dazu dienen, den wattlosen Strom, den die asynchronen Motoren verbrauchen, zu kompensieren; um diesen Strom liefern zu können, muß jedoch der Synchronmotor größer gebaut werden, als sonst nötig wäre. Ferner ist der Synchronmotor billiger als der asynchrone, insbesondere für hohe Spannungen.

Fig. 452. 1000 KW-Motorgenerator von Bruce Peebles & Co., Edinburgh.

Diesen Vorzügen des Synchronmotors stehen jedoch eine Reihe von Nachteilen gegenüber. Da jeder Synchronmotor auch als Generator wirkt, indem er dem Stromkreise die eigene Kurvenform der EMK und ihre Schwankungen aufdrückt, so wird er bei ungünstiger Kurvenform störende Erscheinungen im Netze hervorrufen, und durch seine Schwankungen werden die Generatoren und die anderen synchronen Maschinen des Systems beeinflußt. Umgekehrt wirken auf den Synchronmotor selbst alle anderen synchronen Maschinen des Systems in gleicher Weise ein.

Ein Synchronmotor wird daher nur befriedigend arbeiten können, wenn die im Kapitel XV bezüglich des Pendelns aufgestellten Bedingungen erfüllt sind, seine Arbeitsweise ist also nicht nur von seiner eigenen Konstruktion, sondern auch von der Konstruktion und Arbeitsweise der übrigen Maschinen des Systems abhängig. In den meisten Fällen wird jedoch die dämpfende Wirkung massiver Polschuhe, oder eigens dazu angebrachter Dämpferwicklungen das Pendeln vollständig unterdrücken.

Insbesondere ist der Synchronmotor empfindlich gegen schlechte Kurvenformen bzw. gegen Differenzen zwischen der eigenen und der ihm zugeführten Kurvenform der EMK (s. Abschnitt 63) und sein Leistungsfaktor ist von der Kurvenform abhängig. Der höchste erreichbare Leistungsfaktor weicht um so mehr von der Einheit ab, je ungünstiger die Kurvenform ist. Ungeeignete Kurvenformen können den Betrieb sogar unmöglich machen.

Eine momentane Verminderung der Klemmenspannung bzw. eine momentane Stromunterbrechung durch Kurzschlüsse in der Leitung oder durch das Außertrittfallen eines anderen Synchronmotors, starke, wenn auch nur momentane Überlastungen des Motors oder plötzliche und große Geschwindigkeitsänderungen des Generators, denen der Motor nicht zu folgen vermag, verursachen, daß der Motor außer Tritt fällt und stillsteht.

Das Inbetriebsetzen eines Synchronmotors erfordert, daß er vor dem Einschalten auf Spannung und synchronen Gang gebracht wird. Unter Umständen macht das Synchronisieren Schwierigkeiten, es erfordert jedenfalls etwas mehr Geschick und meistens auch mehr Zeit als das Inbetriebsetzen eines asynchronen Motors.

Der asynchrone Motor hat den Vorzug, daß er auf das Netz und die anderen Maschinen des Systems nicht in aktiver Weise zurückwirkt, sondern daß er sich als Stromverbraucher lediglich passiv verhält. Er ist vollkommen frei von den Erscheinungen des Pendelns und Mitschwingens, er fällt bei plötzlichen großen Spannungsänderungen, momentanen Stromunterbrechungen oder momentanen Überlastungen nicht außer Tritt, sondern verliert nur an Geschwindigkeit, um die normale Geschwindigkeit sofort wieder anzunehmen, wenn die normalen Betriebsverhältnisse sich wieder einstellen. Gegen schlechte Kurvenformen ist der asynchrone Motor wenig empfindlich, d. h. seine Stromstärke und sein Leistungsfaktor sind von der Kurvenform der EMK praktisch unabhängig, und er wirkt dämpfend auf die Ungleichförmigkeiten des Systems zurück.

Die Inbetriebsetzung eines asynchronen Motors erfordert keine besondere Geschicklichkeit und läßt sich in allen Fällen auf einfache Weise ausführen.

Nachteilig ist, daß der Leistungsfaktor eines asynchronen Motors nicht regulierbar und bei kleinen Belastungen erheblich kleiner als eins ist, wodurch der Wirkungsgrad der Linie und des Umformers herabgedrückt und der Spannungsabfall des Generators und der Linie vergrößert wird.

Übrigens ist bei normaler Belastung der Leistungsfaktor eines asynchronen Motors hoch (0,9 bis 0,93) und nur wenig kleiner als derjenige eines Synchronmotors, insbesondere bei einer ungünstigen Kurvenform. Außerdem ist der wattlose Strom, den der asynchrone Motor aufnimmt, nahezu konstant für alle Belastungen, er bildet daher eine konstante Belastung für das Netz, die wenig Nachregulierung erfordert.

Wenn auf die Verbesserung des Leistungsfaktors und des Wirkungsgrades kein großer Wert gelegt wird, oder wenn Befürchtungen berechtigt sind, daß für vorliegende Betriebsverhältnisse ein gutes synchrones Arbeiten gefährdet ist, so wird ein asynchroner Motorgenerator einem synchronen vorzuziehen sein; das trifft auch dann zu, wenn auf eine gute Wartung dauernd nicht zu rechnen ist, oder wenn es sich um Umformer von kleiner Leistung handelt.

169. Einankerumformer.

Bei dem gewöhnlichen Einankerumformer durchfließt der Gleichstrom und der Wechselstrom dieselben Armaturleiter. Die EMKe beider stehen daher in einem gewissen Verhältnis, so daß in den meisten Fällen eine Transformation der Wechselspannung des Netzes auf eine niedrigere, für den Umformer passende Spannung erforderlich ist.

Bei einem Vergleiche des Einankerumformers mit den Motorgeneratoren müssen wir daher den Transformator in die Betrachtung einschließen.

Der Einankerumformer hat hinsichtlich seiner Rückwirkung auf das System, der Erscheinungen des Pendelns und Mitschwingens, der Empfindlichkeit gegen ungeeignete Kurvenformen der EMK, der Möglichkeit des Außertrittfallens und des Parallelschaltens alle oben angeführten Eigenschaften des Synchronmotors. Ungünstig für den Einankerumformer ist, daß bei hohen Periodenzahlen (40 und darüber) die Polzahl groß wird, was zu kleinen Abständen zwischen den Bürstenspindeln, oder großem Durchmesser des Kommutators, mit entsprechend großer Umfangsgeschwindigkeit, führt. Der Strom pro Bürstenspindel wird klein; um für die Ankerleiter eine passende Stromstärke zu erhalten, wird der Anker in solchem Falle mit Reihenparallelwicklung oder Reihenwicklung ausgeführt.

In neuerer Zeit baut man, um bessere Verhältnisse zu erhalten, raschlaufende Umformer, die oft mit Wendepolen versehen werden.

Die Regulierung der Gleichspannung kann bei vorgeschalteter Reaktanz durch Änderung der Erregung des Umformers innerhalb enger Grenzen erreicht werden, wobei im Umformer und im Netz wattlose Ströme auftreten. Will man die Spannung innerhalb weiterer Grenzen und ohne wattlose Ströme ändern, so wird die Änderung des Übersetzungsverhältnisses des zugehörigen Transformators oder eine synchrone Wechselstrom-Zusatzmaschine erforderlich.

Ebenso wie ein Synchronmotor nimmt ein übererregter Einankerumformer phasenvoreilenden Strom auf, was in gewissen Fällen erwünscht ist.

Gegenüber dem Motorgenerator besitzt jedoch der Einankerumformer einige so wesentliche Vorzüge, daß sie ihm ein großes Anwendungsgebiet sicherten. Als solche sind zu nennen:

1. Der Einankerumformer ist in der Anschaffung billiger und bedarf weniger Raum und weniger Fundament als der Motorgenerator. Er ist auch billiger in der Unterhaltung, da nur halb so viel rotierende Teile vorhanden sind. Allerdings bedeutet die Anwesenheit von Schleifringen für hohe Stromstärken eine erhöhte Wartung.

2. Der Wirkungsgrad ist höher, denn beim Motorgenerator wird die gesamte umzuformende elektrische Energie im Motor in mechanische Energie und dann im Generator wieder in elektrische Energie umgesetzt, während beim Einankerumformer eine Umsetzung von einer Stromart in die andere direkt stattfindet, und in der Wicklung nur die momentane Differenz der beiden Ströme fließt. Der Verlust durch Stromwärme wird daher kleiner, dagegen kommen die Verluste im Transformator hinzu. Der Unterschied im Wirkungsgrad ist besonders bei den kleinen Belastungen sehr groß.

3. Die Bedingungen für eine gute Kommutation liegen beim Einankerumformer günstiger, weil keine Verzerrung des Feldes durch Quermagnetisierung auftritt. Der Einankerumformer eignet sich daher für plötzliche und große Belastungsschwankungen besser als der Motorgenerator, er besitzt eine größere Elastizität und kann plötzliche und kurze Überlastungen von $100\,^0/_0$ und mehr aushalten.

Diese Eigenschaften, die richtig entworfene Einankerumformer besitzen, machen sie insbesondere für den Betrieb von elektrischen Bahnen gut geeignet, vorausgesetzt, daß die Periodenzahl des zugeführten Wechselstromes nicht zu hoch ist. Da nun in Amerika die Periodenzahl 25 viel mehr verbreitet ist als in Europa, hat der Einankerumformer dort viel mehr Eingang gefunden als hier. Die

Gesamtleistung der in Betrieb befindlichen Einankerumformer ist etwa 4000000 KW. Für 25 bis 35 Perioden werden die günstigsten Abmessungen erhalten. Es können in diesem Falle fast immer normale Gleichstrom-Generatortypen verwendet werden. Die Nutenzahl wird geringer und der Ungleichförmigkeitsgrad der speisenden Generatoren braucht nicht so klein zu sein wie bei höheren Periodenzahlen. Dagegen wird für höhere Periodenzahlen die Polzahl mit Rücksicht auf die Gleichstrommaschine zu groß und eine gute Kommutation ist schwieriger zu erreichen. In vielen Fällen, besonders bei hohen Gleichspannungen, ist dann der Kaskadenumformer vorzuziehen.

Einankerumformer mit teilweise oder ganz getrennter Wechselstrom- und Gleichstromwicklung. — Das Verhältnis zwischen der Gleich- und Wechselspannung läßt sich beim Einankerumformer beliebig ändern, wenn man eine unveränderte Gleichstromwicklung mit einer aufgeschnittenen Gleichstromwicklung kombiniert, oder wenn man zwei getrennte Wicklungen auf demselben Anker anordnet.

In WT III ist gezeigt worden, wie im ersten Falle die Wicklung auszuführen ist, und in Fig. 453 ist die Verbindungsart der unveränderten Gleichstromwicklung $A_1 B_1 C_1$ mit einer dreiphasig aufgeschnittenen Wicklung $A_1 A_2$, $B_1 B_2$, $C_1 C_2$ schematisch dargestellt. Bezeichnet E_l die effektive Wechselspannung zwischen den Punkten $A_1 B_1$ und E_z die Spannung einer Phase der aufgeschnittenen Wicklung, so wird die resultierende Linienspannung

$$E_l' = E_l + 2\,E_z \cos 30^{0},$$

wobei E_l und die Gleichspannung E_g in einem bestimmten Verhältnis stehen (s. Abschnitt 173).

Die Kollektorlamellen werden an die Wicklung $A_1 B_1 C_1$ und die drei Schleifringe an die Punkte A_2, B_2, C_2 angeschlossen. Die Windungen beider Wicklungen können in den gleichen Nuten untergebracht werden.

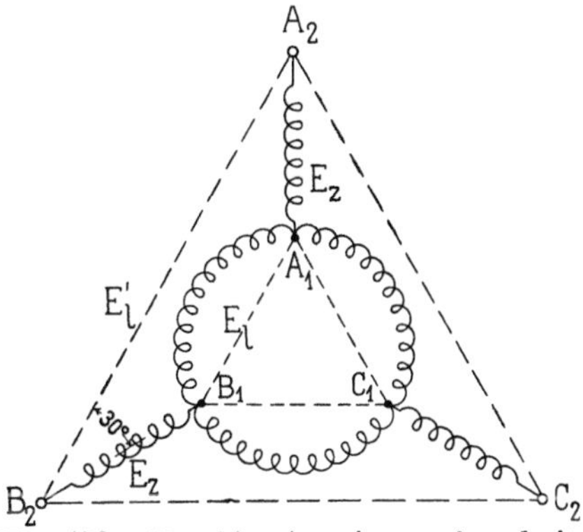

Fig. 453. Kombination einer aufgeschnittenen Gleichstromwicklung mit einer unaufgeschnittenen zur Veränderung des Verhältnisses zwischen Gleich- und Wechselspannung.

Ist die Differenz der Spannungen E_l und E_l' groß, so wird diese Wicklungsart unzweckmäßig, man trennt dann besser beide Wicklungen vollständig.

Die Stromwärmeverluste der beiden Wicklungen werden offenbar um so größer, je mehr man sich vom gewöhnlichen Umformer entfernt, bzw. je größer das Verhältnis $E_l' : E_l$ wird; sie werden ein Maximum, wenn wir die Wicklungen ganz trennen. Aus diesem Grunde und weil es nicht zweckmäßig ist eine Hoch- und eine Niederspannungswicklung auf denselben Anker zu wickeln, finden Einankerumformer bzw. Doppelstromgeneratoren mit kombinierter Wicklung nur selten und nur für kleinere Verhältnisse von $E_l' : E_l$ Verwendung.

170. Spaltpolumformer.

Der Spaltpolumformer unterscheidet sich vom gewöhnlichen Umformer durch eine besondere Konstruktion des Magnetgestells. Die Magnetkerne sind in 2 oder 3 Teile geteilt, die je mit einer Erregerwicklung versehen sind.

Wir werden später sehen, daß dadurch das Übersetzungsverhältnis zwischen Gleich- und Wechselspannung geändert werden kann. Das ermöglicht eine Regulierung der Gleichspannung, ohne daß der Umformer wattlose Ströme vom Netze aufnimmt. Außerdem kann die Gleichspannung nunmehr innerhalb weiter Grenzen geändert werden. Für niedere Periodenzahlen und große Spannungsregulierung kann der Spaltpolumformer öfters den Motorgenerator ersetzen. Durch diese sogenannte Spaltpolanordnung wird somit dem Einankerumformer ein neues Absatzgebiet eröffnet.

Die Übelstände der hochperiodigen Einankerumformer werden aber durch die Spaltpolanordnung nicht beseitigt; außerdem ist wegen der großen Polzahl in dem Falle meistens nicht genügend Platz vorhanden, um eine Spaltung der Pole und Anbringung der verschiedenen getrennten Erregerwicklungen durchführen zu können.

171. Kaskadenumformer.[1])

Der Kaskadenumformer besteht aus einem Induktionsmotor mit vielphasigem Rotor und einer normalen Gleichstrommaschine, die elektrisch und mechanisch gekuppelt sind. Die Tourenzahl des Aggregates entspricht der Summe der Polzahlen der Gleich- und Wechselstromseite. Wird die gesamte Polzahl $\frac{120\,c}{n} = 2p$ auf beide Maschinen gleichmäßig verteilt, so daß jede p Pole erhält, so dreht sich der Rotor nur mit der halben Geschwindigkeit des Drehfeldes, und nur die Hälfte der der Asynchronmaschine zugeführten Leistung

[1]) Für die ausführliche Behandlung siehe WT V, 1.

wird in mechanische Leistung umgesetzt, während die andere Hälfte transformatorisch auf die Rotorwicklung übertragen und der Gleichstromwicklung in Form von elektrischer Leistung zugeführt wird. Die Asynchronmaschine arbeitet also zur Hälfte als Motor und zur Hälfte als Transformator und die Gleichstrommaschine zur Hälfte als Generator und zur Hälfte als Umformer. Durch eine andere Verteilung der Polzahl wird diese Verteilung entsprechend geändert. Die mechanische Leistung des Rotors verhält sich zur elektrischen wie die Polzahl der Asynchronmaschine zu derjenigen der Gleichstrommaschine.

Man hat es somit auch bei hohen Periodenzahlen in der Hand, durch passende Wahl und Verteilung der Polzahl für die Gleichstrommaschine günstige Abmessungen zu erhalten. Das ist ein Vorteil des Kaskadenumformers dem Einankerumformer gegenüber.

Hochperiodige Einankerumformer müssen mit vielen Polen gebaut werden, um die gewünschte Tourenzahl einzuhalten. Demzufolge müssen beim Einankerumformer der Durchmesser des Kommutators und dessen Umfangsgeschwindigkeit hoch gehalten werden, damit der Abstand zwischen den Bürstenspindeln nicht zu klein wird. Sonst würde, besonders bei hohen Gleichspannungen, leicht Rundfeuer eintreten.

Auch verläuft die Kommutation beim Kaskadenumformer im allgemeinen günstiger als beim hochperiodigen Einankerumformer. Zwar ist die Ankerrückwirkung des Einankerumformers kleiner, aber wegen der hohen Polzahl sucht man mit weniger Lamellen pro Pol auszukommen; auch ist die Kommutatorgeschwindigkeit höher. Außerdem kann in vielen Fällen für den Kaskadenumformer eine Schleifenwicklung benutzt werden, während man bei dem Einankerumformer auf eine Reihen- oder Reihenparallelwicklung angewiesen ist. Schließlich können, wegen des größeren Abstandes zwischen den Hauptpolen, die Kommutierungspole des Kaskadenumformers günstiger dimensioniert werden; ihre Streuung ist kleiner.

Der Kaskadenumformer kann in einfachster Weise von der Wechselstromseite angelassen werden. Er besitzt im übrigen alle Eigenschaften, die den Einankerumformer charakterisieren, hat jedoch geringere Neigung zum Pendeln und Mitschwingen und ist viel weniger empfindlich gegen schlechte Kurvenform der EMK. Auch ist eine Regulierung der Gleichspannung, ohne Verwendung einer synchronen Zusatzmaschine, innerhalb bedeutend weiterer Grenzen möglich als beim gewöhnlichen Einankerumformer für denselben prozentualen wattlosen Strom. Deswegen wird die Spaltpolanordnung beim Kaskadenumformer viel seltener in Frage kommen als beim Einankerumformer.

Diesen vielen Vorteilen steht allerdings der Nachteil gegenüber, daß der Wirkungsgrad des Kaskadenumformers niedriger ist als der eines Einankerumformers. Da aber das Übersetzungsverhältnis zwischen Gleich- und Wechselspannung beim Einankerumformer durch die Phasenzahl allein bestimmt ist, kommt er fast ausschließlich in Verbindung mit stationären Transformatoren vor, während Kaskadenumformer für Spannungen bis etwa 10000 bis 15000 Volt (je nach der Leistung) direkt für Hochspannung gewickelt werden können. Die praktische Erfahrung hat gezeigt, daß der Wirkungsgrad des Kaskadenumformers (ohne Transformatoren) für Vollast etwa 1% (höchstens 1,5%) unter dem des Einankerumformers mit Transformatoren liegt.

Obwohl nun der rotierende Umformer durch langjährige Erfahrung immer mehr verbessert wurde, ist eine allgemeine Einführung dieses Umformers für hohe Periodenzahl auch in der Zukunft nicht zu erwarten. Es liegt nämlich die Tendenz vor, die Gleichspannung für Bahnnetze zu erhöhen, und heutzutage kommen 750 und 1000 Volt Gleichspannung immer mehr in Frage. Für solche Fälle ist eben der Kaskadenumformer besser geeignet.

Im Vergleich mit dem Motorgenerator bietet der Kaskadenumformer große Vorteile in bezug auf Wirkungsgrad und Anschaffungspreis. Besonders der Unterschied im Wirkungsgrad, der etwa 2,5 bis 5% (je nach der Leistung) für Vollast beträgt, ist von großer Bedeutung für die Elektrizitätswerke. Bei kleineren Belastungen ist die Differenz eine noch weit größere. Gegenüber dem synchronen Motorgenerator hat er außerdem noch den Vorteil des bedeutend einfacheren Anlassens. Auch ist der Kaskadenumformer ohne weiteres für die Speisung von Dreileiternetzen geeignet. Da die Gleichstromwicklung sowieso mit einer vielphasigen und in Stern geschalteten Wicklung verbunden ist, kann die Spannungsteilung, in ähnlicher Weise wie Dolivo-Dobrowolsky für Gleichstrommaschinen vorgeschlagen hat, vorgenommen werden.

172. Periodenumformer.

Zur Umformung von Wechselstromenergie einer Periodenzahl in Wechselstromenergie einer anderen Periodenzahl können Motorgeneratoren verwendet werden, bestehend aus der mechanischen Kupplung zweier synchronen Wechselstrommaschinen. Da das Verhältnis der Polzahlen gleich dem Verhältnis der Periodenzahlen ist, ist nicht jede Umformung möglich.

Wird der Generator einphasig belastet, so pulsiert die abgegebene Leistung bekanntlich mit der doppelten Periodenzahl.

Man könnte nun erwarten, daß demzufolge eine ungleichmäßige Belastung der einzelnen Phasen des Motors eintreten würde, da ja bei gleichmäßiger Stromaufnahme des mehrphasig gedachten Motors die aufgenommene momentane Leistung konstant ist. Wenn nun auch innerhalb einer Periode tatsächlich eine solche ungleichmäßige Belastung auftritt, so gleicht dieselbe sich doch bei verschiedenen Polzahlen der beiden Maschinen aus, so daß die mittlere Leistung aller Phasen pro Umdrehung gleich ist. Aber auch bei gleicher Polzahl ergibt eine einfache Rechnung, daß die Verschiedenheit der Belastungen der einzelnen Phasen nur sehr klein ist. Das rührt daher, daß die Schwungmasse ausgleichend wirkt, und durch die hohe Periodenzahl der Leistungsfluktuationen wirkt sie sehr effektiv, so daß die Verschiedenheit der Belastung in den einzelnen Phasen nur Bruchteile von Prozenten beträgt.

Eine wichtige Frage ist diejenige des Parallelschaltens solcher Motorgeneratoren und auch der Verteilung der Belastung zwischen parallelarbeitenden Aggregaten. Jedenfalls muß für das Parallelschalten die Periodenzahl des einen Netzes reguliert werden, so daß das Verhältnis der Periodenzahlen genau gleich dem Verhältnisse der Polzahlen der beiden den Motorgenerator zusammensetzenden Maschinen ist. Ist schon ein Motorgenerator in Betrieb, so ist eine solche Regulierung der Periodenzahl für das Zuschalten eines zweiten Motorgenerators natürlich nicht mehr nötig.

Des weiteren muß aber beim Parallelschalten auch Phasengleichheit herrschen. Bei dem Inbetriebsetzen des ersten Motorgenerators gibt das nun keine Schwierigkeiten. Bei dem Hinzuschalten eines zweiten Aggregates ist aber eine solche Regulierung nicht möglich ohne das erste Aggregat gleichzeitig zu entlasten. Denken wir uns nämlich zuerst das erste Aggregat leerlaufend. Durch die Belastung wird nun eine Winkelabweichung hervorgerufen zwischen der induzierten EMK des Generators und der Spannung des zugehörigen Netzes. Wollen wir nun ein vollständig gleiches Aggregat hinzuschalten, so besteht schon diese Winkelverschiebung, und beim Parallelschalten würde es gleich die halbe Belastung übernehmen. Das würde somit einen plötzlichen Belastungsstoß ergeben. Eine willkürliche Verteilung der Belastung auf die beiden Aggregate ist nicht möglich.

Wir können das nur abhelfen, indem wir einen der vier Hauptteile des Motorgenerators, also entweder einen Stator oder einen Rotor gegen den anderen Stator oder Rotor, verdrehbar machen[1]. In den meisten Fällen wird es aus konstruktiven Gründen einfacher

[1] D. R. P. Nr. 138602.

Fig. 454. Periodenumformer.

sein, einen der beiden Statoren einstellbar zu machen, was durch dessen zentrische Lagerung leicht erreicht werden kann.

Fig. 454 zeigt einen solchen Motorgenerator mit verdrehbarem Stator, und mit Anlaß- und Erregermaschine der S. S.-W.

Statt synchroner Motorgeneratoren wären auch asynchrone Aggregate für den angegebenen Zweck zu verwenden. Allerdings ändert sich dann die Periodenzahl des einen Netzes etwas mit der Belastung infolge der Schlüpfung. Andererseits hat man den Vorteil, daß ein solches Aggregat weniger empfindlich gegen Kurzschlüsse ist.

Die Verluste eines solchen Periodenumformers sind hoch, da die ganze Energie erst in mechanische und dann wieder in elektrische umgeformt wird.

In WT V, 1 (S. 520 u. f.) sind verschiedene Schaltungen (sog. Kaskadenschaltungen) behandelt, die eine Verkleinerung der Verluste zulassen. Auch Kollektormotoren lassen sich als Periodenumformer verwenden[1]).

Nach dem englischen Patente 26990 (1906) können auch zwei mechanisch gekuppelte rotierende Umformer verschiedener Polzahl für die Periodenumformung benutzt werden. Die Gleichstromseiten sind dann elektrisch verbunden. Dadurch hat man allerdings den Vorteil wesentlich kleinerer Verluste und des Wegfallens einer besonderen Erregermaschine, andererseits aber stehen dadurch die Wechselspannungen in einem bestimmten Verhältnisse zueinander und zu der Gleichspannung, so daß im allgemeinen beiderseits Transformatoren nötig sind. Außerdem dürfte die Anordnung zweier Kommutatoren eine wesentliche Verteuerung und unangenehme Komplikation mit Heruntersetzung der Betriebssicherheit bedeuten.

---

[1]) Elektrotechnik und Maschinenbau, 1909, S. 357.

Siebenundzwanzigstes Kapitel.

Spannungs- und Stromverhältnisse eines Einankerumformers.

173. Spannungsverhältnisse eines Einankerumformers.

Die Fig. 455 bis 458 zeigen die zweipolige Schaltung eines ein-, drei-, vier- und sechsphasigen Umformers. Die Wicklungen sind der Einfachheit halber als Ringwicklungen dargestellt. Einankerumformer werden jedoch, wie gewöhnliche Gleichstrommaschinen, ausschließlich mit Trommelankern ausgeführt.

Für den Ein- und Dreiphasenumformer sind in Fig. 459 und 460 die Schaltungsschemata noch einmal aufgezeichnet, so daß auch die Verbindungen mit den Transformatoren zu erkennen sind. Außerdem sind in diesen Figuren die bei den späteren Betrachtungen benutzten Bezeichnungen eingeschrieben.

Die Phasenspannung der Transformatoren bezeichnen wir an der Sekundärseite mit P_2. Die Sekundärspannung des Einphasentransformators ist dann $2P_2$, wenn die gleichen Formeln für ein- und mehrphasige Umformer Gültigkeit haben sollen. Die sekundäre Klemmenspannung des Dreiphasentransformators bezeichnen wir mit P_{2l}, sie ist gleich der Linienspannung P_l zwischen den Schleifringen des Umformers. Natürlich können die Transformatorwicklungen auch in Dreieck geschaltet werden und statt eines Dreiphasentransformators auch drei Einphasentransformatoren verwendet werden.

Aus später angegebenen Gründen (S. 714) werden größere Umformer ausschließlich sechsphasig gebaut, was bei dreiphasigem Primärstrom ohne weiteres möglich ist durch passende Schaltung der sekundären Wicklungen der Transformatoren.

Von den vielen möglichen Schaltungen seien hier nur die beiden in den Fig. 461 und 462 schematisch dargestellten erwähnt. Nach Fig. 461 verwendet man einen normalen Dreiphasentransformator (bzw. drei normale Einphasentransformatoren), läßt die sekundären Phasen unverkettet und verbindet jede mit zwei diametralen Punkten (bezogen auf ein zweipoliges Schema) der

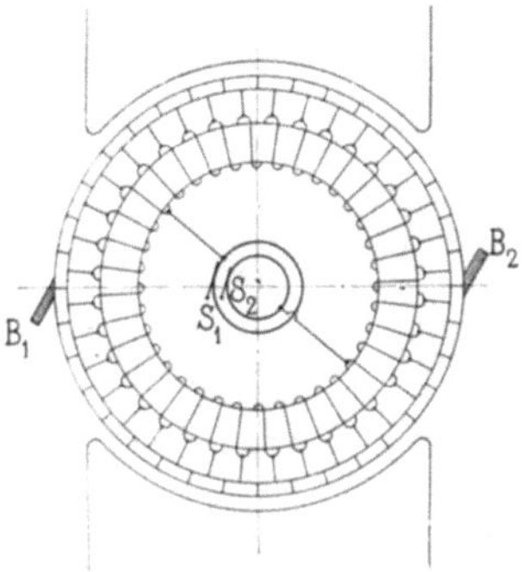

Fig. 455. Zweipoliger Einphasenumformer.

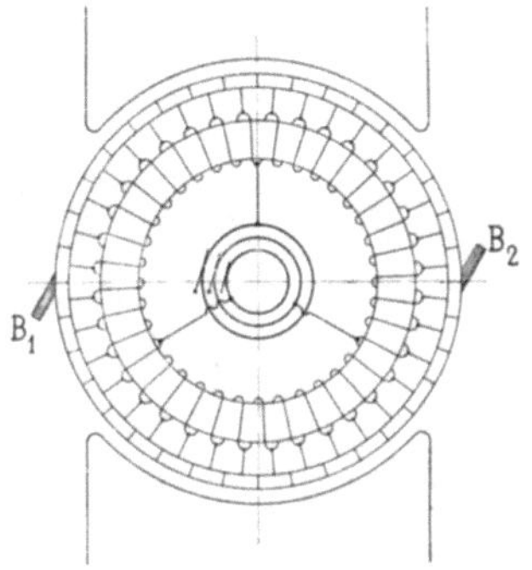

Fig. 456. Zweipoliger Dreiphasenumformer.

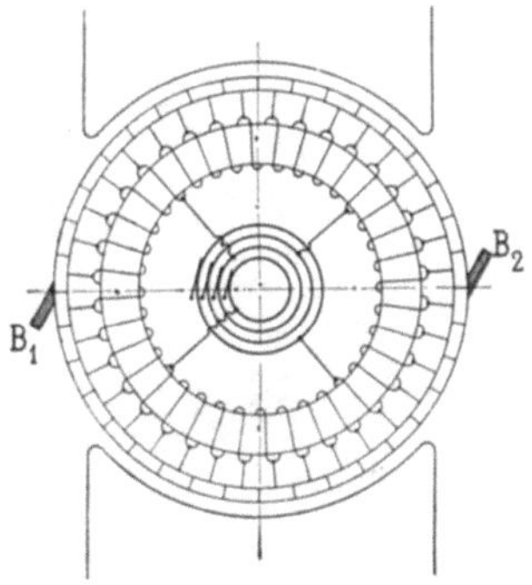

Fig. 457. Zweipoliger Vierphasenumformer.

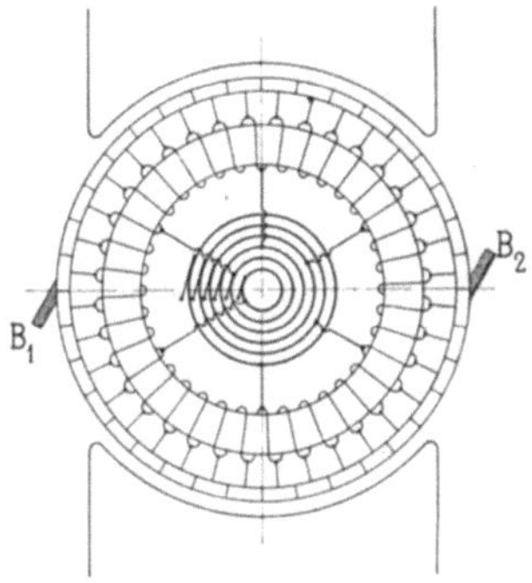

Fig. 458. Zweipoliger Sechsphasenumformer.

Umformerwicklung. Nach Fig. 462 versieht man die Transformatoren mit zwei Spulen für jede sekundäre Phase, die dann zu zwei Gruppen in Dreieck geschaltet werden. Der Kreis stellt in beiden Figuren die Umformerwicklung dar, die Sehnen (bzw. Durchmesser) die sekundären Wicklungen des Transformators. Die erste Schaltung kann man als Durchmesserschaltung, die zweite als doppelte Dreieckschaltung bezeichnen.

Wir betrachten zunächst den Umformer, wenn er leerläuft und keinen wattlosen Strom vom Netz aufnimmt. Der Umformeranker ist dann praktisch stromlos, und es wird in der Ankerwicklung nur eine EMK von dem Hauptfelde mit dem Kraftfluß Φ induziert.

Wir bezeichnen die zwischen den Bürsten B_1 und B_2 (Fig. 459 und 460) induzierte EMK mit E_g und die zwischen zwei willkürlichen Punkten der Ankerwicklung induzierte Wechsel-EMK mit E_l.

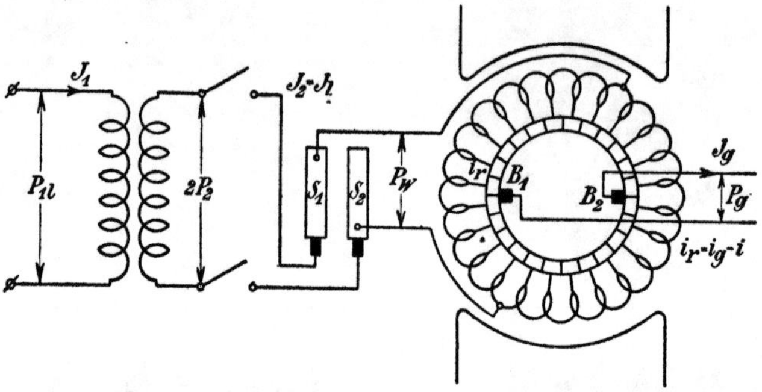

Fig. 459. Schaltungsschema eines Einphasenumformers.

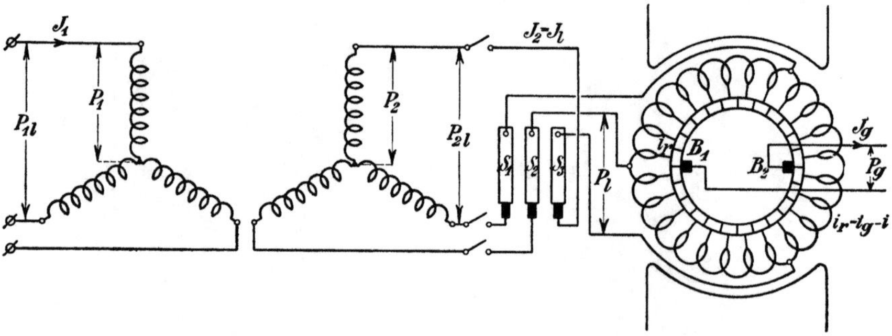

Fig. 460. Schaltungsschema eines Dreiphasenumformers.

Da E_g und E_l in derselben Ankerwicklung induziert werden, besteht zwischen ihnen ein ganz bestimmtes Verhältnis.

Stehen die Bürsten B_1 und B_2 in der neutralen Zone, so tritt der maximale Wert des eine Spule durchsetzenden Kraftflusses auf, wenn die Spule kurzgeschlossen ist; er ist bei einer Trommelwicklung gleich dem Kraftflusse Φ pro Pol.

Während der Zeit einer Umdrehung — bezogen auf ein zweipoliges Schema — ändert sich nun der Kraftfluß einer Spule von einem positiven Maximum zunächst auf Null, dann auf dasselbe negative Maximum, wieder zurück auf Null und schließlich zurück auf das ursprüngliche positive Maximum. Die totale Kraftflußänderung während einer Umdrehung ist also $4\,\Phi$. Für eine mehrpolige Maschine kommt dieselbe Kraftflußänderung vor während $\frac{1}{p}$ Umdrehung, also in der Zeit $\frac{60}{np}$.

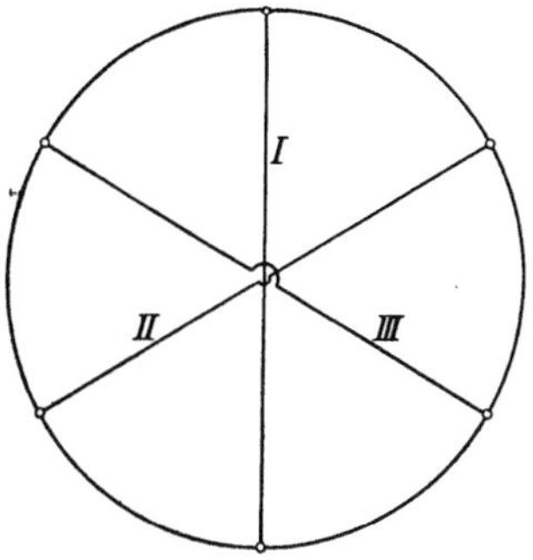

Fig. 461.

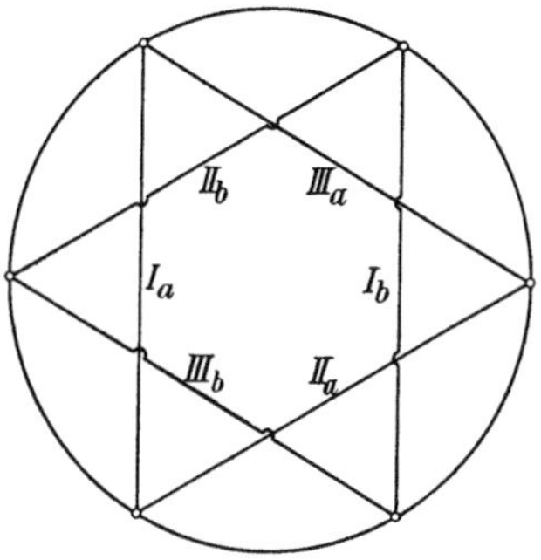

Fig. 462.

In jeder Windung wird also im Mittel die EMK

$$\frac{4\,\Phi}{\frac{60}{np}}10^{-8} = 4\,c\,\Phi\,10^{-8}\,\text{Volt}$$

induziert, folglich in der ganzen Wicklung mit N Drähten, d. h. $\frac{N}{4a} = w_g$ Windungen in Serie zwischen den in der neutralen Zone stehenden Bürsten eine EMK

$$E_g = \frac{N}{4a}\,\frac{4\,\Phi}{\frac{60}{np}}\,10^{-8} = 4\,c\,w_g\,\Phi\,10^{-8}\,\text{Volt} \quad . \;\; . \;\; . \quad (440)$$

In dieser Formel bedeutet a die halbe Anzahl der parallelen Ankerstromzweige. Die EMK E_g hängt somit nur von dem totalen Kraftflusse und nicht von der Verteilung dieses Kraftflusses über die Polteilung ab.

Wie groß ist nun die Wechsel-EMK E_l?

Die mittlere EMK pro Windung ist nach dem Vorhergehenden $E_{mitt} = 4\,c\,\Phi\,10^{-8}$ Volt, also der Effektivwert $E_{eff\,(w=1)} = 4\,f_B\,c\,\Phi\,10^{-8}$, wo f_B = Formfaktor der Feldkurve, da bekanntlich die in einer Windung (mit der Weite $y = \tau$) induzierte EMK dieselbe Kurvenform hat wie die Feldkurve.

Da die in den einzelnen Windungen induzierten EMKe gegeneinander phasenverschoben sind, wird die resultierende EMK, induziert in w_w Windungen in Serie,

$$E_l = 4 f_B f_w c w_w \Phi 10^{-8} = 4 k c w_w \Phi 10^{-8} \text{ Volt} \quad . \quad . \quad (441)$$

wo

$$f_w = \text{Wicklungsfaktor}^{1)} \text{ und}$$

$$k = f_B f_w = \text{EMK-Faktor.}$$

w_w und f_w hängen von der Lage der gewählten Anschlußpunkte ab.

Aus den Formeln 440 und 441 folgt:

$$\frac{E_l}{E_g} = \frac{w_w}{w_g} f_B f_w = \frac{w_w}{w_g} k.$$

Für einen m-phasigen Umformer mit m Schleifringen ist $w_w = \frac{2}{m} w_g$. Da bei einer unveränderten Gleichstromwicklung oben und unten in einer Nut Leiter liegen, die verschiedenen Phasen angehören, ist k der EMK-Faktor einer über $\frac{2}{m}$ der Polteilung gleichmäßig verteilten Wicklung.

Für Einphasenumformer können diese Formeln auch verwendet werden, nur ist zu bedenken, daß m gleich 2 gesetzt werden muß.

Es ist somit das Übersetzungsverhältnis u_l zwischen Wechsel-EMK und Gleich-EMK eines m-phasigen Umformers:

$$u_l = \frac{E_l}{E_g} = \frac{2k}{m} \quad . \quad . \quad . \quad . \quad . \quad . \quad . \quad (442)$$

Bezeichnen wir die zwischen zwei diametralen Punkten der zweipoligen Ankerwicklung induzierte EMK (die Einphasen-EMK) mit E_w, so ist das Übersetzungsverhältnis u_τ zwischen der Wechsel-EMK E_w und der Gleich-EMK E_g

$$u_\tau = \frac{E_w}{E_g} = k_\tau \quad . \quad . \quad . \quad . \quad . \quad . \quad . \quad . \quad (443)$$

Für diesen Fall ist nämlich $m = 2$ und $w_w = w_g$. k_τ ist der EMK-Faktor einer Wicklung, deren Spulenbreite S über die ganze Polteilung τ gleichmäßig verteilt ist ($S = \tau$).

Für eine sinusförmige Feldkurve ist

$$k_\tau = f_B f_w = \frac{\pi}{2\sqrt{2}} \cdot \frac{2}{\pi} = \frac{1}{\sqrt{2}} = 0{,}707,$$

also

$$E_g = \sqrt{2}\, E_w.$$

Dies ist auch leicht verständlich. Die Potentialkurve am Kommutatorumfange ist dann eine Sinuskurve von der Amplitude $\frac{1}{2} E_g$, und die Amplitude der Wechsel-EMK $E_w \sqrt{2}$ ist gleich E_g (s. Fig. 463).

1) WT III, Kap. IX.

Die Phasenspannung eines in Stern geschalteten Transformators ist für alle Umformer $\frac{E_w}{2}$.

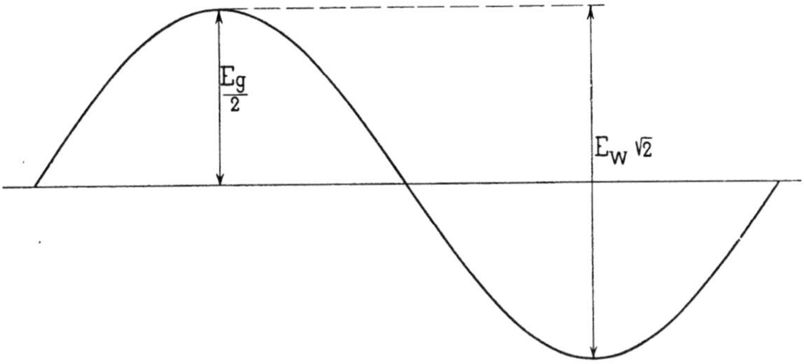

Fig. 463.

Unter Annahme einer sinusförmigen Feldkurve wird das Potentialdiagramm der Wicklung ein Kreis, dessen Durchmesser für die Amplituden der Wechsel-EMKe $\sqrt{2}E_w = E_g = OB$ (Fig. 464) und für die Effektivwerte derselben $E_w = OA$ ist.

Für einen m-phasigen Umformer erhält man die Linienspannung

$$E_l = E_w \sin\frac{\pi}{m} = \frac{E_g}{\sqrt{2}} \sin\frac{\pi}{m},$$

also

$$u_l = \frac{E_l}{E_g} = \frac{\sin\frac{\pi}{m}}{\sqrt{2}} \quad \ldots\ldots\ldots\ldots \quad (444)$$

Wir erhalten somit folgende Zusammenstellung:

Einphasenumformer:

$m = 2 \qquad w_w = w_g$

$u_l = u_\tau = k_\tau$ ($= 0{,}707$ für eine sinusförmige Feldkurve).

Dreiphasenumformer:

$m = 3 \qquad w_w = \frac{2}{3} w_g$

$u_l = \frac{2}{3} k$, wo k den EMK-Faktor einer verteilten Wicklung mit $S = \frac{2}{3}\tau$ bedeutet.

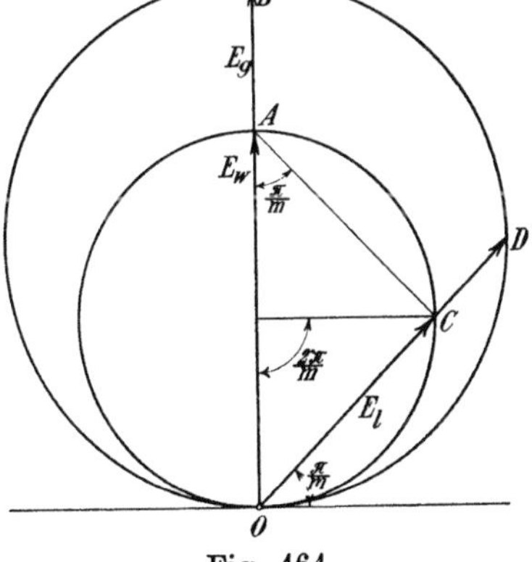

Fig. 464.

Für eine sinusförmige Feldkurve wird

$$u_l = \frac{\sin \frac{\pi}{m}}{\sqrt{2}} = \sqrt{\tfrac{3}{8}} = 0{,}612\,.$$

Vierphasenumformer:

$$m = 4 \qquad w_w = \tfrac{1}{2} w_g \qquad S = \tfrac{1}{2}\tau$$

$$u_l = \frac{k}{2} \;(= 0{,}5 \text{ für eine sinusförmige Feldkurve}).$$

Sechsphasenumformer:

$$m = 6 \qquad w_w = \tfrac{1}{3} w_g \qquad S = \tfrac{1}{3}\tau.$$

$$u_l = \frac{k}{3} \;(= 0{,}354 \text{ für eine sinusförmige Feldkurve}).$$

∞-phasiger Umformer, d. h. ebenso viel Phasen wie Kommutatorlamellen. Nehmen wir m Lamellen an, so wird $f_w = 1$ und

$$u_l = \frac{2k}{m} = \frac{2 f_B}{m} \left(= \frac{2{,}22}{m} \text{ für eine sinusförmige Feldkurve} \right).$$

In der folgenden Tabelle sind die Übersetzungsverhältnisse u_τ und u_l für die wichtigsten Umformer und Polschuhformen zusammengestellt.

Tabelle für die Übersetzungsverhältnisse u_τ und u_l von Umformern.

$\frac{\text{Polbogen}}{\text{Polteilung}} =$		0,8	0,75	0,7	Sinusförmiges Feld	0,65	0,6	0,55
Einphasen . . .	u_τ	0,67	0,69	0,71	0,707	0,73	0,75	0,77
Dreiphasen . . .	u_l	0,59	0,60	0,62	0,612	0,64	0,66	0,675
Vierphasen . . .	u_l	0,48	0,49	0,50	0,500	0,52	0,53	0,55
Sechsphasen . .	u_l	0,340	0,347	0,354	0,354	0,367	0,377	0,387
Zwölfphasen . .	u_l	0,177	0,182	0,185	0,185	0,192	0,197	0,204

Bei Leerlauf sind die Spannungen an den Klemmen gleich den EMKen der Wicklung. Sehen wir bei Belastung von dem kleinen Spannungsabfall im Umformeranker und am Kommutator ab, so gelten für die Spannungen bei Belastung dieselben Beziehungen wie für die EMKe, also

$$P_w \cong P_g u_\tau \text{ (Spannung zwischen diametralen Punkten) und}$$

$$P_l \cong P_g u_l \text{ (Spannung zwischen zwei Schleifringen).}$$

Für ein Sinusfeld wird somit:

$$P_w \cong \frac{P_g}{\sqrt{2}} \quad \text{und} \quad P_l \cong \frac{P_g}{\sqrt{2}} \sin\frac{\pi}{m} \quad . \quad . \quad . \quad . \quad (445)$$

174. Die Ankerströme eines Umformers.

Wenn wir von den Verlusten im Umformer absehen, so muß die dem Umformer zugeführte elektrische Leistung gleich der abgeführten sein. Bezeichnen wir den Gleichstrom mit J_g, die Wattkomponente des Wechselstromes in der Ankerwicklung mit J_w, so wird

$$P_g J_g = m P_l J_w,$$

wo $m = 2$ für Einphasen-, $m = 3$ für Dreiphasenumformer usw. Aus dieser Beziehung ergibt sich

$$J_w = \frac{P_g}{m P_l} J_g \quad . \quad . \quad . \quad . \quad . \quad . \quad . \quad (446)$$

Da $\frac{P_g}{P_l} = \frac{1}{u_l} = \frac{m}{2k}$, wird $J_w = \frac{J_g}{2k}$.

Ist die halbe Zahl der Ankerstromzweige der Gleichstromwicklung a, so ist die Wechselstrom-Wattkomponente pro Zweig $\frac{J_w}{a}$ und der Gleichstrom $\frac{J_g}{2a}$, und wir erhalten als Übersetzungsverhältnis zwischen dem Wechselwatt- und dem Gleichstrome eines Umformerankers

$$u_i = \frac{2 J_w}{J_g} = \frac{1}{k} = \frac{2}{m u_l} \quad . \quad . \quad . \quad . \quad . \quad . \quad (447)$$

Für ein sinusförmiges Feld ist $u_l = \frac{\sin\frac{\pi}{m}}{\sqrt{2}}$ und somit:

$$u_i = \frac{2 J_w}{J_g} = \frac{2\sqrt{2}}{m \sin\frac{\pi}{m}} \quad . \quad . \quad . \quad . \quad . \quad . \quad (448)$$

also

$$J_w = \frac{\sqrt{2}\, J_g}{m \sin\frac{\pi}{m}} \quad . \quad . \quad . \quad . \quad . \quad . \quad . \quad (449)$$

Für eine sehr große Phasenzahl und Sinusfeld wird

$$u_i = \frac{2 J_w}{J_g} = \frac{2\sqrt{2}}{\pi} = 0{,}901.$$

In der folgenden Tabelle ist das Verhältnis $u_i = \frac{2 J_w}{J_g}$ für die am häufigsten vorkommenden Polschuhe zusammengestellt. α bezeichnet das Verhältnis von Polbogen zu Polteilung.

Übersetzungsverhältnisse der Ströme eines Umformerankers.

$\alpha = \frac{\text{Polbogen}}{\text{Polteilung}}$		0,8	0,75	0,7	Sinusförmiges Feld	0,65	0,6	0,55
Einphasen	$u_i = \frac{2 J_w}{J_g}$	1,50	1,45	1,41	1,41	1,37	1,33	1,30
Dreiphasen	$u_i = \frac{2 J_w}{J_g}$	1,13	1,10	1,09	1,09	1,04	1,02	0,99
	$u_{il} = \frac{J_{lw}}{J_g}$	1,00	0,97	0,94	0,94	0,915	0,89	0,87
Vierphasen	$u_i = \frac{2 J_w}{J_g}$	1,05	1,03	1,00	1,00	0,97	0,94	0,92
	$u_{il} = \frac{J_{lw}}{J_g}$	0,75	0,73	0,71	0,71	0,69	0,67	0,65
Sechsphasen	$u_i = \frac{2 J_w}{J_g}$	0,98	0,96	0,94	0,94	0,91	0,89	0,86
	$u_{il} = \frac{J_{lw}}{J_g}$	0,50	0,48	0,47	0,47	0,46	0,44	0,43
Zwölfphasen	$u_i = \frac{2 J_w}{J_g}$	0,96	0,92	0,91	0,91	0,87	0,85	0,82
	$u_{il} = \frac{J_{lw}}{J_g}$	0,25	0,24	0,24	0,24	0,23	0,22	0,22

Bezeichnen wir die Wattkomponente des Wechselstromes einer Zuführungsleitung mit J_{lw}, so wird

$$P_g J_g = m \frac{P_w}{2} J_{lw}$$

und das Übersetzungsverhältnis

$$u_{il} = \frac{J_{lw}}{J_g} = \frac{2 P_g}{m P_w} = \frac{2}{m k_\tau} = \frac{2}{m u_\tau} \quad \ldots \quad (450)$$

Für ein sinusförmiges Feld ist $\frac{P_g}{P_w} = \sqrt{2}$, also:

$$u_{il} = \frac{J_{lw}}{J_g} = \frac{2\sqrt{2}}{m} \quad \ldots\ldots \quad (451)$$

Das Verhältnis $\frac{J_{lw}}{J_g}$ ist auch in der obigen Tabelle eingetragen. Wie ersichtlich, ändern sich innerhalb der üblichen Grenzen für α die beiden Verhältnisse $\frac{2\,J_w}{J_g}$ und $\frac{J_{lw}}{J_g}$ nur wenig.

Aus den beiden Formeln 447 und 450 erhält man

$$u_i\,u_l = u_{il}\,u_\tau = \frac{2}{m} \quad . \quad . \quad . \quad . \quad . \quad . \quad (452)$$

u_i und u_{il} sind jedoch nicht die bei Belastung wirklich auftretenden Übersetzungsverhältnisse der Ströme. Wollen wir nämlich die Verluste im Umformer berücksichtigen, so müssen wir zu den in Gleichstrom umgewandelten Wechselströmen noch den Leerlaufstrom des Umformers addieren. Dieser ist aber klein und kann vernachlässigt werden.

Für einen verlustlosen dreiphasigen Einankerumformer mit sinusförmiger Feldverteilung beträgt die Wattkomponente des Schleifringstromes nach der Tabelle (S. 706) 94 % des Gleichstromes. Berücksichtigen wir nun die Verluste, so dürfen wir für alle praktischen Fälle sagen, daß der Schleifring**wattstrom** beim Dreiphasen-Wechselstrom-Gleichstrom-Umformer annähernd gleich dem am Kommutator abgegebenen Gleichstrom ist (und für den Sechsphasenumformer gleich der Hälfte des Gleichstromes).

Der **Ankerstrom eines Umformers** ist die Differenz zwischen dem zugeführten Wechselstrom J und dem erzeugten Gleichstrom. Der Gleichstrom wechselt in jeder Armaturspule seine Richtung in dem Augenblicke, in dem die Spule die Kommutatorbürsten B_1 und B_2 passiert.

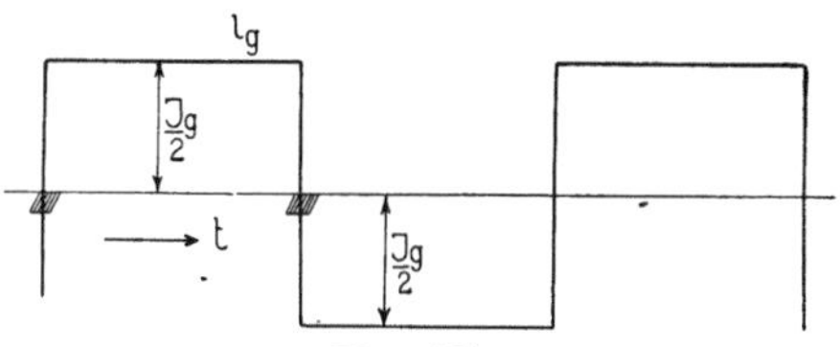

Fig. 465.

In den Ankerspulen bedingt der erzeugte Gleichstrom daher einen Wechselstrom von rechteckiger Wellengestalt (Fig. 465).

Diesen zerlegen wir in seine Harmonischen (WT I, 2. Aufl., S. 223) und erhalten

$$i_g = J_1 \sin\omega t + J_3 \sin 3\,\omega t + J_5 \sin 5\,\omega t + \ldots$$

$$= \frac{J_g}{2}\,\frac{4}{\pi}\left(\sin\omega t + \frac{1}{3}\sin 3\,\omega t + \frac{1}{5}\sin 5\,\omega t + \ldots\right).$$

Stehen die Bürsten in der neutralen Zone, so ist $t = 0$, wenn die in der Spule induzierte EMK gleich Null ist.

Es ist somit $\frac{2 J_g}{\pi} \sin \omega t$ ein Wattstrom. Die Oberströme bedingen einen Stromwärmeverlust, der sich zu dem Stromwärmeverlust in einer Gleichstrommaschine verhält, wie

$$\frac{J_3^2 + J_5^2 + J_7^2 + \ldots}{J_1^2 + J_3^2 + J_5^2 + J_7^2 + \ldots} = \frac{(\frac{1}{3})^2 + (\frac{1}{5})^2 + (\frac{1}{7})^2 + \ldots}{1 + (\frac{1}{3})^2 + (\frac{1}{5})^2 + (\frac{1}{7})^2 + \ldots}$$

$$= 1 - \frac{8}{\pi^2} = 0{,}19.$$

Der Stromwärmeverlust der Oberströme ist somit

$$0{,}19\, J_g^2 R_a,$$

wenn R_a der Ohmsche Widerstand der Gleichstromwicklung ist.

Da die Bürsten in der neutralen Zone stehen, geht die Wattkomponente des Wechselstromes durch Null in dem Momente, da die mittlere Spule der Phase die Kommutatorbürsten passiert. In diesem Momente ist nämlich die zwischen den Enden der Phase (A und B, Fig. 466) induzierte EMK auch Null. Für die mittlere Spule ist die Wattkomponente somit in Phase mit der Grundwelle des dem Gleichstrome entsprechenden Wechselstromes von rechteckiger Wellengestalt.

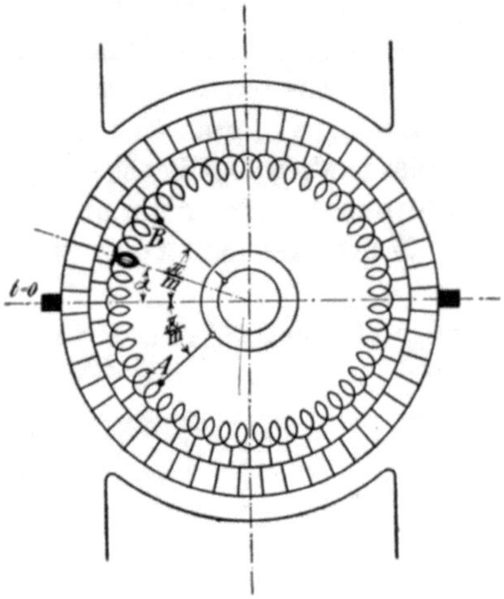

Fig. 466.

Ist ψ der Phasenverspätungswinkel des Stromes gegen die EMK, so liegt die Welle des Wechselstromes um den Winkel ψ gegen die Grundwelle der rechteckigen Kurve verschoben. Für eine Spule, die um den Winkel α von der Phasenmitte entfernt ist, tritt jedoch eine frühere, bzw. spätere Kommutierung ein, je nachdem α, in der Drehrichtung gemessen, positiv oder negativ ist, und zwar wirkt für die Bestimmung der relativen Lage der Wechselstromkurve und der Grundwelle der rechteckigen dem Gleichstrome entsprechenden Kurve, ein positives α wie ein positives ψ (Phasenverspätung). Demnach ist:

$$i = J\sqrt{2}\sin(\omega t - \psi - \alpha).$$

α variiert zwischen $-\frac{\pi}{m}$ und $+\frac{\pi}{m}$. Es ist

$$i = \sqrt{2}\,J \sin \omega\, t \cos(\psi + \alpha) - \sqrt{2}\,J \cos \omega\, t \sin(\psi + \alpha)$$
$$= \sqrt{2}\,J \sin \omega\, t \cos \psi \cos \alpha - \sqrt{2}\,J \sin \omega\, t \sin \psi \sin \alpha$$
$$- \sqrt{2}\,J \cos \omega\, t \sin \psi \cos \alpha - \sqrt{2}\,J \cos \omega\, t \cos \psi \sin \alpha\,.$$

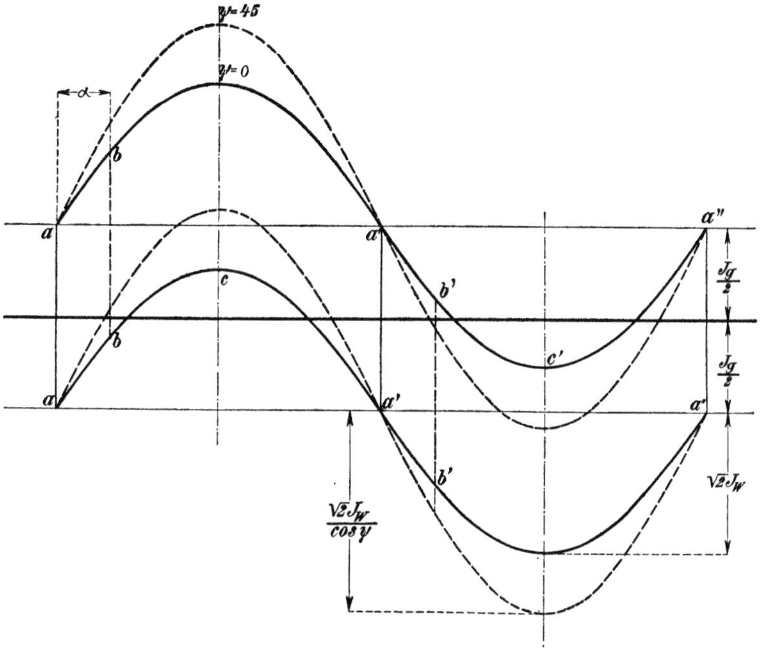

Fig. 467.

Setzt man den Wattstrom $J_w = J \cos \psi = u_i \frac{J_g}{2}$ und den wattlosen Strom

$$J_{wl} = J \sin \psi = v_i \frac{J_g}{2},$$

so wird

$$i = \frac{J_g}{2}\left[(u_i \sqrt{2} \cos \alpha - v_i \sqrt{2} \sin \alpha) \sin \omega\, t\right.$$
$$\left. - (u_i \sqrt{2} \sin \alpha + v_i \sqrt{2} \cos \alpha) \cos \omega\, t\right]. \quad . \quad . \quad (453)$$

und der resultierende Strom in einer Ankerspule

$$i_r = i_g - i = \frac{J_g}{2}\left[\left(\frac{4}{\pi} - u_i \sqrt{2} \cos \alpha + v_i \sqrt{2} \sin \alpha\right) \sin \omega\, t\right.$$
$$\left. + (u_i \sqrt{2} \sin \alpha + v_i \sqrt{2} \cos \alpha) \cos \omega\, t\right]$$
$$+ \frac{J_g}{2} \frac{4}{\pi}\left(\frac{1}{3} \sin 3\,\omega\, t + \frac{1}{5} \sin 5\,\omega\, t + \frac{1}{7} \sin 7\,\omega\, t \ldots\right) \quad . \quad (454)$$

Aus dem Vorhergehenden ist nun ersichtlich, daß wir die resultierende Stromkurve für jede Spule erhalten, indem wir zu der Sinuskurve, die den Wechselstrom darstellt, entweder $\frac{J_g}{2}$ addieren oder subtrahieren, denn es ist allgemein

$$i_r = \pm \frac{J_g}{2} - \sqrt{2}\, J \sin(\omega t - \psi - \alpha).$$

In Fig. 467 sind zwei Sinuskurven aufgezeichnet, die man aus der ursprünglichen Sinuskurve erhält durch eine Verschiebung um $\frac{J_g}{2}$ in der positiven bzw. negativen Richtung der Ordinatenachse.

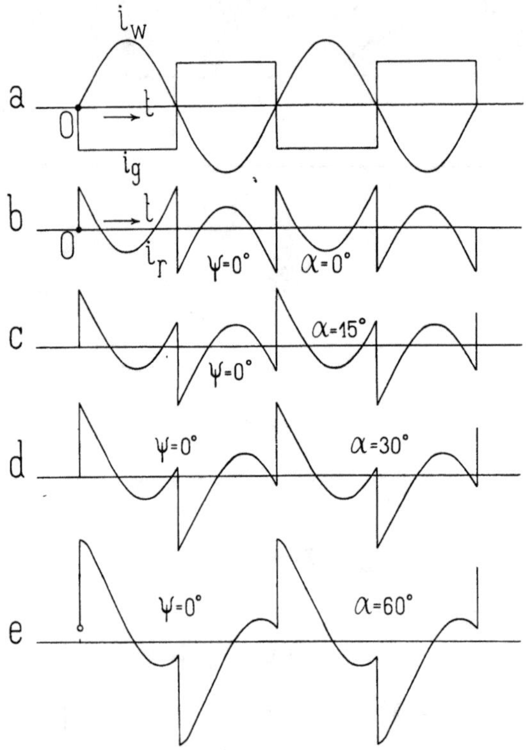

Fig. 468a bis e. Resultierender Strom in verschieden gelegenen Spulen eines Umformerankers für Phasengleichheit von Strom und EMK.

Für $\psi = 0$ und $\alpha = 0$ wird der resultierende Strom dargestellt durch den Linienzug $a\,a\,c\,a'\,a'\,c'$ usw., für $\psi = 0$ und $\alpha = 30^0$ durch $b\,b\,c\,b'\,b'\,c'$ usw. Für $\psi = 30$, $\alpha = 0$ liegen die Übergänge von der einen Kurve auf die andere auf denselben Ordinaten wie für $\psi = 0$, $\alpha = 30$, aber der Wechselstrom hat sich durch die Phasenverschie-

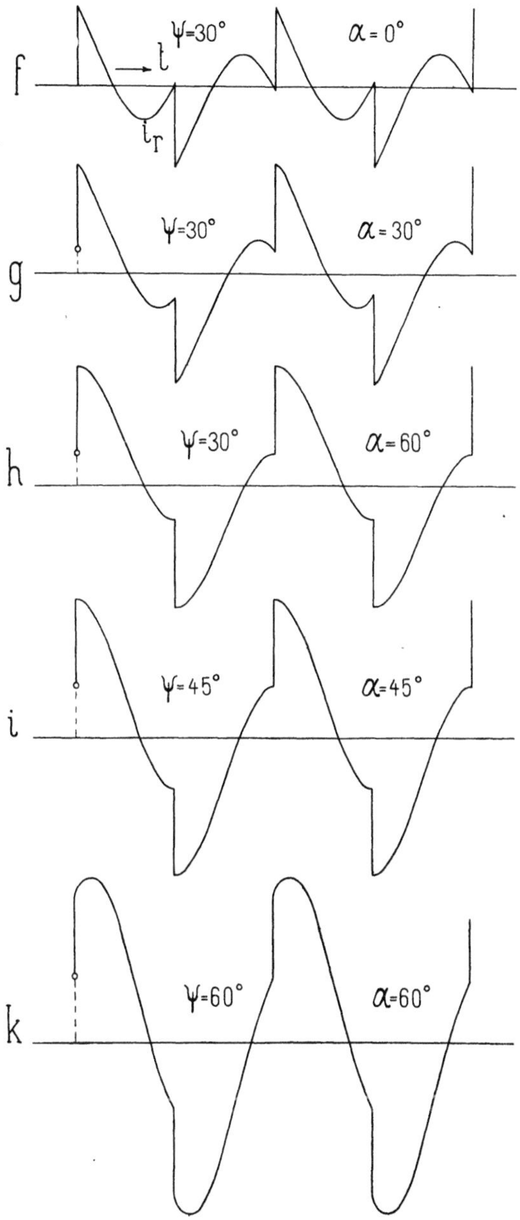

Fig. 468f bis k. Resultierender Strom in verschieden gelegenen Spulen eines Umformerankers bei verschiedenen Phasenverschiebungen ψ.

bung, gleichen Gleichstrom vorausgesetzt, in dem Verhältnis $1 : \cos \psi$ vergrößert.

Es sind deswegen in Fig. 467 zwei weitere Sinuskurven für $\psi = 45^0$ und gleichen Wattstrom J_w punktiert eingezeichnet. Auf diese Weise ist es möglich, die Kurvenform des resultierenden Stromes für irgendeine Spule und für jede Phasenverschiebung darzustellen.

Der besseren Übersicht wegen ist in Fig. 468 a—k der Verlauf des resultierenden Stromes für verschiedene Werte von α und ψ dargestellt.

175. Die Stromwärmeverluste im Umformeranker.

Der Effektivwert des resultierenden Stromes i_r ist die Quadratwurzel der halben Summe der Quadrate der Amplituden der einzelnen Komponenten, also

$$J_r = \frac{J_g}{2}\sqrt{\frac{1}{2}\left[\left(\frac{4}{\pi} - u_i\sqrt{2}\cos\alpha + v_i\sqrt{2}\sin\alpha\right)^2 + (v_i\sqrt{2}\cos\alpha + u_i\sqrt{2}\sin\alpha)^2 + \frac{16}{\pi^2}\left(\frac{1}{9}+\frac{1}{25}+\frac{1}{49}+\ldots\right)\right]},$$

oder

$$\left(\frac{2J_r}{J_g}\right)^2 = \frac{8}{\pi^2} + u_i^2 + v_i^2 - \frac{4}{\pi}u_i\sqrt{2}\cos\alpha + \frac{4}{\pi}v_i\sqrt{2}\sin\alpha + 0{,}19$$

$$= 1 + u_i^2 + v_i^2 - \frac{4}{\pi}u_i\sqrt{2}\cos\alpha + \frac{4}{\pi}v_i\sqrt{2}\sin\alpha.$$

Ermitteln wir durch Integration zwischen den Grenzen $\alpha = -\frac{\pi}{m}$ und $\alpha = +\frac{\pi}{m}$ den Mittelwert von $\left(\frac{2J_r}{J_g}\right)^2$, so erhalten wir ein Maß für den Stromwärmeverlust im Umformeranker im Verhältnis zu dem eines Gleichstromankers. Es ist

$$\frac{m}{2\pi}\int\limits_{-\frac{\pi}{m}}^{+\frac{\pi}{m}}\left(\frac{2J_r}{J_g}\right)^2 d\alpha = 1 + u_i^2 + v_i^2 - \frac{m}{2\pi}\int\limits_{-\frac{\pi}{m}}^{+\frac{\pi}{m}}\left(\frac{4}{\pi}u_i\sqrt{2}\cos\alpha - \frac{4}{\pi}v_i\sqrt{2}\sin\alpha\right)d\alpha$$

$$= \mathbf{1 + u_i^2 + v_i^2 - \frac{4\sqrt{2}u_i m}{\pi^2}\sin\frac{\pi}{m} = v} \quad . \quad . \quad (455)$$

Es ist in dieser Formel m die Phasenzahl,

$$u_i = \frac{2J_w}{J_g} \quad \text{und} \quad v_i = \frac{2J_{wl}}{J_g},$$

wo $J_w = J\cos\psi$ und $J_{wl} = J\sin\psi$ den Wattstrom bzw. den wattlosen Strom in einer Ankerspule des Umformers bedeutet.

Für ein sinusförmiges Feld ist nach Gl. 448

$$u_i = \frac{2\sqrt{2}}{m \sin \frac{\pi}{m}},$$

also

$$\nu = 1 + u_i^2 + v_i^2 - \frac{16}{\pi^2} \quad . \quad . \quad . \quad . \quad . \quad . \quad (455\,a)$$

Bezeichnet somit R_a den Ohmschen Widerstand der Gleichstromwicklung, so ist der Stromwärmeverlust im Umformeranker

$$W_{ka} = \nu J_g^2 R_a$$

und der Ohmsche Spannungsabfall in der Ankerwicklung wird

$$\sqrt{\nu} J_g R_a.$$

Soll der Stromwärmeverlust in der Ankerwicklung derselbe sein wie bei einer Gleichstrommaschine, so kann der Strom im Umformer und somit seine Leistung im Verhältnis $\frac{1}{\sqrt{\nu}}$ erhöht werden.

In der folgenden Tabelle sind ν, $\sqrt{\nu}$ und $\sqrt{\frac{1}{\nu}}$ für drei Fälle berechnet:

1. $u_i = \frac{2 J_w}{J_g} = \frac{2\sqrt{2}}{m \sin \frac{\pi}{m}}$ und $v_i = 0$ oder $J_{wl} = 0$

2. $u_i = \frac{2 J_w}{J_g} = \frac{2\sqrt{2}}{m \sin \frac{\pi}{m}}$ und $v_i = 0{,}3\, u_i$ oder $J_{wl} = 0{,}3\, J_w$

3. $u_i = \frac{2 J_w}{J_g} = \frac{2\sqrt{2}}{m \sin \frac{\pi}{m}}$ und $v_i = 0{,}5\, u_i$ oder $J_{wl} = 0{,}5\, J_w$.

Tabelle für die Stromwärmeverluste im Umformeranker.

$J_{wl} = 0.$

	Einphasen $m = 2$	Dreiphasen $m = 3$	Vierphasen $m = 4$	Sechsphasen $m = 6$	Zwölfphasen $m = 12$
ν	1,38	0,567	0,38	0,267	0,207
$\sqrt{\nu}$	1,175	0,75	0,615	0,515	0,455
$\sqrt{\frac{1}{\nu}}$	0,85	1,33	1,62	1,93	2,20

$$J_{wl} = 0{,}3\, J_w .$$

	Einphasen	Dreiphasen	Vierphasen	Sechsphasen	Zwölfphasen
ν	1,56	0,68	0,47	0,345	0,285
$\sqrt{\nu}$	1,25	0,825	0,685	0,587	0,533
$\sqrt{\frac{1}{\nu}}$	0,80	1,21	1,46	1,70	1,87

$$J_{wl} = 0{,}5\, J_w .$$

	Einphasen	Dreiphasen	Vierphasen	Sechsphasen	Zwölfphasen
ν	1,88	0,87	0,63	0,485	0,42
$\sqrt{\nu}$	1,37	0,933	0,794	0,697	0,648
$\sqrt{\frac{1}{\nu}}$	0,73	1,07	1,26	1,43	1,54

Für eine sehr große Phasenzahl m und $v_i = 0$ wird

$$\nu = 1 + \frac{8}{\pi^2} - \frac{16}{\pi^2} = 1 - \frac{8}{\pi^2} = 0{,}19\,,$$

d. h. in einem Umformer mit sehr großer Phasenzahl und Phasengleichheit zwischen der EMK und dem Strome bedingen nur die Oberströme einen Stromwärmeverlust im Ankerkupfer. Treten wattlose Ströme auf, so bedingen diese einen von der Phasenzahl und von dem Wattstrome unabhängigen Verlust im Ankerkupfer. Dies geht aus der Formel für ν hervor; denn in dieser erscheint v_i nur in einem Gliede, und zwar im Quadrate. Der wattlose Strom bedingt keine Oberströme, und da er in Quadratur zu dem Wattstrome steht, so ist es auch ganz selbstverständlich, daß die Kupferverluste des wattlosen Stromes von dem Wattstrome unabhängig sind.

Aus der Tabelle ist ersichtlich, daß die Stromwärmeverluste im Ankerkupfer eines Sechsphasenumformers wesentlich kleiner sind als die eines Dreiphasenumformers. Da die Anordnung der doppelten Anzahl Schleifringe, die jedoch nur für die halbe Stromstärke zu bemessen sind, nicht als ein wesentlicher Nachteil zu betrachten ist, werden alle modernen größeren Umformer sechsphasig gebaut, um so mehr, da nach S. 699 bei dreiphasigem Primärstrom den Transformatoren ohne weiteres Sechsphasenstrom entnommen werden kann. Eine weitere Vergrößerung der Phasenzahl würde dagegen eine bedeutende Komplikation mit sich bringen und nur eine unwesentliche Verringerung der Verluste ergeben.

Man kann die Verluste in übersichtlicher Weise graphisch darstellen, indem man nach O. J. Ferguson[1]) Polarkoordinaten einführt.

Der sinusförmige Strom wird dann durch einen Kreis vom Durchmesser $\sqrt{2}\, J_w$ durch den Ursprung dargestellt, und die zwei zu diesem Kreise äquidistanten Kurven im Abstande $+\frac{J_g}{2}$ und $-\frac{J_g}{2}$ bilden zusammen die unter dem Namen Limaçon bekannte Kurve, wie in Fig. 469 für einen dreiphasigen Umformer, d. h. für:

$$\sqrt{2} J_w = \frac{2 J_g}{3 \sin 60^0} = \frac{J_g}{1{,}3},$$

und für Phasengleichheit zwischen Wechselstrom und Wechselspannung dargestellt ist.

Für eine Spule, die um den Winkel α von der Phasenmitte entfernt ist, beschreibt der Vektor des resultierenden Stromes die Kurve *ABOCODOA*. Da nun die vom Stromvektor durchlaufene und in Fig. 469 schraffiert angegebene Fläche entsprechend dem

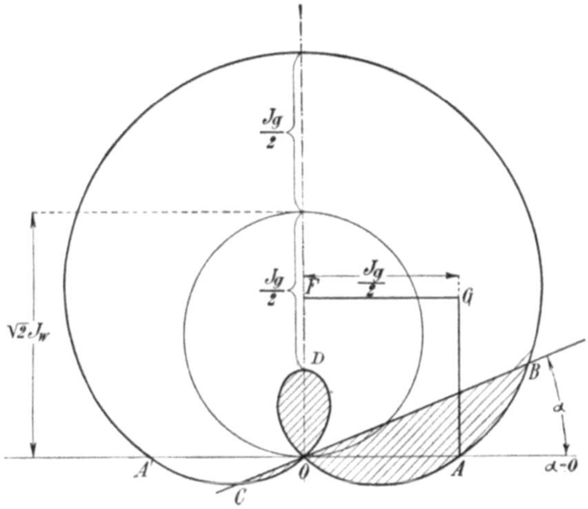

Fig. 469.

Quadrate des Vektors variiert, so ist die Fläche ein Maß für den Effektivwert des Stromes in der betrachteten Spule, also auch für die Kupferverluste und die Erwärmung.

Die Verluste in dem als Gleichstromgenerator mit derselben

[1]) Electrical World 21. Jan. 1909.

Gleichstrombelastung arbeitenden Umformer werden graphisch durch das Quadrat $OAGF$ dargestellt.

Diese Darstellung gibt uns somit einen guten Überblick über die ungleiche Verteilung der Verluste. Ein Nachteil ist, daß die Figur nicht ohne weiteres für eine beliebige Phasenverschiebung zwischen Wechselstrom und Wechselspannung verwendet werden kann. Für konstante Gleichstromleistung muß dann nämlich der Durchmesser des Kreises, der den Wechselstrom darstellt, im Verhältnis $1:\cos\psi$ vergrößert werden. Wir haben also eine neue Figur für jede Phasenverschiebung zu zeichnen (entsprechend den Kurven in Fig. 467). Der Winkel BOA ist dann gleich $\alpha+\psi$.

Man kann den Inhalt der Fläche auch analytisch ausdrücken und durch Integration den mittleren Verlust berechnen; selbstverständlich führt das zu dem gleichen Resultat als die oben durchgeführte analytische Rechnung.

Da der Flächeninhalt ein Maß für die Erwärmung einer Spule ist, so sieht man, daß diese um so größer ist, je größer $\alpha+\psi$ ist, und zwar kommt es nur auf den absoluten maximalen Wert von $\alpha+\psi$ an, und nicht auf das Vorzeichen.

Für $\psi=0$ werden somit die Spulen, die den Anschlußpunkten der Schleifringe am nächsten liegen, gleich heiß und heißer als irgendeine andere Spule.

Für einen positiven Wert von ψ (Phasenverspätung) wird $\alpha+\psi$ am größten für den größten positiven Wert von α, also für diejenige Endspule der Phase, die am frühesten kommutiert wird. Diese wird dann am heißesten. Umgekehrt wird für ψ negativ (Phasenvoreilung) die letzte Spule der Phase die größten Verluste aufweisen.

Aus obigen Gründen müssen die Anschlüsse sorgfältig ausgeführt werden. Die Ableitungen sollen nicht allein angelötet, sondern auch vernietet werden.

176. Die Oberströme.

Die Stromwärmeverluste, herrührend von dem Wattstrome, setzen sich erstens aus denen der Oberströme zusammen und zweitens aus einem Verlust, der abhängig ist von der Phasenzahl. Der letztere ist bei Einphasenumformern sehr groß und nimmt dann sehr schnell mit zunehmender Phasenzahl ab, denn wie die Tabelle (S. 713) zeigt, sind die Kupferverluste eines Einphasenumformers ca. 40% größer als diejenigen einer Gleichstrommaschine. In allen übrigen Umformern sind die Kupferverluste dagegen bedeutend kleiner als diejenigen einer Gleichstrommaschine. Bei großer Phasenzahl und bei Phasengleichheit sind die Kupferverluste nur 19% der einer gleichgroßen Gleichstrommaschine.

Die oben abgeleiteten Beziehungen gelten nur unter der Annahme, daß die Kurvenformen der zugeführten Wechselspannung und der im Umformeranker induzierten Wechsel-EMK einander gleich sind. Dies trifft in den meisten Fällen zu. Ist es nicht der Fall, so werden Oberströme fließen, und zwar fast dieselben bei Leerlauf wie bei Belastung. Diese Oberströme können die Verhältnisse $\frac{E_w}{E_g}$ und $\frac{E_l}{E_g}$ nur wenig ändern, denn die Spannungsabfälle, bedingt durch Oberströme, haben wenig Einfluß auf die effektive Spannung. Die durch die Verschiedenheit der Kurvenformen bedingten Oberströme addieren sich zu denen, die von der Rechteckform des Gleichstromes herrühren. Dadurch können die Verluste durch Stromwärme in der Ankerwicklung entweder stark vergrößert oder verkleinert werden. Es ist wegen des schädlichen Einflusses der Oberströme in synchronen Betrieben stets anzuraten, möglichst sinusförmige EMK-Kurven anzustreben; denn selbst wenn man bei einer komplizierten Kurvenform bei einer gewissen Phasenverschiebung die Verluste im Umformeranker verkleinern könnte, so würde dies bei anderen Phasenverschiebungen nicht zutreffen und der erzielte Vorteil ist außerdem sehr gering.

Achtundzwanzigstes Kapitel.

Spannungsabfall und Ankerrückwirkung eines Umformers.

177. Die Pulsation der Gleichspannung eines Umformers.

a) Spannungsschwankungen, herrührend von dem Ohmschen Spannungsabfall in der Ankerwicklung. Betrachten wir einen Ein-, Vier- oder Sechsphasenumformer, so ist es leicht einzusehen, daß in dem Momente, in dem die Anschlußpunkte einer Phase unter den Kommutatorbürsten liegen, die Spannungsgleichung

$$P_g = \frac{P_w}{u_\tau} - \varDelta P$$

exakt richtig ist. Dies trifft aber nicht für andere Lagen der Anschlußpunkte den Kommutatorbürsten gegenüber genau zu, selbst wenn die dem Umformer aufgedrückte Spannung sinusförmig ist. Befindet sich nämlich eine Bürste in der Mitte zwischen zwei Anschlußpunkten, so hat die Gleichspannung ihren kleinsten Wert, weil für diese Lage der in Gleichstrom umgeformte Wattstrom J_w hier den größten Weg durch die Ankerwicklung zu machen hat. Die Variation der Gleichspannung, herrührend von dem Ohmschen Spannungsabfall des Wattstromes in der Ankerwicklung, wird nicht von den in den Ankerspulen fließenden Oberströmen verursacht, denn bei gleich großer Phasenzahl wie Lamellenzahl des Kommutators hat man keine Variation in der Gleichspannung, trotzdem die Oberströme hier ebenso groß sind, wie bei dem Dreiphasenumformer. Es kann somit nur der in den Ankerspulen fließende Wattstrom zu Spannungsschwankungen an der Gleichstromseite Anlaß geben. Die Stromwärmeverluste des Wattstromes und der Oberströme ergeben sich aus der Formel 455a, für $v_i = 0$, zu:

$$J_g^2 R_a \left(1 + u_i^2 - \frac{16}{\pi^2}\right),$$

während

$$J_g^2 R_a \left(1 - \frac{8}{\pi^2}\right)$$

gleich dem Stromwärmeverlust der Oberströme ist.

Es ist somit der Stromwärmeverlust, herrührend von dem Wattstrome in den Ankerspulen allein, gleich

$$J_g^2 R_a \left(u_i^2 - \frac{8}{\pi^2}\right)$$

und der mittlere Spannungsabfall gleich

$$J_g R_a \sqrt{u_i^2 - \frac{8}{\pi^2}} \quad . \quad . \quad . \quad . \quad . \quad . \quad (456)$$

Der kleinste Spannungsabfall ist Null und der maximale angenähert $\frac{\pi}{2}$ mal so groß als der mittlere, weil die Gleichspannung nach einer Sinuskurve variiert. Die Spannungsschwankung an der Gleichstromseite, herrührend von den verschiedenen Lagen der Anschlußpunkte gegenüber den Kommutatorbürsten, ist somit angenähert gleich

$$\frac{\pi}{2} J_g R_a \sqrt{u_i^2 - \frac{8}{\pi^2}},$$

welcher Wert für eine sehr große Phasenzahl verschwindet (s. Gl. 448). Unter Annahme einer sinusförmigen Feldkurve erhalten wir für die verschiedenen Phasenzahlen die folgenden Werte

	Einphasen	Dreiphasen	Vierphasen	Sechsphasen	Zwölfphasen	Sehr viele Phasen
$\frac{\pi}{2}\sqrt{u_i^2 - \frac{8}{\pi^2}} =$	1,71	0,97	0,68	0,42	0,20	0

Beträgt der prozentuale Spannungsabfall in der Ankerwicklung einer Gleichstrommaschine $2\,\%$, so wird die Gleichspannung dieser Maschine, als Einphasenumformer arbeitend, eine prozentuale Schwankung von $2 \cdot 1{,}71 = 3{,}42\,\%$, und als Sechsphasenumformer von nur $0{,}84\,\%$ haben. Die Schwankung der Gleichspannung, herrührend von den verschiedenen Lagen der Anschlußpunkte gegenüber den Kommutatorbürsten, ist somit besonders bei den Mehrphasenumformern klein und im Betriebe kaum merkbar.

Die Periodenzahl, mit der die Gleichspannung schwankt, ist $m$mal größer als diejenige des Umformers, wenn m die Zahl der Schleifringe bezeichnet.

b) Spannungsschwankungen, herrührend von den Oberfeldern der Ankerströme. Es können aber auch aus anderen Gründen, selbst wenn die dem Umformer aufgedrückte Spannung sinusförmig ist, Schwankungen in der Gleichspannung entstehen. Es treten nämlich im Umformer Oberfelder auf, die, wie wir in Kap. I gesehen haben, in der Erregerwicklung EMKe höherer Periodenzahl induzieren. In genau gleicher Weise induzieren diese Oberfelder auch EMKe höherer Periodenzahl in der Ankerwicklung, und zwar zwischen den Kommutatorbürsten. Diese EMKe in der Feld- und Ankerwicklung können unter Umständen sehr groß werden und zu großen Schwankungen der Gleichspannung Anlaß geben.

Das $x$te Oberfeld hat (siehe WT III, 2. Aufl., S. 269) eine maximale MMK

$$F_x = 0{,}45\, f_{wx} \frac{m J w}{p x}.$$

Es verhält sich somit die MMK des $x$ten Oberfeldes zu der des Grundfeldes wie

$$f_{wx} : x f_{w1}.$$

Mittels der Tabellen der Wicklungsfaktoren in WT III sind die maximalen MMKe der verschiedenen Felder der Ankerströme in Prozenten der MMK des Grundfeldes in dieser Weise berechnet und in der folgenden Tabelle eingetragen.

	Gleichstrom	Einphasenstrom synchron	Einphasenstrom invers	Dreiphasenstrom	Vierphasenstrom	Sechsphasenstrom
Grundfeld	100%	100%	100%	100%	100%	100%
3. Oberfeld . . .	−11,1%	−11,1%	−11,1%	0%	+11,1%	0%
5. Oberfeld . . .	+4,0%	+4,0%	+4,0%	−4,0%	−4,0%	+4,0%
7. Oberfeld . . .	−2,04%	−2,04%	−2,04%	+2,04%	−2,04%	−2,04%

Bei Phasengleichheit und unter Vernachlässigung der Verluste im Umformer hebt das Grundfeld des Gleichstromes sich mit dem synchron rotierenden Grundfeld des zugeführten Wechselstromes vollständig auf, da auf den Anker kein Drehmoment ausgeübt wird. Dies trifft auch für einen Teil der Oberfelder zu; z. B. kann im Sechsphasenumformer bei Phasengleichheit kein fünftes und siebentes Oberfeld zustande kommen, weil die betreffenden MMKe des erzeugten Gleichstromes denen des zugeführten Sechsphasenstromes gleich- und entgegengesetzt gerichtet sind.

Wir können auf diese Weise mittels der obigen Tabelle, indem wir die Differenz zwischen den Feldern des betreffenden Mehrphasenstromes und denjenigen des Gleichstromes bilden, die maximalen MMKe der in den verschiedenen Umformern auftretenden Oberfelder ermitteln; diese sind in der folgenden Tabelle in Prozenten der MMK des Grundfeldes zusammengestellt.

	Einphasen-umformer	Dreiphasen-umformer	Vierphasen-umformer	Sechsphasen-umformer
Grundfeld	100 %	0 %	0 %	0 %
3. Oberfeld	− 11,1 %	11,1 %	22,2 %	11,1 %
5. Oberfeld	+ 4,0 %	− 8,0 %	− 8,0 %	0 %
7. Oberfeld	− 2,04 %	+ 4,08 %	0 %	0 %

Wie ersichtlich, sind die MMKe dieser Oberfelder nicht vernachlässigbar klein. Da diese Felder nicht synchron mit dem Anker rotieren, induzieren sie in dem Magnetsystem Wirbelströme und in der Erregerwicklung Wechselströme. Diese Wechselströme schwächen die Oberfelder ab und induzieren wieder in der Ankerwicklung EMKe höherer Periodenzahl, die zu Schwankungen der Gleichspannung Anlaß geben. Besonders bei Einphasensynchronmotoren und Einphasenumformern kann man starke Stromschwankungen mittels wenig gedämpften Amperemeters im Erregerstromkreise beobachten. Um diese Oberfelder abzudämpfen, wendete man bei Umformern früher oft gußeiserne Polschuhe an. Durch die in diesen entstehenden Wirbelströme werden die Feldpulsationen gedämpft. Es treten aber auch, herrührend von den Kraftflußkontraktionen, die durch weite Nuten bedingt werden, große Wirbelstromverluste auf, die den Wirkungsgrad herunterdrücken. Es ist deswegen zweckmäßiger, lamellierte Polschuhe, von Kupferbolzen durchquert, anzuwenden. Mit Rücksicht auf die Feldpulsationen ist der Sechsphasenumformer der günstigste, so daß der Wirkungsgrad eines solchen nicht allein wegen des kleineren Stromwärmeverlustes im Anker, sondern auch wegen des kleineren Wirbelstromverlustes in dem Magnetsysteme höher als der des Dreiphasenumformers liegt.

c) Spannungsschwankungen, herrührend von Oberströmen. Treten aus irgendeiner Ursache (z. B. herrührend von deformierten Spannungskurven oder großen Oberfeldern) Oberströme im Umformer auf, so erzeugen diese starke Feldpulsationen, die starke Spannungsschwankungen zur Folge haben. Arbeitet der Umformer auf eine Akkumulatorenbatterie, die sich den Wechselströmen gegenüber wie ein Kondensator verhält, so werden die Spannungsschwankungen im allgemeinen erhöht. Die Kapazitätsreaktanz der Akkumulatorenbatterie verkleinert nämlich die gesamte Reaktanz des aus dem Umformeranker und der Akkumulatorenbatterie bestehenden Stromkreises, in dem die von der Feldpulsation induzierten Wechselströme fließen.

178. Der Spannungsabfall eines Umformers.

Die in Kapitel XXVII abgeleiteten Verhältnisse $u_r = \frac{E_w}{E_g}$ und $u_l = \frac{E_l}{E_g}$ beziehen sich auf die im Umformeranker von dem Kraftfluß Φ induzierten EMKe. Diese Verhältnisse werden sich bei einer gegebenen Maschine ein wenig ändern, sobald diese an das Wechselstromnetz angeschlossen wird, und zwar wegen der Oberströme, die von einer Verschiedenheit der Kurvenform der Netzspannung und der Kurvenform der induzierten EMK herrühren. Diese Änderung ist jedoch bei einem Mehrphasenumformer von Leerlauf bis Belastung praktisch zu vernachlässigen. Etwas anders ist es aber mit dem Verhältnis zwischen den Klemmenspannungen. Dieses ändert sich mit der Belastung.

Um das Verhältnis zwischen der Wechselspannung und der Gleichspannung bei Belastung zu bestimmen, gehen wir von dem Potentialdiagramm am Kommutator aus. Dieses wird bei sinusförmiger Feldkurve durch eine Sinuskurve dargestellt. Da die Schleifringe fast direkt an die Kommutatorlamellen angeschlossen sind, ist die Amplitude der Potentialkurve am Kommutator mit großer Annäherung $\sqrt{2}$ mal größer als die Spannung P_w zwischen zwei diametralen Anschlußpunkten (in einem zweipoligen Schema). Stehen die Kommutatorbürsten in der neutralen Zone, d. h. am Scheitel der Potentialkurve, so wird die Gleichspannung

$$P_g = \sqrt{2}\, P_w - \Delta P - J_g R_a \sqrt{u_i^2 - \frac{8}{\pi^2}} \quad . \quad . \quad (457)$$

wo ΔP den Spannungsverlust unter den Bürsten bedeutet. Dieser beträgt für die Bürsten beider Polaritäten bei Normallast zusammen 1,5 bis 2,5 Volt je nach der Härte der Kohlen. Das letzte Glied

$$J_g R_a \sqrt{u_i^2 - \frac{8}{\pi^2}}$$

ist, wie wir im vorigen Abschnitt gefunden haben, ein Maß für den mittleren Spannungsverlust in der Ankerwicklung. Weicht die Feldkurve von der Sinusform ab, so erhält man die allgemein gültige Beziehung zwischen den beiden Spannungen

$$P_g = \frac{P_w}{u_\tau} - \Delta P - J_g R_a \sqrt{u_i^2 - \frac{8}{\pi^2}} \quad . \quad . \quad . \quad (458)$$

Die Gleichspannung ändert sich somit nur wenig von Leerlauf bis Belastung, und zwar annähernd nach einer geraden Linie.

Was den Einphasenumformer anbetrifft, so verhält er sich bei Synchronismus fast vollständig wie ein Mehrphasenumformer. Es tritt nur außer dem synchronen Drehfelde des Ankerstromes noch das inverse Drehfeld auf. Dieses macht sich durch eine Erhöhung der Streuinduktion und der von dem Ankerstrome herrührenden Wirbelstromverluste bemerkbar und wirkt störend auf die Kommutation ein. Man sucht es deswegen mittels Dämpferwicklungen (Amortisseure) möglichst abzudämpfen. Die Wirbelstromverluste, herrührend von dem Ankerstrome, haben im Umformer wie in einer Gleichstrommaschine wenig Einfluß auf die Klemmenspannung. Diese Verluste sollen deswegen nur in dem Wirkungsgrad berücksichtigt werden.

179. Der wattlose Strom und die Felderregung eines Umformers.

Aus dem Spannungsdiagramm eines Synchronmotors (Fig. 170) haben wir die Gleichung abgeleitet:

$$P^2 = (E + J_w r_a + J_{wl} x_2)^2 + (J_w x_3 - J_{wl} r_a)^2.$$

$J_w x_3 = J_w (x_{s3} + x_{s1})$ entspricht der von dem Querfelde und dem Streufluß des Wattstromes induzierten EMK. Da das auf den Anker ausgeübte Drehmoment nur zur Überwindung der Reibungs- und Eisenverluste dient, so ist das Querfeld sehr klein und $J_w x_{s3}$ kann vernachlässigt werden.

Was die vom Streufluß des Wattstromes induzierte EMK $J_w x_{s1}$ anbetrifft, so ist diese Größe sehr klein, denn der effektive in einer Ankerspule fließende Wattstrom der Grundperiode ist fast verschwindend klein. Der Ohmsche Spannungsabfall $J_{wl} r_a$ des wattlosen Stromes ist auch eine kleine Größe, so daß das zweite Glied $(J_w x_3 - J_{wl} r_a)$ in der obigen Formel für P aus diesen Gründen sehr viel kleiner als das erste Glied wird. Für einen Umformer läßt sich die Spannungsgleichung deswegen mit genügender Genauigkeit wie folgt schreiben:

$$P_w = E + J_w r_a + J_{wl} x_2 \quad . \quad . \quad . \quad . \quad . \quad (459)$$

E ist die EMK, die induziert wird von dem primären, durch die Gleichstromerregung erzeugten Kraftfluß.

Der wattlose Strom J_{wl}, den der Umformer aufnimmt, ist somit fast vollständig unabhängig von der Belastung (J_w) und nur abhängig von der EMK E, d. h. von der Erregung des Umformers.

Bezogen auf eine Phase der auf Sternschaltung reduzierten Umformerwicklung lautet obige Formel

$$\frac{P_w}{2} = \frac{E}{2} + \frac{J_g R_a}{2} \sqrt{\frac{u_i^2 - \frac{8}{\pi^2}}{2}} + J_{lwl}(x'_{s1} + x'_{s2}), \quad (460)$$

denn auf der Gleichstromseite haben wir einen mittleren Ohmschen Spannungsabfall in der Ankerwicklung gleich $J_g R_a \sqrt{u_i^2 - \frac{8}{\pi^2}}$. Auf der Wechselstromseite haben wir dann zwischen diametralen Punkten einen mittleren Ohmschen Spannungsabfall

$$J_w r_a = \frac{P_w}{P_g} J_g R_a \sqrt{u_i^2 - \frac{8}{\pi^2}} = J_g R_a \sqrt{\frac{u_i^2 - \frac{8}{\pi^2}}{2}},$$

also pro Phase

$$\frac{J_g R_a}{2} \sqrt{\frac{u_i^2 - \frac{8}{\pi^2}}{2}}.$$

Die Reaktanz des wattlosen Stromes setzt sich aus zwei Teilen zusammen, nämlich aus der Reaktanz x'_{s1} des Streuflusses und aus der Reaktanz x'_{s2} des längsmagnetisierenden Flusses. Diese Größen sind mit einem Strich versehen, um anzudeuten, daß sie sich auf die auf Sternschaltung reduzierte Umformerwicklung beziehen.

Es ist

$$\frac{E}{2} + J_{lwl} x'_{s2} = \frac{E_w}{2},$$

d. h. gleich der vom totalen Längsfeld induzierten EMK. Es wird somit

$$P_w = E_w + J_g R_a \sqrt{\frac{u_i^2 - \frac{8}{\pi^2}}{2}} + 2 J_{lwl} x'_{s1} \quad . \quad (461)$$

Es ist nun leicht, die einem wattlosen Strome J_{lwl} entsprechende Erregung und umgekehrt den irgendeiner Erregung entsprechenden wattlosen Strom J_{lwl} zu bestimmen.

Man berechnet zunächst die längsmagnetisierenden Amperewindungen

$$AW_e = k_0 f_{w1} m w J_{wl}$$

und die Streureaktanz x'_{s1}.

Ist m ungerade, so ist die Reaktanz einer Phase der wirklichen Umformerwicklung

$$x_{s1} = \left(1 + \cos\frac{\pi}{m}\right) \frac{4\pi c \left(\frac{N}{2am}\right)^2}{p q 10^8} \Sigma(l_x \lambda_x),$$

wo der Faktor $\left(1 + \cos\frac{\pi}{m}\right)$[1] den Einfluß der übrigen Phasen auf die Reaktanz der betrachteten Phase berücksichtigt.

Ist m gerade, so ist $\left(1 + \cos\frac{\pi}{m}\right)$ durch 2 zu ersetzen.

Die Reduktion der Reaktanz auf Sternschaltung geschieht durch Division durch $\left(2 \sin\frac{\pi}{m}\right)^2$, also

$$x'_{s1} = \frac{2\left[\text{bzw.}\left(1 + \cos\frac{\pi}{m}\right)\right]}{4 \sin^2\frac{\pi}{m}} \frac{4\pi c \left(\frac{N}{2am}\right)^2}{p q 10^8} \Sigma(l_x \lambda_x) \quad . \quad (462)$$

Da $J_{lwl} = 2 \sin\frac{\pi}{m} J_{wl}$, kann man Formel 461 auch schreiben:

$$P_w = E_w + J_g R_a \sqrt{\frac{u_i^2 - \frac{8}{\pi^2}}{2}}$$

$$+ J_{wl} \frac{2\left[\text{bzw.}\left(1 + \cos\frac{\pi}{m}\right)\right]}{\sin\frac{\pi}{m}} \frac{4\pi c \left(\frac{N}{2am}\right)^2}{p q 10^8} \Sigma(l_x \lambda_x) \quad . \quad (463)$$

Man trägt nun die Spannung

$$P_w - J_g R_a \sqrt{\frac{u_i^2 - \frac{8}{\pi^2}}{2}} = \overline{OA} = \overline{BC}$$

in die Leerlaufcharakteristik (Fig. 470) ein und subtrahiert davon die EMK des Streuflusses

$$\overline{CD} = 2 J_{lwl} x'_{s1} = 4 \sin\frac{\pi}{m} J_{wl} x'_{s1}.$$

[1]) Für $m = 3$ wird $1 + \cos\frac{\pi}{m} = 1{,}5$ (vgl. S. 18).

Die Differenz dieser EMKe ist gleich

$$\overline{BD} = P_w - J_g R_a \sqrt{\frac{u_i^2 - \frac{8}{\pi^2}}{2}} - 2 J_{lwl} x'_{s1} = E_w.$$

E_w ist die EMK, die von dem resultierenden Hauptkraftfluß (dem totalen Längsfeld) in einer Doppelphase (bzw. zwischen zwei diametralen Anschlußpunkten) induziert wird.

Um diese EMK zu induzieren, sind die Amperewindungen $\overline{OF}$ nötig. Da der Umformer als Synchronmotor arbeitet, unterstützt der phasenverspätete Strom, den der Motor aufnimmt, die Erregung des Feldes.

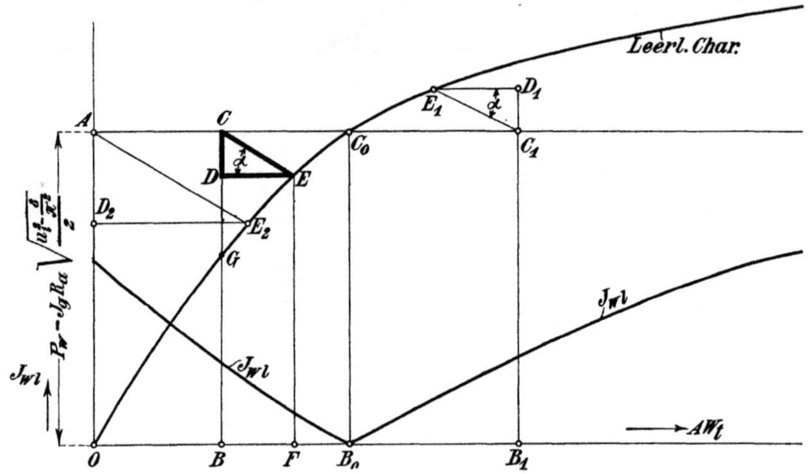

Fig. 470. Diagramm für die Bestimmung des wattlosen Stromes eines Umformers.

Die Feldamperewindungen $\overline{OB}$ ergeben sich deswegen durch Subtraktion der längsmagnetisierenden Amperewindungen AW_e von $\overline{OF}$

$$\overline{OB} = \overline{OF} - AW_e.$$

Die den Amperewindungen $\overline{OB}$ entsprechende EMK $\overline{BG}$ ist gleich der EMK E des Umformers, die in Gl. 459 vorkommt.

Wie aus der Figur ersichtlich, sind die Seiten des Dreieckes CDE proportional dem wattlosen Strome J_{wl}. Alle Dreiecke CDE sind deswegen ähnlich, woraus die folgende einfache Konstruktion zur Bestimmung des wattlosen Stromes eines Umformers sich ergibt.

Man trägt in die Leerlaufcharakteristik die Erregeramperewindungen $\overline{AC_1} = \overline{OB_1}$ ein und zieht durch den Punkt C_1 eine Linie parallel zu $\overline{CE}$. Das zwischen der horizontalen Linie $\overline{AC_1}$ und der Leerlaufcharakteristik abgeschnittene Stück $C_1 D_1$ ist ein Maß für den wattlosen Strom J_{wl}. Den größten wattlosen Strom erhält man für $i_e = 0$, und dieser ist proportional AD_2. In der Fig. 470 ist der wattlose Strom J_{wl} als Funktion der Erreger-AW aufgetragen. J_{wl} ist phasenverspätet (links von B_0), wenn

$$E_w < P_w - J_g R_a \sqrt{\frac{u_i^2 - \frac{8}{\pi^2}}{2}}$$

und phasenverfrüht (rechts von B_0), wenn

$$E_w > P_w - J_g R_a \sqrt{\frac{u_i^2 - \frac{8}{\pi^2}}{2}}.$$

Ein untererregter Umformer nimmt somit einen nacheilenden, ein übererregter Umformer einen voreilenden wattlosen Strom auf; oder man kann auch sagen, daß der übererregte Umformer einen nacheilenden wattlosen Strom an das Netz liefert.

Wie aus der Konstruktion der Fig. 470 ersichtlich, kann der wattlose Strom nicht beliebig erhöht werden. Je stärker der Umformer bei Phasengleichheit gesättigt wird, um so kleiner wird der phasenverfrühte Strom, den der Umformer aufnehmen kann.

Neunundzwanzigstes Kapitel.

Die Spannungsregulierung und die charakteristischen Kurven eines Umformers.

180. Spannungsregulierung.

Wir haben gesehen, daß das Verhältnis zwischen induzierter Wechselspannung und Gleichspannung bei einem gegebenen Einankerumformer sich nur äußerst wenig ändert, und daß auch die

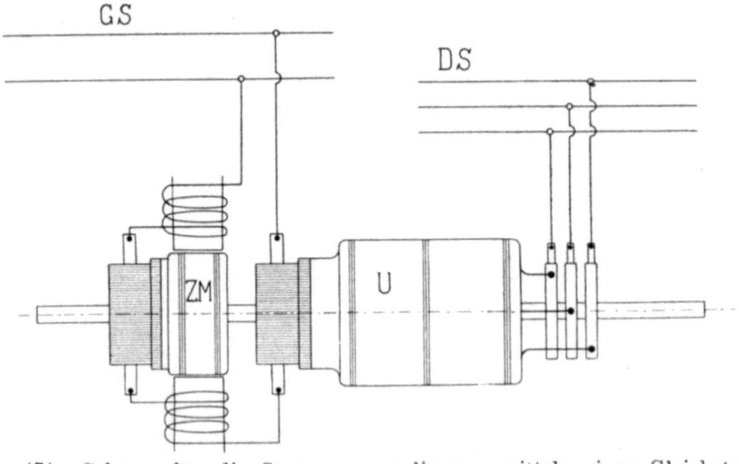

Fig. 471. Schema für die Spannungsregulierung mittels einer Gleichstromzusatzmaschine.

Klemmenspannung nur wenig von der induzierten EMK abweicht. Eine Änderung der Erregung bewirkt eine Änderung des wattlosen Stromes, nicht aber eine Änderung der Gleichspannung, wie bei gewöhnlichen Gleichstromgeneratoren. Um dennoch die Gleichspannung der Sammelschienen ändern zu können, kann man eine Gleichstromzusatzmaschine verwenden, nach Fig. 471. Die Zusatzmaschine wird mit Hauptschluß- oder mit Nebenschlußerregung versehen, je nachdem die Regulierung der Spannung durch den Belastungsstrom besorgt, oder unabhängig von diesem vorgenommen werden soll.

Diese Anordnung hat den großen Nachteil, daß die Zusatzmaschine einen fast ebenso großen Kommutator wie der Umformer nötig hat. Sie wird aber bisweilen bei kleineren Umformern und bei Umformern zum Laden von Akkumulatorenbatterien, wo man eine um ca. 40 % höhere Spannung als die normale nötig hat, verwendet. In letzterem Falle braucht man nur eine Zusatzmaschine und setzt dieselbe nicht auf die Welle eines Umformers, sondern treibt sie durch einen besonderen Motor an.

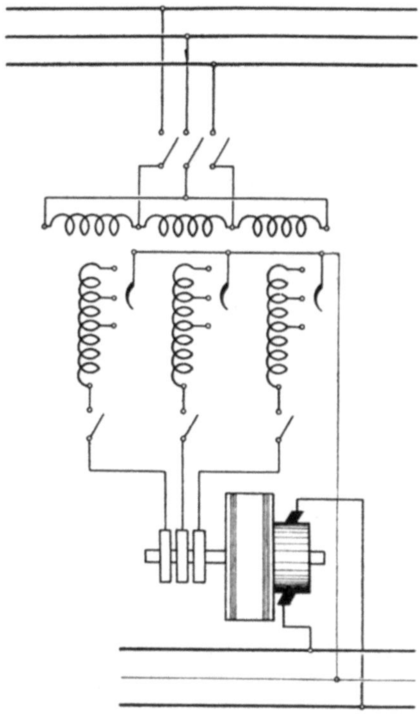

Fig. 472. Schaltungsschema eines Einankerumformers mit Reguliertransformator.

Es ist aber auch möglich die Gleichspannung des Umformers selbst zu ändern, und zwar:

1. durch Regulierung der dem Umformer zugeführten Wechselspannung,
2. durch Änderung des Übersetzungsverhältnisses zwischen Gleich- und Wechselspannung.

Die letzte Methode führt zu den Spaltpolumformern, die in Abschnitt 195 besonders behandelt sind.

Wir wollen nun die verschiedenen Methoden zur Regulierung der dem Umformer zugeführten Wechselspannung behandeln.

a) Änderung des Übersetzungsverhältnisses des Transformators (Reguliertransformator). In Abschnitt 169 haben wir gesehen, daß Einankerumformer fast ausschließlich in Verbindung mit stationären Transformatoren vorkommen. Bei konstanter primärer Spannung kann die sekundäre Spannung geändert werden durch Änderung der primären Windungszahl oder durch Änderung der sekundären Windungszahl. Letztere Anordnung ist in Fig. 472 schematisch dargestellt.

Diese Methode wird in der Praxis wenig verwendet; bei Änderung der primären Windungszahl wären bei Hochspannung Ölschalter nötig, bei der Anordnung nach Fig. 472 werden bei großer Leistung die umzuschaltenden Stromstärken zu groß. Auch kann die Spannung nicht feinstufig reguliert werden.

b) Vorgeschaltete Reaktanz (Kompoundierung). Auf S. 724 haben wir gesehen, daß eine Feldänderung beim Einankerumformer eine Änderung des wattlosen Stromes bedingt. Schalten wir nun eine Drosselspule vor den Umformer, so bedingt ein phasenverspäteter Strom (bei Untererregung) eine Spannungserniedrigung, umgekehrt aber ein phasenverfrühter Strom (bei Übererregung) eine Spannungserhöhung an den Schleifringen des Umformers.

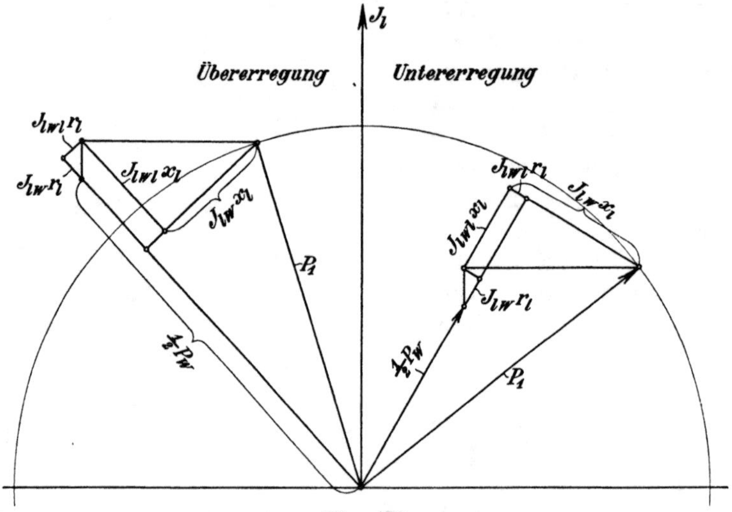

Fig. 473.

Bei Straßenbahnbetrieb wendet man deswegen oft aufkompoundierende Windungen auf dem Felde des Umformers an, wenn man ihn überkompoundieren will, und Gegenkompoundwindungen, wenn der Umformer parallel mit Pufferbatterien arbeiten soll.

Die Änderung der doppelten Phasenspannung P_w an den Umformerklemmen kann folgendermaßen berechnet werden. Sei P_1 die konstante Netzspannung pro Phase, x_l die Reaktanz und r_l der Widerstand zwischen den Klemmen des Wechselstromnetzes und der Umformerwicklung ebenfalls pro Phase, so können wir aus Fig. 473 folgende Gleichung für die Umformerspannung entnehmen:

$$P_1^2 = (\tfrac{1}{2} P_w + J_{lw} r_l + J_{lwl} x_l)^2 + (J_{lw} x_l - J_{lwl} r_l)^2.$$

In dieser Formel ist J_{lwl} positiv zu rechnen für Phasennacheilung von J_l gegen P_w, negativ für Phasenvoreilung.

Hieraus ergibt sich bei Vernachlässigung von $J_{lwl} r_l$

$$P_1 = \left(\frac{1}{2} P_w + J_{lw} r_l + J_{lwl} x_l\right) \sqrt{1 + \left(\frac{J_{lwl} x_l}{\frac{1}{2} P_w + J_{lw} r_l + J_{lwl} x_l}\right)^2}$$

und indem man die Wurzel in eine Reihe entwickelt

$$P_1 \cong \frac{1}{2} P_w + J_{lw} r_l + J_{lwl} x_l + \frac{J_{lw}^2 x_l^2}{P_w}.$$

Die Änderung der Spannung wird somit

$$\left(\frac{1}{2} P_w - P_1\right) = -J_{lwl} x_l - J_{lw} r_l - \frac{J_{lw}^2 x_l^2}{P_w} \quad . \quad (464)$$

Bei Leerlauf ist der Wattstrom zu vernachlässigen, man erhält also

$$(\tfrac{1}{2} P_{w0} - P_1) = -J_{lwl0} x_l.$$

Das negative Vorzeichen des zweiten Gliedes deutet an, daß der wattlose Strom voreilend ist, wenn das erste Glied positiv, d. h. $\frac{1}{2} P_{w0} > P_1$ ist, wie das auch der Fall sein muß.

Wünscht man, daß die Phasenspannung sich um $\frac{\Delta P_w}{2}$ von Leerlauf bis Belastung erhöhen soll, so muß

$$\frac{\Delta P_w}{2} = \frac{1}{2} P_w - \frac{1}{2} P_{w0} = -(J_{lwl} - J_{lwl0})\, x_l - J_{lw} r_l - \frac{J_{lw}^2 x_l^2}{P_w} \quad (465)$$

oder die Änderung des wattlosen Stromes von Leerlauf bis Belastung gleich

$$J_{lwl} - J_{lwl0} = \Delta J_{lwl} = -\frac{1}{x_l}\left(\frac{1}{2} \Delta P_w + J_{lw} r_l + \frac{J_{lw}^2 x_l^2}{P_w}\right) . \quad (466)$$

sein.

Ist ΔP_w positiv (Überkompoundierung), so ist die Änderung des wattlosen Stromes (ΔJ_{lwl}) negativ, d. h. der wattlos nacheilende Strom nimmt von Leerlauf bis Belastung ab bzw. der wattlos voreilende Strom zu. Meistens werden die Umformer so dimensioniert, daß J_{lwl} positiv ist bei Leerlauf und negativ bei Vollast; bei einer mittleren Belastung (etwa $^3/_4$) herrscht dann Phasengleichheit an den Wechselstromklemmen.

Aus Formel 465 ersehen wir, daß ein zu großer Wert von x

zwecks Spannungserhöhung nicht richtig funktioniert, da dann das Glied mit x_l^2 zu groß wird. Es ist auch wegen der Überlastungsfähigkeit des Umformers nicht erwünscht, daß die Reaktanzspannung der Drosselspule für den Wattstrom groß wird; andererseits soll aber auch ΔJ_{lwl} nicht zu groß werden, da dies zu bedeutenden Verlusten in der Ankerwicklung führt. Man muß deswegen einen Kompromiß zwischen ΔJ_{lwl} und x_l eingehen.

Wählt man z. B. die Änderung des wattlosen Stromes zu $50\,^0/_0$ des Wattstromes und $15\,^0/_0$ Spannungsänderung, also

$$\Delta J_{lwl} = 0{,}5\, J_{lw} \quad \text{und} \quad \Delta P_w = 0{,}15\, P_w,$$

so wird

$$0{,}5\, J_{lw} x_l \cong 0{,}15 \frac{P_w}{2}$$

oder

$$J_{lw} x_l \cong 0{,}3 \frac{P_w}{2}.$$

Die Reaktanzspannung des Wattstromes beträgt somit $30\,^0/_0$ der Spannung $\frac{P_w}{2}$.

Da die Umformerwicklung selbst eine kleine Streureaktanz hat, wird eine Erregungsänderung auch dadurch schon eine kleine Änderung der Klemmenspannung zur Folge haben. Die dem Volllaststrome entsprechende Streureaktanzspannung normaler Umformer beträgt jedoch nur etwa $5\,^0/_0$ der gesamten Spannung. Man kann nun die erforderliche Reaktanz statt in die Drosselspulen auch direkt in die Transformatoren verlegen, die somit absichtlich mit großer Streuung gebaut werden und als Streutransformatoren bekannt sind. Wenn keine besonders großen Anforderungen in bezug auf Regulierung gestellt werden, werden die Umformertransformatoren von einigen der größten Firmen normal mit etwa $10\,^0/_0$ Reaktanzspannung gebaut.

Die Hauptschlußwindungen lassen sich in folgender Weise bestimmen.

Man ermittelt zuerst die Spannung P_{g0} und den wattlosen Strom (J_{lwl0} bzw. J_{wl0}) bei Leerlauf. Die im Umformeranker bei Leerlauf vom Hauptkraftfluß zu induzierende EMK ist gleich:

$$E_{g0} = P_{g0} - 2\sqrt{2}\, J_{lwl0}\, x'_{s1} \quad \ldots \ldots \ldots \quad (467)$$

wo $2 x'_{s1}$ die Streureaktanz der Ankerwicklung des Umformers zwischen zwei diametralen Punkten bedeutet[1]). Um das der erforderlichen EMK entsprechende Feld zu erzeugen, ist eine Ampere-

[1]) Vgl. S. 725.

windungszahl AW'_{t0} nötig, und die Feldamperewindungen bei Leerlauf sind deswegen gleich:

$$AW_{t0} = AW'_{t0} - AW_{e0},$$

wo $AW_{e0} = k_0 f_{w1} m w J_{wl0} = k_0 f_{w1} \frac{N}{2a} J_{wl0}$ die rückwirkenden Ankeramperewindungen des wattlosen Stromes bedeutet.

Diese verstärken das Feld des Umformers, wenn der vom Netz aufgenommene wattlose Strom J_{lwl0} positiv, d. h. phasenverspätet ist, und schwächen das Feld, wenn der wattlose Strom negativ, d. h. phasenverfrüht ist.

Ist bei Normallast die Gleichspannung P_g und der wattlose Strom J_{wl}, so ist eine EMK

$$E_g = \sqrt{2}\, E_w = P_g + \Delta P + J_g (R_h + R_w) - 2\sqrt{2}\, J_{lwl}\, x'_{s1} \quad . \quad (468)$$

in der Ankerwicklung zu induzieren. Abgesehen davon, daß in Formel 457 der Widerstand R_h der Hauptschlußwicklung und der Widerstand R_w der Wendepolwicklung nicht berücksichtigt sind, ergibt sich Formel 468 auch aus den Formeln 461 und 457.

Um das dieser EMK entsprechende Feld zu erzeugen, sind AW'_t Amperewindungen nötig.

Die totalen Feldamperewindungen bei Belastung sind somit gleich

$$AW_t = AW'_t - AW_e = AW'_t - k_0 f_{w1} m w J_{wl} = AW'_t - k_0 f_{w1} \frac{N}{2a} J_{wl} .$$

$J_{wl} = J_{wl0} + \Delta J_{wl}$ ist der wattlose Strom in der Ankerwicklung bei Belastung.

Die Nebenschlußerregerwicklung ist nun so zu dimensionieren, daß sie bei der Leerlaufspannung P_{g0} die totalen Feldamperewindungen liefert. Bei Belastung hat die Nebenschlußwicklung $\frac{P_g}{P_{g0}} AW_{t0}$ Amperewindungen, und die Hauptschlußwicklung ist für $AW_t - \frac{P_g}{P_{g0}} AW_{t0}$ Amperewindungen bei dem normalen Strom J_g zu dimensionieren. Die totale Windungszahl der Hauptschlußwicklung wird also gleich

$$w_h = \frac{AW_t - \frac{P_g}{P_{g0}} AW_{t0}}{J_g} \quad . \; . \; . \; . \; . \; . \; . \; . \quad (469)$$

In gleicher Weise lassen sich die Gegenkompoundwindungen, die bei Parallelbetrieb von Umformern und Pufferbatterien nötig sind, berechnen.

Die vorgeschaltete Drosselspule ist für dieselbe Stromstärke wie der Umformer zu dimensionieren und für eine Spannung $J_l z_l$. Wie aus Fig. 473 ersichtlich, ist $J_l z_l$ größer als $(\frac{1}{2} P_w - P_1)$, und die scheinbare Leistung der vorgeschalteten Drosselspule ist deswegen auch entsprechend größer als derjenige Prozentsatz der Leistung des Umformers, der der Spannungsänderung entspricht.

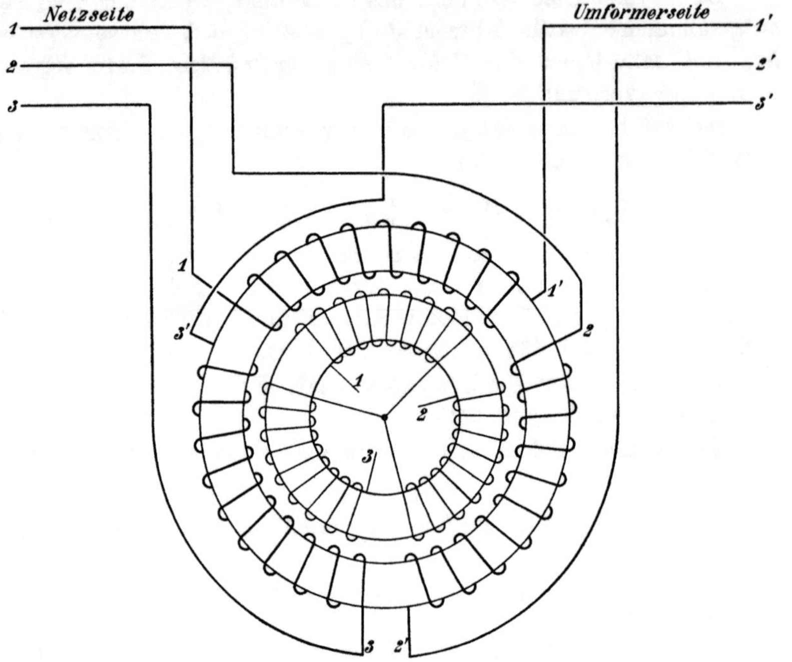

Fig. 474. Schaltungsschema eines Drehtransformators.

c) Induktionsregulatoren (Drehtransformatoren, Potentialregler). Ein, besonders in Amerika, viel verwendetes Verfahren für die Spannungsregulierung bei Einankerumformern ist das mit Induktionsregulatoren. Ein solcher Induktionsregulator (Fig. 474) besteht aus einem Stator mit einem darin drehbaren, bewickelten Rotor. Denken wir uns die Rotorwicklung an das Netz angeschlossen (in Fig. 474 sind die Rotorklemmen 1, 2, 3 also mit den Netzklemmen 1, 2, 3 verbunden zu denken). Sie wird einen kleinen Magnetisierungsstrom vom Netze aufnehmen, und es entsteht ein Drehfeld, das eine EMK E_z in den Statorphasen induzieren möge. Die Statorphasen sind in Serie mit dem Umformer geschaltet, und die Umformerspannung ist nun offenbar die geometrische Summe der Netzspannung P_2 und der EMK E_z. Die relative Lage dieser beiden

Vektoren im Vektordiagramm Fig. 475 (das einphasig gezeichnet ist) hängt von der relativen Lage der Rotor- und Statorphasen ab. Der Endpunkt B des Vektors E_z, und somit des Vektors $\frac{1}{2} P_w$, bewegt sich auf einem Kreis mit dem Radius E_z. Eine Drehung von E_z um 360^0 entspricht einer Bewegung des Rotors um die doppelte Polteilung. Wir

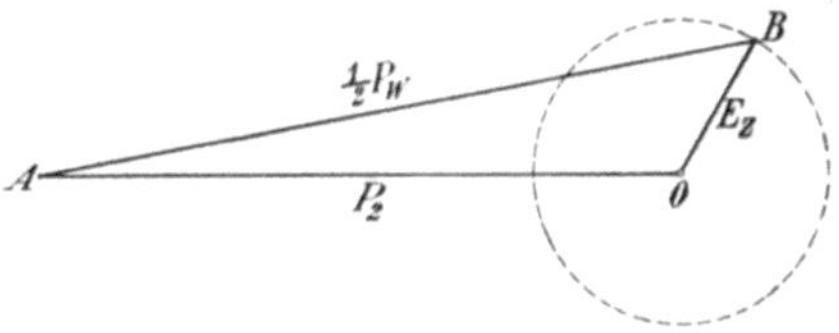

Fig. 475.

sehen, daß auf diese Weise die dem Umformer zugeführte Spannung AB geändert werden kann, ohne daß derselbe wattlose Ströme

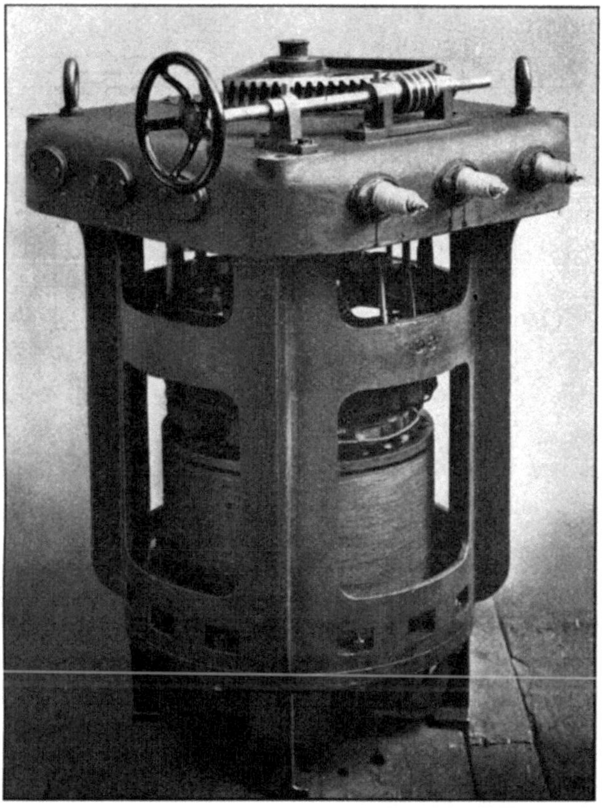

Fig. 476. Induktionsregler der Siemens-Schuckert-Werke.

aufzunehmen braucht. Dadurch werden die von ihnen bedingten Stromwärmeverluste vermieden. Bei dieser Spannungsregulierung, wie bei der vorigen, ändert sich das Verhältnis k_p, wodurch die Gefahr für Resonanzerscheinungen vergrößert wird.

Solche Potentialregler können in Form normaler Induktionsmotoren ausgeführt werden, nur sind keine Schleifringe notwendig, da die Drehbewegung des Läufers begrenzt ist. Da die durch die Drehung des Rotors beim Induktionsmotor hervorgerufene Ventilation bei dem Potentialregler nicht vorhanden ist, wird seine Leistung viel kleiner als die eines gleich großen Induktionsmotors sein, wenn nicht eine künstliche Ventilation vorgesehen wird. Man kann die Potentialregler auch mit Ölkühlung ausführen.

Der Potentialregler kann von Hand verstellt (wie in Fig. 476, die einen Induktionsregler von 60 KVA der Siemens-Schuckert-Werke zeigt) oder durch einen kleinen Motor mit Hilfe eines Relais gesteuert werden.

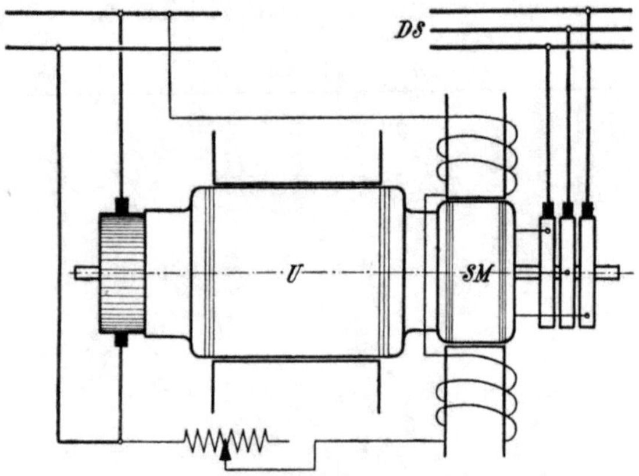

Fig. 477. Schema für die Spannungsregulierung mittels einer synchronen Zusatzmaschine.

d) Synchrone Zusatzmaschine. Zwischen die Kollektorringe und den Umformeranker schaltet man nach dem Patente 112064 der A. E.-G. die Ankerwicklung einer Synchronmaschine (Zusatzmaschine), die auf der Welle des Umformers sitzt und mit diesem rotiert (Fig. 477). Die in dieser Ankerwicklung induzierte EMK addiert sich zu der Wechselspannung des Umformers oder subtrahiert sich von ihr. Durch Änderung der Felderregung der Zusatzmaschine wird somit die dem Umformeranker zugeführte Wechselspannung geändert.

Dient die Zusatzmaschine zur Spannungserhöhung bei Ladung einer Akkumulatorenbatterie, so dimensioniert man sie am besten für die ganze zusätzliche Spannung. Soll dagegen die Regulierung der Spannung automatisch durch den Belastungsstrom erfolgen

(Kompoundierung), so ordnet man auf den Feldpolen der Zusatzmaschine eine Nebenschlußwicklung für die Hälfte der Spannungsänderung $\frac{1}{2} \Delta P_w$ und eine Hauptschlußwicklung für die ganze Spannungsänderung an. Die beiden Wicklungen wirken einander entgegen. Die Zusatzmaschine wird dann bei Leerlauf die Netzspannung um $\frac{1}{2} \Delta P_w$ pro Phase verkleinern und bei Normallast um $\frac{1}{2} \Delta P_w$ erhöhen; sie braucht somit nur für die Hälfte der Spannungsänderung dimensioniert zu werden.

Bei dieser Anordnung zur Spannungsregulierung vermeidet man die wattlosen Ströme und verkleinert die Gefahr für Resonanzerscheinungen, da das Verhältnis k_p hier für alle Belastungen fast konstant bleibt.

Die Zusatzmaschine kann auch mit feststehendem Anker und rotierendem Feld gebaut werden; das Feld wird dann gewöhnlich fliegend außerhalb des Lagers angeordnet. Die Leitungen der Transformatoren werden direkt an die feststehenden Klemmen der Zusatzmaschine angeschlossen; von der Zusatzmaschine führen sie zu den Schleifringen. Diese Anordnung ist zugänglich, gibt kleine Lagerentfernungen und bessere Ventilation, sie beansprucht aber mehr Platz für das Gesamtaggregat.

181. Die Leerlaufcharakteristik.

Als Leerlaufcharakteristik eines Einankerumformers bezeichnet man diejenige Kurve, die bei konstanter Tourenzahl und der Belastung Null die Gleichspannung in Abhängigkeit vom Erregerstrome darstellt, wenn die Wechselstromseite nicht mit der Stromquelle verbunden ist. Sie ist somit vollkommen identisch mit der Leerlaufcharakteristik einer gewöhnlichen Gleichstrommaschine[1]).

182. Die äußere Charakteristik.

Diese stellt bei konstanter Wechselspannung und konstantem Widerstande des Erregerstromkreises die Gleichspannung als Funktion des Belastungsstromes dar. Ist der Umformer direkt an ein Wechselstromnetz mit konstanter Spannung angeschlossen, so ist, wie oben gezeigt, die äußere Charakteristik fast eine gerade Linie, die sich aus der Gleichung

$$P_g = P_{g0} - \Delta P - J_g R_a \sqrt{u_i^2 - \frac{8}{\pi^2}}$$

ergibt. Bedeutend komplizierter liegen aber die Verhältnisse, wenn

[1]) „Die Gleichstrommaschine", 2. Aufl., Bd. I, S. 591.

zwischen den Klemmen des Wechselstromnetzes, dessen Spannung konstant gehalten wird und von dem aus der Umformer gespeist wird, und dem Umformer Reaktanzen und Widerstände eingeschaltet sind. Diese können in langen Leitungen, in Transformatoren oder in vorgeschalteten Drosselspulen liegen. In den folgenden Ableitungen denken wir uns alle diese Reaktanzen und Widerstände auf die Umformerspannung reduziert und zu einer einzigen Impedanz

$$z_l = \sqrt{r_l^2 + x_l^2}$$

vereinigt (Fig. 478). Ist die Wechselspannung, die konstant gehalten wird, P'_{1l} und das Übersetzungsverhältnis des Transformators u, so rechnen wir mit einer konstanten Spannung

$$P_{1l} = \frac{P'_{1l}}{u}$$

an den Primärklemmen des äquivalenten Stromkreises.

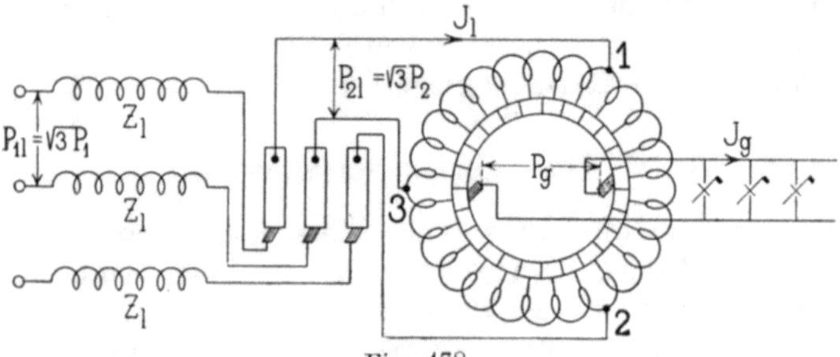

Fig. 478.

Belastet man den Umformer, der Nebenschlußerregung besitze, so bewirken verschiedene Ursachen einen Spannungsabfall, und zwar wirken diese Ursachen in folgenden zwei Gruppen parallel zueinander.

1. Es bewirkt der Wattstrom, der von Leerlauf bis Belastung hinzukommt, einen Spannungsabfall in der vorgeschalteten Impedanz. Dieser kann mit großer Annäherung pro Phase wie folgt berechnet werden (s. Gl. 464, S. 731), wenn

$$P_1 = \frac{P_{1l}}{\sqrt{3}}$$

die Klemmenspannung pro Phase bezeichnet,

$$J_{lw} r_l + \frac{J_{lw}^2 x_l^2}{2 P_1}.$$

Außerdem haben wir einen Spannungsverlust $\varDelta P$ unter den Bürsten und den kleinen Abfall

$$J_g R_a \sqrt{u_i^2 - \frac{8}{\pi^2}}$$

im Anker, den wir hier vernachlässigen.

2. Ganz unabhängig von den unter 1. angeführten Ursachen würde im Umformer, wenn wir uns seine Spannung von derjenigen des Netzes unabhängig denken, von Leerlauf bis Belastung ein Spannungsabfall

$$J_g \sqrt{\nu}\, R_a + \varDelta P$$

im Anker und am Kommutator und ein weiterer Spannungsabfall infolge des Sinkens der Erregerspannung eintreten. Die Spannung des Umformers würde also unabhängig von den unter 1. genannten Ursachen bei Belastung in ähnlicher Weise sinken wie die Spannung einer Gleichstrommaschine. Wir wollen diesen Abfall den inneren Spannungsabfall des Umformers nennen.

Die unter 1. und 2. genannten Spannungsabfälle können nun gleich oder verschieden sein, wir können demnach drei Fälle unterscheiden.

a) Der Spannungsabfall in der vorgeschalteten Impedanz und unter den Bürsten ist gleich dem inneren Spannungsabfall des Umformers. Die Belastung wird in diesem Falle keinen Anlaß zu wattlosen Strömen zwischen dem Netze und dem Umformer geben, weil ein Spannungsausgleich nicht erforderlich ist. Der totale Spannungsabfall von Leerlauf bis Belastung ist gleich demjenigen in der Impedanz z_l und unter den Bürsten. Es wird somit der totale Spannungsabfall prozentual gleich

$$\varepsilon\,\% = \frac{J_{lw} r_l}{P_1} 100 + \frac{J_{lw}^2 x_l^2}{2 P_1^2} 100 + \frac{\varDelta P}{P_g} 100.$$

Da das zweite Glied mit J_{lw}^2 verhältnismäßig klein ist, und da $\varDelta P$ schon bei kleinen Strömen fast den normalen Wert erreicht, ist die äußere Charakteristik eine schwach gekrümmte Kurve oder eine gerade Linie.

b) Der Spannungsabfall in der Impedanz und unter den Bürsten ist größer als der innere Spannungsabfall des Umformers. Bei Belastung des Umformers wird dann ein so großer wattloser Strom $\varDelta J_{wl}$ vom Umformer zum Netz fließen, daß der Unterschied in den Spannungsabfällen sich ausgleicht. Dieser wattlose Strom muß den Spannungsabfall im Umformer erhöhen und den in der vorgeschalteten Impedanz verkleinern. Er ist somit ein voreilender Strom ($\varDelta J_{wl}$

negativ). Der totale Spannungsabfall bei Normallast wird kleiner als im ersten Falle. Auch hier ist die äußere Charakteristik annähernd eine gerade Linie.

c) Der Spannungsabfall in der Impedanz und unter den Bürsten ist kleiner als der innere Spannungsabfall im Umformer. Es wird in diesem Falle beim Belasten der wattlose Strom, der vom Netz dem Umformer zufließt, um ΔJ_{wl} erhöht, und der totale Spannungsabfall ist größer als im ersten Falle.

183. Die Belastungscharakteristik.

Diese Kurve stellt bei konstanter Primärspannung und konstantem Gleichstrom J_g die Abhängigkeit der Gleichspannung P_g von dem Erregerstrome dar.

Infolge der Erregungsänderung ändert sich der wattlose Strom. Die Gleichspannung ändert sich verhältnismäßig wenig, und wenn es nicht auf sehr große Genauigkeit ankommt, können wir annehmen, daß der Wattstrom konstant bleibt. Wir berücksichtigen nur die durch den wattlosen Strom bedingte Spannungsänderung $J_{lwl} x_l$ in der vorgeschalteten Impedanz z_l. Dementsprechend ändert sich auch die dem Umformer pro Phase zugeführte Spannung $\frac{1}{2} P_w$, so daß bei konstanter Primärspannung und bei konstantem Wattstrome

$$\tfrac{1}{2} P_w + J_{lwl} x_l \cong \text{konstant},$$

also nach Formel 461 auch

$$\tfrac{1}{2} E_w + J_{lwl} x_l + J_{lwl} x'_{s1} = \text{konstant}.$$

Wir tragen nun diese konstante Spannung (mit $2\sqrt{2}$ multipliziert, um das Übersetzungsverhältnis zwischen Wechselspannung pro Phase der äquivalenten Sternschaltung und Gleichspannung zu berücksichtigen) gleich $\overline{OA}$ in die Leerlaufcharakteristik (Fig. 479) ein und subtrahieren davon

$$2\sqrt{2}\, J_{lwl} x_l + 2\sqrt{2}\, J_{lwl} x'_{s1}.$$

Die Differenz $\overline{BD} = \sqrt{2}\, E_w$ ist gleich E_g also gleich der EMK, die im Umformer vom Hauptfelde induziert werden muß. Dazu sind aber nicht die der Leerlaufcharakteristik entsprechenden Amperewindungen $\overline{OF}$ nötig, da der wattlose Strom magnetisierend wirkt. Wir müssen somit die magnetisierenden Amperewindungen $AW_e = \overline{BF}$ subtrahieren, um die Feldamperewindungen $OB = AW_t$ zu erhalten. G ist somit ein Punkt der Kurve, die die totale induzierte EMK $\sqrt{2}\, E_w + 2\sqrt{2}\, J_{lwl} x'_{s1}$ als Funktion der Erregeramperewindungen darstellt. Da CG, GD und DE proportional dem wattlosen Strome sind, erhält man einen anderen Punkt G', indem man eine Parallele $C'E'$ zu CE und durch E' eine Parallele $E'G'$ zu EG zieht. In dieser Weise kann eine ganze Reihe von Punkten bestimmt werden und zu der Kurve I verbunden werden.

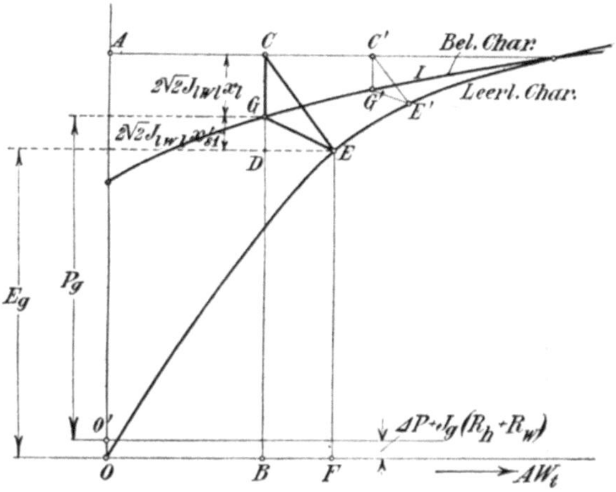

Fig. 479. Graphische Ermittlung der Belastungscharakteristik.

Subtrahieren wir von allen Ordinaten die konstante Spannung

$$\overline{OO'} = \varDelta P + J_g(R_h + R_w),$$

was durch Ziehen einer horizontalen Linie durch O' geschieht, so stellt nach Formel 468 die Kurve I in dem neuen Koordinatensystem mit O' als Ursprung die Gleichspannung P_g als Funktion der Erregeramperewindungen dar. Für eine andere Belastung, d. h. für einen anderen Strom J_g, erhalten wir eine andere Kurve, die fast äquidistant zu der ersten verläuft. Wie aus der Konstruktion leicht ersichtlich, verläuft die Belastungscharakteristik um so flacher, je kleiner die vorgeschaltete Reaktanz x_l ist.

184. Die V-Kurven.

Diese Kurven stellen bei konstanter Primärspannung P_1 und bei konstantem Gleichstrom J_g den zugeführten Strom J_l als Funktion der Felderregung i_e dar. Wie auf S. 740 erläutert, bleibt für alle Erregungen der Wattstrom J_{lw} annähernd konstant. Der wattlose Strom J_{lwl} ergibt sich mittels der in Fig. 479 dargestellten Konstruktion zu

$$J_{lwl} = \frac{\overline{GC}}{2\sqrt{2}\,x_l}.$$

Er kann auch nach dem in Abschnitt 179 angegebenen Verfahren ermittelt werden.

Ermitteln wir nun für mehrere Erregungen J_{lwl} und tragen $J_l = \sqrt{J_{lw}^2 + J_{lwl}^2}$ als Funktion des Erregerstromes auf, so erhalten wir eine V-ähnliche Kurve. In der Fig. 480 sind die experimentell aufgenommenen V-Kurven eines 125 KW-Umformers bei Leerlauf, Halblast und Vollast aufgetragen. Für eine bestimmte Erregung wird der aufgenommene Strom J_l ein Minimum. Es ist dann $J_{lwl} = 0$ (vgl. auch Fig. 470) und $\cos\varphi = 1$. Wie schon auf S. 237 (Synchronmotor) erklärt, wird es nicht möglich sein, genau auf den Leistungsfaktor eins einzuregulieren, wenn die Kurvenform der induzierten EMK von der der aufgedrückten Spannung abweicht.

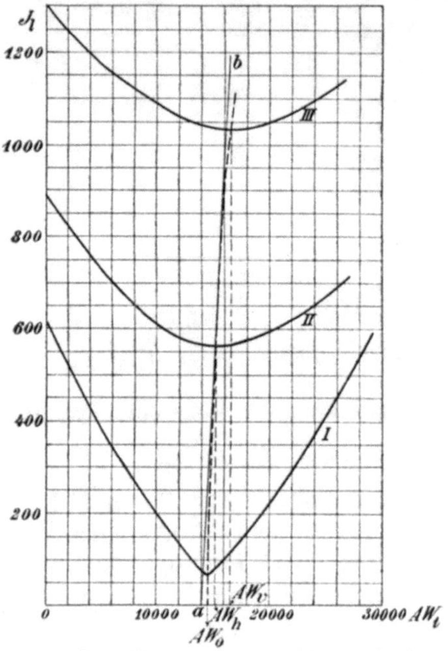

Fig. 480. V-Kurven eines 125 KW-Einankerumformers bei Leerlauf (I), Halblast (II) und Vollast (III).

Wie aus Fig. 480 ersichtlich, treten die Stromminima nicht alle bei derselben Erregung auf (vgl. Abschnitt 182). Phasengleichheit erfordert vielmehr eine kleine Erhöhung der Erregung von Leerlauf bis Belastung.

Wenn keine Nachregulierung vorgenommen wird, werden bei einem fremderregten Umformer die Erregeramperewindungen konstant bleiben, und der Umformer nimmt deswegen bei Belastung einen kleinen nacheilenden Strom auf, auch wenn der Erregerstrom bei Leerlauf auf minimale Wechselstromstärke einreguliert worden ist.

Bei selbsterregten Umformern wird der wattlose Strom größer sein, da die Erregeramperewindungen in dem Falle bei Belastung abnehmen.

Durch eine passende Kompoundierung kann man nun sehr annähernd $\cos\varphi = 1$ bei allen Belastungen erhalten.

Wäre die erforderliche Zunahme der Erregung bei Belastung ($AW_h - AW_0$ von Leerlauf bis Halblast, $AW_v - AW_h$ von Halblast bis Vollast, Fig. 480) proportional der Belastungsstromstärke, so wäre eine genaue Kompoundierung möglich. Die Abweichung ist klein, und man wird deswegen bei irgendeiner Belastung (z. B. $\frac{3}{4}$, wie in Fig. 480) auf Phasengleichheit einstellen. Die totalen Amperewindungen von Haupt- und Nebenschlußwicklung mögen sich mit der Belastung z. B. entsprechend der Geraden *ab* ändern. Bei größeren Belastungen nimmt der Umformer dann einen kleinen nacheilenden, bei kleineren Belastungen einen kleinen voreilenden Strom auf.

Dreißigstes Kapitel.

Die Kommutation.

185. Die Kommutation eines Einankerumformers ohne Wendepole[1]).

Wir haben gesehen, daß der Strom in einer Ankerspule eines Einankerumformers sich zusammensetzt aus dem Wechselstrom und demjenigen Strome von nahezu rechteckiger Wellengestalt, der infolge der Stromwendung als Gleichstrom nach außen tritt.

Da die Kurzschlußzeit[2])

$$T = \frac{b_1 + \beta\left(1 - \frac{a}{p}\right)}{100\, v_k}$$

im allgemeinen sehr klein ist im Verhältnis zur Dauer einer Periode des Wechselstromes, dürfen wir annehmen, daß der Wechselstrom während der Kurzschlußzeit konstant bleibt, und daß somit die totale Stromänderung während der Kommutation gleich dem vollen Werte des Gleichstromes ist (für $a = 1$, oder im allgemeinen gleich dem doppelten Werte des Stromes eines Ankerstromzweiges).

Deswegen ist die Kommutierung eines Einankerumformers im wesentlichen gleich der einer Gleichstrommaschine. Ein Unterschied kommt nur dadurch zustande, daß die Ankerrückwirkung gleich der Differenz der Ankerrückwirkungen des als Synchronmotor und Gleichstromgenerator arbeitenden Umformers ist.

Es würde aber nicht richtig sein einfach zu sagen, daß die Ankerrückwirkungen des Wechsel- und des Gleichstromes sich auf-

---

[1]) Dr.-Ing. H. S. Hallo, „Die Kommutation bei Einankerumformern" ETZ 1911, Heft 35.

[2]) Die Gleichstrommaschine Bd. I, S. 360.

heben, und daß nur eine Ankerrückwirkung entsprechend dem Leerlaufstrome (bzw. den Verlusten) besteht. Der Einfluß dieses den Verlusten entsprechenden Stromes würde so klein sein, daß die ganze Ankerrückwirkung einfach vernachlässigt werden könnte.

In Wirklichkeit liegen die Verhältnisse für die Kommutation wesentlich ungünstiger, und zwar deswegen, weil die Kurvenformen der MMKe des Wechsel- und des Gleichstromes verschieden sind.

Während für die Spannungsänderung die Stärke des resultierenden Ankerfeldes in sämtlichen Punkten des Ankerumfanges maßgebend ist, kommt für die Kommutation nur die Feldstärke bzw. die MMK in der Kommutierungszone in Betracht.

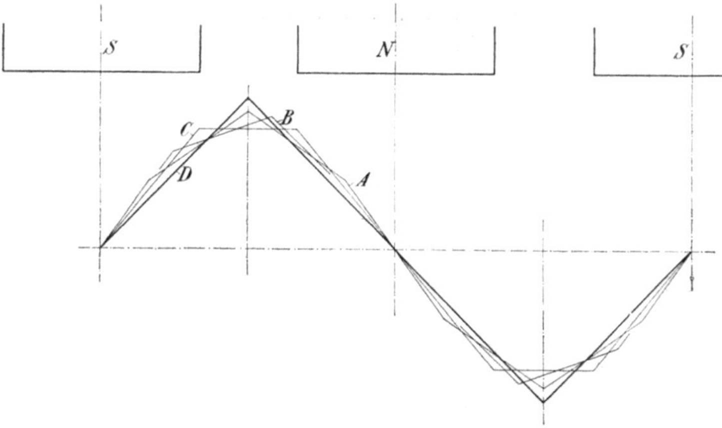

Fig. 481.

In Fig. 481 sind die MMKe des Gleich- und Wechselstromes aufgezeichnet für einen Sechsphasenumformer mit Phasengleichheit.

Wenn wir die Verluste vernachlässigen, so ergibt sich für einen solchen Umformer

$$\frac{2J_w}{J_g} = \frac{2}{3}\sqrt{2},$$

also

$$J_w^A = \frac{4}{3} \cdot \frac{J_g}{2} = 1{,}33\,\frac{J_g}{2},$$

wo J_w^A die Amplitude des Wechselstromes bedeutet. In der Figur sind die Verhältnisse aufgezeichnet für $J_w^A = 1{,}36\,\frac{J_g}{2}$, um die Verluste annähernd zu berücksichtigen. Die Bürsten sind in der neutralen Zone gedacht und die MMK des Ankerstromes hat Dreieckform (Kurve D).

Die Form der MMK-Kurve des sechsphasigen Wechselstromes ist eine Funktion der Zeit. Die Kurve ist für drei Zeitmomente gezeichnet.

Kurve *A* bezieht sich auf den Fall, daß der Strom (also auch die EMK, da wir hier Phasengleichheit betrachten) einer Doppelphase im Maximum ist.

Kurve *B* entspricht den Verhältnissen $\frac{1}{24}$ Periode später und Kurve *C* $\frac{1}{12}$ Periode später. Jeweils nach $\frac{1}{6}$ Periode wiederholen sich die Kurvenformen der MMK.

Wir finden, daß die resultierende MMK unter der Bürstenmitte, in Prozenten der MMK des Gleichstromes, folgende Werte hat:

für Kurve *A*	9,3 %
„ „ *B*	18,6 %
„ „ *C*	21,3 %.

Die Zahlen ändern sich etwas mit dem Wirkungsgrad, mit der Bürstenverschiebung und mit der Phasenzahl.

Da das Gleichstromankerfeld dreieckig ist, wird die mittlere MMK in der Kommutierungszone, entsprechend einem sinusförmigen Wechselstromankerfelde, $1 - 0{,}81 = 0{,}19\,\%$ der MMK des Gleichstromes betragen für einen verlustlosen Umformer. Bei Berücksichtigung der Verluste wird für den Wechselstrom-Gleichstromumformer diese Zahl etwas kleiner, für den Gleichstrom-Wechselstromumformer etwas größer.

Um bei geradlinigem Verlauf des Kurzschlußstromes den Momentanwert der vom Ankerquerfeld induzierten EMK zu finden, schreiben wir somit

$$e_q = 2k\frac{N}{K}l_i v\, AS_{id}\,\lambda_q\, 10^{-6} \text{ Volt}^{1)} \quad . \; . \; . \; . \quad (470)$$

wo durch den Faktor k berücksichtigt wird, daß die MMK in der Kommutierungszone kleiner ist als bei einer Gleichstrommaschine mit derselben Belastung. AS_{id} ist die spezifische Belastung des Ankers als Gleichstrommaschine.

Nach dem Vorhergehenden schreiben wir $k \cong 0{,}2$, wodurch der ungünstigste Fall berücksichtigt wird.

Für reine Widerstandskommutation haben wir die Bedingung

$$e_0 - e_q = e_r{}^{2)} \quad . \; . \; . \; . \; . \; . \; . \; . \; . \quad (471)$$

wo e_r die Reaktanzspannung oder die Spannung der Streureaktanz

[1]) Die Gleichstrommaschine, Bd. II, S. 272.

[2]) Die Gleichstrommaschine, Bd. II, S. 269.

ist, und e_0 die Spannung, die beim stromlosen Anker vom Hauptfelde B_0 in der kurzgeschlossenen Spule induziert wird.

Da beim Einankerumformer der volle Wert des Gleichstromes kommutiert wird, ändert sich auch das Eigenfeld während der Kurzschlußzeit um denselben Betrag wie bei einer gleich belasteten Gleichstrommaschine (entsprechend $2i_a$), so daß wir für einen Nutenanker als mittlere Reaktanzspannung während der Zeit T_n finden

$$e_{rs} = 2\left(\frac{N}{K}\, l_i\, v\, A S_{id}\right) \frac{t_1 \lambda_{Ns}}{t_1 + b_D - \left(\frac{a}{p} - \varepsilon\right)\beta_D} 10^{-6}\ \text{Volt}^{1)} \quad (472)$$

wo ε die halbe Schrittverkürzung ist.

Ist AS die spezifische Belastung der Maschine als Umformer bei derselben Stärke des Gleichstromes, so ist

$$A S_{id} = \frac{AS}{\sqrt{\nu}}$$

und somit

$$e_{rs} = \frac{N}{K}\, l_i\, v\, \frac{2\,AS}{\sqrt{\nu}}\, \lambda_{Ns} \frac{t_1}{t_1 + b_D - \left(\frac{a}{p} - \varepsilon\right)\beta_D} 10^{-6} \quad (472\text{a})$$

Die Gleichung

$$e_0 - e_q = e_r$$

bezieht sich auf Momentanwerte, und um reine Widerstandskommutation zu erhalten wäre es nötig, die Bürsten mit der Belastung zu verschieben. Da man nun einerseits mit fester Bürstenlage arbeiten will, und da man andererseits bei Nutenankern mit dem über die Kurzschlußzeit T_n genommenen Mittelwert rechnet, so werden zusätzliche Ströme auftreten.

Ebenso wie bei einer Gleichstrommaschine stellt man die Bürsten so ein, daß bei Halblast das richtige kommutierende Feld erhalten wird, man hat dann bei Leerlauf eine Über-, bei Vollast eine Unterkommutation.

Wegen des Auftretens von zusätzlichen Strömen muß man die Maschine in Bezug auf Kommutierung nachrechnen und zu dem Zwecke die Kurzschlußspannung und die Funkenspannung[2]) ermitteln.

Die Kurzschlußspannung ist die mittlere EMK, die in der maximalen Anzahl der zwischen den Bürstenkanten liegenden kurzgeschlossenen Spulen induziert wird. Stehen die Bürsten in der neutralen Zone, so wird diese EMK mit Δe_0 bezeichnet. Sie wird um so größer, je größer die Belastung der Maschine ist. Verstellt

[1]) Die Gleichstrommaschine, Bd. II, S. 273.

[2]) Die Gleichstrommaschine, Bd. II, S. 288.

man dagegen die Bürsten derart, daß die Kurzschlußspannung bei Vollast gleich, aber entgegengesetzt gerichtet derjenigen bei Leerlauf ist, so wird sie mit Δe_v bezeichnet.

Wir erhalten:

$$\Delta e_0 = 2 S_k \left(\frac{N}{K} l_i v A S_{id}\right)\left(\frac{t_1 \lambda_{Ns}}{t_1 + b_D - \frac{a}{p}\beta_D} + k\lambda_{q0}\right) 10^{-6} \text{ Volt} \quad (473)$$

$$\Delta e_v = S_k \left(\frac{N}{K} l_i v A S_{id}\right)\left(\frac{t_1 \lambda_{Ns}}{t_1 + b_D - \frac{a}{p}\beta_D} + k\lambda_{qv}\right) 10^{-6} \text{ Volt} \quad (473a)$$

wo $S_k = \left(\frac{b_1}{\beta}\right)_{+a} \frac{p}{}$ und $\varepsilon = 0$ angenommen ist.

Diese Formeln wurden zuerst von E. Arnold und J. L. la Cour in ihrer Abhandlung über die Kommutation von Gleich- und Wechselströmen gebracht, die dem internationalen elektrotechnischen Kongress in St. Louis 1904 vorgelegt wurde.

Die Funkenspannung e_s ist die EMK, die vom Eigenfeld in derjenigen Spule induziert wird, die als letzte der Nut in den Kurzschluß tritt, und zwar in dem Momente, in welchem sie den Kurzschluß verläßt.

$$e_s \cong \frac{\beta}{b_r} \frac{N}{K} l_i v A S_{id} \lambda_{Lz} 10^{-6} \text{ Volt}^{1)} \quad . \quad . \quad . \quad . \quad (474)$$

wo λ_{Lz} die Leitfähigkeit des vom Strome einer Spule hervorgerufenen totalen Eigenfeldes ist, bezogen auf 1 cm der Ankerlänge l_i. Es ist also $l_i \lambda_{Lz}$ das totale von einer Spulenseite bei 1 Ampere erzeugte Eigenfeld.

Zulässige Werte von Δe und e_s. Es soll

$$e_s < 0{,}5 \text{ Volt}$$
$$\Delta e < 6\text{—}8 \text{ Volt}$$

sein.

186. Die Kommutation eines Einankerumformers mit Wendepolen[2]).

Im allgemeinen kommen Wendepole und Kompensationswicklung mit oder ohne besondere Wendepole in Betracht.

Die Kompensationswicklung wird ebenso wie bei Gleichstrommaschinen viel teurer als Wendepole, und gerade weil beim rotieren-

[1]) Die Gleichstrommaschine, Bd. II, S. 288.

[2]) Dr.-Ing. H. S. Hallo, „Die Kommutation bei Einankerumformern", ETZ 1911, Heft 35.

den Umformer die MMKe von Gleich- und Wechselstrom sich zum größten Teile aufheben, kommt sie hier gar nicht in Betracht.

Wir beschränken uns deswegen auf die Behandlung der Wendepole. Diese lassen sich nun in ähnlicher Weise berechnen wie bei Gleichstrommaschinen, nur ist zu berücksichtigen, daß zwar der ganze Strom kommutiert wird, daß aber infolge der entgegengesetzten Wirkung der MMKe von Gleich- und Wechselstrom ein entsprechend kleineres Feld in der Kommutierungszone vorhanden ist.

Bei Berechnung der vom Eigenfelde induzierten EMK kommt, wie schon vorhin erwähnt, AS_{id} als Gleichstrommaschine in Betracht. Wie haben gefunden

$$AS_{id} = \frac{AS}{\sqrt{\nu}}.$$

Dagegen kommt zur Berechnung des Querfeldes in der Kommutierungszone kAS_{id} in Betracht, so daß die erforderliche Wendepolfeldstärke wird[1]):

Für $2p$ Wendepole

$$B_{wl} = 2AS_{id}\left(\lambda_{Ns}\frac{t_1}{t_1 + b_D - \frac{a}{p}\beta_D}\frac{l_1}{l_w} + k\lambda_{q0}\frac{l_1 - l_w}{l_w}\right) \quad (475)$$

und für p Wendepole

$$B_{wl} = 2AS_{id}\left(\lambda_{Ns}\frac{t_1}{t_1 + b_D - \frac{a}{p}\beta_D}\frac{2l_1}{l_w} + k\lambda_{q0}\frac{2l_1 - l_w}{l_w}\right) \quad (475\,a)$$

Bei stark verkürztem Wicklungsschritt ist an Stelle von $\frac{a}{p}\beta_D$ in diese Formeln $\left(\frac{a}{p} - \varepsilon\right)\beta_D$ einzusetzen. Bei Anordnung von Wendepolen vermeidet man aber immer die Schrittverkürzung möglichst.

Es ist:

$$\lambda_{Ns} = \lambda_n + \lambda_{ks} + 0{,}5\,\lambda_s\frac{l_s}{l_i} = 1{,}25\left(\frac{r}{3r_3} + \frac{r_5}{r_3} + \frac{r_7}{r_8} + \frac{2r_6}{r_1 + r_8} + \frac{r_4}{r_1}\right)$$

$$+ 0{,}92\log_{10}\frac{\pi t_1}{2r_1} + 0{,}23\frac{l_s}{l_i}\log_{10}\left(\frac{2l_s}{U_s}\right) \quad \ldots\ldots\ldots \quad (476)$$

---

[1]) Die Gleichstrommaschine, Bd. II, S. 281.

Die Wendepolbreite bzw. Wendefeldbreite ist so zu wählen, daß annähernd:

$$b_w = t_1 + b_D - \left(\frac{a}{p} - \varepsilon\right)\beta_D \quad . \quad . \quad . \quad . \quad . \quad (477)$$

Es ist

$$\varepsilon = \pm \frac{1}{2}\left(1 + \frac{K}{p} - y_1\right)$$

und das Vorzeichen ist so zu wählen, daß ε positiv wird.

Um die seitliche Streuung auszunützen, wird jedoch die Wendepolbreite öfters kleiner gemacht als die obige Formel ergibt, denn die ideelle Wendepolbreite ist

$$b_{wi} = b_w + 4{,}5\,\delta_w .$$

Bei der Berechnung der Amperewindungen eines Wendepolpaares gehen wir in genau derselben Weise vor wie beim Gleichstromgenerator, nur ist zu berücksichtigen, daß zur Kompensation des resultierenden Ankerfeldes in der Kommutierungszone die erforderliche Amperewindungszahl eines Wendepolpaares ist:

$$AW_w = k\tau A S_{id} + AW_N \quad . \quad . \quad . \quad . \quad . \quad (478)$$

Nachdem die Induktion B_{wl} bekannt ist, kann AW_N in der gewöhnlichen Weise berechnet werden.

Es fragt sich nun zunächst, wie groß k gewählt werden muß. Wir haben gesehen, daß die resultierende MMK eines Sechsphasenumformers in der Kommutierungszone schwankt zwischen 9 und 21%. Wir schreiben somit unter Berücksichtigung der Verluste des Wechselstrom-Gleichstrom-Umformers $k = 0{,}15$ (für den verlustlosen Umformer wäre nach S. 746 $k = 0{,}19$ zu setzen) und müssen bedenken, daß jetzt die wirklich vorhandene Feldstärke unter dem Kommutierungspol nicht mehr dem erforderlichen Wert entspricht.

Nun ergibt die Erfahrung, daß die auf diese Weise berechneten Wendepole bei rotierenden Umformern etwa 30 bis 40% der Amperewindungen eines Gleichstromgenerators brauchen.

Wir nehmen an, daß die gesamte Amperewindungszahl der Wendepole 30% der Gleichstromamperewindungen des Ankers beträgt, und zwar, daß 15% für die Erzeugung des erforderlichen Wendefeldes (entsprechend AW_N) und 15% zur Kompensation des resultierenden Ankerfeldes dienen. Letzteres schwankt zwischen 9 und 21%; die erforderlichen Amperewindungen somit zwischen 24 und 36%. Gewählt haben wir den Mittelwert, also 30% der Gleichstromamperewindungen. Die Erregung der Wendepole weicht also um $\pm 20\%$ von der erforderlichen ab.

Während wir also gesehen haben, daß rotierende Umformer ohne künstliche Kommutation eine wesentlich bessere Kommutation aufweisen als gleichbelastete Gleichstromgeneratoren, so ist das bei Wendepolumformern nicht mehr der Fall, weil sich das Ankerfeld eines Gleichstromgenerators durch konstant erregte Wendepole neutralisieren läßt, was nach obigem bei rotierenden Umformern nicht möglich ist.

Hier liegt eine Hauptschwierigkeit in der Verwendung von Wendepolen. Dazu kommt noch, daß schon ein geringes Pendeln die Kommutation von Wendepolmaschinen sehr nachteilig beeinflußt.

Pendelt der Umformer, so ändert das resultierende Ankerfeld seine Lage, und kann somit nicht durch ein räumlich festes Wendefeld kompensiert werden.

Außerdem entsprechen beim Pendeln und auch bei plötzlichen Belastungsstößen die Gleich- und Wechselstromamperewindungen des Ankers sich nicht mehr. Die Maschine kann nämlich durch die in den rotierenden Massen angehäufte kinetische Energie eine wesentlich größere, bzw. kleinere Leistung an der Gleichstromseite abgeben, als sie an der Wechselstromseite aufnimmt. Daß dies tatsächlich der Fall sein kann, geht schon daraus hervor, daß ein Betrieb mit Einphasenumformern (oder Einphasenmotoren im allgemeinen) möglich ist.

Gerade deshalb, weil die Änderung der in den rotierenden Massen aufgespeicherten Energie bei ganz kleinen Tourenvariationen ausreicht, um die momentane Leistung abzugeben, ist der Betrieb mit Einphasenmotoren möglich, trotzdem es Momente gibt, wo sie gar keine Leistung vom Netze aufnehmen.

Es sei an dieser Stelle noch auf die Stabilität des Wendefeldes hingewiesen.

Für Gleichstrommaschinen gilt:[1])

$$\frac{AW_{wl}}{b_w AS} > 1{,}5 \text{ bis } 2.$$

Bei rotierenden Umformern kommt nun für AS die spezifische Belastung des resultierenden Ankerfeldes in Betracht, also nur ein kleiner Wert. Deswegen liegt hier keine Gefahr für ungenügende Stabilität des Wendefeldes vor, namentlich nicht, weil aus später angegebenen Gründen der Luftspalt unter den Wendepolen groß gemacht werden muß.

Andrerseits muß das angegebene Verhältnis bei Einankerum-

---

[1]) Die Gleichstrommaschine, Bd. II, S. 287.

formern wesentlich größer gewählt werden als bei Gleichstrommaschinen, damit das Wendefeld nicht zu unstabil wird für den Fall, daß der Umformer momentan als Gleichstromgenerator wirkt (beim Pendeln und bei Belastungsstößen).

Man könnte nun denken, daß die Änderungen des Feldes in der Kommutierungszone durch Anordnung von Dämpfern um die Kommutierungspole leicht beseitigt werden könnten. Massive Polschuhe üben einen solchen dämpfenden Einfluß aus, es empfiehlt sich aber nicht, spezielle Dämpfer anzuordnen, besonders nicht, wenn die Umformer für den Bahnbetrieb bestimmt sind, oder allgemein, wenn sie einer stark wechselnden Belastung unterworfen sind.

Bei Belastungsänderungen ändert sich nämlich die Erregung der Wendepole und die Stärke des Wendefeldes. Der Dämpfer wirkt nun als Sekundärkreis eines Transformators. Es werden Ströme in ihm induziert, die der Änderung des Flusses entgegenwirken. Demzufolge wird das Wendefeld gegen den Strom verzögert, und bei rasch wechselnder Belastung kann ein Feuern an den Bürsten stattfinden. Eine ähnliche Wirkung haben im allgemeinen irgendwelche zu der Wendepolwicklung parallel geschaltete Widerstände. Besonders bei großen Stromstärken läßt sich diese Anordnung nicht immer leicht vermeiden, da die erforderliche Amperewindungszahl nicht ein ganzes Vielfaches der Amperezahl des zur Verfügung stehenden Stromes ist. Es empfiehlt sich aber immer, wenn möglich, den Luftspalt unter dem Wendepol zu vergrößern, so daß kein Nebenschlußwiderstand nötig ist. Sonst würde es erforderlich sein, dem Nebenschlußwiderstand dieselbe Zeitkonstante zu geben als der Wendepolwicklung.

Noch besser wäre es, wenn der Nebenschlußwiderstand eine größere Zeitkonstante hätte; dadurch wird bei Zunahme des Stromes der größere Teil anfangs durch die Wicklung fließen und die Herstellung des richtigen Wendefeldes, das durch die magnetische Trägheit nacheilt, beschleunigen. Im stationären Zustand stellt sich dann die Stromverteilung ein, entsprechend den Widerständen der parallelgeschalteten Kreise. Bei Abnahme des Stromes wird der induktive Widerstand einen entgegengesetzt gerichteten Strom durch die Wendepolwicklung schicken und ebenfalls die Herstellung des richtigen Kommutierungsfeldes beschleunigen. Man darf hiermit natürlich nicht zu weit gehen.

Wir haben gesehen, daß ein Nachteil der Wendepole bei rotierenden Umformern in der Tatsache liegt, daß die Schwankung der MMK des resultierenden Ankerfeldes in der Kommutierungszone ein großer Bruchteil der für die Erzeugung des erforderlichen Wendefeldes nötigen MMK ist. Um diesen Bruchteil möglichst klein zu halten, empfiehlt es sich, den Luftspalt unter den Wendepolen möglichst groß zu wählen.

Bis jetzt haben wir nur den Einfluß des Wattstromes auf die Kommutation verfolgt. Die MMK des wattlosen Stromes geht durch Null in der Mitte zwischen den Polen und hat ihr Maximum unter der Polmitte. Ihr Einfluß auf die Kommutation ist deswegen gering und rührt nur daher, daß die Kommutierungszone eine gewisse Breite hat und die MMK des wattlosen Stromes natürlich nur in einem Punkte durch Null geht.

Demzufolge wird zu erwarten sein, daß rotierende Umformer bei kleinen Leistungsfaktoren eine schlechtere Kommutation aufweisen. Das stimmt auch mit der praktischen Erfahrung überein[1]).

Schließlich sei noch bemerkt, daß die Verwendung der halben Anzahl Wendepole für rotierende Umformer besonders geeignet sein dürfte. Bekanntlich wird dadurch Kupfer gespart und eine bessere Ventilation des Aggregates erzielt.

Bei Gleichstrommaschinen hat man aber im allgemeinen wenig Platz für die Wendepole, und bei Anordnung der halben Zahl Wendepole größeren Querschnittes wird die Streuung jedes Poles stark erhöht. Da die Amperewindungen pro Wendepol beim Einankerumformer nur 25 bis $40^0/_0$ der Amperewindungen des entsprechenden Generators betragen, ergeben sich diese Schwierigkeiten nicht.

Besondere Schwierigkeiten bieten Wendepolumformer, wenn eine synchrone Zusatzmaschine nach dem Patent 112064 der A. E.-G. vorgesehen ist.

Nehmen wir an, daß eine Spannungsregulierung von $\pm 15^0/_0$ erfordert wird. Die Zusatzmaschine arbeitet dann einmal als Motor, einmal als Generator. Diese Leistung wird durch die Welle übertragen, also vom Einankerumformer mechanisch abgegeben oder aufgenommen. Dementsprechend fließt ein Strom im Umformer, dessen MMK nicht durch einen entsprechenden Gleichstrom kompensiert wird. Die MMK des resultierenden Ankerfeldes ändert sich aus dem Grunde $\pm 15^0/_0$, und nach dem vorhergehenden ist es klar, daß ein solcher Umformer nicht mehr ohne weiteres mit Wendepolen arbeiten kann. Es wäre offenbar nötig, die Erregung der Wendepole von der Spannung (Leistung) der Zusatzmaschine abhängig zu machen[2]). Ähnliche Verhältnisse liegen beim Spaltpolumformer vor.

---

[1]) B. G. Lamme und F. D. Newbury, „Interpoles in synchronous converters", Proceedings American Institution of Electrical Engineers, November 1910.

[2]) Vgl. Beschreibung des 1100/1500 KW-Umformers der A. E.-G. Berlin, S. 855.

Viel günstiger verhält sich in dieser Beziehung der **Kaskadenumformer** (WT, V, 1, Kapitel XXII). Der Gleichstromseite wird gewöhnlich zwölfphasiger Wechselstrom zugeführt, und die MMK eines zwölfphasigen Stromes ändert sich nur wenige Prozente. Außerdem ist die Amperewindungszahl der Wendepole bei Kaskadenumformern viel größer als bei Einankerumformern, da bei ersteren auch das Ankerquerfeld des generierten Stromes kompensiert werden muß. Geringe Schwankungen in der Wendefeldstärke kommen daher weniger zur Geltung.

Kaskadenumformer eignen sich deswegen besonders für Wendepole, und bei nicht zu großer Spannungsregulierung ist sogar für Umformer, die mit einer synchronen Zusatzmaschine versehen sind, die Anordnung von Wendepolen, deren Erregung ausschließlich von dem Kommutatorstrom abhängt, zulässig.

Die praktische Erfahrung hat vorstehende theoretische Überlegungen in jeder Hinsicht bestätigt.

Einunddreißigstes Kapitel.

Das Anlassen und Parallelarbeiten von Umformern.

187. Das Anlassen von Umformern. — 188. Das Parallelarbeiten von Umformern. — 189. Die Pendelerscheinungen.

187. Das Anlassen von Umformern.

Das Anlassen eines Umformers kann entweder

a) von der Wechselstromseite oder
b) von der Gleichstromseite oder
c) mittels eines Hilfsmotors geschehen.

a) Das Anlassen eines rotierenden Umformers von der Wechselstromseite aus geschieht in ähnlicher Weise wie bei den Synchronmotoren (Abschn. 70). Damit der vom Umformer aufgenommene Strom nicht zu groß wird, schaltet man nicht die normale Spannung auf die Schleifringe, sondern nur eine Teilspannung, die erhalten wird, indem man Anzapfungen an der Sekundärwicklung des Transformators anbringt. Nach Angaben von J. L. Woodbridge[1]) beträgt für 25 periodige Einankerumformer normaler Ausführung die für das Anlassen nötige Teilspannung etwa 20 bis 25 % der vollen Spannung. Bei dieser Spannung nimmt der Umformer etwa den zweifachen, normalen Strom, also etwa 40 bis 45 % der normalen KVA auf.

Gewöhnlich wird jedoch zur größeren Sicherheit eine größere Teilspannung (etwa $\frac{1}{3}$ bis $\frac{1}{2}$ der normalen Spannung) verwendet. Die scheinbare Leistung beim Anlassen ist dann entsprechend höher.

Die Westinghouse Gesellschaft, die diese Anlaßmethode auch für die größten Umformer von 3000 KW und darüber verwendet, garantiert, daß die scheinbare Leistung in KVA beim Anlassen die normale KW-Leistung nicht überschreitet. Es ist dann möglich,

[1]) Proc. Americ. Inst. Electr. Eng. 1908, Bd. XXVIII, S. 208f.

kleinere Umformer in etwa 30 Sekunden, größere in 45 bis 60 Sekunden anzulassen und zur Stromabgabe bereit zu haben.

Für Dreiphasenumformer genügt ein doppelpoliger Umschalter, indem man die Anzapfungen nur an zwei Phasen anbringt, wie in Fig. 482 angegeben. Beim Anlassen ist der Schalter (*Sch*) nach oben eingelegt, beim Betrieb nach unten.

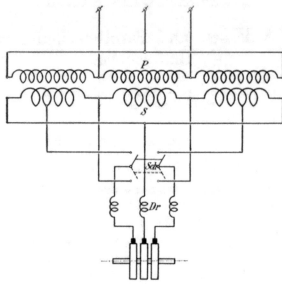

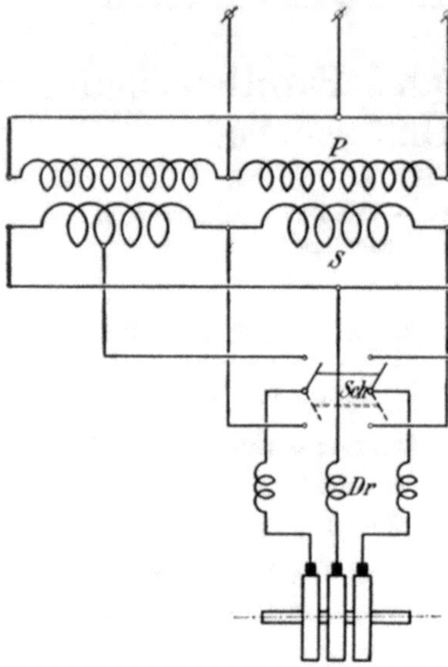

Fig. 482. Schaltungsschema eines Dreiphasenumformers zum Anlassen von der Wechselstromseite.

Bei größeren Maschinen schaltet man die Spannung vorzugsweise in mehreren Stufen auf die Wechselstromseite. Fig. 483 zeigt z. B. das Schaltungsschema eines größeren Sechsphasenumformers. Zwei dreipolige Umschalter (Sch_1 und Sch_2) sind derart angeordnet, daß erst $\frac{1}{3}$, dann $\frac{2}{3}$ und dann die volle Spannung auf die Schleifringe geschaltet wird. Nur im letzteren Falle liegt die Drosselspule dem Einankerumformer vorgeschaltet. Bei kleineren Umformern bleibt die Drosselspule gewöhnlich während der ganzen Anlaßperiode eingeschaltet.

Es ist ferner darauf zu achten, daß während des Anlassens keine zu großen Spannungen zwischen den einzelnen Spulen und Lagen der Erregerwicklung entstehen. Man teilt deswegen die Nebenschlußwicklung entweder durch einen besonderen Schalter während des Anlassens in mehrere Teile (Fig. 483) oder man schließt sie kurz. Im letzteren Falle wird in jeder Windung der Erregerwicklung die EMK verbraucht, die in ihr induziert wird, und der Umformer zieht besser an.

Nimmt der vom Umformer aufgenommene Wechselstrom mit steigender Tourenzahl stark ab, so nähert sich der Umformer dem Synchronismus, und man kann den Schalter, der zur Unterbrechung oder zur Kurzschließung der Nebenschlußwicklung dient, schließen bzw. öffnen und die Erregerwicklung mit den Klemmen an der Gleichstromseite verbinden. Der Umformer läuft dann von selbst in Synchronismus hinein, erregt sich selbst und nimmt nur den Leerlaufstrom vom Netze auf.

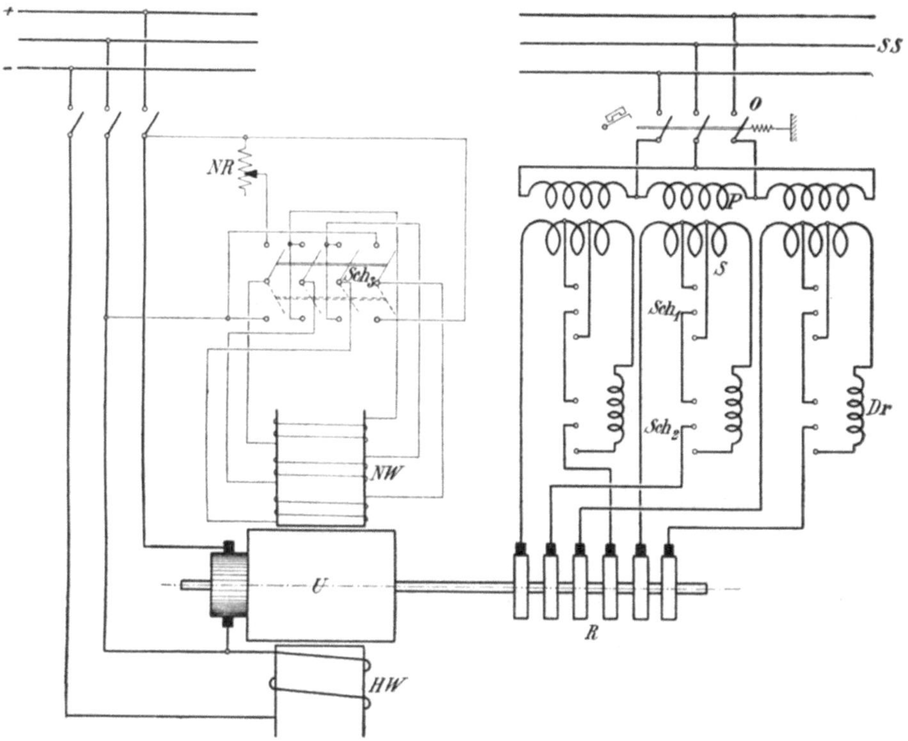

Fig. 483. Schaltungsschema eines Sechsphasenumformers zum Anlassen von der Wechselstromseite.

Diese Anlaßmethode hat außer dem großen Anlaßstrom noch den Nachteil, daß die Polarität der Gleichstromseite keine bestimmte ist; diese hängt davon ab, in welchem Moment der Umformer in Synchronismus kommt. Um die richtige Polarität zu bekommen, beobachtet man am besten ein Gleichstromvoltmeter, das zwischen den Gleichstromklemmen eingeschaltet ist. Wenn der Umformer sich der synchronen Tourenzahl nähert, fängt die Voltmeternadel an langsam zu schwingen, von Null bis über die normale Stellung hinaus. Hat der Umformer die synchrone Tourenzahl fast erreicht, so schließt man den Schalter der Erregerwicklung in dem Moment, in dem die Nadel ihren größten Ausschlag besitzt. Es fällt dann der Umformer sofort in Synchronismus, erregt sich selbst und besitzt die richtige Polarität.

Ein zweites Verfahren zur Herstellung der richtigen Polarität besteht darin, daß man, wenn falsche Polarität vorhanden ist, die Nebenschlußwicklung umschaltet (Sch_3, Fig. 483). Bei der vorhandenen Drehrichtung und umgeschalteter Erregerwicklung entmagnetisiert der Erregerstrom das Feld. Es kann somit von dem zugeführten Mehrphasenstrom nur ein Drehfeld, das um 90^0 gegen das Feld des Magnetsystems verschoben ist, erzeugt werden, woraus folgt, daß der Umformeranker sich bei Umschaltung der Erregerwicklung um 90^0 gegen das Ankerfeld verzögern muß. Schaltet man nun zum zweiten Male die Erregerwicklung um, so schlüpft der Anker noch einmal 90^0 gegen das Ankerfeld. Der Umformer magnetisiert sich wieder selbst, und die Polarität ist jetzt umgekehrt worden.

Ein weiterer Nachteil des Anlassens von der Wechselstromseite ist der, daß am Kommutator leicht starkes Feuern entsteht, weil die Potentialkurve am Kommutator relativ zu den Bürsten rotiert, wodurch diese öfters auf dem steilen Teile der Kurve zu stehen kommen.

Besonders bei hochperiodigen Einankerumformern machen sich die genannten Nachteile dieser Anlaßmethode geltend.

b) Das Anlassen von der Gleichstromseite geschieht in der Weise, daß man mittels eines Vorschaltwiderstandes den Umformer als Nebenschlußmotor auf Tourenzahl bringt. Nachdem er auf synchroner Geschwindigkeit angelangt ist, wird, sobald Phasengleichheit zwischen Netzspannung und Umformerspannung eintritt, die in gewöhnlicher Weise z. B. mittels Phasenlampen beobachtet wird (Kap. XII), der Schalter auf der Wechselstromseite eingelegt. Im allgemeinen vermeidet man jeden Schalter zwischen Transformator und Umformer, weil solche für sehr große Ströme zu bauen wären. Die Synchronisierungsvorrichtung und die Schalter liegen deswegen gewöhnlich an der Hochspannungsseite. In Fig. 484 ist die Schaltung eines Dreiphasenumformers für Anlassen von der Gleichstromseite dargestellt. Erst nachdem Synchronismus hergestellt ist, wird der Ölschalter geschlossen.

Dieser Anlaßmethode haftet der Nachteil an, daß es oft (z. B. im Bahnbetrieb) schwierig ist, gleichzeitig die richtige Spannung und Geschwindigkeit zu erreichen, weil die Spannung sich fortwährend ändert.

Ist der Umformer von der Gleichstromseite auf die richtige Geschwindigkeit gebracht, während die Spannung an der Wechselstromseite stark von der Netzspannung abweicht, so wird im Einschaltungsmoment ein großer Stromstoß entstehen. Der Umformer wird als Gleichstromgenerator oder Motor arbeiten, je nachdem die Wechselspannung des Netzes höher oder niedriger war als die Umformerspannung.

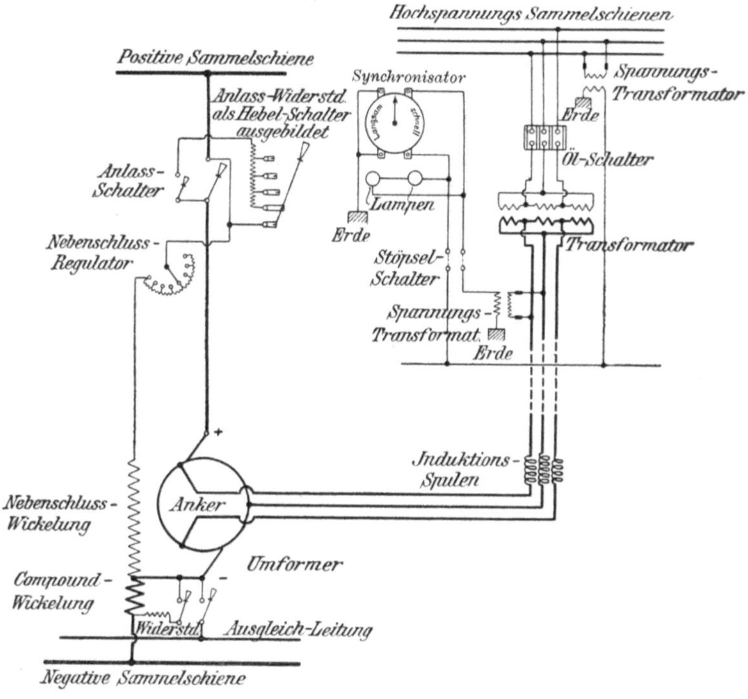

Fig. 484. Schaltungsschema eines Dreiphasenumformers zum Anlassen von der Gleichstromseite.

Das bedeutet eine starke Entlastung oder Belastung der Unterstation, die störend wirkt. Auch kann der Strom unter Umständen so groß werden, daß die Automaten auf der Gleichstromseite auslösen oder daß andere Störungen entstehen. Bei Bahnanlagen mit Unterstationen ist es oft unmöglich, eine genügend hohe Spannung auf der Gleichstromseite zu erhalten, um beim Anlassen derartige Stromstöße zu vermeiden. Es empfiehlt sich deswegen die Gleichstromseite im Augenblicke des Einschaltens auf der Wechselstromseite abzuschalten. Das kann automatisch erfolgen. Dadurch erreicht man, daß die beiden Schaltungen mit Sicherheit in richtiger Reihenfolge und rasch nacheinander ausgeführt werden.

Ist der Umformer mit einer synchronen Zusatzmaschine versehen, so daß die Wechselspannung reguliert werden kann, oder besitzt das Gleichstromnetz die richtige Spannung und variiert diese sehr wenig, so gestaltet sich das Anlassen eines Umformers von der Gleichstromseite sehr einfach und sicher. Das ist z. B. der Fall, wenn entweder eine kleine Hilfsbatterie oder ein kleines Anlaßaggregat vorhanden ist. Mittels einer solchen Batterie oder eines einzigen Anlaßaggregates, das gewöhnlich aus einem kleinen Asynchronmotor und einer direkt gekuppelten Gleichstrommaschine besteht, kann jeder Umformer einer Unterstation angelassen werden.

c) Das Anlassen mittels eines Hilfsmotors (Anwurfmotors) ist sehr einfach. Als Anlaßmotor wird ein kleiner Asynchronmotor von 6 bis 15 % der Leistung des Umformers angewandt. Derselbe ist direkt auf die Welle des Umformers aufgekeilt, besitzt zwei Pole weniger als der Umformer und wird für eine so große Schlüpfung dimensioniert, daß der Umformer bei normaler Erregung synchron rotiert. Wenn die Verluste im Umformer nicht ausreichen, um die Tourenzahl des Asynchronmotors genügend herunterzudrücken, so kann der Umformer als Gleich- oder Wechselstromgenerator belastet und in dieser Weise auf die richtige Tourenzahl gebracht werden. Ist der Anwurfmotor als Schleifringmotor ausgeführt, so kann die richtige Tourenzahl durch entsprechende Regulierung des Anlaßwiderstandes eingestellt werden. Ist Phasen- und Spannungsgleichheit an der Wechselstromseite hergestellt, so wird der Schalter auf der Wechselstromseite eingelegt. Diese Methode kann überall angewandt werden. Sie hat nur den Nachteil der Mehrkosten eines Anlaßmotors für jeden Umformer. Die Schaltanlage für das Parallelschalten ist dieselbe wie beim Anlassen von der Gleichstromseite. Da aber die Gleichstromseite nicht mit dem Gleichstromnetze verbunden ist, kann durch Änderung der Erregung die Wechselspannung des Umformers immer in Übereinstimmung mit der Netzspannung gebracht werden.

188. Das Parallelarbeiten von Umformern.

Der rotierende Umformer hat die Eigenschaften eines Synchronmotors und wirkt somit auf die Generatoren der Zentrale zurück. In großen Anlagen müssen sie aber nicht allein mit den Wechselstromgeneratoren, sondern auf der Gleichstromseite auch oft mit Gleichstromgeneratoren oder Pufferbatterien parallel arbeiten. Damit dies möglich ist, müssen die Umformer bei konstanter Primärspannung auf der Wechselstromseite einen passend großen Spannungsabfall von Leerlauf bis Normallast an der Gleichstromseite besitzen. Dieser kann mittels vorgeschalteter Reaktanz und durch Gegenkompoundierung des Umformers erreicht werden. Ist der Spannungsabfall eines Umformers zu klein, so nimmt der Umformer, und nicht die Pufferbatterie, die Belastungsstöße auf und gerät dadurch leichter ins Pendeln. Arbeitet ein Umformer parallel mit einer Nebenschlußmaschine, so müssen beide Maschinen denselben Spannungsabfall haben, damit die Belastung sich gleichmäßig auf beide verteilt.

Ein kleiner Spannungsabfall macht aber den Umformer überlastungsfähiger, was besonders für den Bahnbetrieb sehr günstig ist.

Beim Parallelschalten von Umformern ist darauf zu achten, daß die Stromkreise der beiden Umformer auf der Wechselstromseite in keiner Weise miteinander elektrisch verbunden sind (wie in Fig. 485), da sonst der Gleichstrom beim Parallelschalten auf der Gleichstromseite sich leicht derart auf die einzelnen Bürstensätze der beiden Umformer verteilt, daß mehr Strom von den Bürsten einer Polarität entnommen wird, als den Bürsten der anderen Polarität derselben Maschine zufließt[1]). Diese Erscheinung tritt auch dann auf, wenn zwei Umformer auf dasselbe Dreileiternetz arbeiten, dessen Mittelleiter an dem neutralen Punkt der Transformatoren (vgl. Fig. 472) angeschlossen ist. Jeder Umformer bekommt somit einen besonderen Transformator, oder doch jedenfalls eine besondere Transformatorsekundärwicklung.

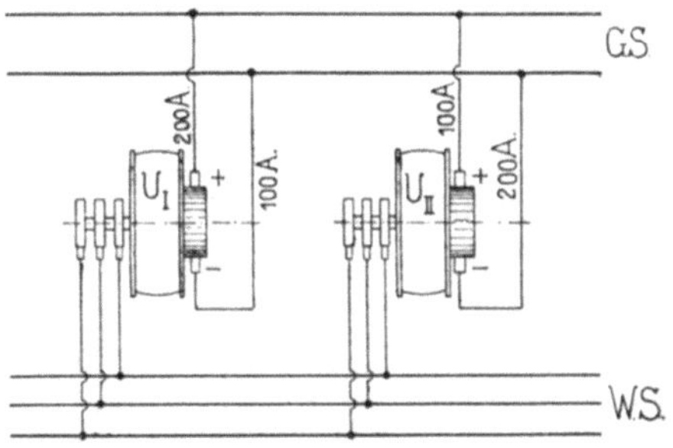

Fig. 485.

Sind die Umformer kompoundiert, so ist beim Parallelschalten auf der Gleichstromseite eine Ausgleichleitung zwischen die an den Ankern angeschlossenen Klemmen der Hauptschlußwicklung aller Umformer zu legen. Diese Ausgleichleitung dient zur gleichmäßigen Verteilung der Belastung auf alle Umformer[2]). Beim Zuschalten eines kompoundierten Umformers schließt man (Fig. 483) zuerst den Schalter am Ausgleicher und den Schalter an der negativen Schiene,

---

[1]) The Electrical Review 1900, S. 131.

[2]) Die Gleichstrommaschine, Bd. II, S. 468ff., 2. Aufl.

so daß die Hauptschlußwicklung von den bereits arbeitenden Umformern aus Strom erhält. Hiernach reguliert man die Nebenschlußerregung so ein, daß der zuzuschaltende Umformer die gleiche Spannung hat wie die anderen und schließt dann den Schalter an der positiven Schiene. Durch Verstärkung des Nebenschlußstromes verschiebt man dann allmählich einen Teil der Last von den bereits arbeitenden Umformern auf den neu hinzugeschalteten.

Ein Umformer, der an der Gleichstromseite mit Gleichstromgeneratoren oder mit einer Akkumulatorenbatterie parallel arbeitet, wird gefährdet, wenn im Wechselstromnetz plötzlich ein großer Spannungsabfall, z. B. herrührend von einem Kurzschluß, entsteht. In dem Falle läuft der Umformer als Nebenschlußmotor weiter. Sein Feld wird durch die großen wattlosen Ströme, die er durch den Kurzschluß auf der Wechselstromseite an das Netz abzugeben hat, stark geschwächt.

Deswegen muß man Einankerumformer in solchen Fällen gegen zu große Geschwindigkeiten sichern (S. 872, Drehzahlbegrenzer). Wir kommen hierauf bei den umgekehrten Umformern noch zurück.

189. Die Pendelerscheinungen.

Bekanntlich neigen die Umformer mehr zum Pendeln als die Synchronmotoren; dies wird auch aus dem Folgenden leicht verständlich.

Beim Pendeln arbeitet der Umformer vollständig als Synchronmotor und die Energie pendelt hin und her zwischen dem Generator und den Massen des Umformers, in welchen sie eine Zeitlang akkumuliert wird. Damit keine Resonanz entstehen kann, darf das Verhältnis

$$\sqrt{\frac{4\pi c T}{k_p}}$$

nicht mit dem Verhältnis $\frac{p_G}{\nu}$ irgendeiner von einer Kolbenmaschine angetriebenen Wechselstrommaschine übereinstimmen. p_G ist die Polpaarzahl des betrachteten Wechselstromgenerators und ν die Zahl der Leistungsimpulse pro Umdrehung. Die gefährlichsten Impulse sind diejenigen von der niedrigen Periodenzahl, also für

$$\nu = 1,\ 2 \text{ oder } 4.$$

In der obigen Formel bedeutet T die Anlaufzeit des Umformers, wenn er mit der normalen Leistung W_g angelassen wird, k_p ist das Verhältnis zwischen der synchronisierenden Kraft und der normalen

Leistung W_g. Für den m-phasigen Umformer ergibt sich das Verhältnis k_p annähernd zu

$$k_p = \frac{m P_1'}{W_g}\left(\frac{P_1'}{x_l + x_3'} - J_{lwl}\right) \quad . \quad . \quad . \quad . \quad . \quad (479)$$

P_1' bedeutet die konstante primäre Phasenspannung des in Stern geschalteten Transformators, reduziert auf die Sekundärseite, x_l ist die vorgeschaltete Reaktanz und die Streureaktanz des Transformators und x_3' bedeutet die auf Sternschaltung reduzierte Reaktanz x_3 einer Phase des Umformers. Es ist also

$$x_3' = \frac{x_3}{\left(2 \sin \frac{\pi}{m}\right)^2}.$$

In die Formel für k_p ist nicht (ensprechend Gl. 157) der wattlose Strom J_{lwl0} bei Leerlauf, sondern der bei der betreffenden Belastung des Umformers vorhandene wattlose Strom J_{lwl} einzusetzen, denn für jede Umformerbelastung läuft der Umformer, als Synchronmotor betrachtet, leer. Wie hieraus ersichtlich, ändert sich k_p mit dem vom Umformer aufgenommenen wattlosen Strom, und zwar prozentual um so mehr, je größer J_{lwl} im Verhältnis zu $\frac{P_1'}{x_l + x_3'}$ ist.

Tritt Resonanz nicht bei dem wattlosen Strom J_{lwl} einer Belastung des Umformers auf, so kann sie bei einer anderen Belastung auftreten. Damit k_p sich bei Änderung des wattlosen Stromes möglichst wenig ändert, ist $\frac{J_{lwl}(x_l + x_3')}{P_1'}$ möglichst klein zu halten.

Von den beiden Spannungen $J_{lwl} x_l$ und $J_{lwl} x_3'$ soll die erste stets einen gewissen Prozentsatz von P_1', entsprechend der Änderung der Umformerspannung von Leerlauf bis Belastung, betragen. Es bleibt uns somit nur noch die Möglichkeit, das Verhältnis $\frac{J_{lwl} x_3'}{P_1'}$ klein zu machen. Das geschieht in der Weise, daß man den Luftspalt möglichst groß und die Nutenstreuung möglichst klein macht. Es ist nicht günstig, die Zähne stark zu sättigen; denn dann nimmt die Reaktanz x_3 mit zunehmender Spannung, d. h. bei phasenverfrühtem (negativem) Strom J_{lwl}, ab, also $\frac{P_1'}{x_l + x_3'}$ zu, und das Verhältnis k_p wird in noch größerem Maße geändert. Man ist deswegen gezwungen, fast alle Feldamperewindungen bei einem kompoundierten Umformer auf den Luftspalt zu verlegen. Ferner soll man von den beiden Größen

J_{lwl} und x_l die erste möglichst klein halten, denn dann wird $J_{lwl} x_3$ um so kleiner.

Das eben Gesagte bezieht sich auf Umformer mit Kompoundwicklung und, wie ersichtlich, wird die Gefahr für Resonanzerscheinungen durch Kompoundierung eines Umformers stark erhöht. Bei Spannungsregulierung mittels Autotransformatoren liegen die Verhältnisse auch nicht besonders günstig, denn hier ändern wir in irgendeiner Weise die auf die Sekundärseite des Transformators reduzierte Primärspannung P_1' und somit das Verhältnis k_p. Bei einer derartigen Spannungsregulierung ist es auch nicht vorteilhaft, die Ankerzähne zu sättigen, denn dann nimmt k_p bei den höheren Spannungen in noch stärkerem Maße zu.

In bezug auf Pendeln sind die Spannungsregulierungen mittels einer synchronen Zusatzmaschine oder mittels einer Gleichstromzusatzmaschine die günstigsten.

Stimmt die Periodenzahl der natürlichen Schwingungen eines Umformers mit irgendeiner der vielen Schwingungen, die dem System von den Kurbelmaschinen aufgedrückt wird, überein, so muß man k_p ändern; denn weder c noch T lassen sich gut ändern.

Von den Größen, die in der Formel für k_p vorkommen, läßt sich nur die Reaktanz x_3' ohne Schwierigkeit ändern. x_3 ändert man, indem man den Luftspalt und die Nutenform anders wählt. Der Pendelweg eines Generators und eines Umformers ist umgekehrt proportional der Reaktanz des Wattstromes und, da diese von dem Querfelde im Generator resp. im Umformer abhängt, so erklären sich hieraus auch die von C. F. Scott nach praktischen Erfahrungen aufgestellten Bedingungen für einen guten Betrieb von Umformern, welche lauten:

1. Die Generatoren sollen große Schwungmassen erhalten und so angetrieben werden, daß die Winkelabweichungen der Magneträder innerhalb enger Grenzen bleiben, selbst wenn die Belastung sich periodisch ändert.

2. Die Generatoren und Umformer sollen einen relativ großen Luftspalt haben.

3. Das Eisen in den Magnetkernen und im Joch soll ungesättigt bleiben; denn dann treten nur kleine wattlose Ströme auf.

Wir haben auf S. 406 gesehen, daß Pendelerscheinungen in einer Anlage oft erst dann auftreten, wenn eine ganz bestimmte Anzahl gleicher Synchronmotoren oder Umformer in Betrieb gesetzt wird. Diese Erscheinung ist auch von C. F. Scott bei mehreren Anlagen beobachtet worden. Die Anzahl n der Umformer, die die N Generatoren und n Umformer einer Anlage zum Pendeln bringen kann, ergibt sich aus der Formel 274. Es ist

$$n = -N \frac{x_{cg}\zeta_g}{x_{cu}\zeta_u},$$

wo x_{cg} die Pendelkapazitanz des Generators, x_{cu} die des Umformers und ζ die Resonanzmoduln $\frac{x_s}{x_s - x_c}$ der Generatoren und Umformer bedeuten. Diese Pendelerscheinungen lassen sich wie alle anderen durch Abänderung des Luftspaltes oder des Schwungmomentes der rotierenden Massen fortschaffen. Weitere derartige Erscheinungen sind in Kapitel XV behandelt.

Bei jeder Pendelerscheinung schwankt hauptsächlich der Wattstrom und mit ihm das Querfeld im Umformer. Um diese Schwankungen und ihren schädlichen Einfluß auf die Kommutation zu vermeiden, werden die Umformer mit Bronzebrücken zwischen den Polspitzen versehen, die auch unter die Polschuhe hineingehen, oder die Dämpferwicklung wird als vollständige Käfigwicklung ausgeführt. Die Erfahrung hat gezeigt, daß Umformer für große Periodenzahlen empfindlicher in bezug auf Pendeln sind, als die für kleinere Periodenzahlen, was ganz erklärlich ist.

Oft geben Oberströme im Betriebe von synchronen Maschinen Anlaß zu Störungen. Haben die EMKe der Generatoren und Umformer verschiedene Kurvenformen, so fließen zwischen diesen Oberströme, die um so größer sind, je kleiner die Reaktanzen des ganzen elektrischen Stromkreises in bezug auf diese Oberströme sind. Wenn solche Oberströme auftreten, sind die für die Spannungsregulierung vorgeschalteten Drosselspulen sehr geeignet, sie abzuschwächen.

Zweiunddreißigstes Kapitel.

Anwendungen des Einankerumformers.

190. Verschiedene Verwendungsarten. — 191. Der Einphasen-Einankerumformer. — 192. Der umgekehrte Umformer. — 193. Der Doppelstromgenerator. — 194. Anwendung des Umformers zur Phasen- und Spannungsregulierung bei Arbeitsübertragungen.

190. Verschiedene Verwendungsarten.

Der Einankerumformer, der aus der Vereinigung einer Gleichstrommaschine mit einer synchronen Wechselstrommaschine entstanden ist, kann in verschiedener Weise verwendet werden, und zwar:

1. Als Wechselstrom-Gleichstrom-Umformer. Bei dieser in den vorhergehenden Kapiteln behandelten Verwendungsart wird er kurz als „Umformer“ bezeichnet. Besondere Erwähnung verdient die Anwendung rotierender Umformer in Verbindung mit Asynchrongeneratoren (vgl. Bd. V, 1, S. 477).

2. Als Gleichstrom-Wechselstrom-Umformer. In diesem Falle wird er als „umgekehrter Umformer“ bezeichnet.

3. Als Generator für Gleich- und Wechselstrom (ein- oder mehrphasigen). Hier wird die Maschine mechanisch angetrieben und als „Doppelstromgenerator“ bezeichnet.

4. Als Motor für Gleich- und Wechselstrom (ein- oder mehrphasigen), d. h. als Doppelstrommotor. In diesem Falle läuft die Maschine zunächst als Synchronmotor, und die Gleichspannung wird derart erhöht, daß der Gleichstrom gegenüber der Arbeitsweise als Umformer in umgekehrter Richtung fließt, so daß die Maschine auch als Gleichstrommotor arbeitet.

5. Als Wechselstromsynchronmotor und gewöhnlicher Umformer. In diesem Falle ist die auf der Wechselstromseite zugeführte Leistung um den Betrag, der der mechanischen Leistung entspricht, größer als der für die Erzeugung des Gleichstromes er-

forderliche Wert, und die Ankerrückwirkung des Wechselstromes ist größer als diejenige des Gleichstromes.

6. Als Gleichstrommotor und umgekehrter Umformer, in welchem Falle die Gleichstromleistung entsprechend der Wirkung als Motor und die Ankerrückwirkung des Gleichstromes überwiegen.

7. Als Gleichstromgenerator und gewöhnlicher Umformer, ein Teil der Gleichstromleistung wird aus mechanischer Arbeit erzeugt und ein Teil entspricht der zugeführten Leistung des Wechselstromes.

8. Als Wechselstromgenerator und umgekehrter Umformer, in diesem Falle wird ein Teil der Wechselstromleistung durch mechanische Arbeit erzeugt und ein Teil entspricht der zugeführten Leistung des Gleichstromes.

9. Als Phasenzahl-Umformer, d. h. um einen Wechselstrom in einen Wechselstrom von anderer Phasenzahl umzusetzen.

Wir können z. B. einem Umformer mit 6 Schleifringen, die mit entsprechenden Punkten der Wicklung verbunden sind, an 3 Schleifringen einen Dreiphasenstrom zuführen und an 4 Schleifringen einen Vierphasenstrom entnehmen oder in umgekehrter Weise verfahren. (Ein Schleifring gehört zu beiden Systemen).

Zwischen den Spannungen der verschiedenen Stromarten besteht immer ein bestimmtes Verhältnis, dessen Wert in Abschnitt 173 angegeben ist. Wir können von diesem Verhältnis abweichen, wenn wir die Wicklung des Umformers noch mit einer aufgeschnittenen Wicklung kombinieren.

Denken wir uns dieselbe Maschine der Reihe nach in allen oben genannten Arten verwendet, so wird ihre Leistungsfähigkeit jeweils von der Größe der Stromwärmeverluste im Anker und von der Kommutation abhängen.

Die Verhältnisse liegen am günstigsten, wenn die Maschine als reiner Umformer bzw. als umgekehrter verwendet wird, denn in diesem Falle sind die Stromwärmeverluste ein Minimum, und da keine Quermagnetisierung vorhanden ist, sind die Bedingungen für die Kommutation bei allen Belastungen am günstigsten.

Für praktische Zwecke kommen die unter 4 bis 9 genannten Verwendungsarten wenig in Betracht. Den mehrphasigen Wechselstrom-Gleichstrom-Umformer haben wir ausführlich behandelt, im Nachfolgenden sollen daher nur noch der Einphasen-Umformer, der umgekehrte Umformer und der Doppelstromgenerator kurz betrachtet werden.

191. Der Einphasen-Einankerumformer.

Aus der Tabelle (S. 713) geht hervor, daß die Stromwärmeverluste eines Einphasen-Einankerumformers wesentlich größer sind als die des entsprechenden Gleichstromgenerators. Aus dem Grunde sind die Vorteile des Einphasenumformers gegenüber dem Motorgenerator sehr gering, und es empfiehlt sich nicht solche Umformer zu bauen. Dazu kommt noch, daß die Kommutation wesentlich schlechter ist als bei Mehrphasen-Einankerumformern.

Der Einphasenstrom erzeugt ein Wechselfeld, das sich bekanntlich in zwei entgegengesetzt rotierende Drehfelder zerlegen läßt. Das eine ist ein im Raume stillstehendes Feld, das genau so wie beim Mehrphasenumformer den synchronen Lauf bedingt, das inverse rotiert mit doppelter Periodenzahl relativ zu den Magnetpolen. Es wirkt somit auch induzierend auf die kurzgeschlossenen Spulen und beeinträchtigt die Kommutation. Durch Dämpferwicklungen läßt sich zwar dieses Feld abdämpfen, es bleibt aber immerhin ein gewisses resultierendes Feld bestehen, denn sonst könnten eben keine Kurzschlußströme in der Dämpferwicklung induziert werden. Auch ist die Anordnung von Dämpfern um eventuell vorhandene Wendepole aus früher angegebenen Gründen (S. 752) nicht empfehlenswert.

Vollkommen neutralisieren kann man dieses invers rotierende Feld nur durch eine feststehende Mehrphasenwicklung, die mit einem entsprechenden Strome doppelter Periodenzahl gespeist wird. Dieser Strom kann nach dem A. E.-G.-Patente 214576 von einem kleinen Synchrongenerator, der mit dem Einankerumformer gekuppelt ist und die doppelte Polzahl besitzt, geliefert werden. Die Erregung dieses Synchrongenerators muß dann abhängig sein von dem vom Einankerumformer abgegebenen Gleichstrom.

Diese Anordnung verteuert jedoch den Einankerumformer ganz beträchtlich, außerdem bietet die Konstruktion eines kleinen Synchrongenerators mit doppelter Polzahl bei der ohnehin schon sehr hohen Polzahl rotierender Umformer Schwierigkeiten. Deswegen dürfte sie wohl kaum praktische Verwendung finden.

192. Der umgekehrte Umformer.

In gewissen Fällen wird es wünschenswert, Gleichstrom in Wechselstrom umzuwandeln. Soll z. B. ein entfernt gelegener Distrikt von einer Gleichstromzentrale aus mit Strom versorgt oder eine entfernte Bahnanlage von einer bestehenden großen Gleichstromzentrale aus betrieben werden, so wird der Gleichstrom mittels des umgekehrten Umformers in Verbindung mit einem Transformator in hochgespannten Wechselstrom umgewandelt, am Verwendungsorte wieder in niedergespannten Strom transformiert und wenn erforderlich mittels eines Umformers wieder in Gleichstrom umgesetzt.

Eine praktische Verwendung findet der umgekehrte Umformer ferner als Verbindungsglied zwischen einem Wechselstromnetze und einer Akkumulatorenbatterie, die dazu dienen soll, die plötzlichen Belastungsstöße aufzunehmen, und in Zentralen, in welchen Gleichstromgeneratoren für Bahnbetrieb und für die Versorgung naher Distrikte und Wechselstromgeneratoren für Lichtbetrieb und für die Versorgung entfernter Distrikte aufgestellt sind, sowie zum Austausch von Energie zwischen entfernt liegenden Gleichstromanlagen oder zwischen einer Gleichstrom- und einer Wechselstromanlage. In diesen Fällen wird bald Gleichstrom in Wechselstrom und bald Wechselstrom in Gleichstrom umgesetzt, so daß man stets eine ökonomische Belastung der im Betriebe befindlichen Generatoren erhält.

Der Umformer bildet ein Verbindungsglied zwischen den verschiedenen Generatoren oder zwischen den voneinander entfernten Anlagen und kann auf diese Weise eine Maschine ersetzen, wenn die maximalen Belastungen des Gleich- und Wechselstromnetzes zu ungleichen Zeiten auftreten, auch bildet er zugleich eine Reserve.

Wird ein Umformer in gewöhnlicher Weise betrieben, indem er Wechselstrom aufnimmt und Gleichstrom abgibt, so wird seine Geschwindigkeit durch diejenige des Wechselstromgenerators bestimmt, mit welchem der Umformer synchron läuft. Benutzen wir dagegen den Umformer in umgekehrter Weise, und ist er nicht mit einem Wechselstromgenerator parallel geschaltet, dessen Umdrehungszahl durch den Regulator der Antriebsmaschine konstant gehalten wird, so sind Umdrehungszahl und Periodenzahl des Umformers nur noch abhängig von der Spannung des eingeleiteten Gleichstromes und von dem Kraftfluß pro Pol. Denn der Umformer arbeitet nun, soweit die Gleichstromseite in Betracht kommt, wie ein Nebenschluß- bzw. ein Doppelschluß-Gleichstrommotor, dessen Umdrehungszahl

$$n = \frac{60}{p} \frac{a}{N} \frac{E_g}{\Phi} 10^8 = \text{konst.} \frac{E_g}{\Phi}$$

ist, wenn E_g die in der Ankerwicklung induzierte EMK und Φ den Kraftfluß pro Pol bezeichnet. Wird die dem Umformer zugeführte Klemmenspannung des Gleichstromes konstant gehalten, so ist auch die EMK E_g für alle Belastungen nahezu konstant, und die Umdrehungszahl ändert sich umgekehrt proportional mit Φ. Wird das

Feld geschwächt, so läuft die Maschine schneller und ergibt eine höhere Periodenzahl; wird das Feld verstärkt, so läuft die Maschine langsamer mit kleinerer Periodenzahl.

Die Feldstärke hängt nun nicht allein von der Felderregung, sondern auch von dem wattlosen Strom ab. Übersteigt der vom Umformer abgegebene nacheilende Strom eine gewisse Grenze, so wird das Feld so viel geschwächt, daß eine gefährliche Erhöhung der Umdrehungszahl und eine unzulässige Erhöhung der Periodenzahl eintritt. Aber auch bei wenig induktiver Belastung ändert sich die Umdrehungszahl mit dem Leistungsfaktor und ergibt für den praktischen Betrieb einen unbefriedigenden Zustand. Auch ist die Wechselspannung bestimmt durch das dem betreffenden Belastungszustand entsprechende Übersetzungsverhältnis, und kann somit nur reguliert werden, wenn eine Zusatzmaschine oder ein Potentialregler vorgesehen ist.

Es läßt sich nun aber die Tourenzahl eines umgekehrten Umformers in verschiedener Weise regulieren:

1. Um die Umdrehungszahl eines umgekehrten Umformers möglichst konstant zu halten, verwendet die Westinghouse Electric & Mfg. Co. zur Erregung von umgekehrten Umformern eine kleine direkt gekuppelte Nebenschlußmaschine. Diese Erregermaschine kann auch von einem asynchronen Motor, der seinen Strom vom Umformer empfängt, besonders angetrieben werden. Sie wird so wenig gesättigt, daß sie erheblich unterhalb des Knies der Magnetisierungskurve arbeitet.

Beginnt nun infolge der Ankerrückwirkung der Umformer schneller zu laufen, so erhöht sich die Spannung der Erregermaschine, und da diese ihre eigene Erregung verstärkt, erhalten wir eine potenzierte Wirkung. Hieraus folgt, daß die Erregerspannung sich viel rascher ändert als die Tourenzahl, und zwar so lange bis das Magnetsystem der Erregermaschine gesättigt ist. Hinter dem Knie der Magnetisierungskurve ändert sich die Erregerspannung annähernd proportional der Tourenzahl. In Fig. 486 ist die Spannung als Funktion der Tourenzahl aufgetragen. Bei einer gewissen, der sogen. toten Tourenzahl sollte man theoretisch gar keine Spannung erhalten; dies trifft wegen des remanenten Magnetismus jedoch nicht zu. Immerhin ist man gezwungen, die Erregermaschine oberhalb der toten Tourenzahl und unterhalb der Tourenzahl, bei welcher das Magnetsystem gesättigt wird, arbeiten zu lassen.

Für induktionsfreie oder nahezu induktionsfreie Belastung, die wenig Erregung erfordert, arbeitet die Erregermaschine bei geringer Sättigung, und das Konstanthalten der Tourenzahl gelingt hier bis auf $1^0/_0$, weil einer geringen Änderung derselben eine verhältnismäßig große Änderung der Felderregung entspricht. Je größer dagegen die Ankerrückwirkung durch wattlose Ströme wird, desto größer werden die Tourenänderungen und desto schwieriger wird es, eine passende Erregermaschine zu bauen, da sie für den ganzen Bereich der Regulierung unterhalb des Knies der Magnetisierungskurve arbeiten soll.

In Fig. 487 ist das Schaltungsschema eines Umformers der Westinghouse El. & Mfg. Co. dargestellt. Derselbe kann von der Wechselstromseite aus mittels des Anlaßmotors *AM* auf Synchronis-

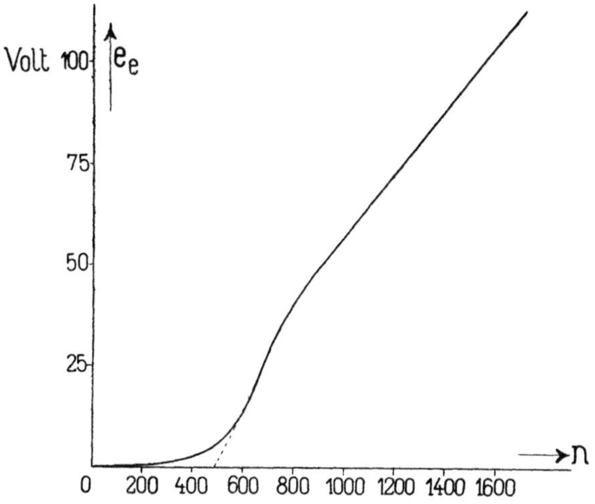

Fig. 486. Erregerspannung einer schwach gesättigten Nebenschlußmaschine als Funktion der Tourenzahl.

mus gebracht werden. Der Widerstand R_3 dient zur Belastung des Anlaßmotors, um die synchrone Tourenzahl bequem einstellen zu können. Soll der Umformer von der Gleichstromseite aus angelassen werden, so benutzt man den Anlaßwiderstand R_1 und erregt den Umformer vom Netze. Als umgekehrter Umformer arbeitend, wird der Umformer dagegen von dem kleinen Motorgenerator *MG* separat erregt.

2. Da eine induktive Belastung eine Änderung der resultierenden längsmagnetisierenden Amperewindungen eines Umformers, die fast dem wattlosen Strome proportional ist, zur Folge hat, so ist es klar, daß man die Tourenzahl eines umgekehrten Umformers konstant halten kann, wenn man denselben von der Wechselstromseite kompoundiert. Man gibt z. B. dem Umformer außer der gewöhnlichen Nebenschlußwicklung *NW* noch eine Wicklung *CW*

(s. Fig. 488), die von einem Strom, proportional der wattlosen Komponente des dem Umformer zugeführten Wechselstromes, durchflossen wird. Dieser Strom wird durch Gleichrichten einer der wattlosen Komponente proportionalen Spannung erhalten.

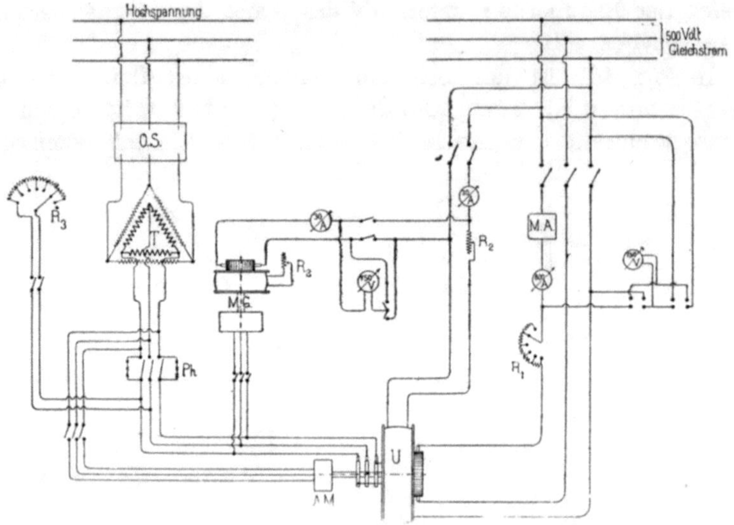

Fig. 487. Schaltungsschema eines Umformers der Westinghouse El. & Mfg. Co. zum Anlassen von der Wechselstrom- oder Gleichstromseite.

OS = Ölschalter.
Ph = Phasenlampen.
MG = Motorgenerator.
MA = Maximalausschalter.
R_1 = Anlaßwiderstand.
R_2 = Erregerregulator.
R_3 = Belastungswiderstand.
AM = Anlaßmotor.

Am einfachsten läßt sich diese Spannung in der in Fig. 488 gezeigten Weise erzeugen. Auf die Welle des Umformers setzt man den Anker einer kleinen Hilfsmaschine *HM* mit zwei Ankerwicklungen auf. Von diesen ist die eine A_1 eine gewöhnliche offene Phasenwicklung, die von dem Wechselstrome des Umformers durchflossen wird. Die zweite Wicklung A_2 ist eine gewöhnliche Gleichstromwicklung mit Kommutator *K*; sie liefert den Strom für die Wicklung *CW*. Natürlich muß diese kleine Maschine ebenso viele Pole wie der Umformer *U* besitzen.

Man setzt nun den Anker dieser Maschine so auf die Welle, daß das Feld der Maschine dem wattlosen Strome proportional wird. Ist die Maschine schwach gesättigt, so wird die Spannung für die Wicklung *CW* auch dem wattlosen Strome proportional sein.

Diese Anordnung hat vor der Westinghouseschen den Vorteil, daß die Hilfsmaschine viel leichter zu berechnen und zu dimensionieren ist, und daß sie für alle Fälle die Tourenzahl konstant hält.

Ferner kann diese kleine Maschine, wenn der Umformer zur Umwandlung von Wechselstrom in Gleichstrom benutzt wird, auch, wie die auf Seite 736 beschriebene synchrone Zusatzmaschine *SM*, zur Regulierung der Gleichspannung benutzt werden. Zu dem Zwecke ordnet man auf dem Feld derselben entweder eine Nebenschlußwicklung oder eine vom Hauptstrome durchflossene Wicklung an. Natürlich wird in diesem Falle die Verbindung zwischen dem Kommutator *K* und der Wicklung *CW* des Umformers unterbrochen.

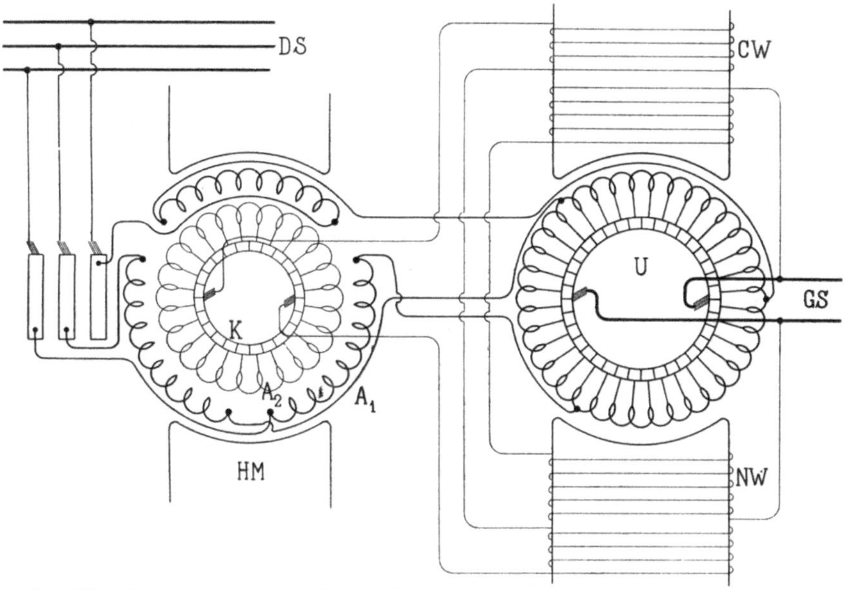

Fig. 488. Anordnung eines mittels einer Hilfsmaschine von der Wechselstromseite aus kompoundierten umgekehrten Umformers.

3. Die Umdrehungszahl eines kompoundierten Umformers läßt sich auch dadurch konstant halten, daß man die Erregung desselben von einem kompoundierten Erregerumformer nimmt. Der in Fig. 131 dargestellte kompoundierte Erregerumformer von Rice würde sich z. B. für diesen Fall eignen.

Wegen der Eigenschaft des umgekehrten Umformers bei abnehmender Feldstärke seine Umdrehungszahl zu erhöhen, ist es nicht ratsam, Induktionsmotoren, Synchronmotoren oder andere Umformer mit einem umgekehrten Umformer in Betrieb zu setzen. Nur wenn die Leistung der angetriebenen Maschinen im Verhältnis zu der des Umformers klein ist und der Umformer stark erregt wird, ist ein Durchgehen nicht zu befürchten.

Ein Durchgehen des umgekehrten Umformers wird auch dann eintreten, wenn auf der Wechselstromseite ein Kurzschluß erfolgt, denn der Kurzschlußstrom ist in der Phase stark nacheilend und schwächt das Feld.

Beim gewöhnlichen Wechselstrom-Gleichstrom-Umformer hat ein Kurzschluß auf der Wechselstromseite dieselben Folgen, wenn er mit anderen Gleichstromgeneratoren oder einer Akkumulatorenbatterie parallel geschaltet ist, denn er kehrt bei Kurzschluß seine Wirkung um und erzeugt als umgekehrter Umformer den Kurzschlußstrom.

Aus obigen Gründen empfiehlt es sich, den Einankerumformer mittels eines Zentrifugalregulators, der mit der Umformerwelle in Verbindung steht und bei zu hoher Tourenzahl Ausschalter auf der Gleich- und Wechselstromseite in Tätigkeit setzt, gegen Durchgehen zu schützen. Auch elektrische Automaten, die bei zu hoher Periodenzahl in Tätigkeit treten, können verwendet werden.

193. Der Doppelstromgenerator.

Wir haben oben gesehen, daß der Umformer ein wertvolles Verbindungsglied zwischen einer Wechselstrom- und einer Gleichstromanlage bilden kann, indem er je nach Bedarf Wechselstrom in Gleichstrom oder Gleichstrom in Wechselstrom umwandelt. In solchen Fällen, wo von einer Zentrale aus Wechselstrom und Gleichstrom abgegeben wird, kann es von Vorteil sein, den Umformer zur gleichzeitigen Erzeugung von Wechselstrom und Gleichstrom zu benutzen, er muß zu diesem Zwecke mechanisch angetrieben werden.

Die Vereinigung der Erzeugung beider Stromarten in einem Anker bietet die Möglichkeit, irgendeinen Bruchteil der Gesamtleistung der Maschine in Form von Wechselstrom oder Gleichstrom abzugeben. Aus diesem Grunde wird es unter Umständen möglich, eine billigere Maschine zu bauen bzw. mit einer Maschine eine Reserve für die Gleich- und Wechselstromanlage zu schaffen.

Nachteilig ist, daß die Spannungen beider Ströme in bestimmter Weise voneinander abhängen und daß die Gleichstromseite bei hohen Periodenzahlen ungünstige Abmessungen erhält.

Die Verwendung eines Doppelstromgenerators muß sich auf Verhältnisse beschränken, für die sich eine gute Gleichstrommaschine noch bauen läßt. Die Westinghouse Electric Mfg. Co. hat für den Betrieb von Bahnen mehrfach 600 und 1000 KW-Doppelstromgeneratoren aufgestellt; sie werden außerdem auch als Umformer benutzt. Der Gleichstrom von 550 Volt dient zum Betrieb der in der Nähe der Station liegenden Linien, und der Dreiphasenstrom von etwa 340 Volt wird auf eine höhere Spannung transformiert und in entfernten Unterstationen wieder in Gleichstrom umgeformt.

Wenn der Doppelstromgenerator nicht gleichzeitig als Umformer dienen soll, oder wenn eine große Verschiebung der Belastung auf die eine oder andere Seite nicht erforderlich ist, so wird in den meisten Fällen die Aufstellung einer Wechselstrommaschine und einer Gleichstrommaschine besser sein. Werden diese von einer Kraftmaschine gemeinsam angetrieben, so ermöglichen sie, ebenso wie ein Doppelstromgenerator, die Antriebsmaschine stets in ökonomisch günstiger Weise zu belasten.

Der Effektverlust im Ankerwiderstande eines Doppelstromgenerators hängt von der Summe der beiden Ströme, d. h. von der Gesamtleistung der Maschine und der Phasenverschiebung des Wechselstromes, ab.

Da der Wechselstrom in umgekehrter Richtung fließt wie im gewöhnlichen Umformer, so finden wir den Effektverlust, indem wir das Vorzeichen von u_i in Gl. 455, Seite 712, umkehren.

Durch den Wechselstrom werden die Stromwärmeverluste im Anker eines Doppelstromgenerators über die des Gleichstromes erhöht, und zwar in dem Verhältnisse

$$\nu' = 1 + u_i^2 + v_i^2 + \frac{4\sqrt{2}\, m\, u_i}{\pi^2} \sin\frac{\pi}{m},$$

wo u_i und v_i dieselben Bedeutungen wie beim Umformer haben; es ist

$$u_i = \frac{2\, J_w}{J_g} \quad \text{und} \quad v_i = \frac{2\, J_{wl}}{J_g}.$$

Der Doppelstromgenerator ist für die Leistung

$$P_g\, J_g \sqrt{\nu'}$$

zu bauen und der Stromwärmeverlust im Anker ist

$$W_{ka} = J_g^2\, R_a\, \nu'.$$

Da ein Mehrphasenstrom bekanntlich in demselben Anker ungefähr dieselben Stromwärmeverluste wie ein gleich großer Gleichstrom erzeugt, sind die Stromwärmeverluste eines Doppelstromgenerators fast gleich denjenigen einer Gleich- oder Wechselstrommaschine. Erst bei sehr großer Phasenzahl werden die Kupferverluste eines Mehrphasenstromes kleiner als diejenigen eines Gleichstromes. Jedoch geht das Verhältnis der Verluste nie unter $\frac{8}{\pi^2} = 0{,}81$ herunter, welchen Grenzwert wir bei unendlich großer Phasenzahl erreichen. Die Dimensionen eines Doppelstromgenerators weichen deswegen fast unmerklich von denen einer gleich großen Gleich- oder Wechselstrommaschine ab.

Für das Verhältnis der Wechselspannung zur Gleichspannung gelten die auf Seite 704 für den Einankerumformer aufgestellten Beziehungen. Bei Anbringung einer genügenden Zahl von Schleifringen, die mit den entsprechenden Punkten der Wicklung zu verbinden sind, kann dem Generator gleichzeitig Ein- und Mehrphasenstrom entnommen werden.

Die Leistungsfähigkeit des Generators wird durch die Erwärmung und die Kommutation begrenzt. Die Bedingungen für die Kommutation liegen nicht so günstig wie beim Umformer. Die Wattkomponente des Wechselstromes wirkt, ebenso wie in einem Wechselstromgenerator, quermagnetisierend und erzeugt gemeinsam mit dem Gleichstrome ein starkes Querfeld. Die Bürsten müssen daher aus der neutralen Zone verstellt werden, und es entsteht auch eine entmagnetisierende Wirkung des Gleichstromes, zu der sich diejenige der wattlosen Komponente des Wechselstromes, deren längsmagnetisierende Amperewindungszahl

$$AW_e = k_0 f_{w1} m w J \sin \psi$$

ist, hinzuaddiert.

Die Schwächung des Feldes durch die entmagnetisierenden Amperewindungen hat einen Spannungsabfall auf der Gleich- und Wechselstromseite zur Folge, so daß die Belastung der einen Seite die Spannung der anderen beeinflußt, was unter Umständen die Verwendung eines Doppelstromgenerators ausschließen würde.

Wir können jedoch durch Kompoundierung eine Selbstregulierung erreichen, und zwar muß jede Seite für sich kompoundiert werden, so daß die Feldspulen dreierlei Windungen erhalten, nämlich: Nebenschlußwindungen und dann Hauptschlußwindungen von der Gleich- und von der Wechselstromseite. Der Strom eines Hauptschlußtransformators wird, wie in Kap. VII erläutert wurde, mit Hilfe eines synchron laufenden Umformers oder Kommutators in Gleichstrom umgewandelt, und den Hauptschlußwindungen für die Wechselstromseite zugeführt.

Wird eine Kompoundierung nicht angebracht, so muß die Spannung von Hand mittels Nebenschlußwiderstandes reguliert werden. Die Feldmagnete müssen in diesem Falle gut gesättigt sein, damit sie bei Belastung mit stark phasenverzögertem Strom ihren Magnetismus nicht verlieren. Diese Gefahr ist bei Selbsterregung größer als bei Fremderregung.

194. Anwendung des Umformers zur Phasen- und Spannungsregulierung bei Arbeitsübertragungen.

Es ist in Abschnitt 180 gezeigt worden, wie man durch Kompoundierung eines Umformers die Gleichspannung beliebig mit der Belastung ändern kann. Natürlich ändert man dann gleichzeitig die Spannung auf der Wechselstromseite; diese Spannungsregulierung beruht auf der Änderung des wattlosen Stromes mit der Belastung und ist nur möglich, wenn dem Umformer Reaktanz vorgeschaltet wird. Diese Eigenschaft des kompoundierten Umformers kann bei langen Arbeitsübertragungen, wo genügend Reaktanz in den Leitungen vorhanden ist, angewandt werden, um bei konstanter Spannung in der Primärstation auch die Spannung in der Sekundärstation konstant zu halten.

Wir betrachten wieder den Stromkreis Fig. 478. Die Impedanz $z_l = \sqrt{r_l^2 + x_l^2}$ liegt hier in den Leitungen und in den Transformatoren, wenn solche vorhanden sind. Sowohl die Impedanz z_l wie die Primärspannung P_1 sind auf die Spannung $P_2 = \frac{1}{2} P_w$ pro Phase in der Sekundärstation reduziert. Den Strom J_l in den Leitungen zerlegen wir in eine Komponente J_{lw} in Phase mit P_2 und J_{lwl} in Quadratur zu P_2.

Der absolute Betrag der Primärspannung wird also (vgl. S. 723)

$$P_1 = \sqrt{(P_2 + J_{lw} r_l + J_{lwl} x_l)^2 + (J_{lw} x_l - J_{lwl} r_l)^2}.$$

Soll nun die Anlage kompoundiert werden, so sind in dieser Gleichung P_1, P_2, r_l und x_l als konstante Größen zu betrachten und die Gleichung gibt uns die Abhängigkeit des wattlosen Stromes J_{lwl} vom Wattstrome J_{lw}. Die Gleichung nach J_{lwl} aufgelöst gibt

$$J_{lwl} = -\frac{P_2 x_l \pm \sqrt{P_1^2 z_l^2 - (P_2 r_l + J_{lw} z_l^2)^2}}{z_l^2}$$

$$= - P_2 b_l \pm \sqrt{\left(\frac{P_1}{z_l}\right)^2 - (P_2 g_l + J_{lw})^2} \quad . \quad . \quad (480)$$

Für einen bestimmten Wert von J_{lw} soll J_{lwl} gleich Null sein (z. B. für $P_1 = P_2$ und $J_{lw} = 0$); es kommt also nur das positive Vorzeichen vor dem Wurzelzeichen in Betracht.

Wenn der Wattstrom J_{lw} wächst, nimmt die Größe unter der Wurzel ab und somit auch der wattlose Strom, der als nacheilender aufgenommener Strom positiv gerechnet ist. Trägt man den wattlosen Strom J_{lwl} als Funktion des Wattstromes J_{lw} oder der Leistung $W_2 = m P_2 J_{lw}$ auf, so erhalten wir eine fast geradlinige Kurve A (Fig. 489). Da in einem kompoundierten Umformer die Felderregung und mit ihr der wattlose Strom sich proportional der Belastung ändern, so kann der Umformer einen nach der geraden Linie B verlaufenden wattlosen Strom aufnehmen. Dieser weicht, wie ersichtlich, wenig von dem erforderlichen Strome J_{lwl} für genaue Kompoundierung ab, woraus folgt, daß ein Umformer zur Konstanthaltung der Spannungen an den beiden Enden einer Arbeitsübertragung benutzt werden kann.

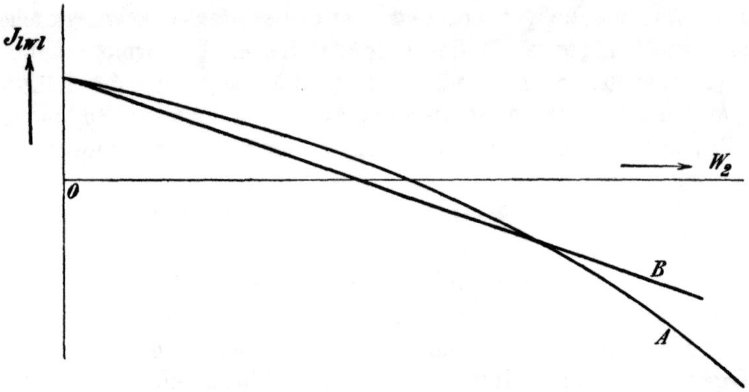

Fig. 489. Wattloser Strom eines kompoundierten Umformers in Abhängigkeit von der Leistung.

Wenn die Wurzel in der Formel für J_{lwl} gleich Null wird, hat der Wattstrom seinen größten Wert erreicht; dies ist der Fall, wenn

$$J_{lw\,max} = \frac{P_1 z_l - P_2 r_l}{z_l^2}$$

und die maximale Leistung ist gleich

$$W_{2\,max} = m P_2 J_{lw\,max} = m P_2 \frac{P_1 z_l - P_2 r_l}{z_l^2} \quad . \quad . \quad (481)$$

Diese Leistung ist viel größer als die normale, so daß ein kompoundierter Umformer eher verbrennt, als bis er seine maximale Leistung erreicht. Bei einer Überkompoundierung der Arbeitsübertragung soll die Sekundärspannung P_2 mit der Belastung wachsen; man kann z. B. setzen

$$P_2 = P_{20} + J_{lw} r_z,$$

wo P_{20} die Leerlaufspannung und r_z einen Widerstand bedeutet. Man erhält in diesem Falle den wattlosen Strom

$$J_{lwl} = -\frac{(P_{20} + J_{lw} r_z) x_l + \sqrt{P_1^2 z_l^2 - [P_{20} r_l + (r_z r_l + z_l^2) J_{lw}]^2}}{z_l^2}.$$

Bei Überkompoundierung erzielt man, wenn

$$J_{lw} = \frac{P_1 z_l - P_{20} r_l}{r_l r_z + z_l^2}$$

ist, die maximale Leistung

$$W_{max} = P_{20} \frac{P_1 z_l - P_{20} r_l}{r_l r_z + z_l^2} + \left(\frac{P_1 z_l - P_{20} r_l}{r_l r_z + z_l^2} \right)^2 r_z .$$

Die Ströme, Leistungen, Verluste und der Wirkungsgrad einer kompoundierten oder überkompoundierten Arbeitsübertragung lassen sich auch leicht graphisch darstellen und ermitteln. Man erhält für diesen Stromkreis dasselbe Arbeitsdiagramm wie für einen Synchronmotor.

Dreiunddreißigstes Kapitel.

Umformer besonderer Konstruktion.

195. Der Spaltpolumformer. — 196. Der Drehfeldumformer. — 197. Der Umformer (Penchahuteur) von Hutin und Leblanc. — 198. Der Drehfeldumformer (Permutator) von Rougé-Faget.

195. Der Spaltpolumformer.

Wir haben in Kap. XXVII gesehen, daß ein bestimmtes Verhältnis zwischen den Gleich- und Wechselspannungen eines Einankerumformers besteht. Infolgedessen kann der Umformer nicht immer mit dem Leistungsfaktor eins arbeiten, wenn die Gleichspannung reguliert wird. Er nimmt vielmehr einen wattlosen Strom auf, der für dieselbe Gleichspannungsänderung um so größer wird, je kleiner die Summe der eigenen und der vorgeschalteten Reaktanz ist. Nur durch Verwendung einer synchronen Zusatzmaschine war die Möglichkeit gegeben, den Leistungsfaktor für alle Betriebszustände auf eins zu halten (abgesehen von dem Einfluß von Oberströmen).

Wir haben gefunden, daß die Wechselspannung zwischen zwei beliebigen Anschlußpunkten berechnet werden kann aus der Formel

$$E_l = 4 k c w_w \Phi \, 10^{-8} \text{ Volt} \quad \ldots \ldots \quad (482)$$

und daß die Gleichspannung zwischen den Bürsten, wenn dieselben in der neutralen Zone stehen, gegeben ist durch:

$$E_g = 4 c w_g \Phi \, 10^{-8} \text{ Volt.}$$

Sind die Bürsten aus der neutralen Zone um den Winkel Θ verschoben, und nehmen wir eine sinusförmige Kraftflußverteilung an, so ist:

$$E_g = 4 c w_g \Phi \cos \Theta \, 10^{-8} \text{ Volt} \quad \ldots \ldots \quad (483)$$

Es ist $w_w = \frac{2}{m} w_g$, wenn m die Zahl der Schleifringe bedeutet.

Aus den Formeln 482 und 483 ersehen wir, daß das Übersetzungsverhältnis zwischen Gleich- und Wechselspannung ist:

$$u_l = \frac{E_l}{E_g} = \frac{2k}{m \cos \Theta} \quad \ldots \ldots \quad (484)$$

Können wir nun durch Änderung von k und Θ das Übersetzungsverhältnis derart ändern, daß es jeweils gleich dem gewünschten Verhältnis von Gleich- und Wechselspannung des Netzes wird, so wird der Umformer immer mit dem Leistungsfaktor eins arbeiten.

Auch umgekehrt kann man dann das Übersetzungsverhältnis des Umformers derart einstellen, daß der Umformer bei jeder Gleichspannung einen beliebig regelbaren wattlosen Strom ins Netz liefert.

Es ist $k = f_B f_w$. Eine Änderung dieses Faktors kann somit durch Änderung des Formfaktors der Feldkurve erzielt werden.

Wir sehen, daß solange der Gesamtkraftfluß konstant bleibt, auch die Gleichspannung dieselbe bleibt. Die Wechselspannung hängt aber von der Verteilung des Kraftflusses über den Polbogen ab.

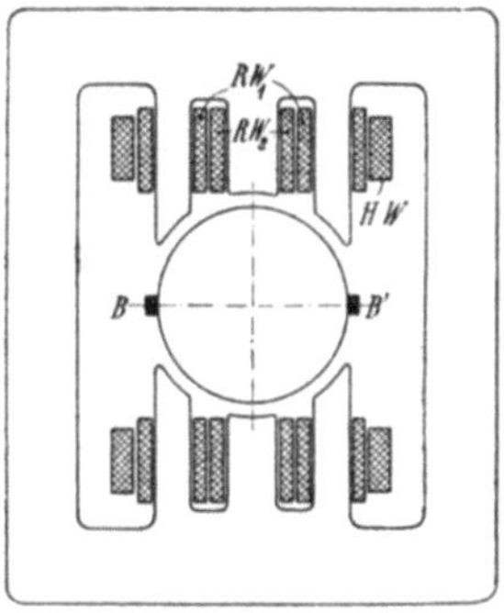

Fig. 490. Schematische Darstellung des Spaltpolumformers nach Woodbridge.

Eine solche Änderung von f_B kann nach J. L. Woodbridge erzielt werden, indem man die Umformerpole in drei Teile teilt und zu der gemeinschaftlichen Hauptnebenschlußwicklung HW jedem Teile noch eine Regulierungswicklung RW gibt, etwa wie in Fig. 490[1]) schematisch dargestellt ist.

In Fig. 491 sind nun verschiedene Feldkurven gezeichnet. Fig. 491a zeigt ein rein sinusförmiges Feld. In Fig. 491b wird zu der Grundwelle eine dritte Oberwelle hinzugefügt, und zwar derart, daß das Feld abgeflacht wird. Das gibt bei gleicher Wechselspannung eine größere Gleichspannung. Ist z. B. die Amplitude der Oberwelle $30\,^0/_0$ der Amplitude der Grundwelle, so vergrößert sich die Gleichspannung um $\frac{1}{3} \times 30\,^0/_0 = 10\,^0/_0$, die in einer Spule induzierte Wechsel-EMK um $4{,}4\,^0/_0$ $\left[\sqrt{1 + (0{,}3)^2} = 1{,}044\right]$, und die in einer Phase induzierte Gesamt-EMK um noch weniger, da der

[1]) Diese Figur und Figur 492 sind der Schrift über „Spaltpolumformer" von Dr.-Ing. H. S. Hallo entnommen. Vgl. „Arbeiten aus dem elektrotechnischen Institut", Bd. II, S. 122.

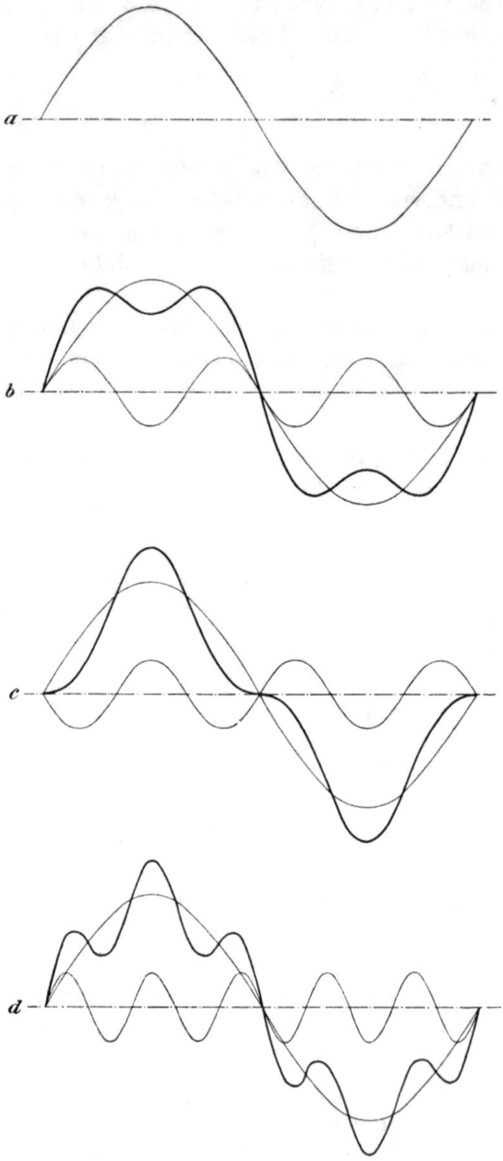

Fig. 491.

Wicklungsfaktor für die dritte Harmonische kleiner ist als für die Grundwelle.

In Fig. 491c ist die Oberwelle auch 30%, macht aber die Kurve spitz; die Wechselspannung ist noch um denselben Betrag erhöht, die Gleichspannung aber 10% heruntergegangen.

Die Änderung der Wechselspannung ist immerhin gering; die Änderung der Gleichspannung wird um so kleiner je höher die Ordnung der Harmonischen ist, die verwendet wird; denn je höher die Ordnung, um so kleiner ist die Änderung des Gesamtflusses. Für eine fünfte Harmonische von 30%, wie Fig. 491d zeigt, z. B. ist die Änderung der Gleichspannung nur noch $\frac{1}{5} \times 30\% = 6\%$ usw.

Wir sehen also, daß wir harmonische Wellen niederer Ordnung verwenden müssen.

Nun aber entstehen in der Wechselspannung auch Oberwellen durch die Feldverzerrung. Zwar sind die Oberwellen in den in einer verteilten Wicklung induzierten EMKen viel weniger ausgeprägt als in der Feldkurve, aber schon kleine Oberwellen können zu großen Oberströmen Anlaß geben. Denken wir uns die Netzspannung sinusförmig, so kommen für die Oberströme nur die Eigenreaktanz und der Eigenwiderstand des Umformers mit Zubehör (Drosselspulen, Transformatoren) in Betracht, da das Netz den Oberströmen nur eine sehr kleine Impedanz bietet. Diese großen Oberströme können nicht nur zu Resonanzerscheinungen Anlaß geben, sondern sie wirken außerdem dämpfend auf das Umformerfeld zurück, so daß sehr starke Verzerrungen nötig sind, um eine gewisse Änderung des Übersetzungsverhältnisses herbeizuführen.

Deswegen kommen für diese Regulierungsmethode nur diejenigen Oberwellen in Betracht, die zwar in der Sternspannung auftreten, in der verketteten Spannung sich aber aufheben. Für einen dreiphasigen Spaltpolumformer verwendet man deswegen vorzugsweise die 3. Harmonische, und versucht zu gleicher Zeit die 5. und 7. zu vermeiden.

Bei sechsphasigen Spaltpolumformern empfiehlt sich aus dem Grunde die Anwendung der sogenannten doppelten Dreieckschaltung, wenigstens wenn die primären Wicklungen der Transformatoren in Dreieck geschaltet sind, denn die Durchmesserschaltung würde Sternschaltung primär erfordern, damit die 3. Harmonischen nicht in der Linienspannung vorkommen, und also keine Ströme im primären Netz erzeugen.

Durch diese Regulierungsmethode ist also sowohl eine Erhöhung als eine Verkleinerung der Gleichspannung möglich, und die Wechselspannung braucht nicht stark von der Sinusform abzuweichen[1]), aber die benötigte Feldverzerrung ist verhältnismäßig sehr groß.

Wenden wir uns jetzt dem Faktor $\cos\Theta$ zu. Wie ersichtlich, ist hier nur eine Verkleinerung der Gleichspannung möglich; sie wird durch Bürstenverschiebung ohne Feldverzerrung erhalten. Eine Bürstenverschiebung ist aber in den meisten Fällen unerwünscht, außerdem kommen die Bürsten dann unter den Polen in stark induzierten Zonen zu liegen, so daß die Kommutation zu ungünstig verlaufen würde.

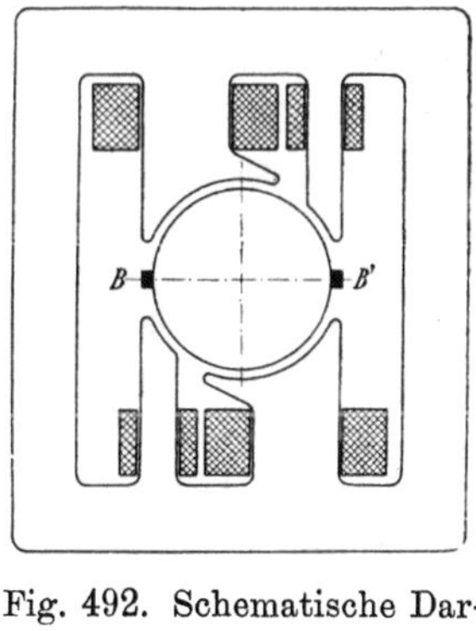

Fig. 492. Schematische Darstellung des Spaltpolumformers nach Burnham.

Anstatt die Bürsten zu verschieben, kann man natürlich auch das magnetische Feld verschieben, und dazu teilt J. L. Burn-

[1]) Eine mathematische Begründung gibt C. A. Adams, Proceedings American Inst. of Electr. Eng. 1908, Bd. 28, S. 899 u. f.

ham die Umformerpole in zwei ungleiche Teile, die je mit einer Erregerwicklung versehen sind (Fig. 492). Durch allmähliche Schwächung des kleinen Teiles, und schließlich durch Ummagnetisierung desselben, wird die ganze Feldkurve verschoben. Die Bürsten bleiben aber immer den Pollücken gegenüberstehen. Allerdings weicht bei einer solchen Ausführung die Feldkurve ziemlich stark von der Sinusform ab, und wir werden deswegen eigentlich eine Kombination der beiden Methoden haben. Die Wirkung der Feldverzerrung ist aber, wie oben erläutert, verhältnismäßig gering, die Wirkung der Feldverschiebung ist die wichtigere und hat die Einführung von Spaltpolumformern für Betriebe, wo eine Regulierung der Spannung zwischen Grenzen, die im Verhältnis 4 : 5, 3 : 4, ja sogar 2 : 3 stehen, ermöglicht.

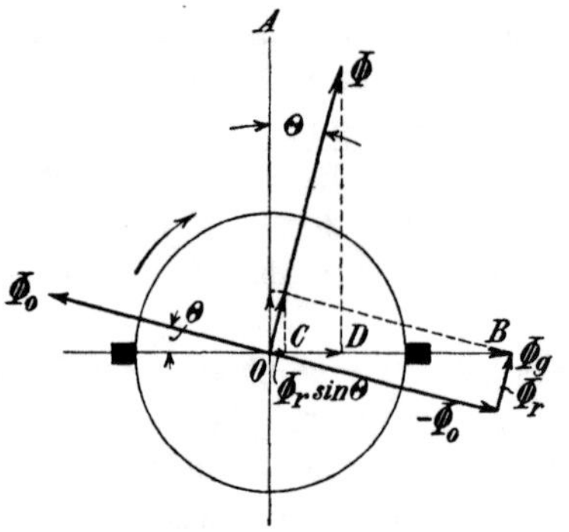

Fig. 493.

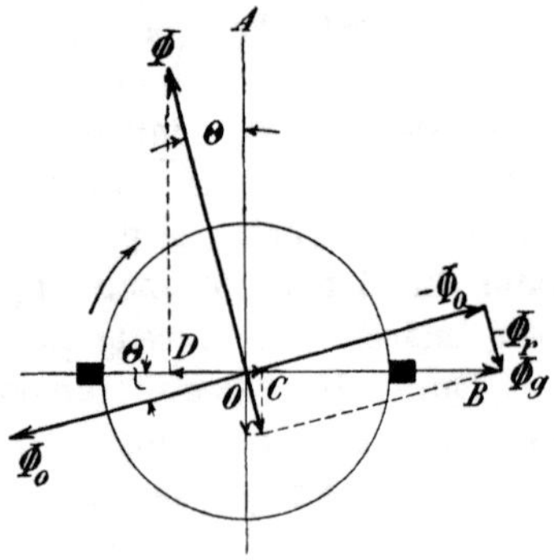

Fig. 494.

Wir wollen jetzt noch zeigen, daß eine Kombination der beiden erwähnten Methoden zur Änderung des Übersetzungsverhältnisses eines Einankerumformers auch für die Kommutation am günstigsten ist[1]). Der Einfachheit halber nehmen wir wieder sinusförmige Kraftflußverteilung an. Ist das magnetische Hauptfeld Φ um den Winkel Θ aus seiner für Einankerumformer normalen Lage OA (Fig. 493) verschoben, so heben die MMKe des Gleichstromes und der Wattkomponente des Wechselstromes sich nicht mehr auf. Die Gleichspannung ist $\cos\Theta$ mal kleiner geworden und somit der Gleichstrom — von den Verlusten abgesehen — $\frac{1}{\cos\Theta}$ mal größer. Ist das Querfeld des als Synchronmotor mit irgendeiner Belastung arbeitenden Umformers Φ_0, so ist das entsprechende Feld, das der als Gleichstromgenerator arbeitende Um-

[1]) C. P. Steinmetz, Proc. American Inst. of Electr. Eng., Jan. 1909.

former in seiner Bürstenrichtung erzeugt, $\Phi_g = \frac{\Phi_0}{\cos\Theta}$. In Fig. 493 sind diese Felder eingezeichnet für den Fall, daß das Hauptfeld um den Winkel Θ in der Drehrichtung gedreht wurde. Zerlegen wir das Feld Φ_g in eine Komponente in Gegenphase mit Φ_0 und eine Komponente senkrecht dazu, so sehen wir, daß das resultierende rückwirkende Feld unseres Umformers $\Phi_r = \Phi_0 \operatorname{tg}\Theta$ ist. Dieses wirkt magnetisierend auf das Hauptfeld Φ. Die Komponenten OD und OC des Hauptfeldes Φ und des resultierenden rückwirkenden Feldes Φ_r in der Bürstenrichtung addieren sich und verhindern eine gute Kommutation.

In Fig. 494 sind dieselben Verhältnisse gezeichnet für den Fall, daß das Hauptfeld um den Winkel Θ entgegengesetzt der Drehrichtung verschoben wird.

Jetzt sind auch die Komponenten OD und OC des Hauptfeldes Φ und des resultierenden rückwirkenden Feldes Φ_r in der Bürstenachse einander entgegengesetzt gerichtet, so daß hier eine gute Kommutation erleichtert wird. Das Hauptfeld wird nun aber geschwächt, und der Umformer braucht eine Hauptschlußwicklung, um den Spannungsabfall zwischen Leerlauf und Vollast zu beheben.

Es ist auch ganz selbstverständlich, daß das Feld entgegengesetzt der Drehrichtung verschoben werden muß, denn das kommt einer Bürstenverschiebung in der Drehrichtung gleich.

In Fig. 493 wird das resultierende rückwirkende Feld durch nacheilende wattlose Ströme vergrößert, durch voreilende verkleinert, in Fig. 494 umgekehrt. Interessant zu bemerken ist, daß für einen Phasenverspätungswinkel $\psi = \Theta$ in Fig. 494 das resultierende rückwirkende Feld Null wird, und der Spaltpolumformer mit $\psi = \Theta$ somit in dieser Hinsicht dem gewöhnlichen Einankerumformer gleich ist.

Betrachten wir jetzt wieder den Spaltpolumformer mit Feldverzerrung. In diesem Falle liegen die rückwirkenden Felder der Wattkomponente des Wechselstromes und des Gleichstromes beide in der Bürstenrichtung. Das resultierende Feld ist die algebraische Differenz der beiden Felder.

E_g sei die Gleichspannung unseres Umformers als normalen Einankerumformers, pE_g die Gleichspannung nach der Feldverzerrung. Wenn J_g der einer bestimmten aufgenommenen Wechselstromleistung entsprechende Gleichstrom des normalen Einankerumformers ist, so entspricht der Strom $\frac{1}{p} J_g$ der Spannung pE_g.

Bei einem normalen Einankerumformer ist das rückwirkende Feld Φ_g des Gleichstromes gleich und entgegengesetzt dem rückwirkenden Felde Φ_0 der Wattkomponente des Wechselstromes. Bei unserem Umformer ist das rückwirkende Feld $\Phi_g = \frac{\Phi_0}{p}$. Die Differenz von Φ_g und Φ_0 gibt das resultierende rückwirkende Feld

$$\Phi_g - \Phi_0 = \Phi_g (1 - p).$$

Dieses ist also proportional der Abweichung der Spannung von der normalen. Bei einer Vergrößerung der Spannung ($p > 1$) ist das Feld negativ, d. h. es entspricht der Armaturreaktion eines Motors. Für $p < 1$ ist das Feld positiv, hat also dieselbe Richtung wie beim Generator, ist jedoch bedeutend kleiner. Wir müßten also auch hier die Bürsten in der Drehrichtung verschieben, um eine gute Kommutation zu erhalten. Aber eine solche Verkleinerung der Gleichspannung wird beim dreiteiligen Umformer erreicht durch Schwächung der äußeren Teile und Stärkung der mittleren Teile der Pole. Bei starker Verzerrung ist deswegen kein genügend starkes Feld in der Nähe der neutralen Zone vorhanden. Darum ist diese Methode der Feldverzerrung für eine Erhöhung der Spannung am besten geeignet.

Aus dem Vorhergehenden ist nun ersichtlich, daß eine Kombination der zwei Methoden eine tadellose Kommutation ergeben kann.

Immerhin muß bemerkt werden, daß dazu eine sehr sorgfältige Dimensionierung nötig ist, und daß somit der Spaltpolumformer nie in bezug auf Kommutation und sonstige Eigenschaften dem Einankerumformer ganz gleich kommen kann.

Er kann außerdem nur für mittlere und niedere Periodenzahlen gut verwendet werden. Für höhere Periodenzahlen mit entsprechend hohen Polzahlen wird die Polteilung leicht zu klein, um Platz finden zu können für die Erregerwicklungen.

Die Burnhamsche Anordnung ist in Amerika schon wiederholt ausgeführt worden, auch für große Leistungen (2000 KW), aber fast ausschließlich für niedere und mittlere Periodenzahlen. In Europa sind Spaltpolumformer bis jetzt nicht gebaut; es ist nach den vorhergehenden Erklärungen auch verständlich, daß der Einankerumformer mit synchroner Zusatzmaschine im allgemeinen dem Spaltpolumformer vorgezogen wird.

196. Der Drehfeldumformer.

Wie es möglich ist, synchrone Generatoren und Motoren ohne Felderregung anzuwenden, so ist es auch möglich, Umformer ohne Felderregung im Betrieb zu halten. Ein derartiger Umformer nimmt vom Netz einen großen phasenverspäteten Strom zur Erzeugung des Feldes auf. Dieser wattlose Strom läßt sich mittels der in Fig. 470 dargestellten Konstruktion bestimmen. Um ihn möglichst klein zu machen, soll der Luftspalt so klein wie mechanisch möglich ausgeführt werden. Mit Rücksicht auf eine gute Kommutation ist dies jedoch nicht günstig. Ein derartiger Umformer ohne Felderregung läuft wie jeder andere Umformer synchron, weil das Magnetsystem körperliche Pole besitzt, die das von dem zugeführten Wechselstrome erzeugte Drehfeld im Raume festhalten. Der Anker ist deswegen gezwungen, synchron im entgegengesetzten Sinne des Drehfeldes zu rotieren. Wird dagegen das Magnetsystem mit gleichmäßig verteiltem Feldeisen ausgeführt, so wird das Drehfeld des Ankerstromes in keiner bestimmten Lage festgehalten. Es existiert mit anderen Worten keine synchronisierende Kraft mehr. Verschiebt sich aber das Drehfeld im Raume, so verschiebt sich die Potentialkurve am Kommutator, und wir können dem Kommutator eines derartigen Ankers keinen Gleichstrom entnehmen, wenn wir nicht den Anker synchron mit dem zugeführten Wechselstrom antreiben. Dies geschieht entweder, indem man den Anker mit dem Wechselstromgenerator mechanisch kuppelt, oder indem man ihn mit einem kleinen Synchronmotor antreibt.

Ein derartiger Umformer kann passend als Drehfeld-Umformer bezeichnet werden.

Wenn man den Luftspalt so klein als mechanisch möglich macht, so kann der wattlose Strom ähnlich wie bei Asynchronmotoren auf $^1/_2$ bis $^1/_4$ des normalen Wattstromes heruntergedrückt werden. Der Leistungsfaktor des Drehfeldumformers wird deswegen in der Nähe von 0,9 liegen. Die Hauptschwierigkeit bei den Drehfeldumformern besteht jedoch in der Kommutation. Wie wir S. 716 gesehen haben, treten in einem Umformer sehr große Oberfelder auf. Zum Beispiel ist in einem Vierphasenumformer die MMK des dritten Oberfeldes gleich $^2/_9$ der vom Wattstrom erzeugten Grundharmonischen. Nehmen wir an, daß der Wattstrom dreimal größer als der wattlose Strom ist, so wird die MMK des dritten Oberfeldes in einem Vierphasenumformer $^2/_3$ derjenigen des resultierenden Grundfeldes. Würde man das gleichmäßig verteilte Feldeisen lamellieren, so würde das dritte Oberfeld $^2/_3$ des Grundfeldes werden und zu einem starken Feuern am Kommutator Anlaß geben, weil es im Raume mit $^2/_3$ der synchronen Geschwindigkeit rotiert. Man wird deswegen das Feldeisen nicht unterteilen und in dasselbe sogar eine Käfigwicklung, die eine stark dämpfende Wirkung ausübt, einlegen. Trotz derartig kräftiger Mittel zur Dämpfung der Oberfelder ist es nicht möglich, diese vollständig zu vernichten.

Hieraus folgt, daß die Kommutierungsverhältnisse bei einem Drehfeldumformer sich nicht besonders günstig gestalten. Zudem ist der scheinbare Selbstinduktionskoeffizient der kurzgeschlossenen Spulen größer als bei gewöhnlichen Umformern, wo den Ankernuten in der Kommutierungszone kein Feldeisen gegenübersteht. Es kann deswegen leicht $\frac{R_u T}{L_s} < 1$ werden und somit Funkenbildung entstehen, wenn die Ankerspulen den Kurzschluß verlassen.

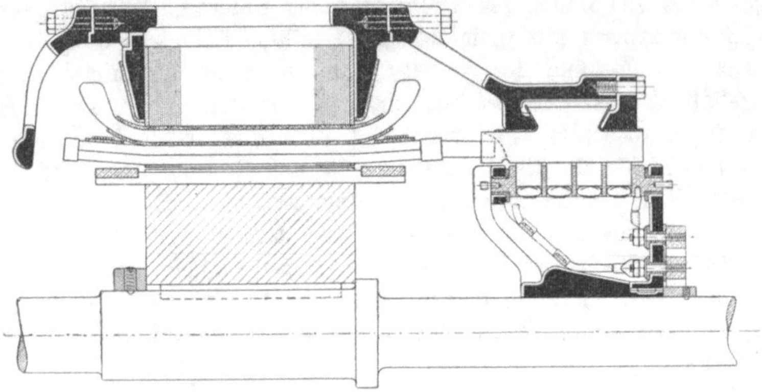

Fig. 495. Drehfeldumformer mit feststehender Armatur und rotierenden Bürsten.

Man kann auch auf dem Anker (Fig. 495) zwei Wicklungen anordnen, die eine ist eine gewöhnliche Wechselstromwicklung, der man den hochgespannten Wechselstrom direkt zuführt, und die sekundäre ist eine Gleichstromwicklung, die an dem Kommutator angeschlossen ist und zur Erzeugung des Gleichstromes dient. Durch die Anordnung zweier Wicklungen auf dem Anker des Drehfeldumformers spart man den stationären Transformator, der sonst zur Herstellung der richtigen Wechselspannung erforderlich ist. Um die Zuführung des hochgespannten Stromes zu der Ankerwicklung zu erleichtern, und um die rotierenden Massen möglichst klein zu halten, läßt man ferner den Anker mit Kommutator still stehen und die Bürsten mit Feldeisen synchron mit dem Drehfelde im Anker rotieren. Das Feldeisen ist massiv und außerdem zur Dämpfung der Oberfelder mit einer Kurzschlußwicklung versehen. Die Bürsten und das Feldeisen treibt man mittels eines kleinen Synchronmotors an, der von der Sekundärwicklung des Ankers gespeist wird. In Fig. 495 ist die Konstruktionsskizze eines derartigen Drehfeldumformers gezeigt.

Natürlich eignet derselbe sich nicht zur Umwandlung von Gleichstrom in Wechselstrom, denn der zugeführte Gleichstrom kann nur in einen Wattstrom umgewandelt werden. Der wattlose Strom muß deswegen, wenn man einen Drehfeldumformer als umgekehrten Umformer anwendet, von einer zweiten Stromquelle, z. B. von einem Synchronmotor, geliefert werden.

Statt den kleinen synchronen Antriebsmotor anzuwenden, kann man auch dem rotierenden Felde eine Gleichstromerregerwicklung geben. Es wird dann der Umformer von selbst synchron rotieren und wattlose Ströme entsprechend der Stärke der Felderregung ins Netz schicken können. Wir sind somit wieder zum gewöhnlichen Einankerumformer zurückgelangt; nur rotieren hier das Feld und die Bürsten, statt wie gewöhnlich der Anker.

Auch bei diesen Umformern gestaltet sich die Kommutation nicht besonders günstig. Dieses und andere Gründe wie z. B. die Nichtlieferung von wattlosen Strömen haben es mit sich gebracht, daß der Umformer ohne Felderregung bis heute fast keine praktische Verwendung gefunden hat.

197. Der Umformer (Penchahuteur) von Hutin und Leblanc.

Um die rotierenden Massen bei den Drehfeldumformern noch weiter zu verringern, kann man auch das Feldeisen stillstehen lassen. Da das Drehfeld in diesem Falle mit derselben Geschwindigkeit relativ zum Feldeisen wie zum Ankereisen rotiert, muß das Feldeisen lamelliert werden[1]). Dadurch können aber auch die Oberfelder sich frei entwickeln und würden im Verhältnis zum Grundfeld sehr groß werden, wenn man sie nicht durch besondere Mittel unterdrückte.

Deswegen ordnen Hutin und Leblanc auf ihrem Umformer außer der primären Wechselstromwicklung und der sekundären Gleichstromwicklung, die an den feststehenden Kommutator angeschlossen ist, noch eine dritte Wicklung an, die sich gegenüber allen Feldern, die eine größere Polzahl als das Grundfeld besitzen, wie eine Kurzschlußwicklung verhält.

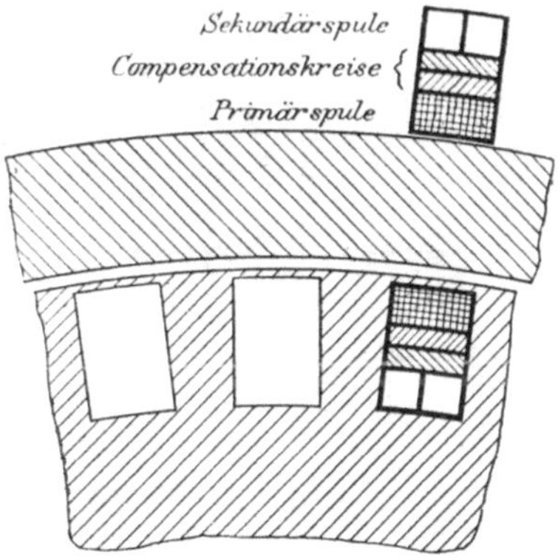

Fig. 496. Anordnung der Wicklung beim Drehfeldumformer von Hutin u. Leblanc.

Aus konstruktiven Gründen wurden alle drei Wicklungen als

[1]) Im Jahre 1888 wurde eine solche Anordnung von Zipernowsky und Déri vorgeschlagen. E. P. 12856.

Ringwicklungen ausgeführt. Sie sind, wie Fig. 496 zeigt, in geschlossenen Nuten im Ankereisen eingebettet und schließen sich um das Feldeisen statt um das Ankereisen herum. Die elektromagnetische Wirkung bleibt jedoch dieselbe, weil der Kraftfluß, der durch den Ankerkern geht, sich auch durch das Feldeisen schließt. Ferner sind alle drei Wicklungen, die Primärwicklung, die Sekundärwicklung und die Kompensationswicklung zur Vernichtung der Oberfelder, die den interessantesten Teil des Umformers bildet[1]), in denselben Nuten untergebracht; der Streufluß zwischen den einzelnen Wicklungen wird dann möglichst klein.

Trotzdem keine Trennung von Feld- und Ankereisen notwendig ist, ist eine solche doch vorgesehen. Dadurch werden lokale Felder um die Nuten vermieden und der magnetische Widerstand der Oberfelder vergrößert.

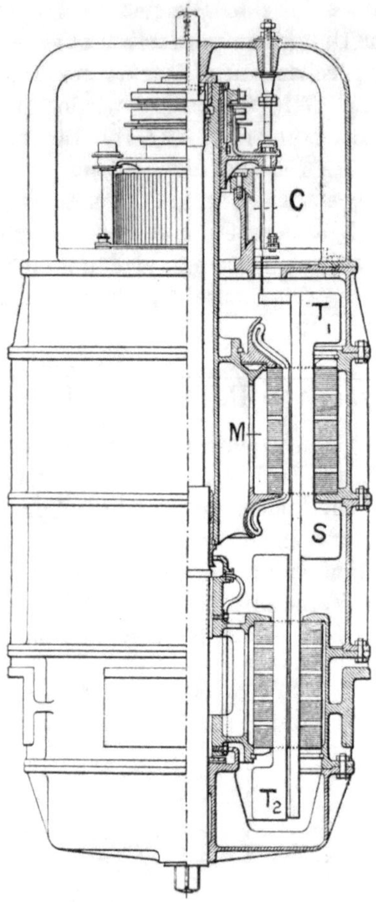

Fig. 497. Konstruktion eines Drehfeldumformers.

198. Der Drehfeldumformer (Permutator) von Rougé-Faget[2]).

Um eine Regulierung der Gleichspannung innerhalb weiter Grenzen zu ermöglichen, kann man den Drehfeldumformer mit zwei zueinander verdrehbar angeordneten Transformatoren versehen[3]).

Fig. 497 zeigt einen solchen Drehfeldumformer. T_1 und T_2 sind die Transformatoren, deren Wicklungen in den Nuten von kreis-

[1]) R. Rougé, Industrie Electrique 10. Febr. 1902; Prof. Cl. Feldmann, ETZ 1910, S. 806.

[2]) R. Rougé, La Revue Electrique 1905, Nr. 26, 28, 31.

[3]) Ö. P. 22407. Siehe auch: Elektrische Kraftbetriebe und Bahnen 1907, S. 30.

förmigen Ankern liegen. Jeder Transformator ist für die halbe Leistung zu bauen. Die Hochspannungsseiten sind dauernd parallel, die Niederspannungswicklungen Stab für Stab in Reihe geschaltet und mit einem feststehenden Kommutator verbunden. Der Gleichstrom wird durch synchron rotierende Bürsten abgenommen.

Die Gleichspannung wird reguliert durch Verdrehung des Transformators T_2 und entspricht jeweils dem ideellen resultierenden Kraftfluß beider Transformatoren.

Vierunddreißigstes Kapitel.

Die Untersuchung eines Umformers.

199. Aufnahme der charakteristischen Kurven. — 200. Bestimmung des Wirkungsgrades. — 201. Aufnahme der Feld- und Potentialkurven. — 202. Aufnahme der Kurve des inneren Umformerstromes.

199. Aufnahme der charakteristischen Kurven.

a) Leerlaufcharakteristik. Eine exakte Aufnahme der Leerlaufcharakteristik kann nur erhalten werden, indem man den Umformer antreibt und bei stufenweiser Veränderung des Erregerstromes die induzierte EMK auf der Gleich- und Wechselstromseite bei konstanter Tourenzahl und Bürstenstellung beobachtet. Die Abhängigkeit zwischen Erregerstrom und induzierter EMK liefert dann die Leerlaufcharakteristik, die sich in keiner Weise von der einer Gleichstrommaschine unterscheidet.

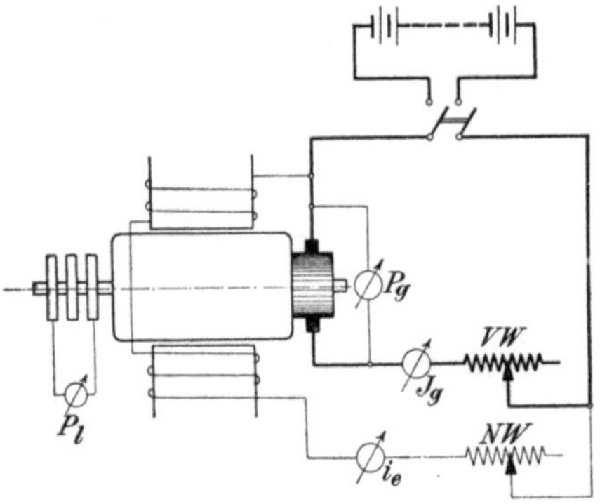

Fig. 498.

Es ist jedoch oft nicht möglich den Umformer mechanisch anzutreiben. Man kann sich dann dadurch helfen, daß man nach der Schaltung Fig. 498 den Umformer von der Gleichstromseite aus laufen läßt und bei konstanter Tourenzahl und verschiedenen Gleichspannungen P_g die Abhängigkeit zwischen Erregerstrom und Wechselspannung beobachtet.

P_g wird entweder durch Regulierung der Spannung der Gleichstromquelle, oder wie in Fig. 498 angedeutet, vermittels eines Vorschaltwiderstandes VW geändert. Die so erhaltene Kurve wird nur für den Bereich der Erregung, innerhalb dessen die Ankerrückwirkung und der Spannungsabfall des aufgenommenen Motorstromes zu vernachlässigen sind, mit ziemlicher Annäherung die Leerlaufcharakteristik ergeben. Das so erhaltene Kurvenstück wird jedoch gewöhnlich ausreichen, um die Sättigungsverhältnisse der Maschine beurteilen zu können. Die Messung der induzierten EMK $E_l \cong P_l$ ist zwischen allen Schleifringen vorzunehmen, da man sich dadurch am besten überzeugen kann, ob die Abzweigungen von der Wicklung zu den Schleifringen richtig ausgeführt sind.

In den meisten Fällen wird es jedoch bequemer sein die Tourencharakteristik aufzunehmen, d. h. bei konstanter Gleichspannung die Tourenzahl als Funktion des Erregerstromes.

Da $P_g \cong E_g = \frac{Npn}{a\,60} \Phi\, 10^{-8}$ Volt, ist für einen bestimmten Erregerstrom die induzierte EMK (und also annähernd auch die Klemmenspannung) proportional der Tourenzahl. Den diesem Erregerstrome entsprechenden Punkt der Leerlaufcharakteristik für die normale Tourenzahl n_1 finden wir deswegen mit Hilfe der Formel

$$E_{g1} = E_g \frac{n_1}{n}.$$

Es läßt sich also die Leerlaufcharakteristik in einfacher Weise aus der Tourencharakteristik ableiten.

Ein Nachteil ist, daß man nur die oberen Punkte der Leerlaufcharakteristik erhalten kann, weil bei kleineren Erregungen die Tourenzahl bald zu hoch wird. Steht auch die halbe Gleichspannung zur Verfügung (Dreileiternetze), so kann man einen wesentlich größeren Teil der Kurve aufnehmen, indem man bei den kleinen Erregungen nur die halbe Gleichspannung auf den Umformer schaltet.

b) Die äußere Charakteristik. Je nachdem man den Umformer als Wechselstrom-Gleichstrom oder als Gleichstrom-Wechselstrom-Umformer zu untersuchen hat, wird man den Erregerwiderstand bei offener Gleichstrom- bzw. Wechselstromseite so einstellen, daß die Spannung zwischen den Bürsten bzw. den Schleifringen einen bestimmten Wert erreicht. Wird nun bei konstanter Tourenzahl, Bürstenstellung und Erregerwiderstand, durch Einschalten der Belastung, J_g bzw. J_l bei konstantem $\cos\varphi$ verändert, so erhält man in der Abhängigkeit zwischen J_g und P_g bzw. J_l und P_l die äußere Charakteristik. Die Spannung der Energiequelle, von der aus der Umformer betrieben wird, ist hierbei konstant zu halten.

Wird die Spannung auf der Belastungsseite bei Leerlauf bzw.

bei Belastung auf ihren normalen Wert eingestellt, so kann man aus der äußeren Charakteristik die Spannungsabfälle bzw. die Spannungserhöhungen entnehmen.

Die äußere Charakteristik wird entweder bei Selbsterregung, bei Fremderregung oder bei Kompounderregung aufgenommen; in jedem Falle ist der Erregerwiderstand während einer Versuchsreihe konstant zu halten. Bei Fremderregung bleibt mit dem Erregerwiderstande auch die Erregerstromstärke konstant, während bei Selbsterregung zugleich mit der Änderung der Klemmenspannung auch eine Änderung der Erregerstromstärke stattfindet.

Bei einem kompoundierten Umformer mit vorgeschalteter Reaktanz kann man durch Aufnahme der äußeren Charakteristiken die Einstellung des Kompoundierungsgrades, entsprechend den gewünschten Bedingungen in bezug auf steigende, abnehmende oder konstante Klemmenspannung bei zunehmender Belastung vornehmen.

c) *V*-Kurven. Tourenzahl, Bürstenstellung, Wechselstromklemmenspannung und Gleichstrombelastung konstant; Nebenschlußerregung (selbst oder fremd) veränderlich, J_l und $\cos\varphi$ veränderlich.

Bestimmen wir, ebenso wie beim Synchronmotor (siehe S. 635), bei der als Wechselstrom-Gleichstrom-Umformer laufenden Maschine die Abhängigkeit zwischen Erregung und der pro Schleifring aufgenommenen Stromstärke, so erhalten wir bei konstanter Wechselspannung die *V*-Kurven.

In Fig. 480 (S. 742) ist in Kurve I die *V*-Kurve für einen auf der Gleichstromseite unbelasteten 125 KW-Dreiphasenumformer für $P_g = 115$ Volt und 30 Perioden wiedergegeben. Die Spannung zwischen den Schleifringen war während des Versuches konstant und betrug $P_l = 75$ Volt. Bei einem Erregerstrom, entsprechend 14700 Feldamperewindungen, war der aufgenommene Leerlaufstrom ein Minimum, und zwar gleich 68,5 Ampere. Bei Änderung der Erregung nach oben oder unten wächst J_l sehr rasch an und wird im ersten Falle phasenverfrüht, im letzteren phasenverspätet sein. Bei der Felderregung Null beträgt der Strom pro Ring 618 Ampere, welcher Wert annähernd bei der doppelten normalen Erregung nochmals erhalten wird.

Bestimmt man aus der Wattmeterablesung W_1, der Stromstärke J_l und der Klemmenspannung P_l den Leistungsfaktor $\cos\varphi$ als Funktion der Erregung, so erhält man für Leerlauf die Kurve I der Fig. 499. Mit zunehmender Erregung steigt hiernach der Leistungsfaktor rasch an, erreicht dann einen dem Stromminimum entsprechenden Maximalwert und sinkt von hier aus wieder, erst sehr rasch, dann langsamer. Wir bemerken, daß bei der dem Minimalstrom entsprechenden Erregung $\cos\varphi$ nicht den Wert 1 erreicht hat. Wären im Punkte des Stromminimums Strom und Spannung in Phase, so müßte das Produkt $\sqrt{3}\, P_l J_l$ direkt die Leerlaufverluste des Umformers angeben. Die Differenz

$$J_l - \frac{W_1}{\sqrt{3}\, P_l}$$

entspricht den Ausgleichströmen, bedingt durch Oberströme, die von Oberwellen in der Klemmenspannung herrühren. Die V-Kurven für irgendeine Belastung der Gleichstromseite, z. B. Halblast und Vollast (Fig. 480), behalten ihre charakteristische Form wie bei Leerlauf, nur verlaufen sie bedeutend flacher. Dasselbe Verhalten zeigen auch bei belastetem Umformer die Kurven II und III (Fig. 499), die die Abhängigkeit zwischen $\cos \varphi$ und AW_t darstellen. Je größer die Belastung, desto geringer sind die Grenzen, innerhalb deren sich der Leistungsfaktor bei Variation der Erregung ändert.

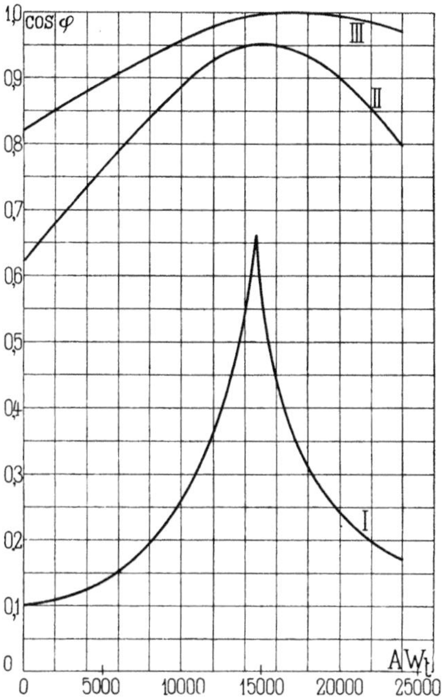

Fig. 499. Leistungsfaktor als Funktion der Amperewindungen.

200. Bestimmung des Wirkungsgrades.

a) Bestimmung des Wirkungsgrades aus den Leerlaufverlusten und berechneten Kupferverlusten. Wir nehmen bei dieser Methode an, daß sich sämtliche im Umformer auftretenden Verluste in die Leerlaufverluste und die bei Belastung hinzukommenden Stromwärmeverluste zerlegen lassen.

Die Leerlaufverluste, zu denen wir die Reibungs- und Eisenverluste zählen, werden durch einen Leerlaufversuch bestimmt und können nach der Auslaufmethode getrennt werden. Die Stromwärmeverluste werden aus den gemessenen Widerständen und den bestimmten Belastungen entsprechenden Stromstärken berechnet.

Die Leerlaufverluste können entweder von der Gleichstrom- oder von der Wechselstromseite aus bestimmt werden; diese Untersuchung ist dann in der gleichen Weise wie bei einer Gleichstrom- bzw. bei einer Wechselstromsynchronmaschine (s. S. 608) vorzunehmen.

Die durch den Leerlaufversuch ermittelten Verluste sind $W_\varrho + W_e$. Wurden im warmen Zustande die Widerstände der Armatur, der Nebenschluß-, der Hauptschluß- und der Wendepolwicklung zu R_a, R_n, R_h und R_w Ohm bestimmt und für die Übergangsverluste durch Annahme von f_u und ΔP für die betreffende Stromstärke W_u berechnet, so ergibt sich der Wirkungsgrad des Umformers gleich

$$\eta = \frac{P_g J_g}{W_g + [W_\varrho + W_e + J_g^2 R_a \nu + W_u + W_u' + i_n^2 R_n + J_g^2 (R_h + R_w)]}$$

bzw.

$$\eta = \frac{W_w}{W_w + [W_\varrho + W_e + J_g^2 R_a \nu + W_u + W_u' + i_n^2 R_n + J_g^2 (R_h + R_w)]}.$$

Für die Erregung i_n ist hier immer der Strom einzuführen, mit dem der Umformer im praktischen Betriebe laufen soll, und der dem Minimum des aufgenommenen Stromes entspricht. Dieser Strom kann am zweckmäßigsten aus den V-Kurven entnommen werden; der Leerlaufversuch ist dann ebenfalls bei dieser Erregung durchzuführen.

b) Bestimmung des Wirkungsgrades nach der direkten Methode. Mißt man beim belasteten Umformer die aufgenommene und die abgegebene Leistung, so erhält man direkt im Verhältnis

$$\eta = \frac{W_g}{W_w} \text{ bzw. } \eta = \frac{W_w}{W_g}$$

den Wirkungsgrad. Diese Methode ist jedoch verhältnismäßig sehr ungenau, da Meßfehler in W_g bzw. W_w auch einen proportionalen Fehler im Wirkungsgrad hervorrufen.

c) Bestimmung des Wirkungsgrades nach der Zurückarbeitungsmethode. Eine Bestimmung des Wirkungsgrades zweier für die gleiche Leistung und nach gleichem Typ gebauten Maschinen kann nach der Zurückarbeitungsmethode ausgeführt werden. Die beiden Umformer U_1 und U_2 werden nach Schema der Fig. 500 mit einer Batterie B parallel geschaltet, deren Spannung gleich der Gleichspannung der Umformer ist, und deren Kapazität mindestens der Summe der Verluste in beiden Umformern entsprechen muß. Die Umformerwellen sind mechanisch nicht gekuppelt. Bei offenem Schalter AS_w werden zunächst beide Maschinen gleichzeitig angelassen, auf gleiche Geschwindigkeit gebracht und an der Wechselstromseite parallel geschaltet.

In die Verbindungsleitung zwischen den Schleifringen sind die den einzelnen Phasen entsprechenden Wicklungen von Autotransformatoren eingeschaltet. Die Schaltungsanordnung wird so getroffen und die Windungszahlen so eingestellt, daß zwischen den

Schleifringen eine Spannung erhalten wird, die dem Spannungsabfall in beiden Umformern entspricht. Denkt man sich zunächst die Autotransformatoren aus dem Stromkreis entfernt, so wird bei einer bestimmten Einstellung der Erregung die Energiequelle *B* eine den Leerlauf- und Erregerverlusten in beiden Umformern entsprechende Energie

$$P_g J_z' = 2(W_\varrho + W_e + W_{er})$$

liefern, und das Amperemeter J_l wird, vorausgesetzt, daß beide Umformer gleich sind und gleiche Kurvenform der EMK haben, keinen Strom anzeigen. Nun schalten wir die Autotransformatoren ein

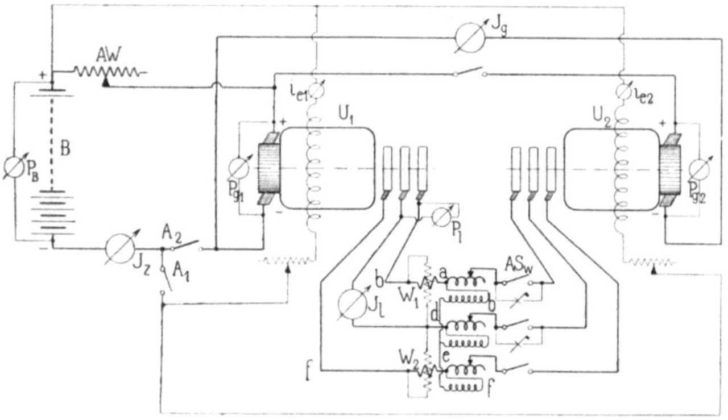

Fig. 500. Schaltungsschema der Zurückarbeitungsmethode.

und regulieren die hinzugefügte Spannung so ein, daß in der Schleifringverbindung der Strom J_l, in der Kommutatorverbindung der Strom J_g fließt und

$$\sqrt{3}\, P_l J_l = W_1 + W_2$$

wird.

Der Energiequelle *B* wird eine Leistung $P_g J_z$ entnommen, wobei $(P_g J_z - W_{vT})$ gleich den Gesamtverlusten in beiden Umformern ist, wenn die Eigenverluste des Autotransformators gleich W_{vT} sind.

Nehmen wir nun an, daß sich diese zugeführte Leistung gleichmäßig auf beide Umformer verteilt, daß also

$$\frac{(P_g J_z - W_{vT})}{2}$$

gleich den Verlusten in einem Umformer ist, so ergibt sich der Wirkungsgrad der Gesamtübertragung als Verhältnis der von dem einen Umformer abgegebenen Energie zu der vom zweiten aufgenommen, so daß

$$\eta_I \eta_{II} = \frac{W_g - \frac{P_g J_z - W_{vT}}{2}}{W_g + \frac{P_g J_z - W_{vT}}{2}}.$$

Unter der Annahme, daß die Wirkungsgrade η_I und η_{II} der beiden Umformer gleich sind, erhalten wir den Wirkungsgrad eines Umformers

$$\eta_I = \eta_{II} = \eta = \sqrt{\frac{W_g - \frac{P_g J_z - W_{vT}}{2}}{W_g + \frac{P_g J_z - W_{vT}}{2}}}.$$

Die Eigenverluste W_{vT} des Autotransformators müssen für jede Einstellung desselben vor der Untersuchung ermittelt werden. Eine annähernde Schätzung der Eigenverluste wird gewöhnlich ausreichen, da die Größe von W_{vT} keinen beträchtlichen Einfluß auf das Resultat ausüben kann.

Die Zurückarbeitungsmethode gestattet ferner eine direkte Messung der Kupferverluste für den normalen Stromverlauf in der Armatur, was mit den anderen Methoden nicht erreichbar ist, indem man die durch die Autotransformatoren an den Stromkreis zwischen den Schleifringen übertragene Energie bestimmt. Zu diesem Zwecke kann man in den Verbindungsleitungen *ab* und *ef* die Stromspulen und zwischen *bd* bzw. *fd* die Spannungsspulen der Wattmeter einschalten. Die Wattmeterablesungen abzüglich der Eigenverluste des Autotransformators ergeben dann die Kupferverluste.

Die Methode der Zurückarbeitung ist bei Untersuchung zweier für die gleiche Leistung gebauten Umformer sehr vorteilhaft anzuwenden. Die Eisenverluste werden in beiden Umformern nur wenig voneinander verschieden sein, so daß die Annahme der Gleichheit der Wirkungsgrade vernachlässigbare Fehlerquellen bedingt.

Durch verschiedene Einstellung der Erregung kann der Wirkungsgrad für jede beliebige Phasenverschiebung bestimmt werden. Die Unterschiede in der Erregung der beiden Maschinen sind dann jedoch größer, und die Annahme gleicher Wirkungsgrade trifft weniger genau zu. Die Hauptschlußwicklung der Umformer ist bei der Untersuchung abzuschalten. Für die Durchführung von Dauerversuchen bietet die Schaltung der Zurückarbeitungsmethode ein sehr einfaches Hilfsmittel um mit ganz geringem, nur den Verlusten entsprechendem Energieaufwande eine Dauerbelastung durchzuführen.

Ein Nachteil der oben beschriebenen Methode ist, daß man einen passenden Autotransformator braucht.

Bei direkter Parallelschaltung der Umformer an der Gleich- und Wechselstromseite ist aber die richtige Einstellung der Belastung (durch alleinige Änderung der Erregung) wegen der kleinen Streureaktanz der Ankerwicklungen nicht möglich. Auch ist nach S. 761 ein solcher Betrieb nicht empfehlenswert.

Schaltet man jedoch, nach Fig. 501, die Umformer an der Wechselstromseite über die Transformatoren parallel, so verschwinden diese Nachteile. Die erforderliche Reaktanz wird in besondere Drosselspulen (wie in der Figur) verlegt oder ist in den Streutransformatoren enthalten.

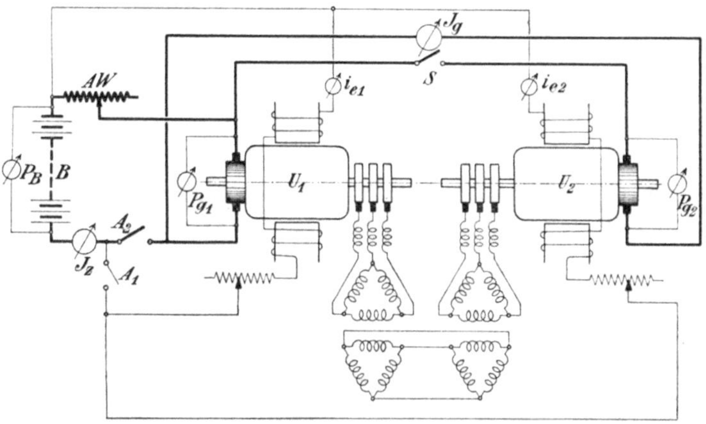

Fig. 501.

In Fig. 501 sind die Wechselstromseiten der beiden Umformer direkt miteinander verbunden; es sind keine Schalter, Meßinstrumente und Synchronisierungsvorrichtungen vorgesehen. Selbstverständlich kann man diese entweder in dem Hochspannungs- oder in dem Niederspannungskreise anordnen. Die Inbetriebsetzung geschieht dann in derselben Weise wie bei der Schaltung, Fig. 500, außerdem ist eine Bestimmung des wattlosen Stromes (Leistungsfaktors) möglich.

Man kann aber auch die beiden Umformer bei geöffnetem Schalter S gleichzeitig anlassen, indem der Umformer U_1 von der Gleichstromseite, und der Umformer U_2 von der Wechselstromseite anläuft. Ist U_2 erregt, so wird er gleich in den Synchronismus fallen. Die Drehrichtung von U_2 hängt natürlich von der Verbindung der Phasen ab. Wenn die Polarität an der Gleichstromseite richtig ist, kann bei gleicher Spannung (d. h. bei gleicher Erregung) S eingelegt werden.

Die Einstellung der Belastung geschieht jetzt durch alleinige Erregungsänderung. Allerdings kann man jetzt an der Wechselstromseite nicht auf $\cos\varphi = 1$ einregulieren. Wir brauchen ja gerade den wattlosen Strom, um die gewünschte Belastung zwischen den Umformern herzustellen.

Dadurch treten größere Stromwärmeverluste im Anker auf, und der gemessene Wirkungsgrad (inkl. Transformatoren) ist etwas zu niedrig.

Aus allen diesen Gründen wird die unter a) erwähnte Methode, trotz der ungenauen Bestimmung der Stromwärmeverluste, in vielen Fällen vorgezogen.

201. Aufnahme der Feld- und Potentialkurven.

Die Feldkurven des rotierenden Umformers können ebenso wie bei jeder Gleichstrommaschine (siehe die „Gleichstrommaschine" Bd. I, S. 765ff.) aufgenommen werden, indem man die zwischen den Enden einer Armaturspule auftretende Spannung als Funktion ihrer jeweiligen Lage den Polen gegenüber mißt.

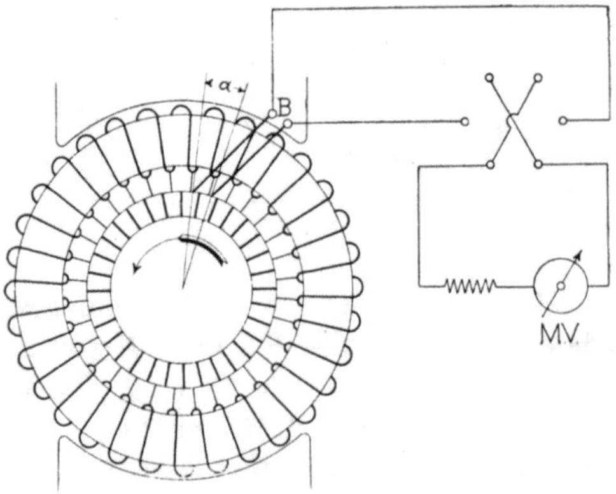

Fig. 502. Aufnahme der Feldkurven.

Führt die Spule Strom, dann ist die induzierte EMK gleich der gemessenen Spannung, vermehrt oder vermindert um den Ohmschen Spannungsverlust in den Spulen. Zur Aufnahme verwendet man (Fig. 502) zwei auf konstante Entfernung eingestellte Prüfbürsten, die längs des Kommutatorumfanges verschiebbar sind. Die gemessene Feldstärke ist dann offenbar der Mittelwert der Feldstärke innerhalb des Bogens α, welcher der Zeit entspricht, während der die Enden einer oder mehrerer Ankerspulen mit den Prüfbürsten verbunden sind.

Die Hilfsbürsten sollen immer in einer solchen Entfernung voneinander eingestellt werden, daß sie die auflaufenden Kanten derjenigen Lamellen berühren, die mit Anfang und Ende einer

Spule verbunden sind, d. h. die um den Kollektorschritt auseinanderliegen.

Bei Ankern mit Schleifen- oder Spiralwicklungen ist also die Spannung zwischen zwei benachbarten bzw. um m auseinanderliegenden Lamellen zu messen.

Bei Wellenwicklungen würde man unbequem große Entfernungen erhalten, und stellt deswegen die Hilfsbürsten so ein, daß ihre Entfernung a Lamellenteilungen ist.

Es liegen dann p Spulen zwischen den Hilfsbürsten, und die gemessene Spannung entspricht dann dem Mittelwerte aus dem Feldbereiche, den die p Spulen am Ankerumfange einnehmen. Wir messen nicht die Feldstärke eines Poles, sondern die mittlere Feldstärke von p Polen.

Um die ganze Feldkurve aufzunehmen, werden die Hilfsbürsten, von der neutralen Zone ausgehend, von Stufe zu Stufe verstellt, und jede Stellung wird an einer Kreisteilung abgelesen.

Die Feldkurven werden bei konstanter Umdrehungszahl und Bürstenstellung aufgenommen. Die Erregung ist während einer Aufnahme konstant zu halten.

Für theoretische Untersuchungen, wo es sich um absolute Werte der Feldstärke, unabhängig von der Art der Wicklung und dem Verhältnis der Spulenweite zur Polteilung handelt, ist die Aufnahme der Feldkurve mit einer rotierenden Prüfspule zu empfehlen. Die Prüfspule wird auf die Armatur aufgelegt, und ihre Enden stehen vermittelst Schleifringe mit einem rotierenden Kontaktapparat oder mit einem Oszillographen in Verbindung[1]). Bei stillstehender Maschine kann man die Feldkurve mit Hilfe einer Wismut-Spirale bestimmen.

Von theoretischem Interesse sind beim Umformer die Feldkurven, die den Einfluß des in der Ankerwicklung fließenden Stromes auf das Polfeld zeigen. Diese können erhalten werden, wenn man den Umformer so einrichtet, daß seiner Welle mechanische Energie sowohl zugeführt als abgenommen werden kann. Die Erregung stellt man so ein, daß bei bestimmter Gleichstromabgabe der von der Wechselstromseite zugeführte Strom ein Minimum ist. Bei dieser Erregung kann nun das Feld aufgenommen werden, das erstens beim Lauf als Synchronmotor entsteht, wenn derselbe mechanisch so belastet wird, daß der gleiche Strom wie beim Umformerbetriebe aufgenommen wird, zweitens beim Lauf als Gleichstrom-Generator vorhanden ist, wenn dieser den bestimmten Gleichstrom liefert, und drittens beim Lauf als rotierender Um-

[1]) Siehe Gleichstrommaschine, Bd. I, S. 767ff.

former vorhanden ist, wenn dieser mit normaler Gleichstrombelastung läuft.

Beobachtet man die Potentialdifferenz zwischen einer Hauptbürste und einer längs des Kommutatorumfanges verschiebbaren Prüfbürste, so erhält man in der Abhängigkeit der gemessenen Potentialdifferenzen von dem Kommutatorumfang die Potentialkurven. Die Potentialkurven werden bei konstanter Tourenzahl, Bürstenstellung und Erregung für Leerlauf und für verschiedene Belastungen aufgenommen. Das Stück der Potentialkurve, das unter den Bürsten liegt, dient zur Beurteilung der Kommutation. Es ist deswegen besonders dieses Stück genau aufzunehmen. Die Potentialkurve ist, wie oben gesagt, fast stets eine Sinuskurve.

Die Kurve der örtlichen Potentialdifferenzen benachbarter Lamellen wird experimentell aufgenommen, indem man die Spannung zwischen benachbarten Kommutatorlamellen mittels zweier längs des Kommutatorumfanges verschiebbaren Hilfsbürsten mißt.

202. Aufnahme der Kurve des inneren Umformerstromes.

Wir haben in Kap. XXVII gesehen, daß die Kurvenform des Stromes in den Spulen einer Umformerwicklung abhängt von der Lage der Spule relativ zu den Anschlußpunkten (von dem Winkel α) und von der Phasenverschiebung des Wechselstromes (ψ). Experimentell kann der Verlauf dieses inneren Umformerstromes in der folgenden Weise angenähert bestimmt werden.

Es wird eine Ankerspule aufgeschnitten und in dieselbe ein möglichst kleiner induktionsfreier Widerstand geschaltet, dessen Endpunkte mit zwei besonderen Schleifringen verbunden sind. Die Spannungswelle zwischen den Schleifringen kann durch einen Oszillographen oder Kontaktgeber aufgenommen werden und gibt uns ein Bild von dem Verlauf des inneren Stromes.

Fünfunddreißigstes Kapitel.

Die Vorausberechnung von Umformern.

203. Allgemeines über die Vorausberechnung.

Außer der Leistung W_g des Umformers an der Gleichstromseite und der Gleichspannung P_g bei Leerlauf und Normallast sind auch die Spannung, Periodenzahl und Phasenzahl des zugeführten Wechselstromes als bekannt vorauszusetzen. Dagegen ist der wattlose Strom nicht direkt gegeben, und ist ebenso wie die Hauptdimensionen des Umformers mit Rücksicht auf den Zweck, für den der Umformer benutzt werden soll, zu bestimmen. Außerdem ist bei der Wahl der Hauptdimensionen darauf zu achten, daß das Verhältnis

$$\sqrt{\frac{4\pi c T}{k_p}},$$

das für die Resonanzerscheinungen eine kritische Größe ist, möglichst von den Verhältnissen $\frac{p_G}{\nu}$ der Generatoren abweicht. p_G ist die Polpaarzahl eines Generators und ν die Zahl der Leistungsimpulse der Antriebsmaschine pro Umdrehung.

Soll der Umformer kompoundiert werden, so ändert sich der wattlose Strom von Leerlauf bis Belastung. Ferner muß die dem Umformer vorgeschaltete Reaktanz groß genug sein, um die erforderliche Spannungsänderung zu ermöglichen. Im allgemeinen wird man bei Leerlauf den wattlosen Strom phasenverspätet und bei Vollast entweder phasenverfrüht oder gleich Null machen. Die Wahl des wattlosen Stromes bei Belastung hängt von der mittleren täglichen Leistung des Umformers ab. Wir können zwei Fälle unterscheiden:

a) Wenn der wattlose Strom nur zur Kompoundierung des Umformers benutzt wird, so wird man ihn für die mittlere tägliche Belastung gleich Null machen, denn dann werden die durch den wattlosen Strom bedingten Verluste am kleinsten.

b) Wenn der wattlose Strom nicht allein zur Kompoundierung des Umformers, sondern auch zur Speisung des Netzes benutzt wird, so ermittelt man vom ökonomischen Gesichtspunkte aus den mittleren wattlosen Strom, den der Umformer ins Netz zu liefern hat, und läßt den Umformer diesen wattlosen Strom bei seiner mittleren Belastung erzeugen.

Soll der Umformer für eine größere Änderung des wattlosen Stromes gebaut werden, so darf das Magnetsystem nicht stark gesättigt werden, weil dann die Hauptschlußwicklung für sehr viele Amperewindungen dimensioniert werden müßte. Die Amperewindungen für den Luftspalt sollen jedoch verhältnismäßig groß gewählt werden, damit die Überlastungsfähigkeit k_p des Umformers als Synchronmotor genügend groß wird, und damit das Querfeld, das beim Pendeln auftritt, möglichst klein bleibt und zu keiner Funkenbildung unter den Bürsten Anlaß geben kann. Da die Amperewindungen für Luft diejenigen für das Magnetsystem überwiegen, so ist leicht ersichtlich, daß ein Umformer fast dasselbe Feldkupfer wie eine gewöhnliche Gleichstrommaschine erfordert. Soll der Umformer einen großen wattlosen Strom ins Netz liefern, so ist eine starke Übererregung nötig, und das totale Feldkupfer überwiegt das einer gleich großen Gleichstrommaschine.

204. Die Wahl der Polzahl.

Da der Umformer eine Synchronmaschine ist, steht seine Polzahl in einem ganz bestimmten Verhältnis zu der Periodenzahl und Tourenzahl. Es ist

$$p = \frac{60\,c}{n}.$$

Die Polpaarzahl p eines Umformers von bestimmter Leistung wird somit im allgemeinen um so größer sein, je höher die Periodenzahl ist.

Die Polzahl hängt aber auch von der Spannung an der Gleichstromseite ab. Bei Maschinen mit niedriger Spannung und kleiner Periodenzahl wird sie allein durch die Größe des zu liefernden Gleichstromes bestimmt. Als maximale Stromstärke pro Bürstenspindel kann man etwa 850 Amp. bei Spannungen bis 600 Volt, und 1000 Amp. bei Spannungen bis 250 Volt ansehen. Allerdings setzen diese hohen Werte die Verwendung von Wendepolen voraus. Umformer ohne Wendepole sollte man auch bei niederer Spannung normal mit nicht mehr als 750 Amp. pro Bürstenspindel belasten.

Bemerkenswert ist, daß hochperiodige Umformer sich nicht gut für hohe Gleichspannungen bauen lassen. Das geht aus folgender Überlegung hervor.

Die Umfangsgeschwindigkeit des Ankers ist:

$$v = \frac{\pi D n}{6000} = \frac{\pi D}{2p} \frac{2pn}{6000} = \frac{\tau c}{50} \text{ m/sek},$$

und wird um so größer, je größer die Polteilung τ und die Periodenzahl c sind. Man ist deswegen bei hochperiodigen Umformern gezwungen, mit v stark in die Höhe und mit τ herunterzugehen.

Dasselbe gilt für die Kommutatorumfangsgeschwindigkeit $v_k = \frac{\tau_k c}{50}$ m/sek und für die Polteilung τ_k am Kommutator.

Nun kann man aber mit τ_k nicht beliebig weit herunterkommen, weil die mittlere Spannung pro Lamelle:

$$P_{k\,mitt} = \frac{2pP_g}{K} < 15 \text{ bis } 20 \text{ Volt} \quad . \quad . \quad . \quad (485)$$

sein soll, und weil man aus konstruktiven Rücksichten die Lamellendicke β nicht kleiner als zirka 0,3 cm macht.

Es ist

$$K(\beta + \delta_i) = \pi D_k = \frac{100\, v_k p}{c} \quad . \quad . \quad . \quad . \quad (486)$$

wenn δ_i die Stärke der Isolation in Zentimetern bedeutet.

Aus den Gl. 485 und 486 folgt:

$$P_g = \frac{100\, v_k P_{k\,mitt}}{2(\beta + \delta_i)} \frac{1}{c} \quad . \quad . \quad . \quad . \quad . \quad (487)$$

Die Kommutatorumfangsgeschwindigkeit ist bei hochperiodigen Umformern gewöhnlich etwa 20 m; man geht nicht gerne über 25 m.

Die maximale Gleichspannung, für die ein Einankerumformer ausgeführt werden kann, hängt somit nur von der Periodenzahl ab. Durch eine Vergrößerung der Polzahl, d. h. eine Verkleinerung der Tourenzahl kann man hier nichts erreichen.

Setzen wir nun beispielsweise in Gl. 487

$$v_k = 20, \qquad P_{k\,mitt} = 20, \qquad \beta + \delta_i = 0{,}5,$$

so wird

$$P_{g\,max} = \frac{40\,000}{c},$$

so daß sich für $c = 50$ ergibt:

$$P_{g\,max} = 800 \text{ Volt.}$$

Wir sehen somit, daß 50 und 60periodige Umformer sehr gut für 600 Volt gebaut werden können, daß jedoch für Gleichspannungen von etwa 1000 Volt und darüber entweder Motorgeneratoren oder Kaskadenumformer gewählt werden müssen, sofern man nicht die bei kleinen Aggregaten bisweilen bevorzugte Konstruktion verwenden will, bei der zwei gleiche, in Serie geschaltete Einankerumformer auf einer Welle angeordnet werden.

Für unsern Fall wird $\tau_k = \frac{P_g}{P_{k\,mitt}} (\beta + \delta_i) = 20$ cm, für einen 600 Volt Umformer mit $P_{k\,mitt} = 20$ Volt wird $\tau_k = 30 \times 0{,}5 = 15$ cm. Man darf nun auch mit Rücksicht auf das Überspringen von Funken zwischen benachbarten Bürstenstiften und Bürstenhaltern τ_k nicht zu klein wählen, wenn nicht besonders kurze Bürstenhalter zur Anwendung kommen.

Auf Grund obiger Überlegungen und an Hand praktischer Ausführungen ist die folgende Tabelle aufgestellt, die zeigt, wie die Polzahlen in den verschiedenen Fällen ungefähr zu wählen sind:

Leistung	ca. 25 Perioden		ca. 50 Perioden
	ca. 240 Volt	ca. 500 Volt	500 bis 240 Volt
100 bis 200 KW . .	4 bis 6 Pole	4 Pole	6 bis 8 Pole
300 „ 500 „ . .	6 „ 8 „	4 „ 6 „	8 „ 10 „
600 „ 800 „ . .	8 „ 12 „	6 „ 8 „	10 „ 16 „
1000 „ 1200 „ . .	12 „ 16 „	8 „ 12 „	16 „ 20 „
1500 „ 2000 „ . .	16 „ 20 „	12 „ 16 „	
3000 „ 4000 „ . .	26 „ 36 „	16 „ 20 „	

Haben wir beispielsweise einen 5000 KW-Einankerumformer für 25 Perioden, 600 Volt und 8330 Amp. zu entwerfen, so wäre, damit die Stromstärke pro Bürstenspindel den oben angegebenen Wert von 850 Amp. nicht überschreite, die Polzahl mindestens gleich 20 zu wählen, und somit als maximale Tourenzahl $n = \frac{60\,c}{p} = \frac{1500}{10} = 150$ anzunehmen.

Bei 240 Volt wäre die maximale Leistung eines Umformers mit dieser Polzahl ($p = 10$ und $n = 150$), da wir 1000 Amp. pro Bürstenspindel zulassen können (Wendepole) nur etwa:

$$\frac{240 \times 1000 \times 10}{1000} = 2400 \text{ KW.}$$

In der letzten Zeit geht die Westinghouse-Gesellschaft bis zu den angegebenen Grenzen für die Stromstärke pro Bürstenspindel und führt deswegen z. B. 1500 KW-Umformer für 25 Perioden, 600 Volt und 2500 Amp. 6polig aus (Kap. XXXVII, S. 847, Fig. 508), also mit einer bedeutend kleineren Polzahl als der obigen Tabelle entspricht. Die Umformer müssen dann mit Wendepolen versehen werden.

205. Berechnung der Hauptabmessungen.

An der Gleichstromseite sind W_g Watt abzugeben; den Wirkungsgrad η nehmen wir nach den Kurven Fig. 503 an.

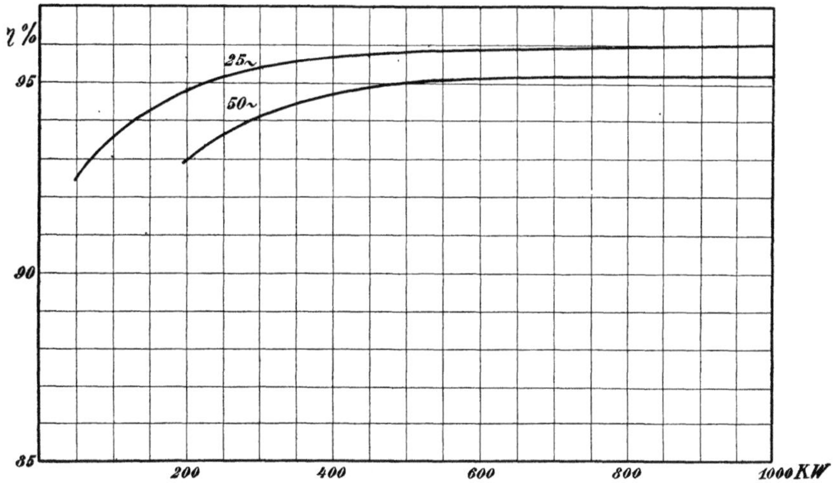

Fig. 503. Wirkungsgradkurven für Einankerumformer.

Die beiden Kurven für 25 bzw. 50periodige Umformer sollen nur einen Anhaltspunkt geben und stellen etwa die höchst erreichbaren Werte dar. Der Wirkungsgrad ist abhängig von der Polzahl und von der erforderlichen Spannungsregulierung.

Die dem Umformer zugeführte Wechselstromleistung ist nun:

$$W_w = \frac{W_g}{\eta} = \frac{m}{2} P_w J_{lw},$$

also

$$J_{lw} = \frac{2\, W_g}{m\, \eta\, P_w}.$$

Wenn nicht die Abgabe eines bestimmten wattlosen Stromes verlangt wird, gehen wir zu dessen Bestimmung von der prozentualen Spannungsänderung ΔP_w aus. Ist diese z. B. 10% der Spannung P_w, so kann die Variation des wattlosen Stromes ΔJ_{wl} zu zirka der Hälfte des Wattstromes angenommen werden. Es beträgt dann die Reaktanzspannung des Wattstromes zirka 20% der Wechselspannung, welcher Wert mit Bezug auf die Überlastungsfähigkeit des Umformers als Synchronmotors zulässig ist.

Nehmen wir ferner die mittlere tägliche Belastung des Umformers zu $\frac{3}{4}$ der normalen an und machen bei dieser den wattlosen Strom gleich Null, so wird der wattlose Strom bei Leerlauf $\frac{3}{4} \cdot \frac{1}{2} = \frac{3}{8}$ und bei Normallast $\frac{1}{4} \cdot \frac{1}{2} = \frac{1}{8}$ des normalen Wattstromes. Wir berechnen nun:

$$u_i = \frac{2 J_w}{J_g} = \frac{2\sqrt{2}}{m \sin \frac{\pi}{m}}$$

und

$$v_i = u_i \left(\frac{v_i}{u_i}\right).$$

Im obigen Beispiel wird $\frac{v_i}{u_i} = \frac{1}{8}$. Alsdann berechnen wir das Verhältnis

$$\nu = 1 + u_i^2 + v_i^2 - \frac{4\sqrt{2}\, u_i m}{\pi^2} \sin \frac{\pi}{m}.$$

Gewöhnlich nimmt man eine sinusförmige Feldverteilung an und findet u_i aus der Tabelle S. 706 und ν aus der Formel

$$\nu = 1 + u_i^2 + v_i^2 - 1{,}62.$$

Wollen wir die Verluste berücksichtigen, so wird für u_i ein um 3 bis 4% höherer Wert genommen.

Ist die Gleichspannung bei Leerlauf und Vollast dieselbe ($\Delta P_w = 0$), so ist eine genauere Berechnung des wattlosen Stromes nach Kap. XXIX erwünscht.

Die Abmessungen des Umformerankers ergeben sich nun in derselben Weise wie die einer Gleichstrommaschine[1]) von der Leistung $W_g \sqrt{\nu}$, der Spannung P_g und der normalen Stromstärke $J_g \sqrt{\nu}$.

Die in der Ankerwicklung induzierte EMK ist

$$P_g \cong E_g = 4 c w_g \Phi 10^{-8} \text{ Volt},$$

w_g ist die Windungszahl in Serie zwischen benachbarten Bürsten entgegengesetzter Polarität. Es ist

$$w_g = \frac{N}{4a},$$

---

[1]) Siehe E. Arnold, Die Gleichstrommaschine, Bd. II, 2. Aufl., S. 233 ff.

wenn N die Anzahl der Armaturdrähte und a die halbe Anzahl der Ankerstromzweige bedeuten. Multiplizieren wir die obige Gleichung mit $J_g \sqrt{\nu}$ auf beiden Seiten des Gleichheitszeichens, so erhalten wir die Leistungsgleichung des Umformers

$$P_g J_g \sqrt{\nu} \cong 4c \frac{N J_g \sqrt{\nu}}{4a} \Phi 10^{-8}.$$

$i_a = \frac{J_g \sqrt{\nu}}{2a}$ ist der effektive Strom und $i_a' = \frac{J_g}{2a}$ der scheinbare Strom pro Ankerstromzweig.

Der Kraftfluß Φ ist gleich

$$\Phi = b_i l_i B_l = \alpha_i \tau l_i B_l = \alpha_i \frac{\pi D}{2p} l_i B_l.$$

Die effektive Strombelastung des Ankers pro cm Umfang ist

$$AS = \frac{N i_a}{\pi D}.$$

Die scheinbare (ideelle) Strombelastung des Ankers pro cm Umfang ist:

$$AS_{id} = \frac{N i_a'}{\pi D}.$$

Führen wir diese Bezeichnungen in die obige Formel für $P_g J_g \sqrt{\nu}$ ein, so erhalten wir

$$W_g \sqrt{\nu} = P_g J_g \sqrt{\nu} \cong \frac{\alpha_i B_l AS D^2 l_i n}{6 \cdot 10^8}$$

oder indem wir W_g in KW ausdrücken,

$$D^2 l_i \cong \frac{6 \cdot 10^{11} W_g \sqrt{\nu}}{\alpha_i B_l AS\, n} = \frac{6 \cdot 10^{11} \sqrt{\nu}\, KW}{\alpha_i B_l AS\, n} \quad . \; . \; . \; (488)$$

α_i wählt man, um eine möglichst sinusförmige Feldkurve zu erhalten zu ca. 0,65. Bei Umformern mit großer Polteilung (also bei schnellaufenden, bzw. bei solchen für kleine Periodenzahl) kommen auch höhere Werte von α_i vor. B_l und AS sind im Verhältnis zueinander zu wählen. Wünscht man den Umformer als Synchronmotor stark überlastungsfähig, d. h. k_p groß, so ist B_l relativ groß und AS relativ klein zu wählen. Ist es dagegen erwünscht, daß der Umformer keine zu große synchronisierende Kraft besitze, so macht man AS größer und B_l kleiner. AS liegt bei hochperiodigen Umformern gewöhnlich zwischen 150 und 250; bei kleiner Periodenzahl geht man mit AS bis etwa 300. B_l liegt gewöhnlich zwischen 7500 und 10000.

Bei der Vorausberechnung eines Umformers geht man am besten von der folgenden Formel aus:

$$\frac{D^2 l_i n}{KW\sqrt{\nu}} \simeq \frac{6 \cdot 10^{11}}{\alpha_i B_l AS} = M \quad . \quad . \quad . \quad . \quad (489)$$

und nimmt diese Größe, die für die Materialausnutzung des Umformers maßgebend ist, nach den in Fig. 504 dargestellten Kurven an. Die Maschinenkonstante für Umformer mit kleiner und mittlerer Gleichspannung liegt gewöhnlich zwischen den gezeich-

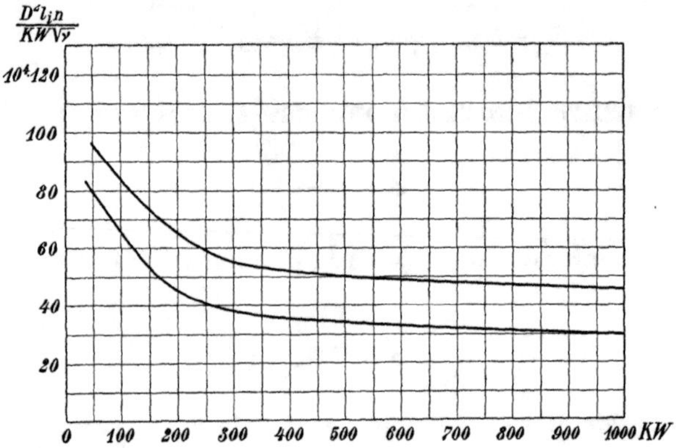

Fig. 504. Kurven für die Maschinenkonstante von Umformern in Abhängigkeit von der Leistung.

neten Kurven, und zwar gilt für größere Leistungen die untere Kurve für 25 Perioden, die obere für 50 Perioden. Ist die Gleichspannung hoch, so ist viel Platz für die Isolation nötig, und die Maschinenkonstante ist entsprechend höher zu wählen. Ist nun in dieser Weise $D^2 l_i$ bestimmt, so nimmt man

$$l_i \simeq b_i = \frac{2}{\pi}\tau = \frac{2}{\pi}\frac{\pi D}{2p} = \frac{D}{p}$$

an und erhält

$$D^3 = \frac{pMKW\sqrt{\nu}}{n},$$

woraus der Durchmesser D, die Polteilung $\tau = \frac{\pi D}{2p}$, die Länge $l_i = \frac{D}{p}$ und die Umfangsgeschwindigkeit $v = \frac{\pi D n}{6000}$ sich ergeben. Fällt einer von diesen Werten, z. B. l_i oder v, ungünstig aus, so wählt man eine andere passende Länge und findet dann den Durchmesser

$$D = \sqrt{\frac{D^2 l_i}{l_i}}.$$

Auf diese Weise probiert man, bis man passende Werte für D, τ, l_i und v erhalten hat.

Ist man mit der Umfangsgeschwindigkeit an der erlaubten Grenze angelangt, so kann l_i so groß werden, daß die Beziehung $l_i \cong b_i$ nicht mehr eingehalten werden kann. Bei schnellaufenden hochperiodigen Umformern findet man $\frac{l_i}{b_i} = 1{,}2 \div 1{,}7$. Dagegen wird bei kleiner Periodenzahl die Polteilung oft so groß, daß das Verhältnis $\frac{l_i}{b_i}$ wesentlich kleiner als eins bleibt.

Für Anfänger ist es günstig, mehrere Werte von l_i anzunehmen und die für diese erhaltenen Dimensionen in einer kleinen Tabelle wie folgt zusammenzustellen.

Gewählt	Berechnet				
l_i	$D = \sqrt{\frac{D^2 l_i}{l_i}}$	$\tau = \frac{\pi D}{2p}$	$b_i = \alpha_i \tau$	$\frac{l_i}{b_i}$	$v = \frac{\pi D n}{6000}$
— —	— —	— —	— —	— —	— —

206. Dimensionierung des Ankers.

Sind der Ankerdurchmesser und die Eisenlänge in der obigen Weise festgelegt, so hat man sich über die Art der Ankerwicklung zu entscheiden. Den effektiven Strom pro Ankerstromzweig

$$i_a = \frac{J_g \sqrt{\nu}}{2a}$$

wählt man wenn möglich so, daß man eine Stabwicklung erhält; dies wird erreicht, wenn i_a größer als 60 bis 80 Amp. ist. Wird i_a kleiner als 60 Amp., so wird zweckmäßiger eine Drahtwicklung ausgeführt. Im allgemeinen soll i_a den Wert von $150 \div 200$ Amp. nicht überschreiten, und bei höheren Spannungen besser unter oder in der Nähe von 150 bleiben. Bei Maschinen mit Wendepolen und zwei Stäben übereinander in einer Nut kann man mit i_a wesentlich höher geben, und sind Werte von $250 \div 300$ zulässig, so daß größere sechsphasige Umformer mit 800 bis 1000 Amp. pro Bürstenspindel mit einfacher Parallelwicklung (Schleifenwicklung) ausgeführt werden können.

Als Wicklungen kommen sowohl Schleifen- wie Wellenwicklungen in Betracht. Größere Umformer werden ausschließlich mit Schleifenwicklung ausgeführt, um symmetrische Anschlüsse für die Schleifringe zu erhalten und eine möglichst gleichmäßige Stromverteilung über die einzelnen Bürstenspindeln zu sichern. Die Schleifringe sind zugleich Äquipotential-Verbindungen. Öfters werden jedoch noch besondere Ausgleichsysteme vorgesehen.

Ist auf diese Weise die Zahl der Ankerstromzweige und die effektive Stromstärke pro Zweig bestimmt, so berechnet man die Anzahl der Ankerdrähte

$$N = \frac{\pi D A S}{i_a}.$$

AS wird, wie oben gesagt, je nach dem Zwecke des Umformers gewählt. Es soll $\frac{N}{a}$ durch die Phasenzahl m teilbar, d. h. $\frac{N}{am}$ soll eine ganze Zahl sein.

Bei der Wahl der Wicklungsschritte y_1 und y_2 ist darauf zu achten, daß

$$y_1 = u_n y_n + 1$$

ist, wo y_n den Nutenschritt und u_n die Anzahl der Spulenseiten einer Nut bedeutet. Es ist nämlich dann möglich die Spulen einer Nut vor dem Einlegen gemeinsam zu isolieren, wie es besonders bei höheren Spannungen vielfach üblich ist[1]).

Der Querschnitt eines Ankerdrahtes ergibt sich zu

$$q_a = \frac{i_a}{s_a},$$

wo man die effektive Stromdichte nach der folgenden Tabelle wählt.

Draht- Durchmesser mm	Draht- Querschnitt q_a qmm	Stromdichte s_a Amp/qmm	i_a
0,8 bis 1,2	0,5 bis 1,10	6,5 bis 5,0	3,25 bis 5,5
1,3 „ 2,0	1,32 „ 3,14	5,0 „ 4,5	6,6 „ 14,1
2,1 „ 3,5	3,46 „ 9,62	4,5 „ 3,8	15,6 „ 36,5
3,6 „ 5,0	10,1 „ 19,6	3,8 „ 3,2	38,2 „ 62,8
Stab- wicklungen	25 „ 60	3,4 „ 3,0	85 „ 180
Stab- wicklungen	60 „ 120	3,0 „ 2,0	180 „ 240

[1]) Vgl. WT III, 2. Aufl., S. 94.

Der so gefundene Wert von s_a soll nur als Anhaltspunkt dienen, denn s_a muß — wie bei allen elektrischen Maschinen — mit Rücksicht auf die Erwärmung und die Verluste gewählt werden. Die Größe von s_a hängt somit nicht nur von dem Querschnitte des Leiters, sondern auch von dem Werte von AS und von den Kühlungsverhältnissen ab.

Bei ausgeführten Umformern (Tab. S. 858) findet man deswegen oft erheblich von der Tabelle abweichende Werte für s_a.

Mit Rücksicht auf den Wirkungsgrad des Umformers kann auch von vornherein ein bestimmter Wattverbrauch W_{ka} im Ankerkupfer angenommen und daraus die Stromdichte s_a berechnet werden. Man findet dann

$$s_a = \frac{4800 W_{ka}}{N l_a i_a},$$

worin l_a die halbe Länge einer Ankerwindung in Zentimetern bedeutet. Annähernd ist für Trommelwicklungen

$$l_a \cong l_1 + 1{,}4\tau + 5 \text{ cm}.$$

Der Ohmsche Widerstand der Ankerwicklung, die aus $2a$ parallel geschalteten Stromzweigen besteht, ergibt sich zu

$$R_a = \frac{N}{(2a)^2} \frac{l_a(1 + 0{,}004 T_a)}{5700 q_a}.$$

Die Nutenzahl Z wählt man derart, daß man 400 bis 800 Amp. pro Nut erhält. Die Nutenteilung ist gleich

$$t_1 = \frac{\pi D}{Z}.$$

Um die Abmessungen der Nut zu bestimmen, gehen wir am besten von dem erforderlichen Querschnitt der Zähne am Fuße aus. Die Zahl der Nuten, die auf einen Polbogen entfallen, ist gleich $\frac{b_i}{t_1}$, es muß daher, wenn $B_{z i max}$ die ideelle maximale Zahninduktion des Zahnfußes bedeutet,

$$\frac{b_i}{t_1} z_2 l k_2 B_{z i max} = \Phi = b_i l_i B_l$$

sein, wo

$$\Phi = \frac{E_g 10^8}{4 c w_g} = \frac{E_g a 60 \cdot 10^8}{N n p}.$$

Für E_g setzen wir die maximale Gleichspannung ein. Wir erhalten nun die Zahnstärke am Fuß

$$z_2 = \frac{t_1 \Phi}{b_i l k_2 B_{z i max}} = \frac{t_1 B_l l_i}{k_2 B_{z i max} l}.$$

Bei 25 periodigen Umformern ist meistens $B_{zimax} < 21000$ und etwa 18000 bis 20000. Es ist $k_2 = 0{,}88 \div 0{,}92$.

Wird die maximale Zahninduktion größer als diese Werte gewählt, und ist die Blechsorte nicht von guter Qualität, so steigt die Amperewindungszahl AW_z und daher der Kupferverbrauch der Magnetwicklung derart rasch an, daß eine andere Dimensionierung der Nuten bzw. größere Eisendimensionen des Ankers vorzuziehen sind. Außerdem vergrößert eine hohe Zahninduktion die Wirbelströme in massiven Ankerstäben ganz erheblich.

Bei großen Periodenzahlen kann auch die Verkleinerung des Hysteresisverlustes der Zähne eine Verminderung der Zahninduktion bedingen, weil z. B. sonst der gewünschte Wirkungsgrad nicht erreicht oder weil die Erwärmung der Maschine zu groß wird.

Wenn z_2 berechnet ist, schätzt man die Nutentiefe, berechnet die Teilung t_2 am Zahnfuße und erhält auf diese Weise die Nutenweite $t_2 - z_2$.

Mittels der folgenden Tabelle bestimmt man die nötige Isolation und dimensioniert die Stäbe oder Drähte derart, daß sie in der Nut Platz finden.

Anzahl der nebeneinanderliegenden Stäbe einer Nut.	1	2	3	4	5
Klemmenspannung	Nutenweite = Kupferbreite plus				
Volt 125	2,0 mm	2,6 mm	3,3 mm	4,0 mm	4,7 mm
„ 250	2,4 „	3,2 „	4,0 „	4,8 „	5,6 „
„ 550	3,0 „	4,0 „	5,0 „	5,8 „	6,6 „
„ 750	3,4 „	4,4 „	5,4 „	6,2 „	7,0 „

Ist eine passende Lösung nicht möglich, so ändert man die Nutendimensionen ab und, wenn dies nicht genügt, die Ankerlänge.

Bezeichnet B_a die Ankerinduktion, so wird die Eisenhöhe des Ankers ohne Zahnhöhe

$$h = \frac{\Phi}{2 k_2 l B_a}$$

und die totale Eisenhöhe $= h +$ Zahnhöhe. B_a ist mit Rücksicht auf die Periodenzahl ungefähr wie folgt zu wählen:

c	B_a
20 bis 40	12 bis 9000
40 „ 60	9 „ 7000

207. Die Berechnung des Kommutators und der Kollektorringe.

Der Kommutator und die Kollektorringe sind so zu dimensionieren, daß eine genügende Berührungsfläche für die Bürsten und eine ausreichende Abkühlungsfläche erhalten werden.

Kommutator: Die Zahl K der Kommutatorlamellen wählt man möglichst groß, damit die Spannungsdifferenz $\varDelta e$ zwischen zwei Bürstenspitzen möglichst klein wird. Bei Stabankern ist gewöhnlich $K=\frac{1}{2}N$ und nie kleiner als $\frac{1}{4}N$.

Der Durchmesser des Kommutators wird durch Annahme der Breite β einer Lamelle und der Isolation δ_i ermittelt. Es wird

$$D_k=\frac{K(\beta+\delta_i)}{\pi}$$

und immer kleiner als der Ankerdurchmesser. Der kleinste Wert von β beträgt 0,3 cm; normale Werte sind etwa 0,6 bis 1,0 cm. Es muß β um so größer sein, je stärker die anzuschließende Stromstärke des Ankers ist. Bei Umformern hoher Periodenzahl und hoher Spannung ist β klein zu wählen, damit die Umfangsgeschwindigkeit v_k nicht zu groß wird.

Die Glimmerisolation δ_i ist abhängig von der maximalen Spannungsdifferenz P_k zwischen den Lamellen und kann etwa wie folgt gewählt werden:

$P_k \cong \frac{\pi p P_g}{K}$	Isolation δ_i
bis 10 Volt	0,05 bis 0,06 cm
„ 20 „	0,08 „ 0,1 „
„ 30 „	0,1 „ 0,12 „

Bezeichnet J_g die Stromstärke der Maschine bei normaler Belastung, so wird die Kontaktfläche aller Bürsten etwa

$$F_b=\frac{2J_g}{5} \text{ bis } \frac{2J_g}{8} \text{ für Kohlenbürsten.}$$

F_b kann um so kleiner gewählt werden, je besser leitend die verwendete Kohle und je größer die Abkühlungsfläche der Kohle im Verhältnis zu deren Querschnitt ist. Bei gut leitenden Kohlen, die mit dem Metalle des Bürstenhalters einen guten Kontakt haben, kann für die maximale Belastung der Maschine $F_b=\frac{2J_g}{10}$ bis $\frac{2J_g}{15}$ gewählt werden.

Bei Reihenparallelschaltungen und Reihenschaltungen mit mehr als zwei Bürstensätzen ist zu beachten, daß sich der Strom nicht ganz gleichmäßig auf alle Bürsten verteilt, und daß die Gefahr der Überlastung einer Bürste um so größer wird, je mehr Bürstensätze vorhanden sind. Die Stromdichte ist daher in solchen Fällen in der Nähe der unteren Grenze zu wählen.

Die Bürstenbreite b_1 (in der Drehrichtung des Kommutators) richtet sich etwas nach der Lamellenbreite; denn es darf eine Bürste nicht mehr als ca. 3 Lamellen bedecken. Im übrigen richtet man sich in jeder Fabrik mit der Bürstenbreite nach gewissen Normalen, um denselben Bürstenhalter für verschiedene Maschinengrößen verwenden zu können.

Es ergibt sich nun die Breite des Kommutators. Ist die Zahl der Bürstenstifte, die gewöhnlich gleich der Polzahl ist, p_1, so ist die Gesamtlänge der Bürsten eines Stiftes gleich

$$\frac{F_b}{b_1 p_1}.$$

Diese Zahl ist so abzurunden, daß sie eine ganze Zahl Bürsten von passender Länge ergibt. Man kontrolliert nun die Temperaturerhöhung des Kommutators und rechnet die Maschine bezüglich der Kommutierung nach. Eventuell sind dann entsprechende Änderungen vorzunehmen.

Kollektorringe. Die Schleifringe mit zugehörigem Bürstenapparat bilden bei Umformern einen sehr wichtigen Bestandteil der Maschine, weil sie im allgemeinen sehr große Ströme führen. Pro Ring erhalten wir den Linienstrom

$$J_l = \sqrt{J_{lw}^2 + J_{lwl}^2}.$$

Als Bürsten verwendet man entweder weiche Kohlenbürsten, die eine maximale Stromdichte bis 20 Amp./qcm erlauben, oder auch Bronskolbürsten oder ähnliche Sorten, die eine Belastung von 30 ÷ 40 Amp./qcm zulassen. Ist die Stromdichte s_u angenommen, so erhalten wir als Bürstenfläche pro Ring

$$F_b' = \frac{J_l}{s_u}.$$

Diese Fläche verteilt man alsdann auf mehrere normale Bürsten. Dem Kollektorring wird ein so großer Durchmesser gegeben, daß man die Bürsten bequem anordnen kann. Die Breite eines Ringes wird etwas größer als die einer Bürste gemacht; für beide Abmessungen ist ferner hauptsächlich die Erwärmung maßgebend.

208. Die Anlaufzeit T des Ankers.

Nachdem die Dimensionen des Ankers und des Kommutators festgelegt worden sind, müssen wir noch kontrollieren, ob die Anlaufzeit T einen für die Pendelerscheinungen zulässigen Wert besitzt. Wir berechnen zu dem Zweck das Schwungmoment des Ankers und des Kommutators. Es ist die Anlaufzeit (s. S. 370)

$$T = \frac{\left(\frac{n}{27}\right)^2 G D^2}{W_g} = \frac{2}{3} \frac{D^2 l_i n}{W_g} \frac{v b}{10^8}.$$

Die Breite b des ideellen Kranzes ist fast proportional der Eisenhöhe h, sie wird jedoch auch von dem Kommutatordurchmesser beeinflußt. Wird die Anlaufzeit zu groß, so ist die Eisenhöhe h und wenn möglich auch der Kommutatordurchmesser D_k kleiner zu machen.

209. Das Magnetfeld und die Feldwicklungen.

Die Größe des Luftspaltes wählt man ungefähr wie bei Gleichstrommaschinen

$$\delta \geq \frac{(1{,}2 \text{ bis } 2) b_i A S - A W_z}{1{,}6 k_1 B_l}.$$

Die Polspitzen sind gut abzuschrägen, teils um eine günstige Feldkurve, teils um eine starke Sättigung der Polspitzen zu erhalten. Die Wirbelstromverluste in massiven Polschuhen sind so beträchtlich, daß es mit Rücksicht auf einen guten Wirkungsgrad ratsamer ist, die Polschuhe zu lamellieren und die Feldpulsationen durch Dämpferwicklungen abzuschwächen. Die Dämpferwicklungen werden als Kupferbolzen durch die Polschuhe und als Bronzebrücken zwischen den Polspitzen ausgeführt. Bei lamellierten Polschuhen ist es günstig, diese Brücken ein Stück unter den Polschuhen gehen zu lassen, damit der Teil des Querfeldes, der die Kommutation stört, besonders stark gedämpft wird.

Bei Wendepolumformern ist entsprechend dem S. 752 Gesagten der Luftspalt unter den Wendepolen nicht zu klein zu wählen.

Man skizziert zuerst das Magnetsystem und schätzt oder berechnet den Koeffizienten σ der Polstreuung. Dieser variiert zwischen 1,1 und 1,2; je größer die Polzahl ist, desto größer muß σ gewählt werden.

Es werden nun die Feldamperewindungen bei Leerlauf und Vollast berechnet. Sind diese $A W_{t0}$ und $A W_t$, und soll der Umformer kompoundiert werden, so gibt man der Nebenschlußwicklung AW_{t0} Amperewindungen, entsprechend der Leerlaufspannung P_{g0}, und der Hauptschlußwicklung

$$AW_t - \frac{P_g}{P_{g0}} AW_{t0}$$

Amperewindungen, entsprechend dem normalen Strome J_g.

Die Berechnung der Nebenschlußwicklung geschieht in gewöhnlicher Weise. Man berechnet zuerst den Drahtquerschnitt

$$q_n = \frac{AW_t l_n (1 + 0{,}004\, T_m)}{5700\, P_g} (1{,}1 \text{ bis } 1{,}2) \quad . \quad . \quad . \quad (490)$$

für reine Nebenschlußerregung und

$$q_n = \frac{AW_{t0} l_n (1 + 0{,}004\, T_m)}{5700\, P_{g0}} (1{,}05 \text{ bis } 1{,}1) \quad . \quad . \quad (490\text{a})$$

bei Kompounderregung. Alsdann nimmt man die Stromdichte s_n zu 1,2 bis 1,6 Amp./qmm an und findet dann den Nebenschlußstrom $i_n = s_n q_n$ und die Windungszahl

$$w_n = \frac{AW_t}{i_n} \text{ bzw. } \frac{AW_{t0}}{i_n}.$$

Wir können nun den Wicklungsraum nach Größe und Gestalt bestimmen und die mittlere Windungslänge l_n sowie den Widerstand

$$R_n = \frac{w_n l_n (1 + 0{,}004\, T_m)}{5700\, q_n} \text{ Ohm}$$

genau berechnen.

Bei der Berechnung der Hauptschlußwicklung gehen wir von der Stromdichte $s_h = 1{,}2$ bis 1,6 Amp./qmm aus, berechnen den Querschnitt

$$q_h = \frac{J_g}{s_h}$$

und die Windungszahl

$$w_h = \frac{AW_t - \frac{P_g}{P_{g0}} AW_{t0}}{J_g} 1{,}1 \text{ bis } 1{,}2 \quad . \quad . \quad . \quad . \quad (491)$$

Da die Ankerrückwirkung nicht ganz genau berechnet werden kann, und die magnetischen Eigenschaften des Eisens, von dessen Sättigung die Kompoundierung ebenfalls abhängt, meistens nicht genau bekannt sind, so schlägt man, wie in der obigen Formel schon geschehen, 10 bis 20% zu der Windungszahl und schaltet einen Widerstand parallel zu der Hauptschlußwicklung. Dieser Widerstand wird nachträglich, wenn die Maschine fertig gebaut ist, durch Versuch eingestellt. Um Spannungsänderungen, die von einer Variation der Tourenzahl oder von der Temperaturänderung der Erregerspulen herrühren, auszugleichen, benutzt man den Regulierwiderstand, der in Serie mit der Nebenschlußwicklung liegt.

Die Berechnung der Wendepole läßt sich in ähnlicher Weise vornehmen wie bei den Gleichstrommaschinen[1]), nur ist entsprechend dem in Kap. XXX, S. 749 Gesagten zu berücksichtigen, daß zwar der ganze Strom kommutiert wird, daß aber infolge der entgegengesetzten Wirkung der MMKe von Gleich- und Wechselstrom ein entsprechend kleineres Feld in der Kommutierungszone vorhanden ist.

210. Verluste, Wirkungsgrad und Temperaturerhöhungen.

Die Verluste eines Umformers setzen sich aus den Stromwärmeverlusten, den Eisenverlusten und den Reibungsverlusten zusammen.

Im Ankerkupfer sind die Stromwärmeverluste

$$W_{ka} = \nu J_g^2 R_a ,$$

von diesen treten

$$W_{kz} = \frac{l_1}{l_a} W_{ka}$$

in dem in den Nuten eingebetteten Kupfer auf. In den Erreger- und Wendepolwicklungen haben wir die Verluste

$$W_n = i_n^2 R_n \quad \text{und} \quad W_H = J_g^2 (R_h + R_w) ,$$

wo R_w den Widerstand einer etwa vorhandenen Wendepolwicklung bedeutet.

Die totalen Verluste durch Nebenschlußerregung sind:

$$W_{nt} = P_g i_n .$$

Am Kommutator haben wir den Übergangsverlust

$$W_u = f_u J_g \Delta P .$$

ΔP ist der Spannungsabfall unter den Bürsten beider Polaritäten bei der effektiven Stromdichte $s_{u\,eff}$, die unter den Bürsten auftritt. ΔP kann den Kurven Fig. 505 entnommen werden.

$f_u = \frac{s_{u\,eff}}{s_u}$ ist der Formfaktor für die Stromverteilung unter den Bürsten; dieser liegt bei Umformern zwischen 1,2 und 2.

An den Kollektorringen ergeben sich die Übergangsverluste

$$W_u' = \frac{m}{2} J_l \Delta P' ,$$

[1]) Vgl. „Die Gleichstrommaschine", Bd. II, 2. Aufl., S. 281 ff.

wo $\varDelta P'$ den Spannungsabfall unter zwei hintereinander geschalteten Bürsten bedeutet.

Die Verluste im Ankereisen $W_h + W_w$ sind nach den Formeln 377 und 382 zu berechnen; in diesen ist der Koeffizient

$$\sigma_h = 1{,}2 \text{ bis } 2$$

und der Koeffizient

$$\sigma_w = 10 \text{ bis } 20$$

bei ca. 25 Perioden und

$$\sigma_w = 4 \text{ bis } 10$$

bei ca. 50 Perioden zu setzen.

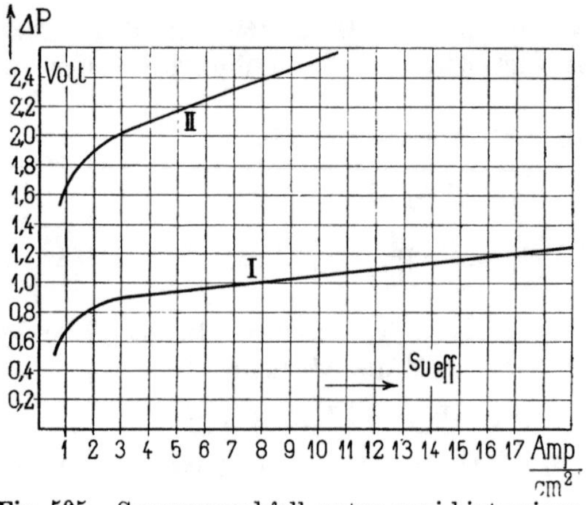

Fig. 505. Spannungsabfall unter zwei hintereinander geschalteten Bürsten in Abhängigkeit von der Stromdichte.
Kurve I für weiche Kohlen. Kurve II für harte Kohlen.

Der durch die Bürstenreibung hervorgerufene Verlust beträgt am Kommutator

$$W_r = 9{,}81\, v_k F_b g \varrho \text{ Watt}$$

und an den Kollektorringen

$$W_r' = 9{,}81\, m v_k' F_b' g' \varrho'.$$

Es ist der Auflagedruck der Bürsten

$$g = 0{,}12 \text{ bis } 0{,}2 \text{ kg/qcm}$$

je nach der Kommutatorgeschwindigkeit und

$$g' = 0{,}1 \text{ bis } 0{,}12 \text{ kg/qcm}.$$

Der Reibungskoeffizient ϱ ist ca. 0,25.

Die Lager- und Luftreibung sind angenähert gleich

$$W_R = 26 \frac{d l_z}{T_z} \sqrt{v_z^3} \text{ Watt},$$

d ist der Zapfendurchmesser, l_z die Gesamtlänge beider Zapfen und T_z die Lagertemperatur, die sich aus der Kurve Fig. 349 als Funktion von v_z ergibt.

Summieren wir nun alle Verluste, so erhalten wir die Gesamtverluste

$$W_v = W_{ka} + W_{nt} + W_H + W_u + W_u' + W_h + W_w + W_r + W_r' + W_R$$

und der Wirkungsgrad ist

$$\eta\,\% = \frac{W_g}{W_g + W_v}\,100.$$

Temperaturerhöhungen. Die Erwärmung von Umformern berechnet sich genau wie die von Gleichstrommaschinen (s. Die Gleichstrommaschine, Bd. I, 2. Aufl., S. 730ff.).

Bei der Armatur treten die höchsten Temperaturen in den Zähnen und im Kupfer, soweit dieses in den Nuten liegt, auf. Diese Erwärmung wird veranlaßt durch den entsprechenden Teil des Kupferverlustes

$$W_{kz} = \frac{l_1}{l_a}\,\nu\,J_g^{\,2} R_a$$

und durch den Eisenverlust in den Zähnen $W_{wz} + W_{hz}$. Die Wärme wird aus dem betrachteten Bereich hauptsächlich nach außen durch die Zylinderfläche $\pi D l_1$ abgeführt. Wir können daher als spezifische Kühlfläche

$$a_a = \frac{\pi D l_1}{W_{kz} + W_{hz} + W_{wz}}\,(1 + 0{,}1\,v)$$

einführen und erhalten die maximale Temperaturerhöhung in Umformerankern zu

$$T_a = \frac{C}{a_a}.$$

Für den Koeffizienten der Wärmeabgabe C kann man den Wert 350 bis 450 einführen, wobei T_a mit dem Thermometer gemessen ist.

Zur Berechnung der Temperaturerhöhung der Erregerwicklung führen wir für lange Magnetspulen als Kühlfläche die äußere Ringfläche und eine Stirnfläche ein. Für kurze, dicke Spulen werden beide Stirnflächen zur äußeren Ringfläche zugeschlagen. Wir setzen auch hier die spezifische Kühlfläche der Magnetspule

$$a_m = \frac{\text{Abkühlungsfläche in qcm}}{\text{Wattverlust}}$$

und die Temperaturerhöhung (durch Widerstandsmessung ermittelt)

$$T_m = \frac{600 - 800}{a_m}.$$

Die Temperaturerhöhungen des Kommutators und der Kollektorringe lassen sich nach der folgenden Formel berechnen

$$T_k = \frac{100 \text{ bis } 120}{a_k},$$

wo a_k die spezifische Kühlfläche auf Stillstand reduziert bedeutet; es ist

$$a_k = \frac{\pi D_k L_k}{W_u + W_r}(1 + 0{,}1\, v_k).$$

Die Koeffizienten der Wärmeabgabe konnten mit Rücksicht darauf, daß man bei Umformern weniger Abweichungen in der Konstruktion findet und die Umfangsgeschwindigkeit meist verhältnismäßig groß ist, in engeren Grenzen angegeben werden als bei Gleichstrommaschinen.

Sechsunddreißigstes Kapitel.

Beispiel und Formular zur Vorausberechnung.

211. Ausführliche Berechnung eines Einankerumformers. — 212. Zusammenstellung der Formeln für die Berechnung eines Einankerumformers.

211. Ausführliche Berechnung eines Einankerumformers.

Es ist ein Sechsphasenumformer von 300 KW Gleichstromleistung zu berechnen, dessen Gleichspannung bei allen Belastungen 820 Volt betragen soll.

Der zugeführte Wechselstrom hat die Periodenzahl 50. Der Wirkungsgrad soll bei Vollbelastung mindestens 93,5 % betragen. Für die zulässige Erwärmung sind die Vorschriften des Verbandes Deutscher Elektrotechniker maßgebend.

Wir führen den Umformer 6 polig aus ($n = 1000$) und versehen ihn mit Wendepolen.

Die doppelte Phasenspannung am Umformer beträgt:

$$P_w \cong \frac{P_g}{\sqrt{2}} = \frac{820}{\sqrt{2}} = 580 \text{ Volt.}$$

Bei Normallast wird ein Gleichstrom von

$$\frac{1000 \text{ KW}}{P_g} = \frac{1000 \cdot 300}{820} = 366 \text{ Amp.}$$

abgegeben. Diesem entspricht eine Wattkomponente des Linienstromes:

$$J_{lw} = \frac{1000 \text{ KW}}{\frac{m}{2} P_w \eta} = \frac{300000}{3 \cdot 580 \cdot 0{,}935} \cong 185 \text{ Amp.}$$

Nach Formel 466 ist die Änderung des wattlosen Stromes von Leerlauf bis Vollast:

$$\Delta J_{lwl} \cong - \frac{1}{x_l} \left(\frac{1}{2} \Delta P_w + J_{lw} r_l + \frac{J_{lw}^2 x_l^2}{P_w} \right).$$

Bei stark überkompoundierten Umformern muß x_l groß sein, damit ΔJ_{lwl} nicht zu groß wird. Andererseits darf mit Rücksicht auf die Überlastungsfähigkeit der Maschine als Synchronmotor die Reaktanzspannung des Vollastwattstromes $(J_{lw} x_l)$ nicht zu groß werden. Man nimmt dann am besten $J_{lw} x_l$ etwa gleich 40% der Phasenspannung $\frac{P_w}{2}$ an, woraus sich dann x_l ergibt. Da der zu berechnende Umformer jedoch nur flach kompoundiert ist, kann $J_{lw} x_l$ wesentlich kleiner angenommen werden, z. B.

$$J_{lw} x_l = 0{,}125 \frac{P_w}{2} \cong 36 \text{ Volt}$$

und

$$x_l = \frac{36}{185} \cong 0{,}2 \text{ Ohm.}$$

Sofern der (Streu-)Transformator eine kleinere Reaktanz pro Phase hat, muß eine Drosselspule vorgeschaltet werden. Nach Formel 457, S. 722 ist

$$P_g = \sqrt{2}\, P_w - \Delta P - J_g \left(R_a \sqrt{u_i^2 - \frac{8}{\pi^2}} + R_h + R_w \right),$$

wenn wir noch die Spannungsabfälle in Hauptschluß- und Wendepolwicklung berücksichtigen. Ferner ist

$$P_{g0} = \sqrt{2}\, P_{w0},$$

also für unseren Fall $(P_g = P_{g0})$

$$\Delta P_w = P_w - P_{w0} = \frac{\Delta P}{\sqrt{2}} + \frac{J_g}{\sqrt{2}} \left(R_a \sqrt{u_i^2 - \frac{8}{\pi^2}} + R_h + R_w \right).$$

Bei der Vorausberechnung sind R_a, R_h und R_w unbekannt (vorläufig auch u_i), und wir schätzen deswegen

$$\frac{1}{2} \Delta P_w \cong 0{,}01 \frac{P_w}{2} \cong 3 \text{ Volt.}$$

Ferner nehmen wir an

$$J_{lw} r_l = 0{,}02 \frac{P_w}{2} = 5{,}8 \text{ Volt.}$$

Es wird dann

$$\Delta J_{lwl} \cong -\frac{1}{0{,}2} \left(3 + 5{,}8 + \overline{\frac{36}{580}}^2 \right) \cong -55 \text{ Amp.}$$

$$\cong -0{,}3\, J_{lw}.$$

Bei stark überkompoundierten Umformern ist

$$\Delta P_w \cong \frac{1}{\sqrt{2}} (P_g - P_{g0}).$$

Wir können dann

$$\Delta P + J_g\left(R_a \sqrt{u_i^2 - \frac{8}{\pi^2}} + R_h + R_w\right)$$

vernachlässigen, oder durch einen kleinen Zuschlag berücksichtigen.

Wir wollen nun die Vorausberechnung durchführen für den Fall:

$$J_{lwl} = -15 \text{ Amp.},$$

$$J_{lwl0} = +40 \text{ Amp.},$$

was Phasengleichheit bei ungefähr $^3/_4$ der Vollbelastung entspricht.

Die primäre, auf sekundär reduzierte Phasenspannung des Transformators muß betragen:

$$P_1' = \frac{P_{w0}}{2} + J_{lwl0}\, x_l = 290 + 40 \times 0{,}2 = 298 \text{ Volt.}$$

Berechnung des Ankers. Zunächst bestimmen wir das Verhältnis der Stromwärmeverluste

$$\nu = 1 + u_i^2 + v_i^2 - \frac{16}{\pi^2}.$$

Aus der Tabelle für die Übersetzungsverhältnisse der Ströme eines Umformerankers (S. 706) entnehmen wir für Sechsphasenstrom und sinusförmiges Feld

$$u_i = 0{,}94.$$

Zur Berücksichtigung der Verluste des Umformers schlagen wir zu diesem Werte noch $3\,^0/_0$ zu und rechnen also mit

$$u_i = 1{,}03 \times 0{,}94 \cong 0{,}97$$

und

$$v_i = \frac{J_{lwl}}{J_{lw}}\, u_i = \frac{15}{185}\, 0{,}97 \cong 0{,}079,$$

also

$$\nu = 1 + \overline{0{,}97}^2 + \overline{0{,}079}^2 - \frac{16}{\pi^2} \cong 0{,}32.$$

Der Anker ist also ebenso zu dimensionieren wie der einer Gleichstrommaschine von der Leistung

$$W_g \sqrt{\nu} = 300 \sqrt{0{,}32} \cong 170 \text{ KW},$$

der Spannung 820 Volt und der Stromstärke

$$J_g \sqrt{\nu} = 366 \sqrt{0{,}32} \doteq 208 \text{ Amp.}$$

Bei schnellaufenden hochperiodigen Umformern für hohe Gleichspannung muß AS klein gewählt werden. Wir wählen $AS = 150$, $B_l = 7500$, $\alpha_i = 0{,}65$ und erhalten aus Formel 489

$$M = \frac{6 \cdot 10^{11}}{\alpha_i B_l AS} = \frac{6 \cdot 10^{11}}{0{,}65 \cdot 7500 \cdot 150} \cong 82 \cdot 10^4,$$

ein Wert, der wesentlich höher liegt als die Kurven Fig. 504 angeben, weil die Gleichspannung (820 Volt) sehr hoch und deshalb mehr Platz für die Isolation nötig ist.

Es wird nun

$$D^2 l_i = \frac{\sqrt{\nu}\, M\, KW}{n} = \frac{46 \cdot 10^4 \cdot 300}{1000} = 13{,}8 \cdot 10^4.$$

Für die Zerlegung dieses Produktes gehen wir von der maximal zulässigen Umfangsgeschwindigkeit des Ankers aus und wählen

$$v = 32 \text{ m/sek}, \quad \text{also} \quad \tau = 32 \text{ cm}.$$

Es wird dann

$$D = \frac{2 p \tau}{\pi} = \frac{6 \cdot 32}{\pi} = 61{,}2 \text{ cm}.$$

Wir wählen nun:

$$\boldsymbol{D = 62 \text{ cm}}$$

$$l_i = \frac{13{,}8 \cdot 10^4}{\overline{62}^2} \cong \mathbf{36 \text{ cm}}$$

$$v = 32{,}5 \text{ m/sek}$$

$$\tau = 32{,}5 \text{ cm}$$

$$b_i = 0{,}65 \cdot 32{,}5 = 21{,}1 \text{ cm}.$$

Wir ordnen 5 Luftschlitze von 10 mm an und setzen

die Eisenlänge ohne Luftschlitze $l = 34$ cm,
" " mit Luftschlitzen $l_1 = 39$ cm,
" Länge des Polschuhes . . $l_p = 37$ cm.

Wegen der gewünschten Symmetrie für die Anschlüsse an die Schleifringe wählen wir Schleifenwicklung ($a = 3$), so daß die effektive Stromstärke pro Zweig

$$i_a = \frac{(J_g + i_n)\sqrt{\nu}}{2a} \cong \frac{367{,}5 \sqrt{0{,}32}}{6} \cong 34{,}7 \text{ Amp.}$$

wird, wo die Nebenschlußstromstärke zu 1,5 Amp. geschätzt wurde.

Die Zahl der Ankerdrähte ergibt sich aus

$$N = \frac{\pi D AS}{i_a} = \frac{\pi \cdot 62 \cdot 150}{34{,}7} = 840.$$

Diese Zahl soll durch $am = 3 \cdot 6 = 18$ teilbar sein, und außerdem durch die Anzahl Spulenseiten pro Nut. Wählen wir 10 Spulenseiten pro Nut (entsprechend einem effektiven Stromvolumen von 350 Amp. und einem ideellen zu kommutierenden Stromvolumen von 615 Amp.), so muß N durch 90 teilbar sein. Wir wählen, auch mit Rücksicht auf $P_{k\,max}$ (s. S. 829):

$$N = 900$$

$$Z = \frac{900}{10} = 90.$$

Es wird dann:

$$AS = \frac{34{,}7 \cdot 900}{\pi \cdot 62} \cong 160.$$

Bei der Festsetzung der Wicklungsschritte ist zu beachten, daß

$$y_1 = u_n y_n + 1 = 10\, y_n + 1$$

sein muß, wenn die Spulenseiten gemeinsam isoliert in die Nuten eingelegt werden sollen[1]).

Die beiden Wicklungsschritte werden:

$$y_1 = \frac{s + b}{2p} = \frac{900 + 6}{6} = 151 = 10 \cdot 15 + 1$$

und

$$y_2 = \frac{s + b}{2p} \mp 2 = \frac{900 + 6}{6} - 2 = 149.$$

Jeder Schleifring ist mit $a = 3$ Punkten der Wicklung zu verbinden, die voneinander um $\frac{900}{3} = 300$ Stäbe entfernt sind. Die Anschlußpunkte der einzelnen Schleifringe sind gegenseitig um $\frac{s}{ma} = \frac{N}{ma} = \frac{900}{6 \cdot 3} = 50$ Stäbe voneinander entfernt. Es sind also die Stäbe 1, 301 und 601 mit dem ersten Schleifring, die Stäbe 51, 351 und 651 mit dem zweiten, 101, 401 und 701 mit dem dritten, 151, 451 und 751 mit dem vierten Schleifring usw. zu verbinden. Die sechs Schleifringe sind zu gleicher Zeit Ausgleichringe. Außerdem bringen wir noch 24 Ausgleichsysteme (Drahtdurchmesser etwa 3 mm), also zusammen 30 Systeme mit je drei Anschlüssen an. Es werden somit die Stäbe 11, 311 und 611, auch 21, 321 und 621 usw. je an einen Ausgleichring angeschlossen.

Zur Bestimmung der Stabdimensionen wählen wir $s_a = 3$ und finden

$$q_a = \frac{34{,}7}{3} = 11{,}6 \text{ qmm.}$$

---

[1]) WT III, S. 94.

Wir berechnen nun zuerst die Nutenweite, indem wir eine maximale Zahninduktion $B_{z\,i\,max} \cong 21000$ annehmen.

Der Kraftfluß Φ bei einer induzierten EMK bei Vollast von etwa 830 Volt (der Spannungsabfall im Anker und unter den Bürsten ist klein) ist

$$\Phi = \frac{60\,E_g\,a\,10^8}{N n p} = \frac{60 \cdot 830 \cdot 3 \cdot 10^8}{900 \cdot 1000 \cdot 3} = 5{,}53 \cdot 10^6$$

und die Luftinduktion

$$B_l = \frac{\Phi}{b_i l_i} = \frac{5{,}53 \cdot 10^6}{21{,}1 \cdot 36} = 7300.$$

Da

$$t_1 = \frac{\pi D}{Z} = \frac{\pi \cdot 620}{90} = 21{,}6 \text{ mm},$$

finden wir als minimale Zahnstärke

$$z_2 = \frac{t_1 B_l l_i}{k_2 B_{z\,i\,max}\, l} = \frac{21{,}6 \cdot 7300 \cdot 36}{0{,}9 \cdot 21000 \cdot 34} \cong 8{,}8 \text{ mm}.$$

Schätzen wir die Nutentiefe zu 35 mm, so ergibt sich

$$t_2 = t_1 \frac{550}{620} \cong 19{,}2 \text{ mm}.$$

und eine Nutenweite

$$t_2 - z_2 = 19{,}2 - 8{,}8 = 10{,}4 \text{ mm}.$$

Wir wählen eine Nutenweite von 10,5 mm. Bei 800 Volt und 5 Stäben nebeneinander in einer Nut gehen hiervon für Isolation und Spielraum nach Tabelle S. 814 etwa 7 mm ab. Bei sorgfältiger Ausführung genügen 6 mm, besonders weil die Spulenseiten vor dem Einlegen in die Nut gemeinsam isoliert werden können, so daß sich die Breite eines Stabes zu

$$\frac{10{,}5 - 6}{5} = 0{,}9 \text{ mm}$$

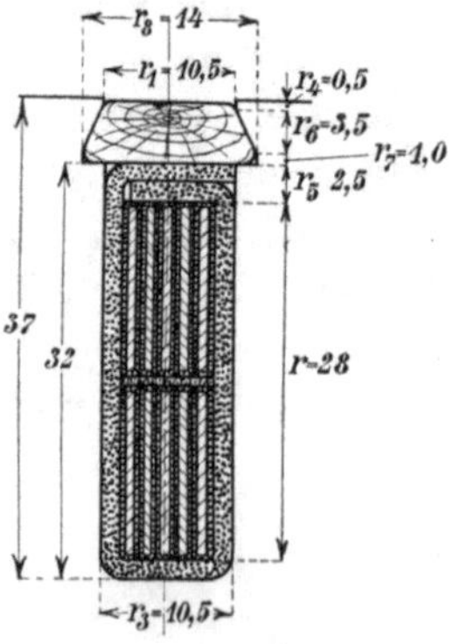

Fig. 506.

ergibt. Die Höhe eines Stabes wird

$$\frac{11{,}6}{0{,}9} \cong 13 \text{ mm}.$$

Es wird nun

$$s_a = \frac{34{,}7}{0{,}9 \cdot 13} = 2{,}96.$$

Die Nuten werden $2 \times 13 + 11 = 37$ mm tief. Sie sind in Fig. 506 aufgezeichnet.

Die Berechnung des Ankers ist nun bis auf die Bestimmung der Eisenhöhe h vollendet. Wir wählen bei 50 Perioden $B_a = 9000$, dann wird die Eisenhöhe ohne Zahnhöhe

$$h = \frac{\Phi}{2 k_2 l B_a} = \frac{5,53 \cdot 10^6}{2 \cdot 0,9 \cdot 34 \cdot 9000} \cong 10 \text{ cm}.$$

Um eine runde Zahl für den inneren Durchmesser D_i zu erhalten, setzen wir $h = 9,8$ cm, dann wird

$$D_i = 62 - 2\,(3,7 + 9,8) = 35 \text{ cm}.$$

Kommutator. Die Lamellenzahl ist

$$K = \frac{N}{2} = 450.$$

Wir wählen mit Rücksicht auf die Umfangsgeschwindigkeit des Kollektors, die wenn möglich kleiner als 25 m/sek sein soll, die Lamellenbreite klein, also etwa 3,2 mm; die Isolationsstärke zwischen den Lamellen zu 0,6 mm und erhalten

$$D_k = \frac{450 \cdot 3,8}{\pi} = 544 \text{ mm}.$$

Wir wählen $D_k = 540$ mm, die Lamellenbreite wird dann 3,17 mm.

Die maximale Spannung zwischen zwei Lamellen wird

$$P_{k\,max} \cong \frac{\pi p P_g}{K} = \frac{\pi \cdot 3 \cdot 820}{450} = 17,1 \text{ Volt},$$

was zulässig ist.

Die Kommutatorumfangsgeschwindigkeit wird

$$v_k = \frac{\pi D_k n}{60} = \frac{\pi \cdot 54 \cdot 1000}{60} = 28,2 \text{ m/sek},$$

ein allerdings sehr hoher, aber bei der kleinen Kommutatorlänge gerade noch zulässiger Wert.

Bürsten. Für die Stromstärke $J_g = 366$ Amp. ist bei 4,5 Amp./qcm Stromdichte unter den Bürsten eine Kontaktfläche aller Bürsten

$$F_b = \frac{2 J_g}{4,5} \cong 162 \text{ qcm}$$

notwendig. Die Bürstenbreite sei zu 18 mm, die Länge zu 50 mm gewählt. Die Anzahl Bürsten pro Stift beträgt dann

$$\frac{162}{6 \cdot 1,8 \cdot 5} = 3.$$

Die nutzbare Länge des Kollektors muß dann 18 bis 20 cm betragen.

Schleifringe. Jedem Schleifring wird eine Stromstärke

$$J_l = \sqrt{J_{lw}^2 + J_{lwl}^2} = \sqrt{185^2 + 15^2} \cong 186 \text{ Amp.}$$

zugeführt. Wir verwenden weiche Kohlenbürsten, die eine Stromdichte von etwa 20 Amp./qcm zulassen. Da die Stromstärke pro Schleifring klein ist und wir wenigstens zwei Bürsten auf jedem Ring schleifen lassen wollen, wird hier die Stromdichte nur rund 10 Amp., wenn die Bürstenabmessungen 30×30 sind.

Der Kurve I (Fig. 505) entnehmen wir, daß der Spannungsabfall unter einer weichen Kohlenbürste bei 10 Amp. Stromdichte etwa 0,5 Volt beträgt. (In der Figur ist der Spannungsabfall 1,0 Volt unter zwei hintereinander geschalteten Bürsten aufgetragen.) Der Übergangsverlust pro Ring wird also

$$W_u' = 186 \times 0{,}5 = 93 \text{ Watt.}$$

Bei einem Ringdurchmesser von 38,5 cm beträgt die Umfangsgeschwindigkeit $v_k' = 20$ m/sek. Setzen wir die Bürsten mit einem Druck $g' = 0{,}12$ kg/qcm auf, und nehmen wir den Reibungskoeffizienten der Kohlen ϱ' zu 0,25 an, so erhalten wir einen Reibungsverlust pro Ring:

$$W_r' = 9{,}81\, F_b'\, v_k'\, g'\, \varrho' = 9{,}81 \cdot 18 \cdot 20 \cdot 0{,}12 \cdot 0{,}25 = 106 \text{ Watt.}$$

Der Gesamtverlust pro Ring beträgt also

$$93 + 106 \cong 200 \text{ Watt.}$$

Nehmen wir pro Watt eine Kühlfläche von 3,5 qcm, so brauchen wir eine Ringfläche

$$\pi D_k' b_k' = \frac{a_k'(W_u' + W_r')}{1 + 0{,}1\, v_k'} = \frac{3{,}5 \cdot 200}{1 + 0{,}1 \cdot 20} \cong 230 \text{ qcm.}$$

Die minimale Breite des Kollektorringes wird somit

$$b_k' = \frac{230}{\pi \cdot 38{,}5} = 1{,}9 \text{ cm.}$$

Wir wählen aus konstruktiven Gründen, und damit wir eine 3 cm breite Bürste verwenden können, $b_k' = 35$ mm. Wie zu erwarten, bleibt die Temperaturerhöhung der Schleifringe bei der kleinen Stromstärke und hohen Umfangsgeschwindigkeit weit unter der zulässigen.

Luftspalt. Aus der Formel

$$\delta \cong \frac{(1{,}2 \text{ bis } 2)\, b_i\, AS - AW_z}{1{,}6\, k_1\, B_l}$$

ergibt sich $\delta = 5$ mm. Trotzdem der Umformer mit Wendepolen versehen werden soll, wählen wir mit Rücksicht auf die hohe Umfangsgeschwindigkeit

$$\delta = 6 \text{ mm}.$$

Magnetschenkel und Joch. Wir wählen lamellierte Pole und Polschuhe. In die Polschuhe wird eine Dämpferwicklung angeordnet, um ein den Betrieb störendes Pendeln zu verhüten. Zu diesem Zwecke werden 4 Kupferstäbe (15 mm Durchmesser) in die Polschuhe eingelegt und durch Querverbindungsstücke kurzgeschlossen.

Da eine Windung, die den ganzen Kraftfluß umfaßt, besonders wirksam ist, soll außerdem die Erregerwicklung durch einen in sich geschlossenen Messingring unterstützt werden.

Wir nehmen einen Streuungskoeffizienten $\sigma = 1{,}15$ an; es wird dann

$$\Phi_m = \sigma \Phi = 1{,}15 \cdot 5{,}53 \cdot 10^6 \cong 6{,}4 \cdot 10^6.$$

Bei der Dimensionierung des Kernes müssen wir beachten, daß die Induktion in dem Eisen zwischen den Dämpferstäben viel höher ist als in den übrigen Teilen des Kernes. Lassen wir dort eine maximale Induktion von 19000 zu, so wird der erforderliche Eisenquerschnitt an der betreffenden Stelle

$$\frac{6{,}4 \cdot 10^6}{19000} = 336 \text{ qcm},$$

was, bei einer Pollänge von 37 cm, einer Eisenbreite von rund 9 cm entspricht. Da wir 4 Kupferstäbe mit je 15 mm Durchmesser angebracht haben, wird die erforderliche Kernbreite $9 + 4 \cdot 1{,}5 = 15$ cm.

Zur Kontrolle berechnen wir noch

$$B_m = \frac{6{,}4 \cdot 10^6}{15 \cdot 37} = 11\,500.$$

Die Schenkellänge schätzen wir, da wir auch eine Hauptschlußwicklung haben, vorerst zu 25 cm, inklusive Polschuhhöhe. Die Kraftlinienlänge in den Polen wird dann $L_m \cong 50$ cm. Für das Joch, das aus Stahlguß hergestellt sei, wählen wir $B_j = 12000$ und finden den Jochquerschnitt

$$Q_j = \frac{6{,}4 \cdot 10^6}{2 \cdot 12\,000} \cong 270 \text{ qcm}.$$

Die Hauptabmessungen sind nunmehr ermittelt und können in einer Skizze (Fig. 507) zusammengestellt werden.

Berechnung der Erregung bei Leerlauf. Bei Leerlauf ist eine EMK

$$P_{g0} - 2\sqrt{2}\, J_{lwl0}\, x_{s1}'$$

zu induzieren.

Wir berechnen zunächst zur Bestimmung der Reaktanz $2\,x'_{s1}$ einer Doppelphase die Summe der Leitfähigkeiten $\Sigma(l_x \lambda_x)$.

Die äquivalente Leitfähigkeit um die Nuten ist:

$$\lambda_n = 1{,}25\left(\frac{r}{3\,r_3} + \frac{r_5}{r_3} + \frac{r_7}{r_8} + \frac{2\,r_6}{r_1 + r_8} + \frac{r_4}{r_1}\right)$$

$$= 1{,}25\left(\frac{28}{31{,}5} + \frac{2{,}5}{10{,}5} + \frac{1}{14} + \frac{7}{24{,}5} + \frac{0{,}5}{10{,}5}\right) = 1{,}9.$$

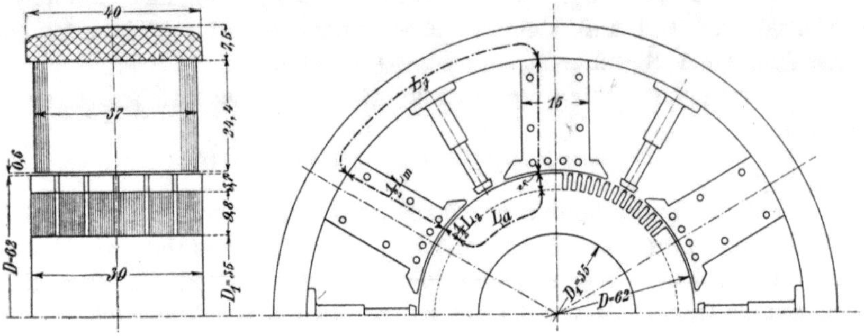

Fig. 507.

Die Stäbe einer Doppelphase sind bei einer unveränderten Gleichstromwicklung in

$$q = \frac{Z}{2\,p\,\frac{m}{2}} = \frac{90}{6\cdot 3} = 5$$

Nuten pro Pol verteilt.

Nach Formel 11 ist dann

$$\lambda_k = 0{,}92 \log \frac{\pi\, t_1}{2\,r_1} + 0{,}67 = 0{,}92 \log \frac{\pi \cdot 21{,}6}{2 \cdot 10{,}5} + 0{,}67 = 1{,}14.$$

Die Leitfähigkeit um die Stirnverbindungen schätzen wir zu 0,7. Wir erhalten somit

$$\Sigma(l_x \lambda_x) = l_i(\lambda_n + \lambda_k) + l_s \lambda_s = 36\,(1{,}9 + 1{,}14) + 46 \cdot 0{,}7 \cong 142.$$

Als erste Annäherung können wir für $l_s \cong 1{,}4\,\tau + 5 \cong 50$ cm einführen. In der obigen Formel ist die der aufgezeichneten Wicklung entnommene wirkliche Länge von 46 cm eingeführt.

Die Reaktanz pro Doppelphase ist somit

$$2\,x'_{s1} = \frac{1}{4 \sin^2 \frac{\pi}{m}} \frac{4\,\pi\, c \left(\frac{N}{a\,m}\right)^2}{p\, q\, 10^8} \Sigma\,(l_x \lambda_x) = \frac{4\,\pi\, c \left(\frac{N}{a\,m}\right)^2}{p\, q\, 10^8} \Sigma\,(l_x \lambda_x),$$

da für $m = 6$

$$4 \sin^2 \frac{\pi}{m} = 4 \sin^2 30 = 1$$

wird, also

$$2\, x'_{s\,1} = \frac{4\,\pi \cdot 50 \cdot \overline{50}^2}{3 \cdot 5 \cdot 10^8}\, 142 \cong 0{,}15 \text{ Ohm.}$$

Bei Leerlauf fließt in der Ankerwicklung ein wattloser Strom

$$J_{wl\,0} = J_{l\,wl\,0} = 40 \text{ Amp.}$$

Die bei Leerlauf zu induzierende EMK wird somit

$$P_{g\,0} - 2\sqrt{2}\, J_{l\,wl\,0}\, x'_{s\,1} = 820 - \sqrt{2} \cdot 40 \cdot 0{,}15 \cong 812 \text{ Volt,}$$

und der Kraftfluß pro Pol ist

$$\Phi_0 = \frac{60\, a\, E\, 10^8}{N\, n\, p} = \frac{60 \cdot 812 \cdot 10^8}{900 \cdot 1000} = 5{,}42 \cdot 10^6.$$

Bei diesem Kraftfluß ergeben sich folgende Induktionen:

$$B_{l\,0} = \frac{\Phi_0}{b_i\, l_i} = \frac{5{,}42 \cdot 10^6}{21{,}1 \cdot 36} = 7130$$

$$B_{a\,0} = \frac{\Phi_0}{2\, l\, h\, k_2} = \frac{5{,}42 \cdot 10^6}{2 \cdot 34 \cdot 9{,}8 \cdot 0{,}9} = 9040$$

$$B_{z\,max} = \frac{B_{l\,0}\, t_1\, l_i}{z_{min}\, k_2\, l} = \frac{7130 \cdot 21{,}6 \cdot 36}{8{,}5 \cdot 0{,}9 \cdot 34} = 21\,400$$

$$B_{z\,mitt} = \frac{z_{min}}{z_{mitt}}\, B_{z\,max} = \frac{8{,}5}{9{,}8}\, 21\,400 = 18\,500$$

$$B_{z\,min} = \frac{z_{min}}{z_{max}}\, B_{z\,max} = \frac{8{,}5}{11{,}1}\, 21\,400 = 16\,400$$

und entsprechend den betreffenden Werten von k_3

$$aw_{z\,max} = 370$$

$$aw_{z\,mitt} = 110$$

$$aw_{z\,min} = 45.$$

Da der Streuungskoeffizient $\sigma = 1{,}15$ angenommen wurde, wird

$$\Phi_{m\,0} = 1{,}15 \cdot 5{,}42 \cdot 10^6 \cong 6{,}23 \cdot 10^6$$

$$B_{m\,0} = \frac{6{,}23 \cdot 10^6}{15 \cdot 37} = 11\,200$$

$$B_{j\,0} = \frac{\Phi_{m\,0}}{2\, Q_j} = \frac{6{,}23 \cdot 10^6}{2 \cdot 270} \cong 11\,500.$$

Die mittleren Kraftlinienwege können wir der Skizze der Hauptabmessungen (Fig. 507) entnehmen. Annähernd können diese für Joch und Anker auch gleich der Polteilung des Schwerpunktkreises gesetzt werden.

Wir erhalten dann:

$$L_a = \frac{(D_i + h)\pi}{2p} = \frac{(35,0 + 9,8)\pi}{6} \cong 23,5 \text{ cm}$$

$$L_j = \frac{(D + 2\delta + 2h_m + h)\pi}{2p} = \frac{(62 + 1,2 + 50 + 7,5)\pi}{6} = 63 \text{ cm}$$

$$L_z = 2 \cdot 3,7 = 7,4 \text{ cm}$$

$$L_m = 50 \text{ cm.}$$

Mit Hilfe der Magnetisierungskurven (Tafel XVIII) ergeben sich dann folgende Amperewindungen:

$$AW_{l0} = 1,6\, k_1\, B_{l0}\, \delta = 1,6 \cdot 1,14 \cdot 7130 \cdot 0,6 = 7800$$

$$AW_{a0} = aw_a\, L_a = 3 \cdot 23,5 = 70$$

$$AW_{z0} = \frac{aw_{z\,max} + 4\, aw_{z\,mitt} + aw_{z\,min}}{6} L_z = 1060$$

$$AW_{m0} = aw_m\, L_m = 10,5 \cdot 50 = 525$$

$$AW_{j0} = aw_j\, L_j = 10,5 \cdot 63 = 660$$

$$AW'_{k0} = 10115$$

$$AW'_{t0} = p \cdot AW'_{k0} = 3 \cdot 10115 = 30345$$

Für k_1 ist der Wert 1,14 eingeführt, der folgendermaßen berechnet werden kann

$$k_1 = \frac{t_1}{z_1 + \delta X}.$$

Den Wert X entnehmen wir für

$$\nu = \frac{t_1 - z_1}{\delta} = \frac{10,5}{6} = 1,75$$

aus Fig. 67, S. 78 zu $X = 1,3$ und erhalten

$$k_1 = \frac{21,6}{11,1 + 1,3 \cdot 6} = 1,14.$$

Von AW'_{t0} sind noch die magnetisierenden Amperewindungen des phasenverspäteten Stromes bei Leerlauf abzuziehen:

$$AW_{e0} = k_0\, f_{w1} \frac{N}{2a} J_{wl0} = 0,76 \cdot 0,96\, \frac{900}{6}\, 40 = 4370.$$

Die bei Leerlauf notwendigen Amperewindungen der Nebenschlußwicklung sind somit:

$$AW_{t0} = AW'_{t0} - AW_{e0} = 30345 - 4370 \cong 26000.$$

Berechnung der Erregung bei Belastung. Bei normaler Belastung ist eine EMK

$$P_g + \varDelta P + J_g(R_h + R_w) - 2\sqrt{2}\,J_{lwl}\,x'_{s1}$$

zu induzieren.

Nehmen wir als Spannungsabfall unter den Bürsten ca. 3 Volt an, weil wir für die hohe Spannung sehr harte Kohlen verwenden, und für $J_g(R_h + R_w) \cong 2{,}2$ Volt, so ergibt sich die bei Normallast zu induzierende EMK zu:

$$820 + 3 + 2{,}2 + \sqrt{2} \cdot 15 \cdot 0{,}15 \cong 828 \text{ Volt.}$$

Die Induktionen bei Belastung finden wir, indem wir die für Leerlauf ermittelten Werte im Verhältnisse

$$\frac{828}{812} \cong 1{,}02$$

erhöhen[1]).

Wir erhalten demnach:

$$B_l = 1{,}02 \cdot 7130 = 7270 \qquad AW_l = 1{,}02 \cdot 7800 = 7950$$

$$B_a = 1{,}02 \cdot 9040 = 9220 \qquad AW_a = 3 \cdot 23{,}5 \doteq 70$$

$$B_{z\,max} = 1{,}02 \cdot 21400 = 21830 \qquad aw_{z\,max} = 440$$

$$B_{z\,mitt} = 1{,}02 \cdot 18500 = 18870 \qquad aw_{z\,mitt} = 140$$

$$B_{z\,min} = 1{,}02 \cdot 16400 = 16730 \qquad aw_{z\,min} = 55$$

$$AW_z = \frac{aw_{z\,max} + 4\,aw_{z\,mitt} + aw_{z\,min}}{6} L_z = 1300$$

$$B_m = 1{,}02 \cdot 11200 = 11420 \qquad AW_m = 10{,}5 \cdot 50 = 525$$

$$B_j = 1{,}02 \cdot 11500 = 11730 \qquad AW_j = 11 \cdot 63 = 690$$

$$AW'_k = 10535$$

$$AW'_t = p\,AW'_k = 3 \cdot 10535 = 31605$$

$$AW_e = k_0 f_{w1} \frac{N}{2a} J_{wl} = -0{,}76 \cdot 0{,}96 \frac{900}{6} 15 = -1650.$$

---

[1]) Bei flach kompoundierten Umformern ist es im allgemeinen unnötig, die Berechnung der Induktionen sowohl für Leerlauf als für Vollast auszuführen. Da sie jedoch bei stark überkompoundierten Umformern zur Notwendigkeit wird, ist sie der Vollständigkeit halber im vorliegenden Falle durchgeführt. Der Einfluß des Wendekraftflusses auf die Amperewindungszahl der Hauptpole ist jedoch vernachlässigt worden. Er kann nach dem in Bd. II der Gleichstrommaschine S. 282 u. f. gebrachten Verfahren berücksichtigt werden.

Totale Amperewindungszahl bei Normallast

$$AW_t = AW_t' - AW_e = 31605 + 1650 \cong 33250.$$

Erregerwicklung. a) Nebenschlußwicklung: Die mittlere Länge einer Windung beträgt:

$$l_n \cong 2\,[15 + 37 + 2\,(2 + 7)] = 140 \text{ cm}.$$

Die Amperewindungszahl der Nebenschlußwicklung bei Leerlauf ist zwar AW_{t0}, wir dürfen aber die Nebenschlußwicklung nicht diesem Werte entsprechend dimensionieren. Der Umformer wird mit einem Hilfsmotor angelassen und dann an der Wechselstromseite parallel geschaltet. Dann muß die Gleichstromerregung allein das Feld erzeugen. Außerdem muß, abgesehen von dem kleinem Spannnungsabfall des Leerlaufstromes, $820 = \frac{812 + 828}{2}$ Volt induduziert werden. Wir rechnen deswegen mit

$$AW_{t0}'' = \frac{AW_{t0}' + AW_t'}{2} \cong 31000.$$

Außerdem kann es vorkommen, daß die Netzperiodenzahl etwas zu niedrig ist, und auch in diesem Falle ist es erwünscht, anstandslos parallel schalten zu können.

Wir machen daher:

$$q_n = \frac{AW_{t0}''\, l_n (1 + 0{,}004\, T_m)}{5700\, P_{g0}}\, 1{,}2 = \frac{31000 \cdot 140 \cdot 1{,}16}{5700 \cdot 820}\, 1{,}2 \cong 1{,}3 \text{ qmm}.$$

Wir führen deswegen die Wicklung mit einem Drahte von 1,3/1,8 mm Durchmesser aus.

Bei Annahme einer Stromdichte $s_n = 1{,}15$ wird die Stromstärke in der Nebenschlußwicklung bei Leerlauf $i_{n0} = 1{,}32 \cdot 1{,}15 = 1{,}52$ Amp., und wir brauchen im ganzen

$$w_n = \frac{AW_{t0}}{i_{n0}} = \frac{26000}{1{,}52} \cong 17000 \text{ Windungen}.$$

Wir wählen 2800 Windungen pro Spule (Pol), also $6 \cdot 2800 = 16800$ Windungen total. Der Widerstand der Nebenschlußwicklung ist warm:

$$R_n = \frac{1{,}16 \cdot 16800 \cdot 140}{5700 \cdot 1{,}32} = 363 \text{ Ohm}$$

und kalt nur ca. 313 Ohm.

Der Vorschaltwiderstand bei normalem Leerlauf (Nebenschlußwicklung kalt) beträgt:

$$\frac{P w_n}{AW_{t0}} - 313 = \frac{820 \cdot 16800}{26000} - 313 \cong 220 \text{ Ohm}.$$

b) Hauptschlußwicklung. Die Hauptschlußwicklung erhält

$$w_h = \frac{AW_t - \frac{P_g}{P_{g0}} AW_{t0}}{J_g} \text{ Windungen.}$$

Für unseren Fall ist $P_g = P_{g0}$, also

$$w_h = \frac{33250 - 26000}{366} = \frac{7250}{366} \cong 20 \text{ Windungen.}$$

Die Änderung des wattlosen Stromes von Leerlauf bei Vollast bedingt eine Änderung der magnetisierenden Amperewindungen von

$$AW_{e0} - AW_e = 4370 + 1650 = 6020.$$

Die Hauptschlußwicklung hat erstens diese AW zu liefern und außerdem 7250 — 6020 = 1230 AW, entsprechend der Änderung des Kraftflusses von Leerlauf bis Belastung. Da im vorliegenden Falle diese Änderung klein ist, und gerade die den Sättigungsänderungen entsprechenden AW nicht genau berechnet werden können, weil die Permeabilität des Eisens nicht genau bekannt ist, genügt hier eine kleine Sicherheit.

Da der Umformer außerdem mit Wendepolen versehen ist, und somit die Kompoundierung durch eine geringe Bürstenverschiebung eingestellt werden kann, bringen wir 3,5 Windungen pro Pol, also total 21 Windungen an.

Bei überkompoundierten Umformern, wo sich die Sättigungsverhältnisse von Leerlauf bis Vollast stark ändern, empfiehlt es sich, mit einer größeren Sicherheit zu rechnen und etwa 10 bis 15% mehr Windungen anzuordnen.

Berechnung der Wendepole. Der Umformer soll mit $2p = 6$ Wendepolen versehen werden. Die erforderliche Wendefeldstärke ist somit nach Gl. 475

$$B_{wl} = 2 AS_{id} \left(\lambda_{NS} \frac{t_1}{t_1 + b_D - \frac{a}{p} \beta_D} \frac{l_1}{l_w} + k \lambda_{q0} \frac{l_1 - l_w}{l_w} \right).$$

Es ist

$$AS_{id} = \frac{AS}{\sqrt{\nu}} = \frac{160}{\sqrt{0,32}} = 282$$

$$t_1 = 21,6$$

$$b_D = 18 \frac{62}{54} = 20,7$$

$$\beta_D = 3,17 \frac{62}{54} = 3,64$$

$$l_1 = 39$$
$$l_w = 24$$
$$k = 0{,}19 \text{ (der Sicherheit wegen rechnen wir hier mit dem Werte für den verlustlosen Umformer)}$$
$$\lambda_{q0} \cong 3,$$

also

$$B_{wl} = 2 \cdot 282 \left(2{,}91 \, \frac{21{,}6}{38{,}7} \, \frac{39}{24} + 0{,}19 \cdot 3 \, \frac{15}{24}\right) \cong 1700.$$

Die erforderliche Wendefeldbreite ist

$$b_{wi} = t_1 + b_D - \frac{a}{p} \beta_D = 38{,}7 \text{ mm}.$$

Wir wählen $b_w = 38$ mm, infolge der seitlichen Streuung wird dann die totale Wendefeldbreite etwas größer als $2\,t_1$.

Die erforderliche Amperewindungszahl wird:

$$AW_w = k \tau AS_{id} + AW_N$$
$$k \tau AS_{id} = 0{,}19 \cdot 32{,}5 \cdot 282 = 1740.$$

AW_N setzt sich aus den Amperewindungen für Luft, Zähne, Wendepolschenkel, Armatureisen und Joch zusammen.

$$AW_l = 1{,}6\, B_{wl}\, \delta_w\, k_1 = 1{,}6 \cdot 1700 \cdot 0{,}6 \cdot 1{,}14 = 1860.$$

Der Luftkraftfluß unter dem Wendepol ist gleich:

$$\Phi_{wa} = B_{wl}\, b_{wi}\, l_{wi} = B_{wl} (b_w + 4{,}5\,\delta_w)(l_w + 3\,\delta_w)$$
$$= 1700\,(3{,}8 + 4{,}5 \cdot 0{,}6)(24 + 3 \cdot 0{,}6) \cong 0{,}285 \cdot 10^6.$$

Da Einankerumformer verhältnismäßig wenig Amperewindungen auf den Wendepolen brauchen, kann das Kupfer sehr nahe der Armaturoberfläche angeordnet werden, und σ_k wird nicht sehr groß sein. Wir schätzen

$$\sigma_k = 1{,}5.$$

Es ist dann

$$\Phi_{wm} \cong 1{,}5 \cdot 0{,}285 \cdot 10^6 \cong 0{,}42 \cdot 10^6.$$

In Fig. 507 sind nun auch die Wendepole eingezeichnet. Der Querschnitt des unteren (bewickelten) Teiles ist $19 \times 3 = 57$ qcm, über eine Höhe von ca. 10 cm.

$$B_{wm} = \frac{0{,}42 \cdot 10^6}{57} = 7350.$$

Die ausführliche Berechnung von AW_N ist in „Die Gleichstrommaschine" behandelt. Wir schätzen hier

$$AW_N \cong 1{,}2\, AW_l \cong 1{,}2 \cdot 1860 \cong 2230,$$

so daß die erforderliche Amperewindungszahl eines Wendepolpaares sich ergibt zu

$$AW_w = k\tau AS_{id} + AW_N = 1740 + 2230 = 3970.$$

Wir bringen somit pro Wendepol $\frac{3970}{2 \cdot 366} \cong 5{,}5$ Windungen an mit demselben Querschnitt ($6{,}4 \times 25$) als die Hauptschlußwicklung hat.

Der Widerstand der gesamten Wendepolwicklung wird dann

$$R_w = \frac{l_w w_w}{5700\, q_e}(1 + 0{,}004\, T_w) = \frac{0{,}54 \cdot 6 \cdot 6 \cdot 1{,}16}{5700 \cdot 6{,}4 \cdot 25} \cong 0{,}0025 \text{ Ohm};$$

in welcher Formel für w_w der Wert $6 \cdot 6$ (statt $6 \cdot 5{,}5$) eingeführt ist, um auch den Widerstand der Verbindungen zwischen den einzelnen Wendepolwicklungen zu berücksichtigen.

Da die vorhandene Amperewindungszahl nicht genau mit der für eine geradlinige Kommutation erforderlichen übereinstimmt, wäre noch zu prüfen, ob die hierdurch hervorgerufene fehlerhafte Feldstärke zulässig ist. Im allgemeinen ist jedoch eine solche Nachprüfung nicht notwendig, und da sie genau so wie bei Gleichstrommaschinen vorgenommen wird, sei hier auf das betreffende Kapitel in „Die Gleichstrommaschine" hingewiesen.

Verluste, Wirkungsgrad und Temperaturerhöhungen. a) Eisenverluste. Die Hysteresiskonstante σ_h nehmen wir zu 2, die Wirbelstromkonstante σ_w bei der vorliegenden Periodenzahl $c = 50$ zu $\sigma_w = 15$ an.

Eisenvolumen des Ankerkernes:

$$V_a = \pi(D_i + h)\, l h k_2 10^{-3} = \pi(35 + 9{,}8)\, 34 \cdot 9{,}8 \cdot 0{,}9 \cdot 10^{-3} = 42{,}3 \text{ cbdm}.$$

Hysteresisverlust im Ankerkern:

$$W_{ha} = \sigma_h \left(\frac{c}{100}\right)\left(\frac{B_a}{1000}\right)^{1,6} V_a = 2 \cdot 0{,}5\,(9{,}22)^{1,6}\, 42{,}3 = 1480 \text{ Watt}.$$

Wirbelstromverlust im Ankerkern:

$$W_{wa} = \sigma_w \left(\Delta \frac{c}{100} \frac{B_a}{1000}\right)^2 V_a = 15\,(0{,}35 \cdot 0{,}5 \cdot 9{,}22)^2\, 42{,}3 = 1640 \text{ Watt}.$$

Eisenvolumen der Zähne:

$$V_z = Z \frac{l_z}{2}\left(\frac{z_1 + z_2}{2}\right) l k_2 10^{-3} = 90 \cdot 3{,}7 \frac{11{,}1 + 8{,}6}{2}\, 34 \cdot 0{,}9 \cdot 10^{-3} = 10{,}1 \text{ cbdm}.$$

Für $\frac{z_2}{z_1} = \frac{8{,}6}{11{,}1} = 0{,}775$ finden wir aus den Kurven

$$k_4 = 1{,}2 \quad \text{und} \quad k_5 = 1{,}3.$$

Die minimale Zahninduktion $B_{z\,min} = 16\,730$.

Hiermit finden wir:

Hysteresisverlust in den Zähnen:

$$W_{hz} = \sigma_h k_4 \frac{c}{100}\left(\frac{B_{z\,min}}{1000}\right)^{1,6} V_z = 2 \cdot 1,2 \cdot 0,5\,(16,7)^{1,6}\,10,1 = 1090 \text{ Watt.}$$

Wirbelstromverlust in den Zähnen:

$$W_{wz} = \sigma_w k_5 \left(\Delta \frac{c}{100}\frac{B_{z\,min}}{1000}\right)^2 V_z = 15 \cdot 1,3\,(0,35 \cdot 0,5 \cdot 16,7)^2\,10,1 = 1700 \text{ Watt.}$$

Totaler Eisenverlust im Anker:

$$W_{ea} = W_{ha} + W_{wa} + W_{hz} + W_{wz} = 5910 \text{ Watt.}$$

Prozentualer Eisenverlust:

$$\frac{W_{ea}}{10\,KW} = \frac{5910}{3000} \cong 2\,\%.$$

b) Verlust im Ankerkupfer. Der Ankerwiderstand ist

$$R_a = \frac{N}{(2\,a)^2}\,\frac{l_a(1 + 0,004\,T_a)}{5700\,q_a} = \frac{900}{(2 \cdot 3)^2}\,\frac{85 \cdot 1,16}{5700 \cdot 11,7} = 0,037 \text{ Ohm.}$$

Stromwärmeverlust im Anker:

$$W_{ka} = J_g^{\,2} \nu R_a = (208)^2 \cdot 0,037 = 1600 \text{ Watt.}$$

Prozentualer Verlust:

$$\frac{W_{ka}}{10\,KW} = \frac{1600}{3000} = 0,53\,\%.$$

Verlust im Kupfer, das in den Nuten liegt:

$$W_{kz} = \frac{l_1}{l_a} W_{ka} = \frac{39}{85}\,1600 = 735 \text{ Watt.}$$

Rechnen wir, daß die Eisenverluste in den Zähnen und die Kupferverluste W_{kz} durch die Mantelfläche des Ankers abgeführt werden, so ist die spezifische Kühlfläche:

$$a_a = \frac{\pi D l_1}{W_{kz} + W_{hz} + W_{wz}}(1 + 0,1\,v)$$

$$= \frac{\pi \cdot 62 \cdot 39}{735 + 1090 + 1700}(1 + 0,1 \cdot 32,5) = 9,2 \text{ qcm.}$$

Temperaturerhöhung des Ankers:

$$T_a \cong \frac{350 - 450}{a_a} \cong 40^\circ.$$

c) Verluste am Kommutator und an den Kollektorringen. Infolge des angenommenen Spannungsabfalles $\varDelta P = 3$ Volt ist der Übergangsverlust

$$W_u = f_u J_g \varDelta P \cong 1470 \text{ Watt.}$$

Der Reibungsverlust am Kommutator wird, wenn wir die Bürsten mit Rücksicht auf die hohe Umfangsgeschwindigkeit mit einem spezifischen Druck $g = 0{,}18$ kg/qcm aufsetzen:

$$W_r = 9{,}81\, v_k F_b g \varrho = 9{,}81 \cdot 28{,}2 \cdot 162 \cdot 0{,}18 \cdot 0{,}25 \cong 2000 \text{ Watt.}$$

Spezifische Kühlfläche:

$$a_k = \frac{\pi D_k L_k}{W_u + W_r}(1 + 0{,}1\, v_k) = \frac{\pi \cdot 54{,}5 \cdot 19}{2000 + 1470}(1 + 2{,}82) \cong 3{,}6 \text{ qcm}$$

pro Watt.

Temperaturerhöhung des Kommutators:

$$T_k = \frac{100 \text{ bis } 120}{a_k} \cong 30^0.$$

Der Verlust an einem Kollektorring wurde bereits oben zu 200 Watt gefunden. Der Gesamtverlust an den Ringen wird also

$$W_u' + W_r' = 6 \cdot 200 = 1200 \text{ Watt.}$$

d) Erregerverluste. Bei 820 Volt wird die Erregerstromstärke in der Nebenschlußwicklung

$$i_n = i_{n0} = \frac{26\,000}{16\,800} \cong 1{,}55 \text{ Amp.}$$

Stromwärmeverlust in der Nebenschlußwicklung:

$$W_n = i_n^2 R_n = (1{,}55)^2\, 363 \cong 870 \text{ Watt.}$$

Stromwärmeverlust in der Hauptschluß- und in der Wendepolwicklung

$$W_h + W_w = (366)^2 (0{,}00365 + 0{,}0025) = 490 + 335 = 825 \text{ Watt.}$$

Kühlfläche der Nebenschlußwicklung $A_n = 16\,000$ qcm.

Spezifische Kühlfläche:

$$a_n = \frac{A_n}{W_n} = \frac{16\,000}{870} \cong 18{,}5 \text{ qcm pro 1 Watt.}$$

Temperaturerhöhung der Nebenschlußwicklung:

$$T_n \cong \frac{600 - 800}{a_n} \cong 40^0 \text{ C.}$$

Kühlfläche der Hauptschlußspulen $A_h \cong 4000$ qcm.

Spezifische Kühlfläche:

$$a_h = \frac{A_h}{W_h} = \frac{4000}{490} \cong 8{,}2 \text{ qcm pro 1 Watt.}$$

$T_h \cong 40^0$ C für hochkant gewickeltes Kupfer mit guter Ventilation.

Kühlfläche der Wendepolspulen $A_w \cong 3000$ qcm.

Spezifische Kühlfläche:

$$a_w = \frac{A_w}{W_w} = \frac{3000}{335} \cong 9 \text{ qcm pro 1 Watt,}$$

also

$$T_w \cong 40^0 \text{ C.}$$

Totaler Verlust durch Nebenschlußerregung:

$$W_{nt} = P_g i_n = 820 \cdot 1{,}55 = 1270 \text{ Watt.}$$

Prozentualer Erregerverlust (inkl. Wendepolwicklungsverluste):

$$\frac{W_{nt} + W_h + W_w}{10\,KW} = \frac{1270 + 825}{3000} \cong 0{,}7\,^0/_0.$$

Die Verluste durch Lager- und Luftreibung schätzen wir bei der hohen Umfangsgeschwindigkeit zu ca. $1{,}5\,^0/_0$ der Leistung

$$W_R = 4500 \text{ Watt.}$$

Summe aller Verluste:

$$W_v = W_{ea} + W_{ka} + W_u + W_r + W_u' + W_r' + W_{nt} + W_h + W_w + W_r$$
$$= 5910 + 1600 + 1470 + 2000 + 1200 + 1270 + 825 + 4500$$
$$= 18775 \text{ Watt.}$$

Wirkungsgrad bei Vollbelastung:

$$\eta = \frac{300}{300 + 18{,}8} = 94{,}2\,^0/_0.$$

Es dürfen also im Umformer noch etwa 2000 Watt zusätzliche Verluste, z. B. Wirbelstromverluste, auftreten, ehe der verlangte Wirkungsgrad unterschritten wird.

Anlaufzeit. Gewicht des Ankerkupfers:

$$G_{ka} = N l_a q_a 8{,}9 \cdot 10^{-3} = 900 \cdot 0{,}85 \cdot 11{,}7 \cdot 8{,}9 \cdot 10^{-3} \cong 80 \text{ kg.}$$

Gewicht der Ankerzähne:

$$G_z = 7{,}9\, V_z = 7{,}9 \cdot 10{,}1 \cong 80 \text{ kg.}$$

Gewicht des Ankerkernes:

$$7{,}9\, V_a = 7{,}9 \cdot 42{,}3 \cong 335 \text{ kg.}$$

Gewicht des Kollektorkupfers ca.:

$$8{,}9 \cdot 4\,\pi\, D_k L_k\, 10^{-3} = 8{,}9 \cdot 4\,\pi\, 54 \cdot 20 \cdot 10^{-3} = 120\ \text{kg}.$$

Die Durchmesser der Schwerpunktskreise betragen

für Ankerkupfer und Zähne ca. . . . . 0,58 m
für den Ankerkern ca. . . . . 0,45 „
für den Kollektor ca. . . . . 0,50 „

Schleifringe und Ankerstern können vernachlässigt werden, da ihr Gewicht nicht groß und ihr mittlerer Durchmesser klein ist.

Wir erhalten daher:

$$GD^2 = (80 + 80)\,0{,}58^2 + 335 \cdot 0{,}45^2 + 120 \cdot 0{,}50^2 = 151{,}6\ \text{kgm}^2.$$

Hiermit wird die Anlaufzeit:

$$T = \frac{\left(\frac{n}{27}\right)^2 GD^2}{W_g} = \frac{\left(\frac{1000}{27}\right)^2 151{,}6}{300000} \cong 0{,}7\ \text{Sek.}$$

212. Zusammenstellung der Formeln für die Berechnung eines Einankerumformers.

Berechnungsformular.

. . . . Umformer.

. . . . . Perioden, ... Umdr. i. d. Min. . . . . Pole.

. . . . Erregung. $m =$ . . . . . $\eta =$ . . . . . .

		Leerlauf	Normallast
Gleichstromseite	Leistung W_g . . . . =	. . . .	. . . .
	Spannung P_g . . . . =	. . . .	. . . .
	Strom J_g . . . . =	. . . .	. . . .
Wechselstromseite	Doppelte Phasenspannung $P_w = \frac{P_g}{\sqrt{2}}$ . . =	. . . .	. . . .
	Linienspannung P_l . . . . =	. . . .	. . . .
	Wattkomponente des Linienstromes J_{lw} . =	. . . .	. . . .
	Wattlose Komponente d. Linienstromes J_{lwl} =	. . . .	. . . .
	Wattloser Strom in der Ankerwicklung $J_{wl} = \frac{J_{lwl}}{2 \sin \frac{\pi}{m}}$ . . . . =	. . . .	. . . .

Vorgeschalteter Widerstand pro Phase r_l . . . . . . = ...

Vorgeschaltete Reaktanz pro Phase x_l . . . . = ...

Spannungsänderung

$$\Delta P_w = \frac{P_g - P_{g0}}{\sqrt{2}} + \frac{\Delta P}{\sqrt{2}} + \frac{J_g\left(R_a\sqrt{u_i^2 - \frac{8}{\pi^2}} + R_h + R_w\right)}{\sqrt{2}} = .$$

Änderung des wattlosen Stromes:

$$\Delta J_{lwl} \cong -\frac{1}{x_l}\left(\frac{1}{2}\Delta P_w + J_{lw} r_l + \frac{J_{lw}^2 x_l^2}{P_w}\right) \ldots\ldots =$$

$$u_i = \frac{2 J_w}{J_g} = \frac{2\sqrt{2}}{m \sin\frac{\pi}{m}} \ldots\ldots = \ldots$$

$$v_i = \frac{J_{lwl}}{J_{lw}} u_i \ldots\ldots =$$

$$\nu = 1 + u_i^2 + v_i^2 - 1{,}62 \ldots\ldots = \ldots$$

$$\sqrt{\nu} = \ldots\ldots = \ldots$$

Effektive Leistung $W_g\sqrt{\nu}$ . . . . = ...

Effektiver Strom $J_g\sqrt{\nu}$ . . . . = ...

Berechnung der Streureaktanz.

Äquivalente Leitfähigkeit um die Nuten λ_n . . . . . =

Äquivalente Leitfähigkeit an der Ankeroberfläche λ_k . = ...

Länge eines Spulenkopfes l_s . . . . = ...

Äquivalente Leitfähigkeit um die Spulenköpfe λ_s . . = ...

$$\Sigma(l_x\lambda_x) = l_i(\lambda_n + \lambda_k) + l_s\lambda_s \ldots\ldots = \ldots$$

Reaktanz des Ankerstreuflusses pro Phase:

$$x'_{s1} = \frac{2\left[\text{bzw.}\left(1 + \cos\frac{\pi}{m}\right)\right]}{4\sin^2\frac{\pi}{m}} \cdot \frac{4\pi c\left(\frac{N}{2am}\right)^2}{pq\,10^8}\Sigma(l_x\lambda_x) \ldots =$$

Amperewindungsfaktor k_0 . . . . = ...

Vom Hauptkraftfluß induzierte EMK:

bei Leerlauf $E_{g0} = P_{g0} - 2\sqrt{2}J_{lwl0}x'_{s1}$ . . . . =

bei Belastung

$$E_g = P_g + \Delta P + J_g(R_h + R_w) - 2\sqrt{2}J_{lwl}x'_{s1} \ldots = \ldots$$

		Leerlauf	Belastung
Erreger-Amperewindungen $AW_t' = pAW_k'$ . . .	=	....	. .
Magnetisierende Amperewindungen $AW_e = k_0 f_{w1} \frac{NJ_{wl}}{2a}$	=	... .	....
Feld-Amperewindungen $AW_t = AW_t' - AW_e$ . .	=	....	....
Nebenschluß-Amperewindungen $AW_n = AW_{t0}$ . .	=		....
Hauptschluß-Amperewindungen $AW_h = AW_t - \frac{P_g}{P_{g0}} AW_{t0}$	=		. . . . ..

Für die Feststellung der Dimensionen des Umformers und für den weiteren Berechnungsgang kann ein ähnliches Formular wie für die Berechnung einer Gleichstrommaschine benutzt werden[1]). Bei der Wendepolberechnung ist an geeigneter Stelle jeweils der Faktor k einzufügen (vgl. S. 746).

[1]) Siehe E. Arnold, Die Gleichstrommaschine, Bd. II, S. 387 ff.

Siebenunddreißigstes Kapitel.

Beispiele ausgeführter Einankerumformer.

213. Beispiele ausgeführter Einankerumformer.

Die Hauptdaten der in diesem Abschnitte beschriebenen Einankerumformer sind in einer Tabelle (Abschnitt 214) zusammengestellt. Für die zur Berechnung der Größen M, AS, s_a und $P_{k\,max}$ gemachten Annahmen siehe S. 858.

500 KW-Umformer der Westinghouse Co. (Nr. 1 der Tabelle S. 858.) 25 Perioden, 750 Umdrehungen, 600 Volt Gleichspannung.

Der Umformer ist, ebenso wie der 1000 KW-Umformer derselben Gesellschaft (Nr. 2 der Tabelle) für eine Temperaturerhöhung von 45° C bei Vollast mit $\cos\varphi = 1$ und für eine einstündige Überlastung mit 50% gebaut.

1500 KW-Umformer der Westinghouse El. & Mfg. Co., Pittsburg. 25 Perioden, 500 Umdrehungen, 600 Volt Gleichspannung.

Dieser Umformer, der in Fig. 508 bildlich dargestellt ist, gehört der neuesten Serie von Westinghouse-Umformern an, die sich von der älteren Serie durch ihre sehr geringe Polzahl und entsprechend hohe Tourenzahl unterscheidet. Bei diesen raschlaufenden Umformern ist die Verwendung von Wendepolen durchaus erforderlich.

Die Stromstärke pro Bürstenspindel beträgt bei dem vorliegenden Umformer 833 Amp., was bei 600 Volt etwa die obere Grenze sein dürfte. Links auf der Welle ist ein Oszillator[1]) angebracht, rechts der Anwurfmotor.

Der Umformer ist, wie alle in Pittsburg gebauten Umformer, für eine Temperaturerhöhung von 35° C bei Vollbelastung und

[1]) Siehe S. 869.

50^0 C nach darauffolgender zweistündiger Überlastung mit $50^0/_0$ gebaut. Nach Angaben der Firma wurde der Wirkungsgrad des Umformers bei Vollbelastung zu $97^0/_0$ gemessen.

Fig. 508. 1500 KW-Umformer der Westinghouse El. & Mfg. Co., Pittsburg.

3000 KW-Umformer der Westinghouse El. & Mfg. Co., Pittsburg. (Nr. 3 der Tabelle.) 25 Perioden, $187^1/_2$ Umdrehungen, 600 Volt Gleichspannung.

Fig. 509 stellt einen Schnitt durch den Anker und Kommutator des Umformers dar. Dieser kann bei Vollbelastung genügend übererregt werden, um $30^0/_0$ wattlosen Strom ins Netz zu liefern. Dementsprechend sind die in der Tabelle eingetragenen Werte für M, s_a und AS mit $\sqrt{\nu} = 0{,}587$ berechnet.

Der gemessene Wirkungsgrad ist:

bei Vollast $96{,}7^0/_0$,
„ $^3/_4$-Last $96{,}2^0/_0$,
„ Halblast $94{,}9^0/_0$.

Dieser Umformer wird von der Wechselstromseite angelassen. Er ist mit einer starken Dämpferwicklung, die aus 13 Stäben ($9{,}5 \times 14$) pro Pol und zwei Verbindungsringen ($9{,}5 \times 32$) besteht, versehen.

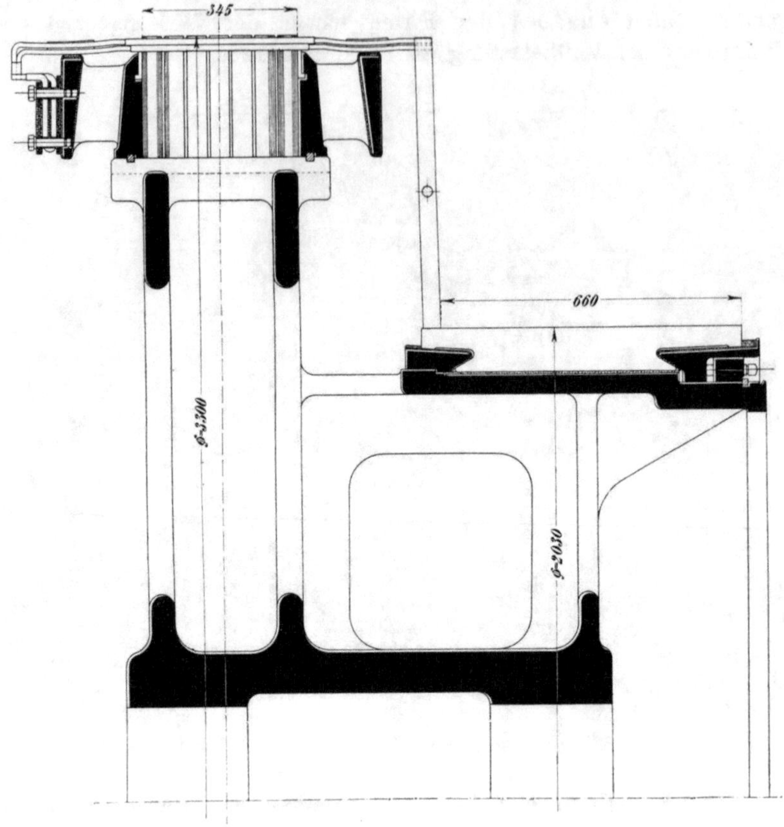

Fig. 509. 3000 KW-Umformer der Westinghouse El. & Mfg. Co., Pittsburg.

1000 KW-Umformer von Brown, Boveri & Co. (Nr. 4 der Tabelle.) 42 Perioden, 420 Touren, 650 Volt Gleichspannung.

Tafel XVI zeigt die Konstruktion dieses Umformers.

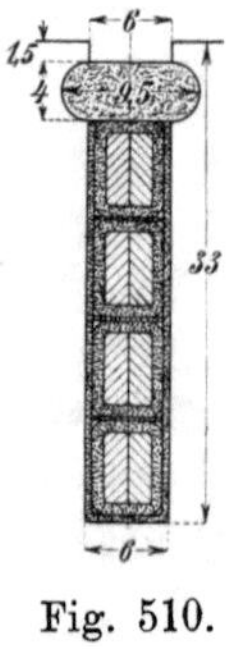

Fig. 510.

Bei der Berechnung von M, s_a und AS ist Phasengleichheit an der Wechselstromseite vorausgesetzt.

Um die Wicklungsart zu verdeutlichen, ist in Fig. 510 die Anordnung der Leiter in den Nuten besonders dargestellt.

Jede vierte Lamelle hat eine Äquipotentialverbindung (4 mm ϕ).

31,5 ÷ 46,5 KW-Umformer der E.-A.-G. vormals Kolben & Co. (Nr. 5 der Tabelle.) 50 Perioden, 1500 Umdrehungen, 290 ÷ 440 Volt Gleichspannung.

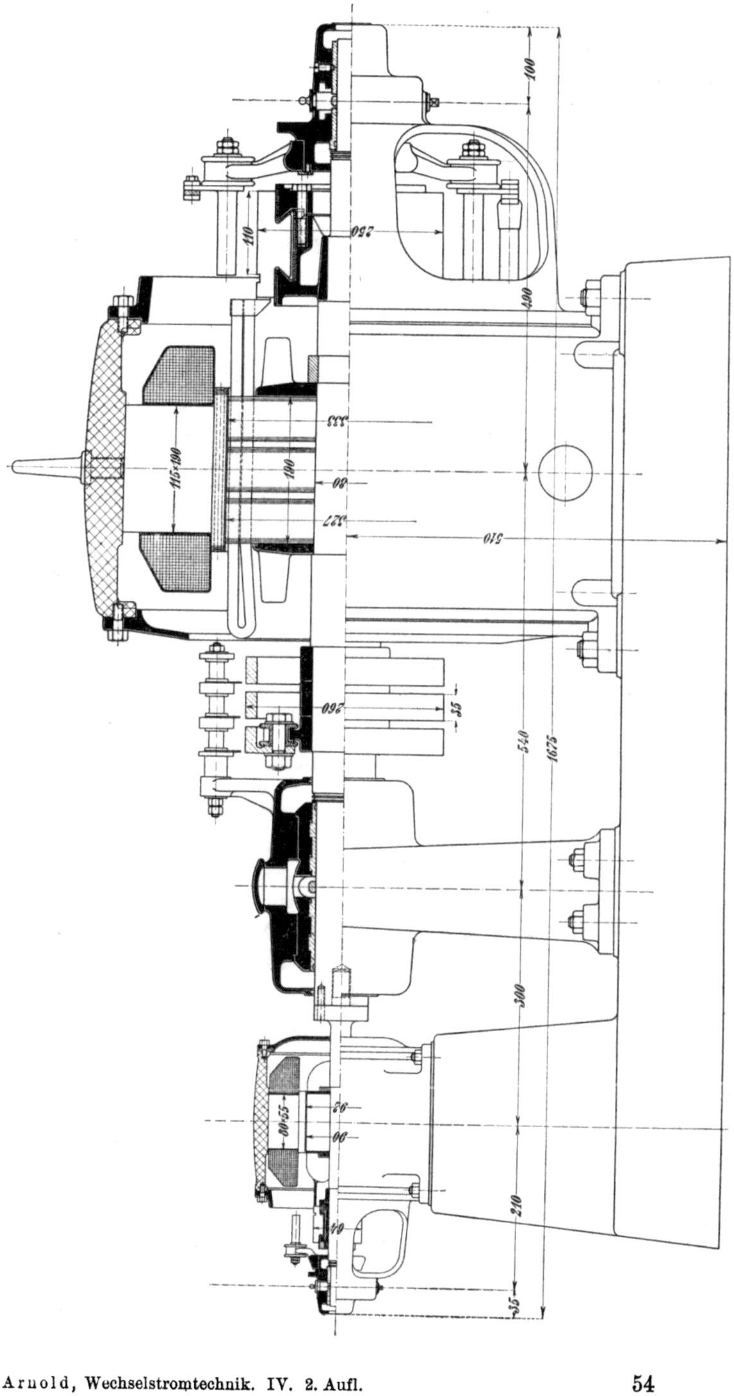

Fig. 511. 31,5 ÷ 46,5 KW-Umformer der E.-A.-G. vormals Kolben & Co.

Fig. 511 zeigt die Konstruktion dieses Umformers. Die berechneten Größen M, s_a und AS beziehen sich auf die Höchstbelastung bei Phasengleichheit an der Wechselstromseite. $P_g = 290$ entspricht eine Drehstromspannung von 175 Volt und $P_g = 440$ eine solche von 266 Volt.

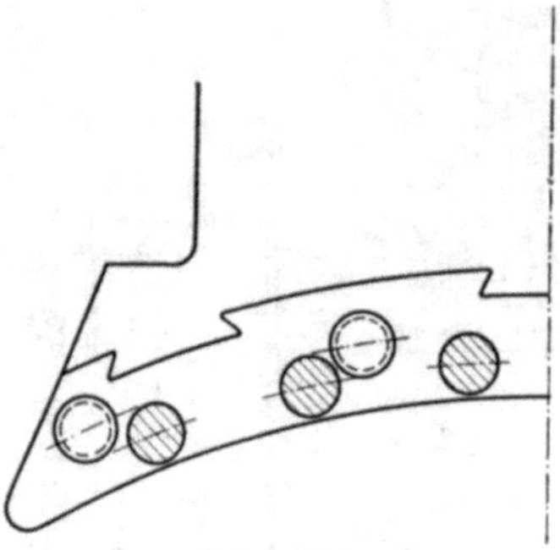

Fig. 512.

Fig. 512 zeigt die Anordnung der Dämpferstäbe (6 pro Pol, 9 mm Durchmesser) in den lamellierten Polschuhen und die Befestigung der letzteren an die Polkerne, die ebenso wie das Joch aus Stahlguß bestehen. Die beiden Kurzschlußringe der Dämpferwicklung haben die Abmessungen $10 \times 15 = 150$ qmm.

Der für die Fremderregung des Umformers nötige Strom wird einer kleinen, von dem einen Wellenende direkt angetriebenen Erregermaschine entnommen. Ihre Leistung ist 0,55 KW bei 75 Volt und 7,5 Ampere.

Der Wirkungsgrad des Umformers ergibt sich aus den Einzelverlusten wie folgt:

Belastung	290 V., 108 A.	440 V., 108 A.
Lagerreibung	1100	1100
Bürstenreibung	450	450
Eisenverluste	330	1200
Erregerverluste	100	300
Ankerkupferverluste	450	450
Übergangsverluste am Kollektor	220	220
Übergangsverluste an den Schleifringen	204	204
Verluste in der Erregermaschine	50	100
Summe der Verluste	2904 Watt	4024 Watt
Abgabe	31300 „	47500 „
Aufnahme	34204 „	51524 „
Wirkungsgrad	91,6 %	92,3 %

75 KW-Umformer der Elektrotechnischen Industrie, Slikkerveer, Holland. (Nr. 6 der Tabelle.) 50 Perioden, 1000 Umdrehungen, 110 ÷ 115 Volt Gleichspannung.

Dieser Umformer ist in Fig. 513 bildlich dargestellt. Normal arbeitet er mit 110 Volt und 680 Ampere (bei dieser Belastung wurde

Phasengleichheit, also $\sqrt{\nu} = 0{,}515$ angenommen). Der Umformer sollte jedoch zu gleicher Zeit zur Speisung des Netzes mit 110 Volt und zum Aufladen einer Akkumulatorenbatterie verwendet werden. In dem Falle sind maximal 180 Ampere bei 170 Volt

Fig. 513. 75 KW-Umformer der Elektrotechnischen Industrie, Slikkerveer, Holland.

abzugeben. Es war deswegen nötig eine kleine Gleichstromzusatzmaschine mit dem Umformer direkt zu kuppeln. Diese Zusatzmaschine ist für 0 bis 60 Volt und maximal 180 Ampere zu bemessen. Sie ist ebenso wie die Hauptmaschine mit Wendepolen versehen.

Außer den 6 Schleifringen, die als Äquipotentialverbindungen wirken, sind an der Kollektorseite noch 12 Äquipotentialsysteme angeordnet, so daß total $(6 + 12)\,3 = 54$ Stäbe angeschlossen sind. Die Verbindungen bestehen aus Kupferband von $2 \times 7{,}5$ mm.

Die Dämpferwicklung besteht aus vier Kupferstäben (10 mm ϕ) in jedem Pol und aus um die Polspitzen greifenden Kupferstücken, die durch einen Ring (8×18 mm) kurzgeschlossen sind.

Der Umformer ist ebenso wie der 100 KW-Umformer der British Westinghouse (Nr. 7 der Tabelle) mit Kugellagern versehen.

180 KW-Umformer der Deutschen Elektrizitätswerke, Garbe, Lahmeyer & Co. (Nr. 8 der Tabelle.) 50 Perioden, 1000 Umdrehungen, 230 Volt Gleichspannung.

Dieser Umformer ist, wie die Hauptdaten zeigen, sehr gedrungener Bauart. Er ist mit einem verhältnismäßig kleinen Durchmesser und hoher spezifischer Ankerbelastung ausgeführt. Die Maschinenkonstante M ist sehr klein. M, s_a und AS sind wiederum für Phasengleichheit bei Vollast berechnet, weil der genaue Wert des wattlosen Stromes unbekannt ist, und außerdem klein, da nur eine Spannungsregulierung von $\pm 5\,^0/_0$ mit Hilfe einer Drosselspule beabsichtigt ist.

300 KW-Umformer der Elektrotechnischen Industrie, Slikkerveer, Holland. (Nr. 10 der Tabelle.) 50 Perioden, 1000 Umdrehungen, 820 Volt.

Die Konstruktion ist aus Tafel XV deutlich zu erkennen. Auf der rechten Seite befindet sich der Anwurfmotor, der vierpolig ausgeführt ist.

Außer den 6 Schleifringen, die als Äquipotentialringe wirken, sind auf der Kollektorseite noch 18 Ausgleichsysteme ($\phi = 3$ mm) angebracht. Jedes System ist mit $a = 3$ Punkten der Wicklung verbunden.

300 KW-Umformer des Sachsenwerkes, Licht und Kraft A.-G. (Nr. 11 der Tabelle.) 50 Perioden, 750 Umdrehungen, 440/500 Volt.

Fig. 514 zeigt die Konstruktion dieses Umformers.

Die mit Thermometer gemessene Temperaturerhöhung nach 10 Stunden Dauerlast betrug:

Anker	20° C,
Feld	30° C,
Kollektor	35° C,
Polschuhe	28° C,
Schleifringe	32° C.

Der Umformer hat bei 500 Volt 300 KW, bei 440 Volt $440 \times 740 \times 10^{-3} \cong 325$ KW zu leisten. Die Eisendimensionen entsprechen jedoch 500 Volt, die Kupferdimensionen 740 Ampere; in die Formel $M = \frac{D^2 l_i n}{KW \sqrt{\nu}}$ ist deswegen für KW der Wert $500 \times 740 \times 10^{-3} = 370$ eingeführt, trotzdem allerdings die maximalen Eisen- und Kupferverluste, die für die Erwärmung in Betracht kommen, nicht gleichzeitig auftreten.

Außerdem ist angenommen, daß $J_{wl} = 0{,}3\,J_w$, was bei $14\,^0/_0$ Spannungsregulierung vorkommen kann, und für $\sqrt{\nu}$ ist, unter Vernachlässigung der Verluste, der Wert 0,587 eingeführt.

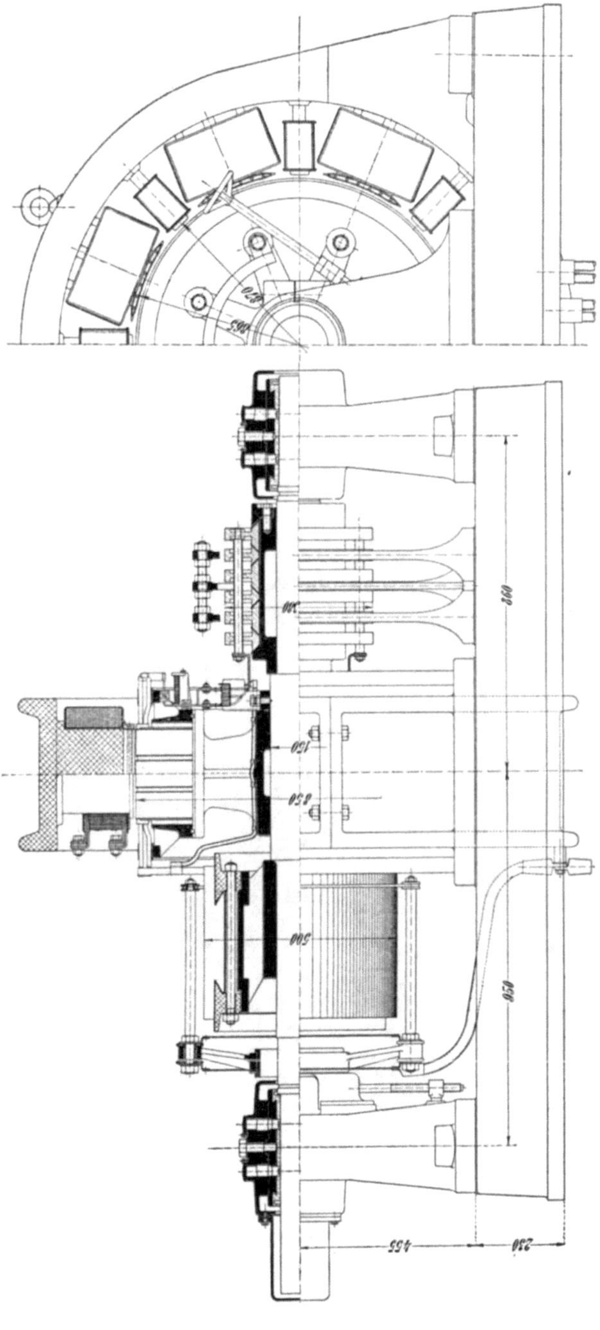

Fig. 514. 300 KW-Umformer des Sachsenwerkes, Licht und Kraft A.-G.

Die Werte s_a und AS sind für die maximale Stromstärke $J_g \sqrt{\nu} = 740 \cdot 0{,}587 = 434$ berechnet.

1000 KW-Westinghouse-Umformer. (Nr. 12 der Tabelle.) 50 Perioden, 500 Umdrehungen, 550 Volt Gleichspannung.

In den Polschuhen dieses Umformers befindet sich eine Dämpferwicklung, die aus 9 Stäben (10×10) pro Pol besteht, die durch zwei durchgehende Kurzschlußringe (10×20) verbunden sind.

Auf jede Nut entfällt eine Äquipotentialverbindung, es gibt also $180 : 6 = 30$ Ausgleichsysteme, also außer den 6 Schleifringen noch 24 Systeme.

Der Umformer ist für einen wattlosen Strom $J_{wl} = 0{,}3\, J_w$ bemessen. Die Werte von M, s_a und AS sind deswegen mit $\sqrt{\nu} = 0{,}587$ berechnet.

Fig. 515. 1000 KW-Umformer der Société Alsacienne, Belfort.

1000 KW-Umformer der Société Alsacienne, Belfort. (Nr. 13 der Tabelle.) 50 Perioden, 300 Umdrehungen, 460 Volt Gleichspannung.

Fig. 515 zeigt die Photographie dieses langsamlaufenden Umformers.

Sein Wirkungsgrad bei Vollast ist 94%. Die maximale Temperaturerhöhung 35° C. Der Umformer ist kompoundiert und hat den wattlosen Strom für die Erregung eines asynchronen Generators zu liefern.

Die Werte M, s_a und AS sind mit $\sqrt{\nu} = 0{,}697$ berechnet, was der Annahme $J_{wl} = 0{,}5\, J_w$ entspricht bei Vernachlässigung der Verluste (siehe Tabelle S. 714).

1100/1500 KW-Umformer der A. E.-G. Berlin. (Nr. 14 der Tabelle.) 50 Perioden, 375 Umdrehungen, 550/750 Volt Gleichspannung.

Dieser, für die Berliner Elektrizitätswerke ausgeführte Umformer, ist für eine regulierbare Gleichspannung zwischen 550 und 750 Volt ausgelegt. Die Regelung erfolgt nach dem A. E.-G.-Patente 112064 mittels einer synchronen Zusatzmaschine. Die Spannung der Zusatzmaschine addiert sich zu, bzw. subtrahiert sich von der sekundären Transformatorspannung, und entspricht somit der halben Spannungsregulierung. Die Erregung der Zusatzmaschine muß daher umkehrbar sein, was durch Verwendung eines in Fig. 516 schematisch dargestellten Regulators (Reg. für ZM) möglich ist.

Die Zusatzmaschine arbeitet hiernach als Generator bzw. als Motor, und dementsprechend muß der Umformer teilweise, nämlich entsprechend der Leistung der Zusatzmaschine, als Motor bzw. Generator arbeiten.

Dadurch ist das Ankerfeld in der Kommutierungszone nicht nur abhängig von der Strombelastung, sondern auch von der jeweiligen Gleichspannung, d. h. von der Leistung der Zusatzmaschine. Der Faktor k (S. 746) ändert sich also mit der Spannungsregulierung, und die Erregung der Wendepole muß nicht nur von dem Kommutatorstrom, sondern auch von der Leistung der Zusatzmaschine abhängig gemacht werden. Dazu ist eine besondere Hilfserregermaschine HE vorgesehen, die eine auf den Wendepolen angebrachte Gegenwicklung GW speist. Während die Hauptstromwicklung HW_1 direkt vom Kommutatorstrom gespeist wird, ist der Strom der Gegenwicklung von der Leistung der Zusatzmaschine abhängig. Die Hilfserregermaschine wird nämlich mit einem dem Hauptstrome proportionalen Strom erregt (Wicklung HW_2), der Strom der Hilfswicklung ändert sich aber auch mit der Spannung der Zusatzmaschine, indem die Feldwicklung der Zusatzmaschine und die Hilfswicklung der Wendepole durch gekuppelte Regulatoren voneinander abhängig sind.

Die Erregung für die Hauptpole des Umformers und für die Zusatzmaschine wird Sammelschienen mit einer konstanten Spannung von 440 Volt entnommen. Die maximale Spannung der Gegenwicklung auf den Wendepolen ist 110 Volt.

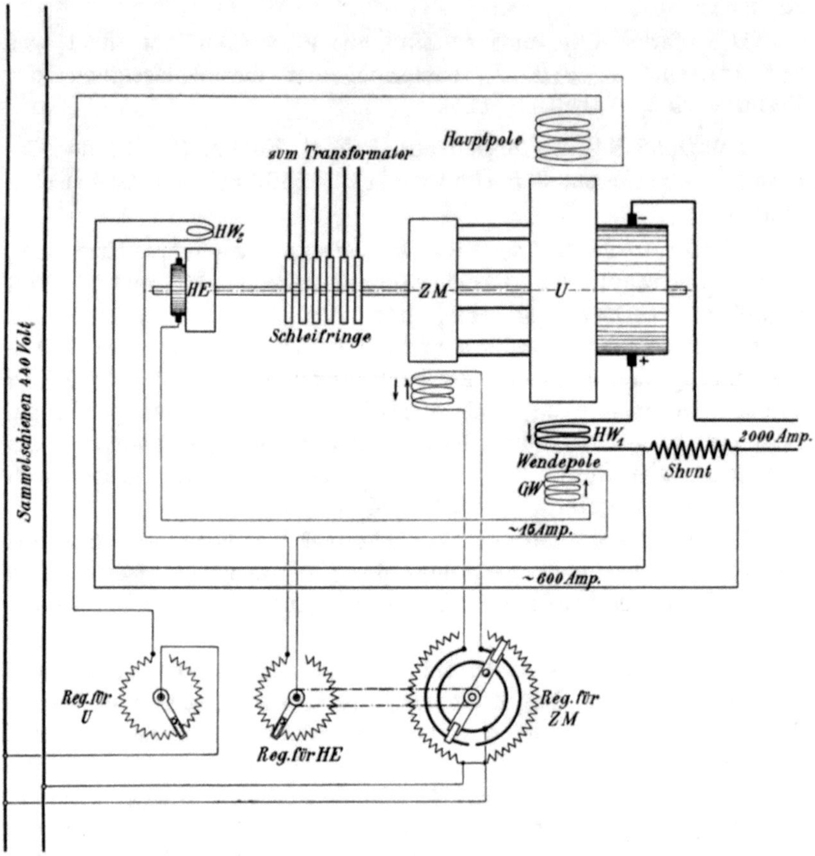

Fig. 516. Schaltungsschema eines 1100/1500 KW-Umformers der A. E.-G., Berlin.

Die Zusatzmaschine hat folgende Daten:

$$D = 1100 \text{ mm}$$
$$l = 380 \text{ „}$$
$$l_1 = 420 \text{ „}$$
$$Z = 96$$

Nutendimensionen 13×24 (Steg 1 mm, Schlitz 3 mm),

$$s_n = 2 \text{ (beide parallel),}$$

Leiterdimensionen 5×17

Gabel 6×28 (je 1 Gabel für 2 // Stäbe)

$\delta = 3$ mm,

Polbogen = 150 mm,

Polschuhlänge = 420 „

Polkern = 110×420 (Stahlguß),

Jochquerschnitt 600 qcm (Gußeisen),

Windungen pro Pol 704 ($q_n = 3{,}78$ qmm).

214. Tabelle über Hauptabmessungen und berechne[…]

Laufende Nr.	Figur oder Tafel	Firma	Leistung in KW	Gleichspannung P_g	Gleichstrom J_g	Periodenzahl c	Drehzahl n	Polpaarzahl p	Phasenzahl m	Ankerdurchmesser D in mm	Eisenlänge ohne … l in m…
1		Westinghouse Co.	500	600	835	25	750	2	6	650	26…
2		Westinghouse Co.	1000	250	4000	25	300	5	6	1300	28…
3	509	Westinghouse Co., Pittsburg	3000	600	5000	25	$187\frac{1}{2}$	8	6	3300	30…
4	XVI 510	Brown, Boveri & Co.	1000	650	1540	42	420	6	6	1650	26…
5	511, 512	E.-A.-G. Kolben & Co.	31,5 ÷ 46,5	290 ÷ 440	108	50	1500	2	3	325	17…
6	513	Elektrotechn. Industrie Slikkerveer, Holland	75	110 ÷ 115	680	50	1000	3	6	500	13…
7		British Westinghouse Co.	100	440	228	50	1000	3	3	535	16…
8		Garbe, Lahmeyer & Co.	180	230	784	50	1000	3	3	490	25…
9	527	Ateliers de Constructions électriques, Charleroi	300	600	500	50	1000	3	6	620	30…
10	XV	Elektrotechn. Industrie Slikkerveer, Holland	300	820	366	50	1000	3	6	620	34…
11	514	Sachsenwerk	300	440 ÷ 500	740 ÷ 600	50	750	4	6	850	21…
12		Westinghouse Co.	1000	550	1820	50	500	6	6	1550	21…
13	515	Société Alsacienne, Belfort	1000	460	2170	50	300	10	6	2160	—
14	516	A. E.-G., Berlin	1100 ÷ 1500	550 ÷ 750	2000	50	375	8	6	1600	45…

[1]) Der Einfachheit halber sind für die Berechnung der Größen M, AS, s_a und $P_{k\,max}$ die folgenden Annahmen gemacht:

a) Das Feld sei sinusförmig verteilt, so daß $P_{k\,max} = \dfrac{\pi p P_g}{K}$.

b) Außerdem werden die Verluste für die Berechnung von ν vernachlässigt, so daß $\nu = 1 + u_i^2 + v_i^2 - 1{,}62$ (Gl. 455a, S. 713).

…rößen[1]) ausgeführter Einankerumformer.

…Luftschlitzen l_1 …mm	Polteilung τ in mm	Umfangsgeschwindigkeit v m/sek	Nutenzahl Z	Dimensionen der Nuten in mm	Wicklungsart	Anzahl Leiter pro Nut s_n	Leiterdimensionen	Kommutator: Durchmesser D_k in mm	Kommutator: Lamellenzahl K	Kommutator: Umfangsgeschwindigkeit v_k m/sek	Kommutatorbürsten: Bürsten pro Stift	Kommutatorbürsten: Bürstenbreite b_1 in mm	Kommutatorbürsten: Bürstenlänge in mm
280	510	25,5	96	9,5 × 35	Parallelwicklung	6	1,8 × 12,5	500	288	19,6	8	17,5	40
310	408	20,4	150	12 × 35	Parallelwicklung	4	4 × 12	800	300	12,6	10	25,5	45
345	646	32,3	384	15,3 × 31	Parallelwicklung	4	5,6 × 9,5	2030	768	20,0	13	19,0	44
316	430	36,2	288	6 × 33	Parallelwicklung	4	$\frac{2\,(1,7 \times 5)}{5 \times 6,6}$	1250	576	27,4	7	20,0	30
190	255	25,5	46	10 × 32	Reihenwicklung	8	$\frac{1,2 \times 12}{1,9 \times 12,7}$	250	183	19,6	3	12,0	30
150	261	26,1	72	9,5 × 42	Parallelwicklung	6	1,5 × 15	350	216	18,3	5	—	—
180	280	28,0	65	10 × 40	Reihenwicklung	6	2 × 14	420	194	22,0	2	19,0	45
270	256	25,6	117	6,5 × 28	Parallelwicklung	4	2 × 12	—	—	—	8	18,0	20
340	325	32,5	72	12 × 37	Parallelwicklung	10	$\frac{1,2 \times 13}{1,8 \times 13,6}$	500	360	26,2	4	12,5	40
390	325	32,5	90	10,5 × 37	Parallelwicklung	10	0,9 × 13	540	450	28,2	3	18,0	50
235	334	33,4	136	8,5 × 32	Reihenparallelwicklung ($a = 2$)	4	2,4 × 11	500	270	19,6	9	12,5	30
235	405	40,5	180	13,2 × 25	Parallelwicklung	6	2,75 × 7,25	850	540	22,2	7	15,0	45
230	340	34,0	240	—	Parallelwicklung	8	1,8 × 12	1400	960	22,0	10	—	—
500	314	31,4	336	8 × 27	Parallelwicklung	4	1,8 × 9	1200	672	23,6	10	16,0	32

---

c) Bei den Umformern ohne Spannungsregulierung durch wattlosen Strom wurde $\cos\varphi = 1$ bei Vollast angenommen, bei den übrigen Umformern wurde der wattlose Strom auf 30, bzw. 50 % des Wattstromes angenommen. Dadurch wurde es möglich, die in der Tabelle angegebenen Werte von $\sqrt{\nu}$ ohne weiteres der Tabelle S. 713 u. 714 zu entnehmen.

Die genaue Berechnung von $\nu\left(\sqrt{\nu}\right)$, unter Berücksichtigung sämtlicher Einflüsse, ist in Kap. XXXVI an dem Berechnungsbeispiel gezeigt.

Tabelle über Hauptabmessungen und berechne

Laufende Nr.	Schleifringe: Durchmesser D_k' in mm	Schleifringe: Breite b_k' in mm	Schleifringbürsten: Bürsten pro Ring	Schleifringbürsten: Abmessungen der Bürsten	Luftspalt δ in mm	Polschuhlänge l_p in mm	Polbogen in mm	Kernquerschnitt	Nebenschlußwicklung: Windungen pro Pol	Nebenschlußwicklung: Leiterquerschnitt in qmm	Hauptschlu wicklung: Windungen pro Pol	Hauptschlu wicklung: Leiterquerschnitt
1	—	—	—	—	5	270	340	270 × 270	—	—	—	—
2	—	—	—	—	5	300	270	300 × 240	—	—	—	—
3	—	—	—	—	16	345	455	345 × 330	480	15,1	2	4 × 7
4	470	45	6	7 × 40	6	290	300	290 × 270	1079	4,15	—	—
5	260	35	3 K K III	25 × 25	4	190	180	190 × 115	650	4,5	—	—
6	350	40	3	30 × 30	5	140	175	140 × 120	750	3,14	—	—
7	300	30	2 Kupfer	9,5 × 24	6,4	165	195	165 × 140	1800	1,65	6	5 × 3
8	—	—	—	—	5	260	—	260 × 105	1000	3,8	—	—
9	380	35	—	—	6	340	233	330 × 150	2100	1,53	4,5	250 qmm
10	385	35	2	30 × 30	6	370	—	370 × 150	2800	1,53	3,5	6,4 ×
11	380	30	—	—	10	235	207	—	2100	1,9	—	—
12	—	—	—	—	8	230	285	230 × 220	860	5,6	2	10 ×
13	1000	—	—	—	5	230	—	230 × 180	450	9,0	—	—
14	700	50	—	—	10	490	188	155 ϕ	250	23,0	—	—

Größen ausgeführter Einankerumformer. (Fortsetzung.)

Wendepolwicklung: Windungen pro Pol	Wendepolwicklung: Leiterquerschnitt	$\sqrt{\nu}$	Maschinenkonstante $M 10^{-4}$	Stromstärke pro Bürstenspindel	Spez. Ankerbelastung AS	Stromdichte im Ankerkupfer s_a	Max. Spannung zwischen zwei Lamellen $P_{k\,max}$	Teilung am Kommutator $\beta + \delta_i$	Bemerkungen
—	—	0,515	33,5	418	305	4,8	13	5,45	$\cos\varphi = 1$ bei Vollast.
—	—	0,515	29,5	800	303	4,3	13,1	8,4	$\cos\varphi = 1$ bei Vollast.
—	—	0,587	38	625	272	3,46	19,6	8,3	Der Umformer hat 30% wattlosen Strom zu liefern.
3	16 × 35	0,515	65,5	257	176	3,9	21,2	6,8	Luftspalt unter den Wendepolen 12 mm. $b_w = 25$, $l_w = 200$ } Wendepolkern 45 × 170 mm.
—	—	0,75	82	54	146	2,8	15	4,3	Blechqualität 1,85 Watt/kg. Fremderregung 75 Volt. Drehstromspannung 175 bis 266 Volt.
5,5	6,4 × 30	0,515	90	227	160	2,6	5,0	5,1	$b_w = 25$, $l_w = 155$ } Die Wendepolwicklung besteht aus zwei parallelen Zweigen.
6	10 × 16	0,75	65	76	196	3,03	21,4	6,8	$b_w = 32$. $l_w = 127$.
—	—	0,75	47	261	296	4,1	—	—	
4,5	250 qmm	0,515	81	167	159	2,76	15,7	4,36	$b_w = 40$, $l_w = 220$ } Der Luftspalt unter den Wendepolen ist 7,5 mm. Wendepolkern 64 qcm.
5,5	6,4 × 25	0,515	89	122	145	2,68	17,1	3,77	$b_w = 38$. $l_w = 240$.
—	—	0,587	56	185	221	4,1	23,2	5,8	Der wattlose Strom wurde zu ± 30% des Wattstromes angenommen.
—	—	0,587	46,5	304	198	4,47	19,2	4,94	Der Umformer hat 30% wattlosen Strom zu liefern.
—	—	0,697	44	217	214	3,5	15	4,6	Der wattlose Strom wurde zu 50% des Wattstromes angenommen.
1,5 00	810 5,7	—	—	250	—	—	28	5,6	Der Umformer ist mit einer synchronen Zusatzmaschine versehen. Daten s. S. 856. Wendepolkern 40 × 350.

Achtunddreißigstes Kapitel.

Die Konstruktion der Umformer.

215. Die Konstruktion der Umformer.

Die Umformer unterscheiden sich in ihrer konstruktiven Anordnung nur wenig von den Gleichstrommaschinen. Wir werden deswegen im folgenden nur kurz auf die wichtigsten Unterschiede

Fig. 517. Feldsystem eines 3000 KW-Westinghouse-Umformers.

hinweisen, und verweisen übrigens auf Bd. II der Gleichstrommaschine[1]), wo die Konstruktion der Gleichstrommaschine erschöpfend behandelt ist.

Das Feldsystem (Fig. 517) unterscheidet sich von der bei Gleichstrommaschinen üblichen Konstruktion nur durch die starke Dämpferwicklung.

Fig. 518. Anker eines 3000 KW-Westinghouse-Umformers.

Der Anker (Fig. 518) unterscheidet sich im wesentlichen nur dadurch, daß die Ankerwicklung außer mit dem Kollektor noch mit Schleifringen verbunden ist. Da der Kommutator und die Schleifringe den der vollen Leistung entsprechenden Gleich-, bzw. Wechselstrom zu führen haben, während in der Ankerwicklung nur die Differenz beider Ströme fließt, so erhalten Kommutator und Schleifringe im Verhältnis zum Anker große Dimensionen.

[1]) E. Arnold, Die Gleichstrommaschine, Bd. II. Verlag Julius Springer, Berlin 1907.

In Fig. 519 ist ein Teil der Ankerwicklung in größerem Maßstab dargestellt, um die Verbindungen zu den Schleifringen und die außerdem noch vorgesehenen Äquipotentialverbindungen deutlicher zu zeigen.

Fig. 519.

Die Fig. 517 bis 519 gehören zu dem S. 847 behandelten 3000 KW-Westinghouse-Umformer. Es gibt $pm = 8 \cdot 6 = 48$ Verbindungen zu den Schleifringen, die, am Ankerumfange gemessen, um

$$\frac{\frac{s_n}{2} Z}{pm} = \frac{2 \cdot 384}{8 \cdot 6} = 16 \text{ Stäbe}$$

auseinanderliegen. Zwischen je zwei Schleifringverbindungen liegen jeweils 7 Äquipotentialanschlüsse, also total $8pm = 8 \cdot 8 \cdot 6 = 384$ Äquipotentialanschlüsse, d. h. für jede Nut ein Anschluß, wie aus der Fig. 519 auch deutlich zu ersehen (es liegen ja 2 Stäbe nebeneinander in einer Nut.)

Fig. 520 zeigt den rotierenden Teil eines Westinghouse-Einankerumformers mit Zusatzmaschine und Anwurfmotor mit Kurzschlußanker.

Fig. 521 zeigt das Gesamtbild desselben Umformers für 770 KW, 230/310 Volt Gleichspannung, 25 Perioden, 375 Umdrehungen ($p = 4$).

Bemerkenswert ist die Konstruktion des Feldsystems der Zusatzmaschine. Eine andere Konstruktion des Feldsystems, wobei das Gehäuse einer gewöhnlichen Gleichstrommaschine verwendet wurde,

Fig. 520.

zeigt Fig. 522, die einen 1100 KW-Einankerumformer der A. E.-G. Berlin mit Spannungsregulierung zwischen 220 und 260 Volt darstellt.

Fig. 521. 770 KW-Westinghouse-Umformer mit Zusatzmaschine und Anwurfmotor.

Sind die Umformer mit Wendepolen versehen, so entsteht — beim Anlassen von der Wechselstromseite — ein starkes Feuern an den Gleichstrombürsten (siehe S. 758). Es empfiehlt sich des-

Fig. 522. 1100 KW-Umformer mit Zusatzmaschine der A. E.-G., Berlin.

Fig. 523. Bürstenabhebevorrichtung der General Electric Co.

wegen, besonders bei größeren Wendepolumformern (etwa über 150 KW) die Bürsten während der Anlaßperiode vom Kommutator abzuheben. Fig. 523 zeigt eine solche Bürstenabhebevorrichtung der General Electric Co.

Eine Reihe von Schleifringkonstruktionen ist in den Fig. 524 bis 527 dargestellt. Auch die Fig. 511 und 514 und Tafel XV und XVI lassen die Konstruktion erkennen.

Bei den meisten Konstruktionen werden die Ringe auf eine Büchse, die entweder aus Gußeisen oder aus Gußstahl gemacht ist, und die an der einen Seite einen Flansch trägt, isoliert aufgebracht. Gegeneinander werden die Ringe durch Scheiben aus Stabilit, Fiber oder einem anderen geeigneten Isolationsmaterial isoliert. Das Ganze wird durch einen Preßring zusammengehalten, der mit der Buchse verschraubt oder durch einen durchgeführten isolierten Bolzen angezogen wird.

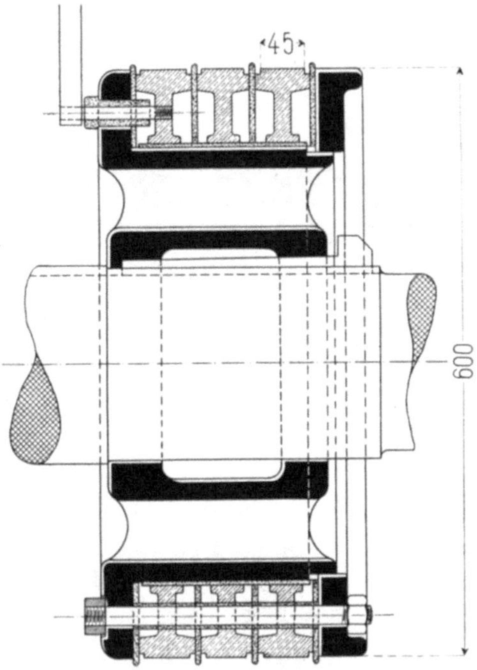

Fig. 524. Schleifringe eines 170 KW-Umformers der Société Alsacienne de Constr. méc., Belfort.

Bei der in Fig. 525 dargestellten Konstruktion sind die Preßflächen der Ringe konisch, und der äußere Konus ist mit dünner Wandstärke ausgeführt, so daß er etwas federn kann, wodurch eine sehr feste Verbindung erreicht wird. Eine etwas abweichende Ausführung zeigt der Umformer des Sachsenwerkes (Fig. 514).

Ferner ist bei der Anordnung Fig. 525 ein besonderes Ringstück aufgesetzt, das ausgewechselt werden kann. Noch einfacher ist das Auswechseln bei der in Fig. 511 dargestellten Konstruktion, wo die Laufflächen durch isolierte Bolzen mit einem auf der Welle sitzenden Teil verbunden sind.

Eine sehr einfache und kompakte Konstruktion der Schleifringe eines Sechsphasenumformers zeigt Fig. 526. Sämtliche Ringe

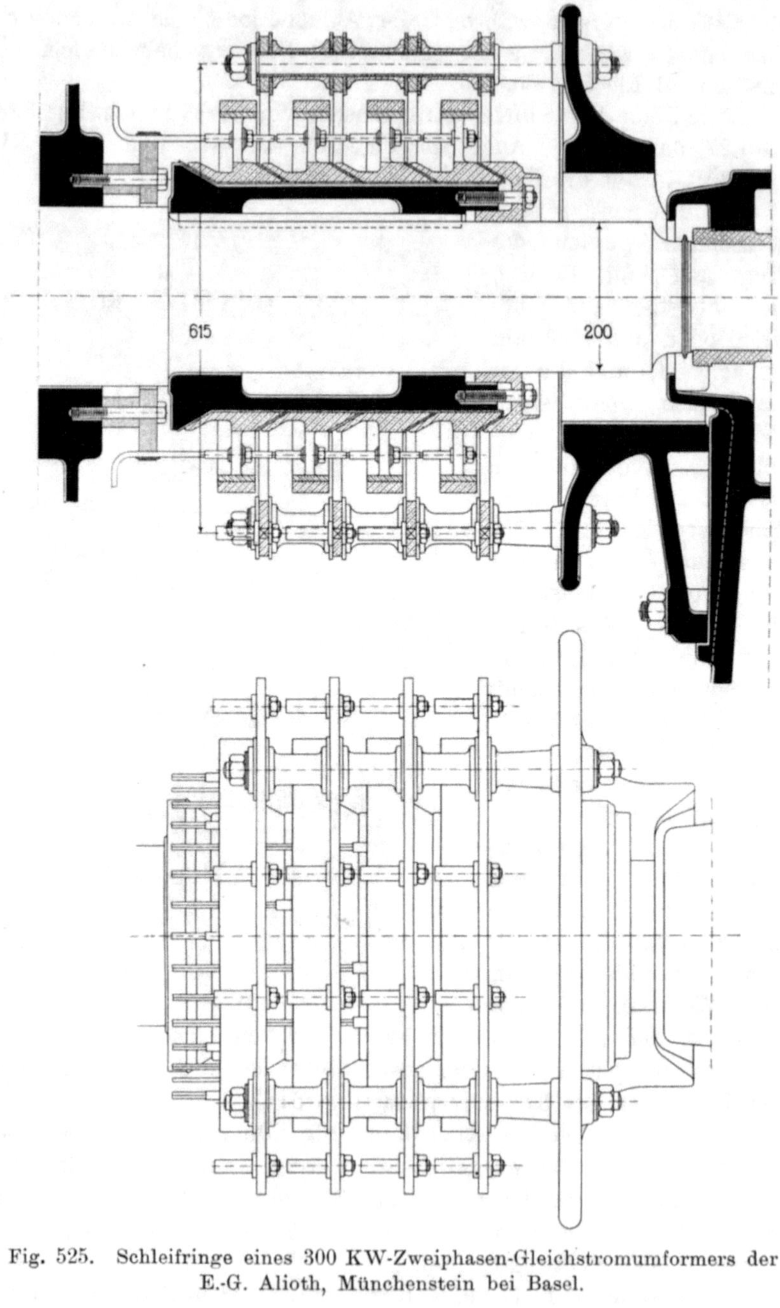

Fig. 525. Schleifringe eines 300 KW-Zweiphasen-Gleichstromumformers der E.-G. Alioth, Münchenstein bei Basel.

sind durch durchgehende, isolierte Bolzen auf einer gußeisernen Nabe befestigt.

Für die Stromführung werden meistens in die Ringe Kupferbolzen eingeschraubt, es können jedoch auch (Tafel XVI) Kupferbänder dazu verwendet werden.

Bei der Konstruktion (Fig. 527) der Ateliers de Constructions électriques, Charleroi, sind 18 Bolzen vorhanden, von denen jeweils drei mit einem Schleifring verschraubt sind, während die übrigen isoliert durchgeführt sind. Diese Bolzen sind dann verschieden lang. Die drei längsten gehören dem am meisten nach rechts gelegenen Schleifring (Fig. 527, oben) an, die drei kürzesten dem am meisten nach links sich befindenden (Fig. 527, unten).

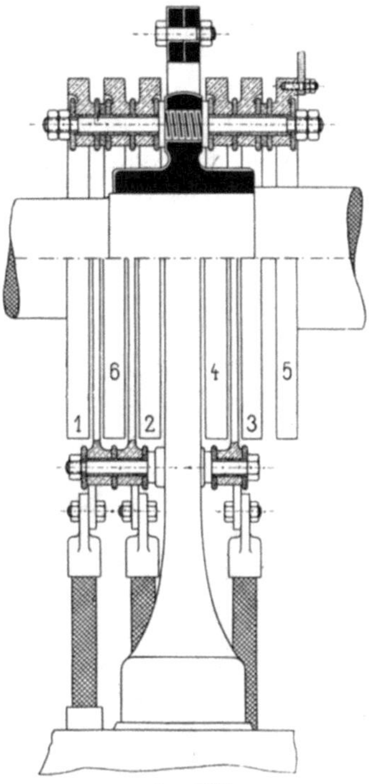

Fig. 526.

Die Bürstenträger für die Schleifringbürsten unterscheiden sich von den bei Gleichstrommaschinen gebräuchlichen dadurch, daß sie nicht verstellbar sein müssen. Sie werden daher entweder fest an das Lager oder an das Gehäuse angeschraubt, wie in Fig. 525 und Tafel XV, oder es werden besondere Bügel auf den Fundamentrahmen aufgesetzt, wie in Fig. 514 (siehe auch Fig. 521).

Eine Konstruktion des Bürstenträgers, die es ermöglicht, sehr viele Bürsten auf die Ringe aufzusetzen, ist die der Fig. 525. Hier sind an einem an das Lager angeschraubten Ringstück vier lange Stifte befestigt. Diese sind isoliert und es sind entsprechend den vier Schleifringen des Zweiphasen-Umformers vier Kupferringe auf ihnen angebracht, an denen die Bürstenstifte ringsherum befestigt sind.

In Fig. 526 sind die halbkreisförmigen Bürstenträger, drei auf der einen und drei auf der anderen Seite, an einem ringförmigen gußeisernen Ständer isoliert befestigt. Die drei sichtbaren Bürstenträger besitzen Bürstenstifte für die Schleifringe 1, 2, 3.

Oszillatoren und Drehzahlbegrenzer. Bei den großen Kommutatorgeschwindigkeiten, die sich bei Umformern oft ergeben, ist besondere Sorgfalt auf die Instandhaltung dieses wichtigsten

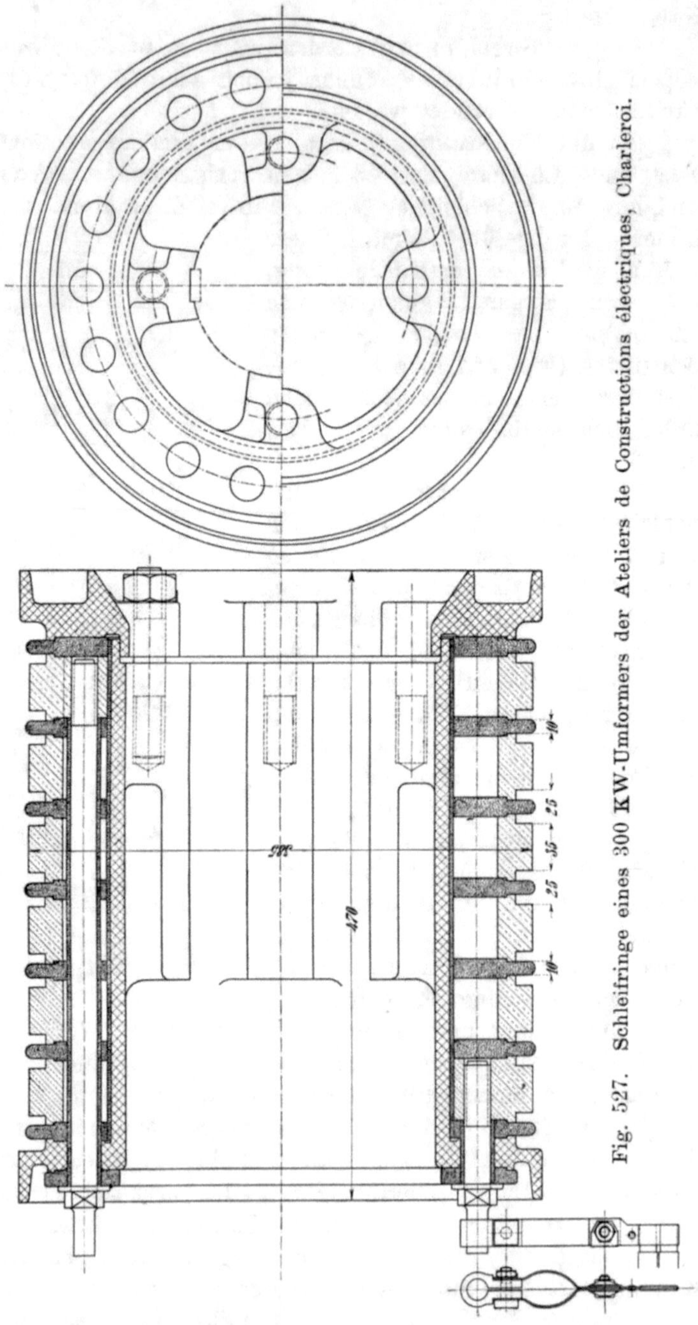

Fig. 527. Schleifringe eines 300 **KW**-Umformers der Ateliers de Constructions électriques, Charleroi.

Teiles der Maschine zu verwenden. Um eine gleichzeitige Abnutzung auf der ganzen Länge zu erreichen, werden die Bürsten der aufeinanderfolgenden Stifte gegeneinander versetzt. Ferner wird bei Generatoren und Motoren durch Impulse der Kraftmaschine

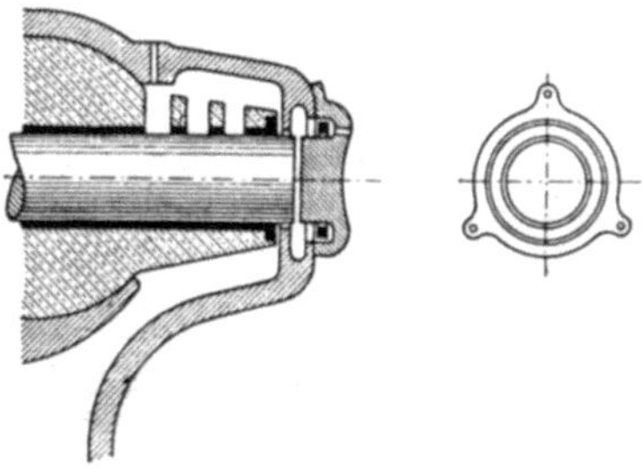

Fig. 528. Elektromagnet am Wellenende, um seitliches Oszillieren der Welle hervorzurufen.

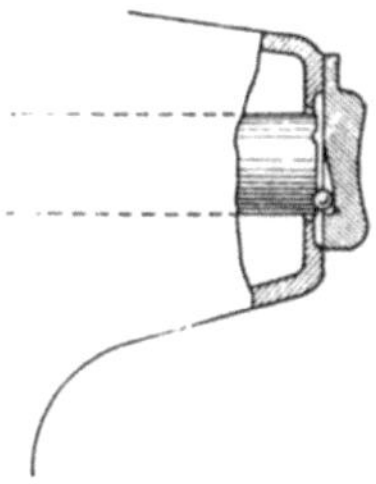

Fig. 529. Kugel auf schiefer Lauffläche, um seitliches Oszillieren der Welle hervorzurufen.

oder des Riemens oft eine oszillierende Bewegung des Ankers in axialer Richtung hervorgerufen. Man kann dieselbe bei Umformern auch erreichen, indem man am Wellenende einen Elektromagneten

Fig. 530.

anordnet, der durch einen Kontaktapparat abwechselnd aus- und eingeschaltet wird (Fig. 528). Bei unterbrochenem Magnetstrom wird der Anker durch die Umformerpole zurückgezogen. Einfacher sind jedoch die mechanischen Vorrichtungen. Fig. 529

zeigt eine solche Anordnung, wo am Ende des Lagers eine Platte mit einer schrägen Fläche befestigt ist. In einer Kreisrille läuft eine Kugel. Die Welle nimmt diese Kugel mit, und bei jedem Umlauf der Kugel hat das Wellenende, da die Gegenfläche schräg ist, eine axiale Bewegung auszuführen.

Außerdem werden Umformer oft noch mit einem Drehzahlbegrenzer versehen. Ein einfacher Zentrifugalregulator schließt bei der höchstzulässigen Drehzahl einen Schalter, der einen Stromkreis schließt, in dem die Ausschaltspule des Gleichstromschalters gelegen ist.

Fig. 530 zeigt die Kombination eines Oszillators mit einem Drehzahlbegrenzer, nach einer Ausführung der Westinghouse-Gesellschaft.

Erklärung der in den Formeln verwendeten Buchstaben.

(Die beigedruckten Zahlen geben die Seiten an, auf denen die betreffenden Bezeichnungen eingeführt sind.)

A.

A = Amplitude der MMK der Grundwelle des synchronen Drehfeldes 22.
A_a = Abkühlungsfläche des Ankers 513.
A_m = Abkühlungsfläche sämtlicher Erregerspulen 518.
AS = Stromvolumen pro cm Umfang der Armatur 18. 528. 533. 747. 809.
AS_{id} = Stromvolumen pro cm Umfang eines Umformerankers als Gleichstrommaschine 746.
AW_N = Amperewindungen pro Wendepolpaar (bzw. Wendepol) zur Erzeugung des Wendefeldes 750.
AW_a = Amperewindungen für den Ankerkern 75. 85.
AW_e = Längsmagnetisierende Amperewindungen 31. 725.
AW_{e0} = Längsmagnetisierende Amperewindungen bei Leerlauf 733.
AW_j = Amperewindungen für das Joch 75. 86.
AW_k = Amperewindungen pro Kreis bei Belastung 103.
AW_{k0} = Amperewindungen pro Kreis bei Leerlauf 73. 86.
AW_l = Amperewindungen für den Luftraum 75. 76.
AW_m = Amperewindungen für den Magnetkern 38. 75. 86.
AW_q = Quermagnetisierende Amperewindungen 32.
AW_q' = Amplitude der Grundwelle der wirksamen quermagnetisierenden Amperewindungen 33.
AW_r = Amplitude der MMK der Grundwelle des Ankerstromes für alle Pole 102.
AW_t = Totale Feldamperewindungen bei Belastung 31. 104. 111. 733.
AW_t' = $AW_t + AW_e$ 733.
AW_{t0} = Totale Feldamperewindungen bei Leerlauf 287. 733.
AW_{t0}' = $AW_{t0} + AW_{e0}$ 733.
AW_w = Erforderliche Amperewindungszahl eines Wendepolpaares (bzw. Wendepoles) 750.
AW_z = Amperewindungen für die Zähne 75. 80. 85.
AW_{zr} = Amperewindungen für die Rotorzähne 106.
AW_{zs} = Amperewindungen für die Statorzähne 106.
a = Zahl der Ankerstromzweige pro Phase 501. 705.
a = Halbe Anzahl der Ankerstromzweige einer Gleichstromwicklung 705.
a_a = Spezifische Kühlfläche der Armatur 513. 821.
a_k = Spezifische Kühlfläche des Kommutators 821.
a_m = Spezifische Kühlfläche der Magnetspulen 518. 821.

aw_a = Amperewindungen pro cm für den Ankerkern 86.
aw_j = Amperewindungen pro cm für das Joch 86.
aw_m = Amperewindungen pro cm für die Magnete 86.
aw_z = Amperewindungen pro cm für die Zähne 81.

B.

B_a = Induktion im Ankerkern 85. 542. 814.
B_l = Induktion im Luftspalt 76. 532. 809.
B_j = Induktion im Joch 86. 546.
B_m = Induktion in den Magneten 86. 546.
B_p = Amplitude der Grundwelle des Leerlauffeldes 321.
B_{wl} = Induktion im Luftspalt unter den Wendepolen 749.
B_z = Induktion in den Zähnen 81. 814.
B_{zi} = Ideelle Zahninduktion 82. 108.
$B_{z\,max}$ = Maximale Zahninduktion 541.
B_{zw} = Wirkliche Zahninduktion 82.
b = Polbogen 13.
b_D = Auf den Ankerumfang reduzierte Bürstenbreite 747.
b_i = Ideeller Polbogen 76. 79. 534. 811.
b_{in} = Innerer Polbogen 79.
b_r = Auf einfache Parallelwicklung reduzierte Bürstenbreite 748.
b_w = Wendepolbreite 749.
b_{wi} = Ideelle Wendepolbreite 750.
b_1 = Bürstenbreite 724.

C.

C_a = Koeffizient der Wärmeabgabe des Ankers 513.
C_m = Koeffizient der Wärmeabgabe der Magnete 518.
c = Periodenzahl 2. 18.
c_{ei} = Eigenschwingungszahl einer Maschine 352.
c_w = Periodenzahl der Wirbelströme in den Polschuhflächen 488.

D.

D = Ankerdurchmesser 18. 513. 533. 810.
D = $D_1 + D_2$ = Dämpfungskonstante 325.
D_k = Kollektordurchmesser 750.
d = Zapfendurchmesser 820.
d_w = Dicke der Erregerspule 548.

E.

E = Die vom Magnetfelde induzierte EMK 2. 55. 178. 724.
E_g = Die bei Belastung vom Hauptfelde im Gleichstromanker induzierte EMK 701. 733.
E_{g0} = Die bei Leerlauf vom Hauptfelde im Gleichstromanker induzierte EMK 732.
E_l = Die zwischen zwei benachbarten Anschlußpunkten in einem Umformeranker induzierte EMK 702.
E_p = Pro Phase der Ankerwicklung induzierte EMK 87. 110. 528.
E_s = Jx = EMK der Selbstinduktion 5. 19.
E_s' = EMK die durch den Kraftfluß, der sich durch den Nutensteg schließt, induziert wird 19.
E_{s1} = Jx_{s1} = Die vom Streufluß Φ_{s1} induzierte EMK 6. 8. 56.

E_{s2} = EMK, die durch den längsmagnetisierenden Kraftfluß Φ_{s2} induziert wird 6. 32. 56.
E_{s3} = EMK, die durch den quermagnetisierenden Kraftfluß induziert wird 6. 33. 56.
E_w = Die zwischen zwei diametralen Punkten in einem zweipoligen Umformeranker induzierte EMK 702.
e_0 = Die vom Hauptfeld in einer kurzgeschlossenen Spule eines Umformers induzierte EMK 747.
e_q = Die vom Ankerquerfeld in einer kurzgeschlossenen Spule eines Umformers induzierte EMK 746.
e_r = Reaktanzspannung einer kurzgeschlossenen Spule eines Umformers 746.
e_r = $e_1 + e_2$ = Momentanwert der resultierenden EMK zweier parallel geschalteter Maschinen 248.
e_{rs} = Mittlere Reaktanzspannung einer Spule 747.
e_s = Effektive Reaktanzspannung (Funkenspannung) 748.

F.

F_b = Kontaktfläche aller Bürsten am Kommutator 815. 820.
F_b' = Bürstenfläche pro Schleifring 816. 820.
f = $\frac{N\omega_m}{\vartheta_b}$ 340.
f_B = Formfaktor 2.
f_e = Füllfaktor der Erregerspulen 548.
f_p = Polschuhfaktor 29.
f_u = Formfaktor für die Stromverteilung unter den Bürsten 819.
f_w = Wicklungsfaktor 2.
f_{w1} = Wicklungsfaktor der Grundharmonischen 2. 21.

G.

g = Spezifischer Auflagedruck der Bürsten am Kommutator 820.
g' = Spezifischer Auflagedruck der Bürsten an den Schleifringen 820.
g = $\frac{Dp\,\Omega_m}{\vartheta_b}$ 337.
g_a = Konduktanz, die den Eisen- und Reibungsverlusten entspricht 179.

H.

H_w = Feldstärke im Zahn 82.
h = Eisenhöhe der Armatur 542. 814.
h_w = Höhe des Wicklungsraumes der Erregerspulen 548.

J.

J = Stromstärke pro Phase 5. 55. 178. 536.
J = Trägheitsmoment 296. 340. 372.
J_a = $\frac{J}{a}$ = Strom, der in jedem Ankerdrahte fließt 537.
J_g = Gleichstrom eines Umformers 701.
J_k = Kurzschlußstrom 116.
J_{lw} = Wattstrom der Linie 706.
J_{lwl} = Wattloser Strom der Linie 724.
J_{lwl0} = Wattloser Linienstrom des leerlaufenden Umformers 731.
J_n = $s_n J$ = Stromvolumen pro Nut 537.

J_w = Wattstrom 57. 218. 705.
J_{wl} = Wattloser Strom 57. 217. 709. 723. 725.
$J_{wl\,0}$ = Wattloser Strom bei Leerlauf 732. 733.
i_e = Erregerstrom 5. 103. 502. 550.
i_{eb} = Erregerstrom bei Belastung 121.
i_{e0} = Erregerstrom bei Leerlauf 121.
i_n = Nebenschlußstromstärke 819.
i_r = $i_g - i$ = Resultierender Strom in einer Ankerspule eines Umformers 709.

K.

K = Zahl der Kollektorlamellen 746.
k = EMK-Faktor 2. 545. 702. 746.
k_0 = Faktor für die längsmagnetisierenden Amperewindungen 31.
k_p = $\frac{W_s}{KVA}$ 312. 355. 762. 803.
k_q = Faktor für die quermagnetisierenden Amperewindungen 32.
k_q' = Faktor zur Berechnung von AW_q' 33.
k_s = EMK-Faktor des Ankerfeldes 5.
k_τ = $\frac{E_w}{E_g}$ = EMK-Faktor eines Umformers 702.
k_u = $\frac{W_{a\,max}}{W_a}$ = Verhältnis des maximalen Drehmomentes zum normalen 188. 309.
k_z = $\frac{AW_l + AW_z + AW_a}{AW_l}$ 79. 93.
k_1 = Faktor, der die Erhöhung der Luftinduktion durch die Nuten berücksichtigt 33. 79. 108.
k_2 = Faktor, der die Isolation zwischen den Blechen berücksichtigt 81. 540.
k_3 = $\frac{\text{Luftquerschnitt}}{\text{Eisenquerschnitt}}$ zur Berechnung der AW_z 82.
k_4 = $f\left(\frac{z_2}{z_3}\right)$ = Faktor für den Hysteresisverlust in den Zähnen 483.
k_5 = $f\left(\frac{z_2}{z_3}\right)$ = Faktor für den Wirbelstromverlust in den Zähnen 487.

L.

L_a = Kraftlinienlänge im Ankerkern 75.
L_j = Kraftlinienlänge im Joch 75.
L_k = Nutzbare Länge des Kollektors 741.
L_m = $2\,l_m$ = Kraftlinienlänge in den Magnetkernen 75.
L_z = $2\,l_z$ = Mittlere Kraftlinienlänge in den Zähnen 75.
l = Effektive Eisenlänge des Ankers 80. 536.
l_a = Halbe Länge einer Ankerwindung 501. 813.
l_e = Mittlere Länge einer Erregerwindung 502.
l_i = Ideelle Ankerlänge 9. 77. 534. 746. 810.
l_1 = Eisenlänge des Ankers mit Luftschlitzen 80. 536. 749.
l_s = Länge des Spulenkopfes 14. 749.
l_w = Wendepollänge 749.
l_z = Zapfenlänge 820.

M.

M = Maschinenkonstante 810.
m = Phasenzahl (Zahl der Schleifringe eines Umformers) 2. (702).

N.

N = Anzahl der Ankerdrähte bei Umformern 701. 746.
N = Netzkonstante 339.
n = Tourenzahl pro Minute 19. 532.
n = Ordnung des Oberstromes 25.
n_s = Anzahl der Luftschlitze 80.

P.

P = Normale Klemmenspannung bei Belastung 55. 178.
P_g = Die Umformerklemmenspannung bei Belastung 733.
P_{g0} = Die Umformerklemmenspannung bei Leerlauf 732.
$P_{k\,max}$ = Maximale Spannung zwischen den Kollektorlamellen 815.
$P_{k\,mitt}$ = Mittlere Spannung pro Lamelle eines Umformers 805.
P_l = Linienspannung am Umformer 704.
P_w = Spannung zwischen diametralen Punkten eines zweipoligen Umformerankers 704.
P_0 = Normale Klemmenspannung bei Leerlauf 60.
P_1 $= \frac{P_{1l}}{\sqrt{3}} =$ Klemmenspannung pro Phase eines Umformers 738.
P_1' = Auf sekundär reduzierte primäre Spannung des in Stern geschalteten Transformators 763.
P_2 = Phasenspannung an der Sekundärseite des Umformertransformators 698.
p = Polpaarzahl 9.
p = Spezifischer Lagerdruck 503.

Q.

Q = Zahl der Löcher pro Pol 2.
Q_a = Eisenquerschnitt des Armaturkernes 75.
Q_j = Jochquerschnitt 75.
Q_m = Eisenquerschnitt des Magnetkernes 75.
q = Lochzahl pro Pol und Phase 2. 9.
q_a = Querschnitt eines Ankerleiters 501. 538. 812.
q_e = Drahtquerschnitt der Erregerwicklung 502. 548. 550.
q_e = Nuten pro Pol der Erregerwicklung einer Vollpolmaschine 103.
q_h = Drahtquerschnitt der Hauptschlußwicklung 818.
q_n = Drahtquerschnitt der Nebenschlußwicklung 818.

R.

R = Pendelwiderstand 343.
R_a = Ohmscher Widerstand der Ankerwicklung eines Umformers 713. 813.
R_h = Widerstand der Hauptschlußwicklung 819.
R_m = Lagerreibungsarbeit 503.
R_n = Widerstand der Nebenschlußwicklung 819.
R_w = Widerstand der Wendepolwicklung 819.
r = Pendelwiderstand 356. 382.
r = Stabhöhe in der Nut 11.
r_a = Effektiver Widerstand der Ankerwicklung 5. 54. 104. 502. 539. 607. 617. 633.
r_e = Widerstand der Feldwicklung 502. 549.
r_g = Ohmscher Widerstand der Ankerwicklung 53. 501. 539.
r_1 $= r_l + r_a$ 178.

r_1 = Schlitzweite der Nut 11.
r_3 = Nutenweite 11.
$r_1 \ldots r_8$ = Nutendimensionen 11.

S.

S = Breite der Spulenseite einer verteilten Wicklung 3. 702.
S = Synchronisierendes Moment 311.
S_a = Streuinduktionskoeffizient der Ankerwicklung 461.
S_k = Zahl der von einer Bürste kurzgeschlossenen Spulen 748.
s_a = Stromdichte im Ankerkupfer 538. 812.
s_e = Stromdichte im Erregerkupfer 550. 551.
s_e = Drahtzahl pro Nut der Erregerwicklung einer Vollpolmaschine 103.
s_h = Stromdichte in der Hauptschlußerregung 753.
s_n = Zahl der in Serie geschalteten Drähte pro Nut 9. 537.
s_u = Stromdichte unter den Bürsten bei Umformern 816. 819.
$s_{u\,eff}$ = Effektive Stromdichte unter den Bürsten bei Umformern 819.

T.

T = Kurzschlußzeit 744.
T = Anlaufzeit des Schwungrades oder der Maschine 355. 371. 762. 817.
T_a = Mittlere Temperaturerhöhung der Armatur 501. 513. 821.
T_k = Temperaturerhöhung des Kommutators 821.
T_m = Mittlere Temperaturerhöhung der Magnetspulen 502. 518. 821.
T_n = Kurzschlußzeit des Stromvolumens einer Nut 747.
T_z = Lagertemperatur 820.
t_1 = Zahnteilung am Ankerumfang 13. 81. 540. 747. 813.

U.

U_s = Querschnittsumfang eines Spulenkopfes 14. 17.
u_r = Übersetzungsverhältnis zwischen E_w und E_g bei Umformern 702. 704.
u_l = Übersetzungsverhältnis zwischen E_l und E_g bei Umformern 702. 703. 704. 781.
u_i $= \frac{2\,J_w}{J_g}$ = Übersetzungsverhältnis zwischen Wechselwatt- und Gleichstrom eines Umformers 705.
u_{il} $= \frac{J_{lw}}{J_g}$ = Übersetzungsverhältnis 706.
u_n = Anzahl Spulenseiten pro Nut 812.

V.

V $= V_1 + V_a$ = Totaler Verlust im Synchronmotor 179.
V_a $= E^2 g_a$ = Eisen- und Reibungsverluste im Motor 179.
V_e = Erregerverlust 184.
V_1 $= J^2 r_1$ = Verlust durch Stromwärme in der Leitung und der Ankerwicklung bei Synchronmotoren 178.
v = Umfangsgeschwindigkeit 19. 531. 746.
v_i $= \frac{2\,J_{wl}}{J_g}$ 709.
v_k = Kollektorumfangsgeschwindigkeit 805. 820.
v_k' = Schleifringumfangsgeschwindigkeit 820.
v_z = Zapfengeschwindigkeit 820.

W.

W = Die an der Motorwelle verfügbare mechanische Leistung 179. 180.
W_a = $W_1 - V_1$ = Die dem Motor zugeführte elektromagnetische Leistung 178. 218. 305. 307. 319. 437. 444.
$W_{a\,max}$ = Maximale elektromagnetische Leistung 308.
$W_a'{}_{max} \cong \frac{P^2}{4 r_a}$ = Maximales Drehmoment 192. 225.
W_δ = Synchronisierende Leistung 315. 316. 450.
W_D = $D\,\Omega_m$ 380.
W_e = Erregerverlust 502. 550.
W_{ei} = Eisenverluste 499. 614.
W_g = Die an der Gleichstromseite abzugebende Leistung eines Umformers 762.
W_H = Verlust in der Hauptschlußwicklung eines Umformers 819.
W_h = Eisenverlust durch Hysteresis 480. 500. 506. 820.
W_{ha} = Hysteresisverlust im Ankerkern 480.
W_{hz} = Hysteresisverlust in den Zähnen 482.
W_k = Kupferverluste 507. 614.
W_{ka} = Stromwärmeverlust im Anker 502. 506. 539. 713. 813. 819.
W_{kz} = Stromwärmeverlust in dem in den Nuten eingebetteten Ankerkupfer 819.
W_M = $\vartheta_v\,\Omega_m$ 380.
W_n = Verlust in der Nebenschlußerregerwicklung 819.
W_{nt} = Totaler Verlust durch Nebenschlußerregung 819.
W_R = Luft- und Lagerreibungsverlust 504. 820.
W_r = Luftreibung 507.
W_r = Reibungsverlust am Kommutator 820.
W_r' = Reibungsverluste an den Kollektorringen eines Umformers 820.
W_s = Synchronisierende Kraft 188. 286. 310. 311. 315. 317. 319. 450.
W_u = Übergangsverluste am Kommutator 819.
W_u' = Übergangsverluste am Kollektorring eines Umformers 819.
W_v = Summe aller Verluste einer Maschine 506. 612.
W_w = Wirbelstromverluste im Eisen 484. 500. 506. 820.
W_{wa} = Wirbelstromverluste im Ankereisen 486.
W_{wz} = Wirbelstromverluste in den Zähnen 486.
W_ϱ = $W_r + W_R$ = Reibungsverluste 499. 507. 613.
W_0 = Leerlaufverlust 499. 618.
W_1 = Die einem Motor zugeführte elektromagnetische Leistung 178. 180.
w = Windungen in Serie pro Phase 2. 9. 501. 536.
w_e = Windungszahl der Erregung in Serie 104. 502. 550. 552.
w_g = Windungszahl in Serie zwischen den Bürsten entgegengesetzter Polarität am Umformer 701.
w_h = Windungszahl für Hauptschlußerregung bei Umformern 818.
w_n = Windungszahl für Nebenschlußerregung bei Umformern 818.
w_w = Windungszahl in Serie pro Phase des Einankerumformers 701.

X.

X = Funktion von $\frac{t_1 - z_1}{\delta}$ 79.
x_a = Effektive (synchrone) Reaktanz des Ankers 5. 55. 215.
x_c = Pendelkapazitanz 356. 382.
x_ν = Resultierende Pendelreaktanz 343. 356.
x_s = Pendelreaktanz 356. 382.
x_{s1} = Reaktanz des Streuflusses 8. 18. 102. 607. 725.

$x_{s'1}$ = Reaktanz des Streuflusses einer Phase der auf Sternschaltung reduzierten Umformerwicklung 724. 725.

x_{s2} $= \frac{E_{s2}}{J_{wl}}$ 215.

$x_{s'2}$ $= x_{s2} \frac{\operatorname{tg} \gamma_1}{\operatorname{tg} \gamma_2}$ 322.

x_{s3} $= \frac{E_{s3}}{J_w}$ 215.

x_1 $= x_l + x_a$ = Resultierende Reaktanz bei einem Synchronmotor 178.

x_2 $= x_{s1} + x_{s2}$ = Reaktanz des Wattstromes 215.

x_3 $= x_{s1} + x_{s3}$ = Reaktanz des wattlosen Stromes 215. 763.

Y.

y = Weite einer Windung 3.

y_n = Nutenschritt 812.

y_1 = Wicklungsschritt auf der hinteren Seite des Ankers 827.

y_2 = Wicklungsschritt auf der Kommutatorseite 827.

Z.

Z = Nutenzahl 540. 813.

z = Axiale Länge eines Blechpakets 80.

z = Zahnbreite 81.

z_a = Innere Impedanz 116. 216.

z_k = Kurzschlußimpedanz des Ankers 119.

z_k $= \sqrt{r_a^2 + x^2}$ 323.

z_l = Leitungsimpedanz 178.

z_1 $= \sqrt{r_1^2 + x_1^2}$ 178.

z_1 = Zahnstärke am Kopf 81.

z_2 = Zahnstärke am Fuß 81. 541. 813.

α = Lochabstand in elektrischen Graden 2.

α = Konstante zur Berechnung des Ankerlängsfeldes 322.

α_i $= \frac{b_i}{\tau}$ 29. 532.

β = Lamellenbreite 748. 805.

β = Konstante zur Berechnung des Ankerquerfeldes 322.

β_D = Lamellenbreite reduziert auf den Ankerumfang bei Umformern 747.

Δ = Blechstärke 484. 486.

$\Delta J_{l\,wl}$ (ΔJ_{wl}) = Änderung des wattlosen Stromes eines Umformers von Leerlauf bis Belastung 731. 733.

ΔP = Spannungsverlust unter den Bürsten bei Umformern 718. 819.

ΔP_w = Änderung der Einphasenspannung eines Umformers von Leerlauf bis Belastung 731.

Δe_0 = Kurzschlußspannung bei nichtverstellten Bürsten 748.

Δe_v = Kurzschlußspannung bei verstellten Bürsten 748.

δ = Luftzwischenraum zwischen den Polen und dem Ankereisen 33. 75. 77. 543. 817.

δ = Ungleichförmigkeitsgrad 276. 295.

δ' = Stegstärke einer geschlossenen Nut 19.

δ_i = Stärke der Isolation am Kommutator 805.

δ_w = Luftspalt unter den Wendepolen 750.

ε = Prozentualer Spannungsabfall 60. 106. 553.

ε = Unempfindlichkeitsgrad einer Maschine 276.
ε = Halbe Schrittverkürzung 747.
ε_t = Prozentuale Änderung der Klemmenspannung bei einer entsprechenden Änderung der Drehzahl 67 ff.
ζ, ζ_ν = Resonanzmodul 358. 388. 765.
η = Wirkungsgrad 184. 506. 609. 616. 618. 620. 796. 798. 820.
η_1 = Elektrisches Güteverhältnis 184.
Θ = Phasenverschiebung zwischen induzierter EMK und Klemmenspannung 63. 178. 218.
Θ_m = Mittlerer Phasenverschiebungswinkel Θ 309.
$\Theta_{\nu r}$ = Räumliche Winkelabweichung νter Ordnung 301. 353.
Θ_ν = $p\,\Theta_{\nu r}$ = Winkelabweichung in Phasengraden gemessen 301. 344. 353.
Θ_r = Räumliche Winkelabweichung eines Generators 303.
ϑ = Drehmoment 178.
ϑ_b = Mittleres Drehmoment einer Kurbelmaschine 293.
ϑ_ν = Amplitude der νten Harmonischen der Drehmomentkurve 341.
ϑ_r = Resultierendes Drehmoment einer Kurbelmaschine 293.
λ_k = Äquivalente Leitfähigkeit zwischen den Zahnköpfen 9. 13. 15. 19. 102. 544. 749.
λ_n = Äquivalente Leitfähigkeit des Nutenraums 9. 11. 15. 102. 544. 749.
λ_{L_z} = Leitfähigkeit des vom Strome einer Spule hervorgerufenen totalen Eigenfeldes 748.
λ_{N_s} = Leitfähigkeit des vom Strome einer Nut hervorgerufenen Streufeldes 747.
λ_q = Leitfähigkeit des Ankerquerfeldes in der neutralen Zone 746.
λ_{q0} = Leitfähigkeit des Ankerquerfeldes in der neutralen Zone bei nichtverstellten Bürsten 748.
λ_{qv} = Leitfähigkeit des Ankerquerfeldes in der neutralen Zone bei verstellten Bürsten 748.
λ_s = Äquivalente Leitfähigkeit um die Stirnverbindungen 9. 14. 17. 102. 544. 749.
λ_x = Äquivalente magnetische Leitfähigkeit des Streuflusses pro cm Ankerlänge 9.
μ = Permeabilität 73.
ν, ν' = Verhältnis der Stromwärmeverluste 712. 775.
ν = Ordnungszahl eines Oberfeldes 21.
ν = $\frac{t_1 - z_1}{\delta}$ 78.
ν = Zahl der Impulse pro Umdrehung beim Pendeln (Ordnungszahl der Schwingung) 300.
ϱ = Reibungskoeffizient 820.
$\varrho_1 \varrho_2$ = Konstanten zur Berechnung der Dämpfung 322.
σ = Streuungskoeffizient 75. 87. 90. 92. 93. 546.
σ_b = Streuungskoeffizient bei Belastung 95. 98.
σ_h = Hysteresiskonstante 480. 482. 500. 820.
σ_w = Wirbelstromkonstante 484. 500. 820.
τ = Polteilung 13.
τ_k = Kollektorteilung bei Umformern 806.
Φ = Maximaler Kraftfluß einer Windung, deren Weite gleich der Polteilung 2 813.
Φ_a = Der in den Anker eintretende Kraftfluß 72.
Φ_j = Kraftfluß im Joch 86.
Φ_m = Kraftfluß in den Feldmagneten 75. 86.

Φ_q = Ankerquerfluß pro Pol 33.
Φ_s = Streufluß 5. 75. 101.
Φ_{sr} = Ankerfluß einer Vollpolmaschine, der mit den Polen verkettet ist 101.
Φ_{s1} = Streufluß, der um die Nuten und durch die Luft verläuft 6. 8. 57.
Φ_{s2} = Längsmagnetisierender Kraftfluß 6. 29. 57.
Φ_{s3} = Quermagnetisierender Kraftfluß 6. 30. 57.
φ = Phasenverspätungswinkel zwischen Klemmenspannung und Strom 55. 178.
ψ = Phasenverspätungswinkel zwischen induzierter EMK und Strom 27. 28. 55. 63. 178. 708.
ψ_ν = Phasenverschiebungswinkel der νten Oberwelle der Drehmomentkurve 341.
ψ_k = Phasenverschiebungswinkel zwischen E und J bei Kurzschluß 117.
ψ' = $\operatorname{arctg} \frac{r_a}{x}$ 323.
ψ_1 = $\operatorname{arctg} \frac{r_1}{x_1}$ 178.
Ω = Räumliche Winkelgeschwindigkeit 295.
Ω_{ei} = $2\pi c_{ei}$ = Der Eigenschwingungszahl c_{ei} entsprechende Winkelgeschwindigkeit 352.
Ω_k = Kritische Schwingungszahl 393. 400.
Ω_m = Mittlere räumliche Winkelgeschwindigkeit 277.
Ω_ν = Amplitude der νten Harmonischen der räumlichen Winkelgeschwindigkeitskurve 300.
ω = Elektrische Winkelgeschwindigkeit 178.
ω = Momentanwert der elektrischen Pendelgeschwindigkeit einer Maschine 386.
ω_k = Momentangeschwindigkeit, elektrische, des Netzvektors 380.
ω_m = Mittlere elektrische Winkelgeschwindigkeit beim Pendeln 339.
ω_ν = Amplitude der νten Harmonischen der elektrischen Pendelgeschwindigkeit 343. 355.

Namen- und Sachregister.

Additional information of this book

(Die synchronen Wechselstrommaschinen. Generatoren, Motoren und Umformer. Ihre Theorie, Konstruktion, Berechnung und Arbeitsweise; 978-3-642-88977-6) is provided:

EXTRA MATERIALS extras.springer.com

http://Extras.Springer.com

Printed in the United States
By Bookmasters